환경과학

과학원리, 문제, 해결방안

마누엘 몰스, 브렌단 보렐 지음 ● 이용일, 이강근, 이은주, 허영숙 옮김

Σ 시그마프레스

환경과학 과학원리, 문제, 해결방안

발행일 | 2017년 2월 15일 1쇄 발행
　　　　2020년 4월　1일 2쇄 발행

저자 | Manuel Molles, Brendan Borrell
역자 | 이용일, 이강근, 이은주, 허영숙
발행인 | 강학경
발행처 | ㈜ 시그마프레스
디자인 | 김은경
편집 | 이지선

등록번호 | 제10-2642호
주소 | 서울특별시 영등포구 양평로 22길 21 선유도코오롱디지털타워 A401~402호
전자우편 | sigma@spress.co.kr
홈페이지 | http://www.sigmapress.co.kr
전화 | (02)323-4845, (02)2062-5184~8
팩스 | (02)323-4197

ISBN | 978-89-6866-876-0

ENVIRONMENT: SCIENCE, ISSUES, SOLUTIONS

＊ 책값은 책 뒤표지에 있습니다.

이 도서의 국립중앙도서관 출판시도서목록(CIP)은 서지정보유통지원시스템 홈페이지(http://seoji.nl.go.kr)와 국가자료공동목록시스템(http://www.nl.go.kr/kolisnet)에서 이용하실 수 있습니다. (CIP제어번호 : CIP2017002219)

역자 서문

이 책은 미국 뉴멕시코대학교의 생물학 명예교수인 마누엘 몰스와 생물 관련 저널리스트인 브렌단 보렐이 2016년에 출간한 원서 *Environment: Science, Issues, Solutions*를 번역한 책이다. 생물학을 전공하는 저자들이 지구 환경의 근간을 이루고 있는 지권, 기권, 수권, 생물권에 대하여 인간의 활동이 각 권역을 이용하면서 어떤 영향을 미쳤는가를 밝혀내어 우리의 소중한 자연 환경을 어떻게 하면 지속 가능하게 유지시킬 수 있겠는가를 제시했다. 인간은 생활과 산업에 필요한 것을 자연에서 무상으로 얻을 수 있다고 생각하고 에너지 자원, 지하 자원, 농업 자원, 임산 자원, 수산 자원 등을 최대한 활용하는 것을 추구하면서 산업의 발전을 향유하고자 하였다. 허나 그 활동들은 물과 토양과 대기를 오염시키고 자연이 감당하기 어려울 정도로 각종 폐기물을 만들었으며, 또한 기후를 변화시켜 오히려 지구 상의 생물 자원과 인간을 위험에 처하게 하고 있다. 이 책은 이러한 점을 부각시키기 위하여 환경을 각 주제별로 나누어 소개를 하는 형식으로 구성하였다. 각 장에서는 각 주제와 관련된 과학원리를 먼저 설명하고, 이를 통하여 이후에 다룰 문제의 기본적 지식을 전달한다. 그다음 현재 각 주제에 대한 어떤 환경 문제들이 있는지를 제시하며, 이를 이해하기 위하여 앞에서 설명한 과학원리를 활용하여 제공한다. 다음으로는 각 주제에 대하여 어떤 해결방안이 있는가를 구체적 사례를 통해 과학원리가 어떻게 도움이 되었는지 또 더 나은 해결방안이 있는지를 알아보아 이를 구현하도록 한다. 저자들은 생태학자들이지만, 이 책에서 다루는 각 환경 주제들이 지구 환경의 각 권역에 대한 전문적인 지식을 필요로 하기에 지구환경과학 분야의 전문가와 생태학자로 역자진을 구성하였다. 이는 환경과학의 접근은 다양한 분야의 과학적 배경지식을 필요로 하기 때문이다. 환경과학에 관심을 가지고 있는 학생들은 이 책을 통하여 현재 우리가 처한 환경 문제의 과학적 배경에 대한 지식을 습득하여 지구 환경에 대한 본질을 꿰뚫어보고, 제기된 환경 문제를 개선하기 위하여 어떤 좋은 해결방안이 있을까를 고민하며 실천하여 더 나은 미래를 맞이할 수 있기를 희망한다.

2017. 2
관악에서
이용일, 이강근, 이은주, 허영숙

저자 서문

나는 자연의 모습을 간직한 장소들의 미래와 인류의 행복, 특히 우리가 떠난 후 이 세상을 물려받을 다음 몇 세대의 행복을 걱정하기 때문에 이 책을 쓰게 되었다.

지구와 지속 가능한 관계를 가질 시간이 빠르게 소진되어간다는 절박감과 점점 늘어나는 증거에서 동기를 찾았다. 환경에 대한 나의 관심은 일찍이 시작되었다. 나는 가족 농장에서 성장하였는데, 그곳에서 어릴 때부터 관개를 하며 기르는 작물을 돌봐야 했고 여러 가축들을 키웠다. 나는 동물들의 짝짓기와 흙을 갈아엎으며 잘 운영되고 있는 농장을 고맙게 여기기 시작했다. 그렇지만 나의 관심은 농장 일에만 있지는 않았다. 농장에서 맡은 일이나 학교 숙제가 끝나면 농장 근처에 자연의 모습을 가진 곳들을 자유롭게 돌아다녔었다. 우리 집 농장은 중부 캘리포니아 주 센트럴밸리의 평원과 시에라네바다 산맥 기슭의 작은 언덕 사이에 위치한 머세드 강이 내려다보이는 장소였었다. 머세드 강 상류는 오래전에 존 뮤어를 사로잡았던 요세미티 계곡에서 발원한다.

아버지는 나로 하여금 농장의 모든 일을 하도록 시켰지만, 그가 첫 번째로 사랑했던 새들의 서식지와 같은 자연 그대로를 알아보는 법 역시 가르치셨다. 이런 어린 시절의 영향 때문에 나는 머세드 강에서 거의 모든 순간을 보낼줄 알았다. 그런데 내가 자라났던 곳에 대하여 아는 것이 나 스스로 이리저리 돌아다니면서 본 것에 국한된 것만은 아니다. 왜냐하면 내 가족은 1800년대 중반부터 이 지역에 살아오고 있었기 때문이다. 뮤어가 요세미티에 살기 시작하기 3년 전인 1865년에 어린 소년으로 캘리포니아 주 북부에 도착한 우리 조부 두 형제의 이야기는 특히 흥미진진했다. 믿기 힘들게도 이 두 사람 중 하나인 짐 백숙부는 내가 어린아이였을 때도 활동하고 계셨다. 백숙부가 말씀하시길 그때는 광범위한 습지와 많은 야생생물이 있었던 시기로, 강은 연어로 바글거렸고 바다는 고래들로 넘쳐났으며 레드우드 숲의 대부분은 벌목하지 않은 상태로 남아 있었다고 한다. 나는 예전에는 이랬었다는 이야기를 계속 듣는 것이 싫지 않았으며 한 세기도 지나기 전에 많은 것을 잃어버렸다는 생각에 젖어들게 되었다. 그렇지만 우리가 그냥 도시라고 부르는, 나에게 문화적으로 풍부한 도시 환경의 가치를 알게 해준 샌프란시스코에서 약 1시간 반 정도 거리인 우리 농장 근처에 아직 망가지지 않은 생태계가 남아 있다는 점에 안도하게 되었다.

내 희망은 여기 쓰인 내용을 통해 야생의 생태계, 자원을 추출하기 위하여 관리된 생태계와 도시 생태계 사이에 지속 가능한 균형을 찾는 데 조그마한 방안이라도 제공하였으면 하는 것이다. 인류의 건강한 미래는 이런 균형을 이루는 데 달려 있다고 믿는다.

이 책의 구성 및 주제와 언어 같은 핵심은 대학교에서 수십 년간 내 강좌를 수강한 1만여 명의 학생들에게 영감을 받은 것이다. 야외 현장, 실험실이나 강의실을 통하여 학생들이 어떤 주제에서 무엇이 중요한지, 또 어떻게 소통해야 하는지를 나에게 가르쳐주었다. 이 책을 통하여 인류의 미래를 지켜갈 다음 세대의 학생들과 지속가능성에 대한 시각을 공유하고 싶다.

또한 이 책을 쓰게 된 동기는 학술적인 출판물 쓰는 것을 넘어서 이 교과서와 같은 책을 쓰지 않으면 나의 연구 경력이 완전하지 못할 것이라는 생각 때문이다. 나는 이 책을 수령이 오래된 혼합 침엽수 산림, 많은 야생생물, 그리고 시간의 여유가 있을 때 송어 낚시를 하는 환경으로 둘러싸인 산악 속에 살면서 썼다.

콜로라도 주 라베타에서
마누엘 C. 몰스

이 책의 구성

각 장은 과학원리, 문제, 해결방안의 세 부분으로 이루어졌다.

핵심 질문: 우리는 어떻게 기후 변화의 환경적 영향과 사회적 영향을 줄이고 적응할 수 있을까?

기후와 전 지구 기온을 조절하는 요인을 설명한다.

(Jean-Louis Klein & Marie-Luce Hubert/Science Source)

과학원리

네비게이션 바는 과학원리, 문제, 해결방안을 식별하기 쉽게 색상을 사용하여 각 장을 명확하게 안내한다.

제14장

전 지구 기후 변화

14.1~14.4 과학원리

각 장의 주제와 관련된 과학원리를 설명하는 것부터 시작하여 다음에 다룰 내용의 기초가 된다.

14.5~14.8 문제

현 환경 문제에 대한 더 나은 이해를 얻기 위해 과학 영역을 활용한다.

14.9~14.11 해결방안

학생들에게 세계 여러 곳의 환경 문제에 대한 해결방안(구현 또는 제안)의 성공 또는 실패를 평가하게 함으로써 결론을 맺는다.

온난화되는 전 지구 기후의 원인과 영향을 분석한다.

전 지구 기후 변화를 완화시킬 수 있는 지역 및 국제 전략을 논의한다.

문제

해결방안

핵심 질문으로 학습 목표 정하기

더워진 지구에 일어나는 현상

폭염은 기온 기록을 갱신하여 세계 많은 지역에 영향을 미친다. 높은 기온과 가뭄이 겹치게 되면 이전까지 겪어보지 못했던 규모의 산불을 일으킨다. 가뭄은 미국 중서부 지역과 같은 지역에서 농업생산성에 심각한 영향을 끼친다.

미국 서부의 산불 추적

맹렬하게 타오르는 산불과 기상이변은 앞으로 점점 더 빈번해질 것이다.

2012년 6월 23일 아침 7시에 콜로라도 주 콜로라도스프링스 시 외곽 산속에 있는 왈도캐니언 산길을 따라 달리던 사람이 연기 냄새를 맡았다. 그는 산길을 벗어나서 무슨 일이 있는지 두리번거리다가 숲에서 연기만 나며 타는 불을 찾아냈다. 그가 이 사실을 지방 보안관서에 신고한 후 강한 바람과 가뭄으로 산불이 수 시간에 약 2백 43만 제곱킬로미터의 면적으로 퍼졌으며, 이로 인하여 인근의 여러 지역의 주민들이 대피하였다. 2주 반에 걸쳐 소방관들이 왈도캐니언 화재를 진압했는데 이 화재로 7,384헥타르와 가옥 346채가 불에 탔으며 2명이 사망하였다. 이 화재는 콜로라도 주의 역사에서 가장 피해가 심한 화재라는 기록을 남겼으며 이로 인하여 보험 청구 액수는 4억 5천만 달러 이상에 달했다. 이 산불은 방화범에 의해 일어났지만, 불이 빠르게 번지고 파괴적인 영향을 미친 또 다른 혐의자로 지목된 것은 기후 변화였다.

이 해에 미국 서부의 산불이 일어나는 계절은 수그러들줄 모르는 더위의 마지막 기간이었다. 2011년 8월부터 2012년 7월까지 12개월간 미국 본토 48개 주의 지표 온도는 117년 만에 기록을 깨며 가장 높았다. 콜로라도 주 전체에 걸쳐 산불은 67,000헥타르의 면적을 다 태웠으며 600채의 주택을 파괴하였다. 몬태나 주와 뉴멕시코 주에서는 529채 주택이 소실되었다. 유타 주와 와이오밍 주에서는 천연가스전의 가동을 중지시켰고 이로 인하여 에너지 공급에 막대한 차질을 빚었다. 2012년에 미국에서 일어난 산불은 총 170만 헥타르 이상의 면적을 태워버렸다.

미국의 이상 고온은 또 다른 영향을 끼쳤다. 예를 들면 소들은 잘 자란 초지가 부족하여 미국농림부는 토양 침식과 야생동물 서식지 보존을 위하여 휴작해놓은 보존 지역에 소들을 방목할 수 있도록 하였다. 미국 옥수수 생산량의 절반과 콩 생산량의 약 3분의 1이 감소하였으며 이로 인하여 전 세계의 식량 가격이 상승하였다. 농부들의 수입 감소는 농업 활동이 일어나는 지역의 다양한 사업에서 차질을 빚었다.

> "환경 보존은 자유주의 또는 보수적인 도전이 아니라 상식이다."
>
> 로널드 레이건, 1984년 1월 미국 대통령의 상원 연설

미래 기후 모델링을 하는 기후학자들은 2012년 여름이 기후 변화로 일어나는 환경과 경제의 일부 단면을 미리 보여주는 것이라고 여긴다. 사실 기후학자들은 아마 현재의 경향이 그대로 유지될 경우 이 세기의 중반에 미국 서부는 지난 1,000년 동안 일어났던 그 어떤 때보다 더 심각한 가뭄을 겪을 것이라고 밝혔다. 인간의 활동은 특히 태양의 복사 에너지를 붙잡아두는 이산화탄소를 대기로 방출시키며 1880년부터 약 1℃ 온도를 올리며 지구의 기후를 변화시키는 데 상당한 역할을 해오고 있다. 기후학자들은 기후 변화는 극지방 빙하의 감소와 해수면 상승과 더불어 더 빈번한 폭염, 가뭄 기타 기상이변을 일으킬 것으로 예측한다.

기후 모델은 21세기 말에는 지표의 온도가 2~3℃ 더 오를 것으로 예상한다. 2014년에 발간된 정부간기후변화협의체(IPCC)는 "기후계가 더워지는 것은 일방통행이며 1950년대부터 관측된 여러 변화는 지난 수십 년에서 수천 년 동안에 겪어보지 못한 것들이다. … 인간의 영향이 이렇게 관측된 온난화의 주된 요인일 것이 가장 유력하다."고 하였다.

한 가지 좋은 소식은 이렇게 인간이 기후 변화에 주된 공헌자라는 것을 인식한다면 이 문제를 해결할 수 있는 단계들이 있다는 것이다. 그러나 이 문제점들을 살펴보면서 알게 되겠지만 환경과 경제에서 다른 형태의 봉괴를 일으키는 것만은 피해야 한다.

핵심 질문

**우리는 어떻게 기후 변화의 환경적 영향과
사회적 영향을 줄이고 적용할 수 있을까?**

과학원리 　　　　　 문제 　　　　　 해결방안

각 장에서는 사례 연구를 통해 학생들에게 주제를 소개하고 이 장의 전반적인 학습 목표를 수립한다. 이 학습 목표는 핵심 질문이다.

"각 장의 핵심 질문을 주제로 사용하면 학생들이 소개된 정보를 바탕으로 책 내용에 집중하게 할 수 있습니다. 핵심 질문은 장 전체의 개념을 연결하는 데 매우 도움이 됩니다."

-테리 마티엘라, 텍사스대학교 샌안토니오 캠퍼스

그림 14.1 태양에서 약 2억 2800만 킬로미터 떨어진 곳에 위치한 화성은 이 책에서 다루는 3개의 행성 가운데 가장 작은 행성이다. 지구는 화성보다 7,800만 킬로미터 더 태양에 가깝고 화성 직경의 2배이다. 금성은 지구와 거의 비슷한 크기를 가지며 태양에 약 4,000만 킬로미터 혹은 30% 더 가까이 위치한다. 그렇지만 금성의 평균 기온은 지구의 평균 기온에 비해 30배 이상 높다.

우리는 어떻게 기후 변화의 환경적 영향과 사회적 영향을 줄이고 적응할 수 있을까?

핵심 질문을 염두에 두고 공부할 수 있도록 책을 펼쳤을 때 모든 페이지에서 볼 수 있게 했다.

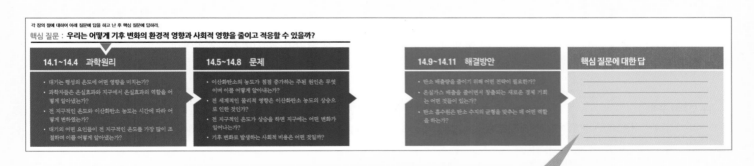

각 장의 끝에서는 그 장에서 제시한 과학원리, 문제 및 해결방안을 요약하여 질문에 대한 답을 작성한다. 이는 핵심 질문에 대한 답을 준비하는 데 도움이 될 것이다.

"이 구성은 학생들의 이해를 북돋아주는 측면에서 큰 가치를 지니며, 핵심 질문에 피드백하는 방식으로 질문에 답하게 합니다. 이는 단순한 사실 설명이 아닌 개념과 토론에 더 기초한 교과 과정에 도움이 됩니다."

-메건 라티, 애리조나웨스턴대학

해결방안에 초점

환경과학의 주제와 문제로 말미암아 환경 문제에 대해 절박감과 무력감을 느낄 수 있다. 이 책의 독특한 구성을 통해 해결방안으로 우리가 해왔던 일(그리고 얼마나 효과가 있었던지)과 앞으로 할 수 있는 일(이를 구현하는 데 과학이 어떻게 도움이 될지)을 역설한다.

14.9~14.11 해결방안

(AP Photo/Danny Wilcox Frazier)

(Greg Gibson/AP Photo)

(Mark Henley/Panos Pictures)

활동 목록 작성하기

각 장의 해결방안 절을 통해 학생들은 환경과학 문제에 직접 참여하고 자신의 경험이 중요하다고 생각하게 하는 활동 목록을 작성한다.

기후 변화와 우리

많은 사람들은 기후와 대기의 변화가 우리 인간이 지금까지 처한 가장 심각한 환경 과제라고 여긴다. 늘어난 인구의 활동으로 말미암아 대량의 온실가스가 배출되면서 지구를 이미 데워놓았고 전 생물권을 급격히 와해시키는 위협이 되고 있다. 기후 변화로 일어나는 문제들은 우리의 전반적인 생활과 경제 지원 체계를 위험에 놓이게 하였다. 이러한 도전 과제들에 대하여 개인은 무엇을 할 수 있겠는가?

☐ 과학 따르기

비록 기후학자들이 기후 변화와 그 원인에 대하여 대체적으로 동의하고 있지만 기후 변화 과학을 부정하는 사람들은 지구 기후의 현재 상태와 역동성, 그리고 사회와 환경 영향에 대하여 다른 결론을 제시한다. 이러한 서로 다른 의견을 통하여 여러분이 선택할 길을 알아내는 가장 좋은 방법은 전 지구적인 온도, 폭풍 강도, 가뭄이 일어난 깊이와 빈도, 해수면 상승 등에 관련된 자료에 특별한 관심을 가지면서 출간된 과학의 발전을 따라가며 이번 수업 동안 배운 것을 바탕으로 하는 것이다.

☐ 에너지 절약하기

총괄하여 말하면 우리는 에너지를 절약함으로써 생산되는 에너지의 양을 변경할 수 있다. 에너지 전력회사는 소비자가 에너지를 절약하여 미국과 유럽에서 에너지의 수요가 이미 줄었다고 보고한다. 첫 단계로는 여러분의 주택이 잘 단열되었는가를 확인하는 것이다. 가능하다면 겨울에 난방(20℃ 이하)을 할 때 그리고 여름에 냉방(25.5℃ 이상)을 할 때 에너지를 줄이기 위해 온도조절장치를 설치하는 것이다. 가능하다면 안전할 때 걷거나 자전거를 타거나 대중교통을 이용하여 에너지를 절약하라. 만약 자동차를 운전한다면 연료 효율이 좋은 차를 선택하고 또 상태가 잘 유지되도록 하여 연료 경제를 최대화하도록 하라.

☐ 온실가스 배출을 줄이기 위한 노력 지지하기

시민으로서 재생 가능한 에너지원으로 전환하고 온실가스 생산을 줄이는 것을 지지하기 위하여 목소리를 내고 투표권을 행사하라. 자연적인 탄소 흡수원을 지속 가능하게 하는 보존 농업과 산림 관리를 후원하는 지방 정부, 광역 정부와 국가의 정책을 지지하라. 또 전력 생산과 다른 산업 활동과 연관된 탄소 배출에 비용을 부과하려는 입법행위를 지지하라. 소비자로서 한 단계 더 나아갈 수 있는데 여러분 지역의 전기 공급자가 제공하는 청정에너지 솔선행위를 지지하라.

☐ 활발히 참여하기

크건 작건 우리 모두 건설적인 변화에 대하여 강력한 영향력을 발휘할 수 있다. 환경과학의 이 과정을 마치면 오늘날 환경 도전 과제들에 대한 과학원리, 문제, 가능한 해결방안에 대한 포괄적인 이해를 가지게 될 것이다. 더 중요한 것은 현재 가지고 있는 지식의 기반을 더 넓힐 수 있는 준비가 되어 있다는 점이다. 그렇게 하면서 여러분의 지성적인 목소리를 필요로 하는 곳에 들을 수 있게 하고 개별적으로 또 여러분의 지식을 반영하고 가장 시급한 환경 문제점을 이해하는 또는 이 책에서 언급한 다른 많은 문제점들에 관련된 단체에 참여하라.

"이 '과학원리-문제-해결방안'의 구성을 통해 학생들은 문제의 기반을 이해하고, '운명' 내지는 '우울'하다는 감정으로 문제들을 내버려두기보다 문제를 해결할 수 있다는 희망을 갖고 미래를 기대하는 데 도움이 됩니다."

－테리 마티엘라,
텍사스대학교 샌안토니오캠퍼스

비판적 사고와 문제 해결

 각 절 뒤에 **생각해보기** 질문을 두어 학생들이 방금 읽은 것을 분석하고 새로운 상황에 적용하도록 한다.

 장 전반에 있는 **질문**은 학생들이 문제에 참여하고 바로 강의 또는 토론에 활용할 수 있다.

비판적 분석 ┃ 각 장 마지막에 있는 **비판적 분석** 질문을 통해 학생들은보다 높은 수준의 블룸(Bloom)의 기술을 환경 문제와 해결책에 적용한다.

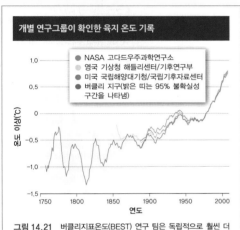

개별 연구그룹이 확인한 육지 온도 기록

- ● NASA 고다드우주과학연구소
- ● 영국 기상청 해들리센터/기후연구부
- ● 미국 국립해양대기청/국립기후자료센터
- ● 버클리 지구(밝은 띠는 95% 불확실성 구간을 나타냄)

그림 14.21 버클리지표온도(BEST) 연구 팀은 독립적으로 훨씬 더 많은 기상관측소의 자료와 도시 열섬 효과를 반영하여 육지의 온도가 전 지구적으로 온난해지고 있다는 것을 확인하였다. (자료 출처 : BEST, http://berkeleyearth.org)

각 장의 자료에 중점을 두면 정량적 기술 및 수학적 추론을 할 수 있다.

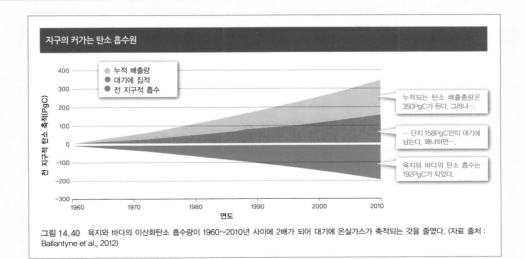

지구의 커가는 탄소 흡수원

- ● 누적 배출량
- ● 대기에 집적
- ● 전 지구적 흡수

누적되는 탄소 배출총량은 350PgC가 된다. 그러나…,

… 단지 158PgC만이 대기에 남는다. 왜냐하면…,

육지와 바다의 탄소 흡수는 192PgC가 되었다.

그림 14.40 육지와 바다의 이산화탄소 흡수량이 1960~2010년 사이에 2배가 되어 대기에 온실가스가 축적되는 것을 줄었다. (자료 출처 : Ballantyne et al., 2012)

검토자

다양한 단계에서 이 책의 원고를 검토하고 테스트하며 조언한 다음의 강사들에게 깊은 감사의 마음을 전한다.

Matthew Abbott, *Des Moines Area Community College-Newton campus*
David Aborn, *University of Tennessee at Chattanooga*
Michael Adams, *Pasco-Hernando Community College*
Loretta Adoghe, *Miami Dade College*
Shamim Ahsan, *Metropolitan State University of Denver*
Steve Ailstock, *Anne Arundel Community College*
Marc Albrecht, *University of Nebraska–Kearney*
Thomas Algeo, *University of Cincinnati*
John Aliff, *Georgia Perimeter College*
Keith Allen, *Bluegrass Community and Technical College*
Albert Allong, *Houston Community College*
Brannon Andersen, *Furman University*
Matt Anderson, *Broward College*
Dean Anson, *Southern New Hampshire University, and Lakes Region Community College*
Clay Arango, *Central Washington University*
Walter Arenstein, *San Jose State University*
Felicia Armstrong, *Youngstown State University*
Paul Arriola, *Elmhurst College*
Tom Arsuffi, *Texas Tech University*
Augustine Avwunudiogba, *California State University, Stanislaus*
Sonia Aziz, *Moravian College*
Abbed Babaei, *Cleveland State University*
Daphne Babcock, *Collin College*
Nancy Bain, *Ohio University*
Jack Baker, *Evergreen Valley College*
James Baldwin, *Boston University*
Becky Ball, *Arizona State University at the West Campus*
Deniz Ballero, *Georgia Perimeter College*
Teri Balser, *University of Wisconsin–Madison*
Barry Barker, *Nova Southeastern University*
Morgan Barrows, *Saddleback College*
Brad Basehore, *Harrisburg Area Community College*
Damon Bassett, *Missouri State University*
David Baumgardner, *Texas A&M University*
Ray Beiersdorfer, *Youngstown State University*
Timothy Bell, *Chicago State University*
Tracy Benning, *University of San Francisco*
David Berg, *Miami University*
Leonard Bernstein, *Temple University*
David Berry, *California State Polytechnic University*
Susan Berta, *Indiana State University*
Joe Beuchel, *Triton College*
Cecilia Bianchi-Hall, *Lenoir Community College*
Jennifer Biederman, *Winona State University*
Andrea Bixler, *Clarke University*
Kim Bjorgo-Thorne, *West Virginia Wesleyan College*
Brian Black, *Penn State Altoona*
Brent Blair, *Xavier University*
Steve Blumenshine, *California State University, Fresno*
Ralph Bonati, *Pima Community College*
Emily Boone, *University of Richmond*
Polly Bouker, *Georgia Perimeter College*
Michael Bourne, *Wright State University*

Richard Bowden, *Allegheny College*
Anne Bower, *Philadelphia University*
Scott Brame, *Clemson University*
Susan Brantley, *Gainesville State College*
Susan Bratton, *Baylor University*
Beth Braun, *City Colleges of Chicago*
Randi Brazeau, *MSU Denver*
James Brenneman, *University of Evansville*
Mary Brown, *Western Michigan University*
Robert Bruck, *North Carolina State University*
Susan Buck, *University North Carolina Greensboro*
Amy Buechel, *Gannon University*
Robert Buerger, *University of North Carolina Wilmington*
Bonnie Burgess, *Loyola Marymount University*
Rebecca Burton, *Alverno College*
Willodean Burton, *Austin Peay State University*
Peter Busher, *Boston University*
Nancy Butler, *Kutztown University*
Anya Butt, *Central College*
Elena Cainas, *Broward College*
John Campbell, *Northwest College*
Daniel Capuano, *Hudson Valley Community College*
Heidi Carlson, *Harrisburg Area Community College*
Deborah Carr, *Texas Tech University*
Margaret Carroll, *Framingham State University*
Kelly Cartwright, *College of Lake County*
Mary Kay Cassani, *Florida Gulf Coast University*
Michelle Cawthorn, *Georgia Southern University*
Dominic Chaloner, *University of Notre Dame*
Linda Chamberlain, *Lansing Community College*
Karen Champ, *College of Central Florida*
Fu-Hsian Chang, *Bemidji State University*
Ron Cisar, *Iowa Western Community College*
Lu Anne Clark, *Lansing Community College*
Reggie Cobb, *Nash Community College*
Marlene Cole, *Boston College*
Elena Colicelli, *College of Saint Elizabeth*
Beth Collins, *Iowa Central Community College*
David Corey, *Midlands Technical College*
Douglas Crawford-Brown, *University of North Carolina at Chapel Hill*
Joan Curry, *University of Arizona College of Agriculture*
Angela Cuthbert, *Millersville University*
Sanhita Datta, *San Jose City College*
James Dauray, *College of Lake County*
Tom Davinroy, *Metropolitan State University of Denver*
Elizabeth Davis-Berg, *Columbia College Chicago*
Robert Dennison, *Heartland Community College*
Michael Denniston, *Georgia Perimeter College*
Frank Dirrigl, *The University of Texas–Pan American*
Jan Dizard, *Amherst College*
Melinda Donnelly, *University of Central Florida*

Michael Draney, *University of Wisconsin–Green Bay*
Daniel Druckenbrod, *Longwood University*
Dani DuCharme, *Waubonsee Community College*
John Duff, *University of Massachusetts Boston*
George Duggan, *Middlesex Community College*
Don Duke, *Florida Gulf Coast University*
Robert Dundas, *California State University, Fresno*
John Dunning, *Purdue University*
Karen Duston, *San Jacinto College*
James Eames, *DePaul University*
Robert East, *Washington & Jefferson College*
Nelson Eby, *University of Massachusetts*
Kenneth Ede, *Oklahoma State University–Tulsa*
Matthew Eick, *Virginia Tech*
Diana Elder, *Northern Arizona University*
Catherine Etter, *Cape Cod Community College*
Luca Fedele, *Virginia Tech*
Jeff Fennell, *Everett Community College*
Fleur Ferro, *Community College of Denver*
Steven Fields, *Winthrop University*
Brad Fiero, *Pima County Community College*
Jonathan Fingerut, *Saint Joseph*
Ken Finkelstein, *Suffolk University Boston*
Geremea Fioravanti, *Harrisburg Area Community College*
Linda Fitzhugh, *Gulf Coast Community College*
Stephan Fitzpatrick, *Georgia Perimeter College*
Margi Flood, *Gainesville State College*
April Ann Fong, *Portland Community College, Sylvania Campus*
Nicholas Frankovits, *University of Akron*
Sabrina Fu, *UMUC*
Elyse Fuller, *Rockland Community College*
Karen Gaines, *Eastern Illinois University*
Danielle Garneau, *SUNY Plattsburgh*
Carri Gerber, *OSU-ATI*
Phil Gibson, *University of Oklahoma*
Paul Gier, *Huntingdon College*
Kristin Gogolen-Wylie, *Macomb Community College*
Michael Golden, *Grossmont College*
Julie Gonzalez, *Des Moines Area Community College*
Rachel Goodman, *Hamdpen-Sydney College*
Pamela Gore, *Georgia Perimeter College*
Karl Gould, *Webber International Univ.*
Gail Grabowsky, *Chaminade University*
Ann Gunkel, *Cincinnati State College*
Maureen Gutzweiler, *Harrisburg Area Community College*
Edward Guy, *Lakeland Community College*
Sue Habeck, *Tacoma Community College*
Charles Hall, *State University of New York College of Environmental Science and Forestry*
Robert Hamilton, *Kent State University*
Robert Harrison, *University of Washington, Seattle*
Stephanie Hart, *Lansing Community College*
Susan Hartley, *University of Minnesota Duluth*
Alyssa Haygood, *Arizona Western College*

Stephen Hecnar, *Lakehead*
Rod Heisey, *Penn State University*
Keith Hench, Ph.D., *Kirkwood Community College*
Carl Herzig, *St. Ambrose University*
Crystal Heshmat, *Hudson Valley Community College*
Crystal Heshmat, *Mildred Elley and Hudson Valley Community College*
Jeffery Hill, *University of North Carolina Wilmington*
Jason Hlebakos, *Mt. San Jacinto College*
Carol Hoban, *Kennesaw State University*
Melissa Hobbs, *Williams Baptist College*
Jeffrey Matthew Hoch, *Nova Southeastern University*
Kelley Hodges, *Gulf Coast State College*
Robert Hollister, *Grand Valley State University*
Joey Holmes, *Rock Valley College*
Claus Holzapfel, *Rutgers University Newark*
Barbara Holzman, *San Francisco State University*
Aixin Hou, *Louisiana State University*
Phillip Hudson, *Southern Illinois University Edwardsville*
LeRoy Humphries, *Fayetteville Technical Community College*
Todd Hunsinger, *Hudson Valley Community College*
Andrew Hunt, *University of Texas at Arlington*
Jodee Hunt, *Grand Valley State University*
Catherine Hurlbut, *Florida State College at Jacksonville*
Lilia Illes, *University of California, Los Angeles*
Emmanuel Iyiegbuniwe, *Western Kentucky University*
Kazi Jaced, *Kentucky State University*
Morteza Javadi, *Columbus State Community College*
Richard Jensen, *Hofstra University*
Mintesinot Jiru, *Coppin State University*
Alan Johnson, *Clemson University*
Kevin Johnson, *Florida Institute of Technology*
Gina Johnston, *California State University, Chico*
Seth Jones, *University of Kentucky*
Elizabeth Jordan, *Santa Monica College*
Stan Kabala, *Duquesne University*
Charles Kaminski, *Middlesex Community College*
Ghassan Karam, *Pace University*
John Kasmer, *Northeastern Illinois University*
Jennifer Katcher, *Pima Community College*
Dawn Kaufman, *St. Lawrence*
Jerry Kavouras, *Lewis University*
Reuben Keller, *Loyola University Chicago*
Kiho Kim, *American University*
Myung-Hoon Kim, *Georgia Perimeter College*
Andrea Kirk, *Tarrant County College*
Elroy Klaviter, *Lansing Community College*
Kristie Klose, *University of California, Santa Barbara*
Leah Knapp, *Olivet College*
Ned Knight, *Linfield College*

iriam Kodl, *California State University, Monterey Bay*
hn Koprowski, *University of Arizona*
net Kotash, *Moraine Valley Community College*
aine Kotler, *Manchester Community College*
an Kowal, *University of Wisconsin–Whitewater*
eorge Kraemer, *Purchase College*
ul Kramer, *Farmingdale State College*
illiam Kroll, *Loyola University of Chicago*
eth Ann Krueger, *Central Arizona College–Aravaipa Campus*
mes Kubicki, *The Pennsylvania State University*
atherine LaCommare, *Lansing Community College*
oy Ladine, *East Texas Baptist University*
iane Lahaise, *Georgia Perimeter College*
egan Lahti, *Arizona Western College (Adjunct)/ NAU–Yuma (FT)*
ate Lajtha, *Oregon State University*
usan Lamont, *Anne Arundel Community College*
aytha Langlois, *Bryant University*
ndrew Lapinski, *Reading Area Community College*
im Largen, *George Mason University*
race Lasker, *Lake Washington Institute of Technology*
yce Ellen Lathrop-Davis, *Community College of Baltimore County*
nnifer Latimer, *Indiana State University*
athy Lauckner, *Community College of Southern Nevada*
eorge Leddy, *Los Angeles Valley College*
ugh Lefcort, *Gonzaga University*
arcie Lehman, *Shippensburg University*
orman Leonard, *University of North Georgia*
nnifer Lepper, *Minnesota State University Moorhead*
urt Leuschner, *College of the Desert–Applied Sciences*
ephen Lewis, *California State University, Fresno*
D. Lewis, *Fordham University*
nna Liang, *Southern Illinois University*
att Liebman, *Suffolk University Boston*
heo Light, *Shippensburg University*
atyana Lobova, *Old Dominion University*
ric Lovely, *Arkansas Tech University*
a Lu, *Valdosta State University*
nthony Lupo, *University of Missouri*
uen, Lupton, *Craven Community College*
nathan Lyon, *Merrimack College*
ffrey Mahr, *Georgia Perimeter College*
even Manis, *MGCCC*
ancy Mann, *Cuesta College*
eidi Marcum, *Baylor University*
ilo Marin, *Broward College*
amara Marsh, *Elmhurst College*
ob Martin, *Florida State College*
atrick Mathews, *Friends University*
erri Matiella, *The University of Texas San Antonio*
ric Maurer, *University of Cincinnati*
osta Mazidji, *Collin College*
eWayne McAllister, *JCCC*
harles McClaugherty, *University of Mount Union*
mes McEwan, *Lansing Community College*
ale McGinnis, *Eastern Florida State College*
olleen McLean, *Youngstown State University*
an McNally, *Bryant University*

Karen McReynolds, *Hope International University*
Patricia Menchaca, *Mount San Jacinto Community College: Menifee Campus*
Michael Mendel, *Mount Vernon Nazarene University*
Heather Miceli, *Johnson and Wales University*
Chris Migliaccio, *Miami Dade College*
Donald Miles, *Ohio University*
William Miller, *Temple University*
Dale Miller, *University of Colorado–Boulder*
Kiran Misra, *Edinboro University of Pennsylvania*
Mark Mitch, *New England College*
Scott Mittman, *Essex County College*
Brian Mooney, *Johnson and Wales University*
David Moore, *Miami Dade College*
Elizabeth Morgan, *College of the Desert*
Sherri Morris, *Bradley University*
John Mugg, *Michigan State University*
Kathleen Murphy, *Daemen College*
Courtney Murren, *College of Charleston*
Carole Neidich-Ryder, *Nassau Community College*
Douglas Nesmith, *Baylor University*
Todd Nims, *Georgia Perimeter College*
Ken Nolte, *Shasta College*
Fran Norflus, *Clayton State University*
Leslie North, *Western Kentucky University*
Kathleen Nuckolls, *University of Kansas*
Kathleen O'Reilly, *Houston Community College*
Mary O'Sullivan, *Elgin Community College*
Mark Oemke, *Alma College*
Victor Okereke, *Morrisville State College*
John Ophus, *University of Northern Iowa*
Natalie Osterhoudt, *Broward Community College*
William Otto, *University of Maine at Machias*
Wendy Owens, *Anne Arundel Community College*
Phil Pack, *Woodbury University*
Raymond Pacovsky, *Palm Beach State College*
Chris Paradise, *Davidson College*
William Parker, *Florida State University*
Denise Lani Pascual, *Indiana University–Purdue University Indianapolis*
Ginger Pasley, *Wake Technical Community College*
Elli Pauli, *George Washington University*
Daniel Pavuk, *Bowling Green State University*
Clayton Penniman, *Central Connecticut State University*
Barry Perlmutter, *College of Southern Nevada*
Joy Perry, *University of Wisconsin Colleges*
Dan Petersen, *University of Cincinnati*
Chris Petrie, *Eastern Florida State College*
Linda Pezzolesi, *Hudson Valley Community College*
Craig Phelps, *Rutgers, The State University of New Jersey*
Neal Phillip, *Bronx Community College*
Frank Phillips, *McNeese State University*
Linda Phipps, *Lipscomb University*
Scott Pike, *Willamette University*
Greg Pillar, *Queens University of Charlotte*
Thomas Pliske, *Florida International University*
Gerald Pollack, *Georgia Perimeter College*
Gary Poon, *Erie Community College, City Campus*
Shaun Prince, *Lake Region State College*
Carol Prombo, *Washington University in St. Louis*
Mary Puglia, *Central Arizona College*

Jennifer Purrenhage, *University of New Hampshire*
Ann Quinn, *Penn State Erie, The Behrend College*
Jodie Ramsay, *Northern State University*
Dan Ratcliff, *Rose State College*
James Reede, *California State University, Sacramento*
Daniel Ressler, *Susquehanna University*
Marsha Richmond, *Wayne State University*
Jennifer Richter, *University of New Mexico*
Melanie Riedinger-Whitmore, *University of South Florida St. Petersburg*
Lisa Rodrigues, *Villanova University*
William Rogers, *West Texas A&M University*
Thomas Rohrer, *Central Michigan University*
Scott Rollins, *Spokane Falls Community College*
Charles Rose, *St. Cloud State University*
Judy Rosovsky, *Johnson State College*
William Roy, *University of Illinois at Urbana–Champaign*
John Rueter, *Portland State University*
Dennis Ruez, *University of Illinois at Springfield*
Jim Sadd, *Occidental College*
Eric Sanden, *University of Wisconsin–River Falls*
Shamili Sandiford, *College of DuPage*
Robert Sanford, *University of Southern Maine*
Karen Savage, *California State University, Northridge*
Timothy Savisky, *University of Pittsburgh at Greensburg*
Debora Scheidemantel, *Pima Community College*
Douglas Schmid, *Nassau Community College*
Nan Schmidt, *Pima Community College*
Jeffery Schneider, *SUNY Oswego*
Andrew Scholl, *Kent State University at Stark*
Kimberly Schulte, *Georgia Perimeter College*
Bruce Schulte, *Western Kentucky University*
Joel Schwartz, *California State University, Sacramento*
Peter Schwartzman, *Knox College*
Andrew Sensenig, *Tabor College*
Lindsay Seward, *University of Maine*
Cindy Seymour, *Craven Community College*
Rich Sheibley, *Edmonds Community College*
Brian Shmaefsky, *Lone Star College–Kingwood*
Kent Short, *Bellevue College*
Joseph Shostell, *Penn State University–Fayette*
William Shoults-Wilson, *Roosevelt University*
Abert Shulley, *CCBC*
Douglas Sims, *College of Southern Nevada*
David Skelly, *Yale University*
Sherilyn Smith, *Le Moyne College*
Rolf Sohn, *Eastern Florida State College*
Douglas Spieles, *Denison University*
Dale Splinter, *University of Wisconsin–Whitewater*
Clint Springer, *Saint Joseph's University*
Alan Stam, *Capital University*
Craig Steele, *Edinboro University*
David Steffy, *Jacksonville State University*
Michelle Stewart, *Mesa Community College*
Julie Stoughton, *University of Nevada Reno*
Peter Strom, *Rutgers University*
Robyn Stroup, *Tulsa Community College*
Andrew Suarez, *University of Illinois*
Keith Summerville, *Drake University*
Karen Swanson, *William Paterson University of New Jersey*

Melanie Szulczewski, *University of Mary Washington*
Ryan Tainsh, *Johnson & Wales University*
Michael Tarrant, *University of Georgia*
Franklyn Te, *Miami Dade College*
Melisa Terlecki, *Cabrini College*
David Terrell, *Warner Pacific College*
William Teska, *Pacific Lutheran University*
Donald Thieme, *Valdosta State University*
Nathan Thomas, *Shippensburg University*
Jamey Thompson, *Hudson Valley Community College*
Heather Throop, *New Mexico State University*
Tim Tibbetts, *Monmouth College*
Ravindra Tipnis, *Houston Community College SW*
Conrad Toepfer, *Brescia University*
Gail Tompkins, *Wake Technical Community College*
Tak Yung (Susanna) Tong, *University of Cincinnati*
Brant Touchette, *Elon University*
Jonah Triebwasser, *Marist and Vassar Colleges*
Chris Tripler, *Endicott College in Massachusetts*
Mike Tveten, *Pima Community College–Northwest Campus*
Richard Tyre, *Valdosta State University*
Janice Uchida, *University of Hawaii*
Lauren Umek, *DePaul University College of Health and Science*
Shalini Upadhyaya, *Reynolds Community College*
Quentin van Ginhoven, *Vanier College*
Thomas Vaughn, *Middlesex Community College*
Robin Verble, *Texas Tech University*
Elisheva Verdi, *Sacramento City College*
Nicole Vermillion, *Georgia Perimeter College*
Eric Vetter, *Hawaii Pacific University*
Paul Vincent, *Valdosta State University*
Caryl Waggett, *Allegheny College*
Daniel Wagner, *Eastern Florida State College*
Meredith Wagner, *Lansing Community College*
Xianzhong Wang, *Indiana University–Purdue University Indianapolis*
Deena Wassenberg, *University of Minnesota*
John Weishampel, *University of Central Florida*
Edward Wells, *Wilson College*
Nancy Wheat, *Hartnell College*
Van Wheat, *South Texas College*
Deborah Williams, *Johnson County Community College*
Frank Williams, *Langara College*
Justin Williams, *Sam Houston State University*
Kay Williams, *Shippensburg University*
Shaun Willson, *East Carolina University*
Angela Witmer, *Georgia Southern University*
Mosheh Wolf, *University of Illinois at Chicago*
Janet Wolkenstein, *Hudson Valley Community College*
Kerry Workman Ford, *California State University, Fresno*
David Wyatt, *Sacramento City College*
Joseph Yavitt, *Cornell University*
Marcy Yeager, *Northern Essex Community College*
Jeff Yule, *Louisiana Tech University*
Natalie Zayas, *CSU Monterey Bay*
Caralyn Zehnder, *Georgia College & State University*
Lynn Zeigler, *Georgia Perimeter College*
Michael Zito, *Nassau Community College*

요약 차례

차례

제1장 서론

제2장 생태계와 경제 시스템

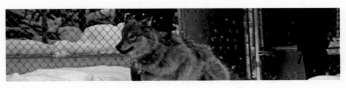

제3장 멸종위기종의 보호

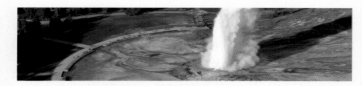

제4장   종과 생태계 다양성

과학원리

문제

해결방안

제5장   인구

과학원리

문제

해결방안

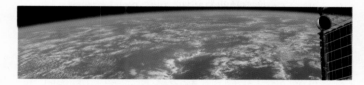

제6장   지속 가능한 물 공급

과학원리

문제

해결방안

제7장 지속 가능한 육상 자원

제8장 수산 자원 지속시키기

제9장 화석 연료와 원자력 에너지

제10장 재생 에너지

과학원리

문제

해결방안

제11장 환경보건과 위해성, 그리고 독성학

과학원리

문제

해결방안

제12장 고형폐기물과 유해폐기물 관리

과학원리

문제

해결방안

제13장 공기, 물과 토양오염

과학원리

제14장   **전 지구 기후 변화**

과학원리

핵심 질문: 과학과 가치로 환경 쟁점을 어떻게
풀어갈 것인가?

환경은 무엇으로 구성되고, 과학이란 무엇이며,
과학이 불확실한 상황을 어떻게 설명하는지 소개한다.

과학원리

제1장

서론

인간에 의한 전 지구적 환경 영향을 분석한다.

환경 문제를 해결하고 지속가능성의 목표를 설정하는 데
개인적 견해가 어떤 영향을 미치는지 검토한다.

문제

해결방안

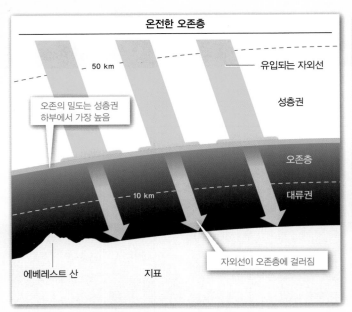

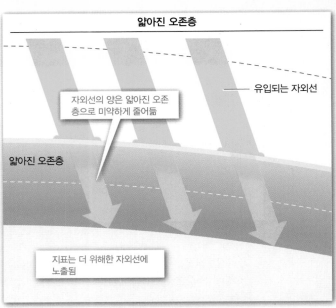

온전한 오존층

- 50 km
- 유입되는 자외선
- 성층권
- 오존의 밀도는 성층권 하부에서 가장 높음
- 오존층
- 대류권
- 10 km
- 자외선이 오존층에 걸러짐
- 에베레스트 산
- 지표

얇아진 오존층

- 유입되는 자외선
- 자외선의 양은 얇아진 오존층으로 미약하게 줄어듦
- 얇아진 오존층
- 지표는 더 위해한 자외선에 노출됨

성층권 오존층의 보호막 효과와 오존층이 얇아졌을 때의 영향

점점 커지는 영향

대기의 오존층에 구멍이 생겼다는 것을 발견하면서
점점 늘어가는 인구의 영향이 그 어느 때보다도 점점 명확해지고 있다.

북극곰들이 북극해에서 점차 익사하고 있다! 아마존의 열대 우림은 콩을 심고 가축을 사육하기 위하여 점점 벌목되고 있다. 그런가 하면 멕시코 만에서 조업 중이던 석유 시추공이 폭발하였다. 이렇게 매일 새롭고 충격적인 환경 재해가 신문의 머리기사를 장식하고 있는 것 같다. 환경운동가들은 우리가 현재 대재앙에 한 발짝 더 가까이 다가갔다고 하지만 이러한 일련의 사건들에 책임이 있는 정치가와 사업가들은 이러한 사건의 영향에 대하여 의미를 축소하려고 한다.

오존 3개의 산소 원자로 구성된 분자. 대기권 하부에서는 대기오염물로 여겨지지만, 대기권 상부에서는 태양으로부터 오는 유해한 광을 막아준다.

21세기의 가장 시급한 환경 쟁점들에 대한 열띤 토론에서 가끔은 쟁점과 과학을 따로 떼어내기는 어렵다. 인간의 활동이 기후를 변화시킨다는 것을

부정하는 사람들은 과연 이에 대한 증거에 대해 솔직하게 의문을 품는가? 또는 그 영향을 줄이기 위한 해결책을 찾는가? 또 환경운동가들은 행위를 제한하는 환경 규제가 경제와 사람들의 생계에 어떤 영향을 미치는지에 대해 과연 고민해본 적이 있는가?

앞으로 이 책에서 알게 되겠지만 환경 쟁점에 관한 이러한 논란과 철학적인 딜레마는 그리 새로운 것이 아니다. 실제로 기후 변화와 외해에서 일어나는 석유 시추에 대해 현재 진행되고 있는 쟁점들을 이해하기 위해서는 최근의 가장 놀랄 만한 뉴스 표제의 하나인 '지구 대기에 구멍 발견'에 대하여 심층적으로 고려해보면 쉬울 것 같다. 이 뉴스가 발표된 것은 1985년인데, 남극대륙에서 연구를 하던 영국의 과학자가 대기 상층에 오존(ozone)의 함량이 많이 감소한 것을 측정하였다. 3개의 산소 원자로 이루어진 분자

"과학은 도덕적인 갈등 문제를 해결할 수는 없지만 이에 대하여 무엇이 문제인가를 좀 더 정확히 제시하는 데 도움을 줄 수 있다."

하인즈 파겔스, 물리학자이자 *Dreams of Reason: The Computer and the Rise of the Sciences of Complexity*(1988)의 저자

인 오존은 대기 하층에서는 오염물로 여겨지고 있지만 대기 상층에서는 태양으로부터 오는 유해한 **자외선**[ultraviolet(UV) light]을 막아주는 역할을 한다.

자외선은 가시광선보다 짧은 파장과 더 높은 에너지를 가지고 있는데, 생명체의 조직에 손상을 일으킨다. 아마 햇볕에 타본 사람은 알 것이다. 필연적으로 오존층의 구멍은 피부암, 백내장의 발생을 증가시켜 인간의 건강에 문제를 일으킬 것이며, 농작물의 피해, 그리고 남극대륙 주변의 풍부한 해양생물에 피해를 주는 생태 문제들을 일으킬 것이다. 그동안 수년에 걸쳐 오존층 파괴의 증거에 대하여 많은 논의가 이루어져 과학적 판단은 이미 내려졌으며 정부들이 이 문제를 해결하기 위하여 조치

자외선　태양에서 방출되는 짧은 파장의 고에너지 광선으로 생체 조직에 해를 끼친다.

를 취하였다. 이 오존층 파괴는 인간의 활동이 환경에 어떻게 영향을 미치는가에 대한 깊은 우려를 하게 만들었으며, 오늘날 우리가 직면하고 있는 많은 도전적인 문제들의 전조가 되는 역할을 하였다.

지구의 오존층이 줄어든다는 것이 인간이 환경에 끼치는 영향의 첫 번째 징후는 아니다. 그러나 이 오존층의 감소는 인간의 영향이 진정 전 지구적으로 미친다는 것을 분명하고 인상적으로 나타낸다. 이 발견에 대하여 즉각적으로 많은 문제들이 제기되었다. 무엇이 지구의 보호막에 구멍을 만들었는가? 오존층에 구멍이 생긴 상황은 어느 정도로 심각하며 이 보호막을 되살리기 위하여 어떤 일을 할 수 있겠는가? 이런 제기된 문제들을 해결하기 위해서는 과학, 의학, 통신 매체, 정치, 국제 외교 분야의 도움이 필요하다. 21세기 초반에 아직 해결되지 않은 환경 쟁점들을 해결하기 위해서는 과학과 인간의 가치를 모두 필수적으로 고려해야 한다. 제1장의 핵심 질문을 탐구해가면서 오존층 구멍의 예는 반복적으로 거론될 것인데, 이를 통해 과학이 우리 사회를 어떻게 형성시키는가에 대한 전 과정을 알게 될 것이다.

핵심 질문

과학과 가치로 환경 쟁점을 어떻게 풀어갈 것인가?

(Kelli-Ann Bliss/NOAA)

1.1~1.4   과학원리

식량은 환경의 화학적 요소인가? 생물적 요소인가? 아니면 둘 다인가? 여러분의 답이 환경 요소를 분류하는 데 어떤 의미를 가지는가?

환경 생물체에 영향을 미치는 물리적·화학적·생물적인 조건

생물적 환경의 살아 있는 구성원

무생물적 환경의 물리 및 화학적 구성원

우리의 조상이 사냥꾼이었으며 자급자족을 하는 농부였기에 인간은 생명체와 주변 환경과의 관계에 깊은 조예가 있었다. 물론 오늘날 전 세계에 상당한 인구가 도시에 살면서 택시를 몰거나 컴퓨터 소프트웨어 프로그램을 만드는 등 다양한 분야의 직업에 종사하고 있지만 우리는 우리가 환경에 미치는 영향이 전 지구적으로 확장이 된다는 것을 인식하고 있으며, 이러한 역사적 관심사항들이 새로운 위기라고 인식한다. 그런데 대체 '환경'이란 무엇인가?

1.1 모든 것이 환경이다

환경(environment)은 생명체에 영향을 미치는 생물적인 것과 무생물적인 요인으로 이루어져 있다. **생물적**(biotic) 요인은 환경에서 살아 있는 요소를 가리키는 것이고, **무생물적**(abiotic) 요인은 환경의 물리적·화학적인 요소를 가지고 있다. 인간이 상당한 영향을 미치는 환경에서는 문화적인 요소도 고려해야 한다(그림 1.1).

여름 태양의 직사광과는 달리 안개 낀 아침의 '느낌'을 생각해보자. 이 느낌은 물리적인 무생물 환경을 가리키는 것으로 여기에는 온도, 습도, 구름양과 같은 요소들을 가지고 있으며, 이러한 요소는 태양광의 강도에 영향을 미친다. 물리적 환경은 또한 그 자체로 시간의 흐름에 따

라 일어나는 요소들을 가지고 있는데, 여기에는 온도나 일조시간의 계절적인 변화 같은 것이 있다. 또한 수탉이 우는 소리와 같은 소음, 출근시간 고속도로에서 크게 울리는 소리 또는 수중 음파탐지기의 '핑' 하는 소리와 같은 것도 물리적 요소의 하나이다.

또한 무생물적인 요인은 환경에서 발견되는 화학물질에도 들어 있다. 유리잔에 들어 있는 물을 생각해보면 이 물에는 용존된 산소, 광물, 오염물도 들어 있어, 이 물을 마시면 화학적 환경의 일부를 섭취하는 셈이다. 화학적 환경은 공기, 물, 토양의 조성을 가리키기도 한다. 공기에 들어 있는 오염물의 수, 종류와 농도 및 주변의 악취뿐만 아니라 여러분이 먹는 음식에 들어 있는 영양소도 화학적 환경의 일부이다(그림 1.2). 식물의 화학적 환경은 토양과 그 주변에 들어 있는 모든 영양소와 주변의 공기와 토양에 들어 있는 가스 성분을 모두 포함한다.

화학적 요인과 물리적 요인은 가끔 밀접히 서로 연관되어 있는데, 바로 이 점이 현재의 많은 환경 문제의 중심에 자리 잡고 있다. 예를 들면, 과학자들은 우리가 일명 프레온가스로 알려진 클로로플루오르카본(CFCs)이라는 냉각용 화학물질을 환경으로 방출시켜서 성층권의 오존층을 얇게 만들었다는 사실을 밝혀냈다. 이렇게 성층권 오존층의 두께가 얇아지면서 더 많은 자외선이 대기를 통과하여 유입되어 지표의 물리적 환경을 변화시켰다. 이와

생명체와 환경 간의 관계

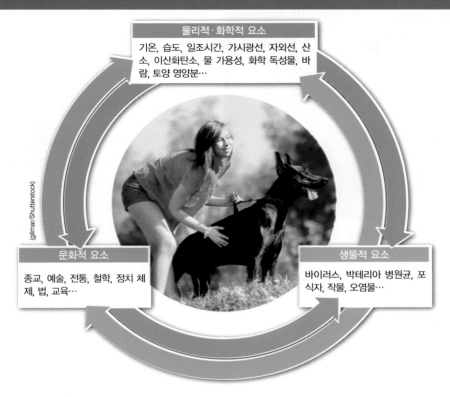

물리적·화학적 요소

기온, 습도, 일조시간, 가시광선, 자외선, 산소, 이산화탄소, 물 가용성, 화학 독성물, 바람, 토양 영양분…

(gilmar/Shutterstock)

문화적 요소

종교, 예술, 전통, 철학, 정치 체제, 법, 교육…

생물적 요소

바이러스, 박테리아 병원균, 포식자, 작물, 오염물…

그림 1.1 환경은 물리적·화학적·생물적 요소와 문화적 요소를 가지고 있다. 인간은 복잡한 문화를 가진 유일한 종으로 인간이 살고 있는 지역의 다른 생물종들은 인간의 문화 시스템에 상당한 영향을 받는다.

는 반대로 물리적 요인을 변질시키면 화학적 환경의 중요한 양상을 변화시킬 수 있다. 일례로, 연못의 온도를 높이

생물 기원의 화학 향연

(Joe Gough/Shutterstock)

그림 1.2 비록 우리는 음식을 이런 식으로 생각하지 않지만 우리가 먹는 음식에는 그 속에 영양소와 양념 그리고 이들에 들어 있는 화학적 오염물질이 들어 있는데, 이 음식은 우리의 화학적 환경의 일부를 차지한다.

면 연못물에 들어 있는 산소의 농도가 줄어든다. 화학적 요인과 물리적 요인은 생물학적인 환경에도 직간접적인 영향을 미친다.

2013년에 시작된 뉴욕 시 지하철에 대한 과학적 조사는 회전문, 의자, 쓰레기통의 모든 곳에서 발견되는 박테리아의 종에 대하여 그 분포를 작성하였다. 이 연구의 이름으로부터 유래한 병리학 지도는 지하철을 이용하는 통근자 개개인이 매일 마주치는 **생물학적 환경**(biological environment)에 대한 기록의 일부분에 불과하다. 좀 더 일반적으로 이야기하자면, 여러분의 생물학적 환경은 여러분이 살아가는 동안 여러분을 위축시켰던 모든 바이러스성이나 박테리아성 질병과 새로운 병원균, 식물과 동물에 노출되는 빈도를 포함한다(그림 1.3). 식량이 생산되

?

인간이 당면한 모든 환경 문제는 궁극적으로 문화적 요인에 의한 것일까?

생물학적 환경 한 생물체가 상호작용을 하는 병원체, 포식자, 기생충과 경쟁자의 종류와 다양성

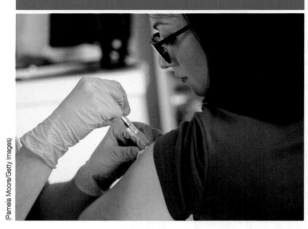

매년 실시하는 독감 주사 : 생물의 도전에 대응하는 방어

(Pamela Moore/Getty Images)

그림 1.3 인간의 생물 환경을 나타내는 뚜렷한 예로서 질병을 일으키는 바이러스, 박테리아와 균류가 있다.

는 물과 땅에 살고 있는 생물의 군집, 농작물을 수분시키는 곤충, 그리고 토양의 비옥도를 유지시키는 미생물은 더 넓은 의미의 생물학적 환경이다. 우리는 특정한 먹을 거리를 선택하여 먹고 그밖의 것은 먹지 않으면서, 우리가 손을 씻을 때 또는 우리의 생활에 침범한 곤충들을 감시하면서 생물학적 환경에 반응한다.

문화는 인간과 환경 간의 상호작용을 다른 생물종이 환경과 상호작용을 하는 것보다 훨씬 복잡하게 만든다. 종교, 철학과 교육 체계와 같은 문화적 요인은 우리가 환경을 어떻게 볼 것이며 어떻게 상호작용을 해야 하는가를 판단하는 데 영향을 끼친다. 문화는 우리가 야생의 생물과 집에서 기르는 생물을 대하는 관점과 쓰레기를 처리하는 방법에서 산아 제한에 대한 사고방식까지 모든 점에 영향을 미친다. 경제 체계와 정치 체계 그리고 우리가 살고 있는 지역 공동체와 국가의 법은 환경 문제들을 어떻게 해결해야 하는지, 환경은 어떻게 관리해야 하는지, 그리고 환경 규제에 대하여 시민들은 어떠한 시각을 가져야 하는지에 큰 영향을 미칠 수 있다. 좀 더 개인적인 측면에서 우리의 문화 환경은 매일매일 얼마나 많은 사람과 또 어떠한 사람과 마주치게 되는가, 그리고 이들과 어떠한 상호관계가 있는가, 또는 없는가에 영향을 미친다.

과학 자연을 연구하는 공식적인 연구 과정과 이 연구 과정을 통하여 얻은 지식

환경과학 인간이 환경에 미친 영향과 환경이 인간에 미친 영향을 연구하는 분야로 인간이 환경에 가한 위해를 줄이기 위한 방안을 찾고자 한다.

기술 생산물을 만들고 공정을 개발하기 위한 과학적인 지식과 방법의 실용적 적용

⚠ 생각해보기

1. 선진국에서는 사람들이 자연의 물리적·생물적 영향으로부터 보호되어 있다고 한다. 이 내용이 맞다고 생각하는가? 그렇게 생각하는 이유는 무엇인가?

2. 오존층의 두께가 얇아지는 것은 환경의 물리적·화학적·문화적 측면에서 어떤 상호작용이 일어나는가?

1.2 과학은 자연이 어떻게 작동하는지에 대한 증거를 수집하기 위하여 공식적인 연구 방법을 이용한다

환경에 관한 사안들에 대하여 이해하고 평가하기 위한 첫 번째 단계는 관찰과 실험, 모델을 통하여 증거를 수집하는 공식적인 과정인 **과학**(science)을 통한다. **환경과학**(environmental science)이란 인간이 환경을 국지적인 규모에서 전 지구적인 규모까지 어떻게 바꾸어왔고 또 지금 어떻게 바꾸고 있는가를 밝힌다. 환경과학은 또 실용적인 측면이 있어서 학술적인 연구 이외에도 환경에 끼치는 인간의 악영향을 줄이는 방안을 강구하기도 한다. 과학적인 지식은 예를 든다면 프레온가스(CFCs)의 대체물을 개발하거나 폐수를 처리하는 개선된 방법 개발과 같은 **기술**(technology)을 통하여, 그리고 사회적 가치 체계를 바탕으로 개발되는 새로운 법과 규정을 통해서 활용이 된다. 여러분은 아마도 과학이란 일반적인 경험 밖의 다른 것으로 여길지 모르지만 과학은 모든 곳에서 인간이 역사를 통틀어서 행한 것들을 간단히 공식화시키는 것이다. 관찰과 경험을 통하여 이 세상을 알아보기로 하자.

고대의 관찰

1994년에 프랑스 동굴탐사 팀은 유럽 남서부에서 동굴벽화가 가장 많이 그려진 동굴의 하나인 아비뇽 지방의 쇼베동굴을 발견하였다. 이 동굴에는 아주 자세하게 그려진 짧은 붓 같은 갈기를 가진 야생말의 그림이 있었다. 벽화에 그려진 말은 현재는 이곳 동굴과는 약 8,000킬로미터 떨어진 몽골 스텝 지역의 초원에 살고 있는 몽골야생말(프셰발스키)과 아주 닮은 것이었다. 과학자들은 벽화의 색소를 분석하여 이 벽화가 유럽에서 야생말들이 멸종하기 전보다 약 31,000년 전에 그려진 사실을 알아냈다. 물론 이전에 야생말들의 화석이 유럽에서 발견되기는 했지만 동굴벽화는 야생말의 색과 털을 생생하게 묘사하고 있어 과학자들은 유럽에서 이제는 사라진 말들이 현재 몽골야생말과 얼마나 비슷한지를 알아낼 수 있었다(그림 1.4). 우리가 논의를 하는 데 중요한 점은 모든 과학의 바탕이 되는 자세한 관찰이 우리의 빙하기 선조들에서 이미

놀랄 정도의 유사함

프셰발스키 말

프랑스 쇼베동굴에 그려진 말 벽화

그림 1.4 왼쪽 사진은 진정한 최후의 유라시아 야생말인 프셰발스키 말인데, 만약 이들의 일부가 몽골에서 포획되어 20세기 초반에 유럽으로 다시 돌아오지 않았다면 오늘날 멸종되었을 것이다. 오른쪽 사진은 31,000년 전 쇼베동굴에 그려진 말 벽화로 말 이미지가 오늘날 살아 있는 프셰발스키 말과 거의 흡사하다.

잘 발달되었었다는 사실을 이들 벽화가 잘 보여주고 있다는 점이다. 현대 과학은 공식적인 과정을 통하여 발전하였기에 이들 원시인들의 것보다는 훨씬 뛰어나다.

과학적 과정

과학의 영역은 원자보다 작은 입자에서부터 멀리 떨어져 있는 우주(그림 1.5)에 이르기까지 그 어느 것이든지 감각을 통하거나 감각의 확장을 통하여 관찰되는 것을 포함한다. 화학적 감지기, 현미경과 망원경과 같은 현대적인 기기들은 이전의 사람들이 접근할 수 없었던 자연에 대한 정보를 얻을 수 있게 한다. 일례로 1924년에 고든 돕슨(Gordon Dobson)이 오존을 측정할 수 있는 기기를 발명하였는데, 현재는 이를 오존 측정 분광광도계(Dobsonmeter)라고 하는데, 이 기기를 통하여 1984년에

과학자들은 다양한 규모의 자연을 연구한다

땅거북

누에고치의 다리

작은 마젤란은하

그림 1.5 과학자들은 왼쪽 사진의 거북과 같은 대상은 다른 도구 없이 연구한다. 그렇지만 중앙 사진에 있는 것처럼 곤충의 미세한 해부 구조와 같은 매우 작은 대상이나 오른쪽 사진에 있는 별이나 천체와 같은 매우 크고 먼 곳에 있는 대상을 연구할 때는 사람의 감각을 확대할 수 있는 분석 기기가 필요하다.

과학원리   문제   해결방안

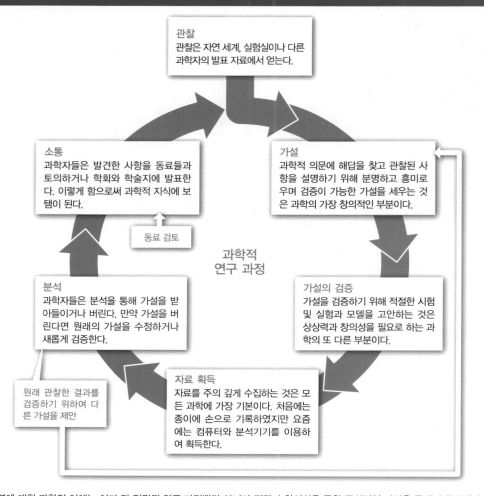

과학의 연구 과정

관찰
관찰은 자연 세계, 실험실이나 다른 과학자의 발표 자료에서 얻는다.

소통
과학자들은 발견한 사항을 동료들과 토의하거나 학회와 학술지에 발표한다. 이렇게 함으로써 과학적 지식에 보탬이 된다.

동료 검토

가설
과학적 의문에 해답을 찾고 관찰된 사항을 설명하기 위해 분명하고 흥미로우며 검증이 가능한 가설을 세우는 것은 과학의 가장 창의적인 부분이다.

과학적 연구 과정

분석
과학자들은 분석을 통해 가설을 받아들이거나 버린다. 만약 가설을 버린다면 원래의 가설을 수정하거나 새롭게 검증한다.

가설의 검증
가설을 검증하기 위해 적절한 시험 및 실험과 모델을 고안하는 것은 상상력과 창의성을 필요로 하는 과학의 또 다른 부분이다.

원래 관찰한 결과를 검증하기 위하여 다른 가설을 제안

자료 획득
자료를 주의 깊게 수집하는 것은 모든 과학에 가장 기본이다. 처음에는 종이에 손으로 기록하였지만 요즘에는 컴퓨터와 분석기기를 이용하여 획득한다.

그림 1.6 자연에 대한 과학적 이해는 이미 잘 정립된 연구 과정뿐만 아니라 직관과 창의성을 통한 공식적인 과정을 통하여 증진된다. 과학은 가끔 과학이 생산해내는 지식 자체와 동일시되기도 한다. 어느 특정한 과학적 의문에 더 많은 유사한 발견이 이루어지면 이 의문에 대한 불확실성은 그만큼 줄어든다. 그렇지만 과학에서는 모든 발견과 의문들은 또 다른 조사에 열려 있기 때문에 과학자들은 결코 어떤 것이 '증명되었다'라고 말하지 않는다.

영국 남극연구소 연구 팀이 남극 상공에 있는 오존 구멍을 측정하는 데 사용하였다. 그렇지만 과학을 하는 과정은 기술적으로 정교한 기기를 사용하든 그렇지 않든, 그 기본은 같다. 과학의 핵심은 가설을 검증하기 위하여 관찰, 실험과 모델을 이용하여 증거를 수집하는 것이다(그림 1.6).

가설

가설(hypothesis)이란 관찰사항이나 서로의 상관관계를 제한된 정보를 이용하여 설명하는 것이다. 과학자나 과학자 팀은 연구할 질문사항을 정하고 이 질문에 잠정적으로 해답이 될 수 있는 가설이나 대안적인 여러 개의 가설을 제안한다. 예를 들면, 한 과학자는 몽골야생말과 쇼베동굴의 옛 말의 벽화가 매우 유사하다는 점을 관찰하고 다음과 같이 질문할 것이다. "현재 몽골야생말은 쇼베동굴 벽화에 그려진 때의 서유라시아를 이리저리 돌아다니던 말들과 유전적으로 밀접한 관련이 있을까?" 과학자들은 가설을 세우면 이 가설을 검증하기 위한 과정을 고안한다. 관찰, 실험과 모델링이나 이들로부터 얻은 정보의 종합과 같은 특정한 과학적인 탐구에 필요한 방법은 가설의 종류에 따라 달라진다.

관찰

여러분도 알다시피 물질세계에 대한 정보를 얻는 가장 기본적인 정보원의 하나는 관찰이다. **관찰**(observation)이

가설 관찰이나 서로의 상관관계에 대해 제한된 양의 정보를 이용하여 제시하는 설명으로 가설은 과학적인 실험, 관찰과 모델링을 하는 데 이용이 된다.

관찰 자연 세계에서 체계적으로 얻은 정량적·정성적 정보

장기간 전 지구 기온 기록

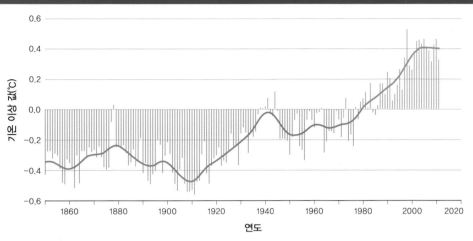

그림 1.7 자세하게 측정된 기온과 같은 과학적인 관측은 지구의 환경에 대하여 많은 정보를 나타낸다. 장기간의 기온 기록은 지난 150년 동안 기후가 더워졌다는 것을 가리킨다. 기온 이상치는 1961~1990년 기간의 전 세계 평균 기온을 기준으로 한 것이다. (자료 출처 : Jones, 2012)

증가된 이산화탄소의 함량이 숲에 어떤 영향을 미치는가에 대하여 그밖의 어떤 과학적 의문과 가설이 있을까?

란 자연의 세계에서 얻은 정량적인 혹은 정성적인 정보를 가리킨다. 관찰하고 이를 기록하는 것은 많은 가설을 검증하는 데 이용된다. 실제로 관찰은 때로 가설을 만드는 것 이전에 실시되거나 가설을 만드는 데 이용된다. 예전에 관찰사항은 종이로 된 노트에 기록이 되었지만 현대는 컴퓨터나 다른 기기의 형태로 디지털화되어 기록된다. 정규적인 관찰의 흔한 예로는 기상관측소에서 측정하는 온도 기록이다. 일별 기온은 몇 곳의 기상관측소에서 1세기 반 전부터 기록되어 왔다(그림 1.7). 물론 이러한 장기간의 기온 관측은 원래 특정한 가설을 검증하기 위해 실시된 것은 아니지만 이들 자료는 과학자들이 일어날 수 있는 지구 온난화에 관련된 가설을 검증하는 데 중요한 정보이다. 가능하다면 과학자들은 자연을 관찰하는 것을 지나서 실험을 실시할 것이다.

실험

실험은 연구하는 대상에서 하나 혹은 그 이상의 물리적·화학적 또는 생물학적인 변수들을 고정시켜놓고 다른 변수들을 변화시켜가면서 관찰하는 것이다. 환경과학에 관련된 실험에는 크게 두 가지가 있는데, 하나는 실험실에서 실시하는 실험이고, 다른 하나는 야외 현장에서 실시하는 실험이다.

실험실 실험(laboratory experiments)에서 연구자는 연구를 하는 시스템에 영향을 미치는 모든 변수를 조절하거나 동일한 조건에 놓고 관심의 대상이 되는 변수들에 대해서만 변화를 주면서 이 변수가 끼치는 영향을 관찰하는 것이다. 예를 들면 어류에 미치는 농약의 축적에 대해 연구하는 연구자는 어류가 농약을 흡수하는 비율이 수온의 증가와 비례를 한다는 가설을 세우면서 시작한다. 실험실에서는 농약의 흡수에 온도의 영향을 테스트하기 위해 고안된 실험에서 일단의 어류 종류를 설정하고, 이 어류들이 모두 같은 농도의 농약, 같은 용존산소량, 같은 물의 흐름, 동일한 어둠의 시간과 같은 광량 등에 대한 실험 조건에 모두가 살아 있는 상태로 정한다. 실험을 하는 연구자는 단지 온도라는 변수만을 변화시키면서 동일한 종류의 어류에 대하여 관찰한다.

야외 현장 실험(field experiments)에서는 실내 실험실 조건에 비하여 환경 조건을 조절할 수 있는 정도가 줄어든다. 그 결과 야외에서는 단지 관심의 대상이 되는 변수 하나에 대해서만 조정하며 그밖의 다른 변수들은 자연적으로 변하도록 놔둔다. 예를 들면, 듀크대학교의 과학자들은 대기 중 이산화탄소의 함량 증가가 온대 숲에 어떤 영향을 미치는가에 대하여 관심을 가졌다. 과학자들은 손대지 않은 넓은 지역의 숲을 실험실로 옮길 수가 없기에 대신 야외 현장 실험을 고안하였다. 과학자들은 많은 양의 이산화탄소를 사서 이산화탄소 가스를 실험 용도의 숲에 계속 방출시켜 공기 중 이산화탄소의 함량을 증가시켰다. 기온, 강수량, 풍속, 풍향과 같은 모든 다른 변수

실험실실험 과학자들의 연구 체계에서 영향을 미치는 모든 요인을 조절하거나 상수로 유지하는 실험으로, 과학자들은 관심이 있는 요인을 변화를 시켜가며 연구 체계에서 일어나는 변화의 영향을 관찰한다.

야외 현장 실험 일반적으로 실험하는 사람이 관심이 있는 한 가지 요인을 조절하거나 조정하는 반면 그밖의 모든 요인은 정상적으로 변하도록 놔두는 실험

는 이 실험을 하는 동안 조절할 수 없는 것이었고 이들은 자연적으로 변하였다.

실험 현장은 이산화탄소가 증가하지 않은 같은 조건의 현장과 비교하였다. 인위적으로 이산화탄소를 증가시키지 않은 현장은 **대조군**(control group)으로 역할을 하며 비교하는 기준으로 작용한다. 듀크대학교 연구 주제의 하나는 다음과 같은 질문에 해답을 얻기 위하여 고안되었다. 공기 중 이산화탄소의 증가가 나무의 성장을 증가시킬 것인가? 이 질문과 관련된 가설은 다음과 같다. "나무의 성장은 이산화탄소의 함량이 높은 숲에서는 높을 것이다"(그림 1.8). 또 다른 연구 주제는 "공기 중에 이산화탄소의 함량 증가가 숲의 토양에 저장되는 탄소의 양을 증가시킬 것인가?"였다.

지난 10년에 걸친 듀크대학교의 현장 실험을 통하여 연구자들은 그들이 가졌던 의문에 대하여 약간은 설명할 수 있었다. 이들은 나무 성장의 측정치인 유기물의 생산은 대조군 숲에 비하여 실험을 한 숲에서 22~30% 정도 증가하였다. 이들은 또한 낙엽, 잔가지와 같은 부엽토와 뿌리의 생성이 증가하였다는 것도 알아냈다. 이는 실험을 실시한 숲의 토양에 더 많은 탄소가 저장된다는 것

을 나타낸다. 그러나 숲에 사는 대부분의 나무들은 매우 오랫동안 사는데, 개중에는 수 세기를 살기도 하기에 단 10년에 걸친 실험은 자연계에서 순간에 일어난 것에 불과하다. 장기간의 자연작용을 예측하기 위해서 과학자들은 자주 모델에 의존한다.

모델

모델(model)이란 과학자들이 자연 현상을 잘 이해하거나 설명하기 위하여 실제 상황을 단순화시켜 나타낸 것이다. 예를 들면, 여러분 거주지의 지도는 크기를 줄인 도로체계를 간단히 나타낸 것이다. 이와 반대로 바이러스를 구성하고 있는 요소들이 어떻게 짜여 있는가를 좀 더 잘 보기 위하여 크기를 확대한 물리적 모형을 제작하기도 한다. 또한 모델은 복잡한 과정을 거치면서 시간에 따라 어떻게 전개되는지를 알아볼 수 있는 좀 더 추상적인 것이 될 수 있다. 예를 들면 지구의 기후에 대한 모델은 여러 개의 수식이나 많은 줄에 걸쳐 나열된 컴퓨터 코드로 이루어지기도 한다. 과학자들은 이러한 모델을 이용하여 실제 자연계에 대한 실험이 어디에서 불가능하거나 비현실적이거나 또는 법적이나 윤리적인 이유로 허용되지 않는지에 대한 여러 가설을 검증해보기 위해 모의실험을 실시한다.

남극 지역 상공에 오존 구멍이 있다는 것을 발견하기 10년 전에 화학자인 마리오 몰리나(Mario Molina)와 셔우드 롤랜드(Sherwood Rowland)는 프레온가스를 방출하면 해수면의 10~50킬로미터 상공에 걸쳐 있는 **성층권**(stratosphere)의 오존이 붕괴된다는 것을 예측할 수 있는 모델을 고안하였다. 이 모델은, 프레온가스의 염소가 오존에서 산소 원자를 떼어내 산소를 만들고 그 과정에서 일산화염소가 만들어진다고 제안하였다(그림 1.9). 일산화염소는 또 붕괴되고 자유 염소 원자는 더 많은 오존을 산소로 변환시키며, 이 과정은 계속 진행된다는 것이다. 10년이 지난 후 수잔 솔로몬(Susan Solomon)은 이론과 관측 연구를 통하여 오존의 결핍이 일어나는 가장 중요한 화학반응이 성층권 구름의 표면에서 일어난다고 밝혔다. 몰리나와 롤랜드는 프레온가스의 생산을 줄이지 않으면 지구의 오존 보호막은 없어질지도 모른다고 경고하였다. 물론 모델은 실제 상황과 완전히 일치하지는 않지만 그로부터 획득되는 정보는 중요한 통찰력을 제공한다.

큰 규모의 야외 현장 실험

(Chris Hildreth/Duke Photography)

그림 1.8 듀크대학교의 숲에서 실행된 연구 프로젝트는 대기의 이산화탄소 함량 증가에 숲이 어떻게 반응하는가를 탐구하기 위하여 고안되었다. 실험을 하는 동안 이산화탄소가 많은 공기를 30미터 직경의 고리 모양으로 배열된 탑에서 방출시켜 실험 숲 지역에 이산화탄소의 농도를 높였다.

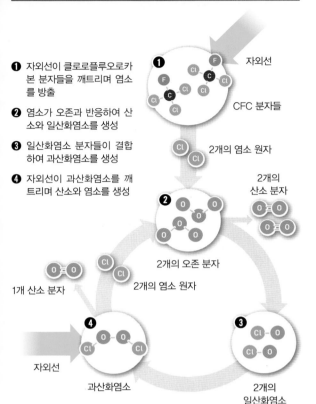

프레온가스의 염소가 어떻게 성층권의 오존을 파괴하는지를 나타낸 모델

❶ 자외선이 클로로플루오르카본 분자들을 깨트리며 염소를 방출

❷ 염소가 오존과 반응하여 산소와 일산화염소를 생성

❸ 일산화염소 분자들이 결합하여 과산화염소를 생성

❹ 자외선이 과산화염소를 깨트리며 산소와 염소를 생성

자외선

CFC 분자들

2개의 염소 원자

2개의 산소 분자

2개의 오존 분자

2개의 염소 원자

1개 산소 분자

자외선

과산화염소

2개의 일산화염소

그림 1.9　1974년에 마리오 몰리나와 셔우드 롤랜드는 방출된 CFCs(클로로플루오르카본)가 성층권의 오존을 파괴시키는 것을 나타내는 자세한 모델을 논문으로 발간하였다.

⚠ **생각해보기**

1. 쇼베동굴에 벽화를 그린 사람들이 관찰한 것과 현대의 과학자들이 관찰한 것은 어떤 점에서 비슷한가? 또 어떤 차이가 있는가?
2. 왜 가설은 자연에 대한 과학적 이해를 증진시키는 데 중요할까? (힌트 : 가설 없이 관측하고 실험하는 것을 상상해보라.)
3. 자연 현상 중에서 실험실 실험, 또는 야외 현장 실험, 또는 모델 각각을 통하여 가장 잘 연구할 수 있는 것에는 어떤 것들이 있을까? 또 어떤 자연 현상은 이상의 세 가지 방법을 모두 통하여 연구할 수 있을까?

1.3 과학적 증거는 자연 현상에 대한 불확실성을 줄일 수 있다

과학자들은 가설을 검증하기 위하여 성공적인 실험을 실시한 후에도 자연 현상에 대하여 완전히 이해하는 것은 아니다. 예를 들면 듀크대학교의 실험 숲에서 과학자들

은 대기 중 이산화탄소의 함량이 높아지면 나무들의 성장을 증가시킨다고 제안하였다. 실제 이 과학자들은 실험에 사용한 토지에서 뿌리의 성장이 증가하였다는 것을 알아냈다. 잘 진행된 실험은 가설을 지지하거나 또는 가설을 반대하는 과학적인 증거를 제공하지만, 이를 일반화시키기에는 불확실성이 남아 있다. 예를 든다면 다른 숲에서도 이산화탄소의 함량 증가가 뿌리의 성장의 증가를 일으킬 수 있는가이다. 다른 조건하에서 다양한 실험을 통한 추가적인 연구를 통하여 특정한 가설을 지지하는 정보들은 증가할 것이다.

자연 현상을 조사하는 과정의 한 시점에서 과학자들은 학설을 세우게 된다(그림 1.10). **학설**(theory)이란 특정한 가설에 대해 여러 번에 걸친 관찰, 실험 및 모델 제작을 통하여 지지되는 자연 현상에 대한 일반적인 설명이다. 가장 유명하고 잘 정립된 학설로는 자연선택에 의한 진화 학설이나 질병의 세균 이론을 들 수 있는데, 이 두 학설은 수많은 종과 질병에 대한 가설을 부단히 검증하는 과정을 통하여 정립된 것이다. 최근 들어 하나의 과학적 학설로 인간에 의한 기후 변화를 자주 이야기하는데, 이는 많은 증거들이 지구의 기후가 인간의 활동으로 변하고 있다는 견해를 지지한다는 것을 가리킨다.

과학적 불확실성의 원인

과학적 불확실성에는 많은 원인이 있다. 오존층 구멍의

학설　관찰, 실험과 모델링을 통해 충분한 검증을 통과한 과학적인 가설로 옳을 가능성이 높음

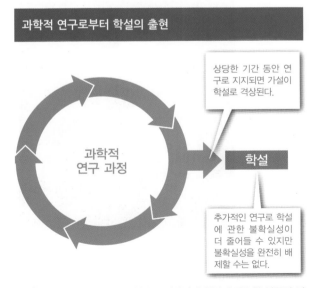

과학적 연구로부터 학설의 출현

상당한 기간 동안 연구로 지지되면 가설이 학설로 격상된다.

과학적 연구 과정

학설

추가적인 연구로 학설에 관한 불확실성이 더 줄어들 수 있지만 불확실성을 완전히 배제할 수는 없다.

그림 1.10　하나의 가설이 학설로 격상되기 위하여 필요한 연구의 정도는 과학 탐구의 내용에 따라 다양하다.

발견에 대한 이야기를 되짚어보면 어떻게 과학이 이 현상에 대한 불확실성을 점차 줄여왔는가를 알 수 있다. 과학적 불확실성의 첫째 원인은 자연 현상에 대하여 우리가 얼마나 알고 있는가이다. 프레온가스의 모델을 세우는 과정에서 화학자인 몰리나와 롤랜드는 성층권에서 분자들이 움직이는 속도와 성층권에서 생성되는 염소가 어떤 속도로 제거되는지와 같은 여러 분야에서의 불확실성을 알았다. 이러한 불확실성 때문에 몰리나와 롤랜드는 성층권의 오존 감소로 인한 환경적인 문제가 언제 일어날지에 대하여 예측할 수 없었다.

두 번째의 불확실성 원인은 측정의 오류로, 여기에는 인간이나 기기의 오류를 포함한다. 한 예로서 영국남극연구소가 가지고 있는 성층권의 오존을 측정하는 분광광도계(그림 1.11)로 성층권의 오존이 낮다는 것을 기록할 당시에 과학자들은 이 측정기기가 오작동하고 있다고 여겼다. 이러한 가능성을 없애고 불확실성을 줄이기 위해 가지고 있던 또 다른 오존 측정 분광광도계를 보내 측정하였으나 결과는 역시 같았다.

확실성의 정도는 과학적인 연구에 이용되는 연구 방법에 의해서도 제한될 수 있다. 오존이 감소되었다는 처음의 보고는 남극 기지에서 오존 측정 분광광도계로서 측정할 수 있는 대기 영역으로 제한되기도 한다. 결과적으로 이렇게 오존의 함량이 줄어들었다는 대기권의 영역은 다음 해에 미국항공우주국(NASA)이 인공위성을 기반으로 측정(그림 1.11)을 하기 전까지는 불확실하였다. 이와 같이 과학적 탐구의 특성 때문에 우리가 자연 현상을 이해하는 데는 어느 정도의 불확실성이 항상 존재한다.

사전예방 원칙

불확실성이란 과학의 특성이기도 하기 때문에 과학자들은 각자의 분야, 가설, 지배적인 학설과 일반적으로 받아들여지고 있는 이해의 정도에 대하여 비판적인 견해를 구축해야 한다. 그런데 이러한 의구심은 환경과학에서는 양날의 칼이 된다. 물론 이러한 의구심은 과학의 발전을 일으키지만 전 지구적인 환경 문제에 대하여 행동하는 것을 느리게 한다. 예를 들면 오존이 줄어든다는 것은 환경 훼손의 확률이 높아지는 상황을 가리킨다. 물론 특히 오존이 줄어든다는 연구의 초기에는 불확실성이 존재하지만 이에 대하여 아무런 행동을 하지 않는 것이 현명한 대처일까?

과학이란 자연 현상에 대하여 불확실성을 완전히 제거할 수는 없기 때문에 우리는 **사전예방 원칙**(precautionary principle)에 입각해야 한다. 1998년에 미국 위스콘신 주 러신 시의 윙스프레드콘퍼런스센터에서 열린 콘퍼런스에서 32명의 환경과학자들은 다음과 같은 원칙을 천명하였다. "사람의 건강과 환경에 대해 위험한 사항이 있을 경우에는 일부 원인과 결과의 관계가 과학적으로 완전히 밝혀지지 않았더라도 사전예방 조치가 이루어져야 한다." 여러분은 아마도 "유감보다는 안전한 것이 낫다."는 민간 지혜의 하나와 같은 사전예방 원칙을 들어보았을 것이다.

이 사전예방 원칙은 환경을 보호하는 행위보다는 만약 아무런 조치를 취하지 않으면 유해하거나 해를 끼칠 수 있는 행위에 입증 책임을 전가하는 것이다. 그렇지만 이러한 입장을 취한다는 것은 상업 활동이나 그밖의 이해 당사자에게 손해를 끼칠 수 있다고 상당한 반대에 부딪치기도 한다. 그 예로 오존을 감소시키는 프레온가스를 줄이는 정책은 처음에는 해당 산업계의 강한 저항을 받았다.

? 건강과 환경에 일어날 수 있는 위해와 과학적 불확실성이 있을 때 사전예방 원칙에 따른 환경 규제는 어떠한 고려를 해야 하는가?

사전예방 원칙 비록 아직 잠재적 위험이 과학적으로 완전히 알려지지 않았더라도 사람과 환경의 건강을 보호하기 위하여 사전에 선제적으로 취해야 할 조언

성층권 오존 측정 기구

오존 측정 분광광도계

오존 총량 분포지도 분광계

그림 1.11 지상에 설치된 오존 측정 분광광도계(왼쪽)는 성층권의 오존 농도를 정확히 측정할 수 있지만 측정은 지역적으로 국한된다. 반면 오른쪽 사진처럼 인공위성을 이용한 오존총량 분포지도 분광계 (Total Ozone Mapping Spectrometer, TOMS)를 이용하면 넓은 지역에 걸쳐 성층권 오존의 농도를 측정할 수 있다.

1. 듀크대학교의 실험 숲과 같은 유사한 연구가 테네시 주의 오크리지국립연구소에서도 실시되었다. 오크리지국립연구소의 연구도 증가된 이산화탄소의 농도에 따라 식물 뿌리의 성장이 증가된다는 같은 연구 결과를 나타내었지만, 스위스의 또 다른 연구에서는 그렇지 않다는 연구 결과가 나왔다. 이렇게 연구 결과에 차이가 난다는 것은 이들 연구의 결과가 맞지 않다는 것을 가리키는가? 그렇다면 이와 같이 서로 상반된 연구 결과를 가질 때 과학자들은 어떻게 할까?
2. 사전예방 원칙을 따를 때 어떤 기준을 이용하여 결정해야 할까? 사전예방 원칙을 따르지 말아야 할 상황은 어떤 것들이 있을까?

1.4 과학의 진실성은 엄격한 윤리 행동 강령을 얼마나 따르냐에 달려 있다

과학적인 연구 과정은 과학자들의 능력과 정직성에 밀접히 관련되어 있다. 만약 과학자들이 윤리적이지 않은 연구에 관련되어 있다면 그들의 과학적 발견은 믿음이 결여되고, 사회는 환경적인 문제에 관한 결정을 할 때 신뢰할 수 있는 기준이 없어지는 것이다.

자료 처리

과학적인 연구를 하면서 얻는 측정치와 그밖의 정보들은 **자료**(data)라고 한다. 이 자료들은 과학에서는 가장 기본적으로 중요하고 또한 넓은 의미로는 사회적으로 중요하기 때문에 매우 주의하며 획득하고 관리되어야 한다(그림 1.12). 과학자들이 가장 중요하게 여겨야 할 것은 자료를 기록하고 보고하고 또 다른 과학자들과 공유를 하는 데에서 최대한 정확해야 한다는 것이다. 만약 연구의 결과가 증명되지 않는다면, 그 결과는 결국에는 '추가 연구로 지지되지 않음'이라고 간주된다.

연구 부정

엉성한 자료 수집을 벗어나 의도적인 사기로 이어지는 연구 부정은 연구 윤리 측면에서 가장 심각한 것이다. 연구 부정은 위조, 날조, 표절의 세 가지 유형으로 나뉜다. 위조란 과학자가 간단히 자료나 결과를 만들어내는 것이다. 날조란 연구에 사용한 물질, 기구, 또는 얻은 자료를 변경시켜 결과적으로 연구 결과를 바꾸는 것이다. 표절은 적절한 인용을 하지 않고 다른 연구자의 아이디어, 연구 과정이나 연구 결과를 사용하는 것이다. 연구 부정은 개인적으로는 과학자의 경력을 파괴시킬 뿐 아니라 정책

결정에 도움을 주는 과학의 역할을 축소시킨다. 다행스럽게도 과학적 과정에서는 이러한 연구 부정을 걸러내는 과정이 있다.

출판과 동료 검토

물리학자인 아이작 뉴턴과 같은 초기의 과학자들은 그들의 연구 결과를 종종 비밀로 유지하였는데, 이는 연구 결과가 도용될까 봐서였다. 과학연구 결과의 출판은 과학자들이 발견한 것에 대하여 명예를 주기 위한 방안의 하나로 영국왕립학회의 지원하에 17세기에 시작되었다. 이러한 초기 노력의 유산물로 현재 많은 과학학술지가 있는데, 이 중에는 세계에서 가장 지명도가 높은 과학 학술지인 네이처가 있다. 현대 과학 출판의 가장 중요한 요소는 **동료 검토**(peer review)라는 것으로, 이는 해당 연구 분야의 전문가가 과학적 연구 결과를 출판하기 전에 연구의 창의성, 연구 방법의 타당성, 연구 결과의 중요성과 연구 결론의 정확성에 대하여 검토하는 것이다.

이해의 충돌

연구 과정의 진실성을 방해하는 하나의 요인으로 이해의 충돌이 있다. **이해의 충돌**(conflict of interest)이란 개인적·철학적·재정적 이해를 포함한 경쟁하는 이해관계를

자료 과학적 연구를 하는 동안 만들어지는 측정치

동료 검토 과학 논문을 출간하는 과정의 하나로 연구 분야의 전문가가 관련된 연구 논문을 출판에 앞서 연구에 대해 검토하는 것. 동료 연구자는 연구 방법, 분석, 결과, 그리고 관련된 주제에 대한 이전 문헌들에 대한 검토가 온당했는지를 검토한다.

이해의 충돌 개인적·철학적·재정적 이해를 포함한 경쟁적 관심으로 객관적인 판단에 방해가 될 수 있다.

자료의 기록과 관리 : 과학에서 가장 기본적인 연구 과정

(Scott Bauer/Agricultural Research Service/USDA)

그림 1.12 연구에서 신중하게 자료를 수집하고 관리하는 것만큼 과학의 진실성에서 중요한 것은 없다. 이 사진에서 이튼 코딩 박사는 영양소의 손실을 줄이기 위해 처리한 토양에서 자라는 옥수수에 대한 자료를 기록하고 있다.

나타낸 것으로, 연구자나 연구 결과 검토자의 판단에 영향을 미친다. 어느 회사가 신약의 안정성이나 건설 현장의 환경 영향과 같이 재정적 이해에 관련된 주제를 다루는 연구에 재정지원을 할 경우에 그 연구 결과는 이러한 재정적 지원을 받지 않고 수행된 연구 결과와는 달리 아무래도 회사에 유리한 연구 결과가 산출될 수 있다고 많은 연구가 지적하고 있다. 연구자들 간에 서로 좋은 관계나 좋지 않은 관계를 가지고 있을 경우에도 판단을 흐리게 할 뿐 아니라 연구 부정을 일으킬 수도 있다. 이와 유사하게 강한 철학적 입장이나 신념을 가지고 있을 때도 과학적인 연구 과정에 적절치 않은 조작을 일으킬 수 있다.

과학적 연구에서 성공하기 위해서 '개방된 마음 가짐'은 왜 중요한 자질이 되는가?

⚠ 생각해보기

1. 과학적인 연구의 전반에 걸쳐 이해의 충돌을 피하는 것이 왜 중요하다고 생각하는가? '모든' 이해의 충돌을 피할 수 있는 것이 가능할 것 같은가?
2. 동료 검토는 연구자들이 정직하고 연구의 윤리를 지킬 수 있도록 어떻게 도움을 주는가?

1.1~1.4 과학원리 : 요약

환경은 아주 복잡한 경로로 상호작용을 하는 물리적·화학적·생물학적 및 문화적 요인으로 이루어져 있다. 과학이란 이들 요인 간의 상호작용을 연구하는 공식적인 과정과 이러한 연구의 결과에서 얻는 지식을 가리킨다. 과학의 연구 영역은 원자 크기보다 작은 입자에서부터 먼 은하계에 이르기까지 자연계에서 감각으로 또는 원격적인 감각으로 관찰할 수 있는 모든 것을 포함한다. 과학적 연구 과정의 가장 핵심은 가설을 검증할 관찰, 실험 그리고 모델을 통하여 증거를 수집하는 것이다. 학설이란 관찰, 실험과 모델링을 통한 충분한 검증을 거친 과학적인 가설을 가리키는 것으로, 가설이 높은 확률을 가진 사실이라는 것을 나타낸다. 그렇지만 학설이 많은 검증과 지지를 받고 있더라도 어느 정도의 불확실성은 존재한다. 불확실성이 있을 경우에는, 비록 원인과 결과의 관계가 과학적으로 완전히 입증이 안 되었더라도 사람이나 환경에 해가 되는 것을 피하기 위해서는 사전예방 원칙에 입각한 조치를 취할 것을 권고한다.

과학이 유용하기 위해서 과학자들은 과학적 자료를 획득하고 관리하는 데 엄격한 연구 행동 강령을 따라야 한다. 과학자들은 이해의 충돌, 자료의 위조, 중간 과정과 결과의 날조, 그리고 표절을 뿌리 뽑기 위하여, 획득한 자료를 다른 연구자들에게 공개해야 한다. 동료 검토 과정은 출판되는 논문의 질을 보장하며 과학자들이 윤리적인 행동을 하도록 돕는다.

1.5~1.6 문제

모든 생물은 그들이 살고 있는 환경에 영향을 미치지 만 환경에 미치는 인간의 영향은 다른 생물들의 영향을 거의 무시할 정도로 만든다. 지구에는 현재 70억 명의 사람이 살고 있다. 농지는 지구 지표 면적의 약 40%를 차지하면서 자연적인 식생을 대체하였다. 바다에서는 지난 50년 사이에 큰 어류의 90% 이상이 멸종되었다. 석탄, 석유와 천연가스를 태워서 지구를 온난화시키는 이산화탄소를 매년 360억 메트릭톤[1]을 배출한다. 환경과학자들에게 가장 중요한 문제는 지속 가능한 인구 증가의 궤적을 이루고, 인간의 복지가 달려 있는 농지와 수생 생태계의 생산성을 유지시키고, 급속한 기후 변화를 다루는 것이다(그림 1.13). 인간의 영향은 단시간에 이루어진 것이 아니기 때문에 시계를 뒤로 돌려가며 그 과정을 되짚어보는 것이 필요하다.

1.5 인간의 영향과 환경에 대한 중요성 인식은 오래전에 시작되었다

오늘날 당면한 환경에 대한 쟁점을 고려할 때 사회를 변화시키는 상당한 환경 영향은 인구에 의해 오래전에 시작되었다는 것을 인식할 필요가 있다(그림 1.14).

어디에서든 주변에 있는 환경과 밀접히 연관되어 있기 때문에 사람들은 환경에 변화가 일어났을 때 이를 알아차렸을 것이다. 그렇지만 우리는 환경 변화의 관찰이 그림이나 글로 기록된 곳에서만 확실히 알 수 있다. 이러한 기록들은 환경에 대한 인식을 처음으로 지시해주는 것으로 환경과학은 이미 수천 년 전에 시작되었다.

환경 영향의 과거 기록

인구에 의한 환경 영향이 처음 글로 남겨진 기록은 2천년 이상이다. 그리스의 초기 역사에는 환경 영향과 환경에 미치는 피해를 피할 수 있는 권고사항에 필요한 많은

---

[1] 역자 주 : 1메트릭톤(USA)=0.9톤, 즉 1톤=1.1메트릭톤(USA)에 해당한다. 이하 등장하는 단위는 모두 동일하다.

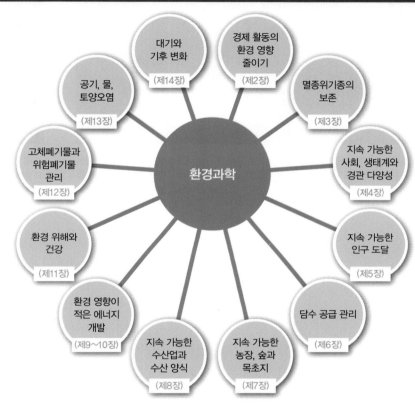

환경과학을 통하여 환경 문제에 관여하고 해결책을 찾아보기

- 대기와 기후 변화 (제14장)
- 경제 활동의 환경 영향 줄이기 (제2장)
- 공기, 물, 토양오염 (제13장)
- 멸종위기종의 보존 (제3장)
- 고체폐기물과 위험폐기물 관리 (제12장)
- **환경과학**
- 지속 가능한 사회, 생태계와 경관 다양성 (제4장)
- 환경 위해와 건강 (제11장)
- 지속 가능한 인구 도달 (제5장)
- 환경 영향이 적은 에너지 개발 (제9~10장)
- 담수 공급 관리 (제6장)
- 지속 가능한 수산업과 수산 양식 (제8장)
- 지속 가능한 농장, 숲과 목초지 (제7장)

그림 1.13 이 책의 남은 부분에서는 주요한 현재의 환경 문제들을 살펴보고 환경과학을 통하여 이에 대한 해결책을 알아본다.

준거 기준이 기록되어 있다. 배를 건조하고 요리를 하며 집안 난방을 하고 금속 광석을 제련하며 도자기를 구울 때 쓰는 목탄을 생산하는 데 나무가 많이 소요되었다. 이 결과 고대 그리스의 주요 도시 하나인 아테네 주변의 숲은 기원전 500년에서 400년 사이에 사라졌다. 자연과학자이자 철학자였던 플라톤과 아리스토텔레스는 숲과 초지를 이용하는 규정을 제정하고, 숲과 삼림지대를 감시하는 삼림 감독관과 관리인 제도를 수립하였으며, 환경 규제의 집행을 권고하였다.

중국의 철학자인 맹자는 기원전 4세기경에 살았는데, 자신을 둘러싼 세계를 관찰하는 데 노련한 사람이었다.

환경과 문명의 흥성과 멸망

(De Agostini Picture Library/Getty Images)

그림 1.14   수메르 문명은 도시를 처음으로 건설한 문명의 하나로 수메르인들은 메소포타미아의 사막에서 관개 농업에 의존하였지만 염분의 축적이 결국 토양의 생산성을 낮추었다. 예전에 번창하던 수메르의 도시들은 오늘날 사막으로 둘러싸인 폐허로 변하였다.

중국의 삼림 벌채

(Jim Richardson/National Geographic Creative)

그림 1.15   삼림 벌채와 이로 인한 토양의 침식이 2000년 전보다 더 오래전에 중국의 학자들에 의해 인식되고 기록되었다. 오늘날 중국은 예전의 숲이 우거진 땅으로 복원하기 위해 광범위한 캠페인을 벌이며 토양의 유실을 막고자 노력하고 있다.

그는 삼림 벌채의 사례를 기록하였는데, 그는 "불 산(Bull Mountain)은 한때 나무로 우거졌었다. 그런데 이 산이 도시에 가까운 곳에 위치해 나무들은 도끼로 베어졌다." 맹자는 불 산의 식생은 회복될 잠재력이 있지만 가축들의 과도한 방목으로 회복될 수 없다는 것을 알아차렸다. "그렇지만 시간이 지나 모든 것은 자라면서 비와 이슬로 녹색 나뭇잎으로 되었다. 그렇게 되자 가축과 염소들이 이들을 뜯어먹으러 오게 되었다. 이래서 오늘 이렇게 깎아낸 듯한 모양을 하게 되었다." 중국의 심한 삼림 벌채와 이에 따른 파괴적인 환경의 영향은 현대까지도 지속되었다(그림 1.15). 삼림 벌채는 콜럼버스 이전의 북아메리카 지역, 중세의 영국, 식민지 시대의 북아메리카 대륙에서도 역시 문제가 되었다(그림 1.16).

그림 1.16   서기 200~1300년까지 미국 남서부에 문명을 이루며 살았던 아나사지 사람들은 푸에블로보니토를 건설하였는데, 이 건물 지대는 생산성이 높은 나무숲으로 둘러싸였었다. 나무 벌목과 가뭄이 나무숲을 점차 사막의 관목 지대로 변환시켜 아나사지 사람들의 땔감과 건물을 지을 목재 공급원이 고갈되었다.

점점 고취되는 환경 중요성에 대한 의식

고대 중국과 그리스같이 삼림 벌채에 따른 영향이 환경의 한계에 이른 사회의 모든 곳에서 환경의 건강한 상태에 대한 관심이 점차 생겨났다. 이런 환경에 대한 관심은 18~20세기 동안 인구가 늘어나고 경제 활동이 증가하면서 급격히 증대되었다. 환경의 중요성 인식과 환경적 쟁

미국 뉴멕시코 주의 차코 국가 기념물

(Radosław Lecyk/Shutterstock)

점에 대해 서로 다른 입장을 가진 갈등의 역사는 오늘날 우리가 직면한 도전을 이해하는 데 도움이 될 수 있다.

벤저민 프랭클린과 환경 보호

벤저민 프랭클린(1706~1790)은 미국 독립선언문 기초위원이자 번개의 전기적 성질을 연구한 18세기에 정치적·과학적 업적을 쌓은 인물로 가장 잘 알려져 있다. 그렇지만 프랭클린은 또한 초기 미국의 환경운동가로서 그가 새로 정착한 고향인 필라델피아 시의 산업 오염을 줄이기 위하여 투쟁을 하기도 하였다. 1739년에 프랭클린과 그의 이웃 주민들은 가죽 염색 무두질 작업을 하여 폐수를 도크천(그림 1.17)으로 배출하는 공장을 시 중심으로부터 먼 곳으로 이전하여 줄 것을 시 정부에 건의하기도 하였다. 가죽 무두질을 하는 공장이 시 중심부에 있어서 시민들의 재산 가치를 줄일 뿐 아니라 시 중심을 관통하는 교통 흐름을 느려지게 하여 화재 진압에도 어려움이 발생하였다. 갈등을 겪는 동안 프랭클린은 그가 운영하는 **펜실베이니아 가제트**라는 신문을 이용하여 몇몇 기업의 활동이 필라델피아 주민들의 일상생활과 경제적 안녕에 해를 끼친다고 공개적으로 문제를 제기하였다. 그렇지만 결국에는 가죽 무두질 공장의 힘과 영향이 커서 19세기 초에 도크천은 복개될 때까지 계속 개방된 폐수의 하수로로 이용되었다.

또 프랭클린은 환경 조건이 질병에 미치는 영향, 특히 가죽 염색 공장에 대한 청원서를 제출한 지 2년 후에 일어난 필라델피아 주민과 방문자 500명을 죽음으로 몰아간 황열병에 대하여 기사를 썼다. 프랭클린은 항상 그가 사랑한 필라델피아 주민의 복지를 생각하면서 깨끗한 물을 시로 운반하는 도수 체계를 건설하는 것과 이 도수 체계에 지불할 재원을 마련하는 것을 그의 유언 계획에 포함하기도 하였다. 한 에세이에서 프랭클린은 인구 증가를 주로 제어할 수 있는 생각을 기술하기도 하였다.

토머스 맬서스, 인구 증가와 자원

토머스 맬서스(1766~1834)는 영국에서 태어난 성공회 성직자였으며, 그를 가장 잘 알렸던 인구 증가를 통제하는 원칙을 제시한 업적 등 다양한 학문적 관심을 추구하였다. 맬서스는 그 시대의 가난, 질병, 전쟁과 같은 역사적인 욕망과 고통으로 벗어나 건강하게 살아가는 인구가 있는 미래의 이상적인 세상을 예측하는 사람들의 저

작물에 대하여 의구심을 가졌다. 그는 자신이 사는 시대에 완전한 인간 사회는 없다는 것을 목격했으며, 역사적으로도 완전한 인간 사회는 없었던 것으로 보았다. 맬서스는 인구란 사회가 이를 지탱할 수 있는 수용 능력, 특히 식량 공급 능력이 증가하는 것보다 훨씬 빠르게 증가할 것이라고 제안하였다(그림 1.18). 그는 모든 유용 가능한 토지가 식량 생산을 위해 이용된다고 하더라도 지탱시켜 줄 환경의 수용 능력보다 더 높게 증가할 것이라고 예측하였다.

조지 퍼킨스 마시, 인구와 자연

조지 퍼킨스 마시(George Perkins Marsh, 1801~1882)는 미국인으로는 처음으로 1864년에 환경과학에 대한 인간과 자연(*Man and Nature*)이라는 책(그림 1.19)을 출간한 사람으로 기억되고 있다. 그런데 이 책은 단지 마시의 다양한 일생 업적 가운데 하나일 뿐이다. 그는 1801년에 버몬트 주에서 태어났는데, 변호사를 하면서 양목장 주인, 사업가, 강사, 미국 하원의원, 언어학자(그는 20개의 언어를 구사하였다)와 외교관으로 활동하였다. 마시는 성경에서 비록 숲은 우거지고 작물의 생산성이 높은 곳으로

식민지 시대의 필라델피아 시에서 경제와 환경의 관심사항에서 공통점을 찾을 방안은 어떤 것들이 있을까?

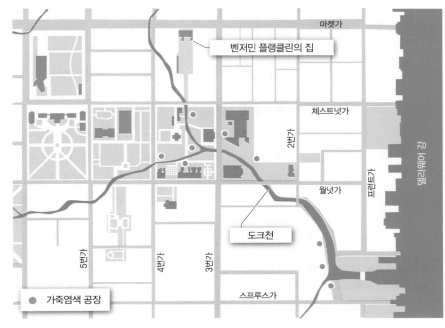

그림 1.17 가죽 염색 작업을 하는 뜰이 도크천을 따라 세워졌으며 이곳에서 폐수를 처리하여 벤저민 프랭클린이 살던 지역까지 포함한 인근 주민에게 악취를 퍼뜨렸다.

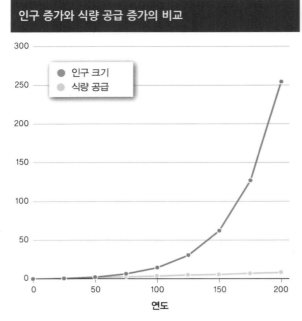

인구 증가와 식량 공급 증가의 비교

범례:
● 인구 크기
● 식량 공급

(x축: 연도, y축: 0~300)

그림 1.18 맬서스는 수학적 계산을 통하여 인구가 매 25년마다 2배로 증가한다면 식량 공급에서 매년 연간 총생산 능력이 증가한다고 하더라도 인구 증가가 식량 공급의 증가를 곧 앞지를 것이라는 점을 보여주었다.

조지 퍼킨스 마시, 미국 최초의 환경과학 책의 저자

MAN AND NATURE;
OR,
PHYSICAL GEOGRAPHY
AS MODIFIED BY HUMAN ACTION.
BY
GEORGE P. MARSH.

NEW YORK:
CHARLES SCRIBNER, 124 GRAND STREET.
1864.

(Matthew Brady/Library of Congress; inset: Library of Congress)

그림 1.19 마시의 1864년 책은 삼림 벌채, 동물의 멸종, 사막화 현상, 습지의 파괴와 기후 변화와 같은 주제들을 담고 있는데, 이들 주제는 지금은 무서운 예언인 것 같다.

기술되어 있지만 삭막한 사막으로 이루어진 중동 지역을 광범위하게 여행하였다.

이러한 경험은 초년기에 버몬트 주에서 관찰한 환경 변화와 결합되어 인간이 끼친 환경 영향으로 작물의 생산성이 높은 땅은 사막의 쓸모없는 땅으로 바뀔 것이라고 여기게 되었다. 자연과 자연의 이용 및 남용에 대한 마시의 저작물은 대규모의 산업화가 전 세계적으로 일어나고 있던 중요한 시기에 세상에 발간되었으며 널리 읽혔다.

미국의 토지 보전과 보호

마시의 저작물은 미국에서 토지 보호에 앞장선 지도자들에게 영감을 주었다(그림 1.20). 그들 중 한 사람이 존 뮤어(John Muir, 1838~1914)였는데, 그는 영국 스코틀랜드에서 태어난 미국인으로 박물학자였다. 뮤어의 가족은 위스콘신 주로 이주를 하였는데 그곳에서 그는 위스콘신대학교에 진학하였으며 이 경험은 자연의 진가, 특히 식물과 지질에 대한 관심을 심화시켰다. 1868년에 뮤어는 캘리포니아 주로 이주하였는데, 그곳에서 요세미티 계곡과 그밖의 땅들을 보전하는 활동을 벌였다. 뮤어는 자연의 생태계를 원래 망가지지 않은 상태 그대로를 보호하는 것을 강조하는 환경 윤리인 **보존 윤리**(preservation

보존 윤리 자연 생태계를 원래 교란되지 않았던 상태 그대로 보존을 강조하는 환경 윤리

보전 윤리 자연 자원을 최대한 많은 사람에게 최대의 혜택이 가도록 효율적인 이용을 권장하는 자원 관리 철학

ethic)의 초기 옹호자였다. 땅의 보전에 대하여 그가 주창하는 시와 같은 저작물과 오랜 시간에 걸친 옹호는 그를 환경운동의 중심인물로 여기게 되었으며, 이는 뮤어가 설립한 시에라클럽(Sierra Club)으로 발전하였다.

세 사람의 지도자 가운데 두 번째 인물은 기포드 핀쇼(Gifford Pinchot, 1865~1946)로 그는 초대 미국 산림청장이었다. 핀쇼는 벌목제재업으로 부를 축적한 부유한 가정에서 태어났다. 그의 부친은 벌목제재가 땅에 미치는 피해에 대해 약간은 유감스럽게 생각하여 예일산림학교에 많은 금액을 기부하면서 자신의 아들이 산림을 관리하는 직업을 가지기를 바랐다. 핀쇼의 생각은 자연 자원을 효율적으로 이용하는 것을 권장하는 **보전 윤리**(conservation ethic)에 바탕을 두었다. 이러한 그의 생각은 존 뮤어의 생각과 부딪치는 과정을 겪게 되었다. 핀쇼는 다음과 같이 말했다. "서로의 이해충돌이 조화롭게 해결되어야 한다면 이에 대한 해결방안은 앞으로 길게 보았을 때 최대의 사람에게 최대의 혜택을 주는 관점에서 결정되어야 한다."

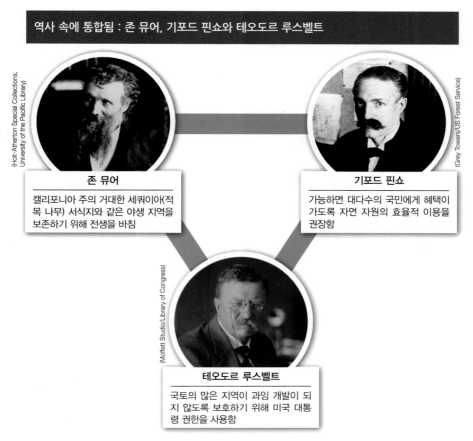

역사 속에 통합됨 : 존 뮤어, 기포드 핀쇼와 테오도르 루스벨트

존 뮤어
캘리포니아 주의 거대한 세쿼이아(적목 나무) 서식지와 같은 야생 지역을 보존하기 위해 전생을 바침

기포드 핀쇼
가능하면 대다수의 국민에게 혜택이 가도록 자연 자원의 효율적 이용을 권장함

테오도르 루스벨트
국토의 많은 지역이 과잉 개발이 되지 않도록 보호하기 위해 미국 대통령 권한을 사용함

그림 1.20 조지 퍼킨스 마시의 저작물에 영감을 받아 존 뮤어, 기포드 핀쇼와 테오도르 루스벨트 이들 세 사람은 그들의 전 생애 동안 미국의 자연 유산을 보호하기 위하여 끊임없이 노력하였다.

이 철학은 오늘날까지 이어지는 미국 산림청의 관리 개념이다. 핀쇼는 전문가적인 활동을 하는 동안 테오도르 루스벨트(1858~1919)를 포함한 여러 대통령과 함께 일을 하였는데, 루스벨트 대통령은 아주 유명한 옥외 활동을 즐기는 사람으로 1901년부터 1909년까지 재임을 하였는데, 마시의 책에 깊은 감동을 받았다. 1907년 10월 4일 발표한 연설에서 그는 "자연 자원의 보호는 가장 필수적인 문제이다. 만약 우리가 이 문제를 해결하지 못하면 다른 모든 것을 해결하는 데 거의 소용이 없을 것이다."라고 발표하였다. **보전**(conservation)이란 개념은 보존, 현명한 이용과 종, 생태계 또는 자연 자원의 복원을 포함한다. 루스벨트 대통령은 150개의 국가 숲, 5개의 국립공원, 그리고 18개의 국가기념물 그리고 수많은 보호 구역을 지정하였다. 루스벨트는 총 930,000제곱킬로미터 이상의 면적을 보호하였는데, 이 면적은 캘리포니아 주, 오리건 주, 워싱턴 주와 오하이오 주를 합한 면적에 해당한다. 루스벨트, 핀쇼와 뮤어가 자연경관에 환경 훼손이 일어나지

않도록 계몽운동을 벌인 결과는 확연히 드러났지만 이보다 잘 두드러지지 않는 환경에 대한 인간의 위협은 여전히 존재하고 있었다.

레이첼 카슨의 경고

레이첼 카슨(Rachel Carson, 1907~1964)은 앨러게니 계곡(펜실베이니아 주)에서 태어났으며 시골에서 자란 아이였다. 카슨은 펜실베이니아여자대학의 영어 전공으로 입학하였지만 3학년 때 전공을 동물학으로 바꿨다. 존스홉킨스대학교에서 석사 학위를 받은 후 카슨은 미국 수산청에서 작가이자 편집자로 근무했는데, 그곳에서 잡지 기사와 책을 저술하였다(그림 1.21). 1962년에 카슨은 그녀의 가장 유명한 책인 **침묵의 봄**(*Silent Spring*)이란 책을 출간하였다. 이 책에서 그녀는 제2차 세계대전이 끝난 후 많이 이용되었던 화학 농약의 무분별한 이용으로 인해 일어날 수 있는 잠재적 위험을 경고하였다. 디클로로디페닐트리클로로에탄으로 부르는 유기 염소 계열의 농약인

보전 생물종, 생태계나 자연 자원의 보존, 현명한 이용이나 복원

(Alfred Eisenstaedt/The LIFE Picture Collection/Getty Images)

그림 1.21   레이첼 카슨은 역사상 그 누구보다도 화학 살충제를 쓰면
어떤 위험이 일어날 것인가를 사람들에게 경고한 사람이다.

DDT는 전쟁 중에 말라리아를 억제하기 위하여 처음으로 널리 사용되었는데, 그밖의 여러 농약은 1940년대 후반과 1950년대에 만들어졌다. 해충을 박멸하는 궁극적인 무기로 묘사되면서 이들 화학적 독의 사용은 목표가 되는 해충뿐만 아니라 조류와 어류를 포함한 다른 동물들을 죽였다.

그 결과 카슨과 많은 사람들은 이들 농약이 환경에 해가 될 것이라고 여기게 되었다. 이들은 화학 농약을 많이 뿌리면 DDT를 포함한 일부는 화학적 발암물질로 분류되었기에 인간까지 위험하게 될 것이라고 경고하였다. 그녀는 우리가 해충을 박멸하려다 수백만 년 동안 '새벽의 합창'을 하며 하루를 맞이한 조류들을 무심코 죽임으로써 '침묵의 봄'을 만들 것임을 경고하였다.

농약을 생산하는 화학 산업과 농약을 사용하는 농업 산업은 재빠르게 카슨과 다른 걱정하는 환경론자들을 비난하는 활동을 전개하였다. 그들은 침묵의 봄에 대하여 이 책과 저자에 대한 신뢰성을 떨어뜨리면서 조직적인 공격을 가했다. 카슨은 '히스테릭한 여자', '거짓말쟁이', 그리고 '쓰레기 과학'의 옹호자로 묘사되었다.

그녀의 반대자들은 또한 그녀가 책을 쓸 정도로 자격을 갖추지 못했다고 주장하였다. 그렇지만 카슨의 위치는 존 F. 케네디 대통령의 과학자문위원회에서 농약이 무분별하게 사용되었으며 환경에 위협이 된다고 동의를 하면서 확고하게 되었다. 카슨은 1972년에 맑은 물 법안의 통과와 같은 해에 미국에서 DDT 사용을 금지한 법안 통과를 보지 못한 채 세상을 떠났다. 그러나 DDT 사용의 금지로 인해 송골매가 거의 멸종 단계에서 되살아났으며, 미국의 상징인 흰머리수리(그림 1.22)도 알래스카 주와 하와이 주를 제외한 북아메리카 48개 주에 걸쳐 다시 흔하게 관찰되었으며 멸종위기종의 명단에서도 빠지게 되었다.

⚠ 생각해보기

1. 지난 2,000년 전 이전에 시작되었던 초기 인간 활동이 숲에 미친 영향은 경제 활동과 환경 영향의 역사적인 관계에 대하여 어떤 것을 시사할까?

2. 전 지구적인 규모에서 맬서스가 예상한 식량 생산과 인구 사이의 커다란 부조화는 아직 일어나지 않았다. 그렇다면 맬서스의 가정은 무엇을 의미하는가? 그의 끔찍한 예측이 실현되지 않았기에 우리는 그가 발전시킨 발상들을 그냥 버려도 되는 것일까?

3. 거대한 들소 무리를 말살시키고 그밖의 많은 야생동물을 거의 절멸시킨 것이 존 뮤어, 기포드 핀쇼와 테오도르 루스벨트의 생존 시 일어났었는데, 이러한 일들이 미국에서 보전운동의 발전에 어떤 영향을 끼쳤을까?

4. 사전예방 원칙이 레이첼 카슨이 농약 사용 중지 권고에 어떤 영향을 미쳤다고 볼 수 있는가?

(Dennis W. Donohue/Shutterstock)

그림 1.22   DDT 사용을 금지하기 전에는 흰머리수리의 먹이에 DDT가 축적되어 이를 먹은 독수리들의 생식력을 감소시켜 알래스카 주와 하와이 주를 제외한 48개 주에서 거의 멸종에 이르도록 하였다.

1.6 환경에 미치는 인간의 영향은 전 지구 적인 문제가 되었다

인간 역사의 많은 부분에서 환경 영향은 국지적이거나 지역적인 것이었다. 그런데 지난 두 세기 동안 인구의 성장이 매우 빠르게 일어나 환경에 대한 우리의 영향이 전 지구로 퍼지게 되었다.

지구의 날

좀 더 광범위한 환경의 관점으로 변화한 것은 지구의 날 역사에 반영되어 있다(그림 1.23). 위스콘신 주의 상원의원인 게이로드 넬슨(Gaylord Nelson)은 1960년대 초에 환경을 기리고 환경에 관련된 사안들을 사람들에게 알리기 위한 기념일 제정에 대한 생각을 홍보하기 시작하였다. 제1회의 지구의 날 기념은 1970년 4월 22일에 열렸다. 그 날 미국 전 지역에서 풀뿌리 단체가 이 행사를 주관하였는데, 참가자는 전 미국 인구의 10%에 달하는 2천만 명이 참가하였다. 제1회 지구의 날에 덴버 시에서 행한 연설에서 넬슨은 "우리의 목표는 맑은 공기와 물 그리고 좋은 경치를 가진 환경이 아닙니다. 목표는 모든 인류와 모든 생물에게 품위, 질과 상호 존중을 하는 환경을 이루는 것입니다."라는 말을 하며 무엇이 환경을 건강하게 하는가에 대하여 폭넓게 고민하는지를 보여주었다. 2009년이 되면서 지구의 날은 174개 나라에서 기념되었는데, 10억 명의 사람 또는 전 지구 인구의 약 15%에 해당하는 사람이 참가하는 15,000개 이상의 단체가 참여하였다. 지구의 날을 기념하는 행사가 늘어나면서 우리가 환경에 미치는 영향을 측정하는 것이 정교해졌다.

생태발자국

환경에 미치는 인간의 영향을 측정하는 것을 **생태발자국**(ecological footprint)이라고 한다. 이 측정법은 전 지구 생태발자국 네트워크의 마티스 와커나겔(Mathis Wackernagel)과 브리티쉬컬럼비아대학교의 윌리엄 리스(William Rees)에 의해 고안되었다. 생태발자국이란 하나의 인구 단위가 살면서 환경에 미치는 영향을 소비 자원을 생산하는 땅과 바다의 면적, 빌딩과 도로와 같은 사회 기반 시설에 필요한 면적, 그리고 방출되는 이산화탄소를 흡수하는 데 필요한 숲 면적으로 나타낸다.

그림 1.24에 나타난 것처럼 환경의 영향을 나타낸 이

지구의 날 : 전 지구적인 행사

그림 1.23 지구의 날 기념행사로 이 행사는 미국에서 중심이 된 하나의 행사였지만 이제는 지구 전체로 거의 모든 나라의 행사로 확대되어 10억 명 이상이 참여하며 주요 환경 관련 문제의 중요성을 지속적으로 홍보하고 있다.

지수는 목재, 식량, 동물에 필요한 사료, 사람이 소비하는 어류, 그리고 이산화탄소를 흡수하는 숲과 같이 한 인구 단위가 사용하는 **재생 가능한 자원**(renewable resources)을 기준으로 나타낸 것이다. 원칙적으로 재생 가능한 자원은 비교적 짧은 기간에 자연적으로 대체되기에 무기한 지속적으로 공급될 수 있다. 생태발자국은 광물이나 화석 연료와 같이 **재생 불가능한 자원**(nonrenewable resources)의 이용은 고려하지 않는데, 만약 이러한 자원을 이용하여 재생 가능한 자원과 이산화탄소를 방출하는 것에 영향을 미치는 경우는 예외로 한다.

전 지구 생태발자국 네트워크는 2008년에는 전 지구적으로 농토로 쓸 수 있는 면적이 120억 헥타르(1헥타르=10,000m²)였지만 세계 인구의 생태발자국은 183억 헥타르가 필요하였다(그림 1.25). 다시 말하면 사람이 자연 자원을 이용하는 정도가 지구가 제공할 수 있는 정도보다 대략 50% 정도 더 높다는 것이다. 이 결과 지구는 세계 인구가 단 1년간 소비한 자원을 다시 대체하고 배출된 이산화탄소를 흡수하려면 1년 반이 걸린다. '2012년의 살아 있는 행성 보고서'에 의하면 우리의 생태발자국 빚은

생태발자국 한 인구 단위가 소비하는 자원을 생산하고 만들어낸 폐기물을 처분할 땅과 바다의 면적으로 나타낸 환경 영향

재생 가능한 자원 목재, 사료나 어류와 같이 비교적 짧은 시간 규모에서 자연 작용으로 교체되며 이에 따라 잘 관리를 하면 무한정 공급이 가능한 자연 자원

재생불가능한자원 화석 연료와 같이 제한된 공급량으로 존재하여 인간의 유의미한 시간 규모 내에서 재생이 되지 않는 자연 자원

점점 커지는 생태발자국

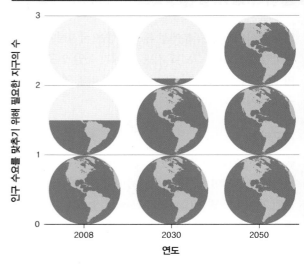

탄소
화석 연료의 연소로 발생하는 이산화탄소에서 바다가 흡수하는 양을 제외하고 남은 이산화탄소를 흡수하고 저장하기 위해 필요한 숲의 면적

농지
사람에게 필요한 농작물을 기르고 가축을 먹일 작물을 기르는 데 필요한 농토 면적

목초지
우유, 치즈, 고기, 털과 다른 산물의 공급원으로 기르는 가축의 방목지로 이용되는 초지 면적

숲
목재, 땔감, 목재 펄프와 기타 임산물을 생산하는 데 필요한 숲의 면적

시설물 토지
집, 도로, 공장, 물 저수지와 기타 인간에게 필요한 기반시설물의 설치에 필요한 땅 면적

어장
어패류를 수확하는 데 필요한 담수와 해양 생태계의 면적

그림 1.25 현재의 자원 이용 증가율로 2050년이 되면 당시 인구의 수요를 맞추기 위해서는 거의 3개에 해당하는 지구의 생산 능력이 필요하다. (자료 출처 : WWF, 2012)

생태발자국은 또한 개개인에 대하여 그리고 각 국가에 대하여도 계산할 수 있다. 일례로 부유한 선진국에 사는 사람은 개발도상국가의 사람에 비하여 훨씬 큰 생태발자국을 가진다. 만약 2012년의 지구에 살고 있는 70억 명 개개인이 미국인의 평균 생태발자국을 가진다면 70억 명을 생존시키기 위해서는 대략 4개의 지구가 필요할 것이다. 인간의 생태발자국 계산은 우리가 환경에 미치는 영향에 대한 걱정을 정당화시킨다. 환경에 미치는 인간의 영향이 커진다는 것은 우리 인간이 처음 겪게 되는 도전 중에 하나라는 것을 가리킨다. 여러분은 이러한 도전이 있을 때 어떻게 대처를 해야 하는가? 우리는 우리가 직면한 엄청난 문제들을 어떻게 해결해야 하는가?

생태발자국

그림 1.24 사람의 생태발자국의 규모는 개인, 국가의 인구에서부터 전 지구 인구까지 다양하며 이상 여섯 가지 요인을 바탕으로 계산한다. (World Wide Fund for Nature, 2012)

⚠️ **생각해보기**

1. 지구의 날을 기념하는 것 같은 운동의 가치는 무엇인가? 전 세계적으로 지구의 날 기념 행사에 많은 대중이 참여를 하는 중요성은 무엇일까?

2. 인간의 수요와 지구가 제공할 수 있는 능력 사이에 불일치를 추측하는 생태발자국 방법은 맬서스의 방법과 어떻게 차이가 나는가?

2030년이면 100%를 약간 넘을 것이고 2050년이 되면 거의 200%가 될 것이다. 현재의 경향이 지속된다면 2050년쯤 되면 하나의 지구에 살고 있는 인구의 수요를 맞추기 위하여 3개의 지구에 해당하는 생산성 있는 농토가 필요하게 될 것이다.

지구의 날 기념 행사에 참가자의 수가 **빠르게** 증가하는 것을 어떻게 설명할 수 있을까?

인간이 환경에 미치는 영향 중 생태발자국의 계산에 포함되지 않은 것은 우리의 실제 생태발자국에 어떻게 영향을 미치는가?

1.5~1.6 문제 : 요약

인간이 자연에 미치는 영향은 우리의 역사가 진행되어 오는 동안 점점 증가해왔다. 인구의 증가로 나타난 환경 훼손에 대한 인식은 벤저민 프랭클린, 토마스 맬서스, 조지 퍼킨스 마시와 그밖의 사람들의 노력 결과로 18~20세기에 이르면서 상당히 진전되었다. 존 뮤어, 기포드 핀쇼와 미국의 대통령인 테오도르 루스벨트는 토지의 보존과 보전에 적극적인 사람이었다. 레이첼 카슨은 저서 침묵의 봄에서 화학 농약의 무분별한 사용의 위험성을 경고하였다. 환경에 관련된 쟁점에 대한 인식은 국지적이고 광역적인 시각에서 전 지구적인 관점으로 확대되었다. 환경 보호에 관한 관심의 전 지구적인 확산은 지구의 날을 기념하는 국가의 수가 늘어나는 것으로 알 수 있다. 인구의 영향은 생태발자국으로 측정되는데, 이 생태발자국은 환경에 미치는 인간의 영향이 지구의 재생 가능한 자연 자원과 이산화탄소를 흡수할 수 있는 능력 이상으로 확대되었다.

1.7~1.9 해결방안

과학은 자연계, 환경, 우리의 자원을 관리하는 데 마주치는 도전에 대하여 많은 것을 알려준다. 과학은 또한 환경 훼손의 발생을 피하거나 환경 훼손이 일어난 것을 회복시킬 때 기술과 정책을 개발하도록 한다. 그렇지만 우리가 하나가 되어 경제적 결과를 가져올 수 있는 환경에 관한 결정을 내리고자 할 때, 또 우리가 환경에 관련하여 '맞다', '아름답다', '옳다' 또는 '틀리다'라고 여기는 것들에 대하여 결정을 할 때도 과학은 침묵한다. 과학은 개개인이 또는 사회가 어떻게 생명 시스템을 다뤄야 하는지에 대해, 또 자연계에 대하여 어떻게 가치를 부여해야 하는지에 대해 알려주지 않는다. 이와 같은 문제들의 해답을 얻기 위해서는 과학이 아닌 다른 분야를 알아야 한다.

1.7 환경 윤리는 도덕적 책임을 환경에까지 확대한다

환경 윤리(environmental ethics)란 인간과 인간이 아닌 모든 부분을 포함하는 자연 환경에 대하여 인간이 가져야 할 윤리의 틀에 관하여 탐구하는 철학의 한 영역이다. 환경 문제의 심각성에 대한 견해와 이들에 대한 해결방안의 필요성은 윤리적 세계관으로부터 나온다(그림 1.26).

세계관

인간을 자연의 중심에 둔 관점을 **인간 중심주의**(anthropocentric)라고 한다. 인간 중심주의 관점은 인간을 자연의 일부로 보지 않고 자연을 소유한 자로 여기며 자연은 인간에게 혜택을 주기 위하여 존재하는 것으로 간주한다. 이러한 세계관에서는 생물종의 멸종에 관련된 행위라도 인간에게 직접적 또는 간접적으로 혜택을 준다면 이들 생물종이 멸종에 이르더라도 이는 정당화될 수 있다는 것이다. 이러한 인간 중심주의 세계관이 대부분의 환경 훼손 원인이라고 여겨지고 있다. 그렇지만 일부 인간 중심주의 철학자들은 생물종의 멸종을 일으키는 것은 그 자체가 인간에게도 위해가 될 수 있기에 잘못된 것이라고 주장한다.

가죽 염색 공장을 다른 곳으로 옮겨야 한다고 주장한 벤저민 프랭클린은 환경 중심, 생물 중심 또는 인간 중심 환경 윤리 중 어느 관점을 취한 것인가?

환경 윤리 환경에 대한 인간의 도덕적 책임에 관련된 철학의 분야

인간 중심주의 인간 중심의 환경 윤리로 환경이 인간에 미치는 영향에 주목한다.

환경 윤리 관점과 도덕적 책임

인간 중심의 환경 윤리

인간에 미칠 영향으로 환경 변화의 영향을 평가

생물 중심의 환경 윤리

모든 살아 있는 생명체로 도덕적 책임을 확대

환경 중심의 환경 윤리

전체 자연계의 생물과 무생물에 도덕적 책임을 확대

그림 1.26 인간 중심, 생물 중심과 환경 중심 윤리는 각각 환경에 대하여 인간 중심의 관점에서부터 생물과 무생물을 모두 포함하는 자연계 모두로 도덕적 책임 분야를 구체화한다.

생물 중심주의 모든 생물을 중심에 둔 환경 윤리로 인간의 도덕적 책임을 모든 생물체에 둔다.

환경 중심주의 전체 생태계에 중심을 둔 환경 윤리로 전체 자연계가 완전한 상태가 되도록 환경의 무생물에게도 도덕적 책임을 확대한다.

토지 윤리 알도 레오폴드가 주창한 생태 중심의 환경 윤리로, 생물 군집의 온전함, 안정성과 심미성을 강조한다.

이에 반하여 **생물 중심주의**(biocentric)로 보는 관점은 모든 생물체에 가해진 행위의 영향에 주안점을 둔다. 생물 중심의 관점에서는 동물학대 행위, 불필요한 식생의 파괴, 그리고 이의 연장선상에서 생물종의 멸종은 생물은 그 자체로서 고유한 가치를 가지고 있기 때문에 윤리적으로 잘못된 것으로 여긴다. **환경 중심주의**(ecocentric)의 환경 윤리는 생물뿐 아니라 환경의 비생물 구성 요소들까지 도적적 규범을 확대하여 전체 자연계의 완전한 상태로 온전함을 강조한다. 예를 들면, 생물 중심주의 관점은 만약 어떤 장소가 광업 활동으로 생태계가 교란된다면 이러한 교란이 있기 전에 생태계를 차지하고 있던

고유종은 반드시 복원되어야 한다는 입장을 상정한다. 이에 반하여 환경 중심주의의 입장은, 전체 자연 경관은 표토 층의 깊이와 조직, 하계망 패턴 등이 원래의 상태로 반드시 복원되어야 한다는 견해를 가지고 있다.

환경과학에서 주요 인물의 하나인 알도 레오폴드(Aldo Leopold, 1887~1948)는 **토지 윤리**(land ethic)를 제창할 때 특히 환경 중심주의 입장을 주장하였다. 1949년 출간된 그의 가장 유명한 책 *A Sand County Almanac*에서 "생물 군집의 온전함, 안정성과 심미적인 점을 보전하는 것은 옳은 것이고, 그렇지 않은 것은 그른 것이다."라고 기술했다.

헤츠헤치 계곡 : 한 세기 이상 환경갈등의 중심지

(Isaiah West Taber/Courtesy of the Sierra Club)

댐을 건설하기 전의 헤츠헤치 계곡

(Gerl Lavrow/Getty Images)

댐을 건설한 후의 헤츠헤치 계곡

그림 1.27 헤츠헤치 계곡에 집중된 논쟁이 뮤어의 보존 윤리와 핀쇼의 보전 윤리로 심각하게 대립하였다.

환경 윤리 작동

환경 윤리에 관한 가장 유명한 의견 대립 중의 하나는 요세미티국립공원의 일부로 잘 알려진 요세미티 계곡의 바로 북쪽에 있는 헤츠헤치 계곡에 댐을 건설하는 것에 대한 것이다(그림 1.27). 존 뮤어는 1872년에 헤츠헤치 계곡을 처음 방문한 이후 이곳을 두 번째의 요세미티 계곡이라고 쓰고 환경 중심의 윤리 입장에서 요세미티 계곡과 헤츠헤치 계곡 모두 그대로 보존해야 한다고 냉혹하게 환경운동을 벌였다. 1890년에 이 두 계곡을 포함한 요세미티국립공원이 지정되었다. 그렇지만 샌프란시스코 시의 시장인 제임스 펠란(James Phelan)은 헤츠헤치 계곡에 댐을 쌓아 샌프란시스코 시에 물을 공급할 저수지를 만들어야 한다고 제안하였다. 그는 인간 중심의 보전 윤리를 가지며 수많은 사람들의 혜택을 위하여 자연 자원을 현명하게 이용하자는 견해를 가진 미국 산림청장인 기포드 핀쇼라는 협력자를 알게 되었다.

환경 전선은 그어졌다. 뮤어와 시에라클럽은 계곡에 댐 설치 반대를 위한 전국적인 운동을 벌였다. 뮤어의 환경 중심 윤리는 인간이 손대지 않은 미답지 그대로 보존한다는 목표를 가진 국립공원 관리청의 관리 철학을 대변하는 것이었다. 반면에 핀쇼의 견해는 경제적 이득을 포함한 다양한 이용을 위하여 국유림을 관리한다는 목표를 가진 미국 산림청의 입장을 대변하고 있었다. 이 환경 쟁의에서 핀쇼는 승리를 거두었으며, 1913년 의회는 헤츠헤치 계곡의 댐 건설을 승인하였다. 하지만 시에라클럽은 댐을 제거하여 헤츠헤치 계곡을 원래 상태로 되돌리려는 투쟁을 오늘날까지 지속하고 있다.

환경 정의

역사적으로 볼 때 폐기물 매립장이나 고속도로망과 같은 환경적인 부담은 사회경제적 지위, 인종 혹은 민족 때문에 사회적으로 혜택을 받지 못한 계층의 사람들의 몫이었다. 이러한 불평등에 대한 반감으로 **환경 정의**(environmental justice) 운동이 미국에서 일어났다.

환경 정의 운동의 탄생은 노스캐롤라이나 주 워런 카운티(郡)의 가난한 아프리카계 미국인이 거주하는 곳에 화학폐기물 처분장이 계획되자 이에 반대하여 일어난 1982년의 항의 시위와 관련되어 있다. 6주간 지속된 처분장 반대 시위에서 500명이 체포되었다(그림 1.28). 물론 유독한 폐기물은 계획된 처분장에 결국 매립되었지만 이 항의 시위는 일반 대중과 정책 입안자들에게 환경에 관한 결정을 할 때 공평하게 처리해야 한다는 경각심을 일깨워

?

헤츠헤치 계곡이 원래의 야생 상태로 복원되어야 한다거나 되지 않아도 된다는 의견을 주장하는 사람의 환경 윤리는 어떤 것인가?

환경 정의　환경법, 환경 규제 및 환경 정책의 개발, 시행 및 법 집행에서 모든 사람을 공정하게 대우하고 이들에게 적절한 기회를 제공한다.

환경운동으로 진전된 항의 시위

(Greg Gibson/AP Photo)

그림 1.28 1982년 노스캐롤라이나 주의 워런 카운티에서 쓰레기 매립장을 유독물질로 오염된 수천 톤의 흙으로 덮는 계획에 반대하는 수 주에 걸친 항의 시위로 500명 이상의 시위자가 체포되었다. 이 시위는 국민적 관심을 불러 모았고 모든 사람에게 환경 정의가 적용되어야 한다는 목표를 가진 국제적인 운동에 영감을 주었다.

준 사건이었다. 환경 정의는 시에라클럽과 같은 주요 환경 단체들에게 이들 단체들이 원래 가졌던 황무지나 그 밖의 자연적인 영역을 보전한다는 주제 외에도 토지 매립장, 유독 화학폐기물 처리장과 기타 오염원과 같은 환경 쟁점에 대해 적극적으로 개입하도록 명분을 제공하였다.

왜 시에라클럽과 같은 환경 단체가 요세미티국립공원이 지정되도록 노력한 후 환경 정의의 개념을 지지하는 데 거의 한 세기가 걸렸을까?

종교적 관점과 문화적 관점

종교적 신념과 문화 배경은 환경 관련 쟁점 사안에 대해 여러분의 입장에 분명히 영향을 미칠 것이다. 그럼에도 불구하고 전 세계에 걸쳐 종교적 신념에 대하여 흘끗 검토해보면 어느 곳에 사는 사람이든 간에 환경을 보호하는 것에 가치를 두고 있다(그림 1.29). 만약 문화적으로 우리가 환경을 돌봐야 한다는 결론에 도달한다면 전 세계적으로 일어나고 있는 환경 훼손을 어떻게 설명할 수

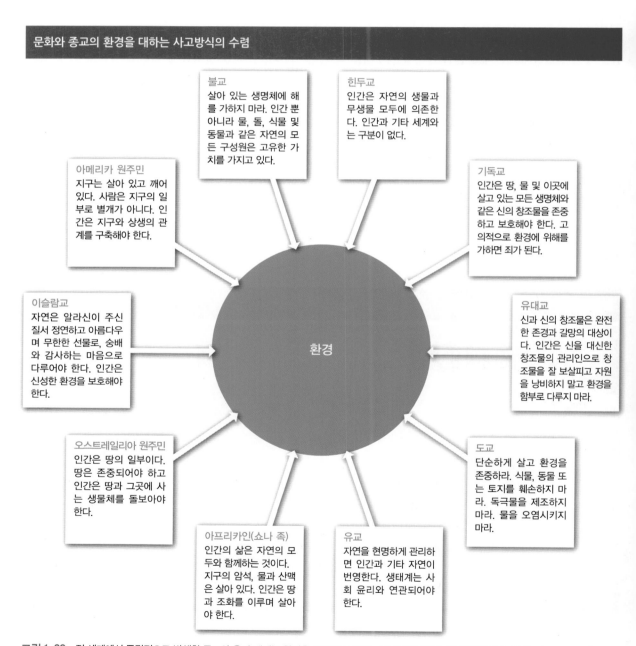

문화와 종교의 환경을 대하는 사고방식의 수렴

불교
살아 있는 생명체에 해를 가하지 마라. 인간 뿐 아니라 물, 돌, 식물 및 동물과 같은 자연의 모든 구성원은 고유한 가치를 가지고 있다.

힌두교
인간은 자연의 생물과 무생물 모두에 의존한다. 인간과 기타 세계와는 구분이 없다.

아메리카 원주민
지구는 살아 있고 깨어 있다. 사람은 지구의 일부로 별개가 아니다. 인간은 지구와 상생의 관계를 구축해야 한다.

기독교
인간은 땅, 물 및 이곳에 살고 있는 모든 생명체와 같은 신의 창조물을 존중하고 보호해야 한다. 고의적으로 환경에 위해를 가하면 죄가 된다.

이슬람교
자연은 알라신이 주신 질서 정연하고 아름다우며 무한한 선물로, 숭배와 감사하는 마음으로 다루어야 한다. 인간은 신성한 환경을 보호해야 한다.

환경

유대교
신과 신의 창조물은 완전한 존경과 갈망의 대상이다. 인간은 신을 대신한 창조물의 관리인으로 창조물을 잘 보살피고 자원을 낭비하지 말고 환경을 함부로 다루지 마라.

오스트레일리아 원주민
인간은 땅의 일부이다. 땅은 존중되어야 하고 인간은 땅과 그곳에 사는 생물체를 돌보아야 한다.

도교
단순하게 살고 환경을 존중하라. 식물, 동물 또는 토지를 훼손하지 마라. 독극물을 제조하지 마라. 물을 오염시키지 마라.

아프리카인(쇼나 족)
인간의 삶은 자연의 모두와 함께하는 것이다. 지구의 암석, 물과 산맥은 살아 있다. 인간은 땅과 조화를 이루며 살아야 한다.

유교
자연을 현명하게 관리하면 인간과 기타 자연이 번영한다. 생태계는 사회 윤리와 연관되어야 한다.

그림 1.29 전 세계에서 독립적으로 발생한 종교와 윤리 체계는 환경을 존중하고 돌보는 데 유사한 관점으로 발전하였다. (출처 : Selin, 2003)

있을까?

물론 일부 환경 훼손은 사람들이 먹고 살거나 또는 단순히 생존하기 위해서 다른 대안이 거의 없기에 저지른 일일 수도 있다. 또 환경에 대하여 잘 알지 못하기 때문일 수도 있다. 그 예로 오존층의 두께를 얇게 만든 장본인인 프레온가스의 생산자들은 그들이 만든 생산물이 오존층을 얇게 만들 수 있으리라고 생각하지 못했을 것이다. 그런가 하면 또 다른 경우의 환경 훼손은 경제적인 이득을 얻기 위하여 일어나는 환경 영향을 무시하고 저지른 행동으로 발생한다. 덧붙여서 환경의 일부분에 훼손이 일어난 것이 과연 환경의 다른 부분이나 사람의 복지에 보탬이 되는가에 대하여 반드시 저울질해보아야 한다. 예를 들면 농약 사용이 야생 생물에게 미치는 해와 식량의 증산이나 질병을 옮기는 해충의 개체 수를 줄이는 점 사이에 어느 것이 더 유익한가를 비교·검토해야 한다.

⚠ 생각해보기

1. 인간 중심의 윤리로부터 환경 중심의 윤리로 전환하기 위해서는 도덕적인 책임감의 어떠한 수정이 필요한가? 사람의 복지를 위해서는 어느 것이 더 나은가? 단기간의 영향과 장기간의 영향을 고려하면 달라질 수 있을까?
2. 환경 정의 운동과 다양한 다른 환경 윤리 관점 간에는 어떤 상관관계가 있는가?
3. 환경 문제를 논할 때 가치의 중요성은 무엇일까? 또 어떤 것이 한계일까?

1.8 환경 재앙의 실용적인 해결책인 지속가능성

앞에서 알아보았듯이 1980년대 중반 과학자들은 프레온가스를 대기로 방출하면 오존층에 구멍이 생기는 것처럼 오존층의 두께를 매우 얇게 만든다는 사실을 알게 되었다. 성층권의 오존양은 태양에서 방출되는 자외선으로 인한 화학반응으로 생성되는 오존과 다양한 반응 경로를 통하여 파괴되는 오존 사이의 균형으로 유지된다. 프레온가스가 대기로 방출되면 오존의 파괴율은 오존이 생성되는 속도보다 더 빠르게 일어나 남극대륙 상공의 오존층 구멍을 만든다. 오존의 함량이 줄어들면 사람의 건강에 직접적으로 위협이 되는데, 이는 지표에 도달하는 자외선의 양이 증가하면 피부암 발생이 증가하기 때문이다.

만약 자원이 보충되는 속도보다 더 빠르게 소비를 하면 우리 사회와 경제는 지속 가능하지 않게 된다. 사람이 사는 데 필요한 모든 것은 자연 환경에서 얻어지기 때문에 **지속가능성**(sustainability) 원칙은 다음 세대의 복지에 해를 가하지 않고 우리가 오랫동안 건강한 삶을 유지하기 위하여 현명하게 자원을 사용하는 것이다. 예를 들면, 지속 가능한 전략은 석유와 천연가스와 같은 재생 불가능한 자원에만 의존하기보다는 태양광과 풍력과 같은 재생 가능한 자원을 포함하는 것이다. 어업과 임산업과 같은 자연 산물을 취득할 때도 이들이 번식할 수 있을 정도의 양이 되도록 매우 조심스럽게 접근해야 한다. 농약을 농장에 살포할 때도 이 농약이 지하수를 오염시키지 않도록 또 다른 생물체가 제공하는 해충 처리 체계에 교란을 주지 않도록 한다. 또한 미국 남서부의 사막처럼 도시와 농업 활동이 건조한 지역으로 확대될 때 물을 보전할 기술과 정책을 활용해야 한다. 간단히 말해 지속가능성이란 인간과 자연이 공존할 수 있도록 우리의 생태발자국을 줄이는 것이다.

1987년 9월 16일 로널드 레이건 대통령과 세계 지도자들은 오존층을 보호하기 위하여 지속 가능한 정책을 만드는 중요한 발걸음을 내딛었다. 레이건은 프레온가스의 생산을 줄이고 대체 냉매제와 압축가스의 개발을 권장하는 몬트리올의정서를 받아들였다. 레이건은 자신이 피부암 치료를 받았던 사람으로서 사람의 건강과 자연을 보호하는 지속 가능한 정책의 중요성을 알아보았다. 처음에 몬트리올의정서는 가장 나쁜 프레온가스의 전 세계 생산량을 절반으로 줄이는 것을 권장했지만 과학자들은 곧 프레온가스를 전혀 생산하지 않는 것이 더 지속 가능한 것으로 여겼다. 그때부터 몬트리올의정서는 거의 100가지에 달하는 가스의 생산을 규제하기 위하여 5번에 걸쳐 개정이 되었으며, 이로 인하여 이 의정서는 역사상 가장 성공적인 전 지구 환경 조약의 하나이며 각국이 온실가스의 배출을 어떻게 줄일 수 있는가를 보여준 모델로 여겨지고 있다. 실제 최근의 연구에 의하면 지난 15년간 프레온가스의 감소가 다음에 다루어질 또 다른 형태의 인간과 자연을 위협하는 지구 온난화를 늦추었다고 한다.

지속가능성은 환경 문제를 해결하는 데 실용적인 바탕을 제공한다. 지속가능성은 환경 철학의 다름을 떠나 우리의 건강과 번영을 유지하고, 미래 세대의 생존을 보장하는 공동의 목표에 초점을 맞춘다.

지속가능성 다음 세대의 복지에 해를 가하지 않고 우리가 건강한 삶을 유지하기 위한 현명한 자원의 사용

⚠ 생각해보기

1. 헤츠헤치 계곡에 댐 건설을 생각해보자. 요세미티 계곡은 물이 채워져 침수되지만 샌프란시스코의 주민에게 담수를 공급한다. 이 댐의 건설은 지속 가능한 개발의 예일까, 아니면 지속 가능하지 않은 개발의 예일까?
2. 지속 가능한 원칙은 환경 중심의 환경 윤리의 범주인가, 아니면 인간 중심 환경 윤리의 범주에 속하는가?

환경과학의 복잡한 학문 분야를 구성하는 전문 분야 중 어떤 분야가 환경 쟁점을 다룰 때 더 중요하다고 할 수 있는가?

환경주의 정치 행위와 교육을 통하여 환경을 인간이 끼치는 위해로부터 보호해야 한다고 주장하는 이념적 사회운동

1.9 환경과학은 환경 문제를 논할 때 포괄적인 틀을 제공한다

환경과학은 복잡한 문제를 다루기 때문에 다학제적인 과학이다(그림 1.30). 환경과학은 화학, 물리학, 생물학, 지질학, 기상학, 기후학과 같은 자연과학의 전 분야를 아우른다. 그런가 하면 환경과학은 또 실제적인 문제를 다루기 때문에 공학, 농학, 독성학과 같은 응용과학의 지식을 많이 필요로 한다. 또한 문학, 예술과 음악도 환경 문제에서 인간의 중요성을 알리는 데 필요한 수단을 제공한다. 예를 들면 레이첼 카슨에게 글을 잘 쓰는 기술이 없었더라면 환경 정책에 미쳤던 그녀의 영향력은 아마도 훨씬 미약했을 것이다.

오존이 감소한다는 것이 어떻게 알려지게 되었는가를

보면 다양한 학문 분야와 관심이 복잡한 환경 문제를 어떻게 해결하였는가를 잘 알 수 있다. 예를 들어 언론이 아주 중요한 역할을 하였다. 1974년에 몰리나와 롤랜드는 프레온가스가 오존층의 파괴에 영향을 끼친다는 것을 보고한 첫 번째 논문을 발표하였다. 네이처에 출간한 논문이 별 주목을 받지 못했을 때 이들은 언론에 발표 자료를 제공하고 일반인과 정책 입안자들에게 오존층에 어떤 위험이 생길 것인가를 경고하기 위해 기자회견을 열었다.

이러한 활동은 환경과학의 범주를 벗어나 정치 행위와 교육을 통하여 환경을 인간이 끼치는 위해로부터 보호해야 한다고 주장하는 이념적 사회운동인 **환경주의(environmentalism)**의 범주에 포함되었다. 이 두 사람의 기자회견은 높은 대중의 관심을 불러일으켰으며 미국 역사상 베트남 전쟁을 제외하고는 가장 많은 사람이 미국 의회에 이를 지지하는 편지를 썼다. 이러한 대중의 반응은 정치적 압력으로 작용하여 연방 정부로 하여금 1977년에 '성층권에 영향을 미칠 수 있는 것으로 여겨지는' 어떤 물질도 규제를 한다는 법을 통과시키게 하였다.

일반적으로 업계는 특히 환경 문제가 경제적 이해와 충돌될 때 환경 쟁의를 다루는 중요한 역할을 한다. 화학 회사들은 결국 몰리나와 롤랜드의 연구 결과를 받아들였지만 이들은 10년을 이 두 사람 연구 결과의 신빙성을 떨

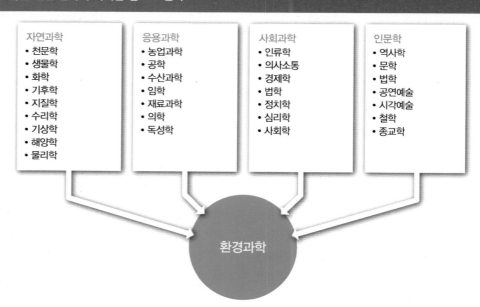

그림 1.30 환경과학의 다학제적 특성은 환경과학의 복잡한 특징과 환경과학이 다루는 쟁점에 기여하는 요인 중 하나이다.

어뜨리기 위하여 노력했다. 결국에는 오존층에 거의 영향을 미치지 않는 다양한 프레온가스 대체물을 개발한 사람들은 산업계의 화학자들이었다.

환경 영향이 국가 간의 경계를 넘어가는 경우에는 외교, 협상과 국제 조약이 필수적이다. 1984년에 오존층의 구멍이 발견된 것은 전 세계적인 관심거리가 되었다. 프레온가스의 생산에 관한 국제적인 규제는 결국 유엔과 전 세계 국가들의 협상이 개입되었다. 그 결과가 몬트리올의정서였다.

다음 장들에서는 우리가 현재 직면한 환경 문제에 대하여 논의할 것이고 이러한 문제에 관련된 과학적 배경을 알아보고, 이들에 대한 해결방안을 알아볼 것이다(그림 1.13 참조). 필연적으로 이런 과정에서 다양한 주제를 다룰 것이다. 여러 다양한 분야의 지식과 기술을 바탕으로 한 환경과학은 단지 자연뿐 아니라 우리의 건강과 삶을 위협하는 환경 문제를 해결하는 방안을 제시할 것이다.

⚠ 생각해보기

1. 환경과학의 틀은 자연과학, 응용과학, 사회과학과 인문학을 포함한다. 환경 문제를 해결하는 데 이들 각 분야의 지식들은 어떤 역할을 하는가?
2. 환경과학은 정말 '과학'인가? 만약 과학이라면 환경과학은 어떤 종류의 과학일까? 만약 과학이 아니라면 이 환경과학은 무엇으로 분류될까?

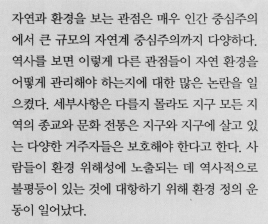

1.7~1.9 해결방안 : 요약

자연과 환경을 보는 관점은 매우 인간 중심주의에서 큰 규모의 자연계 중심주의까지 다양하다. 역사를 보면 이렇게 다른 관점들이 자연 환경을 어떻게 관리해야 하는지에 대한 많은 논란을 일으켰다. 세부사항은 다를지 몰라도 지구 모든 지역의 종교와 문화 전통은 지구와 지구에 살고 있는 다양한 거주자들은 보호해야 한다고 한다. 사람들이 환경 위해성에 노출되는 데 역사적으로 불평등이 있는 것에 대항하기 위해 환경 정의 운동이 일어났다.

지속가능성은 장기간에 걸쳐 인간의 건강에 필수적인 충분한 맑은 공기, 식량, 에너지와 기타 자원들을 제공하기 위해 정책, 실행과 기술을 개발하는 것이다. 환경과학은 자연과학, 응용과학, 사회과학과 인문학으로부터 발견된 것과 아이디어를 받아들여 지속가능성이 이루어질 수 있도록 도움을 준다.

각 장의 절에 대하여 아래 질문에 답을 하고 난 후 핵심 질문에 답하라.

핵심 질문 : 과학과 가치로 환경 쟁점을 어떻게 풀어갈 것인가?

1.1~1.4 과학원리

- 환경은 무엇으로 이루어졌는가?
- 과학이란 무엇이며 어떻게 유용한가?
- 환경을 논할 때 과학의 불확실성은 무엇이며 과학을 어떻게 이용해야 하는가?
- 과학에 관련된 윤리에 대하여 알아보고 이러한 윤리는 어떻게 지킬 수 있는가?

1.5~1.6 문제

- 역사에서 환경에 대한 인간의 영향과 환경에 대한 인식은 어떻게 바뀌었는가?
- 인간에 의한 환경의 영향이 어떤 점에서 전 지구적인 문제가 되는가?

과학, 환경, 가치와 우리

제1장은 과학이란 무엇이며 어떻게 작용하고 어떻게 과학과 가치가 환경 문제들을 논할 때 영향을 미치는가를 다루고 있다. 이제 여러분은 이 책의 나머지 부분에서 과학, 문제와 해결책을 비판적으로 평가할 수 있을 것인데, 이 장에서 다룬 내용을 좀 더 심도 있게 알아볼 방안을 제시한다.

☐ **과학적 과정 실천하기**

환경과학의 중심은 과학 연구에 있는 만큼 과학의 연구 과정을 더 많이 알수록 환경 쟁의에 관련된 증거들을 더 잘 평가할 수 있다. 이상적으로 대학교에서 실시하는 과학 연구에 참여하거나 또는 독립적인 연구 그룹에 참여할 수 있다. 환경과학 강사는 이러한 연구에 자원봉사자나 혹은 급여를 받는 기술인으로 참여할 수 있는 길을 알고 있을 것이다. 또는 강사가 이 강의의 일부로 연구 주제를 줄 수도 있을 것이다.

☐ **과학 문헌에 익숙해지고 과학자처럼 행동하기**

뉴스에서 환경 관련 문제를 마주칠 때마다 이 문제의 핵심에 해당하는 과학적인 연구 논문을 찾도록 노력하라. 이렇게 하면서 연구자들이 가졌던 문제점과 가설들을 추적하라. 연구에 사용된 방안을 포함한 연구 방법을 검토해보라. 이렇게 하여 얻은 연구 결과를 평가해보고 저자들이 내놓은 결론이 실제 연구 결과로 뒷받침되는지 알아보라. 조사된 주제를 더 알아보기 위하여 추가 연구를 제안해보라.

☐ **생태발자국 계산해보기**

www.footprintnetwork.org에 있는 온라인 생태발자국 계산기를 이용하여 당신의 생활방식에 필요한 전 지구적인 면적을 추정해보라. 웹사이트의 생태발자국 계산기로 다양한 생활방식에 따른 생태발자국을 계산하여 당신이 환경에 요구하는 양을 줄이기 위해 어떻게 행동해야 하는지 알아보라.

☐ **환경 윤리 결정하기**

환경 윤리의 세계를 알아보고 환경에 대한 자신의 윤리적 관점을 결정하라. 당신이 잘 조직된 종교의 일원이라면 다른 생물종과 전반적인 환경에 대한 인간의 도덕적 책임에 관한 관점은 어떤 것인지 알아보라. 다른 종교나 윤리 체계는 어떤가를 알아보고 이들 간의 가치를 비교·검토하라.

1.7~1.9 해결방안

- 환경의 가치를 매길 때 개인의 관점과 윤리는 어떤 영향을 미치는가?
- 지속가능성이란 무엇이며 이는 환경 문제를 논할 때 어떤 도움을 주는가?
- 환경과학이란 무엇이며 인간의 영향을 어떻게 평가하는가?

핵심 질문에 대한 답

_____

_____

_____

_____

_____

제1장
복습 문제

1. 언제 남극대륙 상공의 오존층이 얇아지고 있다고 확인되었는가?
   a. 2010년　　　　　　b. 1985년
   c. 1974년　　　　　　d. 1960년

2. 다음 중 인간에 의해 영향을 받는 환경의 부분은 어느 것인가?
   a. 물리적 요인　　　　b. 화학적 요인
   c. 문화적 요인　　　　d. 위 항목 모두

3. 다음 중 어느 것이 과학적인 조사에 필수적인가?
   a. 야외 관찰　　　　　b. 실험
   c. 하나의 가설　　　　d. 모델링

4. 과학자들이 쓰는 학설은 다음 중 어느 것이 가장 옳은가?
   a. 연구로 뒷받침되지 않는 하나의 아이디어
   b. 연구의 결과로 널리 지지되는 한 가지 자연 현상의 설명
   c. 연구의 질문에 대한 잠정적인 해답
   d. 불확실성이 없는 증명된 아이디어

5. 다음 중 연구 부정의 형태가 아닌 것은?
   a. 특정한 실험을 위해 충분한 연구 재료를 구매하지 않는 것
   b. 좀 더 흥미로운 연구가 되기 위해 자료를 만드는 것
   c. 다른 연구자의 업적을 복사하여 자기 것으로 주장하는 것
   d. 과학 분석기기를 조정하여 가짜의 긍정적인 신호가 나오도록 조작하는 것

6. 기록에 남아 있는 인간이 환경에 남긴 영향 중 가장 오래된 것은 언제인가?

   a. 10,000년 전　　　　b. 2,000년 전 이전
   c. 1700년대　　　　　d. 1960년대

7. 벤저민 프랭클린이 필라델피아 시의 중심에 있는 가죽 염색 공장을 이전시키고 하는 노력을 결국 무엇이 무산시켰는가?
   a. 가죽 염색 공장 근처에 사는 대부분의 필라델피아 주민의 관심 부족
   b. 가죽 염색 공장의 배출수 파이프에 오염 방지 장비의 설치
   c. 가죽 염색 공장에서 배출되는 냄새가 건강에 좋다는 믿음
   d. 가죽 염색 공장에 대한 뿌리 깊은 경제적 및 정치적 이해관계

8. 레이첼 카슨은 화학 농약 사용에 어떤 조언을 하였는가?
   a. 미국에서 화학 농약의 전면 금지
   b. 미국을 포함한 전 세계에서 화학 농약의 전면 금지
   c. 화학 농약의 사용에 주의
   d. 농업 해충을 방제하기 위해 많은 화학 농약의 이용

9. 다음 중 환경에 대한 윤리 측면에서 가장 포괄적인 것은?
   a. 인간 중심주의 윤리　　b. 생물 중심주의 윤리
   c. 경제 중심주의 윤리　　d. 연구 윤리

10. 다음 중 환경과학을 가장 잘 나타낸 것은?
    a. 오염 조절에 관련된 과학 분야
    b. 실제적인 환경 문제를 해결하기 위해 자연과학 분야의 범위를 넘는 다학제 분야
    c. 생물체와 환경 사이의 관계를 다루는 연구
    d. 인구의 증가를 조절하는 데 주로 관심을 가지는 정치적 연구 분야

비판적 분석

1. 이전에 과학자들은 자연 현상을 지배하는 절대적 불변의 법칙을 탐구한다고 생각하였다. 점차 다양한 분야의 과학자들은 심지어 알버트 아인슈타인까지도 받아들이기 어려웠던 개념인 불확실성이라는 문제에 봉착하게 되었다. 과학이 이러한 불확실성을 완전히 제거하지 못했을 때 어떤 문제점들이 있을까? 특히 오존층이 얇아져 사람에게 위해를 끼칠 위험이 높아지고 규제를 하면 상당한 경제적 후폭풍이 있을 것 같은 환경 문제에 관해서 생각해보라.

2. 자연을 탐구하고 복잡한 문제를 해결하고자 하는 것이 과학자로서 직업을 선택하는 데 중요한 동기가 되고 있다. 과학적인 연구의 직업을 성공적으로 가진 사람들에게는 높은 경쟁이 있는 곳에서 연구의 기회를 가진 특전에 걸맞게 어떤 책임이 있을까?

3. 인간이 환경에 영향을 미친다는 인식은 고대 중국과 그리스에서 처음으로 기록되었는데, 이 인식은 시간이 지나면서 거의 매일 뉴스에 환경이 등장하면서 높아졌다. 어떤 요인이 인간에 의한 환경 영향이 증가하는 데 기여하였는가? 이런 요인들은 환경 훼손을 줄이기 위해서 어떻게 해야 하는지에 대한 방안을 제시하는가?

4. 그림 1.24는 생태발자국의 구성 요소를 정리한 것이다. 만약 여러분이 생태발자국을 다르게 측정하는 법을 제안한다면 어떤 구성 요소들을 선택하겠는가? 만약 여러분이 지금 있는 생태발자국 지수가 수정할 것 없이 가장 적절한 것이라고 여긴다면 왜 그런가를 설명하라.

5. 환경과학은 왜 아주 다양한 분야의 사고와 전문성을 필요로 하는가? 환경 문제를 논할 때 자연과학과 응용과학 대 사회과학과 인문학의 상대적인 역할은 각각 어느 정도가 되는가? 환경 관련 문제를 해결하고자 인문학과 사회과학을 무시하고 자연과학과 응용과학의 도구만을 이용해도 되는가?

핵심 질문: 경제와 생태학을 연결하는 것이 어떻게
사회가 환경에 미치는 영향을 줄일 수 있을까?

생태계와 경제 시스템에서 자연과
물질 및 에너지의 흐름을 설명한다.

(Jean Michel Labat/Ardea.com)

과학원리

제2장

생태계와 경제 시스템

에너지 요구, 경제 모델 그리고 공유지의
비극의 환경적 중요성을 분석한다.

환경이 경제학 및 소유권과 환경에 영향을 주는
지역사회 기반 관리와 어떻게 연관되는지 논의한다.

문제

해결방안

(Dieter Telemans/Panos)

수 세기 전에 나일 강 계곡에서 남쪽으로 이주해온 목축 민족 후손인 마사이 족은 물물교환에 기초한 전통적인 경제 시스템을 통해 주변 민족들과 공존하고 있다.

마사이 족과 자연의 경제

사바나 생태계의 마사이 족의 생활방식은 경제 관계망을 발달시켰다.

인류가 탄생한 곳으로 여겨지는 동부 아프리카 초원지대의 환경은 가축화된 소가 등장한 이후 크게 변화하였다. 15~16세기에 걸쳐 마사이 족—빨간 옷감으로 옷을 만들어 입고 귓불에 상아로 만든 귀걸이를 하는—은 북부 나일강 계곡 유역에서 소를 데리고 남하하여 케냐와 탄자니아의 사바나에 정착하였다. 소들은 마사이 족이 필요로 하는 거의 모든 것을 제공하였다. 식량인 우유, 피, 고기, 오두막의 벽 재료인 배설물, 신발을 비롯한 물품을 만드는 재료인 가죽 등이 이에 해당한다. 소는 마사이 족에게 종교적인 의미를 가지며, 화폐로 사용되는 부의 상징이기도 하다. 예를 들어 딸이 시집갈 때 지참금으로 소를 딸려 보내기도 한다.

다시 말해 소는 동아프리카 문화권에서 물질적으로 중요한 의미를 가진다. 오랜 세대에 걸쳐 이 지역의 인류는 영양을 사냥하거나 과일과 견과류를 채집하며 살아왔다. 그러나 소가 등장함에 따라 마사이 족은 그들의 필요를 더 잘 충족하는 방향으로 바뀌어나갔다. 이처럼 안정성이 갖춰짐에 따라 마사이 족은 연장자 회의기구를 통한 의사 결정, 노동의 분업, 그들 사이에서 이루어지는 교역 혹은 이웃 문화권과의 교역, 자원을 지키기 위한 군사력의 출현 등 복잡한 사회를 발전시키게 되었다. 예를 들어, 마사이 족은 이웃 민족과 가뭄 시기에 소 떼를 이주시키는 등의 문제를 협상하며, 마사이 여인들은 여분의 우유, 고기, 가죽 등을 농경 민족의 바나나, 옥수수, 고구마 등과 교환하기도 한다.

물질 문명이 발달함에 따라 마사이 족은 **경제 시스템**(economic

"우리는 '에코'라는 단어를 경제학에 다시 집어넣어야 하고 진정으로 지속 가능한 삶을 위해 필요한 조건과 원칙을 이해해야만 한다."

데이비드 스즈키, "The Challenge of the 21st Century: Setting the Real Bottom Line," 2008

system)을 통해 그 지역의 농부들과 사냥꾼들의 체계에 참여하게 되었다. 경제 시스템은 사람 간의 연결망, 제도, 상업적 이익 등으로 이루어져 있고 물건과 서비스의 생산, 분배, 소비에 관여한다. 이 원리는 소 떼의 교역과 현대의 경제에 모두 적용된다.

마사이 족의 삶은 여전히 기후나 토양 조건 등의 영향을 받지만, 사회적 변혁에 의해서도 영향을 받는다. 자연 환경의 역할과 인간 문명에 의해 발생한 현대적 경제 시스템은 놀라울 정도로 공통점이 많다. 19세기에 생태학이라는 용어를 창안한 에른스트 헤켈에 의하면 "생태학이란 자연의 경제에 대한 지식의 총체를 이야기한다." 우리는 또한 경제학을 인간의 생태학이라고도 생각할

수 있다. 경제와 생태계의 관련성을 이해하는 것은 환경과학이 전 세계가 직면한 문제를 해결할 수 있는 방법을 찾는 열쇠가 될 수 있다.

비록 현대 경제는 전통적인 마사이 족의 경제체제와는 매우 달라 보이지만, 이 차이는 주로 기술 발달의 정도, 교환되는 재화와 서비스의 다양성, 매일 교환되는 물품의 양과 관련이 있다. 그러나 이 차이를 제외하면 마사이 족과 우리가 직면한 문제는 비슷하다. 우리가 의존하고 있는 환경의 유지를 보장하면서 인간 번영의 바탕이 되는 건강한 경제를 건설하는 것이다. 이 목표는 일반적으로 **지속 가능한 발전**(sustainable development)이라 하며, 미래 세대에게 필요한 자원을 위협하지 않으며 현재 세대의 필요성도 만족시키는 것을 의미한다. 이번 장의 핵심 질문은 이 도전의 핵심 내용과 관련이 있다.

경제 시스템 경제 시스템은 사람 간의 연결망, 제도, 상업적 이익 등으로 이루어져 있고 물건과 서비스의 생산, 분배, 소비에 관여한다.

지속 가능한 발전 미래 세대에게 필요한 자원을 위협하지 않으며 현재 세대의 필요성도 만족시키는 발전 과정을 의미한다. 지속 가능한 발전이 되려면 최소한 대기권, 수권, 토양, 생물다양성 등의 지구의 생명 유지 시스템을 위협하지 않아야 한다.

핵심 질문

경제와 생태학을 연결하는 것이 어떻게 사회가 환경에 미치는 영향을 줄일 수 있을까?

(Jean Michel Labat/Ardea.com)

2.1~2.4 과학원리

아프리카 초원에서 전통적인 삶을 영위하고 있는 마사이 족은 **생태계**(ecosystem)에 큰 부정적인 영향을 끼치지는 않는다. 여기서 생태계는 특정 지역에 서식하고 기후 및 땅과 상호작용하는 모든 생물을 의미한다(그림 2.1). 생태적 관점은 자연 환경에만 국한되지 않는다. 예를 들면 농장이나 도시도 생태적 관점으로 파악할 수 있다. 도시 생태에 대한 연구는 활발한 생태학의 연구 주제이기도 하다. 그러나 전통적으로 인간이 주가 되는 도시

와 같은 환경이 어떻게 기능하는지는 경제학의 영역이었다. **경제학**(economics)은 재화와 서비스의 생산, 분배, 소비와 경제 시스템에 대한 이론 및 관리를 연구하는 사회과학이다.

2.1 생태계와 경제 시스템은 물질에 기반을 두고 있다

우리가 연못 속의 거북에 대해 이야기하든, 소 배설물에 대해 이야기하든, 혹은 태양전지판에 대해 이야기하든 상관없이 우주의 모든 물체는 **물질**(matter)로 이루어져 있다. 따라서 생태계는 물질적 기반을 가진다. 예를 들어 숲 생태계에서 물질은 식물, 동물, 균, 숲의 생물들과 그들이 자라는 토양과 토양에 함유된 수분으로 구성된다. 경제 시스템에서도 마찬가지이다. 경제 시스템에서도 사람에서부터 건물, 기계, 음식, 돈 자체에 이르기까지 모든 것이 물질로 구성되어 있다.

물질은 무엇으로 이루어져 있는가

물질은 주로 세 가지 물리적 상태로 존재한다. 이는 고체, 액체와 기체이다. 지구 생명에

생태계 해당 장소에 살고 있는 생물들과 그들이 상호작용하는 생물학적·물리적·화학적 환경의 양상. 생태학자들은 물질과 에너지의 유출입과 전환에 연구를 집중하고 있다.

경제학 재화와 서비스의 생산, 분배, 소비와 경제 시스템에 대한 이론 및 관리를 연구하는 사회과학

물질 공간을 점유하고 질량을 가지는 모든 것으로 주로 고체, 액체, 기체의 세 가지 물리적 상태로 존재한다.

생태계

© Stock Illustrations Ltd./Alamy

그림 2.1 연못은 아주 잘 완비되어 보이기 때문에 생태계를 시각화할 수 있는 가장 쉬운 시스템으로 여겨지곤 한다. 연못 생태계는 박테리아에서 조류(algae)와 거북에 이르기까지 거기 거주하는 모든 생물과 그들이 상호작용하는 모든 생물학적·물리적·화학적 요소들로 구성된다.

물의 세 가지 물리적 상태

고체 얼음 위에서 스케이트를 타는 사람

액체 물속에서 스쿠버 다이버

온천에서 나오는 수증기

그림 2.2 물은 지구 환경에서 나타나는 조건들에서 세 가지 상태 모두로 존재할 수 있다. 고체 얼음과 액체 물, 기체 수증기이다.

중심적인 역할을 하는 물은 지구 환경에 따라 이 세 가지 상태로 모두 존재하는 드문 특징을 지닌다(그림 2.2). 물질의 기본 구성물질은 **원자**(atom)인데, 이는 해당 물질의 물리적·화학적 성질을 지니는 순수한 물질의 가장 작은 입자로 정의된다(더 자세한 기초 화학의 개요는 부록 A 참조). 한 종류의 원자로만 이루어진 물질을 **원소**(element)라고 부른다. 탄소(C), 수소(H), 질소(N), 산소(O), 인(P), 황(S) 단지 여섯 종류의 원소들이 박테리아로부터 인간에 이르기까지의 모든 생물 질량의 99%를 차지한다(표 2.1).

원자 순수한 물질의 성질을 유지하는 가장 작은 입자

원소 한 종류의 원자(예 : 수소, 헬륨, 철, 납)로만 이루어진 물질

표 2.1 여섯 원소의 원자 구조와 생물학적 중요성

원자의 구조는 양전하로 대전된 양성자와 대전되지 않은 중성자, 그리고 그 주위를 도는 음으로 대전된 전자로 구성된다.

원소기호	원소이름	구조	생물학적 중요성
H	수소		탄수화물, 단백질, 지방, 물의 일부 등의 모든 유기물에 들어 있는 수소는 생명 구조의 주요 구성 요소이다.
C	탄소		탄소는 유기물의 핵심 요소이며 생명 구조에도 중요하다. 지구 생명은 탄소의 화학구조에 기반을 두고 있다.
N	질소		질소는 아미노산에 필수적이고 따라서 단백질에 중요하다.
O	산소		산소는 많은 유기물의 요소이고 물의 구성 요소이며, 특히 생물 호흡에 중요하다.
P	인		인은 RNA와 DNA의 구조에서 중요하며 에너지를 전달하는 물질인 ATP에도 들어 있으며 뼈와 이빨의 구조에도 중요하다.
S	황		황은 일부 아미노산의 필수 요소이며 단백질을 구성하고, 효소와 단백질의 구조에도 관여한다.

모든 생명의 구성 성분이 이처럼 비슷하다는 사실의 함의는 무엇일까?

표 2.2 4개의 흔한 분자

'전자 껍질 모델'은 분자의 원자들을 묶는 결합을 보여준다. 이 결합들은 전자의 공유를 통해 일어난다. 여기 나타난 공유 결합들은 한 쌍(예 : 탄소와 수소) 혹은 두 쌍(예 : 탄소와 산소)의 전자 공유를 보여준다.

나타내는 물질	산소	물	이산화탄소	메탄
분자식	O_2	H_2O	CO_2	CH_4
전자 껍질 모델				

분자와 화학반응

원자들이 상호작용하며 화학반응이 일어나는 동안 서로 묶이게 되고 **분자**(molecule)라는 물질이 만들어진다(표 2.2). 예를 들어 물은 2개의 수소 원자와 1개의 산소 원자로 이루어진다. 2개 혹은 그 이상의 원소에 속하는 원자들로 만들어진 분자(예 : 물)는 **화합물**(compound)이라 부른다. 탄소와 수소로 이루어진 메탄은 산소 분자와 반응하여 이산화탄소와 물을 만들어낸다(그림 2.3). 주로 메탄으로 된 천연가스를 사용하여 가정 난방이나 조리에 사용할 때, 우리는 메탄과 산소가 반응할 때 방출되는 에너지를 이용한다. 비록 원자들은 엄청나게 다양한 방식으로 결합하여 분자를 형성할 수 있지만 아주 제한적인 종류의 분자들이 모든 생명의 구조와 에너지 생산, 번식 등에 사용된다.

⚠ 생각해보기

1. 분자가 화합물로 인정받기 위한 조건은 무엇일까?
2. 지구 온도의 변화가 지구에 존재하는 물, 수증기, 얼음의 양을 잠

분자식을 이용해 화학반응을 묘사하기

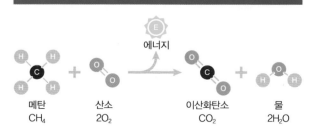

그림 2.3 천연가스의 주요 성분인 메탄은 산소 분자와 반응하여 하나의 이산화탄소 분자와 2개의 물 분자를 만들고 그 과정에서 에너지를 방출한다.

재적으로 어떻게 변화시킬까?
3. 모든 분자는 화합물인가? 그림 2.3을 이용하여 설명하라.

2.2 에너지는 물질을 움직이게 한다

숲에서 태양열을 받아 따뜻해진 수목들 위로 매가 가지와 충돌하는 것을 피해 다양한 방향으로 비행하며 참새를 쫓고 있다. 근처 도시에서는 택시들이 탑승객을 목적지에 도착시켜주기 위해 달리고 있다. 주식매매자들은 에어컨이 나오는 건물을 향해 바쁘게 갓길을 걷고 있다. 숲 생태계에서 일어나는 일이든, 도시에서 일어나는 일이든 이 모든 일은 에너지 공급을 통해 일어난다.

에너지와 일

어떤 사람에게 에너지가 많다고 묘사하는 것은 그들이 활기가 넘치는 사람이라는 것을 의미한다. 물리학자들은 이를 훨씬 정확한 의미로 사용하여, **에너지**(energy)를 **일**(work)을 할 수 있는 능력으로 정의한다. 일은 물체에 가해진 힘과 그 물체가 힘의 방향으로 이동한 거리의 곱으로 정의된다. 실제로 팔을 많이 움직이는 활기 넘치는 사람은 더 많은 일을 할 수 있을 것이다. 비슷하게 책을 선반 위에 놓기 위해 필요한 일의 양은 책의 무게와 선반의 높이와 관련이 있을 것이다(그림 2.4). 결과적으로 당신은 무거운 책을 높은 선반에 올리는 것이 가벼운 책을 낮은 선반에 올리는 것보다 더 많은 칼로리(즉 에너지)를 소비하게 될 것이다. 이와 비슷한 원칙은 제트기가 승객과 화물을 가득 채우고 해수면에서 상공 10,000미터까지 상승할 때에도 적용된다. 이를 위해서 엄청난 양의 일을 해야 하고, 결과적으로 제트기 연료 형태의 상당한 에너지가 필요하다.

분자 둘 또는 그 이상의 원자가 화학결합되어 있는 입자. 구성원자들은 같은 원소일 수도 있고 서로 다른 원소일 수도 있다.

화합물 2개나 그 이상의 원소가 일정 성분비를 이루며 결합된 것(예 : 2개의 수소 원자와 하나의 산소 원자로 이루어진 물). 화합물은 화학적 혹은 물리적 과정을 통하여 그들은 구성하는 원소로 환원될 수 있다.

에너지 일을 할 수 있는 능력. '일' 참조

일 에너지의 전달에 대한 묘사. 힘에 의해 수행된 일의 양은 가해진 힘과 물체가 힘의 방향으로 이동한 거리의 곱이다. '에너지' 참조

일 : 힘과 거리의 문제

(Jupiterimages/Getty Images)

(Taras Vyshnya/Shutterstock)

그림 2.4 일은 물체에 가해진 힘과 그 물체가 힘의 방향으로 이동한 거리의 곱이다. 선반에 책을 올리는 것은 작은 힘과 짧은 거리만 움직이면 되는 작은 양의 일을 보여주는 예이다. 대조적으로 짐을 실은 제트기가 활주로에서 지상 10,000미터로 상승하기까지 엄청난 힘이 필요하고 따라서 많은 일을 하게 된다.

에너지의 형태

일을 할 수 있는 에너지는 다양한 형태로 존재한다. 책상 서랍의 건전지를 생각해보라. 건전지는 어떤 일도 하고 있지 않지만 일을 할 잠재력이 있으며, 이를 **퍼텐셜 에너지**(potential energy)라고 부른다. 비슷하게 우리가 팔을 들게 하는 에너지의 원천과 책을 선반에 얹게 하는 에너지는 설탕이나 지방에 들어 있는 분자들 간의 결합에 있는 **화학 에너지**(chemical energy)로부터 나온다. 화학 에너지가 당신의 팔을 당기게 만들 때, 이는 이동과 관련 있는 에너지인 **운동 에너지**(kinetic energy)로 전환된다. 이 교과서가 선반에 놓여 있을 때, 이것이 거기에 놓여 있게 하는 에너지는 책으로 전달되고, 이는 이것이 바닥으로부터 위쪽에 놓여 있기 때문에 나타난다. 이를 **중력 퍼텐셜 에너지**(gravitational potential energy)라고 부른다. 책이 선반에서 떨어져 바닥에 부딪히게 되면 이 퍼텐셜 에너지는 운동 에너지의 형태(움직임)로 방출된다.

당신이 운동할 때 몸에서 일어나거나 이륙 시에 제트기 엔진에서 일어나는 것처럼 연료가 이용될 때, 다른 형태의 운동 에너지가 방출된다. **열 에너지**(thermal energy)는 분자들의 움직임으로부터 나오고, 이는 운동 에너지의 한 형태이다. 분자들의 움직임이 빠를수록 물질은 더 뜨거워진다. 추울 때 우리는 몸을 떨어서 생성된 열을 이용하여 체온을 유지한다. 증기 기관차는 증기 속의 열 에너지를 이용하여 바퀴를 돌리는 피스톤을 회전시킴으로써 열 에너지를 이용한다.

태양열은 **복사 에너지**(radiant energy)로 구성되고 이는 전자기적 복사와 관련 있는 에너지이다. 이는 가시광선, 적외선, 자외선, 단파, 라디오파, X-ray 등을 포함한다. 태양 복사 에너지가 지구에 입사하면 눈을 녹이거나 바람을 일으키거나 식물을 자라게 하는 등 다양한 에너지 처리 과정을 일으키게 된다(그림 2.5).

모든 형태의 에너지들은 우리 근처에서 작용하고 있다. 예를 들어, 태양 에너지는 기체 분자들의 움직임을 초래하여 또 다른 운동 에너지의 사례인 바람을 일으킨다. 더운 날에 보행로로부터 방출되는 복사열은 태양열에 의해 뜨거워진 보행로가 방출하는 복사 에너지의 사례이다. 일부 태양 에너지는 호수나 대양의 표층수에 저장된 열 에너지로 바뀌고, 이는 일부 물을 증발시켜 액체인 물을 기체인 수증기로 바꾼다. 이 수증기는 결국 구름으로 응결되는데, 이는 물 순환 사이클의 가장 기본적인 과정 중 하나이다(169쪽 그림 6.4 참조). 선반에 책을 놓는 것부터 전 지구적 대기 현상에 이르기까지 모든 형태의 에너지 전환은 엄격한 물리 법칙인 열역학의 지배를 받는다.

열역학 법칙

열역학 제1법칙(first law of thermodynamics)은 한 형태의 에너지가 다른 형태의 에너지로 전환될 때, 그 계 내에서의 에너지와 주변의 에너지가 일정하다는 것이다. 예를 들어, 우리가 입사하는 태양 에너지를 측정하고, 이를 바람의 에너지, 나무에 의해 흡수되어 우리 몸에 저장된 에

에너지의 개념을 사용하여 이 쪽의 글을 읽는 것이나 다루는 주제에 대해 생각하는 것이 어떻게 일이 되는지 설명해보라.

압축된 스프링과 설탕 분자는 어떻게 비슷한가?

퍼텐셜 에너지 어떤 물체가 자신의 배열 상태(예 : 매달린 스프링)나 화학 조성이나 역장(force field) 내에서의 위치(예 : 지구의 중력장)로 인해 가지게 되는 에너지

화학 에너지 퍼텐셜 에너지의 한 종류. 설탕, 지방, 메탄 같이 분자의 결합에 저장된 에너지

운동 에너지 질량의 절반에 속도의 제곱을 곱하여 계산되는, 움직이는 에너지가 가진 에너지

중력 퍼텐셜 에너지 한 물체가 자신의 질량과 기준점으로부터의 높이(가령 지구 표면)로 인해 가지게 되는 퍼텐셜 에너지

열 에너지 수증기처럼 물질들 속의 분자들이 움직이게 되어 생기는 운동 에너지의 한 종류

복사 에너지 가시광선, 적외선, 자외선, 단파, 라디오파, X-ray를 포함하는 전자기파 에너지

열역학 제1법칙 에너지 보존과 관련된 물리 법칙. 비록 한 형태의 에너지가 다른 형태의 에너지로 변할 수 있지만, 한 계 전체가 가진 에너지와 이를 둘러싼 부분의 에너지의 합은 일정하다. 따라서 전체 에너지는 보존된다. '열역학 제2법칙' 참조

우리가 볼 수 있는 에너지의 다양한 형태

운동 에너지	퍼텐셜 에너지
옐로스톤의 폭포　／　숲 내부로 들어온 태양 광선	석탄　／　당겨진 활

그림 2.5　허리케인에서 봄날 아침 꽃이 개화하기에 이르기까지 다양한 형태의 에너지는 세계에서 일을 한다.

너지를 포함한 지구와 그 주변에서 축적되는 에너지와 비교하면 같다는 것이다(그림 2.6). 우리는 이를 에너지 보존이라고 한다.

그러나 만약 풍력발전기의 날개를 돌리는 바람의 운동 에너지를 측정하고, 이를 풍력발전기에 의해 생산된 전기 와 비교해본다면 바람의 에너지보다 전기의 양이 적다는 것을 알게 될 것이다(그림 2.7). 이게 어떻게 가능한 일일까? 열역학 제1법칙은 한 계 내부의 전체 에너지와 그 주변의 에너지를 합한 것이 일정하다고 서술한다. 이 차이 중 일부는 풍력발전기의 움직이는 부분과 고정된 부분에

태양에 의해 에너지를 공급받는 대기권, 수권, 생물권

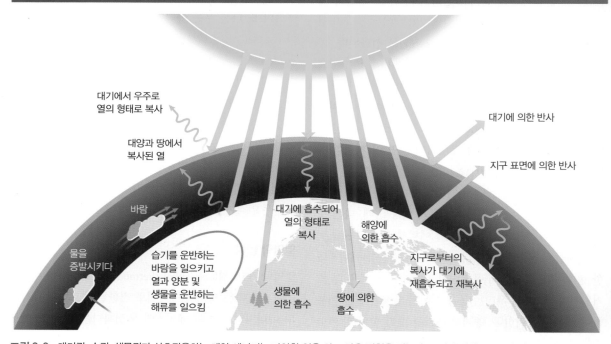

그림 2.6　대기권, 수권, 생물권과 상호작용하는 태양 에너지는 다양한 일을 하고 많은 변형을 겪는다. 그러나 태양으로부터 지구에 입사하고 주위 환경에 유입된 에너지의 전체 양은 변하지 않는다.

열역학 제2법칙의 작용

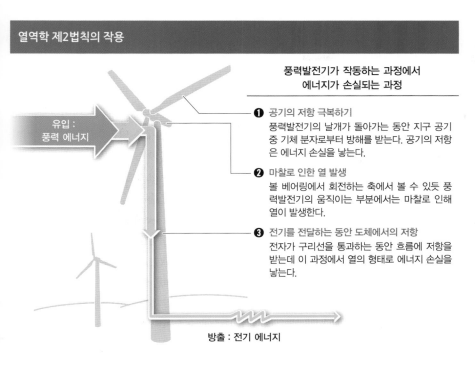

유입 :
풍력 에너지

방출 : 전기 에너지

풍력발전기가 작동하는 과정에서 에너지가 손실되는 과정

❶ **공기의 저항 극복하기**
풍력발전기의 날개가 돌아가는 동안 지구 공기 중 기체 분자로부터 방해를 받는다. 공기의 저항은 에너지 손실을 낳는다.

❷ **마찰로 인한 열 발생**
볼 베어링에서 회전하는 축에서 볼 수 있듯 풍력발전기의 움직이는 부분에서는 마찰로 인해 열이 발생한다.

❸ **전기를 전달하는 동안 도체에서의 저항**
전자가 구리선을 통과하는 동안 흐름에 저항을 받는데 이 과정에서 열의 형태로 에너지 손실을 낳는다.

그림 2.7 풍력발전기는 바람의 운동 에너지를 전기 에너지로 바꾸는 기계이다. 이 과정은 열역학 제2법칙의 작용을 받기 때문에 전환 과정에서 에너지 손실이 일어나고, 에너지의 산출은 항상 에너지의 유입보다 낮다.

서의 마찰로 인해 발생된 열로 설명할 수 있다. 만약 당신이 풍력발전기를 만져본다면 따뜻하다는 것을 알게 될 것이다.

이는 풍력발전기에 의해 바람 에너지가 전기 에너지로 변하는 것과 같이, 각각의 에너지 전환이 일어날 때마다 사용 불가능한 열 에너지가 생산되어 일을 할 수 있는 에너지의 양은 감소한다는 **열역학 제2법칙**(second law of thermodynamics)을 이끌어낸다. 열역학 제2법칙은 또한 계에서의 무질서 정도를 의미하는 **엔트로피**(entropy)의 양이 시간에 따라 증가함을 의미한다. 그리고 계 안에서의 질서를 유지하기 위해서는—이것이 풍력발전기이든, 몸의 세포이든, 사무실이든, 모터사이클이든 간에—에너지의 유입이 필요함을 의미한다(그림 2.8). 에너지가 전환될 때마다 에너지가 감소하고 기계가 계속 일을 하기

열역학 제2법칙 에너지가 전환되거나 전달될 때마다 일을 할 수 있는 전체 계의 에너지 양은 감소한다. 다시 말해 에너지가 전환될 때마다 에너지의 질은 떨어진다. '열역학 제1법칙' 참조

엔트로피 계의 무질서의 정도

열역학 제2법칙의 결과

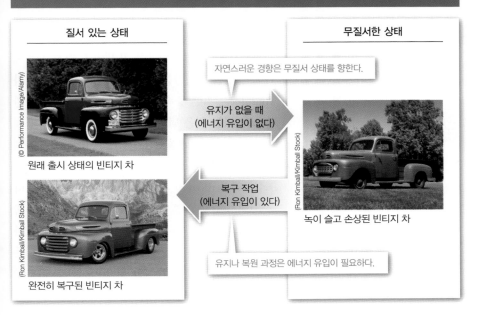

질서 있는 상태

원래 출시 상태의 빈티지 차

완전히 복구된 빈티지 차

무질서한 상태

자연스러운 경향은 무질서 상태를 향한다.

유지가 없을 때
(에너지 유입이 없다)

복구 작업
(에너지 유입이 있다)

녹이 슬고 손상된 빈티지 차

유지나 복원 과정은 에너지 유입이 필요하다.

그림 2.8 에너지의 유입이 없으면 엔트로피라고 불리는 계의 무질서도는 증가한다. 결과적으로 자연적으로 무질서한 상태를 향해 가는 계의 물리적 상태를 유지하거나 복구를 위해 일해줄 필요가 있다.

위해서는 에너지 유입이 계속 필요하다는 열역학 제2법칙의 예측은 자연 생태계에서도 똑같이 적용된다.

먹이그물 생태계에서의 에너지와 물질의 흐름을 보여주는 생물 간의 먹이 관계

영양단계 먹이그물에서 종이 가지는 생태계 내 에너지와 물질 흐름 속의 단계

일차생산자(독립영양생물) 주로 태양 광선의 복사 에너지를 광합성을 통해 당 속의 화학 에너지로 바꾸는 식물과 조류가 해당한다.

광합성 녹색 식물과 조류, 일부 박테리아에 의해 행해지며 태양 에너지를 포도당이라는 단당류로 바꾸며 화학 에너지로 전환하는 생화학적 과정

⚠ 생각해보기

1. 당신이 만약 엔지니어라면 풍력발전기의 에너지 효율을 높이기 위해 어떤 디자인 특성을 개선할 것인가?
2. 풍력 에너지를 100%의 효율로 전기 에너지로 전환하는 기계 장치를 만드는 것은 왜 불가능한가?
3. 엔지니어들이 무한정 작동하는 자동차와 같은 기계를 설계하는 것은 왜 불가능한가?

2.3 에너지는 생태계 내에서 흐르지만 물질은 재순환한다

에너지의 유입은 생태계 내 질서를 유지하는 데 필요하고 물리적·생물학적 과정들을 작동시키기 위해 필요하다. 대부분 생태계에서 태양은 주된 에너지의 근원이다.

식물과 조류는 이 태양 에너지를 화학 에너지로 바꾸고, 에너지는 먹이의 형태로 식물에서 동물로, 동물에서 동물로 전달된다. 이런 에너지 이동은 **먹이그물**(food web)이라 하는 에너지 전달계를 만든다(그림 2.9). 먹이그물은 공존하는 동물들 사이에 누가 누구를 먹는지를 보여준다. 먹이그물의 기본 요소 중 하나는 각 생물이 생태계에서의 전체 물질 이동 중 어느 단계에 위치하는지를 보여주는 **영양 단계**(trophic level)이다.

일차생산자(primary producer), 혹은 독립영양생물은 첫 번째, 혹은 최하부의 먹이그물 단계를 담당한다. 대부분 육상식물이나 수중 생태계에 사는 조류로 이루어진 일차생산자는 다른 모든 생물들이 이용하는 기본 물질을 생산한다. 그들은 태양 에너지를 이용하여 물과 이산화탄소로 간단한 당인 포도당 안의 화학 에너지로 만드는 **광합성**(photosynthesis)을 통해 이를 해낸다(그림 2.10).

생태학자들은 일정 시기 동안 일차생산자에 의해 생산된 전체 유기물의 양을 **총일차생산**(gross primary production)이라 한다. 그러나 식물은 생장 외에도 에너지를 모든 종류의 일에 사용한다. 호흡, 조직 구조 유지, 바이러스나 박테리아, 균류, 곤충 같은 다른 생물로부터 자신을 보호할 때 등이 여기에 해당한다. 이런 요소를 제외하고 남은 에너지의 총량은 **순일차생산**(net primary production)이라 한다. 순일차생산은 또한 일차생산자를 먹고 사는 생물들이 이용할 수 있는 먹이의 양으로도 이해할 수 있다.

생산자 다음 영양 단계를 차지하고, 다른 생물에 의해 생산된 유기물들을 먹고 사는 생물을 **소비자**(consumer), 혹은 **종속영양생물**(heterotroph)이라 한다. 소비자는 먹은 먹이로부터 모든 생물의 세포 내에서 일어나는 **세포호흡**(cellular respiration)을 통해 에너지를 만든다(그림 2.10). 식물을 먹는 소비자를 **초식동물**(herbivore) 혹은 일차소비자라고 하며, 다른 소비자를 먹는 소비자를 **육식동물**(carnivore) 혹은 이차소비자라 한다. **잡식동물**(omnivore)이라 하는 일부 소비자는 식물과 동물 모두를 먹는다. 모든 먹이그물의 특이한 소비자를 **청소부동물**(detritivore) 혹은 **분해자**(decomposer)라 한다. 이 생물들은 죽거

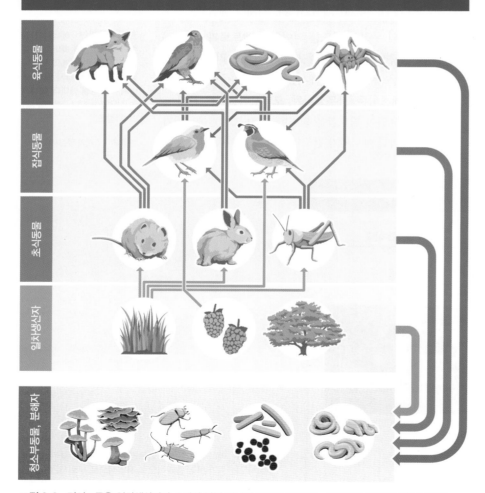

숲, 목초지, 전이지대 생태계를 간략화한 먹이그물

육식동물 / 잡식동물 / 초식동물 / 일차생산자 / 청소부동물, 분해자

그림 2.9 먹이그물은 일차생산자와 소비자 간의 에너지 흐름을 보여주는 생태계의 먹이 관계를 나타내는 그림이다.

광합성과 호흡

광합성

식물과 조류는 태양빛을 이용해 세포 안의 이산화탄소와 물을 사용하여 포도당과 산소를 만드는 반응을 진행시킨다.

이산화탄소	물	빛 에너지		포도당	산소
$6CO_2$	$6H_2O$			$C_6H_{12}O_6$	$6O_2$

세포호흡

생명 과정을 위한 에너지를 공급하는 호흡은 모든 소비자와 일차생산자의 세포에서 일어난다. 호흡이 일어나는 동안 산소가 있는 환경에서 포도당이 분해되고 이산화탄소와 물, 에너지를 방출한다.

포도당	산소		이산화탄소	물	에너지
$C_6H_{12}O_6$	$6O_2$		$6CO_2$	$6H_2O$	

그림 2.10 태양 에너지는 광합성에 의해 식물 생물량, 즉 잎, 씨, 뿌리, 줄기, 꽃, 과일 형태로 저장된다. 예를 들어 메뚜기와 같은 소비자는 세포호흡을 통해 식물 체내에 들어 있는 화학 에너지를 이용한다.

나 부패한 식물과 동물을 먹으며 생태계의 물질 순환에 특히 중요하다.

소비자의 순생물량 혹은 에너지는 생장과 번식에 사용되며 **이차생산**(secondary production)이라 한다.

각 영양 단계에서의 (열역학 제2법칙에 의한) 에너지 손실 때문에 모든 생물이 가지는 영양 단계의 그래프는 피라미드 구조, 즉 아래쪽이 두꺼워 영양 단계가 위로 올라갈수록 점점 좁아지는 양상을 보인다. 그림 2.11은 플로리다 주 실버스프링스 생태계의 **에너지 피라미드**(energy pyramid)의 사례를 보여준다. 최대 90%의 에너지가 각 영양 단계에서 사라지기 때문에 에너지는 생태계에서 일반 통행을 보여준다.

열역학 제2법칙은 먹이그물과 영양 피라미드에 실질적인 영향을 미친다. 예를 들어 육식동물은 항상 먹이가 되는 종보다 수가 적으며 결과적으로 좀 더 멸종될 확률이 높다. 또한 높은 영양 단계의 낮은 생산성 때문에 미국인들이 먹는 것만큼 지구인 전체가 먹을 동물성 단백질을 생산하는 것은 지속 가능하지 않다.

플로리다 주 실버스프링스 생태계의 에너지 피라미드

실버스프링스 에너지 피라미드

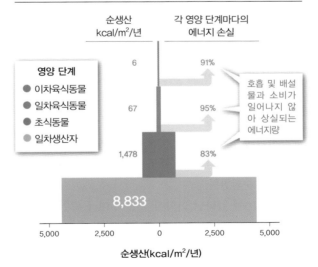

영양 단계
- ● 이차육식동물
- ● 일차육식동물
- ● 초식동물
- ● 일차생산자

호흡 및 배설물과 소비가 일어나지 않아 상실되는 에너지량

그림 2.11 평균적으로 한 영양 단계에서 10%의 에너지가 전달되고 90%는 상실된다. 그 결과 전형적인 피라미드 구조의 영양 단계마다의 에너지 분배도가 그려진다. (자료 출처 : Odum, 1957)

그림 2.11을 보라. 이 그림은 생태계에서의 에너지 흐름과 물질 전환을 어떻게 설명하고 있는가?

총일차생산 예를 들어 일 년 정도의 일정 기간 동안 생태계의 일차생산자에 의해 만들어지는 유기물의 총량. '순일차생산' 참조

순일차생산 생태계의 일차생산자에 의해 만들어진 순생산, 즉 총일차생산에서 일차생산자가 자신의 에너지로 사용한 것을 제외한 양. '총일차생산' 참조

소비자 다른 생물이 만든 유기물이나 다른 생물을 먹으며 살아가는 생물. '종속영양생물' 참조

종속영양생물 스스로 먹이를 만들 수 없어 에너지와 양분을 식물이나 다른 일차생산자 혹은 다른 종속영양생물이 만든 유기물이나 그 생물로부터 얻는 생물. '소비자' 참조

세포호흡 산소를 필요로 하는 세포에서 일어나는 반응. 세포호흡이 일어나는 동안 포도당 등의 분자들은 분해되고 에너지, 물, 이산화탄소가 방출된다.

초식동물(일차소비자) 주로 식물과 다른 생산자를 먹고 사는 코끼리나 메뚜기 등의 소비자가 여기에 해당한다.

육식동물(포식자) 다른 살아 있는 동물을 먹고 사는 동물 (예 : 사자나 거미)

잡식동물 식물과 동물 물질을 모두 먹는 포식자

청소부동물 죽은 유기물을 먹는 생물(예 : 숲에서 발견되는 떨어진 잎). 청소부동물은 분해 과정을 돕는다. 예를 들면 곤충과 지렁이가 있다. '분해자' 참조

산불 : 숲 생태계 규모에서의 질량 보존

그림 2.12 나무와 목질 파편을 비롯한 물질이 산불에 의해 파괴되지만 이 나무와 목질을 구성하는 물질은 파괴되지 않는다. 그저 변형될 뿐이다. 전에 숲을 구성하던 물질은 파괴되지 않기 때문에 이들은 끝없이 재순환된다.

질량 보존은 지구 시스템의 물질량이 변화가 없음을 의미하는 것일까?

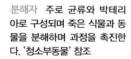

분해자 주로 균류와 박테리아로 구성되며 죽은 식물과 동물을 분해하며 과정을 촉진한다. '청소부동물' 참조

이차(소비자)생산 생장, 번식 등에 쓰이는 소비자 생체량 혹은 에너지의 양이며 광합성 하는 생물의 순일차생산 개념과 비슷하다.

에너지 피라미드 생태계에서의 영양 단계에 대한 도식적 표현. 각 영양 단계에서 많은 에너지가 빠져나가기 때문에 이 도식은 피라미드 모양을 띤다.

질량보존 화학반응이 일어나는 동안 물질은 생성되지도 않고 파괴되지도 않는다는 물리 법칙

생지화학적순환 인, 질소, 탄소 등의 무기물질이 대기, 지각, 해양, 호수, 강 등의 지구 시스템을 순환하는 것. 핵심 생물 요소에는 생산자, 소비자, 청소부동물, 분해자 세균과 균류 등이 있다.

탄소 순환 지구 시스템을 순환하는 탄소들. 중요한 탄소 순환의 과정에는 광합성, 호흡, 분해 등이 있다.

물질 순환

에너지와 마찬가지로 물질도 생태계를 따라서 흐른다. **질량 보존**(conservation of matter)의 법칙에 의해 물질은 새로 생성되지도, 파괴되지도 않는다. 화학반응을 통해 형태는 변형될지언정 질량은 보존된다. 수백만 톤의 나무가 타버리는 산불을 상상해보라(그림 2.12). 숲은 땅바닥까지 타기 때문에 숲을 구성하는 물질은 변화한다. 일부는 이산화탄소로, 일부는 연기로, 일부는 재로 변한다. 그러나 당신이 만약 과정을 정밀하게 측정한다면 불이 나기 전후로 질량에는 아무 변화가 없다는 것을 알게 될 것이다. 가장 뜨거운 산불의 한복판에서도 단 하나의 원자도 파괴되지 않는다. 이는 지구 물질 이동이 순환적이라는 것을 보여준다. 어느 것도 생성되거나 파괴되지 않고 무한히 순환한다.

그림 2.10에 나타난 화학식을 통해 이를 확인해볼 수 있다. 그림 2.10의 양 변의 원자 수를 확인해보면 원자들이 재배열되었지만 그 수는 변함 없음을 확인할 수 있을 것이다.

순환되는 물질에는 물, 질소, 탄소, 인, 황, 철 등이 있다. 이들과 다른 물질의 순환은 식물 혹은 동물과 관련된 생물학적 요소와 지구의 물과 광물, 대기 등을 포함한 비생물학적 요소들을 포함하기 때문에 **생지화학적 순환**(biogeochemical cycle)이라고 불린다. 생지화학적 순환의 생물학적 요소는 그림 2.9에 나오는 생산자, 초식동물, 육식동물, 청소부동물, 분해자인 세균, 균류 등이 포함된다. 유기물이 분해되면 질소, 인, 탄소 등과 같은 무기물질이 방출되고, 이들은 토양, 대기, 물로 되돌아간다.

최근 헤드라인을 장식한 분자는 전 지구적 **탄소 순환**(carbon cycle)에 중요한 요소인 이산화탄소이다. 탄소는 모든 생물의 단백질과 DNA, 지질을 포함한 살아 있는 세포의 구조와 기능에서 중요한 역할을 수행한다. 탄소는 또한 우리가 앞서 배운 두 과정, 즉 광합성과 호흡의 주요 요소이다. 탄소는 살아 있는 생물의 조직과 퇴적암까지, 그리고 대기에서 해양까지 지구적으로 이동한다. 또한 한때 살아 있던 생물 안에 들어 있던 탄소는 수백만 년이 흐른 후 화석 연료를 태울 때 대기 중으로 방출된다(그림 2.13).

물질은 생성되지도 파괴되지도 않기 때문에 탄소 순환 같은 생지화학적 순환은 지구의 필수 물질을 계속 순환

탄소 순환

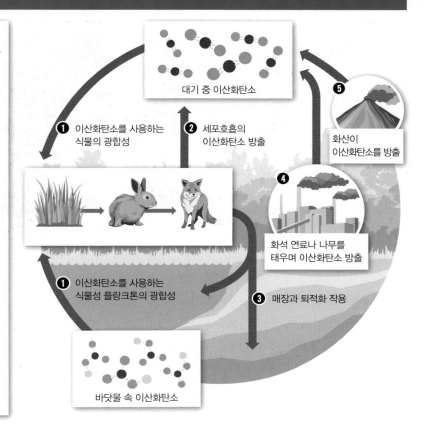

주요 과정

❶ 광합성
탄소는 순환에 이산화탄소의 형태로 참여하며 땅과 물의 일차생산자의 광합성에 의해 고정된다. 생산자에는 식물, 조류, 박테리아가 있다.

❷ 호흡
탄소는 초식동물, 육식동물, 잡식동물, 분해자, 일차생산자 등 에너지 요구를 만족시키기 위해 호흡을 하는 생물들에 의해 이산화탄소의 형태로 환경으로 되돌아간다.

❸ 퇴적과 퇴적작용
토양이나 해양, 호수, 습지의 바닥에 매장된 유기물은 탄소가 아주 오랜 기간 동안 탄소 순환으로부터 이탈하게 한다. 이산화탄소는 또한 연체동물이 껍데기를 만들거나 산호가 산호초를 형성하는 과정에서 대기에서 제거되기도 한다.

❹ 연소
유기물을 태우는 것(예 : 숲 혹은 목초지의 산불이나 화석 연료를 태우는 것)은 대기에 이산화탄소를 축적시킨다.

❺ 화산 분출
화산 분출은 이산화탄소를 대기에 공급한다.

대기 중 이산화탄소

❶ 이산화탄소를 사용하는 식물의 광합성

❷ 세포호흡의 이산화탄소 방출

❺ 화산이 이산화탄소를 방출

❹ 화석 연료나 나무를 태우며 이산화탄소 방출

❶ 이산화탄소를 사용하는 식물성 플랑크톤의 광합성

❸ 매장과 퇴적화 작용

바닷물 속 이산화탄소

그림 2.13 탄소 순환은 지구에서 가장 중요한 생지화학적 순환 중 하나인데, 이는 탄소 원자가 지질, 단백질, DNA 등 모든 생물의 세포를 구성하는 유기물의 기본 물질이기 때문이다.

시킨다. 더 많은 생지화학적 순환을 보기 위해서는 제7장(질소 순환)과, 제8장(인 순환), 제13장(황 순환)을 참고하라. 또 다른 순환인 물 순환은 물과 관련된 이슈를 토의하는 제6장에서 다룬다.

⚠ 생각해보기

1. 소비자생산은 왜 이차생산이라고도 불릴까?
2. 열역학 제2법칙은 순일차생산이 항상 총일차생산보다 적다는 사실과 어떤 관련이 있을까?
3. 광합성과 호흡은 지구의 탄소 순환과 어떻게 관련되어 있을까?

2.4 경제 시스템과 통화의 여러 형태

인간은 삶을 영위하기 위해 자연계와 자원에 의존한다. 생태계로부터 우리는 먹고 체온을 유지하며 생계를 유지할 자원을 얻는다. 앞서 보았듯 마사이 족이 재화와 서비스를 교환하는 시스템을 만들었던 것처럼 그들은 경제 시스템을 만들었다. 자연 생태계와 마찬가지로 인간의 경제는 물질과 에너지의 움직임을 수반한다. 이 흐름은 열역학 제2법칙 같은 물리적 법칙에만 지배받는 것이 아니라 사회적 규제와 관습에도 지배받는다. 경제학은 우리의 생태계의 원리에 대한 이해에 복잡성을 더해준다.

경제 시스템

마사이 족의 전통 경제는 **생업 경제**(subsistence economy)의 사례로, 이는 개인이나 무리가 그들을 부양하기에 충분한 재화를 자연으로부터 수확하고 적은 양의 재화를 다른 무리와의 구매나 무역으로 얻는 것이다.

현대의 미국, 유럽연합 국가들, 캐나다, 일본, 그리고 다른 선진국에서의 **시장 경제**(market economy)에서는 재화와 서비스의 생산과 소비에 대한 결정은 중앙 정부의 결정에 의해 이루어지지 않는다. 이런 결정은 기업과 개

생업 경제 개인이나 무리가 그들을 부양하기에 충분한 재화를 자연으로부터 수확하고 적은 양의 재화를 다른 무리와의 구매나 무역으로 얻는 것

시장 경제 재화와 서비스의 생산과 소비에 대한 결정이 중앙 정부의 결정에 의해 이루어지지 않고 기업과 개인이 자신의 이익을 추구하는 과정에서 이루어지는 경제. '중앙 계획 경제' 참조

두 경제 시스템

전통적인 마사이 족 우시장

현대의 쇼핑센터

과학자들은 마사이 족과 같은 세계 여러 곳의 전통적인 생업 경제를 영위하는 이들로부터 생태계에 대해 배우고 있다. 이들은 왜 이런 지식에 대해 다양한 정보를 제공할 수 있는 것일까?

그림 2.14 전통적인 마사이 경제 시스템은 소와 유제품, 사냥과 농경을 하는 이웃들과 야생 수확물 및 곡물을 제한적으로 거래한다. 반면 현대 시장 경제는 활발한 경제 활동과 관련이 있고 엄청나게 다양한 물건과 재화가 교환된다.

인이 자신의 이익을 추구하는 과정에서 이루어진다(그림 2.14).

시장 경제에서는 재화와 서비스의 가격은 **공급과 수요**(supply and demand)에 의해 결정된다(그림 2.15). 만약 일 년 동안 오렌지에 대한 수요는 일정하지만 공급이 증가하면 오렌지 가격이 하락하게 만드는 과잉공급이 된다. 공급은 같지만 수요가 감소한다고 해도 가격이 떨어지는 것을 볼 수 있다. 만약 수요가 증가하거나 공급이 감소한다면 물자 부족이 일어나며 가격이 오르게 된다. 수요와 공급은 특정 물건의 이용 가능성을 변화시킨다. 이는 꼭 기억해야 할 부분으로 우리가 소비하는 대부분의 물질은 생산이나 구매의 형태로 자연 환경에 영향을 미치는 것들이기 때문이다. 예를 들어, 우리가 화석 연료를 태울 때 대기에 영향을 주는 것과 마찬가지로 화석 연료의 수요를 위해 석유시추공을 뚫으면 지역에 영향을 끼치게 된다. 이런 이유로 생태와 경제는 서로 대립되는 것으로 묘사된다.

중앙 계획 경제(centrally planned economy)에서는 중앙 정부가 가격을 정하고 상품과 서비스의 생산과 소비를 통제한다. 중앙 계획 경제는 시장 경제보다 반응이 느리기 때문에 부족과 잉여생산에 취약하며, 따라서 시민들은 불법적인 **암시장**(black market)을 통해 재화를 얻기도 한다. 현재 중앙 계획 경제 형태를 취하는 국가들로는 쿠바와 북한이 있다.

공급과수요 재화나 서비스의 가격이 특정 가격에서 소비자의 수요와 생산자의 공급이 맞아 떨어질 때 결정된다는 모델

중앙 계획 경제 중앙 정부가 물건 및 서비스의 생산과 소비를 통제하는 경제. '시장 경제' 참조

암시장 불법적인 물건과 재화의 거래

국가자산 연방 정부나 주, 지방 정부가 소유하는 자산

자산

각각의 경제 시스템은 자산의 소유권에 따른 제한을 두고 이는 환경 관리에 영향을 끼친다. **자산**은 땅이나 생산된 제품, 담수, 광물, 수산물 등의 자원을 의미한다. 시장 경제에서 네 가지 자산의 종류를 들 수 있다. 국가 자산, 사유 자산, 공동 자산, 개방된 자산이 여기에 해당한다. 정부가 소유하는 자산은 **국가 자산**(state property)으로 간주되며 적절한 자격을 취득하는 등 국가가 정하는 규칙

공급과 수요 법칙

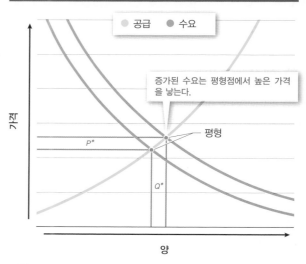

그림 2.15 공급과 수요 법칙은 경쟁 시장에서 물건의 가격이 물건의 공급과 소비자의 수요로부터 결정됨을 알려준다.

에만 따른다면 개인도 사용할 수 있다. 미국에서의 국가 자산의 예로는 국립공원이나 국가림, 자연에서 살고 있는 야생동물과 강(사유지를 지나더라도) 등이 여기에 해당한다.

사유 자산(private property)은 대조적으로 소유자가 완전한 소유권을 가지고 적절한 법을 지키며 타인에게 피해를 주지 않는 한 사용하거나 이를 통해 이득을 얻을 수 있는 자산을 의미한다. **공유 자산**(common property)은 사유 자산의 한 사례로 개인이 소유하기보다는 단체가 소유하는 자산을 말한다. 이 단체의 구성원들은 자산에 대한 이용권이나 구성원이 아닌 이를 사용에서 배제시킬 수 있다. 자산의 종류 중 마지막인 **개방 자산**(open access)은 정부나 개인 중 누구도 독점적으로 사용할 권리가 없는 것을 의미한다. 다시 말해 처음 오는 자가 먼저 사용할 수 있다.

돈

마사이 족은 가축을 일종의 화폐로 사용한 반면, 현대 경제는 화폐로 돈을 사용한다. **돈**(money)은 수천 년간 발전해온 재화와 서비스의 교환 매개체이다(그림 2.16). 원래 소나 곡물 같은 물질(영양)과 에너지(칼로리) 측면에서 가치를 가진 물질들은 교환의 매체로 사용되었다. 이런 재화의 물물교환은 화폐를 이용한 교환으로 결국 대체되었다. 최초의 화폐로는 얕은 열대 해역에서 얻을 수 있는 개오지 조개껍데기 등이 중국과 아프리카 지역에서 쓰였다. 시간이 지나며 조개껍데기 대신 주조된 금속 동전과 종이 화폐가 널리 쓰이게 된다.

예전에는 종이 화폐의 가치가 일정 양의 금과 연동되던 **금본위제**가 실시되었다. 금본위제는 20세기에 폐지되었고 복잡한 국제 정부 간 규약에 의해 돈의 가치가 결정된다.

우리는 경제 활동을 측정하기 위해 돈의 흐름을 이용하지만 이는 재화와 서비스의 상징에 해당하며, 물질과 에너지의 변형과 관련이 있다. 태블릿 컴퓨터를 일정 수의 미국 달러나 유로, 혹은 중국 위안으로 결제한다면 당신은 그 돈을 물건의 생산, 수송, 광고에 사용된 물질, 에너지, 공학, 노동, 지적 정보의 생산품과 교환하고 있는 것이다. 당신은 또한 구매를 가능하게 했던 판매자의 서비스에 대해서도 대가를 지불하고 있다. 역으로 당신은 돈을 벌 때 당신이 일하는 것에 사용한 에너지와 노동, 지적 정보를 돈과 교환하고 있는 것이다.

돈의 진화

밀
(Atelier_A/Shutterstock)

개오지 조개껍데기
(GreenTree/Shutterstock)

고대 그리스의 은화

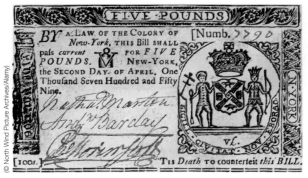
식민시대 뉴욕의 화폐
(© North Wind Picture Archives/Alamy)

그림 2.16 초기 역사 시기에 가축과 곡물 같은 재화들이 화폐로 사용되었다. 이후 개오지 조개껍데기가 중국과 아프리카에서 교환의 매개로 이용되었다. 동전은 처음 중국에서 주조되었고 이후 페르시아와 그리스에서 발행되었다. 종이 화폐의 사용은 중국에서 처음 시작되었고 이후 전 세계로 퍼져나갔다.

⚠ 생각해보기

1. 경제 시스템에서 돈은 에너지 및 물질 흐름과 어떻게 연관되어 있는가?
2. 공급과 수요 법칙은 중앙 계획 경제에서보다 시장 경제에서 왜 더 중요한 의미를 지닐까?
3. 돈의 진화에 영향을 끼친 주요 요인은 무엇일까?

13세기 유럽인들은 중국에서 종이 화폐가 사용되고 있다는 것을 알고 충격에 빠졌다. 왜 이것이 그처럼 충격적인 발명으로 받아들여졌을까?

사유 자산 개인이 소유하는 자산

공유 자산 토착 부족과 같은 집단이 소유하는 자산

개방자산 누가 들어가거나 이용하는 것에 제한이 없는 자산

돈 동전이나 종이 화폐를 이용한 교환의 매개체

2.1~2.4 과학원리 : 요약

모든 물질의 기본 구성 요소인 원자는 물질 특성을 지니는 가장 작은 물질이다. 한 종류의 원자로만 구성된 물질은 원소라고 부른다. 2개나 그 이상의 화학 결합에 의해 묶이면 분자라고 부른다. 생태계에서 일어나는 일이건 현대 경제체제의 일부이건 간에 지구의 모든 활동은 에너지에 의해 일어난다. 에너지는 퍼텐셜 에너지나 운동 에너지의 다양한 형태로 나타나며 일을 할 수 있는 능력으로 정의된다. 열역학 제1법칙에 따르면 한 종류 에너지는 다른 종류 에너지로 바뀔 수 있지만 시스템과 그 전체 에너지의 양은 변하지 않는

다. 열역학 제2법칙의 결과로 각 에너지 변형이나 전달이 일어날 때마다 전체 에너지의 양과 일할 수 있는 능력은 감소하게 된다. 화학반응이 일어나는 동안 물질은 생성되거나 파괴되지 않으며 보존된다.

생태계에서 물질은 생지화학적 순환을 통해 순환한다. 생태계 내의 물질과 에너지의 흐름은 먹이그물과 에너지 피라미드의 형태로 나타나며 생태계 내의 생명체를 먹이 관계를 나타낸다. 물질과 에너지는 또한 경제 시스템에서도 흐르며 생업 경제에서부터 시장 기반 경제까지 다양한 규모를 지닌다. 경제는 공공 혹은 사유 자산의 다양한 관념을 가지며 돈을 교환 매개체로 이용한다.

2.5~2.7 문제

지난 세기 동안 마사이 족의 경제는 계속 발전해왔다. 2000년 7월 7일, 동아프리카 국가인 케냐와 탄자니아, 우간다, 르완다, 부룬디는 경제 성장을 위해 동아프리카공동체(EAC)라는 조직을 만들었다. 2005년에서 2010년까지 EAC에서 생산된 재화와 서비스는 70% 증가하였다. 이 지역의 주요 경제 요소는 여전히 농업이지만, 물품 생산과 에너지 생산도 상당히 증가하였다. 예를 들어 2001~2010년 사이 EAC의 최대 국가인 케냐에서 생산직으로 고용된 사람은 24% 증가하였고 전기 소비량은 40% 가량 증가하였다. 이는 아주 좋은 뉴스이다. 그러나 환경주의자들은 환경에 영향을 덜 주는 생업 경제체제에서 큰 영향을 주는 소비 경제로의 전환은 아프리카의 마지막 자연 환경의 무분별한 파괴를 초래할 것이라고 걱정하고 있다.

경제 성장에 따른 환경에의 영향이 이슈가 될 때, 우리는 건강한 환경과 건강한 경제 사이에 무엇을 택할지에

대한 선택에 직면한다. 일부 사람들은 대안으로 아프리카 사람들이 계속 가난하게 사는 것을 이야기한다. 우리는 어떻게 이런 관점을 가지게 되었을까? 지구의 전통 사회에서는 건강한 생산적 생태계와 건강한 경제와의 관계는 명백하다. 마사이 족이 처음 소들을 동아프리카 지역으로 데리고 왔을 때 기존의 생태계를 변화시켰고, 그들의 경제 시스템을 그 위에 두었다. 그들의 소는 자연 상태에서와 마찬가지로 초원의 일차생산물에 의지하고 따라서 좋은 환경과 밀접하게 연관되어 있다. 이런 명백한 관련성은 도시의 슈퍼마켓에서 진공 포장된 소고기를 사는, 가뭄과 환경 파괴가 목초지에 어떤 영향을 미치는지 거의 모르는 현대인에게는 잘 와 닿지 않는다. 환경과 경제의 관련성은 현대 산업 경제가 등장하고 경제 이론이 등장한 이래 배경 속으로 숨어버리기 시작하였다.

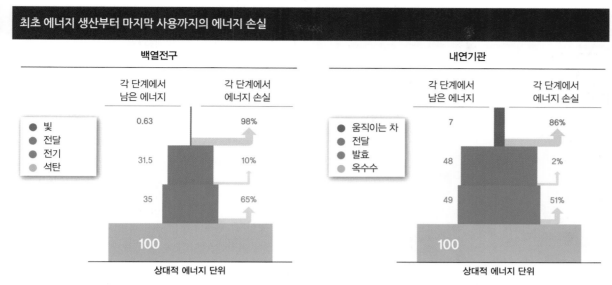

그림 2.17 화력발전소에서 60와트 백열전구에 이르기까지의 에너지 손실 (자료 출처 : Graus et al., 2007; Leff, 1990; Agrawal et al., 1996), 옥수수 알맹이를 써서 만든 에탄올 연료로부터 에탄올로 달리는 내연기관까지의 에너지 손실 (자료 출처 : Huang et al., 2011)

2.5 에너지는 경제를 가속화하고 제한한다

경제 시스템은 생태계를 지배하는 것과 같은 물리적 법칙의 적용을 받기 때문에 물질과 에너지가 지속적으로 공급되어야 기능할 수 있다. 현대 경제 시스템의 중요한 에너지원에는 전기를 발생시키고 운송 네트워크를 구동시키고 집과 직장 냉난방에 사용하는 화석 연료와 재생 가능 에너지가 있다. 에너지와 물질은 또한 사람과 애완동물, 가축이 먹는 식량으로도 공급된다. 경제학자들은 과거부터 시장에 이루어지는 공급을 생산이나 자원 추출 같은 인간의 산업으로 결정되는 것으로 파악해왔으나, 우리는 이제 자원이 무한하지 않으며 우리 활동과 삶의 다양한 곳에 영향을 줄 수 있다는 사실을 깨닫고 있다.

이제 물리적 법칙들이 어떻게 경제에 영향을 끼치는지 알아보기로 하자. 열역학 제2법칙에 의해 알 수 있듯, 경제 시스템을 흐르는 에너지는 각 변형이 있거나 일을 할 때마다 질이 떨어지게 된다. 예를 들어 60와트짜리 백열전구가 책상 램프를 밝히는 과정을 생각해보라. 석탄을 연료로 쓰는 일반적인 전기발전소의 효율은 35% 정도이다. 이는 100단위의 석탄을 태우면 65%가 열로 소모됨을 의미한다. 35단위의 전기 에너지는 책상 램프에 전달되기까지 약 10%가 열이나 소리로 소모된다. 최종 목적지까지 도달한 에너지 중 약 2%의 에너지만이 60와트 백열

전구에서 빛 에너지로 전환되고 나머지 98%는 열로서 사라진다. 처음 생산부터 최종 단계에 이르기까지 화력발전소에서 태워진 화석 연료의 에너지 중 1% 미만이 책상의 빛으로 전환된다(그림 2.17).

비록 이보다 적기는 하지만 이와 비슷한 에너지 손실이 옥수수로 만든 에탄올 연료로부터 내연기관을 가진 자동차에서도 일어난다. 이 사례에서는 옥수수 에너지의 약 7%가 자동차를 구동시키는 것에 사용된다(그림 2.17).

이 모든 에너지 분배의 패턴이 피라미드 구조를 가진다는 것을 볼 수 있으며, 이는 생태학자들이 생태계에서 보는 것과 유사하다. 인간의 경제는 에너지 피라미드의 꼭대기에 있으며 자연 생태계와 지구 자원을 이용함으로써 성장한다. 열역학 제2법칙의 에너지 손실 결과로서 생태계와 경제가 모두 기능을 유지하기 위해서는 에너지의 유입을 필요로 한다. 현대 경제의 생산성을 유지하기 위해 에너지 유입이 필요하다는 사실은 환경 파괴와 인간 삶을 위협하는 원인이 된다(그림 2.18).

⚠ 생각해보기

1. 자연 생태계에서의 에너지 흐름은 경제에서의 에너지 흐름과 어떻게 유사한가? 또한 어떻게 다른가?
2. 현대 경제의 작동은 왜 화석 연료와 전기 같은 에너지의 생산 및 홍보와 밀접한 관련이 있는가?

연료 생산과 관련된 환경에의 위협

그림 2.18   에너지와 관련이 깊은 현대 경제 발전은 대기, 물, 토양 오염과 관련된 환경오염에 직면한다. 인간의 대가도 혹독할 수 있다. 2013년 7월 6일, 노스다코타 주의 원유를 운반하던 기차가 메인 주로부터 16킬로미터 떨어진 퀘벡의 메간틱에서 탈선하였다. 이 폭발로 인해 발생한 화재로 47명이 사망하였다.

2.6 경제 시스템이 환경에 영향을 끼친다는 사실을 어떻게 보여주는가

인구가 적고 기술이 간단하던 시절 우리가 환경에 끼치는 영향은 미미했고, 우리가 지구에 끼치는 영향은 최대로 따져보아도 지역적인 수준에 불과하였다. 그러나 인구가 계속 증가하고 인류에 의해 환경이 받는 영향은 커지기 시작하였다. 많은 방법을 통해 우리가 경제 시스템을 어떻게 정의하느냐에 따라 환경과의 연관성에 영향을 미친다.

전통적인 닫힌 경제 모델

양의 되먹임 경제 시스템이나 생태계 시스템 내부의 한 요소가 상승하게 하는 자극이 가해지면, 그 요소의 추가 성장이 일어나게 되고 그 요소가 감소되면 추가 감소가 일어나는 시스템

서구 경제학자들은 전통적으로 경제를 닫힌 계로 취급해왔다. 이 모델에서 생산과 제작을 하는 산업체는 소비자에게 홍보되고 분배되는 재화를 생산한다. 물건과 재화(수요)를 소비하는 소비자가 증가하면, 이는 생산자들이 새로운 수요에 대응하기 위해 더 많은 제품을 생산하

게 한다. 산업체들은 제품을 생산해 수요에 대응하기 위해 새 노동자들을 고용해야 한다. 고용되어 돈을 버는 사람들은 경제 시스템에서 돈을 사용하고, 산업은 그 수요를 맞추기 위해 성장하며, 고용은 또 늘고, 소비도 늘어나며 수요는 또 상승하게 된다. 시스템은 계속해서 성장하게 된다. 이는 일부 요소의 상승이 그 요소의 또 다른 상승을 가능하게 하는 **양의 되먹임**(positive feedback)의 사례이다(그림 2.19).

이런 닫힌 경제 모델은 일부 중요한 요소들을 누락한다. 이는 실제 세계에서 계의 바깥에서 오는 것들을 인지하지 못한다. 원제품과 에너지 교환(화석 연료, 태양 에너지) 등이 여기에 해당한다. 솔직하게 이야기하면 이 요소들을 제외하면 모델을 간단하게 만들 수 있으며 복잡한 경제 시스템을 더 쉽게 생각할 수 있다. 그러나 한편 이는 물리적 세계와 법칙들의 제한 범위를 인지하지 못하게 만든다.

닫힌 시스템으로서의 경제 모델

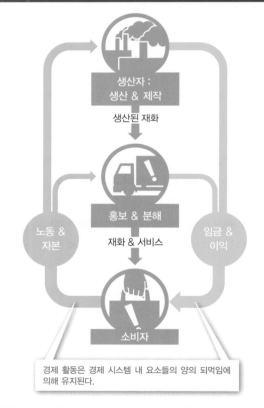

경제 활동은 경제 시스템 내 요소들의 양의 되먹임에 의해 유지된다.

그림 2.19   닫힌 경제 모델에서는 경제 시스템과 환경 사이의 물질과 에너지 교환을 고려하지 않는다. 이 모델의 경제 활동은 경제 시스템 내 요소들 간의 상호작용으로 인한 양의 되먹임에 의해 유지된다.

열린 경제 모델

실제 세계에서 경제 시스템은 닫힌 시스템이 아니며 물질과 에너지의 유입이 없으면 기능이 불가능하기 때문에 열린 시스템이다. 환경을 고려한 모델에서는 기름이나 금속 광물, 곡물과 같은 것이 어디인가에서 공급되어야만 한다. 이 물질들은 경제 시스템에 의해 처리되어 화석 연료 등의 에너지원을 이용해 생산된 재화나 서비스가 되어 소비자에게 분배된다. 이 과정에서 경제적 과정들은 환경에 영향을 끼치는 에너지와 물질의 폐기물을 낳는다(그림 2.20).

이런 종류의 열린 시스템 모델에서 환경은 경제 시스템의 '외부'로 취급된다. 경제 활동의 결과로서 나타나는 강물로의 폐기물 방출이나 대기로의 가스 방출은 물품 가격에 거의 영향을 끼치지 않는 것으로 간주된다. 왜냐하면 역사적으로 기업들은 환경에 영향을 주는 것에 대해 비용을 지불하지 않았기 때문이다. 이 비용들은 대신에 사회에 넓게 부과되었다. 따라서 **외부 경제**(economic externality)는 환경이나 사회에 가해지지만 시장 가격에 포함되지 않은 비용이나 이익을 의미한다. 다음 절에서 보게 될 것처럼 외부 경제는 제품과 서비스가 비효율적으로 분배되어 사회에 악영향을 끼치는 것을 의미하는 **시장 실패**(market failure)에 기여할 수 있다.

⚠ 생각해보기

1. 경제 시스템에 대한 닫힌 모델은 실질적이지 않음에도 불구하고 어떻게 유용할 수 있는가?
2. 재화와 서비스의 가격을 계산할 때 어떤 상황일 경우 경제 활동이 환경에 끼치는 영향을 고려하지 않는 것이 합리적일 수 있는가?

2.7 제한되지 않은 자원의 사용은 '공유지의 비극'을 초래할 수 있다

경제학자들은 자신의 이익을 추구하는 경제주체들이 사회와 환경에 최선의 선택을 한다고 주장해왔다. 그러나 생태학자 하딘(Garrett Hardin)은 그의 고전적인 1968년 환경 에세이 '공유지의 비극'에서 이런 관점을 부정하였다. 그는 제한되지 않는 공유 자원에 대한 사용은 이를 완전히 파괴할 수 있다고 주장하였다.

집단이 사용할 수 있는 목초지를 상상해보라. 다시 말해 집단 구성원 모두가 자유롭게 소를 방목할 수 있고 누

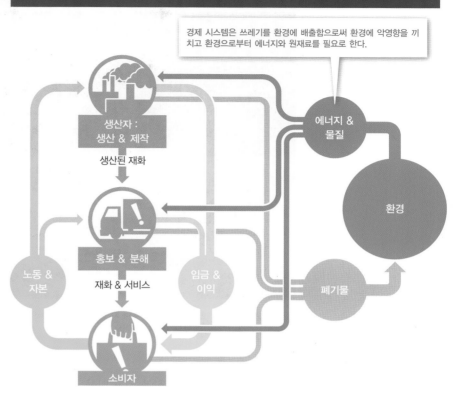

열린 시스템으로서의 경제 모델

경제 시스템은 쓰레기를 환경에 배출함으로써 환경에 악영향을 끼치고 환경으로부터 에너지와 원재료를 필요로 한다.

그림 2.20   열린 경제 모델은 환경과의 물질과 에너지 교환도 포함하지만 환경은 마치 경제 시스템의 외부에 존재하는 것처럼 취급한다. 따라서 이 모델에서 경제 시스템이 환경에 미치는 영향은 '외부적인' 것으로 취급된다.

구도 사용에서 배제가 되지 않는 개방 자원을 상상해보라. 그들은 풀어놓을 수 있는 소의 수를 최대화하려 할 것이고, 그렇게 함으로써 자신들의 이익을 최대화하려 할 것이다. 각 농부들이 공유지에 소를 한 마리씩 더 풀어놓을 때마다 농부는 동물들을 팔면서 얻을 수 있는 모든 이익을 거둘 수 있을 것이다. 따라서 각각의 농부들은 그들의 이익을 최대화하기 위해 최대한 많은 수의 소를 풀어놓게 될 것이다.

소를 추가적으로 풀어놓으면 풀로 덮힌 곳이 줄어들게 되고 토양 침식이 가속화되며 목초지의 미래 생산성을 떨어트린다. 각 농부들이 땅을 황폐화시키는 비용은 무엇인가? 이 공유지의 모든 농부들이 과도한 방목 비용을 공유하기 때문에 각 개인이 부담해야 하는 비용은 전체 비용의 일부에 불과하다. 따라서 이런 상황에서는 이익이 비용을 능가하며 각각의 농부들은 자신의 소 떼를 최대한 늘리는 것이 우월한 전략이 된다. 결과적으로 목초지

환경을 경제의 '외부 효과'로 보는 것의 잠재적 환경 결과는 무엇일까?

외부 경제 환경이나 사회에 가해지나 시장 가격에 포함되지 않는 비용이나 이익

시장 실패 자유 시장이 재화나 서비스를 효율적으로 분배하지 못하는 상태로, 물건의 가격이 환경 요소를 포함하지 않았을 때가 이에 해당한다.

그림 2.21   하딘은 모두에게 개방된 목초지 같은 공유재가 개인 사용자가 자신의 이익을 극대화하려고 하는 과정에서 모두 파괴될 수 있다고 주장하였다. 이런 제한되지 않은 사용의 결과는 이 사진에서 볼 수 있는 것처럼 황폐화된 목초지이다.

의 생산성은 상당히 감소하게 되고 아무도 이익을 얻지 못하게 된다(그림 2.21). 하딘은 따라서 "공유지의 자유는 모두에게 폐허를 가져다준다."라고 그의 글에서 결론 지었다.

하딘은 이 논리를 확장하여 서부 미국의 방목장(제7장), 바다 어장(제8장), 산업체가 오염물을 물과 대기에 방출할 수 있는 구역(제13장) 등 다른 이들에게 **공유재**(common-pool resource)라고 알려진 개념을 만들었다. 이 각각의 상황에서 공유 자원의 제한 없는 사용은 환경에 악영향을 끼치는 시장 실패를 초래하게 할 수 있다. 이들은 21세기가 직면한 환경 정책의 최대 과제를 의미한다.

⚠ 생각해보기

공유재 공동체에 의해 공동으로 소유되고 사용되는 자원(예 : 공유림이나 공유 목초지)

1. 하딘의 공유지의 비극에는 어떤 가정들이 포함되어 있을까?
2. 정부의 개입 없이 공유지의 비극을 피할 수 있는 시나리오에는 어떤 것들이 있을까?

2.5~2.7 문제 : 요약

인간 경제는 에너지 피라미드의 최상부에 있으며 자연 생태계와 지구의 자원을 이용함으로써 유지된다. 경제 시스템은 자연 생태계와 같은 물리법칙의 지배를 받기 때문에 에너지와 물질의 유입이 있어야 계속 기능할 수 있다. 전통적인 닫힌 경제 모델은 경제 시스템과 환경의 상호작용을 반영하지 않는다. 환경은 열린 경제 모델에서 반영되며 여기서는 경제 시스템이 에너지와 물질을 환경과 교환한다. 그러나 이런 열린 경제 모델에서도 역사적으로 환경은 경제 시스템의 '외부적인' 것으로 취급되어 왔다.

잠재적 환경 파괴를 경제 시스템의 외부로 계속 인지하는 것은 경제 활동의 잠재적 비용을 충분히 설명할 수 없게 만든다. 하딘은 그의 글 '공유지의 비극'에서 공유 자원의 제한 없는 사용은 필연적으로 공유지의 파괴를 낳는다고 주장하였다.

2.8~2.10 해결방안

경제 발전은 환경 파괴를 꼭 수반해야 하는 것이 아니다. 당연히 일부 제한 자원들은 시간이 지나면 고갈될 것이지만 역사는 현명한 규제와 함께 자원 활용의 효율이 증가하면 성장하는 경제로 인한 효과를 감소시킬 수 있음을 보여주고 있다. 이산화황 오염물의 사례를 생각해보라. 이산화황은 가솔린이나 석탄과 같은 화석 연료를 태울 때 발생한다. 눈에 보이지 않는 이 기체는 호흡기 문제와 심장 상태를 악화시킨다. 또한 건물과 조각상, 숲과 수생 생태계를 위협하는 산성비를 야기한다(제13장 참조).

1960년대에 여러 국가의 경제가 성장함에 따라 도로에 더 많은 차량이 달리게 되었고 더 많은 공장이 지어지게 되었는데, 이는 더 많은 양의 이산화황 오염물을 야기하였다. 그러나 1970년대 후반과 1980년대 초반 들어 국민들의 수입이 증가함에 따라 이들 국가들은 경제적 전환점을 맞이하였다. 국민들의 삶이 나아짐에 따라 그들의 건강과 환경을 보호해줄 것을 요구하게 되었다. 이 정부들 역시 법 집행을 더 잘 할 수 있는 위치에 서게 되었다. 그 이후 이산화황 오염물은 상당히 감소하였고 산성비도 감소하게 되었다. 현재 경제 성장으로 인해 사회들은 비슷한 도전에 직면해 있고 환경 문제들을 우리의 생태계와 경제 시스템에 대한 지식들을 접목시켜 해결책을 찾고자 한다.

2.8 경제는 환경적 비용과 편익도 포함해야만 한다

당신이 차로 직장이나 학교에 갈 때마다 도로의 교통량을 증가시키고 도로에 어느 정도 부담을 준다. 당신의 거주지에 사는 수천 명의 사람들도 매일 같은 일을 하고 있기 때문에 필연적으로 도로에 가해지는 부담은 누적되며 확장 수리가 필요해진다. 이전 절에서 사회와 환경에 가해지는 비용과 편익이 물건의 가격과 활동에 포함되지 않는다는 외부 경제의 개념에 대해 공부하였다. 이 경우 도로에 가해지는 피해는 공공 비용으로 관리되는 도로에 차들이 가하는 외부적 효과이다. 정부의 규제는 이런 시장 실패를 방지하며 여러 가지 형태를 가진다.

명령과 통제형 규제

사회에 가해지는 위해를 방지하기 위한 가장 확실한 해결책은 **명령과 통제형 규제**(command-and-control regulation)인데, 이는 산업과 활동을 직접 규제하고 어떤 것이 가능하고 불가능한지를 지시하며 법을 어기는 이들에 대해 벌칙을 주는 규제이다. 도로 피해를 막는 하나의 방법은 차에 장착되는 타이어 종류에 대해 규제를 만드는 것이다. 예를 들어 추운 지방의 마을에서는 도로를 손상시키기 때문에 체인을 허락하지 않는 곳도 있다. 브라질의 상파울루에서는 자동차 번호판의 숫자에 따라 운전이 가능한 차들을 제한하여 교통량을 제어하기도 한다.

제1장에서 우리는 CFCs(프레온가스)가 남극 상공에 오존홀을 만든다는 것을 발견한 사실에 대해 공부하였다. CFCs를 생산하는 회사는 환경에 피해를 입히며 돈을 벌었다. 그리고 그들은 이 생산을 자발적으로 끝낼 생각이 전혀 없었다. 사실 그들은 CFCs의 생산과 사용을 제한하려는 움직임에 저항하여 캠페인과 로비에 수백만 달러를 사용하였다. 그러나 일단 대체 화학물질이 개발되자 그들은 협조적으로 변했다. 1978년에 미국은 CFCs를 추방하는 첫 번째 활동에 나섰고 에어로졸 스프레이 캔의 분사제를 추방하는 일에 나섰다. 1987년에 체결된 몬트리올 의정서에서 모든 제품에서 CFCs를 추방하는 것에 성공하였다.

이런 명령과 규제형 규제의 성공은 법을 어긴 이들을 체포하고 법을 어기는 것에 어떤 벌금과 벌칙을 부여할 것인지에 대한 정부의 능력 등의 집행력에 달려 있다. 벌이 너무 가볍거나 체포될 확률이 너무 낮다면 사람들은 법을 어기기 시작할 것이다. 현재 미국에서 불법적으로 CFCs를 수입하려고 한다면 투옥될 수도 있다.

명령과 통제형 규제 활동과 산업을 정부의 보조금과 벌금을 통해 집행하는 법과 규제

피구세

명령과 통제형 규제는 모든 환경 피해를 막기에는 적합하지 않은데, 이는 교통량이 많은 도로에 일상적으로 가해지는 피해를 막기에는 적절하지 않기 때문이다. 결국 경제는 도로를 이용하는 사람들에게 의지하고 있다. 그럼에도 불구하고 이는 누가 이런 수리 비용을 부담해야 하냐는 질문을 낳는다. 마을에 사는 모든 이들이 같은 비용을 부담해야 할까? 모든 자동차 회사들이 도로에 돈을 내야 할까? 더 많은 피해를 입힐 트럭 운전자들은 어떨까? 도로에 적은 영향을 끼치는 보행자나 자전거 이용자는 어떤가? 그들도 정말 같은 돈을 내야 할까?

1920년에 처음으로 피구(Arthur C. Pigou)라는 경제학자가 운전으로 인한 피해 등의 외부적 경제에 과세할 것을 제안하였다. 그의 생각은 받아들여졌고 한 사람이 운전하는 거리와 관련이 있는 연료세와 자동차 등록세 등을 통해 오늘날 미국의 도로 사용에 돈을 지불하고 있다. 2003년 이후 런던 시는 주말에 도심에 진입하는 차마다 10파운드의 혼잡세를 걷고 있다. 이른바 피구세 혹은 '죄악세'는 담배와 술 등에 그들이 미치는 해악을 경감시키기 위해 부과되고 있다.

이런 세금들은 환경을 모델로 삼는 **환경 경제**(environmental economics)의 연구 분야에도 공헌하고 있다. 이것의 연구에서 환경 경제는 경제학을 이용해 경제학이 환경에 미치는 영향력에 대한 비용과 편익의 분석법을 이끌어낸다. 예를 들어 오염과 같은 외부 경제효과가 환경에 미치는 악영향을 통제하기 위해 환경경제학자가 쓰는 방법은 외부 효과가 환경에 미치는 영향에 비례하여 과세를 하는 것이다. 예를 들어 전면적인 추방이 불가능한 이산화탄소 배출과 다른 오염물의 배출의 경우 피구세가 제안되어 왔다. 피구는 정부 보조금을 통해 환경에 좋은 영향을 끼치는 활동에는 이익이 돌아가야 한다고 주장하였다. 명령과 통제형 규제와 함께 이 전략이 직면한 과제는 피구세와 보조금의 수준의 정확한 정도를 측정하는 것이다.

생태경제학

경제학자에게 돈은 가치 평가의 기본이 된다. 그러나 외부 효과를 경제 모델에 고려할 때도 일부 생태학자는 그들이 여전히 식물과 동물, 광물과 토양, 공기, 물 등의 모든 지구의 자산인 **자연 자본**(natural capital)에 대해 과소

평가하고 있다고 생각한다. 환경 경제와는 달리 **생태경제학**(ecological economics) 분야는 경제학을 포함한 많은 분야에서 경제 활동과 그것이 자연 자본에 미치는 영향에 대해 연구한다. 전통적 경제학이 인간과 그들의 기관을 세계에서 홀로 떨어진 존재로 파악하였고, 전통적 생태학은 인간을 제외한 종들로만 구성된 생태계에 집중한 반면, 생태경제학은 인간과 인간의 기관, 그리고 나머지 자연들 간에 개념적인 연결을 시도하고 있다(그림 2.22).

단기간의 경제적 활동으로 금융 자본의 극대화를 추구하는 대신에 생태경제학자들은 재화와 서비스를 제공할 수 있는 지속적인 자연 자본을 유지하는 것에 관심을 기울인다. 건강한 물고기 자원은 매년 번성하여 인간에게 지속적으로 공급될 것이다.

숲이 있는 계곡은 깨끗한 물을 제공할 수 있다. 그리고 개발되지 않은 해변은 걷기에 즐거워서 사회적 혹은 문화적 가치를 제공할 수 있다. 이 모든 것은 가치를 가지고 있다. 환경경제학자는 현재와 미래 사회에 얼마나 큰 가치를 제공할 수 있는지에 대해 결정하는 것이다. 이 가치를 이해하면 우리는 지혜롭고 지속 가능한 경제적 결정을 할 수 있을 것이다. 생태경제학자는 **생태계 서비스**(ecosystem service)라고 불리는 이런 자연적 재화와 서비스가 세계 경제 시스템으로부터 생산된 모든 재화와 서비스의 금전적 가치를 훨씬 뛰어넘는다는 사실을 발견하였다. 우리는 제4장에서 생태계 서비스에 대해 자세히 알아볼 것이다.

⚠ 생각해보기

1. 생태경제학자들의 분석은 환경경제학자들의 분석보다 왜 더 복잡할까?
2. 프레온가스로 인한 오존층 파괴는 어떤 측면에서 피구세보다 명령과 통제형 접근으로 다루어지게 하였을까?
3. 일부 사람들은 자연의 생태계 서비스에 물질적 가치를 부여하는 것에 왜 반대할까?

2.9 재산권이 환경 보호를 돕는다

개인 재산권에 대한 확립과 보호는 정부를 정의하는 역할로 규정되었고 현대 경제학의 기초가 되었다. 17세기 정치철학자인 존 로크는 정부의 기본적인 목표는 인간을 자연적인 상태에서 승격시키고 그들의 생명, 자유, 재산을 보장하는 것에 있다고 주장하였다. 실제로 하딘의 공

환경에 미치는 영향에 고려하여 세금이 부과된다면 당신은 어떤 활동을 줄일 것인가?

환경 경제 경제학을 이용해 경제학이 환경에 미치는 영향력에 대한 비용과 편익의 평가와 관리를 이끌어내는 경제학의 한 분과

자연 자본 세계의 자연 자산의 가치(예 : 광물, 공기, 물, 모든 생물)

생태경제학 인간과 인간의 기관들과 나머지 자연과의 개념적 연결을 추구하며 경제 활동이 환경에 끼치는 영향을 여러 분야로부터 이끌어내어 연구하는 경제학의 한 분과

생태계 서비스 식량, 수질 정화, 곡물의 수분, 이산화탄소 저장, 의약품 등 인간이 자연 생태계로부터 받는 혜택

경제 시스템과 자연 생태계, 환경 간의 생태경제학적 관점

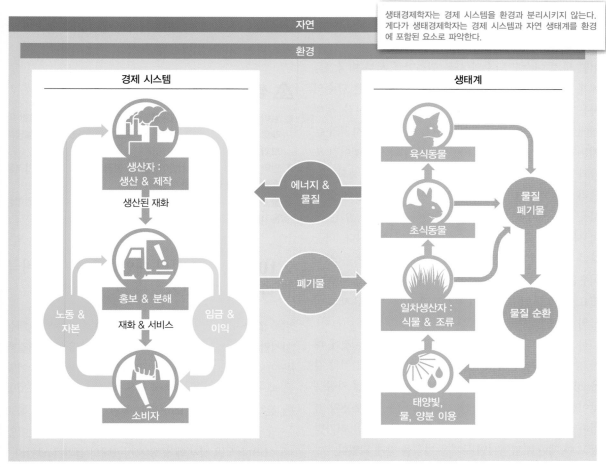

> 생태경제학자는 경제 시스템을 환경과 분리시키지 않는다. 게다가 생태경제학자는 경제 시스템과 자연 생태계를 환경에 포함된 요소로 파악한다.

그림 2.22 생태경제학은 관념적으로 떨어져 있던 경제 시스템과 생태계 사이의 연결을 시도하고 있다. 자연과 인간의 운영하는 시스템 사이에 에너지와 물질 교환을 양적화함으로써, 생태경제학자는 물의 정화나 공기의 정화 같은 생태계 서비스에 물질적 가치를 부여하고 자연 생태를 경제학의 영역에 바로 위치시킨다.

유지의 비극에 대한 하나의 해결책은 개인에게 재산을 분할하여 각각이 자원의 통합성을 보존하는 것에 경제적 혜택을 주는 것이다.

비쿠냐

비쿠냐(*Vicugna vicugña*)는 라마와 알파카의 야생 친척뻘에 해당한다. 이들은 남아메리카 고지대에 서식하며 털이 부드러운 것으로 유명하다. 유럽인들이 이 지역에 도착한 이후, 비쿠냐는 개방 자원으로 여겨졌고 사냥에 의해 개체 수가 급감하였다. 1960년대 말과 1970년대 초에 비쿠냐로 만든 제품의 국가와 다국가 간 무역이 모두 금지되는 규제가 제정되었다. 비록 비쿠냐 개체군은 사냥

이 금지되며 점차 회복되기 시작하였지만 그들이 전에 풀을 뜯던 땅은 가축화된 라마와 알파카로 인해 잠식되었다. 지역 주민들은 가축화된 라마와 알파카를 통해 이익을 얻게 되었다.

반면 비쿠냐는 어떤 경제적 이익도 제공할 수 없었다. 1979년에 비쿠냐 회의를 통해 지역 주민들이 비쿠냐를 죽이지 않고 털을 수확해 팔 수 있는 엄격하게 규제된 무역이 허가되었다. 아르헨티나와 칠레에서 비쿠냐는 자유 재산으로 취급되었고 지역의 가정들에 의해 포획된 상태로 길러지게 되었다. 페루와 볼리비아에서 지역 공동체는 주기적으로 현장에서 비쿠냐의 털을 깎고 놓아주게 되었고 이익을 공유하게 되었다. 사람들에게 비쿠냐의 소유권

을 주거나 그들의 털을 이용할 수 있게 하면서 이 종의 생존이 수월해지기 시작하였다. 1969~2001년 사이에 비쿠냐 개체군은 14,500마리에서 227,500마리로 증가하였다.

물 사용 권리

어떤 환경 이슈도 담수의 사용 권리만큼 서부 미국인들에게 감성적으로 다가오지 않는다. 경제 성장은 담수의 사용 가능성에 의해 제한받으나 담수는 기후, 지질, 생태계에 영향을 받는 제한된 자원이다. 이 서부 수자원의 분배는 물이 훨씬 풍부하던 100년 이상의 과거에 맺어진 조약과 계약까지 거슬러 올라간다. 자유 시장의 재화와는 달리 농부와 도시 거주자가 지불하는 물의 비용은 물의 사용 가능성이 감소함에 따라 증가하지 않는다. 이는 지역 시설이나 물을 관리하는 집단에 의해 정해진다. 더군다나 직접 우물을 파거나 펌프를 설치하는 이들은 설령 이웃들과 공유하는 대수층에 접근하더라도 전혀 돈을 낼 필요가 없다. 담수 자원의 무분별한 이용은 공유지의 비극의 또 다른 사례이다.

물 부족에 직면한 도시는 잔디밭에 물을 주는 것에 대한 강력한 규제나 물 할당량을 넘는 이에 대한 벌칙과 같은 명령과 통제형 규제를 사용한다. 2014년 5월 가뭄을 맞이한 캘리포니아 주의 산타크루즈 시는 물 사용의 측정하였다. 한 가정집은 하루 249갤런의 물 사용을 허가받았고 이 제한을 넘어서면 무거운 벌칙을 받게 되었다.

많은 경제학자들은 이런 명령과 통제형 접근이 불필요하며 만약 농부와 거주자들이 물 사용 권리를 자유 시장에 팔게 되면 물 사용이 더 지속 가능해질 것이라고 믿는다. 이런 **시장 기반 접근**(market-based approach)을 이용하면 거주자 간 물 할당량이 거래될 수 있으며 물 가격 또한 공급과 수요에 따라 변동할 것이다. 갑자기 물이 농부들에게 가치가 높아졌기 때문에 농부들은 점적 관수와 같은 새로운 기술에 투자하여 물 사용량을 줄이고 남는 할당량을 지방 정부에 판매하려 할 것이다. 한편 거주자들은 사용하는 물에 더 많은 비용을 냄으로써 그들의 잔디밭을 관리할 수 있게 될 것이다.

시장 기반 접근이 명령과 통제형 규제나 피구세에 대해 가지는 장점 중 하나는 정책 결정자가 단지 물 사용에 대한 전반적인 목표만 규정하면 되고 벌칙이나 세금 부과 계획을 일일이 지정할 필요가 없다는 것이다. 시장이 물의 적절한 가격을 정하게 될 것이다. 물 관리에 있어 시

장 기반 접근을 하게 되면 습지나 물고기 서식지 등 공공의 이익을 보호하기 위한 방안들도 고려해야 할 것이다. 이런 접근은 물 관리에는 시도된 적이 없지만 산성비를 초래하는 이산화황의 배출량 거래(제13장)와 물고기 남획을 막는 것(제8장)에는 성공적으로 적용되었다.

⚠ 생각해보기

1. 남아프리카공화국이 야생동물의 개인 소유와 거래를 허용한 이래로 대동물 개체군의 숫자는 극적으로 증가하였다. 이를 설명해 보라.
2. 만약 물 관리가 시장 기반이 된다면 공급과 수요 법칙은 가격을 정할 때 어떤 역할을 하게 될까?
3. 물 관리가 전적으로 시장 기반이 된다면 나타날 수 있는 위험성은 어떤 것들이 있을까?

2.10 지속가능성의 대안 : 공유지의 비극을 다시 생각해보기

비록 깔끔하게 정리된 소유권은 때로 지속가능성의 핵심이지만, 사적 소유권이라는 서구적 개념이 유일한 해결책은 아니다. 케냐가 19세기 말 영국의 식민 지배에 들어왔을 때 식민 정부는 이주하며 사는 마사이 족에게 한 지역에 정착해 살 것을 강요하였다. 식민 정부의 명목상 목표는 땅의 지력을 높이고 가축 생산을 늘리겠다는 것이었다. 그러나 식민 정부의 정책은 정반대의 결과를 낳았다.

영국 섬과 비교했을 때 마사이 족이 거주하던 땅의 강수량은 변동이 심했다. 정착해 살아가는 영국 목축업자의 삶의 양식과는 대조적으로, 마사이 족은 우기와 건기의 교차에 적응하였고 반유목성 생활을 선택하였다.

비가 많이 오는 해의 우기에는 저지대인 마사이 족이 사는 건조한 지역도 소를 키우기 좋은 지역이 된다. 건기와 가뭄이 지속되는 기간에 마사이 족은 소 떼를 위한 충분한 식량이 있는 고지대의 습한 환경으로 소를 데리고 이주한다.

특정 기간 동안 비어 있는 마사이 족의 땅을 본 식민 정부는 식민 농부들에게 그 땅을 주었다. 전체 20,000km² 의 대부분 풍요로운 땅(대략 뉴햄프셔 주나 스위스 전체의 절반 크기)이 사유 식민 농장과 목장으로 바뀌었고, 마사이 족은 보호구역에 살게 강제되었다. 비록 마사이 족은 100,000km²의 땅을 받았지만 이 땅의 20%는 건조하거나 반건조한 지역이었고 다른 10%는 인간과 소에게 치

영국 브리튼 섬과 케냐의 기후와 문화의 차이가 어떻게 식민 정부와 마사이 경제가 자연에 악영향을 입히는 것의 차이를 이끌어냈을까?

시장기반접근 명령과 통제형 규제에 대한 대안으로, 수요와 공급의 원칙을 이용해 사회와 환경의 목표 간의 연관을 추구하는 방법

명적인 감염원이 있는 땅이었다. 그러나 가장 심각한 사실은 마사이 족과 그들의 소는 건기가 지속되는 가뭄 기간에 의존하던 땅으로의 접근이 차단되었다는 사실이었다(그림 2.23).

식민 정부는 또한 마사이 족이 소를 북쪽으로 이동시켜 전통적인 무역 상대들과 거래하는 것도 금지시켰다. 지속가능성과 경제 성장이 촉진되는 대신, 엄격하게 경계가 지어진 소유권은 파괴적인 결과를 낳았다.

현재 마사이 족은 과도기에 있다. 그들은 여전히 가축에 삶을 의지하지만 또한 시장 경제에도 참여한다. 마사이 족을 현대 사회에 참여시키며 마사이 문화를 보존하고자 하는 마사이 재단이라는 조직은 '교육, 건강, 환경 보전, 경제 발전'을 지원한다. 이런 노력의 결과의 일환으로 점점 많은 수의 마사이 족 아이들이 정규 교육을 받고 있다. 이 미래의 지도자들이 마사이 족의 문화와 경제 발전에 어떻게 영향을 미칠 것인지는 아직 지켜보아야 할 것이다.

엘리노어 오스트롬과 공유지

지금은 작고한 정치경제학자인 엘리노어 오스트롬(Elinor Ostrom)은 케냐 기관들이 왜 지속 가능한 시스템의 양성에 실패하는지를 알기 위해 마사이 족의 목초지 관리를 연구하였다(그림 2.24). 그녀의 관심사는 마사이 족이 역사적으로 식민 정부가 환경을 파괴하기 전에 그들의 땅을 관리하는 탄탄한 체계를 가지고 있었다는 점에 있었다.

오스트롬은 세계의 비슷한 사례들을 연구하였고 공유지가 지속 가능하게 관리되는 몇 가지 원칙을 발견하였다. 첫째, 자원을 공유할 수 있는 이들은 분명히 정해져야 하고 자원풀의 경계도 깔끔하게 정해져야 한다. 다음으로는 각 개인이나 가정이 권리를 가지고 있는 자원의 할당량은 자원 시스템의 지속가능성을 위해 분담할 수 있는 비용과 비례해야 한다. 예를 들어 공동체가 관리하는 관계 시스템의 부담 비용이 여기에 해당한다. 게다가 자원의 상태는 계속 관리되어야 하고 자원의 사용은 지역의 현 상태와 일치해야 한다. 이를 감시하고 자원 사용의 수

엘리노어 오스트롬의 분석은 하딘의 공유지의 비극 모델에 어떤 영향을 줄까?

그림 2.23 상대적으로 좁은 땅에 가축들을 밀집시키는 것과 가축들을 더 생산성 높은 땅으로 가뭄 기간 동안의 이동을 금지하는 것이 과도한 식생 황폐화와 토양 침식을 유발하였다.

노벨상 수상자 엘리노어 오스트롬

그림 2.24 엘리노어 오스트롬은 노벨상을 수상하게 한 연구에서 정부가 언제나 자원을 사용하는 조직된 단체보다 자연 자원을 잘 지켜낸다는 기존의 생각을 성공적으로 논박하였다.

준을 정하는 이들은 자원의 사용자들이나 자원을 사용하는 그들 모두에게 이를 알려야 하며 자원의 관리가 엉망이 되는 것에 책임을 져야 한다.

공유 자원에 대한 연구로 2009년 노벨상을 수상한 오스트롬은 또한 자원 사용 법칙에 영향을 받는 모든 개인들이 의사 결정에 참여하는 것이 중요하다고 주장하였다. 시스템은 규칙을 어기는 이들을 처벌하는 방법을 개발해야 하고, 비용이 적고 빠르게 작동하는 갈등 해결 메커니즘도 개발할 필요가 있다. 게다가 공유 자원의 사용자들과 사용자에게 영향을 받는 이들도 자원 사용의 규칙을 어길 때 벌칙을 부과받아야 한다. 오스트롬의 연구는 또한 벌에도 단계를 매겨서 작은 벌칙과 첫 번째 위반에는 작은 벌칙이 부과되지만 큰 위반과 반복된 위반에는 큰 벌칙을 가할 것을 제안하고 있다. 마지막으로 공동 자원의 지역 사용자들의 자원 관리는 외부의 당국에 의해서도 승인받아야 한다.

그림 2.25에 나와 있는 것처럼 수 세기 동안 지속 가능한 방식으로 관리되어온 공동체의 공유 자원 사례들이 존재한다. 이런 사례들의 존재는 오스트롬이 하딘의 공유지의 비극이라는 필연적인 과제를 도전하게 하였다. 그녀의 발견은 우리가 지구의 환경과 그것과 관련된 무

지역 공동체의 공동 자원에 대한 지속 가능한 관리

네팔의 지역 관리 형식의 관개 시스템

바스크 지방의 공동 목초지

그림 2.25 세계 여러 곳의 공동체들은 외부의 중재 없이도 공동 자원을 수 세기 동안 지속 가능하게 관리해왔다. 예를 들어 네팔의 관개 시스템(왼쪽)은 지역 농부들에 의해 수 세기 전에 지어지고 관리되어 왔는데 이 국가에서 관개된 땅의 70%에 물을 공급한다. 수 세기 전부터 북부 스페인의 바스크 지방에서도 공동체에 의해 지속 가능한 방식으로 목초지(오른쪽)의 생산성과 건전성이 관리되고 있다.

수한 공유 자원의 지속 가능한 관계를 찾을 수 있으리라는 희망을 가지게 만든다.

⚠ 생각해보기

1. 마사이 족이 전통적인 생태 지식을 이용해 자원 관리를 해왔다는 것을 알았을 때 영국 식민 당국의 관리는 어떻게 향상되었을까?
2. 왜 사용자들 혹은 사용자들에 책임이 있는 이의 자원의 관리가 오스트롬의 성공적인 지역 공동 자원 관리 모델에서 중요할까?

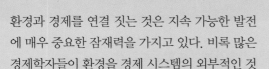

2.8~2.10 해결방안 : 요약

환경과 경제를 연결 짓는 것은 지속 가능한 발전에 매우 중요한 잠재력을 가지고 있다. 비록 많은 경제학자들이 환경을 경제 시스템의 외부적인 것으로 파악하지만 생태경제학자들은 경제가 환경에 포함된 것으로 생각한다. 생태경제학자들은 경제적 가치를 자연에 적용시키기 위해 노력하고 있다. 하딘의 공유지의 비극을 해결하기 위한 하나의 방법은 사적 재산권에 힘을 실어주는 것이다. 야생 비쿠냐의 사례에서는 지역 주민들이 털을 수확하고 팔 수 있게 되면서 그 종의 보존에 도움이 되었다. 물과 같은 다른 자원들은 가격이 공급과 수요에 따라 바뀌지 않기 때문에 과도하게 이용될 수 있다. 사용 가능한 권리를 거래 가능하게 되면 이런 자원들이 더 지속 가능하게 이용될 수 있다. 노벨 수상자인 엘리노어 오스트롬은 특정 조건에서는 공동의 관리가 사적 소유나 정부의 중앙 통제보다 더 효과적일 수도 있다는 것을 밝혔다.

각 장의 절에 대하여 아래 질문에 답을 하고 난 후 핵심 질문에 답하라.

핵심 질문 : 경제와 생태학을 연결하는 것이 어떻게 사회가 환경에 미치는 영향을 줄일 수 있을까?

2.1~2.4 과학원리

- 무엇이 경제와 생태계를 구성하는가?
- 에너지의 형태에는 어떤 것이 있으며 이들을 지배하는 법칙은 무엇인가?
- 물질과 에너지는 생태계에서 어떻게 움직이는가?
- 물질과 에너지는 경제 시스템에서 어떻게 움직이는가?

2.5~2.7 문제

- 어떤 요소들이 경제 성장을 촉진하고 제한하는가?
- 경제 시스템이 어떻게 환경에 영향을 미치는가?
- 공유지의 비극이 무엇이며 이게 어떻게 환경에 영향을 미치는가?

생태계와 경제 시스템, 그리고 우리

지속 가능한 경제는 당신과 함께 시작한다! 우리는 자원을 현명하게 사용하고 경제 성장에도 좋은 영향을 끼치는 사회를 위해 각자 역할을 할 수 있다. 당신이 사는 지역의 경제 단체들을 조사하고 당신 지역의 산업이 환경에 끼치는 영향을 조사하라.

☐ 지역 경제와 환경을 조사하기

당신 지역의 경제적 기반은 무엇인가? 그 지역의 경제는 하나나 소수의 산업에 기반을 두고 있는가? 예를 들어 농업, 제조업, 광업, 혹은 혼합 경제인가? 지역 경제의 부문에 따라 고용이 나누어져 있는가? 당신 지역의 발전 계획은 무엇인가? 성장이나 침체를 보이는 분야는 어디인가?

당신 지역의 생태에 친숙해지도록 하고 중요한 환경 이슈를 알아보라. 지역 생태에 경제가 미치는 영향을 알아보라. 지역 경제가 어떻게 공기나 수질에 영향을 끼치는가? 지역 경제가 당신 지역의 야생동물에게 끼치는 영향은 무엇인가? 수질오염, 대기오염, 땅의 사용 용도 변경 등의 환경 영향을 줄이기 위해 취해지는 일에는 무엇이 있는가? 당신 지역의 특정 부분이 영향을 받고 있는가, 혹은 잊혀져 있는가?

☐ 경제와 환경의 지속가능성을 향상시키기

환경에의 영향을 최소화하며 경제를 발전시킬 지속성을 위한 장기 계획을 당신 지역의 공동체는 가지고 있는가? 예를 들어 재활용을 통해 쓰레기를 줄이고 에너지 효율을 높일 프로그램을 가지고 있는가? 만약 그렇다면 그 활동에 참여하고 관련된 지속 가능한 프로그램을 계획해보라. 만약 없다면 관심이 있는 다른 개인들과 지역 매체나 지역의 장에게 편지나 의견서를 보내 이런 프로그램을 촉구해보라. 재활용이나 물이나 에너지 효율 등과 같이 지역에 중요한 특정 이슈에 집중하는 것이 가장 효율적일 것이다.

☐ 환경적으로 유용한 선택을 하기

우리가 어떻게 주변 환경에 영향을 미치는지는 개인적인 선택으로부터 시작한다. 소비자로서 당신은 물건을 살 때마다 생산자에게 이 물건의 가치를 지지한다는 신호를 보낸다. 환경에 영향을 최소화하거나 좋은 영향을 주려는 물건을 구입함으로써 그 물건의 생산자에게 그 힘을 보여주라. 비슷한 경제적 가치를 생각하는 친구들이나 모임을 통해 이 주제에 대한 의견을 블로그나 페이스북을 통해 소통해보라.

2.8~2.10 해결방안

- 현명한 자원 사용을 위해서는 어떤 경제 정책과 전략을 사용해야 할까?
- 재산권과 소유권이 어떻게 환경 보전을 이끌어낼까?
- 지속가능성을 위한 경제적 대안으로는 어떤 것들이 있을까?

핵심 질문에 대한 답

_____

_____

_____

_____

_____

_____

제2장
복습 문제

1. 다음 중 물질에 대한 진술 중 틀린 것은?
   a. 모든 물질은 원자들로 이루어진다.
   b. 원소는 한 종류의 원자로만 이루어진다.
   c. 분자는 2개 혹은 그 이상의 원자로 이루어진다.
   d. 결합된 2개의 산소 원자는 화합물이다.

2. 다음 중 퍼텐셜 에너지인 것은?
   a. 운동 에너지
   b. 열 에너지
   c. 화학 에너지
   d. 복사 에너지

3. 생태계를 흐르는 에너지에 대한 진술 중 옳은 것은?
   a. 일차생산물은 상위 단계의 생산보다 양이 많다.
   b. 대부분 에너지는 육식동물 단계를 통과한다.
   c. 대부분 에너지는 청소부동물 단계를 통과한다.
   d. 초식동물 생산량은 일차생산량과 비슷하다.

4. 다음 중 열역학 제2법칙의 결과인 것은?
   a. 생물은 유지를 위해 에너지를 사용한다.
   b. 시스템 안의 에너지는 보존된다.
   c. 시스템과 주변의 에너지 양은 감소한다.
   d. 일을 하는 에너지는 시간에 따라 증가한다.

5. 열린 경제 모델에서 외부 효과인 것은?
   a. 소비 활동에서 생산이 미치는 영향
   b. 경제 활동으로 인해 환경이 입는 피해
   c. 경제 시스템에 가해지는 환경적 피해
   d. 경제 시스템에 가해지는 소비자의 효과

6. 공급과 수요는 상품의 가격에 어떻게 영향을 미치는가?

   a. 가격은 전적으로 수요에 의해 정해진다.
   b. 공급의 증가는 가격 상승을 이끈다.
   c. 공급의 증가는 가격 하락을 이끈다.
   d. 공급의 감소는 가격 하락을 이끈다.

7. 다음 중 공유지의 비극 모델과 일치하지 않는 것은?
   a. 자신의 땅에 소를 방목하는 가족
   b. 공유지에 양을 방목하는 농부
   c. 공해상에서 어업을 하는 독립적인 배 소유자
   d. 대기오염물을 방출하는 몇몇 기업

8. 왜 마사이 족의 전통적인 소 방목형 경제를 위해 다양한 기후대에 걸친 넓은 땅에 접근하는 것이 필수적이었을까?
   a. 이를 통해 제한 없이 많은 수의 소를 키울 수 있었다.
   b. 이는 이웃 집단 간의 협동을 막았다.
   c. 이는 건기 동안에도 생산성을 유지할 수 있는 목초지를 가능하게 했다.
   d. 이는 사자와 같은 소를 잡아먹을 수 있는 포식자를 피할 수 있게 했다.

9. CFCs의 생산을 감소시키기 위한 캠페인이 전개될 때 기업들은 어떤 역할을 담당하였는가?
   a. 그들은 처음에 규제에 반대하였지만 대체제가 개발된 이후 이 운동을 지지하였다.
   b. 그들은 캠페인 기간 내내 반대하였고 여전히 반대하고 있다.
   c. 그들은 처음에 CFCs 규제에 찬성하였지만 나중에 반대하게 되었다.
   d. 그들은 계속 중립적 자세를 견지하고 있다.

10. 엘리노어 오스트롬으로 하여금 하딘의 공유지의 비극 모델에 의문을 제기하게 만든 결정적인 관찰은 무엇이었는가?

    a. 오스트롬의 아이디어는 관찰에 입각한 것이 아니었다. 이는 전적으로 이론적인 것이었다.
    b. 오스트롬은 많은 지역 공동체들의 외부의 규제 없이 오랫동안 공유 자원을 관리해온 것을 관찰하였다.
    c. 오스트롬은 규제가 없을 때 공유 자원이 절대로 고갈되지 않음을 관찰하였다.
    d. 오스트롬은 전통 사회들이 지속 가능한 자원 관리를 위해 어떤 규칙도 필요하지 않음을 관찰하였다.

비판적 분석

1. 경제 시스템과 생태계는 어떻게 유사한가? 그리고 어떻게 다른가?

2. 그림 2.16과 2.17의 각 단계의 평균 에너지 손실은 얼마인가? 이 에너지 피라미드들에서의 차이가 의미하는 것은 무엇인가?

3. 그림 2.9를 검토하라. 글로벌 생태계에서 모든 분해자와 청소부 동물들이 제거되면 탄소 순환에 어떤 영향을 끼칠지 묘사해보라.

4. 육식동물에서의 에너지 단계는 왜 생태계 일차생산자의 에너지 단계를 능가할 수 없는지 설명하라.

5. 피구세와 보조금이 환경 보호에 사용될 수 있는 이유를 설명해보라(예 : 국가림을 벌목으로부터 보호하기).

핵심 질문: 점점 더 인간의 영향력이 증대되는
세상에서 우리는 어떻게 종을 보호할 수 있을까?

개체군의 생태와 군집의 상호작용을 설명한다.

(Jim Peaco, Yellowstone National Park, NPS)

과학원리

제3장

멸종위기종의 보호

종에 가해지는 위협에서 생존까지 분석한다.

문제

멸종 위기 혹은 위협받는 종의 보호와 복구를 위해
법적·사회적·경제적 요소를 고려해본다.

해결방안

많은 위협 요소가 다양한 종을 위협한다.

위협받고 멸종 위기에 처한 종

멕시코반점올빼미는 오래된 숲이 벌목되어 서식지를 위협받고 있다.
코알라는 전염병이나 산불 같은 다양한 위협에 직면해 있다.
아주 제한된 서식지를 가지는 잔존생물인 시어물고기는 서식지 파괴로 위협을 받고 있다.

1995년 3월 24일 아침, 옐로스톤국립공원이 여전히 눈에 덮여 있던 때 다섯 마리의 수컷과 한 마리의 암컷으로 구성된 여섯 마리의 회색늑대가 라마르 계곡에서 우리 밖으로 도망쳐 나왔다. 그들이 우리 입구를 표시하는 적외선 빔을 넘었을 때, 무선 신호가 멀리 떨어져 있던 걱정하는 공원 관리자들에게 경고를 보냈다. 24시간이 지난 후에 턱수염이 무성한 현장 생물학자인 스미스(Doug Smith)는 익숙치 않은 장소에서 뛰어놀며 지형을 살피는 늑대들을 최초로 발견하였다. "그들은 신이 나서 뛰어놀았 우리는 늙은 늑대의 눈 속에서 꺼져가는 맹렬한 초록색 빛을 보기 위해 다가갔다. 나는 그때, 그리고 그 이후에도, 그 눈 안에 새로운 무언가가 있다는 것을 깨달았고, 오직 그 늑대와 산만이 알고 있는 것이 있다는 사실을 알게 되었다.

알도 레오폴드, *Thinking Like a Mountain*, 1949

고 여러 가지를 가지고 놀며 확인해보고 있었습니다."라고 그는 **뉴욕타임스**에 인터뷰하였다. 그의 표현에 의하면 이는 그들에게 '최근 해방'이었다.

이 늑대들은 세계에서 가장 상징적인 국립공원에 50여 년 만에 발을 들여놓은 최초의 무리였다. 이 개과 포식자들은 옐로스톤과 주변 지역에서 가축을 지키는 목동과 연방 정부에 의해 먹이에 독을 넣거나 서식지인 동굴을 폭파시켜버리거나 그들의 머리나 가죽을 벗기는 사냥꾼들에게 현상금을 주는 방식으로 제거되어 버렸다. 1995년 늑대의 재도입은 목동과 다른 이에게 큰 논쟁이 되었고 그들은 이를 멈추기 위해 소송을 걸었지만 실패하였다. 이 소송이 벌어지는 동안 늑대들은 캐나다에서 생포되어 무선 송신기가 부착되었고 이 서식지에서 엘크, 사슴, 말코손바닥사슴, 들소 등을 먹으며 새 서식지의 풍경과 소리, 냄새에 익숙해지게 되었다.

2003년에 재도입된 31마리의 늑대는 번식하였고 옐로스톤국립공원은 여러 무리의 174마리 늑대를 자랑하게 되었다. 그러나 늑대들은 공원 바깥쪽까지 서식지를 넓혀나가게 되었고 다시 목축업자들과 갈등을 빚게 되었다. 여러 해 동안 스미스는 '울프맨'으로 알려지게 되었고 여전히 늑대의 움직임과 활동을 무선 신호를 통해 추적하고 있다. 2009년 10월 3일, 그는 추적하던 대장 암컷 늑대가(Wolf 527F) 몬태나의 사냥꾼에 의해 합법적으로 사냥 당했음을 알게 되었다. 스미스는 매우 낙담하였다. 보존과 착취가 다시 반복된 것이다. "저는 아주 깊고 강렬한 마음으로 자연을 사랑합니다. 그리고 우리가 하나씩 하나씩, 그리고 천천히 모든 것을 잃어버릴까 두렵습니다."라고 후에 크리스천사이언스모니터에 인터뷰하였다.

이 장과 다음 장에서 우리는 현대 사회에서 **생물다양성**(biodiversity)을 보존하고 복구하는 것의 과제에 대해 공부할 것이다. 생물다양성은 유전자에서 종까지, 생태계에서 전 지구적 범위까지의 생물학적 다양함을 의미한다. 생물다양성을 보존해야 하는 몇 가지 이유는 아주 실용적이다. 종의 멸종은 잠재적인 식량 자원, 의약품, 산업 화학물, 그리고 인간에게 유용한 다른 물건과 서비스의 대체 불가능한 손실을 야기할 수 있다. 게다가 우리가 제4장에서 논의하게 될 것처럼 일부 종은 모든 개체군이 의존하는 생태계의 건강과 관련된 핵심적인 역할을 맡고 있다. 이런 실용적인 이유들을 넘어서 스미스가 보여준 것처럼 생물학 중심적 윤리관을 적용하면 자연의 관리와 다른 종에게 해를 가하지 않는 것을 이야기할 수도 있을 것이다.

> **생물다양성** 유전자에서 종까지, 생태계에서 전 지구적 범위까지의 생물학적 다양함

핵심 질문

점점 더 인간의 영향력이 증대되는 세상에서 우리는 어떻게 종을 보호할 수 있을까?

(Jim Peaco, Yellowstone National Park, NPS)

3.1~3.5   과학원리

보전의 목적을 이해하기 위해 잠시 물러서서 우리가 보전하려고 하는 것이 무엇인지 생각해보자. 늑대가 늑대인 이유는 무엇일까? 생물학자들은 **종**(species)을 교배 가능한 집단, 혹은 잠재적으로 교배가 가능하고 다른 개체군들과 생식적으로 격리된 개체군으로 정의한다. 예를 들어 회색늑대인 *Canis lupus*는 서유럽과 동부 캐나다까지 북반구에 널리 퍼져 있는 개체군을 가진 종이다. 종은 여러 **개체군**(population)으로 구성되며 이는 특정 공간에 같은 시간대에 살고 있는 종의 모든 구성원들로 정의된다. 옐로스톤국립공원에 살게 된 31마리의 새 늑대는 새 개체군의 최초 구성원이 되었다. 개체군이 너무 적어 가까운 미래에 멸종할지 모르는 **멸종위기종**(endangered species)을 보전하거나 복구하려는 모든 시도들은 생태학의 한 분야인 **개체군생태학**(population ecology)과 관련이 있다. 개체군생태학은 개체군 크기나 분포, 성장과 같은 개체군의 구조와 변동에 영향을 끼치는 요인을 연구한다.

3.1 유전적 다양성은 개체군의 생존과 진화에 필수적이다

개체군의 유전적 다양성은 보전에 필수적이다. 남부 애리조나의 산악지대와 뉴멕시코 주에 살고 있는 멕시코회색늑대는 옐로스톤국립공원의 늑대들과 유전적으로 차이가 있다. 이런 유전적 차이는 전 세계 회색늑대의 유전적 다양성에 기여한다. **유전적 다양성**(genetic diversity)은 한 종의 개체군이나 한 종의 개체군들 사이의 서로 다른 유전자들 혹은 유전자 조합들의 총합을 의미한다. **유전자**(gene)는 DNA의 가닥으로 성장, 발생, 생물의 기능을 지시한다(그림 3.1). 예를 들어 어떤 유전자는 구조 분자로 기능하는 단백질을 만들거나 힘줄과 인대를 만들고, 반면 효소라고 불리는 단백질은 특정 화학반응을 촉진시킨다. 예를 들어 락테아제라는 효소는 우유 속의 락토스 당을 소화시키는 속도를 빠르게 한다.

우리는 각각 사람 얼굴의 다양한 차이에서 유전적 다양성의 증거를 찾아볼 수 있다. 이런 특징들로 인해 우리는 군중 사이에서 친구나 지인을 즉각적으로 알아볼 수 있다. 이런 얼굴 차이의 다양함은 멕시코회색늑대에서도 찾아볼 수 있다(그림 3.2). 그러나 대부분의 유전적 다양성—병에 대한 저항성, 높거나 낮은 온도에의 저항성 등의 차이를 만드는 DNA와 같은—은 일반적인 검사로는 잘 확인되지 않으며 DNA 서열분석을 통해야 확인해볼 수 있다.

보전생물학자들은 유전적 변이, 즉 유전적 다양성은 환경 변화에 직면했을 때 개체군이 살아남을 확률을 높인다는 것을 보였다. 예를 들면 물고기가 죽지 않고 높은

종 교배 가능한 집단, 혹은 잠재적으로 교배가 가능하고 다른 개체군들과 생식적으로 격리된 개체군

개체군 특정 공간에 같은 시간대에 살고 있는 종의 모든 구성원

멸종위기종 개체군이 너무 작아져 가까운 미래에 멸종할지 모르는 종

개체군생태학 개체군 크기나 분포, 성장과 같은 개체군의 구조와 변동에 영향을 끼치는 요인을 연구하는 생태학의 한 분야

유전적 다양성 한 종의 개체군이나 한 종의 개체군들 사이의 서로 다른 유전자들 혹은 유전자 조합들의 총합

유전자 성장, 발생, 생물의 기능을 지시하는 DNA 가닥

DNA, 유전자, 단백질

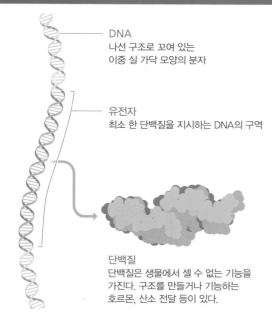

DNA
나선 구조로 꼬여 있는
이중 실 가닥 모양의 분자

유전자
최소 한 단백질을 지시하는 DNA의 구역

단백질
단백질은 생물에서 셀 수 없는 기능을
가진다. 구조를 만들거나 기능하는
호르몬, 산소 전달 등이 있다.

그림 3.1 DNA는 유전 가능한 분자로서 지구 상의 모든 생명에 들어 있다. 여기 들어 있는 신호들은 자라고 발생하는 과정, 특정한 물리적 특징을 비롯하여 살아 있는 생물을 만든다.

온도를 견딜 수 있는 범위를 의미하는 **치명적 최대온도**를 고려해보자. 그림 3.3처럼 유전적 다양성이 낮은 개체군은 비정상적인 폭염이 나타났을 때 살아남는 개체가 없을 수도 있다. 결과적으로 개체군은 전멸한다. 한편 다양

성 유전적 변이를 가진 다른 개체군의 개체들은 살아남는다. 유전적 다양성은 환경 변화에 직면했을 때 생존을 보장할 뿐 아니라 개체군이 새 환경에 맞추어 변화하고 적응하는 것도 가능하게 한다. 만약 종이 인간에 의해 점점 더 지배되는 행성에 살아가야 한다면 이는 중요한 요소이다.

유전적 다양성과 선택적 육종

유전적 다양성은 야생동물과 식물을 인간의 필요성에 맞추어 의도적으로 바꾸어나가는 **가축화**(domestication)에 필수적이다. 인간은 유제품을 생산하는 소와 경주용 말 등의 다양한 종류의 곡물과 아름다운 꽃, 다양한 동물을 야생에서 살던 조상 개체군의 개체를 의도적으로 교배하여 육종해냈다. 가축화 과정에서 선택된 개체들은 많은 양의 우유를 생산하거나 빨리 달릴 수 있는 등 인간이 원하는 특징을 가지고 있었다.

가축화된 개는 가축을 몰거나 사냥감을 잡거나 재산을 지키는 등 특정 목적을 위해 개량된 늑대의 후손이다. 예를 들어 보더콜리는 양 떼를 모는 것에 특화되어 있다(그림 3.4). 여러 세대를 거치는 동안 양치기들은 뒤쫓기, 추적, 사냥감을 향해 달려들기 등 조상 늑대들이 가지고 있던 사냥 습성을 가지고 있는, 양 떼를 안전하게 몰 수 있는 보더콜리만 사육하고 교배해왔다. 한편 사냥감을 죽이고 무기력하게 만드는 — 야생 늑대와 관련이 있는 —

가축화 야생동물과 식물을 인간의 필요성에 맞추어 선택적 육종을 통해 의도적으로 바꾸어나가는 것

얼굴 무늬의 다양성

그림 3.2 이 멕시코회색늑대인 *Canis lupus baileyi*의 얼굴 무늬와 털 색깔은 유전적 변이의 가시적 표현이다.

과학원리   문제   해결방안

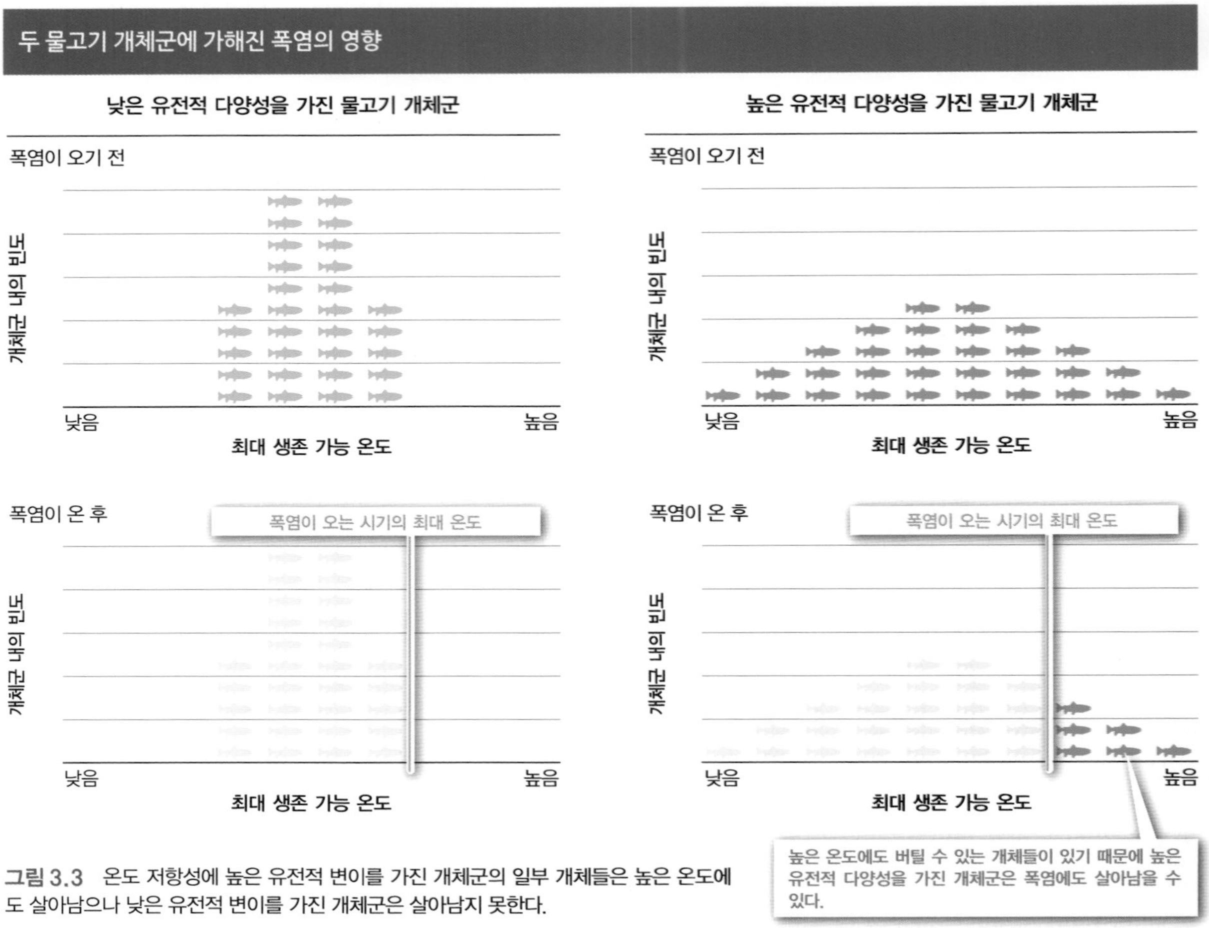

두 물고기 개체군에 가해진 폭염의 영향

낮은 유전적 다양성을 가진 물고기 개체군

폭염이 오기 전

개체군의 비율

낮음 　　　　　　　　　　　　　 높음
최대 생존 가능 온도

폭염이 온 후

폭염이 오는 시기의 최대 온도

개체군의 비율

낮음 　　　　　　　　　　　　　 높음
최대 생존 가능 온도

높은 유전적 다양성을 가진 물고기 개체군

폭염이 오기 전

개체군의 비율

낮음 　　　　　　　　　　　　　 높음
최대 생존 가능 온도

폭염이 온 후

폭염이 오는 시기의 최대 온도

개체군의 비율

낮음 　　　　　　　　　　　　　 높음
최대 생존 가능 온도

높은 온도에도 버틸 수 있는 개체들이 있기 때문에 높은 유전적 다양성을 가진 개체군은 폭염에도 살아남을 수 있다.

그림 3.3 온도 저항성에 높은 유전적 변이를 가진 개체군의 일부 개체들은 높은 온도에도 살아남으나 낮은 유전적 변이를 가진 개체군은 살아남지 못한다.

인위선택 인간이 개체군의 어떤 개체가 짝짓기를 하여 특정 형질을 가진 자손을 남기게 할 것인지를 '선택'하는 과정

보더콜리는 양 치는 일에 쓰이지 않았고, 번식도 시키지 않았다(그림 3.5). 이런 선택적 육종은 **인위선택**(artificial selection)이라고 불린다. 인간이 다음 세대로 이어질 개체를 '선택'한다.

식물 세계에서는 해바라기가 기름과 종자를 목적으로

유능한 목동

(Wayne Hutchinson/age fotostock)

그림 3.4 스코틀랜드와 잉글랜드의 국경지대에서 기원한 보더콜리는 그들의 조상 늑대가 가지고 있던 양 떼를 통제하는 능력을 가지고 있다.

전 세계에서 재배된다. 인위선택된 해바라기의 야생 조상인 *Helianthus annuus*는 북아메리카가 원산지이고 북아메리카 원주민들에 의해 약 4000년 전부터 재배되었다. 북아메리카 원주민들과 후대의 러시아 식물재배자들은 많은 씨와 꽃차례(작은 꽃들의 조밀한 집합)를 가진 식물을 해바라기 중에 선택 교배해서 가장 많은 꽃차례와 씨를 가진 해바라기로 육종하였다. 시간이 흐르며, 이는 거대한 꽃 부분을 가지고 많은 씨를 맺는 식물을 만들어내게 되었다(그림 3.6).

유전적 다양성과 자연선택

19세기 유명한 자연과학자인 찰스 다윈은 자연개체군의 변화와 식물과 동물 육종가들이 만든 변화 사이의 유사점를 인지하였다. 그는 개체가 개체군 내에서 태어나면 일부 개체의 특징은 다른 개체

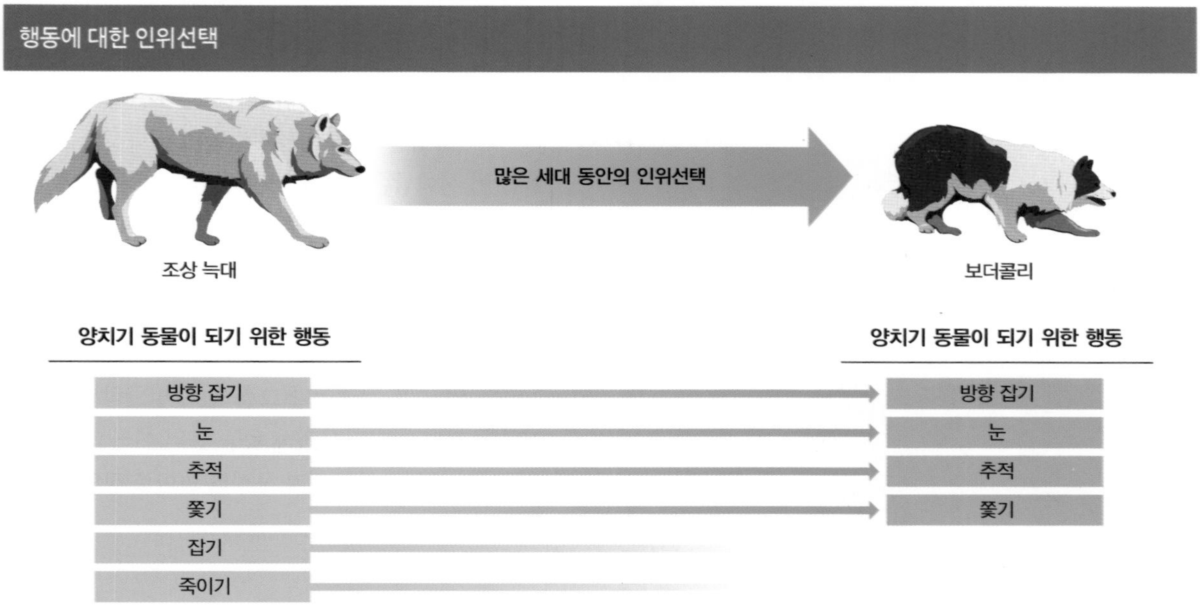

행동에 대한 인위선택

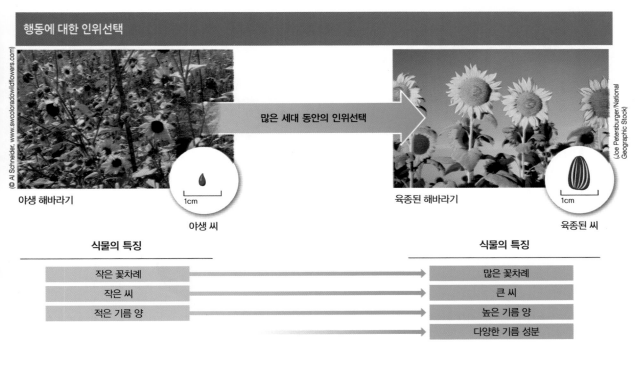

조상 늑대 → 많은 세대 동안의 인위선택 → 보더콜리

양치기 동물이 되기 위한 행동

- 방향 잡기
- 눈
- 추적
- 쫓기
- 잡기
- 죽이기

양치기 동물이 되기 위한 행동

- 방향 잡기
- 눈
- 추적
- 쫓기

그림 3.5 현대 보더콜리의 양치기 습성은 목동들이 양 떼를 해치지 않고 제어하기 위한 오랜 인위선택의 결과물이다.

왜 보전생물학자는 변이가 적은 가축화된 식물과 가축들의 개체군을 보호하려고 할까?

들보다 환경에 적응하기에 좋다는 것을 파악하였다. 생존에 더 유리한 특징을 가진 개체는 살아남기에 유리하고 더 높은 비율로 번식한다. 결과적으로 환경의 필요성에 더 적합한 특징을 가지면 개체군 내에서 빈도가 높아진다. 다음 세대의 경우 더 많은 개체들이 부모 세대에 비해 환경에 적합한 특징을 가지게 된다. 다윈은 이 과정을 **자연선택**(natural selection)이라고 불렀다.

자연선택의 좋은 사례는 한때 북아메리카 동부에 광활하게 퍼져 있던 미국밤나무의 사례에서 볼 수 있다. 각 밤나무들은 30미터 이상 자라고 줄기의 지름은 약 1~2미터에 달했다(그림 3.7). 1900년경 곰팡이에 저항성이 있는 아시아밤나무로 인해 치명적 곰팡이(밤나무줄기마름병)가 북아메리카에 도입하였다.

50년이 채 지나지 않아 밤나무 감염병은 미국밤나무

자연선택 물리적·행동적·생리학적 차이로 인해 야기되어 개체군 내의 개체들 간 번식에서의 성공도 차이로 이어지는 생물과 환경과의 상호작용. 이로 인해 개체군 내의 특정 유전자의 빈도가 달라지게 되고, 곧 진화가 일어난다.

행동에 대한 인위선택

야생 해바라기 → 많은 세대 동안의 인위선택 → 육종된 해바라기

야생 씨 / 1cm | 육종된 씨 / 1cm

식물의 특징

- 작은 꽃차례
- 작은 씨
- 적은 기름 양

식물의 특징

- 많은 꽃차례
- 큰 씨
- 높은 기름 양
- 다양한 기름 성분

그림 3.6 해바라기 *Helianthus annuus*에 대한 인위선택은 큰 꽃차례(작은 꽃들인 꽃 부분의 집합)와 큰 씨, 높은 기름 함유량, 다양한 목적에 사용되는 기름 성분의 변이에 기여하였다(샐러드 오일의 섬세한 맛에서 튀김을 할 때의 안정성에 이르기까지).

과학원리   문제   해결방안

그림 3.7 미국밤나무인 *Castanea dentata*는 한때 북아메리카 동부 온대림의 거대한 나무였고 야생동물을 위해 많은 식량을 제공했으며 지역 주민들의 수입이 되었다. 오늘날 미국밤나무는 주로 관목 싹의 형태로 밤나무 곰팡이인 밤나무줄기마름병에 감염된 채 그루터기에 붙어 살아가고 있다.

밤나무 곰팡이가 개체군을 휩쓸고 지나간 뒤 미국밤나무들의 유전적 다양성은 높아졌을까, 낮아졌을까?

진화 자연선택과 선택적 육종 등의 여러 과정을 통해 만들어진 개체군의 유전자 구성의 변화

자연 재산의 상실

(Eben Lehman/Forest History Society)

의 자연 서식지를 휩쓸었고 거의 40억 그루의 나무를 죽게 하였다. 대부분 경우 뿌리만 살아남았지만 간혹 곰팡이가 서식하기 힘든 토양이나 기후 조건에서 살고 있거나 곰팡이에 저항성을 띠는 유전자를 가지는 나무들은 살아남았다. 이 살아남은 소수의 개체군들은 많은 수가 곰팡이 저항성 유전자를 가지고 있었다. 다시 말해 개체군 내에서 곰팡이 저항성 유전자의 빈도는 증가하였다.

저항성을 가진 유전자가 취약한 유전자보다 개체군 내에서 빈도가 증가하는 것은 자연선택을 통한 **진화** (evolution)의 좋은 사례이다(그림 3.8). 일반적으로 우리는 진화를 자연선택과 선택적 육종 등의 여러 과정을 통해 만들어진 개체군의 유전자 구성의 변화로 정의한다.

⚠ 생각해보기

1. 북아메리카의 밤나무들이 곰팡이에 대한 저항성이 없었던 반면, 아시아 밤나무들이 곰팡이에 대해 저항성을 가지고 있던 가장 타당한 이유는 무엇일까?
2. 변화하는 불확실한 환경에서 유전적 다양성은 어떻게 개체군이 생존 가능하게 하는 것일까?

병충해 저항성의 자연선택

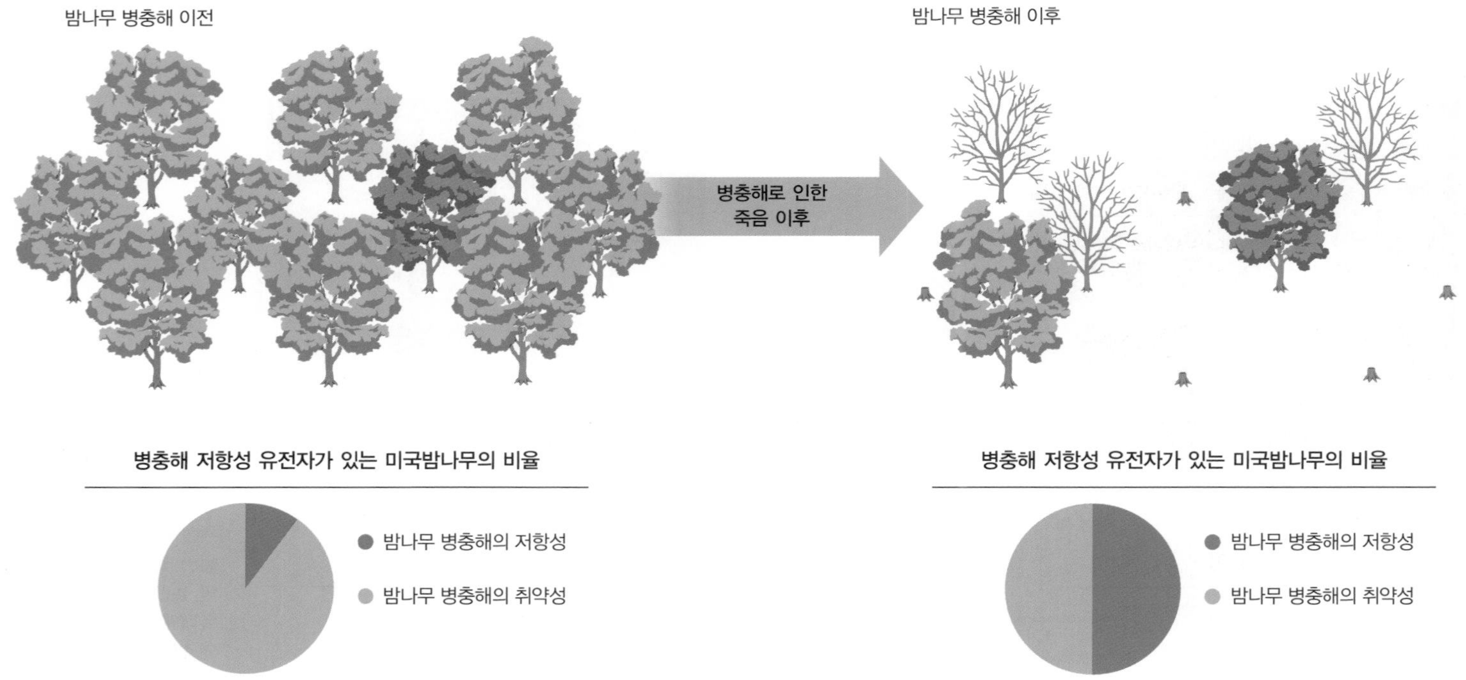

밤나무 병충해 이전

밤나무 병충해 이후

병충해로 인한 죽음 이후 →

병충해 저항성 유전자가 있는 미국밤나무의 비율

- 밤나무 병충해의 저항성
- 밤나무 병충해의 취약성

병충해 저항성 유전자가 있는 미국밤나무의 비율

- 밤나무 병충해의 저항성
- 밤나무 병충해의 취약성

그림 3.8 밤나무 병충해가 나타나기 이전, 병충해에 저항성이 있는 미국밤나무는 있었지만 상대적으로 드물었다. 그러나 병충해로 인해 많은 수의 나무가 죽고 난 이후, 살아남은 큰 나무들에서 저항성이 있는 나무들이 큰 비율을 차지하게 되었다.

3.2 분포와 풍부도는 개체군의 안전에 중요한 요소이다

캐롤라이나 북부와 남부의 파리지옥과 같이 멸종 위기에 처한 개체군이 개체군의 크기가 작고 주로 좁은 지리범위에 서식하는 것은 우연이 아니다. 비록 지리적으로 제한된 수천 개체의 모든 구성원들이 죽어버리는 **멸종**(extinction)의 임박한 가능성을 가지고 있지만, 다른 종들은 풍부하며 넓은 **분포**(distribution)를 가지고 있다. 예를 들어 친숙한 참새인 *Passer domesticus*는 이제 남극 대륙을 제외한 모든 대륙에 살고 있다(그림 3.9a).

대조적으로 멸종위기에 처한 마운틴고릴라인 *Gorilla beringei beringei*는 동부 아프리카의 작은 두 지역에만 살고 있다(그림 3.9b). 마운틴고릴라의 분포 범위는 대략 700제곱킬로미터인데, 이는 미국에서 가장 작은 주인 로드아일랜드 주의 4분의 1에 불과하고 아프리카의 작은 나라인 르완다의 40분의 1에 불과하다.

일부 무척추동물은 더 작은 서식지에서도 생존한다. 멸종 위기에 처한 체크무늬나비는 약 75제곱킬로미터에 살아가고 있는데, 이는 예전에 이들이 살던 캘리포니아

참새가 마을 및 도시와 관련이 있다는 사실은 이들이 넓은 지리적 분포를 가진다는 사실을 어떻게 설명해줄 수 있을까?

멸종 종의 모든 구성원들의 사멸

분포 종의 지리적 범위

지리적 분포의 범위

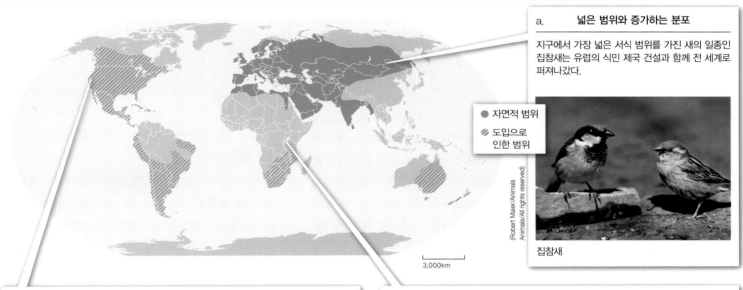

a. **넓은 범위와 증가하는 분포**

지구에서 가장 넓은 서식 범위를 가진 새의 일종인 집참새는 유럽의 식민 제국 건설과 함께 전 세계로 퍼져나갔다.

● 자연적 범위
◈ 도입으로 인한 범위

집참새

3,000km

c. **줄어드는 분포 범위**

한때는 더 넓게 분포했던 체크무늬나비는 토양에 양분이 부족한 지역인 캘리포니아 샌프란시스코 남부의 흩어진 서식지에 살고 있다. 이 남은 개체군도 멸종에 아주 취약하다.

•샌프란시스코

캘리포니아

체크무늬나비

50km

b. **제한된 분포**

마운틴고릴라 개체군은 르완다, 우간다, 콩고에 걸쳐 있는 비룽가 화산 지대와 우간다의 브윈디천연국립공원의 두 지역에만 서식하고 있다. 이 종의 전체 분포 범위는 너무 작아서 넓은 아프리카 대륙에 비해 점처럼 보인다.

콩고민주공화국

브윈디천연국립공원

우간다

비룽가 화산지대

르완다

마운틴고릴라

20km

그림 3.9 집참새인 *Passer domesticus*의 넓은 분포 범위는 멸종위기에 처한 종인 마운틴고릴라 *Gorilla beringei beringei*와 체크무늬나비인 *Euphydryas editha bayensis*의 분포 범위와 대조된다.

과학원리   문제   해결방안

주 중부 해안 서식지의 잔존물이자 마운틴고릴라가 서식하는 지역의 10분의 1에 해당한다(그림 3.9c).

왜 한 지역에서 어떤 종은 풍부한 반면 어떤 종은 존재하지 않는가? 여기에서 기후는 인간을 제외한 모든 종이 서식지의 지리적 제한을 가지는 것에 대한 중요한 이유가 된다. 예를 들어 **적응**(adaptation)—특정 환경에 적합하여 자연선택으로 인해 생존과 번식을 하게 선택된 특징—은 극지방 겨울 추위에 대비된 생물이 사막의 여름에도 대비할 수 있게 하지는 않는다. 다른 이유로 어떤 지역은 동굴에 사는 박쥐에게 필수적일 동굴과 같은 물리적 서식지가 없거나 한 종에게 치명적일 수 있는 전염병이 있는 곳일 수 있다.

드문 것에서부터 풍부한 것까지

개체군생태학자가 종의 **풍부도**(abundance)를 이야기할 때, 그들은 개체군의 개체 수를 이야기하며 이는 또한 개체군 크기라고 불린다. 우리는 개체군의 크기를 두 가지로 표현할 수 있다. 전체 개체군 크기, 즉 개체군 내의 개체 전체 수를 이야기하거나, 혹은 **개체군 밀도**(population density), 즉 예를 들어 제곱킬로미터당(km²) 혹은 제곱 마일당(mi²)과 같이 특정 면적 안의 개체 수를 이야기할 수도 있다. 예를 들어 전체 참새 개체 수는 약 5억 마리로 추정된다. 대조적으로 전 세계의 마운틴고릴라 수는 약 700마리로 추정된다. 생태학자들은 마지막 남은 체크무늬나비의 개체군을 추정하여 이들의 개체 수가 적은 해에는 12,000마리부터 많은 해에는 500,000마리에 달할 것으로 추정하고 있다.

개체군 밀도는 또한 종마다 차이가 크다. 크기가 큰 종은 밀도가 작은 종에 비해 대체로 낮은 편이고 전체 개체군 수도 작은 편이다. 예를 들어, 대체적인 마운틴고릴라의 개체군 밀도는 제곱킬로미터당 한 마리 정도이다. 대조적으로 체크무늬나비의 애벌레 개체군 밀도는 제곱킬로미터당 1~100만 마리이다.

⚠ 생각해보기

1. 왜 큰 종은 작은 종에 비해 멸종에 취약한 편일까?
2. 같은 생태계의 초식동물은 육식동물에 비해 멸종당할 위험이 적을까? (43쪽 그림 2.11 참조)

3.3 개체군 변화

동물 개체군의 수는 일정하지 않으며 시간에 따라 변한다. 개체군의 분포 범위는 늘거나 줄 수 있으며 수도 해마다 늘거나 줄 수 있다. 개체군의 크기에 영향을 주는 요소를 이해하는 것은 멸종위기종의 개체군을 보호하고 복원시키는 것에 필수적이다.

번식률

번식 비율은 종마다 다르다. 예를 들어 미루나무는 매년 대략 2천 5백만 개의 씨를 만든다(그림 3.10). 반면 체크무늬나비는 한 시즌을 사는 동안 약 730개의 알을 낳는다. 암컷 마운틴고릴라는 매 4년마다 약 한 마리의 새끼를 낳는다. 1,000마리의 암컷이 매년 낳는 새끼의 수로 표현하면 마운틴고릴라의 번식 비율은 1,000마리의 암컷당 매년 250마리이며, 반면 체크무늬나비의 개체군은 1,000마리의 암컷당 730,000개의 알이다. 이 번식률의 큰 차이는 개체군 성장의 잠재력의 차이로도 생각해볼 수 있다.

개체군 성장

개체군은 1~2개의 정형화된 방식으로 성장한다. 첫 번째 패턴은 **J형 성장 곡선**(J-shaped population growth), 혹은 **지수적 성장 곡선**(exponential population growth)이다. 지수적 성장을 하는 동안 개체군은 r이라고 불리는 일정한

후손으로 주변을 수놓다

(David Parsons/Getty Images)

그림 3.10 미루나무인 *Polupus deltoides*의 암나무는 작은 물과 바람에 의해 이동되는 무수히 많은 씨를 매년 생산한다. 이들 중 소수는 땅에 내려앉아 발아하고 자라서 큰 나무가 된다.

?

왜 서식지 확대와 개체의 수를 늘리는 것이 멸종위기종 관리방안에 포함되어 있다고 생각하는가?

적응 특정 환경에 적합하여 자연선택으로 인해 생존과 번식을 하게 선택된 특징

풍부도(개체군 크기) 개체군 안의 개체의 수

개체군 밀도 일정 면적 내에 거주하는 개체의 수

J형(지수적) 성장 곡선 개체당 개체군의 성장 비율이 일정하여 특징적인 J 모양으로 시간이 흐름에 따라 개체군의 크기가 커지는 것

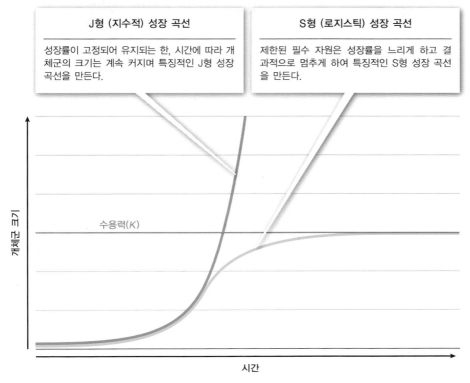

J형과 S형 성장 곡선

J형 (지수적) 성장 곡선

성장률이 고정되어 유지되는 한, 시간에 따라 개체군의 크기는 계속 커지며 특징적인 J형 성장 곡선을 만든다.

S형 (로지스틱) 성장 곡선

제한된 필수 자원은 성장률을 느리게 하고 결과적으로 멈추게 하여 특징적인 S형 성장 곡선을 만든다.

수용력(*K*)

개체군 크기

시간

그림 3.11 J형 성장 곡선을 보이는 개체군은 계속 성장하는 반면, 개체군의 성장을 저해하는 요소가 있을 때 (포식, 식량부족, 서식지 부족 등)는 S형 성장 곡선을 보이며 개체군 성장이 멈춘다. 특정 지역에서 오랜 기간 유지될 수 있는 개체군 최대 크기를 수용력이라 한다.

비율로 크기가 커지며 이는 개체당 개체군의 성장률을 의미한다. 이는 출생률에서 사망률을 빼서 구한다. 개체군의 성장은 또한 예를 들어 일 년당 4% 등의 개체군 크기의 비율로도 표현된다. 성장률이 고정되어 있는 한, 매년 개체군이 커지기 때문에 개체군의 크기는 점점 더 빠르게 성장하고 특징적인 J형의 그래프를 만든다(그림 3.11의 주황색 선 참조).

우리는 개체군 밀도가 낮고 기후나 식량 같은 환경 조건이 좋을 때 개체군이 지수적으로 증가하는 것을 관찰할 수 있다. 예를 들어 북부 뉴멕시코의 휠러피크 야생지역에 재도입된 로키 산맥의 큰뿔야생양은 7년간 매년 28%의 성장률로 증가하였다. 이 일정한 비율로 인해 개체군은 32마리의 성체에서 180마리가 되었다. 매년 개체군이 28%의 비율로 증가하였기 때문에 이 경우에 매년 개체의 숫자는 증가하였고 개체군도 증가하였다. 계속 지수적으로 성장하면 20년 동안 J형 성장 곡선을 그리며 개체 수가 4,000마리 이상이 될 것으로 보인다(그림 3.12).

J형 성장 곡선은 무한히 오래 지속될 수는 없는데, 이는 개체군이 언젠가는 에너지나 공간, 양분 같은 필수 자원을 모두 소모하기 때문이다. 이런 자원들이 고갈됨에 따라 개체당 성장률은 감소하며 평평한 개체군 크기가 초래된다. 이는 생태학자들이 **S형 성장 곡선**(S-shaped growth), 혹은 **로지스틱 성장 곡선**(logistic growth)이라고 부른다(그림 3.11의 노란색 선 참조). 큰뿔야생양의 개체군이 그림 3.12에 나타난 대로 계속 성장한다면 양은 그들이 사는 산의 식물을 모두 뜯어먹어 버릴 것이다. 줄어든 식량 공급은 개체군 성장을 느리게 하고 병이나 포식자 같은 다른 요소가 먼저 그들을 감소시키지 않는 한 결과적으로 이를 멈추게 만든다.

S형 개체군 성장이 멈추는 개체군 크기의 지점은 **수용력**(carrying capacity)이라 하며 일반적으로 문자 *K*로 줄여서 표현한다. 수용력에 도달한 개체군은 항상 수평을 유

만약 개체당 증가율을 의미하는 *r*이 일정하다면 왜 개체군이 성장하는 속도는 J형 성장 곡선에서 계속 빨라질까?

S형(로지스틱) 성장 곡선 개체군의 개체당 성장률이 개체군 크기가 증가함에 따라 포식이나 식량, 공간, 다른 자원에 대한 이용 가능성이 줄어들어 감소되어 생기는 개체 성장 곡선. 결과적으로 수용력 근처에서 평형이 이루어진다.

수용력(*K***)** 장기간 동안 환경이 부양 가능한 개체군의 개체 수

그림 3.12 개체군은 매년 28%의 비율로 지수적으로 증가하여 32마리에서 7년 만에 180마리가 되었다(숫자는 개체의 크기와 가깝게 반올림되었다). 180마리에서 4,460마리까지의 개체군 표시는 잠재적인 성장으로써 지수적 성장이 계속 일정한 비율로 일어난 것을 가정한 것이다. 지수적으로 성장하며 이 개체군은 20년 동안 140배 증가할 수 있다.

뉴멕시코 휠러피크 야생지역 로키 산맥의 큰뿔야생양의 개체군

로키 산맥의 큰뿔야생양

년	개체군에 추가된 숫자	개체군 크기
0	–	32
1	9	41
2	11	52
3	15	67
4	19	86
5	24	110
6	31	141
7	39	180
8	51	231
9	64	295
10	82	377
11	107	484
12	135	619
13	173	792
14	222	1,014
15	$0.28 \times 1,014 = 284$ $+1,014 =$	1,298
16	363	1,661
17	466	2,127
18	550	2,722
19	762	3,484
20	976	4,460

개체군에 추가된 숫자는 전 해의 개체군 크기에 0.28을 곱하여 얻는다.

지하지 않으며 다시 감소하기 전에 수용력을 '초과'하기도 한다.

동물 개체군에서 수용력은 식량 공급, 둥지의 수, 번식 영역, 혹은 혹독한 기후나 포식자로부터 피할 수 있는 장소 등으로 인해 결정된다. 식물 개체군의 경우 수용력을 결정하는 요소들로는 양분, 물, 빛에 대한 이용 가능성 등

이 있다. 수용력은 종마다 차이가 난다. 예를 들어, 휠러피크 야생지역의 큰뿔야생양의 수용력은 약 180마리, 혹은 제곱킬로미터당 3.5마리(제곱마일당 9마리)이다. 대조적으로 휠러피크 야생지역은 큰뿔야생양의 주요 포식자인 단 한 마리의 퓨마만 부양할 수 있다.

수용력은 환경 조건에 의해 결정되기 때문에 시간에

따라 변화한다. 우기 동안 사막에서는 식물의 성장이 가능하고, 따라서 주로 설치류 같은 작은 초식 포유류 개체군을 부양 가능하다. 그러나 같은 사막에서 건기는 10년 넘게 지속되기도 하며 따라서 식물과 초식동물 개체군의 수용력은 감소되기도 한다.

개체군 크기의 조절

대부분의 개체군은 수용력 근처나 그것보다 낮아지는 방식으로 평균 근처에서 진동한다. 예를 들어 20세기 후반 비룽가 화산의 마운틴고릴라 개체군은 약 250~450마리였다(그림 3.13). 반면 야스퍼릿지의 스탠퍼드대학교 캠퍼스의 체크무늬나비의 개체군은 100마리에서 약 5,000마리까지 변동하였다.

이런 변동은 이들의 성장과 번식을 촉진하는 요소와 억제하는 요소 간의 상호작용이다. 토양 수분은 식물의 성장을 촉진하는 반면 풍부한 식량은 동물을 번식하게 한다. 반면 전염병이나 서리는 성장을 억제한다.

개체군의 밀도에 따라 변동하는 개체군 변동 기작은 **밀도의존적 요소**(density-dependent factor)라고 불린다. 전염병은 낮은 밀도 개체군보다 높은 밀도 개체군에서 쉽게 퍼지기 때문에 밀도의존 요소라고 볼 수 있다. 이와 비

개체군 역학의 차이

퓨마가 큰뿔야생양을 사냥하는 것이 어떻게 밀도 의존적 개체군 조절 요소로서 작용할 수 있을까? 큰뿔야생양 개체군을 조절하는 다른 중요한 환경적 요소로는 어떤 것들이 있을까?

표 3.1 일반적인 밀도의존적 요소와 밀도독립적 개체군 조절 요소

밀도독립적 요소	밀도의존적 요소
홍수	종내 경쟁(같은 종 사이의 경쟁)
염분	종간 경쟁(다른 종 사이의 경쟁)
가뭄	포식(한 생물이 다른 종을 사냥)
열	기생(기생자가 숙주에게 피해를 입힘)
오염	병
불	불(불에 타기 쉬운 식물 개체군의 경우)

숫하게 포식압도 개체군 밀도가 높아지면 증가하는데, 이는 포식자가 먹이가 많은 지역에 집중하기 때문이다.

밀도독립적 요소(density-independent factor)는 개체군 밀도에 영향받지 않는 요소이다(표 3.1). 일반적으로 여기에는 가뭄, 홍수, 극한 기온 등 물리적 요소가 포함된다.

모든 개체군은 밀도의존적 요소와 밀도독립적 요소의 영향을 받으며, 각 요인들이 영향을 미치는 강도는 개체군마다 차이가 있다. 예를 들어 마운틴고릴라가 죽는 주요한 이유에는 병, 기생충으로 유발된 감염, 때로 표범에게 사냥당하는 등 밀도의존적 요소가 강하다. 반면 체크무늬나비 개체군의 경우 날씨 조건 같은 밀도독립적 요소의 영향이 강한 편이다.

⚠ 생각해보기

1. 3.3절에서 개체군 성장에는 출생과 죽음의 비율이 중요함을 강조하였다. 이주는 어떻게 개체군 성장에 영향을 미칠까?
2. 불은 일부 종에게는 어떻게 밀도의존적 요소로서 영향을 미치고 어떤 종에게는 그렇지 않을 수 있을까?

3.4 종의 생활사는 피해로부터 회복되는 능력에도 영향을 미친다

일부 종의 숫자는 느리지만 꾸준히 증가하고 오랜 기간 안정하게 유지되는 반면 다른 개체군은 환경 변화에 따른 변동이 심하다. 이런 차이는 종마다 **생활사**(life history)가 다른 것에 기인하는데, 이는 몇 살에 한 개체가

y축: 개체군 크기
x축: 연도

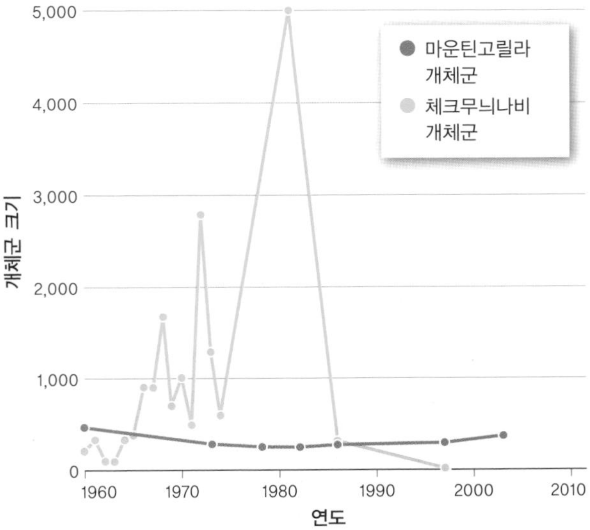

그림 3.13 비룽가 화산 지역의 마운틴고릴라 개체군은 최저 250마리에서 최대 450마리까지 200마리 정도의 변이를 보인다. 반면 야스퍼릿지 지역의 체크무늬나비의 개체군은 약 80마리에서 5,000마리까지의 약 5,000마리의 변동폭을 1960~1997년에 보였고 그 이후 이 지역에서는 멸종하였다.

밀도의존적 요소 개체군 밀도에 따라 변하는 개체군 조절 기작(예 : 전염병, 포식)

밀도독립적 요소 개체군 밀도에 영향을 받지 않는 개체군 조절(예 : 가뭄, 홍수, 극한 기온 등의 물리적 요소)

생활사 몇 살에 한 개체가 번식을 시작하는지, 그들이 생산하는 자손의 수, 자손이 생존하는 비율과 관련 있는 종의 특징

표 3.2	K-선택종과 r-선택종의 특징	
생활사 특징	**K-선택종**	**r-선택종**
성숙	늦음	이름
번식률	낮음	높음
생존율	높음	낮음
수명	김	짧음
개체군의 안정도	높음	낮음

정보 출처 : Pianka, 1994.

모든 생물을 r-선택이나 K-선택으로 구분할 수 있을까? 아니면 연속체의 양 끝점으로 파악해야 할까? 설명해보라.

이익을 위해 환경을 변화시킬 때 우리는 어떤 생활사를 가진 생물종을 선호할까?

고 가혹한 날씨나 불, 또한 다른 밀도독립적 요소에 의한 위험에 쉽게 노출된다. 그들은 적절한 시기에 많이 번식하게 만드는 강한 자연선택에 노출되어 있다. 표 3.2는 K-선택종과 r-선택종 사이의 주요한 차이를 대조하고 있다.

생활사 개념이 동물과 식물 사례들에 어떻게 적용되는지 더 자세히 살펴보자. 크고 느리게 번식하는 마운틴고릴라는 K-선택종의 좋은 예이다. 암컷 마운틴고릴라는 약 100킬로그램에 달하고 4년마다 번식한다. 대조적으로 피그미마모셋은 0.1킬로그램에 불과하고 매년 두 쌍의 쌍둥이를 낳는 r-선택종이다(그림 3.14). 이들의 빠른 번식률 때문에 피그미마모셋은 암컷 고릴라가 한 마리의 새끼를 낳는 동안 16마리의 자손을 남긴다. 따라서 마운틴고릴라가 제곱킬로미터당 한 마리의 밀도로 사는 반면(제곱마일당 2.6마리), 피그미마모셋은 제곱킬로미터당 200마리에 달한다(제곱마일당 518마리).

r-선택과 K-선택의 개념은 식물에도 적용된다. 예를 들어 수천 개에 달하는 큰 열매를 맺는 미국밤나무는 수백만 개의 바람에 날리는 씨를 매년 봄에 맺는 미루나무와 대비된다(그림 3.15).

생물의 생활사는 환경 교란으로부터 회복하는 능력과 연관이 있다. 생태학자들은 **교란**(disturbance)을 불이나 지진, 홍수 등과 같은 특정 사건으로 정의한다. 일반적으로 r-선택되는 종은 K-선택종보다 교란으로부터 빠르게 회복되는 경향이 있다. 예를 들어 화산 분출로 인해 많은 수가 죽은 마운틴고릴라 개체군은 같은 피해를 입은 피그미마모셋 개체군보다 회복에 오랜 시간이 걸린다. 따

번식을 시작하는지, 그들이 생산하는 자손의 수, 자손이 생존하는 비율과 관련되어 있다.

고래, 곰, 늑대, 고릴라 등은 수용력 근처에 개체군의 수가 안정되는 경향이 있고 따라서 이들을 **K-선택종**(K-selected species)이라고 부른다. 생태학자들은 수용력 근처에서 살아가는 경우에는 붐비는 환경에서 경쟁력이 뛰어난 개체들이 살아남기 수월하다고 지적한다. 이런 종은 수명이 길고, 삶에서 번식하는 시기가 늦은 경향이 있으며 부모의 돌봄이 필요한 적은 수의 큰 새끼를 낳는 경향이 있다. 보통 병이나 경쟁과 같은 밀도의존적 조절 요소는 K-선택종의 경우 큰 영향을 미친다.

쥐, 토끼, 민들레, 바퀴벌레 등은 환경이 좋을 때 빠르게 자라는 **r-선택종**(r-selected species)의 예이다. 그들의 전략은 "빠르게 살고, 젊어서 죽는다."로 요약할 수 있다. 고래와 같은 크고 오래 사는 종과는 달리 r-선택종은 작

K-선택종 수용력 근처에 개체군의 수가 안정되는 경향이 있고 밀도의존적 요소에 의해 조절되는 생물

r-선택종 개체군의 수가 주로 크게 변동하는 생물. 가혹한 날씨나 산불과 같은 밀도독립적 요소에 영향을 받는다.

교란 자원의 이용 가능성을 변화시키거나 물리적 환경을 바꿈으로써 개체군과 생태계, 기타 자연 시스템을 파괴하는 (예 : 불, 지진, 홍수) 특정 사건

K-선택 영장류 종과 r-선택 영장류 종

마운틴고릴라

피그미마모셋

그림 3.14 평균적으로 암컷 마운틴고릴라는 4년간 한 마리의 새끼를 낳는다. 반면 작은 피그미마모셋은 매년 두 쌍의 쌍둥이를 낳는다.

K-선택 나무 종과 r-선택 나무 종

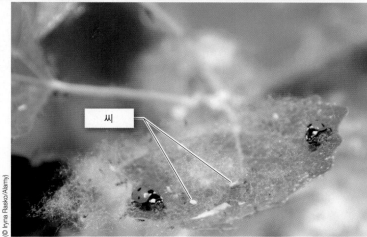

씨

미국밤나무의 씨

미루나무의 씨

그림 3.15 미국밤나무는 매년 수천 개의 큰 열매를 생산한다. 반면 미루나무는 수백 만개의 작은 씨를 만든다.

라서 멸종 위기에 처한 종들이 주로 *K*-선택되는 종들이라는 사실은 그리 놀라운 일이 아니다.

⚠️ **생각해보기**

1. 생활사의 측면에서 *K*-선택되는 종은 왜 *r*-선택되는 종보다 교란에서 회복되는 것이 느릴까?
2. 생활사를 연구할 때, 가령 두 영장류같이 가까운 종을 비교하는 것이 영장류와 나무 혹은 영장류와 나비같이 먼 종과 비교하는 것에 비해 왜 더 많은 정보를 주는 것일까?

3.5 종간 상호작용이 생물학적 군집을 정의한다

생태학적 군집(ecological community)은 주어진 공간에 존재하고 상호작용하는 모든 종을 의미한다. 포식자와 먹이 같은 군집 구성원 간의 상호작용은 생태학적 패턴을 결정하고 개체군의 진화에 영향을 끼친다(그림 3.16). 상호작용의 그물은 이해하기 어려울 수 있다. 예를 들어 벌새는 꽃 깊은 곳에 부리를 넣어 꿀을 마신다. 동시에 비의도적으로 꽃의 수분을 도우며 서로 이익이 되는 **상리공생**(mutualism)이라는 관계를 맺는다. 반면 벌이나 파리 같은 작은 곤충은 이 꽃들을 방문하여 벌새와 꿀을 놓고 경쟁한다. 만약 벌이 수분을 잘 해내지 못한다면 그들은 꽃과 벌새 모두에게 비용을 부과한다. 마지막으로 벌새

가 단백질을 위하여 이 나는 곤충들을 연한 부리로 잡아채어 먹는 것은 잘 알려지지 않은 사실이다.

자연은 수분 이상으로 정교한 상리공생으로 가득 차 있다. 예를 들어 아카시아개미는 일부 아카시아나무의 가시 안에 서식하며 그들을 초식동물로부터 보호한다. 그 대가로서 개미는 나무가 분비하는 양분이 풍부한 액체를 먹는다. 균근 곰팡이는 식물 뿌리 근처에 자라며 식물이 토양으로부터 양분을 흡수하는 것을 돕고 에너지가 풍부한 탄수화물을 얻는다.

환경의 요구와 생태지위

생태지위, 즉 **니치**(niche)는 종이 필요로 하는 물리적·생물학적 조건을 의미한다. 종들의 생태지위는 생물이 사는 곳—그들의 **서식지**(habitat)—과 생태계 내의 위치, 즉 일차생산자인지, 포식자인지, 초식동물인지를 의미한다(영양관계에 대해서는 제2장 참조). 그러나 생태지위는 종이 사는 온도, 서식 범위, 물 요구량, 언제 그리고 어디에서 음식을 먹는지 등의 요소들도 포함한다.

예를 들어 마운틴고릴라의 서식지는 열대 우림의 산지인 반면 체크무늬나비는 온대 초원지대에 서식한다. 이들은 모두 초식동물이다. 그러나 그들이 초식을 하는 방식은 상당히 다르다. 마운틴고릴라는 140종이 넘는 식물을 먹고 따라서 '광의 초식동물'이라고 불린다. 반면 체크무늬나비 애벌레는 주로 두 종의 식물만을 먹어서 '협의 초

종들의 서식지는 왜 생태지위와 똑같지 않을까?

생태학적군집 주어진 공간에 존재하고 상호작용하는 모든 종(식물, 동물, 곰팡이, 미생물)

상리공생 생물들 간에 상호 이익이 되는 관계

생태지위(니치) 종이 필요로 하는 물리적·생물학적 조건

서식지 생물이 주로 사는 지역 (예 : 숲이나 산호초 혹은 습지)

군집 내의 종들 사이의 상호작용

포식   초식   수분   보호 상리공생

그림 3.16   생태학적 군집은 상호작용하는 종들의 복잡한 그물로 구성된다. (a) 흑등자칼이 아프리카의 모래뇌조를 사냥하는 것은 다른 종을 먹이로 삼는 포식의 전형이다. (b) 코끼리가 나무로부터 잎을 벗겨내는 것은 초식동물의 먹이 획득을 보여준다. (c) 노란색 꽃가루에 범벅이 된 채로 꿀벌은 한 식물에서 다른 식물로 꽃을 찾아 꿀을 얻는 중에 꽃가루를 옮기다가 촬영되었다. (d) 다른 상리공생 사례로서, 열대 흰동가리는 말미잘의 쏘는 촉수에서 피난처를 발견하였고 여기에서 흰동가리는 양분을 배설물과 음식물 찌꺼기를 말미잘에게 공급한다.

식동물'이라고 할 수 있다(그림 3.17).

경쟁배제원리

경쟁(competition)은 식량이나 생존과 번식을 위한 공간 같은 자원 등의 같은 자원을 두고 벌이는 상호작용을 의미한다. 자원 공급이 제한적일 때 경쟁은 이들 중 하나 혹은 모두의 성장률을 늦추고, 번식률을 감소시키며 생존 가능성에도 영향을 미친다. 경쟁은 비슷한 생태지위에 속한 생물에서 가장 일어날 확률이 높은데, 이는 그들이 비슷한 자원을 필요로 하기 때문이다. 같은 종은 같은 생태지위를 공유하기 때문에 경쟁은 주로 같은 종 사이에서 가장 강하다. 이 경쟁은 **종내 경쟁**(intraspecific competition)이라고 불리며 개체군을 조절하는 밀도의존적 요소 중 하나이다. 다른 종 사이의 경쟁은 **종간 경쟁**(interspecific competition)이라고 불리며 비슷한 생태지위를 가진 생물들 사이에서 벌어진다(그림 3.18).

종간 경쟁은 군집에서 살아가는 종들의 숫자와 종류에 영향을 미친다. 예를 들어 한 종은 다른 종을 생태학적 군집에서 쫓아낼 수 있고 따라서 함께 사는 종의 숫자를 감소시킬 수 있다. **경쟁배제원리**(competitive exclusion

?

식당이나 자동차 제조사 등과 같은 경쟁하는 업체들은 자연 생태계에서 살아가는 종들과 어떻게 비슷한가? 어떻게 다른가?

경쟁 같은 자원을 이용하는 개체들 사이의 상호작용. 주로 성장, 번식, 경쟁자 중 하나의 생존 확률을 감소시킨다.

종내 경쟁 같은 종에 속하는 개체들 사이의 경쟁

종간 경쟁 다른 종에 속하는 개체들 사이의 경쟁

경쟁배제원리 만약 같은 생태지위를 가진 두 종이 꿀과 같은 한정된 자원을 놓고 경쟁하게 된다면, 한 종이나 다른 종이 더 우위 경쟁자가 될 것이고 나머지 종을 제거하게 되리라는 원리

먹이에 대한 대조적인 접근

광의 초식동물   협의 초식동물

먹이로 먹는 식물의 종 수   먹이로 먹는 식물의 종 수

마운틴고릴라   체크무늬나비 애벌레

그림 3.17   마운틴고릴라는 많은 종류의 식물을 먹기 때문에 먹이와 관련된 생태지위가 좁은 섭식 생태지위를 가진 체크무늬나비보다 훨씬 넓다.

종내 경쟁과 종간 경쟁

종내 경쟁	종간 경쟁
같은 종 사이에서의 경쟁	다른 종에 속하는 개체끼리의 경쟁

그림 3.18 종내 경쟁(종 내)과 종간 경쟁(종끼리)은 종의 생태에 중요하다. 종간 경쟁의 강도는 두 종의 생태지위가 겹치는 정도에 따라 다르다.

principle)에 의하면 같은 생태지위를 가진 두 종이 한정된 자원을 두고 경쟁하게 되면(예 : 꿀), 한 종이나 다른 종은 경쟁자보다 우수할 것이고 결국 다른 종을 제거하게 될 것이다. 경쟁배제원리에 따라 종들이 함께 살아가게 되면 그들은 보통 서로 다른 생태지위를 가지게 된다.

곤충, 새, 물고기, 설치류, 도마뱀 등에 대한 다양한 동

자원분할

붉은뺨솔새

블랙번솔새

검은턱푸른솔새

밤색가슴솔새

노랑허리솔새

그림 3.19 가문비나무의 색칠된 부분들은 각 종들이 최소한 절반의 시간을 보내는 구역을 보여주고, 이는 북아메리카 솔새의 먹이 구역을 의미한다. 이처럼 먹이사냥 생태지위로 대변되는 서로 다른 먹이사냥 구역은 솔새 종 사이의 경쟁을 완화시킨다.

물 연구에 의하면 공존하는 종들은 먹이나 서식지, 먹이 사냥 장소 등의 자원을 차별화한다. **자원분할**(resource partitioning)이라고 불리는 이 원리는 솔새의 공존하는 종들 사이에서 가장 잘 알려져 있다. 최대 다섯 종의 솔새는 비록 크기가 비슷하고 모두 곤충을 먹음에도 불구하고 북아메리카 북동부 숲에 함께 살고 있다. 그러나 나무의 각기 다른 부분에서 곤충을 찾기 때문에 그들의 먹이 사냥 생태지위의 공간적 분포는 다르다(그림 3.19). 이와 비슷하게 많은 벌새도 열대 우림에서 공존하지만 그들은 각기 다른 부리 길이를 가지고 있어 다른 꽃에서 먹이를 먹는다.

⚠ 생각해보기

자원분할 공존하는 종들이 먹이나 서식지, 먹이사냥 장소 등과 같은 자원을 차별화하는 것

1. 체크무늬나비의 먹이 먹는 습성의 생태지위가 어떻게 이들이 멸종에 취약하다는 것을 의미할 수 있는가?
2. 종내 경쟁은 왜 종간 경쟁에 비해 치열할까?

3.1~3.5 과학원리 : 요약

생물은 특정 지역에 거주하는 종의 개체들이 모인 개체군을 이루며 살아간다. 개체군의 분포와 풍부도에 차이가 있다. 제한된 분포를 가지는 작은 개체군은 주로 멸종위기종이 될 수 있다. 크기가 큰 종은 크기가 작은 종과 비교했을 때 대체로 작은 개체군을 가지며 개체군 밀도가 낮은 편이다. 유전적 다양성은 개체군의 생존에 있어 중요한 잠재력을 가지고 있는데, 이는 개체군이 진화하고 환경 변화에 직면했을 때 생존할 잠재력을 반영하기 때문이다.

개체군 성장에는 두 가지 기본적인 패턴이 있다. J형 성장 곡선 혹은 지수적 성장 곡선과 S형 성장 곡선 혹은 로지스틱 성장 곡선이 그것이다. 종의 생활사는 번식을 시작하는 나이나 낳는 자식의 숫자 등으로 대표되는 환경에의 적응을 의미하며 종마다 다양하게 나타난다. 밀도의존적 요소에 의해 유지되며 수용력 근처에서 유지되는 종을 K-선택종이라고 부르며, 반면 r-선택종은 밀도독립적 요소에 영향을 받는 대규모의 사망에 노출되어 있다. 생태지위는 종이 필요로 하는 물리적·생물학적 조건들을 의미한다. 비슷한 생태지위를 가지는 같은 군집에 살고 있는 종은 그렇지 않은 종에 비해 경쟁이 격렬한 양상을 보인다. 경쟁배제원리에 의하면 같은 생태지위를 가진 두 종은 계속 공존할 수 없다. 같은 군집에 살고 있는 종들은 자원을 종종 분할하여 경쟁을 완화시키기도 한다.

3.6~3.9 문제

2012년 6월 24일, 백 살이 넘은 외로운 조지라는 갈라파고스 거북이 찰스다윈연구소의 우리에서 죽은 채로 발견되었다. 조지는 *Chelonoidis nigra abingdonii* 라고 알려진 핀타 섬 아종의 마지막 생존자였고, 조지의 죽음은 이 아종의 멸종을 의미했다. 핀타 섬 거북의 감소는 잔인한 뱃사람들이 방어력이 없는 거북을 발견하여 이 363킬로그램이 넘는 생명들을 배에서 일 년 넘게 산 채로 보관 가능한 육류 공급원으로 사용하며 시작되었다. 그 다음 게걸스럽게 먹는 염소가 핀타 섬에 도착하여 거북이 먹는 목초를 뜯어먹으며 이들의 운명을 결정해버렸다.

핀타 섬 거북의 멸종은 인간 역사에서 벌어진 수많은 멸종의 사례 중 하나에 불과할 뿐이다. 비록 멸종은 자연적인 기후 변화, 지질학적, 다른 종과의 경쟁적 요소로 인해 벌어지기는 하지만 현재의 멸종 속도는 **배경멸종**(background extinction) 수준보다 약 100~1,000배는 빠르다.

지구 역사에서 수백만 년보다 짧은 기간에 많은 비율의 종이 멸종하는 **대량멸종**(mass extinction)이 다섯 번 있었다. 현재까지 존재했던 것으로 여겨지는 종의 99%가 멸종하였다. 마지막 대량멸종이었던 6천 5백만 년 전의 멸종은 아마도 운석 충돌로 인한 것으로 여겨지고, 이는 공룡을 멸종시켰으며 모든 종의 약 75%를 멸종시켰다. 그보다 더 이른 시기의 대량멸종인 2억 4천 5백만 년 전의 멸종은 지구 상 모든 종의 약 90%를 멸종시킨 것으로 여겨진다.

현재의 멸종 비율은 배경멸종보다 약 1,000배 높은 것으로 여겨지며 대량멸종으로 여겨지기에 충분한 수치이다. 환경과학자들은 현재의 멸종 비율이라면 우리는 여섯 번째 대량멸종 시기에 살고 있다고 주장한다. 우리는 21세기가 끝날 때쯤이면 모든 종의 절반을 잃고 말 것이다. 이전 멸종들과는 달리 여섯 번째 대량멸종은 운석이나 혜성으로 인한 것이 아니라 지구에서 가장 많은 대형 척추동물 중 하나인 인간(Homo sapiens)에 인한 것이다. 국제자연보호협회(IUCN, 이전에는 세계보호협회)는 멸종 위기에 직면한 모든 종의 99%는 인간 활동으로 인한 것이

라고 추정하였다. 이런 이유로 일부 과학자들은 첫 번째 원자 폭탄이 투하된 1945년 이후를 인간 활동에 의해 지배되는 새로운 지질시대인 **인류세**(Anthropocene)로 불리는 완전히 새로운 세기에 진입했다고 주장한다. 아마도 가장 인류세의 현실성에 대한 가장 확실한 증거는 우리가 다른 종들을 대량멸종 위기에 밀어넣는, 의심의 여지없이 중요한 요소 중 하나인 기후 변화(제14장 참조)에서 확인할 수 있다.

3.6 서식지 파괴와 형질 변경은 생물다양성에 가장 심각한 위협 요소이다

서식지 파괴는 의심의 여지없이 세계의 생물다양성에 가장 위험한 요소이다. 2012년에 70억 명을 돌파한 세계 인구는 점점 더 지구를 지배하고 있다. 점점 더 인구가 늘어나고 우리의 요구를 충족하고자 하기에 우리는 수천 종을 위기에 몰아넣고 있다. 제4장에서 우리는 인간 활동이 환경에 미치는 영향이 모든 군집의 생물들에게 어떻게 영향을 미치는지 살펴볼 것이다. 남부 캘리포니아의 해안 세이지 관목지대로의 광대한 농업과 도시의 확장을 생각해보라. 이 지역은 다른 지역에는 없는 약 300종의 식물이 서식하는 지역인데, 한때는 약 1백만 헥타르(250만 에이커)에 달했다. 현재는 약 10% 정도만이 남아 있다. 캘리포니아모기잡이새 같은 토착 포유류와 조류들은 서식지가 아주 좁은 지역으로 제한되어 버렸다. 이들 중 많은 작은 크기의 개체군들은 살아남을 수 없을 것으로 보이며 짧은 시일 내에 멸종할 것으로 보인다(그림 3.20).

우리는 목초지를 경작하거나 밀을 심거나 우림을 벌목하거나 습지의 물을 제거하며 육상 서식지를 파괴한다. 불도저가 지나갈 때마다 다른 종들이 이용할 수 있는 서식지를 파괴하며 전체 개체군 크기를 감소시킨다. 이런 상황에서 나비나 마운틴고릴라처럼 작고 고립된 개체군이 발생하고 큰 개체군의 경우 더욱 생존할 확률이 낮아진다. IUCN에 따르면 서식지 파괴와 질적 저하는 위협

서식지 파괴는 왜 종 개체군이 직면한 가장 큰 위협으로 간주될까?

배경멸종 대량멸종 시기 사이의 평균적인 멸종 비율이 나타나는 긴 시기

대량멸종 수백만 년이나 그보다 짧은 시기에 큰 비율의 종의 멸종이 일어나는 시기

인류세 인간의 활동이 지배적이 되는 새로운 지질 시대

땅의 변화

(© ZUMA Press, Inc./Alamy)

교외의 개발이 해안 세이지 서식지를 침범하고 있다.

(© Bruce Farnsworth/Alamy)

캘리포니아모기잡이새

그림 3.20 인간의 지형 변형은 지형의 구조 변형과 종다양성의 감소를 초래하곤 한다. 해안 세이지의 서식지를 교외 개발을 위해 변형시키면서 남부 캘리포니아(왼쪽)는 캘리포니아모기잡이새, 즉 *Polioptila californica*(오른쪽)와 같은 많은 토착종을 멸종 위기에 몰아넣었다.

❓

전형적인 보전 노력은 크고 인상적인 종인 시베리아호랑이나 커모드곰과 같은 종에 초점이 맞추어진다. 이는 어떻게 생태계 보전을 돕거나 저해하는가?

받는 조류의 86%, 포유류의 86%, 양서류의 88%를 위협한다.

　환경생물학자들은 우리는 매년 90,000km²의 열대 우림을 훼손하고 있고, 이는 대략 인디애나 주의 크기에 해당한다. 말레이시아와 인도네시아, 파푸아뉴기니 등의 동남아 국가들에서는 약 1천 1백만 헥타르의 열대 우림이 파괴되어 팜유 플랜테이션이 되어 가고 있다. 팜유는

오래된 온대 우림의 상징

(Daisy Gilardini/Getty Images)

그림 3.21 남동부 알래스카와 북서부 캐나다의 온대 우림은 오직 브리티시컬럼비아의 중앙과 북부 해안에서만 발견되는 흑곰의 하얀 아종인 커모드곰, 혹은 스피릿곰이라고 알려진 *Ursus americanus kermodei*를 포함한 생물다양성이 풍부하다.

식품과 미용 제품, 심지어 생물 연료로도 사용된다. 이 형질 변경의 피해자 중 하나는 수마트라 섬과 보르네오 섬의 나무 꼭대기에서 대부분의 삶을 보내는 오랑우탄이다. 1950년대 이래로 오랑우탄 개체군은 거의 절반 가까이로 감소하였다. 이 경향이 계속된다면 보호주의자들은 수마트라의 개체군이 앞으로 10년 이내 사라지고 보르네오의 개체군이 다음 세기까지 이어질 수 없으리라고 믿는다.

　온대 서식지도 위협에 처해 있다. 기존의 초원지대의 50%와 사막지역 30% 이상이 상실되었다. 흑곰의 하얀 아종 중 하나인 커모드(혹은 스피릿)곰은 서식지 파괴로 인해 심각하게 위협받고 있는 종 중 하나이다. 이 곰은 캐나다 북서부 온대 우림에 살고 있다(그림 3.21). 이 곰의 서식지는 오래된 숲을 벌목함으로 인해 줄고 있고 최근 승인된 브리티시컬럼비아의 프린세스로열 섬의 파이프라인 부설로 인해 더 줄어들 예정이다.

　해양과 담수 종들도 인간 활동에 의해 점점 더 영향을 받고 있다. IUCN에 의하면 담수종은 육상종이나 해양종보다 더 빠르게 멸종을 향해 가고 있다. 2014년에 IUCN은 인간의 활동은 담수 생태계의 3분의 1에 달하는 종을 멸종 위기로 몰고 가고 있다고 추정하였다. 담수 습지대와 다른 수생태계에 대한 인간의 영향력은 담수 자원의 관리와 관련된 환경 이슈를 다루는 제6장에서 논의될 것이다. 대양의 오염과 수온 상승은 산호초를 만드는 산호의 33%를 멸종 위기로 몰고 가고 있다. 게다가 물고기 남

획은 해양 어류 개체군을 심각하게 고갈시키고 있다. 이 어류 개체군에 대한 영향력을 감소시키기 위한 방안은 제8장에서 논의될 것이다.

⚠ 생각해보기

1. 어떤 요소 때문에 담수 환경에 살고 있는 종은 육상 종이나 해양 종에 비해 멸종에 취약한 것일까?
2. 늘어나는 인구는 필연적으로 서식지 파괴를 초래하는 것일까? 인구 증가 외에도 서식지 파괴를 초래하는 요소에는 어떤 것들이 있을까?

3.7 도입종이 토착종을 위협한다

갈색나무뱀이 제2차 세계대전 이후 괌에 도착한 뒤 섬의 토착종이던 12종의 새 중 10종이 멸종하였다. 그들은 보지도 못한 포식자의 먹이가 된 것이다. 갈색나무뱀은 우리가 **도입종**(invasive species)이라고 부르는 것의 한 종으로, 새로운 환경에 도입되었을 때 토착종에게 심대한 위협을 가하는 종을 의미한다. 세계화가 진행됨에 따라 항공 수송이 증가하고 배에 엄청난 양의 화물의 형태로 운송이 일어난다. 따라서 지구 상 종들 간의 이동을 촉발한다.

도입종은 갈색나무뱀처럼 포식자일 수도 있고 경쟁종이거나 병원균일 수도 있다. 도입종은 그들을 원래 위협하던 포식자나 기생물, 병원균 등이 없기 때문에 때때로 토착종들과 격렬한 경쟁을 하기도 한다(75쪽 표 3.1 참조). 결과적으로 토착종이 아닌 도입종은 새 서식지에 엄청나게 번성하는 경우도 있고 토착종을 완전히 밀어내버리기도 한다(그림 3.22).

수수두꺼비는 오스트레일리아의 생물다양성을 예상치 못한 방식으로 훼손한 도입종이다. 사건이 일어난 과정은 다음과 같다. 사탕수수 농부들은 이 소프트볼 공 크기만한 두꺼비들이 사탕수수를 먹는 딱정벌레를 먹어줄 것을 기대하며 도입하였다. 이 두꺼비들은 딱정벌레 개체군 조절을 잘 해내지 못했다. 그러나 더 큰 문제는 이들이 딱정벌레 이외의 생물들에 미치는 영향이었다. 수수두꺼비는 머리 뒤쪽의 샘에서 독을 분비한다. 이 두꺼비의 원산지인 남아메리카의 생물들은 이 독에 저항성을 진화시켰고 이들을 피해야 한다는 것을 알고 있었다. 그러나 오스트레일리아의 왕도마뱀과 주머니고양이로 알려진 멸종위기에 처한 육식 포유류들은 독에 대한 저항성이 없었고 수수두꺼비가 그저 사냥하기 쉬운 먹이로 보였다. 지금까지 이는 종 개체군 수의 엄청난 감소를 초래하고 있다. 아직 오스트레일리아의 동물이 이로부터 회복하고 두꺼비의 존재에 적응할 것인지는 지켜보아야 한다.

도입종은 간접적인 영향도 끼친다. 도입종 식물은 체크무늬나비가 먹는 캘리포니아 초원지대의 식물 구성을 바꿈으로써 나비를 멸종 위기로 몰고 있다. 비슷한 사례가 전 세계에 걸쳐 벌어지고 있고 따라서 환경 싱크탱크인 세계자원연구소(World Resources Institute)가 환경을

?

도입종이 기생충이나 병원균에 감염되는 비율은 그들의 새 환경에서 장기간에 걸쳐 일정하게 유지되는가? 왜 그런가? 혹은 왜 그렇지 않은가?

도입종 토착종에게 심대한 위협을 가하는 도입된 종

도입 경쟁자

지역을 완전히 덮어버릴 수 있는 칡은 이 사진에 나타난 미국 남부를 침입하였다.

미국의 건조한 지역에서 위성류(*Tamarix*)는 강가 서식지를 질식시켜버렸고 단순화시켜버렸으며 산불의 빈도를 높이고 있다.

아시아잉어의 몇몇 종은 미시시피 강 상류에서 개체군이 늘어났으며 토착 개체군을 위협하고 있다.

그림 3.22 그들이 살던 지역의 포식자, 기생충, 병원균으로부터 해방된 도입종 개체군은 새 환경에서 폭발적으로 증가하였고 이 과정에서 토착종을 압도한다.

보호하고 사람들의 삶을 향상시키기 위해 도입종을 (서식지 파괴 다음으로) 멸종위기종들이 처한 두 번째 큰 위협으로 간주하고 있다.

⚠ 생각해보기

1. 생태지위의 유사성은 토착종과 도입종 사이의 경쟁적 관계에 어떤 영향을 미칠까?
2. 어떤 종류의 진화적 압력을 도입된 포식자와 경쟁자가 그들이 상호작용하는 토착종에 영향을 미칠까?

3.8 식물과 야생동물의 무역도 종을 위협한다

아시아에서 코뿔소의 뿔이 암 치료제로 주장되며 킬로그램당 10만 달러 이상으로 거래된다는 것을 생각해보면, 남아프리카에서 밀렵된 코뿔소가 2007~2011년 사이 30배 넘게 증가했다는 사실은 이상한 일이 아니다. 서부 아프리카의 검은코뿔소는 이미 멸종이 선언되었고 하얀코뿔소의 아종은 멸종 위기에 있다. 야생동물과 식물의 불법 거래는 세계의 멸종위기종을 위협하는 3개의 큰 위협 중 하나이다(그림 3.23). 이국적인 야생동물, 자랑할 사냥감, 야생동물 고기, 전통 의약 등은 야생동물 거래를 촉발한

? 불법적 야생동물 거래를 위해 동물을 죽이는 밀렵꾼에게 그들이 사냥하는 야생동물을 보호하는 역할을 하게 하려면 어떻게 해야 할까?

다. 첫 타깃 중 일부는 희귀한 앵무새를 애완동물로 거래하거나 호랑이 가죽과 전통 의약을 위한 거래, 상아를 위한 코끼리, 고기와 전통 의약을 위한 곰, 가구를 위한 이국적인 열대 나무 거래 등이 있다. 미국 의회 조사국은 불법 거래되는 야생동물은 매년 50~200억 달러 사이에 달한다고 추정한다.

이런 무역은 단지 아프리카 국가들이나 먼 곳의 이야기가 아니다. 2012년 맨해튼의 두 귀금속 가게주인들이 200만 달러 가치의 코끼리 상아를 판매한 혐의로 유죄 선고를 받았다. 많은 사례를 볼 때 야생동물 밀무역은 단지 야생동물을 죽이거나 사로잡는 것에서 그치지 않는다. 예를 들어 수족관에 사용될 물고기를 잡기 위해 산호초 물고기를 기절시키는 데 사용하는 시안화물은 지구 상에서 가장 풍부하고 다양한 생태계 중 하나인 산호초 생태계에 막대한 피해를 준다. 또한 야생동물 거래는 인간과 다른 야생동물에게 전염병을 퍼트릴 가능성도 가지고 있다. 예를 들면 1970년대 이전에는 아프리카발톱개구리(*Xenopus laevis*)는 임신 테스트에 널리 사용되었고(임신한 여성의 소변에 노출되면 알을 낳았다) 오늘날에는 다양한 실험 동물로 사용된다. 과학자들은 이 개구리의 거래가 최소 일부만이라도 세계 곳곳의 양서류들을 죽게 만드는 곰팡이인 호상균이 퍼지는 데 원인이 되었다고 믿는다.

불행하게도 야생동물에 목표를 두는 불법적 네트워크는 최근 세계화와 뱀술이나 샥스핀 같은 야생동물로부터 유래되는 전통 의약품이나 요리에 대한 수요가 높은 중국과 같은 나라의 국부가 증가함에 따라 심화되고 있다.

⚠ 생각해보기

1. 약물 거래와 식물 및 야생동물 거래는 어떻게 비슷한가? 또 어떻게 다른가?
2. 수요가 없으면 식물과 동물의 불법적인 거래가 없을 것이다. 불법적인 식물과 동물 생산품에 대한 수요를 명확히 줄이기 위해 어떤 방법이 사용 가능할까?

3.9 유해동물과 포식자 조절이 종을 멸종위기로 몰고 간다

유럽인들이 북아메리카에 도착했을 때 회색늑대(*Canis lupus*)와 붉은늑대(*Canis rufus*)가 대륙의 대부분을 차지하고 있었다. 그러나 미국 주와 연방 당국이 가축과 사냥

세관 요원들에 의해 몰수당한 조각된 상아

(Mike Groll/AP Photo)

그림 3.23 야생동물 밀무역은 살아 있는 야생동물과 식물, 그리고 상아나 가죽 같은 야생동물의 부산물을 거래한다. 이 불법적인 거래는 매년 수십억 달러 규모에 달하는 것으로 여겨진다.

감 동물들에 위협이 되는 늑대들을 절멸시키는 캠페인을 전개하며 늑대의 숫자는 빠르게 줄어들기 시작하였다. 조직적인 사냥과 독살이 아주 효과적으로 이어졌고, 20세기 초에 이르러 거의 대부분 늑대들이 미국과 남부 캐나다, 북부 멕시코에서 전멸했다(그림 3.24). 옐로스톤국립공원의 마지막 늑대가 1926년에 사살당했다. 오늘날, 미국 농업 및 야생동물부는 여전히 의도적으로 덫, 사냥, 독살을 통해 수천 마리의 동물을 매년 사냥하며 사냥 대상은 고퍼뱀과 코요테에 이르기까지 다양하다.

포식자들은 인간의 사냥 대상이 된 유일한 동물이 아니다. 농업에 해로운 동물로 알려진 설치류나 곤충들, 비행에 방해가 되는 철새들 또한 살육의 대상이다. 그러나 그들의 많은 숫자와 빠른 번식률은 멸종을 힘들게 한다. 그럼에도 불구하고 '유해' 종에 대한 조절은 송골매, 즉 *Falco peregrinus*와 같은 동물들에게 의도하지 않은 영향을 낳기도 한다.

역사적으로 송골매는 북반구의 넓은 지역에서 발견되었다. 가장 빠른 새인 이들은 먹이감을 향해 시속 320킬로미터의 속도로 날아간다. 1940~1970년대, 송골매의 번식 쌍은 북아메리카에서 역사적으로 추정되는 3,875쌍에서 급격하게 감소하여 324쌍까지 떨어졌다. 이런 감소는 오랫동안 지속되고 알 껍데기를 얇게 만들고 번식 성공을 저해하는 살충제 DDT(디클로로디페닐트리클로로에탄)를 분해하는 과정에서 생성되는 화학물인 DDE(디클로로디페닐디클로로에틸렌)로 인한 것으로 여겨진다. DDT는 식물을 먹는 곤충에 의해 섭취되고, 이는 먹이사슬을 통해 곤충을 먹는 작은 새로 이동한다. 각 먹이사슬 단계에서 이동이 일어날 때마다 DDT는 점점 더 생물 조직에서 농축이 일어나는데, 이를 **생물농축**(biomagnification)이라고 부른다. 이에 대해서 제11장에서 자세히 다룰 것이다(358쪽 참조). 결과적으로 송골매와 같은 최상위 포식자는 매우 높은 농도의 화학물질을 먹게 된다. DDT는 미국에서 1972년에 사용이 금지되었고 송골매의 숫자는 이 이후 수십 년간 회복되었다(그림 3.25).

생물농축 먹이그물 단계를 지날 때마다 특정 화학물질이 동물의 조직에 농축되는 현상

포식자 전멸시키기

멕시코회색늑대

회색늑대
● 현재 분포
▨ 역사적 분포

붉은늑대
● 현재 분포
▨ 역사적 분포

그림 3.24 북아메리카의 늑대의 역사적 분포는 한때 거의 모든 대륙을 포함하였다. 그러나 20세기 초에 이르면 미국과 캐나다 국경지대 이남의 늑대들은 거의 대부분 전멸했다.

그림 3.25　송골매인 *Falco peregrinus*는 모든 새 중에 가장 빠르게 비행한다. 북아메리카에서 거의 멸종에 몰렸다가 다시 회복된 것은 멸종위기종 복원의 가장 성공적인 사례 중 하나이다.

⚠ 생각해보기

1. 왜 DDT는 이를 직접 먹는 새 개체군보다 송골매 개체군에 더 치명적이었을까?
2. 유해동물과 포식자 수 조절의 비용편익 분석에서 어떤 요소가 고려되어야 하는가?

3.6~3.9 문제 : 요약

종은 다양한 인간 활동으로 인해 위협에 처해 있다. 서식지 파괴와 형질 변경은 약 90%에 달하는 양서류, 포유류, 조류에게 가장 심각한 위협으로 여겨지고 있다. 도입종은 예상치 못한 포식이나 경쟁으로 토착종에 위해를 가한다. 그들의 영향력은 특히 많은 종의 멸종을 야기한 섬에서 강력하다. 전통 의약, 애완동물, 사냥, 야생동물 고기를 위한 불법적인 식물과 동물 거래는 멸종위기종에 심한 악영향을 끼친다. 중국과 같은 나라들의 세계화와 국부의 증대는 야생동물을 밀거래하는 범죄조직의 증가를 야기하였다. 마지막으로 포식자 조절은 늑대 개체군을 전멸시켰고, 유해동물 조절은 원래 목표가 아니던 생물종에게 피해를 입혔다. 20세기 북아메리카의 송골매 개체군의 감소는 살충제인 DDT로 인한 것으로 보인다.

3.10~3.14 해결방안

우리는 어떻게 여섯 번째 대량멸종을 반전시킬 수 있을까? 2013년에 내셔널 **지오그래픽**에서는 '멸종한 종 부활시키기'라는 논쟁적인 제목의 커버 스토리를 게재하였다. 이는 공상과학 소설의 이야기가 아니라 뼈나 털, 또 다른 화석화되거나 보존된 물질로부터 약간의 DNA 조각을 추출하여 생명을 복원하는 것에 다가간 유전자 기술에 대한 것이었다. 빙하기에 살았던 털이 무성한 매머드가 다시 지구에 걸어 다니는 것을 상상해보라! 혹은 사냥에 의해 전멸당한 한때 수십억 마리에 달하던 여행비둘기를 부활시키는 것은 어떨까?

비록 유전적 방법으로 지구에서 가장 멋지고 중요했던 소수의 종들을 되살리는 것이 가능할지는 모르지만, 지구의 생물다양성 위기에 대한 바람직한 해결책은 아니다. 지금까지 인간이 멸종시킨 모든 종을 부활시킨다고 할지라도, 그들의 생존을 위협하는 요소들은 여전히 강력하다. 예측 가능한 미래에 멸종을 막는 것이 이들을 재복원하는 것보다 훨씬 싸고 쉬운 것으로 보인다. 첫 단계는 종들을 보호하기 위한 법적인 장치를 마련하는 것이다.

3.10 멸종위기종 보호를 위한 국가 단위의 법과 국제 조약

비록 사냥, 어업, 야생동물을 덫으로 잡는 것을 규제하는 법은 긴 역사를 가지고 있지만, 종이 멸종할 수 있다는 위험성이 법적인 보호로 이어진 것은 비교적 최근이다. **1973년의 멸종위기종 보호법**(Endangered Species Act of 1973, ESA)은 국내외의 멸종위기종과 식물 및 보호가 가능한 모든 무척추동물을 보호하기 위해 미국에서 제정되었다.

게다가 ESA는 연방 기관이 두 범주의 종을 보호할 프로그램을 만들 것을 요구하였다. 멸종위기종은 멸종에 달하는 높은 위협을 받고 있는 종이고, 위험종은 낮은 멸종 위협을 받고 있는 종이다. 기관들은 멸종위기종이나

위험종을 위협하거나 목록에 오른 종들의 생존에 필수적인 지역인 이른바 **중요 서식지**(critical habitat)를 파괴하거나 용도 변경하는 모든 활동을 감독하거나, 재정을 지원하거나, 거기에 착수하는 일을 금지했다. ESA는 이후 30년간 보호되는 종의 범위를 넓히고 법적인 보호를 과학과 더 결부시키는 법령 제정으로 이어졌다(표 3.3).

멸종위기종을 보호하고 중요 서식지를 보호하는 것은

멸종위기종을 보호하는 것 등의 법이 만약 사회 전체의 가치를 반영하지 않는다면 효과적일 수 있을까?

표 3.3 진보하는 종 보호 : 미 연방 멸종위기종 법은 여러 입법과 수정을 통해 시간이 지남에 따라 발전해왔다

연도	제목	주요 효과
1900	레이시법	사냥감이 될 동물과 야생 조류를 보호하기 위해 불법적인 물고기, 야생동물의 거래를 제한한 첫 번째 연방법
1966	멸종위기종 보존법 (ESPA)	멸종 위기에 처한 토착종을 공인하고 제한적인 보호를 제공
1969	멸종위기종 보전법 (ESCA)	1966년 ESPA를 수정하여 세계적으로 멸종 위기에 처한 종의 수입과 판매를 금지하고 ESCA의 이름을 바꾼 법
1972	해양 포유류 보호법	해달, 북극곰, 고래, 돌고래 등의 해양 포유류의 사냥, 사살, 포획, 방해 등을 금지한 법
1973	멸종위기종 보호법(ESA)	ESCA를 대체하였고 멸종위기종과 위험종을 구분하고 보호를 위기에 처한 식물과 모든 무척추동물까지 확대했고, 연방 정부에 목록화된 종의 보호를 촉구하고 미국의 CITES조약 보호를 이행한 법
1978	ESA 수정	종들의 목록이 만들어진 시기의 결정적 서식지를 지정할 것을 촉구하고 이 지정을 통해 예상되는 경제와 다른 요소들을 고려할 것을 요구한 법
1982	ESA 수정	멸종 위기 상태를 단지 생물학적 정보를 통해서만 결정하는 것으로 제한하고, 경제 및 다른 효과들을 목록에서 배제한 법
1988	ESA 수정	멸종 위기 상태에서 회복되어 가는 것으로 보이거나 목록에 들 수 있는 후보로 보이는 종들에 대한 관찰을 촉구하는 법
2004	2004년 국가방위 공인법	국방부를 중요 서식지 지정에서 면제하고, 국무부가 승인한 관리 계획을 촉구한 법
2008	레이시법 수정	이 법을 식물과 식물 생산물까지 포함하게 하여 불법 목재 거래까지 규제하는 법

?

소통과 교육이 어떻게 멸종위기종을 보호하는 법과 조약을 보완할 수 있을까?

1973년의 멸종위기종 보호법 (ESA) 국내와 국외의 멸종 위기종과 식물과 보호가 가능한 모든 무척추동물을 보호하기 위한 미국에서 제정된 법적 보호

중요 서식지 목록에 오른 멸종 위기종과 위험종의 생존에 필수적인 지역들

레이시법 1900년에 처음 통과되고 2008년에 수정된 이 법은 불법적으로 수확된 식물과 동물의 거래를 금지한다.

종종 경제적 활동과 충돌한다. 시어라고 불리는 멸종위기종인 물고기는 테네시 강에 댐을 만드는 것을 막았으며, 북부점박이올빼미는 북서부 태평양 연안의 오래된 숲을 벌목하는 것을 막았다. 결과적으로 많은 경제적 요구들이 반복적으로 멸종위기종 보호법을 약하게 하려 했고 일부는 매년 이 법을 위한 재정 지원을 막으려고 하였다.

그럼에도 불구하고 이 법은 다양한 종을 보호하고 복원하는 것에 있어 성공적이었다. 대략 미국 내의 1,400종과 세계의 2,000종이 목록에 올랐고 ESA의 보호 아래에 있었다. ESA의 목록에 오른 가장 잘 알려진 종에는 플로리다퓨마, 대왕고래, 캘리포니아콘도르, 미국흰두루미 등이 있다. 명단삭제라는 과정을 통해 이전에 멸종위기종에 속하던 종들이 명단에서 빠지는 것은 ESA가 성공을 거두고 있다는 신호이다. 옐로스톤의 회색곰, 흰머리수리 등을 포함한 많은 종들이 현재 명단에서 빠지게 되었다(그림 3.26).

CITES 조약

국제적인 야생동물 거래를 제한한 중요 조약은 1975년부터 집행되고 약 180여 개 국가에 의해 맺어진, 멸종 위기에 처한 야생동물과 식물에 대한 회의 혹은 CITES(발음은 '사이티스')라는 조약이다. CITES는 대략 5,000종의 동물과 29,000종의 식물을 보호하고, 이는 3개의 부록에 수록되어 있다. 부록 1은 아주 특정한 상황에서 거래될 수 있는 멸종 위기에 처한 종들을 수록하고 있다. 부록

2는 현재 멸종 위기에 있지는 않지만 생존에 위협을 막기 위해 수입과 수출이 규제되는 종들을 목록에 올리고 있다. 부록 3은 최소 한 나라에 의해 보호되고 있고 그 종의 무역을 규제하기 위해 CITES에 서명한 다른 국가의 도움을 필요로 하는 종들로 구성된다.

CITES에 가입하고 세계자연보호기금(World Wildlife Fund, WWF), 국제보존협회(Conservation International) 야생동물보호협회(Wildlife Conservation Society) 등의 저명한 비정부기구를 가진 나라들은 야생동물 밀무역을 감소시키고 종들에 가하는 위협을 경감하기 위해 협력하고 있다. 미국에서 CITES를 집행시키는 효과적 도구 중 하나는 **레이시법**(Lacey Act)이다. 1900년에 처음 통과되고 2008년에 수정된 이 법은 불법적으로 수확된 식물과 동물의 거래를 금지하고 있다. 예를 들어, 멸종 위기에 처한 흑단나무가 미국 사법체계 바깥에 위치한 마다가스카르에서 불법적으로 수확되더라도 이를 미국에 수입하거나 거래한 것을 이유로 기소할 수 있다. 이를테면 2012년 깁슨 기타는 이 법을 위반하고 흑단나무를 수입하여 유죄를 선고받았다.

⚠ 생각해보기

1. 멸종위기종 목록을 만들 때 잠재적·부정적·경제적 효과도 포함시키는 것이 어떻게 ESA가 적용되는 것에 영향을 미칠 수 있을까?
2. 왜 멸종위기종을 보호하기 위해 국가 수준의 법과 국제적 수준의 조약이 모두 필요한 것일까?

보전 성공

회색곰(옐로스톤 개체군)

흰머리수리(저위도 48주)

미국흰두루미

그림 3.26 1973년 멸종위기종 보호법(ESA)에 수록되었던 종들에는 회색곰의 옐로스톤 개체군, 저위도 48개 주의 흰머리수리, 미국흰두루미 등이 있다. ESA의 지원을 받아 복원 프로그램의 성공을 의미하는 사례로는 성공적으로 회복되어 명단에서 빠지게 된 옐로스톤 회색곰과 흰머리수리 개체군이 있다. 한편 미국흰두루미 개체군은 지수적으로 증가하고 있다.

3.11 독극물의 추방과 포획 후 사육이 송골매를 멸종 위기에서 되돌려놓다

1970년 미국에서 송골매가 멸종위기종으로 선포된 이후, 이들의 생존에 가장 위협적인 요소는 제거되었다. 1972년에 미국은 알 껍데기의 두께를 감소시키는 살충제인 DDT의 사용을 금지하였다. 미국과 캐나다, 라틴아메리카에서 DDT 사용이 감소하였기 때문에 알 껍데기 두께 감소와 관련된 DDT의 분해 산물인 DDE의 양이 송골매의 조직에서 점점 더 감소하였다(그림 3.27). 그러나 이는 문제 해결을 위한 첫 번째 단계일 뿐이다.

송골매 개체군을 회복하기 위해서 미국 어류 및 야생동식물보호국(U.S. Fish and Wildlife Service)은 국가자원 기관과 비정부 단체들과 함께 포획 후 사육 프로그램을 시작하였다. 1974년부터 1997년까지 이 프로그램은 6,000마리 이상의 송골매를 고향인 34개 주에 풀어주었다. 게다가 송골매의 주요 서식지가 확정되었고 보호되었다.

포획 후 사육의 첫 번째 목표는 미국에서 631쌍의 수준으로 개체군을 만드는 것이었다. 1990년대 중반에 개체군은 이보다 훨씬 많이 증가하였으며(그림 3.28), 미국 어류 및 야생동식물보호국은 미국 송골매가 멸종위기종 목록으로부터 벗어났음을 선포하였다.

미국 송골매는 1999년 8월 25일 멸종위기종 목록에서 빠졌으며 이후 개체군은 증가하고 있다. 2003년 미국과

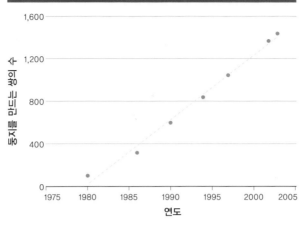

저위도 48개 주에 둥지를 트는 송골매

그림 3.28 미국 저위도 48개의 둥지를 만드는 송골매 쌍의 수는 DDT가 추방된 이후 급격히 상승하였고 포획 후 양육 프로그램에 의해 자연으로 되돌려지는 송골매의 수도 증가하였다. (자료 출처 : U.S. Fish and Wildlife Service 2003, 2006)

캐나다, 멕시코의 송골매 개체군은 3,005쌍 수준으로 추정된다. 이후 이어진 유전학적 연구는 이주하는 송골매의 유전적 다양성이 1985년부터 2007년에 이르기까지 감소하지 않았음을 보고하였고, 이는 복원된 송골매 개체군이 감소 상태에 있지 않음을 의미한다.

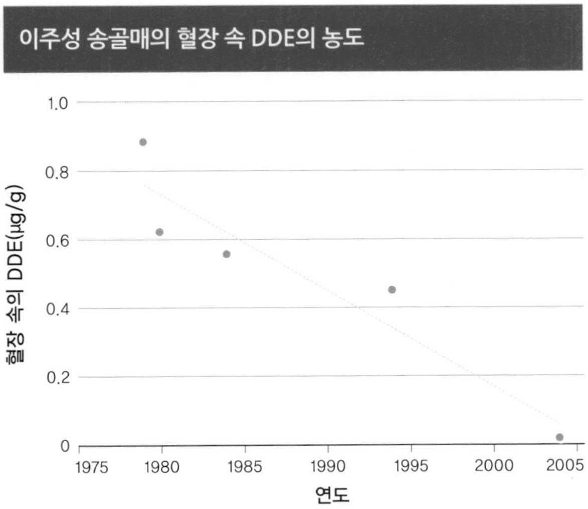

⚠️ 생각해보기

1. 왜 포획 후 사육 프로그램이 필요했을까? DDT를 추방한 것이 송골매가 스스로 복원되는 데 충분하지 않았던 이유는 무엇일까?
2. 연방과 주의 과학자들이 사립 단체들과 시민들과 함께 송골매를 협력적으로 번식시키는 것의 장점에는 어떤 것들이 있었을까?

3.12 개체군생태학은 늑대 복원에 개념적 근거가 된다

개체군생태학은 멸종위기종을 번식시키고 복원하는 동안 그들의 개체군이 어떻게 반응할지를 예측하는 것에 기본적인 체계를 제공한다. 회색늑대 복원은 멸종위기종을 관리하는 데 개체군생태학의 유용성을 잘 보여주는 사례이다.

유전적 다양성 증가시키기

유전적 분석은 환경과학자로 하여금 멸종위기종 개체군을 복원시키는 필수적인 도구가 되었다. 예를 들어 옐로

이주성 송골매의 혈장 속 DDE의 농도

그림 3.27 텍사스 파드리 섬에서 1979~2004년 사이에 포획된 송골매의 혈장 속 DDT의 분해산물인 DDE의 농도는 급격히 감소하였다. (자료 출처 : Henny et al., 2009)

이 장의 앞에서 배운 개체군 성장에 대한 정보를 이용하여 그림 3.28에 나타난 성장 패턴이 변할 것인지 혹은 변하지 않을 것인지 예상해보라(힌트 : 그림 3.11 참조).

1985~2007년 사이 북아메리카 송골매의 유전적 다양성의 감소가 개체군의 미래 환경 변화에 어떻게 취약하게 만드는가?

스톤과 아이다호, 애리조나-뉴멕시코 경계를 따라 늘대 개체군을 복원시킬 때 다양한 유전적 배경을 가진 개체군이 필요하다. 이런 이유로 옐로스톤에 처음 늘대가 도입된 1995년 이후 다음 해에 캐나다에서 17마리의 늘대가 도입되었다.

북부 로키 산맥의 늘대들과 비교하여 서로 연관은 없지만 높은 근친도를 지닌 세 계보의 후손인 살아남은 멕시코회색늘대(85쪽 그림 3.24 참조)의 작은 개체군은 훨씬 낮은 유전적 변이를 가지고 있다. 그러나 생물학자들은 이 살아남은 세 계보에서 개체군의 생존의 성공률을 높일 충분히 남아 있는 다양성을 발견하였다. 이 세 계보의 후손들을 교차 교배시킴으로써 한 배당 3.5~3.6마리의 새끼에서 거의 2배인 7.5마리의 새끼가 태어나도록 할 수 있었다(그림 3.29). 게다가 교차 교배된 멕시코늘대 새끼들은 6개월이 될 때까지 18~21%의 높은 생존율도 확인할 수 있었다. 이런 유전적 다양성의 긍정적인 영향은 유전적 구조(구제)라고 불린다.

K-선택종의 로지스틱 성장 곡선

북부 로키 산맥 회복 지역의 늘대 개체군은 그들이 옐로스톤과 아이다호에 재도입된 이후 빠르게 성장하였다. 보전생물학자들은 30번식 쌍을 복원하는 것을 목표로 하였다. 번식 쌍은 그해의 마지막까지 최소 두 마리의 생존하는 새끼를 성공적으로 낳는 암컷과 수컷을 의미한다. 이 목표는 2000년에 달성되었고 빠르게 초과하고 있다(그림 3.30a). 2007년까지 북부 로키 산맥 회복 지역에 100이 넘는 번식 쌍이 생겼고 여기에는 아이다호, 몬타나, 와이오밍이 포함된다. 그리고 번식 쌍의 수는 안정화되었고, 이는 S형 혹은 로지스틱 성장 곡선을 의미한다(73쪽 그림 3.11 참조). 늘대 떼의 지배적인 수컷과 암컷만이 번식하기 때문에 회복 지역의 늘대의 수는 번식 쌍의 수보다는 훨씬 크다.

사실 2011년까지 늘대 개체군은 1,700마리까지 성장하였고(그림 3.30b), 2013년에는 1,600마리로 약간 감소하였다. 이 중 한 지역을 살펴보자면 옐로스톤의 늘대 개체군은 2003년에 172마리로 정점을 찍었고, 2009년에는 100마리 이하로 감소하여 그 근방에서 유지되고 있다. 다시 한 번 지역적 혹은 국소적 규모에서 복원된 늘대 개체군의 성장은 S형 성장 곡선을 따르고, 이는 매우 지역적이고 *K*-선택적인 회색늘대의 양상을 생각하면 잘 들어맞는 부분이다.

늘대 떼는 목동(그리고 그들을 지지하는 주 정부)들이 보전에 반대하는 여전히 논쟁적인 주제이다. 이들의 극적인 회복과 주 정부의 관리 및 이익 단체들로부터의 압력 때문에 미국 어류 및 야생동식물보호국은 북부 로키 산맥 주들의 회색늘대 개체군을 회복된 것으로 선언하고 2012년 멸종위기 보호종 목록에서 삭제하게 되었다. 이와 더불어 회색늘대 개체군을 관리하는 일은 아이다호, 몬타나, 와이오밍 주 정부에 맡겨졌고 늘대 사냥 시즌에 대한 논쟁을 불러일으켰다. 그러나 2014년 9월 DC연방의 재판소는 와이오밍의 늘대들을 멸종위기종의 지위에 다시 등재하였다.

복원된 회색늘대 개체군은 사냥이나 다른 형태의 관리에 놓여져야 하는가, 아니면 계속 멸종위기종으로서 보호받아야 하는가?

⚠ 생각해보기

1. 체크무늬나비와 같은(71쪽 참조) *r*-선택 개체군의 회복은 어떻게 회색늘대와 같은 개체군의 복원과 비교할 수 있을까?
2. 늘대 생활사의 어떤 측면이 복원된 개체군이 무한히 증식하지는 못하게 할까?

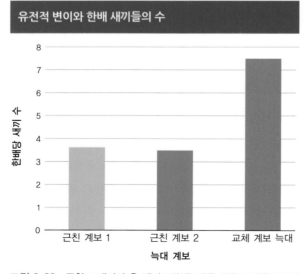

유전적 변이와 한배 새끼들의 수

그림 3.29 근친 교배되어 온 멕시코회색늘대를 잡종 교배함으로써 생물학자들은 한배 새끼의 수를 거의 2배로 늘릴 수 있었다. (자료 출처 : Fredrickson et al., 2007)

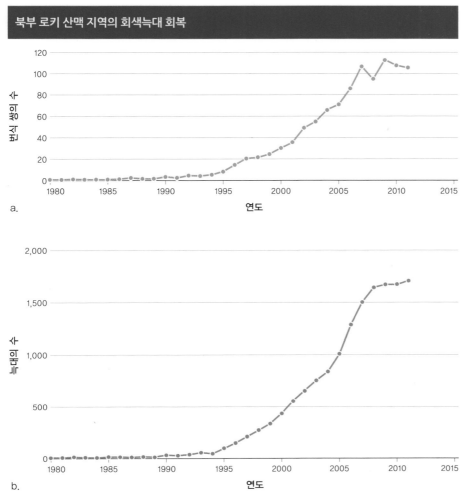

그림 3.30 (a) 북부 로키 산맥 아이다호, 몬타나, 와이오밍의 회색늑대 번식 쌍의 수는 1980년대부터 증가하기 시작하였고 2007년부터 평형을 유지하게 되었다. (b) 이 지역에 걸친 전체 회색늑대 개체군은 비슷한 성장 패턴을 보여주며 명백한 평형을 보여준다. (자료 출처 : U.S. Fish and Wildlife Service, 2013)

3.13 북아메리카회색늑대의 복원은 갈등을 이겨내야 한다

보전 성공은 때때로 문제를 야기한다. 많은 경우에 종의 회복은 송골매가 마주치지 않은 주변의 방해에 직면한다. 단단히 자리 잡은 경제와 문화적 관심이 그것이다. 이는 옐로스톤과 주변 지역에 늑대가 재도입되고 일어난 일이다. 목축업자들은 소유한 소들이 늑대로부터 공격을 당할 수 있다는 이유로 크게 반대했다. 남부 로키 산맥 지역에서 시행한 한 여론 조사에 의하면 53%의 목장주들이 늑대의 복원에 반대한 반면, 목장주가 아닌 주민은 28%만이 복원에 반대하였다.

소나 양이 오랫동안 방치되면 늑대의 사냥감이 된다는

점에는 의심의 여지가 없으며 목축업자들은 이 포식 행위로 인해 잠재적인 경제적 피해를 입을 수 있다. 1987년부터 2011년까지 약 19년간 1,669마리의 소와 3,261마리의 양이 북부 로키 산맥 회복 지역에서 늑대에 의해 죽은 것으로 여겨진다(그림 3.31). 그러나 이 숫자를 살펴볼 때 우리는 모든 형태의 가축 손실을 고려해야 한다. 첫 번째, 병이나 혹독한 기후, 부상 등의 다른 요소로 인해 죽는 가축의 수보다 적은 수의 양과 소가 육식동물로 인해 죽는다. 둘째, 비록 북부 로키 산맥 지대에서 늑대들이 상당한 수의 가축을 죽이지만, 코요테나 퓨마, 다른 종류의 포식자들이 더 많은 수의 가축을 죽인다(그림 3.32).

늑대 복원으로 인한 경제적 손실을 줄이기 위해서 무엇을 해야 할까? 가장 완화시키는 전략은 목축업자들

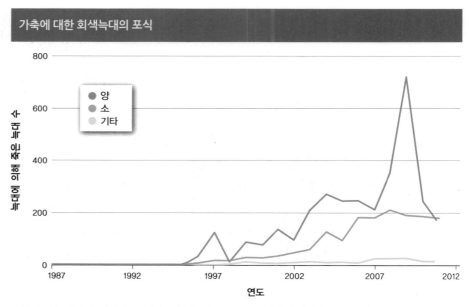

가축에 대한 회색늑대의 포식

그림 3.31　1987년부터 2011년까지 늑대들은 북부 로키 산맥의 아이다호, 몬타나, 와이오밍 등에서 약 5,000마리의 가축을 죽였다. 죽은 동물은 대부분 양과 소이다. 그 외 개, 라마, 염소, 말 등이 포함된다. (자료 출처 : U.S. Fish and Wildlife Service, 2013)

현대의 덫, 독극물, 화기 등이 늑대들을 절멸시킬 수단을 제공하기 전까지 가축 생산은 수천 년간 목축 생산과 공존하였다. 이 사실은 현대에 공존 가능성에 대해 어떤 것을 지시하는가?

에게 손실을 보전해주는 일일 것이다. 야생생물옹호자(Defenders of Wildlife)라는 비정부기구는 늑대들로 인한 가축 피해를 보상해주는 역할을 하고 있다. 야생생물옹호자의 입장은 비록 한 마리의 가축 손실이라도 이는 목축업자에게 상당한 손실이며 경제적 보상을 위해 기금을 마련하는 것이다. 늑대보상베일리야생생물재단(Bailey Wildlife Foundation Wolf Compensation Trust)이라는 기금은 1987~2010년에 목축업자들에게 거의 140만 달러의 보상금을 지불하였고, 이 보상 프로그램은 늑대 개체군과 함께 정부에 이관되었다. 이제 주 정부가 늑대로 인한 가축 손실을 입은 목축업자들에게 보상하기로 했기 때문에 야생생물옹호자는 가축과 늑대들 간의 치명적이지 않고도 공존할 수 있는 방법을 위해 자원을 투자하고 있다(그림 3.33).

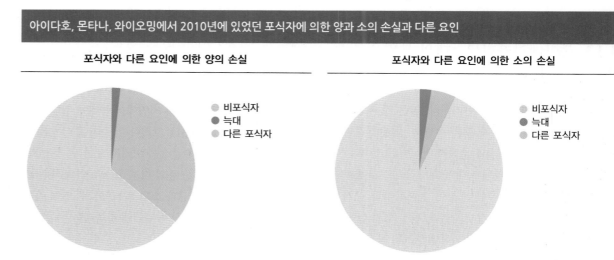

아이다호, 몬타나, 와이오밍에서 2010년에 있었던 포식자에 의한 양과 소의 손실과 다른 요인

포식자와 다른 요인에 의한 양의 손실

● 비포식자
● 늑대
● 다른 포식자

포식자와 다른 요인에 의한 소의 손실

● 비포식자
● 늑대
● 다른 포식자

그림 3.32　비록 비포식자로 인한 사망이 양과 소의 경우 포식자로 인한 사망보다 많았지만, 양의 경우 특히 코요테로 인해 포식자로 인한 사망이 높은 편이었다. 늑대는 소보다는 양에게 더 많은 피해를 안겼다. (자료 출처 : USDA, 2013; National Agricultural Statistics Service, www.nass.usda.gov/)

다양한 생태계의 경관

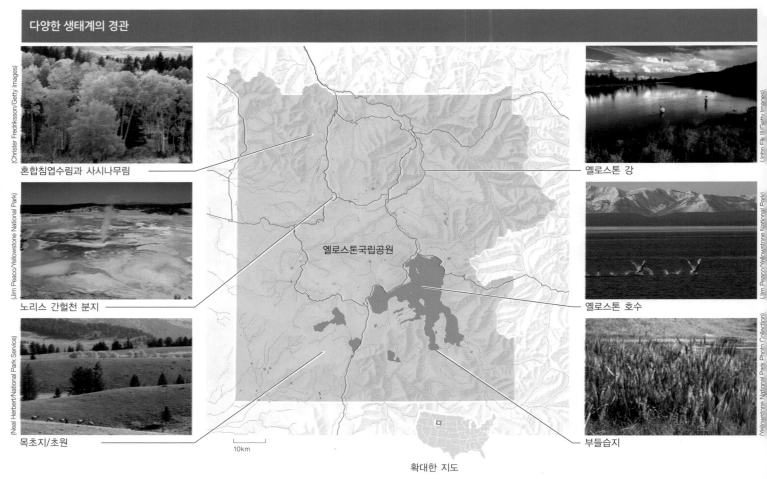

(Christer Fredriksson/Getty Images)

혼합침엽수림과 사시나무림

(Jim Peaco/Yellowstone National Park)

노리스 간헐천 분지

(Neal Herbert/National Park Service)

목초지/초원

10km

옐로스톤국립공원

(John Fly III/Getty Images)

옐로스톤 강

(J.Peaco/Yellowstone National Park)

옐로스톤 호수

(Yellowstone National Park Photo Collection)

부들습지

확대한 지도

그림 4.2 옐로스톤국립공원은 경관 면에서 큰 규모로 이루어진 유난히 높은 생태계 다양성을 가지고 있다. 관광객에게 영감을 주는 자연의 멋진 다양하고 독특한 생태계의 존재는 옐로스톤국립공원이 세계의 첫 번째 국립공원이 되는 데 가장 큰 기여를 했다.

양은 구별되는 요소이고 다양한 경제적 활동이 행해진다. 온대 초원은 밀, 옥수수 같은 곡물을 대규모로 재배하는 데 도움이 되는 반면에 북부침엽수림대는 종이를 생산하는 목재와 펄프와 같은 나무의 수확을 가능하게 한다.

수 생물군계

주요 해양 생물권은 외해, 대양저, 산호초, 해초 숲(그림 4.4)을 포함한다. 산호초는 따뜻한 열대 해양으로 서식지가 제한된 반면에, 해초 숲은 남부 캘리포니아 해안부터 알래스카까지 냉대까지 냉온대 연안에서 발견된다. 훼손 안 된 산호초에 사는 생물종다양성은 열대림 생물종다양성과 견줄 만하고, 산호초 군집에 사는 생물종은 담수습지에 사는 생물과 다르다. 해양과 육상 생태계 전이대에 나타나는 수 생물군계는 해안 염습지와 맹그로브 숲을 포함한다. 또한 담수습지는 담수와 육상 환경 사이의 전이

대에 나타난다. 변동이 심한 물리적 조건과 높은 영양염류 이용 가능성 때문에, 이같이 전이대 생물군계는 생물종다양성은 낮지만 매우 높은 생산성을 가진다.

위도와 다양성 구배

비록 열대 우림 수리남과 뉴펀들랜드의 면적은 비슷하지만($163,820km^2$ 대 $111,390km^2$), 열대 우림 수리남에 서식하는 새 종 수가 뉴펀들랜드의 7배에 달하는 것을 생각해보자. 포유동물, 나무, 파충류, 어류, 곤충과 같이 다른 생물분류군 또한 극지부터 열대지방까지 종풍부도가 증가한다. 비슷한 종풍부도의 증가는 담수와 해양 생태계의 어류, 연체동물, 조류에서도 일어난다. 따라서 적도 가까운 지역은 전 세계적 종풍부도가 불균형적으로 높다(그림 4.5).

열대 지역은 왜 높은 다양성을 보이는가? 이 현상에 대

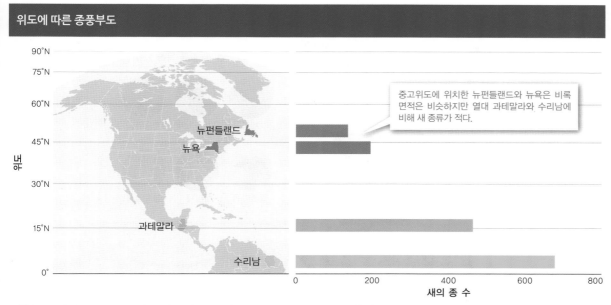

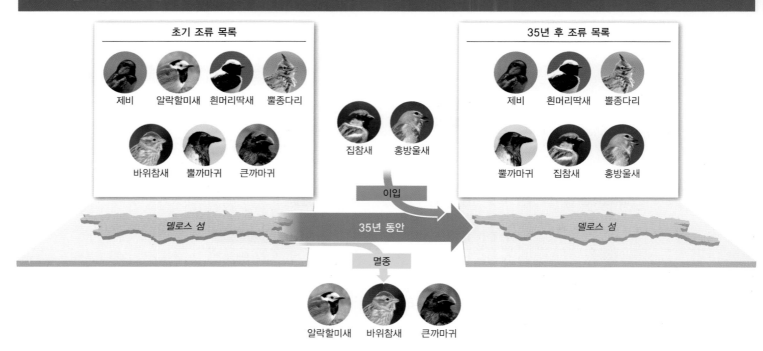

야생 늑대에게 치명적이지 않은 보전

(Russ Talmo/Defenders of Wildlife)

그림 3.33   늑대에게 잡아먹힌 가축들에 대해 비용을 보전해주는 비정부기구인 야생생물옹호자는 이제 지역 정찰요원을 고용하여 가축들을 감시하고 늑대를 쫓아내는 등 비치명적인 방식으로 가축과 늑대의 공존을 추구하는 활동을 전개하고 있다.

⚠️ 생각해보기

1. 많은 목축업자들은 공유지에 방목을 한다. 공공 기금이 사유물인 가축을 보호하기 위해 공유지에서 포식자들을 제거하는데 쓰여도 되는가?
2. 애리조나와 뉴멕시코에 살고 있는 회색늑대 개체군의 96%는 주로 엘크와 사슴 등의 야생동물 먹이에 의존하고 4% 정도만이 가축을 사냥한다는 연구결과가 있었다. 우리는 이런 정보를 늑대가 가축에 가하는 위험을 평가하는 데 있어 어떤 요소로 넣을 수 있을까?
3. 늑대를 복원하는 경제적 부담을 어떻게 사회 전체에 넓게 지울 수 있을까?

3.14 야생 개체군은 중요한 경제적 이득의 원천이다

때때로 각 종을 보전하는 것은 경제적으로도 좋은 경우가 있다. 마운틴고릴라, 독수리, 늑대와 같은 대표종의 복원과 보전은 야생동물을 즐기는 사람들에게 좋은 기회를 제공한다. 자연을 여행하여 동물을 보는 것은 휴양여행이자 지역 주민들의 수준 높은 삶의 기회를 제공하는 **에코투어리즘**(ecotourism)의 한 면이다. 우간다 정부는 관광객들에게 브윈디삼림보호구역에서 마운틴고릴라를 한 시간 보는 것에 500달러를 내게 한다. 그리고 이는 짐 운반, 식사, 여행에 드는 모든 비용이 포함되지 않은 가격이다. 몬타나대학교의 연구는 옐로스톤에서 늑대의 존재는 3천 5백만 달러의 관광 수입을 불러일으켰다고 추산하였다. 미국의 야생동물 관광객은 매년 거의 400억 달러를 지출한다. 세계적으로 에코투어리즘은 수조 달러의 가치에 달할 것으로 추정된다.

취미와 고기를 위한 사냥도 적절하게 규제되면 생물다양성에 긍정적인 역할을 할 수 있으리라 생각된다. 나미비아에서 지역 공동체에 의해 관리되는 야생동물관리단은 세계자연보호기금(WWF)의 도움을 받아 절멸될 가능

에코투어리즘   환경 보전하는 것을 돕고 지역 주민들의 수준 높은 삶의 기회를 제공하는 휴양여행

성이 있는 큰 야생동물들에 대한 제한적인 사냥을 허가한다. 큰 야생동물을 사냥하는 데 들어간 사냥료는 보전활동에 투자되고 지역 공동체로 돌아가며, 이는 지속 가능한 수입의 흐름이 된다. 연구에 의하면 취미 목적 사냥을 하는 사냥꾼들은 지역 공동체에게 에코투어리스트들보다 더 많은 돈을 지불하고 더 외딴 지역까지 방문하는 것으로 조사되었다.

2007년에 *Biological Conservation*에 게재된 연구에 의하면 23개 국가의 140만 제곱킬로미터의 땅이 취미 사냥을 위한 땅으로 지정되어 있고, 이는 모든 보호구역의 면적보다 크다. 1977년 케냐가 야생동물의 취미 수렵을 금지한 이후, 많은 땅이 목축과 농업을 위한 땅으로 용도 변환되었고, 60~70%의 대형 포유류의 죽음을 야기하였다. 대조적으로 야생동물의 사냥을 허가하고 불법 밀렵에 대항하기 위한 자금을 더 모으는 것이 중요한 산업인 남부 아프리카 국가들에서 야생동물은 번성하고 있다. 게다가 야생동물 관련 사업은 지역 주민들에게 직업을 제공하고, 이는 밀렵의 감소를 의미한다.

종은 인간에게 다른 경제적 이득도 제공한다. 2005년 조사 결과에 의하면 인간의 질병 치료에 사용되는 물질의 절반이 일차적으로 식물, 세균, 곰팡이, 동물로부터 유래한 화학물질에서 분리되었다고 한다. 1997년 미국에서 가장 많이 처방된 약 150개 중 118개가 자연물에서 추출되었다. 이 중 74%는 식물에서 추출된 물질로 만들어졌고, 18%는 곰팡이에서, 5%는 박테리아에서, 3%는 뱀에서 추출되었다. 예를 들면 *Cantharanthus roseus*인 일일초는 마다가스카르의 건조한 숲에 사는 토착식물인데, 2개의 중요한 약의 천연물이다. 하나는 어린이 백혈병을 치료하는 약인데, 살아남을 가능성을 20%에서 99%로 높여준다. 다른 하나는 악성 림프종을 치료해주는 약이다. 세계자원연구소에 의하면 식물 유래 약은 세계에서 매년 400억 달러의 가치가 있으며 식물의 다양성을 생각할 때 여전히 엄청난 신약 발견의 잠재력이 있다고 평가되고 있다.

어떻게 특정종이 인류에게 이익이 될지 예측하기란 쉽지 않다. 1966년 인디애나대학교의 브록(Thomas Brock)은 *Thermus aquaticus*라고 불리는 박테리아를 지구에서 가장 특이한 가혹한 생태계 중 하나인 옐로스톤의 온천에서 추출하였다(그림 4.2 참조). 이 호열성 박테리아는 섭씨 50~80℃ 사이의 뜨거운 온도에서 번성한다. 그는 *T. aquaticus*를 ATCC(American Type Culture Collection)에서 배양하였고 이곳은 새로 발견된 박테리아를 다른 연구자들에게 제공되는 곳이다.

20년 후에 세투스 회사의 과학자들은 그들이 **Taq 중합효소**(Taq polymerase)라고 불렀던 효소를 *T. aquaticus*로부터 추출하였다. 이 효소는 소량 DNA를 대량화하는 데 사용될 수 있었고, 이는 높은 온도에서도 안정한 효소를 필요로 했다. 이는 현대의학 진단과 범죄 수사에 널리 사용되고 있다. 100년 전에 옐로스톤이 보호되지 않았다면 이 효소는 절대 발견되지 못했을 것이다. 사람의 손길이 닿지 않은 자연 생태계는 수많은 종을 유지하고, 이의 가치는 그 시대에는 계산되거나 예측될 수 없다. 제4장에서 우리는 어떻게 생태계가 그 전체로서 인간에게 엄청난 가치를 제공하고 어떻게 넓은 지역을 보전하는 것들이 이런 서비스들을 보호하는지를 보게 될 것이다. 해양의 보호받는 지역에 대해서는 제8장에서 논의될 것이다.

⚠️ 생각해보기

1. 우리는 종 보전과 복원을 위해 오직 경제적인 조건들만 고려해야 하는 걸까? 답변을 정리해보라.
2. 멸종위기종 보호의 심미적인 이유와 경제적인 이유는 공존이 가능한가? 혹은 상호 배타적인가? 설명하라.

멸종위기종 보전을 위한 정당화 논리 중 종들의 실용적인(인간 중심적) 가치와 내재적(생물 중심적) 가치들은 어떤 상대적 장점들이 있는가?

Taq 중합효소 옐로스톤국립공원의 온천에서 발견된 박테리아로부터 추출한 효소. 미량의 DNA의 양을 늘리는 것에 사용된다.

3.10~3.14 해결방안 : 요약

생물다양성 위기에 대한 해결책 찾기는 법적인 것과 사회적인 체계를 필요로 한다. 1973년의 멸종위기종 보호법은 국내외의 멸종 위기 동물과 식물에 대해 법적인 보호를 제공한다. 거의 180개 국에 의해 조약된 CITES는 야생종의 국제적인 무역을 규제한다. 종을 보호하는 것은 감소로 몰고 가는 요인을 제거하고 그들을 회복으로 가는 길목으로 이끌어주는 것에서 비롯된다. 송골매 보호의 경우 법적으로 종을 보호하고 DDT를 추방하는 것이 첫 번째 단계였다. 일단 재단이 설립되면 협력적인 포획 후 사육과 재도입 프로그램이 시작될 수 있다.

비교하자면 늑대의 복원은 보전에 반대하는 경제적·정치적 요소들 사이로 이 일을 진행시키는 것이 얼마나 복잡한지 보여준다. 비정부와 정부 프로그램은 이런 반대를 경감시키기 위한 일환으로서 목축업자들에게 돈을 지급한다. 반면에 야생종은 경제적 이득을 제공할 수 있다. 늑대나 마운틴고릴라 같은 크고 '카리스마적인' 종을 보전하고 복원하는 것은 에코투어리즘을 통해 지역 경제를 활성화한다. 취미 사냥은 지역 공동체에 지속적인 수입을 보장해줄 수 있고 보전 프로그램을 활성화시킬 수 있다. 야생종, 특히 식물종은, 의약 산업에 있어 큰 가치를 지니고 있고 미국에서 매년 수백억 달러의 가치를 가진다.

각 장의 절에 대하여 아래 질문에 답을 하고 난 후 핵심 질문에 답하라.

핵심 질문 : 점점 더 인간의 영향력이 증대되는 세상에서 어떻게 종을 보호할 수 있을까?

3.1~3.5 과학원리

- 개체군에서 유전적 다양성이 가지는 중요성은 무엇인가?
- 종마다 분포와 풍부도가 어떻게 차이가 나는가? 개체군은 어떻게 성장하며 어떻게 억제되는가?
- 종들의 일반 생활사는 어떻게 되는가?
- 종들의 상호작용이 군집에 어떻게 영향을 미치는가?

3.6~3.9 문제

- 인간이 멸종 비율에 어떻게 영향을 미치는가?
- 종 개체군을 위협하는 주요 세 가지 요인에는 무엇이 있는가?
- 포식자와 유해동물 제어가 취약한 종에 어떤 영향을 끼치는가?

멸종위기종과 우리

멸종위기종을 보호하는 것은 과학, 정치, 법, 경제를 포함한 다양한 영역의 협력이 필요하다. 어떤 개인도 혼자 힘으로 멸종위기종을 보호하고 구할 수 없다. 그러나 함께 모이면 큰 차이를 만드는 협력과 우리의 삶의 방식을 통해 해결책을 찾아볼 수 있을 것이다.

☐ 멸종위기종과 야생동물을 보호하는 일에 참여해보기

보전과 관련된 일을 하거나 연구를 할 때 큰 도움이 되는 멸종위기종, 야생종 보전 프로그램에 자원봉사자나 인턴으로 일할 기회는 많이 열려 있다. 예를 들어 미국 어류 및 야생동물보호국은 멸종위기종 관리와 서식지 복원 및 다른 많은 보전 프로그램을 위해 많은 수의 자원봉사자들을 지원한다. 대부분 주의 물고기와 사냥동물 관리 당국이나 자연자원 관리부는 비슷한 방식으로 일하는 자원 봉사자나 인턴을 지원한다. 대부분의 동물원은 또한 멸종위기종 보호에 집중하며 자원봉사자 프로그램을 진행한다.

☐ 포식자 친화적 제품과 조직을 후원하기

미국에서 생산되는 목축 제품은 털, 양고기, 소고기를 비롯한 제품에 '포식자 친화'라는 인증을 받는 제품들이 나오고 있다. 이들은 목동을 고용하거나 보호용 울타리를 치거나 가축을 보호하는 개를 사용하는 등 포식자들에게 치명적이지 않은 방법을 사용하여 제품을 생산하는 목축업자와 농부들을 지칭한다. 만약 당신이 이런 제품의 소비자가 된다면, 이를 구매함으로써 그들의 노력을 지원할

수 있게 될 것이다. 또한 야생생물옹호자와 같은 가축과 포식자 사이의 공존을 추구하는 단체에 능동적으로 참여해볼 수도 있다.

☐ 도입종 막는 것을 돕기

도입종으로 인한 막대한 문제점들은 규제와 예방 프로그램에 참여할 기회를 제공한다. 당신은 집에서 이를 시작할 수 있다. 만약 당신이 정원을 가꾼다면 도입종이 들어오는 것을 막기 위해 그 지역 토착종을 키우는 것을 고려해보라. 당신이 만약 이국적인 애완동물을 기른다면 그들을 야생에 놓아주지 마라. 야생에 풀어준 애완동물은 대부분 일찍 죽는다. 또한 야생동물 구조대, 자연센터, 국가 혹은 주 삼림과 다른 기관들은 때때로 도입종을 관리하고 서식지의 질을 향상시킬 자원봉사자를 모집한다.

☐ 야생동물 거래의 수요자가 되지 말기

당신의 구매 습관을 고려하는 것도 야생동물 거래가 환경에 끼치는 영향을 감소시키는 것을 도울 수 있다. 애완동물 거래는 서식지에 영향을 미치는 주요 원인으로, 특히 산호초와 야생 개체군에 영향을 미친다. 수백만 마리의 새, 영장류, 양서류, 파충류가 포획되어 매년 판매된다. 만약 당신이 애완동물을 기른다면 당신은 길러진 새, 수족관의 물고기와 파충류를 키우고 야생에서 잡힌 동물들을 구매하지 않음으로써 이 영향을 줄일 수 있다. 세계의 산호초 파괴를 막고 싶으면 산호와 살아 있는 산호초를 구매하지 마라. 상아나 거북 껍데기로 만들어진 어떤 제품도 구매하지 마라.

3.10~3.14 해결방안

- 법과 국제 조약이 어떻게 멸종위기종을 보호할 수 있는가?
- 송골매는 어떻게 멸종 위기에서 구출되었는가?
- 늑대 개체군을 복원하기 위해 개체군생태학은 어떤 기여를 하였는가?
- 늑대 복원으로 인한 갈등을 해결하기 위해 어떤 방안들이 있었는가?
- 야생 개체군은 어떤 경제적 혜택을 제공하는가?

핵심 질문에 대한 답

_____

_____

_____

_____

_____

제3장
복습 문제

1. 다음 중 어떤 것에 유전적 다양성이 중요한가?
   a. 식물과 동물의 가축화
   b. 기후 변화가 있을 때 종의 생존
   c. 전염병이 생겼을 때 종의 생존
   d. 위 항목 모두

2. 다음 중 어떤 종이 가장 멸종에 취약할 것으로 여겨지는가?
   a. 널리 퍼져 있고 풍부하고 유전적으로 다양한 종
   b. 가뭄으로 인해 많이 죽은 식물 개체군
   c. 드물고 유전적 다양성이 낮고 지리적으로 격리된 종
   d. 드물고 유전적 다양성이 높고 지리적으로 격리된 종

3. 다음 중 어느 것이 밀도의존적 개체군 조절의 사례인가?
   a. 높은 온도로 인해 감소된 곤충의 수
   b. 가뭄으로 인해 많이 죽은 식물 개체군
   c. 호수에 독극물 오염물의 방류
   d. 개체군을 통해 쉽게 퍼지는 질병

4. K-선택종은 다음 중 어떤 특징을 가장 관계가 적은가?
   a. 큰 크기   **b.** 짧은 수명
   c. 긴 수명   **d.** 늦은 성숙

5. 경쟁적 배제는 다음 중 어떤 상황에서 가장 쉽게 발생하는가?
   a. 두 육식동물 사이의 경쟁
   b. 두 초식동물 사이의 경쟁
   c. 생태지위가 같은 두 종 사이의 경쟁
   d. 두 식물 종 사이의 경쟁

6. 다음 중 어느 것이 종의 생존에 가장 큰 위협인가?
   a. 서식지 파괴   **b.** 야생동물 거래
   c. 도입종   **d.** 포식자 관리 프로그램

7. 멸종위기종을 구하는 것은 긍정적인 경제적 잠재력도 가지고 있는가?
   a. 아니다. 멸종위기종을 구하는 것은 오직 돈을 소비할 뿐이다.
   b. 그렇다. 종을 구하는 것은 상업적 상영물의 주제가 될 수 있다.
   c. 그렇다. 그러나 오직 약을 만들 수 있는 멸종위기종 식물에 한해서만 그렇다.
   d. 그렇다. 식물, 동물, 곤충은 경제에 다양한 범위의 기여를 할 수 있다.

8. 어떤 종들이 1973년의 멸종위기종 보호법에 의해 보호를 받는가?
   a. 북아메리카 토착의 멸종위기종들
   b. 회색늑대와 같은 멸종 위기 포유류들
   c. 세계 곳곳의 식물과 무척추동물을 포함한 동물들
   d. 잠재적인 경제적 가치가 없는 멸종위기종에 국한

9. DDT의 금지가 왜 북아메리카의 송골매를 구하는 데 효과적이었는가?
   a. DDT는 송골매의 성체를 죽였다.
   b. DDT의 분해 산물은 송골매의 번식 실패를 낳았다.

   c. DDT는 송골매의 먹이가 되는 종들을 죽였다.
   d. DDT의 분해 산물인 DDE는 성체 송골매의 시력 상실을 야기하였다.

10. 그림 3.32에 나타난 양과 소의 손실 패턴은 이 두 종류의 가축에 대해 어떤 제안거리를 던져주는가?
   a. 양은 소보다 훨씬 더 포식에 약하다.
   b. 양과 비교하여 소는 특히 늑대에 의해 높은 비율이 포식으로 인해 죽었다.
   c. 많은 비율의 양이 포식자에게 죽었으나 포식자에 의해 죽은 소의 비율 중 높은 비율은 늑대의 공격으로 인한 것이었다.
   d. 포식자에 의해 죽은 양과 소의 비율은 거의 비슷하다.

비판적 분석

1. 그림 3.19의 지역과 비교했을 때 솔새 종이 적은 지역의 경우, 남은 솔새의 먹이 사냥구역은 증가한다. 이는 이 솔새들의 먹이사냥 구역에 대해 어떤 것을 알려주는가?

2. 야생동물 무역으로부터 종을 보호하기 위해 어떤 조치가 취해져야 하는가? 행동의 모든 측면을 고려하라.

3. 만약 DDT가 말라리아를 옮기는 모기를 퇴치하기 위한 유일한 살충제라면, 이 살충제가 송골매, 흰머리수리, 그리고 다른 맹금류를 멸종으로 몰고 감에도 불구하고 계속 사용되어야 했을까? 당신의 생각을 정당화해보라.

4. 지난 세기 동안 늑대에 대한 태도가 바뀌어온 것은 인간 중심적 · 생물 중심적 · 생태계 중심적 윤리에 대한 상대적 영향의 변화를 반영하는가? (제1장 23쪽 참조)

5. 이해 당사자들이 문화적 경제적 분열을 넘어 어떻게 협력적이고 상호 이익이 되는 늑대 복원을 할 수 있겠는가?

핵심 질문: 우리는 지구의 다양한 생태계를
어떻게 지킬 것인가?

종, 생태계, 지리적 다양성의 패턴에
영향을 주는 요인을 설명한다.

(Cheryl Jaworowski/USGS)

과학원리

제4장

종과 생태계 다양성

종과 생태계를 위협하는 인간 활동의 영향을 분석한다.

종과 생태계 다양성을 유지하는 해결방안을 논의한다.

문제

해결방안

(Jim Peaco/Yellowstone National Park)

방대한 면적과 세심한 보호는 야생동물의 천국인 옐로스톤국립공원을 만들었다. 이 공원은 수 세기 동안 이 넓은 지역의 모든 야생동물종을 유지하는 데 성공하였고 보호구역의 설정과 관리의 모델이 될 것이다.

옐로스톤국립공원의 다양한 생태계 보호

독특한 지질 특성을 지키기 위해 설립된 옐로스톤국립공원은 높은 생태적 가치와 **보호** 가치를 지닌 광대한 지역 보호를 위한 세계적인 모델이 되었다.

1800년대 초기, 미국 최초 탐험가들이 옐로스톤 지역을 방문하였을 때, 그들은 깜짝 놀랐다. 유황 연기에 휩싸인 풍경 속 들끓는 연못과 솟구치는 간헐천을 묘사하는 문장은 마치 개척자의 과장된 이야기 같았다. 이는 정부 탐험대가 위의 묘사가 사실로 보인다고 초기 보고서로 확인해준 후에야 진실로 여겨졌다.

보호 생물종, 생태계 또는 자연 자원을 보호, 관리 또는 복원하는 것

1872년, 미국 국회는 옐로스톤을 세계 첫 번째 국립공원으로 지정하였다. 산악풍경의 약 9,000제곱킬로미터를 차지하는 옐로스톤의 면적은 미국 동북부의 로드아일랜드 주와 대서양 연안에 있는 델라웨어 주를 합친 면적을 넘는다. 옐로스톤국립공원은 지구에서 생태학적으로 손상되지 않은 북쪽 온대기후 지역 중에 가장 큰 지역이다. 옐로스톤국립공원의 생태계는 북아메리카에 사

"감사하지만 저희는 허구를 출간하지는 않습니다."

Lippincott(1869)의 편집자가 옐로스톤국립공원 경관의 초기 묘사에 보인 반응

는 엘크 큰 무리의 쉼터가 되며, 멋스러운 회색곰이 여전히 눈에 띌 정도로 돌아다니는, 미국에 소수로 남아 있는 지역 중 하나이다. 대부분의 옐로스톤국립공원은 희귀 백조인 울음고니의 월동장소이고 자유분방한 들소 무리의 쉼터가 된다. 퓨마와 족제비과의 울버린은 여전히 옐로스톤의 산악지대를 돌아다니고, 큰뿔야생양은 벼랑 사이를 기어오르며 말코손바닥사슴은 옐로스톤국립공원의 버드나무 숲을 거닐고, 독수리는 하늘을 장식한다.

제3장에서 배웠듯이, 경관에 맞는 늑대 개체군을 복원하는 것은 옐로스톤국립공원의 생태적 기능을 유지하기 위한 필요한 업무이다. 옐로스톤국립공원은 인간 활동과 거주로 인해 상당히 변형된 지형들로 둘러싸여 생태적 건강성에 있어 여러 위협을 받고 있고 국립공원은 온전한 생태모습의 유지를 위해 적극적인 관리방안이 필요하다. 국립공원 관리자는 들소들이 빠르게 퍼져나가는 것을 예방하여 공원 밖의 경관을 해치고 목장 주인과의 갈등을 일으키는 일이 없도록 해야 한다. 또한 그들은 산불을 적당히 조절하여 심각한 화재를 예방하고 목초지 생태계를 유지해야 한다. 더 나아가 그들은 외래식물 212종을 추적 관찰하며 관리한다. 다시 말해 옐로스톤국립공원의 생물다양성을 보전하는 것은 우리가 제3장에서 보았던 각 종에 대한 모델보다는 보다 포괄적인 전략을 요구한다. 이제 우리는 각각의 생물체들과 그들이 이루고 있는 개체군으로부터 생물의 공동체와 그들의 생태계까지 단계를 높여본다.

생태계를 보전해야 하는 한 가지 이유는 우리가 아름다운 숲속 도보여행과 야생화 및 동물을 보는 것을 즐기기 때문이다. 또 다른 이유는 생물다양성을 유지하는 것은 깨끗한 물부터 기후조절의 범위에 이르는 실제적인 이익을 주기 때문이다.

핵심 질문

우리는 지구의 다양한 생태계를 어떻게 지킬 것인가?

과학원리   문제   해결방안

(Cheryl Jaworowski/USGS)

4.1~4.5 과학원리

오염은 왜 육상과 수생태
에서의 종다양성과 균등
도를 감소시키는가?

종다양성 군집에서의 종 수
와 종의 상대적인 비율을 합한
다양성 측도를 말한다.

종풍부도 군집에서의 종 수
와 국지적 면적 또는 지역에
서의 생물 수. 높은 종풍부도는
종다양성을 증가시킨다.

종균등도 개체들이 군집으로
서식하는 종들 사이에서 얼마
나 균등히 분배되어 있는지를
말한다. 높은 종균등도는 종다
양성을 증가시킨다.

생태계 다양성 한 지역에서
생태계의 규모와 다양성의 측
도를 말한다.

생물학자들은 생물종 175만 종류를 묘사하고 명명해
왔지만 지구에 있는 종 수는 3백만에서 1억 종류에
달한다. 사실 우리는 이 행성에서 하나의 생태계에 존재
하는 전체 다양성조차도 알지 못한다. 그럼에도 불구하고
생물학자들은 다양성을 이해하고 다양성과 생태계 기능
의 중요성을 공부하는 데 도움을 주는 방안을 찾아왔다.

4.1 종과 생태계 다양성은 생물다양성의 중요한 요소이다

생물다양성이라 하면, 아마도 600종 이상의 나무가 존
재하는 볼리비아의 마디디국립공원과 같은 우거지고 울
창한 열대 우림을 상상할 것이다. 그에 비해 미주리 오자
크의 참나무-가래나무 숲은 단지 46종의 나무만 있다.
생물다양성에서 가장 기본적인 요소는 **종다양성**(species
diversity)이다. 종다양성은 군집 내 생물종 수와 상대적
종풍부도(relative abundance)로 이루어진다. 군집 내 종다
양성은 **종풍부도**(species richness)를 의미하는 생물종 수
와 같이 증가한다. 하지만 종풍부도 만으로는 생물다양
성의 전체 모습을 보여줄 수 없다. 반드시 군집 내 상대적
종풍부도의 정도를 나타내는 **종균등도**(species evenness)
를 고려해야 한다. 종균등도를 고려하는 것은 군집 내 종
풍부도가 높다고 해도, 다양성이 떨어지고 단일 종에 의

해 우점될 수 있기 때문에 중요하다.

세 가지 목초지 생태계에 서식하는 나비를 보자(그림
4.1). 생태계 b에 사는 여섯 종의 나비를 보면 생태계 b는
한 종만 서식하는 생태계 a와 비교해보았을 때 더욱 높은
나비의 다양성을 뒷받침하고 있다.

대조적으로 생태계 b와 생태계 c는 모두 여섯 종의 나
비가 서식하고 있다. 그러나 생태계 c가 더 높은 나비의
다양성의 보여주고 있다. 생태계 b와 생태계 c의 차이는
생태계 c의 종균등도에 의해서 만들어진 것이다. 다시 말
하면 나비의 종다양성은 생태계 c의 높은 종균등도에 의
해 더 높게 나타난다.

다양성은 생태계 기능에 대한 결과를 나타낸다. 높은
종다양성을 가진 군집은 장기간 안정적이고 산불, 나무
쓰러짐과 같은 교란 이후 빠른 회복력을 보인다. 또한 높
은 종다양성을 지닌 생태계는 낮은 종다양성을 지닌 생
태계에 비해서 높은 일차생산성을 가진다(제7장 198쪽
참조).

생태계 다양성

종을 보다 큰 개념에서 보면 경관(landscape)은 숲에서부
터 습지까지의 넓은 범위의 다른 생태계 모음이다. **생태
계 다양성**(ecosystem diversity)은 다양한 영역에서의 다양
성 측도이며 생태계의 크기이다. 다른 생태계 사이 종의

종다양성에 대한 종풍부도와 종균등도의 기여도

a. 낮은(제로) 종다양성

군집에 한 종의 나비만 있다.

b. 중간 종다양성

종풍부도는 높지만(6종 이상) 종균등도는 낮다.

c. 높은 종다양성

높은 종풍부도와 종균등도를 보인다(모든 종이 균등하게 풍부하다).

그림 4.1 (a) 1종의 나비 개체 수는 제로 종다양성을 가진다. (b) 6종 중에 1종의 의해 우점된 나비의 군집은 낮은 종균등도를 가진다. (c) 6종의 군집이 b군집의 종풍부도와 동일하지만 동등하게 풍부한 종들이기 때문에 b군집과 비교해보았을 때 종다양성이 더 높게 나타난다.

차이, 에너지 흐름, 영양분 순환의 차이 때문에 경관 내 각 생태계는 전체적으로 독특한 생물다양성을 가진다. 예를 들면 그림 4.1에서의 나비들은 목초지 생태계에 서식하고 있다.

근처에 있는 산림 생태계는 다른 나비 종의 군집을 보여주고, 농경지는 또 다른 나비 종의 군집을 보여줄 것이다. 또한 서로 다른 세 생태계에 서식하는 나비들은 각기 다른 식물의 수분활동을 하며 식물은 또 다른 곤충의 먹이원이 된다.

옐로스톤국립공원의 생태계는 공원에서 잘 알려진 지열 생태계와 더불어 산림, 목초지, 큰 강가, 연못, 습지, 호수를 포함한다. 실제로 옐로스톤국립공원은 북아메리카의 다른 지역보다 높은 생태계 다양성을 보인다(그림 4.2).

⚠ 생각해보기

1. 생태계 다양성(종, 생태계 등)에 있어 어떤 특정 요소가 다른 요소보다 높은 보전 우선순위를 가져야 하는가?
2. 종다양성과 생태계의 보전은 어떻게 상호보완적일 수 있는가?
3. 자연 생태계는 보전에 대한 관심을 받기 위해 종이 풍부할 필요성이 있는가?

4.2 지리적 패턴과 변화 과정은 생물다양성에 영향을 준다

군집과 경관 내 생물다양성에 영향을 미치는 종과 생태계 다양성에 대해 살펴보았으며, 더 넓은 지역적·지구적 규모에서의 생물다양성을 고려해보자. 자연 보전 결정을 내리기 위해서는 섬, 대륙, 추운 산 정상과 열대 지역의 기후대와 같은 지구의 다양한 지역 사이의 생물학적 차이를 알아야 한다. 이러한 지식들은 가장 적절한 생물보호 구역을 선정하는 데 도움을 주고 그 지역의 관리방안을 알려줄 것이다.

육상 생물군계

생물군계(biome)는 식물, 동물 및 다른 생물들 사이의 관계성을 나타내는 독특한 생물학적 구조를 가진 넓은 지리적 영역이며 특색 있는 식생 또는 교목, 관목, 풀, 덩굴과 같은 식물의 생장 형태를 나타낸다. 예를 들면, 열대림과 툰드라에 사는 동식물 종은 완전히 다르고, 또한 지중해의 관목 생물군계에 사는 동식물과는 다른 종들을 가지고 있다. 그러나 큰 범위 탓에 생물군계는 많은 상호관계를 가지는 군집과 생태계로 이루어져 있다. 기후, 토양, 그리고 다른 물리적 요소의 변화는 지리적 영역에 분포하는 생물군계를 결정한다(그림 4.3). 예를 들면, 북쪽의 한랭기후 지역인 툰드라 생물군계에는 대부분 키작은 관목과 난쟁이 나무들이 서식하며, 타이가 또는 북부침엽수림 생물군계에는 특징적인 침엽수가 광범위하게 서식한다. 반면에 열대림은 연중 내내 따뜻하고 강우량이 많은 지역에 위치하고 있다. 사막은 건조 기후에서 발달한다.

제7장(201, 203쪽)에 나오겠지만, 육상 생물군계의 토

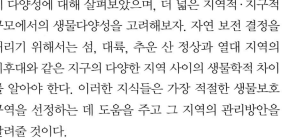

경관에서 생태계 다양성과 종다양성 사이의 어떤 관계를 기대할 수 있는가?

그림 4.3에서 지도는 지구 온난화에 의해 어떻게 변하겠는가?

생물군계 넓은 지역에서 나타나는 독특한 생물학적 구조. 특히 특징적인 생육형(예 : 육상에서의 나무, 관목, 초본, 또는 수환경에서의 맹그로브 나무)들에 의해 특징지어지는 식물, 동물, 그리고 모든 생물의 조합

다양한 생태계의 경관

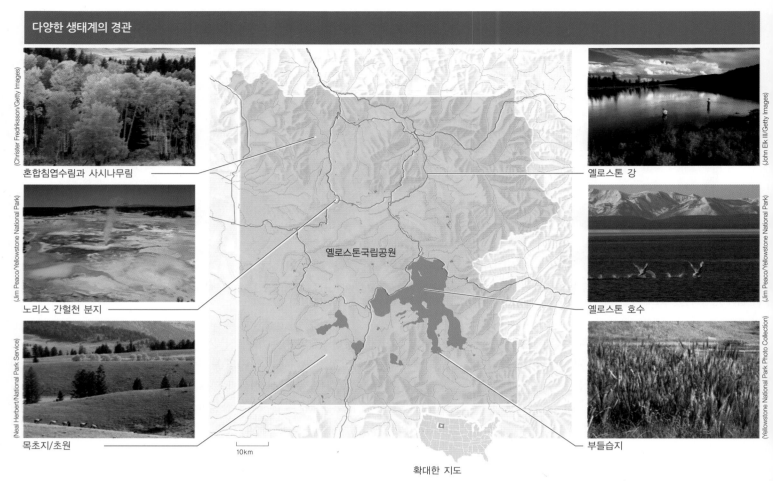

혼합침엽수림과 사시나무림

노리스 간헐천 분지

목초지/초원

옐로스톤국립공원

10km

확대한 지도

옐로스톤 강

옐로스톤 호수

부들습지

(Christer Fredriksson/Getty Images)

(Jim Peaco/Yellowstone National Park)

(Neal Herbert/National Park Service)

(John Elk III/Getty Images)

(Jim Peaco/Yellowstone National Park)

(Yellowstone National Park Photo Collection)

그림 4.2   옐로스톤국립공원은 경관 면에서 큰 규모로 이루어진 유난히 높은 생태계 다양성을 가지고 있다. 관광객에게 영감을 주는 자연의 멋진 다양하고 독특한 생태계의 존재는 옐로스톤국립공원이 세계의 첫 번째 국립공원이 되는 데 가장 큰 기여를 했다.

양은 구별되는 요소이고 다양한 경제적 활동이 행해진다. 온대 초원은 밀, 옥수수 같은 곡물을 대규모로 재배하는 데 도움이 되는 반면에 북부침엽수림대는 종이를 생산하는 목재와 펄프와 같은 나무의 수확을 가능하게 한다.

수 생물군계

주요 해양 생물권은 외해, 대양저, 산호초, 해초 숲(그림 4.4)을 포함한다. 산호초는 따뜻한 열대 해양으로 서식지가 제한된 반면에, 해초 숲은 남부 캘리포니아 해안부터 알래스카까지 냉대까지 냉온대 연안에서 발견된다. 훼손 안 된 산호초에 사는 생물종다양성은 열대림 생물종다양성과 견줄 만하고, 산호초 군집에 사는 생물종은 담수습지에 사는 생물과 다르다. 해양과 육상 생태계 전이대에 나타나는 수 생물군계는 해안 염습지와 맹그로브 숲을 포함한다. 또한 담수습지는 담수와 육상 환경 사이의 전이

대에 나타난다. 변동이 심한 물리적 조건과 높은 영양염류 이용 가능성 때문에, 이같이 전이대 생물군계는 생물종다양성은 낮지만 매우 높은 생산성을 가진다.

위도와 다양성 구배

비록 열대 우림 수리남과 뉴펀들랜드의 면적은 비슷하지만(163,820km² 대 111,390km²), 열대 우림 수리남에 서식하는 새 종 수가 뉴펀들랜드의 7배에 달하는 것을 생각해보자. 포유동물, 나무, 파충류, 어류, 곤충과 같이 다른 생물분류군 또한 극지부터 열대지방까지 종풍부도가 증가한다. 비슷한 종풍부도의 증가는 담수와 해양 생태계의 어류, 연체동물, 조류에서도 일어난다. 따라서 적도 가까운 지역은 전 세계적 종풍부도가 불균형적으로 높다(그림 4.5).

열대 지역은 왜 높은 다양성을 보이는가? 이 현상에 대

지구의 육상군계 특징

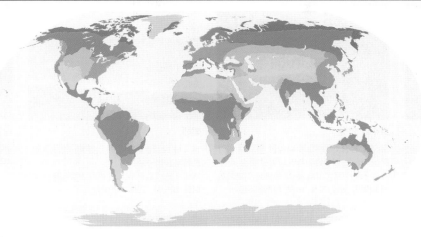

● **열대림**

기후 : 연중 습함 또는 습윤건조한 계절

식생 : 상록활엽수 또는 낙엽수, 덩굴식물, 난초나 양치류와 같은 착생식물

● **온대림**

기후 : 온화한 겨울, 따뜻한 여름, 중간 혹은 많은 강수량

식생 : 낙엽성 또는 침엽성 나무, 관목, 그리고 하층의 초본성 식물

● **온대초원**

기후 : 추운 겨울, 습하고 더운 여름

식생 : 연중 강수량에 따라 다양한 높이를 지닌 풀과 초본성 식물

▲ **사막**

기후 : 더운 여름, 온화 혹은 추운 겨울, 건조함

식생 : 내건성을 지닌 다육성 식물, 심근성 관목과 나무, 빠른 성장을 하는 일시적 식물

● **열대사바나**

기후 : 연중 따뜻함, 뚜렷한 습윤, 건조기

식생 : 건조기의 화재는 산포한 나무가 있는 초원을 유지하는 데 도움을 준다.

● **지중해성 관목림**

기후 : 온화하고 습한 겨울, 덥고 건조한 여름

식생 : 거친 잎, 산불 내성 관목과 나무, 봄에 꽃피는 풀과 초본식물

▲ **타이가 또는 북부침엽수림대**

기후 : 추운 겨울, 짧고 온화한 여름, 중간 정도 강수량

식생 : 광대한 침엽수림, 특히 가문비나무, 전나무, 낙엽송, 낙엽성 사시나무, 자작나무, 버드나무

● **툰드라**

기후 : 추운 겨울, 시원한 여름, 적은 강수량

식생 : 지의류, 키 작은 초본과 관목

그림 4.3 지구의 다양한 생물군계에서 식물의 성장 형태와 동물의 특징은 기후와 지리학적 변화에 따른 진화적 적응을 반영한 것이다.

해서 몇 가지 설명이 가능하다. 가장 쉬운 것은 열대 지역의 면적이 더 넓다는 것이다. 대륙은 적도 중앙 쪽에 집중되어 있고, 땅의 면적은 온대 지역의 면적보다 넓다. 다른 요인은 적도가 1년 중에 받는 빛의 양을 포함하는데, 이는 식물 생장에 도움이 된다. 또한 열대 지역은 겨울철에 생장을 저해를 받는 온대 지역보다 계절적 변화가 적고

비교적 안정적인 기후를 보인다는 점이다. 그러나 오랫동안 알려진 패턴에 대해 충분히 만족할 만한 설명을 내놓을 수 없어 생태학자들은 계속 연구를 진행하고 있다.

생물다양성 핫스팟

열대 지역이 일반적으로 지구에서 가장 높은 생물 다양

과학계에 잘 알려지지 않은 종들이 어디에서 발견될 것 같은가?

지구의 수중군계 특징

개울과 강

물리적 환경 : 난류, 합류하는 하류, 높은 산소 농도

주요 생물 : 수생 무척추동물, 양서류, 어류의 먹이원이 되는 강변의 조류와 식물

호수와 연못

물리적 환경 : 해변에서 다양한 염도와 영양분을 가지는 개수면까지의 다양한 환경 조건

주요 생물 : 해변에서 호수 심해에 이르기까지 다양한 식물, 조류, 어류, 무척추동물

외해

물리적 환경 : 넓은 외해, 상층에 제한된 빛, 혼합되는 바닷물

주요 생물 : 표류하는 조류과 해양동물은 큰 어류, 바닷새, 고래의 먹이원이다.

대양저

물리적 환경 : 주로 모래 또는 갯벌. 깊어질수록 광이 줄어든다.

주요 생물 : 새우, 물고기 같은 척추동물이 얕은 바다와 열수구에 풍부하다.

산호초와 해초 숲

물리적 환경 : **산호초** – 따뜻함, 잘 드는 빛, 안정적인 염도와 온도를 지닌 얕은 물

해초(켈프) 숲 – 계절을 따라 시원함에서 추운 것까지 다양함, 잘 드는 빛, 얕은 물

주요 생물 : 암초 형성 산호, 다양한 어류와 무척추동물 개체군을 유지하는 대형조류

맹그로브 숲

물리적 환경 : 바닷가 주변에 위치, 해수부터 담수까지 기수역

주요 생물 : 맹그로브 나무, 다양한 새, 어류, 곤충과 무척추동물

염습지

물리적 환경 : 하루 두 번 조수, 다양한 염도, 산도, 온도 환경

주요 생물 : 내염성 초본식물, 산소 부족 토양, 풍부한 무척추동물, 새, 어류

담수 습지

물리적 환경 : 물이 연중 다양한 정도로 포화시킨다.

주요 생물 : 부족한 산소와 물로 포화된 토양에 내성 가진 식물, 풍부하고 다양한 동물

그림 4.4 수생물군계의 생물군집은 주로 수온, 해류, 파도 에너지, 염도, 산소에 의해 결정된다.

성 가진 지역이지만, 특정 지역은 매우 많은 종이 있는 '생물다양성 핫스팟'이다. 비정부기관인 국제보존협회는 34개의 **생물다양성 핫스팟**(biodiversity hotspot)이 지구에 있음을 확인하였는데, 기존에 존재하던 면적이 적어도 70% 감소하고 다른 곳에 없는 1,500종류의 **고유종**(endemic species) 식물이 있는 지역이다. 이 생물다양성 핫스팟은 지구 육상 면적의 2.3%이지만 세계 식물종의 절반(150,000종)과 거의 육상 척추동물의 절반이 서식한다. 이런 핫스팟의 일부는 지중해와 캘리포니아 주변 지역을 포함한 온대지방에 위치한다(그림 4.6).

섬의 종풍부도 : 섬의 면적과 고립의 영향

섬은 생물다양성을 연구할 수 있는 자연실험실이다. 예를 들어, 생물학자인 맥아더(Robert MacArthur)와 윌슨(E. O. Wilson)은 섬에 서식하는 종의 수는 시간이 지나도 상대적으로 일정하게 유지되지만 종의 구성은 변한다

고 말하였다. 그들의 **섬생물지리 평형 이론**(equilibrium model of island biogeography)에 따르면, 섬에 존재하는 종의 수는 새로 유입된 종(다른 지역에서 건너온 것)의 비율과 존재하던 종의 지역적 멸종하는 비율 사이에서 형성된 균형에 의해 결정된 것이다.

사례를 살펴보자. 6km² 정도 밖에 안 되는 작은 그리스 섬 텔로스에 서식하는 조류는 20세기 중반과 그 35년 후에 다시 조사되었다(그림 4.7). 조사에 따르면 2종은 새로 이주한 반면에 3종의 새가 섬에서 멸종하였다. 그 결과 조류는 7종에서 6종으로 감소하였다. 텔로스의 조류 군집의 변화는 맥아더와 윌슨이 주장한 이론을 뒷받침한다.

맥아더와 윌슨은 섬의 면적과 본토로부터의 거리가 이주와 멸종을 결정한다고 하였다. 넓은 면적의 섬은 두 가지 이유로 더 많은 종의 수를 가진다. 첫째 이유는 넓은 면적의 섬은 보다 넓은 서식지를 제공하고, 이에 따라 이주를 더 수용할 수 있다. 둘째 이유는 서식하는 종들의 개

생물다양성 핫스팟 최소 1,500종의 고유식물을 가지고 있으며 전 세계 면적 0.5%에 해당하는 지역으로 최근 70% 면적이 축소된 지역

고유종 세계 다른 지역에서는 발견되지 않은 생물종

섬생물지리 평형 이론 섬의 생물종 수는 새로 유입된 종과 절멸된 종의 균형이 섬의 면적과 육지로부터의 격리에 의해 결정된다는 가설

위도에 따른 종풍부도

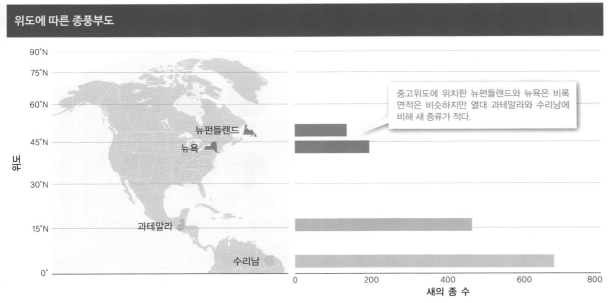

중고위도에 위치한 뉴펀들랜드와 뉴욕은 비록 면적은 비슷하지만 열대 과테말라와 수리남에 비해 새 종류가 적다.

그림 4.5 새의 종풍부도는 고위도부터 저위도로 가면서 증가한다. 식물, 포유류, 곤충 및 어류 를 포함한 대부분 생물에서 일반적인 양상이다. (자료 출처 : 다양한 자료)

체 수 크기가 크기 때문에 낮은 멸종률을 가진다는 것이 다. 이제 본토와 가까운 섬을 살펴보자. 가까운 섬은 근접 성이 있기 때문에 이주하기 더 수월하다. 또한 이주는 종

의 개체 수를 유지하는 데 기여하기 때문에 섬은 보다 낮 은 멸종률을 보인다. 결과적으로 본토와 가까운 큰 섬은 더 많은 종을 가지며 떨어져 있는 작은 섬은 적은 수의 종

보전 우선 지역인 생물다양성 핫스팟

생물다양성 핫스팟

그림 4.6 상대적으로 작은 생물다양성 핫스팟은 대부분 지구 생물종들의 서식지가 된다. 붉은 명암에서 볼 수 있듯이, 생물다양성 핫스팟은 지구 식물종의 반, 동물종 대부분의 서식지이기 때문에 많은 보전학자들은 생물다양성 보호를 위해 생물다양성 핫스팟에 집중해야 한다고 제안한다. (Mittermeier et al., 2005)

과학원리　　　　　　　문제　　　　　　　해결방안

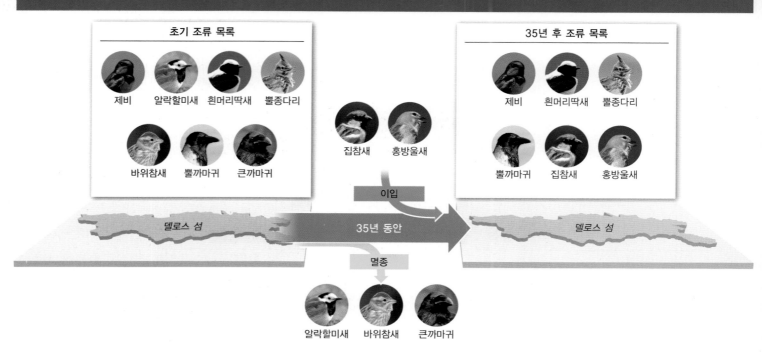

그리스의 델로스 섬에서 종 멸종과 이입은 동일하다

초기 조류 목록

제비 · 알락할미새 · 흰머리딱새 · 뿔종다리

바위참새 · 뿔까마귀 · 큰까마귀

집참새 · 홍방울새

이입

델로스 섬 / 35년 동안 / 델로스 섬

멸종

알락할미새 · 바위참새 · 큰까마귀

35년 후 조류 목록

제비 · 흰머리딱새 · 뿔종다리

뿔까마귀 · 집참새 · 홍방울새

그림 4.7 델로스와 같은 섬의 종풍부도는 지역적 멸종과 이입 사이의 역동적인 균형에서 오는 결과로 보인다. (자료 출처 : Foufopoulos & Mayer, 2007)(왼쪽: U.S. Fish and Wildlife Service, Dennis Jacobsen/Shutterstock, skapuka/Shutterstock, Bildagentur Zoonar GmbH/Shutterstock, John Navajo/Shutterstock, Vishnevskiy Vasily/Shutterstock, Edwin Butter/Shutterstock; 오른쪽: U.S. Fish and Wildlife Service, skapuka/Shutterstock, Bildagentur Zoonar GmbH/Shutterstock, Vishnevskiy Vasily/Shutterstock, Andrew Williams/Shutterstock, Florian Andronache/Shutterstock; 가운데 위: Andrew Williams/Shutterstock, Florian Andronache/Shutterstock; 가운데 아래: Dennis Jacobsen/Shutterstock, John Navajo/Shutterstock, Edwin Butter/Shutterstock)

만약 지금부터 50년 동안 새 군집 연구를 한다면 무엇을 발견할 수 있을 것 같은가?

을 가진다(그림 4.8).

섬생물지리 평형 이론은 훼손된 산림과 목초지에 둘러싸인 국립공원 및 생물보호구역, 농경지를 만들기 위해 일부 패치만 남은 지역과 같이 고립된 서식지에 보편적으로 적용할 수 있다. 섬생물지리 평형 이론이 의미하는 바는 면적이 넓고 고립이 적은 자연 서식지는 더 높은 종풍부도를 가진다는 것이다.

⚠ **생각해보기**

1. 왜 국제보존협회와 같은 기구들이 생물다양성 핫스팟에 보전 노력을 집중해야 한다고 하는가?
2. 뉴펀들랜드의 북부침엽수림과 비교할 때 왜 수리남의 열대림의 산림 벌채에 대하여 더 많은 우려를 하는가?
3. 만약 특정 생물다양성 핫스팟과 열대 지역에만 보전 노력을 한다면 앞으로 어떤 독특한 종과 생태계가 멸종할까? (북극곰을 생각해보자.)

핵심종 다른 종들에 비해 낮은 생체량과 수에도 불구하고 군집 구조에서 큰 영향을 미치는 종. 핵심종의 영향은 먹이 활동을 통해 진행된다.

4.3 일부 종은 다른 종보다 생물다양성에 더 큰 영향을 준다

생태계 내에서 각 종은 다른 역할을 하는 스포츠 팀으로 간주된다. 어느 한 선수의 손실은 팀 전체의 승부에 일부 문제를 주지만 미식축구 쿼터백과 같은 중요한 선수의 손실은 완전히 절망적이다. 자연에서 일부 종의 역할은 군집과 생태계 전체에 다른 종보다 중요한 경우가 있다.

핵심종과 생태공학자

군집 내 낮은 풍부성에도 불구하고 생물다양성에 중요한 역할을 하는 종을 **핵심종**(keystone species)이라고 한다. 핵심종의 손실은 이 종이 결여됨에 따라 돌로 된 아치형 다리가 무너지는 것과 같다. 핵심종은 일반적으로 먹이 활동을 통해서 군집 구조에 영향을 주는 불가사리, 해달, 그리고 재규어와 같은 높은 단계의 포식자이다(그림 4.9). 옐로스톤국립공원에 늑대가 재도입되었을 때 늑대는 핵심종의 역할을 하였다. 늑대의 재도입 전에는 라마 강가

면적과 고립은 섬의 종풍부도에 영향을 준다

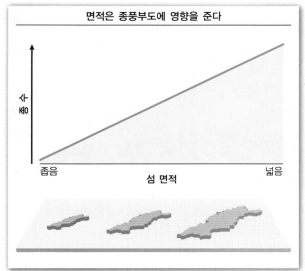

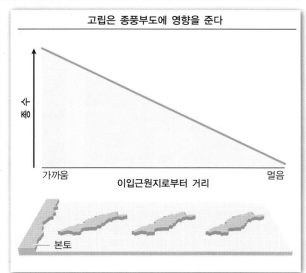

그림 4.8 평균적으로 큰 섬에서 더 많은 종이 사는 반면 이입근원지로부터 먼 섬에 더 적은 종이 산다. 결과적으로 이입근원지로부터 먼 작은 섬에 가장 적은 종이 살고, 이입근원지로부터 가까운 큰 섬에 가장 많은 종이 산다.

에 있는 나무식생은 어린 나무가 매우 드물었으며 성숙한 미루나무와 버드나무가 퍼진 정도로 제한되었다. 엘크가 어린 미루나무와 버드나무를 먹었기 때문에 소수만이 성숙할 수 있었다. 그러나 늑대가 재도입되고 엘크는 늑대의 공격에서 취약한 강가를 떠났다. 엘크가 떠나고 어린 나무들은 높은 비율로 살아남았다(그림 4.10).

이런 효과는 생태계를 통해 전체 포식 단계를 타고 내려간다. 버드나무의 크기와 풍부도가 증가하자 새들의 먹이와 번식 활동을 할 수 있는 서식지가 증가하였다. 비버의 개체군이 증가함에 따라 지형이 물리적으로 변화되었다(그림 4.11). 비버와 같이 물리적 환경과 생태 구조와 변화에 영향을 주는 종을 **생태공학자**(ecosystem engineer)라고 부른다. 그해에 늑대의 먹이 활동에 의해서 늑대는 회색곰, 코요테, 여우, 큰까마귀, 독수리의 먹이로 엘크의 썩은 고기를 남겼다.

기초종

기초종(foundation species)은 군집을 이루는 물리적 틀을 만드는 종이다. 예를 들어 나무가 수관을 형성하고 임상에서 관목과 초목 식생이 다른 종의 서식지를 만드는 숲을 생각해보자. 해양에서는 산호와 해조류가 물고기와 다른 생물이 살고 먹이 활동을 하는 복잡한 구조 틀을 만든다(그림 4.12).

엘크에 의한 포식 활동에서 벗어나자 버드나무와 미루나무는 옐로스톤국립공원에서 기초종으로서의 역할을 다시 하게 되었다. 더 나아가 버드나무는 비버에게 먹이를 제공하고 멸종 위기인 서부의 버드나무딱새류를 포함한 다양한 새가 둥지를 틀 보금자리이다. 버드나무와 미

핵심종 가설의 근원은 무엇인가?

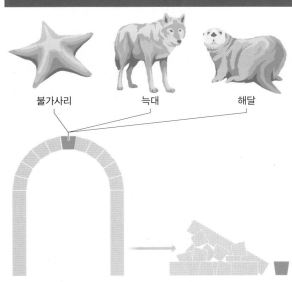

그림 4.9 핵심종의 가설은 건축물과 같다. 건축물 아치 부분의 돌을 '핵심돌'이라 한다. 핵심돌을 제거하면 건축물은 무너진다. '핵심종'의 제거는 생태군집에서 같은 효과를 나타낸다.

굶주림은 왜 겨울 동안 옐로스톤국립공원의 엘크에게 치명적인 멸종 원인이 되지 않는가?

생태공학자 비버와 같은 종으로 물리적인 환경을 바꾸면서 생태계 구조와 과정에 영향을 준다.

기초종 큰 크기 또는 생물량을 가져 다른 종에게 적합한 환경을 조성하여 군집 구조에 큰 영향을 미치는 종

그림 4.10 늑대의 도입은 옐로스톤국립공원에서 미루나무와 버드나무의 생장을 돕고 있다. 사진은 라마 강을 따라 있는 강가 주변 영역에서 성공적인 정착과 어린 미루나무의 생장(성숙한 미루나무 아래에 더 높은 밀도로 분산된 어린 묘목)의 결과를 보여주고 있다. 라마 강에서는 지역적인 지형과 늑대의 존재에 의해 엘크와 들소에 의한 미루나무 먹이 활동이 감소되었다.

그림 4.11 비버가 만든 댐에 의해 연못과 습지가 생겨난다. 댐은 전형적인 하천을 변화시켜 새로운 환경을 더하고 생태계를 다양하게 한다.

지표종 지표종은 그들이 살고 있는 생태계의 상태에 대한 정보를 제공한다.

루나무는 작은 포유동물뿐 아니라 매우 다양한 곤충들에게 쉼터와 먹이를 제공한다. 미루나무는 그늘지게 하여 지렁이, 곤충, 곰팡이류를 포함한 토양생물이 영향받는 온도와 습도를 바꾼다. 또한 늑대는 핵심종의 역할을 명확히 보여주며(그림 4.13) 엘크를 강가에서 몰아내었고 버드나무가 초식동물에 의한 피식으로부터 벗어나도록 하였다. 늑대 재도입의 지대한 영향은 한 종의 존재 또는 결여가 생물다양성에 있어 큰 변화를 가져올 수 있다는 것이다.

지표종, 우산종, 깃대종

생태계와 경관을 보전하고자 할 때 생태계에서 중요한 역할을 하는 다양한 종이 있다. 일부 종은 그 종이 서식하고 있는 생태계의 건강성을 나타낼 수 있다. 해안 세이지 관목(제3장 81쪽 참조)과 관계 있는 캘리포니아모기잡이새와 같은 **지표종**(indicator species)을 모니터링하는 것은 그 생태계 상태에 대한 정보를 제공해준다. 옐로스톤국립공원의 회색곰 또는 서부 캐나다의 온대 우림(82쪽 그림 3.21 참조)에 서식하는 흑곰과 같은 지표종의 개체군

?

모피무역을 위한 비버 사냥꾼에 대항하는 엘크 사냥꾼의 입장은 북부 로키 산맥에서 늑대 재도입과 관련해볼 때 어떻게 다른가?

거의 모든 생태계에는 기초종이 존재한다

산호초

사시나무 숲

그림 4.12 산호는 따뜻하고 얕은 열대바다에서 종풍부도가 높은 생태계를 만든다. 사시나무는 옐로스톤국립공원의 중요한 기초종이다.

옐로스톤국립공원에서 늑대의 파급효과

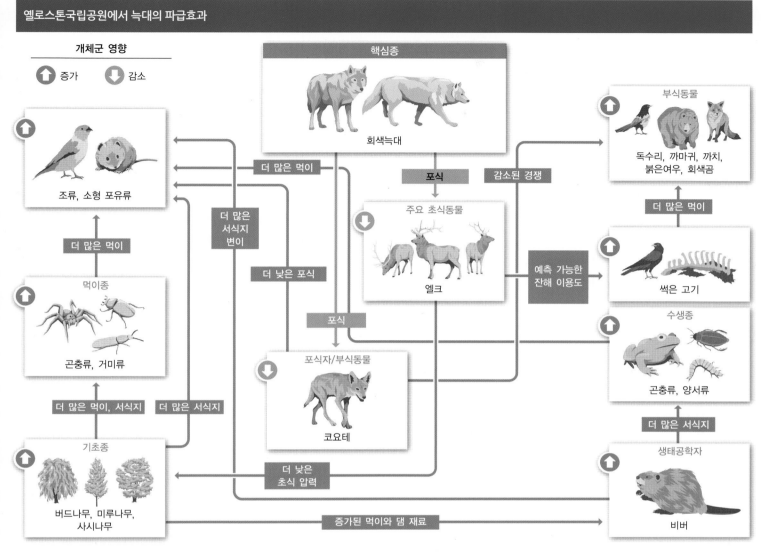

그림 4.13 늑대의 먹이 활동은 코요테와 엘크와 같은 다른 종의 개체군을 직접적으로 억제하는 반면에 생태공학자와 기초종을 포함한 다른 개체군의 성장을 촉진하는 데 간접적인 영향을 준다. 회색늑대가 핵심종인 옐로스톤국립공원에서 회색늑대의 지대한 영향은 진행 중인 장기간 연구 주제이다.

을 유지하기 위한 관리방안은 생태계를 보전하는 한 방법이다. 지표종을 보호하는 것은 그들이 서식하는 생태계를 보호하는 것이기 때문에 지표종은 **우산종**(umbrella species)의 역할도 한다. 다른 용어인 **깃대종**(flagship species)은 생태계 보호에 관심을 가진 사람들의 흥미를 유발하고 유지한다. 생태계 보전의 상징이 되는 카리스마적 종에는 미국삼나무, 자이언트판다, 큰고래가 있다.

⚠ 생각해보기

1. 생물종이 핵심종과 생태공학자가 될 수 있는가? 핵심종과 기초종은 어떠한가?

2. 보전생물학자들은 왜 핵심종, 생태공학자, 기초종에 대한 위협을 심각하게 인식하는가?
3. 핵심종과 기초종에 대한 지나친 관심은 어떻게 보전 노력에 위해를 끼칠 수 있는가?

4.4 생태 천이는 군집 구성과 다양성에 영향을 준다

심한 산불과 같은 교란이 자리 잡은 군집에 영향을 주고 난 이후나 화산 활동으로 재와 같은 물질이 축적되면 미생물, 식물, 동물은 영향을 받은 지역에 다시 정착하게 된다. 이 생물들은 생존을 위해 **천이**(succession)라는 생태적

우산종 우산종의 보호는 다른 종들이 의존하고 있는 전체 생태계에 보호를 제공한다.

깃대종 생태계 보호에 관심 있는 사람들의 주목을 끌고 유지하는 종이다.

천이 교란을 따라 시간이 지나면서 발생하는 군집의 점차적인 변화

변화 과정을 시작하면서 주변 환경을 변화시킨다.

최근 용암의 흐름과 같은 빈약한 지질적 표층에서의 천이를 **1차 천이**(primary succession)라고 한다. 이는 비옥한 토양이 없는 환경에서 시작하기 때문에 일반적으로 수백에서 수천 년이 걸리는 느린 과정이다. 천이의 한 예로는 융빙에 노출된 돌이나 자갈에서 일어나는 천이가 있다(그림 4.14). 초기 천이 과정에서 개척자들은 낮은 영양 환경에 대한 내성이 있다. 식물과 지의류(균류와 남세균)와 같은 많은 '선구'종(pioneer species)들은 대기로부터 질소를 얻기 때문에 토양 영양분에 대하여 전적으로 의존하지 않는다(질소순환과 관련, 제7장 199쪽 참조).

개척자군집(pioneer community)이라 불리는 천이 과정 동안 발달하는 초기 군집은 많은 다른 종에게 해가 되는 조건에서 살며 강한 햇빛의 노출에 대한 내성이 있는 종으로 이루어져 있다. 선구종은 높은 번식력과 높은 확산력을 가지고 있다. 이 초기 생물종이 생장하면서 잔사체가 형성되면 균류, 지렁이, 다른 부식성 생물에게 영양분이 풍부한 토양을 제공한다. 토양이 형성되면서 서식조건은 풀, 초본, 관목, 교목이 자라는 데 적절하게 된다. 이후 해당 지역에서 숲이 형성될 수 있다.

모든 생물이나 토양이 훼손되지 않는 군집에서의 교란에 따른 천이는 생물들에 의해 상당수가 변형된 환경에서 일어나기 때문에 **2차 천이**(secondary succession)라 불린다. 예를 들면, 농경지가 버려진 이후에 그 지역은 다시 점진

적으로 숲이 될 것이다. 천이 초기 단계에서 1년 내에 종자로부터 발아, 생장, 열매 맺는 한해살이 식물은 높은 번식률과 빠른 확산 능력과 함께 식물군집을 차지할 것이다. 이후에 보다 제한적 환경 요구를 가진 다년생초본, 풀, 관목이 초기에 자리 잡은 선구 식물종을 대체하며 자리 잡을 것이다. 다음으로 빨리 생장하는 소나무를 볼 수 있을 것이다. 끝으로 소나무는 무성하게 자라고 참나무와 가래나무와 같이 천천히 자라는 활엽수로 대체될 것이다. 참나무와 가래나무는 다음 교란까지 안정화된 상태로 남아 있는 **극상군집**(climax community)의 기초종이 될 것이다(그림 4.15). 물론 극상군집을 구성하는 종은 천이가 일어나는 생물군계에 종류에 따라 다르다.

천이가 진행되면서 이주한 식물의 배열은 다른 경로를 겪게 된다(제3장 76쪽 참조). 천이 후기 단계는 K-선택종(적은 자손을 생산하고 느리게 생장함)을 선호하는 반면에, 천이 초기 단계의 군집은 교란된 환경의 특징을 지닌 r-선택종(많은 자손을 생산하고 널리 확산함)에 의해 우점된다. 둘 사이에 중간 천이군집은 r-선택종과 K-선택종의 혼합에 의해서 형성된다. 결과적으로 천이의 중간 단계는 종다양성이 초기나 후기 천이 단계보다 높다(그림 4.16).

⚠ 생각해보기

1. 교란이 환경에서 자연스러운 것이라면 왜 인간이 일으키는 교란은 생물다양성에 더 부정적인 영향을 주는가?

❓ 보전의 목표는 모든 형태의 교란을 제거하는 것인가?

1차 천이 최근 노출된 용암과 같이 맨땅에서 시작하는 천이

개척자 군집 천이 과정에서 가장 먼저 정착하는 군집

2차 천이 생물과 토양에 해를 입히지 않은 정착된 군집의 교란에 따른 천이

극상군집 천이 연속 단계 중 마지막 단계의 군집으로 천이를 다시 시작될 정도로 교란이 심하기 전까지 유지되는 단계

빙하 퇴각 후 1차 천이

(NPS/Kay White)

그림 4.14 빙하 퇴각 후 돌, 자갈, 모래 등 미네랄이 노출되었다. 시간이 지나고 지표면은 수 세기가 걸리는 천이 과정을 시작하여 점차적으로 식물이 정착할 수 있었다.

2차 천이의 예 : 오래된 경작지 천이

2007. 6. 15. 일부 초본이 자라는 노지

2008. 7. 21. 키 큰 돼지풀이 자라는 땅

2010. 7. 14. 더 다양한 초본이 자라는 땅

2013. 7. 15. 관목과 어린 음수림이 정착한 땅

그림 4.15 북동부 북아메리카 오래된 경작지의 천이 과정 동안 군집의 천이는 몇 가지 예상된 과정을 겪었다. 1단계는 경작지가 버려짐에 따라 노지로 이루어져 있다. 2단계는 노지를 차지하는 한해살이 식물이 주로 자란다. 3단계에는 한해살이 식물과 다년생이 혼합된 후기 단계가 발달한다. 4단계인 초기 숲 단계는 어리고 빨리 성장하는 음수림과 관목으로 이루어진다. 마지막으로 성숙한 음수림 아래에서 나무가 발아하고 성장할 수 있는 최후의 천이 단계가 있다(이미지 없음).

2. 빈번하게 강한 교란이 어디서든 일어나는 곳에서 종의 생활사는 어떠할 것 같은가?
3. 만약에 선구종이 정착하고 차지하는 데 능숙하다면, 왜 선구종의 우점은 2차 천이 과정 동안에 이어지지 못하는가?

4.5 전 지구적 종풍부도는 종분화와 멸종의 균형 결과이다

섬에 서식하는 종의 수가 이주율과 멸종률에 의해 주로 결정되는 것처럼 전 지구에 존재하는 종의 수는 새로운 종이 형성되고 존재하던 종이 멸종하는 상대적인 비율에 의해 결정된다. 제3장에서 어떻게 인간 활동이 대량멸종 수준까지 멸종을 증가시켰는지를 포함해 시간이 경과함에 따라 진행되는 멸종의 유형에 대해 알아보았다. 이 장에서는 멸종의 반대의 경우에 대하여 이야기해보자. 새로운 종이 형성되는 과정이다.

이소적 종분화

새로운 종이 형성되는 진화적 과정을 **종분화**(speciation)라고 한다. 진화생물학자는 새로운 종이 형성되는 과정

어떠한 요소가 지리적으로 고립된 두 종이 유전적으로 다양해지는 것을 억제하는가?

종분화 새로운 종이 형성되는 진화적 과정

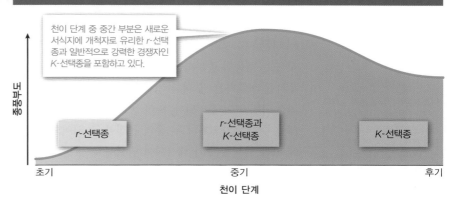

천이 과정 중 종풍부도와 종구성 변화

천이 단계 중 중간 부분은 새로운 서식지에 개척자로 유리한 *r*-선택종과 일반적으로 강력한 경쟁자인 *K*-선택종을 포함하고 있다.

r-선택종

r-선택종과 *K*-선택종

K-선택종

종풍부도

초기   중기   후기

천이 단계

그림 4.16 군집에서 종 수는 초기 천이 단계에서 빠르게 증가하고 중간 단계에서 정점에 달하며 후기 단계에서 감소한다. 천이 단계의 중기인 종풍부도 단계는 새로운 서식지에 개척자로 유리한 *r*-선택종과 일반적으로 강력한 경쟁자인 *K*-선택종을 포함하고 있다. (Guo, 2003)

에 대해 몇 가지 가정을 제안하였다. 그러나 종분화의 가장 일반적인 형태는 강, 협곡, 산맥과 같은 지리적 장벽이 한 개채군을 두 개의 소개채군으로 나누는 **이소적** [allopatric 또는 **지리적**(geographic)] **종분화**(speciation)에 의해 발생하는 것으로 밝혀졌다. 분리된 개체들은 짝짓기를 하기 위해 지리적 장벽을 넘을 수 없기 때문에, 두 소개체군 간의 유전적 차이는 분리된 개체군이 서로 다른 환경 조건에 적응을 하든지 무작위적인 돌연변이에 의해 점차적으로 축적될 수 있다. 개체군들이 유전적 또는 행동적으로 큰 차이를 보여서 더 이상 상호교배를 하지 못하게 되면 두 종으로 나뉘게 된다(그림 4.17).

고릴라는 이소적 종분화의 좋은 예이다. 두 종으로 인식되는 종들—서부고릴라(*Gorilla gorilla*)와 동부고릴라(*Gorilla beringei*)—은 아프리카의 반대편에 서식하고 오늘날에는 1,000킬로미터 떨어져 있다(그림 4.18). 동부고릴라는 무게가 더 나가고 큰 무리를 이루며 서부고릴라에 비해 보다 명확하게 채식을 한다. 그러나 이 두 고릴라 종은 한때 짝짓기도 하고 전체의 범주를 넘어 유전자 교환도 하는 한 개체군을 이루었다. 그러나 약 1백만 년 전 큰 규모의 기후적 또는 지질적 변화는 한 고릴라 개체군을 2개의 이소적 개체군으로 나누었다. 잇따른 세대를 거치면서 분리된 개체군은 유전적 차이를 축적해갔고, 끝내 구분이 되는 현재 동부고릴라와 서부고릴라를 형성했다. 또한 진화적 차이의 발생은 여전히 진행되고 있다. 결국은 두 고릴라 종은 끝내 두 종의 분리된 아종으로 진화하였다.

동소적 종분화

새로운 종은 **동소적 종분화**(sympatric speciation)라 불리는 지리적 고립 과정 없이 나타날 수 있다. 동소적 종분화는 다른 서식지와 먹이를 이용하는 2개 소개체군의 생태적 또는 행동적 종분화를 따른다. 종의 두 소개체군이 배우자를 선택하는 데 다른 기준을 적용한다면, 이들은 지리적 고립 없이 분리된다. 또한 동소적 종분화는 종 내 염색체 수가 배가되거나 두 종의 근접한 종 사이의 잡종화에 따라 염색체 수가 배가되어 염색체 수가 증가하는 배수성을 통해서도 형성될 수 있다. 배수성은 식물에 있어 동소적 종분화의 중요한 메커니즘이다. 동물 사이에서의 동소적 종분화 가능성에 대한 증거는 적다. 하지만 현재 활발한 연구 분야이다.

?

세계 모든 사람이 고릴라의 생존을 걱정하고 있다. 이 걱정을 일으킬 수 있는 요인들은 무엇인가?

이소적(지리적) 종분화 새로운 종이 형성되는 과정으로 한 개체군이 지리적으로 두 개체군으로 나누어지면서 발생한다. 시간이 지나면 두 개체군 간 유전적 차이가 나타나고 축적되고, 끝내는 독립적으로 번식한다.

동소적 종분화 지리적 격리 없이 새로운 종이 나타는 과정

이소적 종분화 : 기본 네 가지 단계

① 단일 상호교배집단
상호교배하는 선조 개체군

단일 선조종

② 산에 의한 격리
개체군이 2개의 분리된(이소적) 개체군으로 나누어진다. 지리적인 경계는 두 개체군 간의 상호교배를 막는다.

이소적 두 개체군

③ 분화
시간이 지나며, 자연선택과 무작위 돌연변이 결과로 두 개체군 사이에 유전적 차이가 발생한다.

계속 이소적

④ 경계가 없어도 상호교배 불가능
경계가 없어지고 두 개체군 간의 분포는 겹쳐지지만 상호교배되지 않는다. 분화가 되었다.

두 종

그림 4.17 지리적인 분화로 알려진 이소적 종분화는 새로운 종이 형성되는 주요 원인 중 하나이다.

고릴라 종의 지리적 종분화

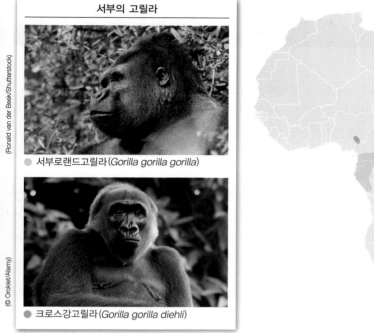

서부의 고릴라

● 서부로랜드고릴라(*Gorilla gorilla gorilla*)

● 크로스강고릴라(*Gorilla gorilla diehli*)

동부의 고릴라

● 마운틴고릴라(*Gorilla beringei beringei*)

● 동부로랜드고릴라(*Gorilla beringei graueri*)

그림 4.18 서부고릴라(*Gorilla gorilla*)와 동부고릴라(*Gorilla beringei*)는 1,000킬로미터 이상의 거리를 가지며 분리되었다. 위와 같이 두 종의 고릴라는 두 아종으로 분화하였다.

⚠ 생각해보기

1. 다른 색 양상을 보이고 행동적 차이를 보여 일반적으로 다른 종으로 묘사되는 일부 새들은 자연에서 상호교배를 하고 완전한 생식력이 있는 자손을 낳기 때문에 한 종 이름으로 되어 있다. 물리적 차이를 보이는 개체군을 고려할 때 같은 종 구성원으로서 구분 짓는 과학적 정의는 무엇인가?
2. 멸종이 지구의 생명의 역사를 걸쳐 나타나는 자연적인 과정이었다면, 환경학자들은 왜 현 멸종 위기를 줄이기 위해 노력하는가?

4.1~4.5 과학원리 : 요약

종다양성은 종의 수(종풍부도)와 그들의 상대적 빈도(종균등도)에 대한 함수이다. 생태계 다양성은 한 지역에서의 생태계의 수와 종류로 구성된다. 종풍부도는 일반적으로 극지에서 적도로 갈수록 증가한다. 열대지방의 생물다양성 핫스팟은 특히 많은 수의 종을 부양한다.

다양성은 다수의 요인에 의해 형성된다. 섬의

종풍부도는 종 이주와 멸종으로 정해지는데, 보통 비슷한 면적의 대륙에 비해 낮다. 핵심종, 기초종, 생태공학자는 그들 군집의 생물다양성에 지대한 영향을 끼친다. 어느 한 시점의 다양성은 지역의 교란 이력에 달려 있다. 극심한 교란 이후에 생물들이 그 지역에 서식하기 시작해서 1차 천이라 불리는 생태적 과정을 촉발할 것이다. 덜 심각한 교란 이후의 천이를 2차 천이라고 부른다. 종풍부도는 일반적으로 천이 과정의 중간 단계에 최고점을 찍는데, 그 군집은 보통 천이 초기(r-선택)와 후기(K-선택) 종들의 혼합으로 구성된다.

종다양성은 진화의 산물이기도 하다. 이소적 종분화 과정에서 한 개체군은 2개의 지리적으로 격리된 개체군으로 나뉜다. 두 격리된 개체군은 시간이 지나면서 차이가 누적되어, 그들이 더 이상 상호교배하지 않을 때 구분된 종이 된다. 동소적 종분화 과정에서 새로운 종은 지리적 격리 없이 형성된다.

4.6~4.8   문제

?

생태 천이(111쪽 참조)가 일반적으로 어떻게 산림 파편화에 영향을 끼치는가?

서식지 파편화 벌채, 도로 건설, 강에 댐 건설 같은 행위에 의해 예전에 연결되어 있던 서식지가 고립된 서식지 조각들로 분할되는 것

지구 상에 인간 활동의 영향을 받지 않은 장소는 없다는 것은 확실하다. 맨해튼 그리니치빌리지와 같은 장소에는 현재 습지 위에 지어진 워싱턴스퀘어가 있으며 미네타 개울의 흔적은 찾을 수 없다. 미국 서부의 황무지는 목장주인, 벌목꾼, 석유생산지에서 일하는 사람들에 의해 나누어져 길이 십자로 형태를 보인다. 심지어 아마존 깊은 곳까지 고대 주요 마을의 흔적이 토양 숯과 관개수에서 관찰된다. 또한 전혀 사람의 발길이 닿지 않았던 생태계에서도 인간 활동에 의한 이산화탄소 방출이 생태계 기능을 변화시키고 있다. 이는 생물다양성에 영향을 주는 인간 활동이 전 세계적으로 퍼져 있다는 것을 의미한다.

4.6 서식지 파편화는 생물다양성을 감소시킨다

도로나 농장을 위해 땅을 밀고 광산을 만들 때마다 자연

위성 사진에 잡힌 대규모 열대림의 파괴

(NASA Earth Observatory)

그림 4.19 매년 수만 제곱킬로미터의 열대림이 파괴된다.

생태계는 파괴된다. **서식지 파편화**(habitat fragmentation)는 연속적인 생태계를 보다 작고 고립된 서식지 또는 서식지 파편으로 변화시키는 것이다. 소의 목초지를 만들기 위해 숲을 훼손시킨 파편화는 전형적인 예이다. 서식지의 파편화는 전체 생물군집에 영향을 주며, 남아 있는 자연 생태계에 서식하는 개체군들도 점차 감소하기 때문에 종풍부도를 감소시키며 장기적으로 생존 가능한 멸종 위기종도 감소시킨다. 섬과 같이 파편화된 면적이 더 작을수록 유지할 수 있는 생물의 수가 적어진다.

열대림의 파편화

매해 훼손되고 있는 90,000km²의 열대림을 포함하여 매해 약 20,000km²가 전체적으로 파괴되는 것은 아니지만 파편화되어 벌목, 화재, 도로 건설로 인해 피해를 받고 있다(그림 4.19). 지난 30년간 브라질 과학자와 전 세계의 다른 나라 과학자가 협력 연구하는 산림파편화 생물역학(Biological Dynamics of Forest Fragments) 프로젝트는 이런 파편화 현상을 연구하고 있다. 연구지 면적 1,000km²에서 연구진들은 연구와 관찰을 위해 다양한 크기의 산림 파편화 지역을 만들었다. 각 파편화된 지역은 소의 목초지를 위해 벌목된 땅에 의해 둘러싸여 있었다(그림 4.20). 연구에서 대조 영역들은 비슷한 크기의 작은 산림으로, 넓게 트인 산림에 둘러싸여 있고 연결되어 있다(길이 200킬로미터 이상).

수백 편의 연구논문에서 연구 결과는 명확하다. 큰 파편화 지역에 비해서 작은 파편화 지역은 큰 포유동물, 영장류, 하층 조류, 쇠똥구리, 개미, 벌, 흰개미, 나비에 있어 적은 수의 종을 보여주었다(그림 4.21). 가장 현저한 점은 다양한 크기의 파편화된 산림은 연결되어 있는 같은 크기의 산림과 비교해보았을 때 더욱 적은 수의 동물 종을 보여준다는 것이다. 이 연구와 전 세계적으로 이루어진 다른 연구들은 서식지 파편화가 생물다양성 손실을 가져온다는 것을 여러 차례 증명하였다.

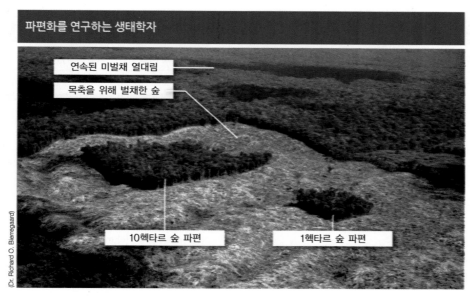

파편화를 연구하는 생태학자

연속된 미벌채 열대림

목축을 위해 벌채한 숲

10헥타르 숲 파편

1헥타르 숲 파편

(Dr. Richard O. Bierregaard)

그림 4.20 산림 파편화에 따른 생물변화 프로젝트는 가장 규모가 큰 장기간 연구 중 하나이다. 위의 이미지는 작고 큰 열대림의 단편을 보여준다.

가장자리 효과

고립되고 파편화된 삼림지의 크기를 생각해봤을 때 새로 형성된 가장자리 부분은 내부 환경과는 다르다. 가장자리 부분은 바람이 더 많이 불고 건조하며 덥다. 또한 해충에 더 취약하다. 이런 **가장자리 효과**(edge effect)는 산림이 받는 영향을 더 심각하게 만든다. 아마존 유역에서 산림 파편화를 400미터까지 확장시킨 곳에서 30개의 가장자리 효과가 발견되었다(그림 4.22). 일부 종은 파편화 가

장자리 효과를 만들어내는 곳에서 잘 번식하지만, 생태계의 특정 내적 조건(예 : 높은 습도, 낮은 빛 노출)을 요구하는 종들은 그러하지 못했다. 결과적으로 가장자리 조건이 증가하는 파편화와 함께 이러한 '내적 종(interior species)'들은 상당량이 줄어들고 일부에서는 그 지역으로부터 사라졌다.

⚠ 생각해보기

1. 서식지 파편화로 인한 고립효과에 대한 대응방안은 무엇인가?
2. 농경지에 둘러싸인 삼림지와 같은 서식지와 바다에 있는 섬은 어떻게 비슷한가? 또한 어떻게 다른가?

4.7 생태계의 가치 있는 서비스가 위협받고 있다

자연의 미적인 이익을 잃는 것 이외에 생태계를 잃는 것은 어떤 결과를 가져올까? 1990년대 말에 스탠퍼드대학교의 그레첸 데일리(Gretchen Daily)가 이끄는 11명의 생태학자로 구성된 패널은 인간이 자연 생태계로부터 얻는 이점과 서비스의 많은 항목을 정리하였다. 이점은 해산물, 목재, 가축 먹이, 생물 연료와 같이 얻을 수 있고 판매가 되기 때문에 경제적 가치에 속한다.

이러한 많은 이점은 지속 가능하지 못한 수확 활동 때문에 이미 위협을 받고 있다(제8장 참조). 유엔식량농업

열대림 내적 종이 열대림 가장자리종보다 흔했던 적이 있었는가?

파편화는 종다양성에 영향을 미친다

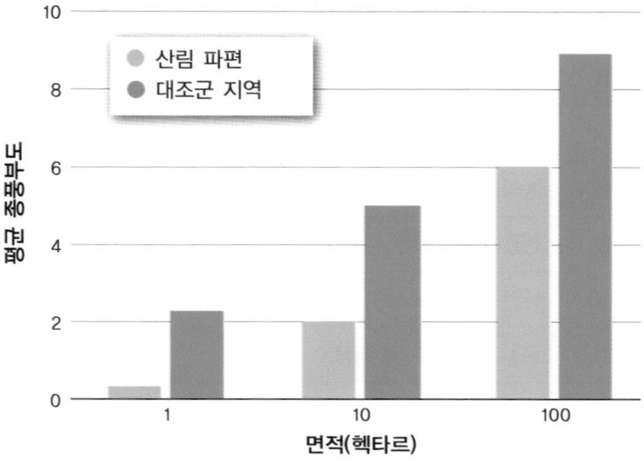

- ● 산림 파편
- ● 대조군 지역

(세로축) 평균 종풍부도 — 0, 2, 4, 6, 8, 10
(가로축) 면적(헥타르) — 1, 10, 100

그림 4.21 열대림의 파편화는 숲 파편에서 곤충을 먹이로 하는 새를 포함한 숲에 서식하는 종 수를 감소시킨다. 동일 면적의 파편화되지 않은 숲의 대조군 지역과 비교했을 때 숲 파편은 곤충을 먹이로 하는 새의 종을 더 적게 부양한다. (자료 출처 : Laurance et al., 2002)

가장자리 효과 한 생태계의 가장자리 근처(예 : 격리된 숲 파편의 가장자리 근처)에서 나타나는 환경 조건. 가장자리의 환경은 생태계 내부 깊숙한 곳과는 다르다.

가장자리 효과는 숲 파편에 깊게 파고든다

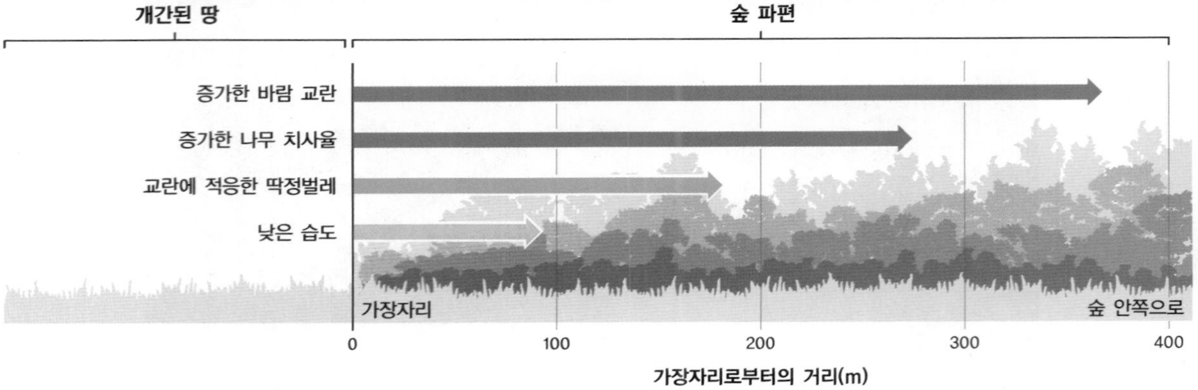

그림 4.22 수많은 가장자리 효과 중 몇 개를 보여주는데, 이들은 숲 파편 가장자리에서 10~400미터에 뻗어 있는 아마존 강 유역의 고립된 숲에 대한 연구에서 기록되었다. (자료 출처 : Laurance et al., 2002)

기구(FAO)에 따르면 세계의 600종의 물고기 자원 중 4분의 1은 과도하게 이용되거나 감소하였다. 이외에 52%의 어류는 최대수확량만큼 이용되고 있다. 현재 어업을 통제하려는 시도가 가진 주요 문제점 중 하나는 어류들이 상호관계를 가지는 생태계 구성원으로 존재하는데 고립된 일부분으로 본다는 점이다. 예를 들면, 대서양 청어 어유를 얻기 위해 과도하게 수확하고 있는데, 이는 이를 섭식하는 참치, 고등어, 대구와 물수리와 같은 새들을 포함하는 다른 종까지 피해를 주고 있다.

이점을 더 말하면 생태계는 지역적·지구적으로 많은 서비스를 제공한다. 식물은 뿌리를 내리고, 토양은 물을 정화하고, 나무는 공기를 정화하고, 맹그로브와 해안 숲은 홍수를 조절한다. 이런 **생태계 서비스**(ecosystem services)는 인간에게 경제적·사회적·문화적 가치를 가지고 있다(표 4.1). 예를 들면, 야생 자생곤충은 수분, 초식해충의 조절, 심지어 오락을 제공한다. 2006년 평가에 따르면 곤충이 제공하는 생태계 서비스의 매해 가치는 미국에서만 570억 달러이다. 그러나 이러한 서비스는 살충제와 제초제의 남용으로 인해 위협받고 있다. 예를 들면 벌집군집붕괴 현상, 즉 꿀벌의 거의 10%가 전멸하는 이 기이한 현상은 다른 요인도 있지만 네오니코티노이드 살충제(니코틴과 비슷한 살충제)와 관련이 있다.

다른 동물은 해충 개체군을 통제할 것이다. 플로리다에 사는 30,000마리 남동박쥐의 군집은 매년 15톤의 모기를 잡아먹는다. 역사적으로 박쥐들은 사람들에 의해 다이너마이트에 폭파당하고 독살당하고 사냥하는 사람

들에 의해서 괴롭힘을 받았다. 오늘날 박쥐의 생존에 가장 큰 위협은 동물탐험가들에 의해 퍼진 것으로 추정되는 북동아메리카에서 570만 마리 박쥐를 죽인 박쥐괴질인 진균성 질병이다.

기능 측면에서 생태계는 물을 정화하고 산불의 영향을 감소시키며 폭풍을 경감시켜 생물을 구할 수 있다. 예를

어떤 이들은 생태계 서비스에 경제적 가치를 부여하려는 시도를 비판해왔다. 이러한 비판의 근거는 무엇인가?

생태계 서비스 인간의 경제적·사회적·문화적 가치를 지닌 생태계 구조와 기능의 한 측면(예 : 습지의 홍수 조절, 숲과 강 생태계의 수질 정화)

표 4.1	생태계 서비스
1	공기와 물의 정화
2	가뭄과 홍수 경감
3	토양의 생성과 보전
4	폐기물의 해독 및 분해
5	양분의 순환
6	작물과 야생식물의 수분
7	종자 분산
8	농해충 억제
9	생물다양성 보전
10	해안 침식 감소
11	온실가스 흡수 및 저장
12	기후 조절
13	유해한 자외선으로부터의 보호
14	미적·문화적·지적 가치

정보 출처 : Daily et al., 1997.

들면 맹그로브 숲의 거미다리 같은 뿌리는 강한 폭풍이 있을 때 해변 파도의 충격을 줄인다. 인도의 경제성장협회에 있는 생태학자들은 맹그로브 숲이 1999년 싸이클론으로부터 2만 명의 죽음을 막았다고 추정한다. 그러나 맹그로브 숲은 지구에서 가장 위험에 처한 생태계 중 하나이다. 맹그로브 숲은 장작과 목재를 위해 잘려나가고 새우 양식업을 위해 제거되고 있다. 지난 50년 동안 맹그로브 숲의 면적은 60%나 감소되었다. 맹그로브 숲을 파괴하는 것은 경제적이지 않다. 멕시코에서 한 연구는 1에이커의 맹그로브 숲이 나무의 시장가치의 200배 이상으로, 해산물 분야에서 15,000달러 이익을 가져온다고 하였다.

물론 생태계 서비스의 전체의 경제적 가치는 추정하기 어렵다.

이러한 시도는 캔버라에 위치한 오스트레일리아 국립대학교의 코스탄자(Robert Costanza)가 이끄는 연구 팀에 의해 시작되었다. 2014년 발표된 연구에서 코스탄자와 그의 동료들은 2011년 자연 생태계에 의해 제공된 상품과 서비스의 전체 가치는 125조 달러라고 평가하였다. 그들의 추정가치는 당시 전 세계 총생산의 2배에 달하였다. 그러나 특별히 전 세계의 해양에 의한 기후 조절과 같은 역할을 하는 대규모의 생태계가 제공된 상당수의 상품들과 서비스들은 그 무엇으로도 대체할 수 없다.

⚠ 생각해보기

1. 경제적 가치와 윤리적 미학적인 가치는 서로 배타적인가?
2. 캐나다와 러시아의 북부침엽수림, 아마존의 열대 우림 같은 생태계가 전 세계적으로 중요한 생태계 서비스를 제공한다면, 국제사회는 이 생태계들을 유지하는 나라들에게 보상해주어야 하는가?
3. 어떤 생태계들이 간단히 대체될 수 없는 소중한 것인가?

4.8 많은 외래종은 생태계를 해친다

이미 제3장에서 외래종들이 고유종 개체군을 위험에 처하게 한다는 사실을 배웠다. 그러나 외래종의 영향은 전체 생태계로 확대될 수 있다. 남아프리카의 초목 식생은 지구의 생물다양성 핫스팟 중 한 곳이며 초원 언덕이 남부 인도양에 접해 있다. 불행하게도 초원에서 외래 소나무와 아카시아종이 토양 수분을 과도하게 흡수해서 주변 유역의 유수량을 3분의 1로 줄였다. 이 외래종들은 광범위하게 다른 소중한 생태계 서비스를 훼손시켰다.

이 외래종은 전통 약재와 차로 사용되었던 식물들을

쫓아내고 여행과 낚시가 제한된 해안사구와 강기슭 영역까지 침입했다. 목본 외래종들은 생태계에 가연성의 식물체량을 늘려서 불의 강도도 증가시켰다. 미국 남서부에서는 위성류(*Tamarix*)라고 불리는 나무가 산속 개울을 마르게 하고 주변 생태계에서 불의 빈도와 강도를 증가시키면서 **산불 체제**(fire regime)를 바꾸었다. 유사하게 북아메리카의 넓은 영역에 침범하는 털빕새귀리(*Bromus tectorum*)는 불의 빈도를 증가시키고 가축과 고유 동물종에게는 영양분이 부족한 먹이가 된다. 털빕새귀리 침입 전에 산불은 60~110년마다 일어났고 지금은 3~5년마다 일어난다(그림 4.23).

외래종과 수중 생태계

외래종의 영향은 육상 생태계에만 국한된 것이 아니다. 수중 외래종은 생태계의 재화와 서비스에 대하여 큰 손상을 미치며 전 세계적으로 퍼지고 있다. 아프리카 국가들은 어업과 무역에 중요한 수로를 막는 수중 외래 잡초들을 제거하기 위해 매년 수백만 달러를 투자하고 있다. 아프리카에서 큰 호수 중 하나인 빅토리아 호수의 농어류 침입은 수백의 고유종이 멸종하는 결과를 낳았고(그림 4.24) 전체 생태계에도 부정적인 영향을 미쳤다. 예를 들면, 지역민은 돌 위에 건조시킬 수 있는 작은 물고기들을 잡았다. 큰 물고기들은 훈제해야 하기 때문에 사람들은 이를 위한 불을 지피기 위해 나무들을 베었다. 이러한 현

여름 저녁 시원한 바닷바람의 현금 가치를 부과하는 것은 어떤가?

외래종 문제가 생태적 이슈뿐 아니라 공공 안전에 대한 위협으로 여기는 것이 때때로 적절한가?

산불체재 특정한 생태계에서 전형적으로 나타나는 불의 빈도와 강도

외래종은 산불 체제를 변화시킨다

(istockphoto/Getty Images)

그림 4.23 사진에 나타난 미국 서부 방목지대에서 털빕새귀리(*Bromus tectorum*)와 같은 불에 잘 타는 외래종이 연료를 공급해 산불 체제가 변화되어 초래한 결과는 자연 생태계에 가장 큰 위협 중 하나이다.

외래수중생물은 아프리카의 생태계 서비스를 감소시킨다

빅토리아 호수의 부레옥잠

빅토리아 호수의 나일농어

그림 4.24 빅토리아 호수의 부레옥잠은 어업과 운송을 방해한다. 다른 외래 도입종인 나일농어는 영양염류 오염과 더불어 호수 주변 수백만 명의 사람들에게 전통적 단백질원이었던 수백 마리의 자생종 물고기의 멸종을 불러왔다.

세계에서 가장 큰 호수 어장인 빅토리아 호수의 수익성 있는 나일농어 어업에 따른 지구 어디에서도 찾을 수 없는 수백 종 어류의 손실은 어떻게 측정할 수 있는가?

상은 침식과 농업배수에 의한 오염을 증가시켰다.

아시아에서 왕우렁은 수생식물을 먹어치워 생체량을 줄이고 영양분을 생태계로 유출시켰다. 그 결과, 이전에 맑았던 물은 탁해지고 조류로 인해 외부 환경으로부터 차단된 상태가 되었다. 미국과 캐나다에서는 얼룩홍합이 양수장치의 물 흡입작용을 방해하고 수중구조물에 부착되어 골칫거리가 되었다.

침입종의 경제적 영향

2010년 유엔환경위원회는 세계경제에서 침입종의 피해 규모가 1조 4천억 달러를 초과할 것이라 평가하였다.

북아메리카 서부에서 위성류 나무의 침입 관리에 드는 경제 비용은 관리 및 추정되는 물 손실과 관련하여 매년 1억 2,700만 달러에서 2억 9,100만 달러로 추정된다. 한편 오대호 수계와 관련 있는 얼룩홍합의 관리 비용은 매년 7천만 달러에 달한다. 그러나 일부 외래종은 보다 많은 비용을 요구한다. 예를 들면 핀보스 지역에서 외래종에 의한 물 손실은 14억 달러 정도이며, 남아메리카에서 침입한 왕우렁은 필리핀 벼농사에 매년 10억 달러 이상의 손실을 준다. 코넬대학교 농업생명대학의 피멘텔(David Pimentel)과 그의 동료들은 2005년 침입종이 미국에서만 매년 1,200억 달러 이상의 손실을 일으킨다고 추정하였다.

⚠ 생각해보기

1. 관리 시도에서 윤리적으로 우리는 침입종, 특히 척추동물을 다룰

수 있는 권리가 있는가?

2. 침입종과의 관계를 규정하는 군사 용어(예 : 전투, 섬멸, 침략, 사살)의 사용은 지속 가능한 관계보다는 자연과의 적대적인 관계를 조장시키는가?

4.6~4.8 문제 : 요약

연속적인 생태계가 더 작고 고립된 서식지 파편으로 변형되는 서식지 파편화는 생물다양성을 상당히 감소시키는 결과를 초래한다. 생태계 파편 가장자리에서 바람의 증가와 감소된 습도는 지도에서보다 더욱 적은 유효면적을 제공한다. 생태경제학자들은 생물다양성 유지를 포함한 자연 생태계에서 제공되는 상품과 서비스의 전체 가치가 125조 달러, 거의 지구의 매해 총생산량의 2배에 달한다고 평가했다. 많은 생태계 서비스는 서식지 파괴와 박쥐의 화이트노이즈 증상과 같은 전염성 질병의 확산에 의해 위협을 받고 있다. 생태계 서비스는 가치가 있을 뿐만 아니라 바닷물 폭풍해일을 감소시켜 사람의 생명을 구할 수도 있다. 외래종은 수문학 그리고 산불 체제를 변형시켜 생태계를 위협할 수 있다. 매년 수백만 달러에 달하는 외래종의 경제적 영향은 관리 비용이 많이 들고 생태계 서비스를 감소시켰다.

4.9~4.12 해결방안

생물다양성 보전과 회복에 중요한 두 가지 핵심은 종(제3장에서 강조) 또는 **생태계**와 관련되어 있다. 종종 이런 접근은 완전히 반대인 것처럼 보인다. 그러나 멸종위기종 보호에 건강한 기능적 생태계가 필요함은 명백한 사실이다. 야생종들은 그들이 의존해 살고 있는 생태계에서 동떨어져 살지 않는다. 비슷하게 우리가 어느 자연 생태계를 보전하고 회복하든 간에 우리는 많은 생물종 개체군을 유지시킨다. 전체 생태계를 보호하고자 하는 대규모 계획 중에 일부는 보호구역을 따로 명시하고 있다.

전 세계의 생태계가 위협에 처했다는 염려는 168개국이 1992년 브라질 리우에서 개최된 '지구정상회의'에 따른 **생물다양성협약**(Convention on Biological Diversity)에 서명하도록 이끌었다. 이는 생태계를 보호하는 것이 경제 발전의 기반이 된다는 인식을 가지게 되면서 인간과 생물권 역사에 있어 결정적인 순간이 되었다. 심지어 회의가 열렸던 장소도 중요한 곳이었다. 회의는 아마존 유역에서 개최되었는데, 아마존은 아마도 아마존 사람들과 다른 지역 사람들에게도 측정 불가할 정도의 서비스를 제공하는 세계에서 가장 생물다양성이 높은 보고이다. 협약의 구체적인 목적은 "생물다양성의 보전, 구성원들의 지속 가능한 사용, 그리고 올바르고 공정한 유전 자원의 활용에서 발생하는 이익을 공유하기"였다.

생물다양성협약은 여러 나라가 26%의 육지 면적과 17%의 영해를 보호구역으로 지정하는 것을 포함하여, 다양한 이정표를 맞추도록 각 국가에 요구했으며, 생물다양성 위기를 해결하는 명료한 방법을 명시했다. 또한 국가들은 관리방안을 세우고 기후 변화의 영향을 확인하여 각국의 국립공원과 다른 보호구역을 효율적으로 관리할 필요가 있다. 2015년부터 196개국은 리우협약을 비준 또는 받아들였다(미국 클린턴 대통령은 리우협약에 서명했지만, 상원은 비준하지 않았다). 현재까지 대부분의 나라는 세운 목표에 도달하는 데 실패하였지만, 지난 20년간 보전을 위한 의미 있는 성공도 있었다.

4.9 급속히 증가하는 보호구역 수

생태계를 보전하는 중요한 방법 중 하나는 그것을 보호하는 것이다. 생물다양성협약은 **보호구역**(protected area)을 특정 보호 목적을 위해 설정, 통제, 관리되는 지리적으로 정의했다. 다양한 유형의 자연 보호구역 범주 중에는 엄격한 과학적 연구를 위해 보호 중인 지역과 생물다양성을 보호하는 지역이어서 관광은 금지되지만 사냥감 및 목재와 같은 자연 자원의 수확을 위해 관리되는 지역도 있다. 일반적으로 지자체 법규는 보호구역의 이용을 통제한다.

세계에서 가장 오래된 보호구역들은 신의 영역과 같이 성스러운 장소이거나 죽은 자들의 안식처였다. 생태계에서 생산되는 자원의 보호는 그 후에 따라왔다. 예를 들면 일본에서 신사를 짓는 목재를 제공하는 숲은 2,000년 이상 보호되고 있다. 수렵 보호구역은 비슷한 시기에 북인도에서 생겼다. 미적인 이유로 보호되는 첫 번째 큰 자연 지역은 옐로스톤국립공원이다.

옐로스톤국립공원의 설정은 국립공원 또는 다른 유형의 보호구역을 설립하는 데 있어 전 세계적으로 영감을 주었다. 옐로스톤국립공원 설정 해인 1872년과 1962년 사이에 수많은 보호구역이 1,000개 이상 설정되었다. 오늘날에는 전 세계에 걸쳐 미국과 브라질을 합친 면적보다 넓은 거의 1천 9백만 km^2을 아우르는 10,000개 이상 보호구역이 있다. 전체적으로 보면 지구 지표의 12%가 보전 보호 위해 지정되었다(그림 4.25).

보호구역 설계 시 크기와 연관성

자연보호구역에 관해 생각해보면 자연보호구역은 클수록 좋다. 하지만 불행히도 이는 항상 실제적이지 않다. 작은 보호구역에서 기능한 생태계를 유지하는 한 방법은 그들의 연관성 또는 다른 보호구역과의 **서식지 통로**(habitat corridor)를 확보하는 것이다. 서식지 통로는 보호구역 간의 생물의 활동을 증가시킨다. 지역 개체군 안

생물다양성협약 생물다양성 보전, 생물다양성 구성원들의 지속 가능한 이용, 유전적 자원의 사용에서 발생하는 이익에 대한 타당하고 공정한 공유를 증진하기 위해서 유엔환경계획의 후원 아래 협상된 국제적 협정

보호구역 특정한 보전 목적을 달성하기 위해 설정, 조절, 관리되는 지리학적으로 지정된 지역(예 : 국립공원, 국유림, 야생동물보호구역)

서식지통로 보호구역에 연결되어 있는 적합한 서식처의 좁은 길로 유전적 다양성을 유지하고 보호하는 개체군의 멸종 가능성 감소를 위해 보호구역을 이어주어 야생동물의 이동을 촉진하는 목적을 두고 있다.

보호구역 수가 급속도로 증가하고 있다

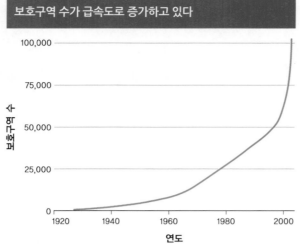

그림 4.25 지구 상 보호구역 수가 20세기 초에 지정되었던 몇 군데에서 20세기 말에 100,000개 이상에 이르기까지 빠르게 증가하였다. (자료 출처 : Mulongoy & Chape, 2004)

해양보호구역(MPAs) 해양보호구역 자원의 사용을 어류와 조개의 개체군을 지속시키고 해양 생태계 전체를 보호하며 해양 생태계 서비스를 보호하는 용도로 한정하는 해양환경의 한 구역

경과학자들은 민산 산에 서식하는 자이언트판다 보호구역 사이에서의 잠재적인 서식지 통로를 조사하였다(그림 4.26). 이런 보전계획이 정부에 의해서 채택된다면 서식지 파편화를 감소시키고 판다의 보호구역을 확대해서 판다의 미래를 보다 안전하게 만들 것이다.

해양보호구역

해양보호구역(marine protected areas) 또는 MPAs라고 불리는 연안지역과 해안의 보호구역은 산호초와 해수습지와 같은 생물다양성에 중요한 생태계를 보전하고 어류와 다른 해양 자원을 제공해주는 개채군을 유지하는 데 도움을 준다. 수년 동안 해양 서식지를 보호하는 일은 육상 생태계와 비교할 때 미진하지만 천천히 변하고 있다. 2006년 미국 대통령 조지 부시는 역사상 가장 큰 MPA들 중에 하나인 파파하노모쿠아키아 해양국립기념물인 태평양의 해양 서식지 3천 6백만 헥타르를 공표한 바 있다. 연구들은 적절히 관리된 MPAs는 어류들이 먹이 활동을 하고 어업 피해를 받는 것을 보완할 수 있는 피난처를 제

에서 유전다양성을 유지하는 데 도움이 되는 유전자 교환을 격리된 개채군 간 증가시키고 서식지 파편화에 따른 멸종 위험을 감소시킨다. 예를 들면, 남부 중국에서 환

중국의 보호계획은 서식지 파편화를 줄이는 데 목표를 두고 있다

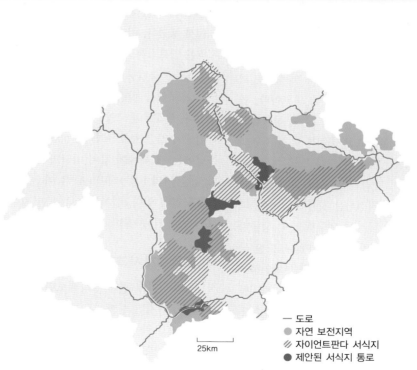

— 도로
● 자연 보전지역
╱ 자이언트판다 서식지
● 제안된 서식지 통로

25km

그림 4.26 보호계획자들은 서부 중국에 위치한 민산 산맥에 사는 자이언트판다의 보호를 위해 경관을 기반으로 한 계획을 발전시켰다. 계획 중 주요 부분은 서식지 파편화를 줄이기 위해 판다가 서식하는 보호구역과 서식지 통로의 네트워크를 잇는 것이다. (Shen et al., 2008)

공한다. 사실 사회과학자들은 MPAs와 사회 보전에 원원 전략을 만드는 파푸아뉴기니아와 인도네시아와 같은 곳 에서의 작은 어촌에서의 빈곤 감소의 상호관계를 밝혔다 (제8장 262쪽 참조).

⚠ 생각해보기

1. 유엔환경계획은 최근 보고서에서 세계에서 가장 큰 보호구역의 대부분이 만년설과 사막과 같은 낮은 다양성을 지닌 지역과 관계가 있다고 발표하였다. 이러한 편견이 생물다양성 보호를 위한 실제 실천에 대해 보여주는 것은 무엇인가?
2. 어떤 정치적·경제적·사회적 상황이 인구밀도 높은 지역에서 높은 다양성을 가지는 넓은 보호구역을 설정하도록 하는가?

4.10 비정부 보호기관이 정부 정책을 보완한다

지난 30년간 비정부기관(nongovernmental organizations, NGOs)와 개인 활동가들이 세계 생태계 보호를 주도하고 있다. 그들이 행한 보호 활동에 주요한 기여 중 하나는 정부와 비교해보았을 때보다 높은 유연성에 있다. 개인 활동가들은 보호구역을 설정할 때 개개인의 헌신에 의해 결정된다. 예를 들면, 노스페이스와 파타고니아 의류회사를 설립한 사업가 더글라스 톰킨스(Douglas Tompkins)와 CNN을 시작한 언론계의 중요한 인물인 테드 터너(Ted Turner)는 로드아일랜드 주와 델라웨어 주를 합친 면적의 2배에 해당하는 약 16,000km²의 보호구역을 전 지구적으로 설정하였다.

비정부 보호기관의 경우 잠재적인 보호 가치를 지닌 영역을 보호하기 위한 기금을 할당하는 결정은 단지 이 사회의 투표에 따른다. 생물다양성 유지를 위해 활발하게 활동하는 국제적 그리고 국가에서 운영하는 비정부 보호기관들이 있으며, 그들은 전체 250만km²에 해당하는 지역을 보전하고 있다. 가장 잘 알려진 기관 중에 몇 기관들에는 세계자연보호기금(WWF), 국제보존협회, 그리고 자연보호협회가 있다.

자연보호협회

자연보호협회(Nature Conservancy)는 세계에서 생태적으로 중요한 지역을 보호하기 위해 1951년에 설립된 비영리, 비정부기관이다. 한 세기가 넘는 동안 보호기관은 약

500,000km²의 육상 생태계와 8,000km 이상의 해양 생태계를 보호하면서 육상, 하천, 해양 생태계를 보전하는 활동을 하였다. 또한 자연보호협회는 해양 생태계 100곳이 넘는 보호 활동을 관리하고 있다.

자연보호협회는 본래 미국에서의 보전 활동과 희귀하고 멸종위기종들의 서식처를 보호하고 지역적으로 특이한 환경의 일부분 보전에 집중하였다. 오늘날 이 기관은 전체 생태계와 경관의 보전을 강조하면서 보다 넓은 범위, 포괄적인 접근을 하고 있다. 자연보호협회가 임무를 수행하는 곳 어디든지, 연구에 종사하는 과학자들과 환경보호 활동가부터 산업계 재정 지도자까지 이르는 이해 당사자들과 함께 보호 활동과 지역사회의 경제적 이익이 통합될 수 있도록 노력한다. 자연보호협회에는 1백만 명이 넘는 회원이 있고 30개국이 넘는 국가에서 활동을 하고 있다(그림 4.27).

영원한 코스타리카

영원한 코스타리카(Forever Costa Rica) 프로젝트는 자연보호협회가 정부와 개인 활동가들과 팀을 이루어서 자연을 보호하는 데 어떻게 도움이 되었는지 볼 수 있는 한 예이다. 코스타리카는 전체 생물종의 5%의 서식처가 되는 작은 국가로 세계에서 생물다양성이 가장 높은 곳 중 하나로 유명하다. 2000년대 초, 코스타리카는 땅의 25%를 생물다양성협약에서 가장 중요하게 여겨지는 보전지역으로 설정하였다.

하지만 불행히도 코스타리카의 육상공원은 재정적 문제를 겪었고 해양다양성의 극히 일부분만 보호하였다. 2010년에 자연보호협회는 미국 정부와 함께 **자연보호채무상계제도**(debt-for-nature swaps, DNS)를 중개하였다. DNS제도는 선진국이 개발도상국에게 보전 선언을 요구하고 개발도상국이 진 빚에 대해서 차감을 해주는 것을 말한다. 예를 들면 1998년 열대 우림조약에 따라 미국 재무부는 그 나라가 지속적인 열대 우림을 보전을 위해 빚진 비용만큼 보호에 기금을 사용하면 매해 2천만 달러의 빚을 포기할 수 있다고 하였다. 많은 개발도상국처럼 코스타리카는 국제개발처(USAID)로부터 대출금에 대해서 미국에게 빚을 지게 되었다. 자연보호협회는 지속적인 코스타리카 국립공원 유지를 위해 5천 6백만 달러의 보호기금을 만들어 DNS제도에 따라 기금을 사용하였다.

자연보호협회의 사업체에 대한 사업과 재정적 활동을 포함하는 것은 보호 활동을 돕는가, 저해하는가?

자연보호협회는 생물다양성에 중요한 보호구역을 보호하기 위한 일반인 관심 밖에서의 활동 수행을 강조하였다. 다른 NGO에서 채택된 이 활동에 대한 상호보완적인 접근 방법은 무엇인가?

자연보호채무상계제도(DNS) 선진국이 보호협정을 대가로 개발도상국의 빚을 면제해주는 교환제도

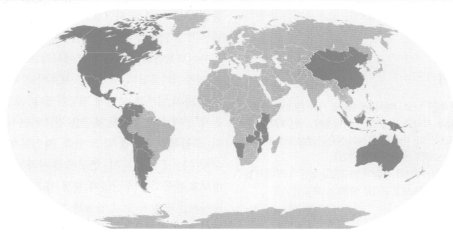

자연보호협회는 전 세계의 30개국 이상에서 활동 중이다

● 자연보호협회가 활동 중인 나라

그림 4.27   비정부기관의 시작은 미국의 생물다양성을 보전하는 데 전념하는 것이었다. 자연보호협회는 그 활동을 더 확대시켰고 지금은 전 세계에서 일을 한다. (정보 출처 : www.nature.org)

외래종을 조절하기 위해 다른 종을 도입하기 전에 필요한 보호장치는 무엇인가?

⚠ 생각해보기

1. 경제계는 매년 세계 다양한 지역에 보호구역을 설정하는 것이 경제발전을 저해한다는 의견을 내고 있다. 보호 단체 기관은 이런 문제에 대해 어떻게 의견을 펼칠 수 있는가?
2. 정부, NGO 보호 단체, 연구기관은 자연과 경관을 보호하기 위해 어떻게 파트너가 되는가?(각 기관이 잘하는 일 : 정부 관리와 보호, NGO는 보호 활동 기회를 추구하고 개인 차원에 기금을 모으기 위해서 융통성을 발휘한다. 연구기관은 교육하고 연구한다.)

4.11 생물다양성과 생태계 서비스를 유지하는 것은 적극적인 관리를 요구한다

대부분 경우 간단하게 보호구역을 선언하면 그 지역에 있는 종과 생태계가 스스로 유지된다고 예상하기는 어렵다. 보전가치를 유지하기 위해 보호구역을 관리하는 것은 핵심종 및 교란과 같이 생물다양성에 영향을 주는 환경 요소에 대한 관심을 요구한다.

중요한 종 유지하기

자연 지역을 관리하는 것 중에 중요한 것 중 하나는 중요한 종을 유지하고 건강한 개체군을 보장하는 것이다. 이 중요한 종은 기초종, 생태공학자, 핵심종과 같이 이전에 언급했던 분류에 속한다. 옐로스톤국립공원에 늑대를 재도입하는 것은 엘크에 의해서 훼손되는 생태계를 회복하는

데 도움을 주기 위한 의도적인 결정이었다. 늑대의 재도입 이후에 더그 스미스(Doug Smith)와 같은 생물학자들은 늑대 개체군을 관찰하고 공원 안팎에서 움직임을 추적하는 것이 중요해졌다. 비록 늑대들이 그들의 영역에서 번식하는 데 성공하였지만 송골매와 같은 다른 종은 개체 수를 회복하기 위해서 포획 및 사육하는 데 수년이 걸린다.

외래종 관리

외래종에 의해 심각하게 교란을 받은 생태계에서 관리자들은 외래종을 관리하고 고유종을 복원하는 프로그램을 도입하였다. 예를 들면 어떤 프로그램은 미국 서부를 가로지르는 위성류속 나무의 침입을 통제하기 위해 목표를 설정했다. 역사적으로 관리자들은 관리하고 복원하기 위해 살충제를 뿌리고 고유종인 사시나무와 버드나무가 선호하는 홍수를 조절하는 등 물리적인 제거 방법을 사용하였다. 최근 위성류속 나무를 섭취하는 딱정벌레를 아시아에서 수입하였고 침입이 일어난 북아메리카에 풀었다. 이런 물리적 · 생물학적 방법을 사용한 관리는 위성류속 나무와 고유 식생을 복원하는 데 성공하였다(그림 4.28).

산불, 천이, 관리

산불은 초원을 포함한 생태계의 높은 다양성을 유지하

미국 서부에서 외래종 위성류속 나무의 관리

위성류의 물리적 제거

위성류를 먹는 딱정벌레

회복된 미루나무-버드나무 숲

그림 4.28 관리자들은 많은 보호구역에서 외래종인 위성류속 나무를 제거하기 위해 물리적인 방법을 사용했다. 자생하는 위성류속 나무를 먹는 몇 딱정벌레들이 수입되어 외래종을 관리하기 위해 북아메리카 서부에 풀렸다. 수천 헥타르에 해당하는 미루나무와 버드나무 숲은 위성류 관리를 통해 회복되었다.

기 위해 중요하다. 온대 초원 생물권 내에 있는 보호구역에서 주기적인 산불은 천이가 초원에서 관목지 또는 산림으로 진행되는 것을 막는 데 중요하다(그림 4.29). 번개는 초원에 자연적으로 산불을 일으킨다. 그러나 사냥감을 이끌 수 있도록 하는 잔디의 건강한 성장을 위해 사람이 초원에 불을 지른다. 오늘날에 콘자 초원 보전지역의 관리자들은 나무나 관목들의 침입을 막기 위해 산불을 이용한다. 산불을 통한 적극적인 관리가 없다면 보전지역인 초원은 사라지고 산림으로 바뀔 것이다. 다른 보전지역에서 관리자들은 훼손된 산림을 회복하는 것과 같은 목표를 둔 다른 관리를 성취하기 위해 산불을 진압한다.

식지가 된다(그림 4.30). 게다가 많은 보호구역은 지역 사람들이 불법적으로 식물과 동물들을 제거할 때 많이 훼손된다. 하지만 이런 문제는 관리자와 지역 주민들이 함께 협력하는 곳에서는 많이 완화된다. 이런 협력관계는 지역사회가 보호구역과 주변지역에서 확실한 경제적 이익을 취하는 곳에서 나타난다.

직접적인 이익을 보장하는 한 방법은 보호구역의 핵심에서는 극히 제한된 활동을 하는 반면에 나무 수확, 어업, 농업 등 지역사회가 이익을 추구할 수 있는 **완충지대** (buffer zone)를 설정하는 것이다(그림 4.31). 보호구역 관

?

보호구역의 적극적인 관리 필요성이 생태계 안정성에 대해 시사하는 것은 무엇인가?

완충지대 보전되는 자연 주변의 지대 또는 제한된 경제 활동이 허가되는 보호구역

⚠ 생각해보기

1. 방목과 산불이 초원을 교란시킨다고 가정하면 초원 보전지역에서 종풍부도를 최대화하기 위해 방목의 정도와 산불의 빈도를 어떻게 관리하겠는가?
2. 지역에 간단히 울타리를 치고 보호구역을 지정하는 것이 왜 그 지역의 다양성이 안전하다는 것을 보장하지 못하는가?

4.12 지역 군집의 통합적 보전은 보호구역을 유지하는 데 도움을 준다

보호구역에서 가장 심각한 위협 중 하나는 주변 지역을 잠식하는 개발이다. 보호구역을 둘러싸고 있는 환경이 점점 감소되고 파편화되면서 보호구역은 점차 고립된 서

산불은 육상 생태계 관리에 중요하다

그림 4.29 초원 관리자들은 일반적으로 사진과 같이 초원 식생이 관목지나 숲으로 교체되는 것을 막기 위해 불을 사용한다.

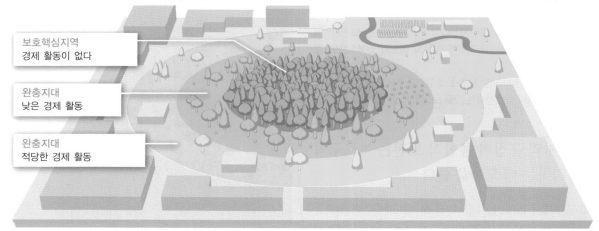

발전에 의한 침해는 보호구역을 격리하고 위협할 수 있다

(Jeffrey Greenberg/Science Source)

그림 4.30   급속한 발전이 진행되는 곳에서 보호구역은 섬처럼 되고 외래종의 침입에 약해진다. 이런 결과는 보호구역 내의 생물다양성을 감소하게 만든다.

그림 4.31에서 같은 곳에서 할 수 있도록 허가된 경제 활동은 무엇인가? 어떤 활동이 금지되어야 하는가?

리에 지역사회를 참여시키는 것은 추가적인 이익을 만들 수 있다.

지역사회 참여는 보호를 제공한다

코스타리카 과나카스테 보호구역은 지역사회가 참여한 모델을 제공한다. 태평양 연안에 열대 우림에 위치한 과

나카스테 상근 고용인들의 80%가 지역사회의 사람들이다. 게다가 보호구역은 많은 비상근 일자리와 계절적 일하는 자리를 제공하고 수년 동안 지역사람들이 생물다양성 연구에 종사하고 있다. 보전지역 연구 결과로 얻은 과학적 지식은 보전지역 주변 농부와 목장주인을 돕는 데 이용이 된다.

완충지대는 경제 활동의 구배를 형성한다

보호핵심지역
경제 활동이 없다

완충지대
낮은 경제 활동

완충지대
적당한 경제 활동

그림 4.31   완충지대는 낮은 경제 활동이 허용되며 보호핵심지역으로 갈수록 활동은 억제된다. 경제적인 이익을 제공하면서 완충지대는 인근 지역에 있는 보호구역을 위한 설정과 지지를 유지하는 데 도움을 준다.

또한 과나카스테 보호구역은 산불방지꾼, 밀렵꾼을 고용하여 보전지역을 지키는 창의적인 방법을 사용한다. 끝으로 과나카스테는 환경교육을 강조하며 다양한 교육 교재를 개발하고 지역 학생들은 매년 교육장에 현장학습을 나간다(그림 4.32). 이렇게 다양한 노력들을 통해서 과나카스테 보호구역은 경제적 이익, 교육의 기회, 북서부 코스타리카 사람 자존심의 원천이 되었다.

경계의 건너편을 보다

보호구역은 먼 곳에서 발생하는 사건에 의해 위협받을 수 있다. 예를 들면, 물속에 버려진 독성물질이 먼 보호구역에 있는 담수와 해양 개체군을 10분의 1로 감소시킬 수 있다. 독성 가스와 오염물은 공장에서 도시 공원으로 유입될 수 있다. 한 나라에서 방출된 이산화탄소는 지구 상 모든 생태계를 위협하며 지구 기온과 강수량 패턴을 바꿀 수 있다.

자연 생태계와 생물다양성을 보호하는 것은 지구 생물다양성을 유지하는 주요 요소이다. 그러나 보호구역은 훼손된 생태계에서 예외적인 생물다양성을 가진 섬처럼 유지될 수는 없다. 보호구역의 장기적인 보호는 건강한 지역적·지구적 환경을 유지하기 위한 포괄적이고 통합적인 접근이 필요하다.

⚠️ **생각해보기**

1. 인간 사회가 보호구역의 접근과 사용에 대해 허가를 받는다면 생물다양성 보전에 어떤 위협이 일어나겠는가?
2. 보호구역이 인간사회로부터 완전히 고립된다면 어떤 위험이 있는가?
3. 생물다양성 보전지역의 활용과 보호를 고려해서 실행 가능한 절충안은 무엇인가?

보호구역을 장기간 보호하는 데 있어 지구 기후 변화의 영향은 무엇인가?

지역사회와 연계된 보호지 교육 활동

(Courtesy Área de Conservación Guanacaste)

그림 4.32 과나카스테 보호구역은 둘러싸고 있는 지역의 환경교육기관으로서 역할을 한다. 4학년에서 8학년 지역 학생들은 매년 보호구역에 위치한 교육기관에서 몇 차례 견학학습한다.

4.9~4.12 해결방안 : 요약

생물다양성협약은 생태계와 생물다양성을 보호하기 위한 노력 단계를 설정한다. 보호구역은 이 해결책을 위한 주요 요소이고, 오늘날 전 지구에 100,000개가 넘는 보호구역이 있다. 지구 생물다양성을 효율적으로 보호하는 두 번째 해결책은 지역사회와 자연보호협회와 같은 NGO를 포함하는 넓은 관계자들의 참여에 있다. 생물다양성을 유지하는 것은 보호구역을 설정하는 것뿐만 아니라 핵심종의 유지, 산불의 통제, 그리고 외래종의 조절을 통한 관리를 요구한다. 여러 경우에, 보호구역의 생물다양성 가치를 유지하는 것은 그들의 존재 뒤에 있는 인류사회와의 화합을 통해 향상된다.

각 장의 절에 대하여 아래 질문에 답을 하고 난 후 핵심 질문에 답하라.

핵심 질문 : 우리는 지구의 다양한 생태계를 어떻게 지킬 것인가?

4.1~4.5 과학원리

- 종과 생태계 다양성은 어떻게 다른가?
- 육상 및 수계 생물권의 주요 특징은 무엇인가?
- 생물다양성 핫스팟과 섬에 있어서 생물다양성은 위도에 따라 어떻게 다른가?
- 어떤 종류의 종이 생물다양성에 유난히 큰 영향을 미치는가?
- 생태적 천이 동안 생물다양성은 어떻게 변하는가?
- 이소적 종분화와 동소적 종분화의 유사점과 차이점은 무엇인가?

4.6~4.8 문제

- 서식지 파편화가 생물다양성에 어떻게 영향을 주는가?
- 가치 있는 생태계 서비스는 무엇이며 어떠한 요소가 생태계 서비스를 위협하는가?
- 외래종은 육상 및 수계 생태계를 어떻게 바꾸는가?

종과 생태계 다양성과 우리

자기발의로 큰 보호구역을 세우는 사람은 드물다. 그러나 자연보호에 기여하는 기관이나 보호구역을 세우는 일을 통해서 자연 생태계 보호에 기여할 많은 기회가 있다. 참여하는 첫 단계는 그 기회들에 대하여 배우는 것이다.

☐ **지역사회에서 보전 기회를 배우기**

인터넷을 통해서 가까운 보호구역의 크기, 위치, 보호 임무에 친숙해져라. 인접한 자연 보호구역을 온라인으로 검색했다면 당신에게 가장 흥미를 이끌었던 곳을 방문해라.

☐ **보호구역 관리에 참여하기**

대부분 보호구역은 제한된 예산으로 운영되고 보호구역 관리에 도움을 주는 자원봉사자들 또는 인턴이 필요하다. 서식지 복원, 외래종 관리, 그리고 많은 다른 보전과 관련된 과제들에 대해 일할 기회들이 종종 있다. 지역에 물고기와 사냥 기관 또는 자원봉사자가 필요한 자연 자원 부서를 확인해보라.

☐ **보전기관에 참여하고 열심히 행동하기**

자원봉사를 할 충분한 시간이 없다면 국가자원보호위원회(Natural Resources Defense Council) 또는 자연보호협회, 오듀본협회, 시에라클럽과 같은 보전기관의 활동적 일원이 되는 것을 고려해보라. 일원으로서 당신의 목소리는 개개인일 때보다 큰 영향력을 가진 기관을 통해서 커질 것이다. 또한 이러한 멤버십은 보전 프로그램과 당신이 사는 지역과 전 세계의 도전 과제에 대해 배울 기회를 제공한다.

☐ **야생생물 친화적 상품 지지하기**

야생생물 친화적 상품을 구매하는 데 힘을 써라. 일반인이 큰 재정적 변화를 가져올 수는 없지만 상품이 더 유명해지면 큰 경쟁력을 가질 것이다. 야생생물 친화적 농업, 목장 운영, 임학 경험을 통해서 야생생물과 그 서식처를 유지하는 데 도움을 주는 계획이 전 세계에 여러 개 있다. 온라인에서 이런 노력에 대해서 찾아볼 수 있다.

4.9~4.12 해결방안

- 생물다양성협약에서 제시된 목표는 무엇인가?
- 그동안 보호구역의 수가 어떻게 증가하였는가?
- 비정부기구(NGO)가 종과 생태계 다양성을 보호하는 데 어떤 특별한 역할을 했는가?
- 어떤 요소들이 보호구역을 유지하는 데 필요한 능동적인 관리방안을 만드는가?
- 지역사회와의 통합적 보호구역은 어떻게 생물다양성을 유지하는 데 도움을 주는가?

핵심 질문에 대한 답

_____
_____
_____
_____
_____
_____
_____
_____

제4장
복습 문제

1. 어떤 문장이 가장 높은 종다양성을 나타내는가?
   a. 풍부한 1종와 희귀한 9종으로 이루어진 10종
   b. 각각 동등한 풍부도를 지닌 10종
   c. 각각 동등한 풍부도를 지닌 5종
   d. 풍부도의 관계성이 나타나지 않는 9종

2. 무엇이 생물다양성 핫스팟을 만드는가?
   a. 높은 종분화 비율
   b. 낮은 멸종 비율
   c. 높은 종 이주, 높은 종분화 비율, 그리고 낮은 멸종 비율
   d. 높은 종 이주 비율

3. 생태공학자는 생태계에 어떻게 영향을 미치는가?
   a. 물리적 환경을 변화시킨다.
   b. 먹이 활동을 통해 변화시킨다.
   c. 큰 규모와 풍부도를 통해 변화시킨다.
   d. 핵심종과 경쟁을 통해 변화시킨다.

4. 어떤 생물의 역사적 특징이 r-선택종을 좋은 선구종으로 만드는가?
   a. 큰 몸 크기   b. 높은 경쟁 능력
   c. 높은 분산 비율   d. 늦은 성숙

5. 다음 중 생태계 서비스와 비슷한 전 지구적 가치는 무엇인가?
   a. 중국의 연 총생산량과 동일하다.
   b. 유럽연합의 연 총생산량과 동일하다.
   c. 미국의 연 총생산량과 동일하다.
   d. 지구 전체 총생산량의 2배에 가깝다.

6. 다음 중 가장 적은 숲 속 생물종이 있는 곳은 어디인가?
   a. 큰 숲 가까이에 위치한 낮은 숲 파편화
   b. 큰 숲 멀리에 위치한 큰 숲 파편화
   c. 큰 숲 멀리에 위치한 작은 숲 파편화
   d. 큰 숲 가까이에 위치한 큰 숲 파편화

7. 외래종은 다음 중 어떠한 영향을 미칠 수 있는가?
   a. 강물 흐름 감소
   b. 자연화재 빈도수 증가
   c. 자생종의 멸종
   d. 위 모두에 해당

8. 서식지 통로가 보호구역의 기능을 향상시킬 수 있는 주요 방법은 무엇인가?
   a. 가뭄시기에 이용하기 편리한 물 자원을 제공한다.
   b. 보호구역을 통해서 각 개체들의 이동을 증진시킨다.
   c. 핵심종에게 서식처를 제공한다.
   d. 해충들의 멸종 비율을 증가시킨다.

9. 생태학적 천이가 보호구역의 관리에 어떻게 영향을 미칠 수 있는가?
   a. 지역이 보호되면 생태학적 천이는 보호구역에 영향을 주지 않는다.
   b. 보호구역 관리의 목적은 교란을 줄이고 천이를 줄이는 데 목표를 두고 있다.
   c. 관리에 미치는 천이의 영향은 보호구역의 목적에 따라 다르다.
   d. 일반적으로 보호구역의 관리는 천이를 막는 데 노력을 기하고 있다.

10. 어떠한 정책이 장기간 보호구역의 안전을 가장 확보할 수 있는가?
   a. 주변 사회로부터의 보호구역의 엄격한 고립
   b. 전문적인 과학자와 학생들에게 보호구역으로의 접근을 제한한다.
   c. 지역사회에게 보호구역으로의 제한 없는 접근을 허가한다.
   d. 지역사회와의 관리를 통합하고 직접적인 경제적 이익을 제공한다.

비판적 분석

1. 생물다양성 핫스팟 사이에 실제보다 다양성이 낮게 나타나는 생물권(그림 4.3과 4.6 참조)이 있는가? 실제보다 다양성이 높게 나타나는 생물권들이 있는가?

2. 보호구역을 설정하기 위해서 어떠한 범주가 사용되어야 하는가? 보호구역은 얼마나 커야 하는가?

3. 오스트롬의 발견은 보호구역과 주변을 둘러싸고 있는 사회 사이의 지속 가능한 관계를 구축하는 데 어떻게 사용되었을 것인가?

4. 국가는 숲 보전과 경제적 발전의 균형을 어떻게 맞출 수 있을 것인가?

5. 그림 4.13의 설명을 보고, 옐로스톤국립공원이 늑대의 제거 또는 도입에 의해 어떻게 영향을 받았는지 설명하라.

핵심 질문 : 지속 가능한 인구수를
달성하려면 어떻게 해야 할까?

전 지구 인구의 분포와 역학을 설명한다.

과학원리

제5장

인구

출산율, 개발, 자원의 소비와
이주가 미치는 환경 영향을 분석한다.

지속 가능한 인구를 지탱시키는 사회,
정치와 경제 요인을 검토한다.

문제

해결방안

(AP Photo/Pavel Rahman)

인구가 너무 많아 공공 서비스의 제공이 거의 불가능하다는 것을 반영하는 예로, 방글라데시의 군중이 1년에 한 번 있는 축제를 맞아 고향으로 가기 위해 이미 꽉 차버린 기차의 지붕에 올라타고 있으며, 수천 명의 나머지 사람들은 또 다른 기회를 기다린다.

환경과학자에게 방글라데시의 교훈

방글라데시의 국민이 당면한 도전은 환경이 받쳐줄 수 있는 능력 이상으로
인구 증가가 일어날 때 나타날 수 있는 문제점을 적나라하게 보여준다.

팅크. 팅크. 팅크. 이 소리는 방글라데시에서 몬순 비가 내릴 때 판잣집의 양철 지붕에 부딪치며 나는 소리이다. 잠시 이 곳이 여러분이 자란 곳이라고 상상해보라. 매일 밤 여러분의 가족 넷 또는 다섯 사람과 함께 작은 방에서 같이 흙바닥에 누워 잔다고. 집 전체의 면적은 약 9.30m²로 일반적인 미국 집의 25분의 1에 해당한다. 어머니가 장작을 태우는 난로에서 요리를 하면 검은 연기가 집안 전체를 가득 메운다. 하루에 씻고 마시는 물은 약

10리터에 불과하다. 이에 비해 평균적인 미국인은 매일 380리터의 물을 사용한다. 형제자매 중 하나는 설사를 하고 다른 하나는 극심한 배고픔을 느낀다.

세계에서 가장 인구 밀도가 높은 나라 중 하나인 방글라데시에서의 삶은 쉽지 않다. 거의 1억 5,000명에 가까운 인구가 인도와 미얀마 사이에 아이오와 주만 한 면적으로 홍수가 빈번하게 일어나는 강 삼각주에 산다. 오늘날 이 나라는 가장 박봉인 근로자들

의 나라로 유명하다. 이들은 베네통과 월마트와 같은 글로벌 기업들의 의류를 생산하는 피복 봉제공장의 열악한 근로 조건에서 일한다. 2013년 4월, 8층짜리 공장이 무너졌는데 1,129명의 근로자가 사망하였고 2,500명 이상이 부상을 당하였다. 비참한 빈곤 속에 살면서 가족을 부양해야 하는 사람들에게 이런 일자리는 그들이 선택할 있는 유일한 것이다.

"다가오는 21세기에 인간 존엄에 대한 가장 중요한 문제는 환경을 훼손하지 않고 80억 이상인 인구의 삶의 질을 높이는 것이다."

에드워드 O. 윌슨, 저명한 생태학자

안타깝게도 그들이 선택할 수 있는 조건은 방글라데시의 인구가 지속적으로 증가하면서 점점 나빠질 뿐이다. 연구자들은 방글라데시의 인구가 금세기 중반에는 2억 1,800만 명에 이를 것이며 대부분의 인구가 적절한 오물 처리와 전기가 부족한 빈민가에서 살 것이다. 이 나라는 1950년대부터 국민을 먹여 살릴 충분한 식량을 생산하지 못하고 있으며, 농토 면적은 사람이 사는 면적으로 대체되면서 줄어들고 있다. 2060년이 되면 아마 농토가 하나도 안 남을 것이다.

방글라데시가 겪고 있는 몸부림은 더 넓은 세계에 경고의 메시지를 보낸다. 산업 혁명이 있기 전에 지구의 인구는 10억 명이 채 안 되었다. 인구는 지난 200년 동안 급증했다. 2011년의 핼러윈데이는 인구 통계를 연구하는 **인구학**(demography)

> **인구학** 인간의 인구를 다루는 통계학 분야로 인구 밀도, 인구 성장, 출생률과 사망률을 다룬다.

에 관심을 가진 환경과학자들에게는 아주 무시무시한 날이었다. 유엔은 그날을 '70억 인구의 날'이라고 명명하였는데 그날 전 세계 인구수가 한계점을 지났다. 유엔 사무총장인 반기문은 "우리가 사는 세상은 끔찍하게 모순적이다. 식량은 풍부하지만 10억 명의 인구는 기아에 허덕인다. 소수는 호화로운 생활 방식을 누리지만 너무 많은 사람들이 가난에 허덕인다."라고 기자 회견에서 밝혔다.

부자건 가난한 사람이건 이 70억의 인구는 집을 짓고 가족을 부양하기 위해 식량, 물, 그 밖의 자연 자원을 필요로 한다. 이러한 수요는 자연 생태계와 전 세계 경제가 기능을 하는 데 많은 짐이 될 뿐 아니라 많은 환경과학자들은 우리가 의존하고 있는 자원은 점점 고갈되고 있다고 믿는다. 부자들은 삶의 질이 나빠지고 있다고 여기겠지만 가난한 사람들은 거의 희망이 없다. 세계야생동물기금(World Wildlife Fund)의 '살아 있는 행성 보고서'는 만약 현재의 경향이 지속된다면, 2050년경에는 전 세계의 80~110억 명 인구의 수요를 맞추려면 지구 3개 정도의 생산 능력이 필요할 것으로 내다보았다(제1장 22쪽 참조). 생태학자 파울 에를리히(Paul Ehrlich)의 유명한 말인 '인구 폭탄'이 문제이며 인구의 증가가 인권과 환경의 지속가능성 사이의 균형에 관련된 가장 근본적인 도전 과제 중 하나이다.

핵심 질문

지속 가능한 인구수를 달성하려면 어떻게 해야 할까?

(Jorg Hackemann/Shutterstock)

5.1~5.3 과학원리

사람이 밀집된 도시에 몰려 사는 것과 여러 지역에 분포해 사는 것은 환경에 미치는 영향에 어떤 차이가 있을까?

인구 밀도 한 인구에서 단위 면적당 사람의 수

전입 원래 태생이 아닌 지역이나 나라로 이주해오는 사람의 이동

전출 한 지역이나 국가 밖으로 빠져나가 다른 지역이나 국가로 이주해가는 사람의 이동

인구 밀도는 환경 훼손의 근원에 해당한다. 인간 사회가 끼치는 환경 영향을 최소화하기 위하여 오늘날 사람들이 어디에 살며 앞으로 어디에 밀집되어 살 것인가를 알아야 한다.

5.1 인구 밀도는 전 지구적으로 상당히 다양하다

방글라데시에는 땅 1제곱킬로미터에 거의 1,000명이 사는 정도의 인구 밀도로 북적거리며 산다. 이에 반해 오스트레일리아는 같은 면적에 평균적으로 단 3명이 살고 있다. 이와 같이 지역적으로 서로 대비가 되는 것은 **인구 밀도**(population density)가 얼마나 다른가를 생생하게 보여주는 것이다. 한 나라 안에서도 가장 높은 인구 밀도는 대체로 해안가나 강 계곡을 따라 분포한다. 가장 낮은 인구 밀도는 사막과 북극의 툰드라와 같은 극한 환경에서 나타난다. 방글라데시의 갠지스 강 삼각주는 역사적으로도 비옥한 토양과 풍부한 수자원으로 비교적 높은 인구 밀도를 지원해줄 수 있기에 사람들이 정착하는 데 매우 유리한 조건을 가진 장소였다. 반면에 오스트레일리아의 오지는 최근의 역사적으로 볼 때 사람보다는 캥거루와 도마뱀에게 더 적합한 지역이다(그림 5.1).

사람들은 태어난 장소에 항상 머무르지는 않는다. 인구 밀도는 출생률, 사망률, **전입**(immigration, 외부에서 인구로 유입되는 개인들의 이동)과 **전출**(emigration, 인구로부터 다른 지역으로 빠져나가는 개인들의 이동) 정도를 종합하여 결정된다(그림 5.2). 광역적으로 볼 때 출생

표 5.1	세계 10대 거대 도시

2014년에는 전 세계에 28개의 거대 도시가 있었다. 아래에는 가장 많은 인구를 가지는 10개의 거대 도시가 나와 있는데, 6개 거대 도시가 아시아에, 2개의 거대 도시가 라틴아메리카에, 1개 거대 도시가 아프리카에, 그리고 1개 도시가 미국에 있다.

도시	인구(백만 명)
도쿄(일본)	38
델리(인도)	25
상하이(중국)	23
멕시코시티(멕시코)	21
뭄바이(인도)	21
상파울루(브라질)	21
오사카(일본)	>20
베이징(중국)	<20
카이로(이집트)	18.5
뉴욕-뉴어크(미국)	18.5

자료 출처 : United Nations, Department of Economic and Social Affairs, Population Division, 2014.

인구 밀도는 전 세계적으로 다양하다

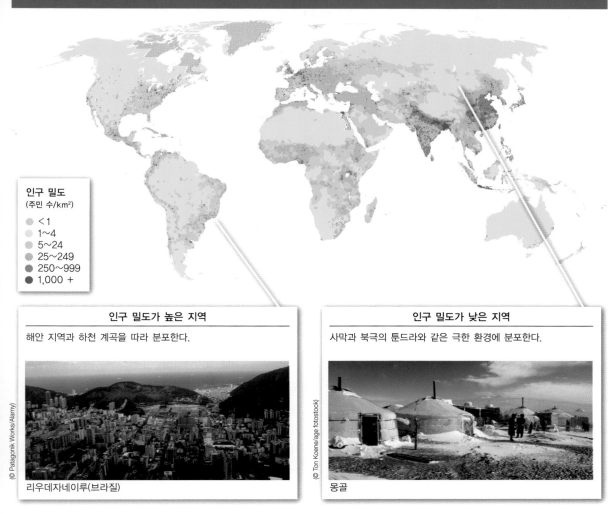

인구 밀도
(주민 수/km²)
- <1
- 1~4
- 5~24
- 25~249
- 250~999
- 1,000 +

인구 밀도가 높은 지역

해안 지역과 하천 계곡을 따라 분포한다.

리우데자네이루(브라질)

인구 밀도가 낮은 지역

사막과 북극의 툰드라와 같은 극한 환경에 분포한다.

몽골

그림 5.1 국지적인 기후 및 물, 토양, 원자재와 같은 천연 자원이 갖춰진 환경은 높은 인구 밀도를 지탱할 수 있다.

인구 밀도 : 서로 상반되는 작용들 사이의 동적인 균형

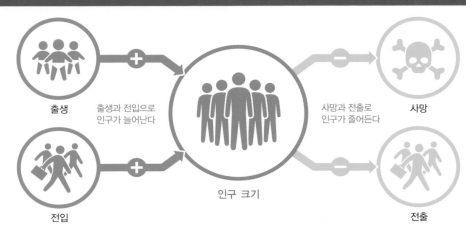

출생   출생과 전입으로 인구가 늘어난다   인구 크기   사망과 전출로 인구가 줄어든다   사망

전입   전출

그림 5.2 인구 밀도는 국외로부터 이민(전입)과 출생 대 국외로 이민(전출)과 사망 사이 상호작용의 결과이다.

과학원리   문제   해결방안

률과 전입률이 전출률과 사망률을 앞지르는 지역에서는 인구 밀도가 증가할 것이다. 반면에 출생률과 전입률이 낮은 곳은 인구 밀도가 감소한다.

오늘날 세계적으로 사람들이 지방에서 도시로 이주해 옴에 따라 도시의 인구는 점점 증가한다. 2014년에 전 세계 인구의 절반 이상이 도시에 살고 있으며 2050년이 되면 이 비율은 3분의 2로 증가할 것으로 예상된다. 그러나 일부 국가에서는 도시에 사는 인구 비중이 이미 매우 높다. 예를 들면 미국과 캐나다의 인구 80% 이상은 도시에 살고 있고, 일본과 벨기에에서 도시에 살고 있는 인구의 비율은 90% 이상이다. 이렇게 인구의 도시 이주로 인한 결과의 하나가 인구가 1천만 명 이상인 거대 도시가 형성되는 것이다(표 5.1). 금세기 중반까지 지방에서 도시로의 이주가 높게 유지된다면 전 세계의 도시 인구는 지속적으로 늘어날 것이다.

⚠ 생각해보기

1. 전 세계적으로 왜 해안 지역에 인구 밀도가 높게 나타나는가?
2. 유럽, 캐나다와 미국은 국토 면적이 서로 약 10% 내외로 비슷하다. 그렇지만 이들의 인구 밀도는 상당히 다르다(유럽 : 70명/km², 미국 : 31명/km², 캐나다 : 3.2명/km²). 인구 밀도에 왜 이렇게 차이가 나는가?
3. 사람들은 왜 지방에서 도시로 이주하는가?

5.2 전 세계 인구는 금세기 중반까지 증가할 것이다

약 6만 년 전 동아프리카의 수천 명의 사람이 중동, 유럽, 아시아 그리고 그 너머로 역사적인 이주를 하였다. 아직 고고학자와 유전학자 간에 아프리카에서 인류가 퍼져나가는 시기와 과정에 대하여 이견이 있지만 초창기에는 전 세계 인구가 매우 천천히 증가하였다는 것을 알고 있다. 이후 약 1만 년 전 수렵 활동에서 농업으로 전환이 되면서 인구가 증가하기 시작하였지만 그 수는 겨우 수억 명에 머물렀다. 약 500년 전에 세계 인구는 빠르게 증가하여 1804년에 10억 명에 이르렀다. 1800년대 중반에 산업 혁명과 함께 위생 상태와 보건 환경이 개선되고 농업 생산이 증가하면서 인구 증가율은 높아졌다. 이에 따라 전 세계 인구는 1930년 무렵에 20억 명이 되었으며, 29년 후 1959년에 30억 명이 되었다.

인구 증가가 얼마나 빠르게 진행되는가를 알아보는 방법으로 특정한 증가율로 인구가 2배로 되는 데 필요한 시간의 길이인 **인구 배증 시간**(population doubling time)을 계산해보는 것이 있다. 표 5.2에서 보는 바와 같이 전 세계 인구수가 배로 되는 시간은 감소되고 있는 것으로, 이는 인구수가 2배로 되는 시간이 점점 짧아지고 있다는 것을 가리킨다. 예를 들면, 1963년에 인구가 32억에 도달하는 데 인류 전 역사의 시간이 걸렸다면, 2004년에 또 다른 32억의 인구가 증가하는 데 단지 41년이 걸렸다. 2015년 전 세계 인구 증가율은 낮아지면서 인구 배증 시간이 66년으로 늘어났다. 그렇지만 현재 인구 증가율이 지속적인 하강세를 보이는 만큼 인구수가 다시 2배로 되지는 않을 것 같다. 따라서 현재 가장 좋은 인구 모델은 2015년의 인구수의 2배가 되는 것보다 훨씬 적은 수로 변동이 없는 것을 예상한다.

전 세계 인구는 지난 5세기 동안 J형 성장 곡선을 따르며 증가하였다(그림 5.3a). 전 세계 인구(총인구수)는 지속적으로 증가하지만 그 이전처럼 빠르게 증가하지는 않는다(그림 5.3b). 즉 인구의 성장률이 둔화되고 있다. 인구 성장률은 1960년대 후반에서 1970년대 초반에 가장 높았으며, 그 이후로는 전 세계 출생률이 낮아지면서 증가율이 지속적으로 낮아지고 있다. 현재 이론적으로 계산된 인구 배증 시간은 66년이다. 하지만 인구생물학자는 성장률이 다음 50년 동안 계속 낮아질 것으로 예측하는데(그림 5.3c), 이렇게 인구 증가율이 낮아지면서 인구 배증 시간은 늘어나게 된다. 인구 증가율이 낮아지면 인

인구 배증 시간 한 인구가 특정한 속도로 성장한다고 할 때 인구수가 2배로 될 때까지 걸리는 시간

표 5.2 전 세계 인구의 배증 시간

전 세계 인구의 배증 시간은 역사 시간 동안 두드러지게 줄어들었다.

도시	인구(백만 명)	배증시간(년)
기원전 500~기원후 600	1~2억 명	1,100
600~1200	2~4억 명	600
1200~1750	4~8억 명	550
1750~1900	8~16억 명	150
1900~1963	16~32억 명	63
1963~2004	32~64억 명	41

자료 출처 : U.S. Census Bureau, International Data Base (IDB), 2010.

❓ 미국의 인구는 2015년의 증가 속도로 볼 때 2091년이면 2배가 될 것이다. 이런 증가 속도라면 여러분의 생애 동안 주택, 인구 밀도와 사회 기반 시설에서 어떤 종류의 변화가 일어날 것으로 예상하는가?

전 세계 인구 증가에 대한 세 가지 관점

인구 증가

a. 지난 12,000년 동안 전 세계 인구는 J형 성장 곡선을 나타냈다.

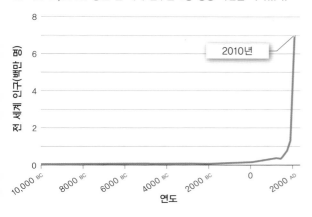

b. 그러나 연간 인구 성장률은 1960년대 후반부터 줄어드는 추세이다.

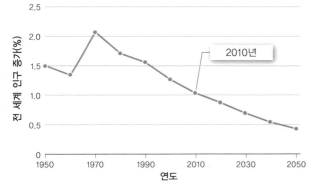

c. 최근 및 향후 예상되는 전 세계 인구 증가는 변동 없는 인구수 시점에 도달한 성장 곡선을 나타낸다.

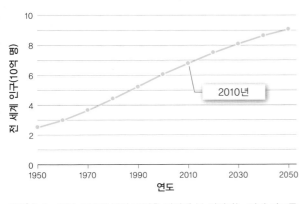

그림 5.3 인구 증가에 대한 관점을 어떻게 볼 것인가는 어떤 자료를 근거로 하느냐에 달려 있다. 예를 들면, 전 세계 총인구는 증가하고 있지만 인구 증가의 정도는 지난 40년 내외에 걸쳐서 낮아지고 있다. (자료 출처 : U.S. Census Bureau, International Data Base, 2010)

구 증가는 S형 성장 곡선을 닮을 것이다(J형 성장 곡선과 S형 성장 곡선은 제3장 참조).

21세기 동안 인구 변동이 없어진다는 것은 세계가 환경 수용력에 도달했다는 것일까? 제3장에서 보면 환경 수용력이란 장기간에 걸쳐 환경이 지탱할 수 있는 인구 수라고 정의되었다. 만약 현재와 같은 인구 증가와 자원의 소비 경향이 지속된다면 2050년쯤에는 장기간에 걸쳐 그때의 인구를 지탱시키기 위해서는 거의 3개의 지구에 해당하는 생산 능력이 필요하다는 것을 상기하라. 일부 과학자들은 만약 우리 모두가 채식주의자라면 지구는 90~100억의 인구를 지탱할 수 있는 식량을 생산할 수 있는 능력이 있다고 한다. 그러나 인적 환경 수용력은 식량뿐 아니라 담수, 필수적인 에너지 공급의 가용성, 폐기물 처분을 위한 인공적 그리고 자연계의 수용력 등의 환경적인 세부 요인에 의해서도 영향을 받는다. 여기서 분명한 것은 인적 환경 수용력은 자연 환경에 의해 설정된 그리고 개인과 사회가 결정한 선택에 의한 한계들의 총합으로 결정될 것이다.

⚠️ 생각해보기

1. 산업 혁명이 일어나면서 인구가 급격히 증가하게 된 환경적 요인은 어떤 것이었는가?
2. 전 세계 인구 증가는 왜 J형의 무한대 성장 곡선을 따르는 것이 불가능할까? (힌트 : J형 성장 곡선은 제3장 참조).
3. 전 세계 인구 증가는 어떤 환경적 요인으로 결국 제한받을까?

5.3 인구의 연령 구조는 인구의 증가와 감소에 대한 단서를 제공한다

은퇴자를 지원하기 위한 미국의 사회보장 제도가 위기에 처해 있다는 이야기를 들은 적이 있을 것이다. 모든 근로자는 자신의 급여에서 일정액을 사회보장기금에 납부하도록 되어 있는데, 그 기금이 점점 고갈되고 있다는 것은 왜일까? 이에 대한 답은 인구 통계로 되돌아가야 한다. 사람은 점점 고령화되고 자녀의 수는 줄어들며 은퇴자를 지원해줄 근로자 수 역시 점점 줄어들고 있다. 1960년에 사회보장 연금을 타는 수혜자 한 사람에 대략 5명의 근로자가 있었다. 2005년에는 근로자와 수혜자의 비율이 3.3에서 1로 낮아졌고 인구학자들은 이 비율이 2060년에는 2 : 1로 낮아질 것으로 예측한다. 현재 미국 인구의 약

거리에서 인구의 단면을 볼 수 있는 축제일이나 장날에 아이슬란드, 예멘이나 우크라이나의 한 도시를 방문한다고 상상을 해보라. 이들 국가들의 인구 연령 구조는 서로 차이가 있다는 점에서 각 나라의 인구에 대하여 어떤 인상을 받을까?

12%는 65세 이상이지만 2080년에 이 비율은 거의 2배가 될 것이다. 이들 은퇴자들을 지원하는 유일한 길은 근로자에게 더 많은 세금을 부과하고 은퇴자의 혜택을 줄이거나 은퇴 연령을 상향 조정하여 은퇴자의 수를 줄이는 것밖에 없다.

이제 알게 되겠지만 인구 통계는 어떤 인구의 욕구를 계획하는 데 아주 중요하다. 노령화된 인구라면 사회보장과 노령자 보건시설이 중요해진다는 것을 의미한다. 젊고 성장하는 인구라면 더 많은 학교가 필요하다는 것을 의미한다. 향후 인구 성장의 경향을 예측하기 위해 인구학자들은 인구의 **연령 구조**(age structure)를 연구한다. 연령 구조는 한 특정한 인구, 지역이나 나라에서 서로 다른 연령대를 가지는 남자와 여자가 얼마나 되는가에 대한 총계를 나타낸 것이다. 인구의 연령 분포는 인구가 증가를 하는지, 변동이 없는지 또는 감소하는지를 나타내며 이는 **연령 구조 도표**(그림 5.4)로 가시화시킬 수 있다.

대비되는 인구 경향

인구 증가 경향을 예측하는 하나의 방법으로 인구에서 어린이의 수와 생식 연령에 있는 성인의 수를 비교하는 것이다. 아라비아 반도의 남서쪽에 있는 예멘이라는 나라 인구의 삼각형 연령 구조(그림 5.4)를 보며 생각해 보자. 연령 구조 도표는 어린아이 수가 어른 수보다 훨씬 많다. 이 아이들이 자라면서 아이를 낳아 앞으로의 인구 성장에 기여할 것이다. 이와는 반대로 러시아의 남서쪽에 있으며 흑해의 북쪽 해안에 위치한 우크라이나의 인구 연령 구조는 하부가 수축되어 있어 아이들의 수가 상대적으로 많지 않다는 것을 나타내며 너무 적은 수여서 어른의 수를 대체하기 어렵다. 우크라이나의 인구수는 줄어드는 상태에 있다. 마지막으로 아이슬란드의 직선형 연령 구조는 인구에서 아이들의 수가 어른의 수를 그대로 대체할 수 있어 인구수는 거의 안정된 상태에 있다는 것을 가리킨다.

예멘, 아이슬란드와 우크라이나의 서로 대비되는 연령 구조들은 주어진 인구에서 한 가임 여성이 일생 동안 몇 명의 어린아이를 출산하는가를 측정하는 **총출산율**(total fertility rate)의 차이 때문이다. 한 여성당 2명 이하의 출산율은 인구수가 **교체 수준 출산율**(replacement-level fertility)에 있지 않다는 것을 가리킨다. 예멘의 전체 출산율(4.5)은 아이슬란드(1.9)와 우크라이나(1.3)보다 훨씬 높은데, 이는 우크라이나의 한 여성이 그 나라 인구 각 부부 2명의 성인을 대체하는 데 필요한 2명의 아이를

연령 구조 한 인구 단위에서 다양한 연령을 가지는 개인들의 비율로 생식 연령과 생식 연령 이전의 개인들의 상대적 비율은 인구가 늘어나는가, 안정한가 아니면 줄어드는가를 가리킨다.

총출산율 한 인구 단위에서 여성 1명이 생애 동안 낳는 아이들의 평균 수를 나타내는 추정치

교체 수준 출산율 인구를 현재의 수준으로 유지시키는 데 필요한 총출산율로 선진국에서는 여성 1명당 대략 2.1명의 신생아 출생 수를 가지나 저개발 국가에서는 유아 사망률이 더 높기 때문에 2.5명 신생아 출생 수 또는 그 이상이 된다.

대비되는 인구의 연령 구조

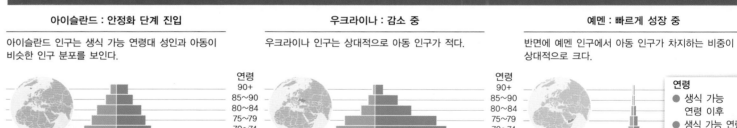

아이슬란드 : 안정화 단계 진입
아이슬란드 인구는 생식 가능 연령대 성인과 아동이 비슷한 인구 분포를 보인다.

우크라이나 : 감소 중
우크라이나 인구는 상대적으로 아동 인구가 적다.

예멘 : 빠르게 성장 중
반면에 예멘 인구에서 아동 인구가 차지하는 비중이 상대적으로 크다.

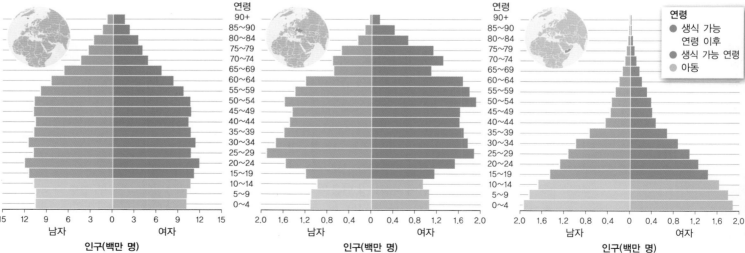

그림 5.4 인구의 연령 구조는 인구가 안정하거나(혹은 안정에 가깝거나), 줄어들거나 또는 늘어나는지를 가리킨다. (자료 출처 : U.S. Census Bureau, International Data Base, 2013)

인구 변화의 세 가지 양상

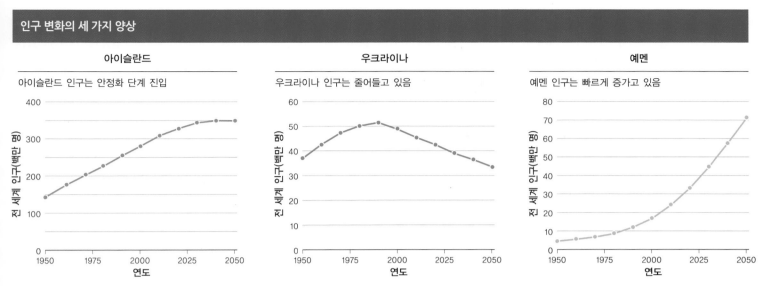

그림 5.5 아이슬란드, 우크라이나와 예멘의 인구 변화 양상은 21세기 초 전 세계 국가들의 인구 변화 양상을 대표한다고 할 수 있다. (자료 출처 : U.S. Census Bureau, International Data Base, 2006)

낳지 않는다는 것이다. 실제 정확한 교체 수준의 출산율은 2보다 약간 높은 편이다. 그 이유는 일부 아이들은 이들이 생식 연령에 도달하기 전에 죽기 때문이다. 아이슬란드와 우크라이나와 같은 선진국의 교체 수준의 출산율은 한 여성당 대략 2.1이다. 개발도상국에서의 교체 수준의 출산

율은 한 여성당 2.5이거나 더 높다. 이렇게 전체 출산율의 차이로 볼 때 예멘은 빠르게 인구가 증가하는 나라이고, 아이슬란드는 변동이 없으며, 우크라이나는 인구가 줄어들고 있다는 것을 나타낸다(그림 5.5).

미국 인구의 연령 구조는 현재의 인구 증가 동향을 제시하지 않는다

미국

a. 인구 연령 구조는 안정한 인구 또는 안정한 단계에 있다는 것을 가리키지만…

b. 미국의 인구는 2050년 이후에도 지속적으로 성장할 것으로 예상된다.

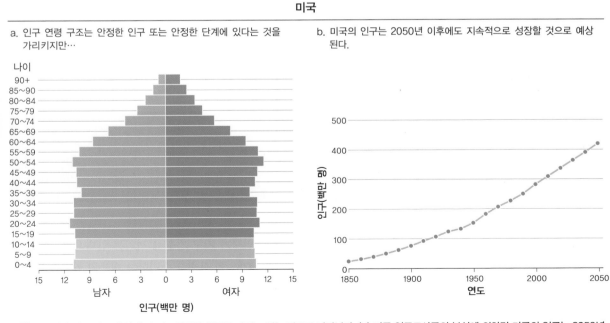

그림 5.6 (a) 미국 인구의 연령 구조는 안정된 인구를 가지고 있는 것으로 나타난다. (b) 미국 인구조사국의 분석에 의하면 미국의 인구는 2050년까지 지속적으로 증가할 것으로 예상된다. (자료 출처 : U.S. Census Bureau, International Data Base, 2013)

과학원리　　　　　문제　　　　　해결방안

미국의 인구 동향

미국의 교체 수준의 출산율은 2.1로 안정한 인구의 전형적인 예가 된다(그림 5.6a). 그렇지만 미국의 인구는 매년 0.9%의 비율로 여전히 성장하고 있는데, 인구학자들은 2050년이면 거의 4억 명이 될 것으로 예상한다(그림 5.6b). 어떻게 된 것일까?

출산율이 교체할 만한 수준 이하로 떨어지거나 낮아도 인구가 성장하는 경향을 **인구 타성**(모멘텀, population momentum)이라고 한다. 많은 비중의 사람들이 출산 연령에 있고 이들 대부분은 출산한 아이들이 전체 인구수에 추가되더라도 여전히 살아 있기 때문에 약간의 시간 차가 나타난다. 2015년에 미국의 1,000명당 연평균 출산율은 12였고 사망률은 1,000명당 8이었다. 미국의 인구 타성은 연평균 출산율과 사망률이 같아지면 결국 중지될 것이지만, 전체 인구에서 아이들의 비중이 아주 높은 예멘 같은 나라(그림 5.4 참조)는 인구 타성이 아주 중요할 것이다. 이러한 경향은 아프리카 사하라 사막 이남의 모든 국가에서도 마찬가지다.

교체되는 비율의 출산은 궁극적으로 미국의 인구수를 안정화시킬 것이지만, 이는 미국으로 또는 미국 밖으로 이주하지 않는다는 가정하에서이다. 미국의 인구는 폐쇄적이지 않고 오랫동안 많은 수의 이민자들을 받아들였다. 2015년에 미국 인구의 증가에서 약 48%를 차지하는 증가분이 미국으로 들어온 이민이었으며 이러한 이민은 금세기 중반까지도 미국 인구의 증가에 상당히 기여할 것이다.

인구 타성(모멘텀) 아이를 낳을 연령에 도달한 여성의 수가 많은 관계로 일어나는 인구 성장

⚠ 생각해보기

1. 그림 5.6에서 보는 것처럼 미국의 인구 증가 예상에서 이민은 어느 정도를 차지한다. 그림 5.3에서 보는 전 세계 인구의 예상되는 성장에서 이민이 어떠한 기여를 하겠는가?
2. 우크라이나의 인구(그림 5.4와 5.5 참조)와 같은 인구는 만약 전체 출산율이 교체할 만한 수준으로 증가한다면 인구 타성을 나타낼 수 있을까? 여기서 인구 타성의 특성은 어떤 것일까?

5.1~5.3 과학원리 : 요약

인구 증가는 수천 년간 느리게 진행되다가 지난 500년 동안에 식량 공급이 증가하고 위생과 보건 환경이 개선되면서 빠르게 일어났다. 인구 밀도는 세계적으로 다른데 출생, 사망, 국내외 이주 간의 동적 상호작용의 결과이다. 인구학자들은 전 세계 인구수는 21세기 중반쯤 변동이 없는 안정한 상태에 이르러 S형 성장 곡선 양상을 띨 것으로 예상한다. 서로 다른 연령대의 인구 분포는 인구 동향을 가리킨다. 예멘과 같은 젊은 층이 많은 국가는 인구 성장이 일어날 것이지만 우크라이나와 같이 노령화된 국가는 인구수가 줄어들 것이다. 미국의 인구수는 안정한 구조를 나타내지만 인구 타성과 이민으로 인구는 지속적으로 증가할 것이다.

5.4~5.7 문제

인구와 인구가 환경에 끼치는 부담은 환경과학의 중심 주제이다. 먹거리 종류, 처리 수준과 양을 포함하는 식량이 한 인구의 소비를 나타내는 가장 기본적인 지시자의 하나이다. 그림 5.7은 세 가족이 한 주 동안 소비하는 음식의 양을 대조하여 나타내고 있다. 이런 적나라한 대조는 한 인구가 지구 자원에 끼치는 압력은 인구수뿐만 아니라 개개인이 자원을 소비하는 비율의 합이라는 것을 분명하게 보여준다. 일반적으로 경제 발전이 일어나면 한 인구가 사용하는 자원의 양도 증가한다.

서로 다른 인구는 일주일간 소비하는 음식의 양에서 차이가 난다

영국의 가족

스리랑카의 가족

에티오피아의 가족

그림 5.7 세 가족이 각각 일주일 동안 먹는 모든 음식과 함께 포즈를 취하고 있는데, 서로 다른 사회에서 소비하는 음식의 양에서 많은 차이가 난다는 것을 잘 보여주고 있다.

5.4 출산율은 국가와 지역에 따라 다양하다

2007년에 세계 선진국의 전체 출산율은 대체 수준의 출산율인 2.1 정도이거나 낮았다(그림 5.8). 이에 따라 아이슬란드와 우크라이나와 같은 선진국들의 인구수는 현재 어느 정도 안정한 수준을 유지하거나 약간 감소하고 있다. 그렇지만 예멘과 같이 높은 출산율과 빠른 인구의 성장이 아프리카 사하라 이남 국가들, 중동의 일부 국가와 남아시아 국가들에서 지속적으로 일어나고 있다.

각각의 인구 동향은 고유한 도전 과제를 나타낸다. 아주 낮은 출산율을 가진 국가는 많은 수의 노령 인구를 지탱시켜주는 젊은 연령대의 근로자 인구가 줄어드는 것이다. 반대로 높은 출산율을 가지는 국가는 교육, 적절한 영양 공급과 보건을 필요로 하는 나이 어린 인구가 많다

인구 계획을 하는 것은 전 지구적인 문제인가, 아니면 지역적인 문제인가? 아니면 이 모두인가? 의견을 제시하라.

만약 여러분이 사회 공헌을 하겠다는 계획을 세운다면 사하라 이남 아프리카에서 향후 40년에 걸쳐 어떤 변화를 일으키는 데 기여하겠는가? 유럽에서는 어떠한가?

전 세계적으로 총 출산율은 매우 차이가 난다

총출산율
(여성 1인당 신생아 출생 수)
- ≥ 7.0   높음 ↑
- 6.0~6.9
- 5.0~5.9
- 4.0~4.9
- 3.0~3.9
- 2.0~2.9
- ≤ 2.1   낮음 ↓

가장 높은 총출산율은 사하라 이남 아프리카 국가들에서 나타난다. 또한 상대적으로 높은 총출산율은 중동과 남아시아의 많은 나라에서 나타난다.

그림 5.8 전 세계 많은 나라는 총출산율이 인구 교체 수준인 여성 1명당 2.1명의 신생아 출생 비율이거나 이보다 낮은 비율을 가진다. 그 밖의 많은 나라들은 인구 교체 수준에 매우 근접한 총출산율을 가진다. 그러나 사하라 이남 아프리카 국가들의 인구 동향은 개별 국가들 사이에서 많은 차이를 가지고 있다는 것을 염두에 두어야 한다. 이는 특히 아프리카의 국가들이 총출산율에서 세계 어느 지역보다도 차이가 크기 때문이다. (자료 출처 : United Nations Human Development Report, 2009)

과학원리 　　　　 **문제** 　　　　 해결방안

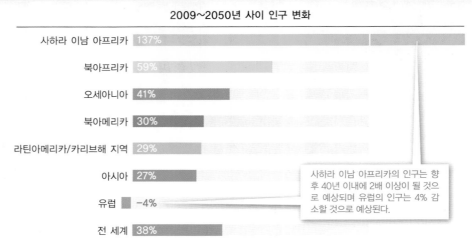

그림 5.9   2009~2050년 사이의 인구 성장은 전 세계 주요 지역에 따라 많은 차이가 나는 것으로 예측된다. (자료 출처 : U.S. Census Bureau, International Data Base, 2010)

부탄의 왕은 개발의 정도를 평가하기 위해서는 비경제적인 측면이 더 강조가 되어야 한다고 제안하며 '국가 총행복도'라는 지수를 제안하였다. 행복을 어떻게 평가할 수 있을까?

국내 총생산량 (GDP)   한 국가가 일정한 기간에 생산하는 상품(예 : 공산품과 농산품)과 서비스(예 : 운송과 금융 서비스) 총합의 시장 가격. '1인당 GDP' 참조

는 것을 가리킨다.

출산율과 인구 타성의 차이로 말미암아 인구 동향은 지역 간에도 많은 차이를 나타낸다(그림 5.9). 유엔과 기타 기관의 연구에 의하면 유럽의 인구수는 향후 50년에 걸쳐 줄어들 것이지만 라틴아메리카, 아시아와 북아메리카의 인구수는 서서히 증가할 것이라고 한다. 같은 연구에서 북아프리카와 오세아니아에서도 중간 정도의 인구 증가가 있을 것이라고 한다. 그렇지만 아프리카 사하라 이남 국가들에서는 빠른 인구 증가가 일어나며 2010~2050년 사이의 40년 사이에 인구가 2배 이상 높아질 것이라고 예측한다.

⚠ 생각해보기

1. 아프리카 사하라 이남 국가들과 유럽의 인구 연령 구조는 어떤 것일까? (힌트 : 그림 5.4 참조)
2. 어느 지역이 가장 높은 전체 출산율을 가진 곳일까? 어느 지역이 국가 간 전체 출산율에서 가장 많은 차이를 보이는 곳일까?

5.5 개발은 국가들 사이에 많은 차이가 있다

앞에서 살펴보았듯이 방글라데시는 전 세계에서 가장 가난한 저개발국의 하나로, 결과적으로 국민들의 건강, 교육 수준과 삶의 질에서 다양한 문제점을 내포하고 있다. 이러한 문제점은 이 인구가 환경에 미치는 영향으로 나타

나게 된다. 보편적인 미국인에 비하여 방글라데시의 국민은 1인당 훨씬 적은 자원을 사용한다. 방글라데시 사람은 고기를 적게 먹고, 전기를 적게 사용하며, 최신 휴대전화를 사기 위해 오래된 휴대전화를 버리는 일도 적을 것이다. 그렇지만 방글라데시는 인구 밀도가 높기 때문에 이 인구가 주변 환경에 미치는 영향은 상당하다. 이에는 오염된 수자원 공급, 더러운 공기와 사라지는 농토가 있다.

이에 따라 개발이란 삶의 수준을 높이는 가능성이 있는 반면 자원의 결핍으로 미래의 번영을 위협하는 양날을 가진 칼이다. 이러한 상황의 어느 정도는 방글라데시에서 일어나고 있다. 전 인구에서 가난한 사람이 차지하는 비율이 1992년의 57%에서 2010년에 32%로 낮아졌지만 방글라데시 개인 평균은 환경에 더 많은 영향을 미치고 있다. 한 인구 단위가 환경에 끼치는 영향을 이해하려면 그 인구의 개발 정도를 정확히 측정해야 한다.

인구의 건강과 웰빙 측정

개발이라는 측면에서는 가장 기본적인 것은 돈이다. 사람이 얼마를 벌고 얼마를 쓰는가이다. 무엇보다 더 가용한 돈이 많을수록 살아가는 동안 더 많은 선택을 할 수 있다. 경제학자들은 일반적으로 한 국가가 한 해에 생산하는 상품과 서비스 총합의 시장 가격을 나타내는 **국내 총생산량**(gross domestic product, GDP)에 따라 국가들을 비교한다. 국가들 간의 경제 상태를 비교하기 위하여 국

내 총생산량을 인구수로 나누면 1인당 국내 총생산량이 된다. 그림 5.10에서 보는 것처럼 1인당 GDP는 최선진국과 최저개발국 사이에 100배가 차이 난다. 방글라데시의 1인당 GDP는 1,883달러로 아프리카 소수 몇 나라보다는 약간 높지만 미국의 **1인당 GDP**(per capita GDP)인 49,965달러에는 훨씬 못 미친다. 낮은 GDP를 가진 나라들은 일반적으로 낮은 생활비를 가진다. 그렇지만 문제는 이들 나라보다 더 부유한 국가로부터 생산된 제품과 식량을 수입해야 하는 것이 도전 과제가 된다.

개발이라는 것에 돈이 어떤 의미를 가지는지를 인구 통계를 분석할 때 유용하므로 좀 더 자세히 살펴보자. 예를 들면 어느 특정한 해에 태어난 개인의 평균 삶의 기간을 예측하는 **출생 시 기대 수명**(life expectancy at birth)은 서로 다른 지역과 국가들의 건강 상태를 대변한다. 최상위 선진국의 출생 시 평균 수명은 평균 80세이다. 이것과 50대 초반과 중반에 사망하는 아프리카 사하라 이남의 국가들과 아프가니스탄과 비교해보라. 아프리카에서는 평균적으로 많은 인구가 에이즈에 감염되었다는 것이 반영되었으며, 아프가니스탄에서는 불량한 위생 상태, 제한된 의료 지원과 수십 년 동안 이어진 전쟁 때문일 것이다.

건강을 측정하는 또 다른 지표는 **유아 사망률**(child mortality rate)로, 이는 새로 탄생한 1,000명의 유아가 다섯 살에 이르기 전에 죽는 수를 나타낸다. 최빈국들의 유

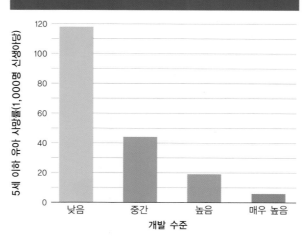

국가의 개발 정도와 유아 사망률과의 관계

그림 5.11 유아가 다섯 살에 이르기 전에 사망할 확률은 개발의 수준이 높으면 급격히 줄어든다. 2009년에 저개발국가에서 유아가 다섯 살에 이르기 전에 사망할 비율은 선진국보다 거의 20배 이상 높았다. (자료 출처 : United Nations Human Development Report, 2011)

아 사망률은 최부국들의 유아 사망률에 비해 최대 20배 이상 높다(그림 5.11).

최빈국들은 아주 열악한 교육 체계를 가지고 있으며 많은 수의 어린아이들이 글 읽는 법을 배우지 못한다. 이렇게 교육의 기회가 없다는 것은 이런 나라 사람들의 삶을 증진시키는 데 중요한 장애 요인의 하나이다. 반면에 높은 수준의 교육을 받은 사람의 비율과 교육에 대한 헌신은 부유한 나라에서 높은 수준의 개발을 지속적으로 유지하는 데 필수적이다.

예상하다시피 한 나라의 GDP가 개발을 이끌어가는 엔진이지만 한 나라의 역사와 정치도 역시 많은 영향을 끼친다. 유엔은 개발의 정도를 측정하기 위하여 건강, 경제 발전과 교육을 통합한 **인간개발 지수**(Human Development Index, HDI)를 만들었다. 인간개발 지수는 개인의 건강, 교육과 경제 발전성 조건이 이론적으로 최대일 때를 1로 하여 0~1의 범위를 가진다. 인간개발 지수는 인구에서 건강에 대한 지시자로 출생 시 평균 수명을, 교육 기회에 대하여 학교에 다닌 평균 연수를, 그리고 경제 발전의 지표로 1인당 수입을 이용하였다. 유엔이 2011년에 187개 국가들을 평가했을 때 인간개발 지수는 187위에 해당하는 콩고민주공화국의 0.286에서 1위를 차지한 노르웨이의 0.943까지 차이를 나타냈다(그림 5.12). 방글라데시는 146위를 차지했다.

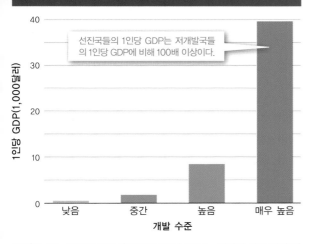

국내 총생산량(GDP)은 개발 정도에 따라 매우 차이가 난다

선진국들의 1인당 GDP는 저개발국들의 1인당 GDP에 비해 100배 이상이다.

그림 5.10 물질적 부의 측정으로 1인당 GDP는 개발의 다른 어떤 지표보다 서로 다른 수준의 개발을 나타내는 국가들 사이에서 더 많은 차이를 나타낸다. (자료 출처 : United Nations Human Development Report, 2009)

인간개발 지수(HDI)는 3개의 다른 요인(교육, 수명, 1인당 GDP)들을 바탕으로 계산된다. 이들 요인은 서로 별개인가, 아니면 실제 서로 인과관계가 있는가?

1인당 GDP 한 국가의 인구에서 개인이 일정한 기간에 생산하는 상품(예 : 공산품과 농산품)과 서비스(예 : 운송과 금융 서비스) 총합의 시장 가격

출생 시 기대 수명 어느 특정한 해에 태어난 개인의 평균 삶의 기간

유아 사망률 새로 탄생한 1,000명의 유아가 다섯 살에 이르기 전에 죽는 수

인간개발 지수(HDI) 국가의 개발을 나타내는 지수로 출생 시 평균 수명, 교육을 받을 기회와 경제 생산량을 포함한다.

인간개발 지수(HDI) 점수

인간개발 지수
(HDI)
● 매우 높음
● 높음
● 중간
● 낮음
● 자료 없음

그림 5.12 전 세계 인간 개발의 지리적 차이는 지역적으로 높은 수준과 낮은 수준의 그룹으로 나뉜다. 인간개발 지수는 북반구의 북아메리카, 서유럽, 일본과 한국에서, 그리고 남반구의 오스트레일리아, 뉴질랜드, 칠레와 아르헨티나에서 가장 높다. 반면 가장 낮은 인간개발 지수 점수는 사하라 이남 아프리카와 남아시아에 몰려 있다. (자료 출처 : United Nations Human Development Report, 2011)

⚠ 생각해보기

1. 인간개발 지수(HDI)를 계산하는 데 이용되는 변수들은 어떤 것들이 있는가? 이들 변수 각각은 한 단위의 인구에 대하여 무엇을 가리키는가?
2. 인간개발 지수에 빠져 있는 인간 개발의 측면이 있는가? 만약 전 세계 인구 개발에 대한 독자적인 평가를 한다면 어떤 다른 요인들이 이 인간개발 지수에 더 추가될 수 있을까?

5.6 인구의 증가와 개발은 환경 영향을 증가시킨다

1971년에 생태학자인 파울 에를리히와 존 홀드렌(John Holdren)은 최초로 인구가 환경에 미치는 영향을 정량적으로 표현하고자 노력했다. 이들은 인간에 의한 환경 영향은 단순히 인구수의 문제가 아니라는 것을 인식했다. 그 인구가 얼마나 부유한가가 중요한 변수로서 1인당 자원의 소비량과 폐기물의 생산량으로 측정하였다. 일반적으로 평균적인 자원 소비 수준은 부유한 수준이 올라가면서 증가한다.

또한 예를 들면 소비자 제품을 생산하는 데 이용하는 기술도 고려해야 할 요인이다. 이는 일부 기술은 다른 기술들보다 더 많은 에너지를 쓰며 또 더 많은 폐기물을 만들어내기 때문이다. 에를리히와 홀드렌은 좀 더 연료 효율성이 높은 차량과 같은 기술은 환경 영향을 낮출 수 있다는 것을 인정하였다. 과학 잡지 사이언스에 출간한 논문에서 에를리히와 홀드렌은 그들이 IPAT 식이라고 부른 관계식을 제안하였다.

$$I = P \times A \times T, \text{ 여기서}$$

I = 환경 영향(자원의 손실, 생태계 파괴)
P = 인구(인구의 총수)
A = 부유도(1인당 자원 소비에 대한 약칭)
T = 기술(에너지와 자원을 필요로 하는 과정과 제품)

IPAT 식에서 우리가 끌어낸 주요 결론의 하나는 아프리카 이남과 남아시아의 국가와 같이 덜 부유한 국가의 개인들은 미국과 같이 좀 더 부유한 나라의 개인들에 비해 환경에 더 적은 영향을 미친다는 것이다.

생태발자국과 개발

여러 측면에서 IPAT 식은 제1장에서 소개한 생태발자국의 선행 개념이다. 생태발자국이란 인구가 사용하는 자연 자원을 제공하기 위해 필요한 토지와 물의 추산된 면적이다(21쪽 참조). 한 나라의 개발 정도가 높아질수록

기술 개발이 인구가 끼치는 환경 영향을 어떻게 줄일 수 있을까?

그 나라의 1인당 생태발자국도 역시 높아진다(그림 5.12와 그림 5.13). 물론 이 이야기가 항상 맞는 것은 아니다. 많은 나라에서 개발은 매우 높은 환경 비용을 초래했지만 일부 부유한 국가들은 더 적은 환경 영향을 끼치면서 높은 수준의 개발을 이룩하기도 하였다.

한 인구 단위가 환경에 미치는 전체 영향은 개인의 생태발자국에 인구수를 곱하여 추정할 수 있다. 그림 5.14는 세계 주요 지역의 인구의 상대적 크기와 이들의 총생태발자국을 나타낸 것이다. 이 그림으로 비교하여 얻을 수 있는 분명한 결론의 하나는 인구의 크기에 비하여 북아메리카, 특히 미국과 유럽의 인구들은 다른 지역 국가들의 인구들에 비해서 훨씬 높은 환경 영향을 끼친다는 것이다. 이 지구 상 모든 사람이 2012년의 미국인처럼 산다고 하면 현재의 인구를 지탱시키기 위해서는 지구가 4개 필요할 것이다.

1인당 생태발자국의 전 세계적 분포

그림 5.13a 1인당 가장 큰 생태발자국(단위 : 표준 헥타르, gha)은 북아메리카, 북아시아, 오스트레일리아와 뉴질랜드에 몰려 있다. 1인당 가장 작은 생태발자국은 아프리카, 남아시아와 라틴아메리카에 나타난다. (자료 출처 : World Wildlife Fund, 2006, 2012)

1인당 생태발자국은 국가 개발에 따라 커진다

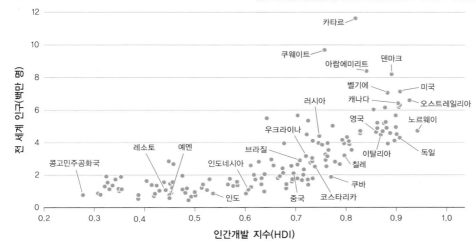

그림 5.13b 인간 개발을 하기 위해서는 건강 관리, 교육과 경제적 사회 기반 시설에 대한 투자가 필요하다. 이 결과 자원의 소비도 증가한다. 그러나 개발에 따라 자원의 소비가 얼마나 증가하는지는 많은 차이가 난다. 많은 나라들이 다른 나라들보다 훨씬 작은 생태발자국을 가지며 높은 개발 단계에 도달하였다. (자료 출처 : United Nations Human Development Report, 2011; World Wildlife Fund, 2012)

과학원리   **문제**   해결방안

일부 지역은 불균형적으로 큰 생태발자국을 가진다

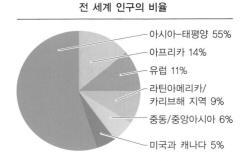

전 세계 인구의 비율

- 아시아-태평양 55%
- 아프리카 14%
- 유럽 11%
- 라틴아메리카/카리브해 지역 9%
- 중동/중앙아시아 6%
- 미국과 캐나다 5%

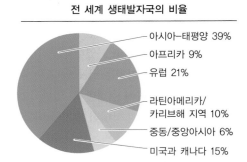

전 세계 생태발자국의 비율

- 아시아-태평양 39%
- 아프리카 9%
- 유럽 21%
- 라틴아메리카/카리브해 지역 10%
- 중동/중앙아시아 6%
- 미국과 캐나다 15%

?

그림 5.14에서 세계 어느 지역이 1인당 가장 큰 생태발자국을 가지고 있는가? 또 어느 지역이 1인당 가장 작은 생태발자국을 가지는가?

그림 5.14 세계 다른 지역의 국가들에 비하여 미국, 캐나다와 유럽은 인구 규모에 비하여 훨씬 큰 총생태발자국을 가진다. 전체 인구의 합이 약 10억 명이지만 이들 국가들의 통합된 생태발자국은 인구가 거의 40억 명에 달하는 아시아-태평양 지역만큼 넓다. 이와는 대조적으로 아프리카는 인구 규모에 비하여 비례해서 작은 생태발자국을 가진다. (자료 출처 : World Wildlife Fund, 2012)

?

이민자의 염원과 이민자가 이주하기를 원하는 국가 주민의 우려를 어떻게 조화시킬 수 있을까?

⚠ 생각해보기

1. 그림 5.13을 이용하여 미국과 중국 개인의 상대적인 생태발자국을 비교하라.
2. 이상에서 알아본 추정치로 이 두 나라의 총생태발자국을 비교하라. (참고 : 2012년 중국의 인구는 1,343,000,000명이고 미국의 인구는 314,000,000명)
3. 여러분 자신의 생태발자국을 다른 세계의 사람의 생태발자국과 비교해보라. (생태발자국 계산은 www.footprintnetwork.org 참조)

5.7 인구 간 개발의 차이는 이민 압력을 만든다

미국 뉴욕 항에 있는 자유의 여신상은 이민자에게 가장 잘 알려진 기념물 중 하나이다. 실제로 남북 아메리카는 전 세계로부터 많은 이민자를 받아들였다. 예를 들면 150년 전 아일랜드의 감자 기근에 따라 1백만 명의 아일랜드 사람들이 미국으로 왔다. 극적이지만 이 아일랜드 사람의 이민은 전 세계적으로 좀 더 나은 성공을 바라는 수백만 명의 사람에 비하면 극히 일부이다. 스리랑카 보트 피플은 오스트레일리아에 망명하고자 하며, 니카라과 사람들은 좀 더 부유한 코스타리카로 들어가려고 하고, 동유럽 사람들은 서유럽으로 이주를 하며, 스페인 남부의 해변에서 아프리카 젊은 사람들을 우연히 마주치거나 멕시코인들은 미국으로 이민을 온다(그림 5.15).

가끔 마주치는 다른 문화와 언어를 쓰는 사람들은 일반적으로 토지, 직업과 다른 자원에 대한 경쟁을 겪었다. 이에 따라 이민은 인구 역학 관계와 관련된 아주 민감하고 복잡한 문제의 하나이며 역사는 이민자의 유입을 막고 관리하기 위한 시도들로 점철되어 있다(그림 5.16).

이민과 인구 역학 관계

오늘날 이주가 어떤 지역에서는 인구의 증가를 일으키지만 다른 지역에는 인구의 감소에 기여한다. 이민자의 출신을 보면 가장 많은 곳이 아시아, 라틴아메리카, 카리브해 지역과 아프리카의 국가들로 이들의 최종 목표지는 북아메리카, 유럽, 오스트레일리아와 뉴질랜드와 같

선진국은 불법적인 이민자들의 유입에 직면한다

© Franco Oufari European Press Agency/Newscom

그림 5.15 이탈리아의 이민 경찰이 불법으로 입국하려는 많은 사람들을 붙잡고 있다.

은 부유한 국가들이다(그림 5.17). 부유한 국가들에서는 2013년에 이민 온 총거주자의 수가 1억 1,100만 명에 이르거나 전체 인구의 약 11%를 기록하였다. 매년 약 250만 명 정도의 사람들이 다른 나라로 이민을 간다. 이 사람들 중에서 약 1백만 명 또는 40%가 미국으로 합법적인 이민을 간다. 이외에도 매년 수십만 명의 사람들이 미국에 불법적으로 입국한다. 그밖의 대부분은 유럽, 캐나다나 오스트레일리아로 간다.

높은 이민 비율은 정치 및 사회적 갈등에 관련된 일부 사건과 연관되어 있다. 예를 들면 남아프리카공화국에서는 주변 국가들에서 합법적 및 불법적으로 이주해오는 것에 대한 논란으로 2008년과 2015년에 광범위한 폭동과 폭력이 발발하였다. 미국에서는 불법적인 이민자의 수로 불만이 많은 다수의 지방 정부와 주 정부에서 이들에게 운전면허증을 발급하지 않거나 합법적인 신분 증명을 보이지 않을 경우 체포하는 등 이민자들에게 힘든 삶을 강요하였다. 이러한 법적 제재는 미국 연방 정부의 반대에 부딪혔고 정당, 시민 단체, 그리고 미국의 대법원에서 논란이 되는 화약고가 되었다(그림 5.18).

미국의 이민 정책은 매년 영구 이민자 수를 675,000명까지만 받아들인다는 이민과 귀화 법률에 따라 규제된다. 미국 이민 정책은 역사적으로 가족이 합쳐질 때, 미국의 경제에 도움이 되는 기술을 가진 이민자일 때, 그리고 난민에게 피난처를 제공하는 것에 이민자 허용의 우선권을 부여하고 있다. 많은 귀화한 시민, 인권 단체 그리고 사업주들은 노동 인력의 부족을 걱정하며 이민 정책을 개정할 것을 요구하고 있다.

⚠ 생각해보기

1. 이민 정책을 정할 때 이민자들을 선별할 기준은 무엇인가? 일부 비윤리적인 기준이 있는가? 설명해보라.

2. 선진국들은 많은 인구를 가진 개발도상국들의 이민자를 받아들여야 할 의무가 있는가? 가난한 국가들은 부유한 국가들이 자국의 이민자를 받아들여야 한다고 기대할 권리가 있는가?

이민자의 이동을 통제하기 위한 장벽 설치는 오랜 역사 동안 이루어졌다

(Blasco de Avellaneda/AFP/Getty Images)

스페인과 모로코 사이에 설치된 국경 담장

(Frederic Brown/AFP/Getty Images)

미국과 멕시코 사이에 설치된 국경 담장

그림 5.16 스페인의 도시인 멜리야와 모로코 사이에 있는 국경 담장은 아프리카에서 스페인으로의 불법 이주를 줄이기 위하여 설치되었다. 미국과 멕시코 사이의 국경 담장은 국경 남쪽 지역으로부터 미국으로 불법 이주를 막기 위한 것이다.

이민자들은 일반적으로 더 나은 경제적 기회가 있는 지역으로 간다

유럽

북아메리카

아시아

아프리카

라틴아메리카/
카리브해 지역

오세아니아

⟳ 지역 역내 이주

그림 5.17 국제적인 이민의 주된 흐름 경로는 라틴아메리카, 카리브해 지역, 아프리카와 아시아를 주로 북아메리카, 서유럽, 오스트레일리아와 뉴질랜드와 잇는 것이다. 그렇지만 이민의 상당한 흐름은 또한 경제적 기회에서 차이가 있는 지역 내에서도 일어난다. 예를 들면 덜 개발된 인접한 국가에서 남아프리카공화국으로의 이주를 들 수 있다. (자료 출처 : United Nations Human Development Report, 2009)

이민은 많은 나라에서 중요한 문제가 되고 있다

(Michael Rieger/Zuma Press/Newscom)

그림 5.18 미국은 이민 정책을 어떻게 개혁할 것인가와 미국 내 수백만 명에 달하는 불법 이민자를 어떻게 처리할 것인가와 같은 문제에 대하여 격렬한 논쟁에 휘말렸다. 일부 시위자들이 논란이 많은 이민법이 주 의회에서 통과되자 항의를 하는가 하면 또 다른 사람들은 이를 지지하고 있다.

5.4~5.7 문제 : 요약

한 단위의 인구가 환경에 미치는 영향을 이해하려면 그 인구의 개발 정도를 정확히 측정해야 한다. 유엔은 기대 수명, 부유함, 그리고 교육 접근성을 하나의 개발 지수에 넣어 인간개발 지수(HDI)라는 지수를 만들었다. 이 지수에 영향을 미치는 두 가지 주요 요인으로는 인구수이고 1인당 소비하는 자연 자원이다. 이들 영향은 IPAT 식으로 요약이 된다. I(환경 영향)＝P(인구)×A(부유도 또는 자원 소비)×T(기술). 생태발자국 역시 인구가 환경에 미치는 영향을 정량적으로 나타내는데, 일반적으로 더 발전된 선진국에서 평균적으로 더 높게 나타난다. 역사적으로 볼 때 이민은 인구수 변동에 많은 영향을 끼쳤다. 오늘날 이민은 많은 나라에서 인구의 증가를 일으키지만 역시 다른 나라들에는 인구의 감소를 일으킨다. 이민은 인구 증가의 동향에 많이 기여하기도 하지만 또 다른 상황에서는 사회적 갈등을 야기하기도 한다.

5.8~5.10   해결방안

지속 불가능한 인구의 증가에 대하여 이야기하는 것은 환경을 보전하고 사람들의 삶을 개선할 수 있는 기회를 제기한다. 소말리아 남부에서 어린 소녀들이 10대에 결혼을 하고 거의 동시에 아이들을 갖는다는 사실을 생각해보자. 아프리카 전역에 걸쳐 여성들은 평균 6명의 아이를 갖는다. 이 여성들의 삶은 거의 전 생애 동안 임신하고 요리하며 청소하고 물을 기르는 것으로 보낸다. 이는 이들이 교육이나 기업가 정신을 가질 시간이 없다는 것이다. 그들의 삶을 개선시킬 기회가 거의 없거나 자녀에게 자신이 해왔던 것 이상으로 해줄 선택권도 거의 없다.

많은 가족을 가진다는 것은 물론 개인의 선택이지만 인구 성장이 왜 지금 우리 앞에 놓인 가장 부담스럽고 논란이 많은 환경적 도전 과제의 하나인지에 대한 이유가 되기 때문이다. 만약 국가가 인구수를 안정화시키려는 윤리적인 정책을 계획한다면 개별 국민은 혜택을 받을 기회가 생긴다.

5.8 대부분의 국가는 인구 증가를 관리하려는 국가 정책이 있다

높은 출산율의 문제는 아프리카 사하라 이남의 국가들에게만 한정되지 않는다. 아시아와 다른 세계의 여성들도 역시 지속 가능하지 않는 출산율을 가지고 있다. 이에 따라 이들 국가들의 일부는 출산율을 낮추기 위한 국가 정책을 채택하였다 이와는 반대로 가장 낮은 출산율과 줄어드는 노동 인력을 가진 일본과 유럽의 일부 국가들은 더 높은 출산율을 장려하고 있다. 그런가 하면 특히 아메리카 국가들은 출산율 결정에 개입하지 않는 정책을 편다(그림 5.19). 어떻게 개별 국가가 출산율을 관리하려고 시도를 하는지 알아보기 전에 한 발 뒤로 물러서서 전통적으로 가족이 많은 수의 아이들을 갖게 한 요인이 무엇이었는가를 생각해보자.

문화적인 또는 윤리적인 고려사항들이 인구 성장을 조절하려는 노력에 어떻게 도움이 되는가? 또는 방해가 되는가? 구체적인 사례를 들어보라.

출산율을 관리하는 국가 정책은 아주 다양하다

유럽과 아시아에 걸친 북쪽의 나라들과 오스트레일리아는 총출산율이 낮기에 더 높은 출산율을 장려한다.

아메리카 대륙의 나라들은 출산율을 줄이는 정책을 펴는 나라와 출산율에 개입을 하지 않는 나라로 양분되어 있다.

중국과 세계 여러 곳에 흩어져 있는 나라들은 현재의 출산율을 유지하고자 한다.

가장 높은 출산율을 보이는 아프리카와 남아시아의 많은 국가들은 출산율을 낮추고자 한다.

인구 정책
- ○ 출산율 낮추기
- ● 출산율 지키기
- ◐ 출산율 늘리기
- ○ 개입하지 않음

그림 5.19   국가의 인구 정책은 더 낮은 출산율이나 출산율 증가를 권장하거나 또는 현재의 출산율을 유지하기도 하고 출산율에 전혀 관여를 하지 않는 등 다양하다. (자료 출처 : United Nations, World Population Policies, 2007)

역사적인 규범 : 높은 출산율

과거에는 효과적인 피임약이 없었던 것이 역사적으로 가족의 크기가 매우 컸던 주요 이유의 하나이다. 그러나 왜 사람들이 많은 가족 수를 가지기를 바랐는지 타당한 이유가 있다. 빈약한 영양, 위생, 보건 상태는 많은 유아들이 태어난 후 곧바로 또는 아주 어린 나이에 사망하게 한다. 많은 가족 수는 아이들을 질병과 사고로 잃는 것에 대한 대비책이다. 여러분은 자라면서 알았겠지만 부모에게 아이들은 무임의 노동원이다. 아이들은 곡식과 가축을 관리하는 것 같은 하기 싫은 일을 하며 시장에서 물건들을 파는 데 돕는다. 부모와 조부모가 늙어가면 아이들은 그들을 돌봐야 한다.

피임약 접근성과 출생률

오늘날 피임약, 콘돔, 살정제와 다른 형태의 피임법은 인구 증가를 줄이고자 하는 대부분의 국가적인 프로그램에서 가장 중요한 요소이다. 유엔은 인구 증가가 빠른 곳에서 출생률을 줄이기 위해 피임약 사용을 권장하고 있다. 원하지 않고 위험한 낙태는 논란거리지만 일부 프로그램에서는 일정 역할을 한다. 유엔은 "모든 부부와 개인은 자녀 수와 출산의 간격을 자유롭게 또 책임 있게 결정할, 또 그렇게 하기 위한 정보, 교육 그리고 방법을 가질 기본적인 권리를 가지고 있다."고 언급하였다. 유엔은 각 국이 법규와 관습을 존중하는 방법으로 인구 증가를 조절하는 중요성을 인정하면서 모든 나라가 "안전하고 믿을 만한 폭넓은 가족계획 방법과 법에 저촉되지 않는 이에 연관된 건강 서비스"를 제공할 것을 권장한다.

2007년의 한 연구에서 유엔은 세계 대부분의 지역에서 피임약 사용은 크게 차이가 나지 않는다고 밝혔다(그림 5.20). 전 세계적으로 대부분의 지역에서 생식 연령에 해당하는 여성들이 사용하는 피임약을 사용하는 정도는 60~73%에 이른다. 주된 예외는 아프리카 사하라 이남 국가들인데, 이들 국가에서는 피임약 사용 비율이 평균 21.5%이다. 그러나 아프리카 사하라 이남 국가들을 포함한 모든 지역에서 피임약 사용의 비율은 매우 많은 차이가 난다. 그림 5.21에 나타난 것처럼 피임약 접근성과 낮아진 출생률 사이에는 분명한 상관관계가 있다. 이 관계는 가족계획 정보에 접근성을 제공하는 것과 피임약이 출산율을 상당히 낮출 수 있다는 것을 지시한다. 예를 들면, 피임약 사용이 일반적인 아프리카 국가들에서는 출생률이 대부분의 선진국들처럼 낮다.

인구 계획에 상당한 투자를 한두 나라의 역사를 검토해 보자. 국가 인구 정책에서 가장 두드러진 두 예로는 전 세계 인구의 35% 이상을 차지하는 인도와 중국의 정책이다.

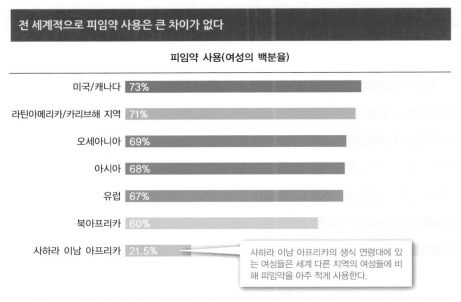

전 세계적으로 피임약 사용은 큰 차이가 없다

피임약 사용(여성의 백분율)

미국/캐나다	73%
라틴아메리카/카리브해 지역	71%
오세아니아	69%
아시아	68%
유럽	67%
북아프리카	60%
사하라 이남 아프리카	21.5%

사하라 이남 아프리카의 생식 연령대에 있는 여성들은 세계 다른 지역의 여성들에 비해 피임약을 아주 적게 사용한다.

그림 5.20 생식 연령에 있는 여성(유엔의 정의로 15~44세 사이에 해당하는 여성)의 피임약 사용이 널리 퍼져 있는 경향에서 주된 예외는 사하라 이남 아프리카 지역에서 관찰된다. (자료 출처 : United Nations, World Contraceptive Use, 2007)

피임약 사용이 증가하면 총출산율은 감소한다

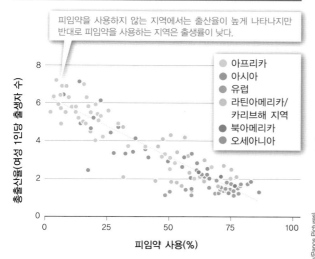

피임약을 사용하지 않는 지역에서는 출산율이 높게 나타나지만 반대로 피임약을 사용하는 지역은 출생률이 낮다.

- ● 아프리카
- ● 아시아
- ● 유럽
- ● 라틴아메리카/ 카리브해 지역
- ● 북아메리카
- ● 오세아니아

세로축: 총출산율(여성 1인당 출생자 수)
가로축: 피임약 사용(%)

그림 5.21 성인 인구의 백분율로 표시되는 피임약 사용과 총출산율 사이에는 뚜렷한 상관관계가 있다. 피임약을 많이 사용하는 국가의 출산율이 상당히 감소한 것은 세계 전 지역에서 모두 관찰된다. (United Nations, 1999; U.S. Census Bureau, International Data Base, 2000)

정보와 상담은 인구 관리에 필수적이다

(Mark Henley/Panos Pictures)

그림 5.22 훈련을 받은 상담자와 개별 여성과 부부들을 함께 모이게 하는 가족계획은 인도의 국가 인구 정책의 핵심이다.

인도 : 인구 정책의 선구자

인도는 인구의 빠른 성장으로 경제 발전이 와해될 수 있다는 우려로 1952년에 세계 최초로 국가 인구 정책을 개발하였다. 인도의 국가 인구 정책에서 정부는 모든 시민에게 정보를 제공받을 수 있는 선택권을 부여하고 출산에 관련된 정보와 방법을 제공한다. 그러나 어떤 가족계획 서비스에 참여하더라도 이는 전적으로 자발적이다(그림 5.22). 인도의 인구 프로그램의 주요 골자는 유아의 출생 전과 출생 후 건강 관리와 피임약을 제공하기 위하여 국가 계획자와 지역사회 사이의 협업이다. 이 프로그램은 또 엄마가 첫아이를 가지는 나이가 21세가 되는 부부와 두 번째 아이 이후 더 이상 낳지 않겠다는 부부에게 경제적 장려금 지원을 제공한다. 공중보건 운동은 가족 수가 많은 가족보다 적은 수의 가족이 더 유리하다는 것을 강화시킨다.

물론 이러한 인구 정책의 목표를 달성할 가용한 기금은 충분하지 않지만 인도는 지난 50년 사이에 괄목할 만한 진전을 이뤘다. 1951년 이후 인도의 총출산율은 한 여성당 6명이던 아이의 수가 2012년에는 2.6명으로 줄었다(그림 5.23). 같은 기간 동안 유아의 사망률은 1,000명의 신생아당 146명에서 32명으로 줄어 출생 시 기대 수명은

37세에서 67세로 늘어났다. 그러나 인도의 일부 지역에서는 더 예외적인 성과를 나타내었다. 예를 들면 인도의 케랄라 주는 교육, 고용, 평등을 나타내는 e's라는 인구

인도와 중국에서 총출산율은 급격히 감소했다

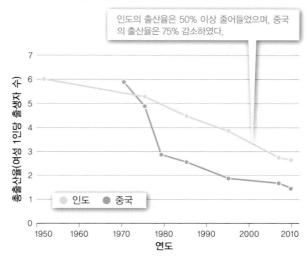

인도의 출산율은 50% 이상 줄어들었으며, 중국의 출산율은 75% 감소하였다.

세로축: 총출산율(여성 1인당 출생자 수)
가로축: 연도

- ● 인도 ● 중국

그림 5.23 지구에서 가장 인구가 많은 두 국가의 인구 정책은 총출산율이 수십 년 동안에 이전의 높은 출산율에서 낮아지도록 성공적으로 수행되었다. (자료 출처 : United Nations, World Population Policies, 2007; U.S. Census Bureau, International Database, 2010)

조절 계획을 채택하였다. 케랄라 주의 학교 체계는 소년과 소녀 모두 90%가 글을 읽고 쓸줄 아는 비율을 자랑한다. 교육을 받은 여성들이 아이를 가지기 전에 노동 인력에 합류하며, 68%(인도 전체는 48%)가 피임약을 사용한다. 이러한 변화가 주의 출생률을 2.0으로 안정화시켰다. 이러한 진보가 있음에도 인도의 인구 증가율은 느려지고 있지만 2050년까지는 지속적으로 성장할 것이다.

중국의 한 자녀 가족 정책

1970년에 중국 정부는 작은 수의 가족을 권장하는 자발적인 프로그램을 소개하였다. 그러나 중국의 인구는 지속적으로 증가하였으며, 중국은 전 세계 지표 면적의 7%를 차지하지만 1979년에 전 세계 인구의 거의 4분의 1에 가까웠다. 그때 중국 정부는 한 가정이 가질 수 있는 아이의 수를 제한하는 급진적인 결정을 내렸고 만약 이를 따르지 않은 사람들에게는 벌을 가하기로 하였다.

한 자녀 가족 정책은 대부분의 가정이 한 아이만을 갖도록 제한하며, 특히 이 정책은 공무원과 도시 거주민에게 엄격히 적용하였다. 농촌 지방은 부부가 만약에 첫아이가 딸이면 둘째 아이를 가질 수 있도록 완화하였다. 그렇지만 첫아이와 둘째 아이의 간격이 5년이 되도록 하였다. 이 정책은 또한 몽골 족, 티벳 족과 위구르 족 및 낮은 인구 밀도를 가지며 뚝 떨어진 곳에 사는 기타 민족 등 소수 민족은 세 번째 아이를 가질 수 있도록 허용하였다. 이 한 가정 한 자녀 정책은 작은 가족, 출산 교육, 피임약에 상시 접근과 경제적 보상을 촉진하는 복잡한 캠페인 체계로 지원된다. 이러한 캠페인은 또 이를 따르지 않는 사람들에게 상당한 벌금과 재산 압류 등을 포함한 처벌로 뒷받침된다.

이 프로그램은 중국의 인구 역학 관계에 커다란 변화를 낳았다(그림 5.23 참조). 중국의 총출산율은 1970년에는 여성 1명당 아이가 평균 5.9명이었으나 자발적 가족 계획 기간에는 2.9명으로 줄었다. 그러나 한 아이 정책이 엄격하게 적용되고 나서 총출산율은 2010년에 여성 1명당 아이 1.5명으로 교체 수준 출산율 이하로 더 떨어졌다.

인구학자들은 중국의 인구가 2030년을 지나서 정점에 이를 것이며 이후에는 줄어들 것으로 예상한다. 이에 반해 인도의 인구는 이번 세기 중반까지 지속적으로 성장하여 지구 상에서 인구가 가장 많은 나라가 될 것이다(그림 5.24). 중국의 한 아이 정책은 효과는 있지만 일부 사

람들, 특히 서구의 국가에서 윤리적이지 못하다고 여긴다. 그 이유는 이 정책이 출산할 수 있는 기본적인 인권을 제한하고 있으며 이 정책으로 강제적인 불임 수술과 낙태가 행해진다는 보고가 있기 때문이다. 이러한 우려는 이 정책의 일부 개정을 이끌어냈다.

중국은 이러한 악명 높은 정책을 점차 완화하고 있다. 2013년에 중국은 부모의 한 사람이 한 자녀일 경우에는 두 번째 아이를 허용하고 있다. 이전에는 부모 양쪽이 모두 한 자녀였을 경우에만 자격이 있었다. 그런 다음 2015년 후반에는 인구가 점점 노령화하는 데 따른 경제 결과에 우려가 커지는 가운데 두 아이 정책을 채택하였다. 두 번째 우려는 중국 인구에서 남자와 여자 수의 불균형이었다. 이는 문화가 전통적으로 남자아이를 선호하였기 때문이다. 그렇지만 이 현상은 비단 중국에만 국한된 것은 아니다.

딸의 실종

인구에서 신생아의 남아와 여아의 비로 결정되는 자연적인 **출생 성비**(sex ratio at birth)는 매 100명의 여아 출생에 남아의 출생 비율이 약 103~107명이다. 다른 말로 표현하면 여아의 출생보다 남아의 출생 비율이 3~7% 더 높

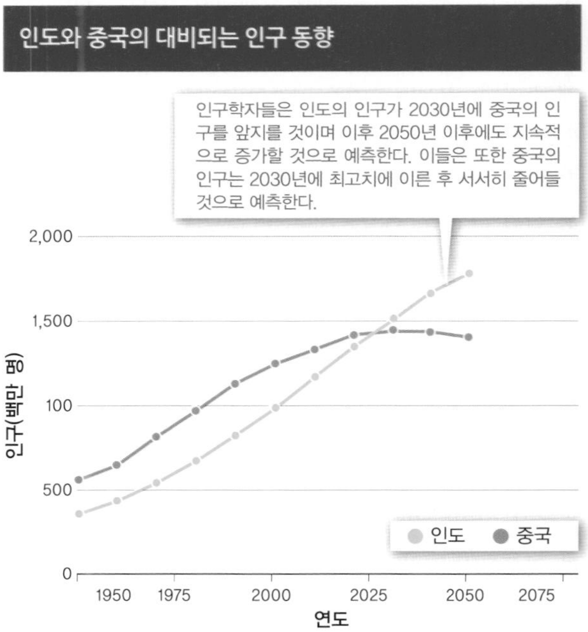

국가가 생식 권리를 제한하려고 한다면 어떻게 반응하겠는가?

인도와 중국의 대비되는 인구 동향

인구학자들은 인도의 인구가 2030년에 중국의 인구를 앞지를 것이며 이후 2050년 이후에도 지속적으로 증가할 것으로 예측한다. 이들은 또한 중국의 인구는 2030년에 최고치에 이른 후 서서히 줄어들 것으로 예측한다.

그림 5.24 지구에서 가장 인구가 많은 두 국가의 인구는 서로 다른 인구 성장 궤도를 거쳤지만 인구학자에 의하면 둘 다 안정된 인구로 근접하고 있다. (자료 출처 : U.S. Census Bureau, International Database, 2008)

출생 성비 신생아의 남아와 여아의 비

다. 이러한 불균형은 인구에서 대략 100명의 남자와 100명의 여자 비율로 균형이 맞추어진다. 이는 모든 연령대의 남자는 질병과 사고로 사망할 확률이 좀 더 높기 때문이다. 최근에는 그러나 많은 아시아 국가에서 출생 시 성비가 남아 쪽으로 높게 치우쳐져 있다.

북아프리카, 중동과 아시아 부모들의 편견은 아들이 딸보다 더 중요하다고 여긴다. 이 지역들의 사람들은 아들이 딸보다 농사일을 훨씬 잘할 뿐 아니라 나이 든 부모를 훨씬 더 잘 돌본다는 믿음이 있다. 물론 관습과 법에 따라 아들은 가족 재산의 상속자이며 가계를 이을 수 있다. 오늘날 이러한 편견에 대한 역사적인 정당성이 희석되고 있지만 가족들은 초음파 같은 성별을 가리는 기술의 도움을 받아 여전히 아들을 선호한다. 이 결과로 이들 인구의 상당 부분은 불균형을 이룬 성비를 가지고 있다.

남자와 여자의 구성비에서 일어나는 불균형은 중국의 한 자녀 가족 정책에서 예견되는 결과의 하나로 2001년에 100명의 여아에 117명의 남아로 출생 성비를 나타냈다. 이러한 성비 차이는 매년 중국에서 남아가 대략 1백만 명 정도 더 출생한다는 것으로 나타난다. 높은 남아 출생 성비 역시 제한적인 가족 크기 정책을 시행하지 않는 국가인 인도와 한국과 같은 다른 아시아 인구에서도 나타난다. 실제로 인구학자들은 인도의 일부 지역에서 출생 시 성비가 126 : 100까지 높은 것을 보고하였다. 이는 출산 전 성별 구분과 성을 선택하는 유산이 성비를 왜곡시키는 가장 중요한 요인이라는 것을 시사한다.

아시아에 있는 국가들은 출생 성비의 불균형에 불안해하고 있다. 중국의 젊은 남성은 결혼 상대자가 부족하다는 것을 우려하고 가끔 배우자를 찾기 위해 베트남과 같은 인접 국가로 계획된 여행을 가기도 한다. 정책 입안자들은 결혼과 가정을 가질 가망이 없는 수백만 명의 독신 남성들이 더 폭력적이거나 사회 불안정을 야기할까 우려하고 있다. 이에 대한 대책으로 인도와 중국을 비롯한 여러 아시아 국가들은 출산 전 성별 감정과 성을 구별하여 낙태시키는 것을 불법화하였다. 인도 역시 소녀들에게 교육과 직업의 기회를 증가시키고 있다. 중국 정부는 딸들이 재산을 상속받는 것을 더 쉽게 바꾸고 딸만 가진 가족에게 학교 납부금을 면제시켜주는 것과 같은 재정적 혜택을 제공하는 법률을 통과시켰다.

이에 더하여 중국은 성비의 불균형이 초래하는 사회적 위험을 경고하고 어느 성을 가진 아이라도 고유한 가치

(Peter Charlesworth/LightRocket via Getty Images)

그림 5.25　중국 정부는 소가족의 장점과 딸과 아들 모두의 가치에 대하여 활발히 홍보한다.

가 있다는 것을 극찬하는 대중 인식 캠페인을 하였다(그림 5.25). 중국에서 실시된 최근의 조사에 의하면 37%의 여성이 아들이나 딸에 대하여 선호도가 없으며, 약 6%가 같은 비율로 딸 1명이나 또는 아들 1명을 선호한다고 하여 국민들의 생각이 변하고 있는 것으로 나타난다. 조사에 응한 나머지는 그들이 이상적으로 생각하는 가족은 1명의 아들과 1명의 딸을 가지는 것이라고 대답했다. 인도에서도 성을 구별하는 낙태를 줄이기 위해 이와 유사한 캠페인을 벌이기 시작했다. 2008년에는 수십 년 만에 처음으로 델리 시에서 여아의 출생이 남아의 출생을 앞질렀다.

출산율의 세계적 동향

인도와 중국과 같이 전 세계적으로 국가 정책, 교육, 그리고 피임약으로 일어난 '출산의 혁명' 때문에 총출산율은 빠르게 줄어들고 있다. 그림 5.26에서 보는 바와 같이 1990~2010년 사이 총출산율은 모든 개발 단계의 국가들에서 상당히 낮아졌다. 부유한 국가들의 출산율은 어느 정도 이미 인구 교체 수준 한참 아래로 한 여성당 1.7명이었기에 때문에 변화가 없다. 전 세계적으로 볼 때 이러한 출산율의 감소는 단 20년 사이에 출산율이 3.1명에서 2.6명으로 줄어들었다는 것으로 해석된다. 인구학자들은 세계 총출산율이 2050년이 되기 전에 인구 교체 수준인 2.1로 낮아질 것으로 예상한다.

남아 편향된 성비는 어떻게 국제적 긴장을 증가시키는가?

젊은이의 수가 노인의 수보다 적을 때 어떤 심각한 사회적 및 경제적 비용이 수반되는가? 다른 문제를 일으키지 않고 이러한 비용을 줄이기 위해서는 어떤 방안이 있을까?

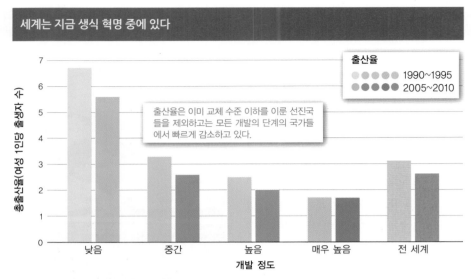

세계는 지금 생식 혁명 중에 있다

출산율
⬤⬤⬤⬤⬤ 1990~1995
⬤⬤⬤⬤⬤ 2005~2010

출산율은 이미 교체 수준 이하를 이룬 선진국
들을 제외하고는 모든 개발의 단계의 국가들
에서 빠르게 감소하고 있다.

(y축) 총출산율(여성 1인당 출생자 수)
(x축) 개발 정도: 낮음 / 중간 / 높음 / 매우 높음 / 전 세계

그림 5.26 가족계획 정보와 피임약에 대한 접근을 제공하는 정부의 인구 정책과 같은 다양한 요인이 전 세계적으로 출산율을 상당히 감소시키는 데 역할을 하였다. 2009년에 선진국의 인구는 교체 수준의 출산율에 못 미치는 인구를 가진 반면 중간 정도의 개발국 인구는 교체 수준의 출산율에 빠르게 접근하였다. (자료 출처 : United Nations Human Development Report, 2009)

⚠ 생각해보기

1. 저개발된 국가들이 국민들에게 가족계획 서비스와 피임약을 제공하기를 원하지만 기금이 없어서 하지 못할 경우 선진국들이 이에 필요한 기금을 제공해야 하는가?
2. 인구를 조절하고자 국제적인 캠페인을 하면 자국의 문제를 관리하기 위한 국가의 권리를 어떤 점에서 방해할까?

5.9 인간 개발은 더 낮은 출생률과 국외 이주 감소와 연관되어 있다

개발 전문가들은 소말리아와 그밖의 아프리카 사하라 이남 국가들이 높은 사망률과 출생률에서 낮은 사망률과 출생률로 언제 전환될 것인가에 대하여 걱정한다. 이러한 **인구 변천**(demographic transition)은 대체로 생활 조건이 개선이 되면 일어나는데, 이미 일부 아프리카의 도시들에서 일어나고 있다. 이러한 현상은 스웨덴과 같은 부유한 유럽 국가에서 생활 조건이 개선됨에 따라 일어났었다는 것이 역사적으로 분명하게 증명되었다. 인구 변천은 4단계로 구분이 된다. 제1단계에서는 출생률과 사망률이 높다. 출생률과 사망률이 엇비슷하기 때문에 제1단계의 인구는 변동이 없거나 매우 느리게 성장을 한다. 식량의 공급, 위생 상태와 먹는 물 공급이 좋아지면서 사망률이 줄어들면 인구는 제2단계로 들어선다. 출생률은 여전히 높

인구 변천 인구는 삶의 조건이 개선되면서 초기의 높은 사망률과 높은 출생률에서 낮은 사망률과 낮은 출생률로 점차 변화한다는 학설

기 때문에 제2단계의 인구는 빠르게 성장한다. 그림 5.27에서 보는 것처럼 스웨덴은 18세기 후반과 19세기 전반에 제2단계에 돌입했다. 아프리카 사하라 이남의 많은 개발도상국은 출산율(141쪽 그림 5.8 참조)과 사망률로 볼 때 이들 국가는 인구 변천의 제2단계에 있는 것으로 판단된다.

제3단계 동안 사망률은 계속 낮아지는데, 출생률도 역시 낮아지기 때문에 인구는 서서히 증가한다. 낮아지는 출생률은 나아진 경제 상황, 길어진 기대 수명, 특히 여성들이 높은 교육을 받은 비율과 피임약을 구하기 쉬운 점, 그리고 가족계획에 대한 정보를 쉽게 얻을 수 있음으로 나타난다. 오늘날 선진국들은 지난 20세기 쯤 제3단계에 들어갔다. 아시아, 라틴아메리카와 카리브해 지역의 대부분 개발도상국들은 현재 제3단계에 있다.

인구는 제4단계에서는 출생률과 사망률이 엇비슷하기 때문에 변동이 없다. 현재 제3단계에 있는 개발도상국들은 21세기 동안 제4단계로 인구 변천이 일어날 것으로 예측된다. 예를 들면 중앙아메리카의 한 국가는 제4단계로 빠르게 근접하고 있는데 그 나라는 코스타리카(그림 5.28)이다. 그림 5.28a에서 보는 것처럼 코스타리카의 인구는 2050년경에 안정될 것으로 여겨진다. 코스타리카의 삶의 질은 제2단계에서 제3단계를 지나면서 그리고 제4단계로 다가가면서 급격히 개선되었다. 2014년에 코스타

인구 변천의 4단계

인구 변천 : 스웨덴

1단계	2단계	3단계	4단계
• 높은 출생률	• 높은 출생률	• 출생률 감소	• 낮은 출생률
• 높은 사망률	• 사망률 감소	• 낮은 사망률	• 낮은 사망률
• 안정된 인구	• 빠른 인구 증가	• 인구 증가 느려짐	• 안정된 인구

그림 5.27 인구 변천은 주로 유럽의 인구 역사에서 관찰된 출생률과 사망률의 변화를 설명하기 위한 목적으로 인구학자들이 제안한 이론적인 모델이다. 선진국에서 관찰된 이 인구 변천 모델이 선진국 이외 인구의 인구변천을 얼마나 잘 설명할 수 있는지에 대하여는 논란이 되고 있다. (자료 출처 : Statistics Sweden; U.S. Census Bureau, International Data Base, 2006)

코스타리카는 인구 변천 한가운데에 있다

인구 변천 : 코스타리카

a. 코스타리카는 인구 변천을 겪고 있는 것으로 나타난다. 출생률과 사망률이 2050년이면 같아질 것으로 예상되며, 이때가 되면 코스타리카의 인구는 안정될 것이다.

b. 출생 시 기대 수명은 오늘날 지구 상 어느 국가들보다 낮았으나 현재는 많은 선진국의 출생 시 기대 수명과 같거나 더 길다. 유아 사망률도 이와 비슷한 개선 정도를 보인다.

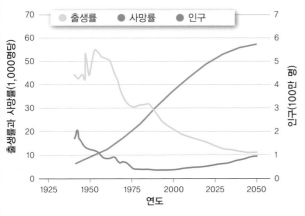

그림 5.28 코스타리카는 인구 변천이 빠르게 진행되고 있으며, 이는 유아 사망률이 급격히 줄어들었고 출생 시 수명이 증가를 한 것으로 나타난다. (자료 출처 : Instituto Nacional de Estadistica y Censos de Costa Rica, 2006; U.S. Census Bureau, International Data Base, 2006)

과학원리 문제 해결방안

코스타리카는 전 세계에서 최초로 무상 의무 교육(1869년에 시작)을 실시한 나라 중 하나이다. 오늘날 코스타리카는 라틴아메리카에서 가장 높은 문자해독 능력을 가진 나라의 하나로 95% 이상이다. 코스타리카가 빠르게 인구 변천이 일어나는 데 교육은 어떤 역할을 하였을까?

높은 수준의 개발을 이룬 국가들에서 어떤 요인들이 높은 출산율을 유지시킬까?

리카의 출생 시 기대 수명은 78세로 연장되어 미국보다는 두 살 낮으며 총출생률은 1.9로 떨어졌는데 이 수치는 2014년의 미국 출생률보다 낮은 것이며 아이슬란드 출생률과 같다(그림 5.28b).

이렇게 인구 변천 이론이 오늘날 선진국들의 역사를 설명할 수 있지만 인구학자들은 일부 국가들이 가난, 과인구, 그리고 높은 문맹률 때문에 아직도 낮은 개발 단계 상태에 머물러 있는 것이라고 생각한다. 이 때문에 개발에 투자하는 것이 이런 나라들의 인구수를 안정화시키는 데 도움이 될 것으로 여겨진다(그림 5.29와 그림 5.30).

여성 교육 및 권한 부여

아시아, 아프리카, 남북 아메리카나 유럽 어디에서건 더 많은 교육을 받고 자신의 생에 대하여 자기결정권을 가진 여성들은 적은 수의 자녀를 가진다. 이런 경향에는 몇 가지 타당한 이유가 있다. 첫째는 교육을 받은 여성은 결혼을 늦게 하며 첫아이 갖는 시기를 늦춘다. 여기에 피임약을 더 사용하며 가족계획에 대한 정보를 더 잘 받아들이는 경향이 있다. 또한 더 많은 시간을 자신의 경력을 관리하기 위해 보내며 많은 자녀를 양육하는 데 보내는 시간을 적게 가진다. 마지막으로 자신의 주변 사람들에 대하여 더 많은 영향력을 가지며 그들 자신들도 공식·비공

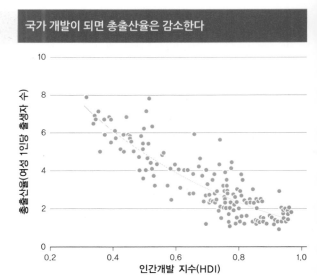

그림 5.29 평균적으로 인간개발 지수 점수가 높은 국가들은 총출산율이 상당히 낮다. (자료 출처 : United Nations Human Development Report, 2006; U.S. Census Bureau, International Data Base, 2006)

식적으로 가르치는 사람이 되어 자신들의 관점을 주변 사람들에게 전달하거나 차세대들에게 전한다.

이민 압력 줄이기

앞에서 알아보았듯이 한 나라의 인구 밀도는 국경 내에서

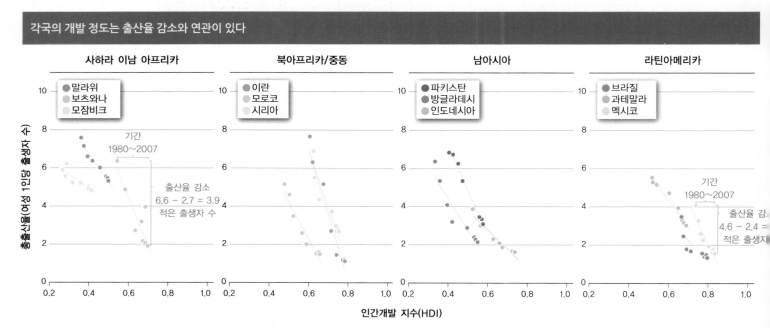

그림 5.30 전 세계 여러 지역의 선진국에서 1980~2007년에 개선된 인간개발 지수 점수는 줄어든 출산율을 수반하였다. 어떻게 모든 나라의 출산율 변화가 일어났는지를 알아보려면 보츠와나와 멕시코의 예를 보면 알 수 있다. (자료 출처 : United Nations Human Development Report, 2009; U.S. Census Bureau, International Data Base, 2010)

인구 성장뿐 아니라 다른 나라들로부터 유입되는 이민에 따라 결정된다. 이주 압력을 줄이는 한 방안은 국경을 넘어 경제적 차이를 줄이는 것이다. 이를 위한 투자가 서유럽에서 1986년 유럽연합이 확장되면서 당시 서유럽에서 가난했던 나라인 그리스, 아일랜드, 포르투갈과 스페인을 포함하기로 한 것으로 나타났다. 유럽연합은 이들 나라의 경제 기반 시설에 많은 투자를 하였는데, 이러한 투자와 지역의 기업가정신 결과 이들 국가는 좀 더 나아진 경제여건 속에서 21세기에 진입하였다. 자국 내의 나아진 기회 덕분에 소수의 사람들만이 이들 나라에서 국외로 이민을 갔고, 이들 국가는 이민자들의 목적지가 되기도 했다. 그렇지만 2008년에 유럽 전체의 경제 위기를 가져온 경제 하강으로 이들 나라의 국민들은 다시 국외에서 더 나은 기회를 가지고자 국외로 이주하였다.

이들 국가 중 가장 앞선 나라는 아일랜드였는데, 아일랜드는 빠르게 경제적으로 가장 부강한 나라의 하나가 되었다. 2008년에 아일랜드는 인간개발 지수로 전 세계 국가에서 5위를 차지하였다. 적어도 국내에서 경제적으로 성공할 수 있는 가능성이 높아진 영향으로 아일랜드는 이민자의 주요 공급국에서 전 세계로부터 이민자들의 최종 목표국으로 바뀌었다. 그러나 2008년 말에 경제 후퇴로 아일랜드로의 이민자 수는 많이 줄어들었으며, 2009년에는 이민으로 들어오는 사람보다 나간 사람의 수가 더 많았다. 그러나 다시 경제가 회복되면서 아일랜드로 이민 가는 사람의 수가 2010년 이후 다시 증가를 하면서 2015년에는 아일랜드의 전체 인구에서 3분의 1이 이민자였다. 이런 인구 동향은 좀 더 가난한 나라의 개발에 투자하는 것이 인구 성장을 늦출 수 있고 이민의 압력을 줄일 수 있는 등 많은 혜택을 얻을 수 있다는 것을 보여준다.

⚠ **생각해보기**

1. 인구 변천의 4단계 동안 각 단계의 생활 조건은 어떨 것이라고 생각하는가?
2. 인구 변천의 속도를 어떻게 하면 빠르게 할 수 있을까? 구체적으로 답하라.
3. 어느 한 나라가 상당히 개발되었는데도 사망률과 출생률이 모두 낮은 사회로 진입하지 못한 상황을 생각할 수 있는가? 의견을 말해보라.

5.10 도전 : 높은 개발과 지속 가능한 자원의 이용 달성하기

오늘날 모든 선진국의 인구는 이들 국가의 역사 동안 매우 낮은 개발 단계에서 높은 개발 단계로 전환되는 과정에서 변화하였다는 것을 자주 인식하지 못한다. 아이슬란드를 생각해보자. 이 나라는 신생아 1,000명당 3명 이하의 유아 사망률을 가지는데, 세계에서 가장 좋은 통계의 하나이다. 그러나 19세기까지도 아이슬란드의 상황은 아주 달랐다. 1840~1890년에 아이슬란드의 유아 사망률은 신생아 1,000명당 250~300명이었는데, 가장 처참한 해인 1846년에는 유아 사망률이 신생아 1,000명당 600명까지 이르렀다. 이 유아 사망률은 오늘날 지구 상 어느 국가의 유아 사망률보다도 3배 이상인 수치이다.

아이슬란드 경제학자인 토르발뒤르 길파손(Thorvaldur Gylfason)의 분석에 의하면 1901년 아이슬란드의 1인당 경제 생산은 2,600달러로, 2011년의 방글라데시의 소득과 비슷했다. 이때부터 아이슬란드는 생산성이 높은 어장과 재생 가능한 자원에 대하여 계획적인 관리를 통하여 연간 경제성장률이 2.6%씩 성장하였으며, 세계은행에 의하면 2013년 1인당 GDP는 약 42,000달러였다. 그러나 이러한 경제 성장에 가장 공헌을 많이 한 것은 놀랍게도 교육이었다.

아이슬란드는 교육을 받은 사람이 전 인구의 99.9%를 차지한다. 교육은 16세까지 의무적이며 이 나이까지 의무 교육을 받는 사람은 99%에 이른다. 아이슬란드의 통계국에 의하면 27,000명에 가까운 인구(전체 인구의 거의 10%)가 1999~2008년 사이에 학사 학위를 받았다. 이 중에서 여성의 학위 소유가 남성의 2배에 달했다.

아이슬란드는 선거에서 선출된 의회주의 정치 체제를 갖춘 행정부를 가진 나라로 18세 이상의 모든 시민은 대통령과 의회의원의 선거권을 가지고 있다. 여성들의 힘은 아이슬란드의 고위직까지 진출한다. 2004년에 여성은 아이슬란드 의회의 30%를 차지하였는데, 이는 미국의 하원의 20%와 비교된다. 여성의 권한이 강해졌다는 증거의 하나로 2010년에는 정부의 수장으로 아이슬란드의 첫 번째 여성 총리인 요한나 시귀르다르도티르(Jóanna Sigurdardóttir)가 선출되기도 했다.

높은 수준의 교육과 낮은 수준의 문맹률, 풍부한 자연자원 기반, 그리고 여성의 참정권과 권한과 더불어 건강

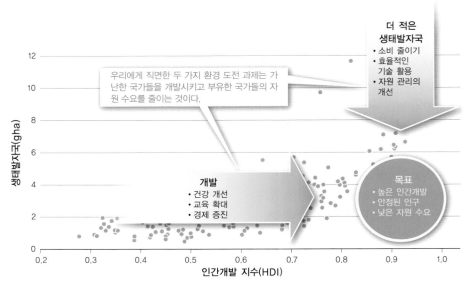

인구와 관련된 두 가지 도전 과제

그림 5.31   가장 첫 도전 과제는 저개발국가의 개발을 일으키는 것으로 여기에는 건강 관리, 교육과 경제적 사회 기반 시설을 개선하는 것이다. 두 번째 도전 과제는 선진국이 소비를 줄이고, 좀 더 효율적인 기술의 활용과 자연 자원을 더 잘 관리하면서 생태발자국을 줄이는 것이다.

만약 당신이 권한을 가지고 있고 이를 사용할 방안이 있다면 이 절에서 알아본 2개의 전 세계적인 도전 과제를 어떻게 처리하겠는가?

저개발국들이 선진국들의 도움을 받지 않고 개발을 이룰 수 있을까?

의 증진은 아이슬란드의 높은 개발에 기여하였다. 이러한 점들이 작용하여 안정된 인구수가 되도록 하였다. 물론 아이슬란드는 여러 면에서 예외적인 경우에 해당하지만 다른 나라들도 최근 매우 빠른 개발을 달성하였다. 열대의 라틴아메리카 국가인 코스타리카는 인구수의 안정화를 향해 빠르게 전진하는 나라이다. 아이슬란드처럼 코스타리카의 성공은 모든 연령대의 교육, 참정권 확대와 여성의 권한 증진에 많은 투자를 한 결과이다. 2014년에 여성은 코스타리카 의회의 33%를 차지하였는데, 참고로 미국의 113대 하원의 여성은 18.5%이다. 이에 더하여 아이슬란드처럼 코스타리카는 2010년에 첫 정부 수반인 대통령으로 라우라 친치야(Laura Chinchilla)를 선출하였다.

도전

인간 존엄을 지키기 위한 대한 도전 과제는 지구 자원의 수요를 줄이면서 인간 개발에 투자하는 것이다(그림 5.31). 이 장에서는 인구 증가를 줄이는 필요성에 주로 초점을 맞추었는데, 인구 증가를 줄이는 것은 가족계획에 대한 정보와 피임약에 쉽게 접근하도록 하고 저개발국의 개발을 진흥시키면 목표를 이룰 수 있다. 지금 당장 필요

한 두 번째 과제는 자원의 수요를 줄이는 것인데, 이 목표 달성은 좀 더 효율적인 기술의 개발과 관리 방안을 개발하여 1인당 소비를 얼마만큼 줄이냐에 달려 있다. 이들 주제는 제6~14장에서 주로 다루어지는 내용이다.

앞서 살펴본(137쪽 그림 5.3b와 5.3c) 전 세계 인구 증가를 낮추는 것은 진전되고 있는 좋은 징조이다. 물론 폭발적인 인구 증가의 억제를 향한 진전은 개별적인 인구 집단에서 진행되고 있다. 이 장의 도입부에서 소개한 국가인 방글라데시는 총출산율을 1981년의 6.6명에서 2015년에는 2.4명으로 줄이는 가족계획 프로그램을 도입하면서 이 목표를 향해서 한 걸음 성큼 나아가고 있다. 또한 선진국과 개발도상국 모두 자원의 과소비와 폐기물을 포함한 환경에 대한 우려가 점점 높아지고 있다. 아마 가장 중요한 것은 선진국들 국민들 사이에서 전 세계적인 빈부 차이에 대하여 우려가 존재한다는 것이고 개발도상국들에게 원조를 주는 데 공개적으로 많은 지지를 보낸다는 데 있다. 생물권과 지속 가능한 관계를 이룬다는 것이 아마 우리 인간이 직면한 가장 벅찬 과제일 것이며, 이러한 과제를 해결하기 위해서 우리는 모든 지성, 지혜와 감수성을 모아야 할 것이다.

⚠ 생각해보기

1. 평균적으로 한 나라의 인간개발 지수와 그 나라의 1인당 생태발자국 사이에는 어떤 관계가 있는가?
2. 유사한 인간개발 지수를 지닌 나라들의 생태발자국에 차이가 날 때 환경적 및 사회적 측면의 의미는 무엇일까?
3. 아이슬란드와 코스타리카는 어떠한 차이가 있으며 또 어떠한 유사성이 있는가?

5.8~5.10 해결방안 : 요약

거의 모든 국가는 개별 국가의 인구 동향에 따라 출산율을 낮추거나, 높이거나 또는 유지하는 자국의 인구 정책을 가지고 있다. 그런가 하면 다른 나라들, 특히 아메리카 국가들은 출산율에 관하여 공식적인 정책이 없다. 여성들에게 피임약 복용을 포함한 교육과 권한을 증진시키는 것은 빠른 인구 성장에서 출산율을 줄일 수 있다. 중국과 인도의 국가적인 인구 정책은 인구 증가율을 낮추는 데 성공하였다. 출산 전 성별 감식과 성을 선택하는 낙태는 예상되지는 않았지만 강력하게 해결되어야 하는 문제로, 전 아시아에 걸쳐 여러 나라에서 남아가 과다 출생하는 결과를 낳았다.

오늘날 선진국에서 역사적으로 개선된 생활 조건은 높은 사망률에서 낮은 사망률과 출생률로 인구 변천을 이끌었다. 대부분의 개발도상국들은 인구 변천의 측면에서 중간에서 후반 단계에 들어 있다. 개발을 하는 데 전 세계적인 투자가 일어난다면 개발도상국들의 인구 변천이 일어나는 것을 가속화시키고 전 세계 인구 증가율을 낮출 것이다. 국경을 넘어 경제 격차를 줄이고, 덜 개발된 나라의 개발에 투자를 하면 이민 갈 기회를 줄일 것이다.

개발은 일반적으로 환경 비용을 수반한다. 평균적으로 높은 개발 단계를 가진 나라는 커다란 생태발자국을 가진다. 그렇지만 일부 국가들은 환경에 큰 비용을 지불하지 않고도 높은 수준의 개발을 이루었다. 인간 존엄 앞에 높인 두 가지 도전은 인간개발에 투자를 하는 반면에 지구 자원의 수요를 줄이는 것이다.

각 장의 절에 대하여 아래 질문에 답을 하고 난 후 핵심 질문에 답하라.

핵심 질문 : 지속 가능한 인구수를 달성하려면 어떻게 해야 할까?

5.1~5.3   과학원리

- 인구 밀도의 차이는 어떤 환경적 요인으로 설명할 수 있는가?
- 지난 역사 동안 전 세계 인구는 어떻게 변화하였는가?
- 인구의 연령 분포에서 어떤 것을 알 수 있는가?

5.4~5.7   문제

- 국가와 지역에 따라 출산율은 어떤 차이가 있는가?
- 인간개발 지수를 계산할 때 어떤 변수가 들어가는가?
- 개발과 환경 영향은 어떤 관련이 있는가?
- 개발 정도의 차이는 이민율과 이민 목적지에 어떤 영향을 미치는가?

인구와 우리

인구 문제는 우리 자신이 출산과 생을 어떻게 영위할 것인가와 같은 개인적인 것이다. 그러나 지금은 우리들이 지속 가능하게 살아갈 수 있는 지구의 장기간의 수용 능력을 이미 넘어섰기 때문에 이전 어느 때보다도 심각한 것이 되었다. 이런 도전 과제에 직면하여 어떻게 해결할 수 있겠는가?

☐ 빠른 변화에 대한 정보 습득하기

전 세계적으로 인구 문제는 극적인 변화기에 있다. 그렇기 때문에 이런 중요한 문제점에 대한 예측과 대안은 빠르게 바뀌며 예전의 대책은 무의미해지고 있다. 인구와 지속가능성에 대한 세계 뉴스를 들으면서 인구수와 소비에 대한 정보를 지속적으로 접하라. 인구조회국에서 발간하는 인구자료집과 미국 중앙정보국(CIA)의 국가 별 통계 자료를 검토하라.

☐ 국제 교육 프로그램 지원하기

교육은 인구에 관련된 문제점을 포함하여 모든 문제를 해결하는 열쇠를 제공한다. 교육은 민주적인 과정을 지원할 뿐 아니라 교육 및 낮은 출생률과 직접적인 관련이 있다. 선생님이 되어 교육을 지원할 수도 있고 지역사회의 학교에서 실시하는 교육의 역할을 지원할 수도 있다. 또한 국제 교육 프로그램과 같은 곳에 기부를 하는 기회도 가질 수 있다. 예를 들면 이러한 곳으로는 파키스탄과 아프가니스탄에 있는 130개 이상의 학교에서 소녀들의 교육에 주력하기 위해 설립된 중앙아시아 연구소(Central Asia Institute)가 있다.

☐ 개발 프로그램에 지원하기

개발은 낮은 출생률과 안정된 인구수가 되도록 한다. 개발에 대한 노력은 건강관리를 제공하고, 경제적인 사회 기반 시설을 개선하거나 식량 생산과 가용성을 증진시키는 프로그램을 포함한다. 미국에는 정부 운영 프로그램인 평화봉사단(Peace Corps)이나 전 아메리카의 개발을 진흥시키고 이해를 돕는 비정부, 비영리 프로그램인 로스 아미고스 드 라스 아메리카스(Los Amigos de las Americas)와 같은 프로그램을 통하여 개발에 직접적으로 도움을 주는 많은 기회가 있다.

☐ 개인 생활에서 약정하기

우리 중 어느 누구라도 가장 직접적으로 공헌할 수 있는 한 가지 방안은 각 개인의 삶을 안정된 인구수 유지와 지속 가능한 자원 소비의 목표와 일치하게 맞추는 것이다. 만약 자녀가 있거나 가질 계획이라면 두 자녀를 가지는 것으로 출산계획을 세워라. 우리 개인의 생태발자국을 줄일 수 있는 많은 방안은 다음의 여러 장에서 다룰 것이다.

5.8~5.10 해결방안

- 이민 정책이 전 세계의 인구에 어떤 영향을 끼치는가?
- 인간개발과 인구 특성 사이에는 어떤 관련이 있는가?
- 어떻게 지속 가능한 인구수로 전환할 수 있는가?

핵심 질문에 대한 답

_____

_____

_____

_____

_____

_____

제5장
복습 문제

1. 2012년의 전 세계 인구는 얼마나 될까?
  a. 60억 명   **b.** 70억 명
  c. 80억 명   **d.** 90억 명

2. 지난 수 세기 동안 세계 인구는 J형 성장 곡선을 보였다. 이러한 인구 증가가 앞으로도 계속될까?
  a. 그렇다. J형 인구 증가는 계속된다.
  b. 아니다. 전 세계 인구는 현재 증가하지 않는다.
  c. 아니다. 인구 증가율(%)은 감소하고 있다.
  d. 아니다. 전 세계 인구는 줄어들고 있다.

3. 미국 인구의 연령 구조는 안정한 상태지만 아직은 증가하고 있다는 것을 나타낸다. 다음 중 어느 것이 미국의 지속되는 인구 증가를 가장 잘 설명하는가?
  a. 상대적으로 젊은 인구와 이민
  b. 높은 이민 유입률
  c. 상대적으로 젊은 인구로 인한 인구 타성
  d. 인구 교체 수준 이상의 전체 출산율

4. 다음 지역 중 어느 곳이 인구 증가가 가장 **빠른가?**
  a. 북아프리카   **b.** 라틴아메리카
  c. 북아메리카   **d.** 사하라 이남 아프리카

5. 다음 중 유엔의 인간개발 지수(HDI)에 들어가지 않는 변수는?
  a. 건강   **b.** 심정적 행복
  c. 교육   **d.** 경제 생산성

6. 다음 중 어느 요인이 한 단위의 인구가 미치는 환경 영향에 기여할까?
  a. 인구 크기
  b. 인구가 사용하는 기술의 종류
  c. 자원 소비의 정도
  d. 위 항목 모두

7. 일반적으로 경제적 기회가 이민 양상에 영향을 미치는가?
  a. 경제적 기회의 정도는 이민 양상에 별 상관이 없다.
  b. 이민자는 대개 경제적 기회가 낮은 지역에서 높은 지역으로 이동한다.
  c. 경제적 기회는 이민 역사에서는 역할을 하였지만 이제는 그렇지 않다.
  d. 일반적으로 이민자는 경제적 개발이 높은 지역에서 높은 세금을 회피하고자 이주한다.

8. 현재 전 세계 전체 출산율의 동향은 어떤 것인가?
  a. 전 세계 전체 출산율은 인구 교체 수준 이하로 이미 줄어들었다.
  b. 전 세계 전체 출산율은 안정화되었다.
  c. 전 세계 전체 출산율은 증가하는 추세이다.
  d. 전 세계 전체 출산율은 줄어들고 있다.

9. 인구 변천이 일어나는 동안 사망률과 출생률은 어떻게 관련되는가?
  a. 출생률의 감소는 사망률의 감소를 따른다.
  b. 사망률의 감소는 출생률을 따른다.
  c. 사망률의 증가는 출생률의 감소를 일으킨다.
  d. 사망률과 출생률은 인구 변천과는 관련이 없다.

10. 인구수에서 인간개발이 높은 단계는 출산율에 어떤 영향을 미치는가?
  a. 인간개발이 높아지면 출산율이 높아지도록 한다.
  b. 인간개발이 높아지더라도 출산율에는 영향이 없는 것 같다.
  c. 높은 단계의 인간개발은 낮은 출산율과 연관되어 있다.
  d. 일부 대륙에서만 높은 단계의 인간개발이 낮은 출산율과 연관되어 있다.

비판적 분석

1. 한 단위 인구의 수가 배가되는 시간은 70년을 그 인구의 연간 성장률 퍼센트로 나누면 알아볼 수 있다. 2010년에 연간 인구 성장률이 0.3%인 레소토의 인구가 배가되는 시기는 언제인가? 연간 인구 성장률이 1%인 미국은? 연간 인구 성장률이 2.7%인 예멘은?

2. 미국과 캐나다 개인들의 1인당 생태발자국은 매우 유사하다. 그러나 캐나다 인구의 총생태발자국은 캐나다의 자원을 생산하는 수용 능력을 넘어서지 않고 있지만 미국 인구의 총생태발자국은 미국의 자원 생산 능력을 넘어섰다. 이러한 두 나라의 차이는 두 나라의 인구가 환경에 미치는 영향에 어떤 차이가 있을 것이라고 보는가?

3. 인간개발 지수 점수가 0.8(유엔이 '매우 높이' 개발된 나라로 보는 기준)이나 그 이상의 국가들 사이에 생태발자국에는 어떤 차이들이 있을까?(145쪽 그림 5.13 참조)

4. 전 세계적으로 합법적이든 불법적이든 간에 이민은 특히 많은 수의 이민자를 받아들이는 나라에서는 매우 중요한 문제이다. 만약 권한이 있다면 어떤 이민 정책을 도입하겠는가? 여러분의 정책이 이민자를 받아들이는 국가와 이민을 나가는 국가에 모두 도움이 될 것인지 설명하라.

5. 아이슬란드의 경제학자인 토르발뒤르 길파손은 아이슬란드가 높은 인간개발 지수를 달성하는 데 교육에 투자를 한 것이 주효했다고 하였다. 아이슬란드처럼 자연 자원이 풍부한 곳에 살지만 아이슬란드보다는 훨씬 낮은 인간개발 지수를 가진 국가를 생각할 수 있는가? 답을 자세히 설명하라.

핵심 질문: 환경 문제를 줄이거나 피하면서
담수에 대한 인류의 요구를 어떻게
만족시킬 수 있을까?

물의 순환과 기후 변화가 미치는 영향을 토의한다.

과학원리

제6장

지속 가능한 물 공급

세계적인 물 수요뿐만 아니라 그 이용 가능성에
영향을 미치는 요인 및 산업에 대하여 분석한다.

문제

지속적인 물 공급을 위해 개인적·산업적·
사회적 방안에 대하여 토의한다.

해결방안

2015년, 3년간의 역사적인 가뭄은 세계에서 가장 부유한 농업 지역 중 하나인 캘리포니아 샌호아킨밸리를 거의 사막과 다름없게 만들었다.

수요 증가로 줄어들고 있는 담수 공급

캘리포니아의 샌호아킨밸리에 찾아온 1,000년만의 최악의 가뭄이
농작물을 죽게 만들고 물을 배급받아 사용하는 수준까지 이르게 하였다.
이는 사람의 생활을 영위함에 있어 담수가 얼마나 중요한지를 보여주는 대표적인 예이다.

조금씩 조금씩, 캘리포니아의 샌호아킨밸리의 물이 빠져나가고 있었다. 3년간의 긴 가뭄은 모든 경제와 농업 그리고 이 지역의 환경 요소들을 모두 황폐화하였다. 4분의 1이 넘는 주민들이 먹거리 문제로 고통받았고 아몬드부터 밀까지 350여 가지에 이르는 작물이 고사하였다. 사실 예전에는 농부가 1미터 이상만 파고 내려가도 논에 물을 댈 수 있었지만, 최근 10년 동안 이곳의

농부들은 수백, 수천 달러를 써서 사설 전문업자들을 고용하고 300미터 이상 땅을 뚫어 지하수를 공급받았다. 대수층에 존재하는 지하수를 마구 뽑아 올리면서 유효응력이 증가하여 땅속 공극의 부피가 줄어들었다. 일단 한번 물을 저장할 수 있는 공간이 줄어들면 물을 저장할 수 있는 능력치는 영원히 줄어들게 된다. 그 결과 지반 침하가 발생하였고 지형의 변화가 따라왔다.

"물, 물, 모든 곳에서 물을 찾아요. 하지만 단 한 방울의 마실 물도 없네요."

새뮤얼 테일러 콜리지, 노수부의 노래(*The Rime of Ancient Mariner*), 1798

"모든 사람이 공황 상태에 빠지기 시작했어요." 2014년 3월 지역신문 산호세머큐리뉴스에서 스티브 아서는 이런 표현을 사용했다. "물 없이 이 마을은 살아남을 수 없습니다."

이와 같은 이야기가 미국 서부에 또 있었다. 2015년 4월 캘리포니아 주지사 제리 브라운은 모든 주민에게 가뭄에 대처하기 위하여 물 사용의 25%를 제한하기로 하였다. 산타크루즈 시는 야외의 물 뿌리기를 제한시켰으며, 로스앤젤레스 북쪽 우즈호는 먹는 물을 수송했다. 네바다 주 라스베이거스는 후버 댐에 새로운 터널을 뚫고 있는데 이는 배출구가 보일 정도로 미드호의 수위가 내려갔기 때문이었다.

수천 년 동안 인류는 마시고, 정화하고, 농업과 공업에 사용할 **담수**(freshwater)를 만들고 저장하기 위해 인프라를 구축해왔다.

하지만 이는 폭발적으로 성장하는 필요량(사람들이 원하는 물의 양이 아닌 필요한 양)을 맞추지 못했고 전 세계는 물 공급에 대한 위협을 받고 있다. 11억 명이 넘는 사람들이 깨끗한 물을 사용할 수 없고, 26억 명을 넘는 인구(거의 전 세계 인구의 40%에 육박하는)가 삶의 유지에 필요한 담수 공급 부족에 시달리고 있다. 제5장에서 살펴보았듯이 2050년에 이르면 세계 인구가 증가함에 따라 이 문제는 더 악화되어 또 다른 20억 명의 사람이 점점 물 부족을 겪게 될 것이다.

온 지구가 겪는 물 부족 사태는 21세기의 해결하기 쉽지 않은 커다란 환경 문제이다. 댐을 만들거나 물을 우회시킴으로써 저장하는 방식들은 이러한 물 부족 문제를 단기간은 해소시킬 수 있지만 미래에는 더 큰 문제를 불러일으킬 수도 있다. 또한 어떤 이유에서든지 이러한 인위적인 방법은 물이 바다로 흘러들어 가기 전에 자연 정화 과정을 방해하는 등 수중 생태계와 육상 생태계를 변형시킬 수 있다.

담수 염분의 농도가 500mg/L 이하인 염분이 적은 물

핵심 질문

환경 문제를 줄이거나 피하면서 담수에 대한 인류의 요구를 어떻게 만족시킬 수 있을까?

(NASA)

6.1~6.2 과학원리

물의 순환 물이 대기 중의 수증기 상태로 시작하여 액체나 고체 상태의 강수 현상을 지나 지표수와 지하수 상태로 수권에 돌아간 뒤 다시 증발산에 의해 대기 중의 수증기 상태로 되돌아가는 과정

물 저장소 연못에서 바다 크기에 이르기까지, 그리고 땅 아래의 지하수를 포함한 물의 저장 공간. 댐 건설을 통한 인공 저수지의 물은 인간이 사용하는 물을 전환하고 저장하는 데 사용된다.

지하수 지구 표면의 아래 토양과 암석의 공극을 채우고 있는 담수

다른 행성에서 지구를 방문한다고 상상해보자. 지구에 다가올수록 바다와 구름에 둘러싸인 파란 세상을 볼 수 있을 것이다. 육지 곳곳에는 호수와 연못이 점처럼 보일 것이고, 강과 시냇물은 아름다운 레이스처럼 장식되어 있을 것이다. 또한 극지방의 눈과 얼음이 서로 연결되어 있는 것도 볼 것이다. 만약 땅을 뚫고 그 안을 본다면, 그곳에는 또한 지하에 흐르는 지하수가 있을 것이다. 지구는 물로 구성된 행성이지만, 문제는 언제나 우리가 원하는 순간에 물을 가질 수 없다. 또한 대부분이 사용하기에는 너무 짜기도 하다. 우리가 지구 위에서 바라볼 수 없는 사실은 물이 매 순간 전 지구를 순환하고 있다는 사실이다.

6.1 물의 순환이 지구의 물을 움직인다

산에서 샘솟는 한 방울의 물이 강으로 그리고 바다로 흘러들어 가는 것을 보자. 태양은 이 물방울을 데우고 이 한 방울의 물은 증발하여 다시 비나 눈으로 육지로 떨어질 수 있도록 대기 중으로 흡수된다. 이렇게 지구의 물이 바다 및 대기와 육지 그리고 담수로 변환되었다가 다시 바다로 돌아오기까지 순환하는 과정을 **물의 순환**(hydrologic cycle)이라고 한다. 이 과정은 우리가 담수를 얻기 위해 이해해야 할 가장 중요한 지구의 자연 체계임이 분명하다.

지구의 물 분포

지구 상의 물 순환을 양으로 표현하는 단위로는 세제곱킬로미터를 사용할 수 있는데, 이것은 1조 리터를 나타낸다. 만약 이 물이 흩뿌려진다면 1세제곱킬로미터의 물은 1미터 깊이와 25미터의 넓이로 지구의 적도를 둘러싸는 밴드 모양이 될 것이다(그림 6.1). 이것은 아주 작은 물의 순환의 일부일 뿐이지만 인간이 바라볼 때는 아주 어마어마한 양이다. 지구의 표면에 존재하는 깨끗한 물, 즉 담수의 총량과 지하에 존재하는 지하수는 1천만 세제곱킬로미터가 넘는다. 만약 대기 중에 있는 물과 바다와 극지방의 빙하 등 모든 종류의 물을 합쳐본다면 14억 세제곱킬로미터를 넘을 것으로 예측한다.

지구의 물이 고여 있는 곳을 **물 저장소**(reservoir)라고 한다. 대기와 바다와 호수나 강, 토양과 빙하, 만년설과 지하수는 지구의 가장 중요한 물 저장소이다. 바다는 가장 큰 지구의 물 저장소인데 거의 97%의 물이 바다에 있다. 그러나 모든 바다의 물은 짜다. 가장 큰 담수는 빙하와 극지방에 지구 상 담수의 3분의 2 이상이 저장되어 있다. 남은 3분의 1은, 토양과 암반에 **지하수**(groundwater)의 형태로 존재한다. 호수와 습지 그리고 강은 0.3%의 지구 상의 담수를 차지한다. 그리고 가장 작은 양의 지구 물

물 얼마나?

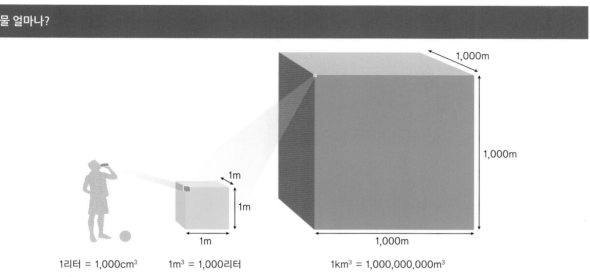

1리터 = 1,000cm³   1m³ = 1,000리터   1km³ = 1,000,000,000m³

그림 6.1 자연의 어떤 모습에 대하여 정량적으로 생각할 때 적절한 규모의 거리, 질량, 또는 부피가 필요하다. 정량적으로 물의 순환은 익숙한 미터법 단위 범위를 통해 쉽게 표현하고 논의할 수 있다.

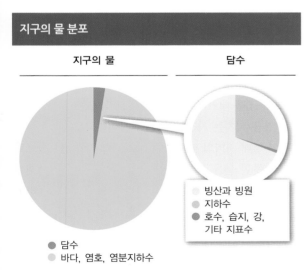

을 저장하고 있는 대기는 0.04%(약 13,000km³)를 가지고 있다(그림 6.2).

지하수를 저장하고 있는 지질 매체를 **대수층**(aquifer) 이라 한다. 일정량의 지하수가 흘러들어 가고 다시 나오는 등 순환을 보여준다. **지하수면**(water table)은 지하수의 최상위 층이며 지하수와 위의 토양 또는 암석 사이의 경계를 형성한다. 지하수와 맞닿아 있는 면의 아래를 **포화대**(saturated zone)라고 부른다. 지하수면의 위는 포화되어 있지 않으므로 **불포화대**(unsaturated zone)라고 부른

지구의 물 분포

그림 6.2 바다는 지구의 대부분의 물을 포함한다. 그러나 지구 담수의 대부분은 빙하 또는 땅속의 지하수로 존재한다.

다. 지하수는 강수로 계속 채워지며 중력에 의해 지표에서 지하수면으로 침투해 들어가게 된다. 강수에 의해 차오르는 지하수의 양은 강수량과 증발 비율 그리고 토양층의 투과성에 따라 정해진다. 침투량은 입자가 큰 모래에서 가장 크고, 모래 흙과 고운 모래 그리고 진흙순으로 작아진다. 투과되지 못한 강수는 땅 위를 흐르다 하천으로 흘러들어 가거나 대기 중으로 **유출**(runoff)된다.

토양이 나뭇잎이나 부러진 나무의 뿌리나 지렁이 구멍 등으로 덮여 있다면 투과율은 엄청나다. 하지만 겨우 몇몇 식물이나 동물이 있는 경우, 강수량은 투과율보다 현저히 높아지고 결과적으로 유출량이 많아진다. 일례로 사막은 드물게 발생하는 강력한 폭풍에 갑작스러운 홍수가 잦다.

지하수는 강이나 호수 그리고 샘물 또는 직접적으로 바다로 **배출**(discharge)된다. 대수층은 대부분 입자가 큰 모래나 가는 모래 등으로 이루어져 지하수가 잘 흐를 수 있다. 지하수가 유출되어 나오기까지는 대수층의 유량과 이동 거리에 따라서 짧게는 3일에서 길게는 수천 년이 걸리기도 한다(그림 6.3).

유역(watershed 또는 catchment)은 빗물이 땅에 떨어져서 강으로 흘러드는 지표 상의 영역이다. 예를 들어, 미시시피 강 유역은 세계에서 네 번째로 큰 유역인데, 미국의 31개 주와 캐나다의 2개 주에 걸쳐 있을 정도로 넓다. 이 유역에 있는 지표수는 결국 미시시피 삼각주와 멕시코 만으로 흘러든다.

대수층 지하수로 포화되어 있고 지하수가 잘 흐르는 다공질 지층

지하수면 지하에서 지하수의 포화대와 불포화대 사이의 경계면. 대기압과 수압이 같아지는 면

포화대 모든 틈이 물로 채워진 지하의 부분. 지층의 공극은 모두 물로 채워져 있다.

불포화대 지하수면 위에 있는 지층으로 공극이 물로 가득 차 있지 않다.

유출 강우로 지면에 떨어진 물이 지표면이나 지하를 거쳐 흘러나가는 것

배출 대수층에서 지하수가 지표수체(강이나 호수)로 나가는 것

유역 강수로 떨어진 물이 강이나 대수층으로 모이는 영역

대수층 저장 : 지하수의 배출 및 유출의 균형

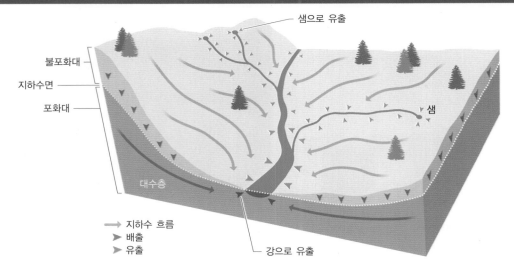

그림 6.3   대수층에서 지하수의 배출과 유출을 통해 물이 이동한다. 지하수는 유출과 배출 지역 사이를 천천히 흐른다.

물의 순환을 통한 물의 운동은 물리적 과정에 의해서만 영향을 받는가? 설명해보라.

플럭스 주어진 면적에서의 물질 또는 에너지의 흐름(예 : 해양 표면에서 대기로의 수증기 흐름 또는 생물과 그것의 주위 환경 사이의 복사 에너지 흐름)

엘니뇨 남방진동 해수면 온도와 기압의 변화로 태평양 바다를 가로질러 진동하는 기후 시스템

상승류 온난한 지표수가 우세한 바람의 영향을 받아 역외로 이동할 때 심부의 차가운 물이 바다 표면으로 올라오는 것

엘니뇨 동태평양에서 해수면 온도가 평균보다 높아지고 기압이 낮아져 폭풍이 자주 발생하는 기간

물의 이동

물은 물 저장소에서 강수 혹은 증발과 땅 위 및 땅속을 흐르는 유출 과정을 통해 순환한다. 이러한 **플럭스**(flux)를 물의 순환이라고 부를 수 있는데(그림 6.4), 이것은 물을 증발시킬 수 있는 태양이 원동력이 된다. 대기 중으로 물이 증발되면 냉각과 응결을 통해 구름이 만들어진다. 땅에 내리는 눈과 비는 토양에서 증발하거나 식물에서 발산한 수증기에 기원한다. 내리는 눈과 비의 3분의 1 이상이 땅의 표면을 따라 하천과 강을 통한 유출이나 지하수 유출을 통해 바다로 흘러들어 가게 된다. 이 플럭스는 물의 이동으로 매년 순환되는 물의 전체 양 중 매우 작은 부분(0.0003% 미만)으로 해마다 바다에서 증발하여 땅으로 떨어지는 강수량으로 대체된다(그림 6.4 참조). 이러한 작은 순환만이 인간이 사용할 수 있는 담수가 된다.

⚠ 생각해보기

1. 그림 6.4에서 지하수, 호수, 강, 하천 등 담수의 총량보다 훨씬 적은 연간 40,000km³의 해양 육상 교환 유출량이 우리가 사용할 수 있는 담수공급량이라고 설명한 이유는 무엇인가?
2. 전 세계 인구를 70억 명이라고 가정할 때 전 지구의 유출량을 공평하게 나누면 1인당 얼마의 물이 배정될 수 있는가?
3. 2번 문제의 계산 결과는 실제로 1인당 사용할 수 있는 물의 양과 차이가 있는데 그 이유는 무엇인가?
4. 지하수나 지표수를 서로 다른 수자원으로 취급하면서 지속 가능하게 관리할 수 있을까?

6.2 엘니뇨 현상은 건기와 우기를 유발한다

평균적으로 3~5년마다 남아메리카의 태평양 적도 부근은 몇 도씩 더워지면서 전 세계의 곳곳에 많은 비를 내리는 등 엄청난 변화를 가져왔다. 몇 세기에 걸쳐 페루의 어부들에게 잘 알려져왔던 이러한 현상은, 양동이로 들이붓는 정도의 많은 비와 홍수 그리고 어업의 난항을 겪도록 만들었다. 현상이 발생하는 대부분의 시기가 크리스마스와 맞물렸기 때문에 페루의 어부들은 이 현상을 엘니뇨, 즉 스페인어로 예수님의 어린 시절 이름을 뜻하는 단어로 불렀다. 다른 엘니뇨 현상 관찰자들은 비뿐만 아니라 일정기간의 가뭄도 일으키는 등 가뭄과 홍수가 돌고 도는 현상임을 밝혔다.

우리는 이제 **엘니뇨 남방진동**(El Niño Southern Oscillation)을 대기 순환과 태평양 전역을 걸쳐 표면 온도에 영향을 미치는 가장 중요한 현상이라고 인식한다. 전형적인 열대 지역의 태평양은 바람이 동쪽에서 서쪽으로 불어 따뜻한 물을 서쪽으로 이동시키는 무역풍이 존재한다. 따뜻해진 물이 서쪽으로 이동함에 따라 남아메리카 서쪽 해안의 심부에 있던 차가운 물이 올라오는 **상승류**(upwelling)가 발생한다. 그러나 **엘니뇨**(El Niño) 현상이 발달하면 무역풍이 약해지고 따뜻한 표층수가 반대 방향, 즉 동쪽으로 흐른다. 이런 따뜻한 표층수가 남아메리카 연안에 도달하면 해안을 따라 북쪽과 남쪽으로 흐르

생물권을 통과하는 물의 순환

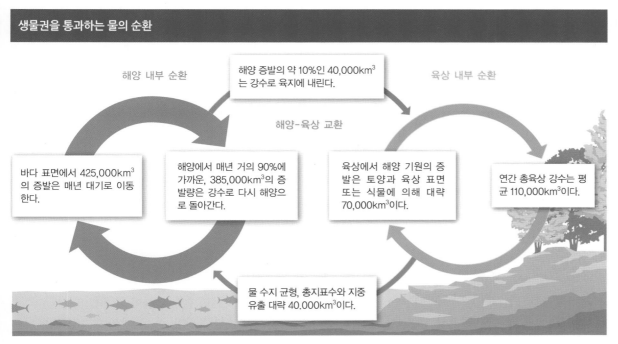

해양 내부 순환

육상 내부 순환

해양 증발의 약 10%인 40,000km³는 강수로 육지에 내린다.

해양-육상 교환

바다 표면에서 425,000km³의 증발은 매년 대기로 이동한다.

해양에서 매년 거의 90%에 가까운, 385,000km³의 증발량은 강수로 다시 해양으로 돌아간다.

육상에서 해양 기원의 증발은 토양과 육상 표면 또는 식물에 의해 대략 70,000km³이다.

연간 총육상 강수는 평균 110,000km³이다.

물 수지 균형, 총지표수와 지중 유출 대략 40,000km³이다.

그림 6.4 물의 순환에는 육지에 떨어지는 해양 기원의 40,000km³의 강수량과 해마다 다시 육지에서 해양으로 흘러들어 가는 유출수 40,000km³에 의한 2개의 주요 순환이 포함된다. (화살표 폭의 차이는 플럭스의 차이를 나타낸다.)

강력한 엘니뇨 시스템에 연결된 생활 지역 거주 시 장단점은 무엇인가?

면서 차가운 표층수를 하강시킨다.

이러한 대기와 바다 표면 온도의 변화는 전 세계적으로 물의 순환에 영향을 끼친다. 엘니뇨 기간 동안 바다의 온도는 평균보다 더 높게 유지되고, 이는 동태평양에 더 낮은 대기압을 초래한다. 이러한 특이한 현상은 따뜻한 기온이 수증기를 증발시켜 동태평양에 먹구름을 형성하고 폭풍우를 만든다. 이러한 현상은 대개 12월에서 2월까지 미국 남부와 멕시코 북쪽에서 습한 기후를 만든다. 그러는 동안 동남아시아와 오스트레일리아 등은 가뭄에 시달린다. 미국 남부 지역이 국지적인 호우와 기록적인 홍수로 고통받을 때, 동남아시아와 오스트레일리아는 가뭄과 산불을 겪게 된다는 뜻이다. 이러한 기후 현상은 일 년에 한 번 혹은 2년간 계속된다. 이 기간 동안 두 지역은 대비되는 자연재해로 고통받는다.

엘니뇨의 반대 개념으로, 엘니뇨와 같이 3~5년마다 일어나는 라니냐 현상도 있다. **라니냐**(La Niña) 기간 동안 무역풍 기류는 그전보다 강해져서 따뜻한 물을 열대 태평양을 가로질러 더 멀리 보낸다. 이러한 기류는 해양 상승류를 증가시켜 동태평양 바다의 표면 온도는 평균보다 낮아지게 된다. 차가워진 바다와 연계되어 라니냐는 동태평양 연안에 공기압을 만든다. 이러한 상황에서 동태평

양의 구름 형성은 억제되고 반대로 서태평양은 폭풍이 더 잦아진다. 12월부터 2월까지 라니냐는 미국 남부 지역과 북멕시코에 건조하고 따뜻한 날씨를 제공하는 반면, 동남아시아와 북오스트레일리아 지역을 습하게 만든다(그림 6.5).

엘니뇨와 라니냐는 과학자들에게 20세기 동안 큰 연구 거리를 제공하였다. 나이테를 기반으로 한 자료로 강수량을 분석해볼 수 있는데, 과학자들은 엘니뇨가 1000년 동안 10년의 기간을 두고 발생했다고 한다.

지금의 과학자들은 엘니뇨 발생을 9개월 전에 예측할 수 있게 되었다. 사실 지금은 기후 변화가 엘니뇨와 라니냐에 어떤 영향을 미칠지, 얼마나 자주 발생할지에 대한 정확한 근거가 있는 자료가 없다. 이러한 현상이 기후 변화로 인해 더 심해질 것이라는 예측이 있는 반면, 다른 기후 모델은 반대 입장을 보인다. 하지만 무엇보다도 그동안 축적된 지질학적 연구들을 살펴보았을 때, 엘니뇨는 앞으로도 지구 날씨에 영향을 미칠 것은 확실하다. 물 공급의 측면에서 볼 때 엘니뇨를 겪는 지역은 엘니뇨의 영향력 밖의 지역보다 더 담수 공급에 관한 연구가 필요할 것이다.

라니냐 동태평양에서 해수면 온도가 평균보다 낮아지고 기압이 높아져 폭풍이 감소하는 기간

엘니뇨와 라니냐 발생 시 태평양의 온도와 대기압 차이

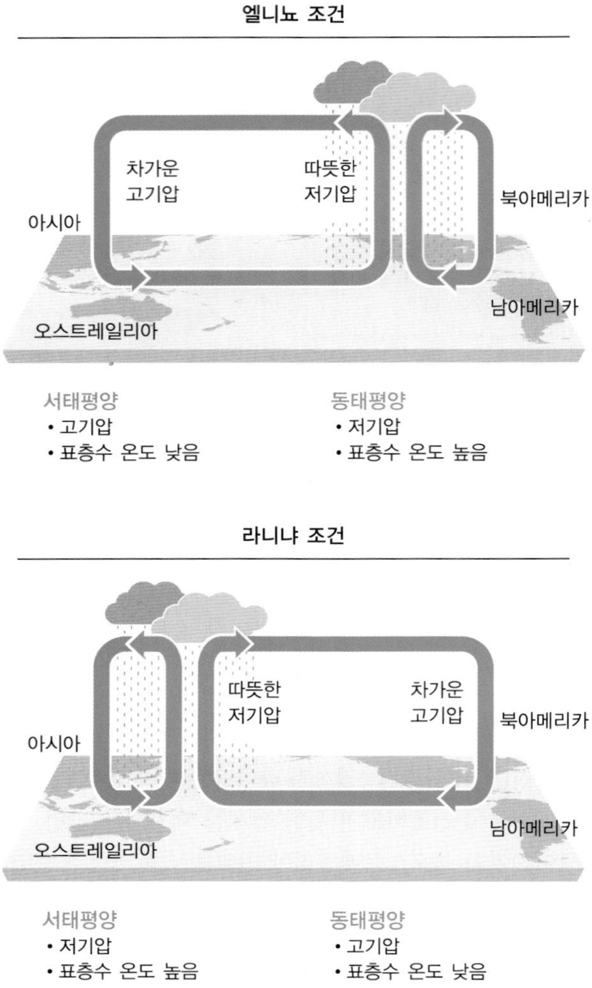

엘니뇨 조건

차가운
고기압

따뜻한
저기압

아시아

북아메리카

오스트레일리아

남아메리카

서태평양
· 고기압
· 표층수 온도 낮음

동태평양
· 저기압
· 표층수 온도 높음

라니냐 조건

따뜻한
저기압

차가운
고기압

아시아

북아메리카

오스트레일리아

남아메리카

서태평양
· 저기압
· 표층수 온도 높음

동태평양
· 고기압
· 표층수 온도 낮음

그림 6.5 엘니뇨 남방진동은 폭풍을 형성하는 대기순환과 관계하여 동태평양엔 엘니뇨를, 서태평양에 라니냐를 발생시킨다.

⚠ 생각해보기

1. 엘니뇨나 라니냐는 이제 몇 개월 전에 예측할 수 있는 현상이 되었다. 그렇다면 물 공급을 기획하는 사람들은 이러한 이점을 어떻게 활용할 수 있을까?
2. 엘니뇨와 라니냐 현상을 고려하여 물 공급 관리자와 연구자들이 날씨 예측에 따라 어떤 계획을 세울 수 있을까?

6.1~6.2 과학원리 : 요약

기본적으로 태양에 의해 원동력을 받는 물의 순환은 전 지구를 순환하며 담수 공급과 관련하여 상당한 영향을 미친다. 바다는 지구의 가장 큰 물 저장소이며 극지방의 빙하와 만년설 그리고 지하수, 깨끗한 호수와 강 등이 그 뒤를 잇는다. 바다에서 매년 증발한 수증기량의 약 10분의1인 40,000km^{3}의 물이 육지 쪽으로 이동하여 강수로 떨어진다. 또 다른 70,000km^{3}의 강수량은 토양이나 식물에서 증발 또는 발산된 것이다. 엘니뇨와 그 반대 현상인 라니냐는 동태평양 해안에서 폭풍을 일으키며 미국 남부 지역과 북멕시코 지역에 기록적인 폭우를 기록하게 한다. 그러나 라니냐의 발생 기간 동안 폭풍우는 동태평양 지역에서 멀리 떠나가게 되며 미국 남부와 북멕시코에서는 극심한 가뭄이, 오스트레일리아와 동남아시아 지역에서는 반대로 습윤한 환경이 조성된다.

6.3~6.6 문제

약5,000년 전, 메소포타미아의 도시였던 라가시와 움마는 물을 두고 전쟁을 일으켰다. 그들은 처음에는 극적으로 평화협정을 맺었지만 그 후 150년이 넘는 기간 동안 작은 전투들이 이어졌다. 아프리카와 중동 지역의 갈등은 지난 세기부터 이어져왔다. 1995년 월드뱅크의 부회장인 이스마일 세라겔딘은 "다음 세기의 전쟁은 바로 물 때문에 일어날 것이다."라고 말하였다. 물보다 사람 생활에서 중요한 자원은 없기 때문이다. 삶의 질은 담수를 공급받는 정도와 직결된다고 해도 과언이 아니지만, 우리는 늘어나는 세계 인구 속에서 가장 기본적인 담수 공급에 차질을 빚고 있다. 샤워를 하고 작물을 키우면서 사용하는 바로 그 물이, 이웃의 물 사용을 제한하고, 멀리 나아가 지구 생태계에 영향을 줄 수 있기 때문이다.

6.3 깨끗한 물을 공급받을 인간의 권리

환경과학자 피터 H. 글렉(Peter H. Gleick)은 1999년 대부분의 국제협약에서 물 문제가 빠져 있음을 지적하였다. 이러한 국제협약은 인간다운 삶을 영위하기 위한 중대한 문제로 먹거리를 논했으나, 더 중요한 물 문제에 대한 언급은 없었다.

하루 물 필요량

하루에 사람이 살아가기 위해 필요한 물의 양을 명확하게 제시하는 것은 쉽지 않은 일이다. 첫째, 기후와 밀접하게 연관된다. 더운 지역에 사는 사람들은 확실하게 추운 기후에서 사는 사람들보다 많은 양의 물이 필요할 것이다. 그러나 이 문제 또한 개개인의 성향에 따라 나이와 몸무게, 그리고 얼마나 활동적인지에 따라 다르다. 적정한 기후에서 적절한 수준의 활동을 하는 성인을 기준으로 판단해볼 때 사람은 하루에 3~5리터의 물을 사용한다. 하루 물 필요량은 평균 온도가 증가할 때 함께 증가하며, 활동 수준과 신체 사이즈에 영향을 받는다. 게다가 마시는 물은 물 사용의 극히 일부일 뿐이다. 우리는 양치를 하고 손을 씻고 빨래를 하며 설거지를 하는 데에도 물을 사

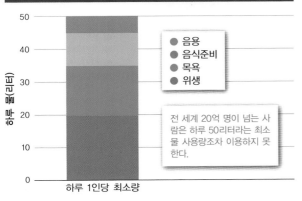

그림 6.6 피터 H. 글렉은 지구의 모든 개인은 하루 최소 50리터의 물이 필요하다고 했다. 이것은 음용수와 음식준비에 필요한 물, 세면 그리고 위생에 관한 최소한의 양이다. (자료 출처 : Gleick, 1999)

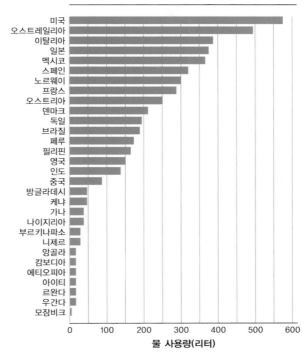

그림 6.7 하루에 수백 리터의 물을 사용하는 나라가 있는 반면, 훨씬 적게 사용하는 나라도 있다. (자료 출처 : Data 360, www.data360.org/dsg.aspx?Data_Set_Group_Id=757)

물을 하루에 50리터만 쓸 수 있다면 일상적인 작업 수행에 어떻게 대응할 것인가?

용한다. 이러한 모든 목적의 물 사용을 감안하여 캘리포니아 주 오클랜드에 있는 태평양연구소(Pacific Institute)의 설립자 글렉은 하루에 약 50리터의 물이 필요하다고 판단했다. 20리터는 위생 처리 서비스(대부분의 하수 처리), 15리터는 목욕, 10리터는 음식준비용, 5리터는 음용이다(그림 6.6). WHO는 충분한 위생적인 환경과 건강 유지를 위해 성인이 하루에 50~100리터의 물이 필요하다고 설명했다.

미국을 포함한 선진국의 물 사용을 보면 50~100리터는 많은 양이 아니다(그림 6.7). 심지어 유엔에 따르면 전 세계 26억 명의 사람이 기초적인 위생 관리에 필요한 물을 공급받지 못하며 9억 명은 안전하게 마실 물조차 없다고 밝혔다. 어떤 지역은 이론적으로 깨끗한 물이 있지만 그것을 저장할 수 있는 시설이 없다. 아시아 지역에서 여성과 아이들이 깨끗한 물을 얻기 위해 이동하는 평균거리는 약 6킬로미터에 이르며, 이는 일하는 시간이나 공부하는 시간보다 더 긴 시간이다.

인간의 권리로서의 물 : 쟁점

2010년 유엔의 총회에서는 마지막 조항으로 '위생적인 물을 가질 권리'를 인권의 하나로 정했다. 이러한 조항은 122개국에서 투표되었고 반대 없이 41개국의 기권이 있었다. 비록 조항은 통과되었지만 물에 관한 인간의 권리는 아직도 쟁점이 되고 있다.

기권을 했던 대부분의 나라, 예를 들어 미국과 캐나다, 오스트레일리아 등은 물이 인권 보호의 중요한 조항임을 인식하고 있었다. 하지만 이들에게는 경제적인 이해관계가 있었다. 물 또한 다른 천연 자원, 즉 나무나 광물 혹은 토양 같은 자원으로 보아야 한다는 입장이었다. 그들은 물 산업에 있어 엄청난 무역과 산업 그리고 법과 정치적인 문제에 영향을 미칠 것으로 예상하고 두려워했다.

예를 들어, 어떤 나라는 국제적인 거래로 물을 요청받을 수 있다. 캐나다는 증가하는 미국 국민의 수요에 따라서 물을 제공할 의무가 있는가? 또 다른 문제로는 만약 물이 인권의 한 조항이 된다면 물 공급에 대한 책임은 누구의 것이며 인프라에 대한 설치 비용은 누가 감당할 것인가? 이러는 동안 물에 대한 인권을 옹호하는 사람들은 물은 모두에게 속한 것이며 대중의 것으로 인식되어야 한다고 주장한다. 미래의 물 문제는 다양한 정부의 이해관계와 사업가들 그리고 더욱더 물을 필요로 하는 사람들 간 분쟁의 복합체가 될지도 모른다.

?

사막에서 곡식을 재배하기 위해 다른 곳의 물을 사용해야 할까?

⚠ 생각해보기

1. 물이 인간의 기본권으로 보장된다면 우리는 물에 대한 권리로 얼마만큼을 보장받아야 할까?
2. 물 자원이 풍부한 지역은 반드시 물 부족을 겪는 나라들을 도와야 하는 것일까? 그 이유를 말해보라.
3. 물을 인간의 기본권으로 생각한다면, 예를 들어 멸종 위기의 동물이나 물 근처에 서식하는 동물을 포함한 생태계는 어떻게 보존하며 사용해야 하는 것일까?

6.4 이미 우리는 사용할 수 있는 거의 대부분의 물을 사용 중이다

강이나 호수로 유출되는 물로 전 지구적으로 필요한 담수를 공급하기에 충분할지 모르지만, 이러한 물에 실질적으로 접근하는 것은 쉽지 않다. 절반 이상의 담수는 집중호우기에 엄청난 비와 함께 유출되어 바로 바다로 간다. 남은 절반의 담수는 인구가 많이 없는 지역으로 몰린다. 남아메리카의 아마존 강이나 아프리카의 콩고 강은 담수를 많이 유출시키는 지역이지만 인류가 활용하기에 어렵다. 세계 유출량의 약 3분의 1 정도인 연간 12,500km³ 정도만 인류가 활용 가능하다.

현재 인류가 사용하는 물의 양은 이렇게 유출되는 물의 절반을 넘는다. 가장 큰 부분은 무려 전체의 20%를 넘는데, 작물의 생산을 위해 인위적으로 물을 대는 **관개**(irrigation)의 사용이다. 그다음은 하수를 처리하거나 수로를 유지하기 위한 유지용수, 그리고 해양 개체 수 보존을 위해 사용되는 부분이다. 우리는 이러한 활동을 **하천유수 활용**(instream uses)이라고 부르는데, 이것은 강과 하천을 이용하는 것이다. 산업과 국가 정책에 의해 다양한 방향으로 10%의 물이 또 사용된다. 마지막으로 2%를 약간 넘는 양의 물이 홍수나 저수지 등에서 증발된다(그림 6.8).

건조 지역의 물 공급량 극대화

매우 건조하거나 반건조한 지역은 지구 상에 대략 3분의 1을 차지하고 있으며, 그곳에 5분의 1 이상의 인구가 살

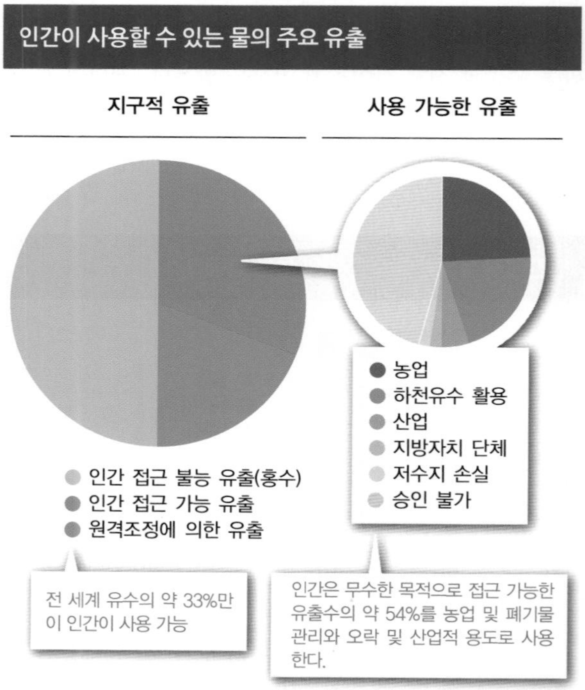

인간이 사용할 수 있는 물의 주요 유출

| 지구적 유출 | 사용 가능한 유출 |

- ○ 인간 접근 불능 유출(홍수)
- ● 인간 접근 가능 유출
- ● 원격조정에 의한 유출

- ● 농업
- ● 하천유수 활용
- ● 산업
- ● 지방자치 단체
- ○ 저수지 손실
- ● 승인 불가

전 세계 유수의 약 33%만이 인간이 사용 가능

인간은 무수한 목적으로 접근 가능한 유출수의 약 54%를 농업 및 폐기물 관리와 오락 및 산업적 용도로 사용한다.

그림 6.8 재생 가능한 물 공급을 고려할 때 인구와 관련하여 지역적 유출의 실제를 고려해야 한다. 대부분의 유출은 예측할 수 없는 홍수와 북극해로 흘러들어 가는 것과 같은 먼 강에서의 유출의 형태로 나타난다. (자료 출처 : Jackson et al., 2001)

관개 토양에 수분이 부족할 때 인위적으로 물을 공급하는 것

하천유수 활용 강 또는 하천의 흐르는 물로 인한 하수의 정화, 낚시와 보트 타기 등과 같은 혜택

지구의 건조 지역

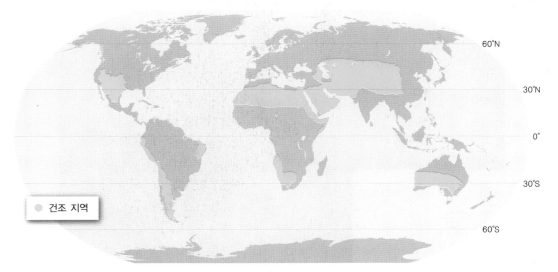

(Reto Stöckli, NASA Earth Observatory)

그림 6.9 물 공급은 지구 육지의 많은 부분인 건조 지역에 사는 사람에게 심각하게 제한되고 있다.

고 있다. 대부분 이러한 지역의 물은 공급을 위해 계획적으로 지어진 **댐**(dam)에서 온다. 이러한 물은 음용, 위생, 산업 활동, 관개 활동 등을 위해 사용된다. 만약 이 지역의 인구가 계속 증가한다면 분명 물에 대한 문제를 겪게될 것이다(그림 6.9).

가뭄과 홍수로 인한 원활한 물 공급 계획의 어려움

홍수(flood)가 발생하면 강이나 시냇물이 둑을 넘치게 되고 이 주변의 땅은 **범람원**(floodplain)이 된다. 많은 지역이 1년에 한 번 이상 혹은 그보다 잦지 않더라도 범람원에 속할 수 있다. 비록 홍수는 많은 물을 가지고 오지만, 댐이나 배수로 등 식수 사용을 위한 모든 물 시스템을 망

댐 하천이나 강의 흐름을 차단하는 구조물. 하류 범람을 감소시키거나 물을 저장하는 데 사용될 수 있다.

홍수 범람원으로 알려진 주변으로 강 또는 하천의 범람하는 것

범람원 하천의 하류 지역에서 하천의 범람으로 하천 양쪽에 물질이 퇴적되어 형성된 평탄한 지형을 말한다.

가뭄 위험 지역

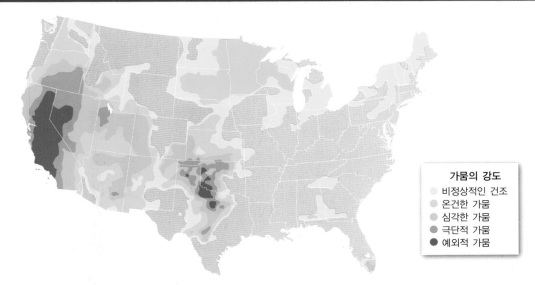

가뭄의 강도
- 비정상적인 건조
- 온건한 가뭄
- 심각한 가뭄
- 극단적 가뭄
- 예외적 가뭄

그림 6.10 2015년 미국 전역에 다양하게 나타난 가뭄의 정도로, 특히 3년 연속 기록적인 가뭄의 3분의 1이 캘리포니아에서 발생했다. (자료 출처 : United States Drought Monitor, http://droughtmonitor.unl.edu)

과학원리 　　　　　　　　　문제 　　　　　　　　　해결방안

그림 6.11 콜로라도 강은 수백만 년을 거쳐 서쪽의 북아메리카에서 지구 상에서 가장 볼거리가 가득한 풍경의 그랜드캐니언을 만들었다. 협곡 장관과 온화한 기후는 폭발적인 인구 유입을 촉발했고, 이는 물 부족을 유발했다.

콜로라도 강 유역 : 건조 지역에 빠르게 성장하는 인구

콜로라도 강

가뜨릴 수 있다. 또 다른 극단적인 예로, **가뭄**(drought)이라는 건조한 기간이 이어지는 때는 작물이 마르고 생태계가 흔들리며, 결국 인간의 생존이 위협받을 수 있다. 이렇게 날씨가 극단적으로 가뭄과 홍수가 반복되면, 이에 따른 물에 대한 계획 수립은 어려워지고 도시나 농촌 모두에게 어려움을 준다(그림 6.10).

콜로라도 강 분지

콜로라도 강의 물 배분 문제를 어떻게 해결할 것인가?

콜로라도 강 분지는 건조 지역이며 반복되는 가뭄과 물 부족으로 어려움을 겪고 있다. 20세기 초반, 콜로라도 강은 650,000km²에 이르는 미국 내 48개 수역 중 8%를 차지하는 배수로를 가지고 있던 강이었으며, 약간의 인위적인 구조물이 있었다. 오늘날 5미터 이상 높이를 가진 265개의 댐이 콜로라도 강의 흐름을 방해하면서도 넓은 지역의 수백만 명의 사람들에게 물을 공급하고 있다(그림 6.11). 이 시스템으로 무려 미국의 7개 주와 멕시코의 2개 주에 사는 약 2천 5백만 명의 사람들과 150만 헥타르에 이르는 농경지가 혜택을 받고 있다. 콜로라도 강은 이제 점점 늘어나 거의 캘리포니아 만까지 이르게 되었다.

그러나 국제기구와 미국 내 수자원 관리기구, 아메리카 원주민협회 그리고 멕시코 사이에 복잡한 문제가 대두되기 시작했다. 일찍이 평균 수량에 의거하여 사용하였으나 콜로라도 강의 갑작스런 우기와 건기 동안 깨끗한

가뭄 건조한 시기가 길어져 물 공급이 부족한 상태. 일반적으로 평균 이하의 강수량이 지속적으로 보이는 지역에서 이 현상이 일어난다. 가뭄에 영향을 받는 지역은 생태계와 농업에 실질적인 충격이 있다.

물의 공급과 수요에 격차가 생겼기 때문이다(그림 6.12). 물 공급에 대한 갈등은 인구 증가와 기후 변화에도 영향을 미친다.

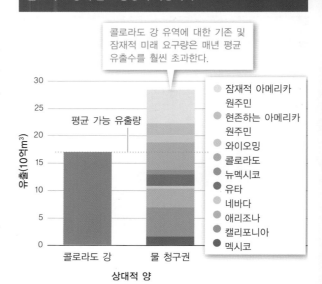

콜로라도 강의 물로 충당이 가능하다

콜로라도 강 유역에 대한 기존 및 잠재적 미래 요구량은 매년 평균 유출수를 훨씬 초과한다.

평균 가능 유출량

유출(10억m³)

콜로라도 강   물 청구권

상대적 양

- 잠재적 아메리카 원주민
- 현존하는 아메리카 원주민
- 와이오밍
- 콜로라도
- 뉴멕시코
- 유타
- 네바다
- 애리조나
- 캘리포니아
- 멕시코

그림 6.12 반세기가 넘는 기간의 협상, 판례, 국제조약은 현재 콜로라도 강의 물 문제를 인정하였다. 잠재적인 미래의 물 관련 요구량과 연간 콜로라도 강물의 유출 변화, 특히 보다 정교한 미래 유출 가능량에 대한 예보로 콜로라도 강의 물을 어떻게 할당할지에 대한 협상을 요한다. (자료 출처 : Gelt, 1997; Bureau of Land Management, 2008)

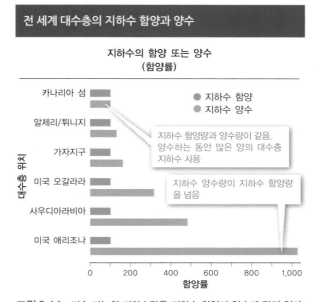

많은 지역이 지하수에 의존한다

(NASA/GSFC/METI/ERSDAC/JAROS & U.S./Japan ASTER Science Team)

캔자스의 관개 재배 지역

(California Department of Water Resources)

무분별한 지하수 양수

그림 6.13 건조 지역과 반건조 지역의 농업 생산은 지하수 함양량보다 많은 지하수 양수에 의존해왔다. 이 사진 속 원 모형은 캔자스 지역에서 관개로 재배되는 밭을 보여준다.

⚠ 생각해보기

1. 무엇보다도 건조한 지역에서의 물 수요가 늘고 있음이 확실한데, 이러한 지역을 위해 어떤 물 공급 계획을 세울 수 있을까?
2. 라스베이거스나 네바다 주, 캘리포니아 남부 등 건조한 지역에 콜로라도 강의 물 공급이 중단되었다. 이 부분에 대해 옹호하는지 반대하는지 말해보자.

6.5 함양되는 양보다 양수되는 양이 많은 지하수는 고갈 위기에 처했다

지표수를 통한 물의 공급이 어렵자, 사람들은 지하수를 찾아 땅을 뚫었다. 전 지구 인구의 4분의 1가량이 지하수에 의존하고 있는데, 사실 지하수는 액체 상태 담수 자원의 99%를 차지한다(그림 6.13). 북아프리카에서는 이러한 지하수가 함양되는 양의 2배 이상이 양수되었고, 이러한 결과로 지하수면의 엄청난 하락을 가져왔다. 결과적으로 몇 세기 동안 지하수로 채워지던 오아시스로 생활하던 사하라 사막의 물은 사람들로 인해 말라버렸다. 2000년에 중국 북부의 지하수면은 한 해에 4미터씩 낮아지고 있었고, 인도 남부는 2~3미터씩 낮아지고 있었다. 미국의 대평원의 지하수면은 1940년도 이후에 평균적으로 1미터씩 70미터나 낮아지게 되었다.

이렇게 빠른 속도로 줄어드는 지하수는 엄청난 문제인데, 4분의 3 이상의 지하수는 아주 옛날부터 쌓여왔던 것이며, 100~1000년의 기간을 두고 채워진다. 이러한 화석

수는 한번 사용되면 다시 채워지기까지 아주 오랜 시간 걸린다(그림 6.14). 이렇게 펌프와 지하수 설비를 이용하여 양수하는 물은 화석 연료를 캐내는 것과 다를 것이 없다.

오갈라라 대수층

미국 내 대평원에서 몇몇 가장 생산적인 농업지구는 오갈라라 대수층에 의존하고 있다. 이 대수층은 대략

전 세계 대수층의 지하수 함양과 양수

지하수의 함양 또는 양수
(함양률)

● 지하수 함양
● 지하수 양수

대수층 위치:
- 카나리아 섬
- 알제리/튀니지
- 가자지구
- 미국 오갈라라
- 사우디아라비아
- 미국 애리조나

지하수 함양량과 양수량이 같음. 양수하는 동안 많은 양의 대수층 지하수 사용

지하수 양수량이 지하수 함양량을 넘음

(x축: 함양률 0, 200, 400, 600, 800, 1,000)

그림 6.14 지속 가능한 지하수량은 지하수 함양과 양수에 달려 있다. 양수량이 함양량보다 크다면 지하수는 지속 가능하지 않다. (자료 출처 : Gleick, 2000)

그림 6.15 오갈라라 대수층의 지하수면이 몇몇의 지역에서 70m 이상 하강한 반면에 어느 지역은 25m 상승하였다. 최고 지하수면 상승은 네브라스카 주의 플래트 강 협곡에서 나타났고 이곳은 1980~1990년에 비정상적으로 강우가 내렸으며 지질학적으로 강우 침투 투과성이 크다.

오갈라라 대수층의 수위 변화

오갈라라 대수층 북쪽 지역은 지하수 수위가 안정적이며 증가한다.

수위 변화
- 최대 상승
- 중간적 상승
- 안정적
- 중간적 하강
- 최대 하강

오갈라라 대수층 남쪽 지역은 지하수가 심각하게 고갈되고 있다.

450,000km²의 대평원 밑에 있으며 네브라스카 주와 캔자스 주에 걸쳐 있다. 1940년대 이후 본격적으로 이 대수층에서 물을 뽑아 올렸고, 1978년에는 수로가 170,000개로 늘어났다. 1949~1978년 동안 오갈라라에서 추출한 물의 양은 대략 연간 4.9km³에서 28.4km³까지 급격히 솟았다. 이것은 20세기 콜로라도 강에서의 1년 평균치의 2배 가까이 되는 양이었다.

안타깝게도 뽑아낸 물의 양은 다시 채워지는 비율보다 2.5배 정도 빨랐다. 결과적으로 오갈라라의 대수층의 수위는 평균적으로 4.3미터 내려갔다. 텍사스 주나 캔자스 주의 수위는 30미터 이상 내려가기도 하였다. 결론적으로 지하수 양수와 함양의 비율이 맞지 않아서, 오갈라라 대수층은 이번 세기 내로 고갈될지도 모른다(그림 6.15). 제7장에서는 오갈라라 대수층에 새로운 변화를 가지고 올 수 있는 농업의 변화를 다룬다(229쪽 참조).

지반침하   지하수가 빠져나간 공극이 축소되어 결과적으로 지면이 하강함

지하수고갈   지하수의 함양량보다 과도하게 많은 양을 양수하여 지하수 저장량이 줄어드는 것. 지하수 고갈은 지반 침하를 발생시키고 대수층의 지하수 저장 능력을 감소시켜 빌딩과 사회구조물 건설에 악영향을 미친다.

지반 침하와 지하수 고갈

무분별하게 지하수를 양수함으로써 초래되는 대부분의 결과는 물이 나간 빈 공극에 땅이 가라앉는 **지반 침하(subsidence)**이다. 이러한 침하는 지하수층의 보존을 어렵게 할 뿐만 아니라 도시나 농촌 지역 구조에 큰 영향을 미치게 된다. 미국지질연구(U.S. Geological Survey)에 따르면 미국 내 뉴햄프셔와 버몬트 지역은 지반 침하로 인한 피해를 겪을 것으로 예상되었다. 갑자기 이러한 지반 침하 사건을 겪은 곳은 플로리다로, 집을 무너뜨린 싱크홀이 발생하였다. 몇몇 사건은 독자적인 수로를 뚫었던 곳에서 수백 개의 싱크홀이 발생하기도 했다.

최근 미국에서 가장 큰 양의 물 고갈과 지반 침하는 캘리포니아의 샌호아킨밸리에서 일어났다. 가뭄이라는 문제를 해결하기 위하여 농부들은 엄청난 양의 지하수를 양수하고 지하수층의 물은 고갈 상태에 이르렀다. 결론적으로 최근 2년 동안 어떤 지역의 수면은 60미터까지 내려가게 되었고 1년에 30.5센티미터 정도 지반 침하가 있었다. 샌호아킨밸리의 지반 침하는 역사적으로도 가장 심각한 사건이었다(그림 6.16). 또 다른 문제는 이러한 지하수 고갈이 세계적인 현상이라는 것이다. **지하수 고갈(groundwater depletion)**에 관한 2010년의 연구를 보면, 함양되는 속도보다 빠르게 양수되는 대수층의 숫자는 1960년 126km³에서 2000년에 283km³까지 늘어났다.

⚠ 생각해보기

1. 1930년대 극심한 가뭄이 찾아왔을 때 네브라스카 주를 비롯한 대평원의 농업은 대부분 버려지게 되었다. 하지만 1950년에는 몇몇 농가만이 파산했을 뿐이다. 그 이유를 생각해보자.

2. 그림 6.15를 참고하면서 어떤 지역이 오갈라라 대수층을 사용하기에 알맞은지 생각해보자.

아잉어(83쪽 그림 3.22 참조)와 같이 갑자기 불어나는 종은 기존의 종을 교란시킨다. 배의 이동을 돕는 수로 또한 수생 서식지의 다양성을 해치지만 전 세계 절반 이상의 강과 바다는 이러한 길이 되어버렸다.

댐과 수중 생물다양성

안정적인 물 공급을 위해 전 세계에서 댐을 건설하고 있다. 댐이 이러한 물 공급에 관한 문제를 해결해주고 홍수로 인한 피해 또한 막을 수 있지만 이들은 환경적인 면에서 다양한 방법으로 생태계를 위협한다(그림 6.17). 가뭄 기간 동안 댐이 설치된 강은 더욱 말라버렸다. 댐 아래 흐르는 강이 있다 하더라도 별반 다를 것이 없었다. 왜냐하면 이러한 저수지는 침전물과 함께 영양소를 머금고 있어서 댐 아래 수중 환경에 충분한 영양소가 공급되지 않기 때문이다.

지형 변화를 유발하는 지하수 고갈

1925
1955
SAN JOAQUIN VALLEY CALIFORNIA BM S5S1 SUBSIDENCE 9M 1925-1977
1977

(Richard Ireland, photographer/USGS (courtesy Devlin Galloway))

그림 6.16 캘리포니아 중부 샌호아킨밸리는 막대한 양의 지하수 소실로 지반 침하가 발생한 곳이다.

6.6 인간에 의해 위협받는 수중 생물다양성에 따른 물 관리

관개수로를 위한 댐 건설, 농업을 위한 습지 만들기 혹은 공항을 만들기 위해 땅을 메우기 등의 예를 보면 얼마나 인간이 수생물의 생태계를 파괴하는지 알 수 있다. 아시

강의 환경을 상당히 변화시킨 댐

(Bureau of Reclamation)

그랜드쿨리 댐

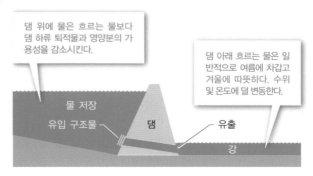

댐 위에 물은 흐르는 물보다 댐 하류 퇴적물과 영양분의 가용성을 감소시킨다.

댐 아래 흐르는 물은 일반적으로 여름에 차갑고 겨울에 따뜻하다. 수위 및 온도에 덜 변동한다.

물 저장
유입 구조물
댐
유출
강

그림 6.17 컬럼비아 강의 그랜드쿨리 댐은 연어와 철갑상어 같은 회류성 어류의 접점 지역이다. 댐은 생태학적으로 하천 환경을 변화시킬 수 있다.

댐은 또한 강의 수온에도 관여한다. 여름에 댐 위의 차가운 물이 내려오면서 강물의 온도를 몇 도씩 낮출 수 있다. 댐에 의해 물이 넘쳐 흐르거나 적게 흐르는 경우 생물은 환경 적응에 도태되어 줄어들 수 있다. 강 환경학자들은 댐과 이러한 물 분배 구조물들이 북반구의 가장 큰 강 139개의 75%를 차지하고 있다고 한다. 미국만 보더라도 75,000개 이상의 댐이 건설되어 있다.

댐은 주로 길이가 긴 강에서 물고기들이 거슬러 올라가거나 내려가는 진로를 방해하는데, 특히 생의 전반에 걸쳐 이동하는 연어(제8장 참조)와 같은 생물에게 큰 타격을 준다. 댐 건설로 인해 이렇게 이동하지 않는 종류의 물고기들조차 개체 수가 줄게 된다. 예를 들어, 콜로라도잉어(*Ptychocheilus lucius*) 같은 콜로라도 강의 재래 어종들은 대부분 물 공급 관리를 시작하면서 대폭 줄어들었다. 이제 콜로라도의 잉어들은 1.5미터 길이에 36킬로그램의 몸무게를 가질 만큼 다른 종류보다 괴물처럼 커졌다. 콜로라도 강의 상위 포식자는 수만 년에 거친 진화를 통해 변화되어왔는데, 댐이 건설된 후 고작 100년도 되기 전에 새로운 포식자가 생긴 것이다. 이러한 상황은 콜로라도 강에 살고 있는 물고기들에 몇 가지 변화를 가져왔다. 물고기들은 강의 생물이 아닌 고여 있는 물에 적응하는 어종이 되었다. 댐은 다른 생물들의 생식 능력을 저하할 정도로 수온을 낮추었으며 새끼 콜로라도잉어를 먹는 배스 같은 외래 어종의 유입을 유도했다.

콜로라도잉어는 인간이 인위적인 댐의 건설로 생태계를 망친 하나의 사례일 뿐이다(그림 6.18). 벌써 전 세계의 20%에 해당하는 고유 어종이 멸종되거나 멸종되어가고 있다.

물 관리와 습지 생물다양성

강의 둑이 홍수로 넘쳐날 때 물은 범람원으로 흘러간다. 홍수가 농작물과 많은 집 그리고 범람원 지역의 구조물을 파괴하는 동안 습지는 필요한 공급원을 가지게 된다. 홍수는 꼭 필요한 영양소를 범람원에 제공하고 땅속을 재배열한다. 예를 들어 오래된 강의 길을 없애고 **우각호**(oxbow lake)를 형성한다. 이와 같이 습지의 환경은 자연스럽게 정화되고 다양한 생물체들로 채워지게 된다(그림 6.19).

홍수 방지를 위한 댐 건설과 강의 흐름을 제어하는 것은 곧바로 이렇게 습지에 피해를 가져온다. 가장 널리 알려진 행정은 **수로화**(channelize)인데, 물의 깊이와 속도, 넓이 등을 자연스러웠던 모양에서 인위적으로 바꾸는 것이다. 이렇게 수로화된 강이 쉽게 흘러가는 것은 강과 범람원 등의 자연스러운 연결을 막는다(그림 6.20). 게다가 침전물이 없는 댐의 물이 내려오면서 밑의 수로를 더 깎아내림으로써 수위는 더 낮아지게 된다. 심지어 어떤 때는 식물의 뿌리보다 밑으로 내려오며 식물들을 죽이기도 한다. 배수로를 파내고 지하수를 뽑아 올림으로써 강과

우각호 일반적으로 홍수 시 강의 범람원에 의해 형성된 초승달 모양의 호수

수로화 공학적으로 강과 하천 수로의 확대를 포함한 자연 형태의 수로의 변경 및 교정

인간의 영향으로 멸종위기종이 된 담수 생명체

(Ben Kiefer/UDWR)

멸종위기종이 된 콜로라도잉어

(USFWS photo by Andy Roberts)

멸종위기종이 된 북아메리카 담수조개

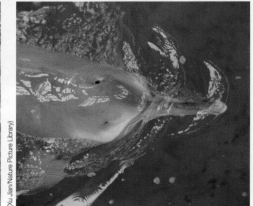
(Xu Jian/Nature Picture Library)

멸종한 양쯔강돌고래

그림 6.18 콜로라도잉어는 북아메리카 토착 물고기 중 가장 개체 수가 많은 어종이었는데 댐 건설로 수온이 변화하고 새로운 외래종이 유입되면서 멸종위기종이 되었다. 또한 담수조개는 댐 건설, 남획, 침전물, 다양한 종과의 경쟁에 의해 70%까지 개체 수가 급감하였다. 베이징의 양쯔강돌고래는 전 지구적으로 몇 안 되는 담수돌고래 중 하나였는데, 20세기 말 다양한 어획, 오염, 생태계 교란 등으로 멸종되었다.

홍수는 강과 습지의 생태적 건강 유지를 돕는다

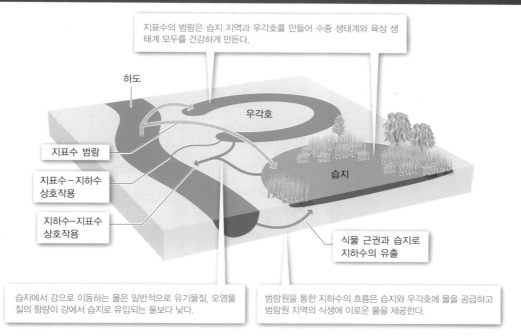

지표수의 범람은 습지 지역과 우각호를 만들어 수중 생태계와 육상 생태계 모두를 건강하게 만든다.

하도

우각호

지표수 범람

지표수-지하수 상호작용

지하수-지표수 상호작용

습지

식물 근권과 습지로 지하수의 유출

습지에서 강으로 이동하는 물은 일반적으로 유기물질, 오염물질의 함량이 강에서 습지로 유입되는 물보다 낮다.

범람원을 통한 지하수의 흐름은 습지와 우각호에 물을 공급하고 범람원 지역의 식생에 이로운 물을 제공한다.

그림 6.19 지표수 지하수에 의한 범람은 습지와 관계하는 강의 중요 현상이다.

대수층의 수위는 점점 내려가게 되고, 결국 강이 홍수로 범람하며 재생성될 수 있는 자연스러운 현상이 일어날 기회를 줄이는 격이 된다.

강이나 하천이 땅과 만나는 강둑이나 하천 부근의 지형인 **하안지**(riparian)는 댐 건설로 인해 엄청난 타격을 받는다. 이 지형은 대부분 수면이 얕으며 수중 생태계와 육상 생태계가 모두 존재하는 독특하고 중요한 지형이다. 특히 건조한 지역에서 강과 습지를 연결하는 지형은 주변의 다양하고 풍부한 생태계를 유지하고 있다. 그렇지만 이러한 지역에서 댐과 수로는 자연스러운 홍수나 물의 흐름을 방해함으로써 생물다양성의 정도를 낮추게 된다. 특별히 농경지에 관개 수로를 대는 곳에서는 더 심각한데,

말라리아와 같은 모기 매개 질병을 줄이기 위해 많은 습지를 제거하였다. 이러한 상황에서 어떻게 질병 통제 및 습지 다양성의 균형을 맞출 것인가?

하안지 강과 하천 사이의 과도 지역이며 인접 수중 생태계 및 육상 생태계와 비교하면 독특한 생물학적 환경을 가지고 있다. 이 지역은 정기적으로 범람을 하고 보통 낮은 수위를 유지한다.

자연 하천 구조를 단순화시킨 인간

(Philip Lange/Shutterstock)

수로 직선화가 진행된 독일의 라인 강

(NPS Photo by Neal Herbert)

자연적인 미국 알래스카 주의 코북밸리국립공원

그림 6.20 하천의 직선화는 홍수 관리 및 운항에 도움을 주었지만 그곳에 사는 다양한 종의 서식지는 감소되었다.

황폐화된 풍경과 대비된 녹색 풍경

그림 6.21   범람원과 습지는 일반적으로 생산성이 높고 종다양성과 종풍부도가 높은 지역으로 알려져 있으며 건조 및 반건조 지역인 애리조나 남쪽의 산페드로 강을 따라 형성되어 있다. 주기적인 홍수는 이 지역을 건강한 생태계가 유지될 수 있도록 한다. 반면에 도시 지역의 건조 지역, 예를 들어 피닉스의 솔트 강의 범람원 습지와 삼림은 인공 건축물 등에 의해 자연 서식지가 거의 모두 사라지고 없어졌다.

강물을 말라버리게 하기도 한다(그림 6.21). 생물다양성과 생물의 번식 능력을 고려한 이러한 문제들을 인지하고 습지에서 다시 생물다양성을 회복시키기 위해 많은 이들이 노력하고 있다(189쪽 해결방안 참조).

⚠ 생각해보기

1. 물을 공급하고 관리하는 과정에서 생태계의 파괴는 당연시되야 하는 것일까? 설명해보자.
2. 행정적인 관리자나 땅 소유자들은 일 년 동안 얼마 정도의 물을 사용할 권리가 있다. 그렇다면 이러한 사람들에게 강의 최소한의 흐름을 유지시키며 멸종 위기에 처한 생물들을 구하기 위해 제한을 두어야 할까?
3. 물 공급이 점차 줄어드는 동안 우리는 어떤 부분에 물 공급 우선권을 주어야 하는 것이며 또 어떤 부분에 낮은 권리를 주어야 하는지 토론해보자.

6.3~6.6 문제 : 요약

전 세계 26억 명의 사람은 기본적인 물 사용량도 보장받지 못하고 있다. 인구 증가가 계속되면서

인위적인 물 공급 구조물은 2배가 되었고, 특히 건조한 지역에서는 사용하는 사람들끼리 분쟁이 생기기도 하였다. 유출된 담수의 3분의 1만이 농업과 폐수처리, 운반 그리고 주거와 산업 활동을 위해 사용되고 있다. 지하수에 대한 의존도가 높아지면서 오랜 기간 동안 다시 채워져야 하는 대수층의 물 공급 가능량이 사람들의 사용량을 따라가지 못하고 있다.

또한 전 세계의 많은 곳에서 담수 공급을 위한 환경의 파괴로 다양한 연체동물부터 물고기에 이르는 수생 생물들이 위협받고 있다. 홍수를 제어하기 위해 건설된 댐들은 다양한 방법으로 강의 생태계를 변형시키는데, 이동하는 어종의 진로를 방해하거나 기존의 물 흐름을 바꾸거나 물의 온도를 변화시키고 댐 아래 수생 환경에 영양분을 공급하는 것을 막아버린다. 홍수가 줄어들면서 댐은 또한 강과 강 주변의 습지 그리고 숲 등 반건조한 지역의 생물다양성과 번식력을 줄어들게 만들었다.

6.7~6.10 해결방안

어떻게 화장실 물을 맛있게 마실 수 있을까? 2014년 5월, 텍사스 주 위치토폴스에서는 5백만 갤런에 해당되는 하수를 재활용하기 위해 다시 주거 지역의 수도로 보냈다. 이러한 시도는 극심한 가뭄을 해결하기 위한 방안이었고 나미비아의 빈트후크에서는 더 먼저 이런 시스템을 활용하고 있었다. 강과 지하수가 말라가면서 수생태계가 죽어갔으며, 우리는 이 시스템에 변화를 감수해야 했다. 좋은 소식은 이러한 노력으로 크고 작은 변화가 생겼다는 것이다. 그리고 이것은 화장실 물을 마시는 것만이 아니었다. 이번 장에서는 다양한 방법으로 물 공급에 대한 수요를 맞추는 노력을 살펴본 것이다. 제7장에서 우리는 농업의 효과적인 물 관리 방법, 아마도 가장 큰 영향력을 줄 개선 방법에 대하여 알아볼 것이다.

6.7 물 절약은 실질적으로 물 사용의 효율성을 증대시킨다

물이 새는 수도꼭지를 고치기 위해서는 돈이 든다. 물 공급 체계에 있어 새어나가는 물의 양은 전체 뽑아 올린 양 중에 10~30%에 이른다. 이러한 새는 물은 과거나 현재의 물 공급 시스템에서도 발생해왔으며 도시가 크건 작건 모두 일어난 현상이었다. 멕시코시티에서 새는 물의 양은 로마에서 모두가 사용할 수 있는 양이 될지도 모른다!

대도시에서의 물 절약

만약 뉴욕 내의 수도관을 이어본다면 아마도 캘리포니아까지 갔다가 되돌아올 수 있는 정도의 길이 될 것이다(그림 6.22). 그것도 두 번씩이나! 이러한 체계를 유지하는

송수관의 네트워크를 상상해보자

(Songquan Deng/Shutterstock)

그림 6.22 모든 도시 주민에게 물을 제대로 공급하는 것은 뉴욕 시의 실질적인 문제이다.

것은 기념비적인 일이다. 1970년대 뉴욕 시에 공급되는 물과 버려지는 물은 안정선 수위를 넘게 되었고 환경 문제를 극대화하기 시작했다. 결국 물 공급에 대한 결정을 내릴 수밖에 없었다.

가장 처음 시도한 일은 공공 캠페인을 통하여 물 사용자들에게 상황을 알리고 환경을 보존하자는 것이었다. 캠페인은 200,000이 넘는 가구들을 직접 찾아다녔고 물이 새는지 점검하고 물 절약 수도꼭지를 배포하는 것이었다. 그리고 화장실에서 사용되는 물의 양을 줄이면 보상을 제공하였다. 이러한 노력을 통하여 뉴욕은 130만 개의 물 소비형 변기를 물 절약형 변기로 교체하였다. 특히 변기 물을 한 번 내리는데 13.2리터였던 것이 6리터만을 사용할 수 있게 되었다. 계속되는 교육 프로그램을 통하여 물 사용량을 계량할 수 있도록 주거시설에 계량 시스템을 설치하였다. 다른 주요한 노력은 새는 물을 방지하는 것이었다. 이러한 노력의 핵심은 도시의 모든 주요 수로에 누출 감지기를 설치하는 것이었다.

뉴욕 시의 물 보전 노력으로 하루 약 12억 리터의 물을 절약할 수 있게 되었다(그림 6.23). 놀랍게도 여전히 많은 양의 물이 수도계량기가 설치되어 있지 않은 집에서 누락되었다. 계속 추적할 수 있는 수단이 주어진다면 주민들의 물 사용은 계속 줄어들 것이다.

개인 물 사용자에게 간단하게 물 사용 계량을 하게 하여 물 절약의 성공을 이끈 것이 시사하는 바는 무엇인가?

지역에서 개인이 물 절약에 공헌할 수 있는 것은 무엇이 있을까? 물 절약을 위한 우선순위를 생각해보자.

물 검량 관리

다른 행정적인 환경보전 프로그램 또한 이상적으로 물

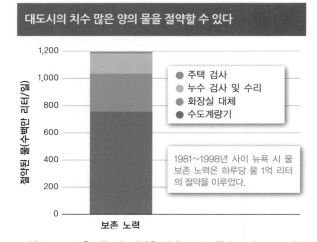

대도시의 치수 많은 양의 물을 절약할 수 있다

- 주택 검사
- 누수 검사 및 수리
- 화장실 대체
- 수도계량기

1981~1998년 사이 뉴욕 시 물 보존 노력은 하루당 물 1억 리터의 절약을 이루었다.

보존 노력

그림 6.23 뉴욕 시는 물 절약을 위해 누수를 찾아 고치고 수도계량기와 물 절약형 변기 설치, 검사 등 다양한 노력을 전개하였다. (자료 출처 : U.S. EPA, 2002)

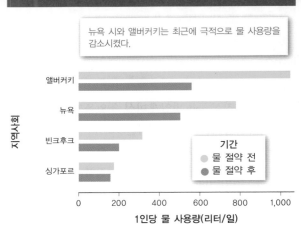

다양한 지역사회에서 성공적인 물 절약

뉴욕 시와 앨버커키는 최근에 극적으로 물 사용량을 감소시켰다.

앨버커키
뉴욕
빈크후크
싱가포르

기간
● 물 절약 전
● 물 절약 후

1인당 물 사용량(리터/일)

그림 6.24 뉴욕, 뉴멕시코 주 앨버커키, 나미비아의 빈트후크, 싱가포르는 물 절약을 통해 상당한 물의 절약에 성공했다. (자료 출처 : http://www.cabq.gov/albuquerquegreen/green-goals/water, http://www.nyc.gov/html/dep/html/home/home.shtml, http://www.windhoekcc.org.na/index.php, http://www.pub.gov.sg/Pages/default.aspx)

사용을 줄였다. 1988~2013년에 뉴멕시코의 앨버커키에서는 하루 한 사람당 물 사용량을 1,056리터에서 560리터로 줄였다. 또한 빈트후크의 주거 지역과 원래 건조했던 지역인 아프리카 나미비아의 수도 또한 하루 한 사람의 사용량을 309리터에서 196리터로 줄였다(그림 6.24).

이렇게 이상적인 결과를 가져온 환경보전 프로그램이 있었던 동안, 좁은 면적에 인구가 몰려 있어 물 공급이 중요하지만 어려운 싱가포르의 세 지역 또한 개선이 필요했다. 20개의 저수 지역이 겨우 이곳에 필요한 절반 정도의 물 공급 수요를 맞출 수 있었고, 나머지는 근처 말레이시아에서 수입해와야만 했다. 결론적으로 프로그램을 통하여 1995년 하루 172리터였던 1인당 사용량을 2013년 154리터로 줄일 수 있었다. 싱가포르의 물 공급 관리자들은 이러한 보전 캠페인을 통하여 2020년까지 147리터 정도로 줄일 수 있을 것으로 희망적인 예측을 했다. 싱가포르 환경부의 다른 제안은 모든 사람이 샤워 시간을 1분만 줄인다는 것이었다.

상업시설 및 공공건물에서의 물 절약

예를 들어 회사 건물이나 호텔, 대규모 상가, 대학 등 공공건물은 물 사용의 많은 부분을 차지하고 있다. 이러한 건물들이 환경보전에 참여한다면 엄청난 결과를 가져올 수 있을 것이다. 최근 가장 익숙하고 효과적인 캠페인이 호텔에서 시행됐다. 미국 내 호텔은 15%의 물사용부담금을 내고 있다. 호텔에서 4분의 3 이상의 물 사용은 화장실, 세탁 그리고 조경과 부엌에서 일어난다. 최소한의 사용치를 맞추기 위해 호텔은 물 사용 관리에 더 많은 노력을 기울이기 시작했다. 첫 번째로 더 효율적인 변기와 샤워꼭지 그리고 수도꼭지를 모든 룸에 설치하였으며 세탁도 물 절약 시스템을 이용하고 설거지 장비도 개선하였다. 또 다른 중요한 노력은 투숙객들에게 좀 더 짧게 샤워하기를 부탁하거나 수건 재사용하기 등의 캠페인을 벌이는 것이었다. 조경 또한 건조함을 더 잘 견디는 식물들로 변경하였으며 화초에 물을 주는 시스템 또한 더욱 효과적인 것으로 설치하였다.

이러한 노력은 인상적인 물 절약 효과를 가져다주었다. 워싱턴의 올림픽내셔널파크에 위치한 클래록로지는 2020년까지 40%의 물 사용을 감축하겠다고 선언하였다. 게다가 이곳은 더욱더 효과적인 결과를 내기 위하여 모든 투숙객에게 5분짜리 타이머를 주고 5분 동안 샤워하기 캠페인을 벌였다. 이들의 노력은 효과가 있었고 2011~2014년 사이에 46%의 물이 절약되었다. 비슷한 예로 도시 내의 큰 호텔들 또한 노력하기 시작했다. 예를 들어 텍사스 주 샌안토니오에 있는 힐튼팔라시오델리오 호텔은 470개의 룸에 간단히 효과적인 물 절약 시스템을 설치함으로써 2004~2011년에 49%의 물을 절약하였다. 결과적으로 호텔은 연간 9천 842만 리터의 물을 아끼고 160,000달러를 절약했다.

⚠ 생각해보기

1. 그림 6.24의 지역사회는 어떻게 기본적으로 보장되는 양보다 더 물을 절약할 수 있었을까? (171쪽 참조)
2. 당신이 살고 있는 지역의 물에 관한 이슈는 무엇이고 어떤 상황인가?
3. 호텔과 비슷한 개인 주거 지역에 어떻게 물 절약 프로그램이 보급될 수 있을까? 가장 효과적으로 달성하기 위해서 어떤 방법이 적용되어야 할까?

6.8 전 세계의 물 절약과 재활용을 위한 노력

모든 물이 재사용될 때 지하수와 표면에 흐르는 물은 절약된다. 커뮤니티가 **물 재활용**(water recycling)을 할 때 정화 등에 대해 자연스러운 물의 순환 과정을 달성할 수 있게 된다. 버려지는 물은 산업 공정이나 관개 혹은 지하수의 공급, 습지의 생태계 복원 그리고 심지어 마시는 물로도 다시 사용될 수 있다. 이러한 버려지는 물을 더 안전하게 재사용하기 위하여 우리는 **물 재생**(water reclamation)이라는 개념을 사용한다. 보다 섬세하고 안전하게 물은 광범위하게 재활용될 수 있다(그림 6.25).

캘리포니아 주 산타로사

캘리포니아 주의 산타로사는 인구 170,000명의 샌프란시스코에서 50킬로미터 떨어진 태평양의 해안 마을이다. 이곳은 지중해성 기후와 겨울의 차가운 비 그리고 따뜻하고 건조한 여름 날씨 때문에 소노마 와인으로 유명한 지역이다. 이곳의 건조한 여름 동안 도시 주변의 강과 시냇물의 수위는 정말 낮은 수준이다. 산타로사에서는 흐르는 강물의 1%가 넘는 사용된 물을 흘려 내보내지 못하도록 규제하고 있기 때문에, 이 도시는 여름 동안 사용된 물을 처리할 방안을 고민했고, 그 결과는 재활용이었다(그림 6.26).

산타로사의 물 재생 시설은 사용된 물을 **3차 처리**(tertiary treatment)하며, 그 물에 섞인 균과 불순물을 자외선에 노출시킴으로써 정화시킨다. 이러한 물 재생 방식은 다양한 목적으로 사용될 수 있는데, 캘리포니아 보건 당국은 사람의 신체와 먹을거리, 토양 등을 모두 고려하여 구체적인 방식을 선정하였다. 어떤 물은 2,590헥타르의 야채, 포도밭, 초목, 도시 조경 등에 사용되었다. 수분이 많은 겨울이 되어 더 이상 관개수가 필요하지 않으

물재활용 산업 폐수 처리, 관개, 지하수 재충전, 습지 및 수생 생태계 복원, 식수 공급 증대 등 유익한 목적으로 처리된 폐수를 사용하는 것

물재생 물 재사용 또는 재활용을 위해 폐수를 처리하는 모든 프로세스

3차 처리 표준 2차 처리에서 얻을 수 있는 이상의 수질을 확보하기 위한 처리로서, 하수 처리에서는 주로 질소와 인을 처리하는 데 중점을 두는 경우가 많다.

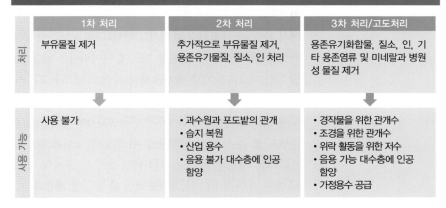

처리 수준에 따른 폐수 활용의 변화

	1차 처리	2차 처리	3차 처리/고도처리
처리	부유물질 제거	추가적으로 부유물질 제거, 용존유기물질, 질소, 인 처리	용존유기화합물, 질소, 인, 기타 용존염류 및 미네랄과 병원성 물질 제거
사용 가능	사용 불가	• 과수원과 포도밭의 관개 • 습지 복원 • 산업 용수 • 음용 불가 대수층에 인공 함양	• 경작물을 위한 관개수 • 조경을 위한 관개수 • 위락 활동을 위한 저수 • 음용 가능 대수층에 인공 함양 • 가정용수 공급

그림 6.25 2차 처리된 폐수는 인간이 사용하기에 적절하지 않다. 3차 처리 과정을 거친 물은 용존유기 화학물질 및 병원균 등의 문제가 해결되어 널리 사용되는 물이다.

캘리포니아 산타로사 지역 개간의 핵심은 물관리이다

캘리포니아 주 산타로사 라구나폐수처리장

캘리포니아 주 산타로사 포도밭

(City of Santa Rosa, Water Department)

(George Rose/Getty Images)

그림 6.26 캘리포니아 주 산타로사에 위치하는 라구나폐수처리장은 하루당 3차 처리된 6,600만 리터의 물을 공급한다. 산타로사의 폐수처리장에서 공급하는 물을 관개하여 포도 등 많은 작물이 생산되고 있다.

면 산타로사 시는 근처 러시안 강의 저수지에 물을 저장한다.

2003년 산타로사 시는 간헐천 증기 발생지에 구멍을 내어 지열 발전을 위한 파이프라인에 펌핑을 시작하였다(321쪽 그림 10.17 참조). 2008년이 되자 거의 50,000m³에 이르는 양의 재활용된 물이 매일 간헐천 증기 발생지로 흘러들어 갔고, 이는 100,000가구에 전력을 공급하고도 남는 양이었다. 산타로사의 물 공급 프로그램은 캘리포니아의 중요한 정책이 되었고 이곳은 물 재활용이 급격히 많아지는 곳이 되었다(그림 6.27).

나미비아 빈트후크

나미비아는 아프리카의 서남부 지역의 건조한 지역에 걸쳐 있다. 대부분의 지역은 나미비아 사막이고, 이는 지구에서 가장 큰 규모로 손꼽히기도 한다(그림 6.28). 이러한 건조한 지역과 물 부족 현상 때문에 나미비아는 물 공급을 위한 새로운 노력을 해야만 했다. 수도인 빈트후크는 자연적으로 물이 나오는 곳이 있었지만 1970년에 60,000가구에서 2008년에는 무려 5배가 넘는 300,000가구로 성장하면서 물 부족 현상을 피해갈 수 없었다(그림 6.29). 빈트후크는 비가 많이 오는 시기에만 흐르는 근처의 강에서 받은 저수 공간의 물로 기초적인 물 공급을 해왔다.

1960년대 이러한 물이 말라가기 시작하자 앞으로의 지역 물 공급을 위한 구체적인 계획을 세웠다. 근처에서 담

수를 얻을 수 있는 가장 풍부한 수원지는 도시 북쪽으로 650킬로미터 떨어진 오카방고 강이었다. 빈트후크는 이렇게 멀리 있는 강에서 물을 대는 비용을 감안하는 대신, 물 재생과 물 부족을 해결할 수 있는 물 재활용 방법을 택했다. 가장 큰 매립시설은 1968년 깨끗한 물을 생산해냈다. 이 시설에서는 연간 17억 리터의 깨끗한 물을 재생해

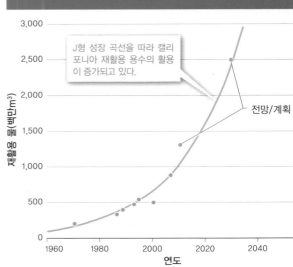

과거와 현재의 캘리포니아에 예상되는 재활용 물 사용

J형 성장 곡선을 따라 캘리포니아 재활용 용수의 활용이 증가되고 있다.

전망/계획

재활용 물(백만m³)

연도

그림 6.27 캘리포니아의 급속히 증가하고 있는 인구와 귀중한 농업 생산성을 유지하는 데 결정적으로 재활용된 물이 각광받고 있다. (자료 출처 : Gleick, 2000; www.owue.water.ca.gov/recycle/)

낼 수 있었다. 2002년에는 보다 더 개선되어 지금은 연간 77억 리터의 깨끗한 물을 생산한다. 산타로사 시와 비슷하게 빈트후크 또한 토양을 이용하여 물을 정화시키고 박테리아나 바이러스, 중금속 등이 검출되지 않도록 했다. 그러나 빈트후크는 산타로사의 수준을 넘어 식수까지 만들어냈다. 엘니뇨 현상으로 인해 건기가 심해지는 때가 되면 물 수요량은 30%까지 더 늘어나게 된다.

재활용한 물을 마신다는 것은 어딘가 이상해 보이지만 정화된 물이 오랜 시간 강으로 흘러들어 가고 도심을 거쳐 다른 도시의 식수로 이동한다. 예를 들어 미국 텍사스 주의 포트워스와 댈러스에서 사용된 물은 길고 긴 트리니티 강으로 들어가 허드슨의 물 공급으로 이어진다.

산업용 물의 개척

전 세계적으로 산업용 물의 사용은 행정기준을 초과하고 있으며(172쪽 그림 6.8 참조) 다시 산업용 물로 재활용한다면 아주 큰 효과를 가져올 수 있는 분야이다. 사실 많은 산업에서 종이나 섬유, 음식, 음료를 만든다. 이러한 분

남서 아프리카의 연안국가, 나미비아

(Galyna Andrushko/Shutterstock)

그림 6.28 나미비아는 대부분 사막이며 수원이 적게 분포한다. 사진의 거대한 모래 언덕은 나미비아에서 '모래바다'로 불린다.

나미비아 : 물 재활용의 선두주자

(© Friedrich Stark/Alamy)

그림 6.29 나미비아의 수도 빈트후크의 급속한 인구 성장은 지역 정부가 수자원의 제한과 효율적인 물의 재사용 그리고 물 재생 시설을 개발하도록 동기를 부여했다.

과학원리　　　　　문제　　　　　해결방안

야의 가장 기초적인 목표는 돈을 절약하는 것이며, 물 자원에 대한 압박을 줄이는 것이 해당된다. 예를 들어 맥주를 생산하는 캘리포니아의 베어리퍼블릭브루잉컴퍼니는 바이오 에너지와 물 공급을 위해 캄브리안이노베이션과 협력했다. 맥주 생산을 위해서는 아주 많은 양의 물이 필요하고 고형 및 액체형 오물이 발생한다. 전통적으로 맥주제조사들은 주요 곡물에서 사용된 고형 폐기물을 액체형 폐기물과 분리했다. 그들은 주로 이러한 곡식류의 폐기물을 농업 종사자들에게 거름으로 주고 폐기물 세금을 피해왔다.

그렇지만 액체류의 폐기물은 달랐다. 이러한 폐기물은 정화를 하는 데 엄청난 돈이 들어갈 정도로 오염도가 높았다. 지금 캄브리안이노베이션은 이러한 액체형 폐기물을 메탄가스와 깨끗한 물의 두 가지 구성으로 변화시키는 기술력을 보유하게 되었다. 이 가스는 다시 전력으로 이용될 수 있다. 그리고 물은 다시 맥주 제조의 물로 사용될 수 있다. 결과는 물과 에너지 그리고 자본까지 절약할 수 있게 되었다. 비슷한 물 재생 방법과 재활용을 이용한 사례는 다른 산업에도 많이 있다.

⚠ 생각해보기

1. 물의 순환과 물의 재활용 시스템이 같은 맥락으로 이해될 수 있을까? 또 어떻게 다른가?
2. 매립되거나 재활용되는 물은 기준치보다 훨씬 깨끗하고 질이 좋아도 대부분 식수가 아닌 다른 용도로 쓰이게 된다. 이러한 현상을 심리적 효과라고도 볼 수 있다. 그렇다면 어떤 방법으로 주민들에게 이 물을 음용할 수 있도록 장려할 수 있을까?
3. 2번 문제에 이어서 어떻게 물을 마시도록 설명하겠는가? 공공의 건강을 위해 어떻게 안전하게 사용할 수 있을까?

6.9 해수 담수화, 바다를 지구 상의 가장 큰 물 저장소로 바꾸는 방법

자연의 중요한 정보 중 하나는 인간이 해수로는 살 수 없다는 것이다. 비록 소금은 미네랄로 몸에 필요한 성분이기는 하지만 해수는 우리의 피보다 3배나 짜서 이를 마시고 산다면 신장을 무리시켜 죽음에 이르게 할 것이다. 해수(seawater)가 대략 리터당 35,000밀리그램의 소금을 함유하는 반면, 우리의 몸에 필요한 물은 500밀리그램 이하의 염분만이 적당하다(그림 6.30). 담수화(desalination)라는 해수를 깨끗한 물로 만드는 작업은 민물이 희소한 곳

해수 카브리해, 지중해와 같은 바다의 물. 해수의 염도는 평균 약 34g/L이며, 염도의 범위는 30~40g/L로 나타난다.

담수화 담수를 만들기 위해 해수나 기수에서 소금을 제거하는 과정

증류 바닷물 또는 기수로부터 물을 증발시키기 위해 열을 사용하여 생성된 염분 없는 수증기를 응축시켜 담수를 생성하는 담수화 공정

기수 해수와 담수가 섞이는 지점에서 해수보다 염분이 낮은 물

열병합 일반적으로 여러 용도로 단일 에너지원을 사용하는 것

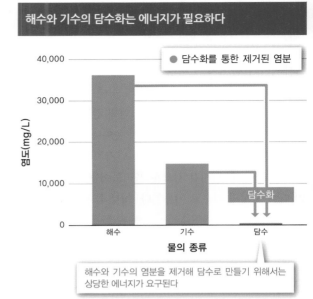

그림 6.30 각 막대 그래프의 붉은 부분은 담수로 변환하기 위해 제거될 소금의 양을 보여준다. 해수와 기수는 리터당 염분이 500밀리그램 미만을 함유해야 한다. (자료 출처 : Art, 1993)

에서 식수를 구하는 좋은 방법이 되기도 한다. 2012년 전 세계적으로 16,000개 이상의 담수화 시설이 운영 중이며, 연간 28km³의 물을 생산해낸다. 이것은 단지 전체 인구가 필요로 하는 물의 1%일 뿐이지만 어떤 사회에는 반드시 필요한 시설이다.

담수화에서 먼저 나온 개념은 **증류**(distillation)인데 이것은 해수나 바다와 강 사이의 염분을 포함한 **기수**(blackish water)에 열을 가해 증발시켜 그 입자를 포집하여 다시 물로 만드는 과정이다. 이러한 공정의 결과는 증류수와 소금이 많은 물이다(그림 6.31). 2012년 증류공법은 대략 전 세계 총담수화 과정의 15%를 차지하고 있다. 그러나 이것은 집중적인 에너지를 필요로 하기 때문에 비용이 많이 든다. 하지만 점점 발달하는 기술이 효율성 또한 높여주고 있다.

예를 들어 증류공법을 시행할 때 일어나는 열과 전력을 함께 사용하는 열병합 방식을 선택함으로써 다양한 분야를 염두해두고 공정을 시행할 수 있다. **열병합**(cogeneration) 방식은 다른 기술과도 연결될 수 있는데, 예를 들어 증류공장 내의 온도를 낮추는 데에도 쓰인다. 낮은 온도에서 물을 끓이고 낮은 압력을 준다면 증발시키는 에너지가 줄어든다. 사실 아직도 이러한 공정은 에너지 비용이 많이 들기 때문에 자연스럽게 다른 에너지는

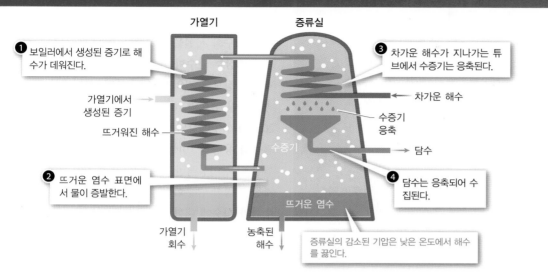

증류를 통한 담수화 : 물의 증발과 압축

가열기

증류실

❶ 보일러에서 생성된 증기로 해수가 데워진다.

가열기에서 → 생성된 증기

뜨거워진 해수

❷ 뜨거운 염수 표면에서 물이 증발한다.

수증기

가열기 회수

농축된 해수

뜨거운 염수

❸ 차가운 해수가 지나가는 튜브에서 수증기는 응축된다.

← 차가운 해수

수증기 응축

→ 담수

❹ 담수는 응축되어 수집된다.

증류실의 감소된 기압은 낮은 온도에서 해수를 끓인다.

그림 6.31 증류는 담수화의 가장 오래된 방법 중 하나이다. 기본적인 기술이 신뢰할 수 있을 정도로 잘 발달되어 있다. 이것의 주요 단점은 증류 과정에 많은 에너지가 필요하다는 것이다. 그러나 증류실의 대기 압력 저하는 증류를 위한 에너지 비용을 줄여준다.

풍족하지만 물이 부족한 중동이나 북아프리카에서 쓰인다. 대부분의 이러한 나라들은 연간 반 이상의 담수화된 물을 사용한다.

역삼투(reverse osmosis) 방식은 에너지 효율성을 높이는 담수화 과정으로 물과 소금을 분리한다. 이러한 분리막은 물이 침투할 수 있도록 돕고 소금은 거부한다. 역삼투 방식은 두 가지 물을 생산해낸다. 첫째는 파이프 라인으로 갈 수 있는 99.7%의 깨끗한 물이고, 두 번째는 염분이 높아 자연으로 돌아가게 하는 물이다. 이러한 공정은 대부분 압력을 가할 수 있는 에너지가 필요하다(그림 6.32). 모든 필터들은 점점 개선되고 있고 시스템과 압력 기술 또한 개선되어 에너지 사용 비용을 줄이고 있다. 그러나 해수보다 2배나 짠 물, 즉 해양 생태계에 피해를 줄 수 있는 폐기물에 관한 문제도 고려해야 할 것이다.

템파 만의 담수화시설

플로리다의 템파 지역은 기존의 물 공급 방식을 담수화 과정으로 바꾸면서 2007년에 미국에서 가장 큰 역삼투 방식을 이용했다(그림 6.33). 지금은 온전히 가동되고 있으며 시설은 하루에 9,500만 리터의 깨끗한 물을 생산해내는 규모인데, 이는 약 10%의 지역 수요량에 해당한다.

특이한 지형과 지역적 영향력이 템파 만의 담수화 비용을 절감한다. 첫 번째로 이곳의 평균 염분은 다른 해수

보다 25% 정도 약해서 에너지 비용이 절감된다. 둘째, 시설은 바로 전력 공급 시설 옆에 위치하여 에너지 비용을 또 절감한다. 전력 시설은 많은 부분의 인프라와 서비스를 공유한다. 예를 들어 담수화 과정 후의 남은 소금물은 70 : 1의 비율로 전력 시설으로 공급되어 온도를 낮춘다. 결과적으로 총전력으로 담수화를 진행해도 템파 만의 염분은 높아지지 않았다.

역삼투 염분과 물을 분리하기 위해 선 투과성 있는 막과 압력을 사용하는 담수화 공정

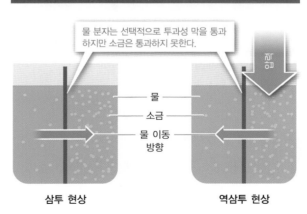

역삼투 : 물 분자만 선택적 투과막 통과

물 분자는 선택적으로 투과성 막을 통과하지만 소금은 통과하지 못한다.

압력

물

소금

물 이동 방향

삼투 현상

역삼투 현상

그림 6.32 자연 과정의 삼투는 농도가 다른 두 액체를 반투막으로 막아놓았을 때 용질의 농도가 낮은 쪽에서 농도가 높은 쪽으로 용매가 옮겨가는 현상에 의해 나타나는 압력이다. 역삼투는 반투막과 삼투를 이용하여 해수 등에 녹아 있는 물질을 제거하여 순도가 높은 담수를 얻는 방법이다.

역삼투를 이용한 템파 만의 담수화 공장

(Courtesy Tampa Bay Water)

그림 6.33 플로리다 주 템파 만의 해안 대도시는 공급하는 물의 10%를 담수화 공정을 거친 물을 공급한다. 나머지 90%의 담수는 지하수 또는 처리된 지표수이다.

효율적인 필터와 기타 세분화의 결과는 역삼투의 비용을 충분히 떨어뜨렸다. 담수 공급은 부족하지만, 해수가 풍부한 키프로스, 싱가포르 및 트리니다드 등의 섬 국가는 담수화 시설을 건설했다. 2005년 싱가포르는 투아스에 역삼투 담수화 시설을 개설했다. 그 출력 용량은 템파만 공장보다 거의 50% 더 높다. 투아스는 싱가포르의 총수자원 수요의 10%를 충족시킬 수 있다. 싱가포르는 2060년까지 예상되는 물 수요의 30%를 충족시키기 위해 담수화 용량을 10배로 늘릴 계획이다. 싱가포르의 담수화가 더욱 인상적인 것은 에너지 효율이 높아져 세계에서 가장 저렴한 담수화된 물을 생산하고 있다는 것이다. 담수화가 식수에 대한 비용을 절감할 수는 있어도 농업 용수에 대한 큰 수요를 감당할 수는 없다. 예를 들어 미국농무부는 미국 서부에서 물 소비량의 90% 이상을 관개하는 것으로 추정했다. 우리는 제7장에서 농업 용수 사용에 대해 논의할 것이다.

점점 커지는 습지 복원의 중요성

?

싱가포르는 왜 낮은 비용으로 이웃나라인 말레이시아에서 물을 구입할 수 있음에도 담수화 사업에 투자하는 것인가?

(USFWS Coastal Program)

해안 식생 복원 전, 서피크 만

(USFWS Coastal Program)

해안 식생 복원 후, 서피크 만

그림 6.34 수많은 습지가 습지 복원 프로그램을 통해 복구되고 있다.

(U.S. Army Corps of Engineers)

생물 서식 다양성 회복, 미주리 강

(Natural Resources South Australian Murray-Darling Basin, Callie Nickolai)

홍수 후 자란 새로운 유칼립투스 나무 군락

⚠ 생각해보기

1. 담수화 과정의 중요한 경제적 환경적 비용은 무엇인가?
2. 어떤 지역에서 담수화 과정을 거친 깨끗한 물을 공급하는 게 좋을까? 시설은 최소한 어떤 지역에 설치되는 것이 좋을까?

6.10 강의 보호와 복원 사업은 수생태계와 생물다양성을 보호할 수 있다

미래의 물 공급을 위해 수처리 기술을 발전시키는 것만이 답이 아니다. 수생태계를 재건하는 것은 물의 정화나 오염을 줄이는 등 여러모로 이득이 될 것이다(그림 6.34). 수생태계를 다시 세워주기 위해 가장 필요한 첫 번째 단계는 생물들을 위한 충분한 물이 제공되는 것이다. 많은 주는 강의 수위를 보존하기 위한 최소한의 제한을 법으로 제정하고 있다. 다른 예로는 과거의 홍수나 자연스러운 수위를 조사하여 최소한의 수위 이상을 유지하도록 강의 유량을 조절하기 위해 노력한다.

콜로라도 강에 홍수를 복원

역사적으로 콜로라도 강은 매년 봄마다 로키 산맥의 눈이 녹아 홍수가 일어났다. 이러한 지형적인 유량은 긴 강 전체에 많은 토사와 모래톱을 가지고 왔다(그림 6.35). 특히 모래톱은 그랜드캐니언에 머무르는 멸종 위기의 어린

생물체들을 보존하는 데 아주 유용하다. 모래톱은 캠핑 애호가들과 래프팅을 하는 사람들에게도 좋은 유흥을 제공하기도 한다. 그러나 봄에 흘러내려오는 물의 양은 댐과 수량을 조절하는 시스템을 건축한 뒤 급격하게 줄어들었다. 콜로라도 강의 댐과 토사를 거르는 시스템들로 인하여 모래톱의 양 또한 줄게 되었다.

1963년 그랜드캐니언 위 24킬로미터 위치에 글렌캐니언 댐이 건설되면서 이 강의 개선이 시작되었다. 댐 뒤의 저수지인 파월호는 그 주요 수로를 거의 300킬로미터에 가까운 길이로 형성했고 가득 채웠을 때 $30km^3$의 물을 저장했다(그림 6.36). 홍수가 일어나지 않자 파월호의 모래톱과 토사도 급격히 줄어들었고 그랜드캐니언에 다다르지 못했다. 이러한 인위적인 시설이 건설됨으로써 모래톱 대신 특히 위성류(125쪽 그림 4.28 참조) 종인 나무가 번식하기 시작했고 빽빽한 덤불을 만들며 유해한 물질들은 다른 곳으로 씻겨나갔다. 결과적으로 토종 어류와 래프팅을 즐기는 사람 모두 줄어들게 되었다.

콜로라도 강의 강 유량 조절자들은 모래톱을 유지할 수 있도록 노력했다. 그들의 계획은 강 위에서 밑으로 짧고 강한 침전물을 내려보내 강물의 속도가 서서히 줄어들 때쯤 모래톱을 만드는 것이었다. 글렌캐니언 댐은 1996년 봄 처음 그 역할을 부여받고, 2004년과 2008년, 2012년에 각각 사용되었다. 담당자들은 3~5일간 수문을

막대한 양의 침전물을 옮기는 콜로라도 강

(Photo by E. C. Laure/NPS)

그림 6.35 역사적으로 콜로라도 강은 매년 봄 로키 산맥의 해빙으로 홍수가 발생하며 이것은 종종 그랜드 캐니언에 엄청난 양의 유량을 공급한다. 이것은 상당한 양의 침전물을 동반하며 홍수 후 사주를 형성한다.

파월호는 수년간 콜로라도 강물을 보유한다

그림 6.36   콜로라도 강 글렌캐니언 댐 뒤의 파월호는 주로 그랜드캐니언을 따라 봄 홍수 후 지나가는 퇴적물 일부를 차단한다.

열고 홍수를 조절하면서 콜로라도 강에 침전물을 흘려보내기 위해 노력했다. 예를 들어, 글랜 댐으로부터 콜로라도 강과 이어지는 파리아 강은 몇 개월 전이었던 2004년 홍수 제어 시기보다 1백만 톤 많은 침전물이 강으로 흘러들어 갔다. 홍수를 제어하는 것은 콜로라도 강의 해안선을 유지하면서 그랜드캐니언까지 보호한 성공적인 재건 사례였다(그림 6.37).

강과 습지 구조 복원

중부 플로리다에 있는 키시미 강은 1940년대 사유지에서의 홍수를 제어하기 위해 노력했다. 이러한 노력은 구불구불하였던 수로를 곧게 만들었고 총 90킬로미터의 길이에 9미터 깊이로 100미터의 넓이로 지어졌다(그림 6.38a). 이러한 수로들은 범람원에서 끊어졌기 때문에 자연스럽게 강과 만나는 땅에서 이루어지던 영양소의 교류가 끊어지게 되었다. 이러한 대가로 생물다양성은 훼손되었다. 예를 들어 90%의 물새들이 사라졌고 흰머리수리는 75% 사라졌다. 게다가 수로는 자연적으로 물속의 산소 함유량을 낮추었고 이것은 많은 산소를 필요로 하던 배스 같은 어종을 사라지게 했다.

키시미 강 재건 프로젝트는 1992년에 시작되었고, 이것은 가장 큰 생태계 복원 사업이었다. 2015년 이 사업이 마무리되었을 때 강 유역의 100km²에 달하는 범람원이 복구되었고 8,000헥타르를 포함한 습지가 다시 생성되었다. 이러한 프로젝트에는 61킬로미터에 달하는 구불구불한 수로도 포함되었다(그림 6.38b).

이러한 노력은 곧바로 결실을 맺었다. 재건된 강 주변으로 철새들이 몰려들었고 범람원 인근에는 5배가 증가했다. 셀 수 없이 많은 오리와 해안가의 생물들이 몇 십년의 시간을 딛고 다시 찾아왔다. 산소 포함량도 늘었고 강

그랜드캐니언에서 제어된 홍수 예측 결과 달성

그림 6.37   글렌 댐의 주요 목적은 그랜드캐니언의 사구 형성 유지에 있다. 이곳은 토착 어류에게 서식처와 산란처를 제공하며 최고의 캠핑지이다. 그림 속 사구는 2004년 봄 홍수 조절을 통해 만들어진 것이다.

키시미 강 구조 복원

a. 키시미 강 수로의 직선화

b. 키시미 강의 수로 복원

그림 6.38 키시미 강의 홍수 제어는 구불구불한 수로를 직선화하였고, 이것은 강과 이 강 사이 범람원에 서식하는 생물의 관계를 끊게 하였다. 키시미 강의 복원 사업은 원래의 수로로 복원하였으며 이것은 강우가 내리는 동안 습지와 범람원이 수리적으로 연결되도록 하였다.

바닥의 유기물도 70% 이상 증가하였다. 이러한 놀라운 성장은 산소량과 함께 배스의 개체 수는 물론 다른 물고기의 수도 늘리는 계기가 되었다.

⚠ 생각해보기

1. 키시미 강의 복원 사업은 5억 달러로 추정되는 프로젝트였다. 그럼 여기서 얻을 수 있는 다른 이익은 무엇이 있을까?
2. 콜로라도 강의 글렌캐니언 댐 밑 강들의 홍수 관리에서 왜 침전물의 역할이 중요했을까?
3. 콜로라도 강의 댐 건설과 홍수 관리가 어떻게 하여 외래 어종이 토종 어종과의 경쟁에서 유리한 상황을 만들었을까?

6.7~6.10 해결방안 : 요약

물 보호 캠페인은 개인과 도시 모두에게 가장 효과적인 물 사용을 절약하는 방법이다. 뉴욕의 물 절약 캠페인은 하루에 10억 리터가 넘는 양의 물을 절약할 수 있도록 도왔다. 물의 재활용 또한 전 세계의 물을 아끼는 방법이다. 사용된 물은 다양한 방법으로 다시 깨끗해진다. 사용된 물을 재사용하기 위해서 전 세계는 다양한 방법으로 노력하며 산업용수와 관개수, 지하수 충전은 물론 습자와 수생태계를 보호하며 심지어 먹는 물로도 사용하고 있다. 물에서 소금기를 제거하는 담수화 과정 또한 염수나 반염수를 깨끗한 물로 만들어준다. 비록 담수화 과정은 에너지 면에서 가격이 비싸지만 열병합 발전과 역삼투 방법의 기술력이 발달되면서 효율과 비용이 빠르게 개선되고 있다.

수생태계를 복원하는 사업은 최소한의 유량을 유지하는 것에서부터 일정한 홍수의 발생을 돕는 부분에까지 이른다. 예를 들어 콜로라도 강에서 홍수를 조절하여 그랜드캐니언 내의 최소한의 모래톱 생태계를 유지할 수 있었다. 플로리다 주의 키시미 강은 홍수를 방지하기 위한 수로화 설비가 되었지만 결과적으로 생물다양성과 범람원의 환경에 치명적인 악영향을 미쳤다. 하천 복원은 빠른 속도로 키시미 강의 환경을 돌려놓았다.

각 장의 절에 대하여 아래 질문에 답을 하고 난 후 핵심 질문에 답하라.

핵심 질문 : 환경 문제를 줄이거나 피하면서 담수에 대한 인류의 요구를 어떻게 만족시킬 수 있을까?

6.1~6.2 과학원리

- 어떻게 물의 순환은 지구 주위의 물을 움직이게 하는가?
- 엘니뇨가 물의 순환에 미치는 영향은 무엇인가?

6.3~6.6 문제

- 사람이 살아가는 데 얼마나 많은 양의 물이 필요하며, 그것을 사람의 기본 인권으로 인정해야 할까?
- 인간은 어떻게 물을 사용하며 물의 확보 및 활용 가능성에 영향을 미치는 요소는 무엇인가?
- 현재 지하수의 상태는 어떠하며 이것의 활용성에 미치는 요인은 무엇인가?
- 물 관리가 어떻게 수생태계 다양성에 영향을 미치는가?

수자원과 우리

물은 인간 삶에 필수적이다. 물은 말 그대로 매일 우리 개개인의 삶을 통해 흐른다. 결론적으로 우리에게는 우리가 직면한 물 관련 문제들을 해결하고 공헌하기 위한 많은 기회가 있다.

☐ **지역사회의 물 공급과 소비 그리고 이슈에 대해 배워보기**

지역사회의 물 공급 현황에 대해 자세하게 알아보라. 당신의 지역사회에 공급되는 물의 수원이 무엇인가? 지하수인가? 지표수인가? 아니면 둘 다인가? 어떻게 그 물이 지역사회에서 사용되고 있는지 다른 지역 및 다른 나라와 비교해라. 가장 주요한 물 공급 관련 이슈는 무엇인가? 가능하다면 하수종말처리장을 방문해서 당신이 사용한 물이 어디로 흘러가고 어떻게 처리되는지 알아보라.

☐ **지역사회의 물 보전 프로그램에 적극적으로 동참하기**

물 공급과 기본적인 물 관리 시스템에 관심이 많은 만큼, 지역사회 내의 물 관리와 물에 대한 이슈를 공유하고 지원할 동아리를 꾸려보자. 기회가 된다면 물 재활용이나 물에 대한 더 나은 분배 시스템 혹은 사막화가 되어가는 공공지역에 대한 경각심을 일깨우며 물을 절약할 수 있는 방법을 모색해보자. 만약 이런 동아리가 이미 있다면 함께 지역사회의 미디어나 공공기관을 방문하여 물 절약 운동에 대해 상의해보자.

☐ **삶 속에서 직접 물을 아끼겠다고 다짐해보기**

매일매일 하루 중 얼마나 많은 부분에서 물에 대한 생각을 하고 있는가? 학생으로서 당신은 아마도 물을 절약하는 화장실을 사용하거나 샤워꼭지를 이미 사용하고 있을지도 모른다. 아직 학교가 이러한 시스템을 가지고 있지 않다면, 시스템을 바꾸자고 건의해보자. 아파트에 살든, 기숙사에 살든 혹은 주택에 살든지 물이 새는 수도꼭지를 고칠 수 있을 것이다. 미국인의 평균 샤워시간은 8분이며 18갤런, 즉 68리터의 물을 사용하는데 일반적인 샤워꼭지는 분당 8.3리터, 즉 2.2갤런의 물을 사용하게 되는 것이다. 스마트폰을 이용하여 샤워시간에 제한을 두어보자. 당신이 5분 안에 샤워를 마친다면 이것은 매일 25리터(6.6갤런)의 물을 아끼게 되는 것이다!

☐ **강과 습지의 재건을 위해 함께 노력해보기**

지역에서 NGO나 공공기관이 잠재적으로 복원할 가능성이 있는 곳을 찾아보자. 자원봉사자로서의 적극적인 참여는 인류의 물 공급에 따라서 야기될 수 있는 수생태계의 영향을 줄이는 데 도움이 될 수 있을 것이다. 이것은 또한 수생태계의 핵심 영향 요인들을 탐구하는 데도 좋은 기회가 될 것이다.

6.7~6.10 해결방안

- 물 보호 및 보전을 위해 어떠한 접근 방법이 있으며 이는 어떻게 물 활용성에 영향을 미치는가?
- 물 재생 프로젝트는 어디에서 하고 있으며 이 프로젝트의 중요성은 무엇인가?
- 담수화 작업은 어떤 과정을 거치는 것이고 몇몇 중요한 프로젝트에는 어떤 것이 있는가?
- 수생태계를 지키기 위한 방법으로 물 절약을 어떻게 실천할 수 있을까?

핵심 질문에 대한 답

_____

_____

_____

_____

_____

_____

제6장
복습 문제

1. 1km³의 물에는 몇 리터의 물이 포함되어 있는가?
   a. 100,000리터 b. 1,000,000리터
   c. 1,000,000,000리터 d. 1,000,000,000,000리터

2. 엘니뇨와 라니냐는 오스트레일리아에 어떤 영향을 미치는가?
   a. 엘니뇨는 우기를 발생시키고, 라니냐는 건기를 발생하게 한다.
   b. 엘니뇨는 건기를 발생시키고, 라니냐는 우기를 발생하게 한다.
   c. 엘니뇨는 우기를 발생시키는 반면, 라니냐는 어떠한 영향도 미치지 않는다.
   d. 엘니뇨는 어떠한 영향도 미치지 않지만, 리니냐는 건기를 발생한다.

3. 그림 6.7에 따르면 얼마나 많은 나라들이 글렉이 제안한 하루에 50리터의 물 사용의 권리보다 적은 양의 물을 사용하고 있는가?
   a. 1개국 b. 7개국
   c. 9개국 d. 11개국

4. 전 지구의 유출수 중 현재 인간 사용에 적합한 비율은 얼마인가?
   a. 대략 17% b. 대략 31%
   c. 50% 조금 넘게 d. 거의 100%

5. 전 세계 인구 중에 건조한 지역에 사는 수는 얼마나 될까?
   a. 1% 미만 b. 10% 가까이
   c. 20% 가까이 d. 50% 넘게

6. 전 세계에서 지하수를 뽑아 올림으로써 생기는 문제점은?
   a. 지하수 수위 저하 b. 지반 침하
   c. 낮은 함양률 d. 위 항목 모두

7. 북반구 큰 강 중에서 댐이나 수로 변경에 의한 변화가 얼마나 있었는가?
   a. 대략 10분의 1 b. 대략 3분의 1
   c. 대략 2분의 1 d. 거의 4분의 3

8. 어떤 부분이 뉴욕의 물 절약 캠페인을 성공적으로 이끌었는가?
   a. 미터기 설치
   b. 물 절약 화장실 설치
   c. 상하수도관 누수 탐지 및 수리
   d. 각 가정 물 사용 조사

9. 담수화를 물 공급 체계로 활용할 때 어떤 점이 가장 장애 요인인가?
   a. 충분한 염수의 확보
   b. 기술의 부족
   c. 담수화 처리 과정의 에너지 사용 비용
   d. 과정에 대한 부족한 인식(물 부족을 겪는 지역 포함)

10. 비록 습지나 강 복원에 대한 성공적인 사업들이 있었지만, 다양한 상황 속에서 복원 가장 어렵게 만드는 것은 무엇인가?
    a. 오염 정도 심각
    b. 집중적인 도시 개발
    c. 국지적 또는 광역적 규모의 지하수 고갈
    d. 위 항목 모두

비판적 분석

1. 제6장과 다른 자료들, 예컨데 싱가포르 수자원 공사나 싱가포르 PUB의 내용 등을 이용하여 싱가포르의 물 공급 문제나 해결방안이 다른 나라와 비교했을 때 비슷하거나 혹은 아예 다른 부분에 대해 토의해보라.

2. 이 책의 정보를 활용하여 물 분자가 해양 물 순환계에서 육상 물 순환계로 왔다가 다시 해양 물 순환계로 돌아가는지 가능한 경로를 추적해보라.

3. 일반적인 물 순환계와 지하수 수위 상승/하강의 기본 원리를 활용하여 오갈라라 대수층의 지속 가능한 이용을 위한 장기적 계획을 만들어보라.

4. 강수량과 기온이 엘니뇨와 라니냐의 영향을 강하게 받는 지역들에 대해 지속 가능한 물 관리 방안을 설계해보라.

5. 강과 습지의 복원 사업 프로젝트의 성공과 실패 사례를 비교해보자. 가장 성공한 사례와 실패한 사례를 꼽아보자. 인터넷 검색이 유용할 것이다.

핵심 질문 : 환경에 미치는 영향을 최소화하면서
식량과 임산 자원을 생산하려면 어떻게 해야 할까?

자연 환경과 생물다양성이 육상 자원의
풍족함에 어떤 영향을 끼치는지 기술한다.

과학원리

제7장

지속 가능한 육상 자원

육상 자원 수확 방법의 환경 영향을 분석한다.

농업, 목축업과 임업의 환경 영향을
최소화하기 위한 방안을 검토한다.

문제

해결방안

(Yuriy Chertok/Shutterstock)

그리스에서 기원전 약 7,000년 전부터 시작된 빠른 침식으로 많은 자연 경관에서 토양이 제거되었다.

육상 자원은 비옥한 토양에 달려 있다

2,000년 전부터 사람들은 토양의 건강을 관리하는 것이
인간 사회의 복지를 지속 가능하게 하는 데 필수적이라는 것을 알았다.

2400년 전쯤 그리스의 철학자인 플라톤은 그가 살던 아테네 주변의 벌거숭이 언덕들을 올려다보며 사람들이 지난 수 세기에 걸쳐 농업 활동을 한 것이 이런 결과를 가져왔다는 아주 놀라운 결론을 내렸다. 아주 울창했던 숲이 벌채되어 경관은 몹시 메마른 모습이 되었다. 그는 "이전에 있었던 모습과 비교하면 현재 남겨진 모습은 앙상한 병자의 모습이며 두껍고 부드러운 토양은 모두 씻겨내려 갔고 단지 땅의 헐벗은 뼈대만 남았구나."라고 기술했다.

마치 수사관처럼 플라톤은 자신의 해석을 검증해보기 위해 시골을 돌아다니며 증거를 수집했다. 그는 아테네에서 조금 멀리 떨어진 곳에 있는 숲에 아주 큰 오래된 수목과 깊고 비옥한 토양이 있다는 것을 알았다. 그는 아테네에도 지나간 시절에 이러한 숲이 있었을 것으로 추론하였다. 플라톤은 실제로 현재 큰 수목들이 더 이상 자라지 않는 아테네 시 중심부에서 이미 오래전에 사라진 숲에서 가져와 만든 폭넓은 목제 지붕보를 가진 건물들을 찾아냈다. 또한 그는 원래 고대 그리스인들은 종교적 성지를 항시 물이

"농업의 좋은 점은 사람이 하는 일을 어떻게 자연에 맞추는지, 농작물 재배 계획을 어떻게 기후와 토양 등에 맞추는지를 알아가는 것이다. 자연 조건과 조화를 이루며 살아가는 것이 현명한 농부나 그 어떤 현명한 사람이라도 배워야 하는 첫 째 가르침 중의 하나이다."

리버티 하이드 베일리, *The Holy Earth*, 1915

흐르는 샘이나 하천 옆에 짓는데 아테네 지역의 많은 종교적 성지 인근에는 흐르는 물이 없다는 것도 찾아냈다. 그는 이전에는 숲으로 이루어진 언덕과 두꺼운 토양이 내리는 빗물을 붙잡아두고 자연 경관을 따라 흐르는 것이 느려졌기 때문이라고 여겼다. 숲의 벌채는 토양의 유실이 빠르게 일어나도록 했는데, 이는 호우 때 물이 빠르게 땅위로 흘러넘쳤다는 것을 가리킨다.

아테네만이 유별난 것은 아니다. 플라톤이 그의 뒤뜰에서 알아차린 변화는 인간이 우리가 사는 세상을 어떻게 변질시켰는지에 대한 전 세계적인 이야기의 하나일 뿐이다. 우리 인류의 초기에는 사람들은 야생의 식량과 쉼터를 위해 야생의 식물 물질들을 채집하며 털과 고기를 제공해주는 동물들을 사냥하며 살았다. 다르게 표현하면 사람들은 자연 생태계의 산물에만 의지하여 살았다는 것이다. 그런데 약 10,000년 전 지구 상 사회는 식물과 동물들을 재배하고 사육하며 자연 생태계가 우리가 필요한 것을 공급하도록 하였다.

목장을 운영하고 숲을 가꾸며 농사를 짓고 육상 자원을 관리하며 인구가 가용할 수 있는 식량과 숲 생산물(예 : 나무)을 늘렸을 뿐만 아니라 이들 자원의 공급이 꾸준히 일어나도록 하였다. 좀 더 믿을 만한 식량의 공급은 인구의 증가율을 높였고(제5장 136쪽 참조) 이는 도시의 개발로 이어졌다. 숲은 농작물을 짓기 위해 벌채되고 목장을 만들기 위해 초지로 만들어졌으며 도시에 건축 자재와 땔감을 제공하였다. 그렇지만 농업과 임업의 혜택은 사람이 농지에 물을 대고 자연적인 식생을 작물로 바꾸고 사람이 살 토지를 마련하기 위해 숲을 베어버리면서 지속 불가능한 환경 비용을 수반하였다. 지구의 육상 자원을 조심스럽게 관리할 필요성이 이 장의 핵심 주제가 된다.

핵심 질문

환경에 미치는 영향을 최소화하면서
식량과 임산 자원을 생산하려면 어떻게 해야 할까?

과학원리   문제   해결방안

(Dudarev Mikhail/Shutterstock)

7.1~7.3 과학원리

식물은 광합성을 통하여 태양 에너지, 대기의 이산화
탄소, 그리고 토양의 수분과 영양소를 잎이 무성한
녹색의 바이오매스로 전환시킨다. 일차생산량(제2장 참
조)이라고 부르는 생성된 바이오매스의 양은 자연의 육
상 생태계에서 다양하게 나타난다. 농업과 임업을 하면
서 사람은 일차생산량를 직접 소비하고 가축의 사료로,
건축 자재로 목재를 포함하여 다양하게 이용한다. 이 장
에서는 우리의 생활에 필요한 것들을 어떻게 육상 생태계
에서 지속 가능하게 얻을 수 있는지를 알아보기로 하자.
그렇지만 생태계를 우리가 필요한 것을 얻어내는 곳이라
는 관점이 제4장(117쪽 참조)에서 살펴본 생태계가 제공
하는 다른 서비스의 막대한 가치를 훼손하지 않았으면 좋
겠다. 육상의 일차생산량에 가장 중요한 영향을 미치는 세
요인으로는 기후, 영양분, 생물다양성이다.

7.1 기후, 생물다양성, 영양분은 육상 일차
생산에 영향을 미친다

아마존의 열대 우림은 북극 지역의 툰드라와는 매우 다
른 기후를 가진다. 열대 우림은 습윤하고 온난하며 셀 수
없이 많은 종류의 나무들이 무성하게 자란다. 툰드라는
건조하고 추워 몇 종 안 되는 식물이 드문드문 자란다. 어
느 지역의 기후, 특히 우세한 온도와 강수량은 그곳에 자

라는 바이오매스와 식물의 종류에 영향을 미친다. 또 기
후는 일차생산량의 차이에 영향을 미치는 많은 요인 중
하나이다(그림 7.1). 원예를 하는 사람은 알겠지만 대부
분의 식물은 기온이 너무 높아 식물이 시들지 않거나 또
는 너무 추워서 얼지만 않는다면 물과 햇빛이 많은 곳에
서 가장 잘 자란다.

종풍부도 효과

자연 생태계는 이러한 환경 변수들 위에 복잡성이 층층이
추가되어 있다. 좀 더 구체적으로 보면 자연 생태계는 서
로 간 상호작용을 하는 식물이 다양하게 존재하여, 과학
자들은 종의 수와 생태계의 생산성 사이에는 밀접한 연결
고리가 있는 것으로 생각했다. 이 생각은 개개의 식물종
은 서로 다른 성장의 조건과 전략이 있다는 것이다. 또한
다양한 생물종은 모든 햇빛, 물과 토양의 영양분을 이용
할 수 있다는 것이다.

1990년대 초반에 이 가설을 검증하기 위하여 데이비드
틸만(David Tilman)이라는 생태학자는 미네소타 주 초원
에 각각 3.04m×3.04m 크기인 작은 땅 조각 147개를 준
비하였다. 그와 그의 동료들은 이 작은 땅 조각들에 1종
에서 24종까지 토종 초본류의 씨를 뿌렸다. 예상한 대로
그들은 종의 종류가 많은 땅 조각에서 더 높은 일차생산
량을 관찰했다. 실제로 틸만 연구 그룹의 장기간에 걸친

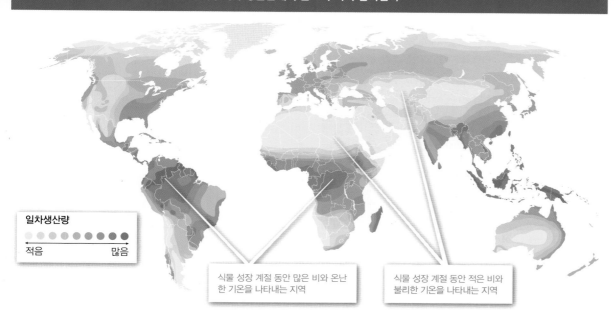

전 세계 일차순생산량의 분포는 지구의 기후대와 생물군계의 분포와 거의 일치한다

일차생산량
적음 ●●●●●●●● 많음

식물 성장 계절 동안 많은 비와 온난한 기온을 나타내는 지역

식물 성장 계절 동안 적은 비와 불리한 기온을 나타내는 지역

그림 7.1 일차생산량은 자연 식생이 열대 우림인 적도 지역에서 가장 높다. 열대 삼림 지역은 다음으로 높은 일차생산량을 가진다. 반면 가장 낮은 일차생산량은 춥고 건조한 툰드라 지대와 사막에서 나타나는데, 이곳은 기온이 낮거나 뜨거운 지역이지만 항상 건조하다. 이러한 양 지역 사이에 있는 아한대 삼림, 온대 초원, 및 사바나 지역은 중간 정도의 일차생산량을 가진다.

연구에서 초본류의 종이 가장 다양한 땅 조각에서의 일차생산량은 한 종만 있는 땅 조각에서의 일차생산량의 340% 이상이라는 것을 관찰했다.

식물의 성장 양상과 생리는 이러한 관찰사항에 대한 원인 메커니즘이 있음을 시사하였다. 일부 뿌리들은 토양 내로 깊이 뿌리를 내리는 반면 다른 뿌리들은 지표 아래에서 지표를 따라 옆으로 퍼졌다. 이는 각각의 식물이 토양의 서로 다른 층준에서 영양분과 수분을 취득한다는 것을 가리킨다. 또한 일부 식물종들은, 예를 들면 질소를 토양에 공급하거나 식물 군락의 하층을 좋아하는 식물들에게는 그늘을 제공하는 등 환경을 다른 종에게 유리하도록 만든다. 이러한 긍정적인 영향은 많은 수의 종이 같이 성장한다면 더 높은 생산을 북돋우기도 한다.

토양 영양분

기후와 식물의 다양성이 육상 일차생산량의 수준에 상당한 영향을 미치지만 원예사들은 거둬들이는 열매와 채소의 양이 토양의 비옥도에 영향을 받는다는 것을 안다. 토양 비옥도는 육상 일차생산량을 보통 제한하는 토양 영양분인 질소의 가용성과 같은 특정 주요 원소들의 함량과 관련되어 있다. 이에 따라 토양 내 영양분이 들어 있는 것은 일차생산량이 지속 가능하도록 하는 데 매우 중요하다. 틸만과 그의 동료들에 의해 실시된 야외 실험 동

안 그들은 더 많은 식물종을 가진 연구용 조각 땅이 질산염을 더 많이 취득하고 유지한다는 것을 알아냈다. 질산염은 질산 이온의 화합물로 식물에게 유용하지만 물에 용탈되어 토양에서 빠져나가기 쉽다. 한 조각 땅에 식물의 종이 많으면 많을수록 더 많은 질소를 유지하여 이에 따라 전반적인 일차생산량도 더 높았다(그림 7.2).

질소순환

지구의 다른 필수 영양분과 마찬가지로 질소는 토양에서 물로 그리고 공기로 순환을 한다. 단백질과 핵산의 필수 성분으로 생명에 아주 중요한 질소의 가장 중요한 저장소는 공기이며, 공기에는 질소 원소, N_2가 대기의 78%를 차지한다. 그러나 대부분의 생명체는 질소 원소를 사용하여 필요한 질소를 함유한 화합물을 만들지 못한다. 이에 따라 이들은 **질소순환**(nitrogen cycle) 과정에서 만들어진 토양과 물에 들어 있는 질소 함유 화합물에 의존한다.

질소순환은 여섯 가지의 주요한 작용으로 일어난다(그림 7.3). 공기 중의 질소 원소는 **질소고정**(nitrogen fixation)이라는 과정을 통해 질소순환에 들어간다. 이 과정에서 특정 질소고정 박테리아가 N_2를 암모니아(NH_3)로 변환시키면 만들어진 암모니아는 단백질의 구성 요소인 아미노산과 같은 유기 화합물로 결합된다. 또한 소량의 질소는 번개에 의해서도 고정이 된다. 질소고정은 대

질소순환 질소고정, 분해, 암모니화작용, 질화작용과 탈질화작용을 하는 미생물의 주요한 활동으로, 질소가 생태계를 통하여 또 생태계 사이에서 이동하는 작용

질소고정 식물에 부착되어 살거나 독립적으로 사는 박테리아가 대기의 질소(N_2)를 질소 함유 화합물로 고정되는 것

그림 7.2 실험포장에 아주 많은 종류의 초지식물의 씨를 뿌리면 초지의 식물 뿌리 지대 아래에는 쉽게 용탈되어 나가는 토양 질소인 질산염의 농도가 낮게 나타난다. (자료 출처 : Tilman et al., 1996) 이 결과는 다양성이 높은 식물을 가지는 실험포장 생태계의 표토에서는 용탈로 인한 영양분의 유실이 더 적어진다는 것을 가리킨다. 틸만의 연구는 9m²의 면적에서 147개의 실험포장으로 나누어 북아메리카 대초원에 고유한 다양한 식물 종의 씨를 뿌렸다. 각 20개의 실험포장에 1종, 2종, 4종, 6종, 8종을 뿌렸고, 23개 실험포장에 12종을, 그리고 24개 실험포장에 24종을 뿌렸다.

생물다양성은 생태계가 영양분을 보유하는 데 영향을 미친다

미네소타 주 시더크리크에 있는 데이비드 틸만의 야외 연구 현장

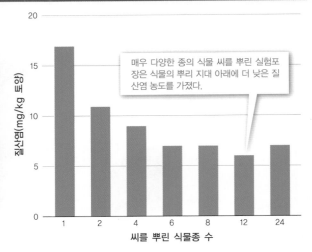

매우 다양한 종의 식물 씨를 뿌린 실험포장은 식물의 뿌리 지대 아래에 더 낮은 질산염 농도를 가졌다.

(세로축) 질산염(mg/kg 토양)
(가로축) 씨를 뿌린 식물종 수

질소순환

주요 과정

❶ **질소고정**
토양, 뿌리혹과 물에 있는 특정 박테리아가 대기의 질소(N_2)를 암모니아로 변환시킨다. 소량의 질소는 번개로 고정된다.

❷ **분해와 암모니아화 작용**
분해 박테리아와 균이 동물, 식물, 미생물의 폐기물과 사체를 소비하면서 암모니아와 암모늄 이온을 배출한다.

❸ **질화작용**
질화작용을 일으키는 박테리아가 암모니아와 암모늄 이온을 질산염 이온으로 변환시킨다.

❹ **질소 동화작용**
식물이 암모늄 이온과 질산염 이온을 흡수하여 아미노산, 단백질과 핵산과 같은 필수 분자로 결합한다.

❺ **탈질화작용**
산소가 없으면 토양과 물에 있는 특정 박테리아가 질산염을 질소가스(N_2)로 다시 변화시켜 대기로 내보낸다.

❻ **풍화작용**
질소가 풍부한 퇴적암에 발달한 생태계에서는 풍화작용이 식물에 필요한 질소의 중요한 공급원이다.

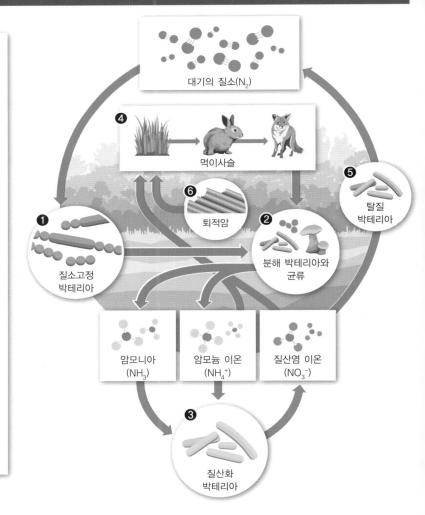

대기의 질소(N_2)

❹ 먹이사슬
❺ 탈질 박테리아
❻ 퇴적암
❶ 질소고정 박테리아
❷ 분해 박테리아와 균류

암모니아 (NH_3)
암모늄 이온 (NH_4^+)
질산염 이온 (NO_3^-)

❸ 질산화 박테리아

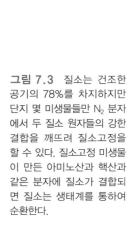
그림 7.3 질소는 건조한 공기의 78%를 차지하지만 단지 몇 미생물들만 N_2 분자에서 두 질소 원자들의 강한 결합을 깨뜨려 질소고정을 할 수 있다. 질소고정 미생물이 만든 아미노산과 핵산과 같은 분자에 질소가 결합되면 질소는 생태계를 통하여 순환한다.

부분의 생물이 사용할 수 없는 공기의 질소와 토양과 물에 들어 있는 질소 사이에 아주 중요한 연결고리이다.

암모니아와 암모늄 이온은 식물, 동물과 미생물 바이오매스가 (2) **암모니아화작용**(ammonification)이라는 부패 과정을 통해 생성된다. 일부 암모늄과 암모니아는 박테리아가 처음 아질산염(NO_2^-)을 만들고 다음에는 질산염을 만드는 두 단계의 과정인 (3) **질화작용**(nitrification)을 통하여 질산염으로 변환된다. 일차생산자들은 육상 또는 수생 생태계에서 질산염과 암모늄을 받아들인다.

식물과 조류 내에서 질산염과 암모늄은 (4) **질소 동화작용**(nitorgen assimilation) 단계를 통하여 필수 질소 함유 유기 화합물인 DNA와 아미노산으로 결합된다. 식물이나 식물을 먹는 소비자가 분해되면 이들 신체에 들어 있는 질소는 토양이나 물로 되돌아가 질소 순환이 완성된다.

질소는 또한 (5) **탈질화작용**(denitrification)의 과정을 통하여 생태계에서 빠져나간다. 탈질화작용은 배수가 잘 안 되고 공기가 잘 통하지 않는 토양이나 호수와 습지에서 산소가 낮거나 전혀 없는 환경에서 일어나는데, 이러한 곳에서는 탈질화를 일으키는 박테리아가 질산염을 질소가스로 변환시킨다. 만약 질소가 질소고정 작용으로 보충이 되지 않으면 탈질화작용이 생태계 내에서 가용한 질소를 고갈시킨다. 질소가 풍부한 퇴적암에 발달하는 생태계에서는 (6) **풍화작용**(weathering)이 순환하는 질소의 양에 상당히 기여를 한다.

⚠ 생각해보기

1. 미국의 남서부, 북아프리카나 중앙아시아의 사막에서 북쪽으로 여행을 한다고 하면 일차생산량은 북쪽으로 가면서 처음에는 증가하다가는 줄어든다. 왜 그럴까?
2. 식물 두 종이 함께 자라는 장소에서는 일차생산량이 줄어들 것이라는 시나리오를 생각해볼 수 있는가? 그러면 이러한 상황은 데이비드 틸란의 실험에서 밝혀진 내용과는 어떻게 되는가?
3. 식물의 여러 종에서 서로 다른 외형을 가지는 잎의 모양이 어떻게 일차생산량을 최대화하는 다양한 생태계가 되도록 할까?
4. 지구 상에서 모든 질소고정 생물체가 갑자기 사라진다면 생명체는 어떻게 바뀔까?

7.2 농업, 임업과 방목 방식은 자연적인 생물군계에 따른다

인간은 자연적인 생물군계(biome)의 경계 내에서 임업,

목장 운영과 농사와 같은 **육상 수확 관리 체계**(terrestrial harvest system)를 이룩하였다(그림 7.4). 이는 자연에서 일차생산량에 영향을 주는 요인들인 기후, 영양분과 생물다양성이 육상 수확 관리 체계에도 역시 중요한 역할을 한다는 것을 의미한다. 관리를 잘하면 모든 생물군계는 인간에게 유용한 자원의 생산을 지속 가능하게 한다.

농사

온대 삼림 생물군계는 온난한 기후와 비옥한 토양으로 집약 농업을 할 수 있도록 한다. 이런 경우는 특히 참나무, 단풍나무와 그밖의 나무가 농장을 만들기 위해 벌목된 온대 낙엽성 숲에서 더욱 그렇다. 예를 들면, 중국과 일본에서 생산량이 아주 높은 쌀 농사는 온대 삼림 생물군계에 집중되어 있다. 가장 비옥한 일부 토양도 온대의 초원에 나타나는데, 이 점이 북아메리카와 유라시아의 대초원이 밀과 옥수수 농사의 중심지인 이유이다. 대초원과 지중해 지역에서 농사는 때로는 관개작업이 필요한데, 이는 지속가능성에 대한 도전 과제가 된다(175쪽 그림 6.13 참조).

목장 운영

엘크, 캥거루, 사향소와 같이 큰 몸체로 풀을 뜯고 잎을 먹는 동물은 모든 대륙에 자연적으로 살고 있기에 육류, 가죽, 털, 그 이외의 제품을 얻기 위해 길들여진 가축을 기르는 **목장 운영**(ranching)은 지구 상 어느 곳에도 가능하다. 역사적으로 유목민은 툰드라, 사막, 반사막(초목이 거의 자라지 않는 건조지대) 생물군계에 살고 있는데, 그 이유는 이들 생물군계가 가장 낮은 일차생산량을 가지며 농사를 짓기에 부적합하기 때문이다. 관개 작업은 건조한 땅의 생산 잠재력을 많이 높여서 목장 주인들이 한 장소에 정착할 수 있도록 하였다. 그렇지만 이러한 조건도 환경 비용과 논란을 비켜나갈 수는 없다. 온대의 목초지에서 특히 상당한 양의 강수량을 가지는 곳은 사막보다는 훨씬 비옥하며 자연적인 상태에서는 그중 일부는 가축들에게 가장 생산성이 높은 방목 서식지를 제공한다.

임업

열대 생물군계는 일반적으로 높은 수준의 일차생산량이 일어나는 곳이고(그림 7.1 참조) 마호가니와 로즈우드(자단)와 같은 유용한 목재를 얻을 수 있는 곳이다. 그러

암모니아작용 유기물 분해자가 단백질과 아미노산을 깨트려 암모니아(NH_3)나 암모늄 이온(NH_4^+)으로 질소를 방출하는 작용

질화작용 질화작용을 하는 박테리아가 암모니아나 암모늄을 아질산염(NO_3^-)으로 변환시키는 것

질소동화작용 식물이 질산염과 암모늄을 필수 질소 함유 유기 화합물로 결합하는 것

탈질화작용 토양과 물에 사는 특화된 박테리아가 질산염 이온을 질소 가스(N_2)로 되돌리는 작용으로 생성된 질소 가스는 대기로 되돌아간다.

풍화작용 광물질이 화학적인, 생물학적인 그리고 기계적인 작용으로 부스러지거나 분해가 일어나는 작용으로 질소, 인과 다른 원소들이 방출된다.

육상수확관리 체계 생태계에서 생산물을 획득하는 방법으로 그 방법은 자연 상태의 생태계에서 사냥과 채취로부터 유목과 소규모 자급 농업, 그리고 산업화된 농업까지 다양하다.

목장 운영 육류, 가죽, 털과 다른 축산물을 얻기 위해 가축을 기르는 행위

인간이 육상 자원을 수확하기 위한 체계는 지구의 육상 생물군계에 바탕을 둔 것이다

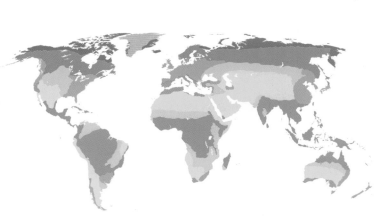

● 열대 우림 지역
목재 수확, 가축 생산과 곡물 및 콩 농사를 위해 개간

● 온대 산림 지역
목재 수확, 곡물과 가축 농사 혼합

● 온대 초지
대규모 곡물과 콩 농사, 건조 지역의 방목

● 사막
하천 계곡의 관개 농업, 고지대 가축 방목

● 열대 사바나 지역
가축 방목, 제한된 농작물 생산

● 지중해 덤불지대
과수재배, 포도 재배, 혼합 가축 농사

● 타이가 지대
목재 수확, 소규모 농사

● 툰드라 지대
유목 양 떼 치기와 사냥

그림 7.4 인간은 지구의 육상 생물군계의 모든 곳에서 사는 데 필요한 자원을 얻는 방법을 알아내었다. 그런데 각각의 육상 생물군계는 각기 나름 특유한 기회와 문제점을 가지고 있다.

❓

툰드라와 사막의 토착 목축은 왜 유목일까?

나 대부분의 열대 우림은 많은 비로 식물에 필요한 대부분의 영양분이 씻겨 나간 산화가 많이 일어난 토양에 발달하고 있어서 다시 나무를 심어도 매우 느리게 자라기 때문에 지속 가능하게 목재를 얻는다는 것이 매우 어렵다(그림 7.6 참조). 온대의 침엽수림 토양은 침엽수의 잎이 산성을 띠기 때문에 낙엽수림의 토양보다는 일반적으로 덜 비옥하다. 타이가(북반구 냉대 기후의 침엽수림)도 역시 산성의 토양을 가지며 짧은 여름 성장 계절을 갖는다. 이에 따라 이들 생물군계는 농업보다는 수목과 땔감나무를 채취하기 위한 숲과 임야지대를 경영하는 **임업**(forestry)에 더 적격이다.

⚠️ 생각해보기

임업 목재와 땔감을 수확하기 위한 숲과 삼림 관리

1. 미국의 국토 면적은 넓고 농업과 임업에 다른 잠재력을 가진 여

러 개의 생물군계가 분포한다. 미국보다 국토 면적이 좁은 나라들에서는 자국의 식량과 목재 수요를 충당하기에 어떤 문제들이 있을까?
2. 가장 높은 수준의 일차생산량을 가진 생물군계는 농업을 하기에 가장 좋은 곳인가? 그 이유는 무엇인가?
3. 원래의 식생을 농작물이나 이차림으로 대체한다면 원래 식생 군집과는 일차생산량에서 어떤 차이가 있을까?

7.3 토양 구조와 비옥도는 동적인 과정의 결과이다

토양이란 단순한 흙이 아니다. 식물은 물질적 지지, 물, 영양분을 얻기 위해 토양에 의존한다. 토양에는 또한 다양한 땅속 생물체들이 살고 있다. 토양에 살고 있는 생물체로는 미세한 박테리아에서 *Armillaria ostoyae*라는 뽕나무버섯까지 다양하다. 동부 오리건 주에 있는 뽕나무버

토양은 생명으로 가득 차 있으며 매우 다양한 생물다양성을 가진다
(Hugh Spencer/Science Source; Colorization by Mary Martin)
클로버의 뿌리혹에는 질소고정 박테리아가 있다
(Nigel Cattin/Science Source)
식물 뿌리에 있는 토양균
(D. Kucharski K. Kucharska/Shutterstock)
지렁이
(stshank/Shutterstock)
땅다람쥐

그림 7.5 1그램의 토양에는 수천 종의 박테리아가 함유되어 있다. 위의 사진은 토양에 살고 있는 생명체의 일부를 나타낸 것이다.

섯은 뉴욕 시 센트럴파크에 있는 것보다 크기가 3배에 달한다(그림 7.5). 토양의 발달과 토양 구조는 기후와 토양 속에 살고 있는 생물체의 종류와 양에 따라 전 세계적으로 다양하다(그림 7.6).

토양 구조

잘 성숙된 토양을 파보면 **토양 층위**라고 부르는 여러 개의 층이 있는 것을 발견할 수 있다. 온대의 낙엽수림 토양은 O, A, E, B, C, R층이 존재한다(그림 7.7).

표층인 **O층**(O horizon)은 잎, 잔가지, 나무껍질 같은 유기물의 분해가 활발히 일어나는 곳이다. 흙을 파는 생물체와 얼고 녹고 분해되는 유기물과 점토와 모래가 서로 섞이는 물리적 작용이 이 층의 하부에서 관찰된다. 이에 따라 많은 비옥한 토양의 특징인 빵부스러기와 같은 구조를 나타낸다.

O층 바로 아래에 있는 **A층**(A horizon)은 보통 **표토**(topsoil)라고 부른다. 이 층은 식물의 생산량을 좌우하는 질소, 인, 칼륨과 같이 식물에 필요한 영양분을 많이 함유한다. 비록 A층은 보통 검은색을 띠며 상당한 양의 유기물을 함유하고 있지만 대체로 모래, 실트와 점토가 다양

O층 보통 토양의 표층으로 유기물이 많으며 활발히 분해가 일어나는 층이다.

A층(표토) O층 바로 아래의 토양층으로 상당량의 유기물을 함유하며 보통 검은색을 띤다.

기후와 유기체의 영향은 지구 생물군계의 다양한 토양을 만든다
열대 산림
일반적으로 열대 우림의 토양은 많은 비로 비옥도가 없고 높은 분해 속도를 가진다. 낮은 유기물 함량은 영양분을 붙잡아두는 능력을 낮추며 밝은 토양 색을 가진다. 열대 계절성 삼림의 토양은 열대 우림보다는 좀 더 비옥도가 높다.
온대 산림
보통 정도의 비옥도와 중성에서 약산성을 띤다. 중간 정도의 분해 속도는 토양에 영양분과 유기물이 축적되는 것을 조성한다.
온대 초지
중성에서 약알칼리성을 띠며 중간 정도에서 높은 비옥도를 가진다. 토양은 깊이가 깊고 유기물의 양이 많다. 토양 색은 갈색에서 흑색을 띤다.
사막
비옥도가 낮고 유기물이 거의 없고 가끔 염류 함량이 높다. 물이 스며드는 것을 방해하는 돌이 많은 층을 가지기도 한다.
열대 사바나
일반적으로 비옥도가 낮고 토양 표층 가까이에 물을 가둬두는 불투수층이 나타나기도 한다.
지중해 덤불
일반적으로 비옥도가 낮거나 중간 정도의 유기물 함량을 가지며 부스러지기 쉬우며 쉽게 침식받는다.
타이가
얇은 토양과 강산성으로 낮은 분해 속도는 토양의 생성률을 낮추고 부엽토에 영양분을 붙잡아둔다.
툰드라
토탄과 부식이 풍부하고 영구동토층과 함께 나타난다. 얼고 녹음이 망과 같은 표층양상을 만든다.

그림 7.6 토양의 유기물 함량, 깊이, 색과 비옥도의 차이는 기후와 육상 생물군계의 주된 생물체 차이로 나타난다.

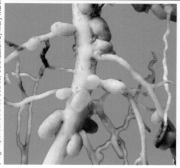

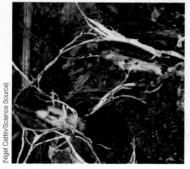

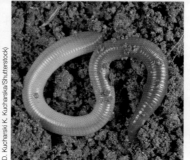

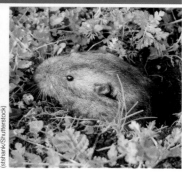

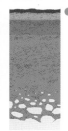

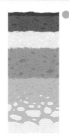

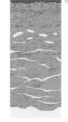

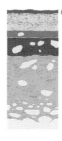

부터 유래된 고화되지 않은 풍화된 암석들을 함유하고 있다. 모재는 암석, 바람에 불려온 또는 물에 운반되어온 모래와 토탄과 같은 유기물로 이루어져 있다. 암석 위에 발달한 토양의 맨 아래 부분은 **R층**(R horizon)이라고 하며, 이 층은 부분적으로 풍화를 받은 기반암이다.

토양의 발달

토양은 환경이 모재와 상호작용을 하면서 생성된다. 토양 생성에 중요한 요인으로는 기후, 유기체, 모재의 특성, 지표의 지형과 시간이 있다(그림 7.8).

기후는 온도와 강수를 통하여 토양 발달에 직접적으로 영향을 미친다. 온도의 변동, 한대 기후의 결빙과 해빙, 고온 기후의 가열과 냉각은 암석의 풍화작용을 촉진시킨다. 풍화작용은 큰 암석의 균열과 파편화로부터 시작하는데, 결국에는 큰 암체를 작은 토양 입자로 크기를 줄인다. 토양 발달 정도는 온난하고 습윤한 열대에서 최대 수준에 이른다. 기후는 또한 토양 생물와 식물의 뿌리 활동에 영향을 미쳐 간접적으로 토양 발달에 영향을 미친다.

바람과 비는 지표에 먼지들을 쌓아놓으며 영양분을 추가한다(그림 7.9). 질소고정 박테리아와 콩과 식물과 같은 식물은 토양 내에서 생물학적으로 가용한 질소를 대부분 생산한다. 비가 내려 지표를 따라 흐르는 물은 지표에서 토양의 **침식**(erosion)을 일으키지만 토양 단면으로 침투해 들어가는 빗물은 영양분을 제거하여 토양 단면의 아래쪽으로 이동시키며 지하수로 유출된다.

모든 토양은 바람이나 물로 침식이 일어나겠지만 가파른 사면에 있는 토양은 침식을 더 받기 쉽다. 높은 지면에서 토양이 침식되면 사면에 남아 있는 토양은 두께가 얇고 건조해질 수 있다. 계곡이나 저지대와 같이 지표의 낮은 곳으로 씻겨져 내린 토양은 이들이 쌓인 곳에서 두께가 두꺼워지고 수분 함량이 높아진다.

⚠ 생각해보기

1. 일부 식물은 토양의 발달 초기 단계에서 잘 자라지만 후기 단계에서는 잘 자라지 못한다. 그 까닭은 무엇일까? (그림 7.8 참조)
2. 농부들은 어떤 특성 때문에 롬이 가장 이상적인 토양이라고 할까?
3. 토양 발달에 영향을 끼치는 주요 요인(기후, 생물체, 모재, 지형과 시간)의 어떤 차이가 그림 7.9에 나와 있는 토양 내 영양분과 유기물의 저장에 영향을 미칠까?
4. 만약 전 세계 기후가 변하여 농작물 생산량의 최적인 지대가 북쪽으로 이동한다면 새로운 '기후적으로 최적'인 지대에서의 토양은 농업을 어떻게 제한할까?

전형적인 토양 구조는 수직적으로 발달한 토양 층위로 이루어져 있다

토양 층위

O층
O층은 유기물이 풍부하고 많은 토양 유기체가 들어 있는데, 이들은 특히 분해자로 역할을 한다.

A층
A층은 주로 무기물로 이루어졌는데 일반적으로 영양분이 풍부하며 상당한 양의 유기물도 들어 있다.

E층
E층은 점토 입자로 이루어졌으며 용존된 물질은 아래의 B층으로 운반된다.

B층
B층은 A층과 E층에서 운반된 물질들이 쌓이는 토양층이다.

C층
C층은 중간 정도 풍화를 받은 모재로 이루어진 층이다.

R층
R층은 약하게 풍화를 받은 단단한 기반암으로 이루어졌다.

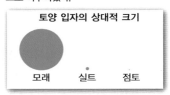

토양 입자의 상대적 크기

모래   실트   점토

그림 7.7 온대 활엽수 삼림의 성숙한 토양은 보통 O층, A층, E층, B층, C층, R층의 6개 층으로 나뉜다.

두꺼운 A층이 있는 토양이 왜 농사에 적합하다고 하는가?

토양 조직 토양 입자의 상대적인 조립도를 나타낸 것으로 토양의 모래, 실트와 점토의 함량으로 구분한다.

롬 모래, 실트와 점토가 거의 비슷한 비율을 가지는 토양

E층 A층과 B층 사이의 토양층으로 이 층에서 점토와 용존된 물질이 토양 단면에서 아래에 놓인 B층으로 이동한다.

B층 A층과 E층에서 운반되어온 물질이 쌓이는 토양층

C층 주로 약하게 풍화된 모재로 구성된 가장 깊은 토양층

모재 토양이 발달하는 기반암이나 풍성의 모래나 실트와 같은 미고결 퇴적물

R층 토양 단면의 최하부로 C층 바로 아래의 고화된 기반암으로 이루어진다.

침식 점토 크기의 입자에서 왕자갈에 이르는 지질물질을 지표면의 한 장소에서 다른 장소에 쌓기 위해 제거하는 작용으로 인간의 활동으로 인한 토양 침식이 가속화되면 토양의 비옥도를 낮춘다.

하게 섞여 있는 무기질층이다.

표토의 모래(조립 입자), 실트(중간 크기 입자)와 점토(세립 입자) 비율에 따라 **토양 조직**(soil texture)이 달라진다. 이상의 토양 광물 입자 세 가지 중 하나가 우세한 토양은 모래질, 실트질 또는 점토질 토양이라고 부른다. 반면에 모래, 실트와 점토가 엇비슷하게 들어 있는 토양은 **롬**(loam)이라고 한다. 롬 토양은 모래질 토양과 점토질 토양 사이의 특성을 가지며 농사를 짓기에 가장 바람직한 토양의 하나로 여겨진다.

잘 발달된 토양에는 A층 아래에 **E층**(E horizon)이 나타나기도 한다. 밝은 색을 띠는 E층은 옅은 색의 모래와 실트로 구성되어 있는데, 이는 점토와 용해된 유기물이 아래의 토양층으로 흘러 빠져나갔기 때문이다. 하층토인 **B층**(B horizon)은 집적이 일어나는 층으로, E층에서 빠져나온 물질이 많이 들어 있는 층이다. 가장 하부에 있는 **C층**(C horizon)은 토양이 발달한 **모재**(parent material)로

토양의 발달은 느리게 일어난다

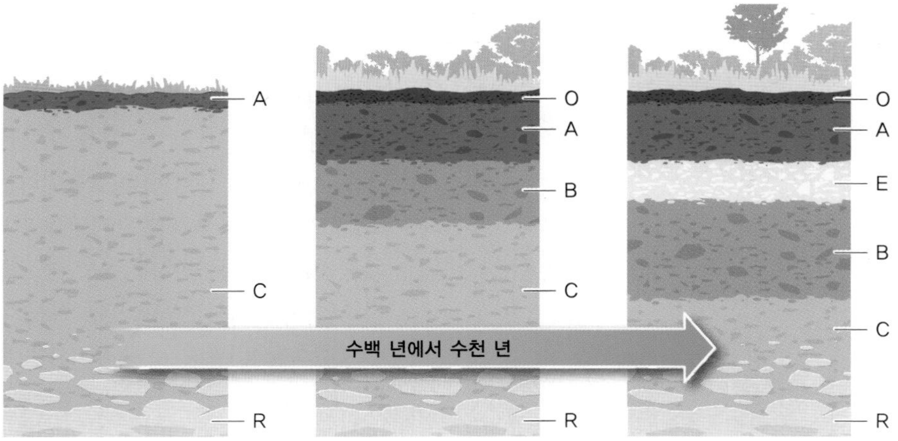

토양 발달 초기에는 물리적 작용과 약간의 선구식물과 토양동물이 모재를 깨뜨리기 시작하며 표층에 유기물을 추가한다.

토양 발달 중기에는 물질이 A층에서 B층으로 운반이 되면서 A층과 B층의 발달이 뚜렷해진다. 지표에 얇은 유기물 층이 점차 생성된다.

토양 발달이 온대 삼림 생물군계 조건에서 일어나면 토양단면을 따라 물질이 B층으로 운반되는 결과 두꺼운 O층, A층, E층과 B층이 생성된다.

그림 7.8 토양은 기후와 생명체가 장시간에 걸쳐 모재에 작용하여 생성된다. 이 그림에서 보는 토양 발달 순서는 온대 활엽수림의 기후대에서 생성되는 토양을 나타낸다.

토양 구조와 비옥도는 여러 과정이 동적으로 상호작용한 결과이다

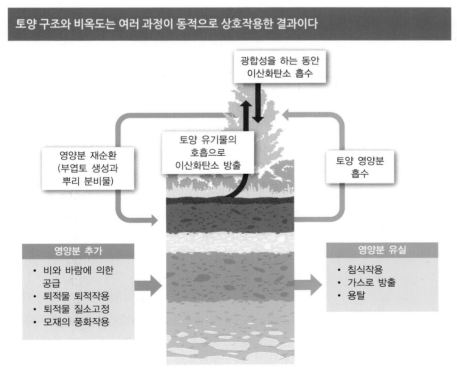

그림 7.9 토양 영양분이 빠져나가는 경로는 토양 영양분의 추가되는 공급원과 겨루게 된다. 식물의 뿌리가 토양 영양분을 취득하고 대기로부터 이산화탄소를 섭취하면 광합성을 하는 동안 식물의 조직에 들어간다. 다음에는 부엽토나 낙엽, 죽은 뿌리나 벗겨진 나무껍질 같은 다른 유기물이 분해되면 이산화탄소는 대기로 방출되고 원래 토양의 영양분은 토양으로 되돌아간다.

과학원리   문제   해결방안

7.1~7.3 과학원리 : 요약

온도와 강수로 대변되는 기후는 생태계 생산물인 바이오매스의 양에 영향을 미치는 가장 중요한 요인 중 하나이다. 실험으로 잘 계획된 연구는 생물다양성 역시 기후와는 별개로 생산성에 긍정적인 영향을 미치는 중요한 요소라는 것을 밝혀냈다. 이러한 연구 결과는 지속 가능한 농업계를 설계하는 데 도움이 된다.

서로 다른 기후 조건은 바이오매스 생산량과 토양의 종류에 많은 차이를 나타낸다. 기후 조건의 차이와 토양의 차이는 지구의 육상 생물군계와 관련되어 있으며 사람들은 이러한 생물군계에서 일차생산량을 취득하기 위해 농사, 목장 운영 및 삼림 관리의 체계를 개발하였다.

잘 발달된 온대 낙엽수림의 토양은 위로부터 O층, A층, E층, B층, C층, R층이라는 특징적인 토양층이 연속적으로 발달되어 있다. 토양 생성의 주요 요인으로는 기후, 유기체, 모재의 특성, 지표의 지형과 시간이다. 필수적인 식물 영양분(예 : 질소와 인)과 토양 내 유기물의 공급은 고정된 것이 아니고 침식, 퇴적 및 분해와 같은 여러 가지 작용 사이의 동적인 상호작용의 결과이다.

7.4~7.9 문제

우리의 초기 인류는 견과류, 산딸기류와 기타 야생 식물질을 채취하고 맘모스와 사향소와 같은 야생동물을 수렵하며 자연 생태계의 생산물에 의지해서 살았다. 마지막 빙하 시대의 끝무렵인 약 10,000년 전에 인간 사회는 식량을 생산하는 식물을 재배하기 시작했다. 아메리카에서는 옥수수와 호박을, 중동에서는 밀과 보리를, 중국에서는 쌀을 재배했다. 또한 인류는 고기, 우유, 가죽, 털 등을 얻기 위해 가축을 사육하기 시작했다. 이러한 기술은 인간 사회에 유익한 것이었지만 특히 빠르게 늘어나는 도시 인구의 수요에 맞추기 위해 개발된 산업형 농업의 대두로 환경 영향은 필연적으로 일어나게 되었다.

다품종 재배 여러 종의 재배 작물과 유용한 야생종을 서로 섞어 기르는 것

윤작(돌려짓기) 농부가 토양의 비옥도를 유지하고 해충이 번성하는 것을 줄이기 위해 작물을 2~3년 또는 4년 주기로 돌아가면서 심는 방법

7.4 생산성을 높이는 산업형 농업은 환경 영향을 동반한다

처음에 인간은 간단한 도구와 동물의 힘을 빌려 농경과 곡물 추수 작업을 하였다. 정착지 근처의 내버려진 틀에는 여러 종의 재배하는 작물과 유용한 야생종들이 서로 섞여 있는 **다품종 재배**(polyculture)가 이루어졌다. 토양의 화학적 성질에 대하여 아는 것이 거의 없었기에 초기의 농부들은 2~3년이나 4년의 주기로 작물을 돌려가며 심으면서 토양의 비옥도를 유지하는 법을 터득하였다. 농부들은 질소를 대폭 감소시키는 작물과 질소를 풍부하게 만드는 콩과 식물을 교대로 심었다. 18세기에서 시작된 자연적인 비료(예 : 박쥐 배설물과 골분)를 이용한 공식적인 실험으로 곧 **윤작**(돌려짓기, crop ratation)을 해야

현대 농업의 높은 생산성과 효율성 추구가 생물다양성을 감소시켰다

(© Johnny Greig Travel Photography/Alamy)

다품종 재배 : 대추야자나무 아래에서 밀과 보리 생산

(Matt Gibson/Shutterstock)

쌀의 단품종 재배

그림 7.10 전통적 다품종 재배의 겉보기 생물다양성은 오늘날 집약 농업에서 넓은 지역에 단품종 재배를 한 생물다양성과는 현격한 차이가 난다.

하는 필요성이 줄어들었다. 1920년대 미국과 유럽의 대부분의 농부들은 넓은 밭에 자연 비료와 합성 비료를 주고 농약을 뿌리며 수년 동안 한 종류의 곡물만 심는 **단(일)품종 재배**(monoculture)를 하였다. 이런 단품종 재배는 농장에서 화석 연료의 동력으로 트랙터를 이용해 노동력의 양을 많이 줄이며 쉽게 밭을 갈고 씨를 뿌리고 비료를 주고 추수를 할 수 있다는 장점이 있다(그림 7.10).

산업형 농업으로 생산되는 혜택은 헌신적인 식물 육종학자인 노먼 볼로그(Norman Borlaug)가 앞장서서 일으킨 녹색혁명으로 개발도상국에 퍼져나갔다(그림 7.11). 볼로그는 멕시코에서 다양한 유전체를 교배하여 병충해에 내성이 강해 다양한 생태 조건에서도 자랄 수 있는 다수확 품종인 밀을 개발하였다. 그 결과는 아주 극적이었다. 불과 25년 만에 멕시코의 국가 전체 평균 밀 생산량은 1헥타르당 750~3,000킬로그램으로 4배 증산되었다.

볼로그가 멕시코에서 시작한 녹색혁명은 처음에 라틴아메리카로 퍼져나갔으며, 1960년대에는 기아에 직면하고 있던 인도와 파키스탄으로도 퍼져나갔다. 1970년에 볼로그는 멕시코에서의 기아 해결에 대한 공로로 노벨 평화상을 수상하였다. 그렇지만 녹색혁명은 여러 다양한 문제(215쪽 그림 7.24 참조)를 가진 집약적인 농업을 수반하고 있기 때문에 부정적인 평가를 받고 있다. 볼로그조차도 환경 영향을 줄이면서 농업 생산을 지속적으로 늘리는 방법의 하나는 최소한 일부라도 작물을 윤작으로 재배하고 농업 체계에 작물의 다양성을 높이는 등 과거의 농사법으로 되돌아가는 것이라고 하였다.

⚠ 생각해보기

1. 1960년대 중반에 일부 과학자들은 1970년대까지 기아로 많은 사람이 사망할 것이라고 예상하였다. 그러나 다행히도 이런 일은 일어나지 않았다. 녹색혁명이 예상된 역사의 흐름을 어떻게 바꾸

노먼 볼로그가 녹색혁명을 일으킨 단서였던 밀 품종개량 실험의 결과를 보여주고 있다

(Art Rickerby/The LIFE Picture Collection/Getty Images)

그림 7.11 볼로그의 기아를 해결한 업적은 그의 초기 삶의 경험에서 나왔다. 그는 어린 시절을 아이오와 주의 가족 농장에서 일하며 보냈는데, 그곳에서 기본적인 농사법을 알게 되었고 농부들이 당면한 문제에 대해서도 대충은 알게 되었다. 대공황 동안 일을 하면서 기아에 허덕이는 사람들을 접촉하였는데, 이 경험이 그로 하여금 전 세계의 기아를 줄이는 일에 일생을 바치도록 동기를 부여하였다.

녹색혁명은 밀과 다른 곡물 작물의 한 종류를 재배하는 데 주안점을 두었지만 결국에는 생산성을 증대하기 위해서 생물다양성에 의존하게 된 이유는 무엇인가?

단(일)품종 재배 넓은 지역에 재배 작물의 한 종류를 심는 농법으로 해충에게는 좋은 기회를 제공하며 작물의 병원체 생성을 일으킨다.

었는가?

2. 50년 전에 예측된 기아는 실제로 일어나지 않았으므로 미래의 기아에 대한 걱정을 하지 않아도 될까?

7.5 일반적인 농사, 방목과 삼림 관리는 토양을 결핍시킨다

재레드 다이아몬드(Jared Diamond)는 2005년에 그의 가장 많이 팔린 책 문명의 붕괴 : 과거의 위대했던 문명은 왜 몰락했는가(*Collapse: How Societies Choose to Fail or Succeed*)에서 토양의 고갈이 어떻게 중앙아메리카의 마야와 같은 고대 문명이 무너지는 데 기여하였는가에 대하여 기술하였다. 영양분의 결핍 또는 토양의 물리적인 유실과 같은 토양의 훼손은 오늘날 전 지구적으로 중요한 환경의 우려사항이 되고 있다(그림 7.12).

침식으로 일어나는 토양 유실

침식작용은 토양을 한 장소에서 다른 장소로 이동시키는 자연적인 지형 형성 과정이다. 사람의 활동이 이를 가속화시킬 수 있는데 엄청난 충격적인 결과를 만들어낸다. 교란을 받지 않은 온대 숲에서 토양은 1년에 1헥타르당 약 1톤의 비율로 자연에서 일어나는 침식률의 100~1,000배보다 빠르게 생성된다. 그러나 사람이 숲을 베거나 농사

를 지으면서 또는 도로를 만들면서 땅을 파헤쳐놓으면 토양 유실률은 급증한다. 지난 150년 동안 아이오와 주의 대초원 표토의 50% 이상이 침식으로 제거되었는데, 이로 인하여 북아메리카에서 가장 생산성이 높은 농토의 일부가 사라졌다. 전체적으로 북아메리카와 유럽의 평균 토양 유실은 연간 1헥타르당 약 17메트릭톤에 달한다. 남아메리카, 아시아와 아프리카의 경작지에서는 이보다 더 높은 연간 1헥타르당 약 30~40톤의 토양 유실이 일어난다.

침식으로 일어난 표토의 유실은 광물 입자, 유기물 또는 영양분의 유실로 나누어볼 수 있다. 1992년에 시행된 대표적인 연구로 코넬대학교의 연구자들은 미국에서 1헥타르당 유실된 17메트릭톤의 표토에는 약 14.5메트릭톤의 광물 토양, 2메트릭톤의 유기물, 그리고 무기질 영양분이 약 0.5메트릭톤이 들어 있다고 밝혔다(그림 7.13).

유실된 영양분에는 농업에 매우 중요하고 토양의 비옥도를 유지하는 데 필요한 칼륨, 인과 질소가 포함된다. 이들을 대체하는 칼륨과 인은 광업 활동으로부터 공급되는데, 이 광업 활동은 환경에 많은 영향을 미치며 상당한 양의 화석 연료를 사용한다. 반면에 대체되는 질소는 대기로부터 유래되는데, 이 과정도 역시 산업적으로 합성해야 하기 때문에 상당한 양의 화석 연료를 필요로 한다. 토양 유기물의 유실은 농업 생산성을 낮추는데, 그 이유는

잘못된 영농법과 가뭄이 모래바람이 휘몰아치는 미국 대초원의 서부 지대를 만들었다

그림 7.12 사진과 같은 1930년대 환경 재앙으로 발생한 먼지(실제로는 표토가 바람에 침식된 것)가 대평원에서 먼 곳에 떨어진 뉴욕시까지 날아가 대기를 가득 채우고 수백만 명의 피난민이 대륙을 가로질러 좀 더 나은 삶을 찾아나서도록 하였다.

(NRCS/ USDA)

토양 유기물의 부스러기와 같은 구조는 물이 잘 스며들어가게 하고, 공기가 잘 통하게 하며, 영양분을 보유하고, 또 침식이 잘 일어나지 않도록 하는 데 역할을 하기 때문이다.

재래식 경운 농업

토양 침식은 농사와 목장 운영에 연관되는 잠재적인 문제인데, 농사와 목장 운영 각각은 나름대로의 고유한 문제점이 있다. **재래식 경운 농업**(conventional-tillage agriculture)은 농사를 시작하기 전에 쟁기와 트랙터 같은 특수 장비를 이용하여 토양 덩어리를 깨뜨리고 토양의 표면을 부드럽게 하거나 잡초를 제거하기 위해, 논밭을 갈아엎는 것을 가리킨다. 재래식 경운 농업은 농작물의 씨를 뿌리고 잡초를 관리하기 위해 매우 효율적이지만 이 과정에는 넓은 면적의 토양이 바람과 물에 노출되어 표토의 침식이 일어날 수 있다(그림 7.14).

목초지의 과도방목과 사막화

가축의 방목은 토양의 피복 식물을 감소시키고 표토를 교란시키는 점에서 재래식 경운법과 같이 토양의 침식을 일으킨다. 가축들은 체구가 커서 많은 양의 식물질을 소모하며 발굽으로 토양을 짓누른다. 과도방목이 일어난 목초지는 연간 1헥타르당 100톤까지 이르는 토양이 유실될 수 있다. 덥고 건조한 지대의 목초지는 피복 식물도 적지만 또 쉽게 과도방목이 이루어지기 때문에 침식에 매우 취약하다. 격렬하게 내리는 비와 갑작스러운 홍수가 일어나면 심한 침식이 일어난다(그림 7.15).

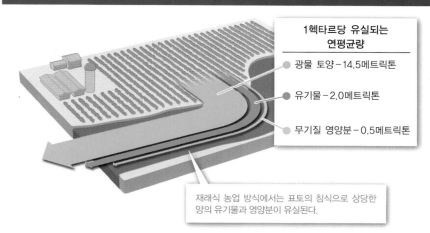

토양 침식은 광물 토양, 유기물과 무기질 영양분을 제거한다

1헥타르당 유실되는
연평균량

● 광물 토양 – 14.5메트릭톤

● 유기물 – 2.0메트릭톤

● 무기질 영양분 – 0.5메트릭톤

재래식 농업 방식에서는 표토의 침식으로 상당한 양의 유기물과 영양분이 유실된다.

그림 7.13 미국에서 농경지 침식으로 일어나는 토양의 유실은 1헥타르당 연평균 17메트릭톤에 달한다. (자료 출처 : Pimentel et al., 1992)

재래식 경운 농업 종묘를 심거나 씨를 뿌리기 전에 특수 농기구를 이용하여 토양 덩어리를 잘게 부수고 토양 표면을 매끄럽게 하기 위해 논밭을 갈아엎는다.

재래식 경운 농업은 작물이 없는 토양을 침식시키는 바람과 비에 노출시킨다

그림 7.14 재래식 경운 농업을 이용하여 매년 시행하는 집약재배는 바람과 비로 많은 양의 토양 유실을 일으킨다.

과학원리　　　　　　　　　　문제　　　　　　　　　　해결방안

과도방목은 많은 방목장에서 빠른 침식이 일어나도록 하였다

(Lynn Betts/USDA)

그림 7.15 아이오와 주 남부의 과도방목이 일어난 목초지처럼 빗물의 침식으로 도랑이 생기면 토양의 침식을 일으키는 가장 심각한 현상의 하나가 된다.

건조 지대와 아건조 지대의 목초지에서 과도방목의 영향은 피복 식물과 일차생산량이 감소하여 예전의 비옥했던 땅이 사막과 같은 상태로 황폐화되는 과정인 **사막화작용**(desertification)으로 이어진다. 사막화작용은 중앙아시아, 중국 대부분과 특히 북아프리카의 사헬 지역에서 심각한 문제가 되고 있다(그림 7.16).

사막화작용 예전에 비옥했던 땅이 식생과 일차생산력이 줄어드는 사막 같은 상태로 황폐화되는 과정

⚠ **생각해보기**

1. 온대 초지(또는 온대 삼림)가 발달한 지역에 있는 농장의 토양 단면에는 토양의 침식이 일어난 어떤 증거들이 있을까? (그림 7.6 참조)
2. 산 지형의 토양은 침식이 왜 잘 일어날까? (힌트 : 산 지형에서 물과 바람의 영향 외에 어떤 자연의 영향이 특히 중요할까?)
3. 툰드라와 타이가 생물계군의 토양은 다른 생물군계의 토양과 비교할 때 최소한 현재 이 시점까지 토양의 침식이 덜 일어난 이유는 무엇인가?

7.6 삼림 벌채와 일부 삼림 관리 활동은 토양을 감소시키고 홍수 위험을 증가시킨다

메콩 강은 테베트 고원에서 발원하여 약 7천만 명의 생계를 지탱하는, 생물이 다양한 지역인 동남아시아의 장대한 열대 삼림지대를 통하여 거의 5,000킬로미터를 흐른다. 그런데 지난 40년 동안 이 삼림 지역은 두드러지게 축소되었다. 캄보디아는 이 삼림의 5분의 1이 사라졌으며, 라오스와 미얀마에서는 4분의 1이, 그리고 태국과 베트남에서는 절반에 약간 못미친 삼림이 사라졌다. 동남아시아의 사람들은 건축 자재와 요리용 연료인 목재의 부족에 맞추어 살아야 하거나 생태계의 기능 변화를 보게 될 것이다. 몬순 비가 많은 내리는 곳으로 알려진 곳에서 숲의 식물이 사라지면 침식작용, 사태와 토양의 질 저하

과도방목은 사막화 현상을 일으켰다

(Mark Edwards/stillpictures/Aurora Photos)

그림 7.16 세계적으로 아건조 지대의 방목지는 낮은 생산성을 가진 황무지의 범위가 점점 증가하는 사막화작용을 통하여 사막과 같은 생태계로 변환되었다. 이 그림에서 보는 것처럼 북아프리카의 사헬 지역의 사막화작용은 가축에 의한 것으로 밝혀졌다.

를 증가시킨다. 숲으로 된 유역 분지에 내린 빗물은 모아지고 정화되지만, 이제 빗물은 퇴적물과 섞여 흙탕물이 되어 많은 사람들을 먹여 살리는 담수 어류에게 해를 끼친다.

메콩 강 전체 유역 분지의 상황은 전 세계적으로 삼림지대가 목재와 농업으로 사라진다는 큰 이야기의 일부일 뿐이다. 유엔식량농업기구의 2015년 최신 전 세계 삼림 자원 평가에 의하면 삼림지대는 전 세계 육지 면적의 31%에 해당하는 약 40억 헥타르에 해당하지만 매년 1,300만 헥타르의 면적이 사라져간다고 한다. 이런 속도의 삼림 벌채는 1990년대보다는 약간 느려졌지만 삼림은 아직도 경고할 만한 수준으로 사라지고 있다. 가장 빠르게 삼림 벌채가 일어나는 곳은 동남아시아, 남아메리카와 아프리카로 생물다양성이 가장 높은 지역들이다. 그렇지만 삼림 벌채는 또한 온대와 아한대 삼림 지대에서도 매우 빠르게 진행되고 있다. 러시아에서는 1990년대 후반부터 2000년대 초기에 400,000km²의 아한대 삼림 지역이 벌채되었는데 이 면적은 몬태나 주의 전체 면적과 맞먹는 것이다.

삼림 수확과 벌채

숲을 관리하는 작업은 목재, 땔감, 종이 펄프를 위하여 나무와 다른 식물질들을 자르고 제거한다. 온대 지역에서 삼림 관리인은 숲 전역의 임목 전부를 벌목하는 경제적으로 효율적인 기술인 **개벌**(clear-cutting)을 한다. 개벌은 가파른 지형에서는 중장비를 이용하여 실시되기 때문에 토양 교란의 정도가 심하며 식생이 없는 산비탈을 침식에 노출시킨다(그림 7.17). 이런 삼림 지대의 표토가 침식으로 제거되면 향후 목재가 생산될 잠재력이 줄어든다.

벌목이 토양 유실에 미치는 영향을 정량화하기 위한 많은 연구가 이루어졌는데, 이 영향은 숲으로 된 유역 분지에서 흘러나오는 하천에 운반되는 토양의 양인 제곱킬로미터당 '퇴적물 생산량'으로 표준화시켜 측정한다. 캐나다 브리티시 컬럼비아 주의 산맥에서 실시된 한 연구는 나란히 발달된 하천 분지들의 퇴적물 생산량을 비교하였다. 두 하천 분지의 하나인 레드피시 분지는 분지 면적의 약 10%에서 수목이 벌목되었고, 또 다른 하천 분지인 레어드 분지는 벌목을 하지 않았었다. 여기에 레드피시 분지에는 벌목을 하는 과정에서 19킬로미터의 도로가 건설되었으나, 레어드 분지에는 도로가 건설되지 않았다. 물론 레드피시 분지에서는 작은 면적이 벌목되었지만 이 분

벌목 작업은 보통 토양을 상당히 교란시킨다

그림 7.17 벌목을 하는 동안 도로 건설과 베어진 원목을 모으는 과정에서 벌거벗은 토양이 노출되고 표토가 교란되면 토양 침식이 높아지는 조건을 형성한다.

지에서는 토양 유실이 50%나 증가하였다(그림 7.18).

마지막으로 **화전**(slash-and-burn)은 열대 국가에서 삼림지를 일시적인 농지로 빠르게 전환시키는 보편적인 농업 기법이다. 목재를 채취하는 것이 아니라 수목들을 태우고 이 과정에서 약간의 영양분이 빈약한 열대 토양에 더해져서 수년간은 비옥한 상태로 남는다. 화전은 인구 밀도가 낮은 지역의 농업에 효과적인 방식으로 진행되었다. 그러나 광범위한 화전 농사는 다량의 토양 침식을 일

개벌 어느 한 지역에 있는 나무들을 완전히 베어버리는 경제적으로 효율적인 기법

화전 열대 국가에서 삼림지를 일시적인 농지로 빠르게 전환시키는 보편적인 농업 기법

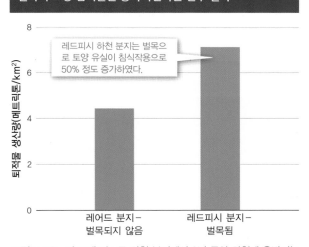

벌목이 토양 침식률을 증가시킨다는 연구 결과

레드피시 하천 분지는 벌목으로 토양 유실이 침식작용으로 50% 정도 증가하였다.

퇴적물 생산량(메트릭톤/km²)

레어드 분지-벌목되지 않음 / 레드피시 분지-벌목됨

그림 7.18 이 그래프는 두 하천 분지에서 9년 동안 하천에 운반되는 퇴적물의 양을 측정하여 평균적인 토양 유실의 양을 비교한 것이다. 두 분지 중 하나인 레드피시 분지는 분지 유역에 10% 이상이 벌목이 되었으며, 19킬로미터의 벌목 도로도 개설된 반면, 또 다른 분지인 레어드 분지는 벌목이 이루어지지 않았고 도로도 개설되지 않았다. (자료 출처 : Jordan, 2006)

그림 7.19 역사적으로 애리조나 주와 미국 서부의 다른 지역에 있는 폰데로사 소나무(큰 오엽송)는 낮은 밀도로 듬성듬성 자라서 공원 같은 경관을 나타냈다. 그런데 수십 년에 걸친 산불 억제로 이들 경관에 폰데로사 소나무의 밀도가 높아지며 지속 가능하지 않은 수준으로 개체 수가 늘어났다.

미국 서부의 삼림에서 산불 억제는 나무 개체 수를 증가시켰다

a. 1909년 몬태나 주 비터루트 국유림

b. 1997년 몬태나 주 비터루트 국유림

으키고 토양의 비옥도를 떨어뜨리기 때문에 산업형 농업 규모로 많은 인구를 위해서 효과적이거나 지속 가능한 농사법은 아니다.

산불 억제

벌목만이 숲 생태계를 해치는 것이 아니다. 미국 서부에는 번개나 아메리카 원주민들이 일으킨 낮은 강도의 잦은 산불로 소나무가 드문드문 자랐었다(그림 7.19a). 아메리카 원주민들은 전통적으로 사냥용 야생동물 서식지를 늘리기 위해 숲에 불을 내 나무들을 제거했다. 유용한 목재 자원을 보호하기 위해 미국 산림청은 1910년에 화재를 억제하기 위한 정책을 시행하였는데 이로 인하여

?

가축이 방목되고 화재가 억제된 북아메리카의 초원은 점점 관목지나 나무들이 듬성듬성 자라는 곳으로 바뀌어갔다. 왜 그럴까?

나무의 밀도가 1헥타르당 수백에서 수천 그루로 증가하였다(그림 7.19b).

현재는 나무가 무성하게 자라 우거진 이들 숲에서 산불이 일어나면 나무는 더 큰 강도로 넓은 면적에서 불에 탈 것이다. 이런 산불의 한 예로 주의 역사에서 가장 광범위한 지역에 일어났던 2011년의 애리조나 주 동부의 왈로와 화재는 거의 2,100km²의 삼림이 불에 탔다(그림 7.20a). 이렇게 높은 강도의 산불이 일어나면 화재 자체뿐 아니라 뒤따른 침식으로 대량의 토양 탄소와 영양분의 손실이 일어난다(그림 7.20b). 역설적으로 산불 억제는 북아메리카 서부의 삼림들이 산불에 더 취약하게 만들었으며 토양과 영양분의 손실이 일어나기 쉽게 만들었다.

장기간에 걸친 산불 억제는 역설적으로 가끔 심각한 산불 재해를 일으켰다

그림 7.20 2011년에 발생한 애리조나 주의 왈로와 산불은 소방관들이 진압하기 전에 200,000헥타르 이상의 삼림을 태워버렸다. 왈로와 산불과 같은 강렬한 삼림 화재로 일어나는 결과의 하나는 침식작용에 의한 많은 양의 토양 유실이다.

a. 2011년 애리조나 주에서 일어난 왈로와 산불

b. 산불이 난 후 일어난 토양 침식

⚠️ 생각해보기

1. 메콩 강 분지의 삼림이 없어지면 어떤 결과가 일어날까?
2. 숲을 개벌하면 어떤 환경 훼손이 일어날까?
3. 미국의 서부에서 산불 억제 노력이 숲을 어떻게 바꾸어놓았는가?

7.7 관개는 토양에 해를 끼칠 수 있다

건조 지역의 농지에서 농업 생산량을 늘리기 위해 주로 하는 방법의 하나는 인위적으로 물을 농작물로 공급하는 시스템인 관개를 하는 것이다. 배수로와 다른 간단한 관개 시설을 위해 땅을 파내는 것은 수천 년 전으로 거슬러 올라간다. 관개는 지속 가능한 것이지만 담수 자원을 낭비하고 토양을 손상시킬 수 있다.

관개 시스템

제6장에서 보았듯이 관개는 지구 상 담수 공급을 가장 필요로 하는 장소에 설치된다. 현재의 예측으로 관개는 전 세계의 지표수와 지하수에서 물을 끌어쓰는 양의 약 70%를 차지하여 담수 생태계가 이용할 수 있는 물의 양을 줄여 생물다양성을 위협한다. 담수 생태계 위협은 특히 도시와 산업용과 같은 수자원 수요가 가장 많이 요구되는 건조한 지대에서 심각한 우려가 되고 있다. 이뿐 아니라 관개는 농작물 생산량을 늘리기도 하지만 농작물 생산량을 저하시키는 측면으로 토양에 피해를 줄 수 있다.

경작지에 관개한 물을 대는 방법이 여럿 있지만 요즘에는 담수 관개, 살수나 분무, 그리고 점적 관개의 세 가지 기술을 이용한다. 담수(flood) 관개는 중력과 둔덕 또는 땅에 작은 물이 흐르는 일련의 홈을 따라 농지의 지표를 가로질러 물을 이동시킨다(그림 7.21a). 담수 관개의 장점은 비싼 설비가 필요하지 않다는 것이다. 그렇지만 이 담수 관개는 많은 양의 물을 낭비한다.

살수(sprinkler)나 살포(spray) 관개는 압축수를 살수기나 분무 노즐을 통하여 펌핑하여 농지에 물을 뿌리는 것이다. 살수 관개에서 가장 보편적인 것은 원형 관수 시스템으로 여러 살수기를 단 파이프가 중심점에서 회전하면서 관개 용수를 공급할 수 있는 지역에 균등하게 공급할 수 있다. 그러나 이 설비는 비용이 많이 들며 증발로 인한 물의 유실이 높을 수 있다(그림 7.21b).

점적(drip) 관개는 물과 가끔은 영양분을 작물 식물의 뿌리가 있는 곳에 직접 공급하는 방법으로, 아마 보통 이용하는 방법 중 가장 정확하고 효율적인 관개 시스템이다(그림 7.21c). 그런데 이 관개 시스템은 비용이 많이 들기 때문에 농부들은 이 점적 관개를 물이 부족한 지역에서 딸기와 토마토와 같은 상품 가치가 높은 농작물에만 이용한다.

?

습한 시기와 가뭄 시기에 어떤 기준으로 물 공급을 분배하는가?

현재 사용되고 있는 세 종류의 농작물 관개 방법

a. 담수 관개

b. 중심점에서 회전하는 살수 관개와 원형을 이룬 농작물

c. 점적 관개

그림 7.21 담수 관개는 경작지에 많은 물을 허비하지 않고 농작물의 뿌리 지대로 적절한 속도의 물이 관개되도록 이동시키기 위해서는 적절한 사면의 기울기가 필요하다. 중심점 회전 살수기를 이용한 관개는 자동 살수 시스템으로 북아메리카의 서부에서 널리 사용되고 있는데, 이곳에서는 비행기에서 볼 때 원형의 농지가 생성된다. 점적 관개는 작물 식물의 뿌리가 있는 곳으로 직접 물을 공급하는 방법으로, 특히 물이 아주 부족한 지역에서 상품 가치가 높은 작물을 생산할 때 널리 사용되는 자동 관개 시스템이다.

일반적으로 토양의 염류 집적작용은 왜 고온 건조한 기후에서 더 문제가 될까?

침수 토양 지하수면이 토양 표면에 있거나 가까이에 있는 상태

염류 집적작용 토양에 염류가 집적되는 작용

농약 손상을 가하는 유기체를 죽이기 위해 사용되는 화학 물질을 가리키는데 농약에는 곤충을 죽이는 살충제, 균류를 죽이는 살균제, 잡초를 제거하는 제초제와 쥐를 죽이는 쥐약이 있다.

관개와 침수 토양 및 염분 함유 토양

담수 관개에서 볼 수 있는 것처럼 농지에 물이 빠져나가는 것보다 더 빠르게 물을 대면 지하수면이 토양 표면에 있거나 가까이에 있는 **침수 토양**(waterlogged soil)이 형성된다(그림 7.22). 육상식물은 충분한 토양 수분을 필요로 하지만 물에 잠긴 토양은 토양의 공극이 공기 대신 물로 채워져 있기 때문에 식물의 뿌리가 필요로 하는 산소를 부족하게 만든다.

배수가 잘 안되는 토양에 관개를 하면 토양에 염분이 높아지는 토양의 **염류 집적작용**(salinization)을 일으킬 수 있다. 만약 관개가 지하수면을 높이면 염류는 물에 쓸려 내려가지 않고 토양 표면에서 물이 증발하며 표토에 축적된다.

물에 잠긴 토양이나 염분이 함유된 토양은 전 세계적인 농업 문제이다. 수백만 헥타르의 관개 농지는 전 세계 전체 농지의 약 3분의 1을 차지하는데, 제대로 관리되지 못한 관개로 훼손되고 있으며 이로 인하여 매 10년당 아일랜드보다 넓은 면적이 염류 집적작용으로 황폐화되고 있다(그림 7.23).

⚠️ **생각해보기**

1. 관개한 농지에서 토양의 염류 집적작용을 피하려면 염류가 지하수와 함께 토양 칼럼 아래로 침출되어 빠져나가도록 하는 적절한 토양 배수의 관리에 달려 있다. 이러한 토양 배수 관리는 환경에 어떤 영향을 미칠까?
2. 토양의 염류 집적작용은 관개가 전혀 이루어지지 않은 많은 지형에서 일어나고 있다. 이러한 장소에서 일어나는 토양의 염류 직접작용은 어떻게 설명할 수 있을까?
3. 토양이 물에 잠긴 것과 염류의 집적은 같은 공통의 문제를 가지지만 이들은 어떤 차이점이 있을까?

7.8 집약 농업은 오염을 일으키고 농약에 내성을 기른다

비료를 주고 **농약**(pesticide)을 뿌리는 것 같은 농업 생산량을 높이기 위한 여러 방법은 오염을 일으킨다(그림 7.24). 제13장에서 농업오염, 특히 집중 가축사육 시설과 집약 농업의 영향은 수생 생태계와 어족에 미치는 영향을 알아본다. 제11장에서는 이에 대하여 환경 위해성과 사람의 건강 측면을 살펴본다. 여기서는 화학 농약 오염과

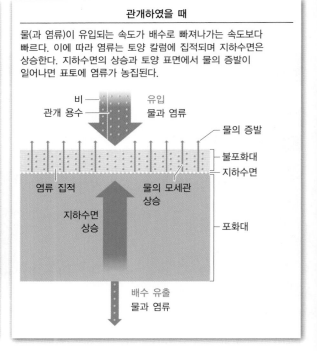

관개는 침수 토양과 토양의 염류 집적작용을 일으킬 수 있다

관개하지 않았을 때
물(과 염류)이 유입되는 속도가 배수로 빠져나가는 속도보다 느리다. 이에 따라 염류는 토양 칼럼을 통해 용탈되며 지하수면은 상승하지 않는다.

비 — 유입 / 물과 염류
불포화대
염류의 용탈
지하수면
포화대
배수 유출 / 물과 염류

관개하였을 때
물(과 염류)이 유입되는 속도가 배수로 빠져나가는 속도보다 빠르다. 이에 따라 염류는 토양 칼럼에 집적되며 지하수면은 상승한다. 지하수면의 상승과 토양 표면에서 물의 증발이 일어나면 표토에 염류가 농집된다.

비 — 유입 / 물과 염류
관개 용수
물의 증발
불포화대
지하수면
염류 집적
물의 모세관 상승
지하수면 상승
포화대
배수 유출 / 물과 염류

그림 7.22 토양의 염류량과 지하수면의 깊이는 비로 내리는, 그리고 관개 토양일 경우 관개하여 유입되는 물과 염류와 지하수의 배수로 빠져나가는 물과 염류 사이의 동적인 균형의 결과이다.

토양에 수분과 염분이 집적되면 농작물은 감소된다

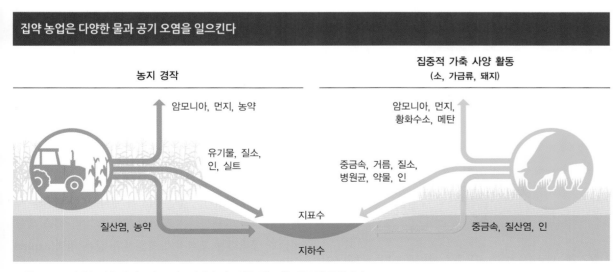

(Mark Higgins/shutterstock)

그림 7.23 토양의 공극에 물이 차면 뿌리는 산소가 부족하고 토양에 염류가 집적되면 대부분의 농작물은 생리적인 스트레스를 받는다. 이 사진은 오스트레일리아에서 예전에는 비옥한 농지였으나 산소의 부족과 생리적 스트레스로 나무들은 죽고 관목으로 된 식생이 덮고 있다.

농약 내성 생물의 진화를 살펴보고자 한다.

해충 조절과 오염

*Leptinotarsa decemlineata*라는 잎벌레는 연필의 지우개만한 크기이며 밝은 오렌지색 머리와 등에는 10개의 갈색과 황색의 줄을 가지고 있다. 이 벌레는 네브라스카 주 오마하 시 근처의 토마토 밭에서 사건이 일어난 해인 1859년까지는 잘 알려지지 않았다. 잎벌레의 수가 미국과 캐나다 전 지역에서 유럽과 아시아로 퍼져나가면서 이들이 지나가는 장소의 농작물이 심하게 훼손되었으며 모든 곳에서 '콜로라도토마토벌레'라고 불렸다. 그때부터 수백 가지의 화학약품이 이 벌레를 퇴치하기 위해 시험되고 개발되었으며 현대의 농약 산업의 개발 단계에서 핵심 주제가되었다.

오늘날 미국의 농부들은 약 400억 달러에 해당하는 농작물을 해충, 병원체와 작물 식물의 경쟁자로부터 지키

집약 농업은 다양한 물과 공기 오염을 일으킨다

농지 경작

집중적 가축 사양 활동
(소, 가금류, 돼지)

암모니아, 먼지, 농약

암모니아, 먼지,
황화수소, 메탄

유기물, 질소,
인, 실트

중금속, 거름, 질소,
병원균, 약물, 인

질산염, 농약

지표수

지하수

중금속, 질산염, 인

그림 7.24 집약 농업은 대기오염, 토양오염과 수질오염을 일으키는 중요한 근원이다.

과학원리 문제 해결방안

많은 유기체는 인간의 식량 공급을 줄인다

옥수수알맹이를 먹는 옥수수 해충인 조명충
나방 애벌레

토마토 뿌리를 침해하는 뿌리혹선충

콩 성장을 방해하는 잡초

저장된 밀을 먹는 집쥐

그림 7.25　사진의 조명충나방과 같은 초식성 곤충은 농작물 땅 위 부분을 침해하는 반면 토양 속 선충은 농작물 뿌리를 침해한다. 잡초들은 농작물과 영양분, 물과 빛에 대하여 경쟁하며 작물의 생산량을 줄이고 쥐와 많은 곤충은 저장된 알곡을 먹어치운다.

기 위해 연간 농약을 5억 킬로그램 사용한다. 이렇게 미국에서 대량의 농약을 사용함에도 불구하고 곤충, 병원체와 잡초는 연간 잠재 작물 생산량을 거의 40%나 감소시킨다(그림 7.25).

농작물을 보호하기 위해 사용하는 농약의 혜택은 또한 다양한 비용을 수반한다. 2000년대 초반의 연간 농약 사용의 비용은 대략 100억 달러였다. 농약을 사용함으로써 발생된 가축, 야생 조류, 어류와 꿀벌 등 다른 꽃가루 매개자의 중독과 관련된 비용을 포함한 추가 환경 비용과 사회 비용의 총액은 100억 달러에 달했다(그림 7.26). 전 세계적으로 매년 농약 중독으로 약 3백만 명의 사람이 입

농약 내성 해충 한 개체군이 한 농약에 반복적으로 노출되면서 그 농약에 진화된 저항성으로 궁극적으로는 농약의 효력이 없어진다.

천적 곤충과 다른 해충 유기체를 공격하는 포식자와 병원체

원을 하며, 20만 명 이상이 사망하는데, 이러한 불상사의 대부분은 개발도상국에서 일어난다. 미국에서만 사람이 농약 중독으로 발생하는 비용은 연간 10억 달러가 넘는다.

농약 내성과 곤충 포식자의 사라짐

농약이 곤충의 해로부터 농작물을 막아주는 특효약이라는 것은 아직 증명되지 못했다. 1952년에 농부들은 널리 사용되던 농약인 디클로로디페닐트리클로로에탄(DDT)이 콜로라도토마토벌레를 죽이는 데 더 이상 유효하지 않다는 것을 알았다. 즉 이 벌레는 농약 내성을 띠게 되었다. 뒤이어 농부들은 다른 화학약품들에도 내성이 있음을 보고하였으며 오늘날 이 벌레는 50가지 이상의 농약에 내성을 띠도록 진화하였다. 토마토 벌레로부터 얻은 교훈은 농작물에 화학약품을 집중적으로 사용하면 **농약 내성**(pesticide resistance)의 진화와 농작물 해충의 대발생이 일어나는 환경 조건을 조성한다는 것이다(그림 7.27).

예를 들면 대규모의 단품종 재배에서 토마토나 다른 농작물을 기르면 해충과 병원체들의 매력적인 목표가 된다. 대규모의 농작물 경작지는 해충이 대량 서식을 하며 개체 수를 증식시키는 좋은 장소가 된다. 또한 단품종 재배의 물리적인 균질성은 채식성 곤충과 기타 해충 생물체들을 공격하는 포식자와 병원체와 같은 **천적**(natural enemy)이 살 수 있는 서식지를 줄인다. 이런 상황에서 농약을 사용한다면 해충만 죽이는 것이 아니라 이 해충을

농약 사용 비용은 이윤을 감소시킨다

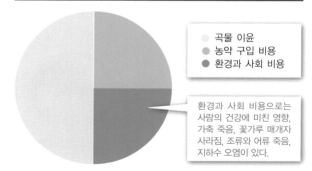

- 곡물 이윤
- 농약 구입 비용
- 환경과 사회 비용

환경과 사회 비용으로는 사람의 건강에 미친 영향, 가축 죽음, 꽃가루 매개자 사라짐, 조류와 어류 죽음, 지하수 오염이 있다.

그림 7.26　미국에서 21세기 시작 무렵 농약으로 보호된 곡물의 가치는 400억 달러에 달했다. 이 가치의 절반은 곡물을 보호하기 위해 사용된 농약의 비용으로 지불되었다. (자료 출처 : Pimentel, 2005)

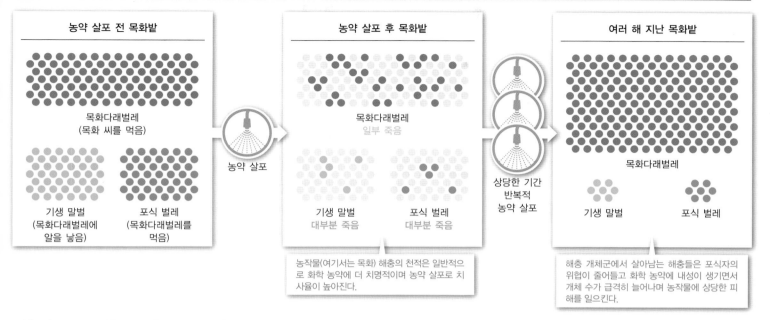

그림 7.27 집약 농업은 보통 해충이 농약에 내성을 가진 쪽으로 진화하고 이들의 급작스런 번성을 일으키는 환경 조건을 조성한다.

조절하는 데 도움을 주는 거미와 포식성 곤충도 역시 죽인다.

또 하나의 마지막 역설로는 화학약품 농약을 쓰면 농약에 내성을 가지게끔 진화를 하는 강력한 자연선택을 일으킨다는 것이다. 즉 농약에 내성을 가지는 개체는 살아남고 다음 세대의 곤충으로 자리 잡으며 농약 내성이 더 일어나도록 한다는 점이다. 내성을 가진 해충으로 진화하면서 농부들은 더 많은 또는 다른 종류의 농약을 사용하게 되어 생산 비용이 증가하고 추가적인 환경과 사회 비용이 발생하며, 해충의 개체에서 농약에 내성을 가진 종류만 더 선택적으로 살아남을 수 있도록 한다.

⚠️ **생각해보기**

1. 그림 7.26과 같은 농약의 비용이 지불되었다면 농작물의 가치에서 어느 정도가 농약으로 보호된 이익일까?
2. 만약에 농부와 화학 산업이 농약을 사용하여 발생한 환경과 사회 비용을 포함한 모든 비용을 지불한다면 화학 농약의 대체물에 대한 연구는 어떤 영향을 받을까?
3. 농약 사용의 강도는 농업 해충들의 농약 내성 진화에 어떤 역할을 할 것인가?

7.9 유전자 조작 농작물은 논란과 농업 잠재력의 근원이다

생명공학(biotechnology)이 도래하면서 새로운 변종의 식물과 동물의 개발 속도는 빨라졌다. 생명공학은 좀 더 신뢰할 수 있는 의약품의 공급원에서부터 좀 더 영양분이 많은 농작물을 개발하는 것까지 특정한 목적을 위하여 유기체의 유전자를 조작하는 공학 기술이다. **유전자 조작된 유기체**[genetically modified (GM) organism, GMO]는 다양한 공학 기법을 이용한 생명공학에 의해 유기체의 유전자 구성에 주입된 하나 또는 그 이상의 새로운 유전자를 가지고 있다.

대부분의 경우에 해당하는 새로운 유전자가 다른 종으로부터 주입된 GMO는 **형질전환 유기체**(transgenic organism)라고 한다. 예를 들면 *Bacillus thuringiensis*라는 박테리아로부터 추출된 유전자들을 옥수수와 같은 여러 종류 농작물의 DNA에 주입하여 식물이 그 식물을 먹는 곤충에 대한 내성을 기르도록 한다.

이런 과정에서 해충을 죽이는 결정질 물질인 Bt를 가진 *Bacillus thuringiensis*의 유전자를 옥수수의 DNA에 주입시킨다. 형질전환 또는 GM이 된 옥수수는 이 박테리아의 유전자를 가지고 있으며 옥수수가 자라면서 Bt 결정

생명공학 특정한 목적을 위하여 유기체의 유전자를 조작하는 공학 기술

유전자 조작된 유기체(GMO) 다양한 생명공학 기법으로 주입된 하나 또는 그 이상의 새로운 유전자를 가지고 있는 유기체

형질전환 유기체 유전자가 다른 종으로부터 주입된 유전자 조작된 유기체

Bt *Bacillus thuringiensis*라는 박테리아가 만드는 해충을 죽이는 결정질 물질

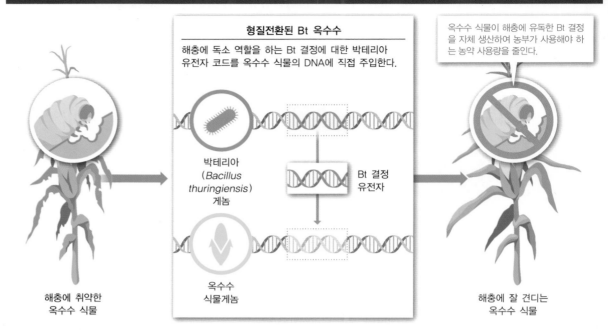

해충의 피해를 막기 위해 박테리아 유전자를 여러 농작물에 이식한다

형질전환된 Bt 옥수수

해충에 독소 역할을 하는 Bt 결정에 대한 박테리아 유전자 코드를 옥수수 식물의 DNA에 직접 주입한다.

박테리아 (*Bacillus thuringiensis*) 게놈

Bt 결정 유전자

옥수수 식물게놈

해충에 취약한 옥수수 식물

옥수수 식물이 해충에 유독한 Bt 결정을 자체 생산하여 농부가 사용해야 하는 농약 사용량을 줄인다.

해충에 잘 견디는 옥수수 식물

그림 7.28 박테리아 *Bacillus thuringiensis*(Bt)의 포자를 가지도록 유전자 조작된 옥수수는 옥수수의 조직을 먹는 초식성 해충을 죽이지만 사람에게 해를 끼치는지에 대해서는 알려지지 않았다.

을 조직에 포함시킨다. 그 결과 이러한 GM 옥수수 종류를 먹은 해충들은 독살된다(그림 7.28). 그런가 하면 Bt는 해충의 내장에서 나타나는 높은 pH 수준에서만 유독성을 띠기 때문에 이들 해충의 천적들은 사람이나 다른 척추동물과 마찬가지로 Bt를 함유한 조직을 먹어도 해롭지 않은 것으로 여겨진다.

GM 농작물 상황

상업적으로 재배된 GM 농작물의 대부분은 세 가지 특성을 염두에 둔 채 유전공학으로 처리되었다. (1) 해충을 죽이는 화학물질(예 : Bt)을 생산하는 능력을 갖추어 농작물이 해충에 내성을 가지는 것을 증진시키기 위해, (2) 화학약품 제제초제에 내성을 길러 농부들이 농작물에는 피해를 주지 않고 제초제로 잡초를 통제하기 위해, 또는 (3) 식물의 바이러스에 내성을 길러 농작물 식물들이 이런 병원체들로부터 피해를 줄이기 위해서이다(표 7.1).

미국은 GM 농작물을 채택하여 세계를 선도하고 있다. 일례로 미국은 전 세계 어느 나라보다도 많은 GM 농작물을 재배한다(표 7.1 참조). 2010년에 미국의 농부들은 GM 농작물을 거의 6,700만 헥타르에 심었으며, 이로써 전 세계 어느 나라보다도 많은 GM 농작물을 심었다

(그림 7.29). 이밖에도 미국 농부들은 GM 농작물의 다양한 종류를 가장 많이 받아들인다. 미국 농림부에 의하면 2010년까지 미국에서 자라는 대부분의 옥수수(86%), 목화(93%), 콩(93%)이 GM 농작물이다. 그러나 미국 이외의 다른 나라 많은 농부들도 역시 GM 농작물을 채택하고 있다.

GM 농작물 : 잠재성과 논란

과학자들은 가뭄에 더 잘 견디고, 저장 가능성을 높이고 영양의 질을 높이기 위한 목적으로 더 많은 GM 농작물을 개발하고 있다. GM 농작물에서 영양의 질을 높인 가장 잘 알려진 예의 하나는 '황금쌀'로서 이 쌀은 비타민 A의 생성물질인 베타카로틴을 다량 함유하고 있다. 과학자들은 황금쌀이 처음 개발된 이래 황금쌀의 베타카로틴의 함량을 23배 높였다. 이렇게 함량을 높이면 조산아의 실명을 일으킬 수 있는 비타민 A의 부족으로 고통을 겪고 있는 개발도상국 수백만 명의 삶에 변화를 일으킬 수 있다(그림 7.30). GM 농작물은 사람의 건강을 증진시킬 가능성을 가지고 있으며 늘어나는 인구에게 식량을 제공할 가능성이 있지만 상당한 논란이 있다.

GM 농작물에 찬성을 하는 사람들은 GM 농작물이

미국은 왜 전 세계 어느 나라보다 더 많은 유전자 조작 농작물을 재배하고 소비할까?

표 7.1 2010년 전 세계에서 재배된 주요 유전자 조작 농작물

유전자 조작 농작물	유전자 변형 특성	농작물의 주요 용도	유전자 조작 농작물 재배 국가
알팔파(Medicago sativa)	제초제 저항, 해충 저항	가축 먹이 : 건초, 사일리지, 방목용이나 잘게 썬 것	미국
카놀라(Brassica napus)	제초제 저항	식용유, 샐러드, 산업용 윤활제	오스트레일리아, 캐나다, 칠레, 미국
옥수수(Zea mays)	제초제 저항, 해충 저항	가축 사료, 식품(예 : 시리얼, 식사, 기름)	아르헨티나, 브라질, 캐나다, 칠레, 체코, 이집트, 온두라스, 필리핀, 폴란드, 포르투갈, 로마니아, 슬로바키아, 남아프리카, 스페인, 우루과이, 미국
목화(Gossypium hirsutuma)	제초제 저항, 해충 저항	섬유, 종이, 기름, 가축 사료	아르헨티나, 오스트레일리아, 브라질, 부르키나파소, 중국, 콜롬비아, 코스타리카, 인도, 멕시코, 미얀마, 파키스탄, 남아프리카, 미국
파파야(Carica papaya)	바이러스 저항	신선한 과일	중국, 미국
백합나무(Populus nigra)	해충 저항	종이, 제재	중국
감자(Solanum tuberosum)	해충 저항	신선한 소비, 간식용 식품	체코, 독일, 스웨덴
콩(Glycine max)	제초제 저항, 해충 저항, 단일불 포화 지방산 증가	식용유, 콩 단백질로 만든 고기 대용품, 두부, 가축 사료	아르헨티나, 볼리비아, 브라질, 캐나다, 칠레, 코스타리카, 멕시코, 파라과이, 남아프리카, 우루과이, 미국
호박(Cucurbita pepo)	바이러스 저항	신선한 소비	미국
사탕무(Beta vulgaris)	제초제 저항	설탕	캐나다, 미국
파프리카(Capsicum annuum)	바이러스 저항	신선한 소비, 조미료, 색	중국
토마토(Lycopersicon esculentum)	바이러스 저항	신선한 소비, 또는 캔이나 건조 보존	중국

자료 출처 : ISAAA, 2011

영양이 높아졌을 뿐 아니라 환경에도 여러 면에서 도움이 된다고 이야기한다. 2010년 미국 과학학술원(National Academy of Sciences) 연구는 Bt 옥수수와 목화를 심는 것이 증가하면서 농약 사용이 줄어들었다고 보고하였다. 제초제에 내성을 가지는 농작물은 토양의 건강을 높일 수 있는데, 특히 논밭을 갈아엎는 것을 줄이면 토양의 다짐작용과 침식작용을 줄일 수 있다(224쪽 참조). 이러한 혜택과 더불어 농작물이 질병과 가뭄이 있더라도 곡물 생산이 늘어나면 식량 안보를 개선할 가능성을 가지고 있다.

반면에 GM 농작물에 대한 회의론자들은 심각한 우려를 나타내는 여러 문제를 제시한다. 해충과 잡초들은 Bt 독소와 자연 선택으로 제초제에 내성을 가지게 되었다. 만약 제초제에 내성을 가진 유전자가 잡초에 들어가면 이 유전자들은 더 통제하기 어려워질 뿐 아니라 비GM

농작물에 퍼져 이들을 유전적으로 오염시킨다. 사실 GM 옥수수의 유전자들은 멕시코의 옥수수 재래종에서도 보고되었다. 유전자 조작 식물에 의해 우연히 수분되어 생긴 야생 식물로 제초제 내성을 가진 '슈퍼잡초'도 보고되

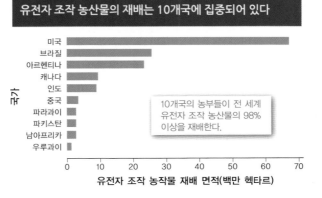

그림 7.29 유전자 조작 농작물을 재배하는 국가들에서 가장 넓은 면적에 심는 나라는 미국, 브라질과 아르헨티나 단 3개국이다. (자료 출처 : ISAAA, 2011)

황금쌀 : 전 세계 영양실조를 해소하기 위한 생명공학 생산물

형질변환 황금쌀 제조 과정

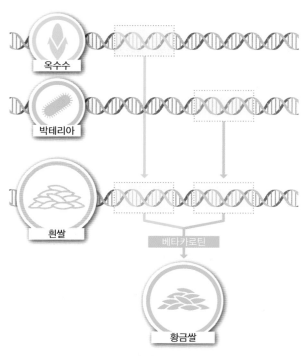

그림 7.30 최근 황금쌀의 다양한 품종은 비타민 A로 변환되는 베타카로틴의 함량이 높다. 황금쌀을 개발한 사람은 매년 약 250,000명의 유아 실명을 일으키는 비타민 A의 부족을 해소시킬 것으로 예견하였다.

유전자 조작 성분을 가진 식품은 표시를 해야 할까? 이 표시제에 대하여 찬성 의견과 반대 의견에는 어떤 것이 있을까?

유전자 조작 농작물을 재배하는 데 지지자와 반대자가 서로 편향된 견해만을 가지는 것을 어떻게 좁힐 수 있을까?

었는데, 이들을 통제하기에는 너무 비용이 많이 든다. 또한 수백 종류의 해충이 Bt에 저항하도록 진화하였으며, 해충이 Bt의 여러 종류에 취약한 해충이 줄어들면 Bt에 약한 해충이 없는 조건에서 더 잘 자라는 또 다른 해충이 증가할 것이다.

제초제에 내성을 가진 GM 농작물을 이용한다는 것은 농부들이 농작물에는 해를 가하지 않고 잡초를 제거하기 위해 제초제를 더 많이 사용해야 한다는 것을 의미하지만 이러한 상황은 의도하지 않은 결과를 낳을 수 있다. 예를 들면 북아메리카에서 폭넓게 제초제를 사용한 것이 유액을 분비하는 풀의 존재비를 낮추었는데, 이 유액을 분비하는 풀은 왕나비애벌레의 유일한 숙주 식물로 왕나비애벌레도 현재 감소하고 있다. 더 많은 농부들이 GM 농작물을 이용하면서 심는 농작물의 다양성이 줄어들고 단품종 재배의 수는 늘어나는 이 두 가지 상황은 농작물들이 해충에 의해 더 많은 피해를 입을 수 있는 조건을 만든다.

또 비판론자들은 GM 농작물을 더 많이 심으면 식량 생산량을 조절하는 농부 개개인의 역할이 축소되며 이러한 역할은 몇몇의 생명공학 회사들의 수중에 들어간다는 점을 우려한다. 이들은 이러한 식량 생산에 대한 지배권이 초래할 수 있는 식품 안보, 식품 가격과 농부들의 경제적인 복지와 자립과 같은 것들에 대해 우려한다.

많은 소비자들은 GM 식품이 사람의 건강에 해로울 것이라고 우려한다. GM 농작물에 대한 과학적인 검토는 이들이 안전하지 않다는 증거는 아직 발견하지 못했지만 GM 농작물을 반대하는 사람들은 아직 충분한 검증이 이루어지지 않았으며 지금까지 한 검증은 산업계의 연구자에 의해서 이루어졌다고 주장한다. 이들은 이해상충으로 이러한 연구 발견들의 일부가 타협점을 찾지 않을까 우려한다.

GM 농작물의 개발이 또한 철학적인 쟁점을 낳았다. 생명공학을 반대하는 일부는 서로 다른 종의 유전자를 섞으면 '자연적이지 않다'며 소위 유전자 변형 식품을 만든다고 주장한다. 이들 비판론자들은 한 종에서 다른 종으로 유전자를 옮긴다는 것은 자연 과정을 위배하는 비윤리적인 것이라고 한다. 반면에 GM 농작물을 옹호하는 사람들은 생명공학은 좀 더 맛이 좋거나 생산성이 더 높은 농작물로 변형시키기 위해 이용되는 선별 번식 기술보다는 좀 더 농작물의 종류를 개선하기 위한 것이라고 주장한다.

일부 소비자들은 GM 농작물로 만든 콘칩이나 콩기름에 대하여 식품 표시를 하는 것이 더 나아갈 방안이라고 주장한다. 예를 들면 유럽연합은 의무적으로 식품 표기를 하는 정책을 따르고 있는데, 어떤 식품이라도 0.9% 이상의 GM 성분이 들어 있으면 반드시 표기해야 한다. 여러 번에 걸친 여론 조사에서도 미국 소비자의 80% 이상이 미국 역시 GM 식품 표시하는 것을 선호한다고 하였다. 하지만 이에 대해 책임이 있는 정부기관인 미국 식품의약품관리청과 미국 농림부는 이들 GM 식품이 GM이 아닌 식품과 영양적으로 차이가 있다는 것을 의미하기 때문에 의무적으로 GM 식품이라고 표시하는 것을 지지하지는 않는다. 이렇게 표시하게 되면 많은 소비자들은 GM 식품을 기피할 것이고 이렇게 되면 식품 가격의 상승과 생산자 이윤이 줄어들 것이다.

2015년까지 아직 미국 소비자들은 유기농이라고 표시된 식품을 사면서 GM 생산품을 기피한다. GM 농작물에

유전자 조작 농작물의 개발은 논란을 일으킨다

유전자 조작 농작물 : 혜택과 우려

혜택
- 살충제 사용을 낮춤
- 땅 갈아엎기를 줄여 건강한 토양을 만듦
- 영양분 함량이 높음
- 토양 침식을 낮춤
- 질병에 잘 견딤
- 가뭄에 잘 견딤
- 식량 안보가 높아짐

우려
- 살충제에 내성을 가진 슈퍼 해충이 생김
- 농약에 내성을 가진 잡초가 생김
- 알레르기 유발 식품
- 해충이 아닌 유기체를 죽임
- 전통적인 농작물이 유전적으로 오염됨
- 부족한 규제와 연구
- 소수의 생명공학 회사가 전 세계 식품의 생산 지배

그림 7.31 생명공학을 이용한 유전자 조작 농작물 생산은 이를 찬성하는 사람과 반대하는 사람들이 인지된 혜택과 심각한 우려로 서로를 흠집 내며 격렬한 논쟁을 일으켰다.

대한 논란이 지속되면서(그림 7.31) 많은 식품 제조업자들은 그들이 제조한 식품에 GM이 안 들어갔다고 표시하기 시작하였으며 이를 통하여 미국의 소비자들에게 정보가 제공된 식품을 구매하라는 또 다른 방법을 제시하고 있다.

⚠ 생각해보기

1. 환경 영향, 사람의 건강과 경제는 GM 농작물의 상업적 유통을 승인하기 위한 기준을 설정하는 데 어떤 역할을 해야 하는가?
2. 일부 사람들은 GM 농작물을 개발한 사람들은 이들 식품들이 안전한지를 검증하는 비용을 반드시 떠안아야 한다고 주장한다. 반면에 다른 사람들은 정부의 감독기관들에서 재정적 지원을 받는 독립적인 시험기관들이 이러한 연구를 해야 한다고 주장한다. 이러한 연구에 대해 어떤 생각을 가지며 그 이유는 무엇인가?
3. 황금쌀을 재배하고 사람들이 소비하는 것을 승인할 때 장단점은 무엇인가?

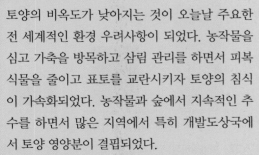

7.4~7.9 문제 : 요약

토양의 비옥도가 낮아지는 것이 오늘날 주요한 전 세계적인 환경 우려사항이 되었다. 농작물을 심고 가축을 방목하고 삼림 관리를 하면서 피복 식물을 줄이고 표토를 교란시키자 토양의 침식이 가속화되었다. 농작물과 숲에서 지속적인 추수를 하면서 많은 지역에서 특히 개발도상국에서 토양 영양분이 결핍되었다.

전 세계 삼림은 늘어나는 인구를 위하여 임산물과 농지를 만들기 위해 놀랄 정도로 사라져 가고 있다. 이렇게 숲이 사라지면서 토양의 침식이 증가하고 담수의 수질을 오염시키며 생물다양성을 위협하고 있다. 개벌, 도로 개설과 산불 억제와 같은 숲 관리의 다양한 기술들은 삼림 생태계에 다양한 영향을 끼친다.

관개는 농지의 생산성을 높이지만 실질 비용이 든다. 오늘날 이용되는 세 가지의 주된 관개 방법은 담수 관개, 살수 장치와 점적 관개가 있는데, 이들 각각은 장단점이 있다. 관개를 하면 수생 생태계를 위한 수자원이 감소되며 제대로 관리하지 못하면 토양이 물에 잠기거나 토양의 염류 직접작용을 일으킨다. 관개를 하면 많은 물이 필요한데, 이 점이 사람과 생태계에 필요한 물 수요와 상충된다.

미국에서 사용되는 농약의 사회 비용과 환경 비용은 농약을 구입하는 비용과 엇비슷하다. 이에 더하여 집약 농업은 자주 농작물 해충이 급번성하고 농약에 내성을 가진 해충으로 진화할 수 있는 여건을 마련한다. GM 농작물은 해충을 죽이는 화학물질(예 : Bt)이 만들어지도록, 화학약품인 제초제에 내성을 가지도록, 또는 식물 바이러스에 내성을 가지도록 조작된 것이다. GM 농작물이 사람들의 영양을 개선하고 농업 생산량을 높이고, 농약 사용을 줄이는 가능성을 가지고 있지만 회의론자들은 GM 특성이 잡초와 GM 조작을 하지 않은 농작물로 산포되고, 인체의 건강에 위협이 되며, GM 농작물이 해충 이외의 인간에 이로운 생물에 미치는 영향에 대해 우려한다.

과학원리 　　　　　　　　문제　　　　　　　　해결방안

7.10~7.13 해결방안

장기간에 걸쳐 인구에게 적절한 영양을 제공하고 점점 커지는 공동사회에 필요한 식량과 목재 생산이 지속 가능하게 하는 것이 아마도 인간이 하나의 종으로 출발한 이래 해결해야 할 가장 기본적인 과제이다. 다음의 해결방안에서는 우리가 생태계와 생물다양성을 그대로 보호하면서 농업 생산성을 높이고 육상 생태계의 생산성을 지속 가능하도록 하는 데 어느 정도 성공을 거둔 예들을 살펴보기로 한다.

7.10 유전적 다양성 및 농작물 다양성을 추구하며 지역 농부들에게 투자하는 것이 늘어나는 인구의 식량 문제를 풀기 위한 지속 가능한 방법일 것이다

전 세계의 영양실조와 영양 부족을 해결하기 위하여 지속 가능하게 접근할 수 있는 가장 좋은 방법은 지역의 농부들이 영양가 높은 적절한 양의 식량을 생산하도록 돕는 것이다. 아마 이 방법이 가장 비용 효율이 높은 방법일 것이다.

지역 농부 지원

과학 학술잡지 네이처에 발간된 2009년 논문에서 컬럼비아대학교의 열대농업연구소 소장인 페드로 산체스(Pedro Sanchez)는 아프리카의 기아를 해결하기 위한 세 가지 방법의 비용을 비교·검토하였다. 비교는 옥수수 1메트릭톤을 배송하는 비용에 관한 것이었다. 그림 7.32에서 보는 것처럼 미국에서 옥수수를 구입하여 배로 선적하는 것이 식량원조에서 가장 비용이 많이 드는 방법이다.

아프리카에서 옥수수를 구입하여 배분하는 것은 미국에서 구입하여 배로 선적하는 것보다 절반 이하의 비용이 든다. 그렇지만 지역 농부들에게 옥수수의 추가된 1메트릭톤을 생산하도록 비료, 종자, 그리고 기술적인 도움을 제공하는 것은 미국으로부터 선박운송의 6분의 1의 비용에 해당하였다. 산체스는 지역의 농부들에게 농장 생산

량을 늘리도록 지원하는 투자가 가장 확실하며 전 세계적인 기아를 줄일 수 있는 가장 저렴한 방법이라고 지적하였다. 그는 격려하는 차원에서 기아로 가장 고통받는 아프리카의 일부 지역에 이러한 지원을 하면 작은 농장에서도 옥수수의 생산량을 2배 이상 늘린다고 지적하였다.

생산량 증가와 지속가능성을 위한 농작물 다양성

녹색혁명의 핵심인 집약 농업은 비료, 농약과 에너지를 많이 사용하면서도 높은 생산량을 이루도록 낮은 유전적 다양성을 가진 단품종의 대규모 재배를 통해 식량을 생산하는 데 주안점을 둔다. 이에 반하여 오늘날 많은 농업 과학자들은 화학약품과 에너지가 적게 들어가면서 지속 가능하게 높은 생산량을 낼 수 있는 재래식 농업 기법으로 되돌아가는 경향이 있다.

유전적 다양성은 생물다양성의 가장 기본 요소의 하나(제3장 66쪽 참조)로 중국에서 쌀 생산량을 증가시키는

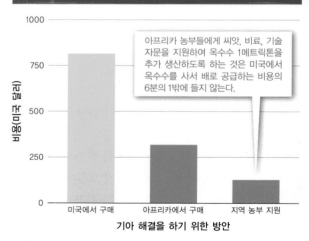

지역 사람들이 자급을 할 수 있는 방법을 제공하는 것이 기아를 해결하는 비용 효율이 높은 방안이다

아프리카 농부들에게 씨앗, 비료, 기술 자문을 지원하여 옥수수 1메트릭톤을 추가 생산하도록 하는 것은 미국에서 옥수수를 사서 배로 공급하는 비용의 6분의 1밖에 들지 않는다.

그림 7.32 아프리카의 기아에 허덕이는 지역에 옥수수 1메트릭톤을 공급하는 세 방안의 상대적 비용 비교 : 미국에서 사서 배로 운반하여 분배하는 방안(노란 막대), 아프리카 다른 곳에서 구입하여 배분하는 방안(녹색 막대), 그리고 지역 농부들에게 옥수수의 추가된 1메트릭톤을 생산하는 방법을 제공하는 방안(청색 막대). (자료 출처 : Sanchez, 2009)

매우 효과적인 도구로 밝혀져 이 장의 초반에 소개한 틸만의 연구 결과를 뒷받침하였다. 중국 남서부에 있는 곤명대학교의 주유용은 도열병(*Magnaporthe grisea*)이라는 심각한 곰팡이병으로 인한 쌀 생산 감소를 줄일 수 있는 방안을 모색하는 연구 팀을 이끌었는데, 그들이 사용한 방법은 모내기할 때 유전적 다양성을 늘렸다. 별미 음식을 만들기 위하여 찹쌀 종류의 벼 재배가 주로 이루어지는데, 그 이유는 찹쌀이 더 높은 판매 가격을 형성하기 때문이다. 이 찹쌀 종류들은 도열병에 특히 취약한 것으로 알려졌는데, 이에 맞서기 위하여 연구자들은 지역의 농부들이 사용하는 재래식 모내기 방법을 따랐다. 연구자들은 논에 도열병에 취약한 키 큰 찹쌀벼와 도열병에 강한 키 작은 잡종벼를 여러 줄에 1 : 4 비율로 심어 쌀의 유전적 다양성을 높였다. 논의 왼쪽에는 키 작은 벼의 두 줄을, 중앙 줄에는 한 줄의 키 큰 벼를, 그리고 오른쪽의 두 줄에는 키 작은 벼를 심었다.

이렇게 벼를 섞어 심은 논에서 도열병 감염은 눈에 띄게 줄어들었다. 찹쌀벼만 심은 단품종 재배에서 도열병에 걸리는 비율은 20%였지만 혼합벼 모내기에서는 1%뿐이었다(그림 7.33). 도열병에 취약한 찹쌀벼의 간격을 늘리고 온도, 습도와 빛을 조절한 것이 찹쌀벼만 심는 단일 재배에 비하여 병원체에 더 견딜 수 있는 조건을 만들었다. 또한 혼합벼 재배를 한 논에서는 도열병을 막기 위해 곰팡이 방지제 화학약품을 살포할 필요가 없어서 비용을

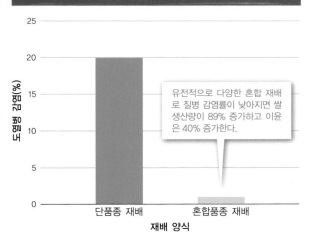

농작물 생산량에 생물다양성의 잠재적인 긍정적 영향은 유전적 다양성에서 시작한다

유전적으로 다양한 혼합 재배로 질병 감염률이 낮아지면 쌀 생산량이 89% 증가하고 이윤은 40% 증가한다.

그림 7.33 중국에서 쌀 재배 품종을 늘린 것이 병원체에 의한 쌀 손실을 줄이고 이윤이 증가하였다. (자료 출처 : Zhu et al., 2000)

절감하였다. 도열병 감염을 줄인 것은 다양한 찹쌀 종류의 생산량을 89% 증가시켰으며 1헥타르당 약 40% 더 높은 경제적인 효과를 나타냈다.

중국의 쌀 재배 농부는 이를 알아차렸다. 운남성과 10개의 다른 성에서도 혼합벼 모내기의 면적이 2000~2004년 사이에 157만 헥타르로 증가하였다. 이렇게 넓은 면적에서 쌀 생산량은 1헥타르당 평균 675킬로그램씩 증가하였으며 소득이 증가하거나 비용이 절감되면서 2억 5,900만 달러의 이윤이 창출되었다. 농업 과학자들은 다른 종류의 농작물에서도 유전적 다양성을 추구하여 유사한 생산량 증가를 이뤘다.

농작물 생산량에 미치는 생물다양성으로 인한 장점의 일부는 윤작(돌려짓기)이라는 재배 방법으로 같은 경작지에서 3~5년 주기로 일정한 순서에 따라 다른 작물들을 재배해도 나타난다. 예를 들면 농부는 한 경작지에 옥수수를 심고, 다음 해에는 다른 작물을 심고 그다음 해에도 또 다른 작물을 심는 것이다. 돌려짓기의 혜택은 생산량이 증가하고 해충이나 질병 감염을 낮추는 것이다. 돌려짓기는 또한 뿌리를 깊게 내리는 작물을 돌려 심으면 토양의 통기성이 좋아지며, 알팔파나 콩과 같은 질소고정 콩과 식물을 심으면 토양의 비옥도도 증가한다.

생물다양성은 두 가지 또는 그 이상의 농작물을 같은 경작지에 심는 **간작**(사이짓기, intercropping) 농법으로 농경 방식에 적용할 수 있다. 간작은 수 세기 동안 시행되어 왔다. 예를 들면 아메리카 원주민들은 전통적으로 간작 방식을 개발하였다. 이 방식은 옥수수, 콩, 호박을 함께 심었는데, 이렇게 동시에 심는 세 가지 작물을 '세 자매'라고 부른다(그림 7.34).

이 간작 방식에서 콩은 질소를 고정하면서 토양을 비옥하게 하고, 옥수수는 콩이 부착하여 위로 타고 자랄 수 있는 발판을 제공하며, 호박은 토양에 그늘을 만들어주어 온도 변동을 줄이고 수분 손실을 줄인다. 이 세 종류의 농작물은 사람에게 영양을 공급하는 역할도 한다. 콩의 아미노산에 더하여 옥수수는 사람에게 필요한 모든 필수 아미노산을 제공하며 호박은 비타민 A의 풍부한 공급원으로 역할을 한다.

현대의 연구자와 농부들은 간작의 혜택을 재발견하고 있다. 제한된 농지에 살고 있는 13억 인구를 먹여 살리기 위한 벅찬 의무를 가지고 있는 중국 당국은 농업 연구에 많은 투자를 하고 있다. 이런 연구의 궁극적인 목표는 저

?

두 종 이상의 농작물을 가까이 심을 때 재배 비용은 어떻게 될까?

간작(사이짓기) 두 가지 또는 그 이상의 농작물을 같은 경작지에 심는 농법

(Nativestock.com/Marilyn Angel Wynn/Getty Images)

그림 7.34 옥수수, 콩, 호박을 함께 심는 세 자매 간작 방식은 아메리카 원주민들의 전통적인 재배 방식이었다.

간작을 이용하여 농작물 종류 늘리기 : 아주 오래된 관행

간작 방식과 자연 생태계는 어떤 점을 공유하는가?

비용, 고수익(높은 생산) 농업 방식의 개발이다. 중국의 간작 방식 예로는 사탕수수와 감자 또는 밀과 잠두라는 콩을 같은 경작지에 함께 심는 것이다. 간작 방식은 생산량을 33%에서 84%까지 늘렸으며 농작물 병충해 발생률을 낮추고 농부들의 소득을 증가시켰다.

⚠ 생각해보기

1. 기아를 해소하기 위해 소요되는 비용 문제를 떠나서 선진국에서 식량을 사서 선적하는 것과 지역의 농부들이 농장 생산량을 증가시키도록 지원하는 것 사이에는 어떤 차이가 있을까?
2. 농작물의 유전적 다양성은 어떤 혜택이 있을까? 다양성이 없을 때 쌀 이외에 다른 어떤 농작물이 병충해에 취약할까? 예를 들어 보라.
3. 농작물 중 콩이나 알팔파와 같은 콩과 식물이 들어 있을 경우 일반적으로 간작이나 돌려짓기가 농작물 생산량을 더 높이는 이유는 무엇일까?

7.11 지속 가능한 농사, 삼림 관리와 농장 경영은 토양의 유실을 줄이고 토양의 비옥도를 개선한다

궁극적으로 육상 자원의 지속 가능한 생산은 건강한 토양을 가진 건강한 환경에 밀접히 관련되어 있다. 지속 가능한 자원의 생산에 염두를 두는 농사, 목장 경영과 삼림 관리는 또한 중요한 환경 문제들에 대한 해답을 제시하기도 한다.

경작지 갈아엎기 관리

땅의 사면에 평행하게(사면을 따라 위아래로) 토양을 경작하면 토양의 침식이 빠르게 일어난다. 대신에 구릉성 지형에서 사면을 가로지르는 등고선을 따라 경작하면 토양의 침식을 많이 줄이며 이런 과정에서 매우 재미있는 경관이 만들어진다(그림 7.35a). 매우 가파른 지형에서 계단식 경작은 유용한 농작물을 기를 수 있는 토양을 보존할 수 있다. 일부 지역에서 잘 관리된 계단식 경작은 매

다양한 농사 기법은 농토의 토양 침식을 줄일 수 있다

a. 등고선 경작

b. 계단식 경작

c. 방풍림

그림 7.35 사진에 나와 있는 펜실베이니아 주의 농장과 같이 언덕이 많은 사면을 가로지르는 경작과 재배 방식은 토양 유실을 줄인다. 계단식 경작은 동남아시아에서 수 세기 동안 이어져온 쌀 농사법으로 매우 가파른 지형에서 토양 유실을 막는다. 방풍림은 바람에 의한 토양 유실을 막기 위해 널리 사용된다.

우 가파른 사면에서도 수 세기 동안 농업 생산이 지속 가능하도록 하였다(그림 7.35b). 바람으로 인한 침식작용이 있는 곳에서도 농부들은 바람을 막는 식물을 심어 바람의 세기를 감소시켰다(그림 7.35c).

농업의 최근 발전은 토양 갈아엎기의 강도를 많이 낮추었는데, 이로 인하여 토양의 침식 정도를 많이 줄였다. 이러한 농법을 **적게 갈아엎기 농법**(low-till) 또는 **갈아엎기 없는 농법**(no-till agriculture)이라고 하는데, 이 농법은 토양의 교란과 다짐작용을 적게 하며 농작물의 잔해를 경작지에 그대로 남겨놓는다. 농작물의 잔해는 옥수수대나 밀 줄기와 같이 추수되지 않은 작물의 부분으로 이들의 뿌리는 토양을 단단히 붙잡아주는 지지대 역할을 하며 토양 위에 놓인 잎들은 농작물의 생육계절이 아닌 시기에 토양의 침식을 막아준다.

이러한 방법은 또 토양에 수분이 더 많이 들어 있도록 한다. 적게 갈아엎기와 갈아엎기 없는 농법은 특별히 고안된 씨를 뿌리는 장비인 파종기를 이용하여 종자들을 토양 내 적당한 깊이에 심고, 그와 인접한 씨 심은 데와는 일정한 간격을 유지하며 효율적으로 농작물을 심는다(그림 7.36). 재래식 갈아엎기 방식을 쓰지 않는 경우 농부들은 제초제를 이용하거나 녹비라는 덮개 식물을 심어서 잡초를 관리한다. 녹비는 성장을 하면서 잡초의 성장을 억제시키고 토양의 침식을 방지하며, 또 질소고정 식물을 덮개 식물로 이용할 경우 토양에 질소를 공급한다. 농부

가 씨를 심을 준비가 되었을 때 녹비를 베어서 토양을 덮도록 놔두어 토양에 유기물을 제공하고 토양의 비옥도를 개선한다.

갈아엎기를 줄이면 재래식 갈아엎기에 비하여 농작물의 잔해가 토양의 표면을 덮어서 바람과 비를 막아주어 토양의 침식을 줄이는 이점을 가진다. 갈아엎기가 없는 농법은 재래식 갈아엎기 방식보다 토양 침식이 평균 20분의 1로 낮아진다(그림 7.37).

유기 농법

유기 농법은 비싸고 지속 불가능한 농약과 제초제를 쓰지 않고 식량을 생산하는 방식이다. 미국에서 유기농 식품은 생산자가 합성 비료, 농약이나 유전자 조작 유기물을 사용하지 않을 경우 인증을 받는다. 유기농 식품의 비판론자들은 유기농 농작물이 해충 피해가 있거나 농약이나 합성 비료를 이용하지 않아 생산성이 낮아져 수확량이 낮아진다고 주장한다. 그러나 전 세계적으로 이루어진 연구에서 유기 농법은 비유기 농법만큼 같은 양의 식품을 생산해낸다고 밝혔으며 유기 농법이 지속 가능한 농업 해결책으로 실현 가능한 방법이 될 수 있음을 나타낸다.

유기 농법과 관련된 또 다른 동향은 농산물 직판장과 지역 특산물과 같은 지역 식료품의 생산임을 강조하는 것이다. 이들 장터는 지역에서 유기 농법으로 기른 농작

갈아엎기 없는(적게 갈아엎기) 농법 갈아엎기를 줄이거나 하지 않고 농작물을 기르는 농법으로 토양 교란을 줄이며 농작물의 잔해를 경작지에 그대로 남겨놓는다.

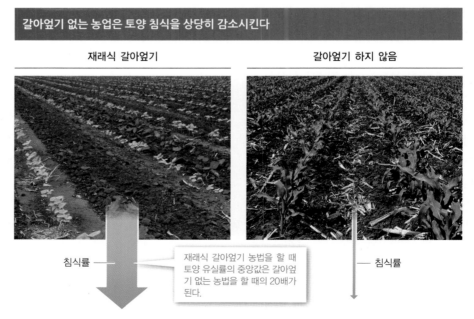

갈아엎기를 하지 않는 농업은 특수 장비를 이용한다

그림 7.36 농업 기술자는 갈아엎기 없는 농법을 하기 위하여 장비를 개발하였다. 그림에 나온 파종기는 많이 남아 있는 농작물 잔재와 살아 있는 농작물이 아닌 식물이 있더라도 농작물 씨를 심는다.

갈아엎기 없는 농법은 토양 유기체의 다양성에 어떤 영향을 미치는가?

물을 바로 소비자에게 판매하는 곳이다. 이러한 장터의 장점은 운반과 저장의 비용을 줄인다는 것으로 식료품이 짧은 거리만 이동하며, 계절에 맞는 식료품을 바로 먹을 수 있다는 사실은 이들 식료품이 온실에서 기른 것이 아니며 계절이 지난 식료품을 수입한 것도 아니라는 점을 의미한다.

가축 수 조절과 목초지의 휴식

목축지에서 가축을 기르면 사막화 현상과 토양의 유실을 일으킨다. 지속 가능한 목축업은 기후, 토양 종류와 식물

갈아엎기 없는 농업은 토양 침식을 상당히 감소시킨다

재래식 갈아엎기	갈아엎기 하지 않음

침식률 ←

재래식 갈아엎기 농법을 할 때 토양 유실률의 중앙값은 갈아엎기 없는 농법을 할 때의 20배가 된다.

침식률 ←

그림 7.37 재래식 갈아엎기 농법을 이용한 농지의 토양 유실률의 중앙값에 비하여 갈아엎기 없는 농법의 토양 유실률은 매우 낮다. (자료 출처 : Montgomery, 2007)

성장 상태에 따라 맞추어 목축지에 적절한 수의 가축을 풀어놓는 것이다(그림 7.38). 가축 수를 적절히 관리하는 것은 또 식물이 자라는 데 아주 중요한 토양의 공극을 뭉개버리는 다짐작용을 줄이는 것이다. 일정한 기간 동안 가축을 풀어놓지 않는 '목초지 휴식'이 토양의 다짐작용을 반전시킬 수 있다는 연구 결과가 보고되기도 하였다. 예를 들면 오리건 주의 목초지에서 11년간 계속 양을 방목한 후 2년간 휴식을 취하자 토양의 통기에 아주 중요한 토양의 공극이 복원되는 등 토양의 다짐작용이 반전되는 효과가 있다는 것이 밝혀졌다.

삼림 수확, 자연 경관 복원과 산불 관리

삼림 관리는 필연적으로 토양의 침식을 증가시킨다. 그러나 몇 가지 실천을 하면 토양 유실을 줄일 수 있다. 첫째, 임업을 하는 사람은 벌목할 때 중장비 사용과 도로 개설 과정에서 지표 파괴를 최소화해야 한다. 목재 수확도 토양 유실을 줄이는 방법으로 시행되어야 한다. 개벌을 하는 과정에서 좀 더 환경친화적인 것은 야생동물의 서식지를 위해 죽은 나무들을 서 있는 채 베지 않고 놔두는 것이나 강한 바람과 침식을 줄이기 위해 숲에서 일부 띠를 따라서만 잘라내는 것이다. 부분적인 벌목에서 가장 큰 나무들만 베어내는 **산목 채취**(shelterwood harvesting)는 숲의 임관을 남겨두어 북가시나무나 너도밤나무와 같이 그늘에서도 잘 자라는 나무들이 빠르게 다시 성장할 수 있도록 한다.

목재 채취를 위하여 개벌을 하는 또 다른 대안인 **선택**

방목의 정도와 시기는 지속 가능한 방목지의 생산성에 열쇠가 된다

(USDA photo by Jack Dykinga)

그림 7.38 건강한 아건조 방목지는 단위면적당 방목률을 잘 관리하면 목초를 잘 유지시킬 수 있고 또 토양 침식을 획기적으로 줄일 수 있다.

벌목(택벌, selective logging)은 가장 잘 큰, 높은 가치를 갖는 나무들만 벌목하며 삼림 생태계는 그대로 놔두는 것이다. 한 장소에서 벌목한 후 피복 식물을 복원하면 토양 유실을 크게 줄일 수 있다. 그러나 벌목이 된 경관에서 토양 침식을 줄이려면 벌목 시 개설된 길을 없애고, 특히 하천이 가로지르는 곳의 경관을 자연 상태로 복원하는 것이다(그림 7.39).

큰 삼림 화재는 토양의 침식을 굉장히 일으키는 반면(212쪽 그림 7.20b 참조), 낮은 강도의 산불은 일반적으

산목 채취 부분적으로 나무를 베어낼 때 가장 큰 나무들만 베어내는 벌목으로 숲의 임관을 남겨두어 북가시나무나 너도밤나무와 같이 그늘에서도 잘 자라는 나무들이 빠르게 다시 성장할 수 있도록 한다.

선택 벌목(택벌) 가장 잘 큰, 높은 가치를 갖는 나무들만 벌목을 하며 삼림 생태계는 그대로 놔두는 것

관리를 하는 삼림에 있는 도로는 토양 침식의 주된 요인이다

(U.S. Forest Service)

삼림 도로 복원의 초기 단계

(U.S. Forest Service)

지면 등고선을 복원하고, 씨앗, 비료와 피복을 더해줌

그림 7.39 도로를 폐쇄하고 산지의 자연 사면에 식생을 복원하면 벌목한 삼림의 토양 유실을 획기적으로 줄인다.

수목 밀도를 줄이고 죽은 나무만 제어된 연소를 하면 삼림 화재 강도를 낮춘다

앙고라 산불 전에 나무 간벌이 안 되었거나 불에 탈 연료를 줄이지 않았음

앙고라 산불 전에 나무 간벌이 되었거나 불에 탈 연료를 줄였음

그림 7.40   왼쪽 사진은 2007년 앙고라 산불이 일어난 동안 불에 탄 곳으로 나무 간벌과 불에 탈 연료를 줄이지 않았기에 산불이 난 후 살아남은 나무가 없음을 보여준다. 오른쪽 사진은 나무 간벌이 되고 불에 탈 연료를 줄였던 곳으로 산불이 났더라도 90%의 나무들이 살아남았으며 산불은 지면을 따라서만 일어났고 숲의 윗부분으로는 확대되지 않았다. (자료 출처 : Safford et al., 2009)

로 토양의 침식을 일으키지 않는다. 이에 따라 하층 식생이 드문드문 발달하면 삼림 화재의 강도를 줄여서 삼림 토양과 삼림 자체를 유지시킬 수 있다. 캘리포니아 주와 네바다 주의 경계에 있는 타호 호수 분지의 삼림 1,243헥타르를 태운 앙고라 화재는 식생 관리가 어떻게 삼림 화재의 강도를 줄이는지에 대한 좋은 예를 제시한다. 우연찮게도 앙고라 화재는 강도 높은 산불의 위험을 줄이기 위해 식생의 밀도를 낮추었던 194헥타르의 삼림을 태웠고 또 산불은 식생의 밀도를 낮추지 않은 지역의 삼림을 휩쓸고 지나갔다. 산불의 강도와 나무들의 죽은 정도는 두드러지게 차이가 났다(그림 7.40).

식생의 조밀도를 낮춘 삼림 지역에서는 나무의 생존율이 85% 이상이었지만 조밀도를 낮추지 않은 지역에서는 단 22%의 나무만이 생존하였다. 삼림 관리를 하여 일어난 낮은 강도의 화재는 결국 더 많은 수의 나무가 살아남도록 하였는데, 이로 인하여 침식으로 인한 토양의 유실을 줄였다. 주기적으로 숲을 제어하며 태우면 극심한 산불을 일으킬 탈 나무가 축적되는 것을 줄이고 강한 산불 이후 토양 유실이 많이 일어날 수 있는 기회를 줄일 수 있다.

토양 비옥도를 지속시킨 고대의 방식

아마존 강 분지의 열대 삼림은 우거져 있지만 토양의 비

옥도는 빈약하여 대부분 농업을 하기에는 부적절한 편이다(203쪽 그림 7.6 참조). 그러나 토양학자와 고고학자들은 아마존 분지 곳곳에 **흑토**(terra preta)라는 어두운 색의 비옥한 토양이 상당한 범위에 분포한다는 것을 알아냈다. 흑토가 있는 많은 지역은 수 세기 동안 지속적으로 농경 재배가 이루어졌으며 비록 오래 전에 버려졌지만 이 토양은 아직도 인접한 변질되지 않은 열대 우림의 토양에 비해 1헥타르당 2배 정도의 농작물을 생산할 수 있다.

그러면 어떻게 이렇게 비옥한 토양으로 이루어진 지역이 만들어졌으며 또 누구에 의해 만들어진 것인가? 아마존 분지의 원주민들이 주변의 자연에서 채취한 어류와 사냥 동물의 폐기물과 사람의 폐기물, 그리고 숯을 버려 유기물과 영양분을 더했기 때문이다(그림 7.41). 원주민들은 상당한 양의 이산화탄소를 대기로 방출하는 화전 농업보다는 약한 불을 때서 숯을 만들었는데, 이 숯들이 토양에서 영양분을 잘 붙잡아두어 열대의 많은 비에도 영양분이 씻겨나가지 못하도록 하였다.

사실 흑토에서 이 숯은 전 세계의 과학자들에게 영감을 제공하여 바이오매스를 숯으로 만들게 했고 이렇게 만들어진 바이오 숯을 토양에 첨가제로 이용하는 실험이 이루어졌다(그림 7.42).

흑토 어두운 색의 비옥한 토양으로 숯과 영양분이 많은데, 이 토양은 아마존 강 분지에 유럽인들이 들어오기 전에 원주민들에 의하여 만들어졌다.

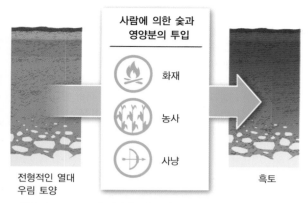

고대의 풍습이 열대 우림 토양의 비옥도를 지속 가능하게 했다

사람에 의한 숲과
영양분의 투입

🔥 화재

🌿 농사

⊕ 사냥

전형적인 열대
우림 토양　　　　　　흑토

그림 7.41　7,000년 전까지 거슬러 올라가는 작은 마을 중심지와 연관된 인간의 활동 결과로 아마존 분지에 비옥한 흑토가 발달하였다.

⚠ 생각해보기

1. 농업 활동을 하면서 토양을 유지시키는 방안을 알아보라.
2. 갈아엎기 없는 농업으로 토양의 침식을 줄인 혜택과 화학약품 제초제를 사용하여 발생하는 잠재적 환경 비용과는 어떻게 균형을 이룰까?
3. 일반적으로 산불은 파괴력을 가진 것으로 간주되지만 일부 생태계에서 산불이 일어나지 않도록 하는 것도 생태계를 교란시키고 파괴하는 정책이라는 것을 설명하라.
4. 아마존 분지의 흑토와 유사하게 숯을 토양에 첨가하는 고대의 농업 방식을 쓸 때 혜택을 얻을 수 있는 토양은 어떤 종류가 있을까? (힌트 : 203쪽 그림 7.6 참조).

7.12 지속 가능한 관개를 위해서 물과 염류를 잘 관리해야 한다

식량 안보는 인공 저수지, 자연의 지하 대수층에 저장된 담수와 송수로나 수로를 통해 장거리 운반된 물 공급에 달려 있다. 2010년에 밀, 쌀, 옥수수 같은 곡물의 전 세계 생산량의 약 43%는 관개된 땅에서 생산되었다. 관개가 없다면 이 땅들에서의 곡물 생산량은 거의 절반으로 낮아져 전 세계 곡물 생산량의 20%가 감소할 것이다. 그렇지만 지역에 따라 관개로 인한 곡물 생산량은 많은 차이가 있다. 예를 들면 관개를 하지 않으면 남아시아에서는 곡물 생산량의 45%를, 북아프리카에서는 66%의 곡물 생산량이 줄어들 것이다. 반면 유럽은 정기적으로 충분한 비가 내리기 때문에 곡물 생산량은 영향을 받지 않는다. 장기적으로 식량 안보는 관개가 지속 가능하게 유지될 때 이루어질 수 있으므로, 이를 위해서는 물과 염류를 잘 관리해야 한다.

물 관리

물의 효율적 이용은 지속 가능한 관개가 이루어지기 위한 가장 중요한 요소의 하나이다. 수자원 이용의 효율성을 높이기 위한 기술은 지하수나 지표수의 채취를 줄여 바로 지속 가능한 관개가 이루어질 수 있도록 한다. 예를 들면 담수 관개(213쪽 그림 7.21a 참조)로 농경지에 물을

오래된 기술이 토양의 비옥도를 유지하기 위해 사용되고 있다

산업 규모의 바이오 숯 생산 공장

간단한 바이오 숯 생산 공장

그림 7.42　바이오 숯을 생산하는 현대 기술이 빠르게 발전하고 있다. 그렇지만 간단한 작은 규모의 바이오 숯 생산 공정도 역시 효율적인 토양 첨가제인 숯을 생산할 수 있다.

댈 경우 적절히 평탄하게 유지하고 경사지게 하면 관개가 균질하게 이루어지도록 해 많은 양의 농작물 생산에 필요한 물의 양을 줄일 수 있다. 성장하는 농작물의 뿌리 지대에만 점적 관개(213쪽 그림 7.21c 참조)와 같은 정밀도 높은 기술로 적당한 물을 공급하면 더 많은 물을 줄일 수 있다.

또 좀 더 효율적인 물 사용은 농작물과 토양 표면에서 물이 새나가는 것을 줄이면 가능하다. 물이 증발로 빠져나가는 것을 줄이는 한 방법으로 토양 표면을 자연적이나 합성의 덮개로 **피복**(mulch)을 하는데, 이렇게 하면 토양의 수분을 보존하며 토양의 온도 변동을 줄이고 잡초가 자라는 것을 줄일 수 있다.

염류 관리

토양에는 관개를 한 물의 방울마다 염류가 더해진다. 이 점에서 농부는 지하수 수위가 높아지지 않도록 토양의 배수가 잘 일어나도록 해야 한다. 배수가 잘 일어나지 않으면 토양이 물에 잠기고 염류 집적작용이 일어난다(214쪽 그림 7.22 참조). 농산물 생산에 필요한 적당한 양의 물만큼만 공급하는 한편 짠물이 생성되어 빠져나가지 않도록 매우 효율적인 관개 시스템을 이용하면 염류가 지하수와 지표수로 이동하는 것을 줄일 수 있다(그림 7.43).

피복 토양 표면을 자연적이나 합성의 덮개로 덮는 것으로 토양의 수분을 보존하며, 토양의 온도 변동과 잡초가 자라는 것을 줄인다.

⚠ **생각해보기**

1. 관개를 한 지형에서 토양이 물에 잠기지 않게 하려면 어떠한 농법을 해야 할까?
2. 농작물에 물이 필요로 할 때만 관개 할 경우 어떻게 관리해야 배수의 양을 줄일 수 있을까?
3. 콜로라도 강 분지의 개발(174쪽 그림 6.11 참조)은 분지의 약 1백만 헥타르의 땅 면적을 관개하는 농경지로 전환하는 것이었다. 그런데 이 개발과 연관되어서 콜로라도 강, 특히 멕시코 근처의 하류에서 강물의 염분이 상당히 높아졌다. 이 두 사건 사이의 연관 관계를 설명하라.

7.13 해충을 제어하기 위한 관개 방식은 농약오염을 줄이고 농약 내성의 진화를 줄인다

자연 생태계에서 식물은 일반적으로 자체의 이화학적인 방어 체계로, 또 해충의 포식자와 병원체로부터 보호받고 있다. 농부들은 농약이 잘 듣지 않거나 초토화시키는 해충의 급번성에 대처하기 위해서 자연 생태계의 방식으로 선회한다.

통합 해충 관리

콜로라도토마토벌레의 예에서 본 것처럼 농약 내성은 농약을 많은 양으로 다양한 종류로 지속적으로 사용하는 집약 농업에서 발생하는 결과의 하나이다. 이와 같이 끝

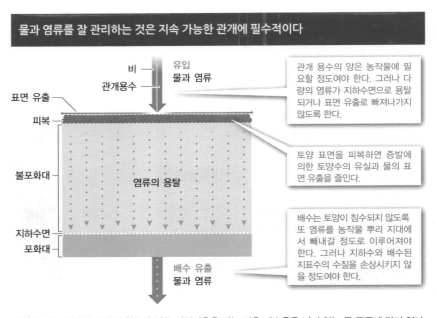

물과 염류를 잘 관리하는 것은 지속 가능한 관개에 필수적이다

비 — 유입
관개용수 — 물과 염류

표면 유출

피복

불포화대

염류의 용탈

지하수면

포화대

배수 유출
물과 염류

관개 용수의 양은 농작물에 필요할 정도여야 한다. 그러나 다량의 염류가 지하수면으로 용탈되거나 표면 유출로 빠져나가지 않도록 한다.

토양 표면을 피복하면 증발에 의한 토양수의 유실과 물의 표면 유출을 줄인다.

배수는 토양이 침수되지 않도록 또 염류를 농작물 뿌리 지대에서 빼내갈 정도로 이루어져야 한다. 그러나 지하수와 배수된 지표수의 수질을 손상시키지 않을 정도여야 한다.

그림 7.43   관개한 토양의 침수와 염류 직접작용을 막는 것은 배수율을 넘지 않는 물 공급에 달려 있다.

도 없는 순환의 덫에 빠지는 것을 피하기 위해 농업 전문가들은 **통합 해충 관리**(Integrated Pest Management, IPM)를 개발하였다. 이 관리법은 수용할 만한 범위 내에서의 해충 피해를 포함하지만 인체, 재산과 환경에는 최소한의 해를 끼치는 많은 정보를 이용한다. 이를 실천하는 사람은 해충에 강한 다양한 농작물을 심거나 해충이 증강되는 것을 막기 위해 농작물을 순환적으로 심거나 병이 걸리거나 감염된 식물은 뽑아내는 것과 같은 예방조치를 실시한다. 농작물이 자라는 시기 동안에는 해충 개체 수와 해충을 억제하는 해충의 천적에 대한 초기 징후를 감시한다(그림 7.44). 마지막으로 다양한 농약을 사용하기 전에 해충을 목표로 하는 기술인 해충 덫이나 기계적인 조절장치를 이용하여 해충을 죽인다(그림 7.45).

Bt 옥수수와 같은 GM 농작물은 아직 해충이 이들을 죽이는 농작물에 내성이 생길 정도로 진화하지 않았기에 통합 해충 관리를 할 단계까지는 안 되었다. Bt에 내성을 가지는 해충을 제어할 가장 중요한 요소는 농작물 해충의 각 세대가 Bt에 민감한 개체인가를 확인하는 것이다.

그러기 위해서는 농부들은 농경지에 일정한 비율의 Bt를 가지지 않는 농작물 종류를 심는 것이다. Bt를 가지지 않는 농작물로 피해 들어가는 거의 대부분의 해충들은 Bt에 취약할 것이다. 다양한 Bt 농작물에서 성체로 자라는 소수의 내성을 가지는 해충과 짝짓기를 하는 것들은 거의 전적으로 Bt에 취약한 개체들이다(그림 7.46). 이에 따라 내성을 가진 개체가 내성을 가지지 않는 개체와 짝짓기를 하여 생긴 새끼들은 Bt 농작물의 조직을 먹으면 죽게 될 것이며 해충 개체 수에서 내성을 가진 개체 수 발생의 빈도는 늘어나지 않을 것이다.

많은 농부들이 제초제에 내성을 가진 GM 농작물을 채택하고 있는데 미국에서 기르는 콩의 91%를 차지한다. 그러나 제초제가 널리 사용됨에 따라 농부들은 제초제에 내성을 가진 '수퍼 잡초'가 생기지 않을까 관찰하고 있다. 제초제의 내성을 피하는 관건은 잡초 개체에 진화적 선택의 양상과 강도를 바꾸는 것이다. 같은 제초제를 한 종의 잡초에 반복적으로 사용하면 쓰는 제초제에 내성을 가진 잡초들만 살아남도록 하는 방향으로 진행될 것이다(69쪽

통합 해충 관리(IPM) 해충(예 : 곤충, 병원체, 잡초)을 관리하는 방안으로 해충으로 인한 손해가 수용할 수 있는 범위 내에 있는 반면 사람, 재산과 환경 위해는 최소한으로 하기 위한 많은 정보의 출처를 활용한다.

성공적인 통합 해충 관리에는 정보가 필수적이다

그림 7.44 통제 수단이 필요한 단계인가를 결정할 해충 개체 수의 감시관찰은 통합 해충 관리의 핵심이다.

통합 해충 관리에서는 해충을 제어하기 위해 단계적으로 조치하기를 권장한다

그림 7.45 해충의 개체 수가 증가하면 통합 해충 관리는 환경에 미치는 영향이 최소가 되는 제어 방법으로 시작한다. 예를 들면 사진과 같은 덫은 특정한 해충 종을 유인하는 화학물질을 가지고 있어서 일부 문제 해충 종을 조절하는 데 효율적이며 환경에 미치는 영향은 거의 없다.

농부들은 농작물 해충의 Bt 내성에 대처하기 위해 '피난처 기법'을 사용한다

피난처 기법

Bt에 민감함 개체들을 환경에 퍼뜨리는 피난처 기법은 두 마리의 내성을 가진 해충이 서로 짝짓기를 할 가능성을 대단히 낮추지만 대신 Bt가 아닌 피난처에서 나온 민감한 개체들과 짝짓기를 하게 된다.

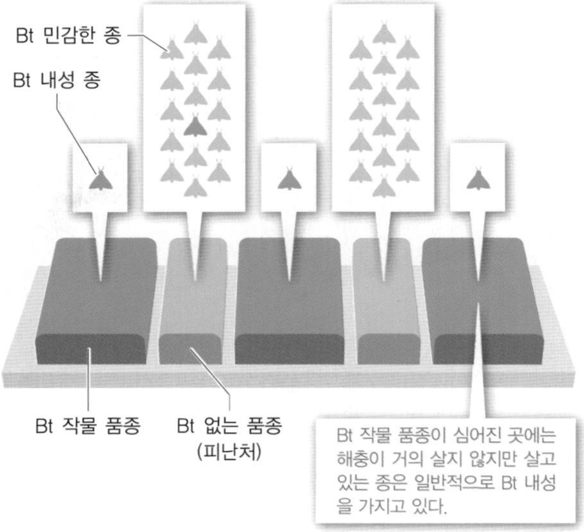

Bt 민감한 종
Bt 내성 종

Bt 작물 품종
Bt 없는 품종 (피난처)

Bt 작물 품종이 심어진 곳에는 해충이 거의 살지 않지만 살고 있는 종은 일반적으로 Bt 내성을 가지고 있다.

그림 7.46 Bt 내성의 진화를 방지하기 위한 피난처 기법은 각 세대에서 출현하는 해충의 어떤 내성을 가진 변종들이라도 Bt에 민감한 짝들이 얼마나 많이 만들어지느냐에 달려 있다. 이 기법의 성공은 Bt에 민감한 해충과 Bt독에 내성을 가진 해충 사이에 짝짓기로 생긴 새끼에 달려 있다.

그림 3.6 참조). 이렇게 되면 내성의 특성이 잡초들에 남아 있게 되어 점차 이 잡초들의 개체는 증가할 것이다.

농부들은 같은 제초제를 지속적으로 쓰는 것보다 오래전부터 해오던 손으로 잡초를 제거하며 다양한 종류의 제초제를 쓸 수 있다. 또는 서로 다른 방식으로 두 종류의 제초제를 번갈아가며 사용할 수도 있다. 성공하기 위해서는 지속 가능한 농법으로 농작물의 환경에 대한 예의 주시와 자연선택으로 인한 진화 등 다양한 자연 작용에 대하여 잘 알고 있어야 한다.

⚠ 생각해보기

1. 통합 해충 관리는 농약 사용과 관련된 가장 심각한 어떤 환경 영향을 해결할 수 있을까?
2. 통합 해충 관리를 할 때 GM 농작물을 심는 것과 GM 농작물이 주는 혜택을 저울질할 때 어떤 판단을 할 수 있을까?
3. 농작물에 피해를 주는 해충이 Bt내성으로의 진화를 막기 위해 사용하는 해충 피난처 기법(그림 7.46 참조)은 Bt내성을 가진 해충이 Bt내성을 가진 다른 해충과 선별적으로 짝짓기를 할 때도 유효할까?

7.10~7.13 해결방안 : 요약

전 세계 인구의 영양 실조와 영양 부족 상태를 해결하기 위한 가장 지속 가능한 방법은 지역 농부들로 하여금 영양 식료품을 충분히 생산하도록 지원하는 것이다. 농업에서 생물다양성은 농업 생산량을 증대시키고 화학약품과 에너지의 사용을 줄인다.

건강하고 비옥한 토양의 유실을 최소화하려면 경사진 땅에서는 등고선을 따라 재배하거나 계단을 만들면 토양 침식을 줄일 수 있다. 땅을 덜 갈아엎거나 갈아엎지 않으면서 농작물을 재배하면 토양의 교란을 줄이고 경작지에 농작물의 잔해를 남겨 토양 유실을 더 줄일 수 있다. 선별적 벌목, 피복 식물의 복원과 벌목이 끝난 후 개설된 벌목용 도로를 없애면 관리하는 삼림의 토양 유실을 줄이는 데 도움이 된다. 불에 탈 나무와 산불을 잘 관리하면 빠른 토양 침식을 일으키는 강도가 높은, 재앙을 일으키는 산불이 날 기회를 줄일 수 있다. 목초지에서 적절한 가축 수를 유지하고 주기적으로 목초지를 쉬게 하면 사막화 현상을 줄일 수 있다. 아마존 분지의 원주민들은 보통 유목민과 같이 화전 농업을 하는 대신 풍화를 많이 받은 열대 삼림 토양에 영양분과 숯을 더하여 농업 생산이 지속되도록 하였다.

지속 가능한 관개를 하기 위해서는 물과 염류를 잘 관리해야 한다. 좀 더 정밀한 관개는 물을 아끼고 염류의 생성을 억제하는 효율적인 방식이다.

통합 해충 관리의 핵심 요소로는 해충 개체 수의 상태와 이들의 천적 개체 수에 대한 정보, 해충 개체 수의 증가를 줄이는 예방조치 실행, 그리고 가장 위험이 적은 단계부터 단계적으로 조치하는 제어수단이 있다. 통합 해충 관리는 특히 제초제와 해충 내성에 대해 조작된 GM 농작물에도 점차 적용하고 있다.

각 장의 절에 대하여 아래 질문에 답을 하고 난 후 핵심 질문에 답하라.

핵심 질문 : 환경에 미치는 영향을 최소화하면서 식량과 임산 자원을 생산하려면 어떻게 해야 할까?

7.1~7.3 과학원리

- 기후와 생물다양성은 육상의 일차생산량에 어떤 영향을 미치는가?
- 토양은 어떻게 생성되는가?
- 자연 생물군계에 의거한 농업계는 어떤 종류가 있을까?

7.4~7.9 문제

- 농사, 목축과 임업은 토양에 어떤 영향을 미칠까?
- 관개는 어떤 식으로 토양의 질을 변질시키는가?
- 집약 농업을 하면 어떤 문제점들이 발생할 수 있을까?
- 유전자 조작(GM) 농작물은 무엇 때문에 논란이 되고 있으며 이들의 잠재성은 무엇일까?

육상 자원과 우리

육상 자원은 우리에게 식량, 연료와 건축 자재를 제공한다. 이들 자원은 우리의 삶에 매우 중요하기 때문에 우리의 일상생활에서 이들을 좀 더 지속 가능하게 사용할 많은 기회가 있다.

☐ **정보 습득하기**

여러분이 속한 사회에서 식량의 공급원은 무엇인가에 대해 알아보라. 큰 식료품가게 외에도 지역의 식료품 생산자로부터 직접 살 수 있는 농산물 직판장이 있는가? 여러분 지역 농업에 필요한 물은 어디에서 구하는가? 여러분 지역에 삼림지가 있다면 이 삼림지가 어떻게 관리되고 있는지 알아보라.

☐ **먹이사슬에서 낮은 단계에 있는 것 먹기**

제6장에서 일상생활에서 위생시설과 기타 용도로 사용하는 물의 양을 줄이기 위한 방법을 알아보았다. 살펴보았듯이 전 세계에서 물을 가장 많이 사용하는 분야는 농업이다. 농산물을 생산하는 데 소요되는 물은 농산물마다 다르다. 가장 물을 많이 소비하는 것은 축산물이며, 그중에서도 특히 소고기이다. 최근의 추정에 의하면 채식으로 바꾸면 식품을 생산하는 데 36%의 물 소비를 줄일 수 있다고 한다. 식료품을 생산하는 데 사용되는 물의 양을 줄이는 가장 효과적인 방법의 하나는 축산물을 좀더 적게 먹는 것이다. 한 가족 4명이 일주일에 고기 없는 식단을 하루 한 번 차린다면 한 해 동안 육류 소비를 45킬로그램 이상을 줄이는 것이다.

☐ **자신의 식량 일부 기르기**

충분한 공간을 가지고 있다면 정원에 농작물을 심어보거나 그렇지 않다면 작은 흙을 쌓아 만든 화분이나 항아리에 약초나 야채를 길러보라. 많은 지역사회는 땅에 야채밭을 만드는 기회를 제공한다. 자신이 먹을 식량의 적은 양이라도 기른다면 식량 생산하는 과정을 알게 하고 농부가 직면하는 문제들을 이해하는 데 도움을 준다.

☐ **지속 가능하게 생산되는 육상 자원을 구매하고 소비하기**

소비자로서 여러분이 사는 생산품이 생산되는 과정에 영향을 미칠 수 있다. 육상 자원에 관해서 지속 가능한 농법과 삼림 관리를 통하여 생산되는 것으로 인증을 받은 생산물을 골라 구매할 수 있다. 열대우림 동맹(Rainforest Alliance)은 농업 생산물과 임업 생산물에서부터 가정과 사무용 자재에 이르는 소비재에 대하여 인증해주고 있다. 잘 먹기 안내(Eat Well Guide)와 같이 온라인을 통한 다양한 정보원에서 어디에서 지속 가능하게 생산되는 식품을 살 수 있는지에 대한 정보를 찾을 수 있다. 육류, 달걀, 우유와 같은 축산물을 살 때는 동물 복지 인증(Animal Welfare Approved)과 같은 단체에서 보증되는 생산물을 고려하라.

7.10~7.13 해결방안

- 유전적 다양성과 농작물 다양성을 늘릴 때 어떤 혜택이 있는가?
- 지속 가능한 농사, 삼림 관리와 목축을 하면 어떻게 토양 유실을 줄이고 토양의 비옥도를 개선하는가?
- 지속 가능한 관개를 하기 위해서 어떤 요인들을 관리해야 하는가?
- 통합 해충 관리란 무엇이며 이것을 하면 어떤 혜택이 있는가?

핵심 질문에 대한 답

_____
_____
_____
_____
_____
_____
_____

제7장
복습 문제

1. 다음의 생태계 중 어느 것이 가장 높은 일차생산량을 만들어낼까?
   a. 열대 삼림
   b. 온대 삼림
   c. 뜨거운 사막
   d. 온대 초지

2. 다음 중에서 어느 토양 층위가 가장 유기물이 적을까?
   a. O층
   b. A층
   c. B층
   d. C층

3. 일반적으로 열대 삼림 토양은 왜 유기물 함량이 낮을까?
   a. 열대 삼림의 낮은 일차생산량
   b. 열대 삼림에서의 유기물 분해가 일어나지 않음
   c. 토양 유기물의 높은 분해율
   d. 열대 삼림에는 개미와 같은 토양동물이 없음

4. 다음 요인 중 어느 것이 삼림에서 토양의 침식에 많은 영향을 미치는가?
   a. 도로 건설
   b. 야생 산불
   c. 중장비로 인한 토양 교란
   d. 위 항목 모두

5. 다음 상황 중 어떤 것이 관개로 인해 토양 염화작용이 가장 잘 일어날 수 있는가?
   a. 배수가 잘되고 관개로 물 유입이 적은 토양
   b. 배수가 잘 안되고 관개로 물 유입이 많은 토양
   c. 낮은(깊은) 지하수면을 가진 토양
   d. 용탈이 많이 일어나는 모래질 토양

6. 농약에 노출이 되기 전에 해충 개체 수에서 농약에 내성을 가지는 유전자를 가진 해충은 일반적으로 드물다. 해충의 개체 수에서 농약에 내성을 가진 개체들은 왜 그런가?
   a. 농약에 내성을 가진 개체들은 농약이 없는 상태에서 그렇지 않은 개체들에 비해 경쟁에서 불리하다.
   b. 농약에 내성을 가진 개체들은 농약이 있건 없건 간에 그렇지 않은 개체들에 비해 경쟁에서 유리하다.
   c. 농약에 내성을 가진 개체들은 모든 환경에서 그렇지 않은 개체들에 비해 경쟁에서 불리하다.
   d. 농약에 내성을 가진 개체들이나 취약한 개체 사이에는 경쟁력에서 차이가 없다.

7. 유전자 조작된 생물(GMO)은 어떤 점에서 유전자 이식이라고 하는가?
   a. 이 생물은 야생 원조 생물과 유전자가 다르기 때문
   b. 이 생물은 해충의 공격에 더 내성이 있기 때문
   c. 이 생물은 다른 종류들보다 성장률이 높기 때문
   d. 이 생물은 다른 종의 유전자를 가지고 있기 때문

8. 다음에서 녹색혁명의 일부가 아닌 것은?
   a. 농약 사용
   b. 재래식 경운 농업
   c. 유전자 조작 농작물
   d. 집약적인 식물 육종 프로그램

9. 다음 농사법에서 가장 낮은 연료 비용을 가지는 방법은?
   a. 재래식 경운 농사
   b. 적게 갈아엎기 농사

c. 갈아엎기 없는 농사
d. 위 모든 농사법은 비슷한 연료 비용을 가진다.

10. 다음 어느 것이 통합 해충 관리에 해당하지 않는가?
   a. 해충 개체 수의 규모를 자세히 관찰하기
   b. 해충 개체 수가 증가하면 이들을 붙잡는 방식을 적용한 단계적 대응
   c. 해충에 내성을 가진 농작물의 여러 종류를 심으면서 예방조치
   d. 화학약품을 뿌려서 해충 개체 수를 궁극적으로 제거하기

비판적 분석

1. 왜 일부 환경 관찰자들은 집약 농업의 영향이 농업 자체의 문제라기보다 실제 인구의 문제라고 주장하는가?

2. 미국의 1930년대 재앙인 먼지폭풍(208쪽 그림 7.12 참조)이 극에 달했을 때 미국 대통령 프랭클린 D. 루스벨트는 "토양을 파괴하는 국가는 스스로 망한다."고 했다. 이 말의 논리적 근거를 설명하라.

3. 진화생물학, 군집생태학과 생태계생태학의 개념이 오늘날의 농업에 어떤 많은 정보를 제공하는가?

4. 그림 4.3(105쪽), 그림 7.4(202쪽)와 그림 7.6(203쪽)을 참조하여 전 지구적인 생물군계, 기후와 토양의 분포를 정리하라. 이 요인들이 농업의 발달에 어떤 영향을 미쳤는지 알아보라.

5. 농작물을 생산하기 위하여 관개가 필요한 땅에서 지속 가능하게 농사를 지을 자세한 개념 설계해보라.

핵심 질문: 어장과 양식을 지속 가능하도록
관리할 수 있을까?

어패류를 수확하는 방법과 물리적 환경이
수산 자원의 효용성에 미치는 영향을 설명한다.

(Bill Dewey, Taylor Shellfish Farms)

과학원리

제8장

수산 자원 지속시키기

인간이 수산 자원에 미치는 영향을 분석한다.

지속 가능한 양식과 어업 개발 방법을 논의한다.

문제

해결방안

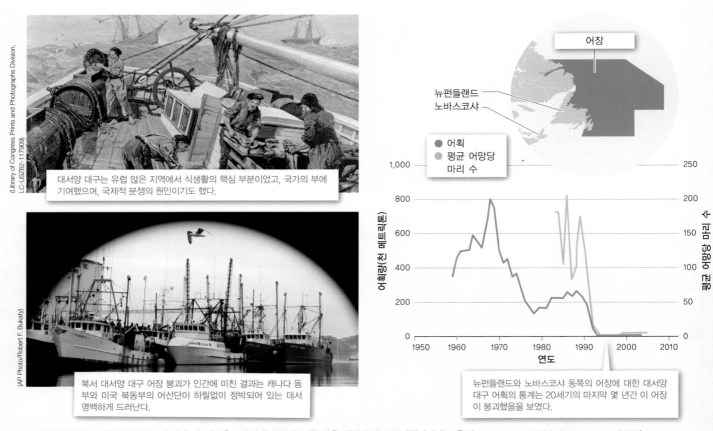

대서양 대구는 유럽 많은 지역에서 식생활의 핵심 부분이었고, 국가의 부에 기여했으며, 국제적 분쟁의 원인이기도 했다.

북서 대서양 대구 어장 붕괴가 인간에 미친 결과는 캐나다 동부와 미국 북동부의 어선단이 하릴없이 정박되어 있는 데서 명백하게 드러난다.

뉴펀들랜드와 노바스코샤 동쪽의 어장에 대한 대서양 대구 어획의 통계는 20세기의 마지막 몇 년간 이 어장이 붕괴했음을 보였다.

북서 대서양 대구 어장의 역사적 이미지. 이 어장은 5세기에 걸쳐 풍부한 양을 생산하다가 붕괴했다. (자료 출처 : Lilly et al., 2006; Stares et al., 2007)

과도한 수확으로 어장이 붕괴된 슬픈 이야기

유럽인들이 북아메리카 연안에서 처음 대서양 대구를 잡기 시작했을 때, 믿기 힘들 만큼 물고기가 풍부했다. 5세기가 지난 지금, 그런 천연 자원은 더 이상 찾을 수 없다.

대서양 대구(*Gadus morhua*)는 저서성 포식 어류로, 다 자라면 무게가 90킬로그램까지 된다. 해저 밑바닥을 배회하며 자기보다 작은 물고기와 갑각류를 사냥하는 최상위 포식자이다. 이미 15세기부터 사람들은 얇게 벗겨지는 흰 살점을 말리고 소금에 절여 오랜 기간 보관할 수 있다는 점 때문에 이 생선을 귀하게 여겼

다. 곧 대구는 지구에서 가장 크고 값비싼 어장의 중심이 되었다. 전 세계적인 대구 어획은 1960년대에 절정에 달했는데, 거대한 저인망(바다 밑바닥을 따라 끄는 그물) 어선이 한 해에만 390만 톤의 대구를 끌어올렸다. 해양의 풍부함은 끝이 없어 보였다.

그런데 1992년 봄, 매사추세츠 주 뉴베드포드에서 출발해 노바

"해양이 살아남지 못한다면 우리도 살아남지 못할 것이다."

잭슨 브라운, 'If I Could Be Anywhere', 2010

스코샤의 핼리팩스 항구로 돌아온 어선들은 선체가 거의 비어 있었다. 대구 자원은 이전 최고 수준의 1% 미만으로 떨어졌고, 규제 기관들은 조지스뱅크(미국과 캐나다에 접한 대서양 연안의 해저 고원)의 주요 어장을 폐쇄시켰다. 소매상들은 흰살 생선 요리에 대구 대신 알래스카폴록과 뉴질랜드호키를 사용하였다. 대구 **어장**(fishery)이 붕괴해버린 것이다.

어장 붕괴(fisheries collapse)는 특정 어종의 연간 어획량이 과거 최고 수준의 10% 미만으로 감소할 때 일어난다. 오늘날 북서 대서양 대구 어장이 붕괴하고 뒤이어 어장이 폐쇄된 후, 매년 대구를 수십만 톤씩 수확하던 어선단은 이제 할일이 없어 멈춰 있다. 미국에서 대구와 그 외 다른 어장이 붕괴한 요인은 무엇일까? 어떻게 하면 이곳과 세계 곳곳의 귀중한 어장을 다시 회복시킬 수

있을까? 그런 방법이 있기나 한 것일까? 이 장에서는 어장 뒤에 숨어 있는 과학에 대해서, 그리고 어장을 예전의 건전한 상태로 회복시키기 위해 필요한 단계에 대해 탐구할 것이다.

뉴잉글랜드와 캐나다 인근 바다의 풍요로웠던 대구 어장이 붕괴한 일은 특별하지 않다. 20세기 산업적 어업이 번창하면서 비슷한 몰락이 세계 곳곳의 다른 어장에서도 일어났다. 미국에서는 40가지 어류 자원이 남획되었고 28가지는 계속 남획되고 있다고 미국 국립해양대기청(NOAA)은 파악하고 있다. 미국은 한때 주요 어류 수출국이었으나 지금은 대부분의 해산물을 수입에 의존하고 있다. 이러한 어장의 쇠퇴는 먹이 사슬과 해양 생태계의 생산성에 위협을 가할 뿐 아니라 해양종들을 멸종시킬 수도 있다. 그리고 이것은 결과적으로 생태계와 이와 관련된 인간의 경제 활동에 영향을 미친다.

어장 어패류의 개체군과 이 개체군을 수확하는 데 관여하는 경제적 시스템. 주로 어패류가 수확되는 지리적 지역에 따라 식별된다.

어장 붕괴 특정 종의 연간 어획량이 과거 어획량의 10% 미만으로 감소하는 것

핵심 질문

어장과 양식을 지속 가능하도록 관리할 수 있을까?

(Bill Dewey, Taylor Shellfish Farms)

8.1~8.3 과학원리

우리는 초기 인류가 대형 육상 포유류를 사냥했다고 흔히 생각하지만, 고기잡이야말로 오랫동안 강, 호수, 특히 바다 근처에 사는 사람들이 생계를 잇는 수단이었다. 수천 년간, 인류는 민물고기와 해산물을 풍부히 수확해왔고, 이런 고대 해산물 식사의 잔재를 패총이라는 큰 무더기 형태로 남겨두었다. 이 패총들은 고고학자들에 의해 전 세계 해안에서 발견되었다. 전 세계 어장의 미래 생산성은 어업 생산 방법과 함께 지구 생태계의 건강에 달려 있다.

8.1 상업용 어류 개체군은 과도하게 수확되고 능동적으로 관리된다

전 세계적으로 어장은 약 4천만 명을 고용하며, 이들은 대략 1,500종을 주기적으로 수확하고 있다. 어업과 양식업의 총가치는 2,175억 달러로 추정된다. 대상 종은 가리비와 조개 등의 연체동물과 바닷가재, 게, 새우 등 갑각류 및 메기, 송어 등의 민물고기와 참다랑어, 멸치 등의 해양어류를 포함한다. 유엔식량농업기구(FAO)에 의하면, 2011년 세계에서 수확한 9천만 메트릭톤(9,900만 톤; 1메트릭톤은 1,000킬로그램 또는 2,204파운드)의 어류 중 약 90%는 해양 어장에서, 나머지 10%는 내륙의 강과 호수에서 온다.

추가로 6천만 메트릭톤이 양식업에서 오는데, **양식**(aquaculture)이란 물고기, 조개류, 조류(algae), 또는 식물을 포함한 수생생물을 주로 식용 작물로서 세심히 관리하며 키우는 것을 의미한다. 1950년에서 2011년까지 전 세계 어류 소비량은 연간 2천만 메트릭톤 미만에서 약 1억 5천만 메트릭톤까지 증가했다. 어부들이 잡는 특정 어류 외에 다른 해양 종들도 **부수어획물**(bycatch)로 영향을 받았다. 부수어획물이란 상업적이지 않은 어류, 조류(birds), 돌고래, 바닷거북, 기타 야생생물이 어구와의 접촉으로 인해 죽는 것이다. 부수어획물이 너무나 많은 비대상 종들에게 영향을 주므로 해양 먹이사슬에 광범위한 부정적 영향을 줄 수 있다.

어업의 종류

최초의 어부들은 **생계형 어업**(subsistence fishing)에 종사했다. 즉 자신과 가족이 먹을 만큼과 물물교환 또는 팔기 위해 약간 더 잡는 정도였다. 가장 단순한 기술은 얕은 물에서 손이나 창, 혹은 덫을 놓아 물고기를 잡거나 그물이나 기타 용기를 이용해서 물에서 떠내는 것이다. 오늘날에도 여전히 세계 곳곳의 토착민과 촌락민 사이에서는 생계형 또는 비상업적 어업이 행해진다. 예를 들어, 알래스카 주는 주민들이 소형 사내끼(handheld dipnet)나 스낵후크(미끼를 쓰지 않고 낚시꾼이 고기를 물에서 건져낼 수

양식 수생 유기체(예: 물고기, 조개, 조류, 또는 식물)를 주로 식용 작물로 세심히 관리하여 키우는 것. 해양, 염수, 또는 담수 환경에서 행해진다.

부수어획물 어구와 접촉한 결과 버려지는 어획물이나 유기체(예: 어류, 무척추동물, 조류, 돌고래, 바다거북)의 죽음

생계형 어업 자기 가정을 위한 것과 추가로 물물교환 또는 매매를 위한 약간만을 어획하는 행태

있도록 하는 고리)를 이용하여 매년 일정 수의 연어를 잡을 수 있도록 허용한다. 알래스카 주민들은 적절한 허가증만 있으면 여러 종류의 다른 종(넙치, 게, 조개)을 잡아 생계를 이을 수 있다. 대체로 생계형 어장은 작고 어류 개체군에 미치는 영향도 제한적이다.

생계형 어업과는 대조적으로 **상업형 어업**(commercial fishing)은 이익을 위해 물고기를 잡는 것이고, 전 세계적 어획량의 대부분을 차지한다. 상업형 어업의 90% 이상은 손으로 쓰는 낚싯줄이나 그물 등 최소한의 도구만을 사용하고 모터가 달린 소형보트 또는 모터가 없는 카누 등 작은 배에서 낚시하는 **소규모 어부**(small-scale fisher)들에 의해 행해진다. 그들은 보통 해안 가까이 머물며 한 번에 수 시간 또는 수일 동안만 고기를 잡는다.

산업형 어부(industrial fisherman)는 더 값비싸고 기술적으로 진보된 도구를 사용해서 물고기를 잡고 한 번에 수 주씩 여행하면서 잡은 물고기를 선상에서 처리하고 냉장 또는 냉동시키곤 한다. **저인망 어선**(bottom trawler)은 추를 단 그물을 해양 바닥을 따라 끌고 가면서 가리비, 새우, 게와 함께 대구나 도다리 등 바닥에 사는 물고기를 잡는다. **연승 어업**(longline fishing)은 수백 또는 수천 개의 갈고리에 미끼를 단 매우 긴 선을 쳐놓고 표면의 참다랑어나 바닥 물고기(예 : 넙치, 대구)를 잡는 것이다. **자망질**(gillnetting)은 태평양 북서부에서 쓰는 방법인데, 눈이 큰 망을 설치해놓고 연어 등을 선택적으로 잡는 방법이다. 망의 눈 크기에 따라 잡는 물고기의 크기가 정해진다. 망을 완전히 통과하지 못하는 물고기가 후퇴하려고 하면 아가미 덮개가 망에 걸리게 된다. 바닷가재나 게를 잡을 때는 미끼가 든 **통발**(pot trap) 등 다른 방법을 사용한다.

마지막으로 **스포츠 어업**(sport fishing) 또는 **여가형 어업**(recreational fishing)은 몬태나 주 개울에서 하는 플라이피싱(fly-fishing)이라든가 관광보트를 임대하여 상어, 황새치, 참다랑어 등 월척 크기의 물고기를 잡는 것이다. 몇몇 스포츠 어부들은 잡은 물고기를 먹지만 다른 어부들은 **방생**(catch-and-release fishing), 즉 잡은 물고기를 다시 놓아주는데, 이때 이 물고기가 풀려나서도 잘 살 수 있는지 확인해야 한다.

어장 관리

미국의 알래스카 수렵관리당국이나 미국 수산청 등 어장 규제기관의 관심사는 특정 자원에 대해 지속 가능한 수확량을 정하는 것이다. **자원**(stock)이란 생식적으로 다른 자원과 구별되는, 한 종의 부분 개체군으로 대략 정의된다. 남방참다랑어 같은 몇몇 광범위한 종은 한 자원으로 이루어지는 반면, 연어의 경우에는 번식을 위해 어떤 특정 강으로 돌아가느냐에 따라 수십 개의 자원이 알려져 있기도 하다. 어장 관리자들은 **자원 평가**(stock assessment)를 하여 어류 자원의 규모, 성장률, 지속 가능한 수확률을 추정한다. 자원 평가를 하기 위한 핵심 자료는 **노력어획량**(catch-per-unit effort)인데, 이는 특정 어구(그물이나 낚싯줄)를 일정 기간 사용해서 얼마나 많은 물고기를 잡을 수 있는지를 말한다. '표시하고 다시 잡는' 연구에서는 어장생물학자가 표시한 물고기를 놓아주었다가 다시 잡으려고 하는 과정에서 개체군의 규모나 특정 자원의 경계에 대해 더 잘 알게 된다.

어장 관련 통계가 복잡할 수 있지만 기본 원칙은 단순하다. 어획에 대한 압박이 심할 때 어류 개체군은 감소하고, 어획에 대한 압박이 낮을 때는 어류 개체군이 증가한다. 그러나 과학자들은 물고기 밀도가 높을 때 그들의 번식력이 낮다는 것을 발견했다. 결과적으로 물고기를 수확하여 밀도가 너무 높아지는 것을 방지하면 어장의 생산성을 높일 수 있다. 하지만 어류 개체군이 지나치게 감소하면 물고기는 적합한 짝을 찾기 어려워 어장의 생산성이 감소할 수 있다.

오랜 기간 어장 관리자들의 목표는 어류 개체군의 수확률이 **최대지속생산량**(maximum sustainable yield, MSY)이라 부르는 이론적 수준과 같거나 비슷하도록 관리하는 것이었다. MSY는 재생 가능한 자연 자원을 미래 생산량을 축소시키지 않는 범위에서 최대한 수확할 수 있는 양이다. 우리가 S형 또는 로지스틱 성장 곡선으로 증가하는 개체군을 가정한다면(73쪽 그림 3.11 참조), 개체군의 크기가 대략 포화밀도(carrying capacity)의 반이 될 때가 최대지속생산량일 것이라고 예상할 수 있다(그림 8.1). 이 크기에서 개체군의 증가율은 최대이고 수확 후 회복이 가장 빠르다. 잘 관리된 어장에서는 과학적 연구를 계속 진행하면서 관리자들과 어부들에게 최대지속생산량 이하로 자원이 소진되지 않도록 할 정보를 제공한다. 그러면 어장을 축소하든지 더 이상 수확을 못하도록 할 수 있다. 어류 자원이 MSY를 제공하는 개체군 크기 이하로 떨어지면 남획되고 있다고 간주된다.

상업형 어업 이익을 위한 어획. 세계 대부분의 어획은 여기에 속한다.

소규모 어부 작은 배나 모터가 없는 카누를 타고 최소한의 어구를 이용하는 상업형 어부

산업형 어부 한 번에 수 주에 걸쳐 여행하며 비싼 고급 기술의 어구를 이용해 어획을 배 위에서 처리하고 냉장하는 상업형 어부

저인망 어선 저서성 어류(예 : 대구, 가자미, 가리비, 새우, 게)를 잡기 위해 추를 단 그물을 해저 바닥에 끌고 다닌다.

연승 어업 고리에 미끼를 수백, 수천 개를 단 매우 긴 낚싯줄을 드리우는 행태. 다랑어(표면 근처) 또는 저서성 어류(예 : 넙치, 대구)를 잡는 데 사용한다.

자망질 대형 그물망을 물에 설치해 고기를 잡는 행태로 그물눈 크기에 따라 잡히는 물고기의 종류가 달라진다. 망을 완전히 통과하지 못하는 물고기는 빠져나가려고 할 때 아가미 덮개가 걸려 잡힌다.

통발 바닷가재 또는 게를 잡기 위한 미끼가 든 덫

스포츠(여가형) 어업 오락을 위해 낚시하는 것(예 : 플라이피싱, 트로피 크기 물고기를 잡기 위해 관광용 보트 대여)

방생 잡은 물고기를 다시 놓아주는 관행

자원 다른 자원과 생식적으로 독립적인 부분 종

자원 평가 어류 자원의 규모, 개체군의 성장률, 수확률에 대한 추정

노력어획량 특정 어구(그물 또는 낚싯줄)를 사용해서 일정 기간 잡는 물고기 수

최대지속생산량(MSY) 미래 어획량을 감소시키지 않을 만큼의 재생 가능한 자연 자원 최고 어획량

최대지속생산량

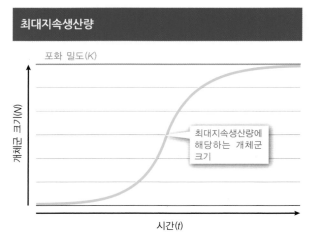

포화 밀도(K)

개체군 크기(N)

최대지속생산량에 해당하는 개체군 크기

시간(t)

그림 8.1   이론적으로 한 개체군의 최대지속생산량은 그 개체군이 최대 속도로 증가하고 있을 때 달성된다. 로지스틱 성장 곡선으로 증가하는 개체군에서는 개체군의 크기가 포화 밀도의 절반일 때 최대성장률이 나타난다. 따라서 어업 관리인들은 보통 어류 개체군을 이 크기에 가깝게 그러나 이보다 너무 낮거나 높지 않게 유지하려고 노력한다.

우세풍   지속적으로 한 방향으로 부는 바람(예 : 북동 무역풍은 북동쪽에서 분다)

코리올리 효과   지구의 자전축을 중심으로 서에서 동으로 회전함에 따라 바람의 방향이 남북의 직선적 방향에서 휘는 것. 북반구에서는 진행 방향의 오른쪽으로, 남반구에서는 왼쪽으로 바람 방향이 휜다.

⚠️ 생각해보기

1. 각 자원에 대해 MSY를 결정하는 것은 왜 중요한가?
2. 대구 어장이 수백 년간 유지되다가 너무나도 빠르게 붕괴한 잠재적 이유에는 어떤 것들이 있을까?

8.2 가용 영양염이 해양 환경의 일차생산성에 영향을 미친다

선진국에서 가치를 높게 평가하는 대구, 연어, 그리고 참다랑어 등 대어는 보통 먹이사슬의 꼭대기에 있는 최상위 포식자이다. 이들 어류를 비롯한 먹이사슬의 모든 소비자들은 먹이사슬의 밑바닥에서 태양 에너지를 당이라는 화학 에너지로 변환시키는 생물이 없다면 존재하지 않을 것이다. 해초, 산호초, 그리고 해류를 따라 흘러 다니는 미소조류인 식물성 플랑크톤 등 해양의 광합성 생물은 전 세계 일차생산량의 약 절반을 담당한다. 수중 일차생산량은 자연 수중 생태계에 걸쳐 상당한 차이가 있고 영양염의 전 지구적 분포에 영향을 주는 기후 등 다른 힘들에 의존한다.

바람은 해수 표면을 가로질러 불면서 물을 밀고 당겨 해류를 만들어 어류 자원에 공급되는 영양염에 영향을 준다. 지구에는 일관되게 한 방향으로 부는 **우세풍**(prevailing wind)이 있는데, 그렇다고 해서 직접 북쪽 또는 남쪽으로 움직이는 것은 아니다. 그보다 지구의 자전이 **코리올리 효과**(Coriolis effect)라는 바람의 편향을 만들어내서 북반구에서는 바람을 오른쪽으로 전향시키고 남반구에서는 왼쪽으로 전향시킨다. 그 결과 북반구에서

코리올리 효과, 우세풍, 그리고 해양 순환

북반구에서 해류는 오른쪽으로 순환한다.

북쪽에서 바람은 오른쪽으로 방향이 틀어진다.

→ 바람
→ 해류

우세풍

극동풍

편서풍

북동 무역풍

남동 무역풍

편서풍

극동풍

북반구

남반구

60° N

30° N

0°

30° S

60° S

남반구에서 해류는 왼쪽으로 순환한다.

남쪽에서 바람은 왼쪽으로 방향이 틀어진다.

그림 8.2   코리올리 효과는 우세풍과 해양 순환의 방향을 진행 방향에서 북반구에서는 오른쪽으로, 남반구에서는 왼쪽으로 바꾼다.

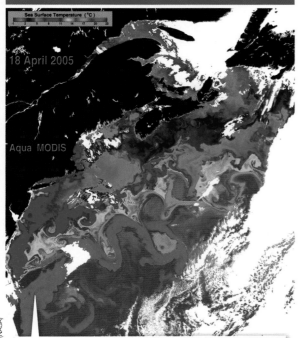

북아메리카 대륙 동해안의 멕시코 만류

Sea Surface Temperature (°C)

18 April 2005

Aqua MODIS

(NASA)

멕시코 만류는 따뜻한 열대 해수를 북쪽 위도로 운반하는데 수천 킬로미터 동안 시각적으로 구별 가능한 수괴로 남아 있어 '바닷속 강'으로 불려왔다.

그림 8.3 인공위성 사진에 잡힌 것처럼 멕시코 만류는 가장 잘 알려진 주요 해류 중 하나이다. 1770년에 벤저민 프랭클린과 고래잡이 배 선장인 그의 사촌 티모시 폴저에 의해 처음 지도가 만들어졌는데, 고래잡이들이 고래를 뒤쫓으면서 관찰한 해수의 온도, 색, 해양생물을 사용했다.

대 해수의 띠를 대서양 서부보다 더 좁게 만든다.

빛, 영양염, 일차생산량

빛이 물을 투과하기는 하지만 깊이 들어갈수록 약해져서 최대 200미터 깊이까지만 도달하므로 광합성은 **유광층**(euphotic zone)이라 알려진, 해양이나 호수의 표층에 한정된다(그림 8.5). 유광층에서 생성된 유기물이 수층을 통과해 가라앉을 때는 광합성에 필수적인 질소, 인, 철 등 여러 원소도 함께 가지고 있다. 따뜻한 표층은 심층보다 밀도가 낮아서 깊고 차가운 물과 수직적으로 혼합하는 일이 거의 없다. 그 결과, 따뜻한 표층수에 결여된 필수 화학적 영양염들은 가라앉은 유기물이 점차 분해되면서 차가운 심층수에 축적되고 유광층의 일차생산량은 서서히 감소한다. 다시 말하면 심층수와 표층수를 격렬히 혼합시켜, 표층수에 영양염을 새로이 공급할 수 있는 메커니즘이 작용한다면 일차생산성은 상승할 것이다.

용승(upwelling)이 바로 그런 메커니즘이다. 우세풍 또는 계절풍에 의해 생기는 용승은 보통 바람이 따뜻한 표층수를 해안으로부터 불어내고 차가운 저층수가 그 자리를 차지할 때 생긴다. 그림 8.4에서 보듯이 북아메리카와 남아메리카, 북아프리카와 남아프리카의 서해안, 서남 유럽, 그리고 몬순 계절풍이 용승을 일으키는 북서 인도양의 해안을 따라 상당히 넓은 지역에 걸쳐 용승이 일어난다.

인의 순환

인(phosphorus)은 용승에 의해 표층으로 올라올 수 있는 중요한 원소 중 하나이다. 중요한 생지화학적 순환계 중 질소와 탄소의 순환에는 중요한 대기 저장고가 포함되어 있지만, 인의 순환에는 대기 저장고가 포함되어 있지 않다. 그림 8.6에서 보듯이 인은 암석이 풍화되면서 순환을 시작한다. 따라서 바다에서 중요해지기 이전에 육상에서 그 여정을 시작하는 것이다. 풍화로 방출된 인은 식물에 의해 토양으로부터 흡수되고 식물 조직에 삽입되어 세포막, 핵산, 그리고 에너지를 운반하는 ATP(아데노신

2011년 3월 쓰나미가 통채 집들을 포함해 엄청난 양의 잔해를 일본 동쪽 태영양 연안으로 쓸고나왔다. 수개월 후 그 잔해가 북아메리카 서쪽 해안으로 쓸고 올라오기 시작한 이유는 무엇일까?

유광층 광합성을 하는 수생 생물을 지탱할 만한 빛이 존재하는, 해양과 깊은 호수의 표층

용승 우세풍 또는 계절풍의 영향으로 따뜻한 표층수가 외양으로 움직일 때 차가운 아표층수가 해양의 표면으로 올라오는 것

ATP(아데노신3인산) 인을 포함하는, 에너지를 저장하고 있는 분자로 세포 내에서 에너지를 운반하는 데 사용된다.

는 북동 무역풍, 편서풍, 극동풍, 남반구에서는 남동 무역풍, 편서풍, 극동풍(그림 8.2)이라는 전 지구적인 우세풍의 패턴이 나타난다. 우세풍이 바다를 가로질러 불 때 해류를 발동시키는데 이들 해류에 코리올리 효과가 작용해서 북반구에서는 오른쪽으로, 남반구에서는 왼쪽으로 움직이는 대규모 해류 패턴을 만들어낸다(그림 8.2 참조). 그 결과, 각 대양 분지의 각 반구에는 **환류**(gyre)라는 대형 원형 해류가 아열대 고기압 지역에 중심을 두고 있다.

해류는 열 또는 어떤 경우에는 냉각시키는 해수를 한 지역에서 다른 지역으로 운반함으로써 지역 기후에 중요한 영향을 미친다. 대서양의 멕시코 만류를 예로 들면, 열대에서 고위도로 열을 운반해서 이것이 없었을 경우보다 북서 유럽의 훨씬 더 북쪽까지 온대 기후가 퍼지게 한다(그림 8.3). 반면 대서양 서부의 래브라도 해류는 북아메리카 북동부를 냉각시킨다. 해류는 또한 해양 환경의 분포를 변화시킨다(그림 8.4). 예를 들어, 해류는 차가운 해수를 아프리카의 남서 해안을 따라 북쪽으로 확장시키고 아프리카 북서 해안을 따라서는 남쪽으로 확장시킨다. 이런 차가운 표층수의 이동은 대서양 동부의 따뜻한 열

주요 해양 환경

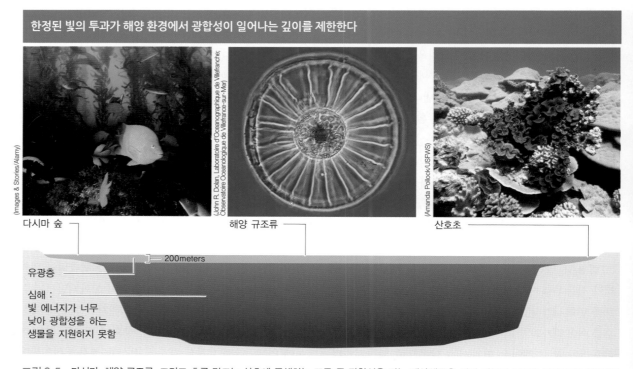

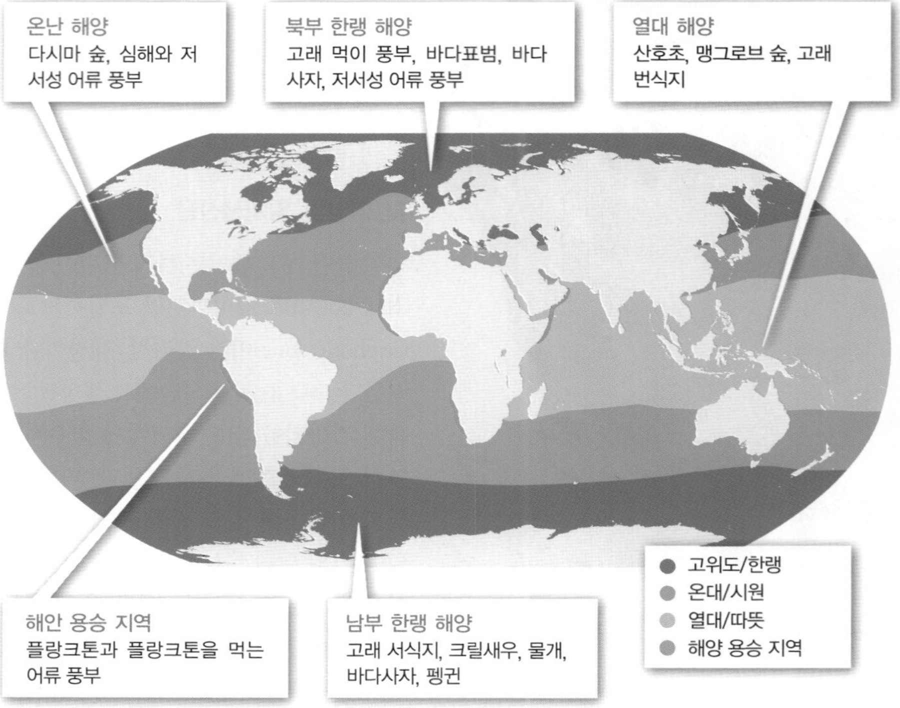
온난 해양
다시마 숲, 심해와 저서성 어류 풍부
북부 한랭 해양
고래 먹이 풍부, 바다표범, 바다사자, 저서성 어류 풍부
열대 해양
산호초, 맹그로브 숲, 고래 번식지
해안 용승 지역
플랑크톤과 플랑크톤을 먹는 어류 풍부
남부 한랭 해양
고래 서식지, 크릴새우, 물개, 바다사자, 펭귄
고위도/한랭
온대/시원
열대/따뜻
해양 용승 지역

그림 8.4 평균 해수 온도가 주요 해야 환경을 정의한다. 각 해양 환경 간의 경계는 북반구에서는 2월 열 이미지를 사용했고, 남반구에서는 8월 열 이미지를 사용했다. (National Virtual Oceanographic Data System [NVODS], Http://ferret.pmel.noaa.gov/NVODS/)

한정된 빛의 투과가 해양 환경에서 광합성이 일어나는 깊이를 제한한다

(Images & Stories/Alamy)
(John R. Dolan, Laboratoire d'Oceanographique de Villefranche; Observatoire Oceanologique de Villefranche-sur-Mer)
(Amanda Pollock/USFWS)
다시마 숲
해양 규조류
산호초
200meters
유광층
심해 :
빛 에너지가 너무
낮아 광합성을 하는
생물을 지원하지 못함

그림 8.5 다시마, 해양 규조류, 그리고 초를 만드는 산호에 공생하는 조류 등 광합성을 하는 해양생물은 세계 해양의 표층인 유광층에 제한되어 있다.

인의 순환

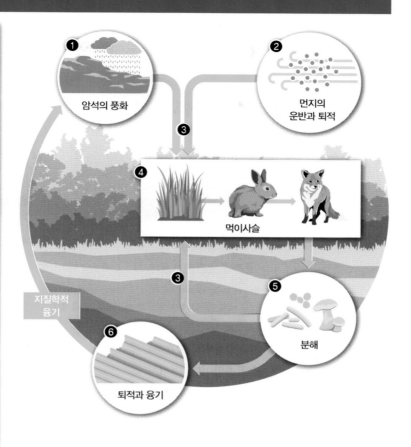

주요 과정

❶ 풍화
인이 포함된 암석이 풍화되면서 인은 영양소의 순환에 진입한다.

❷ 운반과 퇴적
인은 바람으로 옮겨지는 먼지에 실려 먼 곳으로 운반되어 정착하고 국지적인 순환의 일부가 된다.

❸ 흡수
식물과 조류는 토양 또는 물에서 인을 흡수하여 세포막, DNA, ATP의 일부로 만든다.

❹ 소비
소비자들은 음식을 먹고 소화시킴으로써 일차생산자들이 흡수한 인을 받아들인다.

❺ 분해
인은 분해자들의 활동에 의해 죽은 조직으로부터 배출되고, 식물과 조류에 의해 토양과 물로부터 흡수되며 생태계를 거쳐 순환된다.

❻ 퇴적과 융기
수중 생태계로부터 인은 바닥퇴적물로 소실되고 나중에 지질학적 융기가 인이 포함된 암석을 풍화에 노출시키기까지 사용할 수 없게 된다.

암석의 풍화

먼지의 운반과 퇴적

먹이사슬

분해

지질학적 융기

퇴적과 융기

그림 8.6 인은 에너지를 운반하는 분자인 ATP와 DNA의 요소로서 모든 생명체에 필수적이다. 탄소나 질소의 순환과는 달리 인의 순환은 대기 저장고의 주요 부분을 차지하는 기체를 포함하지 않는다.

3인산, adenosine triphosphate) 분자를 만드는 데 사용된다. 식물 조직을 먹는 초식동물이 인을 섭취하고, 초식동물을 먹는 육식동물 또한 인을 섭취하게 된다. 인은 그 후 이들 동물의 대소변으로 토양에 되돌려진다. 인은 또한 청소부동물 또는 분해자들에 의해 죽어 분해되는 유기물로부터 배출되기도 한다. 일단 토양에 방출된 후 인은 다시금 식물에 의해 흡수되어 생태계 내에서 재활용되거나 강이나 바람을 통해 해양으로 방출되어 조류, 동물성 플랑크톤, 어류로 이루어진 비슷한 순환 패턴에 참여한다.

어류가 죽어 해저퇴적물에 포함되면 그 퇴적물은 흔히 최종적으로 암석이 되는데, 인이 광물의 일부가 되면서 이 순환 고리가 닫히게 된다. 인과 마찬가지로 기체 형태를 갖지 않는 생태계의 다른 원소(예 : 철, 칼륨)도 세세한 것에 약간의 차이만 있을 뿐 비슷한 순환을 거친다.

생산의 전 지구적 패턴

해양 일차생산성이 가장 높은 곳은 대륙 주변부, 특히 질소와 인이 풍부한 심층수가 용승작용에 의해 표층의 유광층으로 주입되는 곳이다(그림 8.7). 그러나 용승이 일어나지 않으면서도 일차생산성이 높은 해안 지역도 있다. 예를 들어, 북아메리카, 남아메리카, 아프리카, 아시아의 동해안이다. 이곳은 수심이 얕아서 해수가 바람 또는 폭풍에 의해 격렬히 혼합되는 기간에는 표층수의 영양염 농도가 다시 높아진다. 이들 해역에는 육지로부터 유출된 영양염도 공급된다. 북아메리카의 서해안같이 일차생산성이 매우 높은 해양 지역은 어패류의 생체량이 가장 높다(그림 8.8). 마찬가지로 북동 대서양 페로 제도 연안에서 식물성 플랑크톤 생산성이 높아 과거 대서양 대구의 생산이 가능했다.

일차생산성이 가장 낮은 곳은 해양 중앙의 심해 환경

세계 대양의 일차생산성 차이

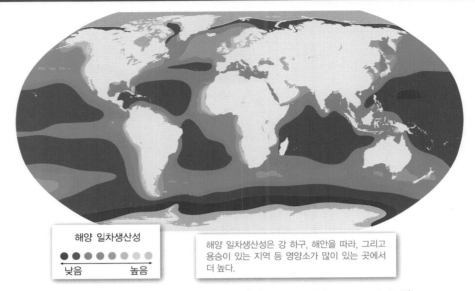

해양 일차생산성

낮음　　　　높음

해양 일차생산성은 강 하구, 해안을 따라, 그리고 용승이 있는 지역 등 영양소가 많이 있는 곳에서 더 높다.

그림 8.7　일차생산성이 높은 곳은 세계 해양의 대략 10%에 불과하다. (자료 출처 : Ryther, 1969; Field et al., 1998)

생산성이 매우 높은 어장 중 다수가 차가운 해수가 용승하는 해역에 있는 까닭은 무엇인가?

이다. 특히 따뜻한 표층수가 영양염이 많은 차가운 심층수와 거의 섞이지 않는 열대 해양이다. 여기서 일차생산을 활성화시킬 수 있는 영양염은 유광층 밑에 갇혀 있다.

⚠ **생각해보기**

1. 지상풍은 어떻게 해양 일차생산성의 전 지구적 패턴에 영향을 주는가?
2. 해양의 유광층에서 해양 생산성에 필수적인 영양염의 농도를 감소시키는 과정들은 무엇인가?
3. 용승은 어떻게 표층수의 영양염 농도를 높이는가?
4. 변화하는 환경 조건이 해양 식물성 플랑크톤 종들의 광범위한 멸종을 야기했다면, 해양 일차생산성은 어떻게 반응하리라고 예상하는가?

8.3 엘니뇨와 기타 대규모 기후 시스템이 어업에 영향을 준다

20세기에 과학자들은 엘니뇨 남방진동(ENSO)이 어장에 어떤 효과를 미치는지 알아냈다(제6장 참조). 남아메리카 서해안 연안 수역은 엘니뇨 기간 동안 따뜻해지고 라니냐 동안은 차가워진다(170쪽 그림 6.5 참조). 엘니뇨가 남아메리카 해안으로 운반해 오는 따뜻한 해수는 멸치 등 상업적으로 중요한 어류 개체군의 붕괴와 연관이 있는 것으로 오랫동안 여겨져 왔다. 어류의 붕괴는 또한 어류를 먹고 사는 바닷새와 바다 포유류의 광범위한 사망을 촉발한다. 해수의 온도가 단 몇 도 상승한다고 해서 해양 개체군들이 떼죽음을 당하는 이유는 무엇인가? 매우 중요한 단서를 제공하는 것은 바로 가장 흔한 죽음의 이유, 즉 굶주림이다.

엘니뇨가 아닐 때 남아메리카의 서해안을 따라 강한

일차생산성과 어류 생산

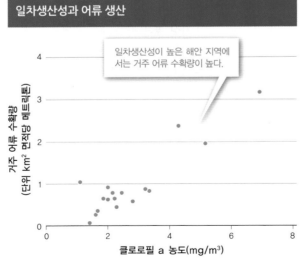

일차생산성이 높은 해안 지역에서는 거주 어류 수확량이 높다.

그림 8.8　표층수의 클로로필 a 농도로 측정되는 일차생산성과 캘리포니아 남부에서 알래스카까지 북아메리카 대륙 태평양 해안을 따라 잡히는 물고기의 양 사이의 관계 (자료 출처 : Ware and Thomson, 2005)

엘니뇨와 남아메리카 서해안 연안의 해양 상태

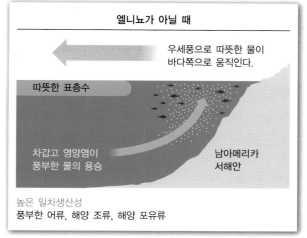

엘니뇨가 아닐 때

우세풍으로 따뜻한 물이 바다쪽으로 움직인다.

따뜻한 표층수

차갑고 영양염이 풍부한 물의 용승

남아메리카 서해안

높은 일차생산성
풍부한 어류, 해양 조류, 해양 포유류

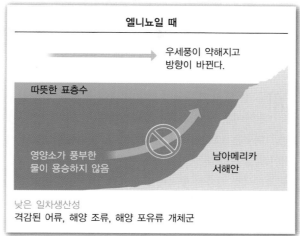

엘니뇨일 때

우세풍이 약해지고 방향이 바뀐다.

따뜻한 표층수

영양소가 풍부한 물이 용승하지 않음

남아메리카 서해안

낮은 일차생산성
격감된 어류, 해양 조류, 해양 포유류 개체군

그림 8.9 엘니뇨가 남아메리카 서부의 해양 생태계에 미치는 영향은 영양소를 유광층으로 운반하는 용승작용을 막아서 생긴다.

용승이 있어서(그림 8.4 참조) 매우 높은 일차생산성이 유지되고(그림 8.7 참조), 그곳은 세계에서 가장 생산성이 높은 어장 중 하나이다. 그러나 엘니뇨가 있으면 남아메리카 서해안의 해수가 따뜻해지고 영양염이 많은 물이 유광층으로 용승하는 것을 실질적으로 정지시킨다(그림 8.9). 그 결과, 일차생산성은 심각하게 감소하고 그 여파가 먹이사슬 전체에 미친다. 예를 들어, 작은 어류는 더 큰 어류, 바닷새, 바다 포유류의 먹이로 꼭 필요한데, 작은 어류를 먹여 살릴 플랑크톤이 거의 없게 된다. 그 결과, 먹이사슬 상부에 위치한 이들 소비자들은 심각한 굶주림과 생식 장애에 시달리게 되고, 그 지역의 어업 경제도 나빠진다.

⚠ 생각해보기

1. 엘니뇨는 어떻게 남아메리카 서해안의 해양 일차생산성을 억제하는가?
2. 엘니뇨/라니냐 현상에 의해 남아메리카 서해안의 해양포유류 개체군이 통제되는 것은 밀도의존성인가 아니면 밀도독립성인가? 설명하라(제3장 75쪽 참조).

8.1~8.3 과학원리 : 요약

어장 관리인들의 목표는 어류 자원의 생산성을 유지하면서 얼마나 수확할 수 있는지를 추정하는 것이다.

우세풍은 해양을 가로질러 불면서 해류를 일으키고 이 해류는 따뜻한 또는 차가운 물을 한 지역에서 다른 지역으로 운반해서 일차생산성과 어류 자원 생산성의 패턴에 영향을 준다. 용승은 영양염이 풍부한 차가운 물을 표층으로 가져와서 해양 환경을 더욱 변화시킨다. 빛이 물을 제한적으로밖에 투과하지 못하므로 광합성은 유광층에 한정된다.

상업적으로 중요한 어류 자원은 대규모 기후 시스템의 진동으로 변한다. 예를 들어, 엘니뇨 남방진동은 일차생산성에 영향을 주는데 어류 개체군에 직접 또는 간접적으로 영향을 미치는 물리적·화학적 조건을 변화시킨다. 이는 어장의 생산성에 영향을 미친다.

양식에 사용되는 많은 사료는 남아메리카 서해안을 따라 잡히는 사료어로 만드는 어분을 사용한다. 엘니뇨/라니냐 주기에 따라 이 사료 가격은 어떻게 달라질까?

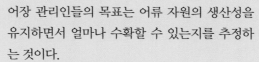

8.4~8.6 문제

페루 산 멸치 개체군이 1970년대에 붕괴하였고, 블루월아이는 오대호에서 1980년대에 멸종하였으며, 대서양 대구는 1990년대에 붕괴하였다. 이 모든 상업적 자원의 암울한 상태는 한때 무궁무진하다고 생각하던 것들을 고갈시킬 기술적 능력이 우리에게 있다는 것을 보여주었다. 세계의 어류 자원은 남획뿐만 아니라 오염, 댐, 기후 변화에 의해 피해를 입었다.

8.4 공유지의 비극 : 집약적 수확의 결과 상업적으로 중요한 많은 해양 개체군이 남획되었다

전 지구의 원양을 항해하고 막대한 수확을 바다에서 처리할 기술을 개발하면서 인간은 해양생물의 전 개체군을 전멸시킬 도구를 소유하게 되었다.

고래 개체군의 고갈

인류는 3,000년 이상 고래를 사냥해왔다. 이는 고래 뼈에 새겨진 풍경들이 알려주고 있는 사실이다. 초기 고래사냥꾼들은 비교적 소수의 지역 주민에게 식량을 공급하기 위해 일했기 때문에 고래 수에 큰 영향을 미치지 못했다. 그러나 19세기 들어 고래 제품, 특히 고래 기름에 대한 수요가 상승하면서 상업적 고래잡이가 등장한 후 상황이 변했다. 북대서양 고래잡이의 주된 대상은 느리고 죽으면 떠오르는 성질이 있는 북방긴수염고래 *Eubalaena glacialis*와 북극고래 *Balaena mysticetus*였다(그림 8.10). 위가 열린 노 젓는 소형 보트와 손으로 던지는 하푼(harpoon)을 사용하던 고래잡이들이 120,000마리로 추산되는 북방긴수염고래와 북극고래를 살생하여 이들의 존재 자체를 위협하였다.

여러 해 동안, 흰긴수염고래 *Balaenoptera musculus*와 긴수염고래 *B. physalus*는 너무 빠르고 강하며 죽으면 가라앉아서 초기 고래잡이 기술로는 잡을 수 없었다. 하푼총과 폭발성 하푼, 증기력 윈치와 포경선이 발명되면서 상황은 바뀌어 현대 포경의 시대가 도래했음을 알렸다. 남반구의 흰긴수염고래와 긴수염고래 개체군은 1920년에 약 4십만 마리에서 1960년에는 단 수천 마리로 감소했다.

상업적 포경의 역사는 공유지의 비극이 어떻게 자원의

대형 해양 어종 생활사(제3장 75쪽 참조)의 무엇이 이들을 작은 크기의 종들보다 남획에 더 취약하게 만드는가?

고래 2개 종은 북대서양에서 초창기 고래잡이에 의해 혹사당했다

북방긴수염고래(*Eubalaena glacialis*)

(Florida Fish and Wildlife Conservation Commission, NOAA Permit # 665-1652)

북극고래(*Balaena mysticetus*)

(Corey Accardo/Alaska Fisheries Science Center, NOAA Fisheries Service)

그림 8.10 초창기 고래잡이들에 의해 북대서양 북방긴수염고래와 북극고래의 개체 수가 고갈된 것은 한때는 고갈되지 않을 것이라 생각했던 해양 자원을 고갈시킬 능력이 인간에게 있다는 것을 처음 보여주었다.

남획에 이르게 하는지 보여주는 좋은 예이다(제2장 51쪽 참조). 상업적 포경의 절정기에는 수확을 제한하는 그 어떤 국제적 합의나 조약도 없었다. 고래가 주로 국제적 경계에서 먼 곳에 서식하기 때문에 고래잡이들은 상업적 수요를 충족시키기 위해 그들이 팔 수 있는 만큼 많은 고래를 수확할 수 있었다. 궁극적으로 많은 고래 개체군의 붕괴와 고래 남획에 대한 일반인의 인식 향상으로 1982년 고래잡이를 금지하는 국제적 협약이 생겼다. 이 금지조약들은 몇몇 주목할 만한 그리고 논쟁의 소지가 다분한 예외를 제외하면 아직 그대로이다.

뒤집힌 생태계 : 대서양 대구

북서 대서양의 대구 어장이 붕괴하면서(그림 8.11) 해양학자들은 헤이크, 해독, 폴록 등 대구류의 다른 종들도 곤경에 빠져 있다는 것을 알게 되었다. 과거 주된 포식자이던 이들 어류가 남획으로 사라지면서 해양 생태계를 여러 방식으로 바꾸어 놓았다(그림 8.12). 대구의 흔한 먹이였던 대게 등 저서성 무척추동물의 수가 배가되었고, 비슷하게 청어와 빙어 등 소형 사료어도 대구 등 포식자에 의한 포식 압력에서 자유로워져서 개체군 수가 9배가 되었다. 이 소형 어류는 동물성 플랑크톤을 잡아먹어, 이 개체군이 감소하게 되었다. 동물성 플랑크톤은 식물성 플

랑크톤을 먹이로 하므로, 동물성 플랑크톤 수가 감소했다는 것은 식물성 플랑크톤의 개체군이 증가했다는 것을 의미하고, 이들이 풍부해지자 결국 표층수의 영양염 농도가 감소했다. 대구 어장의 붕괴 효과는 먹이사슬 전체로 전파되었는데, 늑대가 옐로스톤 먹이사슬에 미친 광범위한 영향과 유사한 점이 많다(제4장 108쪽 참조). 이런 급격한 변화로 미루어볼 때 대구 같은 최상위 포식자들이 회복되는 것은 매우 긴 시간 동안 가능하지 않으리라 추측된다.

어장의 붕괴 : 전 지구적 문제

고래잡이의 역사와 비슷하게 캐나다와 뉴잉글랜드 연안의 대구 어장 붕괴는 공유지의 비극(51쪽 참조)을 진지하게 생각해보게 만드는 사례이다. 하지만 이외에도 캘리포니아 연안의 정어리 어장과 대서양의 다랑어 어장을 포함한 많은 남획된 어류 개체군이 붕괴되었다. 최근 추정치에 의하면 상업적으로 중요한 어류 자원의 25% 이상이 어장의 '붕괴'라고 분류될 만큼 숫자가 감소하였다. 그림 8.13에는 이 중 두 어류 자원이 남획에 의해 개체군이 감소한 패턴이 나타나 있다. 바로 남대서양 스노이그루퍼와 남대서양 검은바다농어이다.

이렇게 감소하게 된 데에는 어선단의 지나친 확장과

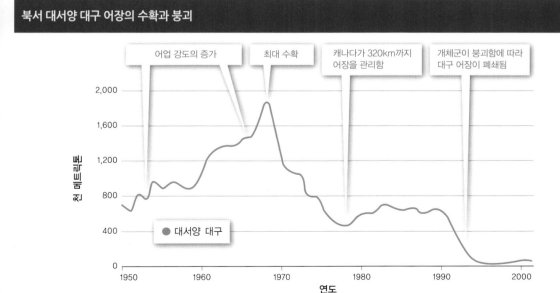

북서 대서양 대구 어장의 수확과 붕괴

그림 8.11 캐나다 연안에서 대구 개체군을 500년 이상 상업적으로 수확했지만 현대의 집약적인 수확은 1950년 이후 증가했고 40년 후에는 개체군이 붕괴하였다. (자료 출처 : FAO, 2005)

과학원리   문제   해결방안

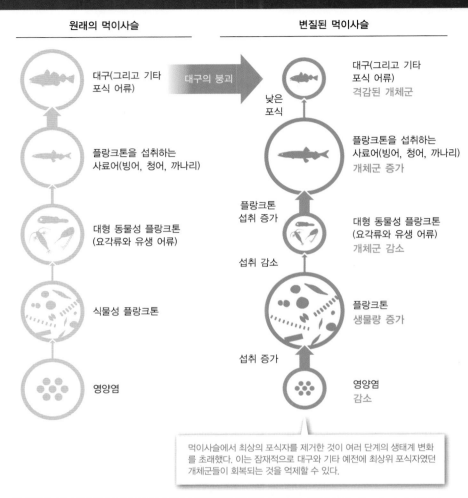

노바스코샤 연안의 변질된 해양 먹이사슬

그림 8.12 노바스코샤 연안의 대구 개체군 붕괴가 해양 먹이사슬에 급진적 변화를 초래했다. (정보 출처 : Frank et al., 2011)

경쟁적인 어획 시스템이 한몫했다. 미국의 규제기관은 전통적으로 어획량을 규제하기보다는 어구의 종류와 어선이 해양에서 소요하는 일수를 제한해왔다. 또 규제기관은 어류의 수를 모니터링해서 한 시즌에 너무 많은 물고기가 잡히면 어업을 중단하도록 하는데, 그러다 보니 자연히 어부들은 어업이 중단되기 전에 가능한 많이 수확하려고 한다. 따라서 이 시스템은 의도치 않게 미등록 어선에 의한 불법어획을 장려한다. 이런 조건에서는 남획을 피하기 어렵다.

잔존하는 불확실성

상업적으로 중요한 어류 개체군의 상태와 생물학에 대한 이해도가 급격히 증가하고는 있지만, 중요한 간극도 여전히 있다. 2013년, 미국 관리하에 있는 230개 상업적으로 중요한 해양 어류 자원 중 23%가 상태가 불확실하거나 자료가 없었다. 유럽과 뉴질랜드 연안의 상업적으로 중요한 어류 자원 중 상당수도 불확실하거나 자료가 없는 상태였다. 분명히 이 자원들의 상태에 대한 정보가 많아지면 이들을 관리하는 데, 특히 어업 압력을 규제하는 데 도움이 될 것이다.

⚠ 생각해보기

1. 기술의 개발은 고래와 어류 개체군을 남획하는 데 어떤 영향을 주었는가?
2. 상업적 포경 산업 또는 북서 대서양 대구 어장의 붕괴는 어떻게 공유지의 비극을 나타내는가?

두 어장의 붕괴

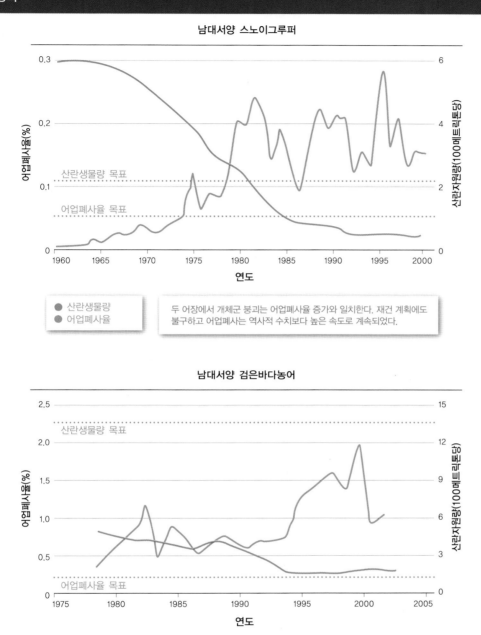

그림 8.13 남대서양 스노이그루퍼 *Epinephelus niveatus*와 남대서양 검은바다농어 *Centropristis striata* (자료 출처 : Rosenberg, Swasey, and Bowman, 2006)

8.5 댐과 강에 대한 규제로 인해 회유성 어류 개체군이 떼죽음을 당했다

강에 댐을 세우면 물 공급을 안정화하고 홍수로부터 사람과 기반 시설을 보호할 수 있다. 반면 범람원의 부유한 자원에 의존하는 사람들을 덜 생산적인 환경으로 강제 이주시키기도 한다. 댐을 건설하는 데는 혜택도 많지만 지불해야 할 비용도 많은데, 여기서는 댐에 의해 강이 변형되는 것이 어떻게 상업적으로 중요한 회유성 어류, 특히 연어 개체군을 위협하는지에 초점을 맞춘다.

댐의 경제혜택 대비 환경 비용을 어떻게 가늠할 것인가?

컬럼비아 강

19세기 초반, 매년 약 800~1,000만 마리의 연어 성체가 컬럼비아 강 상류로 거슬러 올라 강과 지류에서 산란했다. 그러나 대형 수력 발전댐이 100개 이상 건설되면서 한때 자유롭게 흐르던 큰 강이 일련의 긴 저수지가 되어버렸다(그림 8.14). 과거 연어 산란지의 약 45%에 이제는 더이상 연어가 헤엄쳐갈 수가 없다. 연어가 어제(fish ladder)—물고기가 댐을 넘어 헤엄쳐갈 수 있도록 건설한 층층대—를 통해 댐을 우회할 수 있도록 한다 하더라도, 강이 아니라 호수나 노후한 서식지를 통해 가야 하는 등 극심한 환경적 과제가 기다리고 있다. 댐 건설 후 컬럼비아 강 연어 개체군이 감소해서 미국 어류 및 야생동물국은 대부분을 멸종위험종 혹은 멸종위기종으로 분류하였다.

클래머스 강

연어에게 중요한 또 다른 강인 클래머스 강은 캘리포니아 주 북서부와 오리건 주 남동부를 관통하여 흐른다(그

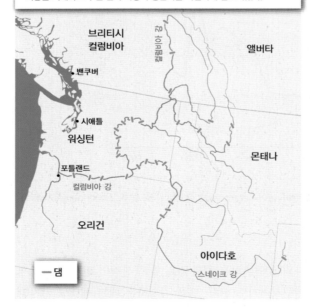

더 이상 자유롭게 흐르는 강이 아니다

수력 발전과 물 저장을 위한 컬럼비아 강 시스템의 댐과 저수지는 연어의 이동을 저해하고 주된 연어 어장의 생산력을 극심하게 감소시켰다.

그림 8.14 이 지도는 주 지류 중 하나인 스네이크 강을 포함한 컬럼비아 강 시스템 하류의 주요 댐 위치를 보여준다. 수력 발전은 컬럼비아와 스네이크 강의 거의 대부분을 자유로이 흐르는 강에서 일련의 연결된 저수지로 변형시켰다.

클래머스 강 유역

그림 8.15 클래머스 강의 댐들은 강 유역으로 이동하는 회유성 연어와 기타 회유성 어류가 통과하는 것을 방해하여 산란에 이용할 수 있는 면적이 크게 줄었다.

림 8.15). 한때는 미국 서해안에서 세 번째로 연어 생산성이 높은 강이었으며 매년 50만 마리의 연어가 돌아와 산란하였다. 그러나 1918년 콥코 1호 수력 발전댐이 세워지면서 클래머스 강 상류 대부분이 연어와 기타 회유성 어류가 접근하기 어렵게 되었다. 1925~1962년 사이에 수력 발전댐이 추가로 셋이나 클래머스 강에 건설되어서, 회유성 연어가 970킬로미터 상류의 지류에 도달해 산란할 수 없게 되고 연어 생산 잠재력이 감소하였다.

클래머스 강의 댐들은 연어 개체군에 간접적인 영향도 미쳤다. 농업을 위해 수로를 바꾸어 강의 유량이 감소했고 관개농지에서 흘러나온 물이 영양염과 살충제 등 유기 오염물을 대량 강으로 보냈다. 상류 농지에서 온 영양염은 저수지와 그 하류에 조류를 번성하게 한다. 조류가 분해되면서 산소 결핍이 생기고 연어가 생리적으로 스트레스를 받아 질병에 쉽게 걸린다. 예를 들어, 2002년 클래머스 강에서 적어도 33,000마리의 연어 성체가 병원균 때문에 죽었다(그림 8.16). 게다가 댐 뒤 저수지의 물이 연어에 부적합한 온도로까지 상승한다. 연어는 찬물에 적응된 어류로 24°C 이상의 온도에서는 죽는다.

산란지 감소와 수질 저하, 병원균의 피해 등이 겹쳐서 연어와 무지개송어 생산량은 대략 90% 감소했다. 이에 따라 2008~2011년 사이 미국 서해안 1,000킬로미터에서 상업적 연어 어업이 금지되었다.

클래머스 강 연어의 죽음

(AP Photo/The Herald and News, Ron Winn)

그림 8.16 2002년 수질 저하는 클래머스 강 상류로 이동해가는 연어를 병원균에 더 취약하게 만들었고 그 결과 수만 마리가 죽었다.

메콩 강 댐

메콩 강은 세계에서 가장 긴 강 중 하나인데, 티베트 고원에서 동남아시아를 거쳐 남중국해까지 4,300킬로미터를 흐른다. 여기서 얻는 물고기는 이 강 주변에 사는 4천만 이상의 인구에게 꼭 필요한 단백질을 공급해주어, 세계에서 가장 중요한 육상 어장 중 하나로 꼽힌다. 그러나 중국은 메콩 강 상류에 7개의 댐을 건설했고, 현재는 라오스와 캄보디아에 여러 거대 수력 발전댐의 재원을 공급하고 있다. 이 댐들로 인해 강의 흐름이 변하고 여러 회유성 종을 비롯한 850종의 어류가 위태롭게 될 것이다. 예를 들어, 북라오스에 있는 32.6미터 높이의 사야불리 댐은 메콩 강의 거대 메기를 멸종시킬지도 모른다. 이 어류는 상업적으로 중요한 종이고 세계에서 가장 큰 민물고기 중 하나이다. 다른 여러 소규모 어부들과 생계형 어부들도 생계를 위협받고 있으며, 지역 주민들은 사야불리 댐과 기타 메콩 강의 댐들에 시위와 소송으로 저항하고 있다.

⚠ 생각해보기

1. 중국은 자국에 건설하는 댐이 하류의 다른 국가들에 어떤 영향을 줄지 고려해야 할까? 이유를 설명하라.
2. 댐이 회유성 어류 개체군에 피해를 주지만 어떤 호수에 사는 비회유성 어종은 댐의 혜택을 받을 수도 있다. 이는 균형 있는 교환이라고 할 수 있는가?

8.6 양식으로 인해 수생 환경이 오염되고 야생 어류 개체군이 위협받는다

야생 어류 자원이 감소하고 해양에서 어류의 상업적 수확은 정체기에 접어든 상황에서, 해산물에 대한 늘어가는 수요를 충당하기 위해 해산물 업계는 양식(240쪽 참조)으로 방향을 전환했다(그림 8.17). 지난 30년간 양식 생산량은 매년 약 9%씩 증가해왔는데, 이는 다른 모든 식품들보다 높은 성장률이다. 2011년에는 양식 생산량이 전체 어장 생산량의 40% 이상이 되었다(그림 8.18).

양식은 전 세계 해양, 염수, 또는 담수 환경에서 이루어진다. 어류는 연못이나 물에 띄워놓은 그물망 우리에서 키우고, 새우나 게는 보통 연못이나 탱크에서 키운다. 집약적 양식의 경우 최상의 성장을 위해 어류와 갑각류에게 특별히 조제된 먹이를 먹인다. 반면에 굴과 홍합 같은 여과섭이 조개류는 물속에 선반을 늘어뜨리거나 줄에 부착시켜서 키울 수 있다. 양식 시스템을 제대로 관리하면 환경 친화적인 식이 단백질을 얻을 수 있다. 그러나 농업과 마찬가지로 양식 또한 다양한 방법으로 생물다양성과 생태계의 건강을 위협할 가능성이 있다.

양식 어패류의 문제점

양식을 비판하는 사람들은 가장 안전한 시스템을 제외한 대부분의 경우 몇몇 생물이 야생으로 탈출한다는 점을 지적한다. 예를 들어, 우리에서 키우는 물고기는 그물이 찢어지면 탈출할 수 있다. 연못에서 양식하는 어패류는 뛰거나 기어서 근처 수로로 이동할 수 있다. 도망자들은 외래종(제3장 참조)이 되는데, 그 한 예가 양식 연못에서 도망하여 미시시피 강 시스템에 대량 서식하다가 지금은 오대호를 위협하는 아시아잉어이다. 토착종들조차 위험성이 있다. 사육된 개체와 야생 토착종 개체가 교배하

과학원리 　　　　　　 문제 　　　　　　 해결방안

양식은 다양한 값진 작물을 생산한다

넓은 바다 우리에서 자라는 날새기

베트남 농장에서 재배한 새우

캘리포니아 주 토말스 만의 조개 양식

그림 8.17 양식은 어류, 새우와 굴 등 매우 다양한 수생 자원을 생산한다.

GM 대서양 연어를 인류가 소비해도 좋다고 허가된다면, 이들이 탈출해서 야생 연어와 교배하지 않도록 안전망을 어떻게 설치할 것인가?

면 야생 토착종 개체군의 건강이 쇠퇴한다. 양식한 어류는 좁은 곳에서 사육하기 좋은 유전적 특성을 선택적으로 갖고 있고, 야생 어류는 토착 환경에 특성화된 유전적 특성을 지니고 있다. 따라서 양식된 어류가 야생 어류와 교배될 때 야생 개체군은 자신의 환경에 적응하는 것을 저해하는 유전자를 도입하게 된다.

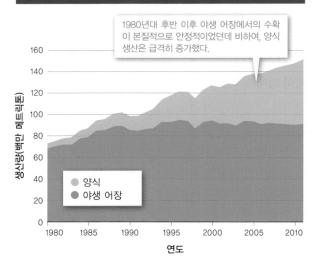

1980~2004년 사이 야생 어장의 생산과 양식

1980년대 후반 이후 야생 어장에서의 수확이 본질적으로 안정적이었던데 비하여, 양식 생산은 급격히 증가했다.

범례:
● 양식
● 야생 어장

그림 8.18 양식이 세계 수생 자원 생산에 기여하는 정도가 25년간 3배가 되었다. (자료 출처 : FAO, 2005, 2013)

현재 수생양식에 유전자 변형 어종은 없다. 매사추세츠 주에 기반을 둔 아쿠아바운티 테크놀로지라는 한 기업이 더 빨리 성장하도록 유전자 변형된(GM) 대서양 연어에 대한 허가를 미국 식품의약국(FDA)으로부터 얻으려고 하고 있다. 이 기업이 여러 보안책을 강구하였음에도 불구하고 여전히 몇몇 과학자들과 보존론자들은 이들 어류가 탈출할 경우 야생 어류 개체군을 위협할 것이라고 생각한다.

수질오염

양식은 중요한 수질오염원이기도 하다. 육지에서의 농업과 마찬가지로 어패류 섭식 작업에는 영양염, 특히 질소와 인이 관여하는데, 이들은 유해한 조류를 번성시켜 수질을 악화시키고 야생 어류를 죽일 수 있다. 양식 폐기물에는 유기물이 충분해서 폐기물이 유입된 물에서 산소를 고갈시키고 잠재적으로 어류가 폐사할 수 있다.

맹그로브 숲 개간하기

맹그로브 숲은 지구 상 가장 가치 있으면서 멸종 위기에 처한 열대 생태계 중 하나인데, 새우 양식이 이에 대한 압력을 높이고 있다. 맹그로브 숲은 연안 해역에서 자라는데, 폭풍이나 쓰나미 피해로부터 해안 지역을 보호한다.

맹그로브 뿌리는 치어를 포식자들로부터 보호하여 해안 열대 어장의 생산성을 증가시키는 성육장으로 작용한다. 또한 맹그로브는 따뜻한 열대 해안의 부드러운 퇴적물에서 자라는데, 이곳은 새우 양어장에 바람직한 장소이기도 하다.

새우 양어장이 1980년 72,000메트릭톤(83,000톤)에서 2009년 250만 메트릭톤(280만 톤)까지 증가하면서, 맹그로브 숲도 많이 개간되었다(그림 8.19). 현재 맹그로브 숲 파괴의 약 10%는 새우 양어장 때문이다. 나머지는 도시화, 농업, 그리고 연료와 건설 때문이다. 전 세계적으로 맹그로브 숲의 대략 3분의 1이 벌채와 개발을 위해 개간되었다.

질병과 기생충이 야생 어류에게 전달된다

양식의 한 심각한 문제는 고밀도로 양식한 어류가 기생충과 병원균에 매우 취약하고 이들이 야생 자원으로 전파될 수 있다는 것이다. 예를 들어, 연어를 우리에서 양식하는 지역과 이웃한 곳에서 야생 연어와 송어 개체군이 감소하는 것이 관찰된다(그림 8.20). 대부분은 바닷물이 *Lepeophtheirus salmonis*에 감염되었기 때문으로 보이는데, 이는 연어와 그 근친종들의 외부 점막층에 섭생하는 작은 기생충이다.

동남아시아 새우 지중 양식의 환경 영향

(Sebastien Blanc/AFP/Getty Images)

그림 8.19 새우 양식용 연못을 건설하기 위해 맹그로브 숲을 개발하는 것은 지역적 생물다양성에 직접적 영향을 주고 해안 지역이 침식과 쓰나미나 폭풍의 피해에 더 취약하게 한다.

대서양 연어의 우리 양식

(Photofusion/UIG via Getty Images)

그림 8.20 집약적 연어 우리 양식을 할 때 경제에 대한 기여와 함께 수질오염, 야생 연어에 대한 병원균의 공격 증가, 탈출한 연어와 야생 연어 사이의 이종교배 등 환경 영향을 비교 검토해야 한다.

양식을 위한 먹이와 야생 어류 개체군

양식이 환경에 미치는 영향을 줄이면서 어업을 대체하는 것으로 보이지만, 해양 어류 개체군에 대한 스트레스를 줄인다고 할 수는 없다. 대서양 연어와 새우의 몇몇 종 등 포식성 종을 양식하려면 사로잡힌 어류와 새우에게 충분한 단백질과 지방을 제공해야 하는데, 그러자면 여전히 야생 어류를 수확해 어분(fish meal)과 어유(fish oil)를 확보해야 한다. 어분과 어유 모두 멸치, 청어, 고등어 같은 소형 사료어에서 얻는데, 이들은 작은 일차생산자와 동물성 플랑크톤으로부터 높은 먹이 단계로 영양 에너지를 전달하기 때문에 해양 먹이사슬에서 중요하다.

매년 양식 사료용으로 수확되는 사료어는 대략 2,000~3,000만 메트릭톤(2,200~3,300만 톤)이다. 이 숫자는 전 세계 어획량의 3분의 1에서 4분의 1이다. 2009년에는 양식업이 세계 어분 생산량의 68%를 소비하였다. 어분 생산을 위해 생태계에서 사료어를 제거한다는 것은 해양 먹이사슬 상위에 있는 어류에게는 먹이가 구하기 힘들어진다는 것을 의미한다. 각 영양 단계마다 에너지 손실이 있으므로, 1킬로그램의 양식된 어류 생산을 위해 2~5킬로그램의 야생 어류가 필요한 꼴이 된다.

수생양식의 어분에 사용하는 소형 어류를 어류생산에 사용하는 대신 영양 결핍된 사람들에게 제공할 수 있을까?

⚠ 생각해보기

1. 양식과 육상 기반의 집약적 동물 사육 작업이 갖는 공통점과 차이점은 무엇인가?
2. 가까운 야생 친척이 있다는 것은 어패류의 집약적 양식에 어떤 부정적 영향을 미치는가?
3. 집약적 양식은 해양 먹이사슬에 어떤 영향을 주는가?

8.4~8.6 문제 : 요약

인간의 힘으로 해양 개체군을 격감시킬 수 있다는 것이 처음으로 명백해진 것은 큰 고래와 어류를 포함한 많은 해양 동물들의 개체군이 감소하면서부터이다. 어장의 붕괴는 전 지구적인 문제로 부상했는데, 남획으로 인해 전 세계 상업적 어류 자원의 25% 이상이 예전의 10% 미만으로 줄었다. 어장의 붕괴는 아마도 어선단의 지나친 확장 및 어업에 대한 경쟁적 접근과 연관이 있을 것이다.

강에 댐을 건설하여 흐름을 조절하는 것은 회유성 어류에 광범위한 영향을 미친다. 수생양식은 잠재적으로 생태계의 생물다양성과 건강을 위협한다. 환경에 잘 적응하지 못한 양식된 자원이 탈출하거나 유기물 쓰레기나 과도한 질소와 인이 수질오염을 일으키기 때문이다. 맹그로브 숲은 해안 보호와 토착 어장에 중요한데도, 새우 양식장을 짓느라 개간하였다. 게다가 기생충과 병원균이 집약적으로 양식되는 어류에서 야생 자원으로 전파되고 있다. 수생양식을 함으로써 야생 멸치, 청어, 그리고 다른 사육어에 대한 수요가 늘었는데, 양식에 쓰이는 먹이를 제조하기 위한 어분과 어유의 원천이기 때문이다.

8.7~8.10 해결방안

수십 년에 걸쳐 행해진 남획의 피해를 과연 돌이킬 수 있을까? 2013년 미국 국립해양대기청(NOAA)이 미국 의회에 제출한 자원현황 보고서는 7개 자원이 남획되기 쉬운 자원 목록에서 제거되었고, 4개 자원이 남획되는 자원 목록에서 제거되었다고 한다. 게다가 2개 자원, 즉 새크라멘토 강의 왕연어와 남대서양 검은바다농어는 2013년 재건되었다고 선언하였다. 그리하여 2000년 이후 재건된 어류 자원은 총 34개가 되었다. 여전히 갈 길이 멀고, 많은 자원, 특히 뉴잉글랜드의 자원은 암울한 상태에 있지만 그럼에도 불구하고 현재 가장 잘 관리된 어장들 또한 미국에 있다. 이는 지속가능성이 성취 가능하다는 것을 보여준다.

8.7 세계 어류 자원을 구하기 위해서는 세심한 관리와 강한 동기부여가 필요하다

어장을 제멋대로 수확하도록 방치하는 것이 야생 개체군에 어떤 영향을 미치는지 인지한 규제당국은 개체군을 복원하고 관리하는 다양한 방법을 실험해보았다. 지속 가능한 어장을 설립하려면 어장 과학, 이성적인 규제, 그리고 위반자에 대한 적절한 처벌이 필요하다.

고래잡이에 대한 일시적 어획금지 조치

어장을 규제하기 위한 가장 극적인 조치는 총체적 폐쇄이다. 1982년 국제포경위원회는 상업적 포경에 '휴지

(pause)'를 선언했는데 몇몇 고래는 이보다 훨씬 더 긴 기간 보호되고 있다. 예를 들어, 귀신고래 *Eschrichtius robustus*는 상업적 고래잡이로부터 1946년 이래 죽 보호 되고 있다. 고래 개체군은 이런 세계적 보호에 어떻게 반 응했을까? 개체군이 매년 7~8% 증가하고 있는 남쪽 해 양의 남방긴수염고래를 포함한 많은 개체군은 매우 급격 히 성장하고 있다(그림 8.21).

몇몇 고래 개체군은 상업적 고래잡이 이전에도 도달하 지 못했던 숫자를 회복했다. 예를 들어 동태평양의 귀신 고래 개체군은 20,000마리로 회복되었는데, 이는 역사적 으로 가장 컸던 개체군 크기로 추정된다. 이들 고래는 멸 종위기종 목록에서 제거되었다. 과학자들은 또한 서대서 양의 혹등고래 또한 고래잡이 이전의 숫자로 회복되었다 고 추정하고 있다.

이 성공에 수반되어 아이슬란드나 일본 같은 고래잡이 국가에 대한 비판이 있다. 어획금지 조치 기간 내내 이들 국가는 '과학적' 데이터 수집이라는 미명하에 계속해서 고 래잡이를 해왔다. 이 때문에 동물권익보호 운동가들과 보 존론자들은 분노하고 있으며 국제조약의 한계가 드러났 다. 상업적 고래잡이는 아이슬란드에서 긴수염고래 7마 리와 밍크고래 1마리를 잡으면서 2006년 공식적으로 재 개되었다. 현재 아이슬란드는 연간 수확 할당량을 밍크 고래 40마리로 정하고 있다. 과학자들은 지속 가능한 수 확이 가능하다고 생각하지만, 고래를 카리스마 있고 지 적인 생물이라고 생각하는 많은 사람들은 도덕적 이유에 서 어획금지 조치를 그대로 유지하고 싶어 한다.

어업 규제

어획이 반드시 지속 가능하도록 하기 위해 규제당국은 어 획금지 조치보다 약한 다양한 방법을 사용할 수 있다. 예 를 들어, 메인 주의 가재잡이들은 껍데기가 8.3~12.7센 티미터인 가재만 수확할 수 있다. 또 알을 품은 바닷가재 암컷은 표시하여 놓아주어야 한다. 규제당국은 교배기간 을 피하기 위해 어부들이 해양에서 보내는 일수뿐 아니라 어업기간도 제한할 수 있다. 미국에서는 이 법규를 어기 면 수만 달러의 벌금을 물 수도, 심지어는 상업적 어업 허 가증을 잃을 수도 있다.

규제당국이 어업을 제한하고 부수어획량을 줄이는 가 장 중요한 방법 중 하나는 어망의 크기, 그물의 종류 등 사용하는 어구의 종류를 제한하는 것이다. 부수어획물은

성공적인 고래 개체군의 회복

그림 8.21 한 잠수부가 뉴질랜드 해안 앞바다에서 남방긴수염고래 *Eubalaena australis*를 관찰하고 있 다. 북방긴수염고래와 대조적으로 남방긴수염고래 개체군은 고래 포경업 활동 중단 이후 급격히 증가했다.

(Brian J. Skerry/Getty Images)

종종 대상이 아닌 생물을 죽이거나 상처를 입힌다. 그리 고 이들 생물을 잃는 것은 수중 먹이사슬에 영향을 준다. 남부 캘리포니아 만(채널 제도를 포함한 남부 캘리포니 아 해안 앞바다)의 어부들은 물에 수직으로 자망을 놓아 농어를 잡곤 했다. 그러나 이 그물은 다른 많은 어종도 함 께 잡아들여서, 해양 먹이사슬에서 중요했던 비대상 종의 개체군을 심하게 감소시켰다. 캘리포니아 주 정부가 이 그물을 금지시킨 후, 부수어획물로 인해 개체군이 몰락 하고 있던 대형 포식 어종 넷—흰농어, 영락상어, 표범상 어, 돗돔—이 회복되었다(그림 8.22).

관리 지침을 따르고 관리 목표를 준수하도록 어부들을 진작하는 가장 효과적인 방법 중 하나는 과학적 정보 수 집과 어장 관리의 의사결정 과정에 이들을 포함시키는 것 이다. 이런 동반자 관계는 어장의 지속이라는 공동 관심 사가 있기 때문에 가능하다. 알래스카 주 브리스틀 만 연 어 어장의 경우 지역 공동체 구성원들이 연어 자원에 관 한 정보를 모으는 데 참여하고 있다(그림 8.23).

어획 할당

어장을 관리하는 다른 접근법은 여러 곳에 만연한 경쟁적 인 '고기잡이 시합'의 전통 대신, 어류 자원에 대한 할당

흰농어 어장의 상황은 부 수어획물이 지속 가능한 어장 관리에 중요한 고려 요인이라는 것을 어떻게 보여주는가?

과학적 연구에 지역 공동체를 참여시키는 것이 관리에 어떤 긍정적인 효과를 줄까?

부수어획에 의한 폐사를 감소시켰을 때 대형 어류 개체군의 반응

돗돔(*Stereolepis gigas*)

영락상어(*Galeorhinus galeus*)

흰농어(*Atractoscion nobilis*)

표범상어(*Triakis semifasciata*)

개별 양도성 할당량(어획 할당, ITQ) 한 어장에서 어획의 특정 비율(쿼터)에 대한 보장 또는 특정 어장에 대한 독점권

그림 8.22 돗돔(*Stereolepis gigas*), 영락상어(*Galeorhinus galeus*), 흰농어(*Atractoscion nobilis*), 표범상어(*Triakis semifasciata*) 등 많은 포식 어류종은 어업에 대한 압력이 감소한 이후 급격히 회복했다.

또는 쿼터에 대한 권리를 나누어주거나 특정 어장에 대한 독점권을 부여하는 시스템을 갖추는 것이다. 어떤 어장에서는 어부 개인, 어업협동조합, 또는 공동체에 **개별 양도성 할당량**(individual transferable quota, ITQ) 또는 **어획 할당**(catch share)을 부여한다. 어획의 일부를 보장해주거나 특정 어장에 대해 독점권을 보장해주면 어부 개인이나 협동조합은 어디서 그리고 언제 어업을 할지에 대해 보다 나은 경제적 결정을 내릴 수 있다. 또 이렇게 하면 더 크고 빠른 배를 사서 경쟁자들을 물리치려는 의욕이 꺾여서 어구 소비 비용 증가와 어장이 제공하는 것보다 어업 능력이 초과하는 경향을 방지할 수 있다. 어구에 더 적게 소비하면 어부들은 남획을 하지 않으면서도 이윤을 증대시킬 수 있다.

북서 대서양 대구 등 저서성 어류를 포함한 미국의 여러 어장이 이제는 어획 할당을 도입하고 있다. 11,000개 이상의 어장을 대상으로 한 한 연구에 의하면, 어획 할당이 도입되면서 전 지구적인 어장의 붕괴가 멈추거나 회복되고 있다(그림 8.24).

권리에 근거한 어업이 주는 간접적 혜택은 어부들이 어류 개체군을 증가시켜서 공유지의 비극을 피하려는 관리 의사를 선호하도록 독려한다는 것이다. 어류 자원의 향상은 개인 또는 조합이 갖는 어획 할당량의 가치를 높일 것이기 때문이다.

대서양 대구의 회복

뉴잉글랜드와 캐나다 동부의 대구 어장이 붕괴한 20년 후, 자원은 여전히 회복되지 않았지만 생태계가 보다 안정한 상태로 회복되고 있다는 조짐들이 나타나고 있다. 대구는 플랑크톤을 먹고 사는 어류에 의존하는데, 포식자인 대구가 사라지자 이들이 크게 증가했었다. 그런데 큰 포식성 어류가 다시금 주된 소비자가 되면서 이제는 플랑크톤을 먹는 어류가 감소하고 있다. 이상하게도 대구가 아닌 해덕(*Melanogrammus aeglefinus*)이 생태계에서 가장 강력한 회복을 나타내고 있고, 대구가 과연 예전의 풍요로웠던 상태를 회복할지는 아직 미지수이다. 그래도 이 결과들은 북서 대서양 대구 개체군 붕괴에 이어 생태계 구조의 과격한 변화가 어쩌면 반전되고 있을지도 모른다는 것을 보여준다. 그리고 종내에는 붕괴된 어류 개체군이 회복되리라는 조심스러운 희망을 품게 한다.

알래스카 주 브리스틀 만 어장을 구성하는 연어 개체군에 대한 연구

이동하는 연어의 수를 세고 있는 연구원   이동하고 있는 브리스틀 만 홍연어   진정제를 먹인 수컷 연어 측정하기   브리스틀 만에서 연어를 무선 원격 추적함

그림 8.23 브리스틀 만 연어 어장같이 어장을 성공적으로 관리하는 비결 중 하나는 개발되는 어류 개체군의 상태와 동향에 대해 정보를 수집하는 것이다.

⚠️ 생각해보기

1. 어떤 붕괴한 어류 또는 고래 개체군은 수확을 줄이거나 멈추면 흔히 회복되었으나 어떤 개체군은 회복되지 못했다는 관찰이 함의하는 바는 무엇인가?
2. 개별 양도성 할당량(ITQ)을 제정하는 것이 많은 어장을 지속가능성의 궤도에 올려놓은 것으로 보인다. 이유는 무엇인가?

어장 지속가능성에 미치는 개별 양도성 할당량(ITQ)의 영향

이 기간 동안 ITQ가 없는 어장의 붕괴율은 30% 가까이까지 증가한 반면, ITQ가 있는 어장의 붕괴는 약 10%에서 안정되었다.

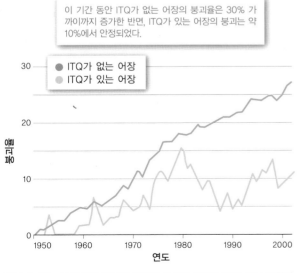

- ● ITQ가 없는 어장
- ● ITQ가 있는 어장

그림 8.24 11,000개 이상의 어장을 분석한 결과가 개별 양도성 할당량을 적용하면 어장의 붕괴 가능성을 크게 감소시킬 수 있음을 보여준다. (자료 출처 : Costello et al., 2008)

8.8 생물다양성은 어장의 생산성과 안정성에 기여한다

보다 높은 생산성, 수산 자원의 안정성 등 해양과 담수 생태계가 제공하는 여러 중요한 서비스는 생물다양성에 의해 지속된다(그림 8.25). 보다 높은 생산성을 설명하는 한 방법은 다양한 생태계가 보다 효과적으로 영양염과 빛을 사용한다는 것이다(그림 8.26). 게다가 보다 높은 유전적 다양성과 종 다양성은 폐해가 있더라도 더 안정하고 더 빨리 회복할 수 있게 한다. 예를 들어, 거머리말 *Zostera marina* 개체군의 유전적 다양성은 포식자에 대한 보다 높은 저항성 그리고 열사 후 보다 빠른 회복과 연관이 있다(그림 8.27). 거머리말이 건강해야 그에 의존하는 어장 또한 건강하다. 다양성이 있는 생태계가 인간에게 중요한 생태계 서비스를 해줄 수 있는 주된 이유는 생산성이 높고 공동체를 폐해들로부터 완충시켜주기 때문이다. 물리적 구조가 복잡하면서 다양하고 안정된 생태계는 더 많은 종과 개체 수를 지탱하며, 인간은 지속 가능한 어장 관리를 통해 이를 무기한 수확할 수 있다.

생물다양성과 브리스틀 만의 홍연어

알래스카 주 브리스틀 만 주변의 홍연어(*Oncorhynchus nerka*) 어장은 고급 식용단백질을 생산하고 1세기 이상 브리스틀 만 근처 공동체에 안정된 소득을 제공했다(그림 8.28). 세계의 다른 어장들이 붕괴하는 마당에 이 어장은

수중 생태계 서비스

해수 소택지
해수 소택지는 파도와 폭풍 해일에 대한 방벽 역할을 하고, 퇴적물, 영양염, 살충제 등 오염 물을 거르며, 다양한 야생동물에게 산란장, 성 육장, 사육장을 제공한다.

다시마 숲
다시마 숲은 지구 상 그 어떤 생태계보다 순 일차생산성이 높아서 많은 어류에 음식과 쉼 터를 제공하고 해안을 보존한다.

맹그로브 숲
맹그로브 숲은 폭풍 파도와 쓰나미로부터 해 안을 보호하는 동시에 치어 성육장, 수확 가능 한 어패류, 그리고 목공품 원료를 제공한다.

강기슭 습지
강기슭 습지는 생물다양성과 생산성이 만발 한 곳이다. 홍수 때 특히 큰 강을 따라서는 많 은 어류가 강기슭의 습지로 들어와 섭생하고 산란한다.

그림 8.25   생물다양성은 해수 소택지, 다시마 숲, 맹그로브 숲, 강기슭의 습지 등 수중 생태계가 제공하는 경제적으로 값진 서비스가 지속 가능하 도록 돕는다.

수중 일차생산자 내의 다 양성과 수중 소비자 내의 더 큰 다양성을 연결짓는 메커니즘은 무엇인가?

물리적 요인의 다양성은 브리스틀 만 어장의 연어 개체군 다양성에 어떻게 기여할까?

어떻게 지속되어 왔을까? 이 어장이 지속 가능했던 주요 요인 중 하나는 여러 차원에서 생물다양성이 높았던 것 으로 보인다.

브리스틀 만 홍연어 시스템의 높은 생물다양성은 주로

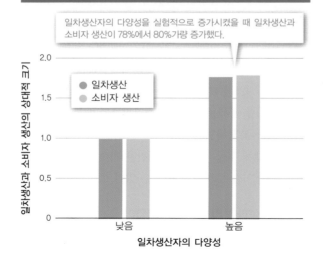

해양 일차생산자의 다양성이 생태계 기능에 미치는 영향

일차생산자의 다양성을 실험적으로 증가시켰을 때 일차생산과 소비자 생산이 78%에서 80%가량 증가했다.

그림 8.26   일차생산자의 다양성을 인위적으로 조작한 여러 실험연구 를 조망한 결과, 일차생산자의 다양성이 일차생산과 소비자 생산에 강 한 긍정적 효과를 일으킴을 보였다. (자료 출처 : Worm et al., 2006)

그 환경의 다양성에 기인한다. 해양성 기후의 시원한 여 름과 온난한 겨울이 이 지역의 특성이다. 또 다양한 강과 호수 생태계가 여럿 있다. 기후 다양성에 생태계 다양성 이 겹쳐져서 산란 환경의 다양성이라는 또 다른 차원의 생물다양성이 만들어진다. 개울, 샘으로 채워지는 연못, 큰 강, 호수변 모래사장, 그리고 섬 주변의 모래사장 등을 포함하여 매우 다양한 산란 환경이 있다. 이런 환경의 복 잡성 때문에 브리스틀 만 홍연어 어장에는 수백 개의 독 특한 개체군이 있는데 이들은 수백 개의 각기 다른 장소 에서 산란한다. 성체 연어는 자신이 부화한 바로 그곳으 로 돌아가므로, 그 특정 강의 환경에 적응되어 있다. 결론 적으로는 서로 다른 산란 강과 서식지를 갖는 개체군은 시간이 지나면 각기 다른 유전자를 갖게 된다. 따라서 브 리스틀 만 생태계의 물리적 다양성이 브리스틀 만 홍연 어 개체군에서 매우 큰 유전적 다양성을 만들어낸다(그림 8.29).

생태계 다양성과 유전적 다양성은 브리스틀 만 홍연어 어장의 안정성에 기여해왔다. 그림 8.30에서 보듯이, 기 후변동성에도 불구하고 매우 높은 어획량이 한 세기 이 상 유지되어 왔다. 이는 해양 상태가 해에 따라 연어의 해 양 생활상에 좋게도 작용하고 나쁘게도 작용했기 때문이

유전적 다양성과 생태계 안정성

> 유전적 다양성이 더 큰 거머리말 지역이 거위 방목에 더 큰 내성을 보였다.

세로축: 싹의 소실(%)
가로축: 유전자형의 개수

- 6개 유전자형
- 3개 유전자형
- 1개 유전자형

> 폭염기간 동안의 잎마름병 후 회복 추세가 유전자 다양성이 큰 거머리말 지역에서 더 빨랐다.

세로축: 단위 m²면적당 싹
가로축: 주

그림 8.27 유전자형이 더 많은 거머리말 *Zostera marina*의 싹이 방목하는 거위에게 덜 먹힌 것을 통해 이런 폐해에 더 저항력이 있음을 보인다. (자료 출처 : Hughes and Stachowicz, 2004) 유전자형이 더 많은 거머리말이 열에 의한 치사로부터도 더 빨리 회복된 것을 보아 폐해 후 회복 탄성력이 더 크다. (자료 출처 : Reusch et al., 2005)

다. 홍연어가 이렇게 개체 수를 유지할 수 있었던 주요 요인은 개체군 다양성인데, 국지적 환경 변화가 한 부분 개체군에 부정적 영향을 주더라도 다른 부분 개체군에게는 영향을 주지 않을 수 있기 때문이다. 예를 들어, 그림 8.30은 에게직(Egegik) 연어 개체군이 1990년대 초에는 어장에 거의 기여를 못하다가 1990년 후에는 연어 어획의 주된 원천이 된 것을 보여준다.

2010년 과학지 네이처에 게재된 한 분석에 의하면, 브리스틀 만 시스템에 하나의 연어 개체군만 있을 때에 비해 다양성은 연어 어획량의 안정성을 2배 이상 증가시킨

브리스틀 만에 짓기로 제안된 광산은 어떻게 물리적 환경을 변화시키며, 이는 홍연어에 어떤 영향을 줄까?

중요한 수산 자원인 홍연어 *Oncorhynchus nerka*

(Tom Quinn/University of Washington)

산란을 위해 강을 오르는 홍연어

(Accent Alaska.com/Alamy)

알래스카 주 브리스틀 만의 어선들이 연어가 산란하기 위해 강에 들어서기 전에 연어를 잡고 있다.

그림 8.28 홍연어는 북태평양의 고유한 어종이다. 캘리포니아 주와 오리건 주의 클래머스 강으로부터 알래스카 주, 시베리아, 그리고 일본의 홋카이도 섬까지 강과 호수 생태계에서 산란한다. 이 종은 지역 공동체의 소득과 영양의 주요 원천이다. 예를 들어, 알래스카 주 브리스틀 만 홍연어 어장 하나만 해도 최근 몇 년간 매년 1억 달러 이상의 가치가 있다고 평가되었다.

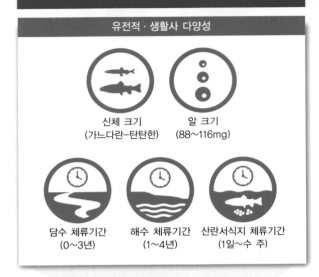

생물다양성과 브리스틀 만 연어 어장

유전적·생활사 다양성

신체 크기
(가느다란−탄탄한)

알 크기
(88~116mg)

담수 체류기간
(0~3년)

해수 체류기간
(1~4년)

산란서식지 체류기간
(1일~수 주)

산란 서식지 다양성

개울과 샘물로
채운 연못

강

해안과 섬의
해변

생태계 다양성

강 생태계

호수 생태계

기후 다양성

대륙성 기후

해양성 기후

그림 8.29 기후 다양성, 생태계 다양성, 산란 서식지 다양성, 그리고 유전적·생활사 다양성 등 많은 요인들이 브리스틀 만 홍연어 어장의 다양성에 기여한다. (자료 출처 : Hilborn et al., 2003)

생태계기반관리 생태계를 전체적으로 고려하여 자연 자원을 관리하는 방법. 자연 자원 관리에 대한 예전의 단종 접근법에서 벗어난다.

해양보호구역(해양보호구) 해양보호구역 자원의 사용을 어류와 조개의 개체군을 지속시키고 해양 생태계 전체를 보호하며 해양 생태계 서비스를 보호하는 용도로 한정하는 해양 환경의 한 구역

다고 한다. 게다가 단 하나의 연어 개체군에만 의존하는 어장은 회유하는 연어의 수가 너무 적어서 10배나 더 자주 폐쇄되어야 할 것이라고 한다. 물론, 이렇게 다양한 브리스틀 만 어장조차도 제대로 관리하지 않는다면 지속되기 힘들 것이다.

해양보호구역은 어류와 어부에 유익하다

최적의 관리 전략에는 상업적으로 중요한 어류 개체군이 살고 있고 의존하는 생태계 전체에 대한 정보가 포함된다는 인식이 어장 과학자들 사이에 점점 더 커지고 있다. 이는 자연계가 생태계 서비스를 제공한다는 것을 인정하는 것이고 어장의 **생태계 기반 관리**(ecosystem-based management)를 태동시켰다. 자연 자원의 관리에 대한 이런 접근법은 생태계 전체를 고려한다. 어장 문제에 대해 생태계 차원에서 생각하게 되면서, **해양보호구역**(marine protected area) 또는 **해양보호구**(marine reserve)에 대한 관심이 증가했다. 해양보호구역에서는 어장 자원을 지속하고 해양 생태계 전체를 보호하며, 해양 생태계의 많은 서비스를 보호하는 것으로 자원 사용을 제한한다. 대부분의 해양보호구는 영구적인 어획금지구역으로 정해져 있다. 하지만 어떤 해양보호구는 어류가 산란을 위해 모여드는, 1년 중 중요한 몇몇 시기에만 계절적으로 폐쇄된다.

캘리포니아대학교 샌타바버라 캠퍼스의 벤저민 핼펀(Benjamin Halpern)은 해양보호구역이 해양 생물의 밀도, 생체질량, 크기, 다양성에 미치는 영향을 검토했다. 해양보호구역에서는 일관되게 어류의 밀도와 생체질량이 더 높다는 사실을 발견했다(그림 8.31). 게다가 해양보호구역의 어류는 보호되지 않은 주변 지역보다, 또는 보호구역으로 선정되기 이전보다 더 다양했다. 나아가 북동 대서양의 해양보호구역 내에서 늘어가는 개체군은 주변 어장으로까지 '넘쳐서', 조업의 성공률을 높이고 기대한 바를 실현시키고 있다.

자연보호협회에서 후원한 한 연구에서 연구자들은 최근에 설립한 해양보호구역이 인도네시아 솔로몬 제도의 피지 공동체들에 광범위한 영향을 주고 있는 것을 발견했다. 다른 지역에서와 마찬가지로 이들 해양보호구역에서 어류 개체군과 크기가 증가했고, 주변 어장에서 어획이 증가했다. 이런 변화들은 직간접적으로 빈곤을 경감시켰다(그림 8.32). 연구에 따르면 피지 공동체의 어업으로 인한 월소득은 해양보호구역을 설정한 후 2배가 되었

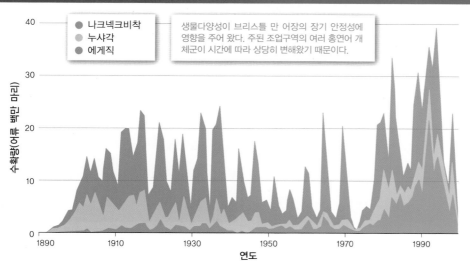

브리스틀 만 세 주요 어장에서 홍연어 수확량의 역사

● 나크넥크비착
● 누샤각
● 에게직

생물다양성이 브리스틀 만 어장의 장기 안정성에 영향을 주어 왔다. 주된 조업구역의 여러 홍연어 개체군이 시간에 따라 상당히 변해왔기 때문이다.

그림 8.30 브리스틀 만 홍연어 어장에 기여하는 개체군은 시간에 따라 중요도가 변화해왔다. (자료 출처 : Hilborn et al., 2003)

해양 환경의 특정 지역에서 어업을 금지하는 것이 궁극적으로는 어떻게 어장의 경제자립도를 증가시킬까?

다. 연구대상이었던 인도네시아의 공동체는 개선된 어업의 이익을 크게 보지 못했지만, 해양보호구역으로 인해 간접적인 이익이 있었다. 해양보호구는 더 많은 관광객을 끌어들였고, 많은 지역 주민들은 관광산업에 종사하며 어부들보다 2.5배의 소득을 얻었다. 게다가 지역 농부들은 스노클링을 하러 오는 관광객들을 끌어들이는 리조트에 생산물을 팔아서, 더 안정된 농작물시장을 확보하게 되어 소득을 늘렸다. 또한 해양보호구역이 설정된 섬의 공동체는 더 나은 통치, 식사, 위생 등 주요한 사회적 혜택도 얻었다.

⚠ 생각해보기

1. 해양 생태계와 담수 생태계의 '서비스'는 생물다양성과 어떻게 연관되어 있는가?
2. 브리스틀 만 연어 어장의 생물다양성에 기여하는 요인에는 무엇이 있는가?
3. 지역 공동체의 공동 자원을 지속 가능하게 관리하자는 엘리노어 오스트롬의 생각은 해양보호구역을 관리하는 데 어떻게 이용될 수 있는가?(58쪽 그림 2.25 참조)

8.9 하천 복원이 격감한 연어 개체군을 회복시키는 비결일 수 있다

하천 복원에는 하도의 자연적 형태를 복원하고, 식생을 다

시 심고, 토착종을 다시 들여오고, 댐을 제거해 자연적인 흐름을 재건하는 등 다양한 행동이 포함된다. 미국에서 1990년대 이후 하천 복원 프로젝트들이 기하급수적으로 증가해서(그림 8.33) 어류 자원에 긍정적인 영향을 미쳤다.

과거 20여 년간 하천 복원 속도 증가에 기여한 요인은 무엇인가?

바하캘리포니아의 카보풀모 : 해양보호구역에서 회복의 극적인 예

(Leonardo Gonzalez/Shutterstock)

그림 8.31 캘리포니아 만의 유일한 산호초 생태계인 카보풀모를 보호하자 어업이 지속되는 주변 지역보다 어류 개체군이 급격히 증가했다. 생물량은 10년 동안 보호되면서 거의 5배 증가했다.

미국의 해양보호구역

여기 보이는 하와이의 하나우마 만과 같은 해양보호구역은 해양다양성의 보존, 상업적으로 중요한 어패류를 위한 성육 지역 보호, 여가 활동의 기회 등 다양한 생태계 서비스를 제공한다.

그림 8.32 미국 해역 내의 해양보호구역의 수와 면적은 급격히 증가했다.

샌디 강이 댐 제거에 어떻게 반응하는지 감시하는 책임이 당신에게 있다면, 측정할 요인을 3개 이상 나열하고 선택한 이유를 설명하라.

댐 제거와 연어 개체군의 복원

회유성 연어의 이동과 짝짓기를 방해하는 댐을 제거하는 것은 상업적으로 중요한 어류 자원을 회복하는 데 매우 중요하다. 2011년, 대략 1,000개의 댐이 미국 강에서 제거되었고, 제거되는 수가 설치되는 수보다 많았다. 이런 제거 프로젝트 중 가장 잘 연구된 것은 컬럼비아 강으로

흘러들어가는, 오리건 주의 샌디 강에서였다. 포틀랜드 제너럴일렉트릭 사(PGE)는 20세기 초 수력 발전을 위해 샌디 강을 개발해 댐 2개(마모트 댐과 리틀샌디 댐)를 설치했다. 낡아가는 터빈을 유지·보수하고 어류통과구조를 개선하라는 압력에 못이긴 PGE 관리자들은 댐을 아예 제거하고 다른 곳에 풍력 터빈을 세워 대체하는 것이

하천 복원의 급격한 증가와 이에 대한 대중의 의식

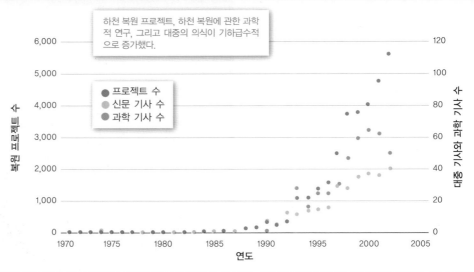

하천 복원 프로젝트, 하천 복원에 관한 과학적 연구, 그리고 대중의 의식이 기하급수적으로 증가했다.

- 프로젝트 수
- 신문 기사 수
- 과학 기사 수

(y축 좌) 복원 프로젝트 수
(y축 우) 대중의 의식과 과학 기사 수
(x축) 연도

그림 8.33 하천 복원 계획들이 실행되고 과학적으로 연구되면서, 독서하는 대중은 이에 대한 정보를 접하고 있었다. (도표 출처 : Palmer et al., 2007)

오리건 주 샌디 강의 마모트 댐 제거

❶ 샌디 강의 길이 60미터, 높이 15미터의 마모트 댐을 폭파하기 전

❷ 댐에 폭탄을 설치한 후 폭파시켰고 대형 굴착기들이 들어가서 25,000톤의 파쇄된 물질을 제거했다.

❸ 댐 제거 과정의 마지막 단계는 마모트 댐을 제거하는 동안 수로를 변경시켰던 임시 토질 마개를 뚫는 것이었다. 일단 제거되자 강은 매우 빠르게 그 토질 마개를 쓸어갔다.

그림 8.34 강의 댐을 제거하는 것은 상당한 연구, 계획, 신중한 실행을 요구한다.

더 경제적이라고 판단하였다.

기획자들이 당면했던 주된 질문 중 하나는, 노후화되어가는 댐 뒷편에 쌓여 있는 730,000세제곱미터의 모래와 자갈을 처치하는 문제였다. 인위적으로 이 퇴적물을 없애야 할까, 아니면 강이 이 퇴적물을 쓸어가도록 해야 할까? 회사는 강이 그 일을 하도록 두는 편을 택했다.

2007년 PGE는 마모트 댐을 제거하려는 계획을 실행에 옮겼는데, 이는 그 시점까지 가장 큰 댐 제거 프로젝트였다(그림 8.34). 어류에 미칠 영향에 대한 걱정은 댐 제거 완료 하루 후, 은연어 *Oncorhynchus kisutch*가 복원된 하도를 회유해가면서 해소되었다. 축적된 퇴적물을 강이 제거하는 데 걸리는 시간은 2~5년으로 추정되었다. 그러나 샌디 강은 단 몇 달 만에 모든 퇴적물을 쓸어내어 모두를 놀라게 했다. 사실, 첫 48시간에만 퇴적물 100,000세제곱미터를 운반했는데, 이는 1축 덤프트럭 20,000대를 가득 채운 양이다!

막대한 양의 퇴적물이 이동했음에도 불구하고 댐 제거 다음 날부터 연어는 강 상류로 헤엄쳐 올라가 성공적으로 산란했다. 댐이 제거되면서 이동을 시작한 대부분의 자갈은 한 해 안에 예전 댐이 있던 곳에서 하류 9킬로미터에 걸쳐 흩어졌고, 모래 같은 작은 입자는 더 먼 하류까지 흩어졌다. 샌디 강이 더 이상 제재받지 않고 상류에서 하구로 흐르는 데 적응해나가는 동안, 지질학자들은 마모트 댐이 제거되면서 이동하기 시작한 퇴적물을 세심히 추적하고 있다.

PGE가 2008년 리틀샌디 댐을 제거하는 후속조치를 하여 이제는 샌디 강 시스템 전체를 회유성 연어가 이용할 수 있다. 거의 100년 만에 처음으로 샌디 강은 후드 산에서 시작하는 상류에서 컬럼비아 강까지 자유로이 흐르게 되었다(그림 8.35). 과학자들은 하천 시스템 전체를 다시 자유롭게 흐르는 상태로 복원한, 이 대규모 실험이 어떻게 전개되는지를 조심스럽게 추적하고 있다.

클래머스 강의 댐 제거

클래머스와 같이 고도로 변형된 강을 복원하려면 댐이 연어 개체군에 미치는 영향뿐만 아니라 훨씬 많은 요인들을 고려해야 한다. 예를 들어, 댐을 제거하면 클래머스 강의 수력 발전 시스템 운영에 관여하는 50개 직업이 사라질 것이다. 하지만 동시에, 추후 50년간 이 지역 전체에 걸쳐 추가로 450개의 일자리가 창출될 것이다. 댐 후방에 있는 저수지들에서는 레저낚시를 할 수 있어 지역 공동체가 소득을 올렸다. 하지만 어장과학자들이 예상하건대 댐을 제거하면 연어 어장이 재활성화되어 주변 어업공동체들이 연간 수천만 달러를 창출할 것이다.

2010년 초 이런 문제들에 대한 고려와 폭넓은 과학적·공학적 연구에 기초하여 다양한 이익집단들이 합의에 이르렀다. 이 합의에는 클래머스 강 상류로 연어가 이동하는 것을 회복할 수 있도록 하는 동시에 농부들의 이익도 보호할 수 있는 방식으로 물을 공유하자는 계획이 포함되어 있다. 그로부터 3년 후, 당시 미국 내무부 장관인 켄

클래머스 강 시스템의 잠재적으로 상충하는 여러 이해 집단들이 합의에 이르게 된 요인은 무엇인가?

성공적인 하천 복원

(Sandy Historical Society and Museum)

그림 8.35   후드 산에서 컬럼비아 강까지 흐르는 오리건 주의 샌디 강은 다시금 야생의 강이 되었다.

IMTA는 어떻게 양식 시스템의 이익을 증대하고 비용을 감소시킬 수 있을까?

통합적 다영양 단계 양식(IMTA) 근처에 보완적 섭식 서식지가 있는 여러 종의 수생생물을 양식하는 접근법

살라자르는 클래머스 강의 주요 댐 4개를 제거할 것을 추천하였는데, 이는 미국 의회의 인준을 필요로 한다. 주류 수력 발전 설비 4개를 제거하면 수력 에너지 169기가와트를 잃겠지만, 어장이 회복되는 동안 풍력 또는 태양 발전 등 재생 가능한 전력원이 이를 대신할 수 있을 것이다. 이는 장기 지속가능성 측면에서 모두에게 유리한 시나리오이다. 이 계획이 인준되면 아마도 이제까지 시도된 가장 큰 댐 제거 프로젝트가 될 것이다.

⚠️ **생각해보기**

1. 샌디 강의 댐을 제거한 후, 퇴적물이 제거되는 것과 연어가 산란에 성공하는 것이 강의 회복가능성과 연어 개체군에 대해 암시하는 바는 무엇인가?
2. 클래머스 강의 경우와 같이 매우 복잡한 경제적·문화적 상황에서 행동방침을 정하려면 어떤 기준을 사용해야 할까?

8.10 양식을 통해 환경 파괴를 줄이면서 고품질 단백질을 공급할 수 있다

해양의 한계를 인식하는 많은 사람들은 양식이 야생 개체군에 가해지는 압력을 일부 해소할 것으로 기대한다. 그러나 양식이 계속 확장되면서, 이를 보다 더 효율적이고 환경친화적으로 만들어야 한다는 과제가 남아 있다.

양식에 의한 오염 줄이기

양식에 의한 오염을 줄이는 가장 효과적인 방법 중 하나는 **통합적 다영양 단계 양식**(integrated multi-trophic aquaculture, IMTA)이다. 해양 환경에서는 때로 **통합 해양양식**(integrated mariculture)이라고도 부른다. 이 과정에서는 섭식 습성이 상호 보완적인 수생생물 여러 종을 서로 가까운 곳에서 양식한다. 한 종의 폐기물이 다른 종의 먹이가 되어 환경에 대한 영향을 감소시킨다. 예를 들어, 중국의 숭고 만에서는 어류, 전복, 미역, 그리고 조가비의 조합을 연안 8킬로미터에 걸쳐 연이어 양식한다. 이 시스템에서, 우리에서 양식된 어류의 폐기물, 용존 영양염과 입자성 물질 모두는 이 통합 양식 시스템의 다른 일원들에 의해 섭취된다. 여과섭이 종들은 어류 섭생 작업에서 나오는 폐기물을 직접 섭취할 수 있고, 일차생산자들은 용존 영양염(특히 질소와 인)의 혜택을 받는다. 그 결과 오염이 상당히 감소하고 해산물 수확이 늘어난다(그림 8.36).

통합 다영양 단계 양식은 세계 곳곳에서 시험 가동되고 있다. 대서양 연어, 홍합, 미역을 이용한 통합수생양식 시스템이 캐나다 펀디 만에서 개발되었다. 이 통합 시스템역시 어망에 갇힌 연어에서 유래하는 오염을 줄이고 이익은 증가시킨다. 여러 종을 이용한 다른 시스템들이 아프리카, 남아메리카, 오스트레일리아, 유럽 등지에 있다.

양식의 폐기물과 인공 습지

육상 기반의 양식 시스템을 더욱 지속 가능하도록 하기

중국의 통합 양식 시스템

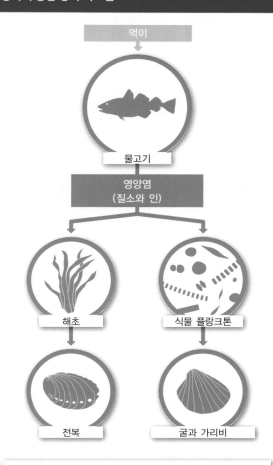

중국 숭고 만의 통합 양식 시스템에서 재배되는 여러 종은 영양상 상호 보완하여 만의 오염을 줄이고 양식 생산을 높인다.

그림 8.36 우리에서 양식하는 어류의 먹이에서 나온 영양염은 굴과 가리비의 먹이인 식물 플랑크톤에 의해 흡수되든지 전복의 먹이인 해초에 흡수된다.

위해 생물학적 접근법도 사용된다. 모든 집약적 양식 시스템은 잠재적으로 오염을 일으킬 수 있다. IMTA를 이용해 해양 시스템에서 영양염 오염을 줄일 수 있지만, 육상지형에서 담수양식을 하기 위해서는 다른 기술이 필요하다. 여러 공업적 해법이 가능하지만 많은 해법은 에너지와 비용 면에서 모두 비싸다.

　인공 습지(constructed wetlands)는 자연적으로는 습지가 존재하지 않는 곳에 인공 습지 생태계를 건설한 것인데, 담수 수생양식에서 나오는 폐수를 처리하는 데 점점 더 사용되는 추세이다(그림 8.37). 인공 습지는 식물과 미소생물이 영양염을 제거하는 복잡한 생물학적 기능을 하

도록 하고 야생생물에게 서식지를 제공한다. 제대로 설계되면 효과적이고 지속 가능하지만, 설계된 대로 계속 작동하는지 지속적인 모니터링이 필요하다. 양식 폐수를 처리하는 문제가 다른 종류의 폐수를 처리하는 것과 조금 다르기 때문에, 인공 습지에 관한 상세한 토의는 제13장으로 미루기로 한다.

새우 양식과 맹그로브 보존

새우 양식이 맹그로브 숲에 끼치는 영향은 여러 방법을 동원해 줄일 수 있다. 그중 하나는 영양염이 풍부한 물이 퍼지는 것을 막는 것이다. 새우 양어장을 설계하는 전문가들은 맹그로브가 자라는 토양은 일반적으로 물을 담기에는 투수성이 너무 크다는 것을 지적한다. 그런 경우, 양어장은 플라스틱 또는 불투수성 점토로 안을 댈 필요가 있다. 새우 양식과 관련된 또 다른 문제는 맹그로브를 제거하면 건설 비용이 많이 드는 양어장이 폭풍에 의해 손상될 위험이 커진다는 것이다.

　이 위험을 인식하여 이제는 많은 새우 양어장이 보존적인 맹그로브 숲 뒤편에 위치하고, 필요한 해수는 수로나 파이프라인을 통해 내륙으로 운반한다. 마지막으로 집약적 새우 전용 양어장은 주기적으로 완전히 비워야 할 필요가 있으므로 조석수위 위에, 즉 맹그로브 숲 내륙에 짓는 추세이다. 이 경우 맹그로브 숲에 대한 직접적 파괴를 줄임으로써 이들이 생태계 서비스를 제공하고 홍수에 대한 보호를 계속할 수 있도록 한다.

바다물이의 영향 감소

바다물이가 야생 연어에 미치는 영향을 줄이는 가장 직접적인 접근법 중 하나는 이의 감염을 감시하고 살충제를 이용해 치료하는 것이다. 그러나 농업 해충을 화학적으로 규제하려 했을 때처럼 바다물이가 이런 치료에 내성을 진화시키고 비대상 생물이 죽을 우려가 있다(제7장 참조). 다른 잠재적 규제책은 연어 양식장을 야생 어류의 이동 경로로부터 먼 곳으로 제한해서 이들의 접촉을 최소화하는 것이다. 캐나다와 유럽 일부는 이미 귀중한 야생 연어 자원이 있는 몇몇 지역으로부터 연어 양식을 제외시키는 예방적 조치를 취했다. 해양 우리보다 내륙 탱크에서 연어를 양식하고 폐수를 처리하는 방법도 야생 연어의 감염을 줄일 수 있다.

인공습지 자연적으로는 습지가 아닌 곳에 폐수를 처리하는 데 사용하는 인공적 습지 생태계를 건설한 것

과학원리　　　　　　　　문제　　　　　　　　해결방안

건설된 습지로 중국 항저우의 역사적 보물을 되찾다

❶ 옥춘은 관광차량에 의한 오염으로 1999년 폐쇄되었다.

❷ 옥춘의 물을 되찾기 위해 항저우 식물 정원의 관리인들은 86종의 식물을 포함하는 습지를 조성했다.

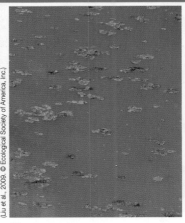

❸ 옥춘은 습지를 거쳐 물을 보내기 전에는 매우 오염되어 보기 흉했다.

❹ 1년 만에 옥춘의 물은 어류를 다시 넣고 1,000년 된 명소로 관광객에게 다시 개방하기에 충분한 수준이 되었다.

그림 8.37 건설된 습지를 이용한 비슷한 시도가 양식에서 나오는 폐기물을 처리에 저비용 방법으로 사용되고 있다.

어분 사용의 감소

양식이 야생 사료어에 미치는 영향을 줄이는 것은 어분과 어유의 대체물을 찾을 수 있느냐에 달려 있다. 어분을 식물 단백질(예 : 콩)로 대체하는 데 큰 발전이 있었고, 어유 또한 부분적으로 카놀라유, 콩기름, 해바라기유, 올리브유 등의 식물성 기름으로 대체되었다. 어류 영양 전문가들은 양식에 사용되는 어유의 4분의 3을 식물성 기름으로 대체해도 어패류의 성장성취도에 아무런 지장이 없을 것이라고 예상한다. 고단백질 먹이를 필요로 하는 대형 포식성 종을 양식하기보다 먹이사슬 하부의 잡식성 또는 초식성 종을 양식하면 양식에 사용되는 어분의 양을 줄이는 데 기여할 것이라고 제안하는 이들도 있다. 예를 들어, 틸라피아와 메기는 주로 식물성 먹이를 먹고 잘 자란다. 식물성 사료는 새우 양식자들에게서도 인기가 늘어가는데, 그 이유는 포식성인 홍다리얼룩새우 양식에서 잡식성의 흰다리새우 *Litopenaeus vannamei* 양식으로 바꾸고 있기 때문이다.

⚠ 생각해보기

1. 통합 양식 시스템은 어떻게 자연 먹이사슬 구조에 수렴하는가? (제2장 42쪽 참조)
2. 생물다양성이 생태계 과정에 미치는 영향을 알면 어떻게 양식에 의한 환경 파괴를 줄일 수 있는가?
3. 식물성 사료를 사용하는 것이 양식의 지속가능성에 어떻게 잠재적으로 기여할 수 있는가?

8.7~8.10 해결방안 : 요약

어장을 제대로 관리하는 비결은 믿을 만한 과학에 입각한 관리 계획을 세우는 것이다. 고래의 경우 국제적 규제의 도움으로 종이 회복되었다. 어장은 보통 어구 종류의 제한과 어선이 바다에서 보내는 시간을 제한하는 방식으로 규제한다. 개인, 조합, 또는 공동체에 어획 할당을 하는 것으로 어업에 대한 경쟁적 접근법을 피할 수 있다. 어획 할당은 또한 어부, 어장과학자와 관리자들 간의 협조를 강화하는 것으로 보인다. 그리고 해양보호구역은 어장을 개선하는 동시에 해양 생물다양성을 증대시킨다.

하천과 습지의 재건을 꾀하는 프로젝트가 전 세계적으로 수천 개인데, 점점 댐 제거도 포함하는 추세이다. 양식은 이제 어장 총생산량의 거의 40%를 차지한다. 양식의 엄청난 증가와 더불어 환경 파괴의 잠재력 또한 엄청나다. 양식에 기인하는 오염을 줄이는 효과적인 방법은 통합적 다영양 단계 양식을 하는 것이다. 많은 새우농장들은 이제 주변의 맹그로브 숲을 보호하도록 위치하고 관리된다. 점점 더 육상 기반 수생양식의 폐수는 인공 습지를 이용해 효과적이고 경제적으로 처리된다. 게다가 어장주인들은 공장 기반의 사료와 먹이사슬 하부의 어류를 키우는 쪽으로 바꾸고 있다.

각 장의 절에 대하여 아래 질문에 답을 하고 난 후 핵심 질문에 답하라.

핵심 질문 : 어장과 양식을 지속 가능하도록 관리할 수 있을까?

8.1~8.3   과학원리

- 상업적 어류 개체군을 어떻게 수확하고 관리하는가?
- 해양 환경에서 영양염의 이용가능성과 일차생산성은 어떤 관계가 있는가?
- 엘니뇨는 남아메리카 서해안 어장에 어떤 영향을 미치는가?

8.4~8.6   문제

- 고래와 해양 어류 자원의 남획은 공유지의 비극과 어떻게 연관되어 있는가?
- 대형 댐은 회유 어류 개체군에 어떤 영향을 미치는가?
- 양식은 수생 환경과 야생 어류 개체군에 어떤 식으로 영향을 미치는가?

수생자원과 우리

어장과 양식 상품은 세계인들의 식단에 주요한 부분을 차지한다. 이들에 대한 수요는 증가 추세에 있으며 이미 남획의 위험에 처한 해양과 담수 환경에 더욱 큰 압력을 가하고 있다. 우리 각자가 이들 자원을 보다 지속 가능하게 사용할 수 있는 방법 하나는 정보에 근거한 선택을 하는 것이다.

☐ 잘 알고 있기

지속 가능한 어획과 양식법의 최신 동향에 대한 정보를 습득하라. 당신이 상업적 어획 또는 양식 지역에 있다면 그 지역에 대해서, 그리고 세계적으로도 유전자 조작 연어의 현황이라든가 양식이 야생 어류 자원을 위협하는 것을 방지하기 위해 어떤 대책이 마련되고 있는지 등의 문제들을 살펴보라. 당신이 사는 지역의 어패류는 어디에서 공급되는지 알아보라. 어류 생산지에 살고 있다면 이 산업이 지역 경제에 어떤 중요성을 갖는지 그리고 그 지역특산물의 시장에 관한 정보를 수집해보라.

☐ 지속 가능하게 관리되는 수생 자원 구매하고 소비하기

여러 조직들이 지속가능성의 정도에 따라 해산물에 등급을 매긴다. 몬터리베이수족관은 개인소비자와 업체를 위해 가장 지속 가능한 어패류 산지에 대한 평가를 온라인으로 제공한다. 웹사이트(www.seafoodwatch.org)는 모든 종류의 해산물에 등급을 매기고 '녹색', '노란색', '빨간색' 해산물 등급으로 분류한다(심지어 앱도 있다!).

☐ 의견 표출하기

식당 주인과 슈퍼마켓 관리자에게 지속 가능하게 수확된 해산물을 제공하고 공급하도록 요청하라. 지역과 연방정부의 정책입안자들에게 편지를 써서 해양 영역과 수생 건강을 보존하는 법안과 계획을 수립하도록 독려하라.

8.7~8.10 해결방안

- 수생 자원을 보다 지속 가능한 방법으로 수확하기 위해 어떤 관리 전략을 사용하고 있는가?
- 생물다양성은 수생 자원의 생산성과 안정성에 어떻게 기여하는가?
- 회유성 연어는 산란 하천에서 댐의 제거에 어떻게 반응하고 있는가?
- 양식이 환경에 미치는 영향을 줄이기 위해 어떤 전략을 사용하고 있는가?

핵심 질문에 대한 답

제8장
복습 문제

1. 세계의 대양 중 조류의 일차생산성이 가장 낮을 것이라 생각되는 곳은?
　a. 대륙의 서해안을 따라서
　b. 중앙 태평양의 적도 부근
　c. 활발한 용승이 일어나는 곳
　d. 주요 하천의 앞바다

2. 엘니뇨는 남아메리카 서해안의 상업적 어류 생산에 어떤 영향을 미치는가?
　a. 엘니뇨가 끌어들이는 따뜻한 해수가 어류 생산성을 증가시킨다.
　b. 엘니뇨 현상에 따르는 표층수의 영양염 증가는 조류에 유독하다.
　c. 엘니뇨의 따뜻한 표층수는 직접적으로 많은 수의 어류를 폐사시킨다.
　d. 엘니뇨의 따뜻한 표층수는 용승을 저지시켜서 유광층에 영양염이 회복되는 것을 감소시킨다.

3. 만일 광업 등에 의한 오염이 브리스틀 만으로 유입되는 주요 강의 연어 개체군을 제거버린다면 브리스틀 만의 연어 총수확량은 어떻게 될까? (그림 8.29와 8.30 참조)
　a. 수확량에는 변화가 없을 것이다.
　b. 연어 간 경쟁이 감소해서 수확량이 장기적으로 더 안정적이 될 것이다.
　c. 연어 개체군의 다양성이 낮아져서 수확량이 장기적으로 변동이 더 심할 것이다.
　d. 수확량이 증가할 것이다.

4. 세계 어류 개체군의 대략 얼마가 '파괴'될 정도로 수가 감소했는가?

　a. 90%　　**b.** 75%　　**c.** 50%　　**d.** 25%

5. 댐 건설 후 클래머스 강에 산란을 위해 돌아오는 연어의 수는 평균 35,000 정도, 즉 예년 평균의 대략 10% 였다. 그렇다면 과거 클래머스 강에 산란하기 위해 돌아온 연어의 수는 얼마인가?
　a. 90,000　　　　**b.** 350,000
　c. 3,500,000　　**d.** 35,000,000

6. 다음 중 집약적 양식이 수생 생태계에 미치는 영향을 나타낸 것은 무엇인가?
　a. 집약적 양식은 수생 생태계를 오염시킬 수 있다.
　b. 집약적 양식은 야생 개체군의 유전적 다양성을 증대시킬 수 있다.
　c. 집약적 양식은 야생 어류의 어획강도를 증가시킨다.
　d. 집약적 양식은 야생 어류 개체군의 질병과 기생체 부하를 감소시킨다.

7. 다음 중 노바스코샤 연안의 대서양 대구 먹이사슬 회복의 지시자는?
　a. 동물성 플랑크톤 감소
　b. 식물성 플랑크톤 증가
　c. 사료어 증가
　d. 사료어 감소

8. 다음 중 하천의 복원과 관련이 있는 것은?
　a. 자생 하천 식물을 심는다.
　b. 하도의 자연 형태를 복원한다.
　c. 댐을 제거한다.
　d. 위 항목 모두

9. 2011년 수확된 수생생물 1억 5천만 메트릭톤 중 몇 퍼센트가 양식된 것인가?
　a. 25%　　**b.** 40%　　**c.** 60%　　**d.** 80%

10. 해양보호구역은 어장 생산을 지속하는 데 어떻게 기여하는가?
　a. 어장 생산을 지속시키는 데는 기여하지 않고 대신 관광을 위해 해양 생태계를 보존한다.
　b. 해양보호구역은 대형 포식성 어류의 수를 줄여 포획대상 어류 개체군이 증가한다.
　c. 해양보호구역은 한 지역의 해양 무척추동물의 수와 다양성을 감소시켜 해양 어류가 번창하게 한다.
　d. 해양보호구역은 어류의 높은 생체질량과 수를 지탱해 어획 가능한 지역으로 풍부한 치어와 성어가 이동하도록 한다.

비판적 분석

1. 유엔식량농업기구에 의하면 아프리카 서해안 국민들은 아프리카 동해안 국민들보다 1인당 어류 섭취량이 훨씬 컸다. 이 차이를 이용가능성에 근거하여 설명해보라.

2. 인터넷 자료를 이용하여 대서양 대구와 태평양 넙치의 관리에서 국제적 조약의 역할을 검토하고 요약해보라. 어류 수확을 지속시키는 데 이들 조약의 복잡성과 성공률을 비교해보라.

3. 유전자 변형(GM) 대서양 연어의 문제에 대한 정보와 견해를 검토하고 GM 연어를 인간이 섭취하는 데 대한 찬반의 입장을 설득력 있게 논거를 펼쳐보라.

4. 그림 8.12를 참고하여 노바스코샤 연안의 해양 먹이사슬이 그 생태계의 최고 포식자인 대서양 대구의 고갈로 어떤 변화를 겪었는지 검토하고 설명하라. 대구 개체군이 회복되지 못한다면 생태계는 그나마 예전의 상태와 유사하게 되돌아가면서 어떻게 변할 것인가?

5. 상업적 어획을 규제하는 기준이 '경쟁적인 어획'에서 개별 양도성 할당량(ITQ)으로 바뀌면서 이에 수반되는 잠재적 문화적 변화에 대해 논하라.

(Dado Galdieri/Bloomberg via Getty Images)

핵심 질문: 환경 훼손을 줄일 수 있는
재생 불가능한 자원은 어떻게 관리해야 하는가?

현대 사회에서 사용하는 주된 화석 연료를 알아본다.

과학원리

제9장

화석 연료와
원자력 에너지

화석 연료 생산과 원자력 이용이
어떻게 환경을 훼손시키는지 분석한다.

화석 연료 사용과 원자력 이용으로 인한
환경 영향을 줄이는 방안을 검토한다.

문제

해결방안

(Courtesy U.S. Coast Guard)

(Saul Loeb/AFP/Getty Images)

딥워터호라이즌의 시추 장비가 화염(왼쪽)에 휩싸였으며 사다새(오른쪽)는 기름이 유출된 원유로 뒤덮여 있다.

딥워터호라이즌이 연기 속에 묻히다

최악의 기름 누출 사고는 화석 연료에 의존하는 것이 얼마나 위태로운가를 알려주는 사건이다.

2010년 4월 20일 밤에 메탄가스, 진흙과 해수가 함께 섞인 물질이 마치 샴페인 병을 흔들어놓은 것처럼 멕시코 만에 있는 석유 시추 장비를 타고 공중으로 치솟아 올랐다. 꽝 하고 울려 퍼지는 소리와 함께 가스가 화염을 이루며 분출하였고 반잠수형 굴착시설은 심하게 요동쳤다. 이 소란으로 굴착선의 126명의 인부 중 하나인 스물세 살의 초이 크리스토퍼는 잠에서 깨어났으며 복도에서 화재 경보음이 들리자 침대에서 빠져나왔다. 그가 큰 불이 나는 곳으로 나왔을 때 사람들이 1.5미터 되는 갑판을 넘어 출렁이는 어두운 바다로 뛰어내리는 것을 보았다. 그는 나중에 뉴스 기자에게 "여기서 뛰어내리지 않으면 나는 이제 죽겠구나. 이게 바로 죽음이구나."라고 생각했다고 말했다.

실제로 초이는 구명보트로 안전하게 피신한 운 좋은 사람 중 하나였다. 그날 밤 동료 중 11명이 목숨을 잃었다. 이들은 아마도 역사상 최악의 기름 누출 사고로 여겨지는 사건으로 인하여 사망하였다. 반잠수 석유 시추선은 딥호라이즌(Deep Horizon)이라고 불렸는데, 그 이유는 우리의 경제를 지탱시켜주는 연료인 소중한 '검은 황금'을 찾기 위하여 해저 밑 10,700미터 아래까지 시추하여 우리의 기술적 한계를 그 정도 깊은 곳까지 도달하려 했기 때문이다. 사고가 난 날 밤에는 4,000미터 정도의 깊이를 시추하고 있었다. 사고가 난 후 36시간이 지난 후에 화염은 잡혔지만 검은 기름은 시추정을 통해 이후 3개월간 솟구쳐 나왔다. 모두 합쳐서 약 7억 리터의 원유가 멕시코 만으로 누출되었다고 한다.

기름 누출이 있은 후 수십 마리의 병든 돌고래가 멕시코 만의 해안 해변으로 밀려왔다. 바닷새들은 두꺼운 검은 타르로 뒤덮여 있었다. 또한 루이지애나 주의 악어가 많이 사는 습지는 길 코너에 있는 주유소 같은 냄새로 뒤덮였다. 미국 쪽 멕시코 만의 루이지애나 주에서 플로리다 주에 이르는 해안을 따라 어업과 관광업은 완전히 폐허가 되었다. 이 기름 누출 시추공의 소유사인 브리티시페트롤륨은 2015년 7월에 벌금과 보상비로 미국 역사상 가장 많은 액수의 환경 합의금인 1,870만 달러(2,200억 원 상당)를 물었으며, 사고에 관련된 총추정액이 약 400억 달러(48조 원 상당) 이상일 것으로 여겨지고 있다.

"전 세계 인구가 누리는 더 나은 세상 혹은 더 못한 세상에 관련된
운은 에너지 자원을 사용하는 것과 불가분하게 관련되어 있다"

M. 킹 허버트, 1956

석유 시추의 역사는 맨 처음 미국 펜실베이니아 주의 드레이크 시추정(Drake Well)에서 상업적으로 시추가 일어난 지 150년이 지나면서 이 화석 연료에 점점 기대게 되었다. 화석 연료와 기타 **재생 불가능한 에너지 자원**(nonrenewable energy), 이를테면 원자력 에너지인 우라늄과 같은 자원은 전 지구적인 전기 수요의 87%를 담당한다. 이 재생 불가능한 자원은 수백만 년에 걸친 생물학적·지질학적·화학적 과정을 통하여 생성되는 것들인데, 결국에는 고갈될 것이다. 다음 장에서는 이들 재생 불가능한 자원을 대체할 태양광 에너지와 바이오 연료와 같은 **재생 가능한 에너지 자원**(renewable energy)에 대하여 알아볼 것인데, 이들 재생 가능한 자원은 비교적 짧은 시간에 다시 보충이 되며 사용을 한다고 해서 소모가 되는 것은 아니다. 하지만 여기서는 재생 불가능한 자원의 특성에 대하여 알아보기로 하고 이 재생 불가능한 자원이 왜 전 지구적인 경제를 떠받치고 있는가를 살펴보기로 하자. 이 장의 마지막에서는 이들 재생 불가능한 자원이 만들어내는 환경적 도전을 해결할 방법을 토의하기로 하자.

미국 에너지정보청은 향후 30년간 에너지의 수요가 약 50% 정도 증가할 것으로 예측한다. 이러한 에너지 수요의 증가는 필연적으로 재생 불가능한 자원이 고갈되는 정도와 이들의 사용으로 인해 발생하는 환경 영향과 맞물려 있는데, 이 점이 이 장의 가장 핵심적인 주제가 된다.

재생 불가능한 에너지 자원 석탄, 석유, 천연가스, 원자력 연료와 같은, 인간 수명의 시간 규모에서 재생 가능하지 않고 지속적인 사용으로 고갈될 수 있는 에너지원

재생 가능한 에너지 자원 태양열, 풍력, 수력, 지열, 바이오매스 같은 상대적으로 짧은 기간에 보충될 수 있는 에너지원으로 이를 사용함으로써 재생 가능한 에너지원은 고갈되지 않는다.

핵심 질문

환경 훼손을 줄일 수 있는 재생 불가능한 자원은 어떻게 관리해야 하는가?

과학원리   문제   해결방안

9.1~9.3 과학원리

여러분이 살고 있는 도시에서 최근 전력 공급이 끊긴 사례를 떠올려보자. 전력 공급이 아마 몇 시간 동안 끊긴다면 가족과 둘러앉아 이야기를 나누면서 보낼 수 있다. 물론 냉장고의 아이스크림은 녹을 테지만. 이제는 전 지구가 어둠에 들어가고 전 지구적인 연료의 공급이 다 소진되었을 때를 상상해보자. 공항은 기능을 멈출 것이다. 공장도 문을 닫을 것이다. 식량의 공급도 중단될 것이고. 이제는 이웃이 여러분의 유일한 뉴스 제공자가 될 것이다. 우리가 알고 있는 일상생활이란 것도 중지될 것이다. 이러한 상황은 믿기지 않는 악몽이 아닐 것이다. 우리의 현대 일상생활은 재생 불가능한 에너지 자원에 전적으로 의존하고 있으며, 어느 날 예상한 대로 이 재생 불가능한 에너지 자원은 고갈될 것이다.

석탄 생성

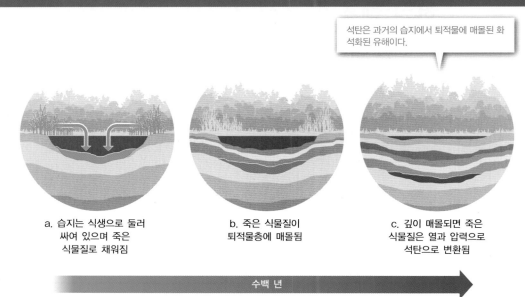

석탄은 과거의 습지에서 퇴적물에 매몰된 화석화된 유해이다.

그림 9.1 석탄은 과거 습지에서 퇴적물에 매몰된 식물의 화석화된 유해로서 수백 년의 시간에 걸쳐서 생성된 것이다.

a. 습지는 식생으로 둘러싸여 있으며 죽은 식물질로 채워짐

b. 죽은 식물질이 퇴적물층에 매몰됨

c. 깊이 매몰되면 죽은 식물질은 열과 압력으로 석탄으로 변환됨

수백 년

9.1 화석 연료는 화학적인 형태의 에너지를 공급한다

석탄, 석유와 천연가스는 태양 복사 에너지를 화학 에너지로 변화시킨 과거에 광합성을 하는 유기물이 화석화된 유해이기 때문에 **화석 연료**(fossil fuel)라고 부른다. 이 에너지는 수소와 탄소로 이루어진 분자 사슬의 형태로 저장되어 있다. 화석 연료를 태우면 분자 사슬이 깨지면서 더 작은 분자들로 분리되며 물과 이산화탄소가 생성되면서 오염물질과 블랙카본과 같은 입자들도 함께 생성된다. 이들을 태우면 저장된 에너지는 주로 열의 형태로 변환된다.

석탄

과거 식물의 나뭇잎, 가지와 나무 몸통이 담수의 습지에 쌓여 약 1~3억 년 전에 유기물이 많은 저층 퇴적물을 형성하였다(그림 9.1a). 이 습지에 점토, 모래와 같은 무기물질도 처음에는 이들 유기물과 함께 섞이겠지만 그 위에 쌓여서 매몰시킨다. 수백만 년이 지나면서 이 습지 퇴적물 위에 쌓인 암석과 토양의 두께가 이들을 깊은 곳으로 매몰시킨다(그림 9.1b). 압력과 온도가 점점 증가하면서 두꺼운 암석, 토양과 유기물이 풍부한 물질은 점점 **석탄**(coal)이라고 부르는 퇴적암으로 바뀐다(그림 9.1c).

지질학자는 석탄을 탄소와 에너지의 함량에 따라 4등급으로 나눈다(그림 9.2). 석탄 등급의 차이는 이들의 생성 시대와 생성된 열량 및 압력에 따라 나타나는 것이다. 갈탄은 석탄 등급에서 가장 생긴 지 얼마 안 된 것으로, 탄소와 에너지의 함량이 가장 낮고 생성되는 동안 다른 석탄 등급에 비해 가장 낮은 열과 압력을 받은 것이다. 다른 석탄 등급은 탄소의 함량 증가에 따라 준역청탄, 역청탄과 무연탄으로 구분한다. 에너지양은 갈탄에서 역청탄으로 가면서 증가하지만 역청탄에서 무연탄으로 가면서 에너지 증가의 정도는 약간 낮아진다.

인간은 역사 이전부터 석탄을 열원으로 사용해오고 있다. 아메리카 원주민은 옹기 가마를 구울 때 석탄을 태웠고, 산업혁명 때 증기선과 철도는 석탄 보일러를 이용하여 동력을 얻었다. 오늘날 석탄은 전기 생산에 가장 많이 사용되고 있다. 예를 들면 미국에서 채탄되는 석탄의 90% 이상은 화력 발전소에서 이용된다. 석탄은 또 제지 산업, 시멘트 산업과 같은 제조업 분야에서도 사용된다.

석탄은 또한 플라스틱, 타르, 비료와 의약품을 생산하는 원재료로 이용된다. 석탄을 뜨거운 가열로에서 구우면 철강을 생산하는 데 이용되는 주된 물질인 코크스가 된다.

2008년에 에너지 전문가들은 전 세계 석탄의 가채매장량의 93%는 유라시아 북부, 아시아의 태평양 지역과 북아메리카 지역의 세 곳에 밀집되어 있다고 예측하였다. 이에 반해 아프리카, 중남아메리카와 중동 지역은 전 세계 가채매장량의 7% 정도만을 보유하고 있다. 좀 더 자세히 살펴보면 확인된 석탄의 가채매장량은 지리적으로 제한되어 분포를 한다. 전 세계 국가 중 9개 나라만이 전 세계 석탄 가채매장량의 90% 이상을 보유하고 있다(그림 9.3). 미국은 전 세계 가채매장량의 28%를 차지하며 가장 많이 보유하고 있다.

석유

석유(petroleum) 또는 **원유**(crude oil)는 수백만 년 동안에 걸쳐 해양의 바닥에 쌓인 조류와 동물성 플랑크톤의 유해가 쌓여서 만들어진 것이다(그림 9.4). 이들 생물의 유해는 모래 및 실트와 함께 섞여 쌓이며, 이렇게 유기물이

화석 연료 태양 복사 에너지를 화학 에너지로 변화시킨 과거의 광합성을 하는 유기물의 화석화된 유해(예 : 석탄, 석유, 천연가스)

석탄 높은 압력과 온도하에서 수백만 년에 걸쳐 생성된 탄소와 에너지 함량이 높은 퇴적암 또는 변성암(갈탄, 준역청탄, 역청탄, 무연탄)

석유(원유) 수백만 년에 걸쳐 해저에 쌓인 조류와 동물성 플랑크톤으로부터 생성되어 해양 환경에 쌓인 퇴적암 내에 들어 있는 탄화수소의 혼합물

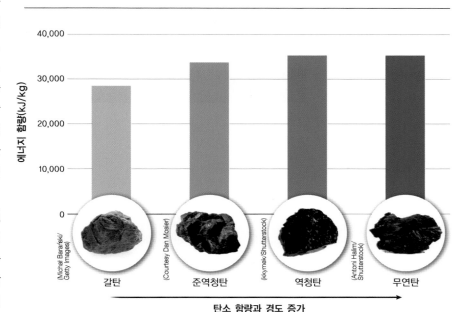

석탄의 종류는 탄소와 에너지 함량에 따라 구분된다

석탄의 등급

에너지 함량(kJ/kg)

40,000

30,000

20,000

10,000

0

(Michal Baranski/ Getty Images) 갈탄

(Courtesy Dan Mosier) 준역청탄

(kkymek/Shutterstock) 역청탄

(Antoni Halim/ Shutterstock) 무연탄

탄소 함량과 경도 증가 →

그림 9.2 석탄의 에너지 함량은 갈탄에서 역청탄으로 가면서 증가한다. 무연탄은 역청탄보다 에너지 함량이 조금 적게 들어 있다.

그림 9.3 확인된 석탄 가채매장량의 지역적 분포 : 지리적으로 세 지역이 전 세계 석탄 가채매장량의 95%를 차지하고 있다. 확인된 석탄 가채매장량을 가장 많이 가진 나라는 단 9개국으로 전 세계 석탄 가채매장량의 90% 이상을 가지고 있다. (자료 출처 : 2008 U.S. Energy Information Agency, www.eia.gov/cfappa/ipdbproject/EDindex3.cfm?tid=1&pid=7&aid=6)

텍사스 주와 노스다코타 주와 같은 곳에 있는 많은 유전은 이 지역의 어떤 지질 역사를 말해주는가?

케로진 셰일과 기타 퇴적암에 나타나는 왁스질 물질로 가열되면 석유가 생성되며, 석유 생성의 중간 단계에서 산출한다.

탄화수소 탄소와 수소만으로 구성된 유기 분자로 가장 간단한 탄화수소는 천연가스의 주성분인 메탄(CH_4)이다.

전 세계 지역과 국가별 석탄 가채매장량

전 세계 지역별 석탄 가채매장량

- 유라시아 북부
- 아시아−태평양
- 북아메리카
- 아프리카
- 중남아메리카
- 중동

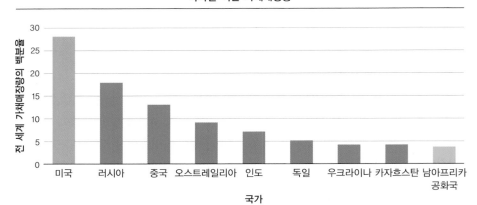

국가별 석탄 가채매장량

많은 퇴적물이 두꺼운 퇴적암층 아래에 매몰된다. 무거운 덮개암 아래에 갇혀 있다가 서서히 생성되는 석유는 증가하는 온도와 압력을 받으며 유기물이 점차 왁스질 물질인 케로진(kerogen)으로 바뀌어간다. 수백만 년의 기간 동안 열과 압력이 증가하면서 케로진은 원유로 변환된다.

화학적으로 원유는 탄소와 수소만으로 구성된 분자 사슬인 탄화수소(hydrocarbon)의 혼합물이다. 가장 작은 탄

석유 생성

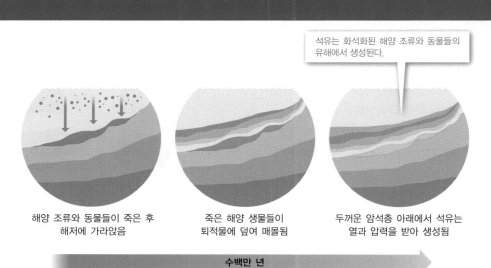

석유는 화석화된 해양 조류와 동물들의 유해에서 생성된다.

해양 조류와 동물들이 죽은 후 해저에 가라앉음

죽은 해양 생물들이 퇴적물에 덮여 매몰됨

두꺼운 암석층 아래에서 석유는 열과 압력을 받아 생성됨

수백만 년

그림 9.4 석유 혹은 원유는 수백만 년에 걸쳐 해양 유기체들의 화석화된 유해에서 유래된다.

원유의 정유와 주요한 정유 산물

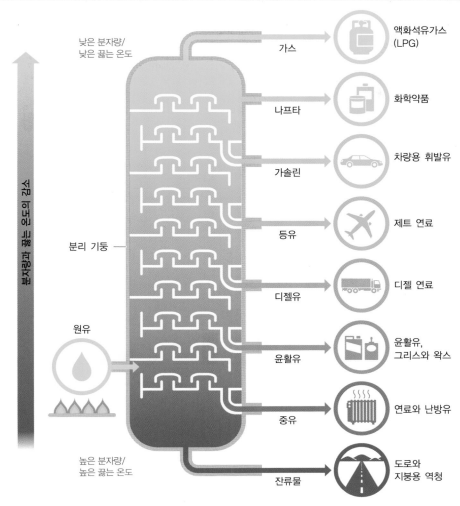

낮은 분자량/
낮은 끓는 온도

분자량과 끓는 온도의 감소

분리 기둥

원유

높은 분자량/
높은 끓는 온도

가스 → 액화석유가스
(LPG)

나프타 → 화학약품

가솔린 → 차량용 휘발유

등유 → 제트 연료

디젤유 → 디젤 연료

윤활유 → 윤활유,
그리스와 왁스

중유 → 연료와 난방유

잔류물 → 도로와
지붕용 역청

그림 9.5 석유 정유공장은 탄화수소 혼합물을 가열하여 분자량에 따라 자체적으로 분리가 되도록 하여 원유에 들어 있는 다양한 유용물질을 분리해낸다. 가장 가벼운 분자량을 가진 화합물은 정유탑의 꼭대기로 올라간다.

화수소 분자는 4개의 수소 원자가 하나의 탄소 원자와 결합한 메탄(CH_4)이다. 원유는 사용할 수 있고 안전하기 위해서는 정유 과정을 거치는데, 이 과정은 원유를 구성하는 탄화수소를 동일한 탄소 원자수의 탄화수소를 가진 분할 파편으로 분리하는 것이다.

원유를 정유하는 데 관여하는 가장 중요한 원리는 다양한 크기의 탄화수소들이 서로 다른 분자량을 가지며 이들은 서로 다른 온도에서 끓는다(응축한다)는 점이다. 이러한 탄화수소를 분리하기 위해서는 열을 가한 원유를 그림 9.5와 같이 정유탑으로 주입시킨다. 정유탑 안의 온도는 아래에서 위로 갈수록 줄어들기 때문에 가장 무거운 탄화수소(예 : 난방유)는 가장 아래의 층준에서 응축

을 하며 빠져나온다. 반면에 가장 가벼운 탄화수소(예 : 메탄)는 정유탑의 가장 윗부분으로 올라가기에 그곳에서 모아진다. 이들 가스들은 액체로 바뀔 때까지 압력을 가하여 액화된 석유가스 또는 LPG로 만들어진다.

석유는 결국에는 우리에게 가장 친숙한 형태인 휘발유와 디젤 연료로 정유되어 자동차와 트럭에서 소비된다. 그러나 다양한 석유 산물은 엔진의 윤활제로, 도로 포장용 타르로, 또는 집을 덥히는 난방 연료로 많이 소요된다(그림 9.5). 이렇게 석유를 사용하는 대부분의 수요에 석유 이외 다른 대체물은 효율이 좋지 못하며 비용 또한 많이 든다.

중동 지역은 전 세계 석유 가채매장량 총량의 절반 이

그림 9.6 석유가 풍부하게 매장된 중동 지역이 전 세계 확인된 가채매장량의 약 절반 이상을 차지한다. 전 세계 15개국이 석유의 확인된 가채매장량의 90% 이상을 보유하고 있다. (자료 출처 : 2011 U.S. Energy Information Agency, www.eia.gov/countries/index.cfm?view=reserves)

전 세계적 석유 가채매장량

석유 가채매장량의 지역 분포

- 중동
- 중남아메리카
- 북아메리카
- 아프리카
- 유라시아 북부
- 아시아 태평양

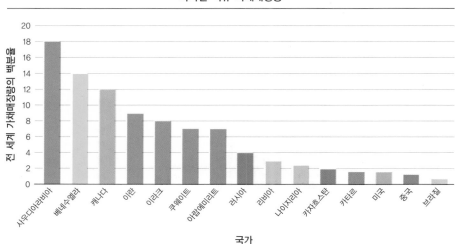

국가별 석유 가채매장량

천연가스를 '폐기물'에서 유용한 자원으로 관점을 바꾼 것은 시간이 지남에 따라 에너지 공급과 수요에 어떠한 변화를 일으켰는가?

상을 차지하고 있으며 그밖의 다른 어떤 지역보다도 많은 가채매장량을 가지고 있다. 중동 지역 다음으로는 중남아메리카, 북아메리카, 아프리카와 북부 유라시아 지역이 뒤따르는데, 각 지역은 전 세계 가채매장량의 약 7~16%를 차지한다. 전 세계로 볼 때 단지 15개 국가만이 전 세계 확인된 석유 가채매장량의 90%를 가지고 있다 (그림 9.6).

천연가스

천연가스는 가스로 된 탄화수소의 혼합물로 주로 메탄이지만 에탄, 프로판과 부탄도 들어 있다(그림 9.7). 천연가스는 석유층과 석탄층에서 생성된다. 석유의 긴 사슬 탄화수소가 100℃ 이상 온도에서는 짧은 사슬의 탄화수소인 천연가스로 분리된다. 이들 휘발성이 높은 가스들은 덮개암이라고 하는 공극이 없는 불투수층을 만날 때까지

천연가스의 주요 성분

그림 9.7 천연가스는 여러 종류의 탄화수소의 혼합물이지만 이 중 주된 가스는 일반적으로 메탄이다. 천연가스의 탄화수소는 실온에서 모두 가스로 존재한다.

메탄
CH_4
용도 : 전기 발전, 난방, 취사

에탄
CH_3CH_3
용도 : 플라스틱, 세제, 부동액

프로판
$CH_3CH_2CH_3$
용도 : 난방, 취사, 난로와 바베큐용 연료

부탄
$CH_3CH_2CH_2CH_3$
용도 : 합성 고무, 운송, 라이터 연료

모든 탄화수소처럼 이들 가스는 탄소와 수소로만 구성되어 있다.

석유와 석탄층에 연계된 천연가스 광상	**천연가스는 쓰기 쉽고 효율적인 에너지원이다**

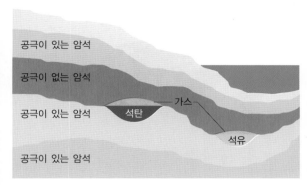

그림 9.8   천연가스 광상은 석탄이나 석유를 배태한 암석에서 상부 쪽으로 확산되어 나온 휘발성 가스(특히 메탄)가 공극이 없는 암석에 막혀 빠져나가지 못하고 붙잡혀 있을 때 생성된다.

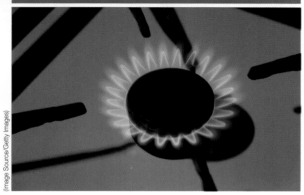

(Image Source/Getty Images)

그림 9.9   천연가스는 가정에서 취사와 난방용으로 널리 쓰인다. 또한 천연가스는 산업용으로 쓰이는데 특히 전기 발전에 이용도가 높아지고 있다.

공극이 있는 암석을 통하여 상향 이동한다(그림 9.8). 천연가스는 돔 형태의 덮개암이 원유층 위에 놓인 천연가스를 가두어둘 때 상당한 양으로 집적된다. 시추를 하여 이 덮개암을 뚫으면 덮개암 아래에 있는 천연가스는 압력하에서 시추공을 통해 지표로 빠져나온다. 석탄층에서 천연가스는 주로 메탄으로 되어 있는데 석탄은 열과 압력을 받아 생성되거나, 낮은 온도에서는 메탄생성 박테리아의 작용으로 생성된다.

이전에는 석유층과 석탄층에 관련된 천연가스는 시추를 할 때 폭발할 위험이 있기에 위험물로 여겨졌고, 또 천연가스를 저장하거나 운송하기가 어려웠기 때문에 폐기물로 여겨졌다. 그렇지만 지금은 천연가스가 가정용, 상업용과 산업용으로 널리 쓰이고 있다(그림 9.9). 미국에서 천연가스는 총에너지 소비량의 4분의 1을 차지한다. 석유와 석탄과 같이 천연가스의 가채매장량은 전 세계에 불균질하게 분포되어 있다. 러시아, 이란과 카타르 3개국이 전 세계 천연가스 가채매장량의 50% 이상을 차지하고 있다(그림 9.10).

⚠ 생각해보기

1. 천연가스와 같은 에너지원을 전기 생산하는 데 사용할 경우 왜 생산되는 전기 에너지의 양은 전기를 생산하기 위해 사용하는 에너지의 양보다 항상 적게 나타날까? (힌트 : 제2장 41쪽에서 소개한 열역학 제2법칙을 고려하라.)
2. 석탄과 석유와 같은 화석 연료를 생성시킨 것과 같은 작용이 지구에서 지금도 일어나고 있다. 그런데 왜 화석 연료를 '재생 불가능'하다고 하는가?

3. 톰 하트만이라는 작가가 화석 연료를 '과거의 태양'이라고 한 말이 사실인 이유를 설명하라.

9.2 발전소와 차량은 전기를 생산하고 이동하기 위해 화석 연료를 태운다

산업혁명의 초기에는 대부분의 산업은 풍차와 물수레를 이용하여 탈곡기와 다른 기계적인 장치의 동력을 조달하였다. 1700년대 후반에 석탄 동력 증기 엔진이 발명됨에 따라 풍력 발전 또는 수력 발전소가 근처에 있든 없든 간에 연료를 사용할 수 있는 모든 위치에 공장을 세울 수 있었다. 1800년대 말에 과학자들은 스팀 엔진의 기계적 에너지를 전기로 전환하는 법을 알게 되었다.

전기는 도체라는 물질을 통한 전자의 흐름을 가리키는 것으로 전기를 생산하는 장소에서 소비자까지 먼 거리를 전송할 수 있기에 가장 유용하게 사용하는 에너지의 하나이다(그림 9.11). 오늘날 우리는 전자레인지로 요리를 하거나 휴대용 컴퓨터를 충전할 때 전기가 우리에게 도달하는 먼 경로를 생각하지 않는다.

전력 생산

전기를 생산하는 장치를 발전기라고 하는데, 발전기는 자석과 도체로 이루어져 있다(그림 9.12). 발전기의 자석 성분은 자장을 만든다. 회전하는 구리선으로 된 도체가 자장을 통하여 이동하면 도체에 전자의 흐름이 유도된다. 이 전자의 흐름이 방에 불을 켜거나 전기 자동차를 움직

그림 9.10 확인된 천연가스 가채매장량의 지역적 분포. 중동 지역과 유라시아 북부 지역이 확인된 가채매장량의 75%를 배태하고 있다. 확인된 천연가스 가채매장량이 가장 많은 나라들에서 가채매장량의 75%는 12개 나라이며, 이 중에서 단 세 나라가 전 세계 확인된 천연가스 가채매장량의 절반 이상을 보유하고 있다. (자료 출처 : 2011 U.S. Energy Information Agency, www.eia.gov/cfapps/ipdbproject/IEDIdex3.cfm?tid=1&pid=7&aid=6)

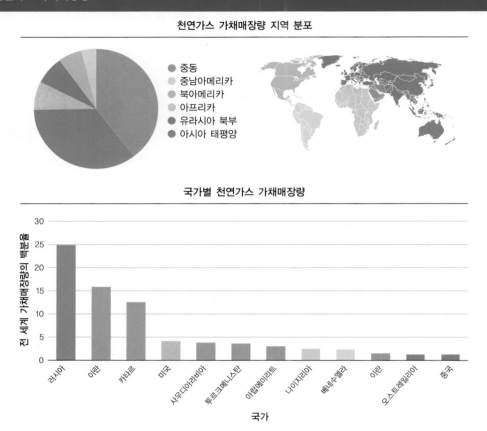

전 세계 천연가스 가채매장량

천연가스 가채매장량 지역 분포

- 중동
- 중남아메리카
- 북아메리카
- 아프리카
- 유라시아 북부
- 아시아 태평양

국가별 천연가스 가채매장량

전 세계 가채매장량의 백분율

30 / 25 / 20 / 15 / 10 / 5

러시아 / 이란 / 카타르 / 미국 / 사우디아라비아 / 투르크메니스탄 / 아랍에미리트 / 나이지리아 / 베네수엘라 / 이란 / 오스트레일리아 / 중국

국가

전선

그림 9.11 전력의 편리한 점 중 하나는 비교적 작은 에너지의 소실로 장거리에 전송할 수 있다는 점이다.

(Mad Turchenko/Shutterstock)

이는 일을 하는 데 이용된다. 그러나 도체를 움직이고 전자의 흐름을 생성시키기 위해서는 에너지를 소모한다는 것을 알아야 한다. 세계적으로 화석 연료는 전기 생산을 하는 데 약 3분의 2 정도의 에너지원으로 사용된다(그림 9.13).

발전소

전기를 생산하는 것은 주전자에 든 물을 끓이는 것처럼 쉬운 일이다. 물론 이것은 말처럼 그렇게 쉬운 것이 아니지만 어떤 연료원으로도 물을 데워 스팀으로 만들면 전기를 생산하는 데 이용된다. 현재 이 열원으로 가장 많이 사용하고 있는 것은 석탄과 천연가스를 태우는 것이다.

일반적인 석탄 화력 발전소가 작동하고 있는 과정을 살펴보기로 하자(그림 9.14). 석탄은 처음에 완전히 탈 수 있도록 가는 가루로 만든다. 석탄가루를 연소시켜 생성된 열은 물을 끓여 스팀을 만든다. 스팀은 압력을 생성하여 전기 발전기에 부착된 터빈을 돌린다. 스팀은 터빈을 통과하면서 식어지며 다시 물로 응축되어 보일러로 되돌

전기 발전기의 구성 요소와 작동 원리

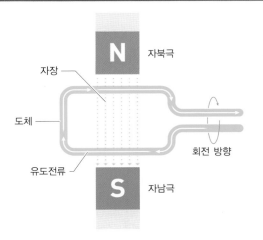

N 자북극
자장
도체
회전 방향
유도전류
S 자남극

그림 9.12 도체를 자기장에 통과시키면 도체에 전류가 유도되는데 이를 전기 또는 전기 에너지라고 한다.

아와서 다시 스팀으로 만들어진다. 생성된 전기는 전력망을 통해 흘러 가정이나 상업 시설로 보내진다.

이 과정의 단계마다 사용할 수 있는 에너지의 손실이 발생한다. 평균적으로 석탄이나 다른 연소성 연료의 에너지양의 약 35%만이 전기 에너지로 변환이 된다. 그 나머지는 주변 환경에 열로 손실이 일어난다(49쪽 그림 2.17 참조).

전기 에너지는 천연가스, 석유 그리고 나무나 농업폐기물과 같은 바이오매스 등 다른 연소 연료를 이용하여 생성되기도 한다. 이들 물질의 물리적 특성이 서로 다른 처리 방식을 필요로 하지만 이들을 이용하는 기본 원칙은 석탄 화력 발전소에서와 마찬가지이다. 연소하는 동

안 방출되는 화학 에너지는 터빈을 돌리는 스팀을 생성하는 데 이용된다.

기차, 비행기, 자동차 등

1800년대 후반에 석유의 공급이 점점 늘어나면서 별도로 스팀을 만드는 공간과 가열로를 필요로 하지 않는 좀 더 소형의 엔진 개발이 가능해졌다. 내부 연소 엔진에서는 연료 연소가 크랭크 암에 연결된 일련의 피스톤이나 터빈을 운전시킨다. 대부분의 **내부 연소 엔진**(internal combustion engine)은 자동차, 디젤 동력 기차, 제트 비행기, 보트와 같은 차량에 이용된다. 이 엔진은 또 잔디 깎는 기계, 낙엽 날리는 기계, 그리고 휴대용 디젤과 휘발유 발전기와 같은 동력 장비에도 이용된다.

복합 사이클 발전소(combined cycle power plants)는 증기 터빈 엔진과 더불어 내부 연소 엔진의 하나인 **가스 터빈 엔진**(gas turbine engine)을 결합하여 화력 발전을 한다. 가스 터빈 엔진은 그 자체만으로 작동할 때는 천연가스를 연소시켜 뜨거운 고압의 스팀 가스를 발전기에 연결된 터빈을 통해 보낸다. 복합 사이클 발전소는 물을 끓이기 위해 연소시킨 열이 소모되는 것을 유도하여 스팀을 만든 후 별도의 스팀 엔진을 운전하는 방식을 사용한다. 복합 사이클 발전소는 발전효율을 35~60%까지 높일 수 있다.

⚠ 생각해보기

1. 전기를 흔히 '이차적' 에너지원이라고 하는 이유는 무엇인가?
2. 전기 발전소의 효율을 증가시키면 어떤 경제적인 그리고 환경적인 편익이 생기는가?

? 가정이나 상업 지역으로의 전력 배송 비용을 계산할 때 연료 비용 이외에 또 어떤 비용이 들어가는가?

내부 연소 엔진 연료의 연소가 크랭크 암에 연결된 일련의 피스톤이나 터빈을 직접 운전시키는 엔진. 이 엔진은 자동차, 보트와 제트 비행기에서 주로 이용된다.

복합 사이클 발전소 증기 터빈 엔진과 가스 터빈 엔진을 결합한 화력 발전소

가스 터빈 엔진 천연가스를 연소시켜 생성된 뜨거운 고압의 스팀 가스를 발전기에 연결된 터빈을 통해 보내는 엔진

전기 에너지 생산의 에너지원

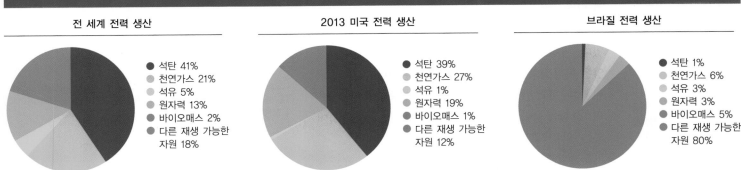

전 세계 전력 생산
- 석탄 41%
- 천연가스 21%
- 석유 5%
- 원자력 13%
- 바이오매스 2%
- 다른 재생 가능한 자원 18%

2013 미국 전력 생산
- 석탄 39%
- 천연가스 27%
- 석유 1%
- 원자력 19%
- 바이오매스 1%
- 다른 재생 가능한 자원 12%

브라질 전력 생산
- 석탄 1%
- 천연가스 6%
- 석유 3%
- 원자력 3%
- 바이오매스 5%
- 다른 재생 가능한 자원 80%

그림 9.13 최근 전 세계와 미국에서 전력 생산에 이용되는 에너지원은 재생 불가능한 에너지원이 많이 이용된다. 그렇지만 브라질의 전력 생산은 주로 재생 가능한 에너지원을 이용한다. (자료 출처 : 2011 International Energy Agency, www.iea.org; 2013 U.S. Energy Information Agency, www.eia.gov/electricity/; Brazilian Ministry of Mines and Energy, www.mme.gov.br)

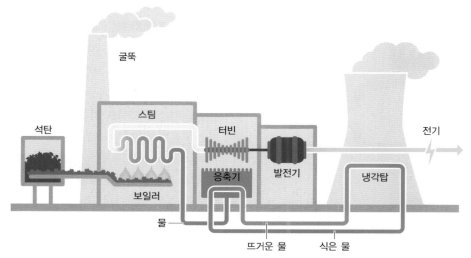

연소 물질을 이용한 전력 생산

그림 9.14 화력 발전소에서는 석탄, 천연가스와 바이오매스를 연소시켜 생성된 열로 스팀을 만들어 터빈을 회전시킨다. 이 그림에 나온 발전소는 석탄을 에너지원으로 사용한다.

3. 완전히 효율적인 발전소의 설립은 가능할까? 설명해보라.

9.3 원자력 에너지는 원자 분열과 융합으로 방출된다

20세기 중반에 핵무기가 개발된 직후 이 새로운 강력한 에너지원을 전기로 변환시키는 방법을 알게 되었다. **원자력 에너지**(nuclear energy)는 원자핵을 형성하는 양성자와 중성자 사이의 결합력이 깨지는 과정인 **핵분열**(nuclear fission)이 될 때 방출된다(그림 9.15). 원자력 에너지는 또두 원자의 핵이 높은 온도와 압력에서 융합될 때, 즉 **핵융합**(nuclear fusion)이 될 때도 방출된다. 핵융합은 태양을 포함한 별들에 연료를 제공하며 핵무기 한 종류의 기초가 된다.

핵결합은 화학적 결합보다 훨씬 많은 에너지를 가지고 있다. 이에 따라 핵분열이 일어날 때 방출되는 에너지의 양은 화석 연료를 연소시킬 때 방출되는 에너지양보다 훨씬 많다. 예를 들면, 가장 많이 쓰는 핵연료인 우라늄-235의 1그램에 들어 있는 에너지의 양은 석탄 1그램에 들어 있는 에너지양의 약 3백만 배에 달한다.

오늘날 원자력 발전소에서 연료로 쓰고 있는 우라늄은 재생 불가능한 자원이다. 우라늄 광석은 지하에서 채굴되며 옐로케이크(yellowcake)라고 알려진 분말의 농축

된 우라늄 정광으로 정련한다. 핵분열에 이용되는 우라늄의 동위원소인 우라늄-235(U-235)는 자연계에서는 단지 0.71%만 존재한다. **정련**(enrichment)이라는 과정을 통하여 우라늄-235는 덜 유용한 우라늄-238로부터 분리된

핵반응

핵분열

중성자 하나가 우라늄-235의 핵과 충돌하면 우라늄 핵은 바륨-139와 크립톤-94 원자를 만들며 분리된다. 이 과정에서 3개의 중성자와 많은 양의 에너지가 발생한다.

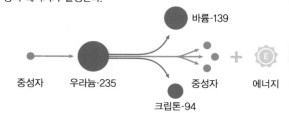

중성자   우라늄-235   중성자   에너지
바륨-139
크립톤-94

핵융합

매우 높은 온도에서 2개의 수소 핵이 융합을 하면 헬륨 원자와 에너지가 발생한다.

수소-1   수소-2   헬륨-2   에너지

그림 9.15 핵분열 반응은 우라늄-235가 분리되는 것이며, 핵융합 반응은 2개의 수소 핵이 융합하며 헬륨이 생성된다.

원자력 에너지 원자핵이 분열되거나(핵분열) 두 원자핵이 융합될 때(핵융합) 방출되는 에너지

핵분열 원자핵을 형성하는 양성자와 중성자 사이의 결합력이 깨지는 과정으로 상당한 양의 에너지가 방출된다.

핵융합 두 원자의 핵이 융합되어 새로운 원자가 생성되는 과정으로 상당한 양의 에너지가 방출된다.

정련 우라늄-235를 덜 유용한 우라늄-238로부터 분리하는 과정

전 세계적 우라늄 가채매장량

우라늄 가채매장량 지역 분포

- ● 아시아 태평양
- ● 유라시아 북부
- ● 아프리카
- ● 북아메리카
- ● 중남아메리카
- ● 중동

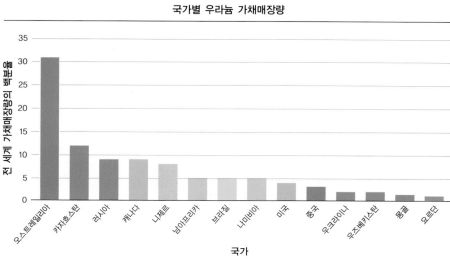

국가별 우라늄 가채매장량

그림 9.16 전 세계 지역별 우라늄 자원의 가채매장량 분포로 네 지역이 전 세계 확인된 우라늄 가채매장량의 90% 이상을 가지고 있다. 국가별로는 확인된 우라늄 가채매장량의 97%가 14개 국가에 배태되어 있다. (자료 출처 : 2012 World Nuclear Association, www.world-nuclear.org/info/Nuclear-Fuel-Cycle/Uranium-Resources/Supply-of-Uranium/#.UYrrT4KHamE)

다. 높은 방사성을 띠는 우라늄은 핵연료로 사용되는 데 사용되고 남은 우라늄은 별도로 저장한다.

지금까지 알려진 우라늄 가채매장량의 약 97%는 전 세계 국가 중 15개국에만 분포한다(그림 9.16). 거의 전 세계 가채매장량 전체의 약 3분의 1에 해당하는 가장 많은 가채매장량을 가진 나라는 오스트레일리아이다. 100기의 상업용 원자로를 가진 미국은 전 세계에서 가장 많은 원자력 발전을 하는데, 원자력 발전은 미국에서 생산되는 전기의 19%를 차지한다.

핵융합은 핵분열에 비해 우라늄이나 그밖의 희귀한 방사성 물질을 필요로 하지 않지만 겉으로는 무한대의 연료인 수소를 필요로 한다. 수소는 물에서 추출한다(그림 9.15). 현재는 상업용 핵융합 원자로에서 전력 생산은 이루어지지 않고 있지만 이 장의 해결방안 절에서 이의 잠재력에 대하여 논하기로 한다.

원자력 발전

원자력 발전소에서 우라늄의 핵분열에서 방출되는 열 에너지는 전기를 생산하는 데 이용된다. 여기서 발생하는 열은 스팀을 생산하여 석탄 화력 발전소에서처럼 전기 발전기에 연결된 터빈을 운전한다(그림 9.17). 그러나 원자력 에너지를 안전하게 사용하려면 여러 예방조치를 해야 한다.

원자력 발전소를 안전하게 운영하려면 핵분열이 일어나는 동안 방출된 중성자의 속도를 조절해야 한다. 우라늄-235는 작은 펠릿으로 만들어서 **연료봉**(fuel rods)이라고 하는 튜브에 넣는다. 가장 많이 사용되는 원자로에서 연료봉은 압력이 가해진 물에 잠겨 있는데, 이 가압수는 중성자의 속도를 줄이는 **감속체**(moderator) 역할을 한다(그림 9.17 참조). 감속체는 핵분열에서 나온 중성자의 이동 속도를 늦추면서 다른 우라늄-235 원자들의 핵분열을 촉발시키는 기회를 높여 연쇄반응이 일어나는 동안 더 많

연료봉 원자로에서 에너지원으로 사용되는 우라늄-235의 작은 펠릿이 들어 있는 튜브

감속체 원자로 내에 중성자가 이동하는 속도를 줄이는 데 사용되는 물질로 보통 압력이 가해진 물(가압수)

원자력 발전은 에너지원으로 석탄이나 천연가스를 이용한 발전보다 훨씬 비용이 많이 든다. 그런데 왜 전 세계 많은 나라가 원자력 발전소를 개발하기 위해 많은 비용을 들이는가?

원자력 발전소 설계 단면도

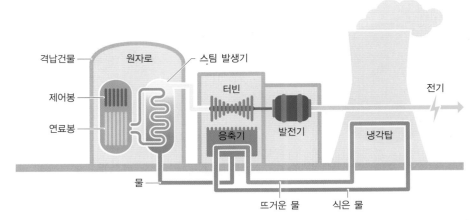

그림 9.17 원자력 발전소의 설계는 핵분열의 속도와 열 발생을 제어하여 발전기 운전에 필요한 스팀을 안정적으로 공급하며 원자로의 노심용융이 일어나지 않도록 한다.

은 에너지의 방출과 더 많은 중성자 생성을 일으킨다.

핵분열 반응의 수가 늘어난다는 것은 양의 되먹임 작용의 한 예가 된다(제2장 50쪽 참조). 만약 이 핵분열 반응이 조절되지 않는다면 연쇄반응으로 너무나 많은 열이 발생하여 원자로가 녹아내리게 될 것이다. 이에 따라 원자로에서 일어나는 연쇄반응은, 즉 발생하는 열의 양은 중성자를 흡수하는 물질로 이루어진 **제어봉**(control rods)을 이용하여 통제되어야 한다. 제어봉은 중성자를 흡수하므로 비상시나 수리를 위해 핵분열의 속도를 늦추거나 원자로의 운전을 완전히 멈추기 위해 원자로의 노심(爐心)에 삽입한다.

가압수는 원자로를 통하여 순환하면서 핵분열 반응으로 발생한 에너지로 데워진다. 이 열로 스팀을 만들어 발전기에 부착된 터빈을 운전한다. 냉각수는 터빈이 들어 있는 곳을 통하여 흐르면서 스팀을 냉각시켜 다시 액체의 물로 응축시킨다. 이 물은 스팀 발생기로 들어가 다시 스팀으로 바뀐다. 원자력 발전소에는 세 종류의 물 흐름, 원자로의 가압수, 스팀방의 물, 그리고 응축기의 냉각수가 있는데, 이들은 서로 섞이지 않는다. 안전을 위하여 원자로와 스팀 발생기는 철강과 콘크리트로 된 두께 1~2미터의 벽으로 이루어진 **격납건물**(containment structure)에 갇혀 있다.

제어봉 중성자를 흡수하는 물질로 만들어진 긴 막대로 원자로에서 핵분열의 속도를 제어하기 위해 이용된다.

격납건물 심각한 원자로 사고가 났을 때 방사능 물질이 방출되는 것을 막는 목적으로 원자로를 감싸며 덮는 강철과 콘크리트로 만들어진 구조물

⚠ 생각해보기

1. 화학반응을 통하여 에너지가 생성되는 과정과 원자력 에너지가 생성되는 과정은 어떻게 다른가?
2. 우라늄-235가 석탄에 비하여 에너지양이 약 3백만 배 높다는 것은 어떤 의미를 가지는가?
3. 원자로에 삽입된 제어봉의 수를 늘리고 줄이는 것이 원자로에서 발생되는 열의 양에 어떤 영향을 미칠까?

9.1~9.3 과학원리 : 요약

가장 많이 사용되는 재생 불가능한 에너지원은 화석 연료로, 여기에는 석탄, 석유와 천연가스가 있으며, 이들은 수백만 년에 걸쳐 생성된 것이다. 어떤 열원이라도 액체인 물을 스팀으로 바꾸는데 충분하다면 전기를 생산할 수 있다. 현재 이 열을 생성하는 데 가장 많이 사용되고 있는 것은 화석 연료의 연소이며, 특히 석탄과 천연가스를 이용한다. 석유는 차량과 휴대용 발전기에 이용되는 내부 연소 엔진의 동력원으로 이용된다. 20세기 중반에 핵분열을 통하여 원자력 에너지를 이용하는 방법을 알게 되었다. 핵분열은 아주 강력한 열 발생원으로 전기를 생산하는 데 이용될 수 있지만 원자력 에너지는 안전하게 이용하기 위하여 예방조치를 해야 한다.

9.4~9.6 문제

딥 워터호라이즌 기름 유출 사고 여파 중에도 미국은 석유 시추로 인하여 발생할 환경 위험을 회피하지는 못했다. 미국은 오히려 이러한 노력에 박차를 가했다. 지난 3년간 석유 생산은 30% 이상 증가하였고 2014년에 버락 오바마 대통령은 외해 석유 탐사를 위하여 미동부 해안선을 재개방하는 법안에 서명하였다. 또한 원유 수출을 금지하는 40년이나 된 법안을 해체하는 담화도 있었다. 그렇지만 화석 연료와 같은 재생 불가능한 자원에 대해 핵심이 되는 도전은 이들 화석 연료의 공급이 한정되어 있다는 점이다. 우리가 지속적으로 에너지를 추구한다면 에너지의 공급은 줄어들 것이고 규모가 크건 작건 간에 환경을 파괴할 가능성이 높아진다.

9.4 에너지 부족이 곧 닥치겠지만 전 세계적인 에너지 사용은 증가한다

전 세계 경제는 원자재인 천연 자원을 추출하고 값싼 청정 에너지의 지속적인 공급으로 유지되고 있다. 그러나 만약 에너지의 흐름이 늦춰지고 가격이 오른다면 어떻게 될까? 현재 우리는 전기를 재생 불가능한 자원으로부터 얻고 있기에 이 재생 불가능한 자원이 얼마나 지속될 것인가를 검토하는 일은 아주 중요하다.

전 세계 에너지 소비

휴대전화, 휴대용 컴퓨터, 그리고 기타 전자 제품들은 이전에는 가장 잘 사는 나라 사람들의 전유물이었는데, 오늘날은 세상에서 가장 고립되어 있는 나라들에서도 휴대전화를 볼 수 있다. 이렇게 전자 기술이 널리 퍼짐에 따라 이 전자 기기들을 이용하는 데 쓰이는 에너지는 단지 개인적인 전자 제품에만 국한되는 것이 아니다. 운송 수단으로 달구지가 유일했던 마을도 이제는 오토바이가 분주히 돌아다니는가 하면, 야외 식당이었던 곳도 문을 닫고 에어컨을 가동하면서 실내를 시원하게 한다.

전 세계적으로 개발이 되면서 **일차 에너지**(primary energy)인 석탄, 석유, 천연가스, 핵 에너지와 수력 전기의 소비량이 1998~2014년 사이에 44%가 증가한 것은 전혀 놀랄 일이 아니다(그림 9.18). 일차 에너지는 이를 사용하기 위해 추출해내거나 확보해야 하는 에너지이다. 예로는

일차 에너지 사용하기 위해 추출해내거나 확보하여 얻는 에너지(예 : 석탄, 석유, 바람)

전 세계 에너지 자원의 소비

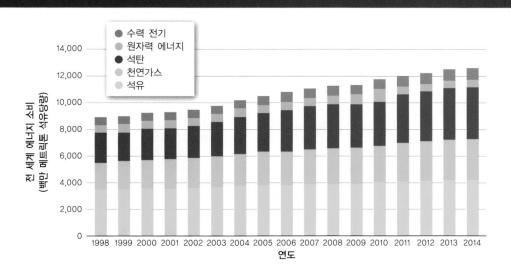

그림 9.18 1998~2014년 동안 석유, 원자력 에너지와 수력 전기 소비는 거의 늘어나지 않았으나 천연가스와 석탄의 소비는 상당히 증가하였다. (자료 출처 : BP 2009, 2011, 2013, 2015)

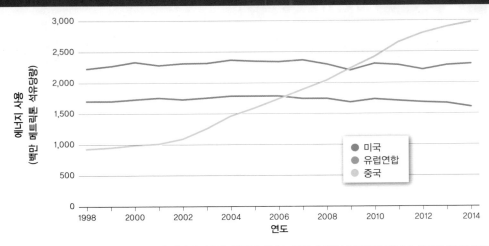

그림 9.19   1998~2014년 사이 미국과 유럽연합의 에너지 사용은 안정된 상태로 변화가 없으나 중국의 에너지 사용은 217% 증가하였다. (자료 출처 : BP 2009, 2011, 2013, 2015)

❓

전체 에너지 소비에서 석유가 차지하는 비중이 낮아진 요인은 무엇일까?

석탄, 석유와 바람을 들 수 있다. 현재까지 석유가 가장 많이 소비되는 일차 에너지원이지만 전 세계 에너지 소비량의 에너지 비중이 1998년에는 39%에서 최근 들어서는 33%로 낮아졌다. 반면에 천연가스와 석탄의 소비는 증가했다.

오늘날 중국, 미국, 유럽연합이 지구에서 가장 많은 에너지 소비국이다. 2011년에 이들 국가의 일차 에너지 총소비량은 전 세계 전체의 53% 이상이었다. 그렇지만 1998~2014년의 에너지 사용 궤적은 이들 국가들에서 현저하게 차이가 났다(그림 9.19). 미국에서의 에너지 소비량은 단지 3%만 증가하였지만 유럽연합에서는 이 시기 동안 6%가 감소하였다. 하지만 중국의 일차 에너지 소비량은 27%나 증가하였다. 중국의 에너지 사용량은 이미 2007년에 유럽연합을, 그리고 2009년에 미국을 능가하여 중국은 전 세계에서 에너지를 가장 많이 소비하는 국가가 되었다. 1인당 에너지 소비에서는 미국인이 가장 많은 에너지를 소비하는 셈이다(그림 9.20). 2014년에 유럽연합의 1인당 에너지 소비는 미국의 절반 정도에 못 미쳤지만 중국의 1인당 에너지 소비는 미국의 3분의 1에 해당한다.

미국 에너지정보청은 전 세계 에너지 수요가 현재 선진국의 소비보다는 개발도상국의 경제 성장으로 향후 20년 동안 35% 증가할 것으로 예측하였다. 만약 이 예측이 맞는다면 많은 문제점을 낳게 될 것인데, 그중의 하나는 석유와 같이 재생 불가능한 에너지원의 공급 제한과 예

측되는 경제 성장이 서로 충돌되는 상황으로 돌입할 것이다.

석유의 최고 생산 시기

1956년 텍사스 주 휴스턴에 있는 셸 석유회사에 근무하는 마리온 킹 허버트라는 지구물리학자는 언제 이 지구상에서 석유가 고갈될 것인가에 대하여 고민하였다. 그는 지금까지 생산된 것과 새롭게 추가 발견이 되는 비율을 바탕으로 앞으로 얼마나 생산될 수 있는가를 예측하

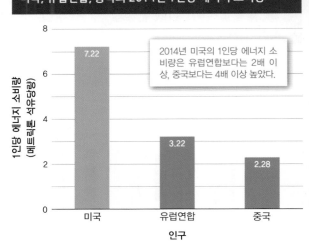

그림 9.20   에너지 사용을 인구 크기에 맞추면 에너지 사용에 대한 관점을 상당히 바꾼다. (자료 출처 : BP, 2015; U.S. Census Bureau International Data Base, http://europa.eu/about-eu/facts-figures/living/index_en.htm)

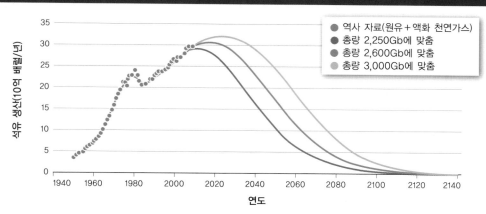

언제 전 세계 석유 생산이 최대에 이를 것인가에 대한 다양한 예측

그림 9.21 전 세계 석유 생산의 최대 시기는 2009~2021년 사이가 될 것으로 예측한다. 서로 다른 예측은 지구의 회수할 수 있는 석유의 총량에 대한 서로 다른 가정에 따른 것이다. (Maggio and Cacciola, 2009)

는 이론적 접근 방법을 고안하였다. 그는 미국의 대륙에 있는 48개 주에서의 석유 생산에 대해 자신의 이론을 적용한 결과 생산량은 1970년에 최고치를 맞이한 다음 이후에는 줄어들 것으로 예측하였다. 당시에 사람들은 그를 비웃었지만 지금에 와서는 그가 옳았다는 것을 알고 있다. 미국의 석유 생산은 1970년에 하루 960만 배럴로 최고치를 기록하였다. 이후 30년의 내리막길이 있은 후 미국의 석유 생산량은 저류암을 수압으로 파쇄하는 기법의 개발(293쪽 참조)로 1970년보다는 못 미치지만 다시 두 번째로 높은 생산량을 향하여 가고 있는 것으로 보인다.

비록 미국은 세계에서 가장 많은 양의 석유를 생산하는 국가이지만 전 세계 전체 생산량의 12%만 차지할 뿐이다. 허버트는 전 세계 석유의 생산량이 1995년에 최고에 이를 것으로 예측했지만, 이 예측은 빗나갔다. 그저 정확한 예측을 하기 위한 정확한 자료가 부족했기 때문이다. 현재는 기존의 유전에서 생산되는 석유의 생산이 매년 약 5%씩 줄어들고 있다. 새로운 유전의 발견과 석유를 생산해내는 기술의 개발에 따라 이렇게 줄어드는 석유 생산을 상쇄할 수 있겠지만 아마 전부를 상쇄하지는 못할 것이다. 이에 더하여 석유를 생산하는 데 이용되는 더 최신의 비전통 기법들은 훨씬 생산 비용이 더 많이 들어간다. 대부분의 전문가들은 전 세계 석유 생산량은 향후 10~20년 내에 최고치를 찍을 것으로 여긴다(그림 9.21). 이렇게 되면 손쉽게 생산하는 싼 석유의 시대는 점차 종말을 고할 것이다.

전 세계적인 석유 생산량이 2021년에, 2050년 이전에 또는 이 세기의 후반의 언제에 최고치를 이루는가에 따라 전 세계 경제의 정점은 석유 생산의 정점에 가까울 것이다. 이 장과 제14장의 기후 변화에 대한 토의에서 알게 되겠지만 우리가 석유와 그밖의 다른 화석 연료에 대한 의존도를 줄여야 하는 여러 환경적 이유를 알게 될 것이다. 그러나 각국 정부와 회사들이 석유 의존도를 줄여야 하는 중요한 경제적 이유가 있다는 것도 알아야 한다. 석유의 가격은 1998년에 배럴당 15달러에서 2008년에는 140달러를 넘어섰다. 2008년에 전 세계 경제가 하강기에 접어들어 석유 가격이 낮아졌지만 2012년에는 배럴당 100달러 이상으로 회복되었다. 석유 가격은 2015년 1월에 다시 떨어져 1배럴에 50달러 아래로 내려갔다. 그렇지만 앞으로 석유의 생산이 정점을 찍고 나면 석유에 대한 수요가 다시 석유의 가격을 올릴 것인데 아마도 그때는 이전까지 보지 못했던 높은 가격이 형성될 것이다.

다른 화석 연료의 최고 생산 시기

허버트의 접근 방법은 석탄의 최고 생산량 시기와 같은 다른 화석 연료들의 최고 생산량 시기들을 알아보기 위하여 적용되었다. 에너지워치그룹(Energy Watch Group, 과학자와 의회 지도자로 구성된 국제 네트워크)에 의하면 석탄의 최고 생산 시기는 빠르면 2025년에 도달할 것이라고 한다. 이와 비슷하게 천연가스의 최고 생산 시기는 2020년이 될 것이며 이후로는 생산량이 감소할 것이라고 한다. 우라늄의 생산량은 1980년대 냉전시대 동안 최고치였으나 국제원자력기구(International Atomic

석유 생산의 최대 시기와 연관된 경제적 도전을 천연가스와 석탄의 생산 최대시기로 연장시킬 수 있을까?

여기에 간략히 기술된 것 이외에 화석 연료 사용으로 인한 직접적이고 간접적인 영향은 어떤 것이 있을까?

Energy Agency)에 의하면 2020년경에 다시 최고치를 달성할 것으로 예상된다. 새로운 원자력 관련 기술의 개발이 없거나 새로운 우라늄 매장량의 발견이 없다면 우라늄 매장량은 금세기 말경에는 고갈될 것이다.

⚠️ 생각해보기

1. 인구 약 13억 명을 가진 중국의 1인당 에너지 소비량이 인구 약 3억 명을 가진 미국의 1인당 에너지 소비량과 같은 양을 이루려면 중국의 총에너지 소비량은 얼마나 증가할까?
2. 미국과 유럽연합의 인간개발 지수(제5장 143쪽 참조)는 매우 유사하지만 미국과 유럽연합의 1인당 에너지 소비량은 매우 차이가 난다. 이렇게 차이가 나는 것은 무엇을 의미하는 것일까?
3. 석유 생산량의 최고시기를 예측하는 것은 왜 어려울까?

9.5 화석 연료의 추출과 사용이 환경에 해를 끼친다

딥워터호라이즌의 기름 유출에서 살펴본 바와 같이 화석 연료의 추출과 사용은 환경에 심각한 훼손을 주지만 이와 같은 재해는 환경 훼손의 하나일 뿐이다. 화석 연료를 태우면 산성비와 같은 오염물이 생성되며, 이 오염물은 광범위한 지역에 걸쳐 육상과 수생 생태계에 심각한 영

향을 끼친다(제13장 참조). 석탄을 태우면 대기로 중금속(예 : 수은과 납)이 방출되며 이들 중금속들은 지표면과 수로에 내려앉아 사람의 건강을 위협한다. 또한 화석 연료를 태우면 대기로 이산화탄소를 공급하여 이로 인하여 기후 변화가 일어난다(제14장 참조). 그렇지만 좀 더 근본적인 수준에서는 지하의 화석 연료를 추출하는 과정에서 도로와 기반 시설물이 들어서고, 숲과 그밖의 생태계가 파손되며, 시추와 채굴 과정이 일어난다. 이들 모든 물리적인 활동은 최적의 조건에서 시행된다 하더라도 환경 피해가 유발된다.

석탄의 채탄과 땅

석탄은 땅에서 지하와 지표 채굴을 통하여 채탄된다. 석탄층 위에 놓인 **상부퇴적물**(overburden)이라고 하는 암석이 두꺼우면 지하 채탄 방식이 이용되지만, 만약 상부퇴적물의 두께가 얇으면 석탄은 주로 노천 채굴 방식으로 채탄된다.

땅의 사면이 너무 가파르지 않다면 석탄을 채탄하기 위하여 일반적으로 사용되는 지표면 채탄 공법은 **노천 채굴**(strip mining)이다. 이 과정에서 상부퇴적물은 땅을 긴 줄무늬 모양으로 깎아내 석탄층을 노출시킨다. 석탄을 채탄하고 나면 인접한 곳에서 깎아낸 물질은 이미 석탄을 채탄한 곳을 채우는 데 이용된다. 노천 채굴은 지나가는 자취마다 심하게 흠집이 난 경관을 남긴다(그림 9.22). 석탄을 채탄하고 남겨진 교란된 경관으로부터 흘러나오는 물은 일반적으로 높은 산성도를 가지는데, 이를 **산성 광산 배수**(acid mine drainage)라고 한다. 이러한 현상이 나타나면 수생 생태계에 치명적인 손상을 끼친다(제13장 426쪽 참조).

애팔래치아 산맥과 같이 사면의 경사가 가파른 곳에서는 지금까지 시행된 석탄 채굴 공법에서 가장 환경 파괴적인 방식의 하나인 **산 정상부 제거 채굴**(mountaintop removal mining)을 사용한다. 애팔래치아 산맥 지하에는 많은 매장량의 고품질 석탄층이 들어 있다. 역사적으로 이들 석탄층들은 석탄층 위에 놓인 지층을 관통하는 터널을 통하여 석탄층만 채탄되었다. 이러한 지하 채탄 방식은 애팔래치아 산맥의 많은 지역에서 이뤄지고 있다. 그러나 몇 지역들에서 석탄층에 도달하기 위해서는 산 정상부를 제거해야 하는데, 이 경우 상부퇴적물을 최대 100미터까지 제거해야만 한다(그림 9.23). 산 정상부를 제거

상부퇴적물 광물 광상의 위에 있는 암석층(예 : 석탄)

노천 채굴 석탄층을 노출시키기 위해 땅을 긴 줄 형태로 상부퇴적물을 제거하는 석탄 채굴법. 석탄을 캐내고 난 후 인접한 줄에서 제거된 물질은 파헤쳐진 곳을 채우는 데 사용된다.

산성 광산 배수 석탄의 노천 채굴로 일어나는 문제점 많은 결과로 지하수가 광산 폐기물(광미)를 통하여 스며든 후 지표로 흘러나온 물이 산성을 띠게 된다.

산 정상부 제거 채굴 산맥과 인접한 하천 계곡에 있는 숲을 개발하는 극도로 파괴적인 석탄 채굴 행위. 그다음 광부는 석탄층 위에 있는 상부퇴적물을 깨뜨리기 위해 폭약을 사용하며, 이렇게 깨뜨려진 암석부스러기들을 긁어내 석탄층을 노출시키며 긁어낸 물질들을 인접한 하천 계곡에 쌓는다.

폐광된 노천 광산

(Charles E. Rotkin/Corbis)

그림 9.22 노천 채굴은 생물다양성과 생산성이 높은 자연 경관을 황무지로 바꾼다.

웨스트버지니아 주에서 시행된 산 정상부 제거 채굴

그림 9.23　석탄을 채탄하는 산 정상부 제거 채굴은 아주 다양한 온대 삼림 생태계를 가진 지구 상 가장 오래된 일부 산맥의 정상 부분을 제거하는데 이 채굴법은 오늘날 이용되는 가장 파괴적인 광업 활동의 하나이다.

하는 채굴법은 처음에는 산과 인접한 물이 흐르는 계곡에서 삼림을 깎아낸다. 그런 다음 석탄층 위에 있는 암석을 깨뜨려 제거하기 위하여 폭약을 사용한다. 드래그라인 (dragline)이라는 많은 토사를 이동시키는 토목 장비를 이용하여 깨뜨려진 암석부스러기들을 긁어내 석탄층을 노출시키며 긁어낸 물질들을 인접한 하천 계곡에 쌓는다.

미국의 동부를 따라 남북으로 발달한 애팔래치아 산맥은 지구 상에서 가장 오래된 산맥의 하나로 세상에서 가장 높은 온대 생물다양성을 나타내는 생물들의 거처지이기도 하다. 이 산맥의 가장자리를 덮고 있는 온대 삼림은 아주 많은 종의 나무로 이루어져 있으며 많은 수의 토착 양서류종이 살고 있다. 이 삼림에서 배수되는 하천 역시 세상에서 가장 많은 무척추동물종이 살고 있는 곳이다. 산 정상부를 제거하며 채굴을 하는 동안 이러한 야생 서식지는 파괴되며 지표수는 사라지고 물과 공기는 오염된다.

2010년에는 애팔래치아 산맥의 500개 산에서 약 41만 헥타르(120만 에어커)의 면적에서 산 정상부 제거 채굴이 시행되었다. 이 과정에서 수백 킬로미터에 달하는 하천이 사라졌으며 전 지구적으로 독특하고 다양한 산림 경관이

되돌릴 수 없을 정도로 변질되었다.

석탄 슬러지와 플라이애시 쏟아짐

석탄을 채굴하고 처리하며 태우면 상당한 양의 유독성 폐기물이 생성된다. 예를 들면 석탄을 처리하는 과정에서 가루로 만들면 광물 입자, 석탄 먼지와 물이 혼합된 석탄 슬러지가 만들어진다. 석탄회사는 대개 석탄 처리를 하는 곳에 이 석탄 슬러지를 흙댐으로 만든 슬러지 연못에 저장한다. 석탄을 태우는 과정에서 생성되는 이차 부산물은 **플라이애시**(fly ash)이다. 미국에서 매년 석탄을 태우면서 약 1억 4천만 톤의 플라이애시와 다른 폐기물이 생산된다. 석탄 슬러지와 마찬가지로 플라이애시는 덮지 않는 연못이나 매립지에 보관한다.

이들 연못이 붕괴되거나 새어나오면 많은 환경 재앙을 일으킨다. 일례로 2008년 12월 22일 테네시 주의 킹스턴에 있는 석탄 화력 발전소의 저장 연못이 붕괴되어(그림 9.24) 약 11억 갤런(41억 3천 4백만 리터)의 플라이애시 슬러리가 방출되었다. 이 슬러리는 약 120헥타르의 땅을 덮었으며, 집 열두 채를 덮치고 철로를 막았고, 전신주를 쓰러뜨렸다. 다행히도 인명 피해는 없었다. 그러나 이

석탄 채탄 시 산 정상부 제거 채굴로 생겨난 일자리와 이로 인한 대규모 환경 훼손 간 경중을 어떻게 가릴 수 있을까?

플라이애시　석탄을 태우는 과정에서 생성되는 부산물로 연못이나 매립지에 보관한다.

플라이애시 못은 엄청난 환경 훼손을 일으킬 가능성이 있다

(David Luttrell/Tennessee Valley Authority)

그림 9.24 2008년 12월 22일 테네시 주의 킹스턴 석탄 화력 발전소에 있는 플라이애시 슬러리가 유출된 사진. 플라이애시 슬러리를 담아둔 못의 토옹벽이 붕괴되어 4백만 세제곱미터의 플라이애시 슬러리가 유출되었는데 그 일부가 사진에 나타난다.

플라이애시 슬러리는 인근 클린치 강과 에모리 강에 살고 있는 상당한 양의 어류를 폐사시켰으며 비소와 수은 같은 여러 중금속의 함량을 높였다. 미국 환경보호청(EPA)과 테네시 벨리 당국은 이 한 번 쏟아져 나온 유출물을 청소하는 데 3년 동안 수억 달러가 소요되었다고 추정하였다. 또 다른 심한 유출은 2014년 2월에 듀크에너지 사의 파열된 파이프에서 82,000톤의 석탄재가 노스캐롤라이나 강으로 쏟아져 흘러들어간 것이다.

그렇지만 이와 같은 유출 사고가 없더라도 석탄 슬러지와 플라이애시는 심각한 환경오염을 일으킨다. 이들 폐기물은 많은 중금속을 함유하고 있기에 지하수로 흘러들어가 식수 공급에 오염을 일으키고 수생 생물을 독살시킨다. 현재 미국 환경보호청은 전국에 걸쳐 70개가 넘는 석탄재 오염원의 명단을 가지고 있다. 킹스턴 유출 사고의 여파로 미국 환경보호청은 석탄 화력 발전소의 오염을 처리할 규정의 초안을 작성하기 시작하였다. 2014년 12월에 미국 환경보호청은 석탄과 관련된 새로운 시설물이 습지대나 지진이 일어나기 쉬운 지대에는 들어서지 못하도록, 또 석탄재 연못은 지하수의 오염을 막기 위해 연못 안을 방수 처리해야 한다는 규정을 정하였다. 또한 이 규정은 현재 활발히 운영되며 오염을 일으키는 석탄재 처분장은 반드시 청소되어야 한다고 명시하고 있다.

역청 불에 타는 점도가 매우 높거나 반고체의 탄화수소 혼합물

기름 유출

딥워터호라이즌 기름 유출 사고와 같은 기름 유출 사고는 석유 채굴이 환경을 어떻게 훼손시키는가에 대한 가장 잘 알려진 예의 일부이다. 물론 이와 같은 재앙을 일으키는 기름 유출은 언론의 머리기사가 되지만 이 기름 유출은 미국에서 바다로 유출되는 2,900만 갤런(1억 980만 리터)의 작은 일부일 뿐이다. 2003년의 미국 과학학술원 보고에 의하면 기름 총유출량의 8%만이 유조차나 파이프라인 유출에 해당하고, 석유 탐사와 채굴로부터 유출된 양은 단지 3%에 불과하다고 추정하였다. 약 85%에 해당하는 대부분의 기름 유출은 해안선 지역에 위치한 주차장에서 장기간에 걸친 지표 유출, 기름 폐기물의 부적절한 처분 그리고 자주 휘발유를 배출하는 유람선 보트의 오래된 2행정 엔진으로부터 발생한다.

오일샌드 채굴

지구 상에서 가장 지저분한 기름의 일부는 캐나다 앨버타 주 북부 아한대 삼림의 지하 깊은 곳에 배태되어 있다. 이들 기름 층은 애서배스카 오일샌드나 타르샌드라고 하는데 그 이유는 이에 들어 있는 기름이 보통 **역청**(bitumen)이라는 타르와 같은 특성을 띠기 때문이다. 역청은 불에 타는 점도가 매우 높은 것 또는 반고체의 탄화수소 혼합물이다. 이들 타르샌드가 지표 가까이에 있다면 상부 퇴적물을 제거하고 채굴하여 다른 장소로 운반해서 무거운 기름(heavy oil)을 섞여 있는 모래와 점토에서 분리한다. 그런데 오일샌드가 지표 깊은 곳에 있다면 그곳에서 열을 가하여 기름이 흐르게 한 다음 지표로 펌프하여 끌어올린다. 이 두 가지 어느 경우에든 타르샌드의 기름은 지하에 자연적으로 액체 상태인 기름인 소위 전통적인 석유를 캐내는 것보다 생산 비용이 더 많이 든다. 그렇지만 전통적인 석유의 가격이 올랐기에 타르샌드를 채굴하는 데 경제적으로 채산성이 나아졌다. 그런데 채굴작업이 가속화되면 자연 경관은 완전히 파괴된 상태로 남는다(그림 9.25).

미국의 다양한 환경운동가, 농부와 토지 소유자들은 키스톤 XL 송유관의 승인을 막아 타르샌드의 채굴을 중지시키거나 느려지게 하려고 노력을 하였다. 키스톤 XL 송유관은 앨버타 주에서 걸프 만으로 하루에 50만 배럴(약 8,000만 리터) 이상을 운송시켜 걸프 만에서 정유하여 수출할 수 있다. 이 송유관은 네브래스카 주의 샌드힐

애서배스카 오일샌드의 채굴

채굴하기 전

채굴한 후

그림 9.25 오일샌드를 채굴하기 전에는 오일샌드 층 위에 발달한 자연 경관은 아한대 삼림, 습지와 연못으로 이루어졌다. 오일샌드 채굴은 매몰된 화석 연료에 접근하기 위해 이전의 풍성한 생태계는 제거되어 흔적이 남지 않는다.

과 오갈라라 대수층을 지나도록 되어 있는데, 이 대수층은 사우스다코타 주에서 텍사스 주에 이르는 8개 주에 먹는 물과 관개용수를 공급한다. 이에 많은 비판자들은 만약 기름의 유출이 일어난다면 매우 치명적일 것으로 우려한다. 이 송유관을 건설하고자 하는 트랜스캐나다코퍼레이션이란 회사는 키스톤 송유관이 "지금까지 건설된 어떤 송유관보다도 안전할 것"이라고 주장한다.

수압파쇄 호황

미국은 수년간 수입된 석유에 의존하였지만 환경에 새로운 위협이 되는 수압파쇄의 호황으로 값싼 에너지의 부활을 맞고 있다. **수압파쇄**(fracking, hydraulic fracturing)는 석유나 천연가스가 노스다코타 주의 바켄 셰일이나 펜실베이니아 주의 마셀러스 셰일과 같은 지층에 매우 치밀하게 붙잡혀 있어 이 지층으로부터 전통적인 기술을 이용해서는 뽑아낼 수 없을 때 사용하는 논란이 많은 채굴 공법이다. 수압파쇄는 지층에 수평으로 시추한 후 액체와 모래의 혼합물을 주입하여 지층을 파쇄시킨다. 수압파쇄를 하는 용액에 들어 있는 모래로 지지되어 열린 균열들은 천연가스나 석유가 지층으로부터 빠져나오는 통로가 된다. 수압파쇄 공법은 50년 이상 사용되어 왔지만 수평 시추 및 새로운 화학 혼합물과 같은 새로운 기술 개발로 이전에는 추출할 수 없었던 천연가스가 들어 있는 층준으로 접근이 가능하게 되었다.

미국 환경보호청은 수압파쇄가 펜실베이니아 주와 웨스트버지니아 주에서 일어난 것처럼 먹는 물로 이용되는 지표수와 지하수원에 영향을 미치는 여러 경로를 확인하였다(EPA, 2015). 수압파쇄 작업은 각 시추공에 수백만 갤런의 유체 주입을 필요로 한다. 따라서 두 가지 가장 주된 우려점은 수압파쇄 작업에 필요한 물을 대수층과 호수나 강으로부터 뽑아 쓰기 때문에 먹는 물의 공급이 줄어들 수 있다는 것과 수압파쇄에 이용되는 유체에 들어 있는 화학물질이 먹는 물을 오염시킬 수 있다는 점이다(그림 9.26).

수압파쇄 용액은 물과 모래가 98%이며 화학물질 첨가제는 2% 들어 있다. 그런데 이들 첨가제는 어떤 것들인가? 회사들은 다양한 수압파쇄 공정에서 1,000개가 넘는 화합물을 사용하고 있는데, 이 중 가장 많이 사용하는 성분은 염산, 메탄올과 석유 파생물이다. 하지만 이 모든 첨가제의 성분은 알려지지 않고 있다. 회사들은 이 중 10%에 해당한 첨가제는 '영업 비밀'에 해당한다는 이유로 공개를 거부한다. 그럼에도 불구하고 미국 환경보호청은 '알려지지 않은 성분'의 73개에 대하여 인체에 미치는 영향을 평가하기 위해 충분한 정보를 입수하였으며, 이를 통하여 이들 첨가제에는 발암물질과 기타 유독물질이 함유되어 있어 심장, 간, 신장과 생식계통에 영향을 미친다는 것을 밝혀냈다(제11장 350쪽 참조).

또한 미국 환경보호청은 수압파쇄로 인한 음용수 오염

수압파쇄 지층에 수평으로 시추한 후 액체와 모래의 혼합물을 주입하여 지층을 파쇄시켜 생긴 열린 균열들을 통해 천연가스나 석유가 지층으로부터 흘러나오는 통로를 만들어 탄화수소를 추출하는 공법

수압파쇄의 물 순환

❶ 물 취득   ❷ 화학물질 혼합   ❸ 시추정 주입   ❹ 환류 및 생산수(폐수)   ❺ 폐수 처리 및 폐기물 처분

그림 9.26   수압파쇄를 하기 위해 물을 뽑아 쓰고 사용하고 처리하고 처분하면 수압파쇄가 일어나는 현장마다 식수 공급에 영향을 끼친다.

의 많은 사례들을 밝혀냈다. 그러나 이러한 사례의 수는 미국 내에서 시추된 수압파쇄 공들의 수에 비하면 비교적 적은 수에 불과하다. 이에 따라 연구에서는 수압파쇄가 '미국 내에서 식수원에 광범위하고 체계적인 영향'은 일으키지 않았다고 결론지었다. 다시 말하면 수압파쇄로 인한 음용수의 오염은 국부적이거나 지역적인 문제가 된다고 한다. 석유 산업은 이런 보고서가 수압파쇄는 정말 안전하다는 것을 밝힌 것이라고 칭찬하지만, 환경 단체들은 이 연구가 수압파쇄는 여전히 먹는 물을 오염시킬 수 있는 잠재력이 있다는 점을 확인했다고 주장한다.

또 다른 우려는 수압파쇄 작업이 증가하는 곳에서 지진의 발생 수가 늘어났다는 점이다. 미국 지질조사소(USGS)에 의하면 미국 중부와 동부에서 인지할 만한 지진(규모 3 이상)의 빈도가 2009년 무렵부터 갑자기 증가했다고 한다. 오클라호마 주가 특히 두드러졌다. 2011년 11월에 프라하 시 근처에서 발생한 지진은 1천만 달러 이상의 피해를 일으켰다. 오클라호마 주에서 2014년 동안 15번의 규모 4의 지진이 일어났는데, 이 숫자는 오클라호마 주에서 지난 한 세기 동안 일어난 지진 발생 수보다 많았다.

그렇지만 최근의 미국 지질조사소 보고에 의하면 수압파쇄는 이들 지진의 대부분을 유발하지 않았다고 결론지었다. 이보다는 에너지 산업의 다른 전통적 관행인 석유 및 가스 폐수를 깊은 관정에 주입시켜서 일어난 것으로 지적하였다(제12장 402쪽 참조). 이 지역의 시추업자들은 석유와 가스를 포함한 과거 바닷물의 잔류물인 염수를 뽑아내었다. 석유와 가스를 분리해내고 남은 염수는 심부의 시추정에 다시 주입시키는데, 이러한 작업은 주요한 단층이 있는 곳의 지층에 균열을 만든다. 오클라호마 주에는

4,600개 이상의 염수 처분공들이 있는데, 현재 의회 의원, 석유회사와 주민들은 이러한 관행이 더 엄밀히 규제되어야 할 필요가 있는지에 대하여 논쟁을 벌이고 있다.

⚠ 생각해보기

1. 화석 연료 채굴로 일어나는 환경 피해의 어느 정도(제2장 51쪽의 외부효과 토의 참조)가 각 에너지원의 실제 가격에 포함되어야 하는가?
2. 일반적으로 화석 연료를 채굴하는 과정에서 또는 이를 운송하는 과정에서 환경 피해를 일으킨 회사는 보상하고 청소하도록 되어 있다. 그러면 환경 피해를 일으키지 않게 이들 자원을 채굴하고 운송하는 회사에게 시장이 긍정적으로 보상해주는 방법은 있는가?
3. 미국이 브리티시페트롤륨 사에게 딥워터호라이즌 기름 유출 사건에 대한 책임을 물어 벌금을 부과하고 회사는 경제적인 피해에 대하여 보상하려고 하는데, 브라질은 2011년 해안을 벗어난 해역에 기름 유출사고를 낸 에너지 회사의 관련자들에게 장기 감옥형의 범죄 혐의를 적용하였다. 환경 훼손은 처벌되어야 한다고 생각하는가? 잠재적인 처벌의 비용과 효용에 대해 분석하여 답해보라.

9.6 원자력 발전 개발은 환경 비용을 수반한다

원자력 시대의 초기에는 원자력이 값싸고 청정한 에너지로서 거의 무궁무진한 에너지원으로 우뚝 섰다. 1954년 미국 원자력위원회(U.S. Atomic Energy Commission)의 위원장은 "우리 아이들은 집에서 전기 사용량이 계량기에 나타나지도 않을 정도로 너무 싸서 맘껏 전기 에너지를 사용할 것이다."라고 자신 있게 공표하였다. 그러나 1960~1970년대에 환경운동가 연합은 우라늄 채광, 방사성 폐기물 처분 및 원자력 발전소 사고의 위험과 관련된

문제점을 지적하며 원자력의 사용에 반대하는 시위를 벌였다. 오늘날 일부 전문가들이 치솟는 석유 가격에 대응하여 '원자력 전성시대'라고 지속적으로 예측하고 있지만 이러한 환경 쟁점을 해결할 기미는 전혀 안 보인다.

우라늄 채광

그랜드캐니언국립공원은 미국에서 우라늄광이 가장 많이 배태된 곳의 중심부에 있다. 이 지역에 있는 1,000개가 넘는 우라늄 광산에서 1944년부터 시작되어 390만 톤 이상의 우라늄이 채광되었으며, 저준위 방사성 폐기물은 연방 소유, 주 소유와 아메리카 원주민 소유의 땅 여기저기에 쌓여 있는 채로 방치되어 사람의 건강과 환경에 잠재적 위험으로 존재한다. 이 지역에서 우라늄 채광은 1986년부터 금지되었지만 에너지퓨얼리소시스라는 한 회사는 국립공원 입구에서 약 9.6킬로미터 떨어진 곳에 위치한 캐니언마인이라는 특정 광산을 재가동하기 위해 법정 투쟁을 하고 있다.

우라늄 채광은 지하나 지표에서 시행되는데 이 채광은 석탄 채굴로 일어나는 환경 위해와 같은 많은 문제점을 가지고 있으며 여기에 암과 다른 질병을 일으키는 방사능 문제가 추가된다. 광산폐기물은 보통 매우 낮은 수준의 방사능을 띠지만 미국 서부에는 15,000개가 넘는 광산 현장이 있으며 이들은 정기적으로 감시 관찰되지 않는다. 많은 광업 활동이 활발히 전개되는 나바호국 구성원들은 이 지역에서 오랫동안 이러한 환경에 노출되어 암 발생률이 증가하였다고 주장한다. 미국 국립직업안전위생연구소(U.S. National Institute for Occupational Safety and Health)는 1950년대부터 나바호 우라늄 광산에 종사한 광부들을 대상으로 한 연구에서 폐암으로 사망한 사람의 수가 예상보다 3~6배 정도 더 많았으며 여기에 결핵과 다른 폐 질병으로 인한 사망자 수도 상당히 증가하였다고 밝혔다. 하지만 이 연구는 광산에서 일하지 않은 주민들의 환경 노출에 대해서는 측정하지 않았다.

우라늄 채광 사고 역시 환경에 심각한 피해를 일으킬 가능성이 있다. 1979년 7월 뉴멕시코 주 처치록 시의 우라늄 제분공장에 있는 폐기물 연못의 댐이 붕괴되었다. 1,000톤이 넘는 산성의 방사성 광산 폐기물이 푸에르코 강으로 흘러들어가 가축들에게 먹이는 물 공급원을 오염시켰다. 처치록 사건은 미국 역사상 가장 큰 방사능 사고로 여겨진다.

방사성 폐기물 처분

우라늄 원광을 부화된 연료봉으로 만드는 과정의 모든 단계에서는 상당한 양의 폐기물이 생성된다. 그러나 연료봉을 생산하는 동안 맨 처음 만들어지는 대부분의 폐기물은 저준위 방사능을 가지며 만약에 적절히 폐기된다면 위험은 거의 없다. 그러나 사용 후 연료봉은 고준위 폐기물로 간주되며, 이에 따라 좀 더 조심스러운 처리를 필요로 한다. 연료봉은 원자로에서 전기 생산에 더 이상 쓸모가 없어지더라도 방사능이 상당히 높게 유지되어 환경에서 격리되어야만 한다.

미국은 수십 년에 걸쳐 원자력 발전을 해오고 있지만 사용 후 연료봉을 장기간 처분할 안전한 체계를 아직 갖추고 있지 못하다. 이 연료봉들은 10년 정도까지 물에 담궈 식힌 후 현재는 강철 실린더에 넣은 후 콘크리트로 감싸 원자력 발전소에 저장한다. 이상적으로 콘크리트 통들은 자연재해나 테러리스트의 공격으로부터 보호되는 지하 심부의 안전한 보관소로 이동하여 보관된다.

그런데 현재 세계 어느 국가도 이들의 장기간 처분에 필요한 장소로서의 성공적인 체계를 갖춘 나라는 없다. 1978년에 미국 에너지부는 처음 네바다 주에 있는 유카 산을 좋은 핵폐기물 처분 장소로 지정하였고 암석층에 실험하기 위한 터널을 시추하였다. 그런데 이 처분장의 지질 안전성에 의문이 생겼고 이 시설에 대한 정치적인 반대를 바탕으로 장기간 연임한 네바다 주의 상원의원인 해리 리드는 이 시설의 개장을 막았다. 2009년 5월에 미국 에너지부 장관은 "핵폐기물 보관장으로서의 유카 산은 논의 대상에서 제외한다."고 언급하였다(핵폐기물 처분에 대해서는 제12장 참조).

노심 용융

원자력 발전소에서 일어날 수 있는 가장 최악의 사고는 **노심 용융**(meltdown)이다. 노심 용융은 원자로의 중심이 너무 뜨거워 녹기 시작할 때 일어나는데 이렇게 되면 방사능이 환경으로 유출될 수 있다.

이러한 악몽의 시나리오가 1979년 펜실베이니아 주의 쓰리마일아일랜드 원자력 발전소에서 일어났다. 원자로 내부의 한 밸브가 작동하지 않아서 원자로에서 냉각제의 유출이 일어났다(그림 9.27). 다행히 이 원자로는 튼튼한 격납건물에 있었기 때문에 발전소 운영자는 빠르게 행동하여 방사성 물질이 환경으로 방출되는 것을 최소화할

쓰리마일아일랜드 원자력 발전소

그림 9.27 1979년 쓰리마일아일랜드 원자력 발전소의 사고 때 운영자와 안전체계가 원자로의 부분 노심 용융이 심각한 원자력 사고로 진행되는 것을 막았다.

수 있었다. 이 사고에서 노심 용융이 일부 일어난 것으로 여겨지는데 이는 원자력 기술의 위협에 대한 대중의 공포를 부추겼다. 원자로는 너무 심하게 손상되어 가동하지 못했고, 이 사고를 처리하는 데 14년이 걸렸으며 10억 달러의 비용이 들었다.

두 번째 원자력 발전소 사건은 원자력 발전의 안정성에 대한 의구심을 증폭시켰다. 1986년 4월 26일 이른 아침 시간에 우크라이나의 체르노빌 원자력 발전소 비상체계 시험을 하는 동안 스팀 폭발이 일어나며 발전소 원자로 하나를 갈가리 부셔버렸다(그림 9.28). 체르노빌 원자로는 격납건물을 가지고 있지 않았기에 격렬한 화재는 방사성 물질을 대기로 분출시켰고 바람은 이들을 북서쪽으로 이동시켰다. 체르노빌 화재로 인한 상당한 수준의 대기오염이 2,000킬로미터 이상 퍼져나갔으며 이탈리아, 아일랜드, 노르웨이와 같이 먼 곳에서도 농작물과 낙농제품에 영향을 끼쳤다. 그렇지만 가장 오염이 심각한 지역은 우크라이나와 인접한 벨라루스였다. 이 사고의 후유증으로 약 5,000건의 치명적이지 않는 갑상선암 발생 사례가 보고되었으며, 미국 과학학술원은 이 사고로 이 지역에서 향후 50년에 걸쳐 4,000명 이상의 암 사망자가 발생할 것으로 예측하였다.

원자력 전문가들은 체르노빌 원자력 발전소의 재앙은 잘못된 원자로 설계, 미숙련된 운영자와 안전불감증에서 발생한 것으로 지적한다. 구소련 체제 이후의 모든 원

우크라이나의 체르노빌 원자력 발전소는 20세기 최악의 원자력 사고 장소이다

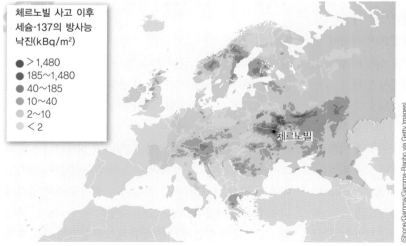

체르노빌 사고 이후
세슘-137의 방사능
낙진(kBq/m²)

● > 1,480
● 185~1,480
● 40~185
● 10~40
● 2~10
● < 2

체르노빌

그림 9.28 1986년 4월 26일 일어난 체르노빌 원자력 발전소의 폭발과 뒤이은 10일간의 화재는 방사능 물질을 유럽 전역에 퍼뜨렸다.

자로들이 그런 것처럼 원자로 폭발을 막아줄 격납건물을 가지는 것만으로도 환경오염을 획기적으로 줄일 수 있었을 것이다. 이 사고 이후 체르노빌 설계를 가지는 모든 원자력 발전소는 더 안전하게 보강되었으며 체르노빌 사건 이후 보강된 원자력 발전소에서 중요한 원자력 사고는 일어나지 않았다.

후쿠시마 원자력 발전소 재앙

2011년 3월 11일 일본 외해에서 지금까지 기록된 것 중 가장 강력한 지진이 지진해일(쓰나미)을 일으켜 일본 후쿠시마 현의 원자력 발전소를 침수시키고 노심 용융까지 일으켰다(그림 9.29). 원자력 발전소는 처음 지진을 견뎌냈으나 외부로부터 원자력 발전소로의 전기 공급이 단절되었다. 지하실에 있던 디젤 발전기가 작동하여 발전소의 냉각 체계를 작동시키기 위한 예비 전력을 공급하였으나 45분 후에 이곳을 덮친 지진해일은 디젤 발전기들을 침수시켜 동작을 멈추게 하였다. 발전소는 예비 배터리 전력으로 전환되었으나 이마저도 8시간 후에는 전부 소진되었다.

발전소를 제어하고 환경을 감시감찰하기 위한 전력 공급이 없자 상황은 심각한 위기로 발전하였다. 제어봉이 들어 있는 상태라서 원자로에서 발생한 핵분열은 상당히 줄어들었지만 아주 멈추지는 못했다. 원자로는 과열되기 시작했으며 내부의 압력은 점점 높아져 갔다. 발전소 운영자들은 전력 공급이 없어 높아지는 압력을 줄이기 위해 원자로를 수동으로 통기시켜야만 했다. 그러나 이 통기 작업은 상당히 불안정한 수소가스를 배출시켰는데, 배출된 수소는 산소와 폭발적으로 반응하여 원자로와 사용 후 연료봉을 냉각시키기 위한 물탱크가 있는 두 건물의 지붕을 날려버렸다.

사용 후 연료를 넣어둔 물탱크가 대기에 노출되었기에 발전소 운영자들은 이 물탱크에 들어 있는 물이 증발할 것이라고 걱정하였다. 만약 이런 일이 일어난다면 사용 후 연료는 결국에는 점점 가열되어 타면서 체르노빌 주변에 일어났던 것처럼 방사성 세슘을 대기로 방출해 환경을 오염시킬 것이다. 다행히도 사용 후 핵연료는 대기로 노출되지 않았지만 이에 대한 우려는 위기가 일어나는 동안 상당히 지속되었다. 하지만 후쿠시마 발전소에서 일어난 폭발과 화재는 원자력 발전소 주변 반경 20킬로미터 이

후쿠시마 원자력 발전소의 재앙

그림 9.29 2011년 3월 11일 기록적인 규모 9.0 지진이 지진해일을 발생시켰는데, 이 지진해일이 후쿠시마 원자력 발전소를 덮쳤을 때 높이가 14미터로 측정되었다. 이로 인하여 발전소를 범람하여 발전소의 예비 디젤 동력 발전기를 작동이 불가능해졌다.

내에 거주하는 80,000명의 주민을 대피시킬 정도로 충분한 양의 방사성 물질을 배출하였다.

결국 후쿠시마 원자로는 일정한 물을 공급하는 파이프가 설치되어 점점 식어가고 있다. 지진이 일어난 후 9개월이 지난 2011년 12월 16일에 일본 총리는 후쿠시마 원자력 발전소의 손상된 3기의 원자로는 안정한 상태이며 냉각 운전 정지 상태에 돌입했다고 보고하였다. 그렇지만 다시 대피된 장소로 안전하게 복귀하려면 수십 년이 걸릴 것이다.

⚠️ 생각해보기

1. 쓰리마일아일랜드, 체르노빌과 후쿠시마 원자력 발전소에서 일어난 사고에는 어떤 공통점이 있을까?
2. 체르노빌과 후쿠시마 원자력 발전소의 안정성을 증진시키려면 무엇을 해야 할까?
3. 미국과 같은 다른 나라들은 전체 에너지에 원자력 발전이 상당한 부분을 차지하는 에너지 정책을 지속하지만 독일과 같은 나라는 원자력 발전을 중지하기로 하였다. 그 이유는 무엇인가?

?

원자력 에너지를 무기로 사용하는 것은 원자력 발전을 위한 개발의 관점에 어떤 영향을 미치는가?

9.4~9.6 문제 : 요약

향후 20년 내에 화석 연료 생산은 정점을 이룰 것이며 이후로는 지구의 재생 불가능한 에너지 공급은 소진될 때까지 줄어들기 시작할 것이다. 높은 가격과 더 늘어난 수요 때문에 더 활발해진 화석 연료의 채굴작업은 상당한 환경 피해의 제공원으로 작용할 것이다. 석탄과 오일샌드의 노천 채굴과 산 정상부 제거 채굴은 많은 자연 경관을 이미 황폐화시켰다. 석탄 슬러지와 플라이애시 연못은 수자원을 중금속으로 오염시켰다. 기름 유출은 전 세계적으로 생태계를 파괴하였다.

원자력 발전은 이전에 약속된 것처럼 안전하거나 값싼 것이 아니다. 세 번의 원자력 발전소 사건은 원자력 발전에 대한 대중의 인식을 변화시켰으며 원자력 발전소의 개발하는 과정을 변화시켰다. 1979년에 펜실베이니아 주의 쓰리마일아일랜드 원자력 발전소 사고는 발전소 원자로 중 하나의 원자로에서 부분 노심 용융을 일으켰다. 1986년에 우크라이나의 체르노빌 원자력 발전소에서 일어난 또 다른 사고는 유럽 전역에 걸쳐 수천 제곱킬로미터의 면적에 방사성 물질을 퍼뜨렸다. 일본 후쿠시마 원자력 발전소에서 일어난 폭발과 화재는 인근 지역에 방사성 물질을 쌓아놓아 수만 명의 주민을 대피시켜야 했다.

9.7~9.9   해결방안

몬태나 주의 평원 위에서 비행기를 타보면 수천 마일의 흙길, 유정 시추를 위해 정비한 텅 빈 땅, 그리고 오래전에 버려진 우라늄 광산으로 상처투성이가 된 자연 경관을 볼 수 있다. 이는 100년에 걸친 에너지 개발과 자원 추출 작업 때문이지만 이런 식으로 해서는 안 된다. 재생 불가능한 에너지의 영향을 줄이는 궁극적인 해결방안은 재생 가능한 에너지로 변환하는 것이지만 다음 장에서 보는 바와 같이 우리는 앞으로도 몇 십 년간은 화석 연료와 원자력을 사용할 것이다. 이 장에서는 이러한 에너지 산업의 남겨진 자국들을 최소화시키고 재앙이 일어날 수 있는 가능성을 줄이며 이들 산업이 떠난 후 환경을 원래 상태로 복원하기 위한 좀 더 현명한 개발방안을 살펴보자.

9.7 새로운 법률과 기술이 석유 산업을 정화시킨다

딥워터호라이즌 기름 누출사고 이후 브리티시페트롤륨사(BP)는 4년에 걸쳐 해변의 모래에 있는 기름을 샅샅이 씻어내고 22,500킬로미터 이상의 해안선을 복원하는 작업을 하면서 청소하는 데 140억 달러를 썼다. 미국 국립해양대기청(NOAA)의 감독을 받으며 청소 작업은 해안사주섬, 습지와 굴 서식지층을 복원하기 위한 제3단계에 돌입했다. 그러나 석유 시추정 근처의 심해생물 서식지에 대해서는 어느 누구도 어떻게 할 수가 없고 단지 기다릴 뿐이며 과학자들은 해양 무척추동물들이 다시 원상태로 서식지가 복구될 때까지는 수십 년이 걸릴 것이라고 한다.

그러나 이 기름 누출 사고에 대해 브리티시페트롤륨 사만을 비난하는 것은 불공정할 수 있다. 플라스틱과 휘발유에서 천연가스에 이르는 제품을 소비하는 우리도 어떻게든 이 기름 누출에 연루되어 있다. 궁극적으로 석유 산업의 영향을 줄이는 것은 우리 자신의 소비를 줄이고, 회사와 정치인에게 석유 산업으로 영향을 받는 생태계를 보호하고 복원하는 데 더 힘을 쏟아달라고 요구하는 것에 달려 있을 것이다.

최악의 시나리오에서 석유회사는 회복계획 비용을 지불해야 한다. 1989년 3월 24일 엑슨 석유회사의 발데즈 유조선이 알래스카 주의 윌리엄 해협에서 좌초되어 4,000만 리터의 기름이 바다로 방출되었다(그림 9.30). 이 기름 유출로 당장 일어난 영향은 약 25만 마리의 바닷새, 2,800마리의 해달, 300마리의 잔점박이물범, 그리고 22마리의 범고래가 죽었다. 그러나 얼마나 많은 해양 무척추동물과 어류가 죽었는지는 알 길이 없다.

엑슨 사는 그 당시 기름 유출 파동에 소극적으로 대응하였다고 많은 비난을 받았지만 이 회사가 동원한 화학

적·기계적 청소 기술은 이 산업에서는 표준으로 남았다. 청소를 하는 과정에서 가중 중요한 단계는 해양의 기름이나 오염물질을 가둬두고 민감한 해안선 지역으로의 확산을 방지하기 위한 장치인 **오일펜스**(boom)와 다른 장벽을 설치하는 것이다. 다음에는 **유류 흡착장치**(skimmer)라는 기구로 해수 표면에서 기름을 걷어내는 것이다. 수동적인 유류 흡착장치는 기름층만 걷어내어 가두어두거나 기름을 흡착하는 물질로 이루어졌다. 반면 흡입 유류 흡착장치는 진공청소기처럼 기름을 흡입하여 저장 탱크로 주입시키는 것이다.

청소를 하는 과정에서 두 번째의 중요한 관건은 딥워터호라이즌 기름 누출 때 널리 사용되었던 공법으로 두꺼운 원유를 얇게 하고 용해시키는 화학물질인 **유분산제**(dispersant)를 사용하는 것이다. 유감스럽게도 가장 많이 이용되는 분산제의 하나인 코렉시트(corexit)는 작업 인부의 간, 신장, 폐, 신경계와 혈액 질환에 대한 건강 문제를 일으킬 수 있는 것으로 여겨지고 있다.

즉각적인 청소 작업이 끝난 후 엑슨 사는 미국 연방 정

오일펜스 해양에서 유류 유출 시 유막이 민감한 해안선 지역으로 퍼져나가지 않도록 가둬두기 위한 장치

유류 흡착장치 물 표면에서 유출된 기름을 수집하는 장치

유분산제 기름 유출 사고 처리 때 두꺼운 원유를 얇게 하고 용해시켜는 화학물질

1989년 3월 알래스카 주 프린스 윌리엄 만에 발생한 엑슨 사의 발데즈 유조선 기름 유출 현장 항공 사진

(Natalie Forbes/National Geographic/Getty Images)

그림 9.30 약 4천만 리터의 원유가 프린스 윌리엄 만에 유출되어 사고가 난 후 25년 이상 해양생물들에게 영향을 미쳤다.

과학원리　　　　　문제　　　　　해결방안

부와 알래스카 주 정부에 환경 복원과 연구에 9억 달러를 지불하기로 약정하였다. 흰머리수리, 연어, 해달을 포함한 대부분의 해양생물 군집은 회복되었다. 그렇지만 수만 리터의 기름은 프린스 윌리엄 해협의 해변에 묻혀 있으며 아마 한 세기라는 상당한 시간이 지나더라도 자연적인 과정으로는 제거가 되지 않을 것이다.

발데즈 기름 유출 사건의 가장 중요한 소득은 석유회사는 기름 유출을 방지하기 위한 현장 프로그램을 갖추어야 하고 심각한 사고가 일어났을 때 상세한 청소계획을 가져야 한다는 것을 강제화시킨 기름오염법이 1990년에 통과된 것이다. 기름오염법률은 2010년 이후에는 미국의 해역에서 대규모 단일선체 유조선의 운항을 금지시킴으로써 이들의 단계적 운항 중단을 이끌어낸 것이다. 이중선체 유조선은 또 하나의 내부 선체를 가지는데 단일선체에 비해 기름을 유출시킬 가능성이 5배나 낮다. 선체에 구멍이 나더라도 이중선체는 훨씬 적은 양의 기름을 누출시킨다.

더 안전한 수압파쇄를 위한 규제

수압파쇄 작업이 음용수에 위협을 줄 수 있다는 커가는 우려에 대하여 2012년에 제안된 법률 시안에는 미국 내 연방 토지에서 실시하는 수압파쇄에 이용되는 모든 화학물질을 밝혀야 한다고 되어 있다. 3년이 지난 후 2015년 3월에 내무부의 국토관리국은 연방 공용지와 아메리카 원주민 부족의 토지에서 실시하는 수압파쇄 작업에 대한 새로운 규정을 발표하였다. 이 규정의 주요 내용은 가스 회사와 석유회사가 오랫동안 거부하였던 것으로 시추회사는 어떤 수압파쇄 유체를 사용하더라도 해당하는 화학 조성을 반드시 밝혀야 한다는 강제 조항이다.

이에 더하여 시추업자는 시추를 하는 과정에서 관통하는 대수층은 수압파쇄 유체에 의한 오염을 막기 위하여 튼튼한 콘크리트 장벽을 이용하여 보호할 것을 강제하고 있다. 또한 시추공에서 회수된 수압파쇄 유체가 공기, 물, 그리고 야생동물에게 노출되지 않도록 더 안전히 저장해야 한다는 조항을 담고 있다. 연방 토지에 있는 10만 개 이상의 가스와 기름 생산정은 3백만 제곱킬로미터에 걸쳐 분포하는데, 이 새로운 규정은 90% 정도의 새로운 시추정이 연방 토지에서 수압파쇄 공법을 이용하여 시추되고 있기에 연방 토지에서 시행되는 가스와 기름 시추 작업에 폭넓게 적용된다.

기름 없는 지대

어떤 특정한 지역에서 기름 누출이 일어나지 않는 것을 보장하는 유일한 방법은 그 지역에서 석유 탐사를 완전히 금지하는 것이다. 1969년에 캘리포니아 주 산타바바라에서 기름 누출이 일어난 후 주 정부는 주의 해안선으로부터 4.8킬로미터 이내의 해역을 임대하는 것을 금지시켰다. 다른 민감한 지역에서도 석유의 탐사와 시추를 제한하였다. 2003년에 노르웨이는 대구와 청어가 풍부한 어장과 야생동물이 많다는 이유로 로포텐 제도를 기름 없는 곳으로 선언하였다. 가장 논쟁이 많이 일어나는 기름 없는 지대의 하나로 알래스카 주에 있는 국립북극야생동물피난처(Arctic National Wildlife Refuge)가 있다. 이 피난지는 미국에서 가장 큰 규모의 보호된 황무지이지만 미국 지질조사소는 이 지역이 100억 3천만 배럴의 석유 매장량을 가지고 추산했다.

이 피난지의 시추에 대해서는 종종 투표가 열리는, 해마다 뜨거운 논쟁거리로 등장하고 있다. 이에 대해 찬성하는 측은 시추 작업이 현지의 야생동물에게 전혀 영향이 없을 것이고 미국이 수입산 석유의 의존도를 낮출 것이라고 주장한다. 이에 반대하는 측은 극지역이 극심한 추위와 식생이 자라는 짧은 여름 계절로 인해 만약에 기름의 유출이 있다면 이를 회복하는 데 수 세기가 걸릴 것이기 때문에 고위도의 북극 지역에서 석유 개발은 특히 환경에 해롭다고 주장한다.

⚠ 생각해보기

1. 엑슨 사와 브리티시페트롤륨 사가 이들이 일으킨 환경 훼손(또 계속 일어나는 훼손)에 대하여 충분하게 처벌을 받았다고 생각하는가?
2. 국립북극야생동물피난처를 기름 없는 지대로 유지하는 데 대한 찬반 양론의 쟁점은 무엇인가?
3. 미국의 연방 토지 내에서 수압파쇄 작업을 관리하는 새로운 규정을 개인 소유의 토지에까지 확대해야 한다는 것에 대하여 어떻게 생각하는지 설명하라.

9.8 환경 복원은 화석 연료 채굴로 인한 환경 영향을 완화시킬 수 있다

석탄의 노천 채굴, 오일샌드 채굴, 그리고 석탄 채굴을 위해 산 정상부를 제거하는 공법 모두는 넓은 지역의 자연 생태계를 파괴할 가능성이 높다. 이러한 환경 영향을 줄이기 위해 미국과 다른 나라들은 이들 자원을 채굴하는 광산업자에게 광업으로 파괴된 땅의 훼손을 회복시키도록 한다. 미국에서 복원을 명령하는 연방법은 1977년에 시행된 지표광업 관리 및 복구법(SMCRA)이다. 개별 주정부와 자치 단체 정부도 역시 광업을 하기 이전 원래의 자연 상태 생태계를 복원하거나 혹은 경제적으로 활용할 수 있는 기능을 할 수 있는 상태로 되돌리는 광해 **복구**(reclamation)를 요구하고 있다. 미국광업협회(National Mining Association)에 의하면 미국에서만 광해를 입은 90만 헥타르(9,000제곱킬로미터) 이상의 땅이 복원되었다고 한다. 많은 경우에 생태계 복원은 매우 성공적인 것으로 나타난다.

노천 채굴된 초지의 복원

와이오밍 주는 북아메리카에서는 가장 품질이 좋은 상당한 양의 저유황 석탄 매장량을 가지고 있기에 집중적인 노천 채굴의 대상이 되고 있다. 석탄을 노천 채굴하면 엄청난 자연 경관의 폐해가 일어나는데(290쪽 그림 9.22 참조) 와이오밍 주의 초원도 예외는 아니다. 하지만 파우더 강 분지에 있는 제이콥스렌치 광산은 광해 지역의 생태계를 성공적으로 복원하여 상을 받은 모범 사례가 되었다.

리오틴토에너지아메리카라는 회사가 소유하고 운영하고 있는 이 광산은 몇 종류의 자연초와 관목으로 주로 구성된 아건조 식물군집을 그대로 조성하였다. 이 생태계는 자연에 사는 많은 초식동물과 가축들을 먹여 살릴 정도로 회복되어 광해를 입은 땅은 원래 상태 혹은 그보다 더 나은 상태로 복원되어야 한다는 점을 강제화시킨 지표광업 관리 및 복구법에 따른 생태 복원의 기준점이 되었다. 제이콥스렌치 광산이 작업을 하는 동안 자연 경관은 거의 아무것도 없는 상태로 노천 채굴이 되었다(그림 9.31). 그러나 광업 활동이 진행되면서 규정은 상부퇴적물의 표토 부분을 하부에 있는 석탄층으로부터 분리하여 나중에 파헤쳐진 지역을 복원할 때 쓰기 위하여 별도로 저장하도록 하였다. 석탄을 채굴하고 나서 상부퇴적물의 하부에 해당하는 퇴적물들은 파헤쳐진 지역 전반에 걸쳐 자연적인 지형으로 복원하기 위해 중장비를 이용하여 덮었다. 그런 다음 별도로 저장한 표토를 전 지역에 걸쳐 다시 덮으며 다시 씨를 뿌리고 토종 식생을 다시 심었다. 이 땅을 복원하면서 작은 저수지도 만들었는데 이는 야생동물의 물 공급을 위하여 건설되었다.

제이콥스렌치 광산의 복원지 중 하나는 와이오밍 주 야생동물수렵관리당국에서 인정한 현지 엘크 무리의 중요한 겨울 서식지로서 이 복원지는 생태 복원과 산업체와 보존 단체들 사이의 협업에 대한 쇼케이스가 되었다. 2004년에 리오틴토에너지아메리카 회사는 로키산맥엘크재단과 같이 제이콥스렌치 광산에 405헥타르(4.05제곱킬로미터) 면적의 보존 지역을 설치하여 이 지역에 엘크의 중요한 겨울 서식지를 영구 보호하기로 하였다. 이 협상

광산 채굴로 파괴된 땅의 매립을 강제한 광업법에서 "혹은 경제적으로 활용할 수 있는 기능을 할 수 있는 상태"라는 구절은 어떤 의미를 담고 있는가?

복구 광업을 하기 이전 원래의 자연 상태 생태계를 복원하거나 혹은 경제적으로 활용할 수 있도록 기능할 수 있는 상태로 되돌리는 과정

와이오밍 주 대초원에서 노천 채굴을 한 후 복원

복원하기 전 파우더 강 분지 광산

파우더 강 분지에 복원된 초원

그림 9.31 파우더 강 분지에서 광산 개발이 일어나기 전의 자연 경관은 사막의 들국화라는 세이지브러시와 풀로 덮인 구불구불한 언덕으로 이루어졌었다. 노천 채굴로 표토와 식생이 제거되었지만 복원작업이 매우 성공적으로 이루어져 생산성이 높은 야생동물의 방목지가 만들어졌다.

?

자연 경관이 광산 개발로 교란되기 이전의 상태보다 더 '개선'될 수 있는가? 만약 그렇다면 어떤 기준으로 이를 평가할 수 있는가?

?

화석 연료 채굴로 교란된 대초원의 초지를 복원하는 것과 과거 성장림을 복원하는 것 사이에는 상대적으로 어떤 도전의 차이가 있을까?

은 리오틴토에너지아메리카 사가 소유하고 있는 땅을 로키산맥엘크재단에 기부하는 것으로 마무리되었다. 이 땅은 야생동물이 무한정 지속적으로 사용하도록 보장하는 보존 지역의 핵심으로 채광된 땅의 296헥타르(2.96제곱킬로미터)에 해당하는 구역에 대하여 식물의 생산성이 완전해지도록 복원하는 것이었다(그림 9.31 참조). 여기서 우리의 희망은 노천 채굴의 광해를 입은 수백만 헥타르의 땅과 물을 복원하고자 할 때 이와 유사한 성공이 이루어지기를 바라는 것이다.

아한대 삼림의 오일샌드 채굴의 복원

가끔은 자연 경관을 원래의 자연 상태로 복원하는 것이 가능하지 않을 때가 있다. 오일샌드의 채굴이 일어나는 아한대 삼림은 숲, 호수와 몇 종류의 습지로 이루어져 있다. 이러한 지형 요소로 구성으로 되어 있는 삼림은 앞으로는 매우 달라져 있을 것이다(그림 9.32). 숲 면적은 40% 정도 늘어날 것이고 호수의 면적도 177% 늘어날 것이지만 습지의 총면적은 36% 줄어들 것이다. 그중에서도 토탄층 습지의 면적이 67%로 가장 많이 줄어들 것이다.

토탄층 습지는 수 세기에 걸쳐 형성된 것으로 그대로는 복원될 수 없다. 이렇게 토탄층 습지의 면적이 줄어든다는 것은 이들 습지가 기후 온난화를 일으키는 온실가스의 주요 저장소이기 때문에 환경적으로 중요한 의미를

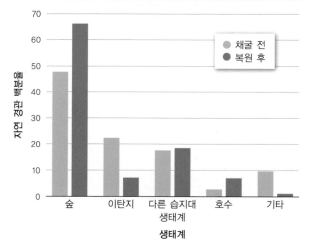

그림 9.32 애서배스카 오일샌드를 채굴한 뒤 자연 경관의 복원은 토지 피복에서 상당한 변화를 일으켰다. 숲과 호수의 면적은 상당히 증가하였지만 이탄지(늪지와 소택지)의 면적은 줄어들었다. (자료 출처 : Rooney et al., 2012)

가진다. 토탄층 습지를 파헤치면 이산화탄소와 메탄이 대기로 방출되며 이후에는 이 습지의 탄소 저장 능력을 없애버리는 것이다(제14장 참조). 우리가 이들 지하 자원을 채취할 것인가 말 것인가와 이러한 자연 풍경을 돌이킬 수 없이 망가뜨릴 것인가 말 것인가는 과학이 답할 수 있는 문제는 아니고 사회가 답을 내야 할 문제이다. 이 점이 키스톤 파이프라인 프로젝트에 대하여 뜨거운 논쟁을 벌이고 있는 중요한 이유 중 하나이다.

산 정상부 제거 채굴 후 복원

한번 산의 정상 부분을 폭약을 사용하여 터트리고 토사들을 인접한 계곡에 쏟아부은 후에 이를 대체할 수 있을까? 할 수가 없다.

그러나 1977년 시행된 지표광업 관리 및 복구법에는 허점이 있는 것으로 밝혀졌다. 이 법은 광업을 하기 이전 원래의 자연 상태와 유사한 상태로 복원하거나 혹은 **경제적으로 활용할 수 있는 상태**로 되돌리는 광해 복구를 강제하고 있다. 산 정상부 제거 채굴을 하는 회사들은 이 법의 두 번째 조항을 택하며 원래 자연 상태의 지형으로 복원하지 않는다. 그 이유는 불가능하기도 하거니와 경제적으로도 타당하지 않기 때문이다. 이에 따라 원래 숲으로 되어 있던 정상부는 산악 지형에서 현재는 광활한 평탄지나 완만하게 경사진 부분을 이룬다(그림 9.33). 이 땅은 방목지가 되거나 숲 재배지 또는 야생 동물 지대가 된다.

예를 들면 켄터키 주정부는 여러 광산회사와 로키산맥엘크연맹과 협업하면서 이 주에서 오래전에 사라진 엘크를 다시 이주시켰다. 켄터키 주가 재이주시킨 엘크는 복원된 산 정상부 채굴 지역에 생성된 목초지를 주로 이용하는데, 이제 엘크의 개체 수가 1만 마리 이상으로 빠르게 증가하였으며 이 지역은 사냥을 하는 중심지로 되었다. 산 정상부 제거 광업을 한 땅을 개간하여 다른 경제적인 용도로 발전시킨 경우는 골프장, 지역 비행장, 교도소와 산업 단지 등이 있다. 광산회사들은 이런 경제적인 개발은 대부분 낙후된 지역에 긍정적인 혜택이 되는 것이라고 홍보한다.

산 정상부 제거 채굴에 대한 비판자들은 개간된 광산 지역에 아주 미미한 경제 개발이 되며 이러한 개발은 북아메리카 지역의 생물다양성이 활발했던 지역의 하나를 없앤 대가라고 주장한다. 실제로 육상 생태계 생산성과 건강성 기반의 하나인 토양은 산 정상부가 제거되는 광

그림 9.33 산 정상부 제거 채굴 후 복원은 보통 평탄하거나 완만하게 경사진 지형을 형성하는데, 이곳은 대부분 풀과 다른 초본 식물로 덮인다.

업을 한 후 새로 조성된 지역은 여러 측면에서 부족하다고 할 수 있다. 새로운 토양은 훨씬 치밀하며 유기물의 양이 낮아 물이 잘 스며들지 못하고 대신 지표를 따라 흐르게 한다. 많은 지역이 15년 이상 지나도 토양은 역시 생물이 빈약한 상태로 남는다. 여기에 더하여 비판자들은 엘크의 서식지로 이용되는 목초지는 계곡을 메꾸는 바람에 파괴되었거나 오염으로 이제는 하류 쪽으로 이동해간 상당히 많은 종으로 이루어진 생물군집의 터전이었던 계곡과 상류수 하천을 보상할 수는 없다고 주장한다.

⚠ 생각해보기

1. 와이오밍 주 노천 채굴을 한 초원, 애서배스카 오일샌드 층 상부의 아한대 삼림 경관, 이제는 사라진 애팔래치아 산맥 정상부를 복원하는 데는 어떤 특별한 도전과 기회들이 있는 것일까?
2. 생태계 복원의 목표는 어떤 것이어야 할까? 원래 자연적인 일차 생산 능력 정도로 기능 특성을 복원 또는 원래 자연 상태의 종풍부도와 토착성 종 구성 수준의 복원, 또는 이 두 가지 모두일까?
3. 광해 지역의 복원이 경제적인 이용 측면 쪽으로 또는 원래 상태 측면 쪽으로 복원하는 것에 대한 상대적인 장점을 어떻게 평가할 것인가?

9.9 원자력 발전소 운영과 설계의 발전은 안전성을 높이는 방향으로 이루어져야 한다

후쿠시마 사고 여파로 세계 3위와 4위의 경제력을 가지는 일본과 독일은 자신들의 에너지원 구성비에서 원자력이 차지하는 비중을 재검토하였다. 1년도 안 돼 일본은 자국의 50기 원자로에서 2기를 뺀 모든 원자로를 검사하고 평가하기 위해 가동을 중지하였으며, 2기는 이후에 곧 가동을 중지하고 평가하기로 하였다. 지진해일이 후쿠시마 원자력 발전소의 가동을 중지시킨 2년 후 일본에서 가동되는 원자로는 없었다. 이후 첫 번째 원자력 발전소가 2015년 8월에 가동되었다. 2011년에 독일은 17기의 원자로에서 8기의 가동을 중지시켰으며 나머지 원자로는 2022년까지 모두 가동을 중지하기로 하였다. 전 국가 전기 소비량의 75%를 원자력으로 생산하는 프랑스조차 2013년 전반기에 원자력 전력의 의존도를 줄일 수 있는가에 대하여 검토하였다.

원자력은 일부 전문가들이 주장하는 것처럼 값싸거나 청정하지 않다는 것이 증명되었다. 그럼에도 불구하고

프랑스와 미국과 같은 나라가 원자력 발전소를 화석 연료를 태우는 발전소로 대체하지 못하도록 고무하는 환경 보호 및 인체 건강과 관련된 이유는 무엇인가?

웨스팅하우스 AP1000 원자력 발전소 설계도

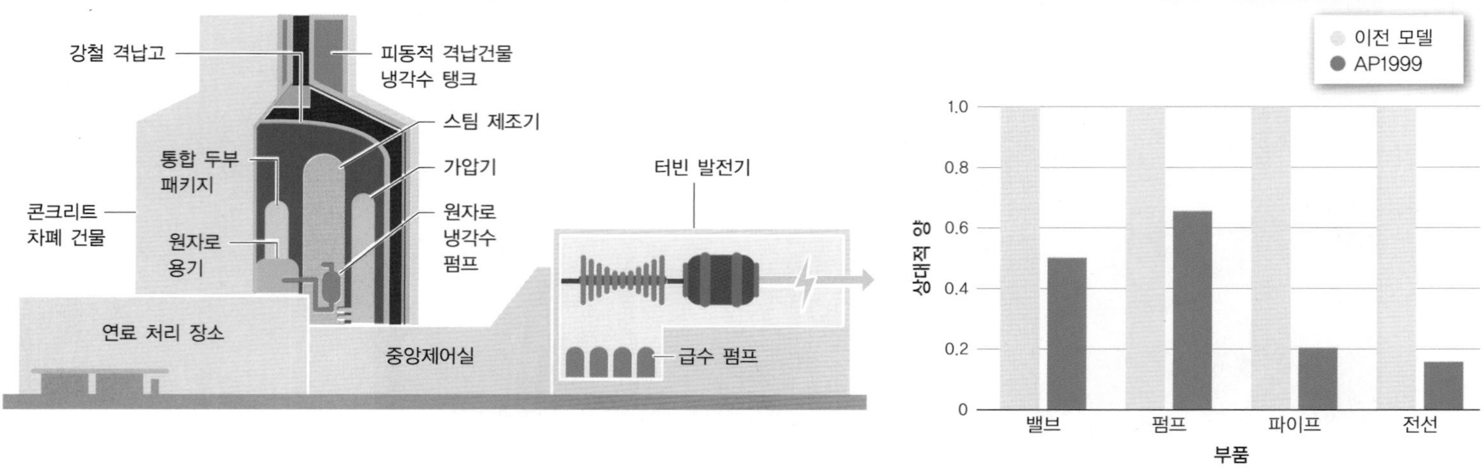

강철 격납고

피동적 격납건물 냉각수 탱크

통합 두부 패키지

스팀 제조기

가압기

콘크리트 차폐 건물

원자로 용기

원자로 냉각수 펌프

터빈 발전기

연료 처리 장소

중앙제어실

급수 펌프

이전 모델
AP1999

밸브   펌프   파이프   전선
부품

그림 9.34 웨스팅하우스 AP1000 원자력 발전소는 피동적인 안전 체계와 더 단순해진 설계(예 : 더 적은 수의 밸브, 파이프와 전선)로 더 안전하게 운영되고 유지할 수 있게 한다. (Westinghouse, www.ap1000.westinghousenuclear.com)

원자력 발전소에 위협이 되는 모든 것들을 예상하거나 막을 수 있을까? 설명해보라.

원자력은 앞으로도 향후 50년 이상은 중요한 에너지원으로 이용될 것이며 기술자들은 기존 원자력 발전소의 안전을 높이고 동시에 앞으로 건설될 원자력 발전소를 더 안전하게 건설하기 위해 노력할 것이다.

기존 원자력 발전소의 개선

전 세계 원자력 규제기관들은 후쿠시마의 사고가 난 후 원자력 발전소의 설계와 운영을 평가하였다. 미국 원자력규제위원회(Nuclear Regulatory Commission)는 원자력 발전소의 안전을 개선하기 위하여 권고사항을 발표하였다. 이 권고사항은 세 가지 주요한 검사항목을 포함하고 있다. (1) 현장에서 복합적인 자연재해나 기타 위험에 대비하고 동시에 모든 원자로의 안전 기능을 지원하는 역량을 높이는 계획을 할 것, (2) 사용 후 연료봉을 담고 있는 물탱크와 사용 후 연료봉을 냉각시키는 물탱크의 완벽한 보완체계에 대한 감시를 개선할 것, (3) 전력 공급이 중단되었을 때 후쿠시마 발전소의 원자로와 같은 형의 원자로 통기를 위하여 개선된 체계를 갖출 것이다.

또 다른 일반적인 권고사항은 모든 원자력 발전소는 지진과 홍수의 위험도를 재분석하고 장기간 전력 공급이 중단될 경우 어떻게 통신과 안전장치를 실행시킬 것인가에 대하여 평가하도록 하였다. 쓰리마일아일랜드, 체르노빌과 후쿠시마의 교훈은 새로운 원자력 발전소의 설계에 영향을 미쳐 초기의 원자력 발전소 건설에서는 고려되지 않았던 안전장치들이 포함되도록 하였다.

미래에 더 안전한 원자력 발전소 건설

최근의 원자력 발전소 설계는 더 단순화되었으며 능동적인 안전설비보다는 수동형 안전설비에 더 무게를 두고 있다. 새로운 설계는 중력과 열대류와 같은 자연력에 더 비중을 많이 두는 반면 밸브나 펌프와 같은 기계적인 설비는 줄이는 편이다. 또 새로워진 원자로의 설계에서 안전을 보장하기 위해서 발전소를 운영하는 사람의 조치가 덜 중요하도록 그 비중을 줄였다.

2011년 말에 미국 원자력규제위원회는 이러한 기본 원칙을 따른 새 원자력 발전소 두 곳의 건설을 승인하였다. 이 중 한 곳인 웨스팅하우스 AP1000은 미국에서 1996년 이후 최초로 건설되는 새로운 원자력 발전소가 될 것이다. 이 원자력 발전소 장점의 하나는 이전의 발전소보다 훨씬 구조가 간단하다는 것이다. 예를 들면, AP1000은 매우 적은 수의 펌프를 가지며, 조정 전선도 훨씬 적고, 안전에 관계된 배관도 훨씬 줄어들었으며, 안전밸브의 수도 훨씬 줄어들었다. 지진에 견디는 건물의 크기도 더 작아졌다(그림 9.34). 이러한 AP1000의 단순화된 설계는 발전소 건설과 유지 비용을 줄이고, 건설 기간도 줄이며 안전을 개선하기 위해서이다.

AP1000은 또한 운영하는 사람의 조치가 필요 없이 그리고 냉각 파이프의 파열과 같은 설계상의 하자가 있더라도 전력이나 펌프 없이 안전하게 가동을 중지시키도록 설계되었다. AP1000은 원자로 중심부와 격납건물을 냉각시키기 위하여 중력 및 수동적인 냉각수 순환과 압축가스를 사용하므로 보조용 발전기와 펌프의 고장으로 인해 발생할 수 있는 위험이 없다. 또한 AP1000 발전소에는 많은 능동적 부품들이 설계에 반영되었지만 이들 부품은 중요한 안전 기능에 관련된 부품이 아니고 또 수동 안전설비에 중복되는 것이다.

연료봉의 재사용

유럽과 일본에서는 사용된 우라늄 연료는 재처리하여 재활용되고 있는데, 이로 인하여 효율성을 높이고 핵폐기물의 양을 감소시키는 효과가 있다. 연료를 재활용하기 위해서는 감손된 우라늄과 플루토늄은 핵분열이 일어나는 과정에 생성된 특정한 폐기물로부터 분리시켜야 한다. 그다음 우라늄과 플루토늄은 다시 합쳐서 혼합산화물핵연료(MOX)라는 것을 만들어서 원자로에서 사용할 수 있다.

혼합산화물핵연료는 현재 사용되고 있는 핵연료의 2%만 차지한다. 그렇지만 만약 현재 사용한 모든 사용 후 핵연료가 혼합산화물핵연료로 재활용된다면 전 세계의 우라늄 광산에서 채굴하여 추출하는 우라늄의 3년치에 해당하는 양이 될 것이다. 혼합산화물핵연료를 폭넓게 사용하는 것을 막는 한 가지 요인은 재처리된 플루토늄이 핵무기로 사용될 수 있기 때문이다. 플루토늄을 상업용으로 널리 사용하면 핵무기의 확산이 증가할 것이라는 두려움이 있다. 현재 미국에서는 사용 후 핵연료의 재활용을 하지 않고 있다.

핵융합

일부 과학자들은 '태양을 억제'할 수 있다고 믿으며 지구에서 제어된 핵융합 반응을 개발할 수 있을 것으로 여긴다. 비록 이들이 **토카막**이라고 알려진 제어열 핵융합 반응 실험 장치를 개발하는 데 성공할지 모르지만 이 실험 장치를 운영하기 위해 들어가는 에너지의 양은 핵융합으로 얻는 에너지보다 훨씬 많이 소요된다. 프랑스에서 현재 건설 중인 국제 열핵 실험용 원자로가 가동되는 핵융합 전기 발전기를 향한 첫걸음이 될 것이다. 만약 성공한다면 이 발전기는 500메가와트의 전력을 생산할 것이다. 처음 시험 생산은 2020년으로 계획되어 있다.

⚠ 생각해보기

1. 온전한 전기 설비나 보조 전력 공급에 의존하지 않는 수동적 비상보호설비를 설계하는 것에는 어떤 장점이 있을까?
2. 원자력 발전소를 단순한 구조로 설계하는 것은 원자력 발전에 대한 신뢰와 안전성에 어떤 영향을 미칠까?
3. 원자력과 관련된 위험들로 인하여 원자력 발전소를 더 안전하게 만드는 것을 중지하고 이러한 기술을 완전히 폐기해야 하는가? 설명해보라.

9.7~9.9 해결방안 : 요약

석탄의 노천 채굴, 오일샌드 채굴과 산 정상부 제거 채굴에 의한 환경 영향은 광해 지역을 자연적인 상태로 또는 경제적으로 활용할 수 있는 상태로 복원한다면 환경 피해를 줄일 수 있다. 그렇지만 산 정상부 제거 채굴에 의한 영향은 회복될 수 없기 때문에 광산회사들은 이전에는 산악 지형이었던 곳을 어떠한 형태로든지 경제 활동을 할 수 있는 평탄한 지대로 개발하는 것을 선택한다.

원자력은 향후에도 중요한 에너지원으로 지속적으로 이용될 수 있기에 기술자들은 기존 원자력 발전소를 개선하는 방향으로 노력한다. 이에는 자연재해가 일어났을 경우에 좀 더 튼튼한 전기 보조 장치를 설비하고, 사용 후 연료봉 물탱크를 더 엄밀히 감시하며 후쿠시마 형의 원자로에는 좀 더 믿을 만한 통기 설비 설치 등이다. 최근의 새로운 원자력 발전소 설계는 이전 원자력 발전소에 비하여 훨씬 단순한 구조를 가지며 능동안전설비장치보다는 수동안전설비에 더 무게를 두었다. 이러한 새로운 설계는 발전소 건설과 유지 비용을 줄이고, 건설 기간을 줄이며, 새로워진 원자력 발전소를 더 안전하게 운영하기 위한 목적으로 이루어졌다.

각 장의 절에 대하여 아래 질문에 답을 하고 난 후 핵심 질문에 답하라.

핵심 질문 : 환경 훼손을 줄일 수 있는 재생 불가능한 자원은 어떻게 관리해야 하는가?

9.1~9.3 과학원리

• 화석 연료에는 어떤 종류가 있는가?

• 발전소와 차량은 전기를 생산하고 이동하기 위하여 어떻게 화석 연료를 이용하는가?

• 원자력 에너지는 어떻게 방출되고 이용되는가?

9.4~9.6 문제

• 세계적으로 에너지 소비의 본질은 무엇이며 석유의 생산량은 최고치에 도달하였는가?

• 화석 연료를 채굴하는 것은 환경에 어떠한 훼손을 일으키는가?

• 원자력 에너지의 위험은 어떤 것들인가?

화석 연료, 원자력 에너지와 우리

생태계, 우리의 경제 체계, 그리고 우리 바로 자신은 한 형태나 또 다른 형태의 에너지에 의해 유지된다. 이제 우리는 저가의 바로 이용할 수 있는 화석 연료의 생산량이 정점에 다가가는 역사의 시점에 와 있다. 이런 와중에도 에너지 수요는 상승세에 있다. 인간 존엄과 생물권의 미래는 말 그대로 남아 있는 화석 연료를 어떻게 관리하고 지속 가능한 에너지원으로 전환하는가에 달려 있다.

☐ 정보 습득하기

우리 각자가 화석 연료 자원을 지속 가능하게 사용하도록 도울 수 있는 한 가지 방법은 지속적으로 정보를 습득하고 우리 각자의 영향을 이용하여 도전 과제를 해결하는 것이다. 화석 연료 산업에서 일어나고 있는 빠르게 전개되는 상황, 특히 에너지 자원의 매장량의 규모가 얼마가 되는가와 전 세계적으로 재생 불가능한 자원을 어느 정도로 소비하고 있는가에 대해 잘 알고 있어야 한다. 비전통 석유 자원인 오일샌드와 타이트오일의 개발과 관련된 사안에 대해서는 특히 관심을 기울여라. 재생 가능한 바이오 연료의 개발에 대해서도 이 바이오 연료가 원유를 대체할 수 있으므로 또한 잘 알아야 한다.

☐ 참여하기

지역적·광역적·전국적 에너지 개발에 대하여 알아보라. 그리고 이러한 에너지 개발에 대한 의견이 무엇이든 간에 개별적으로 또는 여러분의 관점을 대변하는 단체를 통하여 건설적으로 영향을 미치도록 노력하라. 알고 있는 지식을 에너지 기술과 사용에 관한 발전과 의제에 대하여 관심을 가지려는 사람들을 도와주라. 환경과학을 공부하는 학생으로서 위와 같은 복잡한 주제에 대한 기본은 갖추었다고 간주된다.

☐ 현명한 에너지 소비

우리 모두는 필요에 의해 에너지를 소비한다. 그렇기 때문에 우리는 우리가 구입하는 에너지 소비 장치에서부터 우리의 집과 직장의 온도를 어떻게 조절해야 하는지까지 다양한 방법으로 에너지의 소비에 영향을 미칠 수 있다. 미국에서 주거지와 상업 건물이 가장 에너지를 소비하는 장소이다. 불을 켜기 위해 작은 형광등과 같이 에너지를 적게 소비하는 전구를 선택하라. 온도 조절장치를 조절하거나 건강이 허락한다면 에너지를 아끼기 위하여 여러분이 살거나 일하는 장소의 온도 조절장치를 맞추어 놓으라. 겨울에는 몇 도 정도 낮추고 여름에는 약간 높게 설정하라.

☐ 에너지를 고려한 운송 수단을 선택하기

운송 수단의 선택은 아주 큰 변화를 이끌어낸다. 가능하다면 학교나 일터에 갈 때 걷거나 자전거를 이용하라. 그렇게 하지 못하면 버스나 기차를 이용하라. 만약 운전을 해야 한다면 승용차를 함께 타라. 이러한 모든 대체 운송 수단은 금전을 아낄 뿐 아니라 에너지도 아낄 수 있다. 자동차를 구입할 때는 안전하고 연료를 적게 소비하는 모델을 고려하라. 정부의 지시가 자동차 회사에서 만드는 차량의 연료 효율성에 영향을 미치기는 하겠지만 소비자로서 우리의 선택이 자동차를 생산하는 데 상당한 영향으로 작용할 수 있다.

9.7~9.9 해결방안

- 화석 연료 사용의 효율성을 높이고 환경 훼손을 줄이는 방법은 무엇일까?

- 화석 연료를 채굴하고 나서 환경을 복원을 할 때 어떠한 과정으로 하는가?

- 원자력 발전소에서 어떤 개선책들이 이루어졌는가?

핵심 질문에 대한 답

_____

_____

_____

_____

_____

_____

제9장
복습 문제

1. 석탄과 원유의 화학 에너지의 기원은 무엇인가?
   a. 퇴적암으로 옮겨진 용융된 화산 용암의 열 에너지
   b. 수백만 년 전에 살았던 일차생산자의 광합성
   c. 높은 온도와 압력에 노출된 퇴적암
   d. 태양 에너지에 노출되어 변질된 퇴적암

2. 다음 석탄의 종류 중 가장 높은 에너지양을 가지고 있는 것은?
   a. 갈탄
   b. 준역청탄
   c. 역청탄
   d. 무연탄

3. 석탄 화력 발전소의 에너지 효율은 대략 얼마나 되나?
   a. 10%
   b. 25%
   c. 35%
   d. 70%

4. 석탄 화력 발전소와 현재의 원자력 발전소 사이의 가장 기본적인 차이는 무엇인가?
   a. 이 두 발전소는 증기를 생산하기 위해 열원으로 화학 에너지를 사용하기 때문에 차이가 없다.
   b. 증기를 생산하기 위해 열원으로 석탄 화력 발전소는 화학 에너지를 사용하지만 원자력 발전소는 핵융합을 사용한다.
   c. 증기를 생산하기 위해 열원으로 석탄 화력 발전소는 원자력 에너지를 사용하지만 원자력 발전소는 화학 에너지를 사용한다.
   d. 증기를 생산하기 위해 열원으로 석탄 화력 발전소는 화학 에너지를 사용하지만 원자력 발전소는 핵분열을 이용한다.

5. 다음 중 어느 나라가 1인당 가장 많은 에너지를 소비하는가?
   a. 미국
   b. 중국
   c. 유럽연합
   d. 러시아

6. 전문가들은 언제 석유의 생산 정점에 이를 것이라고 예상하는가?
   a. 8~10년 이내
   b. 10~20년 이내
   c. 50~60년 이내
   d. 석유 생산의 정점은 이미 2000년에 있었다.

7. 미국 환경보호청의 규정은 석탄 애시 저장 못에 대하여 다음 중 어떤 것을 강제하는가?
   a. 석탄 애시 저장 못은 습지 상에는 만들 수 없다.
   b. 새로운 석탄 애시 저장 못은 지하수 오염을 막기 위해 가장 자리와 바닥에 반드시 보호막을 설치해야 한다.
   c. 석탄 애시 저장 못은 지진이 일어날 수 있는 곳에는 설치할 수 없다.
   d. 위 항목 모두

8. 수압파쇄 작업은 무엇이 주된 목표인가?
   a. 석탄의 채탄
   b. 천연가스의 채취
   c. 건조한 지역에서 물 채취
   d. 이산화탄소의 채취

9. 산 정상부 제거 채굴을 한 광산 지역의 복원 요건에 현재 들어가 있지 않은 것은 무엇인가?
   a. 토착 동물과 식물다양성의 복원
   b. 토양을 원래의 구조와 비옥성 상태로 복원
   c. 원래의 수계와 수질의 복원
   d. 위 항목 모두 아님

10. 다음 중 어느 것이 최근 원자력 발전소의 안전성을 개선하기 위한 특성에 해당하는가?
    a. 안전 수칙을 확인하는 많은 전문적인 운영 요원
    b. 보조용으로 많은 수의 펌프와 안전 스위치
    c. 인간의 개입이나 외부 전력의 공급 없이 작동하는 피동안전설비
    d. 원자로를 감쌀 좀 더 규모가 크고 더 튼튼한 격납고

비판적 분석

1. 전 세계 인구와 경제 성장과 증가하는 에너지 수요와의 관련성은 무엇인가? 검토를 할 때 열역학 법칙을 이용하라 (제2장 39쪽 참조).

2. 미국의 일부 지역사회는 그들의 관할구역 내에서 수압파쇄 작업을 금지하는 조례를 통과시켰다. 그러는가 하면 일부 주 정부들은 지역사회에서 이를 금지한 조례를 제한하거나 거부하는 법을 통과시키려고 노력하였다. 이러한 화석 에너지 탐사와 채취를 지역사회 대 중앙 관리에 대한 찬반 양론에 대하여 토의해보라.

3. 쓰리마일아일랜드, 체르노빌과 후쿠시마의 원자력 사고는 어떤 공통점을 가지고 있는가? 또 이들은 어떻게 서로 다른가? 이러한 사고에서 어떤 교훈을 얻을 수 있는가?

4. 노천 채굴과 산 정상부 제거 광업 활동으로 제 기능을 못하게 된 공기와 물 정화와 같은 생태계 서비스에 대한 대가는 석탄의 가격에 포함되어야 하는가?

5. 신중하게 사전예방 원칙(제1장 12쪽 참조)을 적용한다면 원자력 개발에 어떤 영향을 미칠까?

핵심 주제 : 환경에 심각한 영향을 주지 않으면서
지속적인 경제 발전이 가능한 재생 에너지 자원을
개발할 수 있을까?

태양, 풍력, 수력전기, 동수력 및 지열 에너지 등
재생 가능한 자원과 기술에 대해 기술한다.

(Andrew Henderson/National Geographic Creative)

과학원리

재생 에너지

자연과 인류에 대한 재생 에너지의 영향을 인식한다.

재생 에너지의 지속가능성을 극대화할 수 있는
가능성 있는 전략을 조사한다.

문제

해결방안

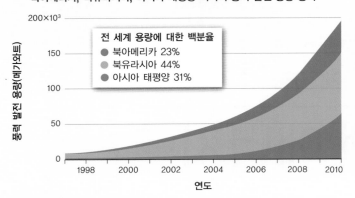

북아메리카, 북유라시아, 아시아 태평양 지역의 풍력 발전 용량 증가

전 세계 용량에 대한 백분율
- 북아메리카 23%
- 북유라시아 44%
- 아시아 태평양 31%

이러한 지역에서의 풍력 발전 용량은 21세기 초기 10년 동안에 기하급수적으로 증가했다. (자료 출처 : BP, 2011)

전 세계 태양광 발전 용량

태양광 발전 용량은 1996~2012년 사이에 급격히 증가했다. (자료 출처 : BP, 2013)

에너지 자립

덴마크의 작은 섬이 재생 에너지를 선도하고 있다.

삼소는 덴마크 동쪽 해변에서 배로 두 시간 거리에 위치한 섬이다. 인구가 4천 명으로, 작지만 강한 바람이 부는 북해에 있는 이 섬을 단순한 하나의 사실이 특별하게 만든다. 바로 전력을 100% 재생 에너지로부터 얻는다는 점이다. 전원적인 풍경과 카테가트 해협의 일렁이는 물결을 배경으로 34메가와트 규모의 전력을 생산하는 21개의 대형 풍력 터빈이 46미터 높이로 솟아 있다. 바람이 많이 부는 날은 전력생산량이 많아 남는 전력을 덴마크 본토로 판매하기도 한다. 삼소는 풍력 외에도 보리에서 얻는 짚단과 섬 내의 숲에서 지속적으로 얻을 수 있는 목재칩을 사용하여 태양 에너지와 함께 필요한 열 에너지의 70%를 공급하는 4개의 시설을 가지고 있다. 골프장에는 태양 에너지를 사용하는 잔디깎기가 있으며 농부는 카놀라유를 트랙터의 연료로 사용하기도 한다. 섬은 2030년까지 화석 연료를 전혀 사용하지 않는 것을 목표로 하고 있다.

삼소의 주민들은 계획을 세우고 다양한 재생 에너지원을 개발함으로써 우리가 경험해온 화석 연료 및 원자력 발전과 관련된 많

"나는 내 돈을 태양과 태양 에너지에 걸겠다. 얼마나 강력한 에너지의 원천인가! 석유나 석탄 같은 화석 자원이 고갈되어 위기에 봉착할 때까지 기다릴 필요가 없는 문제라고 생각한다."

토머스 A. 에디슨, 1931, *Uncommon Friends*(1987)에서

은 문제들을 피하고 있다. 그들은 경제 성장과 높은 수준의 삶을 유지하며 환경적인 영향을 줄이는 것이 가능하다고 말한다. 세계의 많은 공동체는 아직 작지만 그러한 방향으로의 중요한 발걸음을 내딛고 있다. 재생에너지정책네트워크(REN21)에 따르면 재생 에너지가 2010년에 새로 설치된 전 세계 발전 용량의 50%를 차지했다. 그러한 증가의 대부분은 브라질, 중국과 같은 나라들에서의 대규모 수력 발전으로 인한 것이지만, 다른 재생 에너지원의 활용도 급격히 증가하고 있다. 예를 들면, 바이오 연료 생산량은 2010년에 14%가 증가했으며 풍력 발전은 24%가 증가하여 발전 용량이 거의 200기가와트에 도달했다. 태양광 발전은 폭발적으

로 증가하여 2012년에 거의 100기가와트에 이르렀으며 2014년에는 177기가와트 규모로 성장하고 있다.

재생 에너지 공급은 옳은 방향으로 한 걸음 나아가는 것을 의미하지만 문제점도 있다. 태양광 판은 광물 자원을 추출해야 하기 때문에 땅에 큰 발자취를 남길 수 있다. 많은 사람들이 풍력 터빈을 소음공해를 일으키는 흉물스러운 것이라고 생각한다. 또한 풍력 터빈은 새나 박쥐에게 위협이 될 수 있다. 댐을 설치하면 계곡이 범람하게 된다. 이 장의 핵심 질문은 비재생 에너지원에서 재생 에너지원으로의 전환이 지속적으로 이루어지도록 하는 것이 어렵다는 데서 비롯된다.

인류로 인한 환경오염과 경제를 지탱하기 위해 소모되는 막대한 양의 에너지로 인해 대규모로 재생 에너지원을 개발하는 것이 다양한 방식으로 환경을 위협할지도 모른다는 점을 생각해야 한다.

핵심 질문

환경에 심각한 영향을 주지 않으면서 지속적인 경제 발전이 가능한 재생 에너지 자원을 개발할 수 있을까?

10.1~10.3 과학원리

태양은 지구 생태계의 연료일 뿐 아니라 다른 많은 재생 에너지원의 근원이다. 우리는 태양빛을 직접 건물의 난방에 사용하거나 태양광 판을 사용하여 전기로 변환시킬 수 있다. 거시적인 바람의 패턴은 태양으로부터의 에너지를 통해 유지되며, 오랫동안 대양(그림 10.1)을 건너 사람과 화물을 수송하는 데 이용되어 왔다. 오늘날에는 풍력 터빈을 사용하여 전기로 변환되기도 한다. 태양으로 인해 데워진 바다와 호수의 물은 증발하여 산에서 강우로 떨어지게 되며 댐을 통해 전기로 전환된다. 태양빛은 식물생장의 에너지원이 되며, 식물의 바이오매스

에너지원으로서의 바람

그림 10.1 범선은 바람을 주요 에너지원으로 사용한다. 수천 년 전에 풍력은 화물을 실은 배를 이동시키는 데 사용되었으며, 오늘날에도 그러한 목적으로 일부 지역에서 여전히 사용되고 있다.

는 연소를 통해 전기생산에 사용되거나 수송 연료로 변환될 수 있다. 그러나 모든 재생 에너지원이 태양으로부터 오는 것은 아니다. 지구 내부 에너지도 건물의 냉난방뿐 아니라 전기를 생산하기 위해 사용될 수 있다. 달과 태양의 인력으로 활용할 수 있는 조석 에너지가 생성된다.

10.1 태양 에너지는 열원으로서 발전을 위해 사용할 수 있다

태양은 뜨겁고 가스로 이루어진 핵에서의 수소 원자의 핵융합으로 빛을 낸다(284쪽 그림 9.15 참조). 태양으로부터 복사되는 에너지양은 막대하다. 두 시간 동안 지구 표면에 도달하는 양은 일 년간 전 세계 에너지 소모량보다 많다. 우리가 흔히 햇빛이라 부르는 태양이 방출하는 복사 에너지는 노란색과 오렌지색으로 보이지만 실제로는 다양한 파장의 빛이 복잡하게 혼합되어 있다(그림 10.2).

이러한 복사 에너지의 절반가량이 가시광선으로, 400~700나노미터의 파장을 가지고 있다(그림 10.3). 우리가 열로서 인식하는 적외선은 가시 영역 밖에 존재하는 빛 에너지의 대부분을 차지하며 제14장에서 살펴보게 될 지구열수지에 매우 중요한 역할을 한다. 태양이 방출하는 자외선은 에너지 밀도가 높고 400나노미터 이하의 단파장으로 구성되어 있는데, 대부분의 자외선은 지구 표

밝혀진 가시광선의 복잡한 구조

그림 10.2 친숙한 무지개는 태양빛이 물방울을 가로질러갈 때 생겨나는데, 물방울은 가시광선을 구성하는 다양한 파장을 분리시킨다. 하지만 태양빛에 존재하는 에너지의 약 절반은 가시광선 영역 밖에 존재한다.

면에 도달하기 전 대기권 상부에서 오존에 의해 흡수된다(제1장 2쪽 참조).

많은 재생 에너지와 마찬가지로 태양 에너지는 상대적으로 맑은 날 낮 시간 동안만 간헐적인 에너지를 제공한다는 단점을 가지고 있다. 따라서 전기 시스템을 구성할 때 배터리와 같은 저장장치를 필요로 하며 현재는 풍력이나 수력과 같은 다른 형태의 발전과 결합했을 때만 강력

한 기능을 한다.

태양광으로 인해 지표는 불균질하게 가열되며 북회귀선과 남회귀선 사이의 적도 부근에서 태양 에너지 밀도가 더 높다. 또한 지표에서의 태양 에너지 이용은 구름에 의해 크게 영향을 받는다. 그 결과 적도 부근의 건조 및 반건조 지역에서 가장 많은 태양 에너지를 받게 된다(그림 10.4). 그러나 태양은 온대 지역인 북아메리카, 유럽, 아시아 지역에도 유용한 에너지를 공급한다.

역사적으로 태양 에너지는 식량을 건조시켜 보관하고 생활 및 작업공간을 밝히며 생활공간의 난방을 하는 데 사용되어 왔다(그림 10.5). 최근에는 전력 생산에 사용되고 있다. 소규모 태양 에너지 시스템은 가정, 기업, 도서 지역에 필요한 전력을 공급할 수 있다. 보다 큰 규모의 태양 에너지 시스템은 더 많은 전력을 생산하여 전력망에 기여할 수 있다.

태양열 발전

태양 에너지는 확산되는 열원이므로 태양열 발전에서는 반사판을 이용하여 태양광을 수신부에 집중시킨다(그림 10.6a). 실험용 발전 시설인 쏠라원(Solar One)은 1980년대 초에 캘리포니아 남부에 있는 모하비 사막에서 가동을 시작했다. 헬리오스탯(heliostat)이라 불리는 약 2천 개의 태양추적거울이 타워를 중심으로 원형으로 배치되어 있다. 타워 내부에 있는 유체저장고는 600°C 이상으로

수천 가지의 생물이 가시광선뿐 아니라 자외선도 볼 수 있다. 만약 우리가 볼 수 있는 영역이 이러한 종들과 같다면 세계에 대한 우리의 관점은 어떻게 달라질까?

미국의 남서부에서 남동부에 이르는 지역에서 이용 가능한 태양 에너지양을 줄어들게 한 요인은 무엇일까?

태양빛의 정량화

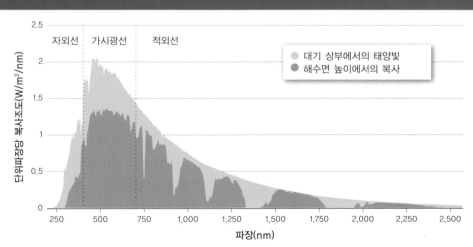

그림 10.3 스펙트럼의 자외선, 가시광선 및 적외선 영역에서의 복사 에너지 분포를 보여주는 지구 대기 최상부 및 해수면 높이에서의 평균적인 태양 스펙트럼

과학원리   문제   해결방안

1983년 6월부터 2005년 6월 사이에 받은 연평균 태양 에너지

연간
태양 에너지

많음

적음

북회귀선

적도

남회귀선

그림 10.4　열대 및 건조 지역에 위치한 나라들은 가장 높은 수준의 태양 에너지를 받는다. (자료 출처 : NASA, 2009)

광전효과 빛 에너지에 의해 여기되어 물질(예 : 금속이나 반도체)로부터 전자가 튀어나가는 현상

반도체 전기적 특성이 부도체와 도체의 중간 영역에 속하므로 전류가 흐를 수 있으나 그 양이 많지 않은 물질

가열되며 보일러에 일정한 열을 계속 공급하여 증기 터빈을 가동하게 된다. 쏠라원과 그 후속품인 쏠라투는 7,500세대에 충분한 전력을 공급함으로써 신뢰성을 입증했다. 하지만 화석 연료가 상대적으로 값이 싸고 장기간 발전소를 가동할 경제적 이익이 없었기 때문에 1999년에 가동을 중지하게 되었다. 초기 실험기간 이후로 태양열 발전소의 설계는 상당히 발전했으며, 새로운 발전소가 전 세계에 건설되고 있다. 타워형 이외의 태양열 집열장치는

곡면형 반사판을 사용하여 유체가 담긴 파이프로 에너지를 집중시키거나(그림 10.6b) 접시 모양의 반사판을 사용하여 태양 에너지를 집중시켜 발전을 위한 엔진을 구동시킨다.

태양광 발전

태양 에너지는 태양전지를 통해 직접 전력 생산에 이용될 수 있다. 이러한 시스템에서 빛은 **광전효과**(photoelectric effect)를 통해 반도체 내부에 전자의 흐름을 유도하는 역할을 한다. 반도체는 적은 양의 전류가 흐를 수 있는 물질이다. **반도체**(semiconductor)는 전기의 이동을 방해하는 부도체(예 : 고무)와 전기가 잘 통하는 도체(예 : 구리)의 중간 영역에 속한다. 대부분의 반도체는 결정질이며, 가장 일반적인 것이 실리콘이다. 반도체가 충분한 빛 에너지를 흡수하면 전자가 반도체 내의 본래 위치로부터 이동하게 된다. 많은 전자들이 자극을 받으면서 전자의 흐름인 전류가 형성된다.

전자의 수가 다른 반도체들의 층으로 구성된 태양전지를 생산하여 광전 효율을 증대시키기 위해 여러 산업 공정이 사용될 수 있다. 인의 첨가는 실리콘 기반의 반도체에 과잉 전자를 생성한다. 이러한 물질들은 n층('n'은 'negative'를 의미)을 제조하는 데 사용된다. 실리콘 층에 붕소를 첨가하면 자유전자의 수가 더 적은 p층('p'는 'positive'를 의미)이 생성된다.

에너지 원으로서의 태양빛

그림 10.5　오벌린대학의 아담요셉루이스센터에 있는 오트리엄은 태양 에너지를 난방과 조명을 위한 에너지원으로 사용하여 인공적인 조명과 난방에 대한 필요와 비용을 절감시키고 있다.

태양 에너지를 집중시키기 위한 두 가지 접근 방식

캘리포니아 아이밴파에 있는 타워형 태양열 발전소

캘리포니아 모하비 사막에 있는 포물선 홈통형 태양열 발전소

그림 10.6 타워형 태양열 발전소에서는 수백 개의 반사경이 태양빛을 타워로 집중시키는데, 거기서 유체가 충분히 가열되어 발전 터빈을 작동시키기 위해 필요한 증기를 생산한다. 이에 반해 포물선 홈통형은 태양빛을 유체가 흐르는 튜브에 집중시켜서 증기를 발생시키고 터빈을 작동시킨다.

n층과 p층을 접합하면 접합면 부근의 n층에 있는 과잉 전자는 즉시 n층에서 p층으로 이동하며 두 층의 접합면을 따라 상대적으로 양으로 대전된 영역과 음으로 대전된 영역이 형성된다(그림 10.7). 빛의 광자로부터 에너지를 공급받으면 전기장이 전자를 p층에서 n층으로 이동시킨다. 이로 인해 두 층의 표면에 연결된 도체에 전류가 흐르게 되며 조명에서 전기자동차의 전원공급에 이르는 응용 분야에서 사용할 수 있다.

⚠️ 생각해보기

1. 인류의 역사상 경제체제는 궁극적으로 태양 에너지에 의존해왔다는 것을 어떻게 추론할 수 있을까?
2. 태양전지와 비교했을때 태양열 집열 기술을 활용한 전기생산 방법에는 어떤 기본적인 물리적 차이점이 있는가?
3. 빛 광자와 전자 수준에서 생각할 때 태양빛의 어떤 영역이 태양전지를 사용하여 전기를 생산할 가능성이 높은지 설명해라.

태양 에너지 개발은 전 세계 사막 지역의 경제에 어떤 영향을 미칠까?

태양전지는 태양 에너지(광자)를 전기 에너지로 전환시킨다

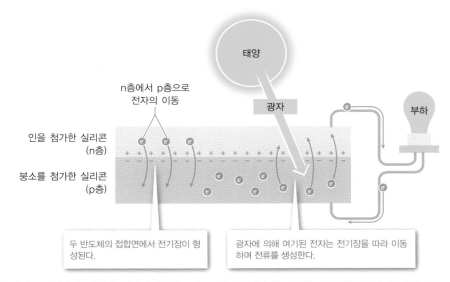

그림 10.7 태양전지는 빛 에너지를 흡수한 전자가 반도체 표면으로부터 튀어나가는 광전효과를이용하여 전기를 생산한다.

전통적인 네덜란드 풍차

현대의 풍력 터빈

현대의 풍력 터빈

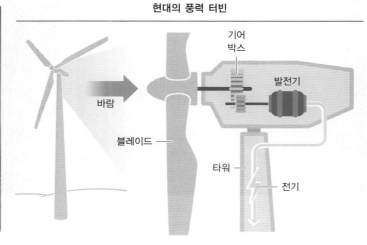

그림 10.8   네덜란드의 전통적인 풍차는 수 세기 동안 저지대로부터 물을 양수하기 위해 풍력을 이용해왔다. 오늘날의 진보된 기술은 전기를 생산하기 위해 풍력을 활용한다.

10.2 풍력 · 수력 · 지열 에너지를 재생 에너지 포트폴리오에 추가하다

자연은 항상 움직이고 있다. 나무는 바람에 흔들린다. 물은 산 아래로 흘러내려 간다. 용암은 화산에서 터져나온다. 기술자들은 초기에는 이러한 에너지를 활용하여 유용한 일을 할 수 있다는 것을 인지했는데, 오늘날에는 그러한 에너지를 효율적으로 전기로 전환할 수 있는 방법을 찾는 데 관심을 기울이고 있다.

풍력 에너지

풍차는 수백 년간 곡식 도정에 사용되어 왔다. 풍차의 설계가 향상됨에 따라 활용도가 증가하여 목재 가공이나 양수에도 사용되었다. 오늘날 우리는 깨끗하고 재생 가능한 풍력 에너지의 유용성을 특히 발전 부문에서 재발견하고 있다(그림 10.8).

지역적 규모에서의 바람은 대기가 불균질하게 가열되어 기압차가 생기기 때문에 발생한다. 공기는 기압이 높은 지역에서 낮은 지역으로 흐른다. 제8장(242쪽 그림 8.2 참조)에서는 거시적 규모에서 바람이 대기와 해양의 순환에 어떠한 역할을 하는지에 대해 살펴보았다. 바람은 국지적 규모에서도 일어날 수 있다. 가장 일반적인 예가 해륙풍과 산곡풍이다(그림 10.9).

낮 동안 해안가 근처의 육지는 더 빨리 가열된다. 따뜻해진 공기는 상승하며 육지의 기압을 감소시킨다. 그로 인해 기압차가 발생하여 고기압인 바다에서 저기압인 육지로 공기가 이동하게 되며, 이를 해풍이라고 한다. 밤에는 육지가 급속하게 냉각되어 육지와 바다 사이의 기압 차이를 역전시킨다. 그로 인해 공기의 흐름 방향이 바뀌어 육풍이 불게 된다. 산곡풍도 산이 계곡에 비해 빨리 가열되고 냉각되므로 앞서와 유사하게 생성된다.

풍력 에너지의 양은 지역에 따라 큰 차이를 보인다. 예를 들면, 풍속은 마찰에 의해 속도가 감소되는 육지보다 바다에서 더 높다(그림 10.10). 남쪽 대양을 가로지르는 바람은 육지의 방해를 받지 않아 시속 160킬로미터 이상의 속도를 지닌다. 그 결과 남쪽 대양을 마주하고 있는 남아메리카, 아프리카, 오스트레일리아는 엄청난 양의 풍력 에너지에 노출되어 있다. 북태평양, 북대서양, 그리고 그와 관련된 해안 또한 풍속이 높은 지역이다. 내륙에서 가장 많은 풍력 에너지를 가진 지역은 북아메리카 중앙의 평원과 중앙아시아, 북아프리카, 오스트레일리아의 사막과 평원이다.

수력

물은 지구 상에서 가장 풍부하다는 점에서 발전을 위한 많은 가능성을 가지고 있다. 풍력 에너지와 마찬가지로

해륙풍

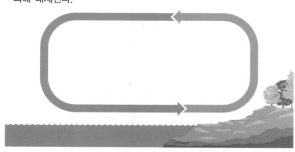

낮 : 해풍

육지의 따뜻한 공기가 상승하며 바다의 차갑고 밀도가 높은 공기에 의해 대체된다.

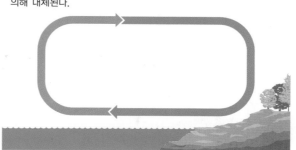

밤 : 육풍

바다의 따뜻한 공기가 상승하며 육지의 차갑고 밀도가 높은 공기에 의해 대체된다.

그림 10.9 가열 및 냉각되는 속도차로 인해 발생되는 기압차로 일주기의 해풍과 육풍이 형성된다.

수력은 정곡, 방직, 단조, 합석 등의 다양한 제조 분야에서 사용되었다(그림 10.11). 그러나 오늘날에는 수력 발전에 주로 이용되고 있다.

수력전기(hydroelectric power)는 중력에 의해 아래로 흐르는 물 에너지를 이용하여 생산된 전기를 말한다. 20세기 초부터 기술자들은 도시에 물과 전기를 안정적으로 공급하기 위해 주요 강에 댐을 건설하기 시작했다(그림 10.12). 이러한 댐의 다수는 깊은 강의 운하에 건설되었고 범람으로 인해 거대한 저수지를 형성하게 되었다. 이런 저수지들은 퍼텐셜 에너지를 저장하기 때문에 거대한 배터리라고 생각할 수 있다(제2장 참조). 저수지 내의 퍼텐셜 에너지의 양은 바닥으로부터 수면까지의 높이에 비례한다. 오늘날 대부분의 대규모 수력전기 시스템은 중국, 브라질, 인도와 같은 개발도상국에 설치되고 있다(그림 10.13).

수력의 한 형태인 **동수력**(hydrokinetic power)은 저수지를 필요로 하지 않는다. 그 대신 발전소는 수차를 통해 하도와 갯골에서 움직이는 물이 가진 에너지인 역학적 에너지를 이용한다. 갯골에서의 흐름은 조수간만에 의해 발생한다. 보름달이나 초승달일 때 태양과 달이 지구와 일직선상에 있게 되는데, 이때 중력이 가장 강하게 작용하여 조수간만의 차가 가장 크게 나타난다. 조류는 매우 신뢰

?

미국과 유럽에서 가장 흔한 성 중 하나는 '밀러' (방앗간 주인)이다. 이러한 사실이 역사적인 에너지 사용을 어떻게 반영하는가?

수력전기 중력에 의해 아래로 흐르는 물이 가진 에너지로 생산된 전기

동수력 수력의 한 형태로, 동수력 발전소는 파도, 조류, 하천수가 가진 역학적 에너지를 이용하여 전기를 생산한다.

50미터 고도에서 측정된 11년간(1983년 6월~1993년 6월)의 평균 풍속

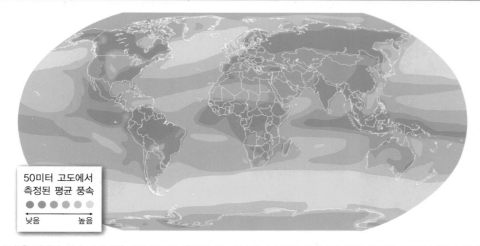

50미터 고도에서 측정된 평균 풍속

낮음   높음

그림 10.10 풍속은 바다와 해안 지역에서 가장 빠르다. 육지에서는 대초원과 사막에서 풍속이 가장 빠르면 숲에서 가장 느리다. (자료 출처 : NASA, 2009)

과학원리   문제   해결방안

유용한 에너지원인 흐르는 물

그림 10.11 산업혁명 이전에는 흐르는 물의 수차를 이용하여 곡식 도정 등의 많은 중요한 경제적 활동을 했다.

파력 에너지

해양에서 부는 바람은 또 다른 동수력 에너지원인 파도를 일으킨다(그림 10.15). 해변 근처의 파력 에너지를 이용하기 위한 방법 중 하나는 해수면에 떠 있으면서 해저로 연결되어 있는 부표를 활용하는 것이다. 해수면이 파도와 함께 상승 또는 하강할 때, 펌프가 작용하여 전기를 생산하게 된다. 다른 형태의 파력 발전기로는 파도와 함께 전후로 진동하는 것과 해저에 설치되어 압력 변화로부터 전기를 생산하는 것이 있다.

가장 많은 양의 파력 에너지는 남쪽과 북쪽 해양과 접한 해안에 집중되어 있다(그림 10.16). 서쪽에서 불어오는 강한 바람의 영향을 받는 북대서양은 위험하고 끊임없는 파도로 잘 알려져 있다. 이러한 파도가 치는 포르투갈은 2008년에 세계 최초로 북쪽 연안에 상업용 파력 발전기를 설치했다. 이와 마찬가지로 북태평양의 해안가에도 파도가 끊임없이 밀려온다. 높은 수준의 파력 에너지는 또한 오스트레일리아와 뉴질랜드의 남부 해안에서도 찾아볼 수 있다.

전기 생산을 위한 풍력 및 수력 에너지 개발은 방앗간 주인이 공동체의 첨단기술자이던 시절을 어떻게 반영하고 있을까? (그림 10.8과 그림 10.11 참조)

성 높은 역학적 에너지이며 수력원으로서 뉴욕의 이스트 강이나 펀디 만과 같이 해안가를 따라서 형성된 갯골에 대한 수요가 점점 증가하고 있다(그림 10.14).

지열 에너지

화산폭발은 지구 내부에 존재하는 막대한 에너지를 엿볼 수 있게 해준다. 지구 내부 우라늄과 같은 화학원소들의 붕괴로 인한 열 에너지와 지구 초기의 열이 합쳐져서 **지열**

후버 댐

네바다 주에 있는 후버 댐과 미드호

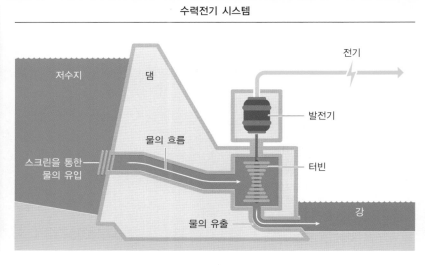

수력전기 시스템

저수지 | 댐 | 전기 | 발전기 | 물의 흐름 | 스크린을 통한 물의 유입 | 터빈 | 강 | 물의 유출

그림 10.12 1931~1936년에 건설된 후버 댐은 오늘날까지 수력전기를 생산하고 있다.

삼협 댐과 수력전기 발전소

(PRILL/Shutterstock)

그림 10.13 21세기 초에 완공된 삼협 댐은 22,500메가와트의 세계 최고의 수력전기 발전 용량을 가지고 있다.

에너지를 만든다. 지표 부근의 접근할 수 있는 곳에서 그 것은 귀중한 재생 에너지원이 된다.

지열 에너지는 두 가지 방법으로 사용된다. 온천과 같 이 지표로 흐르는 물을 데우는 곳에서 지열 에너지는 건 물의 난방에 사용될 수 있다. 예를 들면 아이슬란드의 수 도인 레이캬비크에 있는 모든 건물은 온천에서 공급되는

물로 난방을 한다. 지열 에너지가 사용될 수 있는 두 번째 방법은 전력 생산이다(그림 10.17).

지열 에너지를 개발하는 데 가장 적합한 지역은 판의 경계에 있는 '열점'이나 열을 방출할 수 있을 정도로 충분 히 지각이 얇은 지역이다. 이러한 지역들은 태평양을 둘 러싸고 있는 '환태평양 화산대'와 같은 화산 활동이 활발

조수간만의 차가 큰 펀디 만

(Melissa King/Shutterstock)

간조 때의 캐나다 펀디 만의 호프웰록스

(Edward Kinsman/Getty Images)

만조 때의 캐나다 펀디 만의 호프웰록스

그림 10.14 조수간만의 차는 개발되지 않은 막대한 양의 동수력 에너지원이다.

파력에 대한 묘사

(Four Oaks/Shutterstock)

그림 10.15 파도의 에너지는 해안에서 부서질 때 드러난다.

아이슬란드의 지열원으로 열대식물을 일 년 내내 재배하는 것이 가능할까? 어떻게 가능한가?

재생 에너지원의 이용 가능성은 사람과 재산에 대한 자연적인 물리적 위해성과 어떻게 관련되어 있는가?

한 지역이다(그림 10.18). 지열 활동은 또한 해저확장 지역에 집중되어 있다. 대서양 중앙해령은 2개의 지각 판이 발산하며 많은 화산 활동이 일어나는 지역이며, 아이슬란드가 그것을 활용하여 지열 에너지로부터 필요한 66%의 에너지를 생산하고 있다. 동아프리카의 그레이트리프트밸리는 큰 호수와 우뚝 솟은 화산봉을 가지고 있으며 상당한 지열 활동이 일어나는 또 다른 지역이다.

지열 발전소는 세 가지 형태로 나뉜다(그림 10.19). 건식 증기 발전소는 지열정에서 나오는 고압의 수증기를 사용하여 직접 발전 터빈을 돌린다. 캘리포니아 북부에

해안 지역에서 평균적으로 이용 가능한 파력 에너지

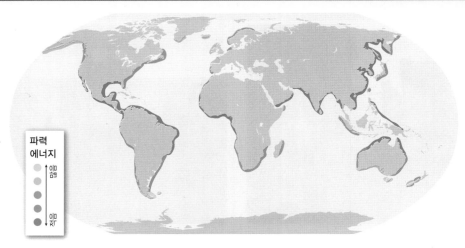

그림 10.16 파력 에너지는 극북과 극남에 있는 해안가에서 가장 높게 나타난다. (자료 출처 : Barstow et al., 1998)

지구 핵으로부터의 에너지

(Eco Images/Getty Images)

그림 10.17 지열 에너지에 의해 가열된 물인 온천이 지표 근처에서 발생하는 지역에서는 아이슬란드의 지열 발전소와 같이 이를 건물의 난방이나 전력생산에 활용할 수 있다.

있는 가이저는 세계에서 가장 큰 지열 발전소로 건식 증기 발전소이다. 습식 증기 발전소는 오늘날 가장 일반적인 형태로 심부의 고압 고온의 물을 저압탱크로 이동시킨다. 고온수가 저압탱크로 들어가면서 수증기로 변해 발전 터빈을 돌리게 된다. 세 번째 형태는 바이너리 사이클

발전소로 끓는 점 이하의 중온의 지열수를 사용하여 가동할 수 있다. 그러한 발전소에서 지열수는 열교환기를 통과하며 물보다 끓는 점이 낮은 작동유체로 열을 전달한다. 이러한 열전달은 2차 유체를 기화시켜 증기 터빈을 작동시키게 된다.

지열 에너지 분포

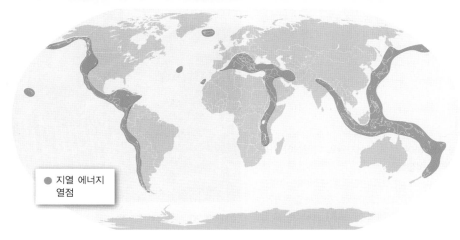

● 지열 에너지 열점

그림 10.18 지열 에너지의 이용 가능성은 주요 화산지대와 밀접한 관련이 있다. (자료 출처 : Duffield and Sass, 2003)

지열 발전소의 세 가지 기본적인 형태

건식 증기 발전소

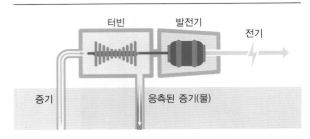

습식 증기 발전소

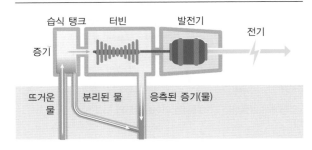

바이너리 사이클 발전소

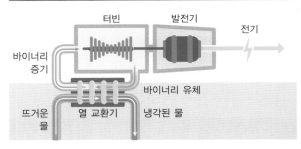

어떤 형태의 재생 에너지 기술이 가장 혁신적인지 설명하라.

그림 10.19 건식 증기 발전소는 지열정으로부터 나오는 증기를 직접 이용한다. 습식 증기 발전소에서는 양수한 뜨거운 물이 저압의 탱크로 들어가 터빈을 돌리기 위한 증기로 변한다. 바이너리 사이클 발전소에서는 저온의 지열수가 끓는 점이 물보다 낮은 유체를 기화시키기 위해 사용된다.

⚠ **생각해보기**

1. 그림 10.4~10.18를 사용하여 재생 에너지원의 다양성이 가장 높은 지역과 낮은 지역을 결정하라.
2. 파도로 표현되는 동수력 에너지가 흐르는 강물로 표현되는 수력전기 에너지와 어떻게 구별되는가? 그리고 어떠한 점에서 같은가?
3. 이 장에서 다룬 에너지 중 어떤 형태의 에너지가 궁극적으로 태양빛에서 기원하지 않았는지 설명하라.

바이오매스 연료 나무, 숯, 분뇨와 같은 생물학적 물질로부터 기원한 가연성 연료

바이오 연료 에탄올, 바이오디젤과 같이 바이오매스로부터 만들어진 액상이나 기상의 연료

10.3 바이오매스 연료는 저장된 화학 에너지이다

모닥불로 요리할 때 우리는 생물로부터 얻은 연소 가능한 연료인 **바이오매스 연료**(biomass fuel)를 태우고 있는 것이다. 나무는 오늘날 사용되는 가장 일반적인 바이오매스 연료이지만 유일한 것은 아니다. 숲이 없는 지역에서 지역주민들은 취사나 난방을 위해 가축이나 야생동물의 배설물을 연료로 사용해왔다(그림 10.20). 게다가 올리브유와 같은 식물성 기름이나 고래지방과 같은 동물성 지방도 빛과 열을 위한 에너지원으로 사용되어 왔다.

바이오매스는 점점더 운송 연료나 발전을 위한 중요한 재생 에너지원이 되어가고 있다. 바이오매스는 열을 위해 나무를 태우는 것처럼 비교적 원형으로 직접 이용될 수도 있고, 생산이 빠르게 증가하고 있는 **바이오 연료**(biofuel)로 알려진 다양한 액상이나 기상의 연료로 전환될 수도 있다(그림 10.21).

식물로부터의 바이오 연료

가장 일반적인 바이오 연료인 에탄올은 가솔린 첨가제로

예로부터 사용된 재생 에너지원

그림 10.20 몽골의 젊은 분뇨수집가처럼 바이오 연료인 분뇨는 여전히 전 세계 많은 사람들에 의해 수집되어 취사나 난방을 위해 사용된다.

전 세계 바이오 연료 생산량

60
50
40
30
20
10
0
백만 메트릭톤
2000
2002
2004
2006
2008
2010
연도

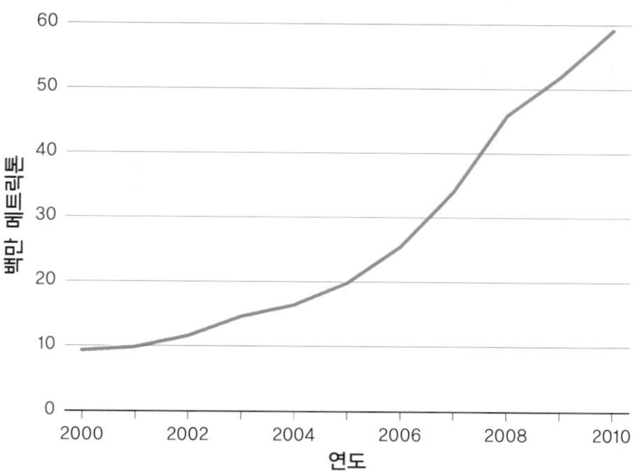

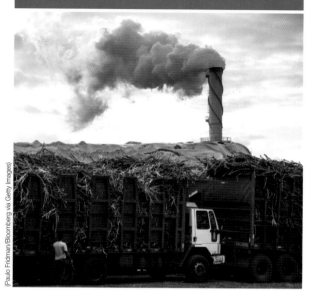

그림 10.21 바이오 연료 생산량은 2000~2010년 사이에 약 650% 가량 증가했다. (자료 출처 : BP, 2011)

사탕수수로부터의 에탄올

(Paulo Fridman/Bloomberg via Getty Images)

그림 10.22 이 트럭은 브라질에 있는 에탄올 생산공장으로 사탕수수를 운반하고 있다. 그곳에서는 대부분의 육상 운송수단들이 사탕수수에서 추출한 당으로부터 만들어진 에탄올을 연료로 사용한다.

서 가장 널리 사용된다. 옥수수, 보리, 쌀 등의 곡물로부터 에탄올을 제조하는 과정은 인류가 처음으로 술을 만드는 법을 배운 이후로 수천 년 동안 알려져 왔다. 비록 바이오 연료로서 에탄올을 생산하기 위한 현대기술이 많이 발전했지만, 대부분의 에탄올은 여전히 곡물의 전분과 사탕수수의 단당을 효모를 사용하여 발효시켜 만들어진다(그림 10.22).

에탄올을 생산하기 위해 식물을 통째로 사용하는 것은 훨씬 어렵다. 그러한 과정은 나무의 주요 화학원소인 셀룰로스 분자들을 낮은 당 분자로 분해하는 것이 어렵고 비용이 많이 든다는 한계를 가지고 있다. 그러나 이러한 기술적 장벽은 집중적인 연구개발로 빠르게 낮아지고 있다. 이러한 연구는 나무나 다른 셀룰로스가 많은 물질을 **셀룰로스 에탄올**(cellulosic ethanol)이라 부르는 에탄올로 전화시키는 상용화 규모의 바이오매스 정제소를 여는 데 기술적 토대를 제공해오고 있다(그림 10.23).

주로 가솔린 첨가제로 사용되는 에탄올 생산에 이어 나무나 다른 식물들을 유전자 변형 박테리아를 사용하여 가솔린, 디젤, 제트 연료로 전환하기 위한 여러 방법이 개발 중에 있다. 식물 바이오매스를 이러한 연료로 전환시키는 것은 에너지 밀도가 더 높다는 장점을 가지고 있다.

?

어떤 요인 때문에 개발도상국의 가난한 사람들은 오늘날에도 바이오 연료를 일반적으로 사용하는가?

셀룰로스 에탄올 나무나 셀룰로스가 많은 물질로부터 생산된 에탄올

셀룰로스 에탄올 생산의 기본 단계

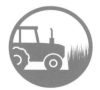

❶ 식물성 바이오매스 수확
❷ 열 처리 및 산 처리를 통해 분쇄 및 액화
❸ 효소를 사용하여 셀룰로스를 단당으로 분해
❹ 이스트와 박테리아를 이용한 당의 발효
❺ 에탄올을 추출하기 위한 증류

그림 10.23 셀룰로스로부터 에탄올을 생산하는 것은 옥수수와 같은 탄수화물이나 사탕수수에 있는 단당으로부터 에탄올을 생산하는 것과 비교할 때 기술적으로 어려운 과정이다.

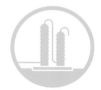

즉 단위부피당 에너지 함량이 에탄올에 비해 3분의 1 더 높다. 결론적으로 이러한 대체 연료를 사용할 때 연료 마일리지가 30% 더 높아진다.

조류로부터의 바이오 연료

오늘날 식용유, 카놀라유, 팜유는 식물성 기름이나 동물성 지방으로 만드는 **바이오 디젤**(biodiesel)로 알려진 바이오 연료의 주요 원료이다. 그러나 바이오 디젤을 위한 다른 원료도 개발 중에 있다. 수영장, 연못, 바다에 떠 있는 조류(藻類)는 매우 효율적으로 태양빛을 흡수하여 성장에 필요한 에너지와 물질로 바꾼다. 어떤 조류는 12시간 내에 개체 수가 2배로 증가한다. 그들의 기하급수적인 성장은 옥수수와 비교해볼 때 같은 시간 동안 최소 10배나 많은 연료를 생산할 수 있다는 것을 의미한다.

게다가 조류는 해수에서도 자라며 식용작물로 사용하지 않는다. 조류가 가진 최고의 장점은 식료품점에서 구입할 수 있는 식물성 기름과 유사한 기름을 자연적으로 생산해서 저장한다는 점이다. 기름은 더 빨리 추출되어 우리가 이미 사용하고 있는 바이오 디젤, 가솔린, 제트 연료 등의 연료로 전환될 수 있다. 이러한 이유로 대형 석유 회사인 엑슨모빌, 셸, 쉐브론이 조류 연료를 개발하는 연구에 투자하고 있다.

과학자들은 가장 빨리 성장하며 바이오 연료의 생산성이 가장 높은 종을 찾기 위해 전 세계 수천 종의 조류를 연구하고 있다. 예를 들면, 스크립스해양연구소(Scripps Institute of Oceanography)에 속한 연구자들은 규조류를 성장을 방해하지 않고 본래보다 더 많은 기름을 생산하도록 유전적으로 변형시켜오고 있다. 인간 유전자 시퀀싱의 선구자인 벤터(J. Craig Venter)가 설립한 캘리포니아 라호야에 있는 신세틱지노믹스는 조류 바이오 연료 설비를 구축하기 위해 엑슨모빌로부터 6억 달러의 지원금을 받았다. 그럼에도 불구하고 조류 기반의 바이오 연료가 석유와 경쟁하기 위해선 상당한 연구와 개발이 필

바이오 디젤 식물성 기름이나 동물성 지방으로 만들어진 액상 연료

요할 것으로 보인다. 최근 엑슨모빌의 회장인 렉스 틸러슨은 PBS방송에서 회사가 상용화 가능한 제품을 생산하는 데 25년이 걸릴 것이라 말했다. 또한 "우리는 마침내 기술의 한계를 이해하게 되었으며, 오늘날 우리가 이해하는 한계는 영원하지는 않을 것"이라고 말했다.

⚠ 생각해보기

1. 바이오 연료는 화석 연료와 어떤 점에서 유사한가? 어떤 점에서 다른가?
2. 인류에 의해 사용된 최초의 바이오 연료는 무엇인가?
3. 바이오 디젤은 에탄올에 비해 어떠한 장점을 가지고 있는가?

10.1~10.3 과학원리 : 요약

재생 에너지원으로 바이오 연료, 태양, 풍력, 지열 에너지가 있다. 태양 에너지는 태양전지나 증기 터빈을 작동시키는 태양열 발전소를 이용하여 직접 전기를 생산하기 위해 사용될 수 있다. 재생 에너지를 활용하는 다른 형태로는 물이나 바람의 역학적 또는 퍼텐셜 에너지를 이용하는 수력 댐, 조력 발전소 및 풍력 터빈이 있다.

파력 발전기는 해양에 있는 파력 에너지를 이용할 수 있는 새로운 기술이다. 지열 에너지는 지구 내부 열과 방사성 원소의 핵분열에 의해 생산되는 열 에너지이다. 바이오매스와 바이오 연료는 화학 에너지원을 생산하며 운송 부문에 있어서 중요한 역할을 한다. 현재 판매되고 있는 바이오 연료는 옥수수 기반의 에탄올과 식물성 기름으로부터 만들어진 바이오 디젤이 있다. 연구자들은 또한 상용화 규모의 셀룰로스 에탄올과 조류 바이오 연료를 개발하고 있다.

10.4~10.7 문제

신재생 에너지의 개발은 채굴로 인한 파괴의 감소, 온실가스 배출량 경감(477쪽 그림 14.33 참조) 및 유해물질 배출 감소 등 많은 이점을 수반한다. 그러나 이러한 청정 에너지의 기반시설을 구축하는 과정에는 여전히 일정 수준의 천연 자원 채굴, 야생생물의 서식지 파괴, 화석 연료의 연소 등이 요구된다. 비재생 에너지 자원에 우선적으로 기반을 두고 있는 전통 경제로부터 변화하고 있는 지금, 우리는 신재생 에너지 개발의 득과 실을 신중히 파악함으로써 발생 가능한 환경 영향을 최소화하도록 해야 할 것이다.

10.4 태양열 발전의 막대한 비용 및 환경 파괴 가능성

신재생 에너지 자원의 급속한 개발을 감행할수록 우리는 중요한 야생동물 서식지의 파괴 위험을 감수하게 된다. 미국 내 3개의 주요 전력망에 연결될 것으로 예정된 트레스아미가스(Tres Amigas)라는 뉴멕시코 동부의 한 개폐소가 개간 및 개발을 위해 필요로 하는 땅의 면적은 57제곱킬로미터이다. 이러한 시설을 뒷받침하기 위해 새롭게 설치되는 송전선은 환경의 영향을 더 확장시킬 것으로 예상된다. 하지만 이것은 개발의 시작 단계에서 예측되는 영향에 불과하다. 해당 지역의 각 평원, 계곡, 산지에 위치할 풍력 및 태양 에너지 발전소, 전력 개폐소, 송전선의 설치는 자연 서식지의 많은 부분을 훼손하거나 파괴할 가능성을 가지고 있다.

서식지 파괴 및 분열

*Gopherus agassizii*라고 불리는 아가시즈사막거북은 미식축구공만 한 크기이며, 태양 에너지의 개발이 급속히 확장되고 있는 미국 남서부 지역 사막에 서식하는 동물이다. 한때 이들의 개체 수는 2.6제곱킬로미터당 1,000마리에 다다랐으나 가축 방목, 비포장도로 차량 및 질병 등으로 그 수가 현저히 감소하고 있다.

그림 10.24에는 태양 에너지 개발이 가능한 미국 남서부 사막의 후보지들이 표시되어 있다. 후보지 중 몇 군데

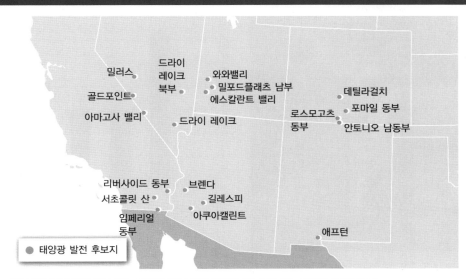

태양광 발전 후보지

밀러스
드라이 레이크 북부
와와밸리
밀포드플래츠 남부
에스칼란트 밸리
데틸라걸치
골드포인트
포마일 동부
아마고사 밸리
드라이 레이크
로스모고츠 동부
안토니오 남동부
리버사이드 동부
브렌다
서초콜릿 산
길레스피
임페리얼 동부
아쿠아캘린트
애프턴

● 태양광 발전 후보지

그림 10.24 미국 남서부에 걸친 넓은 지대는 태양광 발전 사업 개발의 가능성이 있는 것으로 확인되었다.

과학원리　　　　　　　　문제　　　　　　　　해결방안

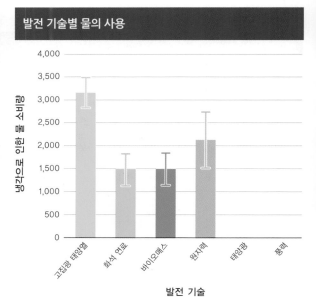

?

사막거북의 서식지를 보호하기 위한 노력은 생태계 내 다른 종들에게 어떤 이점을 줄까?

?

사막 지역에서 고집광 태양열 발전소 운용 시 높은 물 소비량에 기여하는 가장 큰 요인은 무엇일까?

는 아가시즈사막거북과 친척종이자 보호대상인 모라프 카사막거북(*G. morafkai*)의 서식지와 맞물려 있음을 알 수 있다. 태양 에너지 개발 지역 부근에 서식하는 거북 및 다른 개체들은 차량 이동, 중장비로 인한 굴의 붕괴, 초목 제거에 따른 서식지 파괴, 지형 및 하천망의 변화, 도로 건설 등에 의해 취약한 상태에 놓이게 된다. 이러한 위험 은 야생동물의 개체 수 변화뿐 아니라 태양광 발전소의 건설 및 운영의 추가 비용으로 이어진다. 일례로, 캘리포 니아 이반파 계곡의 태양 에너지 개발업체인 브라이트소 스에너지 사는 사막거북을 보호하고 이주시키는 데 5천 6 백만 달러가 넘는 비용을 지불했다. 이러한 생태 파괴 완 화를 위한 노력에는 이주된 동물이 돌아오는 것을 막기 위한 80킬로미터 길이의 울타리를 설치하는 것도 포함되 었다.

야생 서식지의 파괴 및 야생동물 개체 수의 위협 이외 에도 에너지 개발사업은 미국 남서부 사막 지역에 새로운 공공도로를 구축한다는 명분하에 서식지의 분열 및 멸종 위기 동물의 이동경로 방해 등을 야기할 것이다. 남서부 지역의 사막거북, 큰뿔야생양, 그리고 노새사슴 등이 이 러한 위협의 희생양이 될 수 있다(그림 10.25).

고집광 태양열 발전에 따른 물 소비

고집광 태양열 발전소(concentrating solar power station)

는 우리의 비재생 에너지 자원에 대한 의존도를 낮추는 데 도움을 주지만, 잠재적인 물 소비량이 막대한 데다가 일반적으로 물이 부족한 건조 지대에서 운용된다. 가장 에너지 효율적인 고집광 태양열 발전소는 화력 발전소에 서 쓰이는 터빈을 이용하며, 압축된 증기를 액체 상태의 물로 다시 냉각시키는 과정을 수반한다.

그림 10.4(314쪽 참조)에서 볼 수 있듯이 가장 많은 양 의 태양 에너지를 얻을 수 있는 구역은 건조 및 반건조 지 대에 밀집되어 있다. 증기 응축기로 되돌아가기 전에 물 이 냉각되는 냉각탑에서는 증발의 결과로 물의 손실이 야기된다. 물론 모든 형태의 발전소가 냉각장치를 필요 로 하지 않는 태양광 또는 풍력 발전 시설에 비해 많은 양 의 물을 사용하는 것이 사실이다(그림 10.26). 따라서 고 집광 태양열 발전소의 개발은 몇 가지 기본적인 질문에 직면하게 된다. 어디서 냉각에 필요한 물을 가져올 것이 며, 얼마의 비용을 지불할 수 있을 것인가? 고집광 태양 열 발전소의 물 소비량을 감소시킬 수 있는 대안적 기술 이 존재하는가?

경쟁력 있는 투자 대비 에너지 회수율

어느 에너지 자원의 지속가능성을 평가하는 결정적인 잣 대는 일정량의 에너지를 얻기 위해 소모되는 에너지의 양 이다. 예를 들어, 화력 발전을 하기 위해 석탄 채굴, 가공

도로와 야생동물 서식지 파편화

(NPS Photo by Andrew Cattoir)

그림 10.25 도로는 대지를 가로질러 사막큰뿔야생양과 같은 많은 야생동물의 활보를 제한할 수 있고, 개체들을 소수집단으로 고립시켜 더 멸종에 취약하도록 만들 수 있다.

발전 기술별 물의 사용

냉각으로 인한 물 소비량

4,000
3,500
3,000
2,500
2,000
1,500
1,000
500
0

고집광 태양열 | 화석 연료 | 바이오매스 | 원자력 | 태양광 | 풍력

발전 기술

그림 10.26 각 발전 방법에 수반되는 물냉각 장치에서 소비되는 물 의 중간값 및 범위를 비교한 위의 그래프는 고집광 태양열 발전이 다른 발전 기술보다 더 많은 양의 물을 소모함을 보여준다.

및 이송하는 모든 과정에서는 에너지가 소모된다. 태양광 전지를 생산하는 경우, 반도체 결정을 만들고 태양전지를 제작하며 전력망에서 직류를 교류로 전환해주는 인버터를 구축하는 모든 과정에서 에너지가 소모된다. 획득한 에너지 대비 소모된 에너지의 비율을 **에너지 투자수익률**(energy return on energy investment, EROEI)이라고 한다. 예를 들어 EROEI가 1인 경우 에너지의 손익분기점에 도달, 즉 궁극적으로 얻을 수 있는 에너지와 소모되는 에너지의 양이 같은 상태를 의미한다. EROEI가 높을수록 더 효율적인 에너지 자원이다. 최근의 분석에 따르면 수력 발전과 풍력 발전이 석탄 또는 천연가스 화력 발전보다 더 큰 EROEI를 나타냈다(그림 10.27). 하지만 태양 에너지는 아직까지 소모되는 에너지량이 많아 원자력과 비슷한 수준의 EROEI를 가지는 것으로 나타났다.

⚠️ 생각해보기

1. 사막 지역에서의 태양 에너지 개발과 관련하여 갈등에 직면한 야생 생태계는, 야생서식지가 공터라고 보는 견해에 맞서 어떤 주장을 할 수 있을까?
2. 건조 및 반건조 지대에서 가장 큰 물 소비는 관개를 위한 목적으로 이루어진다. 이러한 지역에서 식량 생산과 전기 생산의 우선순위를 어떤 기준으로 판단할 것인가?

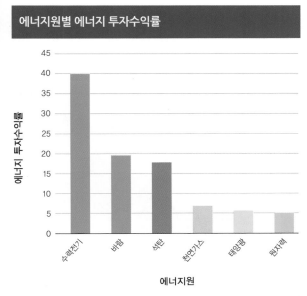

에너지원별 에너지 투자수익률

그림 10.27 수력 발전과 풍력 발전 시의 에너지 투자수익률(EROEI)은 석탄화력 발전에 비해서 경쟁력을 갖는 한편, 태양전지를 통한 발전 시의 EROEI는 천연가스 화력 발전 또는 원자력 발전과 비슷한 수준이다. (자료 출처 : Inman, 2013)

풍력 터빈과 새

그림 10.28 풍력 발전과 연루된 조류의 사망은 대부분 터빈 및 관련 구조물과의 충돌에서 비롯된다. 많은 종류의 조류, 특히 검독수리, 매, 올빼미와 같은 맹금류는 초기 풍력 터빈에의 충돌에 더욱더 취약한 것으로 보인다.

10.5 풍력 터빈과 송전선으로 인한 새와 박쥐의 죽음

풍력 터빈은 센 바람을 활용할 수 있는 높은 곳에 설치되었을 때 가장 큰 효과를 발휘한다. 그 대신 생산된 전기가 수요처로 전달되기 위해서는 고전압의 송전선이 필요하다. 이에 따라 설치되는 모든 구조물은 구조물과 충돌 및 접촉하는 새와 박쥐들을 불구로 만들거나 죽음에 이르게 하는 위험 요인이 된다.

풍력 터빈

2005~2007년 사이에 캘리포니아 북부의 알타몬트 패스 풍력 발전 지역(Altamont Pass Wind Resource Area, APWRA)에 설치된 5,000개의 풍력 터빈 때문에 죽는 새의 개체 수는 매년 약 9,000마리이다. 이 중 4분의 1이 독수리, 매 등이 속한 맹금류로 조사되어 이들은 특히 풍력 터빈 사고에 취약한 것으로 입증되었다(그림 10.28).

그러나 거시적으로 봤을 때 미국에서 풍력 터빈 충돌로 죽는 조류의 수는 매년 다른 종류의 충돌사고로 인한 죽음의 0.04%에 지나지 않는다. 3~10억 마리 사이의 새

에너지 투자수익률(EROEI) 어떤 에너지원(예 : 휘발유)이 내는 에너지량을 그 에너지원을 생산하기 위한 시추, 운송, 정제 등의 과정에 사용되는 에너지량으로 나눈 비율

가 매년 건물에 충돌하여 죽음을 맞이한다(그림 10.29). 송전선에의 충돌(1천만~1억 5천 4백만 마리)과 통신탑에의 충돌(4백만~5천만) 또한 새의 큰 사망원인이다. 이 외에도 매년 미국에서는 차 사고, 살충제 및 고양이가 각각 6천만, 7천만, 1억 여 마리의 새를 사망으로 이끄는 원인이다. 그러나 풍력 발전은 그 위험성이 점점 커지고 있는 위협 요인이다. 풍력 터빈의 수가 10만 개의 도달하는 2030년이 되면 미국에서 풍력 터빈 사고로 죽는 새의 개체 수가 매년 1백만 마리에 이를 것으로 추정된다.

풍력 에너지 개발과 관련한 초기 환경 문제로서 그 초점이 새에 집중되고 있는 가운데, 박쥐 또한 취약 대상이 될 수 있음을 알아야 한다. 놀랍게도 풍력 발전 지역에서 일어난 박쥐의 죽음 중 대다수가 22km/h 이하의 낮은 풍속에서 발생하였다. 현재 진행 중인 한 연구는 적어도 이러한 박쥐의 죽음 중 일부는 움직이는 터빈 날개 주변으로 들어간 박쥐의 폐가 기압 강하로 인해 급하게 팽창하는 '기압 장애(barotrauma)'에 기인함을 시사하였다.

가장 취약한 박쥐는 나무에 거처를 두고 옮겨 다니는 붉은나무박쥐(*Lasiurus borealis*)나 은색털박쥐(*Lasionycteris noctivagans*)와 같은 종이다(그림 10.30). 2020년 즈음에는 미국 애틀랜틱하이랜즈 중부 지역에서만 매년 10만 마리가 넘는 박쥐가 죽을 수도 있다. 이러한 수준의 사망률은 박쥐들이 정기적으로 제공하는 중요한 생태계 서비스(곤충 잡아먹기)에 영향을 미칠 수 있다.

건물과의 충돌로 인한 새의 사망비율을 줄이기 위한 노력이 필요할까?

지중 부설 송전선이 지상 송전선보다 더 큰 비용이 소요됨에도 불구하고, 환경 피해의 완화를 위해서 점진적으로 지중 부설 송전선을 도입해야 하는가?

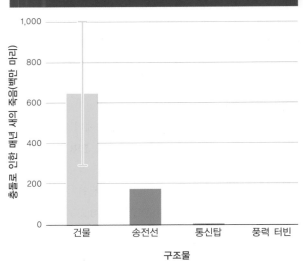

구조물과 충돌에 의한 매년 새의 죽음(중앙값과 범위)

(y축) 충돌로 인한 매년 새의 죽음(백만 마리)

(x축) 건물 / 송전선 / 통신탑 / 풍력 터빈

구조물

그림 10.29 매년 풍력 터빈에 충돌로 인한 조류 사망 추정치는 약 573,000마리에 달하며, 참고로 건물에 충돌하여 사망하는 조류는 매년 3~10억 마리로 추정된다. (자료 출처 : American Bird Conservancy, 2015)

2011년의 한 연구(Boyles et al., 2011)는 미국의 유해 곤충을 처리하는 데 있어 박쥐의 기여도를 가치로 환산하면 매년 거의 230억 원에 이를 것으로 추정하였다. 줄어든 박쥐의 개체 수는 작물을 공격하는 곤충의 수 증가 및 이들을 처리하기 위한 농약의 살포량 증가를 의미한다고도 볼 수 있다.

풍력 발전에 취약한 두 종의 박쥐

붉은나무박쥐(*Lasiurus borealis*)

은색털박쥐(*Lasionycteris noctivagans*)

그림 10.30 풍력 터빈과 관련된 박쥐의 사망은 충돌과 기압 장애, 즉 움직이는 터빈 날개에 의해 생성되는 미세한 저기압 환경을 통과하며 폐에 손상을 입는 것 두 가지에 의한 것으로 보인다. 특히 취약한 두 종은 붉은나무박쥐인 *Lasiurus borealis*와 은색털박쥐인 *Lasionycteris noctivagans*이다.

송전선

풍력 발전 지역 또는 모든 유형의 발전소 안팎을 연결하는 고전압의 송전선들은 새의 주요한 사망원인이다. 오늘날 미국에는 대략 80만 킬로미터의 고전압 송전선이 설치되어 있다(그림 10.31). 사업체 단위의 풍력 또는 태양열 발전소에 필요한 추가적인 송전선은 새의 사망률을 더욱 높일 것으로 예상된다.

몇몇 종의 새는 특히 송전선과의 충돌에 취약한 경향을 보이기도 한다. 그러나 불행히도 송전선의 경로 설계 과정에서 이러한 취약성이 고려되지 않는 경우가 종종 발생한다. 예를 들면, 뉴멕시코 동부에 제안된 변압시설은 뉴멕시코 중부의 미들리오그란데를 가로질러 송전선 라인을 구축하여 월동하는 캐나다두루미(*Grus Canadensis*)의 일상적인 비행경로를 가로막을 것으로 예상되어, 이들 종의 사망원인에 큰 비중을 차지하게 될 것으로 보인다(그림 10.32).

풍력 에너지 개발의 야생서식지 훼손

(로키 산맥 동부의 미국과 캐나다에 걸친) 대초원 지대에서 몇몇 연구자들이 밝혀낸 바에 의하면 풍력 발전 시설이 설치된 지역에서의 새의 다양성과 개체 수 밀도가 외부 지역에 비해 더 낮게 나타났다. 한 연구에서는 생물학자들이 무선 송신기를 매단 초원뇌조의 움직임을 추적한 결과 이들이 송전선과 풍력 발전 시설을 피해 다니는 것을 파악하였다. 이는 아마도 천적인 매가 둥지를 틀 수 있는 모든 높은 구조물을 피해 다니기 때문으로 생각된다. 어떤 이유에서든, 풍력 에너지 개발은 초원뇌조의 남은 개체 수를 점점 더 고립된 거주구역들로 세분화하는 데 원인을 제공하는 듯하다. 산쑥 지대(주로 미국 서부 건조 지대)에서 특히 우려되는 종은 산쑥들꿩(*Centrocercus urophasianus*)인데, 이 종은 고층 구조물이 짝짓기 구역 근처에 세워지면 그 구역을 버리고 떠난다(그림 10.33). 환경보호 활동가들은 이것이 산쑥들꿩의 멸종 위험성을 가속화할까 두려워한다.

⚠ 생각해보기

1. 다른 요인들에 의한 새의 사망률을 고려했을 때, 풍력 발전으로 인한 사망에 대한 우려가 그 영향력에 비해 지나치게 큰 것일까? 이러한 입장에 대한 찬반 토론을 진행해보자.
2. 애완 고양이에 의해 사망하는 새의 개체 수는 풍력 터빈과의 충돌로 사망하는 개체 수의 약 1,000배임을 생각해보자. 우리는 애완 고양이의 야외 수렵 활동을 자제시켜야 하는 것일까?

미국 송전망

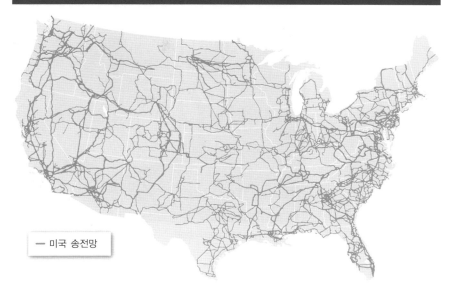

— 미국 송전망

그림 10.31 송전선 네트워크는 미국에서만 매해 수백만 마리의 새의 죽음의 원인이다.

송전선에 대한 취약성

(Manuel Molles)

그림 10.32 캐나다두루미(*Grus Canadenis*)와 같은 새 종은 특히 송전선과의 충돌로 인한 사망에 취약하다.

풍력 에너지 개발의 영향을 받는 대초원 지대의 새

초원뇌조(*Tympanuchus spp*)

산쑥들꿩(*Centrocercus urophasianus*)

그림 10.33 초원뇌조와 산쑥들꿩은 주요한 풍력 에너지 개발 지역에 거주한다. 불행하게도 두 종 모두 이러한 개발로 인해 큰 영향을 받을 수 있는데, 이는 이들이 천적인 매와 다른 맹금류가 사냥 감시대로 활용할 수 있는 풍력 터빈과 송전탑 등의 높은 구조물을 피하기 때문이다.

초원뇌조과 같은 예민한 생물종의 행동학, 생태학, 진화학에 대한 기초적인 조사가 저영향의 신재생 에너지 시스템을 설계하는 데 어떤 도움을 줄 수 있을까?

저수지는 보트 타기나 낚시와 같은 오락 활동을 위한 장소로 이용되어 지역 경제에 도움을 줄 수 있다고 평가되기도 한다. 이러한 요인은 수력 발전용 저수지 개발의 비용 및 이익 평가 시 어떻게 고려되어야 할까?

10.6 수력 발전의 다양한 환경적·사회적 영향

수력 발전은 많은 환경적 비용을 야기한다. 앞 부분에서 이러한 영향 중 많은 부분을 다뤘다. 제6장에서 본 것처럼 댐은 부영양화된 퇴적물을 댐 안에 가둠으로써 수중 생태계의 다양성을 위협한다. 또한 제8장에서는 댐이 어떻게 연어와 같은 어류의 이주를 제한하는지 다뤘다. 댐은 또한 인간에게 사회적·환경적 도전 과제를 던지고 있다.

저수지 내의 수질오염

수력 발전을 위해 만들어진 저수지는 수질에 부정적인 영향을 줄 수 있다. 댐 건설은 맑은 여울을 탁하고 오염된 저수지로 바꿀 수 있다. 저수지 내 유기물의 분해는 수심이 더 깊은 곳의 산소를 고갈시키며 무산소 환경으로 만든다. 이러한 무산소성의 물이 하류로 흘러가면 물속에서 살 수 있는 생물체들의 종류를 한정시킨다. 또한 무산소 층(layer)이 형성되어 있는 넓은 저수지, 특히 브라질과 같은 열대 지역의 저수지는 온실가스 기체를 방출한다(제14장 455쪽 참조). 이뿐만 아니라 침수된 숲에서는 수은이 배출되어 먹이사슬로 흘러 들어가고 결국에는 어류가 이를 섭취하게 된다(제11장 358쪽 참조). 높은 비율의 수은이 축적된 어류가 서식하는 곳에서 인간이 이를 잡아먹을 경우 뇌 또는 간에 손상을 입을 수 있다.

인류에의 영향

수력 발전소는 주로 멀리 떨어진 곳의 인간들에게 보증된 전기 에너지를 생산하여 전달하기 위하여 건설되므로 명백하게 사회적·경제적 이익을 위한 것이다. 그러나 이러한 이익들은 수력 발전소의 건설이 지역 공동체에 미치는 영향과 상호적으로 고려되어야 한다. 예를 들어, 중국 양쯔 강의 삼협 댐 프로젝트(Three Gorges Dam project)는 13개의 도시, 140개의 구 그리고 1,350개의 마을을 침수시켰다(그림 10.13). 중국 정부는 이 프로젝트의 결과로 130만 명의 인구가 이주했고, 추가적으로 50만 명이 이주해야 할 것으로 추정하고 있다. 더한 것은 이 댐으로 인해 회유성(migratory) 어류 종과 습지대에 의존하는 시베리아흰두루미 같은 희귀생물들도 피해를 입었다는 것이다.

댐 건설이 지역 공동체에 영향을 미치는 다른 사례는 브라질에서 찾아볼 수 있다. 약 2,000명의 브라질 토착민은 싱구 강을 생활용수를 제공하고 낚시터가 되어주는 생명줄로 여기고 살아간다(그림 10.34). 그러나 세계에서 두 번째로 큰 수력 발전댐으로 2010년에 임시 허가를 받은 벨로몬테 댐 프로젝트(Belo Monte dam project)는 싱구 강의 대부분의 자연적인 수로를 바꾸게 될 운하의 건설을 수반하고 있다. 이 프로젝트는 또한 브라질 알타미라 시의 약 4분의 1을 침수시키며 2만여 명의 주민을 추방시키게 될 것이다.

브라질 정부는 토착 주민들과 벨로몬테 프로젝트의 부

대규모의 수력 발전소 개발이 주민들에게 미치는 영향

그림 10.34 큰 규모의 수력 발전소 개발은 보통 넓은 지경의 비옥한 강변을 침수시키기 때문에 인간의 생활에 지장을 준다. 사진 속 여인은 삼협 댐에 의해 생성된 저수지로 인해 야기될 침수 전에 반쯤 철거된 집의 부엌을 바라보고 있다.

정적 영향에 대해 상의한 바가 없었고, 전하는 바에 따르면 주민들이 저수지의 범람으로 이동해야 할 일은 없을 거라고 들었다고 한다. 이후에 미주 국가의 인권위원회는 이러한 상의 과정의 부재는 브라질도 동의하고 있는 국제적 합의에 어긋나는 것이라고 판결을 내렸다.

⚠ 생각해보기

1. 아마존과 같은 열대 지방 하천을 수원으로 한 저수지에서의 산소 고갈 문제가 건조한 지방의 하천을 수원으로 한 저수지에서 보다 흔하게 발생하는 이유는 무엇일까?
2. 몇몇 사람들은 댐과 저수지로 인한 환경 영향의 결과 때문에 수력 발전은 '친환경' 에너지가 아니라고 주장한다. 인터넷 조사를 통해 이러한 입장을 옹호/반박할 만한 주장을 적어보자.
3. 삼협 댐 또는 벨로몬테 프로젝트와 같은 수력 발전소 건설의 이익과 이로 인한 환경 영향 및 인간의 피해 비용을 어떻게 저울질 할 것인가?

10.7 바이오 연료 개발의 식량 공급 감소 및 환경 영향 문제

2008년 세계적인 식량 가격이 치솟으며 대규모의 시위와 개발도상국가들의 기근 문제가 발발하였다. 이러한 위기의 기폭제 중 하나가 바이오 연료의 붐이 일면서 30%가 넘는 미국의 옥수수 작물이 에탄올 생산에 쓰여진 것이었다. 옥수수가 바이오 연료로 변환되면 인류는 그만큼의 식량원을 빼앗기는 셈이 된다(그림 10.35). 국제적인 식량 분배와 관련된 유엔의 한 관계자는 이러한 사태를 '인류에 반하는 범죄'라고 명명했다. 그럼에도 불구하고 옥수수를 이용한 에탄올 생산은 계속 증가해서 2011년까지 40%의 미국 옥수수 작물이 에탄올 생산에 이용되었다. 이러한 증가는 미국을 비롯한 다른 국가들에서 농부들에게 에탄올 생산을 위한 작물 재배 시 보조금을 주는 정부 정책에 의해 힘을 입었다.

전 세계에 걸친 옥수수 및 기타 바이오 연료 작물의 확대 생산은 토양 침식, 영양 고갈, 지표수 및 지하수의 부영양화 그리고 농약오염 등을 가속화하며 환경에 피해를 야기할 가능성이 있다. 또한 보호구역으로 남겨두었던 땅을 밀도 높은 농작지로 바꿈으로써 생물다양성을 감소시킬 우려가 있다(그림 10.36).

식량 및 연료에 이용되는 동남아시아의 팜유 플랜테이션은 산림 손실의 제1의 원인으로 손꼽힌다. 관련 과학자 집단은 매년 인도네시아에서 30만 헥타르의 열대 우림(미국 델라웨어 주와 비슷한 크기)이 사라지고 있다고 추정

대규모 저수지 개발이 종종 지역 공동체를 대체한다는 사실이 왜 놀랍지 않을까?

옥수수로부터 에탄올 생산

낟알을 배출하는 옥수수 수확기

콜로라도에 있는 옥수수를 이용한 에탄올 생산 공장

그림 10.35 옥수수를 이용한 바이오 연료 생산은 전 세계의 식량 가격을 급증시키며 인간으로부터 식량을 앗아간 꼴이 되었다.

우리는 액체 연료에 대한 수요와 식량에 대한 수요 중에서 어떤 것을 선택해야 할까?

한다. 이곳의 산림 손실은 팜유 플랜테이션에서의 오랑우탄 및 다른 척추동물의 다양성을 60% 이상 감소시키며 이들을 위협하고 있다.

브라질에서는 넓은 면적의 산림이 대두작물을 위해 깎여나갔는데, 이 대두의 많은 부분은 바이오 디젤 생산에 이용된다. 최근의 분석에 따르면 바이오 연료는 간접적으로 우림의 파괴를 야기한다. 오래된 목초지들이 바이오 연료의 생산용으로 바뀐 탓에 목장 경영자들은 방목지 마련을 위해 새로운 산림을 없앨 수밖에 없는 결과에 이른다.

⚠ 생각해보기

1. 옥수수로부터 에탄올 바이오 연료를 만드는 것의 이익과 비용은 무엇인가?
2. 바이오 연료의 개발에 있어서 비용 및 이익을 어떻게 따지고, 무엇을 우선순위로 해야 하는가?

바이오 연료 생산을 위한 생태계

북중부 캔자스의 다양한 풀이 서식하고 있는 대초원

옥수수 경작지

그림 10.36 자연적인 초원 생태계가 집약적 옥수수 경작지로 변함에 따라, 또는 열대 우림이 팜유 플랜테이션 혹은 대두 경작지로 바뀜에 따라 바이오 연료 생산은 생물다양성을 감소시킨다.

10.4~10.7 문제 : 요약

신재생 에너지가 부주의하게 개발되었을 경우 많은 환경 문제를 낳을 수 있다. 예를 들면, 고집광 태양열 발전소는 덥고 건조한 지역에 위치하며, 전통적인 발전소보다 더 많은 냉각수를 필요로 할 것이다. 태양열 및 풍력 발전소의 개발과 전력망의 확장은 미국 남서부 지역의 사막거북과 같은 야생생물의 서식지를 파괴할 수 있다. 또한 풍력 터빈은 새와 박쥐 치사의 중대한 원인이다. 수력 발전용 댐은 하류 생태계, 다양성 그리고 회유성 어류에 많은 영향을 미친다. 종종 큰 댐의 건설은 인간을 이주시키며 사회적·경제적 손실을 야기한다. 바이오매스를 이용한 연료 생산은 인간 식량 공급을 감소시키고 토양의 부식을 증가시키며 토양의 영양을 고갈시키고 지표 및 지하수의 오염을 초래할 수 있다. 더불어 바이오 연료 개발은 특히 동남아시아, 브라질과 같이 바이오 연료 생산의 확장으로 산림이 파괴된 열대 지방의 생물다양성을 위협한다.

10.8~10.11 해결방안

삼소 섬의 예에서 보았듯이, 대부분의 에너지원을 신재생 에너지로 대체하는 것은 가능한 일이지만 이는 정부의 보조와 기술의 향상 그리고 공동체의 매입이 뒷받침되어야만 가능하다. 대규모의 신재생 에너지가 장기간 성공적으로 이용되기 위해서는 그 가격이 다른 에너지원보다 낮아져야 한다. 국제 금융회사인 시티 사의 조사 분석기관인 시티리서치의 2012년도 경제분석에 따르면 태양열 및 풍력 발전 비용이 화석 연료 발전 비용에 근접해가고 있다(그림 10.37).

그러나 신재생 에너지로의 전환을 위해 '모든 곳에 적용 가능한' 하나의 해결책은 존재하지 않는다. 다양한 지역들이 그들의 비용과 지형적 조건에 따라 각기 다른 접근법을 적용할 것이다. 그것이 무엇이건 간에, 지속 가능한 에너지 대안을 고려할 때는 에너지 사용의 비용 평가에 '환경적인 영향'을 포함시켜야만 한다. 이에 이 장에서는 신재생 에너지의 환경적 비용을 경감시키기 위한 방안들을 살펴볼 것이다.

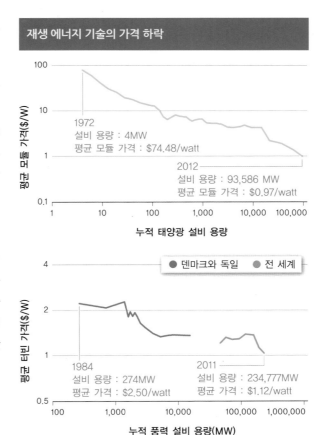

재생 에너지 기술의 가격 하락

그림 10.37 신재생 에너지의 설비 용량이 증가함에 따라, 생산 비용(단위 : 달러/와트)이 상당히 감소해왔다. 태양광 모듈의 평균 비용은 40년 동안 70배 이상 감소했다. 1984~2011년 사이에 풍력 터빈의 비용은 50%까지 떨어졌다. (자료 출처 : Citi Research, 2012)

10.8 태양열 발전 문제에 대한 현명한 해결책

이전 장에서 봤듯이 대규모의 태양열 발전소 개발은 여러 문제를 동반한다. 물 소비, 다양성 문제, 간헐적 생산의 한계 등이 그것이다. 다행히도 이러한 문제들은 점차 해결되어 가고 있다.

밤과 낮의 태양열 발전

스페인 세비야의 헤마솔라(Gemasolar) 발전소는 총 30헥타르의 반사 지역에 17메가와트의 터빈을 돌릴 수 있는 2,650개의 헬리오스탯이라 불리는 태양 추적 거울을 구비하고 있다. 열을 저장하기 위해 기름을 쓰는 대신 이 발전소는 소금을 가열하여 용융 상태로 만들고 이를 최대 565℃ 온도 유지가 가능한 단열 탱크에 넣어두며, 이를 통해 540℃의 과열된 증기를 발생시킬 수 있다. 이것이 의미하는 바는 헤마솔라 발전소가 추가적인 태양 에너지의 공급 없이 15시간 동안 연속적으로 에너지 수요를 충족시킬 수 있다는 것이다. 다시 말해 헤마솔라는 밤낮으로 전기를 생산할 수 있다. 헤마솔라는 헬리오스탯의 효율적인 태양 추적 기능과 축열 기능을 연계하여 매년 11만 메가와트시(MWh)의 전기를 생산하고 약 2만 5천여 가정에 공급할 수 있다.

물 절약 태양열 발전소

미국 남서부 지역의 새로워진 고집광 태양열 발전소는 공기 냉각 또는 물+공기 냉각 시스템을 혼용하는 물 절약 기술을 이용한다. 두 시스템 모두 송신탑 기반의 태양열 발전소를 통해 상당한 양의 물을 절약할 수 있다(그림 10.38). 솔라리저브라는 회사는 물 부족을 겪고 있는 미국 남서부에서 세계 최대용량의 고집광 태양열 발전소 3개를 구축하기 위해 이러한 기술을 활용할 계획이다. 세 발전소는 용융된 소금을 열 전달 및 저장에 활용함으로써 매년 45만 메가와트시로 추정되는 양의 전기(최대 전력 수요기간에는 14만 가정에 공급 가능한)를 하루 24시간 밤낮없이 생산할 것이다.

분산된 지붕 태양광 발전

태양열 발전에 의한 물 소비량을 줄이는 또 한 가지 방법은 고집광 태양열 발전에서 태양광(photovoltaic) 발전으로 전환하는 것이다. 예를 들면, 건조 지대에서 에너지 개

신재생 에너지로의 전환을 위한 움직임이 다른 기술의 발전을 촉진한 측면이 있는가? 있다면 어떻게 이루어졌나?

저가치의 이미 교란된, 대안적인 대지를 구할 때까지 야생 서식지에의 태양광 발전 시스템의 설치는 배제되어야 할까?

고집광 태양열 발전소에서의 물 소비량 감축

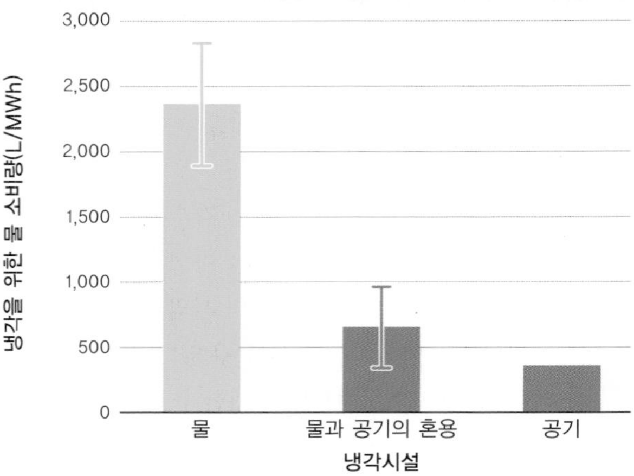

그림 10.38 물, 물과 공기의 혼용(Hybrid), 그리고 공기를 통한 고집광 태양열 발전의 냉각시설에서 소비되는 물의 양의 중간값과 범위를 나타낸 그래프이다. 이는 물과 공기의 혼용과 공기를 통한 냉각시설이 물의 소비량을 상당히 감축함을 보여준다. (자료 출처 : U.S. Department of Energy, 2009)

발업자들은 시설 단위의 태양광 발전소를 짓는다. 이러한 발전소들은 보통 태양광 판넬들의 표면을 닦아내기에 딱 충분한 20L/MWh보다 적은 양의 물을 소비한다. 그러나 이러한 시스템은 태양광 판넬을 설치하는 데 넓은 면적을 필요로 하기 때문에 고집광 태양열 발전소에 비해 차지하는 공간이 더 크다.

야생 서식지와 가치가 높은 농경지의 손실을 피하기 위한 한 가지 방안은 태양광 판넬을 이미 교란되거나 발전된 지역에 설치하는 것이다(그림 10.39). 예를 들면, 태양광 판넬을 염분 축적에 의해 오염된 농경지에 설치하는 것이다. 이외에도 지붕에서 전기를 생산하는 것도 매우 가능성이 높다. 2010년 기준 전 세계에 설치된 태양광 발전 시설의 43% 이상이 위치하고 있는(대부분 건물 위에) 독일은 태양광 발전의 세계적 선두주자이다(그림 10.40).

2011년 후반 미국에너지부에서는 28개 주, 750여 개의 대규모 상업용 건물에 750메가와트 이상의 추가적인 태양광 발전 용량 설치를 장려하기 위해 대출 담보를 제공하였다. 이 프로젝트는 미국의 향후 지붕 태양광 발전 개발을 위한 본보기로 시행되었다. 최근에 로스앤젤레스에서는 도시 안에 태양광 발전설비 적용 가능 지붕이 5,000헥타르의 면적에 다다르며 5.5기가와트의 전기 에너지 공급이 가능할 것이라고 밝혔다. 지붕 위 태양광 발전은

발전된 전기를 바로 소비하는 인구밀집 지역에 적용되므로 고전압의 송전설비가 필요 없다는 장점이 있다.

정책적 방안 및 인센티브

어떤 형태의 신기술이든지 실용적·법적·경제적 측면에서 종종 넘어야 할 장애물을 마주하게 된다. 태양광 시스템 개발과 관련해서는 전력망에의 연결 허가, 시스템 설치 비용 지원 승인 및 시스템 설치 업자 파악 등에 있어서 어려움이 존재한다. 미국은 이러한 장애물을 신재생 에너지 의무할당제(Renewable Portfolio Standard, RPS), 즉 전력회사들에 전력 중 특정 비율을 신재생 에너지원에서 얻게 하는 제도를 통해 부분적으로 극복했다.

일례로, 뉴욕 주의 RPS는 투자자 소유 전력시설로 하여금 2015년까지 약 30%의 전력을 신재생 에너지로부터 생산하도록 권고했다. 이와 비슷하게 캘리포니아와 콜로라도 주에서는 2020년까지 RPS 목표로 전체의 30%를 신재생 에너지 생산 전력으로 충당하도록 요구하고 있다. 신재생 에너지 개발을 용이하게 하기 위해서 미국 연방 및 주정부들은 보조금 및 대출 형태의 재정적 지원뿐 아니라 관련 사업 및 개인의 세액공제 등의 다양한 인센티브를 제공하고 있다. 또한 많은 지역에서 태양광 발전 시스템을 전력망에 연결해 사용하는 소비자들로부터 그들이 사용하고 남은 전력을 도매가격으로 구매하고 있다.

⚠ 생각해보기

1. 물 절약 태양광 기술이 실제로 자연 생태계에서 더 많은 물이 이용될 수 있도록 하는 데 도움을 줄까?
2. 유럽 북부에 위치한 독일의 과열된 태양광 발전이 미국이나 오스트레일리아 같은 국가의 태양광 발전 가능성에 대하여 시사하는 바는 무엇인가?
3. 몇몇 지방 전력협동조합들은 높은 RPS 목표치를 거부하며 조합원들이 자체적인 태양광 발전을 개발하는 것을 장려하지 않는다. 그들은 이것이 중앙 전력생산의 수요를 감소시키고 결과적으로 전력 비용을 증가시킬 것이라고 주장한다. 이 입장에 대한 찬반을 논해보자.

10.9 저피해 풍력 발전 전략

풍력 에너지 개발은 다른 에너지 발전보다 발생 에너지 대비 면적에 대한 피해가 크다. 미국에너지부는 약 50,000km²(오하이오 주의 절반 정도의 면적)이 2030년까지 전국 전기 생산량의 20%를 풍력 에너지로 충당하기

태양광 에너지 개발을 위한 대안적 부지

그림 10.39 과거 제조 도시가스 시설과 같은 교란된 대지가 충분히 존재하며, 이러한 곳에서는 온전한 자연 생태계를 교란시키지 않고 태양광 발전 시스템을 설치하여 많은 양의 전기 에너지를 생산할 수 있다.

지붕 위 태양광 발전

그림 10.40 총전력의 40%를 태양광 발전을 통해 생산하는 독일은 특히 지붕위 태양광 발전이 성공적으로 적용되었다. 위의 이미지는 독일 프라이부르크에 있는 태양광 마을이다.

위한 목표를 달성하기 위해 개간되어야 할 것이라고 추정했다. 야생생물의 서식지를 파괴하는 것을 피하기 위해 제안된 방안 중에는 풍력 발전단지를 이미 개발된 농경지나 오일 및 가스개발지에 설치하는 안건도 있다. 농경지 이용은 또한 농부나 토지 소유주에게 보조적 수입을 제

적극적인 RPS 목표를 적용하기 전에 먼저 가격이 내려가기를 기다려야 할까?

국가나 지자체는 보존가치가 낮은 땅에 풍력 발전을 장려하기 위해서 어떤 장려책을 만들어야 하는가?

공할 수도 있다(그림 10.41).

한 최근 분석 결과, 미국 전역에 에너지부의 목표인 2030년까지 20%의 풍력 발전을 달성할 수 있는 충분한 면적의 교란된 땅이 있는 것으로 나타난다. 남부 48개의 주에서 풍력 발전 개발이 가능한 교란된 땅의 면적은 총 1,450만km²이고 3,500기가와트의 에너지를 생산할 수 있으며 이는 에너지부의 2030년까지 목표치의 14배에 해당하는 양이다. 캔자스 주에서 보존가치가 낮은 교란된 땅에서만 에너지부의 2030년까지 목표치의 절반 이상을 생산할 수 있는 잠재성이 있다.

새 죽음의 감소

풍력 발전기가 작동되는 방법을 바꾸고 새로운 방식의 풍력 발전기를 사용하면서 야생동물의 죽음이 감소하고 있다. 예를 들면, 현재 알타몬트패스 풍력 발전 지역(APWRA)에서 진행 중인 연구는 같은 시간 작동할 때 새로운 풍력 발전용 터빈의 디자인이 구형의 풍력 발전용 터빈보다 상당히 새의 죽음을 적게 초래한다고 기록해왔다(그림 10.42). 연구자들은 터빈을 지지하는 타워가 새들이 위에 앉을 수 있는 격자 모양의 골격으로 건설되어 있기 때문에 구형의 풍력 발전용 터빈이 새들을 불러모은다고 설명하였다. 반면에 새로운 풍력 발전용 터빈은 하나의 기둥으로 이루어져 있어서 새들이 앉을 자리가 없

농경지에 설치된 풍력 터빈

그림 10.41 농경지에 풍력 터빈을 설치함으로써 야생생물 서식지와 같은 자연 생태계의 교란을 피하는 동시에 농장의 수입을 올릴 수 있다.

다. 연구자들은 APWRA에서 구형의 터빈을 신형으로 대체하면 맹금류 새의 사망률을 54%, 전체 새의 사망률을 65%까지 감소시킬 수 있을 것이라고 예상한다. 이 과제들은 캘리포니아 주 밖의 풍력 발전에서 새의 죽음에 대한 연구 결과와 일치한다.

그 풍력 발전 지역에서는 풍력 발전용 터빈이 대부분 신형 디자인인데, 맹금류는 캘리포니아 주의 풍력 발전

새 개체군에 대한 취약점을 줄이기 위해 재설계된 풍력 발전용 터빈

구형 풍력 발전용 터빈

신형 풍력 발전용 터빈

그림 10.42 연구에 따르면 알타몬트패스 풍력 발전 지역은 새의 사망률이 높은데, 그 원인 중 구형 풍력 발전용 터빈의 디자인이 많은 부분을 차지한다. 따라서 구형 풍력 발전용 터빈은 대부분 새가 앉을 자리가 적은 신형의 큰 풍력 발전용 터빈으로 교체되고 있다.

지역보다 약 60% 적은 사망률을 보였으며, APWRA에서의 새의 사망률보다 적어도 70% 낮은 사망률을 보였다. 이에 대응하여 공익사업은 활발하게 구형 풍력 발전용 터빈을 새들에게 더 안전한 신형으로 대체하고 있으며, 이것이 같은 면적에서 더 많은 전력을 생산할 것이다. 실례로 솔라노파스와 캘리포니아에 설치된 235개의 구형 풍력 발전용 터빈이 50개의 신형 풍력 발전용 터빈으로 대체되었고 이는 풍력 발전 지역에서의 전력 용량을 25메가와트에서 102메가와트로 4배 이상 증가시켰다.

박쥐에 대한 위험성 감소

풍력 발전용 터빈의 재설계가 새에게 이롭게 된 반면에 박쥐 사망률은 증가하여 몇몇 지역에서 새의 사망률의 1~10배만큼 초과한다. 풍력 발전용 터빈에 의해 죽은 박쥐의 수는 늦은 여름에서 가을에 이주기간 동안 가장 높았고 박쥐는 낮은 속도로 회전하는 풍력 발전용 터빈에서 죽는 경향을 보였다. 이 정보들을 이용하여 연구자들은 이주기간 동안 높은 박쥐 사망률이 기록된 남서부 앨버타와 캐나다에서 실험을 하였다. 이 실험에서 풍력 발전용 터빈은 풍속이 빠를 때만 회전하고 전기를 생산하도록 재프로그램되었다. 결과적으로 이주기간 동안 박쥐의 사망률이 약 60% 감소하였고 전력 생산에서는 약간의 손실이 있었다(그림 10.43). 펜실베이니아 주의 풍력 발전 과제에서 비슷하게 풍력 발전용 터빈 작동을 변화시켜 박쥐의 사망률을 44%에서 93%까지 감소시켰고 연간 전력 생산 손실은 1% 미만이었다. 그러나 더 나은 해결책이 곧 생길 듯하다. 현재 개발 중인 날개가 없는 풍력 발전용 터빈이 결국 새와 박쥐에 대한 위협을 제거할 것으로 보인다.

송전선 충돌의 감소

송전선 충돌로 인한 새의 죽음을 감소시키는 가장 간단한 방법 중 하나는 신형의 풍력 발전 시설을 송전선과 개폐소에 가능한 가깝게 설치하는 것이다. 이러한 배치는 새로 필요한 전선의 양을 줄일 뿐만 아니라 개발 비용을 감소시킨다. 충돌을 줄일 다른 방법은 송전선을 선로 점유권이 존재하는 곳에 설치하는 것이다. 송전선 경로는 캐나다두루미나 다른 물새와 같은 특정 취약한 새들의 사육 지역을 피해야 한다(329쪽 그림 10.32 참조).

새로운 송전선이 설치되어야 한다면 화려한 나선, 판

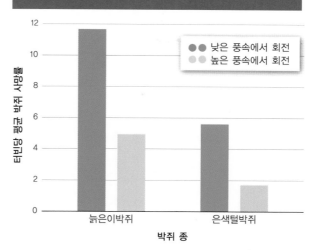

그림 10.43 캐나다 앨버타 풍력 발전 지역에서 수행된 연구는 풍력 발전용 터빈이 높은 풍속에서 발전되기 시작하도록 설정될 때 박쥐 사망률이 현저하게 감소한다는 것을 입증하였다. 발전이 시작되는 풍속의 조절을 통해 전력생산에서 더 낮은 전력손실을 가져왔다. (자료 출처 : Baerwald et al., 2009)

또는 구형으로 표시하는 것이 새의 충돌로 인한 사망을 평균적으로 약 80%가량 감소시킨다고 몇몇 연구들에 의해 밝혀졌다(그림 10.44). 그러나 송전선망은 매우 광범위하기 때문에 모든 선에 표시하는 것은 경제적으로 실행하기 어렵다. 최근 연구는 새의 충돌이 많이 일어나는 주요지점을 찾는 데 초점을 맞추고 있기 때문에 완화 노력은 아주 높은 성공 가능성을 지니고 있다.

⚠️ 생각해보기

1. 새와 박쥐 사망에 대한 고려가 어떤 방식으로 풍력 발전 시설 설계와 작동에 대한 변화를 일으키는가?
2. 보존가치에 의한 토지 분류와 주의 깊은 계획이 어떻게 재생 가능한 에너지 개발의 많은 취약점을 피할 수 있도록 하는가?

10.10 규모 축소는 수력 발전 개발의 취약점을 완화시킨다

현대 수력 발전 사업에서 나타나는 문제점 중 대다수는 거대한 규모에서 온다. 더 작은 규모의 수력 발전 개발에 초점을 맞추고 더 낮은 댐을 건설하는 것은 이 취약점의 대부분을 완화시킨다. 댐이 더 낮아지면 저장되는 물의 양과 범람되는 지역이 줄어들게 된다. 작은 댐은 적은 물

?

송전선의 배치에 자연, 공동체뿐만 아니라 인간에게 미칠 영향 또한 고려해야 할 것인가?

새 사망률을 감소시키기 위한 송전선 표시

(Courtesy Melvin Walters)

그림 10.44 위와 같은 표시는 새가 송전선을 볼 수 있도록 하며 충돌과 관련된 사망 수를 상당히 많이 줄인다.

을 저장하기 때문에 강의 흐름을 거의 변화시키지 않으며 강물의 온도나 수질에 적은 영향을 미친다. 또한 사람들은 댐 건설로 인해 다른 지역으로 이주하지 않아도 된다.

흐르는 강물을 이용한 수력 발전 시스템

강의 주요 수로에 큰 댐을 건설하는 데서 발생하는 문제에 대한 흔한 대안은 더 작은 발전소를 짓는 것이다. 이 **흐르는 강물을 이용한 수력 발전소**(run-of-the-river power plants)는 저장소에 물을 거의 저장하지 않고 흐르는 강물 일부의 방향을 파이프를 통해 바꾸어 터빈을 통해 직접적으로 통과할 수 있도록 한다(그림 10.45). 이 시스템은 취약점을 가지고 있지만 완화시킬 방법이 있다. 첫째로, 물은 계속해서 생태계 건강과 생물다양성을 유지하기 위한 적당한 수위로 주 강 수로를 통해 흘러야 한다. 또한 아직도 물고기가 보취수댐을 넘어서 헤엄칠 수 있도록 하는 우회 시스템이 필요하다. 그러나 낮은 댐으로, 상대적으로 자연적인 구조와 흐름을 가진 우회 시스템을 만드는 것이 훨씬 쉽다(그림 10.46).

기존 댐 보강

20세기 초에 수력 발전이 아닌 물의 저장과 홍수 방지를 위해 많은 댐이 지어졌다. 그런 상황에서 새로운 댐을 짓지 않고 수력 발전용 터빈을 추가 설치할 수 있다. 오크리지국립연구소의 연구자들은 미국에서만 54,000개의 비발전 댐이 있으며(그림 10.47) 상위 100개의 댐이 8기가와트의 수력 발전 용량을 미국 전력망에 추가할 수 있을 것이라고 내다보았다. 이는 후버 댐(318쪽 그림 10.12 참조)에서 생산할 수 있는 전력의 4배에 해당하는 양이다.

흐르는 강물을 이용한 수력 발전 시스템

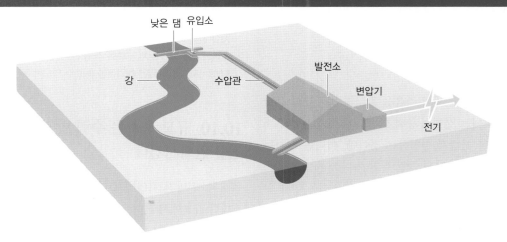

그림 10.45 유입소에서 수력 발전소까지 있는 낮은 댐은 오직 유입소에서 수압관(수로)가 잠기도록 유지하기 위해 필요한 양의 물만 가둔다. 따라서 큰 규모의 수력 발전 시스템으로 인해 생기는 대부분의 환경적인 변화들을 피할 수 있다. 만약 어떤 주어진 계절의 강의 총흐름 중 아주 작은 일부의 경로가 바뀐다면 해당 강은 바로 옆에 있는 자연적인 흐름 패턴에 맞게 흐를 것이다.

이러한 개발에 가장 큰 잠재력을 가진 곳은 미시시피 강, 오하이오 강, 그리고 아칸소 강과 같은 국가의 가장 큰 강이다. 특히 이런 강은 주로 바람이나 태양력이 특별히 많지 않은 지역에서 주로 발견된다.

댐 없는 수력 발전

강의 운동 에너지를 동력원으로 하는 댐을 반드시 건설해야 하는 것만은 아니다(그림 10.48). 2009년 미네소타 주 헤이스팅스에 있는 미시시피 강에 전기 터빈이 직접적으로 설치되었다. 그 터빈은 실제로 일반적으로 존재하는 수력 발전소의 유출되는 흐름 아래에 위치한다. 헤이스팅스에 설치된 실험용 터빈은 분당 21회전하였으며 97%의 물고기들이 다치지 않고 통과할 수 있었다. 비슷한 프로젝트들이 많은 미국 동쪽의 절반에 존재하는 더 큰 강에서 계획되었으며 이 강의 총잠재 발전 용량은 500메가와트이다.

낮은 댐에서의 물고기 우회경로

(U.S. Fish and Wildlife Service)

그림 10.46 물고기 우회 시스템은 설계하기 비교적 단순하며 흐르는 강물을 이용한 수력 발전 시스템처럼 댐이 낮은 곳에서 설계한다. 점점 이와 같은 물고기 우회 시스템은 자연 지형과 어우러지도록 설계되고 있다.

⚠ 생각해보기

1. 어떻게 수력 발전이 발전 시스템에서 태양열·풍력 발전을 보완하는가?
2. 물고기 집단에 대한 수력 발전 시스템의 취약점이 새와 박쥐 집단에 대한 풍력 전 시스템의 취약점이 어떤 점이 유사한가? 혹은 어떻게 다른가?
3. 흐르는 강물을 이용한 발전 시스템의 누적된 취약점은 몇몇 대형 시스템의 취약점과 동등한가? 더 초과하는가?

미국 전역의 비발전 댐

1MW 이상의 잠재력을 가진 비발전 댐

- · 1~30MW ── 큰 강
- • 30~100MW
- ● 100~250MW ● 큰 호수
- ⬤ 250~496MW

?

단지 몇몇 후버 댐 규모의 지역에서의 발전에 집중하는 것보다 100개 지역으로 발전 용량을 넓히는 것은 어떤 잠재적인 이익이 있을까?

그림 10.47 미국에는 수력 발전을 위해 보강할 수 있는 수천만 개의 댐이 있다. 그중 상위 100개는 현존하는 수력 발전 용량에 전력을 상당히 추가할 수 있을 것이라고 전망한다. (자료 출처 : Hadjerioua et al., 2012)

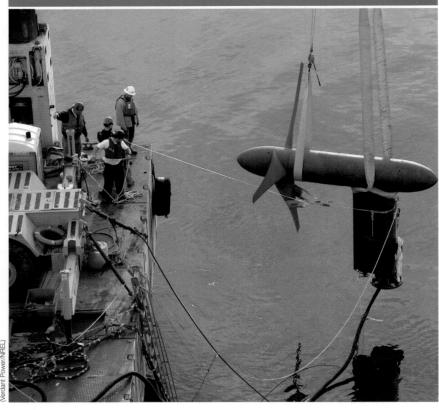

(Verdant Power/NREL)

그림 10.48 물고기 우회 시스템은 설계하기 비교적 단순하며 흐르는 강물을 이용한 수력 발전 시스템처럼 댐이 낮은 곳에서 설계한다. 점점 이와 같은 물고기 우회 시스템은 자연 지형과 어우러지도록 설계되고 있다.

10.11 화석 연료 대체재, 친환경적이고 효율적인 바이오 연료

앞에서 본 바와 같이 몇몇 바이오 연료 개발(예 : 옥수수에서 추출한 에탄올)에는 막대한 사회적·환경적 비용이 따른다. 다행히도 아직 개발 중인 공정들은 사회적 비용을 줄일 수 있으며, 에너지 관점에서 많은 부분이 효율적이다. 이러한 접근 방법 중의 하나로 모든 식물이나 농업, 임업에서 나오는 폐기물을 에탄올로 바꾸는 방법이 있다.

바이오 연료 생산에 따른 산림 벌채 감소

바이오 연료 생산이 증가함에 따라 자연 생태계가 연료 생산을 위한 팜유나 콩의 단일 재배지로 바뀌어 자연 생태계에 교란을 줄 수 있다. 하지만 바이오 디젤을 독일 다음으로 많이 생산하는 브라질은 지속 가능한 이용을 위한 원주민 보호구역과 같은 보호구역을 만들어 산림 벌

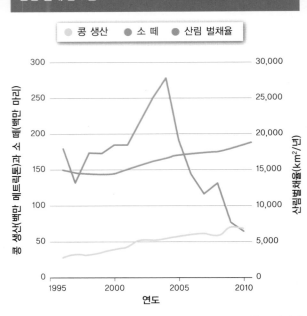

● 콩 생산　● 소 떼　● 산림 벌채율

그림 10.49 브라질은 산림 벌채율을 줄이면서 농업생산량을 증가시켰다. 농업생산량은 바이오 연료에 사용하는 콩 재배도 포함한다. (Union of Concerned Scientists, 2011)

채율을 줄였다(그림 10.49). 브라질 아마존의 유역의 반 이상이 새로운 보존림 구역으로 지정되었으며, 현재 원주민들이 위 지역의 20%를 사용한다. 이와 더불어 보존림 제정법을 따르지 않는 부패한 정부 관료를 포함한 범법자들의 기소와 집행이 이루어진다.

게다가 브라질은 사탕수수, 콩 등의 바이오 연료 생산을 포함한 전체적인 농업생산량을 증가시키면서 이러한 토지 보호를 달성했다. 환경 단체들의 압력에 대응하기 위해 동남아시아의 팜유 구매자와 생산자들은 팜유 생산으로 인한 삼림 벌채와 환경적 유해성을 줄이기 위해 지속 가능한 팜유를 위한 원탁회의(Roundtable on Sustainable Palm Oil)라 불리는 연합체를 구성했다. 2013년에 세계에서 가장 큰 팜유 무역상이자 시장의 45%를 점유하고 있는 월마에서 보존가치가 높은 지역에 대한 삼림 벌채 방지 정책을 발표했다. 개발을 피할 것이라는 다른 회사들도 월마의 정책을 따르기로 했으나 그러한 자발적인 약속을 지킬 것인지는 지켜봐야 할 것이다.

쓰레기를 연료로 바꾸는 조류

바이오 연료 생산에 기인한 환경 위협을 방지하기 위한

미래의 바이오 연료

어떻게 하면 생태계에서 바이오 연료 생산 비용은 줄이고 생산력은 높일 수 있을까?

다른 대안은 육지식물을 수생 조류로 전환하는 것이다 (그림 10.50). 앞서 언급했듯이 조류를 재배하는 데 사용하는 염분이 있는 물은 식용과 관개수로 사용하기에는 너무 짜기 때문에 조류 재배에 있어 농장물 생산과 겹치지 않으며, 조류는 환경 정화자 역할을 수행한다. 조류는 지속적인 이산화탄소 공급과 더불어 질산과 인산을 영양분으로 공급해주면 되기 때문에 편하게 재배할 수 있다. 농업과 도시의 폐기물은 유해한 적조 현상을 야기하는 인과 질소를 많이 포함하는 공급수인 것으로 알려져 있다. 이러한 하수를 조류를 재배하기 위해 설계된 조류 **생물 반응기**(bioreactor)로 우회시켜 조류를 키우는데, 영양분을 사용하여 자연으로 들어가는 하수를 정화하고 영양분을 재활용한다. 게다가 전기를 생산하면서 나오는 이산화탄소를 조류 농장으로 주입함으로써 동시에 조류의 성장을 촉진시키고 탄소 배출을 줄인다.

셀룰로스 에탄올

옥수수로 만든 에탄올은 에너지 투자수익률(EROEI)이 1.0을 넘지만(그림 10.51), 가솔린보다 훨씬 낮다. 에탄올은 가솔린보다 깨끗한 연소 연료이지만 옥수수 에탄올을 통해 에너지 수요를 충족시키지 못한다. 이와 대조적으로 사탕수수로 만든 에탄올과 콩으로 만든 바이오 디젤은 대체적으로 에너지 투자수익률이 옥수수로 만든 에

생물 반응기 조류를 생산하기 위해 설계된 시스템으로 생태계로 하수가 유입되기 전에 정화한다.

그림 10.50 조류 농장은 미래에 높은 질의 바이오 연료를 생산하면서 이차적 환경오염을 줄이는 중요한 역할을 수행한다.

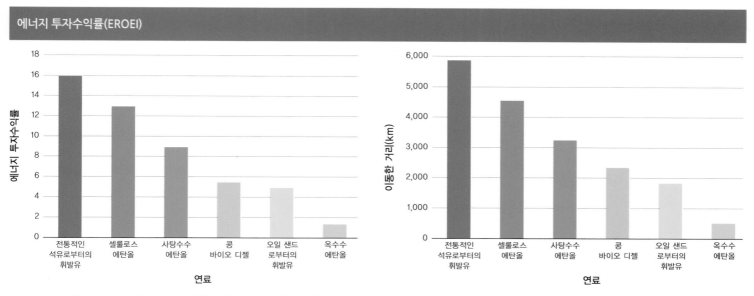

에너지 투자수익률(EROEI)

그림 10.51 왼쪽 그래프는 여러 가지 식물에서 바이오 연료를 생산하기 위한 재배, 수확, 가공 과정의 EROEI와 원유를 추출하고 가공하는 EROEI을 비교한 것이다. 오른쪽 그래프는 1기가줄의 에너지로 생산된 각각의 연료를 사용하여 운송 수단으로 이동한 거리를 나타낸 것이다. 1기가줄은 대략적으로 27리터의 원유에 해당한다. (자료 출처 : Schmer et al., 2008; Inman, 2013)

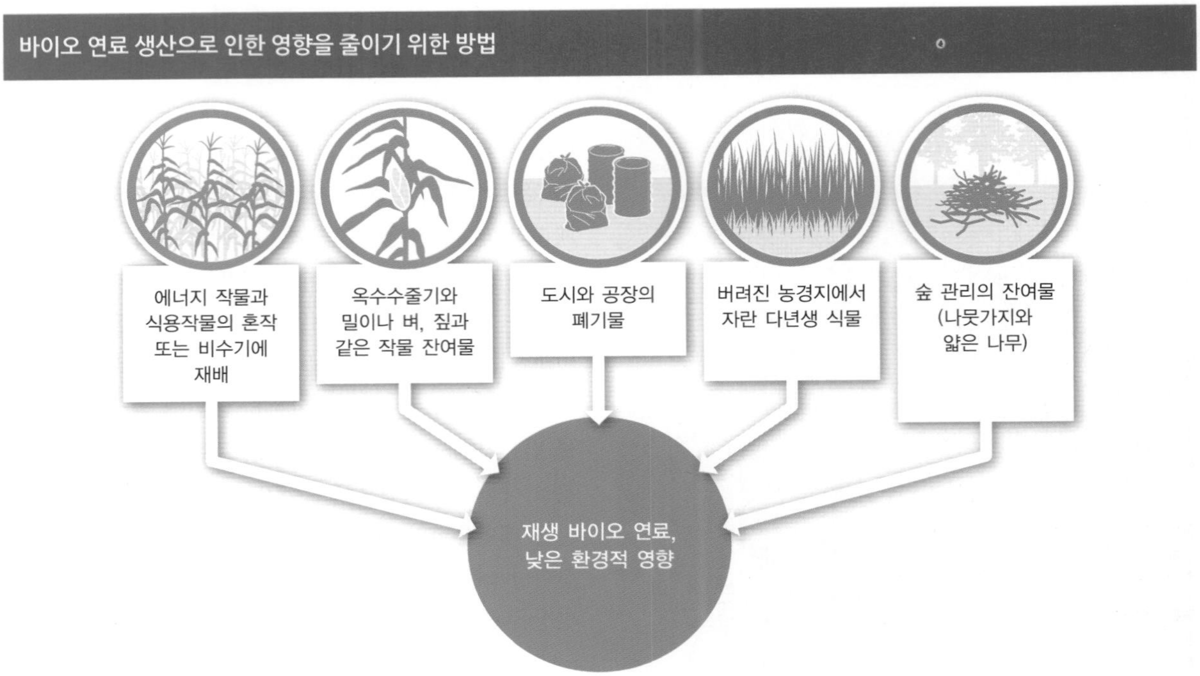

바이오 연료 생산으로 인한 영향을 줄이기 위한 방법

| 에너지 작물과 식용작물의 혼작 또는 비수기에 재배 | 옥수수줄기와 밀이나 벼, 짚과 같은 작물 잔여물 | 도시와 공장의 폐기물 | 버려진 농경지에서 자란 다년생 식물 | 숲 관리의 잔여물 (나뭇가지와 얇은 나무) |

재생 바이오 연료, 낮은 환경적 영향

그림 10.52 식량 공급에 영향을 미치지 않으며 환경 영향이 적은 바이오 연료 생산을 위한 잠재적 공급원으로서의 식물

셀룰로스 에탄올의 상대적 비용이 전 세계적 인구 증가에 따른 식량에 어떤 영향을 미치는가?

탄올보다 높으며, 추출한 에너지 집약적 방법으로 애서배스카 오일샌드에서 생산한 가솔린보다 에너지 투자수익률이 높다. 하지만 이러한 연료를 생산하는 식물은 열대와 아열대 기후에서만 자라며, 대부분의 온도 조건에서는 잘 자라지 못한다. 셀룰로스 에탄올을 보면 옥수수로 만든 에탄올보다 10배 이상의 EROEI값을 가지며 전통적인 석유 제품의 가솔린과 유사하다. 셀룰로스 에탄올이 미래의 에너지원이 될 수 있는지에 대한 물음에는 긍정적이다.

2013년 셀룰로스 에탄올이 옥수수로 만든 에탄올보다 리터당 30%가 비싸다. 에탄올로 만들기 위한 적합한 유기물로 만드는 비용이 셀룰로스 에탄올을 생산하는 대부분을 차지한다. 하지만 생산 비용이 빠르게 감소하여 2020년 이전에는 옥수수와 비슷한 가격이 될 것이라고 내다본다.

현재 보고서에서는 셀룰로스 에탄올로 사용할 수 있는

적합한 자원들의 조건들을 그림 10.52와 같이 정리하였다. 이러한 자원들을 개발하는 것은 여러 방면으로 환경 조건을 향상시킨다. 예를 들어, 미국과 캐나다에서 자생하는 1~1.5미터로 자라나는 다년생 식물 중 하나인 지팽이풀(Panicum virgatum)은 수분 함량이 낮은 비옥하지 않은 표토와 더불어 다양한 토양 환경에서 자랄 수 있으며, 토양에 탄소를 넣음으로써 비옥하지 않은 토양을 비옥하게 만든다.

⚠ 생각해보기

1. 브라질에서 왜 산림보호를 위해 법적 보호와 강력한 법적 시행을 같이 수행하는 것이 필요한가?
2. 어떻게 수생 조류로부터 얻는 바이오 연료 생산 체계를 개발하여 육지생물을 통해 얻는 바이오 연료 생산을 보완하는가?
3. 연료 개선이 어떻게 바이오 연료 생산을 위한 새로운 기술 개발에 도움을 주는가?

10.8~10.11 해결방안 : 요약

대부분의 전략 및 기술 개발은 태양 에너지 개발이 직면한 환경 문제를 해결하는 데 도움을 준다. 열을 전달하고 저장하기 위한 용융염을 사용하는 고집광 태양열 발전소는 물과 공기를 결합한 절수형 하이브리드 냉각 시스템을 사용한다. 태양광 발전기는 물을 거의 사용하지 않으며, 도시의 건물 지붕에 설치하는 태양광 개발은 야생동물 서식지에 주는 영향이 크지 않다.

새로 고안된 풍력 발전기는 풍력 터빈이 풍속이 빠를 때만 작동하도록 설계하여 조류 사망률을 3분의 2가량 줄였으며, 박쥐의 사망률 또한 줄였다. 수력 발전의 영향을 줄이기 위한 기술 개발의 핵심은 침수 지역 및 담수 능력을 줄여 댐의 크기를 줄이는 것이다. 작은 댐은 물고기들이 지나갈 수 있는 우회 시스템을 쉽게 이용할 수 있다. 또한 강에 물고기 친화적인 발전기를 설치하여 강 생태계와 생물다양성을 파괴하지 않으면서 수력 발전 용량을 늘린다.

현재 석유화학 기반의 액체 연료 운송 수단들은 환경에 영향을 적게 미치는 바이오 연료를 개발함으로써 지속 가능한 방법으로 이용할 수 있다. 모든 식물과 농업, 임업에서 나오는 폐기물을 셀룰로스 에탄올로 전환할 수 있으며, 이렇게 만든 에탄올은 옥수수 에탄올보다 EROEI가 높다. 이와 더불어 수상 조류 및 육지식물을 직접적으로 가솔린, 디젤, 제트 연료로 변환하는 여러 가지 기술이 개발되고 있다.

각 장의 절에 대하여 아래 질문에 답을 하고 난 후 핵심 질문에 답하라.

핵심 질문 : 환경에 심각한 영향을 주지 않으면서 지속적인 경제 발전이 가능한 재생 에너지 자원을 개발할 수 있을까?

10.1~10.3 과학원리

- 어떻게 태양 에너지를 수집하고 사용하는가?
- 바람, 물, 지열 에너지가 어떻게 재생 가능 에너지와 융합될 수 있는가?
- 어떻게 바이오 연료 에너지가 저장되고 쓰이는가?

10.4~10.7 문제

- 태양 에너지의 경제적·환경적 결함은 무엇이 있는가?
- 어떻게 풍력 발전이 야생동물에 영향을 미치는가?
- 수력 발전의 사회적 환경적 영향은 무엇인가?
- 바이오 연료를 통한 에너지 생산이 어떻게 식량 공급과 환경에 영향을 미치는가?

재생 에너지와 우리

문명과 생물권의 미래는 우리가 어떻게 남아 있는 화석 연료 자원을 사용하고 재생 에너지 자원으로 전환하는지에 따라 달라진다. 정부와 산업의 행동에 따라 에너지 혁명의 속도가 변한다. 앞선 정부와 산업의 노력과 더불어 개인들이 에너지 혁신과 기회에 대해 잘 알고 행동하여 에너지 혁명의 속도에 박차를 가할 수 있다.

☐ 에너지 이슈에 대해 참여하고 알기

전 세계적으로 기술 발전과 전기 생산 용량의 증가에 따라 재생 에너지 발전에 대해서 잘 알아두어야 한다. 이를 위해 국가나 지자체의 입법자들과 연락하여 재생 에너지와 그와 관련된 기술들 장려하는 법을 제정하도록 요구한다.

☐ 에너지를 현명하게 소비하기

에너지 소비량을 줄이는 방법으로 소형 현관 조명과 같은 효율성 좋은 전구를 고른다. 집이나 회사에 겨울에는 온도를 일정 수준 이상 높이지 않고, 여름에는 온도를 일정 수준 이상 낮추지 않도록 온도를 조절하여 에너지를 절약한다. 몇몇 도시에서는 개개인이 재생 에너지를 사용하는 전기 기구를 구매하는 방법으로 재생 가능 에너지에 투자한다.

☐ 에너지 효율이 좋은 운송수단 이용하기

만약에 걷거나 자전거를 타고 등교/출근할 수 있으면 하고, 그렇게 할 수 없는 상황이라면 전철이나 버스를 타고 학교나 직장으로 출근을 하는 것을 추천한다. 만약에 운전을 할 수 있다면 카풀(carpool)을 이용하고, 자가용을 구매할 때는 안전하고 연료의 효율이 좋은 제품을 구매하는 것을 추천한다. 정부는 기업이 에너지 효율이 좋은 차량을 생산하는 데 영향을 미치는 반면 소비자의 선택은 생산에 많은 영향을 미친다.

10.8~10.11 해결방안

- 태양광 발전에서 어떠한 기술 향상이 있었는가?
- 어떠한 측면에서 풍력 터빈의 사용 및 기술이 향상되고 있는가?
- 수력 발전의 피해를 줄이기 위한 전략에는 무엇이 있는가?
- 바이오 연료의 부정적 영향을 줄이기 위한 방안은 무엇인가?

핵심 질문에 대한 답

_____

_____

_____

_____

_____

_____

제10장
복습 문제

1. 덴마크의 삼소 섬에서 공동체에 전력을 공급하기 위해 사용하는 신재생 에너지는?
   a. 풍력 에너지　　　**b.** 태양광 에너지
   c. 바이오 에너지　　**d.** 위 항목 모두

2. 다음 중 태양광 발전과 관련된 주요 기술적 문제를 고르라.
   a. 지구에 들어오는 태양 에너지가 부족함
   b. 사막과 열대 지역에 태양 에너지가 편중됨
   c. 밤-낮 주기에 의해 태양 에너지는 간헐적으로 이용 가능함
   d. 태양광 발전은 지붕 위에 설치해야만 사용할 수 있음

3. 다음 중 수력 발전에 속하지 않는 것은?
   a. 조류 에너지　　　**b.** 지열 에너지
   c. 조력 에너지　　　**d.** 수력 에너지

4. 셀룰로스 에탄올을 생산하는 데 가장 어려운 과제는 무엇인가?
   a. 연료인 바이오매스의 공급 부족
   b. 목재, 짚 및 기타 바이오매스의 낮은 에너지 함유량
   c. 에너지 효율적인 공정 개발에 대한 연구자들의 관심 부족
   d. 고분자 셀룰로스를 단순 당으로 분해하는 과정

5. 다음 중 가장 높은 에너지 투자수익률(EROEI)을 가지는 것은?
   a. 수력 발전　　　　**b.** 석탄 화력 발전
   c. 천연가스 화력 발전　**d.** 풍력 발전

6. 풍력 터빈과 조류의 사망률에 관한 다음 진술 중 참인 것은?
   a. 풍력 터빈에의 충돌이 건물에의 충돌보다 더 높은 조류 사망률을 초래한다.
   b. 풍력 터빈에의 충돌은 매년 수백 마리의 조류 사망을 야기한다.
   c. 애완용 고양이에 의해 죽는 조류의 수는 풍력 터빈에 의한 것보다 적다.
   d. 풍력 터빈에의 충돌에 의한 조류 사망률은 2030년까지 매년 백만 마리에 이를 것으로 추정된다.

7. 태양광 발전의 환경 영향을 줄이기 위한 방안이 될 수 있는 것은?
   a. 고집광 태양광 발전소의 물 냉각 시스템을 공기 냉각으로 바꾼다.
   b. 고집광 태양광 발전 시설을 이미 교란된 지역에 설치한다.
   c. 공단 규모의 태양광 발전 시스템을 상업용 건물의 지붕에 설치한다.
   d. 위 항목 모두

8. 새롭게 고안된 풍력 터빈의 디자인이 충돌에 의한 조류 사망률을 줄이는 원리는 무엇인가?
   a. 새로운 터빈은 너무 빨리 회전하기 때문에 새들이 충돌하기 어렵다.
   b. 새로운 풍력 터빈에 입힌 밝은 색 때문에 새들이 쉽게 접근하지 않는다.
   c. 새로운 풍력 터빈의 단주는 횃대로 작용하지 못한다.
   d. 새로운 풍력 터빈은 지표에 근접해 있어 새들이 잘 날아다니지 않는다.

9. 다음 중 바이오 연료 개발과 관련된 이슈가 아닌 것은?
   a. 산림 파괴　　　　**b.** 대량의 오존층 파괴
   c. 식량 공급 감소　　**d.** 멸종 위기의 동물 위협

10. 다음 신재생 에너지에 대한 진술 중 맞는 것은?
   a. 신재생 에너지는 환경 영향을 발생시키지 않는다.
   b. 신재생 에너지는 비신재생 에너지보다 더 큰 환경 영향을 낳는다.
   c. 신재생과 비신재생 에너지의 환경 영향에는 차이가 없다.
   d. 신재생 에너지 개발은 다양한 환경적 영향을 해결하면서 이뤄져야 할 것이다.

비판적 분석

1. 덴마크의 삼소 섬의 100% 신재생 에너지 의존 성공 사례가 국가나 세계적 규모의 신재생 에너지 개발에 어떻게 적용될 수 있을까?

2. 수력 발전과 관련된 환경 및 경제적 문제에 관해 논하고, 이러한 문제의 해결방안에 대하여 이야기해보자.

3. 전력 생산 방식에 있어 신재생 에너지로의 전환률을 높이기 위해 산업, 정부 그리고 연구원들이 할 수 있는 노력은 무엇일까?

4. 옥수수로부터 에탄올을 생산하는 것이 더 간단한데도 불구하고 주요 에너지기업들이 셀룰로스 에탄올의 개발에 더 많은 투자를 하는 이유는 무엇일까?

5. 옥수수 기반의 에탄올 생산과 관련된 주요 환경 및 인건비용과 낮은 에너지 투자수익률을 감안할 때, 미국 농업 종사자들이 많은 양의 옥수수 작물을 계속해서 에탄올 생산에 이용하는 이유는 무엇일까?

핵심 질문 : 환경과 인체 건강 사이에는 어떤 관계가
있으며, 우리는 이 관계를 어떻게 관리할 것인가?

환경에 있는 독성물질과 병원균에 대해 설명하고
이들이 인체에 미치는 영향을 서술한다.

(fotog/Getty Images)

과학원리

환경보건과 위해성, 그리고 독성학

독성물질과 병원균에 노출되는 것이 환경보건과 인체 건강에
어떤 결과를 초래하는지 설명한다.

일상생활에서 어떻게 위해성을 평가하고
독성물질과 병원균을 다룰 것인지 논의한다.

문제   해결방안

2014년 1월, 저장탱크에서 누출된 독성 화학물질로 오염된 웨스트버지니아 주 찰스턴 시 근처의 엘크 강 지역을 노동자들이 점검하고 있다. 가정용 급수를 오염시킨 이 유출의 여파로, 찰스턴 주민들은 식수를 받기 위해 줄을 서 있다.

엘크 강에서 발생한 화학물질 유출

독성물질 유출 사건은 인체 건강과 환경에 영향을 주는
수많은 유해물질들에 대해 우리가 얼마나 무지한지 부각시켜주었다.

2014년 1월 9일 오전, 웨스트버지니아 주의 조용한 중심도시 찰스턴의 주민들은 공기에 감초의 단내가 배여 있음을 눈치챘다. 오후 5시 45분이 되어서야 지역 수자원공사는 고객들에게 이 물을 마시지도 말고, 이 물로 요리를 하지도, 씻지도 말라고 알리기 시작했다. 이 도시에서 1마일 상류 엘크 강변에 프리덤인더스트리라는 회사 소유의 녹슨 저장 탱크에서 석탄 처리에 쓰이는 화학물질이 7,500갤런이나 유출되었다. 그 후 24시간 동안 700명가량의 주민들이 독극물통제센터에 연락해 발진과 메스꺼움을 호소해왔다. 14명이 병원에 입원했다.

미국에서 널리 사용되는 많은 공업용 화합물이 그렇듯, 이 화합물 3-메틸시클로헥산메탄올(3-methylcyclohexanemethanol, MCHM)의 독성에 대해 공개적으로 알려진 것은 거의 없었다. 1976년에 통과된 미국 독성물질규제법(Toxic Substances Control Act)에 의하면 미국 환경청(EPA)은 건강에 위해한 화학물질을 검사할 수 있다. 다만, 이 화학물질이 유해하다는 증거가 포착된 후에야 말이다. 이 법이 통과될 당시 시장에서 이미 유통되고 있던 62,000개 화학물질들은 면제되었고, 그 이후 등록된 21,000개 화학물질 중 15%만이 보건과 안전에 관한 데이터를 포함하고 있다. 이 새로운 화학물질들에 관한 데이터는 회사들이 영업비밀이라고 주장하며 종종 대중에게 숨긴다.

화학물질 유출 발생 나흘 후인 1월 13일, 관리처들은 수질경보를 해제했다. MCHM에 관해 존재하는 미미한 데이터에 의하면 이를 과량 섭취할 경우 간과 신장이 손상될 수 있다. 그러나 수개월 또는 수년 후에 사람에게 어떤 영향을 줄지는 아무도 확실히 알지 못했다. 어쨌든 이 사건은 규제가 없을 경우 환경 위험이 어떻게 우리의 건강과 안녕에 영향을 줄 수 있는지 보여주었다.

이 책의 상당 부분은 환경의 건강, 즉 환경 자체 또는 그 일부가 처한 상황을 다루고 있다. 예를 들어, 습지 생태계가 청정하고, 비

우리가 이들 화학물질과 이토록 밀접하게 살아갈 것이라면, 즉 먹고 마시고 우리 골수에 넣을 것이라면 이들의 본질과 위력에 대해 뭔가 알고 있는 편이 좋을 것이다.

레이첼 카슨, 침묵의 봄(*Silent Spring*)

옥하고, 지속 가능한지 말이다. 이 장에서는 이와 연관은 있지만 독립적 문제인 **환경보건**(environmental health)을 다룰 것이다. 구체적으로 말하면 인간의 건강과 안전, 그리고 자연적·인위적 환경이 인간의 건강과 안전에 어떤 영향을 주는지를 말한다. 이것이 이 장의 핵심 질문으로 이어진다.

환경보건 인체 건강에 영향을 주는 환경의 물리적·화학적·생물학적 요인을 평가하고 경감시키려 노력하는 연구와 행동 분야

핵심 질문

환경과 인체 건강 사이에는 어떤 관계가 있으며, 우리는 이 관계를 어떻게 관리할 것인가?

(fotog/Getty Images)

11.1~11.2 과학원리

환경 위해성 감염병, 독성물질, 오염물을 포함한 인간에게 위험한 현상

오염물질 살아 있는 생명체에 위험하거나 대기, 물, 토양을 오염시키는 물질(예 : 기름이나 살충제) 또는 조건(예 : 과도한 소음)

인간은 **환경 위해성**(environmental hazard)—자연 또는 인간에 의해 만들어진, 인간에게 위험한 현상—과 자주 맞닥뜨린다. 이런 위해성들은 미생물부터 전 지구적으로 퍼져가는 오염 물질까지 다양하다(그림 11.1). 세계보건기구(WHO)는 매년 1,300만에 이르는 모든 사망의 4분의 1은 환경 위해성에 노출된 결과라고 추정한 바 있다. 이 장에서는 독성물질, 전염병, 오염물질 등 생물학적·화학적 환경 위해성에 대해 탐구할 것이다.

11.1 화학적 위험에는 독성물질과 오염물질이 있다

만약 충분히 높은 농도의 독성물질에 노출된다면 당신은 죽을 수 있다. 그것도 물질에 따라서는 매우 빠르게 말이다. 공기, 물, 또는 토양을 오염시켜서 생물에 해를 가하는 독성물질을 우리는 **오염물질**(pollutant)이라고 한다(그림 11.2). 예를 들어, DDT 같은 살충제를 환경에 뿌

환경 위해성에는 다양한 원천이 있다

(Munshi Ahmed/Bloomberg via Getty Images)

싱가포르의 심각한 대기오염

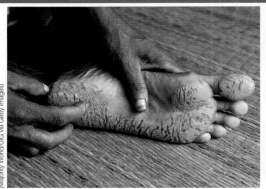

(Majority World/UIG via Getty Images)

비소로 오염된 물을 마셔서 생긴 발의 병변

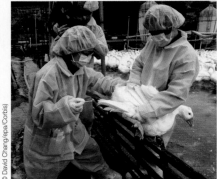

© David Chang/epa/Corbis)

타이완의 거위 떼에 대한 조류독감 검사

그림 11.1 환경 위해성은 인간 기원인 것도 있고 자연 기원인 것도 있다. 이웃한 말레이시아의 산불이 싱가포르에 심각한 대기오염을 야기했다. 비소로 오염된 우물에서 얻은 식수가 이 여성의 발에 병변을 일으켰다. 2015년 1월 타이완의 의료계 종사자들이 거위 떼에 대해 조류독감 바이러스 H5N2와 H5N8 검사를 하고 있다.

리면 그 잔유물이 토양, 물, 그리고 식물과 동물을 오염시키기 때문에 오염물질이라고 할 수 있다. DDT는 레이첼 카슨(Rachel Carson)이 1962년 책 침묵의 봄(*Silent Spring*)에서 주목했던 것이기도 하다(제1장 19쪽 참조). 오염과 오염물질에 대해서는 제13장에서 자세히 다룰 것이다. 다양한 살충제에 노출된 농장 근로자의 경우처럼 높은 용량의 오염물질은 치명적일 수 있다. 노출 정도가 낮더라도 인간과 기타 동물의 배아를 손상하거나 성체를 병들게 할 수 있다.

자연 독성물질과 인공 독성물질

독성물질은 보통 독소와 독물의 두 범주로 나뉜다. 아래에서 논의하겠지만, **독소**(toxin)란 식물, 동물, 균류, 박테리아와 같은 생물이 만들어내는 독성물질로서 인간 건강에 해를 가할 수 있는 것이다. 예를 들어, 보툴리눔 식중독을 유발하는 보툴린(botulin)은 박테리아성 독소이다. **독물**(toxicant)은 인간에 의해서 또는 인간 활동의 부산물로 생성되는 독성물질이다. 여러 제조와 산업 공정의 부산물인 다이옥신(dioxin)은 독물의 일종으로 인체에 가장 위험한 독성물질에 속한다.

어떤 독성물질은 환경에 자연적으로 존재한다(그림 11.3). 비소, 수은, 납은 **중금속**(heavy metal)이라 불리는 독성물질이다. 중금속은 환경에 자연적으로 존재하고 적은 양의 경우 보통 유해하지 않다. 대부분의 경우 중금속이 인체에 문제가 되는 것은 인간 활동 때문이다. 예를 들

환경과학의 주요 관심사인 오염은 현대 세계에서는 매우 흔하다

그림 11.2 산업, 교통 시스템, 농업, 그리고 가정에서의 활동이 모두 독성 오염물의 잠재적 원천이다. 농지에 잠재적 오염원인 살충제를 뿌리고 있다.

어 채굴이나 도로 공사를 하면, 신선한 암석 표면이 비에 노출되어 암석으로부터 중금속이 녹아 나온다. 빗물은 중금속을 하천과 연못으로 운반하고 땅속으로 스며들어가 우물을 오염시킨다.

인간은 막대한 수의 잠재적 독성물질을 생산한다. 미국에서만 85,000가지 산업용 화학물질이 생산되는데 그중 몇몇은 그 생산량이 막대하다. 한 독성물질을 연간 450,000킬로그램 이상 제조하면 '대량생산'이라고 하는데 2,500여 개 화학물질이 여기에 속한다.

물론 모든 화학물질이 독성인 것은 아니다. 하지만 우

생산에 들어가 환경에 방출되기 전에 모든 새로운 화학물질의 독성을 시험하도록 하는 것의 장단점은 무엇인가?

독소와 독물

등에 마름모꼴 무늬가 있는 미국 서부의 방울뱀

고형폐기물의 개방 소각

그림 11.3 독성물질은 생물이 만들어내는 독소(왼쪽)와 인간이 만들어내는 독물(오른쪽)의 두 범주로 나뉜다

독소 살아 있는 유기체(예 : 식물, 동물, 균류, 또는 박테리아)가 만든 독성물질로서 인류 건강을 해칠 수 있는 것. '독물' 참조

독물 인간 활동의 부산물로 인간에 의해 만들어진 독성 물질. '독소' 참조

?

상승효과는 독성시험을 어떻게 복잡하게 만드는가?

독성학 독성물질이 인간과 기타 유기체에 미치는 영향을 다루는 과학

신경독소 신경세포를 공격하는 독성물질

발암물질 직접 세포의 DNA를 파괴하여 암을 일으키는 물질

기형유발물질 배아 성장과 발달 동안 기형을 일으켜서 선천적 기형을 야기하는 물질

알레르겐 면역체계를 가동시켜 과민반응을 일으키는 물질

내분비계교란물질 여성 호르몬(에스트로겐과 프로게스테론), 남성 호르몬(테스토스테론), 또는 갑상선 호르몬 등 호르몬을 흉내 내는 화학물질

길항효과 두 독성물질의 상호작용에 대한 용어로서, 한 화학물질의 존재하에 다른 화학물질의 독성이 감소하여 해독제로 사용할 수 있는 것

상가효과 두 독성물질의 상호작용에 대한 용어로서 둘의 합쳐진 독성은 각각의 효과의 합보다 작다.

상승효과 두 독성물질의 상호작용에 대한 용어로서 둘의 합쳐진 독성은 각각의 효과의 합보다 크다.

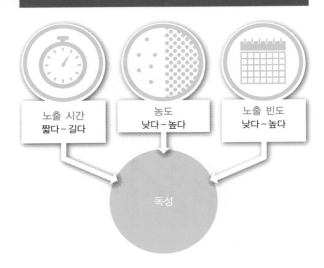

독성에 영향을 주는 세 가지 주된 요인

노출 시간
짧다 – 길다

농도
낮다 – 높다

노출 빈도
낮다 – 높다

독성

그림 11.4 어떤 물질이 인간 또는 다른 생명체에 미치는 독성은 노출 기간, 농도, 그리고 노출 빈도 사이의 복잡한 상호작용의 영향을 받는다.

리는 생산된 85,000가지 산업용 화학물질 중 몇 가지가 정말 독성인지 모른다. 왜냐하면 대부분은 독성검사를 전혀 받지 않았기 때문이다. 게다가 매년 2,000가지 새로운 화학물질이 합성되는데, 이 중 극소수만 생산 전에 독성시험을 거친다.

독성물질이 인간과 기타 생물에 미치는 효과를 연구하는 과학을 **독성학**(toxicology)이라고 한다. 어떤 물질이 인간에게 미치는 독성효과는 세 가지 요인에 의해 결정된다. (1) 노출 기간이 짧은지 긴지, (2) 물질의 농도가 낮은지 높은지, (3) 노출 빈도가 일회성인지 시간에 걸쳐 반복되는 지이다(그림 11.4). 인간이 독성물질에 노출되는 경로는 호흡을 통해, 음식이나 물 섭취를 통해, 아니면 피부로 흡수한다. 독성학의 목표는 독성물질에 안전하게 노출될 수 있는 정도를 정의하는 것이다.

독성물질은 어떻게 인체에 영향을 주는가

이 절에서 독성물질의 예를 여럿 다루게 될텐데, 독성물질은 인체에 여러 방법으로 해를 끼친다. 보통 인체에 미치는 영향에 따라 다음과 같이 분류한다.

신경독소(neurotoxin)는 신경세포를 공격한다. 서로 다른 종류의 신경독소는 신경에 각기 다르게 작용한다. 중금속은 신경세포를 죽이는 반면 유기인산화합물과 카바메이트(carbamate, 살충제에 쓰임)라고 불리는 화학물질은 신경세포 사이의 신호전달을 억제한다. 일부 액체세제에 함유되어 있는 염소화 탄화수소는 신경세포막을 교란한다.

발암물질(carcinogen)은 세포의 DNA를 직접적으로 훼손하여 암을 유발한다. 세포 분열 사이클의 꺼짐 신호를 방해하여 돌연변이를 일으키고 세포 분열을 제어할 수 없게 만들어 종양을 형성한다. 흔한 발암물질에는 벤젠(담배 연기에 있음)과 같은 화학물질, 라돈(일부 암석에서 나오고 지하실에 축적됨)과 같은 방사성 물질, 그리고 비소를 포함한 중금속이 있다.

기형유발물질(teratogen)은 배아의 성장과 발달 과정에 이상을 일으켜 선천성 기형에 이르게 한다. 태아의 뇌는 오염물질에 특히 민감하다. 중금속인 납과 수은, 알코올, 살충제에 노출되면 IQ가 낮아지거나 신경근 결함이 생겨 아기의 언어나 운동을 방해할 수 있다.

알레르겐(allergen)은 면역체계를 가동시켜 과민반응을 일으킨다. 알레르겐의 효과는 꽃가루에 의한 코막힘 같이 가벼운 증상부터 벌에 쏘여 아나필락시스(anaphylactic) 쇼크를 입는 것처럼 생명을 위협하는 경우까지 다양하다.

내분비계 교란물질(endocrine disruptor)은 여성 호르몬(에스트로겐과 프로게스테론), 남성 호르몬(테스토스테론), 또는 갑상선 호르몬과 유사하게 행동한다. 결과적으로 남성 또는 여성 생식계의 손상 또는 변화, 행동 변화, 면역체계 손상, 신경학적 문제, 종양 등이 발생한다.

독성물질들의 상호작용

생물은 여러 독성물질에 동시에 노출되므로 둘 또는 그 이상의 물질이 미치는 영향의 합은 다양한 형태로 나타날 수 있다. 어떤 화학물질들은 **길항효과**(antagonistic effect)가 있다. 이 경우 한 화학물질의 독성은 다른 화학물질이 있을 때 감쇄되고 따라서 두 번째 화학물질은 해독제로 사용될 수 있다. 다른 경우 독성물질들이 **상가효과**(additive effect)를 가질 수도 있다. 이 경우 두 물질의 독성은 단순히 각각의 독성의 합이다. 이를테면, 2+2=4이다. 하지만 독성물질들이 **상승효과**(synergistic effect)를 나타낼 수도 있는데, 이때는 이들 독성의 총합은 각각의 독성을 단순히 더한 값보다 크다. 즉, 2+2=4가 아니라 2+2=6 또는 그 이상이 될 수 있다. 예를 들어, 수은과 4-노

닐페놀이라 불리는 세제에 있는 독성물질은 둘 다 하수처리장의 슬러지에 축적된다. 이들 각각도 독성이 있지만 실험실에서 이 둘을 결합시켰을 때는 따로일 때에 비해 3분의 1 정도 더 인간의 간세포에 유해했다.

인간만 오염물질 상승효과의 영향권에 있는 것은 아니다. 멕시코 만에서 석유생산을 늘리기 위해 사용하는 두 화학물질(에틸렌글리콜과 메탄올)에 대해 연구한 결과, 폼파노(pompano, 낚시감으로 인기 있는 물고기)의 수영 능력이 둘 중 한 가지 화학물질에만 노출되었을 때보다 두 화학물질 모두에 노출되었을 때 더 컸다.

⚠ 생각해보기

1. 하수 슬러지를 농작물과 목초지에 비료로 사용하는 것이 좋은 생각이 아닌 이유는 무엇인가?
2. 독성물질의 종류에는 어떤 것들이 있는가?
3. 한 독성물질이 다른 독성물질에 길항효과가 있을 때 어떻게 해독제로 이용할 수 있는가?

11.2 박테리아, 바이러스, 기생충은 환경에 널리 퍼져 있다

흑사병, 그 이름만 들어도 몸서리쳐지는 이미지들이 떠오른다(그림 11.5). 이 가래톳페스트 **유행병**(pandemic)은 1350년경 유럽에서 절정을 이루었는데, 유럽 인구 중 대략 3분의 1의 목숨을 앗아갔다고 추정된다. 당시 많은 사람들이 세계의 종말을 목격하고 있다고 여길 정도였다. 가래톳페스트 페스트는 인류가 경험한 대단히 파괴적인 유행병 중 하나에 불과하다. 천연두, 유아 설사, 말라리아, 결핵, 콜레라 등이 수백만의 목숨을 앗아갔다.

질병(disease)은 박테리아, 바이러스, 기생충, 부적절한 식생활, 또는 오염물질에 의해 정상적인 생물학적 기능이 손상되는 것인데, 당시에는 흑사병뿐만 아니라 질병이 전반적으로 더럽거나 유해한 공기 때문이라고 생각했다. 500년이 지난 19세기 후반에 와서야 감염성 박테리아가 가래톳페스트를 비롯한 많은 병을 일으킨다는 것이 드러났는데, 이는 전염병과의 싸움에서 중요한 과학적 돌파구였다.

박테리아가 유일한 **병원균**(pathogen, 병을 일으키는 생물)은 아니다. 바이러스와 기생충도 인간과 기타 생물에서 병을 일으킨다. 이제는 대부분의 병이 어떻게 전염

'흑사병'의 예술적 재현

그림 11.5 중세시대에 가래톳페스트가 유럽을 휩쓸어서 인구의 3분의 1가량을 앗아갔다. 당시의 그림이 암시하듯이 생존자들에게 정서적·심리적 충격을 주었다.

(De Agostini/A. Dagli Orti/Getty Images)

되는지 알고 있지만, 지난 100년간의 환경유해성 때문에 전염병은 여전히 주된 사망 원인이다. 병원균의 세 분류(즉 박테리아, 바이러스, 기생충)를 박테리아부터 시작해서 고려해보자.

세균병

박테리아(bacteria, 단수 *bacterium*)는 첫 다세포 생물이 생기기 수십억 년 전부터 존재해왔다. 대부분의 박테리아는 단세포이고, 인간 체세포의 크기에 비해 미세하며, 단순한 구조로 되어 있다(그림 11.6). 크기가 작다 보니 1600년대에 첫 현미경이 발명되기까지 인간이 볼 수 없었고, 박테리아가 병을 야기한다는 것은 그로부터도 약 한 세기가 지나서야 알아냈다. 가장 깊은 광산에서부터 공중에 떠도는 먼지 알갱이에 이르기까지 박테리아가 없는 곳은 없으며, 생물권이 제대로 기능하는 데 필수적이다. 대부분의 박테리아는 무해하다. 즉 병을 일으키지 않고 사실 대부분은 인체에 필수적이다. 성인 신체는 100조 이상의 세포로 이루어지는데, 이 중 약 10조만이 인간세포이다. 나머지 인체 안에 또는 표면에 있는 90%의 세포는 박테리아이

유행병이 현재 세계 인구의 3분의 1을 죽인다면 몇 명이 죽는 것인가?

유행병 병이 확장되어 매우 넓은 지리적 지역(예 : 대륙 전체)의 개체군 대다수에 영향을 주는 것

질병 박테리아, 바이러스, 기생충, 부적절한 식생활, 또는 오염물에 의해 정상적인 생물학적 기능에 지장이 있는 상태

병원균 병을 생성하는 유기체

박테리아 핵 또는 막으로 둘러싸인 다른 기관이 없는 단세포 유기체(단수는 박테리움). 박테리아의 대다수는 병원균이 아니다.

박테리아 수와 이들이 제공하는 필수적인 서비스들에 대한 발견이 어떤 면에서 인간의 개성이라는 개념에 도전을 제기하는가?

바이러스가 생명체라고 생각하는가? 그렇게 생각하는 이유는 무엇인가?

바이러스 DNA 또는 RNA가 단백질에 둘러싸인 것으로 구조적으로 단순하며 병을 일으키는 요인이다. 바이러스성 질환으로는 감기, 독감, 홍역, 볼거리, 수두, 광견병, 헤르페스, 그리고 인간 면역 결핍 바이러스(HIV, AIDS를 일으키는 바이러스)가 있다.

다. 이들 90조의 박테리아 세포는 인체 몸무게의 작은 부분에 불과하지만 이들은 거의 모두 유익하다. 예를 들어, 대장에 있는 박테리아는 음식물의 소화를 돕고, 피부와 코에 있는 박테리아는 유해한 박테리아가 침투하지 못하게 한다.

세균병을 일으키는 것은 유해한 박테리아지만, 이들은 보통 환경적 요인과 함께 작용한다. 환경적 요인이라고 하면 단순하게는 피부를 뚫고 들어가 박테리아로 하여금 피하조직을 공격하게 하는 날카로운 물체일 수도 있고, 복잡하게는 인간배설물이 오염시킨 수원에 대응하여 그 치사율을 조절하는 콜레라 박테리아와 연관된 환경적 요인일 수도 있다.

질병을 유발하는 박테리아의 대다수는 숙주의 체내세포를 손상시키는 물질을 생성하는 방법으로 그들이 침투하는 숙주에게 영향을 준다. 박테리아는 두 가지 방법으로 독소를 생성한다. **외독소**(exotoxin)는 박테리아가 주변 환경으로 분비하는 단백질이다. 보툴리눔 식중독을 일으키는 보툴린 같은 외독소는 가장 독성이 강한 자연물질에 속한다. 콜레라는 종종 치명적인 소장의 질병으로 콜레라 박테리아 *Vibrio cholerae*에 의해 만들어진 외독소의 결과이다. 반면에 **내독소**(endotoxin)는 또 다른 종류의 식중독을 일으키는 **살모넬라**(Salmonella) 같은 몇몇 박테리아 세포막의 일부분이다. 내독소는 박테리아 세포가 죽어 분해할 때 분비된다.

결핵 등 다른 세균병은 독소에 의한 것이 아니라 박테리아가 숙주의 조직 내에서 자라면서 숙주세포와 영양분을 두고 경쟁하면서 생기는 것이다.

바이러스성 질환

바이러스(virus)는 감기와 같은 비교적 가벼운 질환부터 홍역, 광견병, 에볼라, 그리고 HIV(인간 면역결핍 바이러스)로 인한 AIDS(후천성 면역결핍 증후군)같이 매우 파괴적인 질환까지 많은 건강 문제를 일으킨다.

바이러스는 박테리아와 마찬가지로 환경에 만연해 있다. 박테리아처럼 미세한 병원균이지만 둘은 생물학적으로 확연히 다르다. 바이러스는 단순히 단백질에 둘러싸인 유전물질로, 박테리아처럼 생명 유지에 필수적인 여러 과정에 필요한 세포 구조라든가 생화학적 경로가 없다(그림 11.7a). 바이러스는 동물, 식물 또는 박테리아의 세포체계를 침략하거나 장악해야만 스스로의 생활주기를 완성할 수 있다(그림 11.7b). 대신 바이러스는 세포의 기작을 장악해서 세포 본연의 기능을 하는 대신 바이러스를 복제하도록 한다. 그리고 세포가 본연의 과정을 중지하면 바이러스 질환의 증상이 나타난다.

바이러스가 초래하는 어떤 피해는 복구 가능하다. 바이러스가 감염시키는 세포를 죽이더라도, 건강한 세포가

박테리아 : 구조가 단순하고 환경보건에 필수적인 동시에 위험하다

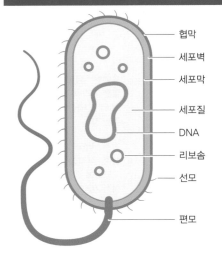

협막
세포벽
세포막
세포질
DNA
리보솜
선모
편모

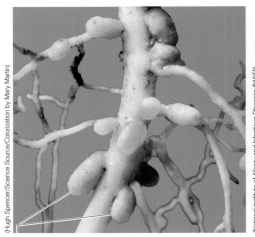

(Hugh Spencer/Science Source/Colorization by Mary Martin)

클로버 뿌리혹에는 질소고정박테리아가 있다.

(National Institute of Allergy and Infectious Diseases (NIAID))

페스트 박테리아(*Yersinia pestis*)

그림 11.6 여기 제시한 단순한 물리적 구조는 박테리아 대사의 복잡성을 착각하게 만든다. 질소고정박테리아는 모든 생태계의 작동에 필수적이다. 흑사병의 근원이었던 박테리아 종 *Yersinia pestis*는 여전히 세계 여러 곳에서 위험 요인이다.

바이러스 : 단순화된 병원균

a.

외피 단백질(capsid)

유전물질
(DNA 또는 RNA)

b.

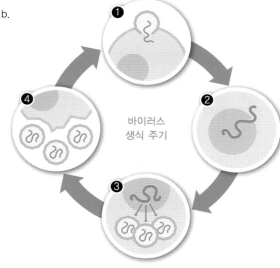

바이러스
생식 주기

❶ 바이러스가 숙주세포를 점령하고 자기 유전물질을 방출한다.

❷ 바이러스의 유전물질이 숙주세포의 핵에 침투한다.

❸ 바이러스의 유전물질이 숙주세포의 기작을 장악하고 바이러스의 복제품을 생산하는 데 이용한다.

❹ 바이러스의 복제품은 숙주세포에서 방출되는데 종종 이 과정에서 숙주 세포를 파괴한다.

그림 11.7 단백질 막으로 둘러싸여 있는 바이러스의 유전물질은 숙주의 세포들을 점령하는 데 필요한 모든 설명을 포함하고 있다. 이 단순화된 생식 주기는 바이러스가 어떻게 숙주세포를 점령해 스스로를 수없이 복제하고 이 과정에서 숙주를 죽게 하는지를 보여준다.

증식하여 죽은 세포들을 대체할 수 있다. 하지만 신경세포 같은 것은 원활히 대체되지 않아서 신체에 끼치는 피해가 영구적일 수 있다. 소아마비는 신경세포를 심하게 손상시키는 바이러스성 질환의 한 예이다. HIV는 인간의 면역체계를 공격하여 신체가 전염병에 저항하는 능력을 감소시킨다. 아프리카 여러 나라에 고질적인 에볼라 바이러스 또한 면역체계를 공격한다. 고열과 광범위한 염증을 일으켜 간, 창자, 혈관을 손상시키고 잠재적으로 눈과 코의 출혈을 야기할 수 있다.

인간에 영향을 주는 가장 흔한 바이러스 중 하나는 유행성 감기 바이러스이다. 우리는 감기에 걸려 그 증상(고열, 기침, 폐울혈, 인후염, 두통, 근육통, 피로)으로 고생해본 경험이 있다. 대부분의 사람들은 한두 주 내에 회복하지만, 노인과 만성병 환자는 상당한 피해를 입는다. 매년 미국에서는 대략 100,000명이 계절성 독감으로 병원 신세를 지고, 20,000명이 사망한다. 계절성 독감으로 인해 전 세계적으로 매년 3~5백만 명이 심하게 앓으며 25~50만 명이 사망한다.

"독감의 계절입니다. 주사를 꼭 맞으십시오!"라는 문구는 매년 익숙하게 들을 수 있다. 바이러스의 유전물질(이 경우는 독감 바이러스의 유전물질)은 변화하기 때문에 예방접종은 매년 필요하다. 달리 말하면 바이러스는 진화한다. 바이러스 중 가장 변화무쌍한 것은 HIV이고, 그래서 AIDS에 대항하는 것이 그토록 어려운 것이다.

기생병

기생은 인간 개체군에 발생하는 질환의 또 하나의 주요 원인이다. **기생충**(parasite)은 숙주(host)라 불리는 다른 생물 안 또는 표면에 사는 생물이다(그림 11.8). 기생이란 포식자와 먹이 사이의 관계와 비슷한 특정한 생태학적 관계이다(제3장 75쪽 참조). 이 관계에서 숙주는 기생충에 의해 피해를 입고 기생충은 숙주로부터 먹이, 보호, 자손의 확산 등의 이득을 얻어낸다.

기생은 아주 성공적인 생활양식이다. 모든 곤충과 기타 절지동물을 포함한 모든 동물 종에는 기생하는 회충이 적어도 한 종은 있기 때문에, 그리고 대부분의 동물 종에는 하나가 아니라 여러 종의 회충이 기생하기 때문에, 다른 모든 동물 종을 합친 것보다 회충의 종이 더 많을 것이다. 하지만 연구가 부족해서 확실히 알려진 것은 없다.

인간의 몸 안 또는 표면에는 적어도 수백 종의 기생충이 기생한다. 예를 들어, 매년 학교는 머릿니 발생으로 골머리를 앓고, 빈대의 습격은 값비싼 호텔에 묵는 여행자들에게까지 문제가 되고 있다. 머릿니나 빈대 둘 다 모기나 다른 흡혈 곤충과 마찬가지로 피를 빨아먹는 외부기생충이다. 다양한 종류의 애벌레같이 생긴 생물은 인간의 내부기생충이다. 촌충은 창자 안에 산다. 인간 기생충 중 가장 큰 것은 길이 9미터 이상까지 자라고 수명이 20년인 촌충으로 생선을 날것으로 또는 충분히 익히지 않은 채 먹는 사람을 감염시킨다. 구충 또한 창자에 살지만, 이들은 발바닥의 피부를 통해 인체에 침투한다.

기생충 숙주라 부르는 다른 유기체 안에 또는 표면에 사는 유기체. 숙주는 기생충에 의해 손상되지만 기생충은 숙주로부터 다양한 혜택을 누린다(예 : 음식, 보호, 자손의 분산).

기생충은 다른 생명체를 이용하도록 진화하였다

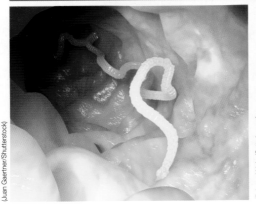

촌충

겨우살이

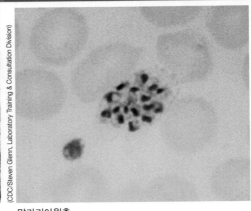

말라리아원충

그림 11.8 촌충은 동물의 소화기관에 살면서 숙주의 음식에 있는 영양소와 에너지를 빨아들인다. 겨우살이는 미루나무 같은 다른 식물에 기생하는 식물이다. *Plasmodium*은 인간을 포함한 많은 동물 종에서 말라리아를 일으키는 기생충이다.

많은 기생충은 질환을 일으키지 않지만, 흡혈 기생충이 만연하면 빈혈(혈액의 헤모글로빈 농도가 비정상적으로 낮은 것)을 일으키거나 조직에 있는 중요한 비타민과 광물의 농도를 낮출 수 있다. 어떤 기생충은 박테리아와 바이러스를 전파한다. 예를 들어, 어떤 진드기는 라임병을 일으키는 박테리아를 전염시키고, 모기는 웨스트나일 열병 바이러스나 동부 말뇌염 등 질병 유발 바이러스를 전파한다.

세계보건기구의 열대성 질환 연구와 교육에 관한 특수 프로그램이 대상으로 하는 10대 질환 중 일곱은 기생병이다. 열대성 기생병은 매년 수억 명을 감염시켜 인구에 끔찍한 피해를 가져온다. 매년 백만 명 이상의 사망을 초래하고, 어떤 경우는 매우 빠르게 전파된다. 뎅기열 같은 몇몇 열대성 질환은 전지구적 기후변화로 이 병을 옮기는 모기가 북쪽으로 퍼지면서 그 영역이 더욱 확장되고 있다.

병원균의 전파

병원균은 사실상 모든 환경에서 발견된다. 박테리아와 바이러스는 공기, 물을 통해 이동하며 상처, 폐와 창자를 통해서 생물의 몸속에 침입할 수 있다.

하지만 병원균이 감염을 일으키려면 먼저 숙주의 몸에 침투해야 하는데, 숙주는 매우 잘 보호되어 있다. 피부, 코와 입속, 창자에 조밀하게 분포한 양성 박테리아 개체군이 병원성 박테리아의 감염에 대해 일차 방어선을 형성한다. 이들 양성 박테리아는 박테리아가 자라기에 적합

한 인체의 구석구석을 점거함으로써 병원성 박테리아가 발 디딜 틈을 찾기 어렵게 만든다. 하지만 병원성 박테리아는 압도적인 양적 공세를 펴서 양성 박테리아로 이루어진 숙주의 방어벽을 뚫을 수 있다. 병원성 박테리아가 감염을 일으키려면 보통 수백, 수천, 심지어 수백만 개의 박테리아 세포가 필요하다.

기생충은 흔히 **벡터**(vector)라고 부르는 이차생물을 통해 간접적으로 전파된다. 가장 중요한 벡터들 중에는 모기나 파리 등 흡혈 곤충이 있다. 말라리아를 일으키는 말라리아원충(*plasmodium*) 원생동물은 모기에 의해 운반되고, 흡혈 모기가 혈액의 응고를 막기 위해 침을 분비할 때 동물 숙주에 주입된다(그림 11.9).

주혈흡충병(schistosomiasis)은 세계 여러 곳, 특히 위생 시설이 열악한 곳에서 흔한 기생병이다. 주혈흡충병을 일으키는 생물은 인체 내에서 생식하며, 알은 인간의 대소변과 함께 배설되어 자유 유영성 생물로 부화하여 달팽이 몸속으로 들어간다. 그곳에서 여러 단계를 거쳐 세르카리아(cercariae)라고 부르는 또 다른 단계로 물로 빠져나온다. 세르카리아는 물에 들어온 사람의 피부에 침투하고 인간 숙주의 몸속을 이동하다가 결국 창자에 머물면서 성숙하고 새로운 세대의 알을 생산한다.

⚠ 생각해보기

1. 병원성 생물은 자신이 필요로 하는 영양분을 얻기 위해 숙주를 손상시키지만 숙주가 죽으면 자신도 죽는다. 따라서 현재의 숙주

벡터 병원균 또는 기생충을 다른 유기체에 전달하는 유기체(예 : 모기는 인간 등 다른 종에게 말라리아와 기타 병을 옮긴다)

말라리아를 일으키는 기생충인 말라리아원충의 복잡한 생애주기

❶ 말라리아에 감염된 모기가 말라리아원충인 *Plasmodium* 기생충(종충)을 인간 숙주에 주입한다.

❷ *Plasmodium* 기생충(낭충)은 간세포를 감염시키고, 거기서 성숙하고 번식한다.

❸ *Plasmodium* 기생충(낭충)은 간세포를 파열하고 혈액으로 방출된다.

❹ *Plasmodium* 기생충(낭충)이 적혈구를 감염시키고, 거기서 성숙하고 번식한다.

❺ *Plasmodium* 기생충(낭충)이 적혈구를 파열하여 감염을 전파하고 그 과정에서 숙주세포들을 파괴한다.

❻ 몇몇 *Plasmodium* 기생충 (생식모세포)은 감염된 인간을 무는 모기에게 전파된다.

❼ *Plasmodium* 기생충(생식모세포)은 성적 단계를 거치며 모기의 복부에서 종충을 생성한다.

❽ *Plasmodium* 기생충(종충)는 모기의 침샘으로 이동해서 다른 인간 숙주를 감염할 준비를 갖춘다.

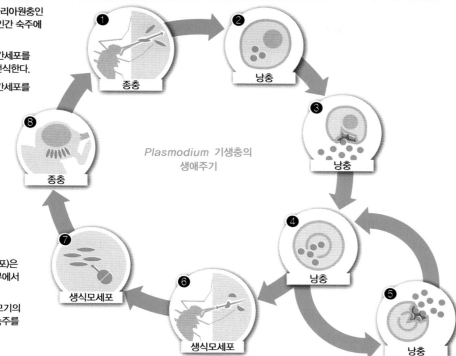

Plasmodium 기생충의 생애주기

그림 11.9 말라리아원충의 생애주기는 여러 생애 단계를 포함하는데, 각각은 독특한 특성과 특화된 이름이 있다. 말라리아를 전 세계적으로 지속시키는 주요 인자는 곤충 벡터인 모기이다.

를 죽이기 전에 새로운 숙주를 감염시킬 수 있어야 한다. 박테리아의 병독성(즉 숙주를 얼마나 병들게 하는지)과 새로운 숙주에 전파되는 것 사이에는 어떤 관계가 있다고 예상할 수 있는가?

2. 숙주의 세포를 파열시키는 외독소를 분비해서 박테리아가 얻는 혜택은 무엇인가?

3. 내독소를 분비하는 박테리아를 너무 빨리 죽여 없애지 말아야 하는 이유는 무엇인가?

11.1~11.2 과학원리 : 요약

매년 수천 가지의 화학물질이 생산되어 환경에 배출되지만, 그중 소수만이 환경보건에 미치는 역할을 규명하기 위한 검사를 받았다. 이들 화학물질의 다수는 환경에 지속적으로 축적되어서 인간과 동물에게 해를 입힐 가능성이 있다. 독성물질은 다양한 과정을 통해 피해를 준다. 신경독소는 신경체계를 손상하고, 발암물질과 돌연변이 유발 물질은 유전물질을 손상시키며, 알레르겐은 경·중증 알레르기 반응을 일으킨다. 기형 유발물질은 배아를 손상시키고, 내분비계 교란물질은 호르몬 체계를 변화시키거나 손상한다.

박테리아는 지구 모든 곳에 존재하며 대부분은 인간에 무해하다. 많은 박테리아가 양성이지만, 몇몇은 질병을 일으키거나 사망에 이르게 한다. 바이러스는 건강한 세포를 공격하고 숙주세포의 기작을 점령하여 더 많은 바이러스를 생성한다. 기생충은 다른 생물 안 또는 표면에 산다. 많은 기생충은 숙주에 별다른 영향을 주지 않지만, 어떤 기생충은 자신의 숙주를 직접 손상시키든지 병원성 박테리아나 바이러스를 운반한다.

11.3~11.6 문제

화학물질을 환경에 배출하면서 환경 전체뿐만 아니라 인간과 동물의 건강에 심오한 결과를 야기하는 일련의 사건들이 시작된다. 독성물질의 농도가 낮더라도 먹이사슬을 따라 움직이면서 점점 농축되어 영향을 줄 수 있다. 오메가 지방산이 많은 생선을 먹는 것은 좋은 식습관이다. 그러나 우리가 화학물질을 아무 규제 없이 배출한다면, 수은오염과 기타 독성물질 때문에 먹이사슬 상부에 위치한 생선은 오히려 기피하라는 경고성 문구를 달아야 할 상황이 된다.

11.3 독성물질은 환경에서 이동하며 높은 농도로 축적될 수 있다

인간이 전 지구적 규모로 환경을 오염시킨 역사는 길다. 대기의 중금속 농도는 7,000년 전 인간이 구리, 납 등 금속을 추출하기 위해 광석을 제련하기 시작하면서 증가하기 시작했다. 로마제국의 절정기에는 이탈리아와 스페인의 용광로가 매년 납 1억 킬로그램, 구리 1,500만 킬로그램, 그리고 수은 200만 킬로그램 이상을 생산하고 있었다. 이들 용광로에서 나온 오염물질은 전 세계로 퍼져나갔고, 4,000킬로미터 이상 떨어진 그린란드 빙하의 얼음에서조차 상승된 납, 구리, 수은 농도가 관찰되었다.

2,000년 전에는 단지 몇몇 사회만 이렇게 많은 양의 금속을 제련하고 있었고, 이로 인한 오염은 주로 용광로 주변 환경을 손상시켰다. 용광로에서 멀리 떨어진 곳에는 금속과 다른 독소의 농도가 희석되어 손상을 입히지 못하였다. 사실 "오염에 대한 해결책은 희석이다."는 20세기 중반까지 많은 산업의 슬로건이었다. 그러나 이 '오염에 대한 해결책'에는 문제가 있다. 첫째, 많은 독성물질은 지속적(persistent)이다. 즉 이들은 분해되지 않고 오랫동안 환경에 남아 있으면서 전 지구적으로 이동하고 심지어는 독성이 증가할지도 모른다. 게다가 인구가 증가하고 생활수준이 높아지면서 배출되는 오염물질의 양이 엄청나게 늘어났다.

오염물질은 대기, 물, 심지어 식물과 동물의 조직에 의해서도 운반되어 환경 내에서 돌아다닌다. 환경에서 아니면 생물 안에서 독성물질이 어떻게 그리고 어디로 돌아다닐지는 일반적으로 독성물질의 **용해도**(solubility)에 의해 결정된다. 알코올이나 금속 형태의 중금속 등 수용성 화합물은 강, 호수, 해양, 또는 생물 내부에서 매우 자유로이 그리고 빠르게 움직일 수 있다. 메틸수은(맹독성을 띠는 유기물 형태의 수은) 같은 지용성 물질은 일반적으로 신체 조직, 특히 축적된 지방 속에 운반되어 유기체가 살아 있는 동안 그 안에 남아 있을 것이다.

지속적인 독성물질이 생물 안에 남아 있으면 시간이 지나면서 점점 더 농도가 높아지는데, 이 과정을 **생물축적**(bioaccumulation)이라고 한다. 생물축적의 결과 대형 어류(예 : 대형 참치나 황새치)는 보통 더 작거나 젊은 개체에 비해 수은 등 독성물질의 농도가 높다(그림 11.10).

생물축적 이후의 단계를 **생물확대**(biomagnification)라고 하는데(제3장 85쪽, 제13장 415쪽 참조), 이것은 먹이사슬의 영양 단계가 높아질수록 농도가 높아지는 과정이다. 예를 들어, 석탄이 연소될 때 배출되는 수은은 비, 눈의 형태로 수역에 들어와 조류(algae)에 의해 흡수된다. 무척추동물과 작은 물고기는 다량의 조류를 섭취하면서 그 안에 있던 수은을 계속 보유하게 된다. 결국 대형 물고기는 이런 작은 생물을 많이 먹게 되고, 수은은 이들 포식자의 체내로 이동하게 된다. 결과적으로 연이은 각 영양 단계마다 독성물질의 양이 증가하게 된다. 다시 말해 생물학적으로 확대된다(그림 11.10 참조).

DDT(디클로로디페닐트리클로로에탄)는 1939년 처음 곤충의 접촉독으로 공인되었고 곧바로 사용되었다. 제2차 세계대전 동안과 그 이후에 널리 사용되었고, 초창기에는 산업화학 업적의 빛나는 예인 것처럼 보였다. DDT는 저렴하게 생산할 수 있었고, 사용법이 쉬웠으며, 겉보기에는 인간을 손상하지 않으면서 곤충만 죽이는 듯했다. 그 시대의 사진들을 보면 곤충과 기타 외부 기생충을 제거하려는 의도로 군인과 민간인에게 DDT 스프레이를

로마제국의 금속제련에서 시작된 오염은 전 세계적으로 전파되었다. 이 사실은 오늘날의 집약적 산업 활동에 대해 무엇을 시사하는가?

용해도 정해진 양의 용매에 녹을 수 있는 물질의 양

생물축적 유기체가 독성 화학물질일 가능성이 있는 물질을 포함한 화학물질을 흡수하여 그 농도가 증가하는 것. '생물확대' 참조

생물확대 상위 영양 단계로 갈수록 어떤 물질(예 : 중금속 또는 지용성 화학물질)의 농도가 높아지는 것. '생물축적' 참조

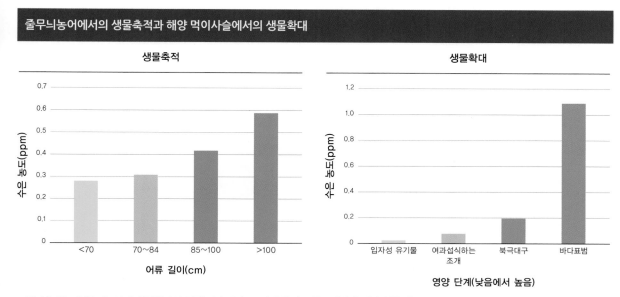

줄무늬농어에서의 생물축적과 해양 먹이사슬에서의 생물확대

생물축적

생물확대

그림 11.10 줄무늬농어가 성장하면서 점점 더 높은 농도의 수은이 근육조직에 축적된다(왼쪽). 결과적으로 개체군 중에서 더 작고 어린 개체의 조직은 크고 나이 많은 개체들보다 더 낮은 농도의 수은을 보유한다. 북극 해양 먹이사슬에서 수은의 농도는 낮은 영양 단계부터 높은 영양 단계로 갈수록 증가한다(오른쪽). 그 결과 최상위 포식자인 바다표범은 낮은 영양 단계의 것들보다 훨씬 높은 농도의 수은을 가지고 있다. (자료 출처 : Atwell et al., 1998; Burger and Gochfeld, 2011)

뿌리는 것을 볼 수 있다.

하지만 DDT가 환경에 퍼지면서 그 어두운 면이 분명해졌다. DDT는 수생동물(어류와 양서류)에 유독하고, 일부 포유류에서는 암을 유발한다. DDT는 생물확대를 처음으로 입증하기도 했다. 먹이사슬의 바닥에서 꼭대기로 갈수록 조직 내 DDT 농도가 증가하고, 그 분해 산물인 DDE는 캘리포니아콘도르나 송골매 같은 맹금류의 알 껍데기 형성을 방해한다. 얇은 알 껍데기는 부화기간 동안 부서져서 발달 중인 배아를 죽인다(제3장 85쪽 참조). 캘리포니아 해안을 따라 사는, 멸종 위험이 매우 큰 콘도르가 DDT나 DDE 농도가 매우 높은 바다사자의 시체를 먹고 살 때, 알품기 성공률은 20~40%에 그친다. 반면 이런 살충제가 가득 든 사체를 접하지 못하는 아리조나 주의 콘도르 개체군에서는 알품기 성공률이 70~80%이다.

⚠ 생각해보기

1. 임산부와 어린이에게는 왜 특정 물고기 섭취를 제한하는가?
2. 생물축적과 생물확대의 차이는 무엇인가?
3. 만일 수은과 같은 알려진 독성물질을 안전 범위 이상으로 섭취하는 것이 걱정된다면 먹이사슬에서 어떤 위치에 있는 해산물을 먹어야 할 것인가?

11.4 내분비계 교란물질에 노출되면 인간과 기타 생물의 건강에 영향을 받는다

많은 환경보건 문제는 우리가 기초적인 생물학 정보를 적용하지 않아서 야기되거나 악화된다. 예를 들어, 우리는 포식성 곤충이 초식곤충의 수를 억제한다는 것을 안다. 그럼에도 우리는 살충제를 뿌려 해로운 곤충과 유익한 곤충을 무분별하게 죽이고, 그러면 살충제는 수역에 흘러들어가 수생생물에 해를 끼친다. 또 곤충은 한 세대가 매우 짧기 때문에 살충제에 대한 내성을 빨리 진화시킬 수 있다는 것을 알지만, 계속해서 이런 화학물질을 사용함으로써 어쩌면 내성이 진화되는 것을 보장하다시피하고(제7장 216쪽 참조), 게다가 호르몬이 인간과 기타동물에 미치는 영향을 알면서도 호르몬과 비슷한 역할을 하는 내분비계 교란물질을 식수, 요리, 목욕에 사용하는 수계로 배출한다.

환경 속의 내분비계 교란물질

호르몬은 배아의 성장 및 세포 대사를 위한 포도당의 저장과 배출을 포함한 생물의 여러 생리와 발달 요인을 제어한다. 내분비계 교란물질(endocrine disruptor)이라 불리는 특정 화학물질은 이 과정을 방해한다(그림 11.11). 호

우리 행동의 결과가 어떠할지 알면서도 인류는 왜 여전히 환경에 해를 끼치고 있는가?

내분비계 교란물질의 작동법

자연 호르몬을 흉내 내는 내분비계 교란물질이 정상적인 신체 과정을 과도하게 자극할 수 있다.

- 정상 호르몬
- 사이비 호르몬
- 호르몬 수용기
- 세포
- 핵
- 세포 반응

호르몬 수용기에 결합하는 내분비계 교란물질은 자연 호르몬이 결합하는 것을 저해하여 정상적인 신체 반응을 억제한다.

- 정상 호르몬
- 사이비 호르몬
- 호르몬 수용기
- 세포
- 핵
- 세포 반응 없음

그림 11.11 우리는 알려졌거나 의심되는 내분비계 교란물질로 둘러싸여 있는데, 물, 음식, 대기를 통해 여기에 노출되어 있다. 여기 내분비계 교란물질의 두 가지 알려진 활동방식이 있다. (자료 출처 : NIH, 2010)

펜할로웨이 강의 송사리류와 또 다른 환경에 있는 기타 종들은 어떻게 한때 카나리아가 석탄 탄광에서 했던 역할을 할 것인가?

내분비계 교란물질이 생물다양성에 미칠 장기적 영향에는 어떤 것들이 있는가?

르몬이 세포로 운반하는 신호를 켜고 끄며 호르몬이 운반하는 메시지의 의미를 바꿀 수도 있다. 이 모든 작용은 조직의 기작에 지대한 영향을 미칠 수 있다. 생식기관의 발달과 기능을 방해하는 것은 내분비계 교란물질의 가장 두드러진 영향의 하나이다.

많은 내분비계 교란물질은 제조공정의 부산물이다. 예를 들어, 안드로스텐다이온(androstenedione)이라 불리는 화학물질은 동화작용 스테로이드의 일종으로 남성화시키는 호르몬인데, 많은 운동선수들이 경기력 향상을 목적으로 오용하여 악명을 얻었다. 이 호르몬이 환경으로 유출된 곳에서 문제가 발생했다. 예를 들어, 플로리다 주 팬핸들 지역의 펜할로웨이 강변에 있는 제지공장에서 제조 부산물로 안드로스텐다이온이 유출되었다. 제지공장 상류에 있는 모기 유충을 먹는 물고기들은 수컷 대 암컷의 성비가 예상대로 50 : 50인 반면 제지공장 하류에서는 암컷의 90%가 부분적으로 또는 완전히 남성화되어 있다.

안드로스텐다이온은 남성화 효과가 있다는 점에서 특이하다. 대부분의 내분비계 교란물질은 여성특성을 나타내는 에스트로겐과 유사하다. 우리는 항상 에스트로겐 유사물질에 둘러싸여 있다. PCBs(폴리염화바이페닐; 제13장 415쪽 참조)는 차고나 지하실에 보관된 윤활유에, 알킬페놀은 세탁실과 부엌 싱크대 밑 세제에 들어 있다. 스티렌은 담배나 자동차 배기가스에, 그리고 파라벤은 화장품에 들어 있다. 두 에스트로겐 유사물질이 특히 만연해 있는데, 몇몇 플라스틱 제품에 함유된 비스페놀 A와

피임약에 있는 합성 에스트로겐이다.

비스페놀 A(BPA)는 폴리카보네이트 플라스틱을 유연하게 하고 에폭시 수지에 쓰인다. 유아 젖병이나 플라스틱 물병은 BPA를 함유하고 있으며, BPA는 통조림통 내부를 코팅한 에폭시 수지에도 있다. 인간이 BPA에 노출되는 것은 대부분 이들 때문이다. 2012년 미국식품의약국(FDA)은 통조림통에 BPA를 사용하는 것을 금지하지 않기로 했는데, 그 이유는 인간의 간이 BPA의 독소를 제거한다는 연구결과가 있었고 따라서 인간 혈중 BPA 함량은 매우 낮다고 결론지었기 때문이다. 그러나 바로 그 연구에서 밝힌 또 다른 결과는 다른 동물들은 BPA 독성을 제거하지 못한다는 것이었다. 따라서 FDA의 결정은 BPA가 계속 환경에 영향을 미치도록 허용할 것이다. 이 결정과 상관 없이 소비자들 사이에는 BPA가 없는 플라스틱 제품에 대한 수요가 커서 플라스틱 제조업에서 BPA의 사용이 단계적으로 폐지될 수도 있다.

여성이 생산하는 자연 에스트로겐은 소변을 통해 배출되고, 피임약에 있는 합성 에스트로겐은 하수처리장에서 완전히 분해되지 않는다. 결과적으로 호수, 강, 해수로 유출되는 하수 유출물은 이런 에스트로겐 혼합물을 포함하고 있어서 수중생물을 여성화시키는 영향이 있다. 하수처리장 배출관에서 강 하류 쪽으로 수 킬로미터 떨어진 곳에서조차 여성화된 수컷 물고기가 발견되었다.

환경 에스트로겐에 의해 여성화된 종의 목록은 길다. 수생 종(물고기, 개구리, 도롱뇽, 거북, 악어), 육상 조류,

포유류, 척추 및 무척추 동물, 민물에 사는 종류를 포함한 해양 종(잔점박이물범과 하프물범) 등이다. 인간 남성도 환경 에스트로겐의 영향에서 자유롭지 못하여 유럽과 미국 남성의 정자 수는 1950년 이후 약 50% 감소하였다. 이들 환경 에스트로겐이 인간을 포함한 수많은 종에 영향을 미치는 것으로 보아, 이들 생물의 호르몬과 수용기의 구조가 비슷하다는 것이 자명하다.

⚠️ 생각해보기

1. 내분비계 교란물질은 어디에 있고 사람들은 어떻게 이에 노출되는가?
2. 내분비계 교란물질은 생물에 어떤 영향을 미치는가?
3. 내분비계 교란물질이 이렇게 광범위한 부정적 효과를 일으킴에도 인간이 계속 이를 환경에 유출시키는 이유는 무엇인가?

11.5 오용과 남용이 항생제와 살충제에 대한 내성을 키웠다

2013년 3월 미국 질병관리예방센터(CDC)의 톰 프리든 국장은 기자회견을 열어 장기 의료시설에서 환자들을 죽음으로 내모는 '악몽과 같은 박테리아'에 대해 이야기했다. 카바페넴 내성 장내세균(CRE)은 거의 모든 **항생제**(antibiotics)에 내성이 있고 치사율이 매우 높으며 다른 박테리아에게 내성을 옮긴다. 박테리아의 성장과 공격을 억제하는 물질인 항생제는 현대 의학이 세균병 치료에 사용하는 주된 도구인데, 이 항생제에 내성이 있다는 것은 그 박테리아성 병원균이 매우 위험하다는 것을 의미한다.

더욱이 CRE는 널리 퍼지고 있는 것으로 보인다. 2012년 상반기에만 이런 박테리아에 감염된 환자가 거의 200개 의료시설에서 적어도 1명씩 나왔다. 2001년 단 한 의료시설에서 발생한 CRE가 2015년에는 미국 48개 주의 의료시설로 퍼진 것을 CDC의 과학자들이 추적하였다. CRE가 항생제의 효능을 파괴하는 유전자를 다른 박테리아에게 퍼뜨릴 수 있다는 점을 상기하면 이는 매우 우려되는 증가 추세이다. 이런 일이 발생하면 사람들이 심각하게 감염되어도 이를 효과적으로 치료할 방법은 매우 적을 것이다.

CRE의 확산이 왜 환경 문제일까? 치명적인 단일 사례라면 해당 환자와 가족만의 비극일 것이다. 하지만 항생제 내성 박테리아는 격리되어 있지 않으므로 이것은 환경

문제가 된다. 예를 들어, 가장 먼저 발견된 항생제인 페니실린은 1944년 처음 임상에 사용되었고, 1945년 첫 페니실린 내성 **황색포도상구균**(*Staphylococcus aureus*) 변종이 보고되었다. 1959년에는 황색포도상구균에 의한 감염의 절반 이상이 페니실린에 내성이 있었고, 따라서 새로운 약인 메티실린이 도입되었다. 초기에는 메티실린이 페니실린에 내성이 있는 황색포도상구균을 죽였지만 일 년 내에 메티실린에 내성이 있는 황색포도상구균 변종이 출현했다. **MRSA**(methicillin-resistant *Staphylococcus aureus*, 메티실린 내성의 포도상구균 변종)라 알려진 이들 변종은 병원에서 기원해서 지역사회로 퍼져나갔다.

박테리아가 **돌연변이**(mutation)와 자연선택을 통해 적응하면서 약물에 대한 내성이 진화하지만 인간 행동도 한몫을 한다. 항생제를 처방대로 섭취하지 않거나 남용하면 박테리아 개체군 내에 항생제 내성이 더욱 우세해진다. 의료진은 때로 의학적으로 필요가 없음에도 불구하고 환자가 요청하면 항생제를 처방하기도 한다. 한 예로, 감기는 바이러스에 의해 생기고 항생제는 바이러스에 아무런 영향력이 없기 때문에 감기를 낫게 하지 못한다. 그럼에도 불구하고 많은 사람들은 항생제가 무엇이든 낫게 할 것이란 믿음하에 의사에게 항생제를 요구하기도 하고 친구로부터 얻기도 한다.

이렇게 약품을 남용하는 것이 항생제 내성에 대한 자연선택 과정을 촉진할 수 있다. 왜냐하면 미생물 간 경쟁의 한 형태는 항생제를 생산하고 배출하는 것이기 때문이다. 이렇게 박테리아는 수십억 년 전 인간이 세균병을 치료하기 위해 항생제를 사용하기 이전부터 이미 자연산 항생제에 대처하고 있었다. 페니실린은 *Penicillium crysogenum* 곰팡이로부터 생성되고, 의학계에서 사용하는 대부분의 항생제는 여전히 미생물로부터 얻는다. 이와 같이 항생제에 대한 노출과 항생제 내성의 진화는 그들의 진화사 내내 박테리아 생물학의 일부분이었다. 새로운 것은 항생제를 이용해 감염을 치료한다는 것, 어떤 환경에서는 매우 높은 빈도로 항생제 내성이 발견된다는 것, 그리고 다수의 항생제에 내성이 있는 박테리아가 점점 더 빈번하게 출현한다는 점이다(그림 11.12). 이들 새로운 요인의 결과는 인체에 지대한 의미가 있다.

산업적 육류 생산과 항생제 내성

항생제의 의학적 오용과 남용은 중요한 문제이지만 농업

항생제 박테리아의 성장과 공격에 저항하며 현대 의학에서는 박테리아성 병을 치료하는 데 사용하는 물질

MRSA 항생제인 메티실린에 내성이 있는 병원성 박테리아. MRSA는 병원에서 기원하여 그 후 사회로 널리 퍼져나갔다.

돌연변이 유기체의 DNA, 즉 유전물질의 구조에 변화가 생기는 것

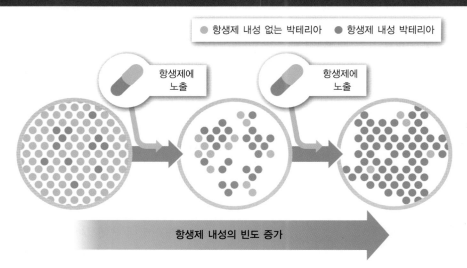

박테리아 개체군에서 항생제 내성의 진화

● 항생제 내성 없는 박테리아   ● 항생제 내성 박테리아

항생제에 노출

항생제에 노출

항생제 내성의 빈도 증가

그림 11.12 항생제가 개체군의 환경에 점점 더 흔해지면 선택은 항생제에 내성이 있는 개체를 선호하게 된다. 그 결과 개체군에서 항생제 내성의 빈도가 증가한다.

개인은 더 큰 공동체에 대해서 항생제의 오용을 피할 도의적 의무가 있는가?

가축사육자들은 항생제를 남용하지 않고 생산한 육류에 대해 이윤이 있는 시장을 개발할 수 있을 것인가?

에서 항생제를 성장촉진제로 사용하는 것에 비하면 아무 것도 아니다. 많은 경우 인간에게 처방되는 것과 같은 종류의 항생제가 동물들이 매우 밀집된 환경에서 세균병의 발생을 줄이기 위해 소, 돼지, 양, 가금류의 먹이와 물에 투여된다. 동물들을 밀집시키면 먹이의 양과 도축할 무게까지 이르는 데 걸리는 시간을 모두 줄일 수 있다. 그러나 밀집된 상황은 항생제에 내성이 있는 박테리아가 진화하고 번성할 최적의 조건을 형성한다(그림 11.13).

육류 생산 1킬로그램당 가장 많은 항생제를 투여하는 나라는 미국이다. 퓨공익신탁에서 실시한 한 연구에 의하면, 2011년 미국에서 1,360만 킬로그램의 항생제가 주로 사료 첨가물의 형태로 식용동물의 생산에 사용되었다. 이는 미국에서 사용하는 항생제 총량의 약 80%에 달한다(그림 11.14).

항생제 내성을 키우는 가장 효과적인 방법은 아마도 가축의 내장에 있는 박테리아를 낮은 농도의 항생제에 지속적으로 노출시키는 것이다. 가축에서 기원한 내성 박테리아는 많은 동물이 사육되는 장소 근처의 토양, 연못, 지하수에서 발견되었다. 더욱이 항생제 내성 박테리아가 동물에서 동물로 옮겨가고 동물에서 농장 일꾼으로 옮겨간다는 것이 입증되었다.

항생제 내성 장박테리아는 야생 동물에서도 분리되었다. 영국의 들쥐나 제방들쥐, 웨일즈의 까치와 토끼, 브라질의 산림 조류, 뉴저지 주의 캐나다거위, 뉴욕의 야생개구리가 이에 해당된다. 이들은 인간과 직접적인 접촉이 없었기 때문에 이들 박테리아의 항생제 내성은 아마도 가축으로부터 왔을 것이다.

⚠️ **생각해보기**

1. 항생제 내성은 어디서 유래하는가?
2. 병원성 박테리아의 개체 수가 크고 세대 기간이 짧은 것은 어떻게 통제를 더 어렵게 하는가?
3. 항생제 내성이란 단지 항생제 오용에 관한 문제인가?

11.6 감염성 질환은 야생 종에서 번져와서 우리의 방어기작을 피하기 위해 계속 진화한다

인류를 괴롭히는 전염병은 자연 생태계에서 출현했다. 질병의 전 세계적 유행은 흔히 환경적 문제, 그리고 때로는 이를 해결하려는 우리의 그릇된 노력과 연관지을 수 있다.

에볼라, 삼림 벌채, 야생동물 고기

2013년 12월 26일 기니 멜리안두 마을의 18개월 된 한 남아가 열병에 걸려 토하기 시작하고 혈변을 보았다. 그리고 이틀 후, 죽었다. 2주 내에 가족 중 여럿이 비슷한 증

질병의 전파에 유리한 조건

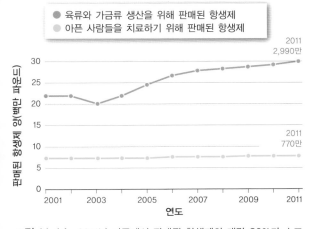

(Education Images/UIG/Getty Images)

그림 11.13   산업적 규모의 가축사육사업에서 성장촉진제로 항생제를 많이 사용하게 된 요인 중 하나는 높은 개체 수 밀도였다. 개체 수 밀도가 높은 곳에서는 감염병이 더 쉽게 전파되기 때문이다.

상을 보였고, 이는 나중에 에볼라로 판명되었다. 당시 이 유행병은 한창 진행 중이었고 이웃 나라인 시에라리온과 라이베리아까지 퍼졌다. 세계보건기구(WHO)에 의하면

육류 생산에 사용된 항생제와 인간 질병의 치료에 사용된 항생제

- 육류와 가금류 생산을 위해 판매된 항생제
- 아픈 사람들을 치료하기 위해 판매된 항생제

그림 11.14   2011년 미국에서 판매된 항생제의 대략 80%가 소고기, 돼지고기, 가금류를 생산하는 데 사용되었다. 그중 약 90%는 가축의 성장을 촉진하기 위해 투여하였다. (자료 출처 : Pew Charitable Trusts, 2013)

2015년 7월 기준으로 27,678건의 에볼라 의심 사례가 발생했으며 11,678명이 사망했다.

에볼라는 **동물매개 감염병**(zoonotic disease), 즉 동물에서 인간으로 전파될 수 있는 감염성 질환이다. 미국 CDC에 의하면 감염성 질환 10개 중 6개는 동물매개 감염병이다. 반려동물 교역을 통해서 또는 **야생동물 고기**(bushmeat)를 얻기 위해 도살하면서 인간이 야생동물과 밀접하게 접촉하게 되면 새로운 동물매개 감염병에 걸릴 위험에 처한다.

열대 국가에서 삼림 벌채를 하는 것 또한 인간과 야생동물이 밀접하게 접촉할 기회를 제공한다. 과학자들은 침팬지, 고릴라, 영양, 산미치광이 등에서 에볼라를 발견하긴 했지만, 많은 동물매개 바이러스와 마찬가지로 자연적 저장고는 큰박쥐라고 믿는다. 멜리안두의 아이가 애초에 어떻게 에볼라에 감염이 되었는지는 정확히 알려지지 않았지만, 그 아이가 앓아 눕기 전에 박쥐들이 왜를 치고 있는 속이 빈 나무 근처에서 놀고 있었다고 한다. 큰박쥐가 은닉하는 바이러스 중 인간을 감염시키는 또 하나는 SARS(중증 급성 호흡기 증후군)이다. 2003년 중국에서 식용 야생 사향고양이를 사육하던 농장에 퍼지면서

동물매개 감염병   동물로부터 인간에 퍼질 수 있는 감염병

야생동물 고기   야생동물을 살육해서 얻은 고기. 가장 흔하게는 아프리카의 산림으로부터 왔다.

SARS가 발생하였다. 연구자들은 HIV 또한 침팬지 또는 고릴라 고기에 접한 사람에게 전파되면서 시작되었을 것이라고 생각한다.

말라리아를 통제하려는 노력에 도전장을 던지는 진화

질환은 종과 생태계에 없어지지 않고 지속되는 방향으로 수백만 년에 걸쳐 진화하였고, 질환를 제거하려는 우리의 노력은 종종 자연선택에 의해 좌절된다. **말라리아**(malaria)도 그런 질환의 하나인데, 모기가 운반하는 원생동물 기생충에 의해 생긴다. 과학자들은 조류, 파충류, 포유류를 감염시키는 100종 이상의 말라리아를 식별해냈다. 이 중 6종은 인간을 감염시키는데, 주로 말라리아 모기가 사는 열대 국가에 있다. 매년 3~5억의 인구가 감염되고 대략 700,000명이 이 병으로 사망한다. 말라리아로 인한 사망 90%는 사하라 사막 이남의 아프리카에서 일어나는데, 매분 5세 이하 어린이 1명이 말라리아로 죽는다 (그림 11.15).

말라리아에 감염된 후에는 모기의 개체 수를 감소시켜 감염률을 낮추는 항말라리아 약품과 살충제가 최선의 대항책이다. 말라리아 기생충과 모기는 둘 다 살아 있는 생물이고 순전히 확률적으로 개체군 중 어떤 개체들은 그 어떤 새로운 살충제나 항말라리아 약품에도 내성이 있을 것이다. 살충제나 항말라리아 약품을 사용할 때 내성이 있는 개체 중 일부는 치료에서 살아남을 것이고, 살아남은 개체는 부모세대보다 더욱 내성이 강한 자손을 만들어낼 것이다. 이 과정이 세대를 거치며 반복되어 결국은 살충제나 항말라리아 약품이 효용을 잃게 될 것이다. 이런 진화 과정은 말라리아를 통제하려는 노력을 좌절시켜 왔다.

유럽 국가들이 전 세계 열대 지역에 식민지를 수립하던 18~19세기에 퀴닌은 효과적인 항말라리아 약품이었다. 하지만 20세기 중반에 이르러서는 여러 지역에서 내성 말라리아 변종들이 나타나서 퀴닌을 클로로퀸으로 대체해야 했다. 이제는 클로로퀸에 대한 내성이 사하라 사막 남부의 아프리카, 아시아 그리고 남아메리카에 흔해져서 스위트세이지라는 식물에서 추출하는 아르테미시닌이라는 화합물에 관심이 기울여지고 있다. 말라리아 기생충이 아르테미시닌에 덜 민감한 것이 2011년 처음 보고되었다. 말라리아를 제거하려는 국제적 캠페인을 검토하던 팀은 다음과 같이 썼다. "아르테미시닌에마저 내성이 생긴다는 것은 말라리아 제어에 있어 참사이고 말라리아 박멸에 쏟는 노력에 제동을 걸 것이다."

의학 학술지 *The Lancet*의 2012년호에서는 이 점을 더욱 강조했다. "항말라리아 제어 노력에 아르테미시닌 복

환경과 감염병 사이의 복잡한 관계를 말라리아 같은 기생병은 어떻게 보여주는가?

말라리아 모기에 의해 전달되는 병으로 말라리아원충 속 원생생물 기생충에 의해 감염된다. 생활주기에 숙주로 모기와 인간을 이용한다.

2011년 말라리아의 지리적 분포

● 말라리아가 전역에 전파   ● 말라리아가 몇몇 지방에만 전파   ● 말라리아가 전파되지 않음

그림 11.15 말라리아는 한때 유럽 남부와 미국 남부 등 온대 지방에 흔하였으나 이제 주로 열대와 아열대 지방에서 발견된다. 특히 아프리카에서 만연하다. (CDC, 2012)

합치료는 필수적이다. 이 요법이 실패한다면 더 이상 사용할 약품이 없고, 2019년까지는 신약개발도 새로운 항말라리아 약품을 제공하지 못할 것이다.”

기생충을 제거할 수 없다면 이 기생충을 전파시키는 모기는 제거가 가능한가? 1950~1960년대에 WHO는 DDT를 광범위하게 사용하는 항말라리아 캠페인을 진행했다. 트럭들이 종종 동원되어 매일 저녁 DDT를 뿌리며 동네를 돌았다. 당연히 모기들은 DDT에 대한 내성을 진화시키는 방법으로 대응했고, 수년 내에 세계 여러 곳에서 DDT의 효과가 감소했다. 다른 살충제들이 DDT를 대체했지만, 대상 모기 개체군은 새로운 화학물질에 빠른 속도로 내성을 진화시키는 방식으로 과거 일들이 되풀이되고 있다.

⚠ 생각해보기

1. 교육의 부재가 에볼라 같은 동물매개 감염병의 전파를 멈추려는 노력을 방해하는가?
2. 말라리아 통제 프로그램을 어떻게 관리해야 기생충 또는 벡터가 내성을 진화시킬 확률이 감소할까?
3. 환경보건 과학자들은 왜 지구 온난화가 말라리아를 통제하는 노력에 영향을 끼칠 것을 염려하는가?

11.3~11.6 문제 : 요약

독성물질이 환경에서 이동, 지속, 생물축적, 생물확대 되는 것은 이들이 인간과 기타 생물에게 해를 끼칠 잠재력을 증가시킨다. 내분비계 교란물질, 항생제, 살충제 등 화학물질을 사용하는 것은 환경과 인체 건강에 상당한 해를 끼친다. 내분비계 교란물질은 대사와 발달의 다양한 주요 과정을 방해하고 보다 두드러지게는 생식기관의 정상적 발달과 기능을 변화시킨다.

항생제의 오남용과 같은 인위적 요인은 항생제 내성 박테리아의 확산을 증가시킨다. 이제는 인간의 병 치료보다 농업에서 훨씬 더 많은 양의 항생제를 사용하는데, 이것이 병원균 개체군에서 항생제 내성이 진화하는 데 주로 기여하는 것으로 보인다. 인간이 야생동물과 가까이 접촉하면 동물에서 인간으로 퍼질 수 있는 질병에 걸릴 위험이 있다. 20세기 후반에 실행된 연구들은 병원균이 살충제, 항생제와 기타 약품에 대해 매우 빨리 내성을 진화시키는 것을 반복해서 밝혔다. 우리가 병원균의 진화 가능성을 무시한 결과 많은 중대 질병이 지금은 하나 또는 여러 항생제에 내성이 있다.

11.7~11.9 해결방안

앞에서 환경보건을 위협하는 여러 요인에 대해 설명했지만 각 요인이 얼마만큼의 위해성을 대표하는지는 어떻게 아는가? 위해성이라는 단어에는 많은 뜻이 있지만 EPA는 **위해성**(risk)을 “불리한 반응을 유발할 수 있는 물리적·화학적·생물학적 인자에 노출된 결과 인체나 생태계에 해를 끼칠 가능성”으로 생각한다. 질병과 항생제 내성의 근본 원인이 잘 알려져 있으므로 감염병은 꽤 쉽게 규제할 수 있다. 그에 반해서 독성물질과 관련된 문제를 해결하려면 우리가 어느 정도의 위해를 감내할 의사가 있는지 면밀히 검토해야 한다.

위해성 물리적·화학적·생물학적 인자에 노출되어 인류 건강이나 생태계 시스템에 위해한 효과가 생길 확률

11.7 우리는 위해를 정성적 · 정량적으로 평가한다

우리 삶에서 위해를 완전히 제거할 수 있는가?

일반적으로 위해란 우리에게 해를 끼치거나 손실을 입히거나 우리를 위험에 처하게 할 가능성이 있는 모든 것이다. 그러나 어떤 주어진 상황에서의 위해성을 우리가 어떻게 평가하는가는 정황과 어떤 가능한 종류의 유해성을 고려하고 있는지에 영향을 받는다. 우리는 가능한 위해를 정성적(예 : 개인적으로 얼마나 위험해 보이는지) 그리고 정량적(예 : 우리에게 해를 끼칠 통계적 가능성 또는 경제적 비용)으로 평가한다. 환경과학자, 경제학자, 전염병학자들은 위해성을 평가하기 위한 도구를 여럿 개발했다.

위해성 평가 관례

1970년대에 염화비닐가스(PVC 관, 자동차 내부 부품, 접시의 기본 구성물)는 아주 흔한 산업용 화학물질로 부상했다. 미국은 최고의 생산자였다. 그런데 매우 적은 양으로도 동물의 간과 뼈에 해를 끼칠 수 있다는 사실을 연구자들이 인지하기 시작했다. 중요한 시점이 도래한 것은 1974년 1월 23일 B. F. 굿리치 사가 근로자 중 3명의 암 사망 원인을 조사한다고 발표한 때였다. 이에 대응하여 EPA는 화학물질의 환경 위해성에 대한 최초의 평가를 발표했다.

위해성 평가의 과정이 공식화된 것은 미국 국립과학원(National Academy of Science, NAS)의 획기적인 보고서 '연방정부에서의 위해성 평가 : 과정에 대한 관리(Risk Assessment in the Federal Government: Managing the Process)'부터라고 할 수 있다. 1983년 이 보고서가 발간된 이래 EPA는 위해성 평가의 원리를 업무 관행에 접목시켰고 잠재적 독성물질에 대한 평가의 기초 4단계의 개요를 서술했다. 위험 요소 식별, 용량반응 평가, 노출 평가, 그리고 위해성 묘사가 그것이다. 모든 위해성 평가가 네 단계를 모두 거치는 것은 아니다. 하지만 대부분의 경우, 위해성 평가는 1~2백만 달러의 큰 비용이 소요되는 과정으로 한 화학물질당 3~5년이 걸린다.

1. 위험 요소 식별. 특정 오염물질에 의해 어떤 건강 문제가 발생하는가? 위해성 평가의 첫 단계에서는 건강에 유해하다고 의심되는 오염물질을 식별한다. 그다음 이들 오염물질에 노출되면 구체적인 건강 문제(예 : 암, 만성병)를 일으킬지 그리고 그런 부정적인 건강효과가 인간에

나타날지를 결정하기 위한 검사를 한다. 특정 화학물질에 관한 기존 과학 데이터를 평가하여 이 단계에 관한 정보를 얻는다. 여기에 더하여 연구자들은 이 화학물질에 노출되었던 개체군을 연구하거나 동물(예 : 쥐, 생쥐, 원숭이)을 대상으로 이 화학물질의 영향을 실험할 수도 있다.

2. 용량반응 평가. 노출 정도가 달라지면 어떤 건강 문제가 생기는가? 어떤 요인에 대한 노출량(용량)에 따라 부정적인 건강효과(반응)의 가능성과 심각성이 달라진다. 이 관계성은 **용량반응 평가**(dose-response assessment)에 나타난다. 일반적으로 용량이 증가하면 측정된 반응도 증가한다. 용량이 적을 때는 반응이 없다가 노출이 **문턱용량**(threshold dose)에 도달하면 반응이 나타나는데, 여기서 문턱용량이란 독성물질이 한 생물에서 독성 반응을 이끌어내는 최소한의 용량(농도)이다.

가장 일반적인 용량반응 실험은 생쥐나 쥐와 같은 동물을 대상으로 하며, 대상을 다양한 양의 독성물질에 노출시킨다. 초기 독성실험은 급성 또는 단기 독성 영향을 파악하기 위한 것이다. 이를 위해 보통 LD_{50} 실험을 하는데, 이것은 14일 후에 대상 동물들 중 50%가 죽게 되는 독성물질의 양과 노출 정도를 정하는 실험이다(그림 11.16). 그다음 연구자들은 동물들을 더 검토해서 어떤 기관이 영향을 받았는지 알아보고, 독성 반응이 가역적인지 결정하며, 추후 실험을 위해 투여량을 정한다. 연구자들은 낮은 노출량의 독성물질에 만성적으로(장기) 노출되는 것 등 추가 독성 실험을 할 수 있다.

3. 노출 평가. 주어진 기간 동안 사람들은 얼마나 많은 오염물질에 노출되는가? 얼마나 많은 사람들이 노출되는가? **노출 평가**(exposure assessment)는 관심물질에 노출됐음직한 개체군을 정의하고 노출이 일어나는 경로를 규명한다. 노출 평가는 또한 노출의 결과로 사람이 받게 되는 용량, 지속기간, 그리고 빈도를 추정한다.

4. 위해성 묘사. 노출된 개체군에 추가적인 건강 문제는 무엇인가? 이 **위해성 묘사**(risk characterization) 단계에서 위해성 평가 결과가 분명하게 표현된다. 앞의 세 단계에서 얻은 정보를 분석하여 관심 물질과 관련된 위험 중 어떤 것이든 이 물질에 노출된 사람들에게 나타날 가능성이 있는지를 정성적 · 정량적으로 추정하는 것이다.

용량반응평가 독성 가능성이 있는 물질의 투여량(농도) 변화에 따라 유기체의 반응을 시험하는 검사

문턱용량 한 개체에서 독성 반응을 보이는, 독성물질의 최소한의 용량(농도)

노출 평가 관심물질이 이에 노출된 개체군에 부정적인 영향을 미칠 확률에 대한 정성적 또는 정량적 추정치

위해성 묘사 관심물질에 노출된 개체군에 부정적 영향을 미칠 가능성에 대한 정성적 또는 정량적 추정

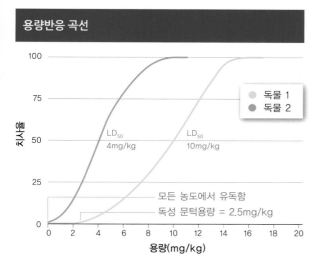

그림 11.16 독성 평가의 핵심 요소는 사전에 정한 노출 시간 동안 (예 : 14일) 쥐나 어류 같은 시험 동물군의 50%가 죽게 되는 물질(LD$_{50}$)의 농도(용량)를 결정하는 것이다. 이 가상의 예에서 독물 1과 2는 독성에 상당한 차이가 있다.

위해성 평가의 작동

EPA는 다양한 물질, 예를 들어 경유 배기, 수은, 간접 흡연, 오존 등에 대해 위해성 평가를 실행한다. 독성 금속인 납도 대상물질 중 하나이다. 납은 신경계, 신장 등 내부 기관에 해를 끼치는 것으로 알려져 있으며, 어린이가 흡입할 경우 발달지체 또는 정신박약에 이를 수 있다. 1980년대 이후 EPA는 가솔린에 있는 납을 단계적으로 폐지해왔고, 가정의 페인트 등에서도 납의 사용을 폐지하거나 제한했다. 그 결과 1980~1999년 사이에 공기 중 납의 농도가 94% 감소했다. 사람의 혈중 납 농도 또한 최근 몇 해 상당히 감소했다. 특히 중요한 것은 미국 어린이의 혈중 납 농도가 감소했다는 것이다(그림 11.17).

뿐만 아니라 EPA의 국립환경평가센터(National Center for Environmental Assessment)는 정기적으로 납의 공중위생과 복지 영향에 관한 최신 연구를 평가하고 최신 조사결과를 공개한다. 이 데이터는 납에 관한 최신의 국가 대기질 기준을 확립하는 데 사용된다.

예방적 접근에 대한 재고

오늘날 위생 및 환경 법규는 환경에 배출된 특정 오염물질의 양을 안전한 수준으로 유지하거나 아니면 환경에 이미 유입된 후에는 이를 정화하도록 되어 있다. 신제품과 화학물질은 제한된 시험만 받고 '유죄가 증명될 때까지 무죄'인 것으로 간주된다. 즉 이들이 유해하다는 것을 증명하는 과학적 증거가 나타나기 전까지는 무해하게 취급된다. 이런 접근법하에서는 유해하다는 증거가 충분히 축적되기까지는 독성 화합물을 환경이나 우리 몸속으로 유출할 가능성이 있다. **사전예방 원칙**(precautionary principle)은 일단 안전하다고 가정하는 것이 아니라 해를 입기 전에 보호하려는 것이다(제1장 12쪽 참조). "나중에 후회하는 것보다 조심하는 것이 낫다."는 격언이 이 접근법을 잘 설명해준다(그림 11.18). 사전예방 원칙을 적용해서 캐나다는 아기 젖병에 BPA를 사용하는 것을 금지했다. 유럽연합 또한 환경과 건강 관련 안건에 관한 결정을 내릴 때 사전예방 원칙을 고려한다.

1992년 유엔환경개발회의의 리우 환경개발선언에서 환경을 보호한다는 맥락에서 사전예방 원칙이 제안되었다. 리우 선언문의 제15원칙에 따르면 "심각하거나 비가역적인 피해를 입게 될 위협이 있을 때, 환경을 보호하기 위해서는 과학적 확실성이 불충분함을 환경 악화를 방지하는 비용 효율적 조치를 연기하기 위한 사유로 사용하지 않는다." 사전예방 원칙의 본질은 과학적으로 원인과 결과가 확실해지기 전에 예방적 조치를 취하고, 대체 제품 또는 서비스를 찾고 평가하며, 제품 또는 서비스의 선택이 빚는 인체와 환경에 미치는 잠재적인 영향을 공개하는 것이다.

어떤 도시들은 사전예방 원칙을 사용하여 정책을 수

어느 정도가 독성 화학물질을 방출하거나 사용하는 것을 허용하기에 위해성이 높다고 할 수 있는가?

사전예방 원칙 잠정적 위협요인에 대하여 과학적으로 완전히 판명되지 못한 원인과 영향 관계가 있더라도 사전에 대책을 간구하여 인류나 환경의 건강을 보존할 것을 권하는 원칙

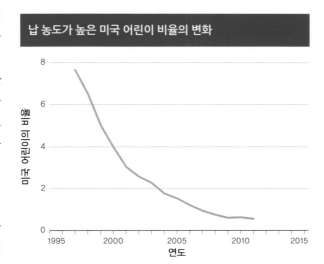

그림 11.17 혈중 납 농도가 높은 미국 어린이가 1997년과 2011년 사이 7.6%에서 0.56%로 감소하였다. (자료 출처 : CDC, 2013)

혜택을 줄 수도 있고 해를 입힐 수도 있는 새 제품을 평가할 때 적정 수준의 예방책을 사용할지 어떻게 결정할 것인가?

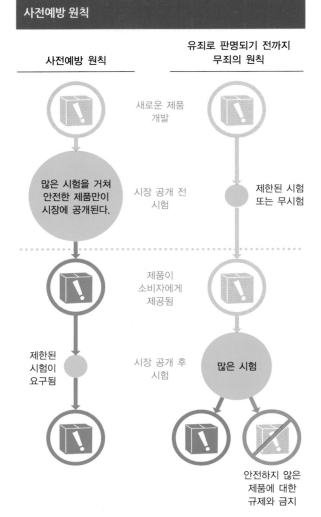

그림 11.18 사전예방 원칙은 안전한 제품만이 제공될 수 있도록 어떤 제품이 대중에게 공개되기 전 사전시험에 크게 투자하는 것을 강조한다. 대조적으로 '유죄로 판명되기 전까지 무죄'라는 접근에서는 제품이 공개된 후와 문제가 생길 때 더 많은 시험을 할 수 있다.

립하는 데 성공했다. 2005년 샌프란시스코는 세제나 전자제품 등 시를 위한 물자를 구매할 때 보다 안전한 제품을 사용하도록 하는, 구매에 관한 조례를 통과시켰다. 보다 안전하고 비용효율이 높은 대체물을 찾기 위해 최선의 과학을 이용하여 피해를 최소화하려는 발상에서였다. 이를 실행하기 위해서는 서로 다른 여러 집단이 참여해야 한다. 과학 교육을 받은 시 직원들은 학문적 연구 자료를 읽고 해석해서 독성이 더 적은 대체 제품을 선정한다. 구매 담당 직원은 다른 요인보다 가격을 먼저 고려하는 데 익숙한데, 이제는 구매 결정에 대해 보다 총체적으로 생각한다. 건물 관리인과 정비 직원들은 새로운 세제에 관

한 최선의 사용법을 찾아낸다. 샌프란시스코에서 이 조례를 실행한 후 오리건 주 포틀랜드 시, 캘리포니아 주 버클리 시 등 미국의 다른 도시들도 사전예방 원칙을 적용하였다.

사전예방 원칙은 환경 분석과 의사 결정에 유용한 도구이지만 이에 대해서도 비판은 있다. 제품과 화학물질을 규제함으로써 사회가 중요한 이득을 놓치게 된다고 말하는 사람도 있다. 예를 들어, 미국 FDA는 모든 신약이 시장에 나오기 전에 검사를 거칠 것을 요구한다. 달리 말하면 FDA는 인체에 주는 피해를 방지하기 위해 예방적 차원에서 검사를 요구한다. 신중한 안전 검사는 위험한 부작용으로부터 사람을 보호하지만 신약의 도입을 늦추기도 한다. 예방 때문에 중증 환자들이 유용한 신약을 제공받지 못하게 된다.

엑스포좀

환경이 개인 건강에 어떤 영향을 미치는지 연구하는 유망한 접근법 하나는 소위 '엑스포좀'이라 불리는 것이다. 엑스포좀(exposome)이란 한 개인의 일생에 걸친 모든 환경 노출과 이 노출들이 어떻게 개인의 건강에 영향을 주는가를 말한다. 모든 사람이 다양한 오염물, 스트레스 그리고 기타 환경 요인에 노출되므로, 간암 같은 특정 질병을 특정 원인에 연결짓는 것은 쉽지 않다. 최근에 연구자들은 화학적·유전자 도구들과 아울러 다양한 첨단 기기를 이용해서 엑스포좀을 측정하기 시작했다. 예를 들어, 컬럼비아대학교의 한 과학자는 어린이들이 집이나 학교에 메고 다니면서 계속 대기 시료를 채취할 수 있는 배낭을 고안해냈다. 다른 연구자들은 개인 혈중 화학물질을 확인해서 노출을 분석하거나 개인의 게놈에서 화학적 노출의 지문을 찾고 있다. 이런 작업은 아직은 초기 단계에 있지만 위해성 평가의 신뢰도를 높일 데이터를 제공한다.

⚠ 생각해보기

1. 당신이 다니는 대학에서 사전예방 원칙을 도입하는 것이 가능할까? 가능하다면 어디에 도입할 수 있을까?
2. 개인은 스스로를 환경오염에서 보호하기 위해 어떤 일들을 할 수 있을까?
3. 신약 등 기타 제품을 개발할 때 사전예방 원칙을 엄격히 지키는 데는 어떤 장단점이 있을까?

11.8 위해성 관리에는 환경 위험을 줄이고 질병을 통제하는 것이 포함된다

병해 방제에 관한 현대적 접근은 약물과 백신뿐 아니라 비정부기관과 정부 사이의 협력, 교육, 그리고 문화와 가치에 대한 인식을 포함한다.

설사병

설사병은 배설물로 오염된 물에서 전염된 다양한 박테리아, 바이러스, 기생충에 의해 발생한다. 그러므로 매년 250만 명의 죽음을 초래하는 설사병은 위생 시스템이 저급한 나라에서 가장 팽배하다. WHO에 따르면 설사병의 88%는 열악한 위생시설과 보건이 직접적인 원인이다. 어린아이는 특히 설사병에 걸리기 쉬우며 설사병 환자의 절반은 2세 미만 아이이다.

설사병을 감소시키거나 제거하는 것은 식수 보존과 폐기물 관리를 개선하는 데 달려 있다. 식수 공급을 개선하면 설사병을 21% 줄일 수 있고, 위생시설을 개선하면 37.5% 줄일 수 있다. 그저 변소를 제공한 것만으로도 남아프리카공화국 레소토에서는 5세 미만 어린이의 설사병이 24% 감소했다.

야생동물 고기 거래 중지

아프리카 등지의 벽촌과 벌채 캠프에서 현지인들은 여전히 큰박쥐, 고릴라, 산미치광이 등 야생동물을 사냥해 먹는다. 에볼라 같은 치명적 바이러스를 품고 있을지 모르는데도 말이다. 많은 사람들은 저렴하고 쉽게 단백질을 얻을 수 있다는 이유로 야생동물 고기에 의존하지만, 어떤 사회에서는 문화적 역할을 감당하기도 하며 그래서 국내 및 국제적 거래가 횡행한다.

뉴욕 존 F. 케네디 공항에서는 아프리카 국민이 친지를 위해 가져오는 야생동물 고기를 미국 세관 직원들이 압수하는 일이 종종 있다. 이들 야생종 중 일부는 지역법이나 국제조약 덕분에 멸종위기종 또는 보호종으로 이미 지정되어 있다. 하지만 동물매개 질병의 발현 가능성을 줄이는 가장 좋은 방법 중 하나는 공중보건 캠페인을 통해서 특정 동물을 잡는 것이 얼마나 위험한지를 강조하는 것이다. 이에 더하여 촌락인구를 위해 안정적으로 음식을 확보해주는 것도 야생동물에 대한 의존성을 줄이는 데 큰 도움이 될 것이다.

말라리아 통제

말라리아를 통제하려는 대부분의 시도(주로 모기 퇴치)는 결과적으로 지속 가능하지 않았다. 보건의료진은 오래전부터 환경 변화가 모기 개체군과 말라리아 확대에 영향을 준다는 것을 알고 있었다. 댐과 관개 프로젝트는 모기가 서식할 장소를 제공하므로 고인 물을 줄이는 것이 모기 개체군을 제한하는 데 중요하다. 이 질병을 공격하기 위해서는 두 갈래 접근법이 필요하다. 모기와 말라리아가 번성하는 환경 요인과 이 병이 인간에게 전염되지 않도록 방지하는 방법 양쪽에 초점을 맞추는 것이다.

어린이와 임산부의 말라리아 전염률을 줄이는 가장 유력한 접근법 중 하나는 살충제 처리가 된 모기장과 실내 스프레이를 병용하는 것이다. 피레스린 계열 살충제는 자연 식물 제품이며 생분해되는데, 이것으로 처리된 모기장을 침대 위에 걸쳐서 잠자는 동안 사람을 보호하도록 한다(그림 11.19a). 피레스린 살충제를 포함한 여러 살충제 중 하나를 집 내부에 뿌리면 말라리아 감염률을 더 줄일 수 있다(그림 11.19b). 그림 11.19c에서 보듯이 내부 스프레이와 살충제 처리된 모기장을 병용하면 말라리아 전염률을 중위험률 지역에서는 50% 이상, 고위험률 지역에서는 30% 이상 줄일 수 있다.

살충제 처리된 모기장의 효용성에 관한 연구는 한 세기 이상 열대 질병 연구의 선구자 역할을 한 런던위생열대의학대학(LSHTM)과 WHO가 협력한 것이다. 이 프로젝트와 LSHTM이 개발한 다른 프로젝트는 말라리아 연구와 대책 분야의 선도적 지원자인 빌앤멜린다게이츠 재단에서 대규모 연구비 지원을 받았다. 이러한 협력은 복잡하고 큰 규모의 환경보건 쟁점에 대한 해결책을 찾는 데 필수적이다. 아프리카 말라리아의 경우 이런 협력의 결과는 매우 중요했다. 살충제 처리된 모기장과 실내 스프레이 기술이 널리 보급되면서 말라리아 발병 건수와 이 질병으로 인한 사망자 수가 사하라 이남 아프리카 지역에서 현저히 감소했다(그림 11.20).

결핵

결핵(TB)은 주로 폐를 공격하는 박테리아에 의한 감염이다. TB는 전 세계적으로 발생하지만 사하라 이남 아프리카와 아시아 중앙, 남부, 동남부에서 가장 팽배하다. 이 질병을 통제하는 것이 전 세계 공중보건 시스템의 주요 도전

전 세계 생활 조건을 개선하는 것이 어떻게 감염병으로 인한 사망을 줄일 수 있는가?

역사적으로 말라리아를 통제하려는 두 가지 시도, 즉 모기 개체군에 두루 스프레이를 뿌리는 것과 보호용 모기장을 사용하는 것은 모두 살충제를 사용해왔다. 이 두 접근법 사이에는 어떤 차이가 있는가?

말라리아 통제

a. 아프리카 상투메, 모기장을 치고 있는 가족

그림 11.20의 숫자들은 왜 총수가 아닌 위험에 처한 인구 1,000명당 그리고 100,000명당 숫자의 형식으로 표현되어 있는가?

b. 아프리카 잠비아, 내부에 모기 스프레이를 분사하고 있음

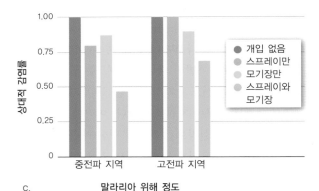

c. 말라리아 위해 정도

그림 11.19 말라리아 감염을 줄이는 가장 효과적인 방법 두 가지는 인간에게 안전하다고 증명된 지속성 있는 살충제를 뿌린 모기장을 치고 자는 것과 집 내부에 다른 지속성 있는 살충제를 뿌리는 것이다. 사하라 이남 아프리카의 17개국에서 실행된 연구들에 의하면 살충제를 뿌린 모기장과 집 내부를 스프레이 하는 것을 결합하면 둘 중 하나만 사용하는 것보다 어린이들의 말라리아 감염률을 더 낮추었다. (자료 출처 : Fullman et al., 2013)

과제가 되었다. TB에 감염되기 가장 쉬운 부류는 노인, 신생아, 그리고 면역 시스템이 약화된 사람이다. TB에 감염

아프리카에서의 말라리아 발생과 사망의 변화

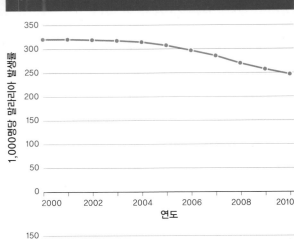

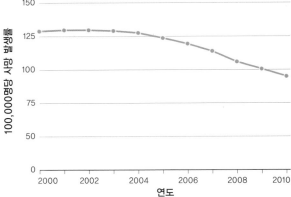

그림 11.20 2000~2010년에 감염 위험에 있는 1,000명당 말라리아 발생률이 23% 감소했다. 같은 기간 동안 말라리아로 인한 사망이 33% 감소했다. (자료 출처 : WHO, 2012)

될 확률은 이미 감염된 사람과 자주 접촉할 때, 영양이 열악할 때, 그리고 거주 환경이 붐비고 비위생적일 때이다(그림 11.21). 개인의 문화와 사회 환경이란 것이 바로 이런 것이다. TB를 물리치려면 이런 환경을 변화시켜야 한다.

가장 널리 적용되고 있는 프로그램 중 하나는 WHO의 직접 관찰 치료 시스템(directly observed treatment system, DOTS)이다. DOTS 치료의 핵심은 TB의 효과적인 치료에 필요한 6~8개월 동안 전문인력이 TB로 진단된 환자를 직접 관찰하며 진료하는 것이다. 직접 관찰하면 모든 처치가 반드시 시행되어 성공적으로 치유될 가능성이 극대화된다. 치료가 불완전할 경우 항생제 내성 박테리아를 만들어낼 위험이 있는데, 이를 최소화한다는 뜻도 된다.

DOTS 시스템으로 TB를 치료하는 것은 저비용과 효율성을 겸비한다. 그 결과 1995~2013년 사이 대략 2천

위생 : 많은 질병을 방지하는 열쇠

아이티의 범람한 흙길을 맨발로 걷는 어린이들

아이티의 위생 교육

그림 11.21   결핵을 포함한 질병을 방지하는 비용 면에서 가장 효과적인 방법 중 하나는 공동체가 구성원들을 위해 위생적인 생활 조건을 제공하는 것이다. 여기에는 좋은 공기질, 제대로 된 하수시설, 그리고 안전한 식수가 포함된다.

만 명의 사망을 방지했다고 WHO는 추정한다. 그러나 DOTS 치료법은 약물 내성이 없는 TB에만 효과적이다. 다중약물내성 결핵(MDR TB)에는 2년 가까운 기간과 많은 비용이 소요된다. 희귀한 광범위약물내성 결핵(XDR TB)은 치료가 더 힘들고 비용도 더 많이 소요된다.

치료가 힘든 형태의 결핵과 싸우기 위해 전 지구적 규모에서 단체들 간 폭넓은 동반자 관계가 형성되었다. 이 관계에는 여러 정부기관과 비정부기구가 있다. 여기에도 역시 빌앤멜린다게이츠 재단이 포함되어 있는데, TB와 싸우는 프로그램에 기여한 가장 큰 비정부기구 중 하나이다. 예를 들어, 이 재단은 2011년에 112,000,000달러 이상을 기부하여 전 세계 결핵 유행에 대처할 더 나은 도구의 개발(더 빠르고 더 간단한 치료법, 새롭고 향상된 백신, 더 나은 진단 도구 등)을 지원하였다. 이 재단은 전 세계에 혜택을 확대하고 결핵 치료 비용을 감소하기 위해 일한다.

⚠ 생각해보기

1. 실행적 차원에서 볼 때 민간과 정부기관 간의 협력이 어떻게 질병 방지와 통제를 더 쉽게 만들 수 있을까?
2. 말라리아 같은 생물학적 재해를 대하는 것과 납 같은 화학적 재해를 대하는 것의 차이는 어떤 요인들 때문인가?
3. 모기를 통제할 때 집과 잠자는 구역에 집중하는 것이 살충제 내성 모기 개체군에 대한 선택을 줄이는 데 어떻게 기여할까?

11.9 진화생물학이 항생제와 살충제에 대한 내성 관리에 도움을 줄 수 있다

우리가 규제하려고 하는 병원균과 모기 등 곤충질병 벡터는 우리가 항생제 또는 살충제를 사용함으로써 낮은 선택에 대응하여 진화한다. 가장 크게 희망을 걸 수 있는 장기적 해법은 감염과 체내침입을 제한하고 내성 유전자의 빈도가 증가할 확률을 줄이는 그런 상식적인 방법을 동원하는 것이다.

예방과 적절한 치료

우리가 항생제 치료를 할 때마다 박테리아가 항생제 내성이 생기도록 진화할 확률이 높아지므로, 애초에 감염을 방지하는 것이 바람직하다. 예를 들어, 의료시설이나 가정의 위생 상태가 좋으면 전염병이 퍼지는 것을 줄일 수 있다. 감염률을 낮추면 치료할 환자도 줄게 된다. 치료할 환자가 줄면 항생제 내성 병원균 박테리아가 선택될 압력도 줄어든다. 항생제를 사용한 치료가 필요할 때는 그 치료가 적절해야 한다. 항생제는 환자에게 도움이 될 경우에만 사용하고, 특정 병원균을 겨냥해서 사용해야 한다. 더불어 적절한 양을 복용하고, 효과적인 치료를 위해 처방된 기간을 채워 복용해야 한다.

축산업에서 항생제 사용 줄이기

축산업에서 항생제 사용을 줄이는 것 또한 이 산업의 안녕을 위협하지 않으면서 식육가공품과 동물폐기물에 있는 박테리아의 항생제 내성을 줄이는 방법이다. 예를 들어, 전 세계 돈육 수출 1위국인 덴마크에서 1킬로그램의 고기를 생산하기 위해 투여하는 항생제의 양은 미국에서 투여하는 양의 6분의 1에 지나지 않는다. 점점 심각해지는 항생제 내성에 관한 문제를 염려하여 덴마크는 1998년 가축의 성장을 촉진하기 위해 항생제를 투여하는 것을 금지했다. 그 이후 덴마크의 고도로 산업화된 가축생산 시스템에서 항생제는 질병을 치료하기 위해서만 사용되고 면허가 있는 수의사에 의해서만 투여될 수 있다. 그 결과 덴마크에서 가축에 투여되는 항생제는 반감되었다.

질병과 싸우기 위해 덴마크의 가축생산자는 이제 항생제보다는 예방적 위생에 의존한다. 예를 들어, 축사를 자주 청소하고, 환기를 잘 시키며, 과밀하지 않도록 한다. 이런 조절책으로 증가된 생산 비용은 1% 미만이었고, 덴마크의 식육생산업은 계속해서 성장하고 있다. 한편 덴마크 가축과 식육가공품 속 항생제 내성 박테리아의 발생은 급격히 감소했다(그림 11.22).

내성을 관리하는 데 감시는 필수적이다

내성의 출현과 유행을 감지하기 위한 해충과 병원균 개체군에 대한 감시 또는 관찰은 항생제 또는 살충제 내성을 제한하려는 모든 프로그램에 필수적이다. 제7장에서 보았듯이, 농업에서는 해충 개체군에 대한 관찰이 효율적인 통합 해충 관리에 필요 불가결하고(231쪽 참조), 마찬가지로 질병 벡터를 통제하는 데도 중요하다. 내성의 출현을 조기에 감지하는 감시 프로그램은 시기 적절한 대응을 할 수 있도록 한다. 대체 항생제나 살충제로 바꾼다든지 하는 조기 대응은 해충과 병원균 개체군에서 내성의 빈도가 지나치게 높지 않도록 예방하는 데 중요하다.

화학적 치료 다양화하기

작용양식이 다른 다양한 항생제와 살충제를 개발하는 것이 내성에 대응하는 데 중요하다. 말라리아 벡터를 규제하려는 노력의 일환으로, 연구자들은 말라리아를 전파하는 모기에 효과적인 새로운 살충제를 여럿 찾아냈다. 특히 관심을 끄는 것은, 피레스린 계열이나 DDT에 내성이 있는 모기 개체군을 통제하는 데 효과적인 살충제이다. 예를 들어, 아프리카 베냉에서 런던위생열대의학대학의 연구자와 현지 과학자에 의해 실행된 대조실험은 내부 스프레이용으로 DDT와 피레스린 계열 살충제를 대체할 수 있는 한 저렴하고 지속성 있는 약품의 효용성을 입증했다(그림 11.23). 이 살충제(클로르피리포스메틸)는 다우애그로사이언스 사에 의해 개발되었는데, 포유류에 대한 독성도 낮고 실내 스프레이용으로도 안전하다고 평가된다. 우리가 계속 지속 가능한 해법을 찾아나갈 때 과학

어떤 농민 단체는 왜 미국 육류제조업의 항생제 사용을 변화시키는 데 저항할까?

재계는 아프리카 등지의 말라리아를 제어하려는 노력에 어떤 역할을 할 수 있을까?

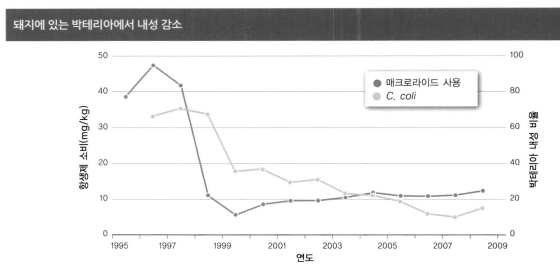

돼지에 있는 박테리아에서 내성 감소

그림 11.22 1998년 덴마크가 성장 촉진제로서 항생제 사용을 금지한 이후 매크로라이드 항생제 사용이 급격히 감소했다. 그 감소에 뒤이어 돼지의 *Campylobacter coli* 박테리아에서 매크로라이드 항생제에 대한 내성 발생이 상당히 감소했다. (자료 출처 : Pew Charitable Trusts, 2013)

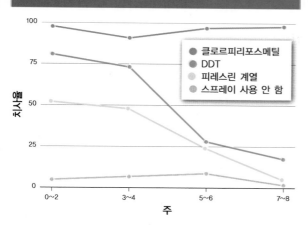

그림 11.23　피레스린 계열 살충제와 DDT에 내성이 있다고 알려진 모기 *Anopheles gambiae*의 개체군에 의한 말라리아 전파를 줄이는 데 새로운 살충제인 클로르피리포스메틸이 희망을 보인다. (자료 출처 : N'Guessan et al., 2010)

자, 환경보건 전문가, 기업 사이의 협력관계는 매우 중요할 것이다.

⚠ 생각해보기

1. 항생제 또는 살충제 내성에 대해 진화적 비용이 수반되어야 하는 이유는 무엇인가?
2. 대상 개체군 안에 내성을 키우지 않는 질병이 있다면, 이 병의 병원성 박테리아 또는 곤충 벡터에 대한 화학적 방어가 있을 법한가? 이유를 설명하라.
3. 축산업에서 많은 양의 항생제를 사용하는 데 따르는 장점이 있다. 그렇다면 사람과 환경에 대한 위해성은 무엇인가?

11.7~11.9 해결방안 : 요약

위해란 잠재적으로 우리에게 해를 끼치거나 손실을 입히거나 우리를 위험에 처하게 하는 모든 것을 말한다. 위해성 관리에는 네 가지 기본 단계가 있다. 위험 요소 식별, 용량반응 평가, 노출 평가, 그리고 위해성 묘사이다. 위해성 평가에 근거하여 EPA는 가솔린의 납을 단계적으로 금지했고 가정용 페인트 등 소비제품에서 납의 사용을 전면 금지하거나 제한적으로 허용했다.

사전예방 원칙은 보다 나은 보건 및 환경 결정을 내리는 도구로 사용할 수 있으며, 사후에 관리하기보다는 초기에 방지하려는 목적을 가지고 있다. 현대 질병통제 접근법은 백신이나 약에서 더 나아가 보건기구와 정부 간의 협력, 혁신적 연구, 교육, 그리고 문화와 가치에 대한 인식에 바탕을 두고 있다. 야생동물 고기 거래와 관련된 건강상 위험은 특정 동물을 수확할 때 이에 따르는 위해성을 강조하는 공중보건 캠페인을 펼쳐 감소시킬 수 있다. 살충제 처리된 모기장과 실내 스프레이를 이용해 특히 어린이와 임산부의 말라리아 감염률을 낮출 수 있다. 진화생물학의 원리는 병원균과 해충을 더욱 지속적으로 통제하는 데 기여할 수 있다.

각 장의 절에 대하여 아래 질문에 답을 하고 난 후 핵심 질문에 답하라.

핵심 질문 : 환경과 인체 건강 사이에는 어떤 관계가 있으며, 우리는 이 관계를 어떻게 관리할 것인가?

11.1~11.2 과학원리

- 환경에는 어떤 화학적 유해물질이 존재하며 이들의 영향은 무엇인가?
- 병원성 박테리아, 바이러스, 기생충은 어떻게 환경에 퍼지는가?

11.3~11.6 문제

- 생물축적과 생물확대는 어떻게 독성물질의 농도에 영향을 주는가?
- 내분비계 교란물질은 어떻게 인류와 기타 생물의 건강에 영향을 미치는가?
- 항생제와 살충제에 대한 내성은 어떻게 발생했는가?
- 말라리아를 제어하는 데 어려움은 무엇인가?

환경보건과 위해성, 그리고 독성학과 우리

환경의 위해성은 사방에서 생겨나고 우리를 변화시키거나 그냥 압도해버리기도 해서 불가항력적이라고 느껴질 수 있다. 이런 도전에 맞닥뜨려 상황을 변화시키기 위해 당신은 무엇을 할 수 있겠는가?

☐ 잘 알고 있기

WHO홈페이지와 기타 세계의 온라인 자료에 있는 뉴스를 따라가면서 현안에 뒤지지 않도록 하라. 보건 문제에 대한 지역과 연방의 제정법(예 : 생수를 시험하는 FDA의 기준)의 최신 정황을 잘 챙겨 알아두라.

☐ 지식을 적용하기

보건법을 실행하라. 피부에서 병원성 박테리아나 바이러스를 제거하는 데 2초 동안 비누로 손 씻기가 살균제보다 더 효율적이다. 건강한 식습관을 가지고 감염성 질환에 걸리지 않도록 예방책을 취하라. 매년 독감 예방접종을 받아라. 박테리아 감염에 대해 의사가 처방해주는 항생제는 책임감 있게 섭취하라. 처방받은 것은 완전히 마치도록 하고 당신의 약을 다른 사람에게 주지 않는다.

☐ 참여하기

세계의 가장 다급한 환경보건 문제들에 관심을 갖는 단체들을 지원한다든가 함께 일하는 것을 고려해보라. 모기 개체군이 번식하고 있을지 모르는 용기나 막힌 하수구를 제거하기 위한 동네 물청소 운동을 조직해보라.

11.7~11.9 해결방안

- 위해성을 어떻게 평가하는가?
- 위해성 평가에는 어떤 것들이 포함되는가?
- 진화생물학은 항생제와 살충제에 대한 내성을 관리하는 데 어떤 도움을 줄 수 있는가?

핵심 질문에 대한 답

_____

_____

_____

_____

_____

_____

제11장
복습 문제

1. 환경보건이란 무엇인가?
   a. 환경보건은 생태계의 생물다양성의 정도와 관련이 있다.
   b. 환경보건은 생태계의 실제 일차생산성이 잠재적 일차생산성에 얼마나 근접해 있는가에 의해 결정된다.
   c. 환경보건은 환경적 요인이 인류 건강과 안전에 어떤 영향을 미치는가에 관련된 연구분야이다.
   d. 환경보건은 사람이 환경에서 얼마나 편안함을 느끼는가와 관련이 있다.

2. 두 독성물질 사이의 상호관계 중 어느 것이 각자의 독성보다 훨씬 큰 독성을 초래하는가?
   a. 길항효과
   b. 상승효과
   c. 상가효과
   d. 흥분효과

3. 당신 몸의 대략 몇 퍼센트가 인간세포인가?
   a. 100%
   b. 75%
   c. 50%
   d. 10%

4. 생물축적이 될 가능성이 가장 높은 물질은 다음 중 어느 것인가?
   a. 수용성 독성물질
   b. 다양한 종류의 알콜
   c. 금속 형태의 수은
   d. 유기 형태의 수은인 메틸수은

5. 내분비계 교란물질이 특히 심각한 독성물질인 이유는 무엇인가?
   a. 다양한 생물에 영향을 미친다.
   b. 수많은 일반 제품에 존재한다.
   c. 성적 발달을 변화시킨다.
   d. 위 항목 모두

6. 다음 상태 중 박테리아 개체군에서 항생제 내성을 진화시키는 데 기여하는 것은?
   a. 돌연변이가 일어나기 쉬운 작은 크기의 개체군
   b. 항생제에 드물게 노출되어 그 개체군에 내성이 자라도록 함
   c. 항생제 처방을 언제나 완전히 이행하는 환자들
   d. 항생제에 자주 노출되어 이에 대한 내성을 선호하는 쪽으로 선택이 일어나도록 함

7. 용량반응 시험에서 LD_{50}의 의미는 무엇인가?
   a. 치사량의 반이 되는 독성물질의 양
   b. 50시간 후에 그 개체군의 치사량
   c. 시험 개체군의 절반을 죽이는 양
   d. 치사량에 의해 죽는 개체군의 비율

8. 위생시설에 대한 접근성과 깨끗한 물은 왜 심각한 환경 문제인가?
   a. 위생시설과 깨끗한 물은 환경보건 문제가 아니라 공학 문제이다.
   b. 위생시설과 깨끗한 물에 대한 접근성은 환경보건 문제가 아니라 사회적 문제이다.
   c. 이런 기본적 필수품은 이미 옛날에 전부 다루어졌으므로 위생시설과 깨끗한 물에 대한 접근성은 환경보건 문제가 아니다.
   d. 위생시설과 깨끗한 물이 공급되지 않아 매년 수백만 명이 죽고 있다.

9. 결핵을 치료하고 확산을 규제하는 것이 왜 의학적인 문제인 것 못지않게 사회적인 문제인가?
   a. 영양부족과 밀집된 생활 환경이 결핵에 걸릴 확률을 높인다.
   b. 치료를 확실히 완료하려면 일반적으로 간병인의 세심한 지도가 필요하다.
   c. 이미 감염된 사람들과의 접촉으로 쉽게 결핵에 걸린다.
   d. 위 항목 모두

10. 항생제 사용을 줄이고 질병의 예방에 더 집중한 결과 덴마크의 축산 비용이 얼마나 더 증가했는가?
    a. 1%
    b. 5%
    c. 15%
    d. 25%

비판적 분석

1. 인간 개개인을 생태계 또는 복잡한 생태 공동체로 보는 근거는 무엇인가? 이런 생태학적 개념은 어떻게 인류보건을 관리하는 데 기여할 수 있을까?

2. DDT와 수은오염은 어떤 점에서 유사한가? 어떤 점에서 다른가?

3. 사전예방 원칙은 환경에 화학물질을 방출하는 데 어떻게 적용시켜야 할까? 사전예방 원칙을 적용하는 데 필요한 구체적인 조건을 기술하라.

4. 화학물질의 위해성 평가하는 요소들의 개요를 서술하고 자세히 설명하라.

5. 개인의 건강이 어떻게 게놈, 유전자 구성, 엑스포좀 간의 상호작용에 의해 대부분 결정되는지 논의하라.

핵심 질문 : 고형폐기물로 인한 환경 파괴를 줄이고
유해폐기물을 안전하게 처리할 수 있는
방법은 무엇일까?

고형폐기물과 유해폐기물의 종류를 설명한다.

과학원리

제12장

고형폐기물과
유해폐기물 관리

고형폐기물과 유해폐기물을 처리하고 저장할 때
발생하는 문제들을 설명한다.

고형폐기물과 유해폐기물을 다루는 전략을 분석한다.

○
문제

○
해결방안

키안시호의 긴 여정. 쓰레기 짐을 내려놓을 장소를 찾아 지구를 반 바퀴 돌면서, 이 배는 세 바다와 두 대양에 걸쳐 속임수와 쓰레기의 자취를 남겼다.

필라델피아의 여행하는 쓰레기

한 도시의 쓰레기 문제가 세상이 쓰레기를 취급하는 방식을 바꾸다.

1970년대에 필라델피아 시는 심각한 쓰레기 문제에 시달리고 있었다. 쓰레기 폐기장은 가득 찼고 시는 페인트 통, 자동차 타이어, 수박 껍데기와 일회용 기저귀 등을 뉴저지 주 및 다른 이웃 주로 보내기 시작했다. 1984년 뉴저지 주가 그런 폐기물 수용을 중지한 후 시 공무원들은 텍사스 주 휴스턴 같은 먼 곳까지 쓰레기를 운반하기 위해 돈을 지불하고 있었다. 급증하는 비용을 줄이기 위해 필라델피아는 폐기물을 소각하기 시작했다. 소각하면 폐기물 부피가 70% 이상 감소하지만 독성물질이 가득한 재를 남기게 되어 이것을 어딘가에 안전하게 저장해야 한다. 그래서 필라델피아가 고안해낸 계획은 1986년 키안시(Khian Sea)라는 이름의 바지선에 15,000톤의 필라델피아산 소각 쓰레기를 가득 쌓아서 바하마로 옮기고, 그곳의 인공 섬에 폐기하는 것이었다. 하지만 바하마 정부가 이 계획을 듣고는 바지선을 돌려보냈다.

다음에 키안시호는 도미니카공화국의 문을 두드렸다. 거기서도 운이 따르지 않았다. 온두라스, 파나마, 버뮤다, 기니비사우, 그리고 네덜란드령 앤틸리스에서도 마찬가지로 거부당했다. 아이티에서 선원들은 '표토 비료'라고 주장하며 4,000톤가량의 재를 하적했다. 아이티 정부가 이 물질의 정체를 알게 되었을 때 바지선은 이미 떠나고 없었다.

키안시호는 계속 항해하여 대서양을 건너고 수에즈 운하를 통과해서 동남아시아까지 가게 되었다. 정체를 숨기기 위해 바지선의 이름과 등록 정보를 두 번이나 바꿨음에도 불구하고, 그 어떤 나라도 혐오스러운 재를 자국에 하적하도록 허락하지 않았다. 싱가포르에서 마지막으로 시도해본 후 바지선은 선로를 돌려 인도양을 건너다가 싣고 있던 독성 화물을 공해에 버렸다. 필라델피아에서 처음 항해를 시작한 지 16개월이 지난 후였다. 한편 아이티에 남겨두었던 재는 12년가량 썩고 있다가 결국 배에 실려 플로리다 주로 와서 2년 이상 바지선에 머물렀고 그제서야 발암물질 검사를 받았다. 그 폐기물은 안전하다고 간주되어 다시 펜실이베니아 주로 돌려보내져 매립되었다.

키안시호 사건과 그 외 유사 사건에 대한 세계 각국의 반응에 힘입어 바젤협약이라는 국제 조약이 생겼다. 이 조약에 대해서는 자연에는 '쓰레기'가 없고 물건을 내다버릴 '곳'도 없다.

배리 코모너, 생태학 제2법칙

이 장 후반부에 다룰 것이다. 요점은 폐기물을 안전하게 관리하는 것이 지구에 사는 모든 개인과 공동체의 문제라는 것이다. 매립지 공간 감소, 폐기물 처리 비용 증가, 폐기물 소각, 그리고 유해폐기물 반출은 오늘날 우리가 여전히 직면하고 있는 문제이다.

1970년대 환경운동이 있기까지는 고형폐기물의 폐기와 처리에 관한 규제가 거의 없다시피 했다. 환경법이 생기기 이전에 설립된 매립지에 대해서는 자료가 부족한데 유해폐기물을 포함하고 있을 수 있으며 이것이 토양으로 침출될 수 있다. 미래에 대비하여 우리는 가능한 재활용을 많이 해야 하고 재활용이 불가능한 폐기물 생산을 제한하되 안전하게 처리하고 저장해야 한다. 이런 목표들은 이번 장의 핵심 질문으로 이어진다.

핵심 질문

고형폐기물로 인한 환경 파괴를 줄이고 유해폐기물을 안전하게 처리할 수 있는 방법은 무엇일까?

(USFWS photo by Susan White)

12.1~12.2 과학원리

캘리포니아 주 오클랜드 바로 북쪽에 에머리빌 패총이 있다. 이 패총은 버려진 조개, 홍합, 굴 껍데기들로 이루어진, 한때는 높이 18미터 이상, 넓이 107미터 이상 되었던 무더기이다. 아메리카 원주민들이 2,000년 이상

거주한 잔해이다. 전 세계적으로 폐기물을 야외에 던져 버리는 것이 흔했고 인류가 사는 곳마다 쓰레기가 축적 되었다. 그러나 인구가 증가하고 경제 활동이 활발해지 면서 우리는 독성 폐기물을 포함한 더욱 다양한 폐기물 로 지구를 어지럽혔다. 지금도 단순매립을 하는 곳에는 폐기물 더미가 작은 산만큼 쌓여 있다(그림 12.1). 이렇게 육상, 해상에 축적되는 쓰레기는 가장 큰 환경 문제 중 하 나로 떠오르고 있다. 자연 생태계가 어떻게 자신의 폐기 물을 생산하고 재활용하는지를 이해하면 이 문제에 대한 대응 방법을 찾을 수 있을 것이다.

12.1 경제체제가 생성하는 '폐기물'이 생태 계에서는 생기지 않는다

인류 사회 초창기에는 사람들이 폐기물을 창밖으로 던져 버리는 것이 별 문제가 되지 않았다. 폐기물을 그다지 만 들지 않았고 정착지들은 규모가 작았다. 결정적으로 대 부분의 폐기물은 자연물질로 이루어져 있어서 시간이 지 나면 폐기물 더미를 뒤지는 짐승이나 식물, 미생물에 의 해 부패되었다. 폐기물에 들어 있던 화학원소들은 결국 생태계에 의해 재활용되었다. 만약 한 땅뙤기가 심하게 오염되면 그저 짐을 싸서 옮겨가면 그만이었다.

그러나 인구가 폭발적으로 증가하고 현대 산업사회가

쓰레기로 이루어진 산

(Jefri Tarigan/Anadolu Agency/Getty Images)

그림 12.1 오늘날 수십 억 인구가 생성한 쓰레기 양은 경악스럽다. 도시에서 나온 고형쓰레기를 도시생 활폐기물이라고 부르는데, 엄청난 양이 폐기물 매립장에 쌓이기 때문에 특히 눈에 띈다. 여러 개발도상국 에서 폐기물 매립장은 사용 가능한 자원을 찾는 사람들을 끌어들인다.

폐기물의 출처

개별 가정	공장	발전소	영리 기업	기관
• 아파트	• 조립공장	• 화력 발전	• 상점	• 학교
• 콘도	• 제철소	• 원자력 발전	• 호텔	• 청사
• 단독주택	• 식품가공 공장	• 수력 발전	• 사무실용 건물	• 감옥

폐기물

그림 12.2 인류의 거의 모든 활동은 나름대로의 폐기물을 생성한다. 현대 도시 환경에서 폐기물의 출처는 학교, 병원, 양로원 등 기관뿐만 아니라 개인 가정으로부터 공장, 발전소, 영리 기업(예 : 상점, 호텔)까지 다양하다.

성장하면서 인간이 생산하는 폐기물의 양, 종류, 자원이 급격히 변했다(그림 12.2). 오늘날 인간 폐기물의 많은 부분은 더 이상 자유롭고 빠르게 순환하지 않고 종종 막다른 지경을 만난다. 즉 매립지에 묻혀 쉽게 분해되지 못하고 함유하고 있는 원소들이 생물권에 재진입하는 것을 막는다. 플라스틱과 같은 많은 인간이 만든 화학물질은 자연적인 순환 경로가 없거나 너무 대량 생산되어 충분히 빠르게 분해되지 못한다.

인간이 만든 폐기물을 효율적으로 재활용하는 첫 단계는 이 물질이 자연에서 어떻게 순환하는지 이해하는 것이다. 질량 보존의 법칙(제2장 44쪽 참조)에 의하면 닫힌 계에서 물질은 생성되지도 소멸되지도 않는다. 다만 형태가 바뀔 뿐이다. 그 결과 모든 물질을 구성하는 화학원소들은 생태계에서 무한정 순환할 수 있다. 예를 들어, 탄소, 질소, 인, 황의 순환(제 2, 7, 8, 13장 참조)은 이들 원소가 생태계 안에서 이동하는 경로를 따라간다. 생명체에서 발견되는 다른 모든 원소(예 : 칼슘과 철)에도 비슷한 순환이 존재한다.

각 생명체는 구성 요소로 분해되어 각기 다른 유기체로 공급된다. 자연이 만든 모든 자원은 미생물, 식물, 동물에 의해 분해되어 다시 자연으로 돌아간다. 원유조차도 적절한 조건하에서는 분해될 것이다. 그리고 거시적으로 봤을 때 지구 시스템은 지구의 가장 기초적인 지질학적 단위인 암석을 구성하는 광물들을 재활용한다(부록 B 참조).

⚠ **생각해보기**

1. 죽은 식물, 동물폐기물 그리고 기타 물질에서 발견되는 원소들의 궁극적 운명은 어떠한가?
2. 지구는 거의 모든 형태의 물질에 대해 닫힌 계이다. 그렇다면 생명권은 어떻게 수많은 형태의 생명체를 수백 년 동안 지탱해올 수 있었는가?
3. 우리 폐기물이 지구의 자연 순환에 더 잘 도입되도록 하기 위한 기초 단계는 무엇인가? (힌트 : 45쪽 그림 2.13의 탄소 순환을 모델로 고려하라.)

12.2 폐기물의 기원과 성질은 다양하고 경제성장 정도에 따라 달라진다

고고학자들은 에머리빌 패총과 같은 폐기물 더미를 연구함으로써 과거 사회에 대해 많은 것을 유추해낼 수 있다. 현대 세계에서 폐기물의 기원은 다양하고 수많은 형태의 버려진 물질로 이루어진다. 이 혼합물을 **폐기물 흐름**(waste stream)이라고 한다. 미래의 고고학자는 우리의 폐기물 흐름을 연구하여 현생 세계에 대해 무엇이라 결론

현대 쓰레기 더미는 에머리빌에 살던 사람들 같은 고대인의 것과 어떻게 다른가?

폐기물 흐름 기관, 가정, 사업체들로부터 버려진 물질. 특히 도시고형폐기물

내릴까? 두 가지 결론을 피할 수 없을 것이다. 부유한 나라는 가난한 나라보다 훨씬 더 많은 폐기물을 생성한다는 것과 그들이 버리는 폐기물의 종류가 매우 다르다는 것이다.

도시고형폐기물

어디에 살건 인간은 고형폐기물을 생성하지만 인구가 밀집된 도시에서 그 양이 훨씬 많다. **도시고형폐기물** (municipal solid waste, MSW)은 종이, 포장, 음식물 찌꺼기, 유리, 금속, 직물, 기타 버려진 고형물 등 기관, 가정, 회사에서 나오는 모든 고형폐기물을 포함한다. 따라서 폐기물 관리는 도시가 제공하는 가장 중요한 서비스 중 하나이다. 저소득지역에서는 폐기물 관리가 시 예산의 가장 비싼 항목이다. 폐기물 관리는 도시생활에 너무나 근본적인 것이라 시스템에 결함이 생기지 않는 한 대부분의 사람들은 의식하지 못한다. 예를 들어, 2011년 그리스 아테네의 환경미화원들이 잠재적 세금 인상과 임금 인하에 항의하여 파업에 들어가면서 17일 동안이나 쓰레기가 길가에 쌓여 있었다. 환경미화원의 파업은 세계 여러 곳에서 비슷한 결과를 초래했었다(그림 12.3).

도시고형폐기물은 경제 활동의 산물이므로 소득수준

도시고형폐기물(MSW) 기관, 가정, 업체로부터 오는 종이, 포장, 음식물 찌꺼기, 유리, 금속, 직물, 기타 버려진 고체 등 고형 폐기물

유해폐기물 연소성, 반응성, 부식성 또는 독성을 띠는 폐기물로서 인간과 기타 생물에게 병, 죽음 또는 다른 해를 입히는 폐기물

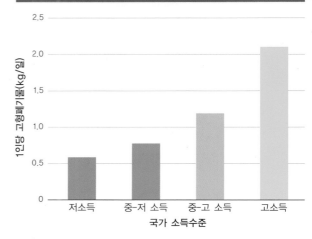

도시고형폐기물 생성과 소득수준의 관계

그림 12.4 평균적으로 봤을 때 고소득 국가의 도시 인구는 저소득 국가 사람들보다 1인당 3배 이상 많은 고형폐기물을 생성한다. (자료 출처 : Hoornweg and Bhada-Tata, 2012)

과 폐기물의 유형 및 조성은 상관관계가 있다. 그림 12.4에서 보듯이 세계에서 가장 부유한 나라의 1인당 MSW 생산량이 가장 빈곤한 나라의 3배이다.

고형폐기물에는 여러 종류가 있고 이들은 각기 다르게 취급되어야 한다. 세계은행은 MSW를 여섯 가지 범주로 분류한다. 유기물, 종이, 플라스틱, 유리, 금속, 기타이다 (표 12.1).

세계은행의 분류에 따르면 유기폐기물은 음식 찌꺼기, 정원폐기물, 목재를 포함한다. 종이와 플라스틱도 화학적으로는 유기물이지만, 종이는 가공이 많이 된 유기물질이고 플라스틱은 대부분 석유에서 합성된 것이다. '기타' 항목도 가죽과 고무 등 가공된 유기물질을 포함하지만 가전기구, 전자폐기물과 재도 포함한다.

가난한 나라에서는 음식, 목재와 정원폐기물 등 유기폐기물이 도시고형폐기물의 64%를 이루지만 부유한 국가의 도시에서는 폐기물의 30%만 차지한다. 한편 고형폐기물 중 종이, 유리, 금속의 비율은 소득수준에 따라 증가한다(그림 12.5). 빈곤한 국가가 경제적으로 발전하면서 이런 종류의 폐기물이 증가하리라고 예상할 수 있다.

유해폐기물의 성질

어떤 폐기물은 너무나 위험하고 유독해서 일반적인 방법으로 폐기해서는 안 된다. 미국 환경보호청(EPA)은 **유해폐기물**(hazardous waste)을 "제대로 관리되지 않거나 환경

환경미화원 파업의 결과

그림 12.3 대도시에서 생성된 엄청난 양의 폐기물과 폐기물 관리로 대표되는 필수적 서비스는 환경미화원 파업 때 가장 두드러진다. 2011년 이탈리아의 나폴리 시와 폐기물 수거자들 사이의 협상이 결렬되었을 때, 고형폐기물이 도로에 쌓이기 시작해서 건강상 위험을 야기했고 도시를 악취로 채웠으며 도보 및 자동차 교통을 부분적으로 방해했다.

표 12.1 도시고형폐기물의 범주

세계은행은 전 세계 인구가 생성한 도시고형폐기물의 조성과 양에 대한 목록을 꼼꼼하게 작성하였다.

폐기물 범주	예
유기물	음식물 쓰레기, 정원 쓰레기, 목재
종이	사무실 종이, 골판지, 신문
플라스틱	포장, 병, 식품 용기, 봉지
유리	병, 색유리, 유리 그릇
금속	캔, 가전제품, 호일
기타	가죽, 고무, 재, 전자 쓰레기

에 배출되었을 때 인간이나 다른 생물에 질병, 사망 또는 다른 위험을 가할 가능성이 있는 화학 조성이나 기타 성질"이 있는 것으로 정의하고 있다. 보다 구체적으로는 다음 네 가지 성질 중 어느 하나를 만족하는 폐기물은 유해하다고 간주한다.

1. **인화성**(flammable) : 빠르고 쉽게 점화되고 타는 물질. 이런 물질은 마찰에 의해, 수분을 흡수하여서, 또는 다른 폐기물과의 접촉으로 자연적으로 점화된다.

2. **반응성**(reactive) : 다른 물질, 특히 물과 접했을 때 쉽게 격렬한 화학 변화가 일어나는 불안정한 물질.

3. **부식성**(corrosive) : 강산(pH 2 이하) 또는 강염기(pH 12 이상). 살아 있는 조직을 포함한 다양한 표면을 영구적으로 손상할 수 있다.

4. **독성**(toxic) : 비교적 적은 양으로도 생물에 유해하다.

유해폐기물은 다른 폐기물과 같은 방법으로 취급, 처리 또는 저장할 수 없다. 폭발적 화학반응, 근로자에게 미치는 유해성, 폐기물 저장고나 매립지의 내벽을 손상할 위험성이 너무 크다(유해 화학물질은 환경보건의 일환으로는 제11장, 오염물질로서는 제13장 참조).

유해폐기물의 기원

미국의 유해폐기물 최다 배출 산업은 매니큐어 제거제부터 수영장용 염소에 이르기까지 모든 것을 생산하는 '기

소득수준과 도시고형폐기물의 조성

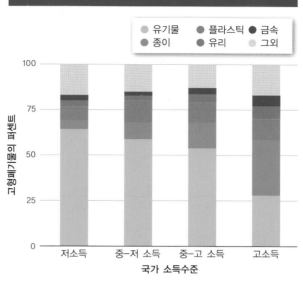

그림 12.5 폐기물 흐름에서 상대적으로 유기폐기물이 감소하고 종이가 증가하는 것이 저소득에서 고소득 인구로 갈 때의 주된 폐기물의 조성 변화이다. (자료 출처 : Hoorweg and Bhada-Tata, 2012)

초화학' 산업이며, 전체 유해폐기물의 절반 이상을 차지한다(그림 12.6). 그 뒤를 잇는 것이 가솔린, 플라스틱, 윤활유 등 석유와 석탄 기반 제품 생산이다. 다섯 가지 산업 분야가 2011년 미국에서 생산된 약 3,100만 메트릭톤의 유해폐기물 중 94%를 만들어냈다. 나머지 6%는 페인트 제조부터 제재소까지 45가지 상업적·산업적 기원의 경제 활동에서 배출되었다.

미국 유해폐기물의 출처

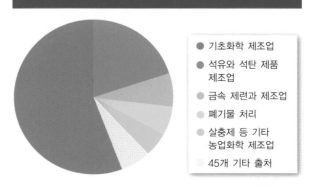

- 기초화학 제조업
- 석유와 석탄 제품 제조업
- 금속 제련과 제조업
- 폐기물 처리
- 살충제 등 기타 농업화학 제조업
- 45개 기타 출처

그림 12.6 다섯 가지 경제 활동이 미국 유해폐기물 발생의 94%를 설명한다. 이들 중 단 두 부문이 미국에서 발생하는 유해폐기물의 4분의 3 이상을 차지한다. (자료 출처 : Environmental Protection Agency, 2011c)

인화성 쉽게 인화되는 성질. 연소성 물질은 인화되어 쉽게 탄다(예 : 마찰, 흡습, 또는 다른 폐기물과의 접촉에 의해서).

반응성 화학적으로 반응하는 반응성 물질은 다른 물질과 접하였을 때 쉽게 격렬한 화학반응을 일으킨다.

부식성 살아 있는 조직을 포함하여 다양한 표면에 영구적 해를 입힐 수 있는 부식성 물질에는 강산(pH 2 이하) 또는 강염기(pH 12 이상)가 있다.

독성 독을 품은 성질. 독성물질은 작은 양으로도 생명체에 유해하다.

가처분 소득이 증가하면 필연적으로 1인당 쓰레기 생성도 증가하는가?

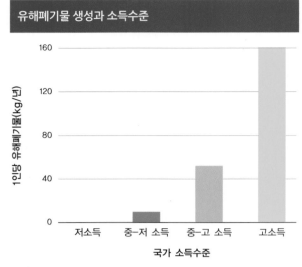

그림 12.7 유해폐기물 생성은 중-고 소득과 중-저 소득 국가보다 고소득 국가에서 훨씬 높다. 저소득 국가에 관한 자료는 불충분했다. (2006년 자료 출처 : Wielenga, 2010)

가정쓰레기를 처리하는 데 윤리적 함의가 있는가?

대부분의 가정폐기물은 위험하지 않지만 가정에서 흔히 발견되는 것 중 몇몇 유해한 물품은 절대 쓰레기통에 버리거나 하수구나 땅, 빗물 배수구에 흘려 버리면 안 된다. 예를 들어, 다음 가정폐기물은 EPA의 유해폐기물 기준을 적어도 하나 이상 만족한다.

- 의학 폐기물—기한이 지난 처방약, 사용한 주삿바늘, 붕대(독성)
- 막힌 배수관을 뚫는 화학물질(부식성)
- 페인트 희석제(인화성)
- 살충제(독성)
- 사용한 엔진 오일(독성, 부식성, 인화성)
- 수은을 함유한 제품—낡은 체온계, 형광등(독성)
- 부동액(독성)
- 건전지(반응성, 인화성)

부유한 국가들이 빈곤한 국가보다 화학물질 제조 능력이 더 커서 유해폐기물을 더 많이 생산하는 경향이 있다. 그림 12.7에서 보듯이, 1인당 평균 유해폐기물 생산량은 고소득 국가가 중-고소득 국가의 대략 3배이고 중-저소득 국가에 비해서는 16배이다.

⚠ 생각해보기

1. 우리의 MSW를 연구하는 미래의 고고학자들은 오늘날의 인류사회에 대해 어떤 결론을 내릴 것인가?
2. 소득수준은 여러 국가의 폐기물 조성에 어떤 영향을 미칠까? 도시 간 소득수준 차이는 폐기물 관리 문제에 어떤 영향을 미치는가?
3. 미국 연방법이 산업에 대해서는 유해폐기물을 안전하게 폐기할 것을 요구하지만 개인과 가정에 대해서는 같은 기준을 준수하도록 요구하지 않는다. EPA가 이런 법을 모든 폐기물 생산자에게로 확대해야 한다고 생각하는가? 이유를 설명하라.

12.1~12.2 과학원리 : 요약

인구가 적었을 때는 그들이 생산하는 폐기물의 부피도 작았고 폐기물 흐름은 자연물질로 이루어졌었다. 인구가 증가하고 산업 집약적 경제가 발전하면서 상황이 바뀌었다. 도시고형폐기물은 기관, 가정과 회사에서 나오는 모든 고형폐기물을 포함하므로, 고형폐기물 관리는 공공 서비스 중 가장 중요하고 비용이 많이 드는 항목 중 하나이다. 국가의 소득과 폐기물의 양과 조성은 상관관계가 있다. 미국에서 유해폐기물의 가장 큰 원천은 기초화학 제조업과 가솔린, 플라스틱과 윤활유 등 석유와 석탄으로부터 제품을 제조하는 것이다. 가정에서도 상당량의 유해폐기물이 생성될 수 있다.

12.3~12.6 문제

중국의 구이유 시에서는 수십만의 비숙련 노동자들이 수은이 들어 있는 평면 텔레비전 디스플레이 등 폐기된 전자제품들을 분해하는 가운데 거리에 유해폐기물이 쌓여간다. 먼 태평양 해양환류에는 작은 플라스틱 봉지 조각과 병들이 어찌나 많이 갇혀 있는지 물이 탁하게 보일 정도이다. 미국 전역의 원자력 발전소에는 폐연료봉이 영구 저장소를 찾지 못하고 쌓여간다. 폐기물은 종류별로 각각 나름의 도전이 있고, 인구가 증가함에 따라 이런 문제들은 매년 심해지고 있다.

12.3 도시고형폐기물 관리는 갈수록 심각해지는 문제이다

사람들은 보통 집에서 쓰레기를 내다 놓는 일조차 꺼려 한다. 하지만 이는 단지 폐기물 여정의 시작일 뿐이다. 수백만이 사는 도시에서 집집마다 쓰레기를 수거하여 둘 곳을 찾는 이 방대한 규모의 과업을 잠시 생각해보라. 폐기물 수거는 매우 중요한 일이다. 왜냐하면 수거되지 않은 고형폐기물은 하수구를 막고 공기와 물의 오염을 초래할 수 있기 때문이다. 폐기물을 처리하는 것은 또 다른 문제이다. 오랜 시간이 지나면 도시의 매립된 폐기물은 어떻게 될까? 도대체 분해는 될까? 폐기물의 일부가 주변 환경의 토양과 물에 되돌아오지는 않을까? 만약 그렇다면 이것은 유독하고, 따라서 유해할까?

도시고형폐기물

키안시호의 긴 여정이 보여주었듯, 폐기물을 제거하는 것은 험난한 과정일 수 있다. 전 세계에서 도시고형폐기물의 발생량은 치솟고 있다. 2002년 당시 연간 6억 메트릭톤이 조금 넘는 MSW가 발생하고 있었고 그 후 10년간이 수는 2배가 되어 13억 메트릭톤에 이르렀다. 2025년에는 더 증가하여 연간 대략 22억 메트릭톤에 이를 것으로 추정된다(그림 12.8a).

이런 증가는 전 세계적인 도시 인구의 증가를 대변할

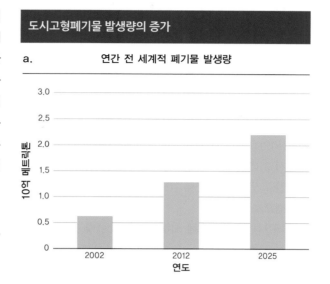

도시고형폐기물 발생량의 증가

a.
연간 전 세계적 폐기물 발생량

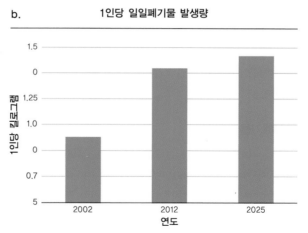

b.
1인당 일일폐기물 발생량

그림 12.8 (a) 1인당 폐기물 발생량 증가와 도시 인구 증가의 결과, MSW 총량이 2002~2025년 사이에 3배가 될 것이 유력하다. (b) 전 세계적으로 1인당 MSW 발생량이 2002~2012년 사이 대략 2배가 되었고 2025년까지 20% 더 증가할 것으로 예측된다. (자료 출처 : Hoornweg and Bhada-Tata, 2012)

뿐 아니라 경제 개발의 증가를 의미한다. 가용소득과 생활수준이 상승하면서 소비도 따라 증가한다. 소비가 증가하면 쓰레기도 증가한다. 2002~2012년 사이, 매일 개인이 생산하는 폐기물이 0.6킬로그램에서 1.2킬로그램으로 2배가 되었다. 이 숫자는 2025년까지는 거의 20% 증

모든 포장이 생분해되도록 규정한다면 폐기물 흐름에 어떤 변화가 생길까?

가할 것으로 예측된다(그림 12.8b). 1인당 폐기물 발생의 증가와 전 지구적인 도시 인구 증가를 결합해서 생각해보면, 고형폐기물은 2002~2025년 사이 3배가 될 것이다.

그러나 미국에서는 약간의 감소가 관찰되기 시작하는데 이는 우리가 이미 '쓰레기의 정점'에 도달했음을 의미한다(그림 12.9). 확실히 요즘 사람들은 15년 전보다 쓰레기를 덜 버린다. 숫자를 좀 더 자세히 들여다보자. 1960년 미국은 8,000만 메트릭톤의 MSW를 생성했다. 그 숫자는 2007년에는 2억 3,300만 메트릭톤으로 증가했다. 2007년 이후 고형폐기물 발생은 1.3% 감소하여, 2013년에는 2억 3,000만 메트릭톤이 되었다. 무엇이 이런 감소를 일으켰을까? 1960~2000년 동안 사람들은 더욱 낭비적이 되어갔다. 1인당 폐기물 생성률은 매일 1.22킬로그램에서 2.15킬로그램으로 증가했다. 하지만 그 후 10년간 1인당 생성률은 7.5% 감소해서 2013년에는 매일 2킬로그램으로 낮아졌다.

세계은행 통계자료에 의하면 이들 1인당 고형폐기물 발생률은 호주, 캐나다, 노르웨이, 덴마크 등 다른 선진국과 비슷하지만 일본, 영국, 스웨덴보다는 높다. 이 모든 국가들은 저소득 국가에 비해서 폐기물 발생률이 높다(그림 12.4 참조). 이 감소는 회사와 소비자 사이에 폐기물을 감소시키려는 추세를 의미하는지도 모른다. 우리는 이 전략을 이 장의 해결방안 부분에서 더 자세히 논의할 것이다.

음식폐기물

EPA에 의하면 미국인들은 2012년에 약 3,500만 톤의 음식을 버렸다. 이는 1980년에 비해 3배 이상이고 폐기물 흐름의 20% 이상을 차지한다. 사실 우리는 플라스틱, 종이, 금속보다 음식을 더 많이 버린다. 환경 옹호 단체인 국가자원보호위원회는 음식물의 40%가 폐기된다고 추정했다.

음식폐기물이나 다른 유기성 폐기물은 **생분해성**(biodegradable)이므로, 즉 복잡한 분자들이 단순한 원소나 화합물로 분해되므로, 대수롭지 않게 생각할지 모른다. 오랜 시간이 지나면 분해되겠지만, 이들은 매립지를 가득 채워가고 있고 박테리아, 균류와 곤충 종들에 의해 분해되는 과정에서 기후 온난화를 초래하는 메탄을 대기에 방출한다. 게다가 식량 재배에 사용하는 비료에 들어 있는 인산염 등 제한된 자원이 지구 시스템에서 제거되어

생분해성 생물학적 과정에 의해 화학적 구성 성분으로 분해될 수 있는 물질

난분해성 생물학적 과정에 의해 화학적 구성 성분으로 분해될 수 없는 물질

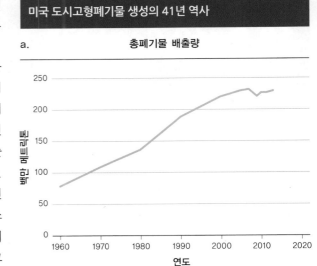

미국 도시고형폐기물 생성의 41년 역사

a.
총폐기물 배출량

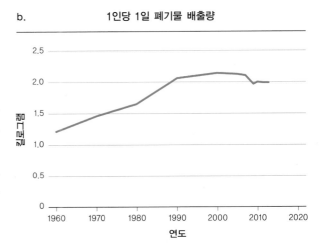

b.
1인당 1일 폐기물 배출량

그림 12.9 (a) 총연간폐기물 생성이 1960~2007년 동안 증가하고, 그 후 2011년까지 약 2.5% 감소했다. (b) 1인당 폐기물 생성이 2000년에 가장 높았고, 2011년까지 무려 7.5% 감소했다. (자료 출처 : EPA, 2013c)

매립지에 묻히게 된다.

플라스틱 폐기물

종이나 음식 찌꺼기 같은 폐기물은 생분해성이지만 다른 것들은 그렇지 않다. 원유를 포함한 모든 제품은 자연적으로 존재하는 물질에서 시작하지만 제조 과정 동안 가열, 주조, 착색 또는 화학적 변화 과정을 거치게 된다. 완성품은 대개 생물이 분해할 수 없는 **난분해성**(non-biodegradable)이다. 그 결과 완성품의 구성 원소들(주로 탄소와 수소)은 이런 새로운 형태에 무기한 갇혀 있게 된다.

플라스틱은 난분해성이므로 폐기물 매립지와 자연 생

쓰레기의 대양

태평양 거대 쓰레기 지대의 폐기물

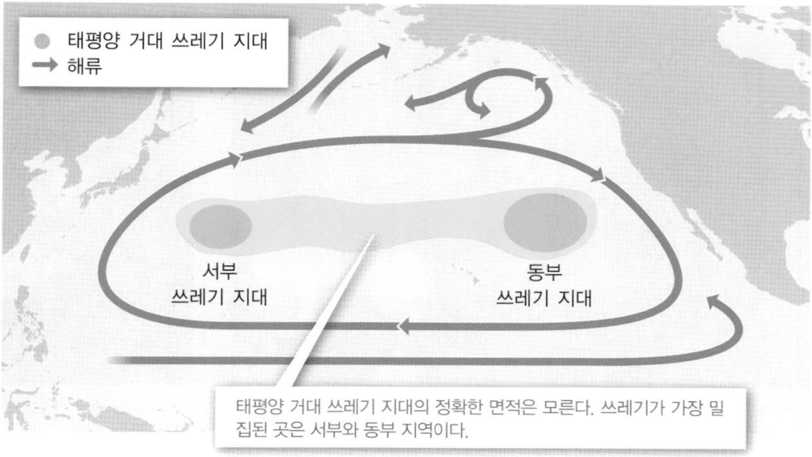

그림 12.10 대양에는 대형 환류에 의해 엄청난 양의 플라스틱 폐기물이 축적되고 있다. 이 쓰레기 지대 중 처음 발견된 것은 태평양 거대 쓰레기 지대로서 일부를 여기 보여주고 있다.

태계에 축적되는데, 환경 면에서는 후자가 더 큰 문제이다. 태평양 거대 쓰레기 지대(그림 12.10)는 플라스틱 조각들이 북태평양 환류라는 해류 때문에 중앙태평양에 집적된 것이다(242쪽 그림 8.2 참조). 많은 양의 플라스틱 폐기물이 모여 있는 이 영역은 분명히 넓지만, 미국 국립해양대기청(NOAA)에 의하면 현재 이 축적 면적에 대한 과학적으로 타당한 추정은 존재하지 않는다. 쓰레기 지대는 대서양과 인도양에서도 발견되었다.

이들 모든 지대에 주요한 폐기물은 플라스틱인데, 큰 덩어리부터 미세한 입자까지 크기가 다양하다. 이들 플라스틱은 난분해성이므로 분해되지 않고 기계적 활동과 햇빛에 의해 점점 더 작은 조각으로 잘린다. 큰 조각들은 바닷새와 거북을 포함한 해양생물을 얽어서 익사시킬 수 있으므로 유해하다. 또한 많은 해양동물은 플라스틱 입자들을 먹이로 착각하여 치명적인 결과에 이를 수도 있다. 특히 큰 타격을 입은 것은 미드웨이 제도의 레이산알바트로스인데 어미가 물어온 다량의 플라스틱 잔해를 받아먹은 어린 새끼들이 죽어간다(그림 12.11). 미국 어류 및 야생동물보호국은 어미 레이산알바트로스가 자신도 모르게 매년 약 5톤의 플라스틱 잔해를 새끼들에게 먹인다고 추정한다.

플라스틱 폐기물은 물리적 영향만 미치는 것이 아니다. 해양의 플라스틱 잔해로 인해 PCBs(제13장 415쪽 참조) 같은 잔류상 유기 오염물질이 해양 먹이사슬에 잘 침투하게 된다. 이 오염물질은 물에 그다지 잘 용해되지 않지만 플라스틱 입자에 흡착하여 이를 먹는 동물의 조직에 흡수될 수 있다. 이 화합물은 생물확대(제11장 358쪽 참조)가 되기 때문에 사람이 많이 먹는 해산물에서 그 농도가 상당히 높을 수 있다.

⚠ 생각해보기

1. 1인당 폐기물 발생이 현저히 감소하는데도 인구의 전체 폐기물 발생량은 증가할 수 있는가? 설명하라.
2. 전 세계적으로 발생하는 도시폐기물이 가까운 미래에는 계속 증가하리라고 예측되는 이유는 무엇인가?
3. 플라스틱이 레이산알바트로스에게 미치는 영향이 도시고형폐기물 흐름에 대해 우리에게 시사하는 바는 무엇인가?

12.4 유해폐기물 발생은 증가하는 추세이고 종종 불안전하게 다루어진다

아무 단속 없이 유해폐기물을 투기하는 것은 한때 일반적이었고 전혀 법적 하자가 없었다. 오늘날 우리에게 남겨진 것은 당시 운영되던 회사들이 남긴 오염물이다. 이 문제를 다루기 위해 1980년 미국 의회는 **종합적 환경 방제, 보상 및 책임법**(Comprehensive Environmental Response, Compensation, and Liability Act, CERCLA) 또

태평양 거대 쓰레기 지대를 치우는 것은 누구의 몫인가?

종합적 환경 방제, 보상 및 책임법(CERCLA) 1980년에 제정된 슈퍼펀드법으로 유해폐기물을 규제하고 회사들이 이를 안전하게 폐기할 것을 요구하는 법

해양 생물에 치명적인 플라스틱 쓰레기

플라스틱 쓰레기에 얽혀버린 바다거북

하와이 섬에서 발견된 알바트로스의 잔해는 생전에 삼킨 플라스틱 쓰레기로 가득 차 있다.

그림 12.11 대양의 플라스틱 쓰레기 중 큰 조각들은 주기적으로 해양생물을 걸려들게 한다. 이 바다거북(왼쪽)은 중앙 아메리카 해안 앞바다에서 어구 꾸러미에 걸려 미국 해안경비대 선원에 의해 놓여지지 않았다면 아마 분명히 죽었을 것이다. 이 새끼 레이산알바트로스(오른쪽)는 다른 수천 마리와 마찬가지로 부모가 오징어나 물고기 알을 찾아 해양 표면을 스치듯 헤엄치다가 멋모르고 섭취한 플라스틱 조각을 받아먹었다. 그러나 어미와는 달리 새끼는 플라스틱을 뱉어내지 못한다. 따라서 소화관이 서서히 소화 불가능한 물질로 채워지고 이 새끼는 결국 죽었다.

는 슈퍼펀드법을 통과시켰다. 슈퍼펀드 프로그램의 목표 중 하나는 유해물질에 의한 대기, 토양, 수계의 오염이 인류 건강을 위협하거나 환경을 손상하기에 충분한 현장을 찾아내는 것이다. 2011년까지 1,350개 이상의 슈퍼펀드 현장을 EPA가 계속해서 적극적으로 관리하고 있다.

러브 캐널

비가 매우 많이 온 해가 지나고 1962년 봄이 되자, 뉴욕 주의 나이아가라 폭포 신흥개발지구에 사는 주민들은 독한 연기와 유색 액체가 땅으로부터 스며나와 도로와 들판을 가득 채우고 있다고 신고하였다. 1970년대에 이르러서는 신생아들이 발과 손의 기형 등 선천적 장애와 결함을 가지고 태어나는 것에 주민들은 주목하기 시작했다. 뉴욕 주 보건부에 의하면 여성의 유산율이 비정상적으로 높은 수치를 기록했다. 얼마 지나지 않아 지방 신문인 나이아가라폭포 가제트는 이 땅에 묻힌 추한 비밀을 폭로했다.

1940년대 후반부와 1950년대 초에 후커케미컬이라는 화학제조 회사가 21,000톤의 유해폐기물을 러브 캐널이라는 버려진 운하에 투기하였다. 회사는 이 땅을 나이아가라폭포교육위원회에 단돈 1달러에 팔면서 이 폐기물의 존재를 밝혔지만 그래도 시는 그곳에 저소득층을 위한 거주시설과 학교를 지었다. 그후 물에서 고농도 다이옥신과 벤젠 등 발암물질을 비롯한 248가지 화학물질이 여러 연

구를 통해 확인되었다. 1978년 지미 카터 대통령은 이 현장을 연방 재난 지역으로 공표했고, 800가구 이상이 이주했다. 러브 캐널은 미국의 첫 슈퍼펀드 현장이 되었다. 우리는 러브 캐널과 기타 슈퍼펀드 현장을 어떻게 정화했는지 제13장에서 더 자세히 논의할 것이다.

브라운필드

국가의 모든 오염된 현장이 모두 슈퍼펀드 현장이 되지는 않는다. **브라운필드**(brownfield)는 유해폐기물로 오염되어 재생시키지 않으면 더 이상 사용이 불가능한 유휴공업용지를 일컫는다. EPA의 추정에 따르면 미국에만 450,000 이상의 브라운필드가 존재한다. 브라운필드는 산업의 역사가 깊은 도시에는 흔하지만, 슈퍼펀드 단지와는 다르게 브라운필드를 정화시키려는 국가적 프로그램은 존재하지 않는다(그림 12.12). 그렇지만 미국 브라운필드 근처에 사는 공동체들은 암, 선천성 기형과 기타 건강 문제의 위험이 더 크다.

펜실베이니아 주 헤르의 섬

헤르의 섬(Herr's Island)은 펜실베이니아 주, 피츠버그의 앨러게니 강 중앙에 있다. 20세기 초반 그곳에는 가축 수용소, 거대한 도축장, 고철 처리장, 펜실베이니아 철도를 위한 주조 공장이 있었다. 그 땅이 버려진 후 한참이 지나

과거 사람들이 고의로 오염시켰던 경관이 오늘날 브라운필드가 된 것을 어떻게 설명할 수 있을까?

브라운필드 보통 유해폐기물로 오염되어 개선 없이는 사용할 수 없는, 버려진 산업 현장

브라운필드 : 다년간 산업활동의 결과

그림 12.12 장기 산업 활동은 전 세계 여러 현장을 다양한 유해물질로 오염시켰다. 브라운필드라고 부르는 이들 현장을 다른 용도로 안전하게 사용하려면 보통 대규모 정화작업이 필요하다. 영국 맨체스터의 이 브라운필드는 다년간 산업 활동의 현장이었다.

서도 동물 사체로 오염된 토양에서는 여전히 유독성 기체가 스며나왔다. 한 환경 평가에 의하면 고철 처리장의 전기 변환기에서 침출되어 나온 PCBs(415쪽 제13장 참조)를 포함하여 다양한 유해폐기물이 발견되었다. 거기서 영업하던 한 회사는 녹이 슬고 있는 지하 저장탱크를 남겨두었는데, 여기서 기름과 중금속이 지하수로 새어나갔다.

노바스코샤의 시드니 시

캐나다 노바스코샤 해안의 시드니 시는 강철 공장을 짓기에 최적의 장소로 보였다. 석탄, 철광, 석회암을 포함한 모든 기초 자재를 근처에서 캐낼 수 있었다. 큰 항구가 있어 완성품을 전 세계로 보낼 항로를 제공했다. 이 과정에서 발생하는 폐기물의 하나는 콜타르(coal tar)였다. 시드니 시에서 콜타르는 오븐에서 나와 다른 곳으로 운반되기 전에 큰 탱크에 저장되었다. 1960년대 공장들이 문을 닫기 시작하면서 저장 탱크, 저장 연못, 그리고 파이프 대부분은 정화 과정 없이 그저 유기되었다. 20년이 지나 이 현장에서 침출된 화학폐기물이 근방에서 포획된 바닷가재에서 발견되었다. 시드니의 타르 연못은 근대 환경 운동이 있기 전, 오염이나 폐기물을 다루는 중요한 규약들이 생기기 전 산업시대의 잔재이다.

⚠ 생각해보기

1. 브라운필드 현상은 공유지의 비극(제2장 51쪽 참조)의 한 예라고 할 수 있는가?

2. 세계 곳곳의 막대한 환경오염에도 불구하고, 어떤 사람들은 여전히 사업이 환경 규제에 얽매이지 않고 운영되어야 한다고 주장한다. 이 주장에 대한 찬반 논리에는 어떤 것들이 있을까?

12.5 새로운 형태의 유해폐기물이 증가하고 있다

세계에서 가장 큰 두 경제국가인 미국과 중국이 생산하는 유해폐기물은 지난 10년간 각각 40%와 20% 증가했다(그림 12.13). 다른 나라들의 경우도 수치는 비슷하다. 다음에 논의할 바젤협약에서는 43개국에서 발생한 유해폐기물이 2004~2006년에 이르는 단 3년간 12% 증가했다고 보고하였다.

전자폐기물

새로운 문제로 등극하고 있는 폐기물의 한 종류는 **전자폐기물**(electronic waste) 또는 **e-폐기물**(e-waste)이다. 이는 유해한 부품을 포함하고 있음에도 불구하고 보통 도시고형폐기물 흐름에 들어온다. 전자제품의 사용이 과거 20여 년 동안 상당히 증가하면서 정보와 오락의 원천뿐 아니라 우리가 소통하는 방식을 바꿨다. 가전제품협회(Consumer Electronics Association)에 따르면 미국인들은 이제 가구당 약 24가지 가전제품을 소유한다. 이는 미국 내 전자제품 판매수치를 봐도 알 수 있는데, 1980~2010년 사이 폭발적으로 증가했다(그림 12.14a). 캘리포니아 주

전자폐기물(e·폐기물) 폐기물 흐름 중 일부로 보통 유해 컴포넌트(예 : 납 등 중금속과 기타 독소)가 있는, 버려진 전자제품

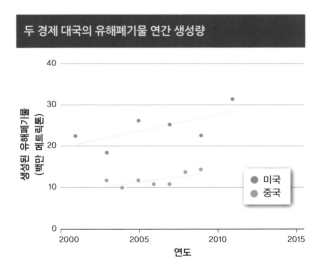

두 경제 대국의 유해폐기물 연간 생성량

- ● 미국
- ● 중국

그림 12.13 미국과 중국이 생성한 유해폐기물의 양은 20세기의 첫 10년 동안 증가했다. (자료 출처 : EPA, 2011c; UNSD, 2011)

전자제품 혁명이 새로운 폐기물 흐름을 창조했다

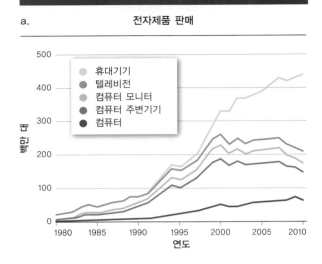

a.

전자제품 판매

- 휴대기기
- 텔레비전
- 컴퓨터 모니터
- 컴퓨터 주변기기
- 컴퓨터

b.

증가 추세에 있는 미국 전자폐기물

그림 12.14 (a) 1980~2010년 사이 30년 만에 미국의 전자제품 판매실적은 2,200만에서 44,300만 개의 기기로 증가했고, 텔레비전으로 주도되던 시장이 컴퓨터에서 스마트폰에 이르는 다양한 제품으로 구성된 시장으로 다양화되었다. (b) 미국 전자기기의 유용성이 떨어질 즈음, 이들은 고형폐기물 흐름에 진입하여 점점 자라는 유해폐기물의 원천이 된다. (자료 출처 : EPA, 2011a)

빈곤과 전자폐기물의 불안전한 재활용 사이에는 어떤 연관이 있는가?

실리콘밸리에서든 소위 실리콘사바나라고 부르는 케냐에서든 휴대용 전화기를 두드리는 사람들을 쉽게 볼 수 있을 것이다.

이들 전자기기는 생애주기 중 어느 시점에서는 새로운 모델로 대체된다. 그 시점에서 원치 않는 텔레비전, 개인용 컴퓨터, 휴대용 컴퓨터, 태블릿, 전화기와 미디어 플레이어는 전자폐기물의 형태로 폐기물 흐름에 들어간다. 전자폐기물은 많은 내부 컴포넌트들에 독성, 부식성, 반응성이 있기 때문에 유해물질로 간주된다. 다음의 예를 고려해보라.

- CRT(관 스타일) 모니터와 텔레비전은 각각 상당량의 납을 포함하고 있다.
- LCD(평면 스크린) 모니터는 수은을 포함하고 있다.
- 거의 모든 전자기기에 있는 회로판에는 카드뮴, 땜납, 브롬 처리된 내연제 등 다수 종의 독성물질이 있다.

대부분의 소비자들에게 대개 감춰져 있지만 전자폐기물 문제는 점점 커지고 있다. 2010년 2백만 메트릭톤을 상회하는 e-폐기물이 미국에서 발생했다(그림 12.14b). 하지만 이런 e-폐기물의 증가가 미국에만 국한된 것은 아니다. 모든 중·고소득 국가에서 많은 양의 e-폐기물이 발생하고 있고, 그 양은 증가하고 있다.

불행히도 e-폐기물은 종종 비합법적으로 선진국에서 개발도상국으로 밀반출되어 투기된다. 이는 키안시호 사건이 연상된다. e-폐기물 가내 사업은 노동집약적이고 유해한 작업이다. 보통 망치나 드라이버 등 단순한 도구들을 이용해 수작업으로 기구를 분해하고 회로판, 압축기, 가전제품과 기타 전기기구로부터 재활용 가능한 부품을 꺼내어 판다. 가장 벌이가 되는 일은 희귀 금속을 분리해내어 정제하는 것이다. 그러나 이런 가내 e-폐기물 노동자는 기술, 도구, 교육이 부족해서 이 과정을 안전하게 관리할 수 없다.

기준에 미달하는 비정규적 재활용 관행은 화학폐기물을 토양이나 수원에 버리는 것뿐만 아니라, 플라스틱을 야외에서 소각하거나 녹이는 것, 프린터 카트리지에서 토너 쓸어담기, 납이 함유된 CRT 투기하기, 인쇄회로기판을 산으로 벗기기, 칩에서 땜납 제거하기 등이다. 이런 흔한 관행은 노동자의 건강과 지역 환경에 직접적 해를 끼친다.

위험한 재활용 관행의 전 세계적 중심지는 전자폐기물을 세계 각국으로부터 수입하는 중국의 해안 도시 구이유 시이다(그림 12.15). 시골 사람들은 회로판의 희귀 금속을 분리, 소각, 용융하는 직업을 찾아 구이유 시로 이주한다. 구이유 시의 인구는 150,000명인데 이 중 100,000명이 이주자들이고, e-폐기물 재활용에 종사하는 300개 회사와 3,000개 개인 작업장이 있다. 이런 e-폐기물 노동자의 다수는 여성과 어린이인데, 일평균 1.50미국달러에 맞먹는 임금을 받는다.

바젤행동네트워크에 의하면 구이유 시의 대다수(80%)

중국 구이유의 비공식적 전자폐기물 처리

(Norman Ng/MCT via Getty Images)

그림 12.15 중국 구이유와 다른 곳들에서 e-폐기물로부터 값비싼 부품을 회수하는 데 비공식 부문이 사용하는 방법은 근로자의 건강에 해롭고 환경을 유해폐기물로 오염시킨다.

어린이는 혈중 납 농도가 높다. 이런 재활용 현장의 노동자들은 많은 건강 유해성에 직면해 있다. 예를 들어, 이런 조건에서 일하는 여성들은 선천적 장애가 있는 아이를 낳을 위험이 있고, 어린이 노동자들은 신경발달 장애를 겪을 가능성이 높다. 중국 정부가 이런 비공식적 e-폐기물 재활용 관행을 금지했지만, 이들이 야기하는 환경 손상은 여러 해 동안 지속될 것이고 이를 감소시키기 위해서는 상당한 노력과 재원이 필요할 것이다.

⚠ 생각해보기

1. 많은 전자 물품에는 휴지통 모양에 선이 그어져 있는 라벨이 달려 있다. 전자폐기물을 나머지 다른 가정폐기물과 함께 투기하는 것은 어떤 장기 환경적 결과를 초래할까?
2. 훨씬 많은 양이 생성되는 다른 유해폐기물은 보도되지 않는데, e-폐기물 문제는 왜 그토록 미디어의 주목을 받는가?

12.6 안전하게 핵폐기물을 처리하기 위해서는 장기적인 안전이 담보되어야 한다

원자력 발전소에서 생성되는, 처리가 필요한 방사성 폐기물은 두 종류이다(제9장 참조). **저준위 핵폐기물**(low-level nuclear waste)은 소량의 방사성 입자로 오염된 모든 물품으로 기기, 보호복, 또는 핵시설에서 나온 의복을 포함한다. **고준위 핵폐기물**(high-level nuclear waste)은 주로 폐 핵연료봉인데 이들은 감손되어 더 이상 발전에 효율적이지 않지만 여전히 우라늄과 핵분열의 다른 여러 중간 화학종을 포함하고 있다.

매우 긴 시간이 지나면 방사성 폐기물은 완전히 붕괴해서 무해하게 될 것이다. 그러나 대부분의 방사성 동위원소들은 붕괴하는 데 너무나 긴 시간이 소요되어서 인간의 시간 규모에서는 본질적으로 무의미하다. 그동안 미세한 입자들과 에너지 선은 모든 생물의 핵 안에 있는 DNA 청사진을 비롯한 살아 있는 조직을 손상시킬 수 있다. 안전을 위해서는 핵폐기물을 제대로 처리해서 이들이 환경을 오염시키거나 인간과 생물을 위협하지 못하게 해야 한다.

기술적인 어려움

고준위 핵폐기물을 위한 영구 저장소를 개발하려면 복잡한 기술적 문제를 해결해야 한다. 방사선이 새어나오지 못하게 하려면 핵폐기물을 수 미터 두께의 강철과 콘크리트 안에 단단히 저장해야 한다. 이는 단기간 동안에는 비

저준위 핵폐기물 핵 시설에서 온, 적은 양의 방사성 입자로 오염된 모든 아이템(기기, 보호복, 또는 옷)을 포함한 방사성 폐기물

고준위 핵폐기물 방사성 폐기물로 주로 더 이상 전력을 생산하는 데 효과적으로 기여하지 못하는 감쇄된 핵연료봉

교적 단순한 과제이다. 핵폐기물의 저장이 어려운 것은 불안정한 동위원소가 붕괴해서 무해해지기까지 너무나 긴 시간이 필요하기 때문이다.

방사성 동위원소들은 각기 다른 속도로 붕괴한다. 어떤 주어진 양의 방사성 동위원소 중 절반이 붕괴하는 데 걸리는 시간을 **반감기**(half-life)라고 한다. 어떤 핵분열 폐기물은 몇 시간에서 며칠 내에 매우 빨리 붕괴하지만 다른 것들은 수천 년이 걸린다. 예를 들어 플루토늄-239 동위원소의 반감기는 대략 24,000년이다. 여기에 비하면 4,500년 된 이집트 기자의 피라미드 같은 인류의 가장 오래된 구조물조차 무색해진다. 이런 느린 속도의 방사성 붕괴를 수용할 만한 적절한 저장 구조와 장소를 찾는 데는 엄청난 기술적인 어려움이 있다. 국가가 장기해법을 찾을 때까지, 현재로서는 미국 대부분의 고준위 핵연료는 원자로가 있는 현장에 설치된 **건식용기**(dry cask)라 불리는 콘크리트와 강철 타워에 임시로 저장된다. 이 용기가 견고하기는 하지만 방사성 동위원소들이 안정한 수준으로 붕괴하기까지 걸리는 긴 시간을 버텨주리라고 기대하는 것은 현실적으로 힘들다(그림 12.16).

사회적 저항

핵폐기물에 대한 장기 해법을 개발하는 데 가장 큰 어려움은 방사성 오염에 대한 공포 때문에 그 어떤 공동체도 자신의 근처에 핵폐기물 두기를 원치 않는 것이다. 미국은 뉴멕시코 주 남부의 폐기물 격리 파일럿플랜트에 방위 관련 방사성 폐기물을 위한 저장소를 설립해서 성공적으로 운영해왔다. 민간 핵 원자로에서 나오는 고준위 폐기물을 저장하기 위한 시설은 네바다 주 유카 산에 있다. 이곳에 핵폐기물을 지하 약 300미터 그리고 지하수로부터 비슷한 거리 상부에 저장할 것이다(그림 12.17). 그러나 이 계획은 폐기물 저장 개시 예정일 1년 전인 2009년에 정지되었다(제9장 참조). 주된 이유는 도시 안으로 핵폐기물이 운반되기를 원치 않는 지역 공동체의 정치적 반대였다.

유카 산이 지질학적으로 적합한지에 대한 의문도 제기되었다. 지질층에 있는 파쇄대를 통해 방사성 물질이 저장소 아래 지하수를 오염시킬 수도 있다. 이 시설은 백만 년 동안 튼튼하게 유지되어야 하는데, 이 기간 동안 이 지역의 기후가 습윤해질 수 있고, 그러면 오염의 위험성은 더욱 커진다. 이런 우려에도 불구하고 2015년 미국 의회는 유카 산 저장소를 개시하려는 노력을 새롭게 하고 있다. 하지만 이 안이 통과될지는 여전히 미지수이다. 이러는 동안 미국에는 아직도 고준위 핵폐기물을 처리할 장소가 없다.

?

고준위 핵폐기물의 저장 장소를 선택하는 데 있어 과학, 경제학, 정치학은 각각 어떤 역할을 해야 하는가?

반감기 주어진 양의 방사성 동위원소 절반이 붕괴하는 데 필요한 시간

건식용기 핵폐기물을 임시로 보관하기 위해 사용하는 강철과 콘크리트 구조물

고준위 핵폐기물의 현장 관리와 보관

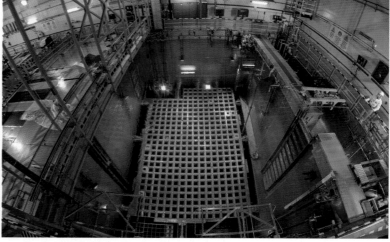

(Guillaume Souvant/AFP/Getty Images)

원자력 발전소의 폐연료봉을 위한 20미터 깊이의 냉각조

(Nuclear Regulatory Commission)

원자력 발전소의 폐연료봉을 위한 현장의 저장용기

그림 12.16 폐연료보관조라고 불리는, 많이 보강되고 면밀히 관찰되는 물웅덩이들에서 냉각 기간을 거친 후, 고준위 핵폐기물은 영구 보관소가 가능해질 때까지 강철과 콘크리트로 건설된 현지의 건식용기로 옮길 수 있다.

제안된 네바다 주 유카 산의 핵폐기물 저장고

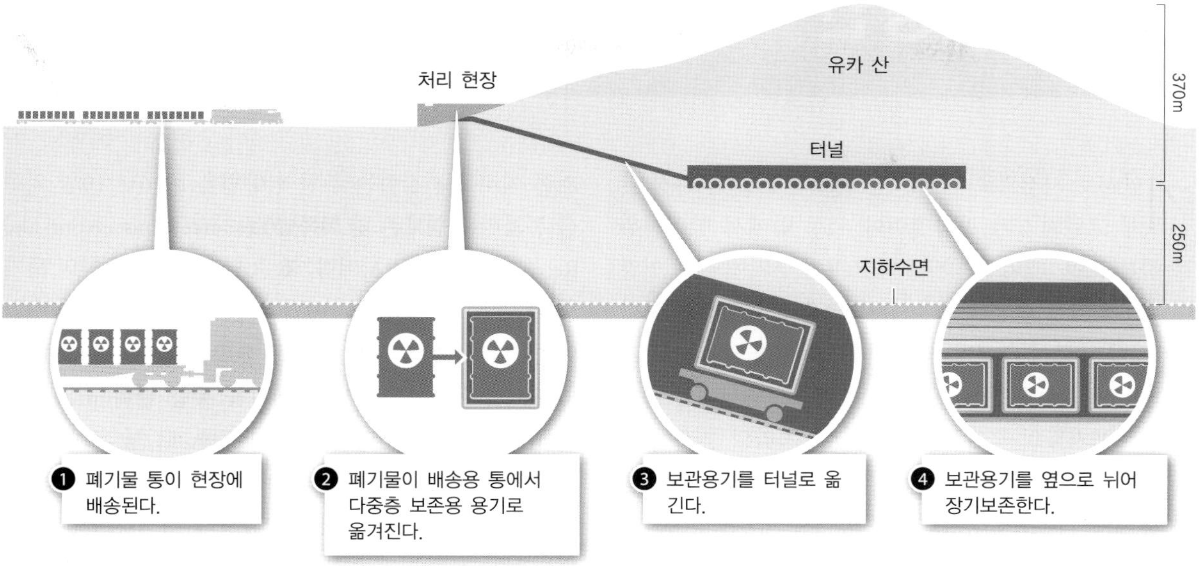

유카 산

370m

처리 현장

터널

지하수면

250m

❶ 폐기물 통이 현장에 배송된다.

❷ 폐기물이 배송용 통에서 다중층 보존용 용기로 옮겨진다.

❸ 보관용기를 터널로 옮긴다.

❹ 보관용기를 옆으로 뉘어 장기보존한다.

그림 12.17 지질학적 그리고 공학적 연구에 수십억 달러를 투자하고 고준위핵폐기물에 대한 상세한 처리 과정을 개발한 후, 유카 산 저장고에 관한 계획은 2009년 폐기되었다. 이 현장을 재개하는 데 관한 토의가 미국 의회에서 2015년에 재개되어 제안된 이 저장고에 대한 불확실성을 더하고 있다. (출처 : U.S. Nuclear Regulatory Commission)

⚠️ 생각해보기

1. 방사성 폐기물의 어떤 물리적 성질 때문에 일반적인 처리 방법을 적용하지 못하는가?
2. 우리가 노출되어 있을지 모르는 여러 유해폐기물 가운데 왜 대중은 핵폐기물에 대해 특별히 더 큰 우려를 표시하는가?

12.3~12.6 문제 : 요약

전 세계적으로 도시고형폐기물의 양은 도시 인구 증가와 경제 개발에 따라 증가하고 있다. 음식 폐기물과 기타 생분해성 폐기물은 소중한 매립지 면적을 차지하고 불필요하며 회피할 수 있는 문제이다. 난분해성 폐기물 또한 심각한 환경 문제를 일으킨다. 예를 들어, 플라스틱은 태평양 거대 쓰레기 지대같이 자연 생태계에 축적되어 해양생물을 위협한다.

유해폐기물은 환경에 큰 위협을 가하고 전 세계의 땅과 수계를 오염시킨다. 이런 종류의 오염은 브라운필드, 즉 유해폐기물로 오염되어 재생 작업 없이는 활용이 불가능한 버려진 공업용지를 만들어냈다. 전자기기 사용 증가로 새로운 폐기물원인 e-폐기물이 생겨났다. 마지막으로 방사성 폐기물에 따른 특별한 어려움은 유해한 방사선으로부터 환경을 충분히 보호할 수 있는 구조물 안에 고립시켜야 한다는 것이다. 핵폐기물은 미국과 세계 전역 핵발전소의 임시저장고에 남아 있다.

12.7~12.10 해결방안

키안시호 사건으로 세계는 분노했다. 1993년 환경 단체 그린피스가 필라델피아 시청 밖에서 항의시위를 하는 동안, 배의 운영자들은 쓰레기 투기에 대해 연방 대법원에 거짓 증언을 한 이유로 위증죄 유죄판결을 받았다. 이 난국이 촉매가 되어 바젤협약이라 알려진 국제조약이 생겼는데, 1989년에 작성되었다. 공식적인 명칭은 유해폐기물의 국가 간 이동 및 그 처리의 통제에 관한 바젤협약이고, 이 협약의 의도는 전자폐기물을 포함한 유해폐기물이 발생지인 선진국에서 개발도상국으로 수출되는 것을 제한하고 유해폐기물을 생성한 국가 내에서 안전하게 처리하여 폐기할 것을 권장하는 것이었다. 1992년에 실행된 바젤협약에 179개국과 유럽연합이 당사국으로 포함되어 있다. 미국은 1990년에 이 조약에 서명했지만 아직도 비준하지 않고 있다.

법과 조약은 점점 커져가는 쓰레기 문제에 대한 해법을 찾는 데 필요한 퍼즐의 한 조각일 뿐이다. 개개인이 4R을 수용하지 않는 한 세계적 경제 발전이 계속되면서 폐기물 발생은 계속 증가할 것이다. 4R이란 거절(Refuse), 감소(Reduce), 재사용(Reuse), 재활용(Recycle)이다. 거절이란 불필요한 제품과 비닐봉지 등 일회용품, 심지어 최첨단 장치들을 거절하라는 의미이다. 감소란 적게 사고 적게 사용하라는 의미이다. 재사용이란 이미 소유하고 있는 물건을 사용하고 일회용품보다는 재사용 가능한 물건을 선택하라는 의미이다. 재활용이란 폐기물 흐름을 분류해서 종이, 플라스틱, 금속, 유리, 그리고 퇴비화 가능한 유기물로 만들어진 물품들을 재활용하라는 의미이다. 이 절에서 우리는 어떻게 이런 단순한 전략들이 실행되고 있는지를 논의할 것이다.

12.7 현대 폐기물 관리의 핵심은 폐기 자체를 줄이는 것이다

폐기물 문제를 해결하는 첫걸음은 애초에 발생되는 쓰레기의 양을 줄이는 것이다. 미국에서 고형폐기물과 유해폐기물 처리를 관장하는 주된 연방법은 1976년 10월 의회를 통과한 **자원보존 및 회복법**(Resource Conservation and Recovery Act, RCRA)이다. RCRA는 폐기물의 야외 투기를 금지하고 고형폐기물 매립지에 대한 기준을 설립했다. 이 법은 폐기물의 양을 줄이고 재활용할 것을 권고했다. RCRA의 후원하에 EPA는 **폐기물 통합 관리**(integrated waste management)라는 관리 체계를 개발했다. 이는 최종적으로 처리장으로 흘러들어 가는 폐기물의 양을 최소화하려는 시도이다. 폐기물 통합 관리의 중심은 일련의 선택구조로 되어 있는데, 폐기물 감소와 물질 재사용이 최우선이고, 그다음은 재활용, 퇴비화, 그리고 에너지 재생이며, 가장 권장되지 않는 방법이 매립이다(그림 12.18).

폐기물 흐름 줄이기

폐기물 흐름에 들어가는 물질의 양을 줄이는 것을 **원천감소**(source reduction)라고 한다. 소비자인 우리는 물건을 재사용, 수리, 대여 또는 임차하는 방법으로 기여할 수

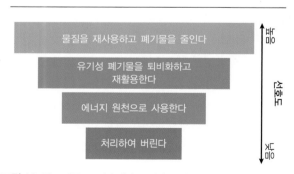

그림 12.18 미국 EPA는 폐기물 관리에 대해 우선순위에 따른 접근법을 택하고 있다. 최우선순위는 폐기물 감소와 재사용이다. 결국 버려지는 폐기량 중 가능한 많이 재활용되고, (유기성 폐기물의 경우) 퇴비화되고 또는 에너지의 원천으로 사용된다. 나머지는 환경오염을 방지할 수 있도록 건설된 위생매립지에 저장된다. (EPA, 2013c)

자원보존 및 회복법(RCRA) 미국 하원에 의해 통과된 법으로 폐기물의 단순매립을 금지하고 폐기물 매립지의 기준을 정하는 법

폐기물 통합 관리 폐기물 감소, 물질 재사용, 재활용, 비료화, 폐기물로부터 에너지 회수의 중요성을 강조하여 폐기물 투기를 최소화하는 관리 전략

원천 감소 폐기물 흐름에 가세되는 물질의 양적 저감을 노리는 폐기물 관리 전략

있는데, 이는 많은 사람들에게는 생활과 소비에 대한 새로운 접근법일 것이다. 전형적인 가정의 구매를 생각해보자. 식료품점의 거의 모든 음식은 박스, 캔, 플라스틱 포장, 봉투와 기타 포장물질로 싸여 있다. 플라스틱 쇼핑백, 일회용 기저귀, 병에 든 생수, 기타 일회용 제품은 소비자들에게 편의를 제공한다. 이들이 소비자에게 주는 단기적 혜택은 환경에 미치는 장기적 결과에 의해 상쇄된다. 게다가 이들 물품의 포장 거의 대부분은 난분해성 플라스틱이다.

소비자들이 다른 선택을 하도록 장려하는 효과적인 방법은 장려책과 벌칙을 사용하는 것이다. 장려책의 예를 들면 개인 음료 용기나 쇼핑백을 가져오면 할인을 해주는 것으로 여러 유명 업체들이 이런 우대책을 제공한다. 벌칙은 소비자가 이들 물품에 대해 추가로 지불하도록 하는 것이다. 정부도 여기에 개입할 수 있다. 캘리포니아주에서 138개 시와 카운티는 일회용 비닐봉지를 금지했고, 이 금지령은 2014년 9월 주 전체로 확대되었다. 소비자들이 재사용 가능한 봉지를 가져오도록 장려하기 위해 소매상들은 재활용 종이봉투에 대해 10센트 이상을 청구해야 한다. 그러나 이 법안이 논쟁 없이 통과된 것은 아니다. 법안이 채택되기 며칠 전, 비닐봉지 제조업자들은 일회용 비닐봉지를 금지하면 일자리가 없어질 것이라고 논쟁하며 이 사안을 국민투표에 부치자는 운동을 시작했다. 그 결과 이 법안의 운명은 2016년 11월 주 전체의 투표로 결정될 것이다.[1] 다른 주와 도시들도 비슷한 법안을 고려하고 있다.

재계는 제품과 포장을 재설계하는 것으로 원천 감소에 본질적인 기여를 할 수 있다. 가전제품과 기타 제품의 기능은 손상시키지 않으면서 단순히 포장의 무게를 줄인다든지 무게가 더 낮은 금속을 사용해서 고형폐기물의 양을 줄일 수 있다. 예를 들어, 제조업자들은 알루미늄 캔의 무게를 최근 몇 년간 15% 이상 감소시켰다. 또 다른 예는 선적용 화물 운반대를 재사용하는 것이다. 무거운 화물을 운송하는 데 사용하는 수백만 개의 목재 화물 운반대를 요즘은 한 번 사용한 후 버리지 않고 재사용하고 있다. 온라인 소매업자 아마존닷컴은 불안 없는 포장 프로그램을 시작했는데, 이는 제조업자들이 제품을 운송할 때 열기 쉽고 재활용 가능한 포장에 제공하고 플라스틱 조개

뚜껑 포장은 피하도록 하는 것이다. 요람에서 무덤까지 (즉 원자재로부터 추출하여 재활용 또는 매립하기까지) 한 제품이 환경에 미치는 영향을 모두 합한 것을 **생애주기 평가**(life cycle assessment)라고 한다. 이는 잠재적으로 소비자들이 구매에 대해 현명한 결정을 내리도록 도울 수 있다(제14장 477쪽 참조).

유해폐기물 감소

인간과 기타 생물에 미치는 위험 때문에 유해폐기물은 특별히 문제가 많다. 개개인으로서 우리는 유해한 가정 폐기물을 제대로 버려야 한다. 다행히 많은 지역 공동체는 특별한 수집 장소를 제공하거나 특정한 날짜를 지정해서 이런 폐기물을 안전하게 버리도록 한다. 유해폐기물을 다량 발생시키는 산업체는 다양한 지역, 주, 연방, 그리고 국제적 규율을 따라야 한다. RCRA의 가장 중요한 조항 하나는 제조업자로 하여금 유해폐기물의 발생, 운반, 처리, 투기에 대한 기록을 남기도록 요구한다. 이런 법이 역사적으로 더 이른 시기에 실행되었더라면 오늘날 곳곳을 수놓는 수십만 브라운필드를 방지할 수 있었을 것이다.

도시고형폐기물의 경우와 마찬가지로 유해폐기물의 양을 줄이는 것이 대단히 중요하다. 유해폐기물의 방출을 줄이는 것은 환경을 위해서 좋을 뿐 아니라 유해폐기물의 처리, 운반, 매립에 드는 비용을 줄임으로써 경제적인 혜택도 있다. 예를 들어, 유해폐기물 처리와 원천 감소의 선두자인 지멘스워터테크놀로지 사는 텍사스 주 웨이코 시의 마라톤노르코에어로스페이스 사를 도와 유해폐기물의 생산을 70% 줄였다. 마라톤노르코에어로스페이스 사는 항공우주 산업을 위한 고급 니켈 카드뮴 전지를 제조하는데, 이 과정에서 유해한 농도의 중금속(특히 카드뮴과 크로뮴)이 포함된 폐기물을 발생시킨다. 이 폐기물의 부피와 그 안의 중금속 농도는 유해폐기물 관리와 관련된 운반, 매립, 기록관리 때문에 제조 비용을 높인다.

마라톤노르코에어로스페이스 사는 현대적인 지멘스 폐수처리 시스템을 구비함으로써 공장 폐수 내의 카드뮴과 크로뮴 농도를 허용치 이하로 감소시켰다. 새로운 장치는 또한 처리장으로 보내는 폐기물의 부피를 감소시키고 예전의 구식 장비를 유지하는 데 필요했던 높은 인건비를 제거함으로써 비용을 낮추었다. 그러나 대부분의 조건에서 폐기물이 감소하더라도 유해폐기물 매립에 대한 필요성이 완전히 사라지지는 않았다.

일회용 플라스틱 봉지를 금지시키면 어떤 경제적 기회가 생길까?

유해폐기물 생산을 줄이는 방법을 개발한 화학회사가 그 결과로 이익을 늘릴 수 있을까?

생애주기 평가 에너지원(예 : 석탄)의 추출, 운송, 원자재의 처리, 보수 유지, 해체, 제거, 구조물의 재활용이나 처리와 같은 산업 활동의 결과로 생산되는 하나의 제품이나 기술의 총환경 영향의 추정치

---

[1] 역자 주 : 53% 찬성, 47% 반대로 금지령이 통과되었다.

1. "요람에서 무덤까지"라는 말이 RCRA에 어떻게 적용되는지 설명하라. 이와 같은 필요조건들이 있었다면 어떻게 미국 전역의 브라운필드 개수를 줄일 수 있었을까?
2. 제품의 제조에 쓰이는 물질의 양을 줄이면 폐기물이 줄어들 것처럼 보인다. 이런 노력이 문제를 일으킬 수도 있을까?

12.8 음식폐기물과 기타 생분해성 쓰레기를 줄이고 용도 변경할 수 있다

EPA에 의하면 2013년 미국인들은 3,500만 톤의 음식물을 내다 버렸다. 이는 미국인 1인당 100킬로그램 이상의 음식이다. 따라서 영양소가 풍부한 음식폐기물에 대해 다른 용도를 찾아 소중한 매립지 면적을 차지하지 못하게 하는 것이 중요한 환경적 과제이다. 이 폐기물에 있는 영양소들은 다시 환경으로 순환되어 자연 생태계와 인간 생태계에서 재사용될 수 있다.

음식폐기물 줄이기

캘리포니아 주의 웨이스트노푸드(Waste No Food)라든가 산업체에서 후원하는 음식폐기물 감소동맹(Food Waste Reduction Alliance)과 같은 여러 비영리 단체는 이 문제에 대한 경각심을 높이고 산업과 소비자에게 음식폐기물을 감소시키는 지침을 제시하기 위해 일하고 있다. 음식폐기물 문제가 선진국과 개발도상국에서 다르다는 것을 인지하는 것이 중요하다. 개발도상국에서는 작물의 3분의 1 이상이 소비자에게 도달하기도 전에 상하거나 허비된다. 냉장시설이 부족하고 운송 시스템이 낙후되어 있어 음식물이 손상된다. 이동식 처리 기술을 개발하고 음식물을 가장 필요로 하는 곳에 보낼 수 있도록 방법을 개선해야만 음식폐기물을 줄일 수 있다.

선진국에서는 주로 최종사용자(음식점, 가정)에 의해 음식물이 폐기된다. 예를 들어, 음식점이 상하기 쉬운 재료를 너무 많이 비축하고 있다가 상하기 전에 미처 다 사용하지 못하는 경우이다. 이런 문제를 방지하기 위해서는 주기적으로 '쓰레기통을 뒤져서' 어떤 재료들이 일관되게 버려지는지를 보아야 한다. 물론 음식점(가정의 부엌도 마찬가지지만)을 운영하면서 어떤 제품이 사용되고 어떤 것이 사용되지 않을지 확실히 알 수는 없다. 많은 음식점이 인도주의적 기관들과 연계하여 매일 또는 매주 더 이상 사용할 것 같지 않은 남는 음식을 기증하고 있다. 음식폐기물의 상당량은 사용되지 않은 곁들이 음식이나 잔반인데 이 중 일부는 동물사료로 사용할 수 있다. 마지막으로 사용된 조리용 기름과 지방은 생연료 제조사들에게 팔 수 있다(제10장 324쪽 참조).

퇴비화

음식 찌꺼기와 정원폐기물은 매립지에 버리기보다 퇴비화할 수 있다. **퇴비화**(composting)는 유기물에 있는 영양소들을 물질의 자연 생지화학 순환을 흉내 내는 과정을 사용해서 환경으로 되돌려 보내는 방법이다. 이 과정은 자연에 존재하는 박테리아, 균류, 무척추동물을 이용해서 유기폐기물을 토양과 유사한 짙은 색의 물질인 '퇴비'로 서서히 분해하는 것이다. 퇴비는 영양소와 유기물 모두를 토양에 첨가하므로 작물 재배에 좋은 비료이다.

효과적인 퇴비화 프로그램의 한 예는 캘리포니아 주 샌프란시스코 시의 한 위생시설에서 찾아볼 수 있다. 이 도시의 음식점이 밀집한 지역에는 음식물 찌꺼기 수거 프로그램이 있다. 매주 쓰레기차가 별도로 운행하면서 음식폐기물을 특별 용기에 수거한다. 폐기물은 한 시설로 배달되고 여기서는 폐기물을 갈고 혼합하여 거대한 검정 플라스틱 봉투에 약 두 달간 넣어둔다. 퇴비화 과정이 완료되면, 이 '검은 금'은 주 전역의 농장과 포도주 양조장에 배달되어 유기농 비료로 사용된다. 샌프란시스코 시의 퇴비화시스템은 자연계 내에서 영양소가 순환하는 것을 흉내 낸 것으로 이 생분해성 폐기물이 매립지로 향하지 않도록 효과적인 역할을 해내고 있다. 가정의 정원사들도 마찬가지로 자신의 뒤뜰에서 퇴비를 만들 수 있다. 부엌에서 나온 음식폐기물을 나뭇잎, 톱밥과 켜켜이 쌓고 주기적으로 뒤엎어주면 된다.

분해하는 폐기물을 에너지로 전환하기

음식폐기물 같은 유기물이 매립지에 묻히면 자연계에 존재하는 박테리아들이 이를 서서히 분해한다. 그러나 매립지들은 대체로 **혐기성**(anaerobic), 즉 산소가 거의 없는 환경이다. 따라서 매립지의 분해자들 상당수는 혐기성 박테리아이다. 이런 혐기성 환경에서 박테리아는 메탄(제2장 38쪽 참조)을 부산물로 내놓는데 메탄은 물론 강력한 온실기체이다(제14장 461쪽 참조). 이렇게 생물학적으로 만들어진 메탄은 산업과 일반 가정의 난방과 조리에 쓰

음식 100킬로그램은 당신 개인이 얼마나 오래 먹을 수 있는가?

가정에서 음식폐기물을 줄일 수 있는 방법은 무엇인가?

퇴비화 유기물질의 호기성 분해와 관련된 과정으로 정원폐기물과 도시폐기물의 유기 요소를 재활용하는 데 쓰인다.

혐기성 산소 분자(O_2)가 결여된 환경

이는 천연가스의 주 성분과 화학적으로 동일하다(제9장 280쪽 참조). 그러나 소위 매립지 가스는 보통 메탄과 이산화탄소가 50 : 50으로 혼합된 것이다. 어쨌든 미국에서는 산업과 농업에 이어 매립지가 대기로 배출되는 메탄의 세 번째 큰 원천이다.

매립지에서는 유출되는 가스를 포집하여 메탄 배출을 줄이고 에너지원으로 사용하는 추세에 있다. 매립지 가스를 어느 수준으로까지 처리할지는 사용목적이 무엇인가에 달려 있다. 매립지 가스를 보일러나 가마를 데우는 데 직접 사용하려면 보통 수분, 입자, 미량의 이산화황을 제거하는 일차적 처리만 필요하다(그림 12.19). 일차적으로 처리된 매립지 가스에는 여전히 이산화탄소가 반 이상이므로 천연가스보다 에너지 함량이 낮다. 가정 난방이라든가 천연가스 차량 운행 등 더 높은 에너지 함량이 요구될 때는 이산화탄소, 질소, 산소, 그 외 미량 기체를 제거하는 이차적 처리가 필요하다. 결과는 거의 순수한 메탄으로 이루어지고 천연가스와 거의 동등한 에너지 함량을 갖는 '파이프라인 품질의 가스'이다.

⚠️ **생각해보기**

1. 음식폐기물의 다른 유용한 용도에는 어떤 것들이 있을까?
2. 매립지에서 배출되는 메탄이 왜 이제는 유용한 자원으로 간주되는가?

12.9 재활용과 역제조는 폐기물 감소에 대단히 중요하다

우리가 폐기물을 얼마나 많이 줄이는가에 상관없이 많은 소비재들이 일회용 용기에 담겨 구매되는 것은 어쩔 수 없는 현실이다. 그러나 재활용을 촉진함으로써 이런 물질이 폐기물 흐름에 포함되지 않게 할 수 있다. **재활용**(recycling)이란 폐기물 상태로 있는 원자재를 제조사에 되돌려보내 다시 사용할 수 있도록 하는 과정이다. 흔히 재활용되는 물질은 유리, 플라스틱, 금속, 종이, 골판지이다(그림 12.20).

재활용에는 여러 혜택이 있다. 알루미늄 캔 같은 일회용 제품이 재활용되면 원자재와 에너지 모두가 보존된다. 더 적은 양의 원천물질(이 경우는 보크사이트 광석)이 채굴되고 처리된다. 재활용 물질을 녹이고 주조하는 데 필요한 에너지의 양은 새로운 광상으로부터 시작하는 것보다 훨씬 적다. 마지막으로 제품은 적어도 한 번 더 사용되는 동안 폐기물 흐름에 들어가지 않게 된다.

재활용의 금전적 혜택

재활용률을 높이는 한 방법은 병과 캔에 선부담금을 부과하는 것이다. 예를 들어, 미시간 주는 재활용 가능한 모든 음료수 용기에 10센트 선납금을 요구하는데, 이는 그 어떤 주보다 높은 값이다. 이 선납금은 용기가 재활용될 때 손님에게 되돌려준다. 이 인센티브에 응하여 1990~2012년 사이 미시간 주의 음료수 용기에 대한 재활용률은 97%였는데, 이는 미국 평균치의 2배도 넘는다. 이 기간 동안 소비자들이 선납금으로 내고 다시 돌려받은 액수는 90억 달러 이상이었다. 무청구 선납금 약 3억 달러 중 75%는 주 정부에 돌려주어 환경 프로그램에 이용하도록 했고 음료수 소매상들이 나머지 25%를 가져갔다.

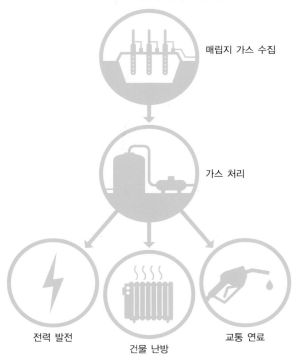

매립지 가스에게 일을 시키다

매립지 가스 수집

가스 처리

전력 발전
건물 난방
교통 연료

그림 12.19 유기물질이 혐기성 조건하에 분해되는 과정에서 생성된 고에너지 메탄은 전기 발전소를 운영하고, 건물을 난방하고, 산업 과정에 연료를 제공하고, 교통체계에 에너지를 공급하기 위해 널리 포집되어 연소된다.

재활용 재사용을 위해 폐기물의 원자재(예 : 유리, 플라스틱, 금속, 종이)를 제조업자에게 돌려주는 과정

재활용 : 필수적이고 증가하는 과정

도로변에 재활용품 내어놓기

재활용센터에서 뒤섞인 물질 분류하기

그림 12.20 재활용은 경제생산성을 장기간 지속시키는 데 필수 불가결하다. 소비자들에게 재활용을 장려하는 한 방법은 편리한 곳에 수거센터를 제공하는 것이다. 그런 장소에서 재활용될 물질들은 보통 분류지로 운반된다.

회수법과 역제조

한 최근 동향은 **회수법**(take back law)인데, 텔레비전, 컴퓨터, 기타 전자기기 제조사들로 하여금 e-폐기물 재활용 프로그램에 드는 비용을 부담하도록 하는 것이다. 이런 법은 뉴욕과 텍사스를 포함한 24개 주에서 통과되었다. 캘리포니아 주의 전자폐기물 재활용법도 이와 비슷하지만 소비자들이 특정 기기를 구매할 때 도매상에게 특별 요금을 지급하는 형식으로, 소비자가 재활용에 드는 비용을 지불하도록 하고 있다. 유타 주에는 회수법은 없지만 제조사들이 e-폐기물 재활용 프로그램에 참여하도록 하고 소비자들에게 이를 알리도록 하고 있다.

전자기기를 구성 부품과 고철로 분해하는 것을 **역제조**(demanufacturing)라고 한다. 환경이나 보건 규제자의 검토 없이 비공식적으로 하면 위험한 과정이지만, 유해폐기물을 재활용 가능한 유용한 물질로부터 분리해낼 수 있다. 도심에 여러 전자제품 재활용 센터들이 생겨나서 역제조가 일자리와 소득의 중요한 원천이 될 수 있음을 시사하고 있다.

도시폐기물 관리의 진전

필라델피아의 폐기물 투기 문제는 이제 좀 더 통합적인 방식으로 관리되고 있어서 키안시호 당시보다 훨씬 덜 다급하다. 50% 재활용률을 목표로 하는 시의 법령이 통과되었는데, 이 목표에는 아직 도달하지 못했지만, 미국 전역에

서와 마찬가지로 재활용률이 꾸준히 증가했다. 1960년 재활용된 MSW 양이 6%에 불과하다가 2013년에는 25%까지 증가했다. 같은 기간 동안 퇴비화된 폐기물의 양은 9%로 증가했으며 에너지 회수를 위해 소각된 양은 13%로 상승했다. 이 결과 미국 전역의 매립지로 향하는 MSW의 양은 1960~2013년 사이 94%에서 63%로 감소했다(그림 12.21).

미국 전역에서 매립률을 감소시킨 이런 진전은 고무적이지만 어떤 도시는 다른 도시보다 더 잘하고 있다. 예를 들어, 샌프란시스코는 매립지로 귀결되는 고형폐기물의 양을 전체 발생량의 단 20%로 줄이는 데 성공했다. 폐기물 매립을 이렇게 낮출 수 있었던 비결은 이 시가 폐기물 통합 관리의 주요 요소인 감소, 재사용, 재활용, 퇴비화를 강조하였기 때문이다. 이런 관리 목표를 용이하게 하기 위해, 주민들은 세 가지 쓰레기통을 사용한다. 하나는 재활용 가능한 물질, 하나는 퇴비화 가능한 물질(예 : 음식폐기물과 정원폐기물), 그리고 하나는 매립지 행 고형폐기물이다(그림 12.22).

한 독립적 연구는 샌프란시스코의 폐기물 취급 시스템과 기타 방침들에 근거해서 샌프란시스코를 북아메리카에서 '가장 푸른 도시'로 일컫고 있다. 하지만 이 도시의 최종 목표는 폐기물이 아예 없도록 하는 것이다. 그 어떤 도시도 이 목표를 달성하지 못했지만, 유럽의 가장 푸른 도시인 덴마크의 코펜하겐이 아마 가장 가까울텐데, 여

회수법 다양한 전자제품의 제조사들로 하여금 e-폐기물 재활용 프로그램의 비용을 지불하도록 하는 주(州)의 법

역제조 장비, 특히 전자제품을 재사용 또는 재활용 가능한 구성 요소와 고철로 해체하는 것

미국 도시고형폐기물 관리의 변화

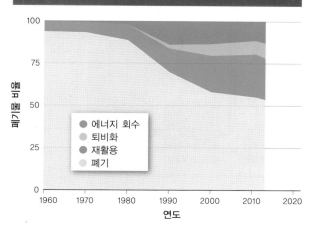

그림 12.21 1960년 미국 MSW의 거의 대부분은 매립지에 버려지고 소각되었다. 2013년에 와서는 거의 절반이 재활용, 퇴비화, 또는 에너지 원천으로 사용된다. (자료 출처 : EPA, 2015)

기는 매립률이 발생한 폐기물의 단 2%이다. 샌프란시스코와 마찬가지로 코펜하겐은 폐기물 감소, 재사용, 재활용, 퇴비화를 강조한다. 이에 더하여 재활용 또는 퇴비화할 수 없는 폐기물은 에너지 생성을 위해 전력 발전소에서 소각한다.

소각과 에너지 회수

재활용 또는 퇴비화할 수 있는 모든 것을 제거한 후, 남는 쓰레기는 태워서 폐기물 부피를 90%까지 감소시킬 수 있다. 폐기물 부피가 줄면 필요한 매립지 면적도 감소한다. 하지만 소각은 매립지 공간이 극히 부족할 경우에만 경제성이 있다. 소각시설은 건설하는 데 비용이 많이 들고 유해 배출물을 줄이기 위해 오염 규제 시스템이 꼭 필요하다. 소각장에서 생성되는 재는 환경 문제를 일으킬 잠재적 소지가 있다. 소각로에서 생성되는 재에는 두 종류가 있다. **비산재**(fly ash)는 소각했을 때 보통 떠다니는 가벼운 불연성 물질이다. **바닥재**(bottom ash)는 소각후 남는, 무거운 불연성 물질이다. 비산재에는 독소의 농도가 높다. 따라서 소각로에는 석탄을 태우는 화력 발전소와 비슷하게 필터와 정전기적 침전 장치를 장착해서 비산재를 포집하고 대기로 유출되는 것을 방지해야 한다. 중금속과 다이옥신 등 많은 불연성 물질은 바닥재로 남게 된다.

소각로 재에서 재활용 가능한 금속을 회수하고 나면 나머지는 매립지로 보내진다. EPA는 소각로 재에 유해폐

기물이 있는지 주기적으로 시험할 것을 요구한다. 유해 물질이 특정 한계 이상 존재하면, 그 재는 유해폐기물로 취급해야 하고 특별히 설계된 유해폐기물 매립지에 버려야 한다. 유해폐기물이 한계 이하이면 미국의 경우 소각로 재는 보통 MSW를 받도록 설계된 위생 매립지에 버려진다. 유럽 국가들은 비유해성 소각로 재를 고속도로 등 건설에 사용한다.

제대로 짓고 관리된 소각로는 비용이 많이 들지만, 시스템에 증기로 구동하는 터빈을 추가함으로써 MSW에 남아 있는 화학 에너지를 되찾는 데 이용할 수 있다(그림 12.23). 따라서 MSW가 유용한 에너지 자원이라는 인식이 커져가고 있다. EPA에 의하면 2013년 미국에 MSW를 이용해 '폐기물에서 에너지'를 생산하는 전력 발전소가 86개 있다. EPA는 이 발전소들이 3,270만 톤의 MSW(전체 도시 고형폐기물 흐름의 약 13%)를 소각한 것으로 추정한다.

유해폐기물을 대기로 유출하지 않기 위해 전력 발전소는 최신의 오염 조절 시스템을 갖추어야 한다. 비슷한 발전소가 유럽에서도 운행되고 있다. 예를 들어, 노르웨이 오슬로 시에 폐기물에서 에너지를 만드는 전력 발전소가 둘 있는데(그림 12.24), 영국 등지에서 고형폐기물을 받

e-폐기물로부터 값비싼 자원을 회수하는 것이 인류와 환경보건에 실이 되는 과정에서 경제와 환경 모두에 득이 되는 과정으로 바꿀 수 있는 방법은 무엇일까?

비산재 소각 과정에서 만들어지는 검댕과 먼지를 포함한 입자로서, 공기로 운반될 정도로 가볍고 소각가스들과 함께 연소실에서 빠져나갈 수 있다.

바닥재 고체 폐기물의 연소 과정에서 소각로 바닥에 쌓이는 재

샌프란시스코가 재활용을 쉽게 만든 예

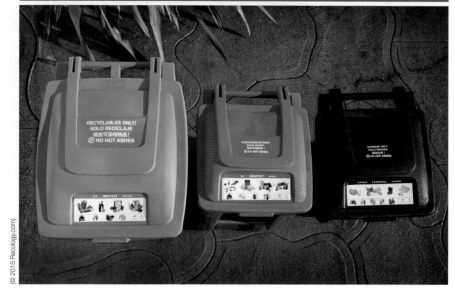

그림 12.22 모든 주민에게 색 표시된 용기를 보급하여 재활용, 퇴비화, 폐기할 물질을 따로 버리게 한 것이 샌프란시스코 시가 폐기물 처리율을 이례적으로 낮추는 데 도움이 되었다.

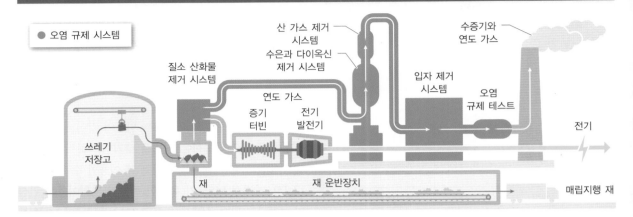

도시고형폐기물을 전기에너지로 전환하기

그림 12.23 이 도식은 고형폐기물을 연료로 사용해서 증기 터빈을 돌려 전기를 생성하는 것이 제9장(281쪽)에서 검토한 다른 연료들을 사용하는 방법과 유사함을 보여준다. 그러나 고형폐기물에 있는 여러 잠재적으로 유해한 오염물질 때문에 미국 EPA는 이런 공장들이 선진 오염 규제 시스템을 갖출 것을 요구한다.

'쓰레기'를 값비싼 자원으로 탈바꿈시킬 기회에는 어떤 것들이 있을까?

는 대신 대가를 지불받고, 생성한 전력과 열을 소비자에게 팔아서 추가 소득을 얻고 있다. 이 두 발전소는 매년 도합 410,000메트릭톤의 폐기물을 처리할 용량을 갖추고 있는데, 에너지로 따지면 100,000메트릭톤 이상의 석유에 해당한다.

⚠ **생각해보기**

1. 샌프란시스코가 폐기물이 아예 없는 미래를 만들려는 운동을 벌이는데, 여기에는 주민들이 폐기물을 재활용 가능, 퇴비화 가능, 기타로 나누는 매우 엄중한 법이 수반되어 있다. 이렇게 하지 않으면 무거운 벌금 등의 벌칙이 있다. 이런 법과 벌칙 없이도 이

폐기물을 에너지로 전환

폐기물을 에너지로 전환시키는 노르웨이의 클레멧스루드 전력 발전소

클레멧스루드 전력 발전소에서 소각될 폐기물

그림 12.24 클레멧스루드(Klemetsrud)는 노르웨이 오슬로에 있는, 폐기물을 에너지로 전환하는 전력 발전소 두 곳 중 하나이다. 둘을 합치면 매년 410,000메트릭톤의 고형폐기물을 처리할 수 있는 용량이다. 지역에서 생산된 도시고형폐기물과 다른 유럽 지역에서 노르웨이로 운반된 것들은 두 발전소에서 84,000가정에서 필요로 하는 에너지 수요를 충족할 만큼의 전기와 열을 생성한다.

도시가 폐기물 감소라는 성과를 얻을 수 있었을까? 설명하라.
2. 인간의 폐기물 관리 시스템과 생태계 주기를 비교, 대조하라. 인간의 시스템은 왜 지속 불가능하다고 여겨지는가?
3. 전력 발전을 위해 폐기물을 소각하는 것이 북아메리카보다 유럽에서 더 흔한 폐기물 관리의 일환인데 여기에 기여하는 것은 무엇인가?

12.10 안전하고 장기적인 폐기물 처리가 마지막 보루이다

오늘날 펜실베이니아 주 헤르의 섬에 있는 브라운필드 현장은 워싱턴의 랜딩이라고 재명명되었고 정박지, 사무실, 그리고 최고급 타운하우스 단지가 있다. 이런 변화에 도달하기 위해 유해폐기물로 오염된 토양은 비투수성 장벽으로 막을 치고 테니스 코트 밑에 묻었다. 전 세계 지자체들이 폐기물 없는 미래를 지향하지만, 우리는 앞으로도 재사용, 재활용, 퇴비화할 수 없는 폐기물을 안전하게 버릴 수 있는 방법을 필요로 할 것이다. 이는 도시폐기물, 유해폐기물, 핵폐기물을 포함한다.

도시 매립지

도시고형폐기물을 버리기 위한 가장 흔하고 가장 경제적인 선택은 **위생매립**(sanitary landfill)이다. 이는 환경 영향을 최대한 줄이는 방법으로 건설하고 관리되는, 내벽을 친 구덩이이다(그림 12.25). 하부 라이너는 위생매립의 폐기물과 토양, 지하수 사이에서 장벽 작용을 한다. 현대 매립지에서 이 라이너는 두껍고 강도 높은 플라스틱을 한 층의 다진 점토 위에 놓는데, 점토층이 지역의 토양 및 지하수와 폐기물 사이에 추가적인 장벽으로 작용한다. 라이너 바로 위에는 투수성 자갈과 모래 층이 있어 폐기물 사이로 흘러내린 물이 플라스틱 매립지 라이너에 도달할 때까지 쉽게 흘러내리도록 한다. 이 흐름을 **침출수**(leachate)라 하는데, 라이너 상부를 따라 배수조라고 불리는 낮은 곳까지 흐른다. 배수조에서 침출수를 펌프해내서 처리할 수 있다. 침출수가 여러 유해물질을 포함할 수 있기 때문에, 매립지 부근의 지하수를 주기적으로 검사해서 바닥 라이너가 그 구조적 온전성을 유지하고 지역 수원을 오염시키고 있지 않다는 것을 확인해야 한다.

일단 매립장의 기본 구조가 갖춰지면, 이를 채우는 것은 비교적 쉬운 작업이다. 쓰레기차가 싣고 온 짐을 매립장의 열린 공간에 하적하면, 불도저가 이 물질을 가능한 압축하여 널리 펼친다. 매일 그날 쌓은 쓰레기 위에 토양을 한층 쌓아 바람이 가벼운 물질을 날려보내지 못하게 하고 잡식성 조류와 다른 동물로부터 보호한다. 토양층은 또한 폐기물에서 불쾌한 냄새가 스며 나오는 것을 방지하는 효과도 있다. 구덩이의 용량이 찰 때까지 매일 계속해서 추가한다. 다 차면 매립장은 점토, 하층토, 표층토를 잇따라 쌓아 덮고, 그 위에는 침식을 줄이기에 알맞은 식물을 심는다.

위생매립장을 채우고 점토와 토양 층으로 덮은 후에도 방수가 되는 것은 아니다. 빗물과 눈 녹은 물은 계속 토양

위생매립 환경 영향을 최소화하기 위한 방식으로 건설되고 관리된, 내벽이 있는 구덩이로 구성된 폐기물 처리장

침출수 매립장에서 폐기물을 거쳐 스며내리는 물. 현대 매립장에서는 배수조로 흐르는데 여기서 펌프해내 처리할 수 있다.

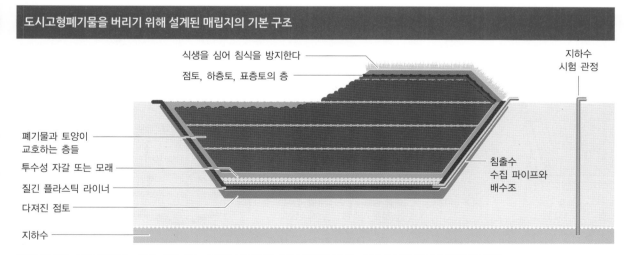

도시고형폐기물을 버리기 위해 설계된 매립지의 기본 구조

- 식생을 심어 침식을 방지한다
- 점토, 하층토, 표층토의 층
- 지하수 시험 관정
- 폐기물과 토양이 교호하는 층들
- 투수성 자갈 또는 모래
- 질긴 플라스틱 라이너
- 다져진 점토
- 지하수
- 침출수 수집 파이프와 배수조

그림 12.25 현대 매립지는 대기, 수질, 또는 토양이 오염되지 않게 MSW가 퍼지는 것을 충분히 막도록 설계되어 있다.

과학원리　　　　　　문제　　　　　　해결방안

을 거쳐 묻혀 있는 폐기물을 통해 스며들고, 침출수로 나올텐데, 이 침출수는 모아서 처리해야 한다.

유해폐기물의 처리와 매립

RCRA는 환경에 미치는 위험을 줄이기 위해 유해폐기물을 매립하기 전에 처리할 것을 요구한다. 매립 이전 단계의 처리에는 유해폐기물이 환경을 위협하는 정도를 줄이기 위한 다양한 물리적·화학적·생물학적 과정이 수반된다.

소각

특정 유해폐기물의 경우 태우거나 소각하여 위험을 감소시키고 부피를 줄일 수 있다. 예를 들어, 의학 폐기물을 태우면 폐기물을 오염시킬 수 있는 생물학적 병원균을 죽인다. 또한 어떤 화학폐기물은 1,200℃에 이르는 매우 높은 온도에서 소각시켜서 독성을 감소시킬 수 있다. 그러나 MSW의 경우와 마찬가지로 소각의 부산물인 재는 검사하고 매립해야 한다.

유해폐기물 매립지

유해폐기물을 위한 매립지는 빈틈이 없어야 하고, 따라서 도시 매립지보다 훨씬 더 엄격한 설계와 관리 수준을 요한다. RCRA에 따라 EPA는 유해폐기물 매립장에는 이중 라이너와 이중 침출수 수집 폐기 시스템을 갖추도록 하고 있다(그림 12.26a). 또한 이런 매립장은 누설 검출 시스템과 폭우의 유출을 방지할 방법을 갖추어야 한다. 일단 유해폐기물 매립장이 채워지고 덮이면, 침출수가 더 이상 생기지 않을 때까지 계속 제거해주어야 한다. 누수가 있는지, 지하수 오염이 있는지에 대해서도 계속적인 감시가 필요하다. 미국에서 처리되는 유해폐기물의 약 10%는 튼튼한 매립지에 보관된다. RCRA는 액체 유해폐기물을 매립지에 저장하는 것을 금지한다.

표면 인공호

자연적으로 생긴 또는 발굴한 구덩이는 액체 유해폐기물을 임시 저장하고 처리하는 표면 인공호로 사용할 수 있다(그림 12.26b). 이런 구조물은 이중 라이너, 침출수를 수집하고 제거하는 시스템, 누수 검출 시스템을 장착해야 한다. 이들은 주기적으로 감시, 점검하고 결국은 밀폐시켜야 한다.

깊은 관정 주입

미국에서 처리되는 액체 유해폐기물 중 약 90%는 깊은 암석층에 타공한 관정에 주입된다(그림 12.26c). 깊은 관정에 주입하는 것은 RCRA와 1974년 안전한 마실물 법에 의해 규제된다. 깊은 관정의 평균 깊이는 1,200미터로, 지하수 공급지보다 훨씬 깊다. EPA는 깊은 관정 주입을 파쇄대가 없는 안정된 지질 지역에서 할 것을 규정한다. 파쇄대가 있으면 주입된 폐기물이 다시 위쪽으로 이동해 식수원을 오염시킬 수 있기 때문이다. 지하수를 오염시킬 확률을 최소화하기 위해 타공과 케이싱 또한 다수의 안전 장치들을 포함한다.

유해폐기물 생산의 감소는 보건의 측면에서뿐만 아니라 경제적 측면에서 왜 특히 중요한가?

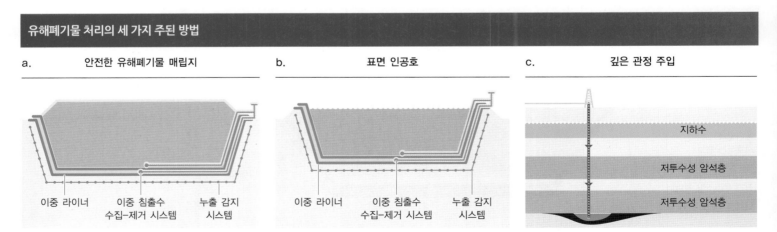

유해폐기물 처리의 세 가지 주된 방법

a. 안전한 유해폐기물 매립지
이중 라이너 이중 침출수 수집-제거 시스템 누출 감지 시스템

b. 표면 인공호
이중 라이너 이중 침출수 수집-제거 시스템 누출 감지 시스템

c. 깊은 관정 주입
지하수
저투수성 암석층
저투수성 암석층

그림 12.26 유해폐기물에 특화된 매립지는 MSW매립지보다 훨씬 더 엄격한 건설, 관리 기준을 따른다. 액체 유해폐기물을 임시 저장하기 위해 사용하는 표면저장고는 누출을 피하기 위해 신중히 건설한다. 액체 유해폐기물을 깊은 관정을 통해 주입하는 것은 미국 유해폐기물의 대략 90%를 차지한다. (정보 출처 : EPA, 2013a)

핵폐기물 처리 : 아직 해결되지 않은 유해폐기물 문제

세계 곳곳의 핵발전기는 계속해서 폐기물을 만들어내고 있지만 폐기물의 처리에 관한 문제는 아직 해결되지 못하고 있다. 핵에너지 기술의 선두에 있는 국가들은 심부 지질층 안에 중준위 그리고 고준위 핵폐기물을 저장하는 것을 선호한다. 국가들 간의 의견 일치에도 불구하고 현재 허가를 받아 작동 중인 심부 지질층 처리장은 단 하나뿐이다. 이는 미국 뉴멕시코 주 칼스바드 근처의 폐기물 격리 파일럿플랜트(WIPP)이다.

WIPP 시설은 군수 중준위 핵폐기물을 두꺼운 소금 퇴적층에 저장하고 있으며, 1999년부터 작동하고 있다. 그러나 유카 산 핵저장소와 관련된 불확실성을 고려할 때(392쪽 참조), 미국은 민간 핵발전소에서 나오는 고준위 핵폐기물을 위한 영구저장소가 없는 실태이다.

미국이 유카 산 외 대안 찾기를 계속하고 있는 반면, 핀란드와 스웨덴은 기반암에 깊은 지질학적 저장소를 만드는 계획을 진행하고 있다. 핀란드 남서부 한 섬의 저장소에 2020년부터 매립할 것을 계획하고 있다. 프랑스에서는 핵폐기물 매립을 위해 다른 종류의 지질층을 개발하고 있는데, 지질학자들이 수백만 년간 안정했다고 추정하는 파리 동쪽의 깊은 점토 층이다. 프랑스의 저장소는 2025년에 개시할 계획이다. 그러나 일본 후쿠시마 사고(제9장 297쪽 참조)는 이런 계획들에 영향을 줄 사건이 많다는 것을 환기시킨다.

이 사고 후, 독일은 원자력 발전을 개발하려는 계획을 취소했고, 기존 발전기도 단계적으로 폐지하기로 결정했다. 실현된다고 해도 이렇게 단계적으로 폐기하는 것이 폐기물 매립의 필요성을 완전히 없애지는 않겠지만 장기적으로 필요한 매립 공간은 줄일 것이다. 지질학자, 정치가, 법률가, 환경운동가들이 이 문제를 논쟁하고 연구하는 동안, 임시 저장고에 있는 방사성 폐기물의 양은 계속 축적되고 있다. 마치 캘리포니아 주 오클랜드 근처에 아메리카 원주민이 쌓아둔 조개껍데기처럼 말이다.

⚠ 생각해보기

1. 폐기물 통합 관리 시스템에 선호하는 옵션을 줄 세울 때 매립지는 가장 아래에 있다. 소각보다도 더 선호되지 않는 이유는 무엇인가?

2. 위생매립의 의도는 폐기물을 안전하게 영구히 저장하는 것이다. 이는 현실적인가? 왜 그런지, 또는 왜 그렇지 않은지 설명하라.

3. 만일 당신에게 권한이 주어진다면 핵폐기물 처리 문제를 어떻게 해결할 것인지 그 방법을 설명하라.

일반 대중에게 핵폐기물 처리를 그토록 논쟁거리로 만드는 요인은 무엇인가?

12.7~12.10 해결방안 : 요약

폐기물 흐름을 줄이려면 포장을 줄이고, 가능한 물질을 재활용하고, 생분해 가능한 음식물과 정원쓰레기를 퇴비화해야 한다. 이런 접근법을 사용하면 소각하거나 매립지에 묻는 폐기물의 부피를 상당히 줄일 수 있다. 현대의 위생매립지는 수질, 대기, 그리고 토양오염을 줄이도록 설계된 복잡한 구조물이다. 매립지의 분해자 박테리아는 매립지 가스를 생성하고, 이는 대략적으로 절반은 메탄 그리고 절반은 이산화탄소로 이루어져 있으며 갈수록 에너지 자원으로 활용되고 있다. 도시고형폐기물과 마찬가지로 유해폐기물의 양을 줄이는 것이 관리의 최우선 순위를 차지한다. 환경에 대한 위협을 줄이고 유해폐기물 처리, 운반, 폐기에 드는 비용을 줄일 수 있기 때문이다.

자원보존 및 회수법(RCRA)은 유해폐기물을 생산하는 산업체로 하여금 이들 폐기물을 추적, 처리 그리고 결국은 폐기하도록 요구한다. 바젤 협약의 목표는 유해폐기물을 선진국에서 개발도상국으로 수출하는 것을 제한하고 유해폐기물을 생산된 국가 내에서 안전하게 처리하여 폐기할 것을 권장하는 것이다. 전 세계의 원자력 발전소는 계속해서 고준위 핵폐기물을 생산하고 있지만 영구폐기물 처리의 문제는 아직 해결되지 않았다.

각 장의 절에 대하여 아래 질문에 답을 하고 난 후 핵심 질문에 답하라.

핵심 질문 : 고형폐기물로 인한 환경 파괴를 줄이고 유해폐기물을 안전하게 처리할 수 있는 방법은 무엇일까?

12.1~12.2 과학원리

- 경제체제에서 생산된 '폐기물'은 자연 생태계의 폐기물과 어떻게 비교되는가?
- 폐기물의 기원과 성질은 무엇인가?

12.3~12.6 문제

- 도시고형폐기물을 관리함에 있어 어떤 문제들에 맞닥뜨리게 되는가?
- 유해폐기물은 어떻게 생성되는가?
- 유해폐기물의 새로운 형태에는 어떤 것들이 있는가?
- 핵폐기물을 처리하는 데 어떤 문제점들이 있는가?

폐기물 관리와 우리

많은 환경 문제들이 당신의 일상생활과 간접적으로만 연관되어 있는 것처럼 보이지만, 폐기물의 문제는 분명히 그렇지 않다. 우리 결정은 지역사회와 그 너머의 폐기물 흐름에 영향을 미친다. 그 말은 이 폐기물 흐름에 진입하는 물질의 양을 줄이는 선택도 가능하다는 것이다.

☐ 잘 알고 있기

개인이 폐기물을 줄이고, 재활용하고, 퇴비화할 수 있도록 지역, 주, 연방의 환경 기관들이 많은 정보를 제공하고 있다. 예를 들어 미국 환경보호국은 폐기물 관리 문제를 해결하는 데 어떻게 건설적으로 기여할 수 있는지와 왜 그런 기여를 해야 하는지에 대해 자세한 정보를 제공한다.

☐ 더 적게 사용하기

이미 소유하고 있는 제품(예 : 가전기기, 옷, 차량)을 제 성능이 다할 때까지 가능한 오래 사용하라. 일회용품보다는 재사용 가능한 제품(예 : 재사용 가능한 쇼핑백, 유리 음식물 보관 용기)을 구매하라. 상태가 양호한 중고 제품 사는 것을 고려해보라. 하루에 당신이 만들어내는 모든 쓰레기를 가지고 다니는 실험을 일주일간 해보고 매일 쓰레기를 줄이려고 노력해보라.

☐ 재활용하기

더 이상 필요하지 않거나 사용하지 않지만 여전히 작동하는 가전제품, 전자제품, 책, 옷을 버리지 말고 자선 단체에 기증하라. 유리, 종이, 골판지, 또는 재활용 가능한 플라스틱을 모아서 당신이 속한 지역사회가 재활용하는 데 기여하라. 대부분의 지역사회에는 재활용센터가 있고, 여러 큰 지역사회에는 가정을 방문하여 재활용 가능한 물질을 수거해가는 프로그램들이 있다. 재활용된 물질로 만든 제품을 구입하면 재활용의 이윤을 높여 지속 가능하게 한다.

☐ 유해폐기물은 안전하게 버리기

전자기기나 건전지 등 특정 물건들은 유해폐기물 흐름에 추가되지 않도록 특별히 조심한다. 전자기기는 구리, 은, 금 등 귀중한 물질을 포함하고 있어서 많은 제조사와 소매상들이 재활용품으로 받는다.

12.7~12.10 해결방안

- 현대 폐기물 관리의 초점은 무엇인가?
- 음식폐기물과 기타 생분해성 폐기물을 어떻게 줄이고 용도 전환할 수 있을까?
- 폐기물을 줄일 중대한 조치들은 무엇인가?
- 유해폐기물은 어떻게 관리하고 있는가?
- 핵폐기물은 어떻게 관리하고 있는가?

핵심 질문에 대한 답

_____
_____
_____
_____
_____
_____

제12장
복습 문제

1. 질량 보존의 법칙은 폐기물 관리와 어떤 관계가 있는가?
   a. 둘은 연관성이 없다. 하나는 이론적 물리학의 법칙인 반면 다른 하나는 실용적인 문제이다.
   b. 이 물리학의 법칙은 영구히 폐기물을 처리할 수 있는 방법을 알려준다.
   c. 이 물리학의 법칙은 폐기물이 형태는 바뀔지언정 없어지지는 않는다는 점을 상기시켜준다.
   d. 이 물리학의 법칙은 한 종류의 화학원소를 다른 것으로 변환시키는 지침을 제시한다.

2. 다음 중 세계은행이 말하는 '유기' 폐기물은?
   a. 정원폐기물   b. 골판지
   c. 플라스틱 생수병   d. 신문지

3. 미국에서 유해폐기물의 가장 큰 원천은?
   a. 살충제 제조   b. 석유제품 제조
   c. 금속 가공   d. 기초화학 제조

4. 세계적으로 1인당 폐기물 생산 증가율은 감소하는데 총폐기물 생산량의 증가율은 왜 감소하지 않는가?
   a. 몇몇 나라가 계속해서 빠른 속도로 폐기물을 생산하고 있다.
   b. 세계 인구가 증가하고 있다.
   c. 개발이 재활용을 막고 있다.
   d. 세계 1인당 폐기물 생산 증가율은 사실 가속되고 있다.

5. 태평양의 플라스틱 폐기물은 해양생명을 위협하고 있다. 이는 인류에 어떤 잠재적 영향이 있는가?

   a. 해상 운송이 영향을 받지 않으므로 인류에 영향이 없다.
   b. 축적된 플라스틱이 이미 불붙고 있다.
   c. 플라스틱에서 침출되는 유해 화학물질이 해산물을 오염시켰다.
   d. 플라스틱 폐기물이 유람선 사업의 수익손실을 초래했다.

6. 다음 중 유카 산에 핵폐기물 저장소를 개발하는 데 저해 요인이 아니었던 것은?
   a. 지역의 정치적 저항
   b. 핵폐기물 운반의 안전성에 대한 우려
   c. 지하수 오염 가능성
   d. 국제적 압력

7. 자원보존 및 회복법(RCRA)의 주요 목적은 무엇이었는가?
   a. 멸종위기종을 보호하기 위한 규칙 수립
   b. 미국의 삼림 보호
   c. 고형폐기물 저장소에 대한 규칙 수립
   d. 태평양 거대 쓰레기 지대의 정화 시작

8. 매립지 가스는 가스 및 석유 지대의 깊은 시추공에서 추출하는 천연가스와 어떻게 다른가?
   a. 매립지 가스는 완전히 다른 종류의 가스들로 이루어져 있다.
   b. 정제되지 않은 매립지 가스는 에너지 함량이 더 낮다.
   c. 매립지 가스는 정제하지 않고는 연소시킬 수 없다.
   d. 매립지 가스는 시장이 없다.

9. 재활용률을 높이기 위해 어떤 메커니즘이 사용되어왔는가?

   a. 음료 용기에 대한 선불금
   b. 재활용을 요구하는 법규
   c. 재활용품 용기에 대한 접근성
   d. 위 항목 모두

10. 도시고형폐기물 매립지와 유해폐기물 매립지의 주요 차이점은 무엇인가?
    a. 유해폐기물 매립지에는 이중 라이너가 있어야 한다. 도시고형폐기물 매립지에는 단일 라이너만 있으면 된다.
    b. 도시매립지와는 달리 유해폐기물 매립지에서 나오는 침출수는 수집해야 한다.
    c. 저장된 물질에 편리하게 접근하기 위해 유해폐기물 매립지는 덮으면 안 된다.
    d. 도시매립지에는 누출감지 시스템이 꼭 있어야 한다.

비판적 분석

1. 태평양 거대 쓰레기 지대가 어떻게 공유지의 비극(제2장 51쪽)을 대표하는지 논하라.
2. 모든 제품이 재활용 가능한 경제체제의 장점과 단점에는 어떤 것들이 있을까?
3. 저소득 국가가 고소득 국가에게 제시할 만한 폐기물 관련 모델은 무엇인가?
4. 브라운필드가 그 지역사회에 경제적·환경적 자산이 되도록 할 수 있는 관리방안을 개략적으로 서술해보라.
5. 공학자 등은 어떻게 앞으로 백만 년 동안 핵폐기물 저장소가 물리적 교란뿐 아니라 인류의 개입에 대해 안전할 것을 보장할 수 있을까?

핵심 질문 : 우리는 환경오염을 어떻게
제어하고 줄일 수 있을까?

오염원과 오염물이 어떻게 생물권 주위를
이동하는지 설명한다.

과학원리

제13장

공기, 물과 토양오염

공기, 물과 토양오염이 어떻게 생물다양성 및
생태계와 인간 건강에 영향을 주는지 서술한다.

오염된 환경을 처리하기 위한 오염 규제와
다른 전략의 효과를 분석한다.

문제

해결방안

베이징의 가시거리를 자주 감소시키고 거주민의 건강을 위협하는 심각한 대기오염으로 인해 중국 정부는 도시의 대기질을 향상하는 조치를 취하였다.

오염 문제

중국은 빠른 경제 성장률과 함께 이례적인 수준의 오염 문제가 발생하고 있다.

2008년 7월에 베이징에 위치한 미국 대사관은 새로운 트위터 계정을 만들었다. 매시간 대사관 지붕에 설치된 대기질 센서를 통해 측정된 수치를 @BeijingAir 계정에 보고한다. 한 센서는 자동차 배기관, 화력 발전소에서 배출되는 미세먼지의 측정치를 PM 2.5로 보고하는데, 미세먼지는 천식, 폐암, 심장병, 조기사망과 같은 질환에 직접적인 관계가 있다고 알려진다. 다른 센서는 화석 연료에 의해 생성되며 다양한 건강 문제를 야기하는 오존가스 농도를 측정한다.

중국의 빠른 경제성장과 느슨한 배출규제는 중국의 대기를 기침을 유발하는 구름으로 바뀌게 하였다. 우울한 황갈색의 스모그는 자주 베이징의 스카이라인에 걸쳐 있다. 도시는 또한 오염으로 야기되는 산성비로 고통받고 있는데, 이는 고대 불상과 자연 생태계에 악영향을 준다. EPA가 1980년부터 대기질을 관측하여 공개하는 미국과 달리, 중국 정부는 수집되는 자료에 대해서는 공개하지 않고 있다. 자연스럽게 베이징 시민들은 숨쉬고 있는 대기에 대해 궁금증을 갖고 있고, 정부의 장밋빛 선언에 대해서 의심을 품고 있다.

@BeijingAir의 대부분 트윗은 EPA 대기질 지수(좋음~나쁨)를

"70년대에 대한 가장 큰 질문은 우리가 주변 환경에 의해 항복할 것인가 아니면 우리가 자연과 공존하며 평화를 이루고 이제까지 대기 및 땅과 물에 주었던 훼손을 복원할 것인가이다."

리처드 M. 닉슨, 첫 대통령 신년 국정연설, 1970

사용하여 오염 수치를 요약한다. 2010년 11월 19일에는 오존센서에서 측정된 오존농도가 500을 초과하는 최대치를 나타냈고, PM 2.5센서는 562을 찍고 차트에서 벗어나는 '매우 나쁨'을 트위터에 보고했다. 중국 기관들은 그러한 트윗에 격분하였고, 트윗이 불법적이고 비과학적이라고 선언하였다. 그들은 해당 자료가 지역 웹사이트에 재발행되지 못하도록 차단하였다.

그러나 그 이전에 문제에 대한 경고가 너무 널리 펴져서 중국 정부는 그것을 공표하라는 압박을 받았다. 2013년에 정부는 모니터링 스테이션 네트워크를 구축하였고 기금을 야심찬 오염 저감 목표를 구축하기 위해서 따로 떼어두었다. 베이징에서 관리들은 오래된 차량은 도로에서 치우도록 명령하고 청정 에너지를 많이 쓰도록 장려하였다. 산성비를 내리게 만든 주범 중에 하나인 규모가 큰 화력 발전소에서 배출되는 이산화황 가스 배출을 감소시킬 수 있는 집진장치를 설치하는 동안에 규모가 작고 비능률적이며 형편없이 규제된 화력 발전소를 폐쇄했다. 중국은 여전히 대기를 깨끗이 하는 데 먼 길을 가고 있으나 세계의 다른 부분에서도 알듯이 이는 이룰 수 있는 목표이며, 이 장의 핵심 질문을 우리에게 던진다.

핵심 질문

우리는 환경오염을 어떻게 제어하고 줄일 수 있을까?

과학원리   문제   해결방안

(Geoff Liesik/The Deseret News via AP)

13.1 ~ 13.3 과학원리

인구 증가와 오염 증가 사이에는 연결고리가 있을까?

오염(pollution)이란 환경오염 또는 물리적 교란이 살아 있는 생명체에 해를 주는 것으로 정의된다. 오염을 야기하는 요인, 즉 **오염물질**(pollutant)에는 기름, 살충제와 같은 화학물질과 과도한 소음 또는 빛(그림 13.1)과 같은 변형된 물리 조건들을 포함한다. 도깨비불 또는 화산폭발과 같은 자연 사건도 오염을 야기할 수 있으나 지구 역사상 오염은 주로 인간 활동에 의해 발생한다.

13.1 산업은 오염물질을 배출한다

환경오염에 대한 우려는 매우 오래전부터 시작되었다. 제1장에서 보았듯이 벤저민 플랭클린과 다른 18세기 필라델피아 거주민들은 가죽 염색 공장에서 발생된 수질오염을 줄이기 위해 노력하였다(17쪽 참조). 하지만 환경오염원은 몇 세기 이전에 발생한 것을 뛰어넘어 더욱 그 규모

물리적 오염원

스페인, 브라바 해안, 간디아 해변을 따라 보이는 불빛

(Vicent de los Angeles/Getty Images)

도시 위로 낮게 나는 비행기

(pbombaert/Shutterstock)

오염 환경오염은 주로 대기, 물, 또는 토양이 물질 또는 조건(예 : 소음, 빛)에 의해 살아 있는 생명체에 악영향을 주는 것으로, 일반적으로 인간 활동에 의한 결과이나 자연 작용(예 : 도깨비불, 화산분출)에 의해서도 야기될 수 있다.

오염물질 살아 있는 생명체에 위험하거나 대기, 물, 토양을 오염시키는 물질(예 : 기름이나 살충제) 또는 조건(예 : 과도한 소음)

그림 13.1 인공 불빛은 특정 의미에서 '빛 오염'으로 환경오염의 원인이 될 수 있다. 예를 들어, 둥지가 있는 해안 근처에 빛은 부화한 바다거북이 바다로 이동하는 것 대신에 육지로의 이동을 촉진시켜서 죽음에 이르게 한다. 유사하게 소음 저해는 '소음오염'으로 인간과 새로부터 고래에 이르는 야생동물에 스트레스를 준다.

가 커지게 되었다. 오염의 각 형태는 일부 고유한 특성을 갖고 인간의 건강 또는 환경에 악영향을 주는 반면에, 오염물은 환경에 어떻게 배출됐는가에 따라 몇몇 중복되는 특징으로 분류될 수 있다.

점오염원과 비점오염원

오염물질은 단일 또는 2개의 경로, 즉 점오염원 또는 비점오염원을 통해서 환경에 유입된다(그림 13.2). 공장의 굴뚝 또는 하수 파이프는 환경에 오염물질을 배출시키는데, 이는 명백하게 **점오염원**(point source of pollution)이라 할 수 있다. **비점오염원**(nonpoint sources of pollution)은 분산된 위치에서 배출되거나 환경 주위를 이동하는 오염원이다. 비점오염원의 예로는 자동차의 배기가스 또는 도시거리에서 나오는 오염수 또는 살충제가 가득한 농경지가 있다. 일반적으로 비점오염원보다 점오염원을 규명하고 관리하는 게 훨씬 쉬운 편이다.

오염 잔존율

일부 오염물질은 환경에 배출되는 동안 빠르게 붕괴되지만, 다른 물질들은 몇 달, 몇 년, 또는 몇 세기 동안 지속된다. 박테리아와 균류는 당류와 아미노산 같은 단순한 유기물질을 빠르게 분해시킨다. 나무와 생분해 가능한 셀룰로스 물질과 같은 좀 더 복잡한 유기물질(제12장 386쪽 참조)은 매우 느리게 분해된다. 이러한 물질의 분해는 산소 농도 또는 온도와 같은 환경 조건에 따라서 몇 달 또는 몇 년의 시간에 걸쳐서 일어난다. 대조적으로 화석 연료 연소에 의해 배출되는 이산화탄소의 일부분은 광합성 같은 자연 프로세스에 의해 사용되기 전까지는 몇 천 년 동안 대기에 남아 있다. 반면에 중금속 물질은 붕괴되지 않고 환경에 잔존해 있다.

일차 오염물질과 이차 오염물질

환경에 유입될 때 해로운 물질은 **일차 오염물질**(primary pollutant)이라고 일컫는다. 대기의 일차 오염물질은 일산화탄소, 납, 질소산화물, 입자상물질과 황산화물이 있다. 반면에 일부 일차 오염물질은 화학반응을 하여 **이차 오염물질**(secondary pollutant)을 형성한다. 예를 들어, 오존(O_3)은 질소산화물(NO_X)과 가솔린, 페인트와 다른 유기화학물이 가득한 물질들로부터 배출되는 휘발성 유기물질(VOCs)의 반응을 통해서 생성된다. 대기 상층부에 있는 오존이 생물권을 보호하기 위한 보호장막 역할을 하는 반면에, 대기권 하부에 있는 오존은 동물과 식물 조직 모두에 손상을 줄 수 있는 심각한 오염물질이다.

다른 이차 오염물질 형성에 관해 눈여겨볼만 한 예는 이산화황과 질소산화물이 대기에서 반응하여 강력한 산을 형성하는 것이다. 이산화황 반응은 황산을 형성하고 질소산화물은 질산을 생성한다(그림 13.3). **산**(acid)은 물에 용해 시 해리되어서 수소 이온을 배출하는 물질로서,

일차 오염물질보다 이차 오염물질을 관리하는 것이 왜 더 어려울까?

점오염원 명백한 일반적으로 정지된 오염원(예: 발전소, 공장, 또는 도시의 하수 배출구)으로 규명, 모니터, 규제하기 쉽다.

비점오염원 분산되고 움직이는 오염원(예: 산업시설, 도시, 농경지의 지표유출물 또는 자동차 배출물)

일차오염물질 대기로 배출될 때 위험한 물질(예: 일산화탄소, 정제오일)

이차오염물질 다른 오염원들 사이의 화학반응으로부터 형성되는 물질(예: 하부 대기의 오존)

산 물에서 용해됐을 때 수소 이온을 배출하는 물질로 용액의 pH를 감소시킨다. 산은 염기를 중화시킨다.

점오염원과 비점오염원

(Brent Lewis/Getty Images)

콜로라도 주 골드킹 광산에서 나오는 오염수

(Keith Getter/Getty Images)

뉴욕 주 제네시 강의 녹은 눈에 의한 오염

그림 13.2 콜로라도 주 남부 골드킹 광산의 지하 배수로에서 아니마스 강으로 몇백만 갤런의 산성을 띠고 중금속이 가득한 오염수(이 장 첫 사진)를 마구 쏟아내고 있다. 이는 명백한 점오염원의 예이다. 이와는 반대로 뉴욕 주 로체스터 근방의 제네시 강에서는 봄 동안에 녹은 눈이 지표에 유출되어 오염되는데, 이는 특정한 오염원을 추적할 수 없는 비점오염원이다.

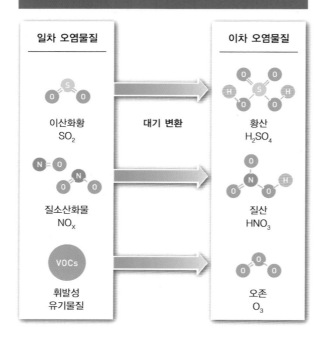

대기 내 일차 오염물질이 이차 오염물질로 변환하는 예

일차 오염물질		이차 오염물질
이산화황 SO₂	대기 변환	황산 H₂SO₄
질소산화물 NOₓ		질산 HNO₃
VOCs 휘발성 유기물질		오존 O₃

그림 13.3 일차 오염물질, 즉 이산화황(SO₂), 질소산화물(NOₓ), 휘발성 유기물질(VOCs)은 대기 내에서 화학반응을 겪으면서 황산(H₂SO₄), 질산(HNO₃), 오존(O₃)과 같은 이차 오염물질로 전환된다.

pH 용액의 상대적인 수소 이온 농도를 나타내는 지시자. pH 7은 중성 용액을, pH 7이하는 산성(높은 수소 이온 농도), pH 7이하는 염기성(낮은 수소 이온 농도)를 의미한다.

용액의 상대적인 수소 이온 농도 지시자인 **pH**를 낮춘다. pH 7은 중성용액을 의미하며, 7 이하의 pH는 산성(높은 수소 이온 농도)을, 7 이상의 pH는 알칼리성(환원된 수소 이온 농도)을 뜻한다. pH 값의 중요한 특성은 단위가 로그10을 바탕으로 한다. 이는 pH 1의 차이가, 예를 들어 pH 6과 pH 7은 10배 농축된 수소 이온 농도 차이를 지시한다. 이러한 이차 오염물질 형성의 중요한 환경 결과물 중 하나로 산성비를 들 수 있는데, 이는 토양과 수상 생태계에 큰 영향을 준다

⚠ 생각해보기

1. 유지율 정도가 다른 오염물질은 오염물질 관리에 어떠한 영향을 줄까?
2. 호수의 pH가 pH 7에서 pH 5로 감소되었을 때, 환경 변화의 정도는 어떠한가?

13.2 인간은 다양한 종류의 오염물질을 만든다

오염은 우리가 앞서 논의했듯이 매우 다양한 형태로 나타난다. 제7~8장에서 수생태계에 유기물질, 식물 영양소와 퇴적물의 과다한 유입에 대하여 소개하였고, 제9장에서는 기름 유출과 핵 사고에 대해서 다뤘다. 추가적으로 제11장에서는 환경 건강 측면 내에서 토양과 물의 오염원, 환경호르몬, 중금속, 살충제와 약제에 대해서 조사하였다. 제13장에서는 앞서 언급했던 물과 토양에서 더욱더 문제가 되는 것에 대해서 소개하고자 한다(표 13.1).

표 13.1 주요 토양오염과 수질오염 물질

이 표는 토양과 물의 주요 오염물질로, 대기도 오염시키며 주로 중금속과 살충제 오염물질이다.

오염물질과 예	주요 공급원	지속성 및 변환	건강과 환경에 영향
중금속 : 납, 수은, 비소, 카드뮴, 크롬, 구리, 니켈	석탄 연소, 금속 제련, 오일, 하수	지속적 먹이사슬에서 생물 농축됨	중추신경계 작동과 발달 교란, 독성
식물과 조류 성장을 촉진하는 영양물질. 주로 인과 질소	농경지에서의 지표 유출, 도시 지역, 처리된 하수, 수경재배	조류와 식물 성장을 통해서 바이오매스에 포함됨	바이오매스가 분해되면서 산소 소모에 의해 물속에서 조류가 번식함. 토양에서는 식물 성장과 균류 다양성 감소
유기물	하수, 농경 쓰레기, 수경재배	지속적으로 분해됨	산소 농도 감소, 높은 산소 농도를 필요로 하는 유기체 사망, 수생 군집의 성분을 오염에 강한 종으로 바꿈
비가역적 유기 오염물 : 다이옥신, PCBs, DDT	가공, 농경	환경에서 매우 지속성이 높음. 먹이사슬에서 생물 농축됨	비정상적 발달과 재생산, 면역 감소, 선천성 이상과 암을 야기함

자료 출처 : multiple sources.

대기오염의 기준

대기를 오염시킬 수 있는 다양한 물질이 있음에도 불구하고 일부 오염물질이 세심한 규제를 받도록 선별되었다. 미국 환경보호청(EPA)은 여섯 가지 주요 대기오염물질에 대한 대기질 표준을 구축하였고, 이는 일반적으로 **기준 오염물질**(criteria pollutant)로 언급되는데, 오존과 입자상 물질을 포함한다(표 13.2). 이러한 특정 오염물질은 표 13.2에서 볼 수 있듯이 대기오염의 주요 공급원이기 때문에 선정되었고, 인간 건강과 환경 건강에 유해하다. 예를 들어, 이산화황에 노출되면 천식 증상을 유발되며 식물 조직에 손상을 준다.

황과 산성비

단백질, 비타민, 황산화물질을 구성하는 황 원소는 삶에 있어서 필수 요소이다. 다른 원소처럼 황은 전 지구적 생지화학 순환에서의 생물권을 통해 이동한다(그림 13.4). 지구에서 대부분의 황은 암석에 붙들려 있고 지질학적 물질이 암석 순환과 풍화(부록 B 참조)에 의해서 노출되었을 때 생물권으로 방출된다. 해수는 황의 지구적 저장소의 다른 주요한 부분을 차지하며, 해양 표면에 바다 소금

대기에서 이산화황이 어느 정도로 측정될 때 오염으로 간주될까?

기준 오염물질 EPA에 의해 선별된 대기오염의 일반적인 공급원(예 : 이산화황)으로 인간 건강과 환경에 해를 가하므로 규제가 필요하다.

표 13.2 EPA 기준 오염물질과 휘발성 유기물질

처음 6개 오염물질은 흔한 대기오염물질이고, 인간과 환경에 해를 줄 것으로 여기기 때문에 미국 EPA에서 모니터링할 것을 권고한다. VOCs도 하부 대기권에서 규제 오염물질 중 하나인 오존을 형성하는 데 관여하기 때문에 또한 목록에 포함된다.

오염물질과 예	주요 공급원	지속성 및 변환	건강과 환경에 영향
일산화탄소(CO)	화석 연료 또는 바이오매스의 불완전 연소	대기 체류시간은 대략 평균 두 달	불가역적으로 헤모글로빈에 결속됨, 산소를 운반하는 혈액의 능력 감소함, 낮은 농도에서 현기증 유발하고 구역질 유발하고 고농도에서는 사망에 이르기까지함
납	석탄 연소, 금속 제련, 오일, 하수	유지됨. 먹이사슬에서 증폭됨	중추신경계 기능과 발달을 방해함, 어린이에게 노출 시 IQ 저하와 학습장애 유발
질산화물(NO$_x$, NO$_2$)	석탄 연소, 오일, 가솔린, 바이오매스, 토양 박테리아	대기에서 연속반응에 의해 질산(HNO$_3$)으로 전환됨	눈과 비강과 폐 자극, 천식 민감성을 증가시킴, 식물 성장 감소, 식물을 죽일 수 있음, 갈색 연무 형성하여 시야 감소
오존(O$_3$)	산소, 물, NO$_x$, 일산화탄소와 휘발성 유기탄소 성분 사이에 햇빛이 존재할 때 연속적 반응을 통해서 하부대기권(대류권)에서 만들어짐	하부 대기권에서 평균 몇 달 정도 체류함	기도 출혈 유발, 폐 손상과 호흡 불편 유발, 식물 나뭇잎 손상시킴, 식물 성장 감소, 플라스틱과 고무 분해
입자상 물질	화석 연료와 바이오매스 연소, 농경과 건설 활동을 동반한 바람과 물에 의한 침식	크기에 따라서 공기 또는 물에 의해 부유 퇴적물에서 제거됨. 가장 작은 입자는 매질에서 가장 긴 체류시간을 갖음	호흡 불편 유발, 시야 감소, 육상식물의 호흡과 광합성 방해, 토양 pH를 교란하고 퇴적에 의해 수상 서식지에 손상을 줌
이산화황(SO$_2$)	석탄 연소, 오일, 가솔린, 금속 제련, 화산 폭발	대기에서 연속 작용에 의해 황산으로 전환됨(H$_2$SO$_4$)	호흡 불편 야기, 천식환자에게 특히 불편을 줌, 식물 잎에 병변과 황변 야기, 대기 연무 발생시키고 시야 감소
VOCs, 아세톤, 벤젠, 포름알데히드, 톨루엔	용매의 증발, 페인트, 가솔린과 다른 연료, 지하유류 저장 탱크 누출, 가정용품의 부적절한 폐기, 파티클 보드의 탈기	오존을 형성하기 위해 NO$_x$와 반응함	눈·코·목구멍 자극, 간·신장·중추신경계 손상, 대부분 발암물질, 수상과 토양 유기체에 독성

자료 출처 : multiple sources.

전 지구적 황 순환

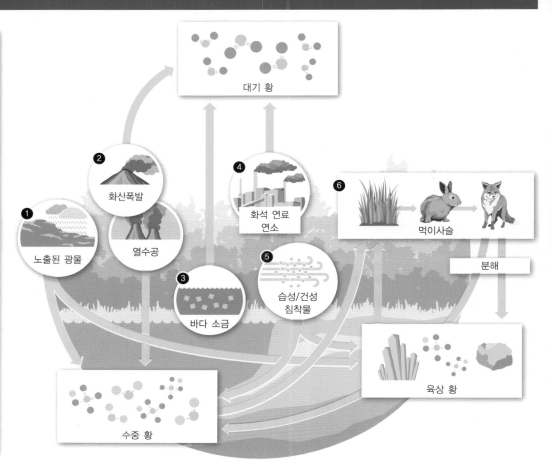

주요 과정

❶ 풍화
노출된 광물의 풍화는 생물권에서 활발한 교환작용에 황을 배출한다.

❷ 화산 활동과 열수 배출
육상과 바닷속에서 화산폭발은 많은 양의 이산화황을 배출한다. 해저 바닥의 열수공도 또한 바닷속 황 웅덩이 형성에 많이 기여한다.

❸ 해양 배출
황은 바다 소금으로 배출되고 가스상 물질로서 해양 표면에서 다양한 물리적 생물학적 작용에 의해서도 배출된다.

❹ 화석 연료 연소
화석의 연소는 화산 활동을 초과하는 거대한 양은 이산화황을 배출하고 이는 대기 황의 기원이 된다.

❺ 퇴적
소금과 황산을 포함하는 황의 습성과 건성 침착물은 육상과 수중 생태계에 황을 돌려준다.

❻ 일차생산자에 의한 흡수
육지 식물과 해양 조류는 필수 영양소로 황을 흡수하며 바이오매스로 황을 포함시키며, 황을 분해하는 분해자에게 도달할때까지 먹이사슬의 소모자에게 계속 전달된다.

그림 13.4   전 지구적 황 순환은 황을 포함하는 물질의 육상, 해양, 대기에서의 활발한 교환작용을 수반한다. 이산화황은 황의 대기 웅덩이의 주요 성분으로 화석 연료의 연소로 인해서 대량 공급된다. (Schlesinger, 1991)

pH는 로그 스케일로 표현된다. pH의 0.5만큼의 변화, 예를 들면 pH 5.6에서 5.1로의 변화를 대중들은 얼마나 큰 변화라고 인식할까?

산성비   산성화된 비. '산성 침전' 참조

의 불림과 해양 조류와 박테리아에 의해 주로 생성되는 황을 포함하는 성분의 다양한 가스상으로 대기와 활발히 교환작용을 한다. 황은 또한 물리적·생물학적 작용을 통해서 해양 퇴적물로 포함되게 된다. 육지와 바다에서 발생하는 화산 분출은 또한 이산화황(SO_2)의 형태로 상당한 양의 황을 방출한다.

해저 바닥은 또한 열수공에서 배출되는 황이 생물권에 방출하는 중요한 장소로, 열수는 수산화황(H_2S)이 풍부하게 배출되고 황산화 박테리아에 의해서 이산화황으로 빠르게 전환된다. 완전히 어둡고 풍부한 해저 생태계를 뒷받침하는 일차생산자의 역할을 한다(106쪽 그림 4.4 참조). 또한 채굴 또는 화석 연료의 사용, 금속 광석 제련을 통한 인간의 경제 활동은 황 순환에 많은 기여를 한다.

사실 수십 년 동안 화석 연료의 사용은 화산 분출보다 훨씬 많은 양의 이산화황을 배출하였고, 이는 알다시피 오염의 주요 공급원으로 작용한다.

화학자 로버트 앵거스 스미스(Robert Angus Smith)는 **산성비**(acid rain) 현상에 대해 처음으로 인지하고 체계적으로 연구한 사람이다. 1852년에 그는 시골에서 도시로 이동하면서 비의 산성화가 전 영국제도 전반에 나타나고, 이는 생태계에 영향을 줄 가능성이 있다고 인지하였다. 산성비는 이산화황(SO_2)이 대기에서 화학반응을 거치면서 산성비의 주요 공급원인 황산(H_2SO_4)과 함께 질산(HNO_3)을 동반하며 만들어진다(그림 13.3 참조). 우리는 대개 '산성비'라는 용어로 위의 현상을 일컫지만, 대기 속에서 떠 있던 가스 또는 작은 입자들이 식물 잎 또는 호수 표면과 같은 표면 위에 바로 침전되어 눈과 진눈깨비 형상으로 존재하는 건상 침전 현상으로도 나타나기 때문에 더 정확하게는 **산성 침전**(acid deposition)이라고 불러야 한다. 오염물질 외에도 비는 pH 5.6 근방의 약산성(pH 7.0은 중성)을 띤다. 일반적으로 pH 5.3 이하의 비를 산성비로 간주한다.

잔류상 유기 오염물질

잔류상 유기 오염물질(persistent organic pollutants, POPs)은 환경에 무기한적으로 존재하는 화학물로, 먹이사슬을 통해서 증폭될 수 있고 환경과 인간 건강에 위협을 줄 수 있다. 잔류상 유기 오염물질은 일반적으로 좁은 환경 조건하에서 매우 느리게 분해되기 때문에, 공기 또는 물에서 국제적·광역적 경계를 가로지를 만큼 먼 거리를 걸쳐서 이동할 수 있다. 이러한 오염물질은 인간을 포함하는 소비자의 지방조직에 축적되면서 최종적으로 지구 상의 한 부분을 차지하게 된다. 일부 POPs는 EPA에 의해서 표 13.3에서처럼 특별히 문제가 될 만한 물질로 여겨진다.

산성 침전 산의 습상과 건상 퇴적을 모두 포함하는 용어

잔류상 유기 오염물질 (POPs) 유기 화학물질(예 : PCBs)은 무기한적으로 환경에 남아 있으므로 먹이사슬을 통해서 생물에 축적될 수 있고 인간 건강과 환경에 위협을 준다.

표 13.3 잔류상 유기 오염물질

미국 EPA는 12개의 아래 기재된 잔류상 유기 오염물질을 '더티더즌'으로 부른다. 해당 오염물질은 모두 해롭고 지속적이기 때문에, 생산, 수입 또는 수출이 미국 내에서 금지되었다. 오염물질은 유해 독성물 또는 오염물로 규제된다.

공업용 화학물질	기원	이용 역사
PCBs(폴리염화바이페닐)	제조. 소각을 거치면서 의도치 않게 생성됨	전기 변압기나 콘덴서에 사용되거나 열교환 유체, 페인트 첨가제, 무탄소 인쇄 종이, 플라스틱
살생물제		
알드린	제조	작물(예 : 옥수수, 목화) 해충 구제와 흰개미 제거
클로르데인	제조	채소, 곡물, 감자, 사탕수수, 사탕무, 과일, 견과류, 시트러스와 목화와 같은 작물 해충 구제, 집잔디, 식물 기생충, 흰개미 제거에 사용
DDT	제조	목화 해충 구제를 위해서 처음에 사용. 병원균(예 : 말라리아, 장티푸스)을 옮기는 해충 제거에도 사용
디엘드린	제조	작물(예 : 옥수수, 목화) 해충 제거와 흰개미 제거
헵타클로르	제조	토양 곤충, 흰개미, 소작물 해충과 말라리아 모기 구제에 사용
헥사클로로벤젠	제조되거나 소각에 의해 의도치 않게 생성되고 특정 화학물질을 만들다가 생성, 특정 살충제 불순물	곰팡이 감염을 줄이기 위해 씨앗 종자(예 : 밀 씨앗)에 살균제로 사용
미렉스	제조	불개미와 말벌 제거에 사용. 발화 지연제로 사용
톡사펜	제조	작물(예 : 목화, 파인애플, 바나나) 해충 구제와 가축과 가금류 해충 제거에 사용
의도치 않은 POPs		
다이옥신(폴리염화디벤조-파라-디옥신) 퓨란(폴리염화디벤조퓨란)	도시와 병원 쓰레기, 쓰레기 뒷마당 소각과 산업 과정과 같은 대부분의 연소 형태에서 의도치 않게 생성. 특정 제초제, 나무 방부제, PCBs 합성제에서 극소량 오염물질로 발견됨	폐기물, 산업적 사용은 없음

정보 출처 : U.S. EPA, 2015b.

해당 표에 실린 대부분의 화학물질이 모두 그렇지는 않지만 제조되며 대부분 살충제이다. 예를 들어, 다이옥신과 퓨란은 제조되지는 않았지만 폐기물 소각에 의해 부차생성물로 의도치 않게 만들어진다. 또한 폴리염화바이페닐(PCBs)은 살충제는 아니지만 산업 전반에 있어서 다양한 용도로 제조된다. 위와 같은 화학물질은 현재 미국에서 생산, 수입 또는 수출이 금지되거나 위험한 독성물질 또는 오염물질로 강력한 규제를 받지만 일부 화학물질은 특히 개발도상국과 같은 곳에서 여전히 사용되고 있다. 그러나 아직까지도 많은 POPs가 제조되고 있고 전 세계적으로 사용되고 있기 때문에 향후 규제할 필요가 있다.

중금속

중금속이란 높은 원자량을 갖는 금속성 원소이다. 많은 종류의 중금속이 존재하지만 환경 문제에서 고려되는 것은 인간, 동물, 식물에 독성을 주는 물질이다(표 13.4). 인간 및 식물과 동물은 납과 아연과 같은 일부 중금속의 소량 섭취는 필요하지만 고농도의 금속을 섭취할 경우 독성을 띠게 된다. 수은과 납 같은 다른 금속들은 심지어 낮은 농도에서도 독성을 지닌다. 비소와 셀레늄은 근본적으로는 금속이 아니지만 비슷한 독성 효과와 환경에서의 유사한 거동 때문에 일반적으로 중금속에 속한다. 중금속의 흔한 기원은 석탄 연소이다. 석탄은 유기체가 화석 형태로 잔존한 것이기 때문에, 농축된 형태로서 생명 시스템 대부분의 원소와 넓은 범위의 중금속을 포함한다.

표 13.4 토양오염과 연관된 중금속

중금속	기호	공급원	건강 영향
비소	As	천연 침전물의 침식, 농경과 산업 활동, 석탄 연소	피부 농축 및 변색, 복부 통증, 메스꺼움, 구토, 설사, 손과 발의 떨림, 부분 마비, 실명, 방광·폐·피부·신장·비강·간·전립선 암과 연관
카드뮴	Cd	석탄과 도시폐기물 연소, 금속에서 배출	동물 실험에서는 신장·간·폐·뼈·면역체계 및 혈액과 신경계에 잠재적 손상을 준다고 나타남, 신경 발달 저해, 발암물질 생성
크롬	Cr	광석 정제와 일부 산업 공정, 석탄 연소	폐 자극, 숨가쁨, 폐 기능 저하, 폐암
구리	Cu	다른 금속과 함께 천연 광석에서 발생, 금속 용광로와 정제 과정에서 배출, 석탄 연소	코·입·눈 자극, 위 부담감, 구토, 신장과 간 손상
납	Pb	오래된 건물과 가구의 페인트, 배관, 금속 용광로, 석탄 연소	중추 신경계와 관련된 발달장애, 청력 이상, 두통, 어린이의 저성장, 재생 문제, 고혈압, 신경장애, 성인 관절과 근육 통증
수은	Hg	석탄 연소, 산업 공정, 오염된 생선과 조개 섭취 시	성장 유아 및 아동에 손상된 신경 발달 및 언어/듣기/걷기 장애, 모든 연령에서 근육 약화, 신장 손상, 호흡부전, 고농도 노출 시 사망
몰리브덴	Mo	석탄 연소, 금속 용광로와 정제, 광산, 오염된 토양에서 먼지, 하수 슬러지, 오염된 식품	기력 상실, 피로, 두통, 간손상, 정신 상실, 관절 통증과 부품
니켈	Ni	석유 및 석탄 연소, 금속 용광로, 니켈 금속 정제, 하수 슬러지 소각, 산업 공정, 오염된 식품	손가락·손·팔목 간지러움, 위 장애, 폐와 신장 손상, 코와 폐암 증가 위험
셀레늄	Se	천연 퇴적물의 침식, 석유와 금속 정제소로부터 유출, 석탄 연소, 오염된 식품과 물	콧속·입안 점막 자극, 기관지염, 폐렴, 머리카락과 손톱 빠짐, 치아 손상, 혈액 순환 장애, 정신적 각성 감소
아연	Zn	석탄과 폐기물 소각, 하수 슬러지, 금속 용광로, 석탄, 오염된 토양에서 나오는 먼지, 오염된 식품과 물, 아연 도금 파이프	위 불편, 피부 자극, 빈혈증, 췌장 손상

정보 출처 : U.S. Natural Resource Conservation Service 2000; additional data from multiple sources.

수중 생태계의 잠재적 유기오염 공급원

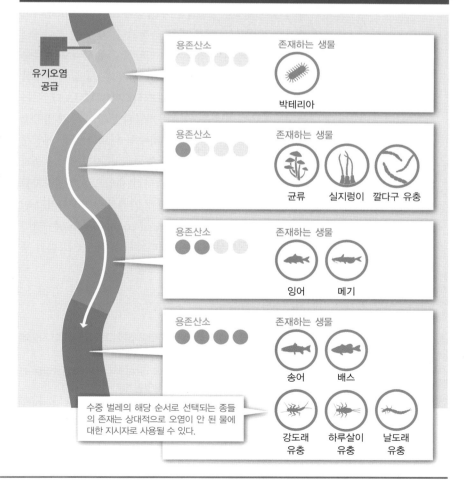

훼손된 파이프라인에서 쏟아지는 생 하수 (AP Photo/Douglas Engle)

수산양식에서 먹이 공급 (© photomadnz/Alamy)

집중가축사육시설에서 밀집한 소 무리 (David R. Frazier/Science Source)

수중 생태계의 유기 오염물질

그림 13.5 (a) 처리되지 않거나 불완전하게 처리된 가정 하수는 유기오염의 중요한 공급원이 될 수 있다. 브라질 리우데자네이루의 이파네마 해변에서 떨어진 바다에 훼손된 하수라인이 초당 6톤의 생 하수를 방류하고 있다. (b) 육상에 설치된 수산 양식장으로부터 배출되거나 수중 시스템에서 먹이 공급에서 발생하는 쓰레기는 상당한 양의 유기물을 포함한다. (c) 한편 소 가축장, 돼지 농장과 양계장을 포함하는 집중가축사육시설은 잘 알려진 유기오염의 공급원이다.

생화학적 산소요구량(BOD) 물속 유기물의 양을 지시하는 인자로, 미생물이 채취한 물속에서 유기물을 분해하는 데 소모하는 산소량으로서 측정된다.

유기성 오염

과다한 유기물질의 유입은 특히 수중 생태계에 스트레스를 준다. 유기성 오염은 가정용 하수, 수경재배와 농업 및 집중가축사육시설(CAFOs)를 포함하는 몇몇 잠재적 근원을 갖는다. 수중 생태계에 다량의 유기물을 유입시키는 잠재 기원은 강, 하구, 또는 연안수이다(그림 13.5). 수중 생태계로의 유기물 유입은 물속 유기물의 양을 지시하는 인자인 **생화학적 산소요구량**(biochemical oxygen demand, BOD)를 증가시킨다. 생화학적 산소요구량은 채취한 물 안에 미생물이 유기물을 분해하는 데 소모하는 산소의 양으로서 측정된다.

많은 양의 유기물이 부가되면 결과적으로 BOD는 높아지며, 추가된 유기물을 분해하기 위해서 박테리아와 균류의 호흡으로 인해 용존산소가 없는 환경에서 살 수 있는 박테리아를 제외하고 모든 생물이 없어질 만큼 충분히 낮은 농도까지 산소가 고갈된다(그림 13.6). 강 하류의 용존산소가 소량 존재하는 혐기성 영역에서는 풍부한 유기물의 공급으로 인해 균류의 밀집 성장과 함께 낮은 산소 조건에 내성이 있는 실지렁이와 깔다구 유충과

그림 13.6 점오염원으로 인한 강 또는 하천에서 발생하는 유기오염은 하류 방향으로 가면서 예측 가능한 물리적·화학적 연쇄 환경을 형성하며, 생물군집에 예측 가능한 변화를 동반한다.

강과 하류 지역에서 유기 오염에 대한 회복

유기오염 공급

용존산소 / 존재하는 생물
박테리아

용존산소 / 존재하는 생물
균류   실지렁이   깔다구 유충

용존산소 / 존재하는 생물
잉어   메기

용존산소 / 존재하는 생물
송어   배스

강도래 유충   하루살이 유충   날도래 유충

수중 벌레의 해당 순서로 선택되는 종들의 존재는 상대적으로 오염이 안 된 물에 대한 지시자로 사용될 수 있다.

과학원리   문제   해결방안

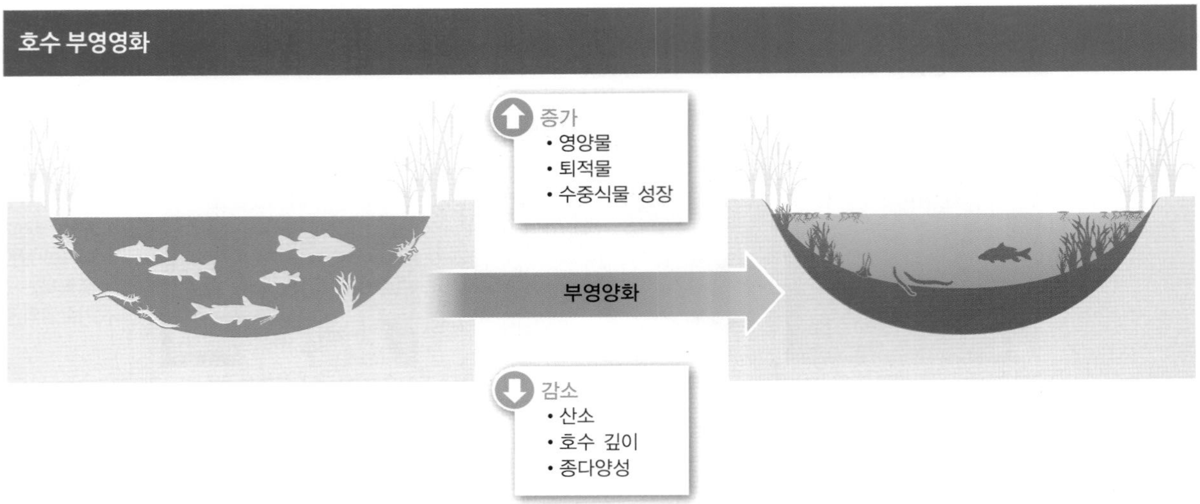

호수 부영영화

증가
• 영양물
• 퇴적물
• 수중식물 성장

부영양화

감소
• 산소
• 호수 깊이
• 종다양성

그림 13.7 호수 부영양화는 자연적 과정으로 저생산성에서 고생산성으로 생태계를 변화시키고 일반적으로 영양소와 퇴적물 유입의 결과로 오랜 시간에 걸쳐서 일어난다.

모든 자연수가 BOD를 지닐까?

같은 수중 무척추 동물을 관찰할 수 있다. 더 아래의 하류 지역은 용존산소가 낮거나 좀 더 높은 수치를 보이며, 저산소 농도에 잘 견디는 잉어와 매기 같은 어류 군집이 제한적으로 존재한다.

인위적 부영양화

자연 생태계에서 영양물은 **부영양화**(eutrophication)라고 불리는 과정을 통해서 점차 축적된다. 대부분 호수에서 행해진 연구에서 부영영화는 영양물 가용성과 퇴적물을 증가시키며 호수의 깊이를 얕게 하고 생물군집의 구성을 변화시키며, 일차생산물을 증가시킨다(그림 13.7). 이는 육지에서도 일어날 수 있고 유기물과 토양의 무기 영양소의 축적을 수반한다. 인간은 하수와 비료와 같은 영양분의 수계로 바로 유입시키거나 또는 주변 지표에서 유출과 같은 간접적인 방법을 통한 과다한 유입으로 부영양화를 가속시킨다. 이러한 조건을 대개 인위적 부영양화라고 일컫는다. **인위적 부영양화**(cultural eutrophication)는 과다한 조류와 식물 성장, 수중 생태계의 용존산소 고갈과 생물다양성의 손실을 야기한다(그림 13.8).

⚠ 생각해보기

1. 황 순환(그림 13.4 참조)과 인 순환(245쪽 그림 8.6 참조) 사이에 주요 차이점은 무엇인가?
2. 광대한 잠재 오염원 중에서 미국 EPA에서 규제 오염물질로 선택한 여섯 가지 물질의 특성은 무엇인가?
3. 산소는 수중 생태계와 토양 생태계의 건강에 중요한 요소이다. 일반적으로 왜 토양보다 수중 생태계에 다량의 유기물질이 오염의 형태로 유입될까?

부영양화 특정하게 일차생산량을 제한하는 영양물이 생태계에서 자연적으로 축적되는 과정

인위적 부영양화 인간 활동(예 : 하수 폐기, 농업)으로 인해 가속화된 부영양화 과정으로 생태계에 영양분 유입속도를 증가시킨다. 일반적으로 과도한 조류 또는 식물 생산, 수중 생태계에 용존산소 고갈, 생물종 다양성의 손실을 야기한다.

인위적 부영양화 결과

(Jim W. Grace/Science Source)

그림 13.8 호수로 과다한 영양물의 유입으로 가속화된 부영양화는 일차생산자의 높은 농도를 야기하고, 부패하는 바이오매스의 분해는 많은 종의 물고기에게 치명적인 수준 아래까지의 용존산소 농도를 감소시킨다.

13.3 대기와 수중 운반은 결국에 지구를 둘러싸고 오염물질을 이동시킨다

소규모 지역의 오염물질 농도가 매우 높은 수준(408쪽 참조)으로 축적될지라도 이러한 오염물질은 한 장소에 반드시 머물지 않는다. 바람과 물은 생물권을 맴돌며 오염물질을 운반하며 지리적·정치적 경계를 가로지르게 하는데, 이러한 현상을 **교차오염**(transboundary pollution)이라고 부른다. 예를 들어, 유럽과 북아메리카에 배출된 중금속과 살충제는 멀리 북쪽의 극지의 육상과 수중 생태계 모두에서 발견될 수 있다.

대기 순환

대기와 바다는 계속하여 순환하고 오염물질을 포함하여 물질들을 생물권 전체에 걸쳐서 재배치한다(242쪽 그림 8.2 참조). 예를 들어, 필리핀 피나투보 산의 1991년 분화는 대기 순환에 의한 물질의 확산에 대해 연구할 전례 없는 기회를 제공하였다. 역사적 시간 동안 더 큰 화산 분출이 있었지만, 화산 분출에 의한 대기로의 물질이 유입되고 퍼지는 모습을 기록할 수 있는 위성을 이전에는 갖추지 못하였다. 피나투보 산은 이산화황(SO_2) 2천만 메트릭톤을 대기로 방출하였고, 이는 화학적으로 황산과 물 에어로졸의 3천만 메트릭톤으로 서서히 전환되었다.

에어로졸(aerosol)은 대기와 다른 가스에서 부유하는 작은 입자의 고체물질 또는 작은 방울의 액체물질로 이루어졌다. 피나투보 분출에 의한 성층권 에어로졸의 방울들은 황산과 물의 혼합체로 구성되었다. 이러한 에어로졸은 초기에는 지구 내부를 순환하는 열대 밴드에 갇히게 되었지만 2년에 걸치는 기간 동안 성층권으로 퍼지게 된다(그림 13.9). 점차 대기 순환과 중력은 위와 같은 산성 에어로졸을 성층권에서 대류권(하부 대기)과 지구 표면으로 이동시킨다.

하부 대기권에 배출된 오염물질은 또한 전 지구에 걸쳐서 널리 확산된다. 비글호(H. M. S. Begle)의 여정 동안 찰스 다윈은 북아프리카에서 떨어진 북대서양 바다에서 배 위에 모래와 먼지가 쌓인 것을 알게 되었다. 배는 아프리카에서 멀리 떨어졌지만 그는 사하라 사막으로부터 부는 우세한 바람에 의해 날라온 물질로 추정하였다. 우리는 다윈의 생각이 옳았음을 알며, 실제로 먼지는 사하라 사막에서부터 대서양 전역을 걸쳐서 아마존의 강 분지로

필리핀 피나투보 산의 분출을 따라가는 전 지구 규모의 관측

(Arlan Naeg/AFP/Getty Images)

필리핀 피나투보 산에서 1991년 화산 분출

1991년 6월 15일~7월 29일

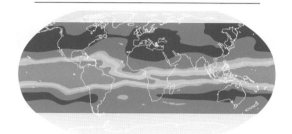

1993년 8월 15일~9월 24일

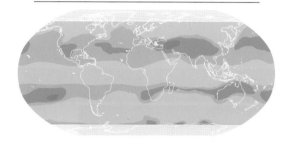

성층권 에어로졸과 가스 실험(SAGE)II 1μm 광학적 깊이

<10⁻³   10⁻²   >10⁻¹

그림 13.9 1991년 6월 15일에 피나투보 산에서 화산분출이 일어났고 2년 내에 화산분출 산물은 지구 전역에 퍼졌다. (McCormick et al., 1995).

대규모 환경 변화 연구에서 인공위성의 등장은 우리의 생각을 변화시키는데 얼마나 기여해왔을까?

이동한다(그림 13.10). 대기는 또한 다른 오염물질도 먼 거리를 이동시킬 수 있다. 예를 들어, 중국에서 석탄 연소로 인해 생성되는 오존과 수은은 북아메리카 전역에 쌓인다.

교차오염 생물권을 둘러싼 바람과 물에 의해 지리적이고 정치적 경계를 가로지르는 오염의 전달

에어로졸 공기 또는 다른 가스에서 떠다니는 작은 고체 또는 액체 입자물질

사하라 사막에서 발생하는 먼지

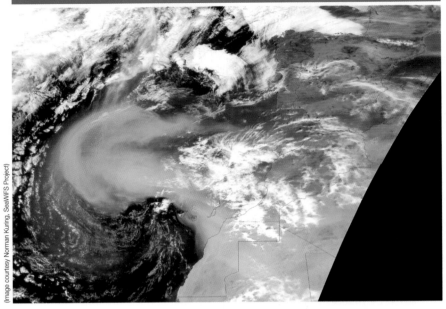

(Image courtesy Norman Kuring, SeaWIFS Project)

그림 13.10 사하라 사막에서 기원한 먼지의 일부는 입자상 오염물질만큼 농도가 높은데, 대서양을 가로지르는 바람을 타고 이동하여 아마존 강 분지에 퇴적된다.

수역(저수지, 유역) 대수층이나 강 시스템이 물을 얻기 위한 지역으로, 저수지 또는 배수 유역 사이의 경계선으로 정의된다.

해양 운송

2011년 일본 후쿠시마에서 발생한 원자력 사고는 해양 운송의 극적인 증거를 보여준다. 쓰나미는 후쿠시마 원자력 발전소를 망가뜨리는 엄청난 파괴를 야기시켰고,

쓰나미에 의해 생겨난 많은 잔해를 서서히 물러서는 물과 함께 바다로 끌어갔다. 완전한 배와 온전한 집을 포함하는 잔해들의 거대한 더미는 해류와 함께 이동되어 태평양을 거쳐 캐나다와 미국 해안에 도달하였다(그림 13.11)

오염물질은 유기체의 도움으로 바다를 가로지르며 운송될 수 있다. 예를 들어, 후쿠시마에서 원자력 사고 동안 유출된 방사성 동위원소들은 약 1년 후에 캘리포니아 해안에서 잡히는 어린 참다랑어에서 발견되었다(그림 13.12). 이러한 어린 참다랑어는 방사성 세슘-134를 섭취하고 일본에서 떨어진 바다에서부터 태평양을 지나 주된 색이장(feeding ground)인 북아메리카 서쪽 해안으로 헤엄친다. 참다랑어의 세슘-134 수치는 건강에 해를 주는 정도는 아니지만 오염물질이 얼마나 빨리 지구의 절반을 이동할 수 있는지를 증명한다.

수역

지표수와 지하수는 오염물질을 운반한다. 배수 유역으로 알려진 **수역**(watershed)은 체서피크 만 수역처럼 수계에 의해서 배출되는 육상 지역이다(그림 13.13). 수역에 내리는 비는 몇 가지 잠재적 운명을 겪는다. 강우 중 일부는 즉시 증발되거나 수증기 상태로 다시 대기로 되돌아간다. 일부는 지표 위를 흐르다가 작은 하천이나 강으로 흘러들어 간다. 일부 강우는 토양에 스며들어 육상식물에

후쿠시마 쓰나미로 잔해들이 바다로 휩쓸려간다

(U.S. Navy photo by Mass Communication Specialist 3rd Class Alexander Tidd)

2011년 3월 13일 일본 북부에 지진과 쓰나미로 인해 떠다니는 잔해들

(U.S. Navy photo by Mass Communication Specialist 3rd Class Dylan McCord)

2011년 쓰나미를 따라서 태평양에 표류하는 일본 가옥

그림 13.11 2011년 3월에 후쿠시마 원자력 발전소를 파손시킨 쓰나미는 몇 백만 톤의 잔해를 태평양 바다로 쓸려가게 했고, 해양 조류에 의해 대부분은 북태평양을 가로질러서 이동하였다. 이동하는 더미 중에서는 온전한 형태의 집도 있었다.

태평양 참다랑어 *THUNNUS ORIENTALIS*

(© Mark Conlin/Alamy)

그림 13.12 태평양 참다랑어는 아시아 해변에서 떨어진 서쪽 태평양 바다에서 알을 낳고 북아메리카에 해역의 고생산성 해양수에서 먹이를 먹기 위해서 동부 태평양 바다까지 이동한다. 일본 해역에서 자란 어린 참다랑어는 후쿠시마 원자력 사고에 의해 누출된 방사성 물질을 흡수하게 되고, 이것을 체내에 축적한 채로 태평양을 횡단한다.

우리가 현재 알고 있는 대기 순환 및 해양 운송에 대한 지식을 감안할 때 기존의 지역적·광역적·전 지구적 오염에 대한 개념은 여전히 유용할까?

사용되고 조직에 수분으로 저장되거나 수증기 형태로 증산하여 다시 대기로 돌아간다. 나머지 강우는 지하로 스며들며 지하수가 된다(제6장 168쪽 참조). 지표수와 지하수의 흐름은 체서피크 만 수역의 지도에서 볼 수 있듯이 오염물질이 어디로 이동할지를 결정하며 이러한 흐름은 정치적 경계를 종종 가로지르며 발생한다.

대기 분수계

대기 분수계의 개념은 지하수 수역과 비슷하나 물보다는 공기의 이동과 연관되었다. **대기 분수계**(airshed)는 주로 산의 분포와 탁월풍 패턴 때문에 일정한 기류를 갖는 대기의 한 부분으로 정의된다. 기단의 이동은 통상 일관되고 규칙적으로 나타나기 때문에 대기 분수계에 대한 심도 깊은 이해는 대기오염을 추적하고 관리하는 데 활용할 수 있다. 그림 13.14는 체서피크 만에서 질소산화물의 침전이 나타나는 대기 분수계의 범위를 수역의 범위와 함께 나타낸다. 공기는 덜 제한되기 때문에 대기 분수계는 보통 수역보다 크다.

체서피크 만 수역

뉴욕

펜실베이니아

뉴저지

버지니아 서부

델라웨어

메릴랜드

버지니아

● 체서피크 만 수역

100km

그림 13.13 체서피크 만에 유출되는 물은 몇몇 주를 포함하여 수역이 형성된다.

대기분수계 수역과 배출 경계와 유사한 개념이지만, 물보다는 공기의 이동과 연관이 있다. 일반적으로 정상적인 경로로 움직이기 때문에, 대기오염을 추적하고 관리하는 데 사용된다.

체서피크 만에서 질소산화물 침전과 관련된 대기 분수계

● 체서피크 만 수역
● 체서피크 만에서 주요 산화질소 대기 분수계

200km

그림 13.14 체서피크 만에서 수역보다 더 큰 대기 분수계 (Paerl et al., 2002).

대기 분수계는 큰 규모로 나타나기 때문에 이는 오염 관리의 측면에서 상당한 중요성을 갖게 한다. 예를 들어, 2013년 12월에 8개의 중앙 대서양과 북동부 주들은 바람이 불어오는 방향에 위치한 9개의 중서부 주와 애팔래치안 산맥 주들도 경계 내에 대기오염을 줄일 필요가 있다고 EPA에 진정서를 제기하였다. 해당 주들이 공표한 진정서에는 탁월풍에 의해서 오염물질이 외부로부터 해당 지역으로 운반되고 있고, 바람이 불어오는 방향에 위치한 주는 많은 주의 영역을 포함하는 대기 분수계의 일부라고 주장하고 있다.

⚠ **생각해보기**

1. 어떻게 대기와 해양운송은 물리적으로 연결되었나?
2. 수역과 대기 분수계는 어떻게 유사하고 또 어떻게 다른가?
3. 미국에서는 환경오염 규제를 위하여 주 단위로 관리 계획을 세우는 것과 유역, 대기 분수계 단위로 관리 계획을 세우는 것 중 어느 것이 더 효율적일까?

13.1~13.3 과학원리 : 요약

오염은 물질 또는 소리와 빛과 같은 물리적 조건이 살아 있는 유기체에 해를 가하는 수준을 말한다. 오염의 근원은 대개 점오염원과 비점오염원으로 나눌 수 있다. 일부 오염물질은 환경에 배출되는 형태 자체가 유해한 일차 오염원이고 다른 물질은 환경에서 화학반응으로 인해 인체에 유해성을 보이는 이차 오염원이다. EPA는 몇몇 중요한 대기오염원을 규제오염물질로 분류하여 관리 감독하도록 하였다. 상당한 양의 오염물질이 수중 생태계로 유입되면 생화학적 산소요구량을 상승시킨다. 과도한 영양물의 유입은 부영양화를 초래한다. 대기, 물과 유기물의 이동은 생물권 주위에 오염물질을 운반시킨다. 지표와 지하수의 흐름은 수역 내에 오염물질이 퍼지도록 하는 경로이다. 대기 분수계는 광역적 대기오염을 추적하고 관리하는 데 활용된다.

13.4~13.7 문제

오염 문제는 인류에게 새로운 이슈가 아니다. 예를 들어, 2,000년 전 로마 용광로 인근 토양에는 중금속 오염이 여전히 남아 있다. 그러나 오염물질의 목적과 다양성은 산업혁명과 인구 증가와 함께 증가하였다.

가장 악명 높은 오염 중 하나의 예로 온타리오 주 서드베리의 작은 마을에서 발생한 오염을 들 수 있다. 20세기 초기 니켈과 구리 광산 산업이 부흥하였다. 광석이 몇 달 동안 타고 있는 그을린 통나무 더미에 쌓여 있으면 금속이 추출되는 **노출 열풍**이라고 불리는 과정 동안에 산화 퇴적을 야기하는 이산화황을 포함하는 가스도 같이 방출된다. 1908년에 이 마을을 방문한 기자는 서드베리를 태양 아래 가장 매력 없는 곳 중 하나라고 소개했다. 그는 이곳을 "광산으로부터 방출되는 황 연기 때문에 식물들이 망가지고 로키 산은 나무도 없는 벌거숭이이며 풀이라고는 찾아볼 수 없는 거리와 횅한 잔디밭만이 마을에 남아 있다."고 묘사했다. 1970년대까지 이 지역은 NASA가 달 착륙 과정을 연습하는 장소로 쓰일 정도로 매우 황량하고 생명력이 없었다. 인류세 중반인 오늘날 오염의 손길이 안 닿은 지구 상의 장소를 찾는 것은 불가능하다.

13.4 대기오염은 건강과 경제적 손실을 야기한다

오염은 생태계와 인간 기반 시설에 해를 주고 상당한 경제적 비용을 초래한다. 이는 또한 인간 건강에도 심각한 영향을 준다. 세계보건기구(WHO)에 따르면 대기오염은 연간 7백만 명을 사망에 이르게 하는데, 이는 말라리아와 HIV에 의한 연간 사망자 수보다 많다. 대기오염에 의한 연간 사망자 수 중에서 절반 이하는 주로 도시에서 발생하는 외부 공기오염에 영향을 받으며 나머지는 난방과 요리에 필요한 나무와 석탄 연소로부터 발생하는 연기와 같은 **실내공기 오염**(indoor air pollution)에 의해 영향을 받는다. 많은 사람들이 외부와 내부 오염원에 모두 노출되어 있다.

실내공기 오염의 손실

오염은 오직 실외에서만 발생하는 것이 아니다. 실내에서 적게 일어나는 공기 교환은 건물 내에서 다양한 오염원이 축적되게 만드는데, 잠재적으로 건강하지 않은 농도까지 증가된다. 우려되는 실내 오염물은 VOCs, 일산화탄소, 라돈, 석면, 담배 연기가 포함된다(그림 13.15). **새 건물 증후군**(sick building syndrome)은 많은 건물의 거주자들이 원인이 뚜렷하게 밝혀지지 않은 두통, 호흡 곤란과 눈 가려움, 메스꺼움과 같은 병의 증상을 경험하는 현상을 말한다. 새 건물 증후군은 종종 신축건물에서 많이 나타나는데, 이는 최근에 건설된 건물의 구성물인 접착제, 플라스틱과 다른 물질로부터 상당한 양의 VOCs를 계속 방출하기 때문이다.

실내공기 오염은 특히 개발도상국에서 심각하다. 개발도상국의 3백만에 가까운 인구는 난롯불과 효율이 낮은 스토브에 의존하며 바이오매스, 동물 분뇨와 석탄을 실내에서 태운다. 실내 오염은 엄청난 사상자 수를 야기시켰다. WHO는 2012년 한 해 동안 저·중소득 국가에서 4백만 명 이상이 실내공기 오염에 노출되어 폐암, 폐렴, 뇌졸중과 같은 다양한 질병에 의해 조기사망하였다고 추측하였다(그림 13.16).

대기오염의 경제적 비용

건강 악화와 생명 단축을 유발하는 대기오염에 의한 손실은 실질적 경제적 비용을 발생시킨다. 이러한 비용은 건물, 다리 같은 사회 기반 시설의 손상, 농업 또는 산림 생산량 감소, 상업적이나 여가적 낚시 활동의 가치 손실에 의해 발생된다. 그 외 비용에는 오염이 인간 건강과 장수에 주는 영향과 연관이 있다. 예를 들어, 만성적 질병 또는 조기사망은 노동 생산효율을 감소시키고 건강 유지 비용을 발생시킨다. 제2장(51쪽 참조)의 외부 효과에서도 언급했듯이 대기오염에 의한 경제적 손실은 각 국가의 국내총생산(GDP)을 상당히 감소시킨다. 이러한 경제적 피해량은 모든 오염물질 또는 모든 경제에 대해서 완전

실내공기 오염 실내 환경에서 오염물 축적으로 인해 인간 건강에 상당한 위협을 준다.

새 건물 증후군 많은 건물 거주자들이 특정하게 원인이 밝혀지지 않은 두통, 호흡계와 눈가려움과 같은 병의 현상을 겪는 것

가정에서 실내공기 오염 공급원

오염물 : VOCs
공급원 : 세제, 살균제, 살충제, 방충제

오염물 : VOCs
공급원 : 파티클 보드, 가구, 나무 보존제, 페인트,
도료 희석제

오염물 : 납
공급원 : 납을 주성분으로 한 페인트 제거제 또는
마광, 납땜, 스테인드글라스 생산

오염물 : 석면
공급원 : 지붕 간판, 내열 직물, 증기관 표면

오염물 : 간접 흡연 담배 연기(독소와 발암물질)
공급원 : 실내 흡연 또는 흡연자 근처에서 공기
흡입

오염물 : 분진 입자
공급원 : 히터, 벽난로, 실내 흡연

오염물 : 일산화탄소
공급원 : 통풍구가 없는 히터, 자동차 배출가스,
뒤로 오는 벽난로와 장작난로, 담배 연기

오염물 : 라돈
공급원 : 주거지 밑에 암석과 토양에서 라듐의 방
사성 붕괴

그림 13.15 실내공기 오염의 주된 잠재 공급원은 건강에 해로운 수준까지 실내공기 질을 쉽게 악화시킬 수 있다.

세계보건기구 지역에서 실내 오염에 의한 사망률

실내 오염에 의한 전 세계 사망률

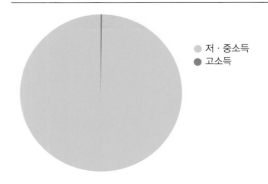

- 저 · 중소득
- 고소득

저 · 중소득 국가에서의 사망률

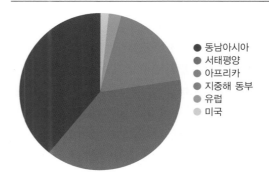

- 동남아시아
- 서태평양
- 아프리카
- 지중해 동부
- 유럽
- 미국

그림 13.16 주로 저·중소득 국가에서 매년 4백만 명 이상이 실내 오염에 노출되어 나타나는 호흡기 감염, 만성 질환과 암에 의해 사망한다. (WHO, 2014)

하게 예측되지 않고 있다. 그러나 가장 큰 경제 대국인 미국과 중국 두 나라에서는 주요 오염원의 일부 근원에 대한 비용을 예측하려고 많은 노력을 하고 있다.

미국의 대기오염 비용

예일 산림환경과학부의 니콜라스 뮬러(Nicholas Muller)와 로버트 멘델존(Robert Mendelsohn)은 6개의 주요 대기오염물질인 암모니아, 미세입자물질, 조립입자물질, 이산화황, 이산화질소, VOCs에 의해 생긴 손실에 대한 비용 산정에 대해 연구하였다. 미국 본토에서 이러한 추정을 하는 것은 결코 쉬운 일은 아니었다. 첫 번째로 뮬러와 멘델존은 나라 전역의 오염물 농도를 계산을 위해 인구수를 이용해서 인간에게 오염물 노출 횟수와 수준을 추정하였다. 다음으로 노출 수준을 사망자 수, 질병률, 농업, 목재 생산, 시정, 구조재와 여가에 대한 영향력으로 전환시켰다. 분석의 마지막 단계는 이러한 물리적 손상에 대한 경제적 수치를 예측하는 것이었다. 미국 전역에 10,000개 지점에 6개 오염물 각각에 대한 분석을 반복 수행하였다.

뮬러와 멘델존의 계산은 6개 오염물에 의한 연간 손실 예측치로 산출되었고, 이를 GAD(gross annual damage)라 명명하였다. 뮬러와 멘델존의 연구가 집중되었던

2002년에 6개 오염물질에 대한 GAD 예측치를 합하면 750~2,800억 달러였다. 그들이 산정한 GAD는 넓은 범위를 갖는데, 이는 계산에 수많은 불확실성이 있기 때문이다. 주된 불확실성은 사망 위험 지역과 연령에 따라 값이 어떻게 변하는가이다. 그러나 실제적 오염 비용이 이 범위 내에 포함됨에도 불구하고 이는 가치가 상당하다. 뮬러와 멘델존의 예측은 2002년 미국 GDP에 0.7~2.8%에 해당되었다. 중국의 예상된 오염 비용 또한 상당하다.

중국의 대기오염 비용

중국의 경제 성장은 그야말로 폭발적으로 증가했다고 말할 수 있다. 이러한 성장은 막대한 오염 증가도 야기하였다(408쪽 참조). 상승하는 오염 정도에 대한 걱정으로 중국은 경제에 대한 건강과 비건강 부분 오염 비용 산정 연구를 위해 2003년에 세계은행과 접촉하였다. 이 연구에서 세계은행 팀은 중국의 국가환경보호총국인 농업건강 수자원부와 긴밀하게 일을 하였다.

2007년의 주된 발견 중 하나는 증가하는 대기오염이 폐질환과 암 증가의 원인이 되며 학교와 직장의 잦은 결석률 증가와도 연관되었다는 것이다. 심각해지는 수질오염은 특히 5세 이하 어린이에게 높은 설사 발병률과 암과 관련이 있었다. 보고서에서 수질 저하와 오염은 중국에서 만성적으로 나타나는 물 공급 부족 현상을 더욱 악화시킨다고 결론지었다. 세계은행 연구에 따르면 2003년 대기오염과 수질오염에 대한 총비용은 대략 1,000억 달러 또는 해당 연도 중국 GDP의 약 5.8%를 차지하였다. 건강과 관련되어 산정된 비용은 GDP의 4.3%이고 건강과 관련 없는 경제 측면에서는 1.5%이다. 그러나 중국이 고도의 경제성장과 이에 따라 늘어나는 오염 발생을 분리시키지 않은 한 위와 같은 오염 비용은 아마도 계속 늘어날 것이다.

⚠ 생각해보기

1. 건설회사의 비즈니스는 촉진시키면서 건물 건설에 친환경자재의 사용을 권장하기 위해서는 어떻게 해야 할까?
2. 오염의 영향을 GDP을 갖고 정량화하는 경우 어떠한 부정적인 결과가 잠재적으로 나타날까?
3. 중국의 급진적인 경제 성장은 미국에 비해서 더 높은 오염 영향을 유발한 요인은 무엇일까?

13.5 산성비는 수중 생태계와 육상 생태계에 해를 가하는 주범이다

애초부터 대부분의 사람들은 온타리오 주 서드베리에 내리는 산성비에 대한 책임이 누구에게 있는지 알지 못했다. 1918년에 농부 무리들은 캐나다 광산회사에게 제련 공정에서 발생한 유독가스가 작물에 입힌 손해에 대해 소송을 걸었고 이후에 승소하였다. 그럼에도 불구하고 산성비 문제에 대한 광범위한 인식을 하기까지는 한 세기가 더 걸렸다. 과학자들은 나무에는 뚜렷한 손상이 나타나기 때문에 인구밀집 지역에서 멀리 떨어진 곳에 산성비가 많이 내리는 것을 문서화하기 시작하였다.

산성비는 얼마나 생태계에 해를 주는가

1950년대 중반부터 스칸디나비아의 고립된 곳에서 공식적인 산성비 관측이 시작되었다. 10년이 지나서 과학자들은 대기오염 근원에서 떨어진 생태계에 해를 주는 산성비의 잠재성에 대해 의심하였다. 그리고 곧 북유럽, 미국, 캐나다에서 나무 성장의 감소와 죽어가는 산림에 대한 보고서를 발간하였다(그림 13.17). 1960년 에빌 고램(Eville Gorham)과 알란 고든(Alan Gordon)은 온타리오

오늘날 점점 더 서로 연계되는 세상에서 지구 경제와 무관한 환경 훼손은 무엇일까?

산성비와 산림 훼손

(Richard Packwood/Getty Images)

그림 13.17　산림의 전나무에서 발생하는 줄기마름병은 산성비로 인해 전 세계에 걸쳐 흔히 나타난다.

주 서드베리 인근 용광로 지역에 서식하는 식물군집은 용광로에서 거리가 멀어짐에 따라서 종다양성이 꾸준히 증가하다가 25킬로미터 이상의 거리부터는 종다양성이 일정해진다고 증명하였다(그림 13.18). 오늘날 대부분의 산성비는 화석 연료를 전 세계에서 많이 사용하는 북아메리카, 유럽, 동아시아(288쪽 그림 9.19 참조)에서 주로 발생한다(그림 13.19).

미국 북동부, 대부분의 캐나다와 스칸디나비아 같은 지역은 토양의 낮은 염기 함량 때문에 산성비에 특히 취약하다. **염기**(base)는 산을 중화하는 수용력를 지닌 물질이다. 보통 **완충 능력**(buffering capacity)은 산을 중화시키는 능력에 대한 측정치이다. 염기는 pH 변화 없이 더 많은 산을 흡수할 수 있기 때문에 완충 능력은 염기 농도가 높은 토양 또는 물에서 높다. 미국 중서부와 남서부 같은 지역의 토양은 대개 높은 염기 함량을 띤다. 따라서 산을 중화시키는 수용력이 크다고 할 수 있다. 결국 산성비에 덜 위협을 받게 된다.

산성비는 산성 토양수에 녹아 있는 씻겨져 나가는 토양 영양소 결핍에 의해 나무에 손상을 입힌다. 게다가 산성비는 식물에 독성을 주는 알루미늄을 충분히 높은 농도로 방출한다. 결과적으로 산성비에 길게 노출되면 산림 토양은 천천히 필수 식물 영양소를 잃으면서 매우 높은 독성을 띠게 된다. 산성 구름과 안개에 노출되는 것은 나무의 잎과 가시에 손상을 야기할 수 있다. 이러한 상태

산성비에 의한 생태계 손상은 누가 보상해야 할까?

염기 산을 중화시키는 수용력을 갖는 물질. 염기는 산화수소(OH^-) 이온을 방출하고 산과 반응하여 소금이나 물을 형성한다.

완충 능력 산을 중화시킬수 있는 용액의 능력에 대한 측정치

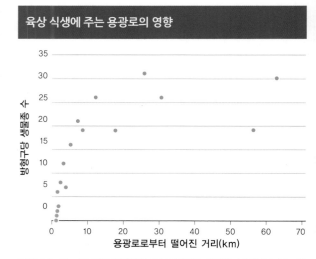

육상 식생에 주는 용광로의 영향

그림 13.18   2×20미터 방형구에 무작위로 위치한 식물종의 수는 온타리오 주 서드베리 근처의 팔콘브릿지 용광로로부터 멀어질수록 증가하고 있고, 25킬로미터 이후로는 수렴치에 도달한다. (자료 출처 : Gorham and Gordon, 1960).

에 의해 스트레스를 받은 식물들은 벌레, 질병, 가뭄, 냉해와 같은 많은 죽음에 연관된 잠재적 위험 공급원에 취약해진다.

수중 생태계에 주는 영향

산성비는 또한 수중 생명체에도 영향을 준다. 산성비가 토양에 침투하여 천부 지하수로 스며들면 알루미늄을 방출한다. 낮은 pH와 높은 알루미늄 함량을 갖는 산성비가

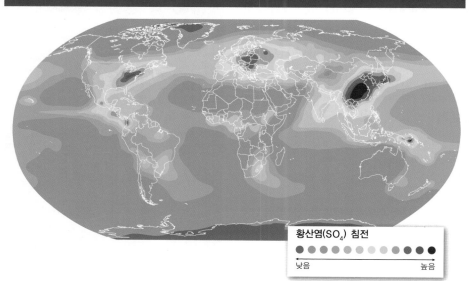

황산염 침전에 대한 전 세계 핫스팟

황산염(SO_4) 침전

낮음   높음

그림 13.19   산성비 지시자인 산업 공급원으로부터 황산염의 침전은 미국 북동부, 유럽, 동아시아에서 높다. 그림에서 나타나듯이 중국에서의 황산염 침전은 다른 지역보다 훨씬 더 심각하다. (Dentener et al., 2006)

지표 위로 흐르다가 하천과 호수로 유입되면 물고기와 무척추동물과 같은 많은 수중 생명체가 독성을 띠게 된다. EPA에 의하면 담수조개와 달팽이는 pH 5.5에서 사라지며, pH 4.5에서는 숭어와 도롱뇽이 죽는다. pH 4에서는 생물군집에서 보통 발견되는 척추동물 중에서도 개구리만 살아남는다. 대개 수중생물의 초기 생명 단계인 알과 유충이 성체일 때보다 더 산성화 환경에서 더욱 취약하다.

산성비가 온타리오 주 서드베리 근처의 많은 호수에 어떤 영향을 주는지에 대해 궁금할 것이다. 고램과 고든은 서드베리 근처 연구 지역 호수에 살고 있는 수중식물에 대해 조사를 수행하였다. 호수의 황산염 농도는 금속 용광로에서 거리가 멀어질수록 감소하며 수중식물종의 수는 용광로로부터 거리가 멀어질수록 증가하였다. 이 호수들의 황산염 농도와 수중식물종 수를 그래프화한 결과 수중식물의 종 수는 황산염 농도가 증가함에 따라 감소하였다(그림 13.20). 그러나 호수의 황산염 농도는 식물을 죽일 정도로 높지는 않아서 고램과 고든은 다른 오염원이 있는지를 살펴보았다. 실제로 그들은 고농도에서 식물에 독성을 주는 금속인 구리가 용광로 근처에서 높고 거리가 멀어짐에 따라 감소하고 있음을 관찰하였다(그림 13.21).

⚠️ 생각해보기

1. 산성 침전에 대한 영향의 조기 발견이 육상 생태계에서 관찰된 반면에 수중 생태계에서는 부영양화가 처음으로 발견되는 이유는 무엇인가?
2. 산성비가 육상 생태계에서 주는 영향은 어떠한 작용으로 수중 생태계까지 영향을 줄까?
3. 산성비가 생태계에 주는 영향은 어떠한 매커니즘인가?

13.6 인간 먹이사슬로 유입되는 지속성 오염물질

지속성 오염물질은 수년 또는 심지어 수십 년 동안 완전하게 환경오염을 야기할 수 있다. 우리가 특정 화학물의 위해성에 대해 인지하고 사용을 제한하기 시작한 이후에도 여전히 결과가 좋지 않다.

PCBs와 허드슨 강 물고기

폴리염화바이페닐, 즉 PCBs는 다양한 암, 낮은 정자생산

호수 식생에 주는 용광로 영향

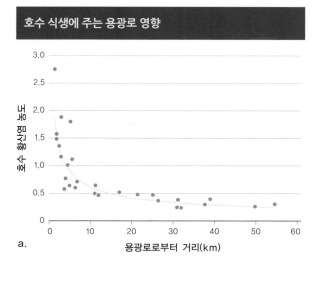

a.

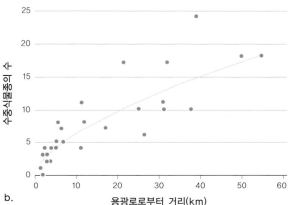

b.

수중 생태계와 육상 생태계에서 산성비 영향 지시자로 어떠한 생명체를 선택할 것인가?

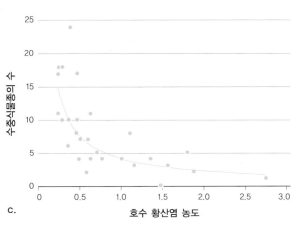

c.

그림 13.20 (a) 온타리오 주 서드베리 근처 호수에서 황산염 농도는 금속 용광로에서 멀어질수록 감소한다. (b) 반대의 양상이 같은 호수에서 나타나는데, 수중식물종 수는 용광로로부터 멀어질수록 증가한다. (c) 같은 호수에서 황산염 농도와 수중식물종 수 간의 음의 상관관계를 밝혀냈다. (자료 출처 : Gorham and Gordon, 1963)

산성눈에서 납 농도

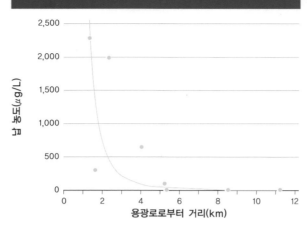

그림 13.21   온타리오 주 팔콘브릿지에서 용광로로부터 거리가 멀어지면서 수집된 눈에서 납 농도는 2,000μg/L에서 5μg/L 이하로 감소하였다. (Gorham and Gordon, 1963)

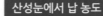

환경에 유해한 POPs 방출을 예방하기 위해서는 어떠한 역할을 해야 할까?

율, 학습장애와 연관된 지속성 오염물질이다. 1979년에 금지되기 이전에 대략 6억 7,500만 킬로그램의 PCBs가 현미경 오일에서부터 냉장고에 이르는 다양한 생산품 제조에 사용되었다. PCBs는 도시 지역에서 극지역으로 퍼졌고, 가장 악명 높은 PCBs 오염은 뉴욕 주에서 발생하였다.

1947~1977년의 30년에 걸쳐서, 제너럴일렉트릭 사의 제조 공장들은 약 320킬로미터에 달하는 뉴욕 도시 상류에 허드슨 폭포에 있는 허드슨 강에 585,000킬로그램의 PCBs를 배출하였다. 1970년대에 이르면 강에 서식하는 물고기들은 인간이 섭취 시 안전하지 못할 수준의 높은 독성을 지니게 되었다. 1976년 뉴욕 보건부는 가임기 여성과 15세 이하 어린이들에게 허드슨 폭포와 뉴욕 트로이의 페더럴 댐 사이 80킬로미터 하류에 위치한 GE 공장 아래 허드슨 강에서 잡힌 어떠한 물고기도 먹지 말라고 권고하였다(그림 13.22).

1979년에 금지된 이후에 제너럴일렉트릭 사는 허드슨 강에 PCBs를 폐기하는 것을 중단하였고, 이후 강 물고기 내의 PCBs 농도는 감소하기 시작하였다. 그러나 강바닥 퇴적물에서 흘러나오는 PCBs가 먹이사슬로 계속 유입되기 때문에 물고기 내 PCBs 농도는 안전 수준을 상회하고 있었다. 따라서 1983년 EPA는 뉴욕항 위 허드슨 강 320킬로미터를 슈퍼펀드 지역으로 지정하였다. 1985년에 상업적으로 중요한 낚시 지역인 서부 롱아일랜드 해안 지역

하천오염과 PCBs에 의한 물고기 개체

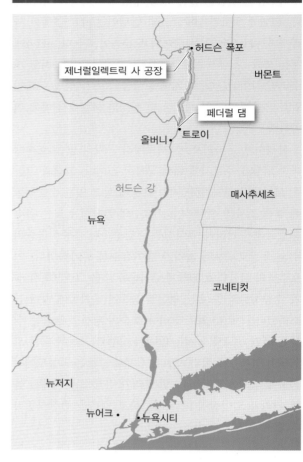

줄농어(Morone saxatilis)

그림 13.22   오염된 강의 퇴적물이 대부분 허드슨 폭포 아래 80킬로미터 내에서 발견됨에 불구하고 45만 킬로그램이 넘는 PCBs 일부는 결과적으로 강 시스템 하부 부분 전역에까지 발견되었다. 줄농어 Morone saxatilis는 대서양 해안에서 인기 있는 낚시 어종이나 PCBs 오염 가능성 때문에 허드슨 강 근처 지역에서는 상업적 낚시가 금지되었다.

과 뉴욕항은 줄농어인 *Morone saxatilis* 낚시를 금지하였다(그림 13.22 참조). 제너럴일렉트릭 사에 의한 법적 도전장에 대응에 의해 허드슨 강 퇴적물을 청소하는 단계에 이르기까지 20년 이상이 걸렸고 2009년에 본격적으로 시작되었다. 단일 오염 사건에 대한 전체의 인간과 경제 비용은 여전히 계산 중에 있다.

중금속과 농업

금속을 가공하는 광산, 특히 석탄 연소는 깊은 지질층으로부터 중금속을 지표 생물권까지 이동시키는데, 이는 장기적 오염을 야기시킬 수 있다. 중금속은 또한 광산 지역에서 금속 제련 과정 동안에 토양에 유입될 수 있다. 이러한 강한 독성과 발암물질은 인간의 먹이사슬에 유입될 수 있다. 예를 들어, 중국 후지안의 채소 농장에서 납 오염 연구는 중국배추인 *Brassica chinensis*에 납 농도가 토양의 납 농도와 함께 증가하고 있음을 보여준다(그림 13.23). 식용작물의 중금속 오염 문제는 중국 내에서도 만연하고, 특히 금속 채굴과 제조 지역 근처에서 발생한다.

세계 다른 지역에서도 비슷한 연구가 진행되었는데, 미국에서 인도에 이르기까지 오염된 토양에서 자란 채소들은 조직 내에 중금속을 축적할 수 있다. 시금치, 배추와 같은 초록잎 채소들과 일부 뿌리채소들은 토마토, 고추, 가지와 같은 과실작물과 비교해볼 때 먹을 수 있는 부분에 중금속이 높은 함량으로 축적되는 경향이 있다(그림 13.24). 오랜 기간에 걸쳐서 중금속은 토양에 축적되어 농업 생산에 더 이상 안전하지 못한 수준에 이를 수 있다.

온타리오 주 서드베리에서 지역 내 식물군과 동물군에 중금속이 어떻게 해를 주는지에 대해 연구하였다. 중금속은 서드베리 근처 용광로 가까운 곳에서 3킬로미터 떨어진 토양에서 가장 높은 농도를 보였고, 14~40킬로미터 떨어짐에 따라 점진적으로 감소했다(그림 13.25). 연구자들은 해당 지역에서 생물체들이 길러졌을 때 어떻게 대처할지 궁금해하였다. 북부 밀싹인 *Elymus lanceolatus*는 용광로에서 40킬로미터 떨어진 곳에서 자랐을 때보다 용광로 부근에서 10배나 적은 밀도로 자라났다(그림 13.26). 게다가 토양에 공기를 통하게 하고 뒤섞는 붉은줄지렁이 *Eisenia andrei*는 용광로 근처에 자랄 때 생존은 하지만 번식에는 실패하였다.

⚠ 생각해보기

1. 중금속에 의한 토양오염을 심각한 걱정으로 만드는 요인은 무엇일까?
2. 건강한 음식 생산을 위해서 토양의 수용력 손상 없이 경제 개발을 하기 위해서 무엇을 해야 할까?
3. 에너지원인 석탄 사용으로 환경에 배출되는 중금속은 석탄 사용으로 얻는 경제적 이익에 어떻게 반영될까?

중금속 오염이 조속히 사라지지 않는 것은 왜 문제가 될까?

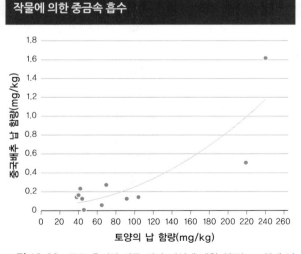

그림 13.23 중국 후지안 작물 성장 지역에 대한 연구는 토양에 납 함량이 높을수록 중국배추(*Brassica chinensis*)의 먹을 수 있는 부분에서 납 함량도 높게 나타났다. 4개 지역에서 배추의 평균 납 농도는 중국의 식품 최대 허용치인 0.2 mg/kg를 초과하였다. (자료 출처 : Huange et al., 2012)

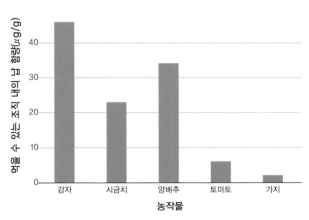

그림 13.24 오염된 토양에서 자라난 식물들은 먹을 수 있는 조직에 다양하게 중금속 농도 축적을 한다. 뿌리작물(예 : 감자)과 푸른잎 채소(예 : 시금치, 배추)는 과실작물(예 : 토마토와 가지)에 비해서 먹을 수 있는 부분에 더 많은 중금속을 농축시킨다. (자료 출처 : Singh et al., 2012)

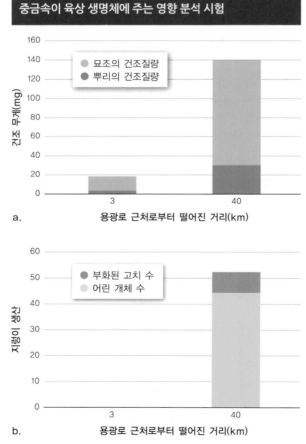

온타리오 주 서드베리 근처 토양에서의 중금속 농도

그림 13.25 해당 지역 토양 중금속 오염의 주요 공급원인 금속 용광로로부터 거리가 멀어짐에 따라서 중금속 농도는 유의미하게 감소한다. (자료 출처 : Feisthauer et al., 2006)

중금속이 육상 생명체에 주는 영향 분석 시험

미국의 육류 소비량이 50%가 감소된다면 환경에는 어떠한 방식으로 도움을 줄까?

그림13. 26 (a) 북부 밀싹 *Elymus lanceolatus*의 성장은 중금속 함량이 높은 온타리오 주 서드베리의 용광로 근처에서 채취된 토양에서 자랐을 때 감소한다. (b) 또한 붉은줄지렁이 *Eisenia andrei*는 같은 토양에서 살 때 번식하지 않았다. (자료 출처 : Feisthauer et al., 2006)

13.7 유기물과 영양분 오염은 지역과 먼 거리 생태계 교란시킨다

너무 많은 양의 유기물과 영양분이 생태계를 오염시킬 때, 해당 물질들은 기능 변이가 일어날 수 있고 생물다양성에 손상을 준다. 전 세계적으로 영양분 오염은 유해한 녹조 현상과 바다와 호수에 데드존 원인으로 비난받는다.

수중 생태계의 유기오염물

집중가축사육시설, 즉 CAFOs는 닭, 소와 돼지 등의 가축이 사육되고 산업 규모의 육류 생산을 뒷받침하는 우리 또는 건축이다. CAFOs는 고기와 우유의 효율적 생산을 증가시킬 수 있음에도 불구하고, 대기오염과 수질오염에 대한 상당한 점오염원이 되고 있다. 일부 CAFOs의 거대한 규모, 배출되는 많은 양의 폐기물과 미국에서의 빠른 증가 속도가 주요 원인으로 간주된다. 미국 회계감사원의 보고서에 따르면 미국의 CAFOs 규모는 한번에 2백만 마리의 닭과 80만 마리의 돼지가 사육될 정도라고 한다.

이러한 과정에서 배출되는 폐기물의 양은 믿기 어려울 만큼 많다. 예를 들어, 800,000마리의 식용 돼지는 연간 160만 톤이 넘는 분뇨를 생산하고, 이는 펜실베이니아 주 필라델피아에서 사는 150만 인구에 의한 배출되는 오수의 1.5배에 해당하는 양이다. 1982~2002년 사이에 미국에서 규모가 큰 CAFOs에서 키우는 가축 수는 2억 5,700만에서 거의 9억 마리까지 약 240% 이상으로 증가하였다. CAFOs로부터 배출되는 유기폐기물은 제대로 관리되지 않고 있어서 수중 생태계에 심각한 영향을 줄 수 있다 (417쪽 그림 13.5 참조). CAFOs의 유기폐기물이 잘 관리된다 해도 지하수와 수중 생태계로는 상당한 양의 영양분이 유입되는 것이고 부영양화의 원인으로 작용할 수 있다.

영양소 풍부화와 부영양화

지난 20세기 이래로 비료의 산업생산과 화석 연료의 사용은 전 세계적 질소 순환에 유입량을 2배나 증가시켰고, 이로 인해 수중 부영영화 또한 야기되었다. 추가 질소는 물에 녹거나 이산화질소로 대기에 분출되고 결과적으로 비와 눈, 소금 또는 가스로 건상 침전을 통해 토양 위에 퇴적된다. 예를 들어, 로스앤젤레스 샌버나디노 산의 대기상 질소 퇴적은 지난 75년 동안 14배가 증가하였다(그릴 13.27).

육상 생태계의 질소 풍부화는 생태계의 성분과 기능을 변화시킨다. 이끼와 균근균 같은 일부 유기물은 질소 퇴적 증가에 특히 예민하고 죽음에 이를 수 있다(그림 13.28). 예를 들어, 1958~1987년 사이에 로스앤젤레스 샌디마스실험숲에서 채취된 토양 시료에서 균근균 종의 수는 29에서 7로 군락종의 76%가 감소하였다. 종 구성의 변화는 또한 생태계 기능에 부정적인 영향을 야기시켰다. 예를 들어, 캘리포니아의 건조 생태계에서는 질소 퇴적이 침입성 식물종에 영양분을 공급하여 바이오매스를 증가하게끔 하였다. 식물종의 증가로 인해 이전에는 드물게 발생하던 산불 위험이 높아졌다.

해안 지역의 데드존

육상 생태계에 퇴적된 과잉 영양소들은 비참한 결과와 함께 종종 해안수에서 발견된다. 많은 인, 질소와 다른 영양소들을 인간이 생물권에 추가시켰고 결국엔 대륙에 배출되는 강과 하천에서 이르게 된다. 결국 이러한 영양소들은 해안 생태계의 인위적 부영양화에 기여하고, 이곳에서 일차생산을 높은 수준으로 촉진하게 된다. 부영양화 호수에서 해양 생태계 바이오매스의 높은 생산력에 뒤이어 나타나는 고수준의 분해 능력으로 인해 결핍된 용존 산소 농도를 저산소증이라고 부른다. 그 결과, 전 세계 해안 지역에서 극심한 '데드존'의 형성을 야기하는데, 중서

부와 거대 평야에 위치한 농업 지역을 따라 흐르는 미시시피 강이 멕시코 만으로 흘러들어가 생긴 거대한 데드존이 그 예이다(그림 13.29). 집약 농업은 해안 지역에 인위적 부영양화를 퍼지게 하여 상업적 가치가 있는 생선과 어패류를 포함하는 풍부한 해양 생물군집을 사멸시킨다.

생태계에 영양소의 과잉 유입에 의한 영향은 제11장에서 의논한 용량반응 관계와 어떻게 유사할까? (366쪽 참조).

질소 퇴적에 민감한 생물

그림 13.28 *Alectoria sarmentosa*와 같은 많은 이끼 종은 질소 농도에 매우 민감하다. 따라서 이끼의 성분과 다양성은 과잉 질소 퇴적에 의해 급진적으로 변화할 수 있다. 결과적으로 질소오염의 지시자로 사용될 수 있다.

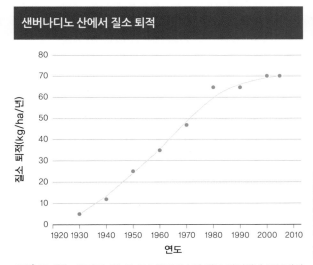

샌버나디노 산에서 질소 퇴적

그림 13.27 캘리포니아 주 로스앤젤레스의 캠프 파이비카 동부에서 질소 퇴적은 1930~1970년대까지 꾸준히 증가하였고, 1980년 이후부터 안정화되기 시작하였다. (자료 출처 : Fenn et al., 2008)

그림 13.29 미시시피 강 분지의 영양분이 풍부한 지표수가 해안으로 유입됨에 따라 인위적 부영양화가 나타났고, 저산소증이라고 불리는 용존산소가 부족한 대규모의 저층수를 형성하였다. 해당 현상이 나타나는 지역에서는 모든 어패류의 사멸과 함께 생태계와 경계에 극심한 손상을 준다.

멕시코 만의 데드존

미시시피 강 소유역
- 미주리
- 아칸소 레드-화이트
- 어퍼 미시시피
- 로어 미시시피
- 오하이오
- 테네시

저산소 지대

멕시코 만

실제적으로 해안 '데드존'은 완전히 생명체가 없는 죽은 곳인가?

⚠ **생각해보기**

1. 공유지의 비극의 예인 수중 부영양화는 어떻게 문제가 될까? (제2장 참조).

2. 호수의 인위적 부영양화를 해안 지역에서 데드존 형성과 함께 비교해보라. (418쪽 그림 13.8 참조)

3. 비점오염원으로부터 야기된 수중과 육상 생태계 대부분의 부영양화는 문제에 대한 해결책을 어떻게 복잡하게 만들까?

13.4~13.7 문제 : 요약

세계보건기구는 매년 대기오염으로 인한 사망자 수가 7백만 명 이상에 이를 것이라 예상한다. 오염에 의한 다른 손실에는 기반 시설 저해, 농경 또는 산림 생산 감소, 어업 가치 손실과 인간 건강 및 장수에 영향을 줄 수 있고 실제적인 경제 비용을 발생 시킨다.

화석 연료의 사용 증가로 인한 산성비의 영향은 특히 산업화가 발달된 지역에서 나타난다. 산성비가 주는 영향 중에서 특히 북아메리카와 유럽 산림에서 발생했던 육상 식생에 주는 손상이 우선적으로 나타났고, 광범위한 지역에 걸친 하천 및 호수 생태계의 파괴가 발생했다.

DDT와 PCBs와 같은 지속성 오염물질의 축적과 토양 및 퇴적물에 존재하는 중금속은 직접적으로 인간 먹이사슬에 유입되기 때문에 이에 대한 우려 또한 증가하고 있다. 허드슨 강에서의 PCBs는 특히 지속성 오염물질에 의한 생태계 오염이 잘 연구된 사례이다. 국내 하수, 수상재배와 농업으로부터 배출되는 상당한 양의 유기물과 영양분은 육상과 수중 생태계의 구조와 기능에 부정적인 영향을 주었다.

집중가축사육시설인 CAFOs는 미국에서 특히 우려하는 오염원이다. 생태계로 유입되는 과잉 영양분은 인위적 부영양화를 야기하고, 과다한 조류 또는 식물의 생산, 용존산소의 결핍과 수중 생태계의 생물 종다양성 손실을 초래한다. 육상 생태계의 부영양화는 종의 조성을 변화시키고 생태계의 종다양성을 감소시킬 수 있다. 과다한 영양분이 해안 생태계에 유입되는 것은 전 세계적으로 해안의 데드존을 형성시킨다.

13.8~13.12   해결방안

산업이 견제와 균형 없이 운용된다면 어떠한 일이 일어날 수 있는지 서드베리 지역을 보면 알 수 있다. 오늘날 서드베리는 더 이상 황량한 지역이 아니다. 10년간 오염물질 배출량이 90% 정도 줄었고, 토양의 질은 더 좋아졌으며, 1,200만 그루 이상의 나무가 심어졌다. 또한 서드베리 지역주민들은 경제 서비스, 관광업, 의료 서비스, 교육, 그리고 정부사업에 관한 다양한 경제 활동을 하고 있다. 여기에 서드베리는 예술문화지구로 발전하고 있다. 환경오염으로 닥쳤던 엄청난 문제들을 해결하며 서드베리 사람들의 겪었던 반전적 행운은 오염으로 발생하는 거대한 문제들을 해결하는 일이 가능하다는 것을 보여주었다.

물과 공기를 지구가 가지고 있는 하나의 지역사회 자원으로 생각해보자. 제2장에서 알 수 있듯이 가렛 하딘은 규제 없이 지역사회 자원을 마구잡이로 쓴다면 공유지의 비극처럼 환경에 많은 피해를 줄 것이라고 말했다(51쪽 참조). 이러한 비극의 예시로 서드베리의 공터와 베이징의 대기를 들 수 있다. 지역사회 자원의 피해를 예방하기 위해서는 무엇보다도 새로운 과학 기술과 관행을 만드는 원동력인 환경 규제가 가장 중요하다.

13.8 북아메리카 환경에 커다란 영향을 끼친 환경 규제와 국제조약

18세기 초에 북아메리카에 있는 도시 안과 주변에 있는 물길은 무두질로 인한 화학물질과 미처리 하수로 인해 심각한 수준으로 오염되어 있었다. 그리하여 1948년부터는 미시시피 강과 그레이트 호수를 포함한 미국 내 담수를 보호하며 더 좋은 식수와 어업을 위한 목적으로 연방 수질오염규제법을 통과시켰다. 환경적 권한을 가진 중앙 부서가 없었기 때문에 미국 공중보건국이 지표수와 지하수의 수질을 높이기 위해 직접 환경 프로그램을 개발하였다.

20년 이상이 지난 후에야 미국은 환경을 위한 정부기관을 설립했다. 1968년 리처드 닉슨은 대통령 선거 유세 중 환경오염에 관한 우려가 점점 높아지고 있다는 것을 느끼고 환경 문제에 관한 쟁점을 자신의 선거 유세 캠페인에 집어넣었다. 닉슨이 대통령 선거에서 승리한 후 의회는 NEPA로 알려진 국가환경정책법(National Environmental Policy Act)을 통과시켰다. 여기서 더 나아가 닉슨 대통령은 1970년에 대통령령으로 미국 환경보호청(EPA)을 설립시켰다(표 13.5). 환경오염 억제에 관한 새로운 연방법이 잇달아 제정되었다.

수질오염방지법

수질오염방지법(Clean Water Act)으로 잘 알려진 연방 수질오염규제법(Federal Water Pollution Control Act)은 1972년에 "국가 수자원의 화학적·물리적·생물학적 온전함을 보전하고 유지하기" 위해 개정되었다(EPA, 2012a). 이 법령은 오염과 준설 및 충진으로부터 습지와 강어귀를 보호하게끔 명시하고 있다.

환경보호청은 주 정부와 지방 정부가 같이 협력하여 수질 기준을 세운다. 이 수질 기준은 수질오염방지법을 강제 집행하기 위해 얼마만큼의 오염물질이 수역에 흘러들어가도 되며, 어느 지역 및 유역이 오염이 될 가능성이 있는지 판단하기 위해 활용된다. 주 정부는 각자의 수역에 대해 조사해야 하며, 수질 기준에 따라 어떤 부분이 기준치를 초과했는지 알려야 한다. 기준치를 초과한 부분

CWA에서는 낚시와 수영이 가능한 수질을 만드는 것을 장기적 목표로 삼고 있다. 이러한 수질은 수중 생태계의 전반적인 건강을 얼마나 잘 지시할 수 있을까?

표 13.5 1970년 미국 대통령 리처드 닉슨이 설립한 환경보호청 강령
• 국가적 환경 보호 목적과 일관된 환경 보호를 위한 기준점 설립 및 시행
• 환경 보호 프로그램과 정책을 발전시키기 위해 오염물질과 오염억제법에 대해 실험 및 조사하기
• 환경오염을 억제하기 위해 보조금으로 다른 기관 및 다른 사람들과 협력하기
• 새로운 법령 및 정책 수렴을 위해 환경특성심의회와 대통령 돕기

은 '악화'로 분류한다. 주정부는 또한 조사된 결과에 따라 오염물질의 농도를 낮춰 오염된 하천을 기준치 아래로 복원시켜야 할 의무가 있다.

수질오염방지법은 오염을 억제시키기 위한 다른 중요한 장치가 있다. 한 예로 페인트 제조업자가 폐수를 미국 수역에 버리기 위해서는 무조건 허가를 받아야 한다. 허가 신청자는 폐수를 버릴때 어떤 기술을 통해 오염물질을 정화시킨 후 흘려보낼지에 대해 꼭 입증해야 한다. 또한 수질오염방지법은 연방 정부의 재정 지원을 통해 하수처리 기관을 새롭게 세우거나 기존 시설을 보완시킬 수 있다.

수질오염방지법은 더욱 강화되었다. 1972년에 발표된 수정 조항에는 점오염원 부하만 오염물질로 다루었지만, 1987년에 오염물질 범위를 확대시켜 비점오염원 부하도 오염물질로 지정되었다. 게다가 환경보호청은 개별적 사항 및 각 오염물질별로 오염을 규제했지만, 현재에는 통합적인 분수령 관점에서 규제를 펼친다.

대기오염방지법

1955년 대기의 질을 다루기 위해 미연방이 대기오염방지법(Clean Air Act)을 통과시켰다. 정부 차원에서 더욱 효과적으로 대기오염을 억제하기 위해 미연방은 대기오염방지법(1963)을 제정했으며, 다른 수정 조항인 대기오염방지법(1967)을 통해 대기 모니터링과 점오염원을 검사하게 만들었다. 1970년, 미연방은 대기오염방지법(CAA)을 제정해 대기오염 규제에 커다란 영향을 끼치게 된다. 이 법으로 인해 연방 정부와 주 정부는 대기오염을 시키는 고정 오염원(전력 발전소)과 이동 오염원(자동차) 모두를 규제할 수 있게 되었다. 미국 환경보호청은 1970년 CAA와 1990년 개정서에 의해 자국 내 발생하는 대기오염을 규제하는 데 많은 권한을 부여받게 되었다(표 13.6).

산성비 문제를 위한 미국과 캐나다 간 협력

산성비에 대한 문제가 점점 현실화되자 캐나다와 미국은 1991년에 캐나다와 미국 간의 대기질 협정을 맺게 되었다. 이 협정은 부가조건(annexes)이라고 불리는 세 부분으로 이루어져 있다. 첫 번째 부가조건은 미국과 캐나다는 산성비를 야기하는 배기가스를 일정표에 맞춰 줄이는 데 전념했다. 또한 두 국가는 산성 퇴적물이 서로의 국경으로부터 100킬로미터 안에 있다고 간주될 경우 서로에게 통지하며 자문을 구하기로 합의했다.

미국 환경보호청과 같은 감시 기구가 없다면 환경 규제가 얼마나 잘 지켜질까?

표 13.6	1970년 대기오염방지법에 의해 1990년에 개정된 EPA에 수여된 권한

- '국가 순환경공기질 기준' 또는 NAAQA 설립
- NAAQS를 달성하기 위해 '주 이행 계획'이 필요
- 새로 수정된 오염의 고정 오염원에 대한 '신규 오염 수행 규정' 설립
- 유해한 대기 오염원에 대한 '국가적 대기오염 허용 한도치' 설립
- 자동차에 의한 오염 배출 규제 필요
- 산성비 제어를 위한 프로그램 개발
- 189개의 독성 오염물 제어
- 오존층을 감소시키는 화학물질 사용의 단계적 해소를 위한 프로그램 개발

정보 출처 : EPA, 2013.

두 번째 부가조건은 산성비에 대한 이해를 향상하기 위한 과학적·기술적·경제적 활동과 연구에 초점이 맞춰져 있다. 이 협정은 산성비와 연관된 두 국가의 공동의 문제를 촉진시킬 뿐만 아니라 국경을 넘는 다른 대기오염물질에 대해서도 논의가 가능하다. 한 예로, 2000년에 세 번째 부가조건에서 국경을 넘나드는 오존 대기오염 문제를 다루는 것까지 더욱 확장되었다. 미국과 캐나다 간의 대기 청정도 협정이 성공적으로 수행되기 위해서는 공통 관심사에 대한 인지와 자유롭고 지속적인 의사소통과 협력이 필요하다.

오염 제어를 위한 규제 방법

대기, 물, 토양을 보호하기 위해 미국 환경보호청(EPA)이 사용하는 수단으로는 세 가지의 명령-억제 규제(제2장 참조)가 있다. 첫 번째는 방출할 수 있는 오염의 종류와 양을 제한하며, 두 번째는 활용될 수 있는 오염-억제 기술 개발, 마지막으로는 실행 가능한 환경적 모니터링의 실시이다. 한 가지 예로, 1975년 이후 환경보호청은 자동차에서 나오는 배출가스를 제한하기 위해 CO, 다 산화되지 않은 연료, NO_x를 줄일 수 있는 배출가스 촉매 변화 장치를 모든 자동차에 설치하게 했으며, 이것을 바탕으로 연방 기준치를 정했다. 또한 비슷한 시기에 해당기간은 연료 첨가물로 쓰이던 독성 금속 중 하나인 납을 1995년에 완전히 가솔린에서 제거하도록 명령하였다.

또한 환경보호청은 시장을 기반으로 한 환경 개선 프로그램을 실행하였다(제2장 참조). 가장 대표적인 환경 개선 프로그램은 1990년대에 실행한 대기오염방지법 조약과 산성비 완화 프로그램으로 미국과 캐나다가 맺은

조약이다. 동시에, 기관은 1980년 수치보다 낮출 의도로 1천만 톤의 SO_2와 2백만 톤의 NO_X를 낮추기를 요구하였다. 1995년에 실시한 산성비 프로그램의 첫 단계로 동부 지역에 있는 445개의 석탄 전력 공장에서 발생하는 SO_2의 양을 줄이는 것에 집중했다. 다음 단계로는 2000년에 시작되었는데, 2,000개 이상의 석탄 전력 발전소뿐만 아니라 가스와 석유를 쓰는 전력 발전소들도 SO_2의 양을 줄이기로 했다.

NOX를 줄이는 프로그램에는 두 단계로 나누어 실행했다. 미국 환경보호청은 전력시설이 SO_2와 NO_X를 줄이는 일에 융통성을 주었다. 기업들은 재생 가능한 에너지 자원인 풍력-태양력-오염 억제 가능한 기술, 혹은 황이 적은 연료를 사용하는 등, 에너지를 보호하는 방법을 통해 환경보호청이 제시한 목표를 달성할 수 있었다. 프로그램은 또한 SO_2를 줄이기 위해 시장 기반 시스템을 통해 거래가 가능하도록 했다. 이 시스템을 통해 환경보호청은 한 전력 공공시설의 SO_2 배출량이 어느 정도 초과되는 것을 허용했다. 만약 한 전력 발전소가 SO_2를 허용 기준치보다 높게 생산하였다면, 허용 기준치보다 낮게 생산한 다른 전력 발전소와 SO_2 배출량을 거래가 가능하게 했다. 양자택일의 방법으로 배출량이 허용 기준치보다 적은 발전소는 쓰지 않은 만큼의 SO_2 배출량을 다른 시설에 팔아도 되고, 미래의 SO_2 총배출량을 위해 저장해놓아도 된다. 여기서 사용된 시장 기반 전략은 오염 혹은 다른 환경 문제를 억제하기 위해 어업(제8장), 물 권리(제2장), 탄소배출량(제14장) 등의 다른 환경 문제를 해결하기 위한 표준이 되기도 한다.

오염 제어의 경제적 이익

대기오염을 억제하기 위한 규제들은 산업에 커다란 금전적 손해를 주기 때문에 항상 논쟁의 여지가 있다. 일례로, 산성비 억제에 관한 내용이 발의되었을 때, 에디슨전력협회(Edison Electric Institute)는 산성비 프로그램의 1단계에서만 SO_2를 줄이기 위한 비용으로 매년 40~50억 달러가 들어갈 것이라고 예상했다. 산업계에서는 소비자시설 이용료가 약 20~40% 정도 증가할 것이라고 예측했다. 그와 대조적으로 미국 환경보호청은 약 10억 달러 정도가 쓰일 것이라고 내다보았다. 이때 산성비 프로그램을 재검토하던 노던브리티시컬럼비아대학교 교수인 돈 먼튼(Don Munton)은 1980년에 발표한 'Dispelling the Myths

of the Acid Rain Story' 논문에서 이러한 비용은 과대평가 되었다고 언급하였다. 그는 매년 8억 3,600만 달러가 산성비 프로그램의 첫 단계에서 쓰였고, 시설 이용료는 매년 평균적으로 2~4% 증가했다고 했다. 먼튼은 산성비 프로그램은 예상보다 비용이 적게 든다고 결론지었다.

오염 규제로 인해 얻는 경제적 이익은 그것들의 지출 비용보다 크다는 증거들이 계속 나타나고 있다. 2005년에 *Journal of Environmental Management*에서의 로렌 체스트넛(Lauraine Chestnut)과 데이비드 밀스(David Mills)가 발표한 논문에는 산성비 프로그램의 1~2단계에 사용된 비용은 매년 총 30억 달러 정도라고 추정하였다(표 13.7). 산성비 프로그램에서 얻은 혜택에는 미국과 캐나다에서 미립자에 의한 오염과 오존오염을 규제함으로써 감소한 조산아 사망률과 만성질환에 의한 사망률도 포함

환경 규제의 환경적 비용과 이득치를 추정하는 것이 재산상 이익을 추정하는 것에 어떤 영향을 주는가?

표 13.7 2010년 미국 산성비 프로그램의 모든 비용과 이득	
비용	**수백만 미국(2000) 달러**
SO_2 제어	20억 달러
NO_X 제어	10억 달러
총비용	3조 달러
이득	
미국과 캐나다에서 2.5μm(PM 2.5) 이하 미세 입자상 오염물질에 의한 사망자 감소	1조 70억 달러
미국과 캐나다에서 2.5μm(PM 2.5) 이하 미세 입자상 오염 물질에 의한 질병률 감소	80억 달러
미국 동부에서 오존에 의한 사망률 감소	40억 달러
미국 동부에서 오존에 의한 질병률 감소	3억 달러
공원에서 가시거리 증가	20억 달러
뉴욕 주에서 여가 낚시 향상	6,500만 달러
애디론댁 생태계 향상	5억 달러
총이득	121,865,000,000달러

자료 출처 : Chestnut and Mills, 2005.

이 된다.

이러한 이익으로 저자는 또한 미국 내 증가한 공원 면적, 수질 개선으로 더욱 활발해진 낚시 활동과 에디론댁 산맥의 생태계 발전 등도 경제적 이익으로 추가시켰다. 이 모든 것을 계산하면 매년 얻는 총경제적 이득은 거의 1,220억 달러에 육박하며, 이것은 총지출 비용보다 약 40배나 많은 액수이다.

산성비에 관련한 내용은 이렇지만 대기오염방지법에 관한 총경제적 이득은 어느 정도나 될까? 2011년에 미국환경보호청이 발표한 내용에 따르면 2020년까지 약 650억 달러가 대기오염 억제를 위해 쓰일 예정이지만, 앞서 말했던 평균수명 연장 등을 고려해보았을 때 약 2조 달러 정도의 엄청난 경제적 이득이 생긴다. 경제적 및 환경적 관점으로 볼 때 오염 제어에 투자하는 것이 더 좋다고 할 수 있다.

⚠ 생각해보기

1. 수질오염방지법의 어떠한 측면이 습지와 하구에 의한 생태계 서비스에 대한 인식을 시사할까?
2. 오염 기준을 마련하는 과정을 연방과 주 정부가 협업했을 때 생기는 이점과 단점은 무엇인가?
3. 오염 규제에서의 미국과 캐나다 협력은 오염 문제를 다루기 위해서 전 세계 규모의 협력으로 확장될 수 있을까? 당신의 입장을 얘기해보라.
4. 오염 제어 프로그램의 경제적 실행 가능성에 대해 내려진 결론은 장기적 관점(예 : 미래 발생치) 또는 단기적 관점(예 : 기업의 분기별 이익) 중에서 어느 것에 영향받을까?

13.9 규제 수단이 오염물질 배출과 산성비를 줄인다

미국과 캐나다의 면적을 생각한다면 대륙 간에 오염물질을 통제하는 일이 얼마나 힘든 것일지 가늠할 수 있다. 하지만 산성비에 관한 내용에서 광대한 환경 문제를 상대적으로 짧은 기간 안에 해결하는 것이 때로는 가능하다는 것을 보여준다.

감소된 배출량과 산성비의 감소

20년 이상 실행된 미국 환경보호청의 산성비 프로그램은 성공적이다. 2010년까지 SO_2 배출량은 1980년보다 1,200만 톤이 감소했고, 1995~2010년의 NO_x의 배출량은 400만 톤이 감소했다(그림 13.30). 애팔래치아 산맥과 미국 서부, 그리고 특히 와이오밍 주 파우더 강 유역에 위치한 전력 생산시설들이 발전 연료를 고황탄에서 저황탄으로 바꾼 것이 배출량 감소에 커다란 기여를 했다(301쪽 그림 9.31 참조). 예상한 대로 산성비도 또한 감소했다(그림 13.31). 미국 동부에서 내리는 강수는 1994~2009년 사이의 산성도($pH < 5.3$)보다 높아졌고, 중부 지역에서 태평양 해안까지는 산성비가 제거되었다.

수중 생태계의 회복

산성비가 감소하자 1970~1980년대에 산성화되었던 호수와 개울이 점차 회복되었다. 좋은 예로 뉴욕 주에 위치한 애디론댁 산맥 지역을 들 수 있다. 산성비 프로그램 시작 전에는 거의 2,000개 정도의 호수 중에 284개가 심하게 산성화되었었다. 2~3년 사이에 산성화된 호수의 개수는 32%가 감소한 192개가 되었다(그림 13.32). 2007년에는 산성화되었던 132개의 호수도 회복되었다. 애디론댁 산맥 지역의 개울도 회복되고 있지만 회복 속도는 조금 느리다.

서드베리 지역에 있는 클리어워터 호수도 놀랄 만한 회복력을 보여주고 있다. 1972년에 시작된 SO_2 오염배출량 억제로 서드베리에 위치한 제련소들의 SO_2 배출량은 90% 이상 줄었다. 그러자 클리어워터 호수와 주변 지역 호수들의 pH가 증가했다(그림 13.33). 1999년 이후부터

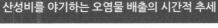

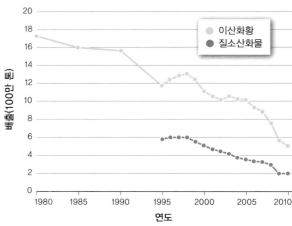

그림 13.30 미국의 전기 발전소에서 배출되는 이산화황(SO_2)과 질소산화물(NO_x)은 대기오염방지법 규제에 따라 서서히 감소하였다. (자료 출처 : EPA, 2015a)

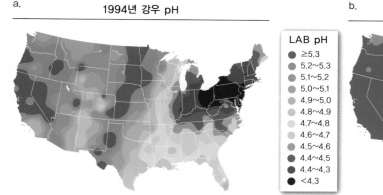

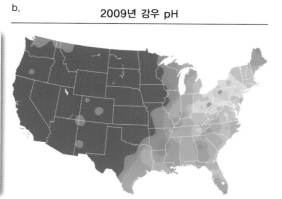

그림 13.31 (a) 1994년 미국 동부의 절반, 특히 중서와 북동부 위쪽에서 매우 산성화된 강우 pH 농도를 나타낸다. (b) 2009년 산성비 규제 프로그램으로 인해 미국 전역에 내리는 비의 산성도는 많이 개선되었다. (지도 출처 : National Atmospheric Deposition Program, http://nadp. sws. uiuc.edu)

클리어워터 호수의 pH는 6.0을 넘어섰고, 생태계의 완전한 회복을 위한 한계점을 넘어섰다. 구리와 니켈과 같은 중금속들의 농도도 오염 제어로 인해 감소했다(그림 13.34).

하지만 생물군집의 회복은 호수의 회복과 다르다. 호수에 서식하는 식물성 플랑크톤과 동물성 플랑크톤은 예전의 숫자만큼 회복이 되었지만, 강 바닥에서 사는 무척추동물과 어류는 아직 예전과 같은 수준으로는 회복되지 않았다. 특정 지역에서의 회복 속도가 느린 이유로는 산성에 내성이 있는 종들과의 경쟁 때문이다. 일단 산성에 내성이 있는 종들이 자리잡으면, 물리적 환경이 달라졌을 때 생태계에서 내성이 약한 다른 종들과 경쟁을 하며 그 생태계에서 살아남으려 한다. 산성비로 인해 플랑크톤을 먹는 어류의 수가 감소하자 많은 수의 무척추 포식자들의 포식은 작은 종들이 성공적으로 군집화할 수 있는 기회를 줄어들게 하였다. 또한 제한이 있는 확산은 어떤 종들에게는 군집화하는 시간을 오래 걸리게 한다. 또 다른 문제로는 고농도의 중금속과 감소되는 칼슘(Ca^{2+})의 농도이다.

육상 생태계의 회복

서드베리를 뒤덮었던 숲을 회복시키는 일은 벌목이나 산불로 인한 숲을 회복시키는 일보다 더욱 힘든 도전이었다. 숲을 회복시키기 어려웠던 가장 중요한 이유로는 생태계에서 가장 중요한 토대인 토양이 심각한 피해를 입었기 때문이다. 적극적인 회복 방법을 사용하지 않는다면 이러한 상태에서 성공을 하기에는 매우 오랜 시간이 걸린다. 심각하게 손상된 생태계를 복구하는 데 적용된 치료 방법 중 하나로는 으깨진 석회석을 토양에 뿌리는 것이다. 산성비로 인해 Ca^{2+} 이온이 부족한 토양에는 석회석은 칼슘 이온 증가에 도움을 주며 중화 작용을 통해 토양의 pH 농도를 올려준다. 석회석이 뿌려진 복원 대상 지역의 토양 pH 농도는 6.3으로, 석회석을 뿌리지 않은 비복원 장소(pH 4.3)보다 높았다. 어떤 장소들은 석회석을 뿌리고 한 종류의 소나무를 심었다. 다른 곳들은 석회석과 비료를 뿌리고 3~5종류의 나무를 심었다.

적극적인 복구 노력의 결과로 복원을 진행한 지역에서의 평균적인 식생 수는 복원을 하지 않는 가장 오염 정도

?

미국 환경보호청이 공익기업에게 허용한 유연성이 SO_2와 NO_x 배출을 성공적으로 줄이는 데 어떤 역할을 했는지 설명하라.

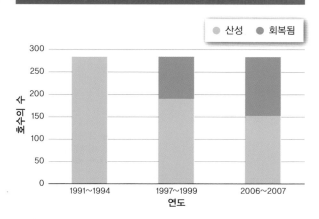

그림 13.32 1995년 EPA의 산성비 프로그램을 시작할 때는 애디론댁 지역의 284개 호수가 높은 산성을 띠었다. 2007년까지 이 중 132개 호수(46%)는 산성비 감소에 의한 반응으로 회복되었다. (자료 출처 : Waller et al., 2012)

그림 13.33 온타리오 주 서드베리 인근 제련소에서 배출되는 총연간 이산화황과 13킬로미터 떨어진 곳에 위치한 클리어워터 호수의 pH (자료 출처 : Keller, 2009)

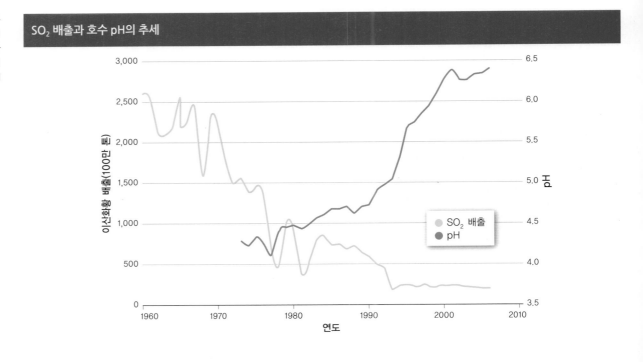

SO₂ 배출과 호수 pH의 추세

산성비와 같이 교란에 맞선 자생종들에 비해 외래종들은 왜 장점을 갖는 걸까?

가 심한 지역보다 3배 이상 많았다(그림 13.35). 가장 여러 종이 사는 복원된 지역의 식물종 수는 현재는 폐쇄된 제련소에서 36킬로미터 떨어져 있어서 피해를 적게 받은 곳과 비슷한 식물종 수를 보인다. 하지만 복원된 지역의

약 30% 정도의 종은 원래 그 지역에 살던 토착종들이 아닌 침입종으로, 퍼지는 속도가 빠르며 복원 지역에 스스로 군집을 이루었다. 이와 대조적으로 일부러 어떠한 식물 종들을 심지 않으며 복원 작업을 하지 않은 대조군에

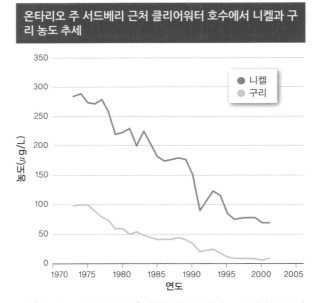

그림 13.34 거의 30년의 추이에 걸쳐서 지역의 금속 제련소로부터 배출되는 오염물 감소에 따라 클리어워터 호수의 니켈과 납 농도는 모두 유의미하게 감소하였다. (자료 출처 : Girard et al., 2006)

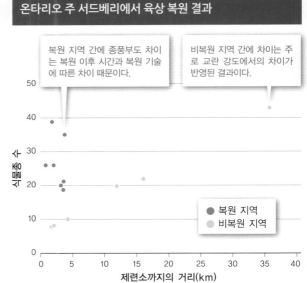

그림 13.35 폐쇄된 제련소 근처의 몇 십 년간 자연 회복과 활발한 복원은 대부분 교란된 지역에서 식물군집의 종풍부도 발달을 빠른 속도로 복구하였다. (자료 출처 : Rayfield et al., 2005)

서 자라난 종들은 토착종이었다. 연구원들은 복원된 지역에서의 식물종들이 피해를 받기 전과 비슷한 환경으로 돌아가려면 수십 혹은 수백 년의 시간이 걸릴 것이라고 말했다.

⚠ 생각해보기

1. 성공적으로 산성비를 감소시키고 생태계가 회복된 것이 산성비의 인과 관계에 대한 과학적인 이해에 대해 어떤점을 시사하는가?
2. 종 구성의 관점으로 산성비로 피해를 받은 생태계는 왜 산성비로 피해를 받기 전의 모습으로 돌아갈 수 없는가?
3. 피해를 입은 생태계를 복원시키는 일이 생태계 시스템에 대해 어떤 교훈을 주는가?

13.10 실내공기 오염을 줄이기 위한 새로운 기술

실외공기 오염만큼이나 실내공기 오염도 사람들의 건강에 지대한 영향을 끼친다. 세계보건기구(WHO)에 따르면 매년 실내공기 오염으로 인한 사망률이 실외공기 오염으로 인한 사망률보다 더 높다고 한다. 좋은 소식은 정부, 회사, 여러 인도주의적 기관들이 협동해서 일한다면 우리는 기술적인 노하우를 통해 문제를 해결할 수 있다는 것이다.

더 건강한 요리 기술

연기로 가득 찬 집에서 사는 것은 즐겁지 않을뿐더러 건강에도 해롭다. 환경보건을 위해 가장 이로운 개선점으로는 집 안 공기를 환기를 시키는 방법이다. 최초로 실행했던 것이 오두막집이나 천막에 구멍을 내는 것이었다. 나중에는 벽난로와 난로에 굴뚝을 만들어 실내공기를 개선시켰다.

실내공기 오염 문제가 심각한 인도와 방글라데시와 같은 개발도상국에서는 지역 주민들의 건강은 상대적으로 저차원적 기술 해결방안에 의해 크게 향상되었다. 요리와 모닥불 연기의 노출을 줄이는 가장 단순한 방법 중에 하나는 완전히 건조된 나무 또는 동물 분뇨를 사용하는 것이다. 또 다른 단순한 해결책은 요리에 연료가 적게 들고, 조리시간이 단축되는 동시에 연기 발생량이 적은 개선된 스토브를 공급하는 것이다. 연기를 효과적으로 모으고 내뿜는 굴뚝 또는 후드가 장착된 향상된 스토브 설계는 실내 오염을 줄일 수 있게 한다.

가축 분뇨, 나무와 석탄을 액체 상태의 석유 기름, 분뇨로부터 만들어지는 바이오가스 또는 전기와 같은 더 깨끗한 연료로 바꾸는 것도 다른 접근 방법이다. 태양열 요리기는 태양빛이 풍부한 지역에서 사용되도록 개발되었다(그림 13.36). 정부와 비정부 기관은 실내공기 오염으로 건강이 가장 심각하게 영향을 받는 지역에서 이러한 해결책들을 만들기 위해서 많은 노력을 하고 있다.

현대 건물에서 실내공기 오염 줄이기

현대 건물들은, 예를 들어 휘발성 유기 화합물(VOCs)과 같은 실내 오염물질의 각각 다른 세트를 갖는다. 실내 환경에서 오염물질의 축적을 예방하기 위한 가장 직접적인 방법은 산업 표준을 만족하는 난방, 환기와 에어컨 가동(HVAC) 시스템 보장에 의해 적절한 환기율을 유지하는

바이오매스 연소의 대안인 태양 에너지

그림 13.36 태양열 요리 기술은 개발국가에서 널리 퍼진 실내공기 오염 문제를 감소하는 데 도움을 주기 위해 개발되었다. 여기 서아프리카 여성은 태양열 요리기를 사용해서 음식을 준비하고 있다.

것이다(그림 13.37). HVAC 시스템은 정기적으로 가동돼야 하고 공기 필터는 반드시 깨끗해야 하며 미리 정해진 기간마다 교체할 필요가 있다. 사전 대비책으로 널리 사용되는 그린 건축은 유해한 오염물질의 주요 공급원인 건축 자재와 가구의 사용을 줄이는 것이다. 어떠한 잠재 오염 공급원을 직장에서 멀리 배치하며 외부 환기가 되어야 한다. 아마도 가장 중요한 것은 건물 이용자와 관리인들은 자유롭게 건물 운영과 잠재적 대기질 문제에 대해 자유롭게 소통하고 공지하는 것이다.

⚠️ 생각해보기

1. 인구에 가장 많은 영향을 주는 실내 오염 문제의 정착에 대한 주요 방해원을 무엇일까?
2. 실내 오염은 왜 실외 오염보다 인간의 건강과 수명에 더 큰 타격을 줄까?

13.11 유해폐기물에 의한 토양과 퇴적물 오염은 다양한 기술에 의해 정화될 수 있다

놀랍게도 러브 캐널(제12장 참조)과 같은 몇몇 오염된 지역의 정화는 현재와 미래의 유해폐기물 관리에 집중되었던 자원 보전 및 회복법을 포함하여 당시에 존재하던 입법부 권한의 범위 밖에 있었다. 당국은 역사적 오염을 다루는 데는 추가적 입법이 필요하다고 판단하였다. 제12장에서 보았듯이 미국 의회는 1980년에 종합적 환경방제, 보상 및 책임법(CERCLA) 또는 슈퍼펀드법을 통과시켰다. 슈퍼펀드 프로그램의 첫 번째 목표는 유해물질에 의한 대기, 토양과 물이 오염에 의해 인간 건강과 환경에 해를 충분히 주는 지역을 선정하는 것이었다. 충분히 오염된 지역은 미국에서 2011년도에 1,350개가 넘는 곳이 '국가 우선 리스트'로 선정되었다. 일단 이러한 지역이 선정된 후에는 프로그램의 두 번째 목표는 유해물질의 정화에 의해 인간 건강과 환경에 대한 위협을 줄이는 것이다. 획기적인 법률 제정으로는 미국 환경보호청이 오염된 지역을 책임 할당과 오염 정화에서 경제적인 지원을 요구할 수 있는 권한을 준 것이다. 이러한 법은 독성 폐기물 지역을 정화하기 위한 전역적인 노력의 시작이었다.

러브 캐널의 경우 후커 화학공장을 소유하고 있던 옥시덴탈석유는 보상에 1억 2,900만 달러를 지불하기로 동의했다. 가장 오염된 지역은 다시 땅을 파 뒤집어 비닐봉지와 함께 다시 묻혔고 텅 빈 길들은 진입을 막기 위해 철책선이 세워졌다.

허드슨 강의 지속성 오염물질

슈퍼펀드법은 곳곳에 다른 많은 오염된 지역에 정화로 또한 이어졌다. 2002년에 미국 환경보호청과 제너럴일렉트릭은 허드슨 강 상류 64킬로미터 구간의 PCBs를 제거하기 시작하기로 합의에 서명하였다(그림 13.38). 해당 과정의 첫 단계는 가장 오염이 심한 지점을 규명하기 위해서 강의 길이를 샘플링하고 과정과 운반 장비를 구축

큰 규모의 현대 건물에서 실내공기질 유지하기

최신 HVAC 시스템의 1차 기능

온도 조절
입주자의 안락과 생산성을 유지하는 데 중요하다. 큰 건물에서는 냉방이 특히 중요하다.

청정한 공기 순환
공기질 유지를 위해서 필수적으로 사무용 건물에 높은 병가 빈도와 관계 있는 이산화탄소의 축적을 방지한다.

공기 여과
호흡기 질환의 잠재적 원인인 먼지, 꽃가루와 곰팡이 포자와 같은 입자상 물질들을 건물 공기에서 제거한다.

최신 HVAC 시스템의 주성분

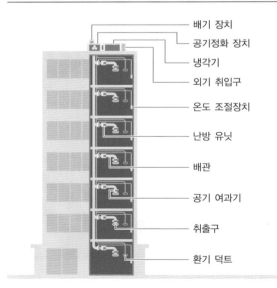

배기 장치
공기정화 장치
냉각기
외기 취입구
온도 조절장치
난방 유닛
배관
공기 여과기
취출구
환기 덕트

그림 13.37 복잡한 냉난방 및 환기장치(HVAC)를 사용하는 큰 규모의 현대 건물의 실내 환경

하며 거대한 프로젝트의 세부 계획을 세우는 일이었다. 구축 초기 단계 동안에 대중의 우려가 나타났고, 이는 프로젝트 수행 방식에 영향을 주었다. 예를 들어, 고속도로의 교통 혼잡 증가에 대한 우려 표명에 의해 바지선과 기차가 허드슨 강 계곡 밖으로 건져올린 퇴적물들을 운반하는 데 사용됐다. 또한 추가적인 오염에 대한 우려의 반응으로 모든 단체들은 독성 퇴적물을 허드슨 강 밖의 허가된 유해폐기물 저장소에 보관하는 데는 모두 동의하였다.

준설에 대한 계획은 2단계로 나뉘었다. 준설 공정의 결과 평가를 위해서 1단계는 1년에 한 계절(5~11월)만 포함되었다. 해당 평가는 개별 전문가에 의해 사전에 검토되었고, 준설이 PCBs를 제거하는지에 대해 결정하기 위해서 사용되었다. 검토자들은 대중과 환경 과학자들에 의해 심각하게 우려됐던 준설이 용납할 수 없는 양의 PCBs를 강 생태계로 유동시키는지에 대해 평가하였다. 조사 결과를 바탕으로 정화 과정을 향상시키기 위해서 기술 조정이 이루어졌다. 만약 1단계 결과가 승인되면 지역의 나머지 퇴적물을 준설하는 프로젝트인 2단계가 수행된다.

1단계는 2009년에 허드슨 강 상류 포트에드워드 근처 강의 9.7킬로미터의 PCBs로 오염된 퇴적물들의 대략 215,00세제곱미터를 제거, 완료하였다. 강으로부터 제거된 물질의 양이 상당함에도 공정은 위성 내비게이션 시스템의 안내를 통해 정확한 지점과 깊이에서 준설작업을 할 수 있었다. 500명 이상의 인부들과 하루 24시간, 일주일에 6일, 12명의 준설조들이 동시에 작업했다(그림 13.39). 준설된 물질은 가로 59.5미터와 세로 10.7미터의 626개 호퍼 바지선에 채워졌고 텍사스의 폐기 장소까지 기차로 운송되었다. 잔여 PCBs의 누출 가능성을 줄이기 위해서 준설 지역은 추후에 덮어지거나 150,000톤의 깨끗한 채움 물질로 덮혀졌다. 준설 공정 동안에 강의 PCBs 농도는 미국의 안전한 식수법에 의해 규정된 안전 농도인 500ppt를 초과하지 않는지 지속적으로 모니터링되었다.

2010년에 1단계 과정과 결과에 대한 개별 전문가들의 검토와 대중의 조언을 바탕으로, 미국 환경보호청은 2단계 준비를 시작하였다. 설계자들은 2단계는 180만 세제곱미터의 오염된 퇴적물을 제거할 것으로 계획했다. 대략 7억 5천만 달러의 예상 비용에 2015년 가을에 처리가 끝날 것으로 예정된 2단계는 해안선과 준설 지역을 따라서 서식지 복원과 프로젝트의 성공을 평가하기 위한 자료 수집을 포함하는 다른 단계가 따를 것이다.

생물 정화

오염된 지역을 정화하기 위해 상당한 양의 오염된 토양 또는 퇴적물을 유해폐기물 시설에 옮기는 것보다는, 환경과학자들은 토양, 퇴적물과 지하수 대수층의 오염물질을 제거하기 위해서 유기물을 사용한다. 이러한 오염 정화 접근 방법을 **생물 정화**(bioremediation)이라고 부르고, 물리적인 노력과 비용을 절약할 수 있다.

생물 정화 과정에서 식물이 동반되는 것을 **식물 정화**(phytoremediation)라고 부른다(그림 13.40). 과학자들은 중금속을 조직에 축적할 수 있는 **과축적 식물**(hyperaccumulator)의 수백 종을 밝혀냈다. 4헥타르의 납으로 오염된 토양의 30센티미터를 채굴하는데 18,200메트릭톤(20,000톤)의 토양을 제거해야 한다. 이와는 반대로 식물을 사용하

허드슨 강의 준설을 위해 슬레이트를 덮은 지역

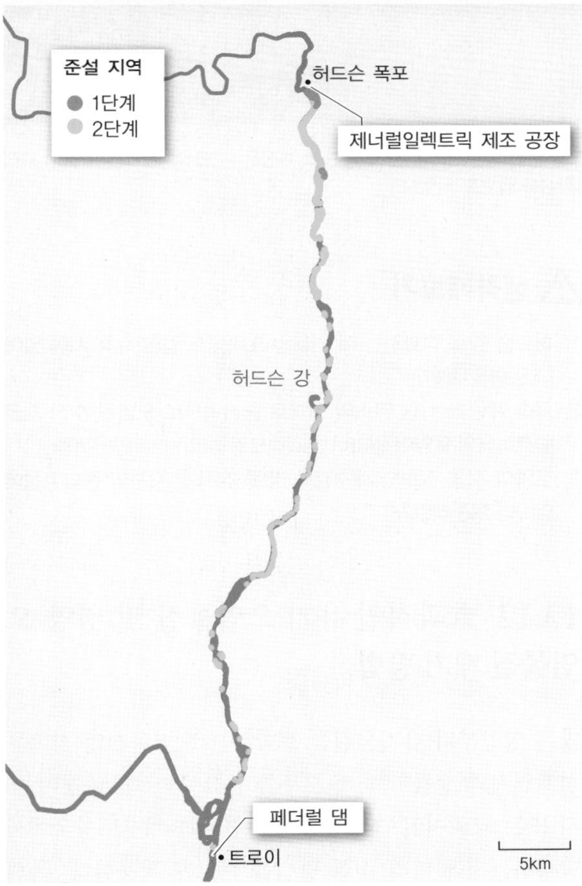

준설 지역
● 1단계
● 2단계

허드슨 폭포
제너럴일렉트릭 제조 공장
허드슨 강
페더럴 댐
트로이
5km

그림 13.38 대부분의 PCBs는 허드슨 폭포 하류의 64킬로미터를 따라서 허드슨 강 퇴적물에 박혀 있었다.

각각의 전문가들이 준설 과정과 결과를 살펴보는 일이 왜 중요할까?

생물 정화 유기체, 일반적으로 미생물 또는 식물이 오염된 토양, 퇴적물과 지하수 대수층에 오염 제거를 위해서 사용되는 오염 정화 접근법

식물 정화 오염된 퇴적물 또는 토양을 정화하는 데 식물이 사용되는 생물 정화. '생물 정화' 참조

과축적 식물 조직에 중금속을 과다 축적할 수 있는 식물

허드슨 강의 준설 작업 : 복잡한 과정

(USEPA)

그림 13.39 허드슨 강의 PCBs 제거는 중장비, 장거리 운반과 장기간 저장을 동반하는 거대한 일이었다. 그 과정은 PCBs가 제거된 오염된 퇴적물에서 위험 수준의 PCBs가 배출되는 것을 피하기 위해서 대단한 고려와 정확성을 필요로 하였다.

오염된 토양을 정화하기 위한 굴착 작업과 제거 작업은 납 외에도 어떤 성분을 없앴을까?

여 토양과 같은 양의 납을 추출하기 위해서 455메트릭톤 식물체의 안전한 배치나 앞선 토양의 40분의 1이 필요하다. 추가적으로 오염된 토양 18,000메트릭톤을 채굴하고 운반하고 저장하는 비용의 작은 부분만이 수행 비용으로 든다.

용매, 가솔린과 다른 유기물질에 의해 오염된 지하수가 있는 곳에서 생물 정화는 대수층의 오염을 제거하는 데 사용되고 있다. 미생물 분해에 저항력을 갖는다고 알려진 많은 유기화합물은 대개 미생물군집의 일부 성분들에 의해 대사작용을 할 수 있다. 보통 미생물 증식과 활동을 하는 데 영양분, 산소 이용성 감소 또는 증가를 시켜 미생물을 구슬리거나 대수층에 특정한 에너지원(예 : 당분)을 첨가하기도 한다(그림 13.41). 이러한 기술을 활용하여 환경과학자들은 이전에 언급한 물리적 또는 경제적으로 불가능한 상황에서 오염된 대수층을 성공적으로 정화하고 있다.

⚠ **생각해보기**

1. 허드슨 강을 정화하는 데 기울인 노력이 근접한 뉴욕 시에 얼마나 영향을 줄까?
2. 금속 제련과 석탄 연소의 결과로 중금속으로 오염된 수천 제곱킬로미터의 토양이 얼마나 효과적으로 처리될 수 있을까?
3. 토양의 식물 정화와 대수층의 생물 정화는 지구의 종다양성에 얼마나 의존적인가?

13.12 효과적인 유기 오염물질 및 영양 오염물질 제거 방법

많은 영양분과 유기물질을 포함하는 오염물질의 정화는 설계원칙과 생물학 지식 모두를 필요로 한다. 환경이 도시 또는 교외지인지와 오염이 선진국과 개발도상국에서 발생하는지에 따라 정화 방법을 다르게 적용한다. 특히 정화가 필요한 많은 양의 오염물은 주로 도시 지역에서 발생한다.

중금속으로 오염된 토양에서 식물 정화

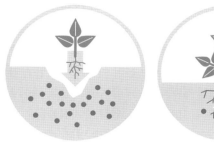   

❶ 중금속으로 오염된 곳에 과축적 식물 심기

❷ 식물에 의해 중금속 성장과 흡수

❸ 중금속으로 가득찬 식물체를 수확

❹ 유해성 폐기물 처리소에 중금속으로 오염된 퇴비를 부패시키고 처리

그림 13.40 식물 정화 과정 동안 식물은 오염된 토양으로부터 많은 양의 중금속을 축적한다. 결국 중금속을 포함하는 식물체는 수확되고 퇴비화되거나 소각되고 중금속들은 수집되고 버려지거나 재활용된다.

유기물로 오염된 지하수를 미생물 분해 촉진에 의한 생물 정화

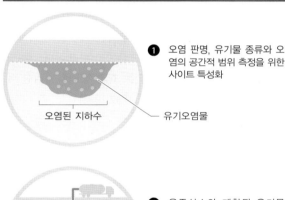

❶ 오염 판명, 유기물 종류와 오염의 공간적 범위 측정을 위한 사이트 특성화

오염된 지하수 — 유기오염물

❷ 용존산소와 제한된 유기물(예 : 질소, 인)을 포함하는 물을 미생물 활동 촉진을 위해 오염된 지하수에 주입

미생물

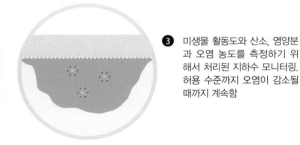

❸ 미생물 활동도와 산소, 영양분과 오염 농도를 측정하기 위해서 처리된 지하수 모니터링. 허용 수준까지 오염이 감소될 때까지 계속함

그림 13.41 다양한 유기 화합물(예 : 가솔린)로 오염된 지하수에 특정 오염물을 분해할 수 있는 미생물이 좋아하는 환경 조건(예 : 당과 같은 에너지원을 추가)을 만들어서 성공적으로 정화를 시킨다.

도시에서의 하수처리

도시의 하수는 유기와 영양분의 주요 점오염원이기 때문에 전 세계의 주요 정부에서는 하수 처리시설을 감독 및 규제하고 있다. 예를 들어, 미국 환경보호청은 모든 공공 하수 처리시설에 대해서 유기물과 영양소를 제거하도록 폐수에 대해서 이차적 정화가 이루어지도록 규제한다(제6장). 유럽연합과 다른 선진국에서도 미국과 유사하거나 이보다 엄격한 오염물 정화 기준을 가지고 있다. 스칸디나비아에서는 대부분의 폐수에 3차 공정을 거쳐 영양물과 병원균을 최대한 줄이도록 한다. 이와는 대조적으로 개발도상국에서는 발생하는 대부분의 폐수는 거의 처리가 안 된 채로 환경에 배출된다.

교외 지역의 정화 시스템

미국과 다른 지역 전역의 교외 거주지는 생활폐수 처리를 위한 하수 시스템에 의존하고 있다. 운 좋게도 적절하게 유지되는 하수 시스템은 효과적으로 폐수를 처리할 수 있고 지표와 지하수의 오염을 예방할 수 있다. 미국에서 가장 많이 사용하는 시스템은 가정에서 나오는 모든 폐수를 바로 빈틈없고 잘 매몰된 정화조로 보내는 것이다(그림 13.42). 정화조의 적절한 용량은 설치될 집의 크기에 따라 다르지만 일반적으로 3,790~5,685리터 범위의 용량을 갖는다. 폐수가 정화조로 유입되면서 고체는 가라앉고 슬러지를 형성하는 반면에 지표에는 기름이 떠 있게 된다. 자연적으로 존재하는 박테리아는 정화조의 대부분의 유기물을 분해하나 분해에 저항적인 유기물은 탱크 바닥에 슬러지 형태로 가라앉는다. 슬러지는 시간이 지나면서 정화조에 점점 쌓이기 때문에 정화조가 잘 작동하기 위해서 정기적으로 슬러지를 퍼내야 한다. 퍼내는 빈도는 탱크의 크기와 폐기물의 부피에 따라 달라진다.

정화조의 배수지에서 흘러나오는 물은 물리적·생물학적 정화작용이 일어나는 토양을 통과하면서 아래로 침투한다. 예를 들어, 토양은 폐수로부터 박테리아와 바이러스를 제거하는 물리적 여과 장치의 역할을 한다. 또한 토양 박테리아는 폐수에 의해 운반된 용존 유기물질을 소모하며, 인과 질소 같은 영양분을 흡수한다. 효과적인 정화가 일어나기 위해서는 일반적으로 정화조 배출이 일어나는 토양은 깊고 물이 잘 빠져야 한다. 투수도가 낮은 토양은 물에 잠기지 않기 위해서 폐수가 충분히 잘 통과할 수 있도록 큰 규모의 배수지가 필요하다.

다양한 오염원을 처리하기 위한 인공 습지

농경지는 유기 및 영양 오염의 주요 비점오염원이다. 농장에서 발생하는 오염물질 유출을 줄이기 위한 규제와 더불어, 자연 습지는 물의 영양분과 다른 오염원을 제거할 수 있는 능력이 있다는 것을 우리는 잘 알고 있다. 1950년 초기에 과학자들은 수질 정화작용을 흉내 내기 위해서 인공적으로 설치된 습지를 이용한 체계적인 실험을 시작하였다. 이 연구의 선구자는 맥스플랑크수리생물학연구소(Max Plank Hydrobiological Institute)의 케테 자이델(Käthe Seidel)로 큰고랭이 *Schoenoplectus lacustris*에

완전히 물에 잠긴 토양은 하수 처리를 위한 정화조 사용에는 왜 적절하지 못할까?

대한 박사학위 연구를 수행했다(그림 13.43). 일반적 통념과는 달리 그녀는 큰고랭이가 매우 산성인 물에서 자란다는 것을 보고했고, 큰고랭이의 존재가 환경을 정화시키는 것도 밝혀냈다. '고랭이 자이델'이라고 불리는 자이델의 발견은 수중식물들이 수질오염을 경감시키는 수용력이 있다는 것으로, 그녀는 은퇴 이후까지도 연구 가설을 검증하기 위해 체계적인 연구를 수행하였다. 자이델의 핵심적 발견은 큰고랭이 같은 일부 습지식물들은 폐수와 같은 극한의 환경 조건에서도 살 수 있고, 해당 식물의 뿌리는 효과적으로 물리적 필터를 만들어서 폐수의 영양분을 효과적으로 제거할 수 있다는 것이다.

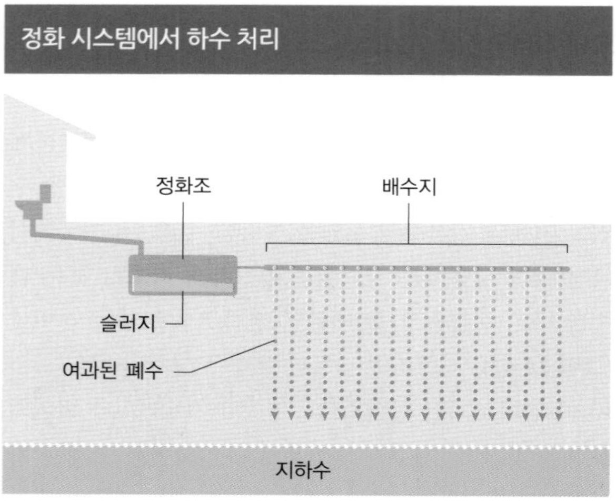

자이델의 선구적 연구 이후로 인공 습지는 습지의 복잡한 생태계와 단순한 기술을 결합하여 폐수를 처리하는 데 효과적이고 저비용적인 방법이 되었다. 기본적으로 두 가지 인공 습지 디자인이 있다. 개방수를 갖는 지표 유동 습지와 개방수 영역이 없는 지하 유동 습지이다(그림 13.44). 오늘날 전 세계적으로 농경지뿐만 아니라 마을, 광산과 다양한 산업으로부터 발생하는 폐수를 처리하기 위해 사용되는 몇 천 개의 인공 습지가 분포한다. 제8장에서 중국 항저우의 옥춘 호수를 효과적으로 처리한 예를 이미 언급하였다(268쪽 그림 8.37 참조).

통합적인 인공 습지

아일랜드는 인공 습지에 대해 수역 전역에 '통합적인 인공 습지'라고 불리는 개념을 적용하여 가장 종합적인 연구들을 수행하고 있다. 아일랜드국립공원과 야생동물관리국에서 홍보하는 통합적인 인공 습지는 영양오염을 제어하는 기능과 함께 심미적 기능과 다양한 동식물의 서식지 증가라는 다양한 장점을 갖는다. 이러한 접근은 교외 또는 소도시 규모의 작은 지역사회에서 사용하기에 적합하다.

1990년대에 아일랜드 남동부 던힐 마을 주변의 물은 주로 농경지 유출수에 의해서 매우 오염되었다고 아일랜드 환경보호국에서 분류하였다. 던힐 인근 수역의 면적은 25제곱킬로미터로, 수역의 하부 지역에는 19개의 농장, 던힐 마을과 애네스타운이 위치한다(그림 13.45). 77개의 소 사육장보다 아래에 위치한 습지에서는 폐수 내에 평균 99%의 암모니아와 88%의 인이 감소되었다(그림 13.46). 결과적으로 애네스타운 하천의 수질은 1999년에 '매우 오염'으로부터 2년 후에는 '약간 오염'으로 향상되

정화 시스템에서 하수 처리

정화조   배수지

슬러지

여과된 폐수

지하수

그림 13.42 정화 시스템에서 정화조는 고체가 안정화되고 박테리아가 유기물을 분해할 수 있게 한다. 시스템의 액체는 배수지에서 분산되어 추가적으로 작용과 정화가 이루어진다.

인공 습지의 토대

케테 자이델

큰고랭이(*Schoenoplectus lacustris*)

그림 13.43 맥스플랭크수리생물학연구소의 연구자인 케테 자이델은 다양한 종류의 폐기물을 처리하기 위한 인공 습지 개발의 개척자로서 동료들에게 연구에 대한 설명을 하고 있다. 그녀는 박사과정 연구를 통해 이전 조건에서 수중 생태계에서는 불가능했던 흔한 큰고랭이 *Schoenoplectus lacustris*의 성장을 관찰하였다.

었다. 몇 십 년 동안 모습을 감췄던 소하성의 브라운 송어 *Salmo trutta*가 다시 돌아왔고, 도롱뇽은 모든 인공 습지에서 대량 서식하고 있으며 수역 내 서식하던 수중 무척추동물의 종다양성이 증가하였다.

인공 습지는 점오염원을 처리하는 데 활용될 수 있는 반면에, 많은 농경 형태에서 배출되는 아주 광범위한 영양 과잉과 유기 비점오염을 처리하는 데는 덜 유용하다. 이러한 비점오염원에 의한 오염을 감소시키기 위한 효과적인 방법은 경지와 수로 사이에 강둑 경계를 유지하는 것이다. 농경생산 밀집 스펙트럼의 다른 끝인 대규모 CAFOs에 의한 오염을 방지하는 것에는 인공 습지도 효과적이지는 않을 것이다. 이러한 공정으로 오염 하천을

두 가지 주요 인공 습지의 종류

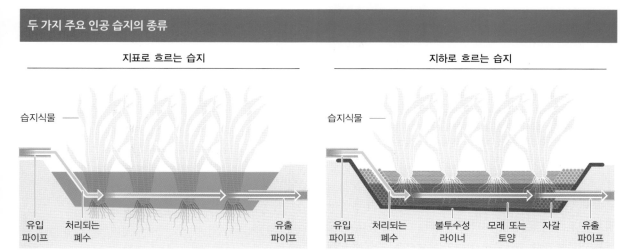

그림 13.44 지표 유동 습지는 개방수 공간을 포함하고 수중 생태계의 다양한 서식지를 제공하는 반면에 지하 유동 습지는 습지식물에게 서식지를 제공하기는 하지만 모기 유충과 같은 문제적 수중 생명체는 제외한다.

과학원리   문제   해결방안

통합 인공 습지 연구 지역

아일랜드 워터퍼드 주의 인공 습지에 의한 축산폐수의 영양분 제거

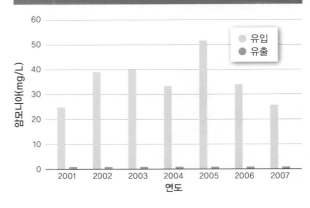

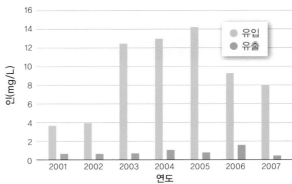

그림 13.46 축산 폐수의 암모니아를 2001~2007년의 기간 동안 평균 약 99%를 제거하였다. 연구의 같은 기간 동안 인공 습지의 인 제거 효율은 평균 88%였다.

폐기물 처리 선택권으로서 인공 습지의 심미적인 것을 다루는 것이 장기적인 성공에 중요한 이유는 무엇인가?

던힐친환경공원으로 나오는 폐수를 처리하는 통합 인공 습지

그림 13.45 아일랜드 남동부의 던힐-애네스타운 하천 수역은 수질 향상과 종다양성 증가 및 풍경 심미를 목표로 하는 통합 인공 습지 개념에 대한 이상적인 실외 실험실을 제공한다. 인공 습지들은 배경의 던힐친환경공원과 던힐게일체육단체에서 배출되는 오염수를 처리하는 데 이용된다.

효과적으로 처리하기 위해서는 산업 규모의 처리 시설이 필요하다. 물론 집중된 지역에서 방목 가축들을 분산시키는 것만으로도 오염물질 처리의 필요성은 크게 감소할 것이다(그림 13.47).

⚠ 생각해보기

1. 하수 처리에 있어서 토양 특성이 정화조의 효율에 어떻게 영향을 미칠까?
2. 인공 습지는 왜 큰 규모의 CAFOs의 폐기물 처리에는 부적절할까?

유기오염과 영양오염을 줄이기 위한 대안

베어크리크를 따라 형성된 하안 식생

돼지 5,200마리 CAFOs(오른쪽)에서 배출되는 분뇨를 처리하기 위한 고공정 시스템(왼쪽)

저밀도 소고기 생산

그림 13.47 농경지와 하천, 강 사이에 하안 식생 완충 지대는 영양오염을 상당히 줄일 수 있다. CAFOs의 폐기물은 인 폐기물을 화학비료로 전환하고 질소오염물은 탈질 과정으로 제거하고 대부분의 박테리아 오염을 제거하는 완전히 유기와 영양 오염을 없앨 수 있는 고도의 처리 시스템으로 제어 가능하다. 또는 동물 단백질의 소비 감소는 CAFOs에서 초지 먹이 소고기 생산과 같은 저밀도 가축 생산으로의 전환을 가능하게 한다.

13.8~13.12 해결방안 : 요약

20세기 중반에 심각한 오염 사고들은 전 세계적으로 환경오염을 줄이는 데 도움이 된 환경 규제들이 통과되도록 하였다. 미국에서 오염 관리 규제에서 핵심적 발달은 미국 환경보호청을 설립한 것이다. 수질오염방지법과 대기오염방지법의 통과는 미국 환경보호청에게 오염을 규제하기 위한 광범위한 권한을 부여하였다. 미국과 캐나다 간 대기 환경 협정은 환경오염의 국제적 협력을 대표하는 모델이 되었다.

오염 관리는 지휘 및 통제와 시장 기반의 메커니즘을 통해서 달성되고, 상당한 건강과 경제적 이점을 야기했다. 미국 환경보호청의 산성비 프로그램의 세밀한 분석 결과 2010년도에는 경제적 이익이 비용을 훨씬 더 초과했다. 감소하는 산성비와 함께 1970~1980년대 동안 산성화되었던 호수와 하천들은 상당히 회복하였다. 뉴욕 주 북부의 러브 캐널과 다른 환경오염의 드라마틱한 사례에 대한 반응으로 미국 의회는 종합적 환경방제, 보상 및 책임법(CERCLA) 또는 슈퍼펀드법을 통과시켰다. 중금속과 지속성 오염물질에 의해 오염된 토양과 퇴적물은 정화하기 힘들다.

허드슨 강의 오염된 퇴적물로부터 나오는 PCBs를 줄이는 해결책은 그것을 준설하고 제거하는 것이었다. 중금속은 경제적으로 토양에서 제거될 수 있고, 식물의 조직에 중금속을 축적시킬 수 있다. 유기 오염물질은 미생물 생물 정화에 의해 오염된 토양과 지하수에서 제거될 수 있다. 2~3차 처리를 제공하는 집중된 오염수 처리시설은 전 세계 많은 사람들의 요구를 충족시킬 수 있다. 하지만 처리가 필요한 미국 전역과 다른 곳의 대부분 도시 거주자들은 도시 폐수 처리를 위한 하수 시스템에 의존한다. 통합된 인공 습지는 농업과 다른 공급에서 나오는 오염수를 처리하는 데 효과적이고 비용이 낮은 방법이다. 통합적인 인공 습지에 대한 접근은 오염 방지와 함께 교외 지역에 습지를 만들고 서식지 다양성을 증가시키는 심미적 배치를 조정할 수 있게 한다.

각 장의 절에 대하여 아래 질문에 답을 하고 난 후 핵심 질문에 답하라.

핵심 질문 : 우리는 환경오염을 어떻게 제어하고 줄일 수 있을까?

13.1~13.3 과학원리

- 주요 오염원은 무엇인가?
- 인간이 생산하는 오염물질에는 어떤 종류가 있을까?
- 오염물질은 어떻게 지구 여기저기를 이동할까?

13.4~13.7 문제

- 대기오염이 건강과 경제에 미치는 영향은 무엇일까?
- 산성비는 수중 생태계와 육상 생태계에 어떤 해를 줄까?
- 지속성 오염물질은 어떻게 인간 먹이사슬로 유입될까?
- 유기물과 영양 오염은 어떠한 방식으로 생태계를 교란시킬까?

오염과 우리

오염 문제는 거대한 규모가 거대하고 개개인의 영향 범위를 넘어서는 것처럼 보이지만 사실 우리 각각은 오염 문제를 다루는 데 도움을 줄 수 있다.

☐ 잘 알고 행동하기

지역적·광역적·국가적·전 세계적 오염 이슈에 대해 지속적으로 알고 있어야 한다. 많은 도시들은 대기오염 지표를 온라인에 올리고 또는 지역 물 건강을 모니터링한다. 대기질이 안 좋을 때는 오염 배출을 줄이기 위해서 다른 사람과 함께 승용차 같이 타기 또는 대중교통을 이용하라. 비료와 강력한 가정세정제 같은 화학물질 사용을 줄이는 것은 물 공급에도 영향을 준다. 오염과 연관된 이슈에 투표할 수도 있고 대중교통과 수질 향상에 대해 지역사회에 충고할 수 있다.

☐ 건강한 가정을 실천하기

가정에서 작은 먼지 크기의 입자들은 납, 화분, 먼지벌레와 같은 다양한 오염물질을 포함할 수 있다. 바다, 벽, 천이 씌어진 가구에 쌓인 먼지를 HEPA 필터가 장착된 청소기로 표면을 청소하라. 흡입 청소 후에 물청소를 하게 되면 청소기로 빨아들이지 못한 먼지까지도 깨끗이 제거된다. 애완견 배출물질을 적절하게 버려야 물의 산소 부하를 줄이고 병이 퍼지는 것을 막는다.

☐ 바깥에서 흡연하기

담배 연기는 수천 가지의 유해 화학물질을 함유하기 때문에 흡연은 실내 환경을 가장 위협하는 요소이다. 결과적으로 가정에서 공기질을 보호하기 위해서 할 수 있는 중요한 단계 중 하나는 집을 금연 구역으로 만드는 것이다. 잘 알려진 담배 간접흡연으로 인한 위험은 호흡계 감염, 천식과 암의 위험이 증가하는 것이다. 간접흡연 노출은 특히 아동과 유아의 건강에 위험하다.

☐ 라돈 측정하기

미국 환경보호청에 따르면 우라늄이 자연 붕괴할 때 생성되는 방사성 가스 라돈이 매년 미국에 폐암으로 인한 20,000명의 사망자를 초래한다고 한다. 라돈은 거의 모든 지질층에서 나타나지만 다른 일부 환경에서도 풍부하게 나타난다. 라돈은 대개 지하에서 가정으로 유입되어 가정의 모든 연령층에 건강에 해로운 농도까지 축적될 수 있다. 쉽고 값싸며 널리 쓰이는 장비로 라돈을 측정하면 시정조치가 필요한지 아닌지를 결정하는 정보를 얻을 수 있다.

13.8~13.12 해결방안

- 환경 규제와 국제조약들은 북아메리카 오염 감소에 얼마나 영향을 주었는가?
- 어떠한 요소들이 오염물질과 산성비 배출을 감소시켰을까?
- 기술은 실내 오염을 어떻게 감소시킬 수 있었을까?
- 유해폐기물에 의해 오염된 토양과 퇴적물들은 어떻게 정화될 수 있을까?
- 유기와 영양 오염을 줄이기 위한 방법에는 무엇이 있을까?

핵심 질문에 대한 답

_____

_____

_____

_____

_____

_____

_____

제13장
복습 문제

1. 오염이란 무엇인가?
   a. 인간에 의한 어떠한 환경의 변화
   b. 산업 활동에 의한 환경 손상
   c. 물, 대기 또는 토양으로 화학물질 방출
   d. 살아 있는 생명체에 해를 주는 환경의 교란

2. 점오염원은 다음 중 어떤 것일까?
   a. 교외 잔디밭에서 풍부한 영양분의 유출
   b. 도시 하수 처리 공장에서 강으로 하수 방류
   c. 일부 모닥불에서 방출되는 연기
   d. 광역적 가뭄으로 인한 대기에서 입자물질의 증가

3. pH 7에서 6으로의 감소는 다음 중 어떤 결과를 말하는 것인가?
   a. 수소 이온 농도의 50% 감소
   b. 수소 이온 농도가 2배 증가
   c. 수소 이온 농도의 10배 증가
   d. 수소 이온 농도의 10배 감소

4. 규제 오염물질을 선택한 근거는 무엇인가?
   a. 오염물질 중에 아무거나 선택됨
   b. 인간 건강에 해를 주는 흔한 오염물질을 선택
   c. 알고 있는 가장 독성이 높은 물질 중에 있음
   d. 염려하는 시민들의 투표 결과로 선택되었음

5. 호수에서 자연적 부영양화와 인위적 부영양화의 주된 차이점은 무엇인가?
   a. 자연적 부영양화가 더 점진적인 과정이다.
   b. 자연적 부영양화는 호수에서 영양물질을 증가

시키지 않는다.
   c. 자연적 부영양화는 호수 깊이에 영향을 주지 않는다.
   d. 자연적 부영양화는 호수 일차생산자들을 증가시키지 않는다.

6. 대기오염의 일부 비용은 무엇인가?
   a. 몇 백만 명의 조산아 사망
   b. 기반 시설의 저해
   c. 생태계 생산 감소
   d. 위 항목 모두

7. 다음 중 어떤 작물이 고농도의 중금속을 축적할 가능성이 있을까?
   a. 감자와 같은 뿌리 채소
   b. 상추 같은 잎채소
   c. 토마토 같은 먹을 수 있는 과일을 생산하는 작물
   d. 위의 모든 작물이 같은 함량으로 중금속을 축적한다.

8. 미국에서 산성비를 제어하기 위한 노력의 결과는 무엇인가?
   a. 더 이상 측정 가능한 산성비가 발생하지 않는다.
   b. 미국 전역에서 비의 산성도는 증가하였다.
   c. 서부를 제외하고 미국 동부에서 산성비는 감소하였다.
   d. 미국 전역에 산성비는 감소하였다.

9. 다음 중 어떠한 동기로 인해서 현재 미국 환경보호청이 미국의 석탄 연소 발전소로 인한 수은오염을 줄이기 위해서 노력하고 있는가?
   a. 수은은 잠재적으로 신경계 독성물질이다.
   b. 수은으로 오염된 토양은 정화하기 힘들다.

   c. 물고기와 식용작물들은 수은을 체내에 축적시킨다.
   d. 위 항목 모두

10. 인공 습지가 폐수를 처리하기 위해서 가장 효과적인 장소는 어디일까?
   a. 큰 도시 중심에 배출되는 폐수 처리
   b. 산발적으로 인구가 밀집된 교외 지역에 농장 오염물 처리
   c. 큰 규모의 CAFOs에서 나오는 폐수 처리
   d. 분산된 비점오염원 처리

비판적 분석

1. 심각한 오염은 경제발전에 있어 피할 수 없는 결과인가? 설명하라.

2. 오염을 제어하기 위해서 지휘 및 통제 접근과 시장 중심적 접근의 상대적인 장점과 단점은 무엇인가?

3. 대기 분수계의 개념과 관련하여 대기오염을 제어하기 위해 캐나다와 미국 간 협정을 어떻게 체결하였는가?

4. 캐나다 서드베리 근처에 제련 과정이 육상 생태계와 수중 생태계에 영향을 준 증거를 평가하라.

5. 영양분 증가가 육상 생태계와 수중 생태계에 영향을 주는 다양한 방식에 대해 논의해라.

핵심 질문: 우리는 어떻게 기후 변화의 환경적 영향과
사회적 영향을 줄이고 적응할 수 있을까?

기후와 전 지구 기온을 조절하는 요인을 설명한다.

과학원리

제14장

전 지구 기후 변화

온난화되는 전 지구 기후의 원인과 영향을 분석한다.

전 지구 기후 변화를 완화시킬 수 있는
지역 및 국제 전략을 논의한다.

문제

해결방안

더워진 지구에 일어나는 현상

(John McColgan, Bureau of Land Management, Alaska Fire Service)

(Scott Hortop/Getty Images)

(USDA photo by Bob Nichols)

폭염은 기온 기록을 갱신하며 세계 많은 지역에 영향을 미친다. 높은 기온과 가뭄이 겹치게 되면 이전까지 겪어보지 못했던 규모의 산불을 일으킨다. 가뭄은 미국 중서부 지역과 같은 지역에서 농업생산성에 심각한 영향을 끼친다.

미국 서부의 산불 추적

맹렬하게 타오르는 산불과 기상이변은 앞으로 점점 더 빈번해질 것이다.

2012년 6월 23일 아침 7시에 콜로라도 주 콜로라도스프링스 시 외곽 산속에 있는 왈도캐니언 산길을 따라 달리던 사람이 연기 냄새를 맡았다. 그는 산길을 벗어나서 무슨 일이 있는지 두리번거리다가 숲에서 연기만 나며 타는 불을 찾아냈다. 그가 이 사실을 지방 보안관서에 신고한 후 강한 바람과 가뭄으로 산불이 수 시간에 약 243만 제곱킬로미터의 면적으로 퍼졌으며, 이로 인하여 인근의 여러 지역의 주민들이 대피하였다. 2주 반에

걸쳐 소방관들이 왈도캐니언 화재를 진압했는데 이 화재로 7,384헥타르와 가옥 346채가 불에 탔으며 2명이 사망하였다. 이 화재는 콜로라도 주의 역사에서 가장 피해가 심한 화재라는 기록을 남겼으며 이로 인하여 보험 청구 액수는 4억 5천만 달러 이상에 달했다. 이 산불은 방화범에 의해 일어났지만, 불이 빠르게 번지고 파괴적인 영향을 미친 또 다른 혐의자로 지목된 것은 기후 변화였다.

이 해에 미국 서부의 산불이 일어나는 계절은 수그러들줄 모르

"환경 보존은 자유주의 또는 보수적인 도전이 아니라 상식이다."

로널드 레이건, 1984년 1월 미국 대통령의 상원 연설

는 더위의 마지막 기간이었다. 2011년 8월부터 2012년 7월까지 12개월간 미국 본토 48개 주의 지표 온도는 117년 만에 기록을 깨며 가장 높았다. 콜로라도 주 전체에 걸쳐 산불은 67,000헥타르의 면적을 다 태웠으며 600채의 주택을 파괴하였다. 몬태나 주와 뉴멕시코 주에서는 529채 주택이 소실되었다. 유타 주와 와이오밍 주에서는 천연가스전의 가동을 중지시켰고 이로 인하여 에너지 공급에 막대한 차질을 빚었다. 2012년에 미국에서 일어난 산불은 총 170만 헥타르 이상의 면적을 태워버렸다.

미국의 이상 고온은 또 다른 영향을 끼쳤다. 예를 들면 소들은 잘 자란 초지가 부족하여 미국농림부는 토양 침식과 야생동물 서식지 보존을 위하여 확보해놓은 보존 지역에 소들을 방목할 수 있도록 하였다. 미국 옥수수 생산량의 절반과 콩 생산량의 약 3분의 1이 감소하였으며 이로 인하여 전 세계의 식량 가격이 상승하였다. 농부들의 수입 감소는 농업 활동이 일어나는 지역의 다양한 사업에서 차질을 빚었다.

미래 기후 모델링을 하는 기후학자들은 2012년 여름이 기후 변화로 일어나는 환경과 경제의 일부 단면을 미리 보여주는 것이라고 여긴다. 사실 기후학자들은 아마 현재의 경향이 그대로 유지될 경우 이 세기의 중반에 미국 서부는 지난 1,000년 동안 일어났던 그 어떤 때보다 더 심각한 가뭄을 겪을 것이라고 밝혔다. 인간의 활동은 특히 태양의 복사 에너지를 붙잡아두는 이산화탄소를 대기로 방출시키며 1880년부터 약 1℃ 온도를 올리며 지구의 기후를 변화시키는 데 상당한 역할을 해오고 있다. 기후학자들은 기후 변화는 극지방 빙하의 감소와 해수면 상승과 더불어 더 빈번한 폭염, 가뭄과 기타 기상이변을 일으킬 것으로 예측한다.

기후 모델은 21세기 말에는 지표의 온도가 2~3℃ 더 오를 것으로 예상한다. 2014년에 발간된 정부간기후변화협의체(IPCC)는 "기후계가 더워지는 것은 일방통행이며 1950년대부터 관측된 여러 변화는 지난 수십 년에서 수천 년 동안에 겪어보지 못한 것들이다. … 인간의 영향이 이렇게 관측된 온난화의 주된 요인일 것이 가장 유력하다."고 하였다.

한 가지 좋은 소식은 이렇게 인간이 기후 변화에 주된 공헌자라는 것을 인식한다면 이 문제를 해결할 수 있는 단계들이 있다는 것이다. 그러나 이 문제점들을 살펴보면서 알게 되겠지만 환경과 경제에서 다른 형태의 붕괴를 일으키는 것만은 피해야 한다.

핵심 질문

우리는 어떻게 기후 변화의 환경적 영향과 사회적 영향을 줄이고 적응할 수 있을까?

과학원리   문제   해결방안

14.1~14.4 과학원리

기상 특정한 장소와 시간 (예 : 특정한 날이나 달의 조건)의 대기 조건, 기온, 습도, 구름양, 강우 등

기후 한 지역에 장기간에 걸친 평균 기상으로 평균 기온, 강수량 등이 포함된다.

절은 예측 가능하게 찾아오기 때문에 어느 지역에서 장기간에 걸친 평균 기온과 강수량 등의 평균적인 **기상**(weather)인 **기후**(climate)는 오늘날과 같이 이전에도 항상 같았으며 또 앞으로도 그럴 것이라고 생각하는 것은 아마 자연스러운 일이다. 아이처럼 여러분이 12월에 눈 덮인 사면을 스키를 타고 내려오거나 7월의 어느 날에 차가운 하천에 발을 담가보면 다음 세대도 똑같이 그럴 수 있을 것이라고 기대할 것이다. 사실 인간 역사의 대부

분은 상대적으로 기후가 안정한 상태였을 때 이루어졌지만 지구의 기후는 지질학적인 역사에서는 상당한 변화를 겪었다. 약 2만 년 전 위스콘신 주와 뉴욕 주는 북쪽에서부터 연장된 거대한 빙하로 덮여 있었는데, 이 빙하는 매우 빠른 온난화시기에 녹아서 오대호와 그밖의 다른 지리적인 경관을 남겼다. 이와 유사하게 약 1만 년 전 사하라 사막의 일부는 풀과 나무들로 덮였었다.

오늘날 우리는 온실가스의 방출과 그밖의 인간의 활동

기후와 기상의 차이점은 무엇인가?

지구와 이웃 행성의 모습

그림 14.1 태양에서 약 2억 2,800만 킬로미터 떨어진 곳에 위치한 화성은 이 책에서 다루는 3개의 행성 가운데 가장 작은 행성이다. 지구는 화성보다 7,800만 킬로미터 더 태양에 가깝고 화성 직경의 2배이다. 금성은 지구와 거의 비슷한 크기를 가지며 태양에 약 4,000만 킬로미터 혹은 30% 더 가까이 위치한다. 그렇지만 금성의 평균 기온은 지구의 평균 기온에 비해 30배 이상 높다.

으로 기후가 새로운, 경우에 따라서는 예측할 수 없는 방향으로 변하고 있다는 것을 알고 있다. 많은 스키장 사면에는 이전처럼 눈이 더 이상 내리지 않고 일부 담수 하천은 여름에는 바다까지 말라버린다. 그렇지만 지구가 어떻게 변하는지, 그리고 무엇이 지구의 기후가 특이하고 또 변하기 쉽게 만드는지 알기 위해서는 상층 대기까지 상태와 그리고 태양계의 다른 행성들까지 알아보아야 한다.

14.1 대기는 행성 온도를 조절하는 중요한 역할을 한다

태양계는 8개의 행성으로 이루어졌지만 생명체는 태양으로부터 세 번째에 있는 우리 지구에만 유일하게 존재하는 것으로 알려지고 있다. 그럼 2개 이웃 행성인 금성과 화성(그림 14.1)에는 생명체가 없지만 그렇게 많은 생명체가 왜 그리고 어떻게 우리 지구에만 있는지 궁금할 것이다.

2012년 8월에 미국 항공우주국(NASA)의 바퀴로 굴러 다니는 탐사선인 큐리아서티(Curiosity)가 화성에 착륙하여 붉은 암석과 모래가 수평선까지 펼쳐 흩어져 있는 경관의 황량한 영상을 지구로 전송하였다(그림 14.2). 이런 삭막한 생명이 없는 광경은 화성 지표의 평균 온도가 약 −65℃로서 이 온도는 북극곰도 따뜻하게 견딜 수 없기에 전혀 놀랍지 않다. 물론 얼음의 틈에 미생물이 숨어 있을 가능성이 있지만 이들 생명체는 꽁꽁 어는 추위에 견디며 살아야 하는 것이다. 금성은 생명체가 없을 것으로

그림 14.2 이동성 로봇 실험실인 '큐리아서티'가 화성의 게일 분화구 (Gale Crater)에 착륙한 지점에서 보내온 화성의 전경 사진. 분화구의 가장자리가 멀리 보인다.

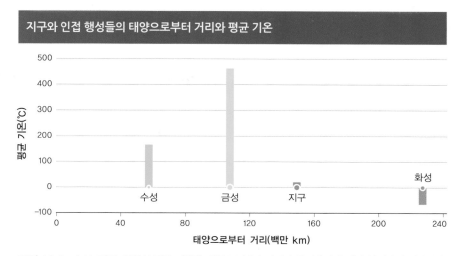

그림 14.3 수성, 지구, 화성의 평균 기온은 태양으로부터 거리가 증가하면서 거의 일정하게 낮아진다. 금성의 매우 높은 기온은 이러한 양상으로부터 매우 예외적인 것으로 행성의 온도에 영향을 미치는 것은 거리에 따른 태양 복사 에너지의 차이로만 설명할 수 없다.

여겨지는데, 그 이유는 금성의 지표 온도가 평균 464℃가 되어 나무를 태워 굽는 피자 오븐처럼 온도가 높기 때문이다.

금성과 화성의 양극단적인 온도 사이에서 지구는 평균 기온이 약 15℃가 되어 생명체들은 이 조건에 잘 적응하며 살고 있다. 얀 잘라시에비치와 마크 윌리엄스는 2012년에 출간한 책 *The Goldilocks Planet: The 4 Billion Year Story of Earth's Climate*에서 지구를 골디락과 곰 세 마리라는 고전적인 동화에 나오는 죽 그릇에 비유하였다. 이들은 우리 행성은 너무 차갑지도 너무 덥지도 않고 사람이 살기에 '아주 적당하다'고 썼다. 금성, 지구와 화성 이 세 행성 간의 온도 차이는 왜 일어나는가?

태양으로부터 떨어진 거리로 이 차이의 일부를 설명할 수 있다. 그러나 금성은 지구보다 태양에 더 가깝지만 태양에 가장 가까운 수성(그림 14.3)보다 2.8배 더 뜨겁다. 이에 따라 태양까지의 거리가 이들 세 행성의 기후 차이를 모두 설명할 수는 없다.

대기와 행성의 온도

지구의 대기는 지표로부터 500킬로미터에 달하는 우주의 끝까지 분포한다. 대기는 대부분이 질소와 산소로 구성되어 있으며 태양의 가시광선에 투명하다. 맑은 날은 태양 광선의 대부분이 유리창과 같이 대기를 투과하여 지표에 도달하면 지표에서 두 가지 현상이 일어난다. 태양 광선의 일부는 막 내린 하얀 눈과 같은 밝은 표면에 닿으

면 하늘로 곧바로 반사된다. 대부분의 태양 광선은 어느 여름날의 주차장과 같이 지표를 데우며, 지표에서 에너지는 열 에너지 전달 양상의 하나인 적외선을 천천히 방출시킨다. 특별히 더운 날 태양이 진 후 태양 광선이 없을 때라도 땅에서 복사되어 나오는 열기를 느낄 수 있는 것을 생각해보라.

적외선 복사는 가시광선보다 더 파장이 긴데 이는 적외선이 다른 특성을 가진다는 것을 가리킨다. 적외선의 대부분은 대기를 통하여 외부 우주로 빠져나가지 못하고 구름과 이산화탄소와 수증기 같은 가스에 흡수되어 따뜻한 공기층을 형성한다. 이런 현상을 **온실효과**(greenhouse effect)라고 하며 지구에 대기가 없었을 때보다 약 33℃ 정도 더 높은 온도로 가열하여 이 지구에 생명체가 살 수 있도록 한다(그림 14.4).

지구, 화성 및 금성의 기후의 차이는 온실효과의 차이로 설명할 수 있다. 화성의 대기는 95% 이상의 이산화탄소로 이루어져 있지만, 지구 대기의 밀도와 마찬가지로 밀도가 1%에 불과해 대기의 열 보존 능력이 거의 없기 때문에 기온이 몹시 낮다. 이와는 정반대로 금성의 대기는 거의 전부 이산화탄소로 이루어져 있지만 밀도가 지구 대기의 92배보다 높다. 따라서 방대한 양의 열을 가두어 엄청난 온실효과를 낸다.

⚠️ 생각해보기

1. 지구의 어느 환경이 태양 에너지의 대부분을 반사시키는가?
2. 대기에 이산화탄소와 수증기가 없다면 지구는 어떤 상태에 있을까?
3. 만약 생명체가 살 수 있는 다른 행성을 찾는다면 어떤 점을 고려해야 할까?

14.2 과학자들은 200년 전에 온실효과를 이해하기 위한 기반을 구축하기 시작했다

오늘날 기후 변화에 대하여 빠르게 진행되는 연구들은 19세기로 되돌아가는 기념비적인 과학적 발견에 기반을 두고 있다. 독일 출생 작곡가인 프레드릭 윌리엄 허셀(Fredrick William Herschel)은 35년간 오보에, 바이올린과 쳄발로 연주 생활을 한 후에 망원경이라는 새로운 기구를 이용하여 실험하였다. 1800년 2월 11일에 그는 태양 흑점을 관측하고자 색이 있는 필터를 시험하면서 서로 다른 색을 가진 필터가 서로 다른 양의 열을 통과시킨다는 것을 알아냈다. 그는 이러한 차이를 관찰하면서 서로 다른 색을 가진 태양 광선이 얼마만큼의 열을 운반하는지 측정하려고 하였다. 이러기 위해서 허셀은 프리즘을 이용하여 태양광을 파장에 따라 구분하여 태양광의 각각의 색에 노출된 온도계의 온도와 햇빛의 범위 밖에 설치한 2개의 온도계에 기록된 온도와 비교하였다(그림 14.5). 놀랍게도 그는 가장 높은 온도가 가시광선이 나타나지 않는 태양광 스펙트럼의 적색 바로 바깥쪽에서 나타난다는 것을 알아냈다. 허셀은 이 부분의 광선을 '칼로리를 발생하는 광선'이라고 부르며 이 광선이 가시광선처럼 흡수되고 반사되며 전도된다고 하였다. 적외선 복사를 발견한 것이다.

얼마 지나지 않아 프랑스 수학자인 장 바티스트 푸리에(Jean-Baptiste Fourier)는 지구 기후에 미치는 적외선의 중요성을 알아냈다. 1827년에 푸리에는 행성이 태양으로부터 주로 에너지를 얻으며 태양 에너지를 받는 양이 적외선으로 빠져나가는 에너지양과 같아질 때까지 온도가 증가한다고 제안하였다. 그는 또한 지구의 대기는 판유리와 같아서 가시광선은 통과시키지만 적외선은 잘 통과시키지 않는다고 하였다. 물론 푸리에는 많은 잘못된 판단을 내렸지만 오늘날 우리가 사용하고 있는 온실효과라

온실효과 지구 대기의 다양한 성분들이 적외선을 흡수하고 재복사시켜 지표와 대기의 온도를 높이는 것

온실효과

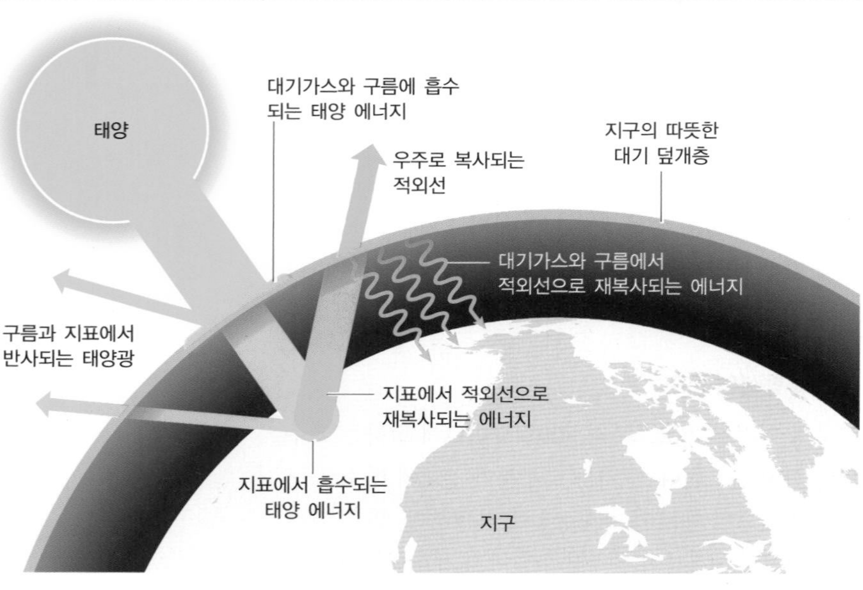

그림 14.4 지구의 대기는 들어오는 태양광에 비교적 투명하며 주로 적외선과 자외선 범위의 태양광선을 흡수한다. 반사되지 않은 태양광선은 대기가스, 구름과 지표에서 흡수된다. 지표, 구름이나 대기가스에 흡수되는 태양 에너지는 적외선으로 복사되며 이 과정에서 지표와 대기를 데운다.

적외선의 발견

프레드릭 윌리엄 허셜

태양광선

프리즘

가시광선

적외선

그림 14.5 프레드릭 윌리엄 허셜은 1800년에 자신이 설계한 독창적인 기구를 이용하여 가시 스펙트럼 내 빛 파장별 열량을 측정하는 과정에서 우연찮게 보이지 않은 영역의 적외선 존재를 발견했다. 그의 실험에서 1개의 온도계가 가시 스펙트럼의 빨간색 가시광선보다 바로 옆의 파장이 긴 곳에 놓였는데, 이 온도계에서 허셜은 가시 스펙트럼에 놓인 어느 온도계보다 더 높은 온도를 측정하였다.

는 핵심 개념을 수립하였다.

푸리에가 온실효과를 이해하는 데 한 가지 빠뜨린 것은 대기가 여러 가지의 가스들로 이루어져 있다는 점을 간과한 것이다. 영국의 물리학자인 존 틴들(John Tyndall)은 가스로 채워진 튜브에 적외선을 통과시키면서 특정한 가스가 적외선을 얼마나 흡수하는가를 추정하였다(그림 14.6). 그는 산소와 질소는 적외선을 거의 흡수하지 않는다는 것을 발견하였다. 그렇지만 대기에 들어 있는 수증기, 이산화탄소 및 아산화질소와 같은 미량 가스가 적외선을 잘 흡수하였다. 틴들은 대기에 이런 미량 가스가 없다면 지구는 얼어 있는 세상으로 바뀔 것으로 주장하였다.

실제 그 당시 시작되었던 지질학적인 연구도 과거 지구에 그런 얼어 있던 세상이 있었다는 것을 밝혔다. 지난 마지막 빙하기 동안 북유럽과 북아메리카는 광범위한 빙하로 뒤덮였다. 또 다른 과거에는 기후는 지금보다 훨씬 더웠었다. 그렇다면 무엇이 이런 기후의 광범위한 변화를 일으킨 것일까? 스웨덴의 화학자로 노벨 수상자인 스반테 아레니우스(Svante Arrhenius)는 대기의 이산화탄소 함량 변화를 일으킨 작용으로 기후 변화가 일어난 것이라고 제안하였다. 예를 들면 화산 분출이 이산화탄소를 대기로 방출시키지만 탄산염 암석과 석탄이 생성되면 이산화탄소를 줄인다. 20세기 전반에 아레니우스는 석탄을 태우면서 방출되는 이산화탄소는 화산에서 방출되는 이산화탄소의 양과 맞먹으며 석탄을 태우면 향후 지구 온난화가 일어날 것이라고 지적하였다.

아레니우스는 이산화탄소의 양이 2배로 늘어난다면 전 지구 온도를 5℃에서 6℃ 올릴 것이지만 반으로 줄이면 전 지구 온도를 4℃에서 5℃ 줄일 것이라고 예측하였다. 아레니우스가 이산화탄소와 그밖의 대기가스들이 전 지

미량 기체에 의한 적외선의 흡수를 측정하는 틴들의 실험 기구

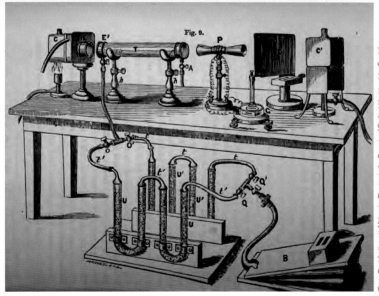

그림 14.6 1861년 존 틴들은 대기에 들어 있는 여러 미량 가스들이 적외선을 흡수한다는 연구 결과를 논문으로 발표하였는데, 이 연구는 약 25년 전에 제안된 지구 대기가 데워지는 기작을 밝혀낸 것이다. 실험에서 틴들은 이산화탄소와 같은 특정한 대기가스를 실험 장비의 관에 채워넣었다. 그런 다음 이 관에 적외선을 통과시키며 적외선이 흡수되는 양을 측정하여 이 가스가 온실효과에 기여하는 것을 알아낼 수 있었다. (출처 : Tyndall, 1861)

구 온도에 영향을 미칠 것이라는 설명은 대체로 옳았다. 그렇지만 그는 어떻게 빙하기와 더 온난했던 시기의 기후가 주기적으로 바뀌었는지에 대하여는 만족할 만한 설명을 제시하지 못했다. 현재 우리는 이런 기후 주기가 지구 자전축의 기울기 변화와 지구가 태양을 도는 공전궤도의 모양 변화로 일어난다는 것을 알고 있다.

⚠ 생각해보기

1. 적외선 카메라를 이용하여 세상을 바라본다고 하자. 어떤 물체가 가장 밝게 빛날까?
2. 과거 기후를 변화시킨 화산의 예를 들어보라.

14.3 전 지구적인 온도와 대기 중 이산화탄소 농도는 주기적으로 변한다

지구 역사 동안 여러 번에 걸친 빙하기가 있었는데 빙하기는 일정한 시간 간격으로 일어났다. 대기의 이산화탄소 농도가 기후 변화에 아주 중요한 역할을 하지만 과학자들은 이러한 기후 변화 주기의 시기에 관여한 여러 요인을 이제야 이해하고 있다.

얼음에 기록된 기후

눈이 지구의 추운 곳인 높은 산과 고위도 지역에 내려 쌓이면 눈의 아래 층준을 압축시키고 눈이 얼음으로 변하면서 아주 오래된 과거의 공기 시료를 얼음 속에 가둔다. 기온이 높으면 대기 중 수증기는 수소의 무거운 동위원소인 중수소를 더 많이 함유한다. 이 점은 과학자가 얼음 시료에서 대기 중 가스의 과거 함량을 측정하고 과거의 온도를 예측할 수 있다는 것을 가리킨다.

유럽 과학자 팀은 남극대륙 빙하에서 길이 3.2킬로미터 이상의 빙하코어를 시추하여(그림 14.7) 지난 80만 년 동안의 기후를 복원하였다. 대기 중에는 대기가스가 아주 소량으로 들어 있기 때문에 과학자들은 측정된 가스의 함량을 ppm(parts per million)으로 보고한다. 이 연구에서 과학자들은 과거 대기에서 100만 개의 가스 분자에 이산화탄소가 170~300개 분자로 존재한다는 것을 알아냈다. 다른 말로 표현하면 이산화탄소의 농도는 170~300ppm 사이라는 것이다. 오늘날 지구 대기에는 이산화탄소가 400ppm 이상 들어 있다.

이산화탄소 농도는 시간에 따라 변화하였다. 기온이 낮으면 이산화탄소의 농도도 낮았으며, 기온이 높으면 이산

800,000년 동안의 이산화탄소와 온도 기록

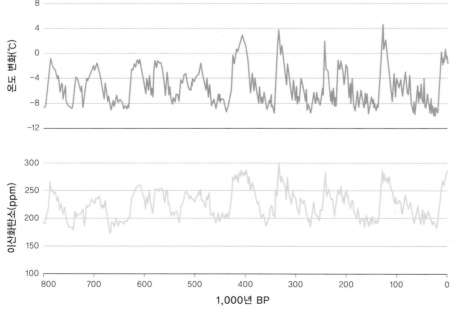

그림 14.7 여러 연구 팀들(사진)이 남극 빙모에서 시추해낸 빙하코어는 과거 기후와 대기의 이산화탄소 농도에 대한 정보를 제공한다. 2개의 그래프는 지난 800,000년 동안 기온의 증가와 감소(위)는 대기의 이산화탄소 함량의 증가와 감소(아래)와 일치한다는 것을 보여준다. (자료 출처 : Lüthi et al., 2008)

화탄소의 농도도 높았다. 빙하기와 간빙기 동안의 기록에서 가장 주목할 만한 것은 빙하기와 간빙기의 주기가 대략 100,000년 간격으로 나타났다는 점이다. 지난 800,000년 동안 아홉 번의 빙하기가 있었다는 것이다. 왜 이러한 기후 변화가 일어났을까? 이러한 기후 주기 변화는 지구의 공전과 자전에 따른 변화라는 것으로 밝혀졌다.

지구 공전 주기의 역할

1920~1930년대에 세르비아의 천문학자인 밀루틴 밀란코비치(Milutin Milankovitch)는 빙하기가 지구의 자전과 태양을 도는 공전 궤도의 변화에 따라 일어나는 것이라는 학설을 연구하였다. 그는 여름 동안 지구에 도달하는 태양 에너지의 양이 시간이 지나면서 눈이 축적되는 것을 제어하기에 빙하기의 시작과 끝을 결정하는 데 아주 중요하다는 가설을 세웠다. 밀란코비치는 북반구 여름 동안 태양 복사 에너지가 약하고 기온이 낮아지면 눈은 축적되기 시작하며 빙하기가 시작된다고 근거를 세웠다.

밀란코비치는 태양 복사 에너지의 양을 조절하는 지구의 궤도 주기에 3개의 양상이 있음을 알아냈다. 첫째 양상은 지구가 태양을 공전하는 타원형의 궤도 모양의 변화로 100,000년 주기로 공전 궤도가 길어지고 줄어든다. 이런 공전 궤도의 변화를 **이심률**(eccentricity)이라 하는데, 이심률은 지구와 태양 간 거리의 변화를 일으킨다. 현재 지구는 낮은 이심률을 보이는데, 지구가 태양으로부터 가장 멀어진 7월 4일의 태양열 입사량은 지구가 태양에 가장 가까운 1월 3일에 비하여 약 6% 정도 적다. 이심률이 가장 높으면 태양열 입사량의 차이는 20~30%에 달한다.

두 번째 양상은 지구 자전축의 기울기 변화 주기로 매 41,000년마다 최소인 21.5°에서 최대인 24.5°로 바뀐다. 이 기울기 주기는 지구의 남·북반구 고위도 지역이 가열되는 데 변화를 일으킨다. 축 방향 기울기가 낮으면 고위도에서 일사량이 감소하여 더 시원한 여름을 만들어 눈과 얼음이 더 잘 쌓이고 겨울이 더 오래간다. 큰 기울기를 가지는 동안에는 고위도 지역에서 겨울에 내린 눈이 더 더운 여름 동안 녹는다. 현재 자전축의 기울기는 23.5°이며 지구는 위 두 가지 극심한 경우 사이에 놓여 있다.

세 번째 양상은 지구는 자전축이 26,000년 주기로 흔들거리며 돈다는 것이다. 지구 자전축의 흔들거림은 **춘분점과 추분점의 세차운동**(precession of the equinoxes)을 일으키는데 춘분점과 추분점이 시간에 따라 26,000년마다 지구 공전 궤도의 다른 위치에서 일어나도록 한다. 지구 공전 궤도에서 춘분점 및 추분점과 하지 및 동지의 위치가 바뀌면서 북반구와 남반구에서 받은 태양 에너지의 양에 변화가 생긴다. 춘분점과 추분점의 세차운동은 계절 간 변화를 더 크게(더 따뜻한 여름과 더 추운 겨울) 하거나 더 적게(더 시원한 여름, 더 따뜻한 겨울) 만든다. 현재는 지구가 북반구에서 동지 동안 태양에 가장 가깝고 하지 동안에는 태양으로부터 가장 멀리 떨어져 있어 북반구의 계절 차이를 줄이고 있다.

이심률 지구가 태양을 공전하는 타원형의 궤도 모양의 변화

춘분점과 추분점의 세차운동 지구 자전축이 천천히 일어나는 흔들거림으로 춘분점과 추분점이 시간에 따라 26,000년마다 지구 공전 궤도의 다른 위치에서 일어나도록 한다.

밀란코비치 주기

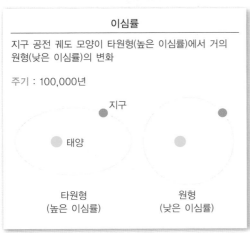

이심률

지구 공전 궤도 모양이 타원형(높은 이심률)에서 거의 원형(낮은 이심률)의 변화

주기 : 100,000년

지구
태양

타원형
(높은 이심률)

원형
(낮은 이심률)

자전축 기울기

자전축의 기울기가 21.5°에서 24.5°까지 변화로 적도에서 양극 지방까지 태양 에너지의 분포에 영향을 미침

주기 : 41,000년

21.5° 24.5°

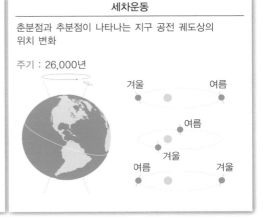

세차운동

춘분점과 추분점이 나타나는 지구 공전 궤도상의 위치 변화

주기 : 26,000년

겨울 여름
여름
겨울
여름 겨울

그림 14.8 밀란코비치 주기는 지구에 들어오는 태양 에너지의 양에 영향을 미친다.

과학원리　　　　　　　문제　　　　　　　해결방안

이 세 가지 주기를 **밀란코비치 주기**(Milankovitch Cycles)라고 하며 지난 800,000년 동안의 빙하기 발생을 설명하는 것으로 여겨진다(그림 14.8). 지구의 기후에 밀란코비치 주기가 어떻게 영향을 미치는가를 아는 것은 중요하지만 지구의 움직임이 지난 세기 동안 전 지구적인 기온이 이전에 없던 정도로 상승한 것에 대하여 설명하지는 못한다.

온난화 시기의 남·북반구 간 차이

비록 남극 빙하의 기록에서 이산화탄소와 온도 변화가 밀접히 맞물려 있지만 과학자들은 온도의 상승이 이산화탄소 함량 증가가 일어나기 이전에 일어났었다는 것을 알아냈다. 이러한 사실은 약간 의외인 것 같지만 다음에 알아보는 것처럼 이산화탄소는 전 지구적인 순환 고리의 일부를 이룬다. 이는 이산화탄소가 온난한 기후의 원인이기도 하며 또 결과이기도 하다는 점이다. 이 개념을 이해하기 위하여 남극대륙으로부터 빠져나와 지구의 기후에 영향을 미치는 다른 강제력에 대하여 전반적으로 살펴보기로 하자.

이산화탄소는 지질시간 동안 지구 기후를 변화시키는 데 중요한 역할을 하였다. 과학자들은 이산화탄소가 밀란코비치 주기와 어떻게 관련이 있는지 그리고 우리는 향후 이산화탄소 방출에 왜 관심을 가져야 하는지에 대하여 이해하기 시작하였다. 2012년에 하버드대학교와 컬럼비아대학교 지구관측연구소의 제레미 샤쿤(Jeremy Shakun)은 온실효과가 밀란코비치 주기와 어떻게 관련되

> **밀란코비치 주기** 지구의 공전 궤도 모양, 자전축의 기울기와 춘분점과 추분점의 세차운동의 주기적 변화로 지구의 기후 변화를 일으킨다.

어 있는지를 알아보기 위하여 최후 빙하기에 주된 관심을 가지고 조사하였다.

그와 연구 팀은 남극대륙 빙하코어 시료를 연구하기보다는 다양한 연구 방법을 이용하여 북반구와 남반구 모두의 온도 기록을 복원하였다. 예를 들면 어떤 해양 플랑크톤의 아주 작은 껍질은 마그네슘과 칼슘을 모두 가지고 있는데, 이 두 원소의 비는 수온과 밀접한 관계를 가지는 것으로 알려지고 있다. 남극대륙의 빙하코어를 얻지 않고 이들은 해양 바닥에서 이러한 플랑크톤의 껍질이 들어 있는 퇴적물 코어를 획득하였다. 육상에서는 호수 밑 바닥에서 퇴적물 코어를 획득하였는데, 이 퇴적물 코어에는 특정한 시기에 존재하였던 생태계를 반영하는 식물의 화분이 들어 있다. 이렇게 해양과 호수의 퇴적물 코어를 조사하여 샤쿤은 남반구의 온난화가 이산화탄소의 증가 이전에 일어났다는 남극대륙의 연구 결과를 뒷받침하였다. 그렇지만 북반구에서는 그리고 지구 전반에 걸쳐서는 기온이 이산화탄소가 증가한 후 5세기 뒤에 증가하기 시작했었다(그림 14.9).

샤쿤은 밀란코비치 주기가 최후 빙하기의 종말을 시작시켰으며 아주 복잡한 반응을 일으켰다고 제안하였다. 처음에는 북반구에서 더 많아진 태양 에너지가 약 19,000년 전에 빙하를 녹였다. 이로 인한 담수가 대서양으로 들어가면서 남반구에서 북쪽으로 열을 수송하는 해류인 대서양 남북 순환류(AMOC)의 흐름을 약화시켰다(그림 14.10). 이렇게 대서양 남북 순환류의 흐름이 약화되면서 열은 남극대륙을 포함한 남반구에 갇히게 되었다. 남반구의 해양이 점점 데워지면서 해수에 들어 있는 이산화탄소의 용해도가 낮아지며 마치 탄산음료가 데워지면서 이산화탄소가 방출되는 것처럼 해양에서 이산화탄소가 대기로 방출되었다. 남반구 해양에서 이렇게 많은 양의 이산화탄소가 방출되며 온실효과로 지구의 온난화가 증폭되어서 최후 빙하기의 종말을 재촉하였다.

따라서 빙하기와 간빙기의 시기가 밀란코비치 주기로 정해지지만 이 두 시기 사이의 변화는 대기의 이산화탄소로 결정된다는 것이다. 다음 부분에서 알아보겠지만 인간의 시간 규모에서 지구의 기후를 생각한다면 대기 중 이산화탄소가 미래의 가장 큰 걱정거리이다.

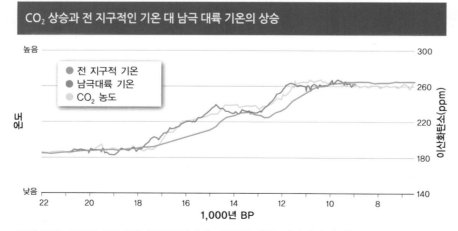

CO₂ 상승과 전 지구적인 기온 대 남극 대륙 기온의 상승

그림 14.9 마지막 최대 빙하기의 끝무렵에 전 지구적인 기온(오렌지색)의 상승은 대기의 이산화탄소 함량(노란색)의 증가를 뒤따랐다. 그런데 남극대륙의 기온(파란색)은 대기 중 이산화탄소 농도 상승 전에 상승되었거나 상승하는 이산화탄소 농도와 일치하였다. (자료 출처 : Shakun et al., 2012)

⚠ 생각해보기

1. 지난 800,000년의 빙하 기록에서 높은 이산화탄소의 함량은 높

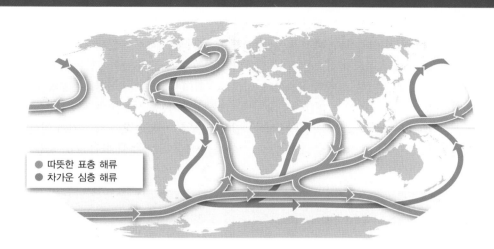

대서양 남북 순환류(AMOC)와 남반구의 온난화

- ● 따뜻한 표층 해류
- ● 차가운 심층 해류

그림 4.10 대서양 남북 순환류(AMOC)는 남반구에서 북반구로 열을 수송한다. 기후 과학자들은 약 19,000년 전에 북반구에서 빙하 녹은 담수의 상당량 유입으로 북반구로 열을 수송하는 이 순환류를 약화시켰으며 이에 따라 남반구에 이른 온난화를 일으켰다고 제안한다.

은 온도와 잘 대비가 되기 때문에 이산화탄소가 지구의 온도 증가를 일으켰다고 결론을 낸다면 이는 정확한 것일까?

2. 밀란코비치 주기가 없는 행성은 빙하기를 가질까?

3. 어떤 생물학적인 현상이 과거 기후에 대한 정보를 기록할까?

14.4 대기 중 이산화탄소는 전 지구 온도를 조절하는 온도조절장치이다

현재 기후학자들이 가지고 있는 전 지구적 규모의 의문점, 엄청난 양의 자료, 그리고 기존의 실험으로는 해결을 할 수 없는 문제점 때문에 기후 연구에는 컴퓨터와 컴퓨터 모델이 필수적으로 이용되고 있다. 기후 모델은 여러 수학 방정식을 이용하는 시스템으로 만들어지는데, 과학자들은 특정한 문제를 해결하기 위하여 또는 가설을 검증하기 위하여 모델을 이용한다. 2000년대 초기에는 뉴욕에 있는 미국 항공우주국의 고다드우주과학연구소는 일반물리학 법칙에 기반을 둔 지구 대기와 해양 그리고 빙하의 상호작용을 모사하는 모델E(GISS ModelE)라는 기후 모델 프로그램을 개발하였다.

이 프로그램을 이용하여 기후학자들은 대기에 들어 있는 다양한 가스들이 전 지구적인 기온에 미치는 순간의 영향을 알아낼 수 있었다. 그들은 대기에서 적외선을 흡수하고 흡수한 열을 다시 지표로 바로 보내는 가장 중요한 가스는 수증기라는 것을 발견하였는데, 수증기는 온실효과의 50%를 차지한다. 다음으로는 구름이 적외선의 4분의 1을 흡수한다. 마지막으로 이산화탄소인데, 이산화탄소는 온실효과의 5분의 1을 담당하며 메탄과 아산화

질소와 같은 온실가스가 뒤를 잇는다(그림 14.11).

여러분은 이산화탄소가 전 지구 온도에서 부수적인 역할을 하는 것으로 여길지 모르지만 실제 내용은 좀 더 복잡하다. 이미 한 세기보다 훨씬 이전에 아레니우스가 알아보았듯이 수증기는 대기에 들어 있는 이산화탄소보다 시공간적으로 훨씬 변동이 심하다. 그 이유는 따뜻한 공기는 찬 공기보다 더 많은 수증기를 흡수하기 때문인데, 이렇기 때문에 콜로라도 주의 겨울보다 플로리다 주의

온실효과에 미치는 상대적 영향

온실효과 백분율

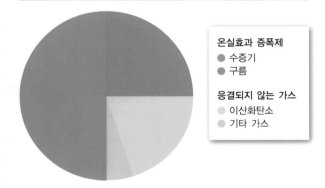

온실효과 증폭제
- ● 수증기
- ● 구름

응결되지 않는 가스
- ● 이산화탄소
- ● 기타 가스

그림 14.11 수증기와 구름은 모두 온실효과에 약 75%의 영향을 끼치며 이산화탄소와 메탄과 아산화질소와 같은 기타 가스들은 각각 20%와 5%씩 영향을 끼친다. 수증기와 달리 이산화탄소는 지구 대기의 온도에서 액체로 응결하지 않으며 비로 내리지 않는다. 이에 따라 이산화탄소(일부 다른 미량 가스들과 함께)는 온도조절장치처럼 온실효과의 정도를 결정하는 반면, 수증기와 구름은 이들 가스들의 영향을 증폭시킨다. (자료 출처 : Lacis et al., 2010)

여름이 훨씬 습한 것을 알 수 있다. 즉 이산화탄소의 방출이 전 지구 온도를 올리면 대기의 수증기 양도 증가하며 이로 인하여 온실효과를 증폭시키는 양의 되먹임 회로가 작동한다(제2장 50쪽 참조). 예를 들면 대기의 이산화탄소 농도가 증가하고 전 지구 온도가 상승한다면 대기의 수증기 양도 역시 증가할 것이며 그 결과 유기물의 분해가 빨라지면서 이산화탄소를 대기로 방출할 것이다. 이런 작용은 온실효과를 증가시키는 양의 되먹임 작용의 여러 개 중 하나일 뿐이다(그림 14.12). 이와 반대로 **음의**

음의 되먹임 기후계와 같은 하나의 계에서 어떤 요인이 증가하면 그 계에서 그 요인의 감소를 일으키는 것

되먹임(negative feedback)이 일어나기도 한다. 음의 되먹임 작용이란 기후계와 같은 하나의 계에서 어떤 요인의 증가가 그 계에서 그 요인의 감소를 일으키는 것을 가리킨다. 한 예로 대기의 이산화탄소 함량이 증가하고, 온도가 높아지고, 습도가 높아지면 식생의 성장을 부추기고 이로 인하여 대기의 이산화탄소는 감소하게 된다.

그렇다면 이산화탄소가 지구의 기후에 미치는 영향은 얼마나 될까? 실제 생활에서 대기의 이산화탄소를 빼내 버리는 실험은 가능하지 않지만 이 상황을 모델로 나타

이산화탄소 강제력에 의한 전 지구 온난화와 냉각화에 따른 양의 되먹임 작용

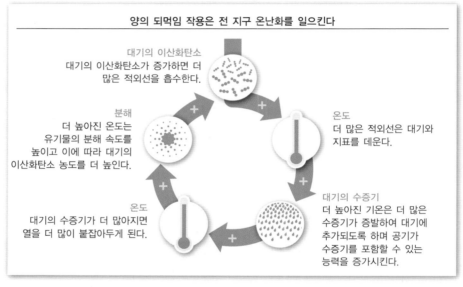

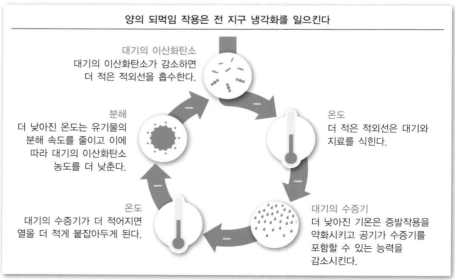

그림 14.12 지구 시스템에서 전 지구적인 기후 변화에 영향을 미치는 양의 되먹임 작용의 두 가지 예

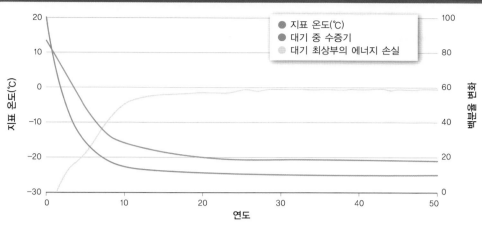

지구 대기에서 응결하지 않은 가스들을 제거한 후에 일어난 양의 되먹임 작용 결과

그림 14.13 GISS 모델은 대기에서 이산화탄소, 메탄(CH_4), 아산화질소(N_2O)와 같은 주된 온실가스를 제거를 하면 수증기 함량이 빠르게 줄어들고, 대기 최상부에서 적외선의 열복사로 인한 에너지 손실이 증가하며 지표 온도는 가파르게 낮아진다. (Lacis et al., 2010)

낼 수 있다. 한 모사실험에서 고다드우주과학연구소 연구 팀은 이산화탄소와 다른 온실가스들을 제거하고 시간이 지나면서 어떻게 되는가를 관찰했다. 모델에서 첫 해는 온도가 거의 5℃ 정도 떨어졌으며, 50년 후에는 온도가 −21℃까지, 거의 35℃가 떨어지며 전 세계 해양의 3분의 1만이 얼지 않고 남았었다(그림 14.13).

이에 더하여 아레니우스가 오래전에 예측했던 대로 대기의 수증기 함량은 거의 90% 정도 가파르게 감소하였다. 이렇게 볼 때 이산화탄소는 단지 세 번째로 지구의 온실효과를 일으키는 중요성을 가지지만 고다드연구소 연구 팀은 이산화탄소가 전 지구 온도에 결정적으로 역할을 하는 것으로 결론을 내리고 대기의 수증기 함량은 온도가 오르고 내림에 따라 달라진다고 하였다. 우리는 골디락 행성에 살고 있기에 단지 몇 도 정도의 온도 변화가 있더라도 지구에 살고 있는 생물에게는 큰 영향을 미치는데 이에 대하여는 다음 부분에서 살펴볼 것이다.

⚠ 생각해보기

1. 화석 연료를 태우며 지구의 기후를 알아보는 실험을 한다고 하자. 이런 실험의 영향을 검증하기 위하여 빠진 것은 무엇일까? (힌트 : 잘 고안된 실험의 가장 중요한 요소는 무엇일까?)
2. 기후계에서 수증기와 이산화탄소 이외에 또 어떤 것이 양의 되먹임과 음의 되먹임을 일으킬까?

14.1~14.4 과학원리 : 요약

태양계에서 행성들 간의 온도 차이는 대체로 행성 대기의 조성으로 설명할 수 있다.

지난 2세기 동안의 과학 연구로서 대기의 미량 가스인 수증기, 이산화탄소와 아산화질소가 적외선을 흡수하고 지표를 달구는 온실효과를 나타낸다는 것을 알게 되었다.

빙하코어와 그밖의 다른 증거들은 전 지구적으로 온도가 낮았던 시기에는 이산화탄소의 농도가 낮았으며, 온도가 높았던 시기에는 이산화탄소의 농도가 높았었다는 것을 가리킨다. 이러한 주기의 변화는 지구가 태양을 도는 공전 궤도, 자전축 중심으로 흔들리기, 그리고 자전축의 기울기 주기 변화와 잘 일치한다.

이산화탄소는 전 지구 온도의 온도조절장치 역할을 한다. 이산화탄소의 농도가 높아지면 지구의 온도 역시 천천히 상승하며 대기에 수증기 함량이 높아지게 하여 양의 되먹임 순환고리에서 온도가 점점 더 높아지도록 한다. 이산화탄소의 함량에서 작은 변화도 기후 변화를 일으키고 지구의 생물다양성과 인간, 사회 및 경제계에 심각한 영향을 끼친다.

14.5~14.8 문제

인류 초기에는 인류가 기후계를 변화시킬 수 있다고는 생각하지 못했다. 인구수는 너무 적었고 그 인구가 미치는 영향은 별로 중요하지 않았다. 그러나 과학적인 증거가 점점 늘어나면서 인간의 활동이 지구 대기의 온실가스 함량을 높이는 데 책임이 있다는 것이 밝혀졌다. 이러한 영향으로 전 지구적인 기온은 상승하고 있으며 기후 변화의 다른 양상들도 함께 나타나고 있다. 변화하는 기후는 생물종들의 지리적 분포에 이미 변화를 일으켰을 뿐 아니라 중요한 자연 생태계에도 해를 끼쳤다. 억제하지 못하는 기후 변화는 생물종의 멸종과 농업의 와해에서부터 인구의 이동에 이르기까지 더 많은 영향을 끼칠 것이다.

14.5 정밀한 측정으로 화석 연료의 연소가 대기의 이산화탄소 농도 증가의 주원인으로 밝혀졌다

1955년 5월 18일 젊은 박사후 연구원인 찰스 데이비드 킬링(Charles David Keeling)은 캘리포니아 주 빅서주립공원의 해안가 강 근처에 캠프를 차렸다.

킬링은 이산화탄소가 물과 공기 사이에 어떻게 이동하는지를 알고자 하던 젊은 화학자로서 야외 활동가였으며, 이 연구 주제는 석회암에 대한 지질학적인 의문에 관련되었다. 킬링은 그곳의 세쿼이아 숲에서 즐겁게 시간을 보내면서 낮과 밤의 수 시간마다 필요한 양 이상으로 물과 공기 시료를 채집하였다. 그는 자신이 소속되어 있던 캘리포니아공과대학으로 이 시료들을 가지고 가서 분석한 결과 단지 석회암에만 관련된 것이 아닌 지구 대기 자체에 대한 놀라운 발견을 하였다.

처음에 그는 숲의 공기에 들어 있는 이산화탄소의 농도가 하루 단위로 바뀐다는 것을 알아냈다. 이산화탄소는 낮에는 식물이 광합성을 하는 동안 당을 만들기 위해 이산화탄소를 소비하기에 줄어들었다가 밤에는 식물과 다른 생물들이 호흡을 함에 따라 증가하였다. 두 번째는 공기 중 이산화탄소의 함량은 오후에 측정한 그 어느 곳에서도 310ppm으로 동일하다는 것을 알아냈다. 킬링 이전에 그 누구도 대기의 이산화탄소를 꾸준하게 또 정확하게 측정한 사람은 없었다.

킬링의 이러한 신기원을 이루는 연구 결과들은 곧 미국 기상대의 해리 웩슬러(Harry Wexler)에게 전해졌다. 웩슬러는 그에게 하와이 섬의 화산인 마우나로아의 3,397미터 높이에 위치한 새로운 관측소를 포함하여 전 세계 대기의 이산화탄소를 측정할 기회를 제공하였다(그림 14.14).

마우나로아와 킬링 곡선

킬링이 측정을 시작할 무렵 과학자들 사이에는 화석 연료의 연소가 대기에 미치는 영향에 대하여 많은 의견들이 충돌하고 있었다. 주류를 이루는 생각은 광대한 해양이

마우나로아 이산화탄소관측소

(Jonathan Kingston/National Geographic Creative/Getty Images)

그림 14.14 이산화탄소관측소가 마우나로아에 위치한다. 이곳은 공기 오염원으로부터 멀리 떨어져 있기 때문에 아주 질 좋은 자료를 생산할 수 있다. 대기 중 이산화탄소의 농도는 마우나로아에서 반 세기 넘게 관찰되고 있다.

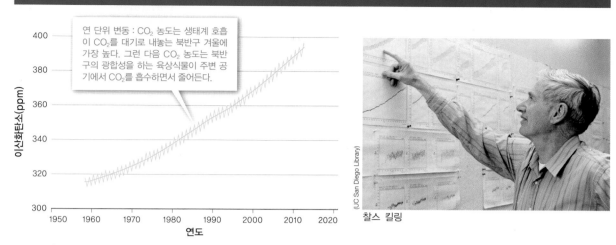

그림 14.15 찰스 데이비드 킬링은 1958년 마우나로아에서 이산화탄소의 농도를 측정하기 시작했으며, 이 측정은 현재까지 지속되고 있다. 그 결과는 킬링 곡선인데, 이 곡선은 스반테 아레니우스가 1896년에 예상한 대로 대기의 이산화탄소 함량은 실제로 증가하고 있다는 것을 나타낸다. 이렇게 대기 중 이산화탄소 농도의 가장 긴 연속적인 기록은 전 지구적인 탄소 순환과 인간이 지구의 대기에 어떻게 영향을 미치는지에 대하여 헤아릴 수 없는 통찰력을 제공하였다. (자료 출처 : Earth System Research Laboratory of NOAA)

그 위에 놓인 대기와 활발히 이산화탄소를 교환하므로 대기에 추가되는 이산화탄소를 빠르게 흡수할 수 있을 것이라는 주장이었다. 과학자들은 킬링의 정확한 측정이 이러한 논란을 잠식시킬 수 있을 것으로 보았다.

킬링은 마우나로아에서 처음 두 해 동안 이산화탄소가 계절에 따라 높아지고 낮아지는 톱니 모양을 나타낸다는 자료를 생산해냈다. 이러한 톱니 모양의 이산화탄소 양상의 원인은 생태계를 구성하는 모든 유기체가 호흡으로 이산화탄소를 대기 중으로 내뿜어내어 이산화탄소의 농도가 북반구 겨울철의 최대에 도달하기 때문이다. 그런 다음 북반구의 성장 계절에는 식물들이 잠에서 깨어나 북반구 전 대륙에 걸쳐서 광합성률이 높아지면서 이산화탄소의 농도는 줄어들었다. 킬링은 이러한 측정을 50년간 더 계속하면서 마우나로아에서 이산화탄소의 톱니 곡선이 점점 상승한다는 것을 알아냈다. 2012년에는 대기의 이산화탄소가 거의 25%나 증가하였다. 이런 현저한 그래프를 킬링 곡선이라고 부른다(그림 14.15).

현재와 같이 현저하게 대기의 이산화탄소가 증가한 것

?

킬링의 이산화탄소 감지기는 왜 하와이에 설치되었는가?

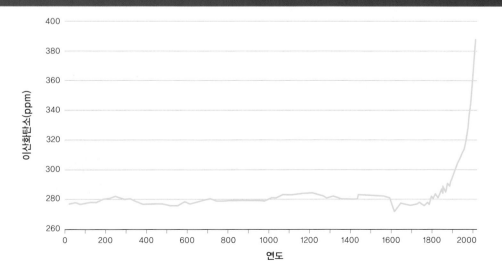

그림 14.16 지난 1,800년 동안 대기 중 이산화탄소 농도는 약 280ppm에서 변동한 후 1,800년 이후 빠르게 증가하였으며, 2011년까지 100ppm 이상 증가하였다. (자료 출처 : Etheridge et al., 1996; MacFarling Meure et al., 2006; Scripps CO_2, Program http://scrippsco2.ucsd.edu)

과학원리   문제   해결방안

그림 14.17 1800년 이후 대기 중 CO₂의 농도가 증가하면서 대기의 CO₂에 ¹³C의 상대적인 농도가 줄어들고 있다. 이는 대기 중 CO₂의 축적은 주로 ¹²C에 비하여 ¹³C가 상대적으로 적게 들어 있는 화석 연료와 바이오매스의 연소에 의한 결과라는 것을 가리킨다. (자료 출처 : Friedli et al., 1986, Scripps CO₂ Program)

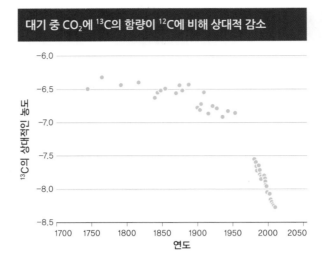

은 빙하의 기록과 비교해보면 명확해진다. 그림 14.16에서 보는 바와 같이 대기의 이산화탄소는 대략 1,800년 동안 평균 약 280ppm의 농도로 유지되다가 18세기 후반에 시작된 산업혁명 동안 화석 연료의 사용이 증가하면서 스반테 아레니우스가 예측한 대로, 그렇지만 그가 예측한 것보다 더 빠른 속도로 증가하기 시작하였다.

탄소 동위원소와 화석 연료

화석 연료로부터의 방출이 지구 대기의 유일한 이산화탄소 공급처는 아니기 때문에 이산화탄소 농도의 증가는 화산 분출이나 해양으로부터의 방출일 것이라는 다른 가설이 제기되었다. 화석 연료의 연소로 인한 이산화탄소의 방출이 화산 분출에 비하여 100배 이상이므로 화산 분출은 이산화탄소의 주된 공급원으로는 여겨지지 않는다. 그렇다면 해양은 어떤가? 과학자들은 킬링이 빅서주립공원에서 했던 것처럼 대기 중에 들어 있는 2개의 탄소 동위원소인 ¹³C와 ¹²C의 비율을 측정하면 알아낼 수 있다.

식물은 공기에서 ¹²C 동위원소를 선택적으로 취하기 때문에 식물 바이오매스와 식물로부터 방출되는 이산화탄소는 대기보다 ¹²C의 함량이 상대적으로 더 많이 들어 있다. 빅서주립공원에서 킬링은 식물이 호흡하고 광합성을 하지 않아 이산화탄소를 흡수하지 않는 밤에는 ¹³C 동위원소가 상대적으로 많이 줄어들고, 식물이 광합성을 하면서 대기에서 ¹²C가 많은 이산화탄소를 소모하는 낮 동안에는 ¹³C 동위원소가 상대적으로 많아진 것을 관찰하였다. 이러한 탄소 동위원소 측정으로 킬링은 식물에 의한 호흡이 빅서주립공원에서 숲의 밤 동안 이산화탄소의 증가에 주로 관련되어 있다는 것을 알아냈다.

¹³C와 ¹²C의 상대적인 함량은 지난 2세기 동안 증가된 대기의 이산화탄소 공급처를 알아내는 데 이용된다. 화석 연료는 압축된 식물 바이오매스가 수백만 년에 걸쳐 생성되기 때문에 화석 연료를 연소시킬 때 방출되는 이산화탄소에는 대기의 조성에 비해 ¹³C 동위원소가 상대적으로 낮게 들어 있다. 이에 반하여 해양에 있는 이산화탄소는 대기의 ¹³C와 ¹²C의 비율과 동일한 비율을 가지고 있다. 만약 대기의 이산화탄소 증가가 ¹²C가 상대적으로 많이 들어 있는 화석 연료의 연소 결과라면 ¹³C의 상대적인 함량은 1800년에 일어난 산업혁명 이후 줄어들기 시작해야 한다. 바로 이 점이 그대로 나타났다(그림 14.17).

한편 다른 온실가스인 메탄(CH₄)과 아산화질소(N₂O)도 산업혁명 때부터 증가하였다(그림 14.18). 이들 온실가스의 일부는 화석 연료 연소뿐 아니라 농업 공급원으

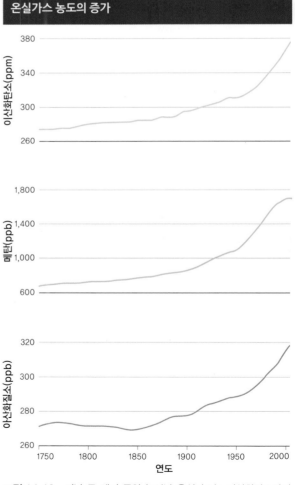

그림 14.18 지난 두 세기 동안 늘어난 온실가스는 이산화탄소만이 아니다. 메탄(CH₄)과 아산화질소(N₂O) 역시 대기 중 농도가 증가하였다. (자료 출처 : MacFarling and Meure, 2006)

로부터도 발생한다. 예를 들면 홍수에 침수된 논 및 소와 들소(버펄로) 같은 가축은 기후를 온난화시키는 메탄을 상당량 만들어낸다.

⚠ 생각해보기

1. 킬링 곡선을 보고 이산화탄소가 증가하고 있다는 확신이 설 때까지 몇 년이 걸렸는가?
2. 지난 50년 동안에 걸쳐 증가된 이산화탄소가 화석 연료로부터 방출되었다고 어떻게 알아볼 수 있는가?

14.6 현대에 이산화탄소의 함량이 증가하면서 전 지구적인 온도는 급격히 증가했다

지난 200년 동안 화석 연료의 연소가 대기의 이산화탄소의 함량을 증가시켰기에 지구는 온실효과로 더워져야 한다. 실제로 4개의 기후 연구 팀(일본 1팀, 영국 1팀, 미국 2팀)은 전 지구적인 온도가 1880년대부터 약 0.85℃로 증가하였다고 밝혔다(그림 14.19).

대기의 이산화탄소 농도가 비교적 서서히 증가(그림 14.17 참조)한 것과는 아주 대조적으로 그림 14.19에서 보는 전 지구적 온도는 상당한 변동을 나타낸다. 이러한 차이는 최소한 단기간에 걸쳐 온실가스 이외의 다른 요인들이 전 지구적 온도에 상당한 영향을 미친다는 것을 가리킨다. 이렇게 서로 차이가 나는 원인 중 하나는 제6장

(168쪽 참조)에서 알아본 엘니뇨 남방진동(ENSO)이다. 예를 들면 1942년경의 전 지구적으로 높은 기온은 강한 엘니뇨와 관련되어 있으며 이후 낮아진 기온은 1950년대에 일어난 여러 번의 라니냐 현상과 관련이 있다. 이와 비슷하게 1998년에 일어난 예외적으로 강한 엘니뇨는 전 지구적으로 기온의 급상승을 일으켰고 곧 이어 일어난 라니냐 현상으로 전 지구적 기온은 하강하였다. 이러한 엘니뇨 남방진동의 영향은 ENSO 사건이 태평양에 저장된 열의 대량 수송과 관련되어 있기 때문에 그리 놀라운 것은 아니다. 하지만 이러한 단기간의 변동은 기록된 장기간의 전 지구적 온도의 상승에 영향을 미치지는 않는다.

전 지구적 온도 상승은 온도를 10년 단위로 평균시켜 보면 더 뚜렷해진다(그림 14.20). 온도에서 심하게 변동하는 연 단위 변화를 제거시켜 그려보면 완만해진다. 그림 14.20은 높은 온도가 1980~2000년대에 걸쳐 일어났으며, 뒤따르는 10년이 이전 10년보다 더 높은 온도를 기록하였다는 것을 보여준다. 2010~2014년 동안 전 지구 온도는 새로운 10년이 시작할 무렵 장시간 동안 라니냐가 있었지만 평균 이상으로 유지되었다. 실제로 2014년에 전 지구 평균 온도는 1880년 이후 가장 높았다.

결과적으로 지구 온난화는 약해질 기미가 없다. IPCC에 의하면 기후 모델은 21세기 끝에는 지표의 온도가 2~3℃ 사이로 증가할 것으로 예측한다.

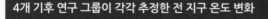

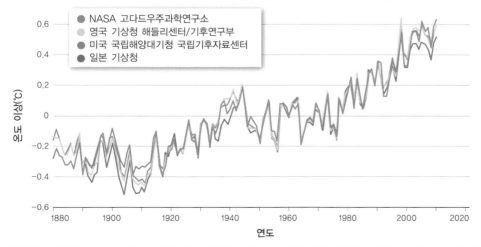

그림 14.19 독립적으로 추정된 전 지구 기온들은 모두 1800년대부터 온도가 증가하는 같은 양상을 나타내며 21세기 첫 10년이 기록에서 가장 따뜻했던 시기였다. (자료 출처 : NASA Earth Observatory, 2011)

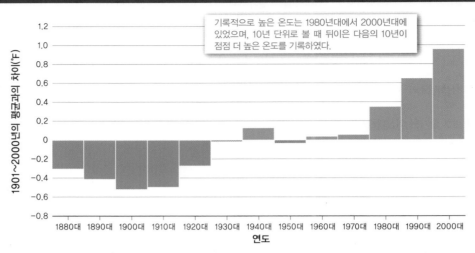

10년 단위로 평균한 전 지구 온도

기록적으로 높은 온도는 1980년대에서 2000년대에 있었으며, 10년 단위로 볼 때 뒤이은 다음의 10년이 점점 더 높은 온도를 기록하였다.

그림 14.20   1800년 이후 10년 평균으로 전 세계 기온 변화를 나타내보면 기온의 연간 변동이 제거되어 1980년대, 1990년대, 2000년대의 기록적인 기온이 분명하게 드러난다. (자료 출처 : 2009 State of the Climate Highlights, www.ncdc.noaa.gov/bams-state-of-the-climate)

온도 기록의 재분석과 확인

한 장소에서 장시간에 걸쳐 기온을 측정하는 것은 하찮은 것으로 보일지 모르지만 과연 지구 전체가 정말로 온난화되는지에 대하여 검증하려는 시도에 대하여 많은 비평이 있었다.

일부 비평가들은 대부분 기상 관측소가 아스팔트와 시멘트가 상당한 양의 열을 흡수하는 '도시 열섬'화되는 도시 지역에 위치하여 있다는 점을 지적하였다. 여기에 더하여 기상 관측 자료의 질은 관측소마다 달랐기에 이들 기록들은 부정확할 가능성이 있을 것으로 여겨졌다. 일부 비평가들은 가장 적절한 장소에서 측정된 자료만이 전 지구적인 추정에 사용되어야 한다고 주장하였다. 또 다른 사람들은 반대로 기후 연구자들이 자료 공급원을 선택할 때 너무 취사선택을 한다고 한다. 이들은 만약 더 많은 기상 관측소의 자료가 모아지면 온난화의 경향은 사라진다고 주장한다.

이러한 의문들을 해결하기 위하여 버클리에 있는 캘리포니아대학교의 리처드 A. 뮬러(Richard A. Muller)는 버클리지표온도연구 팀을 구성하였다. 그 자신이 전 지구적인 온도 추정치에 대하여 의문을 가지고 있던 뮬러는 육상에 설치된 36,000개의 기상 관측소의 기상 자료를 모았는데, 이 자료의 양은 다른 분석에 이용된 기상 관측소 수의 대략 5배에 해당하는 것이었다. 이들이 모은 자료는 1753년부터 전 세계에서 측정된 16억 개의 온도 자

료였으며, 그림 14.20에서 보는 온도 자료보다 무려 100년 이상 과거의 자료로 확장된 것이다. 2011년 뮬러는 지난 250년 동안 육상의 온도는 1.5℃ 증가했으며, 최근 50년 동안에는 0.9℃ 증가하였다고 보고하였다. 뮬러는 그의 발견을 2012년에 논문으로 발표한 후 텔레그래프라는 신문과 기자 회견에서 "나는 이러한 증거가 내 마음을 바꾸게 하는 것이 나의 의무라고 생각합니다."라고 하였다(그림 14.21). 그는 한 발 더 나아가 지구 기온의 상승에 최적의 통계 해석은 인간에 의한 대기 중 이산화탄소의 증가라고 하였다.

⚠ 생각해보기

1. 4개의 과학 연구그룹이 온도 자료를 분석한 것은 왜 중요한가?
2. 과학자들이 지구 온난화에 회의적인 이유를 들어보라.
3. 정치인들이 지구 온난화에 회의적인 이유를 들어보라.

14.7 상승하는 기온은 지구 시스템의 다양한 변화를 수반한다

지난 세기 동안 온실가스와 전 지구적인 기온의 상승은 지구 시스템에 다양한 변화를 일으켰다. 기후 변화의 가장 두드러진 결과의 일부는 빙모의 녹음, 해양의 온난화, 생물종의 지리적 분포와 계절적 변동 이동 및 산호초와 삼림이 사라진 것이다.

개별 연구그룹이 확인한 육지 온도 기록

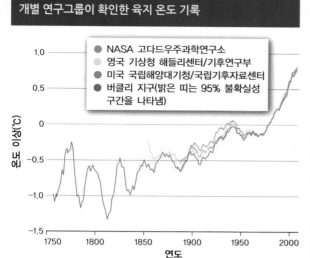

- NASA 고다드우주과학연구소
- 영국 기상청 해들리센터/기후연구부
- 미국 국립해양대기청/국립기후자료센터
- 버클리 지구(밝은 띠는 95% 불확실성 구간을 나타냄)

그림 14.21 버클리지표온도(BEST) 연구 팀은 독립적으로 훨씬 더 많은 기상관측소의 자료와 도시 열섬 효과를 반영하여 육지의 온도가 전 지구적으로 온난해지고 있다는 것을 확인하였다. (자료 출처 : BEST, http://berkeleyearth.org)

빙하의 녹음

2012년 9월 중순경 북극점 근처 해빙은 1979년부터 인공위성으로 모니터링이 실시된 이래 가장 적은 범위를 나타냈다(그림 14.22). 역사적으로 최초의 화물선이 캐나다의 북쪽 섬들을 통과하는 북서항로와 스칸디나비아와 러시아를 따르는 북동항로를 아무런 문제 없이 통과할 수 있었다.

햇빛을 반사시키는 해빙이 열린 해수로 대체되자 전 세계 해양은 더 많은 열을 저장할 수 있어서 더 많은 수증기를 대기로 올려보냈다. 이 두 가지 변화는 지구 온난화를 증폭시킬 것이다. 한편 해빙이 주요 서식지인 북극곰과 고리무늬바다표범은 기후 변화의 희생자가 될 수 있다. 북극해가 열리면서 러시아, 캐나다, 미국과 다른 나라들은 북극해 해저에 놓여 있는 석유와 천연가스 매장량에 대한 조광권 권리를 주장하기 위한 경제 경쟁을 벌이기 시작하였다.

육상에서는 대륙 빙하, 빙하와 빙모가 빠른 속도로 녹아가고 있으며 이로 인하여 해수면의 상승이 일어난다. 2012년 7월에 그린란드 상공에 더운 공기가 머물러 있으면서 넓은 면적에 걸쳐 대륙 빙하의 표면을 녹였다. 4일 후 그린란드의 페터만 빙하가 분리되면서 맨해튼 섬 크기의 약 2배에 해당하는 120km^{2}의 면적에 거대한 얼음 섬을 만들었다(그림 14.23). 물이 데워지면 팽창하기 때문

북극해의 해빙 면적

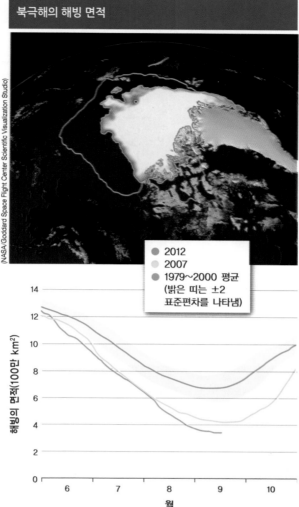

(NASA/Goddard Space Flight Center Scientific Visualization Studio)

- 2012
- 2007
- 1979~2000 평균 (밝은 띠는 ±2 표준편차를 나타냄)

그림 14.22 2012년 9월 북극해의 해빙의 분포 범위가 400만 km^{2}보다 적은 면적으로 가장 최소 면적을 기록하였다. 이 기록은 이전에 가장 낮은 기록을 나타낸 2007년보다도 훨씬 적은 면적이었으며 1979~2000년 사이 평균 최소 해빙 면적보다도 45%나 더 적은 것이었다. (출처 : National Snow and Ice Data Center, Boulder, Colorado, http://nsidc.org)

에 해양이 더워지면 해수면이 상승한다.

사람들은 항구와 해변이 있는 해안 지역에 밀집되어 살기 때문에 해수면 상승이 일어나면 사람과 경제에 미치는 영향은 상당할 것이다. 해양은 지난 세기 동안 약 20센티미터 정도 상승하였는데, 과학자들은 기온의 상승과 더불어 다음 세기 동안 해수면 상승률은 상당히 빨라질 것으로 예측하였다. 상승하는 해수면은 이미 벌써 투발루라고 하는 태평양의 작은 섬 국가의 저지대에 있던 마을을 이주시켰으며 이 나라의 존립까지도 위협하고 있다(그림 14.24). 만약 현재의 해수면 상승 경향이 그대로 지속

그린란드 빙상의 빙하 손실

(NASA Earth Observatory image by Jesse Allen and Robert Simmon, using data from NASA/GSFC/METI/ERSDAC/JAROS, and U.S./Japan ASTER Science Team)

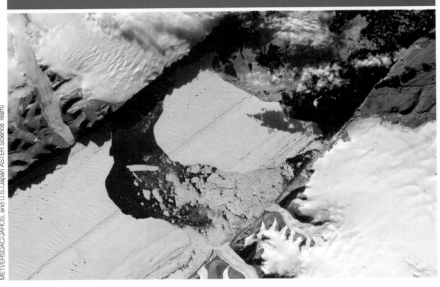

그림 14.23 2012년 7월 16일 그린란드의 페터만 빙하에서 약 $120km^2$ 크기의 큰 빙하섬이 떨어져 나갔다.

해수면 상승은 도서국가들을 위협한다

(Alastair Grant/AP Photo)

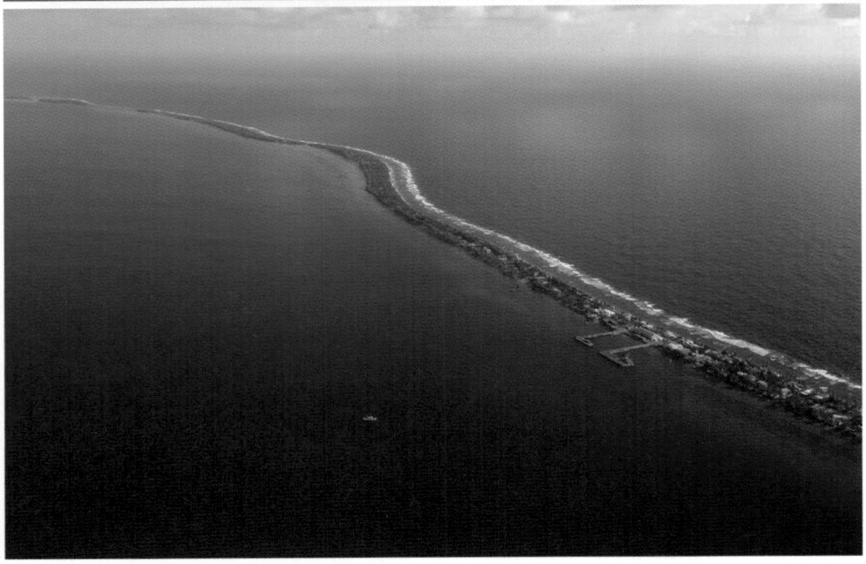

그림 14.24 오스트레일리아와 하와이 사이의 중간쯤에 위치한 섬나라 투발루의 수도인 푸나푸티환초는 약간의 해수면 상승이 일어나더라도 사람이 살 수 없게 될 것이다.

지구 시스템 구성원의 열 흡수

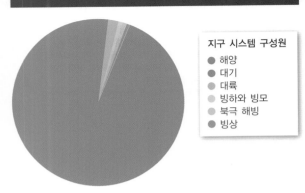

지구 시스템 구성원
해양
대기
대륙
빙하와 빙모
북극 해빙
빙상

그림 14.25 기후 과학자들은 지구가 온난해지면서 열의 흡수가 일어나는 곳의 목록을 만들어보자. 해양이 열 에너지를 가장 많이 흡수하는 곳이라는 것을 알았다. 그 이유는 해양이 지구의 상당히 넓은 면적을 차지하며 열 저장 능력이 높은 물을 굉장히 많이 함유하고 있기 때문이다. (자료 출처 : State of the Climate Highlights, www.ncdc.noaa.gov/bamsstate-of-the-climate)

된다면 해안 지역에 거주하는 수천만 명의 주민들은 새 지역으로 이주를 해야 한다.

빙하가 녹은 영향을 전 세계가 모두 똑같이 느끼지는 않을 것이다. 최근의 연구는 미국의 북동 해안을 따라 해수면이 다른 지역에 비하여 훨씬 빠르게 상승하고 있다는 것을 보고하였다. 이렇게 된다면 보스턴, 뉴욕, 필라델피아와 볼티모어가 해안 침수로 인한 위험을 겪을 최초의 주요 도시 및 경제 중심지가 될 것이다.

더워진 해양

전 세계 해양은 더워지는 지구 시스템의 모든 다른 부분에 비해 지구에서 가장 큰 열 저장소이다(그림 14.25). 그러나 해양은 단순히 지구에서 열을 가장 많이 흡수하는 곳만이 아니다. 해양은 또한 엄청난 양의 물을 가지고 있다. 기후 변화라는 측면에서 생각해보면 해양의 열 저장량이 증가하고 있다(그림 14.26). 이렇게 해양이 더워지면 지구에서 일차생산의 절반을 차지하는 광합성을 하는 플랑크톤이 살 수 없다. 일차생산이 줄어들면 인간이 의존하는 어류의 숫자도 줄어든다.

해양이 더워지면 해양 일차생산량이 왜 줄어들까? 제8장에서 알아본 바와 같이 해양의 일차생산은 철과 같은 무기 영양염의 공급에 따라 조절되는데, 이러한 무기영양염은 육상에서 하천을 통해 지속적으로 공급이 되는 장소, 용승이 일어나는 장소, 그리고 심해의 영양염이 풍부한 물과 표층수의 혼합이 일어나는 장소에 많은 공급이 일어난다(242쪽 참조). 그러나 해양이 더워지면 해수에는 뚜렷한 더운 수층이 형성되며 표층 해수가 영양염이 풍부한 심층수의 차가운 해수와 혼합이 일어나는 것을 막는

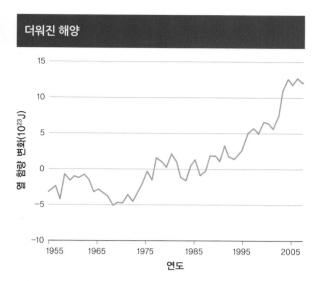

더워진 해양

그림 14.26 해양의 열 용량은 지난 반세기 동안 약 10배 증가하였다. (2009 State of the Climate Highlights, www.ncdc.noaa.gov/bams-state-of-the-climate)

사이에 660만 km²가 증가하였다고 밝혔다(그림 14.27).

생물종 분포 범위와 계절변동의 이동

기후 변화 때문에 매년 봄은 일찍 오며 겨울은 늦게 오는데, 이 현상이 생물에게는 많은 영향을 미친다. 많은 식물들이 이전에는 5월에 꽃을 피웠지만 이제는 4월에 꽃을 피우고, 겨울잠을 자는 포유류는 이전에는 3월에 굴에서 나왔지만 이제는 2월에 나온다. 북태평양 동부에서 귀신고래(*Eschrichtius robustus*)는 여름 동안 북극해의 북쪽으로 이동하여 한 해의 후반부까지 그곳의 먹이 섭취 장소에 머무는가 하면 가끔은 이 북쪽의 해양에서 겨울을 꼬박 보내기도 한다.

이상이 생물종들의 지리적 분포가 어떻게 이동을 하고 있는지를 나타내는 한 예이며 일부 종은 산맥의 높은 쪽으로 이동하는가 하면 더 고위도의 추운 곳으로 이동한다. 예를 들면 스페인 중앙의 가다라마 산맥에 있는 나비 군집은 1973~2004년의 30년 동안 293미터나 더 높은 곳으로 이동하였다. 매사추세츠 주에서 과학자들은 나비 100종의 분포 범위 이동과 개체 수 변화를 기록하였다. 1992~2010년 사이 북방 경계에 분포하는 나비의 많은 종 개체 수가 따뜻해진 기온과 더불어 증가한 반면 남방 경계 가까이에 살던 북쪽의 종들은 기온이 너무 더워져서 개체 수가 감소하였다(그림 14.28).

이렇게 북쪽으로 또 고도가 높은 곳으로 이동한 것이

다. 이에 따라 필수 영양염들은 표층 해수 가까이에 사는 해양생물들에게 공급되지 않는다.

과학자들은 벌써 해양의 식물성 플랑크톤 바이오매스가 연간 약 1% 정도씩 줄어들고 있는 것을 관찰하였다. 2010년 과학학술잡지 네이처에 발간된 논문은 1899년부터 10개의 해역 중 8개 해역에서 식물성 플랑크톤의 바이오매스가 줄어들었다고 보고하였다. 또 다른 연구는 해양에서 가장 생산성이 낮은 해수 지역이 1998~2006년

대비되는 바다색과 생산성

식물성 플랑크톤이 풍부한 온대 해양

식물성 플랑크톤이 빈약한 열대 해양

그림 14.27 풍부한 식물성 플랑크톤의 엽록소는 왼쪽 사진에 나온 것처럼 온대 해양의 생산성이 매우 높은 지역을 녹색으로 나타낸다. 그러나 열대 해역의 결정질 청색은 식물성 플랑크톤의 바이오매스가 낮다는 것과 일차생산성도 낮다는 것을 가리킨다. 오른쪽 사진에 나온 것처럼 해양에서 생산성이 가장 낮은 해수의 면적이 늘어나고 있는 반면 좀 더 많은 생산성을 가진 해역은 줄어들고 있다.

메사추세츠 주에서 기후 온난화에 따른 나비의 반응

아틀란티스 표범나비(*Speyeria atlantis*)　　　　부전나비(*Callophrys irus*)

그림 14.28 아틀란티스 표범나비인 *Speyeria atlantis*는 지리적 분포의 남방 경계 가까이에 사는데, 메사추세츠 주에서 이들의 개체 수는 줄어들고 있다. 반면 부전나비인 *Callophrys irus*는 이들 분포의 북방 경계 끝 부분에 사는데 이들의 개체 수는 1992년부터 10배 증가하였다. (자료 출처 : Breed et al., 2013)

전반적인 기후가 온난화되고 있는데 최근 미국에서는 왜 겨울마다 많은 심한 눈폭풍과 강설량이 일어났는가? 이러한 기상 현상이 더 줄어들어야 하지 않는가?

식물, 조류, 포유류, 어류와 다양한 곤충, 거미와 기타 무척추동물에서 보고가 되었다. 일부 사람들이 지구 온난화의 실체에 대하여 논쟁을 벌이고 있는 동안 지구에 살고 있는 이들은 그들의 발로, 날개로 그리고 지느러미로 투표를 한 셈이다.

숲과 산호의 사라짐

생물체의 일부는 기후 변화에 따라 분포 범위를 옮기고 있지만 이보다는 이동성이 적은 그밖의 생물체들은 죽어가고 있다. 이렇게 죽음을 피할 수 없는 것은 초를 이루는 산호와 숲의 나무처럼 군집 기반을 형성하는 종(제4장 109쪽 참조)에서 두드러진다(그림 14.29).

2010년 6월 비정상적으로 더운 물이 카리브 해의 얕은 바다의 산호초를 휩쓸고 지나가서 산호를 백화로 파괴하였다. 산호의 백화는 초를 형성하는 산호가 높은 수온 같은 스트레스를 받으면 이들의 조직에서 공생하는 조류들이 빠져나가면서 일어난다. 스트레스가 없는 상태에서는 공생하는 조류는 산호에게 당을 제공하며 대신 산호는 영양분과 물리적인 보호를 제공한다. 물론 바로 백화된 산호는 죽지는 않지만 스트레스가 지속된다면 이들이 죽을 가능성이 상당히 높아진다. 이들 산호초는 어류, 문어, 그리고 다른 해양생물종들이 새끼들을 기르는 장소

이자 서식지이기 때문에, 산호초가 사라진다면 곧 해양생태계에 파문이 일어나는 영향을 미칠 것이다. 만약 예상한 대로 전 지구 온도가 2℃ 오른다면 과학자들은 산호초의 70%가 심각하게 손상될 것이라고 예상한다. 수온뿐 아니라 해양에 이산화탄소가 더 많이 들어 있으면 해수는 점점 산성화가 되면서 산호는 그들 몸 골격을 이루는 탄산칼슘을 형성할 수 없을 것이다.

앞에서 알아보았듯이 2011~2012년에 일어난 미국 서부의 산불은 가장 대규모 화재의 하나였으며 경제적 피해가 가장 컸다. 높은 온도와 가뭄으로 유발되는 스트레스는 살아 있는 나무들을 죽일 수 있고 마른 잔가지가 많아지며, 그 결과 산불의 강도를 높인다. 시간이 지나면 숲은 타버린 지역에 다시 재생된다. 그렇지만 산림생태학자들은 최근에 일어난 강도 높은 산불은 불이 난 숲뿐만 아니라 전 세계의 삼림이 이전과는 다른 더 가뭄에 잘 견디는 나무숲이나 관목지대로 대체될 수 있다고 예상한다.

⚠ 생각해보기

1. 우리는 보통 기후 변화의 부정적인 면만 생각하기 쉽지만 경제적 혜택은 없는 것일까?
2. 해안 지역에 사는 사람들은 상승하는 해수면에 어떻게 적응해야 할까?

산호초의 백화

죽어가는 소나무 숲

그림 14.29 해양이 더워지면 초를 이루는 산호들은 이 사진에서 보는 것처럼 탈색되고 백색의 산호(위)로 사망률이 높아진다. 그런가 하면 육지에서는 높아진 기온과 가뭄으로 사진(아래)에서 보는 것과 같이 콜로라도 주 북부의 로지폴소나무 *Pinus contorta*에게 생리적인 스트레스를 가한다. 더 온난해진 겨울은 나무를 공격하는 벌레들의 사망률을 낮추었다. 나무들은 스트레스를 받은 상태에서 대량의 벌레 공격에 충분히 방어를 할 수 없었기에 여지없이 망가진 삼림 지대에서 죽음의 직접적인 원인이 되었다.

14.8 기후 변화는 다양한 사회적 비용을 유발한다

기후학자들은 지구가 더 더워지면 강한 바람, 더 자주 발생하는 폭우와 홍수, 그리고 이상 고온이 일어나는 동안 폭염과 같은 더 심한 기상이변들이 더 자주 발생할 것이

산호초와 숲 나무에 미친 지구 온난화

라고 예측하고 있다.

예를 들면 여름에 폭염이 발생한 날에 최대 한도로 냉방기를 가동하지 않으면 아무것도 할 수 없는 경우를 생각해보자. 이러한 폭염의 발생은 더 빈번해질 뿐 아니라 더 넓은 지리적 영역에 영향을 미치게 될 것이다. 미국 항공우주국의 고다드우주과학연구소 연구원인 제임스 한센(James Hansen)은 1951년에서 1980년까지 30년 동안의 온도 기록을 기준으로 하여 가장 최근인 2001~2011년 사이의 온도를 비교해보았다. 과거에는 여름 계절 중에서 약 3분 1 정도 여름의 기온이 예년 평균보다 상당히 더웠었다. 그런데 2001~2011년의 10년 동안에는 예년보다 더운 여름이 75%에 이르렀다. 그런가 하면 일기 예보자가 위험한 폭염이라고 경고할 정도로 높은 기온이 자주 나타나는 매우 더운 여름을 겪은 지표 면적이 전 지구 면적의 1%에 훨씬 못미치는 수준에서 10배 이상인 10% 이상으로 증가하였다.

더워지는 지구의 가장 심각한 사회적 결과의 하나는 높은 온도로부터 일어나는 것이 아니라 경관, 농토 그리고 생태계를 통하여 이동하는 물의 순환 변화에서 일어난다. 과학자들은 가뭄이 일어나는 토양의 심도와 빈도가 증가할 것이며 가뭄 사이에 폭우와 홍수가 발생할 것이라고 예상한다. 21세기의 첫 10년은 이러한 여러 번에 걸친 기상이변으로 기록되었으며 이로 인한 경제적 비용은 상당하였다. 2010년이 시행된 퓨 자선기금(Pew Trust)의 한 연구에서 기후 변화로 인한 전 지구적인 비용은 2100년까지 5~90조 달러가 될 것으로 추산하였다(그림 14.30).

농업의 와해

오르는 기온은 이미 늘어난 인구로 기반이 약해진 우리의 식량계에 악영향을 끼칠 것이다. 유엔식량농업기구에 의하면 전 지구적인 식량 수요는 2050년까지 70% 증가할 것이라고 한다. 한편 국제식량정책연구소(International Food Policy Research Institute)는 기후 변화로 인하여 전 지구적으로 1인당 가용한 식량이 2000년에 비하여 줄어들 것이라고 예측하였다.

우리는 현재 폭염이 농업에 미치는 영향을 이미 보고 있다. 2012년에 미국에서 일어난 가뭄으로 식물이 생장하는 계절에 토양은 낮은 수분을 가졌다(그림 14.31). 토양의 수분이 낮아 좋은 옥수수와 콩을 생산할 수 있는 면

기상이변 지도

연도		기상의 신기록 사건	영향/비용
2000	1	1766년 이래 가장 비가 많은 가을	13억 파운드(£)
2002	2	1901년 이래 독일에 하루에 가장 많은 비가 내린 기록	프라하와 드레스덴 범람, 150만 달러
2003	3	최소 500년 이래 가장 더운 여름	총사망자 70,000명 이상
2004	4	1970년 이래 남대서양에 첫 허리케인	3명 사망, 4억 2,500만 달러
2005	5	1970년 이래 가장 많은 수의 열대 폭풍, 허리케인과 5급 허리케인	1,836명 사망, 1,100억 달러(허리케인 카트리나는 가장 손해 비용이 많았던 자연재해)
2007	6	1970년 이래 아라비아 해에 가장 강력한 열대 태풍	오만에서 가장 큰 자연재해
	7	1766년 기록 이래 가장 비가 많았던 5~6월 많은 홍수	30억 파운드(£)
	8	1891년 이래 그리스에서 가장 더운 여름	파괴적인 산불
2009	9	많은 관측소의 기록 갱신 폭염(32~154년 자료)	최악의 국지적 산불, 173명 사망, 가옥 3,500채 손상
2010	10	1500년 이래 가장 더운 여름	모스크바 인근에 산불 500번 발생, 곡물 생산 30% 감소
	11	기록적인 강수량	파키스탄 역사에서 최악의 홍수, 거의 3,000명 사망, 2,000만 주민 영향
	12	1900년 이래 가장 많은 12월 강우량	브리즈번의 홍수, 23명 사망, 25억 5,000만 달러 추정
2011	13	1950년 이래 4월에 가장 강력한 토네이도	토네이도가 조플린 강타, 116명 사망
	14	1880년 이래 가장 비가 많은 1~10월	심각한 홍수와 허리케인이 아이린 강타
	15	1880년 이래 폭염의 7월과 가뭄	산불이 300만 에이커를 소실시킴(60~80억 달러 추정)
	16	1880년 이래 프랑스에서 가장 덥고 건조한 봄	프랑스 곡물 생산이 12% 감소
	17	1901년 이래 가장 비가 많은 여름(네델란드, 노르웨이)	(아직 기록이 안 됨)
	18	일본 나라 현에 72시간 강우 기록	73명 사망, 20명 실종, 심한 피해
	19	1908년 이래 가장 비가 많은 여름	서울 홍수, 49명 사망, 77명 실종, 125,000명의 이재민 발생

그림 14.30 21세기의 첫 10년 동안 기후 과학자들이 지구 온난화라고 여기는 기록을 갱신하는 기상 사건들이 일어났다. (자료 출처 : Coumou and Rahmstorf, 2012)

적이 각각 2분의 1과 3분의 1로 줄어들었다. 이와 유사하게 러시아에서는 2010년에 일어난 폭염으로 곡물 생산이 30% 줄었으며, 프랑스에서는 2011년에 일어난 폭염으로 전국적인 곡물 수확이 12% 감소하였다.

가뭄은 또 가축 목축업자들에게도 영향을 미쳤다. 미국에서 일어난 2012년의 가뭄으로 전국에 걸쳐 목축지와 초지의 절반 이상이 매우 불량한 상태가 되어 목축업자들은 소를 팔 수밖에 없었다. 또 곡물 사료 값의 인상으로 양돈업자들은 돼지를 팔아야만 했다. 농업이 빠르게 바뀌는 기후 변화에 적응을 하지 못하면 위와 같은 농업 생산의 부족량은 점점 악화될 것이다.

인체 건강 영향

폭염은 치명적일 수 있다. 유럽의 2003년 여름은 지난 500년에 걸쳐 가장 더웠다. 폭염이 있는 동안 16개국에서 약 70,000명의 사람이 사망하였다. 특히 노인, 허약한 사람과 적절한 냉방 시스템을 가지지 못한 가난한 사람들이 이 폭염의 희생자였다. 미국 질병관리예방센터(CDC)는 미국에서 매년 폭염 관련 사망자 수가 미국에서 허리케인, 토네이도, 홍수와 지진으로 사망한 사람 수보다 더 많은, 평균 약 700명에 달한다고 2012년에 발표하였다. 미국 질병관리예방센터 과학자들은 지구 온난화가 진행되면 2050년까지 폭염 관련 사망자 수가 매년 3,000~5,000명 사이가 될 것이라고 예측하였다.

기후 변화로 특정한 전염병들이 더 창궐할 것으로 예상된다. 예를 들면 말라리아와 뎅기열과 같이 곤충이 매개한 열대 질병이 온대 환경에서 더 많이 발생할 것이다. 뎅기열은 최근 미국의 플로리다 주와 텍사스 주 남부에서, 유럽의 프랑스와 크로아티아에서 발생한 것으로 보고되었다. 기온이 높아지면 곤충의 생애주기를 단축시켜 모기와 같은 질병 매개자가 더 많아지게 한다. 여름의 고온은 또 웨스트나일 열병의 발생을 일으키는데, 웨스트나일 열병은 2010년에 루마니아와 그리스에서 발생하였고 2012년에는 미국과 캐나다에 걸쳐 발생하였다.

지구 온난화로 예상되는 폭우 역시 기생충의 하나인 크립토스포리듐과 독성을 생산하는 대장균과 같은 다양한 전염병원으로 수자원이 오염될 위험을 높인다.

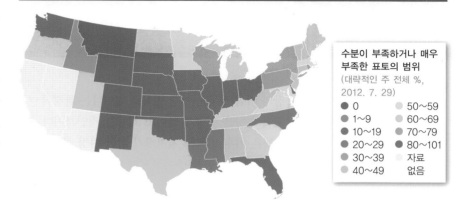

그림 14.31 2012년 7월 29일 미국 농림부가 집계한 토양 수분은 표토에서 부족 내지 매우 부족한 면적이 본토 48개 주에 걸쳐 널리 분포한다. (자료 출처 : 2012년 7월 30일 NASS, www.nass.usda.gov)

⚠ 생각해보기

1. 기온이 높아지면 사람들은 아파트와 사무실에서 좀 더 편안하게 지내기 위해 어떻게 반응할까?
2. 농업에서 변화가 일어난다면 사람들은 이에 적응하기 위하여 식습관을 어떻게 바꿀까?

14.5~14.8 문제 : 요약

인간은 기후를 변화시키고 있다. 기후학자들은 찰스 킬링이 발견한 사실에 힘입어 전 지구적인 이산화탄소와 기온의 상승을 기록하였다.

전 지구적인 기온 상승은 지구 시스템에 북극의 해빙 감소, 대륙 빙하, 곡빙하, 빙모의 용융, 해수면 상승, 생물종 분포의 지리적 이동, 그리고 삼림의 나무와 초를 형성하는 산호 같은 필수적인 기초종의 기능 저하와 같은 많은 변화를 일으키기 시작하였다.

지구는 폭염, 가뭄, 강한 폭풍과 같은 기상이변을 더 많이 겪고 있다. 이러한 기상이변은 농업의 와해를 일으켜 농업 생산량을 낮추고 있다. 한편 폭염과 기상이변 사건은 수만 명의 조기사망자를 발생시켰고 열대병을 고위도 지역으로 확대시켰다.

14.9~14.11 해결방안

이장의 핵심 질문은 기후 변화로 일어나는 환경적·사회적 영향을 어떻게 줄이고 적응할 것인가이다. 기후학자들은 기후 변화를 저지하기 위한 가장 좋은 방법은 화석 연료의 사용을 줄이고 탄소의 흡수원인 삼림과 기타 생태계를 더 보호하는 것이라는 의견을 제시한다. 전 세계의 기후 변화 전문가들을 모아 기후 변화의 증거를 검토하고 정책을 권고하기 위하여 정부간기후변화협의체(IPCC)가 1988년에 설립되었다. 2년 후 IPCC는 첫 번째 보고서를 발간하였는데, 이 보고서에는 기후 변화 예상을 대응하기 위한 국제적 협약을 촉구하였다. 1997년에 192개국의 정상들은 선진국들이 각국의 온실가스 배출량을 1990년 수준으로 줄이도록 한 교토의정서에 서명하기 시작하였다. 교토의정서가 선진국들에 초점을 맞춘 이유는 이들 선진국들의 1인당 온실가스 배출량이 가장 높기 때문이었다. 미국은 전 세계 인구의 5% 미만이지만 온실가스 배출량의 5분의 1을 차지한다. 1997년에 미국은 1인당 19.7메트릭톤의 이산화탄소를 생산하였는데, 이에 비하여 니카라과는 1인당 1메트릭톤 미만의 이산화탄소를 생산하였다.

처음에는 교토의정서를 지지하는 움직임이 있었지만 이 의정서대로 진행되지 못했다. 미국은 처음에 서명을 하였지만 미국 상원이 이 의정서가 주로 선진국들에만 온실가스 감축을 의무화하고 이로 인해 미국 경제가 어려움에 처할 것 같다는 이유로 비준하지 않았다. 실제로 중국과 인도는 전 세계 인구의 3분의 1을 차지하고 가장 빠른 경제 성장을 하고 있지만 이들 두 나라의 늘어나는 화석 연료 소비는 검토되지 않았다. 기후 변화로 일어나는 환경과 사회 영향을 줄이고 적응하기 위한 가장 중요한 노력은 개별 국가, 주(성), 지역과 개인 차원에서 일어나고 있다.

14.9 탄소 방출을 줄이기 위한 지침 개발

교토의정서에서 온실가스 배출을 줄이기 위한 방안이 마련된 후 20년 사이에 배출량은 실제로 약 50% 증가하였다. 예상한 대로 이렇게 증가한 배출량의 대부분은 중국과 인도 같은 개발도상국의 경제 발전 결과로 나타난 것으로 이 두 국가의 배출량은 거의 180%로 급증하였다(그림 14.32). 이 나라들에서 온실가스 배출은 기업, 공장과 주거 건물을 위한 발전으로 약 40%, 그리고 수송 분야에서 30%를 배출하는 미국의 전철을 그대로 밟고 있다.

그러나 개발도상국들은 미국을 꼭 모델로 삼을 필요는 없다. 예를 들면 독일 역시 강한 경제력을 가진 선진국의 하나이지만 1인당 온실가스 배출량이 미국의 약 절반에 해당한다. 독일은 어떻게 이렇게 배출량이 적을 수 있을까? 독일 국민들은 화석 연료를 보존하고 석유, 천연가스와 석탄 대신에 풍력과 태양력과 같은 재생 가능한 에너지원으로 대체하였기 때문에 가능하였다. 이러한 에너지원의 전환은 정치적인 장려책과 기술의 발전을 필요로 할

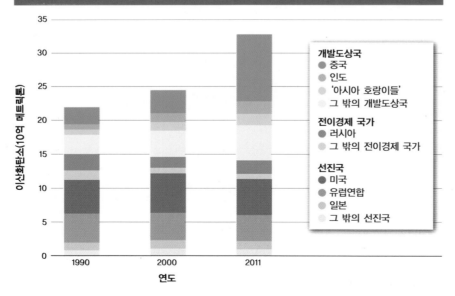

1990년, 2000년, 2011년의 전 지구적인 이산화탄소 배출량

개발도상국
- 중국
- 인도
- '아시아 호랑이들'
- 그 밖의 개발도상국

전이경제 국가
- 러시아
- 그 밖의 전이경제 국가

선진국
- 미국
- 유럽연합
- 일본
- 그 밖의 선진국

그림 14.32 1990~2011년 사이에 선진국에서 배출되는 CO_2의 양은 약간 증가하였고, 전이 단계의 경제를 가진 국가에서는 감소하였으며, 개발도상국의 CO_2 배출량은 거의 180%로 증가하였다. (자료 출처 : Oliver, Janssens-Maenhout and Peters, 2012)

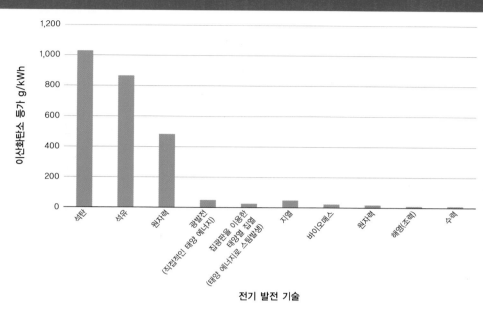

다양한 에너지원을 사용한 전기 발전의 온실가스 배출량

그림 14.33 생애주기 평가는 넓은 범위의 온실가스 배출량 차이를 나타내는데 가장 높은 온실가스 배출량은 단연 화석 연료를 이용한 발전에서 나타난다. (자료 출처 : IPCC, 2011)

뿐 아니라 다양한 에너지원을 다양한 분야에 이용할 때 들어가는 환경 및 사회 비용과 혜택을 세심하게 따져보는 것이 필요하다.

전력 발전의 탄소발자국 평가

온실가스 배출량을 줄이는 가장 첫 번째 방법은 이산화탄소를 덜 배출하는 에너지원으로 전환하는 것이다. 이렇게 하기 위해서는 에너지원 각각에 대하여 정확하게 측정해야 한다. 각 에너지원은 처음부터 끝까지 이산화탄소를 얼마나 방출하는가?

100와트짜리 전구 하나를 10시간 밝히려면 석탄 약 0.45킬로그램이 필요하다는 것을 생각해보자. 이 0.45킬로그램의 석탄을 태우면 석탄에 들어 있는 탄소는 공기의 산소와 결합하여 약 1.3킬로그램의 이산화탄소를 대기로 내보낸다. 하지만 동일한 전구를 밝히기 위해 천연가스를 태우면 이산화탄소 배출이 약 절반으로 줄어들어 천연가스가 상대적으로 좀 더 청정한 에너지원이 된다.

그렇지만 이런 간단한 계산은 발전소에서 화석 연료를 태울 때 얼마만큼의 이산화탄소가 생성되는지에 대한 개략적인 정보만 제공한다. 화석 연료와 재생 가능한 에너지원 같은 서로 다른 에너지원의 온실가스 발생량을 제대로 비교하려면 다른 요소들도 계산에 고려되어야 한

다. 이에는 태양 전지에 사용되는 물질의 채굴비, 천연가스 파이프라인 설치비, 또는 원자력 발전소가 수명을 다하여 해체하는 비용 등을 들 수 있다. 이러한 모든 요소들을 계산에 함께 고려하는 것을 **생애주기 평가**(life cycle assessment, LCA)라고 한다. 전기를 생산하는 과정에서 발생하는 온실가스의 양은 화석 연료를 포함한 다양한 에너지원에 따라 다양하다(그림 14.33).

전기 생산에 사용되는 기술의 생애주기 평가 결과는 **탄소발자국**(carbon footprint)이라 하며 이는 1킬로와트의 전력을 1시간 사용했을 때의 전력량당 이산화탄소의 그램 수로 표현된다. 여기서 이산화탄소의 등가로 고려를 하는데, 이는 일부 기술이 적용되고 운영이 되었을 때 다른 강력한 온실가스인 메탄이나 아산화질소가 부산물로 방출되기 때문이다. 예를 들면 메탄은 천연가스를 지하에서 뽑아내고 유통시키고, 또 사용하는 과정에서 대기로 새어나갈 수가 있기 때문이다.

천연가스와 석탄의 생애주기 평가를 하면 천연가스가 석탄에 비하여 이산화탄소 등가의 배출이라는 점에서 훨씬 낮다고 할 수 있다. 그렇지만 천연가스의 장점에 대해서는 상당한 논란이 있다. 일부 새로운 추정치는 가스가 새어나가는 것을 고려하면 천연가스의 탄소발자국은 석탄의 탄소발자국과 거의 비슷하거나 더 클 수도 있다고

?

개발도상국들은 수십 년 동안 규제되지 않은 화석 연료 사용의 혜택을 못 받았는데 동일한 이산화탄소 배출량 지침을 따르는 데 동의하리라고 기대하는 것이 공평한가?

생애주기 평가(LCA) 에너지원(예 : 석탄)의 추출, 운송, 원자재의 처리, 보수 유지, 해체, 제거, 구조물의 재활용이나 처리와 같은 산업 활동의 결과로 생산되는 하나의 제품이나 기술의 총환경 영향의 추정치

탄소발자국 특정한 기술, 개인이나 인구(예 : 미국의 탄소발자국)의 생애주기 동안 생산되는 CO_2와 다른 온실가스의 총량

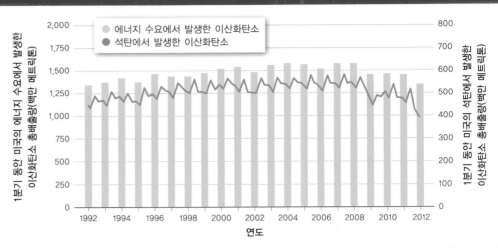

미국의 이산화탄소 발생량 감소

그림 14.34 2012년 1분기 동안의 이산화탄소 배출량은 1992년 이래 가장 낮은 수준으로 줄었다. 동일한 기간 동안 이산화탄소 배출량은 1986년 이래 가장 낮은 수준으로 낮아졌는데, 그 이유는 전기 발전에 사용되는 석탄을 천연가스로 교체했기 때문이다. (출처 : U. S. EIA, http://www.eia.gov/todayinenergy/detail.cfm?d$=7350#tabs_co2emissions-1)

한다. 그럼에도 불구하고 천연가스의 공급이 증가하며 가격도 낮아지고 있으므로 미국의 많은 발전소는 석탄에서 천연가스로 전환하였다. 이에 따라 현재 미국의 온실가스 배출량은 2012년에 눈에 띨 만큼 감소하였다. 2012년 1분기에 에너지 관련 이산화탄소의 배출량은 1992년 이후 가장 낮은 수준이었다(그림 14.34).

그림 14.33을 참고해보면 원자력이 작은 탄소발자국을 가지는 것을 알 수 있다. 예를 들면 프랑스는 국가 전기의 75%를 원자력 에너지에서, 나머지 15%는 수력으로부터 얻고 있는데, 이에 따라 매우 작은 탄소발자국을 가지고 있다. 그렇지만 원자력은 핵사고로 환경오염을 일으킬 잠재적인 안전 위험과 핵폐기물의 안전한 처리에 관한 문제점까지 또 다른 문제들과 맞물려 있다(제9장 참조).

수력 발전을 위해 댐을 건설하는 것은 얼핏 보면 쉬운 청정 에너지 해결책으로 보이지만 수력 발전소에서도 온실가스가 생성된다. 브라질은 댐 건설 사업을 활발히 진행하였는데 댐과 관련된 다른 주요한 환경 영향은 차치하더라도 저수지가 나뭇잎과 그밖의 다른 유기물로 채워지며 이들이 분해되면서 강력한 온실가스인 메탄이 방출되었다.

태양열 발전, 지열 발전, 풍력 발전, 조력 발전은 모두 작은 탄소발자국을 가진 재생 가능한 에너지원이지만 이들로부터 얻을 수 있는 전력량은 제한되어 있고 건설 비용 또한 많이 든다. 그렇지만 상황은 변하고 있다. 지난

최근 30년간 미국에서 태양열 발전 비용은 기술 발전, 정부의 보조금과 중국에서 국제 생산자들의 경쟁 덕분에 와트당 75달러에서 0.75달러로 급락했다. 그럼에도 불구하고 재생 가능한 에너지로부터 전력 생산 비용은 석탄이나 천연가스를 이용한 전력 생산 비용에 비하여 아직 비싼 편이다. 이 점이 재생 가능한 에너지로의 전환을 하려면 정책 입안자들의 도움이 필요하다는 것을 가리키는데, 이에 대하여는 이후에 토의하자.

운송 효율 높이기

좀 더 효율적인 수송 체계를 개발하는 것은 온실가스 배출을 줄이는 두 번째 주요한 기회이다. 미국 도로교통안전국(NHTSA)은 기업평균연비 기준을 맞추는 목표를 마련하였다. 이 평균 연비 기준은 1갤런(3.785리터)의 연료당 마일(1마일=1.6km)로 정하였다. 도로교통안전국의 노력, 공학적인 혁신과 연료의 가격 상승에 힘입어 미국의 차량들의 연비 효율은 몇 년 동안에 상당히 진전되었다(그림 14.35a). 그리고 같은 거리를 이동하는 데 소요되는 휘발유와 경유의 양이 줄어들면서 환경에 배출되는 이산화탄소의 양도 줄어들었다(그림 14.35b).

도로교통안전국의 추정으로 만약 2025년 연료 효율 목표가 달성된다면 2025년에 승용차와 경트럭에서 배출되는 이산화탄소의 양은 2012년 연비 기준에 맞추는 것보다 40%가 감소할 것이다. 소비자들은 평균 연비를 맞추

그림 14.35a 미국에서 승용차가 1갤런당 달린 마일 수인 평균 연료 경제는 1955~2012년 사이에 2배가 되었으며 다음 10년에는 상당히 증가할 것으로 여겨진다. (자료 출처 : NHTSA, http://www.nhtsa.gov)

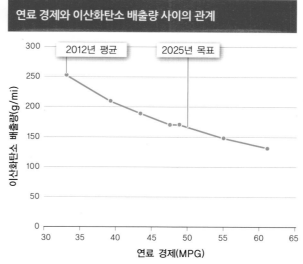

그림 14.35b 모터 차량의 연료 경제와 차량의 이산화탄소 배출량은 확연히 관련이 있다. 미국 도로교통안전국이 2025년으로 정한 연료 효율 목표가 이루어진다면 미국 내에서 승용차와 경트럭에서 배출되는 이산화탄소량은 2012년 평균 배출량의 40%가 낮추어질 것이다. (자료 출처 : NHTSA, http://nhtsa.gov)

기 위해 투입된 기술로 추가된 차량 비용보다 이렇게 높아진 차량 연비로 지출이 3배 이상 절감이 되는 것을 실감할 것이다. 더 높아진 연비 효율 기준으로 2017~2025년 사이에 생산된 차량의 수명 동안 소비하는 기름은 40억 배럴(6×10^{11}리터)이 감소할 것이며 이로 인하여 이산화탄소 배출량의 감소는 약 18억 메트릭톤이 될 것이다.

도시계획은 화석 연료 소비를 줄인다

연료 효율을 개선하는 것 이외에 도시계획은 선진국과 개발도상국 모두에서 교통체계의 영향을 줄이는 한 방법이다. 도시가 무질서하게 확대되는 것을 막고 좀 더 밀집된 도시에서 살며 자택 근무를 하면 교통에 따른 화석 연료 의존도를 줄일 수 있다. 이렇게 되면 이산화탄소를 배출하는 주요 공급원의 하나인 시멘트 생산을 필요로 하는 새로운 도로 건설의 필요성을 줄일 수 있다.

이에 더하여 버스와 기차 같은 대중교통을 이용하고 또 자전거를 이용하면 개인용 차량을 이용하는 것보다 1인당 더 낮은 온실가스를 배출한다. 그렇지만 사람들은 대중교통이 효과적이고 청결하며 안전하다는 믿음이 생길 때만 버스나 자전거를 타고 통근할 것이다. 장거리 여행을 할 때 생애주기 평가는 비행기와 기차는 이산화탄소의 배출량에서 거의 대등하지만 항공 연료와 전력의 공급원에 따라 달라진다.

탄소 배출의 법제화

IPCC에 의하면 기후를 안정화시키는 비용은 전 세계 경제의 2% 미만으로 들지만 아무것도 하지 않으면 그 비용은 20%까지 높아질 것이라고 한다. 이 숫자들로 볼 때 온실가스를 감축하는 것은 아무런 장애물이 없는 것으로 여겨진다. 그런데 비효율적인 차량이 아직도 길에서 달리고 회사가 석탄 에너지를 사용하는 이유는 사람들이 아직 기후 변화로 나타나는 결과에 대하여 비용을 지불하지 않기 때문이다. 최근에 경제학자들과 정책 입안자들은 온실가스를 배출하는 사람들에게 그들이 선택한 에너지에 대한 진정한 원가를 내도록 강제하는 안을 도출하였다. 그러나 모든 나라가 교토의정서나 다른 국제협약이 제안한 정도로 실행을 하지 않는 한 목표를 달성하기는 어렵다.

술과 담배와 같이 탄소 배출은 사회에 비용을 떠넘기는 것으로 세금이 이러한 비용을 다시 거둬들이는 한 방법이다. 핀란드와 스웨덴과 같은 일부 국가들에서는 적절한 **탄소세**(carbon taxes)를 이미 시행하기 시작하였으며 콜로라도 주의 볼더 시는 2007년에 전기로부터 배출되는 탄소에 대하여 처음으로 세금부과 하는 것을 통과시켰다. 세금은 탄소 1톤당 약 7달러를 부과한다. 볼더 시는 매년 100만 달러를 수입으로 잡으며 이 금액은 태양열 발

탄소세 탄소 배출량에 부과되는 세금

전과 풍력 발전을 권장하는 비용으로 활용하여 기후 변화에 대응하는 데 사용한다. 2012년 의회 조사국은 이산화탄소의 메트릭톤당 20달러의 세금을 부과하면 미국의 매년 국가 재정적자인 1조 달러를 절반으로 줄일 수 있다고 하였다. 그렇지만 많은 기업가와 경제학자들은 국가 경제 경쟁력이 낮아지고 산업이 해외로 빠져나간다며 탄소세 도입을 강하게 반대한다. 탄소세에 대한 두 번째 반대 이유는 이 세금이 도입되면 휘발유와 같은 에너지 관련 품목에 가구 수입 대비 많은 비용을 쓰는 저소득 가정에 많은 영향을 끼칠 것이라는 우려 때문이다.

세금을 대체하고 이산화탄소와 다른 오염물의 배출을 규제하기 위한 가장 널리 쓰이는 방안의 하나는 **탄소배출총량과 배출권 거래제**(cap-and-trade)이다. 탄소배출총량과 배출권 거래제하에서는 한 정부기관이나 자선 단체에서 그 지역에 대한 배출총량 제한을 설정한다. 시작 단계에서는 기업의 과거 배출 역사에 따라 다양한 요인을 고려하며 각 기업들에게 배출총량의 일부를 배정한다. 그런데 기업이 기업에 할당된 양을 초과하게 된다면 이 기업들은 반드시 다른 기업으로부터 **탄소 배출권**(carbon credit)을 사야 한다. 반면에 배출량이 줄어든 기업은 그들이 가진 탄소 배출권을 팔아 이득을 얻을 수 있다. 탄소세에 비하여 탄소배출권 거래제가 가진 장점의 하나는 입법자는 정책의 목표만 결정하면 되고 시장은 탄소의 가격을 결정한다는 것이다.

경제학자들에게 탄소배출총량과 배출권 거래제는 이미 잘 알려진 것이지만 이 제도는 실제 적용할 때 많은 문제점을 극복해야 한다. 유럽연합이 2005년에 탄소배출권 거래제를 처음 시행했을 때 배출총량을 너무 높게 설정하였기에 탄소 배출권의 가격은 폭락했다. 여기에 더해 유럽의 기업들은 개발도상국의 청정에너지 사업에 투자하면 유엔의 청정개발체제를 통하여 탄소 배출권을 얻을 수 있도록 허용되었다. 그러나 개발도상국의 많은 사업은 세금의 사후 관리에서 많은 비난을 받고 있고, 시장에 개발도상국에서 발생한 탄소 배출권의 유입이 탄소배출권 거래제를 더 수축시켰다. 유엔 청정개발체제에 관련된 많은 문제는 이 제도가 온실가스 배출량을 줄이는 데 효과적이지 않기에 곧 무너질 것이라는 것이다.

탄소 배출자를 처벌하는 것보다 에너지 생산 비용을 줄이거나 에너지 소비자의 비용을 줄이기 위한 목적의 정부 정책인 **에너지 보조금 제도**(energy subsidies)는 다음 부분에서 기술하는 좀 더 청정한 기술의 개발과 적용을 촉진시키는 데 이용될 것이다. 현재 에너지 보조금은 화석 연료 개발자의 지원에 많은 초점이 맞춰져 있다. 예를 들면 국제에너지기구(International Energy Agency)는 2013년에 발간한 보고서에서 전 세계적으로 정부의 화석 연료 산업에 지원한 보조금액이 매년 5,500억 달러에 해당하며, 이 금액은 재생 가능한 에너지 개발에 지원한 1,200억 달러와는 대비된다고 추정하였다. 이 기구는 이러한 차이가 재생 가능한 에너지 개발이 느리게 진행되는 데 일조한다고 하였다. 환경 단체인 미국 자원보호위원회(NRDC)는 화석 연료 보조금을 중단하는 것만으로도 전 세계 탄소 배출량을 2020년까지 6%까지 줄일 수 있다고 추정하였다.

⚠️ 생각해보기

1. 경제 개발은 온실가스의 배출을 꼭 증가시키는가?
2. 온실가스 배출량을 떠나서 에너지원을 선택할 때 무엇을 염두에 두어야 하는가?
3. 미국에서 탄소배출권 거래제의 시행에 대하여 왜 많은 반대가 있었는가?

14.10 온실가스 배출을 줄이면 새로운 경제 기회가 있다

온실가스 배출을 줄이기 위해서 새로운 기술을 적용할 때 화석 연료에 많이 의존하고 있는 산업들은 과거와 같은 산업 활동을 하면 더 많은 비용을 들어가기 때문에 수지가 안 맞게 될 것이다. 그렇지만 이렇게 기존에 존재하는 기업에서 발생하는 새로운 비용은 단지 온실가스 배출을 줄이려는 방안의 한 부분에 해당한다. 한 기업이 돈을 더 지불해야 하는 상황에서 다른 기업은 상품과 서비스를 제공하면서 돈을 번다. 만약 화석 연료 산업에서 하나의 일자리가 없어진다면 녹색 에너지 분야에서 하나의 일자리가 생기게 된다. 바로 이러한 일이 미국의 태양광 에너지 분야에서 일어났는데, 2010~2012년 사이에 화석 연료 분야에서 4,000개의 일자리가 없어진 반면 14,000개의 일자리가 창출되었다. 주변을 돌아보면 혁신적인 새로운 기업이 이미 벌써 기후 변화 문제에 대한 해결책을 제공하며 자본화하면서 출현하는 것을 볼 수 있다.

탄소배출총량과 배출권 거래제 이산화탄소 배출량과 다른 오염물을 규제하기 위한 제도

탄소 배출권 일정한 양의 탄소를 배출할 수 있는 허가권으로 만약 배출총량을 다 사용하지 않았다면 교환을 하거나 팔 수 있다.

에너지 보조금 제도 에너지 생산 비용을 줄이거나 에너지 사용자의 비용을 줄이고자 하는 정부 정책

전기차

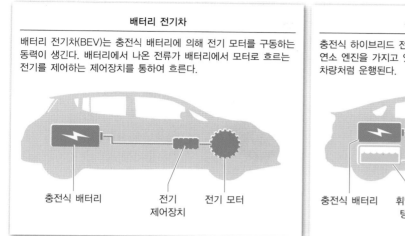

배터리 전기차

배터리 전기차(BEV)는 충전식 배터리에 의해 전기 모터를 구동하는 동력이 생긴다. 배터리에서 나온 전류가 배터리에서 모터로 흐르는 전기를 제어하는 제어장치를 통하여 흐른다.

충전식 배터리   전기 제어장치   전기 모터

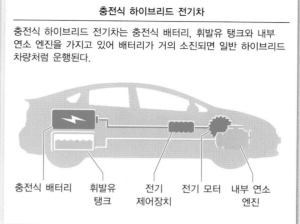

충전식 하이브리드 전기차

충전식 하이브리드 전기차는 충전식 배터리, 휘발유 탱크와 내부 연소 엔진을 가지고 있어 배터리가 거의 소진되면 일반 하이브리드 차량처럼 운행된다.

충전식 배터리   휘발유 탱크   전기 제어장치   전기 모터   내부 연소 엔진

그림 14.36 전기 자동차 기술은 경제의 수송 분야, 특히 전기 발전을 화석 연료원으로부터 이행하면서 온실가스 배출량을 줄일 수 있는 높은 잠재력을 지녔다.

운송 수단의 동력 재공급

여러분은 아마도 고성능의 전기로 가는 스포츠카로 실리콘밸리의 경영진들에게 인기가 많은, 109,000달러를 호가하는 테슬라 사의 로드스터의 사진을 본 적이 있을 것이다. 이 회사의 설립자인 엘론 머스크는 디트로이트 시에 있는 제너럴모터스와 다른 기존의 자동차 생산자에게 자동차를 휘발유와 디젤에서 전기로 바꾸면 돈이 된다는 것을 입증하였다. 이 회사는 2014년에 연간 50만 대의 차량을 출시하면서 32억 달러의 수익을 창출했다.

현재 도로에서 운행되고 있는 전기차는 크게 두 종류인데, 하나는 배터리 전기차(BEV)이고, 다른 하나는 충전식 하이브리드 전기차(PHEV)이다(그림 14.36). 생애주기 평가에서 전기차는 도시 출퇴근용인, 특히 저속으로서 탑승 인원이 적은 내부 연소 엔진을 장착한 비슷한 차에 비하여 온실가스 배출량이 적은 것으로 나타났다. 그러나 전기차는 고속으로 달리거나 탑승인원이 많으면 온실가스가 적게 배출되는 전기차의 장점을 감소시킨다. 또한 전기차의 온실가스 배출량은 우선 전기를 생산하기 위하여 어떤 에너지원을 사용하느냐에 따라 달라진다는 점을 알아야 한다. 말할 것도 없이 온실가스 배출량은 전기를 생산하기 위해 재생 가능한 에너지원을 많이 사용하면 낮아질 것이다.

옥수수와 식물질로부터 생산되는 에탄올이나 윤활유나 조류를 연소하여 만드는 바이오 디젤과 같은 바이오 연료의 사용도 운송에서 화석 연료의 사용을 줄이는 좋은 전략의 하나인데, 여러 기업이 이를 달성하기 위하여 설립되었다. 이론적으로 바이오 연료 농작물은 바로 이전에 방출된 온실가스의 상당 부분을 재흡수할 것이다. 그렇지만 육상의 곡물이나 조류로부터 휘발유를 효율적으로 생산하는 기술은 아직 초보 단계이다(제10장 참조).

녹색 건물은 경비를 줄이고 새로운 일자리를 창출한다

기업이 온실가스 배출량을 줄이도록 장려하는 가장 효과적인 방법의 하나는 기업이 경비를 줄이도록 하는 것이다. 건물로 인한 기후 변화 영향을 줄이기 위해 2002년에 설립된 비영리 단체인 건축 2030의 연구자들이 경제의 모든 분야에서 에너지가 어떻게 사용되는지를 자세하게 분석한 결과 미국에서 건물이 전국 에너지 사용량의 거의 절반을 사용한다는 것을 알아냈다(그림 14.37). 이렇게 건물이 엄청난 양의 에너지를 필요로 하기 때문에 새로운 건물과 공장의 더 나은 단열처리, 좋은 자재 선택, 자연 태양열 난방과 자연광의 장점을 활용하여 건축 디자인을 개선한다면 에너지 사용을 줄일 수 있는 좋은 기회가 될 수 있다고 하였다(그림 14.38).

많은 주 정부, 시 정부 그리고 개인들은 좀 더 효율적인 건축을 하기로 방향을 정하고 있다. 이러한 노력에서 가

에너지 사용과 이산화탄소 배출량

미국의 분야별 에너지 소비

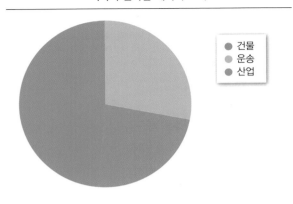

- 건물
- 운송
- 산업

미국의 분야별 이산화탄소 발생량(역사적/예상)

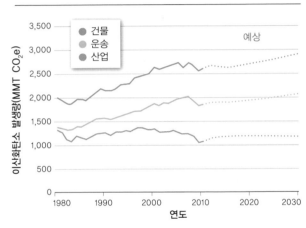

그림 14.37 2010년에 상업용 건물, 주거용 건물과 산업용 건물이 미국 전체 에너지 소비와 이산화탄소 배출량의 거의 절반을 차지하였다. 건물의 에너지 효율에서 상당한 개선이 이루어지지 않는다면 이산화탄소 배출량은 향후 15년 동안 산업이나 운송 분야의 이산화탄소 배출량을 훨씬 능가할 것이다. (자료 출처 : Architecture 2030, http://architecture2030.org)

에너지 효율을 위한 건물

지속 가능한 건물 장소
- 기존 건물을 효율적으로 사용
- 건축 면적과 터 파기를 최소화
- 소중한 야생동물 서식지를 보존하고 복원

건축자재와 자원
- 재활용된 건축자재 사용
- 건축자재 양을 줄이기
- 공인된 숲에서 생산된 목재 사용

에너지와 대기
- 재생 가능한 에너지 만들기
- 에너지 효율적인 전등 사용하기
- 겨울에 태양열 최대 확보와 여름에 최소 확보하는 설계

물 효율
- 가뭄에 잘 견디는 식물로 된 자연 경관
- 물 효율적인 샤워 꼭지와 변기 설치
- 폭풍우의 지표 흐름을 줄이기 위해 불침투성 표면을 최소화

실내 환경의 질
- 휘발성 유기화합물을 발생시키지 않는 자재와 가구 사용
- 자연적인 통풍을 최대화
- 생분해되는 세정제 사용

장소와 수송
- 대중교통 가까이 위치하기
- 일과 쇼핑 구역에 가까운 장소
- 도시 팽창을 줄이기 위해 고밀도 개발 지역에 위치하기

그림 14.38 향후 25년에 걸쳐 새로 건설하고 개조하는 건물에 적용하는 에너지 효율 설계 특성은 에너지를 상당히 줄이고 온실가스 배출량을 줄일 것이다.

장 눈에 띄는 사례의 하나는 뉴욕 시의 예로 전 시장인 마이클 블룸버그는 온실가스를 30% 줄이는 계획을 승인하였다. 뉴욕 시에서 소비되는 에너지의 거의 75%는 시의 100만 개에 달하는 건물에서 일어나는 것으로 밝혀졌으며, 이 수치는 전국 평균을 훨씬 웃도는 것이다.

블룸버그 시장은 일부 건물들이 단위면적당 소비하는 에너지의 양이 같은 용도의 다른 건물들에 비하여 3~5배 정도 더 소비를 한다는 것을 밝혀낸 연구를 발주하였다. 이런 발견의 결과로 시에서 에너지 효율성을 개선하기 위한 노력은 이들 건물에 집중하면 가장 두드러진 결과를 낳을 것으로 나타났다. 주된 목표의 하나는 효율적인 조명 체계가 없을 때 좀 더 효율적인 조명을 설치하는 것이다. 또 다른 목표는 건물들을 재점검하는 것이다. 즉 냉난방에 사용되는 것과 같은 모든 건물 시스템이 효율적으로 작동하는지 확인하는 것이다. 뉴욕 시의 '더 푸르고, 더 좋은 건물계획'에 소요되는 비용은 52억 달러로 추정되지만 기업들이 지출하는 에너지 비용의 절감액은 122억 달러로 추정된다. 뉴욕 시는 이 계획을 실행하면 10,000개 이상의 일자리가 창출될 것으로 예상하였다.

더 청정한 기술은 검댕을 줄인다

개발도상국들은 해결해야 할 특유의 에너지 문제가 있

다. 인도와 중국 같은 나라에서 사용하는 장작 난로와 지저분한 석탄 발전기는 연료를 완전히 연소시키지 못하고 온실가스뿐 아니라 검댕을 배출한다. 검댕은 검고 가루 같은 탄소 입자로서 공기 중에 떠 있을 때나 눈과 같은 반사면에 내려앉아 어둡게 만들면서 햇빛을 직접 흡수하기 때문에 특히 대기를 데울 잠재력을 가지고 있다. 최근에 지구물리연구학술지 : 대기(*Journal of Geophysical Research : Atmospheres*)에 게재된 연구는 검댕이 메탄보다 더 중요하게 기후 변화에 영향을 미치며, 검댕은 이산화탄소 다음으로 강력한 것이라고 하였다.

다행스러운 것은 검댕은 대기에 머무르는 시간이 수주에 불과하다는 것이며 비에 씻겨 내리거나 새로 내린 눈으로 덮인다는 점이다. 검댕은 폐암과 같은 건강 문제를 일으키기 때문에 음식 조리와 발전을 할 때 좀 더 청정한 도구로 바꾸는 것은 기후뿐 아니라 인체의 건강에도 좋을 것이다. 인도에서 새로 출시된 프라티라는 난로는 이렇게 변환이 되는 과정에서 더 청정하게 타는 장작과 숯 난로를 개발하여 일반 가정에서 지출하는 비용을 줄이면서 벌써 수익을 내고 있다.

⚠ 생각해보기

1. 기후 변화에서 살아남는 '비용'은 한 나라의 국내 총생산에 어떤 영향을 미칠까?
2. 청정 에너지로 기술 전환을 하여 이전처럼 많은 사람을 고용하지 않아도 되는 산업은 어떤 것들이 있을까?
3. 당신이 기업가라면 녹색 경제의 기회를 활용하기 위해서 어떤 회사로 시작하겠는가?

14.11 탄소 흡수원을 복원하고 향상시키면 탄소 공급의 균형을 맞출 수 있다

현재 화석 연료 배출량을 줄이는 것은 기후 변화를 최소화할 수 있는 가장 큰 도전 과제의 하나지만 자연적으로나 기술적인 해결책을 통하여 현재 이미 대기에 있는 이산화탄소를 줄일 수 있다.

석회암과 산호초가 생성되면서 이들은 공기에 있는 이산화탄소를 자연적으로 뽑아내어 탄소를 암석질 기질에 붙잡아둔다. 숲이 햇빛으로 광합성을 하면 공기에 있는 이산화탄소를 끌어다가 이를 바이오매스에 저장한다. 이들은 모두 지구 시스템의 일부로서 대기에서 탄소 화합물을 생물학적인 또 물리적인 작용으로 취하여 탄소 화

합물이 활발히 순환하는 과정에서 빼내어 격리시키기 때문에 **탄소 흡수원**(carbon sink)이라고 한다(그림 14.39). 이 밖의 자연적인 탄소 흡수원으로는 이산화탄소가 용존되어 있는 심층 해수와 탄소가 풍부한 토양이다. 기후 학자들이 가진 중요한 의문의 하나는 점점 증가하는 대기의 이산화탄소에 지구의 탄소 흡수원들이 어떻게 반응을 할 것인가이다.

육지와 해양의 탄소 흡수

이론적으로 지구의 탄소 흡수원들의 전 지구적 규모를 계산하는 것은 간단한 산술적인 문제이다. 처음에는 화석 연료 연소량, 산림 벌채와 그밖의 배출원을 측정하여 얼마만큼의 이산화탄소가 대기로 배출되는가를 추정한다. 그런 다음 이산화탄소 감지기를 이용하여 한 해에서 다음 해까지 대기로 추가되는 이산화탄소의 양을 별도로 측정한다. 이산화탄소 배출량 추정치와 대기의 측정치 사이의 차이는 전 지구적인 탄소 흡수의 추정치가 된다.

탄소 흡수 계산에서 모든 수치를 얻으려면 다양한 가정을 필요로 하지만 2012년 8월에 한 연구진은 바로 이 수치들을 얻고자 하는 연구 결과를 네이처에 발표하였다. 이들은 육지와 해양의 탄소 흡수원에서 흡수되는 이산화탄소의 양은 1960~2010년 사이 50년 동안 2배로 늘었다는 좋은 소식을 발견하였다(그림 14.40).

> **탄소 흡수원** 대기에서 생물작용 또는 물리작용을 통하여 탄소 화합물을 취하는 지구 시스템의 부분으로 탄소를 활발한 이동으로부터 제거한다.

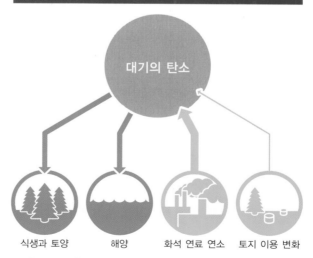

탄소 순화의 주요한 공급원과 흡수원

식생과 토양   해양   화석 연료 연소   토지 이용 변화

그림 14.39 육상과 해양 생태계 모두는 대기에 있는 탄소의 순흡수원이지만 화석 연료의 연소와 토지 이용 변화는 대기에 탄소를 추가하는 공급원이 된다. 이 두 공급원에서 화석 연료 연소가 대기의 이산화탄소 증가에 가장 큰 공헌자이다.

지구의 커가는 탄소 흡수원

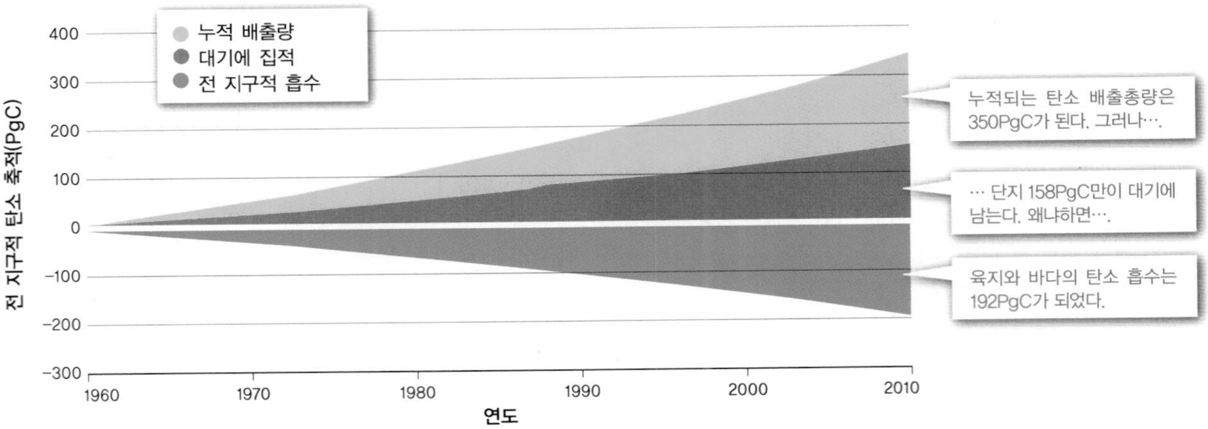

누적되는 탄소 배출총량은 350PgC가 된다. 그러나…

… 단지 158PgC만이 대기에 남는다. 왜냐하면….

육지와 바다의 탄소 흡수는 192PgC가 되었다.

그림 14.40 육지와 바다의 이산화탄소 흡수량이 1960~2010년 사이에 2배가 되어 대기에 온실가스가 축적되는 것을 줄였다. (자료 출처 : Ballantyne et al., 2012)

탄소 흡수량이 어떻게 이렇게 늘었는지에 대해서는 아직 완전하게 밝혀지지 않았으며 또 이렇게 탄소 흡수량이 지속적으로 늘어날지에 대해서는 확실하지가 않다. 만약 현재의 탄소 흡수원들이 포화된다면 더 배출되는 이산화탄소들은 결국 대기에 머물러 있게 되어 지구 온난화가 더 일어나게 한다. 그렇지만 늘어난 탄소 흡수량의 얼마가 삼림이나 다른 육상 생태계에서 그리고 얼마가 해양 생태계에서 일어났는지를 구분하지 못한다는 점을 알아야 한다. 하지만 이러한 연구는 우리가 탄소를 줄이기 위한 노력을 바로 어느 곳에 집중해야 하는지 알려 준다.

농업, 삼림 관리와 자연 보호

삼림을 베어내고 대신 농업을 하면 대량의 이산화탄소를 대기로 방출시킨다. 인도네시아와 벨리즈 같은 개발도상국에서는 주로 삼림 벌채를 통한 토지 이용 변화가 이들 나라에서 배출되는 이산화탄소의 상당한 부분을 차지한다. 이의 반대 상황도 사실이다. 숲은 점점 성장을 하면서 저장하는 탄소 양도 증가한다. 미국에서 지난 20년간 삼림에 의해 흡수되는 이산화탄소의 양은 20%나 증가하였다.

그렇지만 탄소는 지상에 축적될 뿐 아니라 숲과 농지의 토양에 더 안정적으로 축적된다. 특정 영농 방법은 토양의 건강과 비옥도를 증가시켜 탄소 흡수원으로 토양을 더 안정적으로 유지할 수 있다(그림 14.41 참조). 이에 대해서는 제7장에서 갈아엎기 없는 또는 적게 갈아엎기 농법을 소개하면서 이미 다루었다(225쪽 참조). 시간이 지

남에 따라 바이오 연료에 사용되는 풀과 같은 다년생 작물은 다량의 탄소를 토양에 저장할 수 있다. 북아메리카 대초원의 토양은 갈아엎기 전에 많은 양의 탄소가 들어 있었기에 초원의 토양이 이러한 잠재성을 가지고 있다는 것을 알고 있다. 한편 소들은 탄소 흡수원을 파괴하고 메탄을 방출하기에 많은 소를 기르는 목축업은 이산화탄소의 주요한 배출자가 된다. 부유한 나라에서 많은 육류 소비를 줄이면 탄소 배출을 줄이는 데 도움이 된다.

비록 숲이나 습지를 그대로 놔두는 것이 이산화탄소가 대기로 들어가는 것을 막는 것은 분명하나 늑대와 사자와 같은 포식자들도 탄소 흡수원을 유지하는 데 일정한 역할을 한다. 1995년에 옐로스톤국립공원에 회색늑대를 다시 풀어놓았을 때 이들은 생태계에 있는 사슴과 엘크와 같은 대형 초식동물을 먹잇감으로 하여 개체 수를 줄였다. 넓은 지역에 엘크의 수가 줄어들자 더 많은 버드나무, 미루나무와 백양나무들이 최대 크기까지 자라며 그 지역의 탄소 저장량은 늘어났다(113쪽 그림 4.16 참조). 포식자로 인하여 식물에 긍정적인 효과가 일어난 것을 영양 단계 견제라고 한다. 예상치 못했지만 늑대를 다시 풀어놓자 비버의 수가 2001년에는 1개의 군체에서 2011년에는 9개의 군체로 늘어났다. 비버는 겨울을 나기 위해 버드나무가 필요한데, 이들이 만든 댐이 습지와 못을 만들어 탄소의 흡수처로 작용한다.

영양 단계 견제는 육상 생태계에만 일어나는 것이 아니다. 해달에 대한 최근 연구는 이들이 있음으로써 다시

탄소 흡수원을 향상시키기 위해 자연과 협력

농업용 토양은 토양 구조 및 비옥도를 향상시키는 부산물로서 다량의 탄소를 저장할 수 있는 잠재력이다.

근해의 다시마 숲 환경에서 해달의 개체 수를 보존하면 심해에 유기 탄소의 저장을 유지하는 데 도움이 될 수 있다.

그림 14.41   최근 연구에 따르면 많은 육상 및 수생 생태계가 탄소 흡수원으로 작용할 수 있는 잠재력이 있음이 밝혀졌다. 육지에서는 농업 생태계가 큰 잠재력을 발휘한다. 또한 해달과 같은 핵심종의 활동은 그들이 점유하는 생태계의 탄소 격리율에 상당한 영향을 미칠 수 있다.

마숲이 탄소의 흡수원이 될 잠재력을 약 10배 정도 증가시킨다고 한다(그림 14.41).

탄소 포집과 격리

텍사스 주의 샌안토니오 시에서 2014년 10월에 혁명적인 '스카이마인(Skymine)'이 개업하였다. 샌안토니오 시에서 휴대용 스카이마인을 시멘트 공장에 부착하였는데 이 기구는 발전소나 공장의 어느 설비에도 부착하여 배출되는 이산화탄소를 포집하여 종이와 시멘트 만드는 데 사용하는 베이킹파우더로 전환시킨다. 이산화탄소가 대기로 들어가는 것을 막기 위한 광물화작용도 **탄소 포집과 격리**(carbon capture and sequestration)라는 전략의 하나인 새로운 기술로 대두된다(그림 14.42).

IPCC는 탄소 포집과 격리가 일반적인 발전소에서 배출되는 이산화탄소를 80~90%까지 줄일 수 있는 것으로 예측하며, 이를 통하여 탄소를 감축하는 목표에 근접할 수 있다고 한다. 그렇지만 이러한 기술들은 어디에 가스를 저장하고 이 과정에서 어떻게 화석 연료를 더 태우지 않고 진행하는가와 같은 공통적인 장애물을 해결해야 한다. 일부 과학자들은 이산화탄소를 해양의 바다로 주입하는 것을 제안하기도 하지만 이렇게 되면 해양의 산성화를 증가시키기 때문에 제외된다.

지중 격리(geo-sequestration)는 이산화탄소를 압축하여 염수 대수층이나 고갈된 석유나 가스전과 같은 지하 구조에 주입하는 것이다. 일부 발전소에서는 이미 지중 격리를 하고 있다. 1996년부터 노르웨이의 스타토일 석유 회사는 다양한 종류의 지층에 수백만 톤의 이산화탄소를 주입해오고 있다. 그런데 이 지중 격리는 석탄 화력 발전소에서 배출되는 이산화탄소가 질소와 산소와 혼합되어 있기 때문에 이 방법을 적용할 때 좀 더 어려운 문제가 있다. 그렇지만 석탄을 연소하기 전에 합성 천연가스로 만드는 **가스화작용**(gasification)이라는 새로운 기술을 적용하면 순수한 이산화탄소를 좀 더 효율적으로 격리시킬 수 있다.

지구공학

2004년 2월 해양 생물학자인 빅터 스메타체크(Victor Smetacek)는 유럽연합의 철비옥화실험의 일환으로 남극해에 수 톤의 황산철을 투입하였다. 플랑크톤의 성장은 철의 공급량에 따라 달라지는데, 스메타체크의 목표는 철을 공급하여 플랑크톤을 번성시키고 이를 통하여 대기의 이산화탄소를 줄이고자 하는 것이었다. 그의 연구 결과는 2012년 네이처에 발표되었는데 규조라는 플랑크톤이 죽을 때 수층에 깊게 가라앉는 과정에서 탄소를 격리

탄소 포집과 격리 이산화탄소와 다른 온실가스들을 배출되는 장소에서 모아 어떤 장소나 다른 화학적 형태로 저장하여 탄소 순환에서의 활발한 이동으로부터 제거하는 기술적 전략

지중 격리 이산화탄소를 압축하여 염수 대수층이나 고갈된 석유나 가스전과 같은 지하 구조에 주입하는 탄소 포집 및 격리의 접근법

가스화작용 석탄 화력 발전소에서 석탄을 연소하기 전에 합성 천연가스를 만들어 더욱 효율적으로 탄소를 포집하기 위한 기술로, 이 기술은 순수한 이산화탄소를 좀 더 효과적으로 격리할 수 있게 한다.

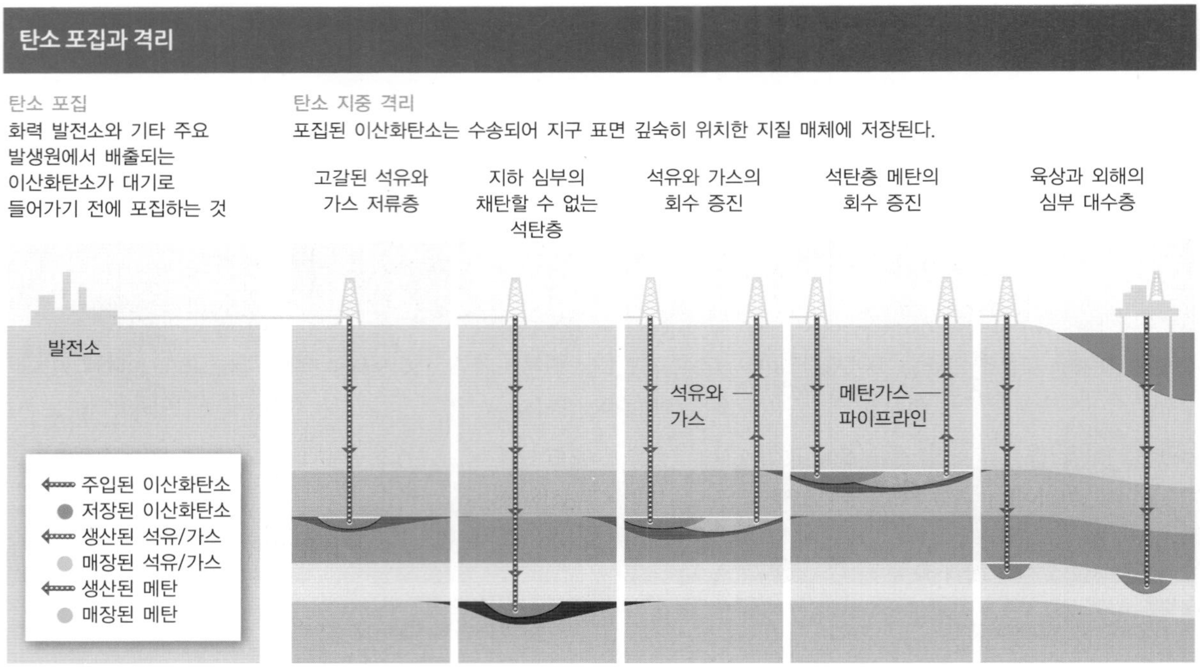

탄소 포집과 격리

탄소 포집
화력 발전소와 기타 주요 발생원에서 배출되는 이산화탄소가 대기로 들어가기 전에 포집하는 것

탄소 지중 격리
포집된 이산화탄소는 수송되어 지구 표면 깊숙이 위치한 지질 매체에 저장된다.

고갈된 석유와 가스 저류층

지하 심부의 채탄할 수 없는 석탄층

석유와 가스의 회수 증진

석탄층 메탄의 회수 증진

육상과 외해의 심부 대수층

발전소

석유와 가스

메탄가스 파이프라인

◄── 주입된 이산화탄소
● 저장된 이산화탄소
◄── 생산된 석유/가스
● 매장된 석유/가스
◄── 생산된 메탄
● 매장된 메탄

그림 14.42 아직 실험 단계에서 엔지니어 및 기후 과학자들은 발전소 및 기타 산업 활동에서 생산된 이산화탄소를 포집하고 이산화탄소를 석탄층에서 천연가스를 회수하거나 염수 대수층과 석탄층에 저장하는 시스템을 설계하고 시험하고 있다.

시킨다고 하였다. 이러한 급진적인 접근법을 **지구공학**(geoengineering)이라고 부르는데, 전 지구적인 온도를 낮추기 위하여 지구 시스템에 개입하는 것이다.

초기의 이러한 성공에도 과학자들은 철비옥화를 시키는 것이 생태계 전반에 걸쳐 위해를 일으킬 수 있다고 우려하고 있으며 이 프로젝트가 성공할 확률은 낮다고 한다. 예를 들면 어떤 종류의 조류가 번성할지 알 수가 없으며 또 철비옥화가 독성이 있는 조류를 만들어내는 역효과를 일으킬 수도 있다. 이렇게 플랑크톤의 번성이 일어난다면 해수의 용존산소를 결핍시킬 수 있고 해양 생태계의 불균형을 초래할 수 있다. 마지막으로 이 방법은 임시방편으로 탄소를 단지 수 세기 동안만 붙잡아둘 뿐이다. 2007년에 35개국이 서명한 해양오염을 규제하는 런던협약은 해양 비옥화의 활동 중지를 협약하였다.

더 일반적으로 지구공학은 기후 변화에 대처하기 위해 단지 탄소 흡수원을 증가시키거나 탄소 배출을 줄이는 것 이상으로 논란이 많이 되는 발상들을 제안해왔다. 일부 상상가들은 태양 광선을 반사시키기 위해 지구 궤도에 15조 개의 거울을 배치하자고 하였다. 다른 사람들은 대기에 황을 더해주거나 해수를 분사하여 구름을 만들어 더 많은 햇빛을 지표로부터 멀리 반사시켜 우주로 보내자는 것이다.

이러한 많은 발상은 너무 비용이 많이 들거나 설득력이 없거나 명백한 위험을 가지고 있다는 점에서 고려대상에서 제외가 되었다. 그렇지만 지금 우리가 만든 전 지구적인 문제를 처리하기 위한 노력에서 또 다른 문제를 만들지는 않았는지 경계해야 한다.

기후 변화에 적응하기

결국 기후 변화를 완전히 방향 바꾸기에는 이미 너무 늦었기에 사회는 기후 변화의 영향에 대처하는 준비를 해야 한다. IPCC는 기후 변화와 관련된 영향과 위험을 줄이는 전략인 **기후 적응**(climate adaptation)이 온실가스 배출을 줄이기 위한 기후 완화정책과 더불어 진행되어야 한다고 하였다.

예를 들면 해수면이 상승하면 해안 지역은 폭풍의 영향을 더 받기 쉬운데, 이는 국가, 광역 지방자치 단체와 시 정부는 어떤 지역을 보호하고 어떤 지역에서는 퇴거해야 하는지에 대한 계획을 세워야 한다. 맨해튼 남부와 같이 중요한 사회간접자본시설을 가진 인구 밀집 지역에 대해서 시 정부는 방파제와 태풍 장벽을 설치하여 홍수 방지를 강화해야 한다. 방파제가 제 역할을 하지 못하는 인

지구공학 지구 기후 변화를 완화하기 위한 노력의 일환으로 해양 조류에 의한 이산화탄소 흡수와 같은, 기후에 영향을 미치는 작용을 조작하는 기술적 접근 방법

기후 적응 기후 변화와 관련된 영향 및 위험을 줄이기 위한 전략

구가 많지 않은 지역은 현재 주택 소유자에게 거주지를 떠나 더 높은 곳으로 이주하도록 장려해야 한다. 동시에 향후 해안에 폭풍파의 영향이 우려되는 곳에는 새로운 건물을 짓도록 허가를 내주지 말아야 한다. 하수도와 발전소와 같은 사회간접자본시설들은 홍수와 다른 기상이변에 견디도록 설계가 되어야 한다.

농부들도 또한 더 더워진 세상에 적응해야 한다. 과학자들은 이미 가뭄에 견디는 작물 종류와 점점 줄어드는 수자원에 대처하기 위해 개선된 관개로의 개발에 착수하였다. 보다 일반적으로 지리학자와 경제학자들은 농업 과학자들과 더 긴밀히 협업하여 어느 지역이 기후 변화 문제를 악화시키지 않고 향후 어떤 종류의 작물을 지속적으로 재배할 수 있는가를 알아내야 한다. 궁극적으로 정책 입안자들은, 예를 들면 미국의 남서부 건조한 지대에서 성장하는 지역사회가 농민과 경쟁하는 물 배분에 관한 어려운 결정에 직면할 것이다.

IPCC는 기후에 적응하는 비용은 다음 세기에도 늘어날 것이며 모든 지역이나 나라가 기후 변화에 똑같이 영향을 받지는 않을 것이라고 예상한다. 경제적으로 가난한 국가들이 기후 변화로 많은 영향을 받을 것으로 예상되며 이들 나라들은 좀 더 부유한 산업화된 나라들의 도움을 필요로 한다. 의심할 여지없이 지구는 2100년이 되면 아주 다른 장소가 될 것이다. 우리는 준비가 되어 있는가?

⚠ 생각해보기

1. 기후 변화를 경감시키는 탄소 저장률을 높이기 위해 자연적인 탄소 흡수원으로 역할을 하는 어떤 생태계의 관리를 고려해야 할까?
2. 전 지구의 온도를 낮추기 위해 생각할 수 있는 가장 급진적인 지구공학 프로젝트는 어떤 것이 있는가? 이 프로젝트는 앞으로 어떤 문제를 일으킬 수 있는가?
3. 기후 변화에 대응하기 위해 여러분의 집을 어떻게 준비하겠는가?

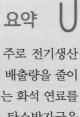

14.9~14.11 해결방안 : 요약

기후 변화를 완화하기 위해서는 주로 전기생산 부문과 운송부문에서 온실가스의 배출량을 줄이는 것이다. 큰 탄소발자국을 가지는 화석 연료를 재생 가능한 에너지원과 더 적은 탄소발자국을 가지는 연료로 교체하는 것이 첫 번째 단계이다. 연료 효율이 좋은 차량, 도시계획과 대중 교통도 역시 온실가스 배출을 줄이는 좋은 방안이다. 정부는 탄소배출총량과 배출권 거래제 및 탄소세를 시행하고 더 청정한 에너지원을 사용하는 기업에 보조금을 지원할 수 있다.

온실가스 배출량을 줄이는 것은 일부 기업에는 상당한 경제적 부담을 지우지만 다른 기업들에게는 수익이 나는가 하면 일자리가 한 영역에서 다른 영역으로 옮겨갈 수 있다. 기업가들은 효율적인 전기차와 좀 더 효율적인 건축을 고안하면서 새로운 기회를 만들어 자본화시킬 수 있다. 개발도상국에서 기업은 기후를 덥게 하는 검댕의 방출을 줄이는 좀 더 효율적인 장작 난로를 팔기 시작했다.

탄소 흡수원을 이용하여 온실가스 흡수를 늘릴 수 있다. 농지의 토양과 자연의 생태계는 모두 상당한 탄소 흡수원으로 관리할 수 있다. 탄소 포집과 격리는 전기를 생산하는 과정에서 대기로 방출되는 이산화탄소의 양을 줄이는 장점이 있다. 지구공학은 지구의 기후를 바꾸기 위한 급진적인 방법이므로 조심스럽게 추구되어야 한다.

사회는 해수면 상승의 영향과 점점 빈도가 높아지는 기상이변에 대처하기 위하여 기후 적응 전략을 가져야 한다.

각 장의 절에 대하여 아래 질문에 답을 하고 난 후 핵심 질문에 답하라.

핵심 질문 : 우리는 어떻게 기후 변화의 환경적 영향과 사회적 영향을 줄이고 적응할 수 있을까?

14.1~14.4　과학원리

- 대기는 행성의 온도에 어떤 영향을 미치는가?
- 과학자들은 온실효과와 지구에서 온실효과의 역할을 어떻게 알아냈는가?
- 전 지구적인 온도와 이산화탄소 농도는 시간에 따라 어떻게 변하였는가?
- 대기의 어떤 요인들이 전 지구적인 온도를 가장 많이 조절하며 이를 어떻게 알아냈는가?

14.5~14.8　문제

- 이산화탄소의 농도가 점점 증가하는 주된 원인은 무엇이며 이를 어떻게 알아내는가?
- 전 세계적인 물리적 영향은 이산화탄소 농도의 상승으로 인한 것인가?
- 전 지구적인 온도가 상승을 하면 지구에는 어떤 변화가 일어나는가?
- 기후 변화로 발생하는 사회적 비용은 어떤 것일까?

기후 변화와 우리

많은 사람들은 기후와 대기의 변화가 우리 인간이 지금까지 처한 가장 심각한 환경 과제라고 여긴다. 늘어난 인구의 활동으로 말미암아 대량의 온실가스가 배출되면서 지구를 이미 데워놓았고 전 생물권을 급격히 와해시키는 위협이 되고 있다. 기후 변화로 일어나는 문제들은 우리의 전반적인 생활과 경제 지원 체계를 위험에 놓이게 하였다. 이러한 도전 과제들에 대하여 개인은 무엇을 할 수 있겠는가?

☐ 과학 따르기

비록 기후학자들이 기후 변화와 그 원인에 대하여 대체적으로 동의하고 있지만 기후 변화 과학을 부정하는 사람들은 지구 기후의 현재 상태와 역동성, 그리고 사회와 환경 영향에 대하여 다른 결론을 제시한다. 이러한 서로 다른 의견을 통하여 여러분이 선택할 길을 알아내는 가장 좋은 방법은 전 지구적인 온도, 폭풍 강도, 가뭄이 일어난 깊이와 빈도, 해수면 상승 등에 관련된 자료에 특별한 관심을 가지면서 출간된 과학의 발전을 따라가며 이번 수업 동안 배운 것을 바탕으로 하는 것이다.

☐ 에너지 절약하기

총괄하여 말하면 우리는 에너지를 절약함으로써 생산되는 에너지의 양을 변경할 수 있다. 에너지 전력회사는 소비자가 에너지를 절약하여 미국과 유럽에서 에너지의 수요가 이미 줄었다고 보고한다. 첫 단계로는 여러분의 주택이 잘 단열되었는가를 확인하는 것이다. 가능하다면 겨울에 난방(20℃ 이하)을 할 때 그리고 여름에 냉방(25.5℃ 이상)을 할 때 에너지를 줄이기 위해 온도조절장치를

설치하는 것이다. 가능하다면 안전할 때 걷거나 자전거를 타거나 대중교통을 이용하여 에너지를 절약하라. 만약 자동차를 운전한다면 연료 효율이 좋은 차를 선택하고 또 상태가 잘 유지되도록 하여 연료 경제를 최대화하도록 하라.

☐ 온실가스 배출을 줄이기 위한 노력 지지하기

시민으로서 재생 가능한 에너지원으로 전환하고 온실가스 생산을 줄이는 것을 지지하기 위하여 목소리를 내고 투표권을 행사하라. 자연적인 탄소 흡수원을 지속 가능하게 하는 보존 농업과 산림 관리를 후원하는 지방 정부, 광역 정부와 국가의 정책을 지지하라. 또 전력 생산과 다른 산업 활동과 연관된 탄소 배출에 비용을 부과하려는 입법행위를 지지하라. 소비자로서 한 단계 더 나아갈 수 있는데 여러분 지역의 전기 공급자가 제공하는 청정에너지 솔선행위를 지지하라.

☐ 활발히 참여하기

크건 작건 우리 모두 건설적인 변화에 대하여 강력한 영향력을 발휘할 수 있다. 환경과학의 이 과정을 마치면 오늘날 환경 도전 과제들에 대한 과학원리, 문제, 가능한 해결방안에 대한 포괄적인 이해를 가지게 될 것이다. 더 중요한 것은 현재 가지고 있는 지식의 기반을 더 넓힐 수 있는 준비가 되어 있다는 점이다. 그렇게 하면서 여러분의 지성적인 목소리를 필요로 하는 곳에 들을 수 있게 하고 개별적으로 또 여러분의 지식을 반영하고 가장 시급한 환경 문제점을 이해하는 또는 이 책에서 언급한 다른 많은 문제점들에 관련된 단체에 참여하라.

14.9~14.11 해결방안

- 탄소 배출량을 줄이기 위해 어떤 전략이 필요한가?
- 온실가스 배출을 줄이면서 창출되는 새로운 경제 기회는 어떤 것들이 있는가?
- 탄소 흡수원은 탄소 수지의 균형을 맞추는 데 어떤 역할을 하는가?

핵심 질문에 대한 답

_____

_____

_____

_____

_____

_____

제14장
복습 문제

1. 지구, 화성, 금성에서 무엇이 온도의 차이를 나타내는가?
   a. 태양으로부터 거리가 차이를 설명한다.
   b. 지구의 대기는 대량의 열을 붙잡아두는 질소와 산소로 이루어져 있다.
   c. 온실 효과의 차이가 지구, 화성과 금성의 기후 차이를 설명한다.
   d. 각 행성에 있는 수증기의 양이 원인이다.

2. 탄소 포집과 격리는 다음의 무엇과 같은 기술인가?
   a. 이산화탄소의 발생원에서 필터로 거르고 화학적인 변환을 통해 이산화탄소와 다른 온실가스가 대기로 배출되는 것을 줄인다.
   b. 산업에서 제조 과정에 시차 과정을 두어 온실가스가 지속적으로 배출되지 않도록 한다.
   c. 발생원에서 이산화탄소와 다른 온실가스를 포집하여 탄소 순환에서 활발히 순환하지 않도록 제거를 하거나 다른 장소에 저장하여 대기로 방출되는 양을 줄인다.
   d. 청정공기법에 제안된 수정안에서 요구되는 것이다.

3. 지구의 기후는?
   a. 지구의 역사 동안 일정하였다.
   b. 현재 빠르게 변화하고 있지만 다음 세기에는 안정화될 것이다.
   c. 주로 인간의 활동으로 온실가스가 증가하여 빠르게 변화하고 있다.
   d. 어떤 특정한 양상이 없이 불규칙하고 예측하지 못하게 변한다.

4. 지구의 대기에서 가장 많은 온실가스는 어느 것인가?
   a. 오존
   b. 수증기
   c. 질소
   d. 이산화탄소
   e. 메탄

5. 온실가스의 어느 것이 지구의 '온도조절장치'로 역할을 하는가?
   a. 오존
   b. 수증기
   c. 질소
   d. 이산화탄소
   e. 메탄

6. 밀란코비치 주기는?
   a. 지구의 기후 변화가 발생되는 태평양의 중위도에서 지표수의 온도 변화이다.
   b. 지구의 자전과 태양을 도는 공전궤도의 변화로 이들이 기후 변화를 일으킨다.
   c. 북반구에서 허리케인 계절의 시기와 기간을 변화시킨다.
   d. 지구의 공전궤도, 자전축 경사와 춘·추분점의 세차운동을 변화시켜 지구의 기후를 변화시킨다.

7. 온실효과에 대한 다음의 기술 중 맞지 않는 것은?
   a. 온실효과는 대기의 다양한 성분들이 적외선을 흡수하고 다시 복사시키는 것으로 높은 지표와 대기의 온도를 만든다.
   b. 수증기, 이산화탄소, 메탄과 같은 온실가스가 적외선 복사를 붙잡아두고 이를 다시 지구로 반사시킨다.
   c. 지구는 온실효과가 없다면 대부분의 생물종은 살 수가 없다.
   d. 화산에서 방출은 온실효과에 아무런 도움이 되지 않는다.

8. 다음 중 어느 요인이 대기에서 수증기 양이 증가하도록 하는가?
   a. 응축
   b. 온도의 상승
   c. 온도의 하강
   d. 대기 중 이산화탄소 농도의 감소

9. 교토의정서는 왜 선진국의 온실가스 배출량 줄이기를 강조하는가?
   a. 교토의정서의 목표는 선진국의 경제 생산량을 줄이는 것이다.
   b. 개발도상국은 온실가스를 배출 감소를 할 수단을 가지고 있지 못하고 있다.
   c. 선진국들은 역사적으로 대부분의 온실가스 배출원으로 작용하였다.
   d. 개발도상국으로부터 배출되는 온실가스는 선진국들에서 배출되는 온실가스 양에 결코 미치지 못하기 때문이다.

10. 미국에서 단기간에 온실가스 배출을 줄일 가능성이 가장 높은 것은 다음 중 어느 것인가?
   a. 모든 자동차를 전기차로 바꾸는 것
   b. 건물의 에너지 효율을 개선하는 것
   c. 자동차의 연료 효율을 증가시키는 것
   d. 모든 석탄 화력 발전소를 천연가스로 쓰는 발전소로 변환하는 것

비판적 분석

1. 기후 변화가 일어나면 어떤 일들이 일어날까?

2. 과학자들은 기후 변화를 연구하기 위해 어떤 방법을 쓰는가? 또 어떤 자료를 수집하는가?

3. 지구 온난화가 식물의 성장 계절에 어떤 영향을 미칠까?

4. 북반구의 여름에 이산화탄소 농도는 왜 낮아지는가?

5. 폭풍의 강도가 점점 심해지는 것을 왜 기후 변화의 영향이라고 하는가?

생태계와 경제체제의 물질적 기반을 이해하려 할 때 물질의 겉면을 들춰 구체적인 화학을 고려하는 것이 도움이 된다. 화학은 **물질**(matter)의 조성, 구조, 성질, 그리고 반응에 관한 과학이며, 기초 화학에 대한 토론에 들어가기 위한 논리적인 시작점은 원자이다.

원자

모든 물질의 기본 구성 요소는 **원자**(atom)이다. 원자는 순수한 물질이 그 화학적·물리적 성질을 계속 보유하는 가장 작은 입자이다. 우주에서 가장 간단하고 가장 풍부한 원자는 수소이다. 수소의 **핵**(nucleus), 즉 원자의 질량이 밀집된 중심부는 **양성자**(proton) 1개와 이 주변을 돌고 있는 **전자**(electron) 1개로 이루어져 있다(그림 A.1). 크기는 같지만 반대 전하를 띠고 있는 양성자(+1)와 전자(−1)는 서로를 끌어당기며 전기적으로 서로를 상쇄한다. 그 결과 양성자 하나와 전자 하나로 이루어진 수소 원자는 전기적으로 중성이다[(+1) + (−1) = 0].

전자는 거의 빛의 속도로 움직이기 때문에 핵 주변에 **전자구름**(electron cloud)을 형성하고 있고, 이는 핵 주변을 전자가 돌고 있는 것을 보여주는 한 방법이다(그림 A.1a). 그러나 편의상 특정 위치에 있는 한 순간을 정지시켜 전자가 정해진 궤도를 따라 움직인다고 생각할 수도 있다(그림 A.1b). 헬륨 원자(그림 A.1c)에는 양성자 2개(전하 +2)와 전자 2개(전하 −2)가 있는데, 역시 서로 정확히 전기적으로 균형을 이루고 있다. 헬륨 핵에는 **중성자**(neutron)도 2개 있는데, 양성자와 질량은 같으나 전하는 띠지 않는다. 따라서 중성자는 **원자량**(atomic weight)에는 기여하나 원자의 전기적 성질에는 기여하지 않는다. 중성자 또는 양성자 하나의 질량은 대략 2,000개의 전자와 맞먹으므로, 전자는 원자의 전기적 성질에 기여하지만 질량에는 기여하지 못한다.

수소와 헬륨같이 단 한 종류의 원자로 이루어진 물질을 **원소**(element)라고 한다. 우리가 일상생활에서 종종 접하는 원소에는 우리가 마시는 공기 속의 산소, 음료수 캔의 알루미늄, 동전의 구리가 있다. 원소들은 전통적으로

우주에서 가장 풍부한 두 원자인 수소와 헬륨의 기본 원자 구조

수소

a. 수소는 양성자 하나로 이루어진 핵과 이를 둘러싼 전자구름으로 이루어져 있는데, 그 전자구름에 수소의 전자 1개가 움직이고 있다.

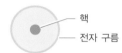

핵
전자 구름

b. 우리가 전자의 위치를 한 순간 멈춰진 것으로 가정한다면 양성자를 돌고 있는 매우 작은 전자로 수소 원자를 나타낼 수 있다.

핵
⊕ 양성자 : 1 (양전하)
◎ 중성자 : 0 (전하 없음)
⊖ 전자 : 1 (음전하)

원자번호 : 1

헬륨

c. 헬륨은 양성자 2개와 중성자 2개로 이루어진 핵과 그 주변을 도는 전자 2개로 이루어진다.

핵
⊕ 양성자 : 2
◎ 중성자 : 2
⊖ 전자 : 2

원자번호 : 2

그림 A.1

주기율표라는 표에 정리되어 있는데, 이 표는 원소들을 양성자 수 또는 **원자번호**(atomic number)에 따라 나열하고 비슷한 화학적 성질의 원소들끼리 분류한다(그림 A.2).

원자 구조는 원소의 화학적 성질에 대한 단서를 제공한다. 표 A.1은 생물학적으로 중요한 11개 원소의 원자 구조를 보여준다. 이 중 단 6개의 원소(탄소, 수소, 질소, 산소, 인, 황)가 인간에서 식물, 박테리아에 이르는 생물 대부분의 대략 99%를 이룬다. 이 표에는 각 원소의 전자와 이들의 궤도 또는 전자껍질이 표현되어 있다. 각 원소의 가장 중심부에 있는 전자껍질에는 최대 2개의 전자가 있는 반면, 나머지 전자껍질은 최대 8개의 전자로 채워져 있다.

물질 공간을 점유하고 질량을 가지는 모든 것으로 주로 고체, 액체, 기체의 세 가지 물리적 상태로 존재한다.

원자 순수한 물질의 성질을 유지하는 가장 작은 입자

핵 원자의 질량이 큰 중심부로서 양성자와 중성자로 이루어져 있으며 그 주변으로는 핵의 전자가 움직인다.

양성자 원자의 핵 안에 있는 입자로서 +1의 양전하를 띠며 원자량은 1이다.

전자 원자의 핵 안에 있는 입자로서 −1의 음전하를 띠며 양성자 또는 중성자 질량의 1/2000 정도의 질량을 가진다.

중성자 원자의 핵 안에 있는 입자로서 질량은 양성자와 비슷하지만 전하는 띠지 않는다.

원자량 자연적으로 존재하는 순수한 물질(예 : 금, 탄소, 산소)의 원자들의 평균 질량

원소 한 종류의 원자(예 : 수소, 헬륨, 철, 납)로만 이루어진 물질

원자번호 원소의 원자핵 안에 있는 양성자 수로서 중성원자에서는 전자의 수와 같다.

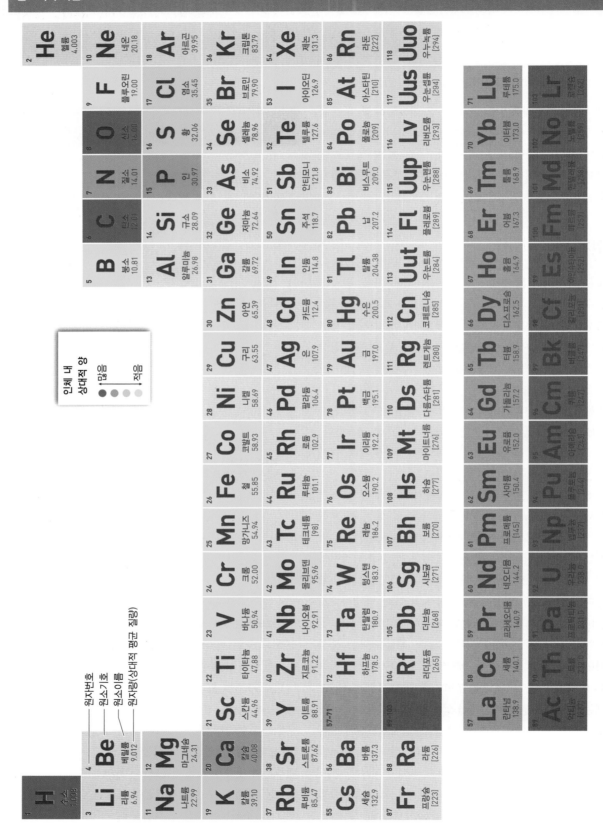

원소의 주기율표

그림 A.2 이 주기율표에는 인체 건강에 필수적인 원소를 강조하였다. 미량이지만 필수적일지 모르는 다른 원소들에 대한 연구가 계속되고 있다.

표 A.1 생물학적으로 필수적인 원소 11개의 원자 구조와 중요성

원소기호	원소이름	구조	생물학적 중요성
H	수소		모든 유기화합물(예 : 탄수화물, 지방, 단백질, 물)에 있는 수소는 생물학적 구조의 주요 요소이다.
C	탄소		탄소는 모든 유기화합물에 중심적이고 생물학적 구조의 핵심이다. 지구의 생명체는 탄소의 화학에 기초한다.
N	질소		질소는 아미노산의 필수 성분이고, 따라서 아미노산의 결합으로 이루어진 단백질의 필수 성분이다.
O	산소		산소는 많은 유기 분자의 일부이고, 물의 구성 성분이며, 많은 생명체의 호흡에 중요하다.
Na	나트륨		나트륨은 동물의 신경과 근육이 제대로 기능하는 데 중요하고, 인간은 섭식에 나트륨을 필요로 하여 인류 역사상 귀한 자재였다.
Mg	마그네슘		마그네슘은 조류(algae)와 식물의 엽록소 구조에 중심적이고, 동물에서는 효소의 정상 작동을 위해 필요하다.
P	인		인은 RNA와 DNA 구조에 필수적인데, 에너지를 운반하는 분자 ATP의 일부이며 뼈와 이의 구조에도 중요하다.
S	황		황은 일부 아미노산의 주요 요소이고, 단백질의 구성 단위이며, 효소와 기타 단백질의 구조를 결정하는 데 중요하다.
Cl	염소		염소는 음전하를 띤 염소 이온(Cl^-)의 형태로 신경과 근육 및 다른 세포 기능에 필수적이고 인간 위산인 HCl의 일부이다.
K	칼륨		양전하를 띤 칼륨 이온(K^+)의 형태로 식물과 동물 모두의 세포액에 중요한 물질이다. 신경과 근육 기능에 중요하다.
Ca	칼슘		세포벽 구조, 뼈와 이 구조에 필수적이며 혈액 응고에 중요하다.

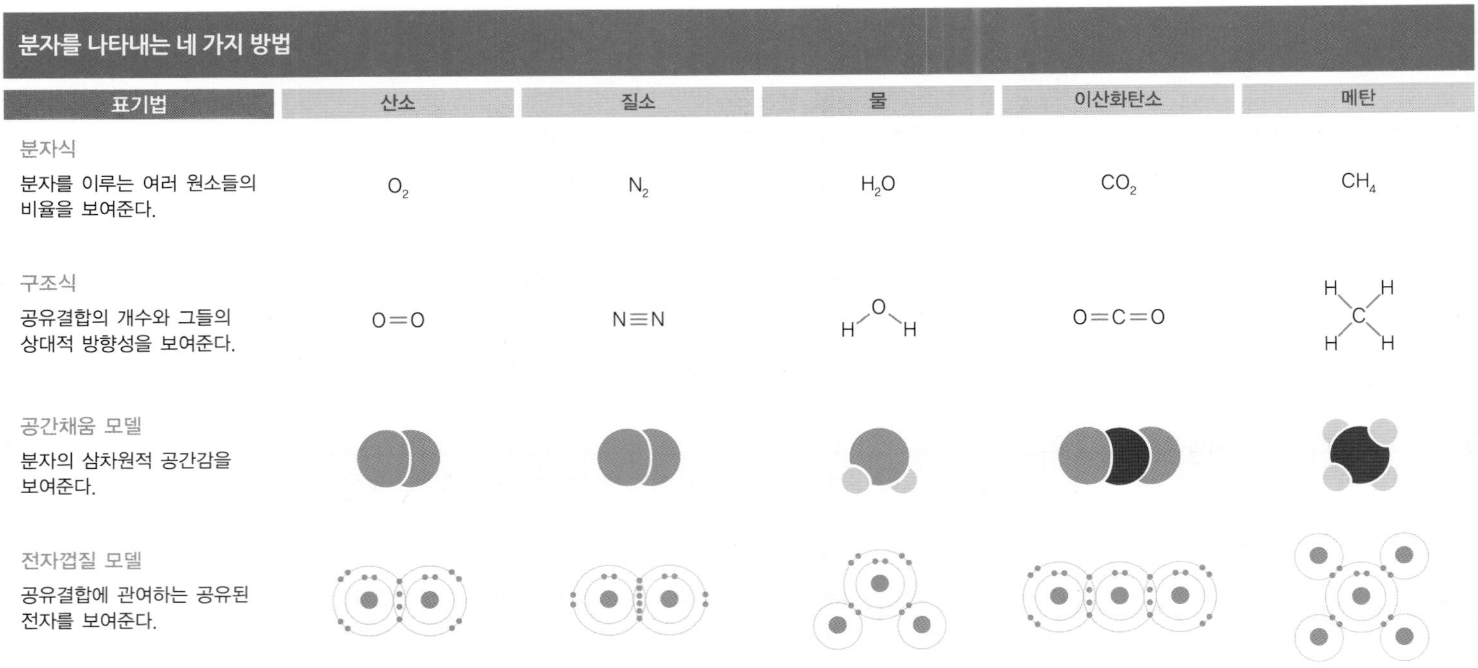

분자를 나타내는 네 가지 방법

표기법	산소	질소	물	이산화탄소	메탄
분자식 분자를 이루는 여러 원소들의 비율을 보여준다.	O_2	N_2	H_2O	CO_2	CH_4
구조식 공유결합의 개수와 그들의 상대적 방향성을 보여준다.	O=O	N≡N	H O H	O=C=O	H C H
공간채움 모델 분자의 삼차원적 공간감을 보여준다.					
전자껍질 모델 공유결합에 관여하는 공유된 전자를 보여준다.					

그림 A.3

원소들의 기초 화학은 최외각 전자껍질의 전자 개수에 의해 큰 영향을 받는다. 최외각 전자껍질에 전자가 몇 안 되는 원소들은 다른 원소들에 전자를 주고, 최외각 전자껍질에 전자가 거의 다 채워진 원소들은 다른 원소들로부터 전자를 받으려는 경향이 있다. 예를 들어, 수소, 나트륨, 칼륨은 최외각 전자껍질에 있는 전자 1개를 내놓고, 마그네슘과 칼슘은 최외각 전자껍질에 있는 전자 2개를 내놓는 경향이 있다. 반면 산소와 황은 전자 2개를 받아서, 그리고 염소는 전자 1개를 받아서 최외각 전자껍질을 채운다. 최외각 껍질이 정확히 반만 채워져 전자 4개가 있는 탄소 같은 원소는 어떤가? 그런 원소들은 다른 원소들과 전자를 공유하려는 경향이 있다.

분자 구조와 화학반응

원자들은 전자를 주고받고 공유하는 등 상호작용하면서 **분자**(molecule)라는 물질을 만든다. 둘 또는 그 이상의 서로 다른 원소의 원자로 이루어진 분자를 **화합물**(compound)이라고 한다. 그림 A.3은 분자를 표현하는 네 가지 방식을 보여준다. 전달하고자 하는 정보와 편리성에 따라 이 중 어떤 표현법을 사용할지가 결정될 것이다. **분자식**(molecular formula)은 분자를 이루는 각 원소들의 비율을 표기하는 것으로 쓰기가 쉽다. 구조식(structural formula)은 결합의 수와 상대적 위치도 표기한다. **공간채움 모델**(space-filling model)은 삼차원적인 공간감을 준다. 마지막으로 **전자껍질 모델**(electron shell model)은 원자들을 하나의 분자로 붙들어두는 결합을 형성하는 공유전자에 대한 정보가 있다. 그림 A.3에서 보듯이 결합에는 전자쌍이 하나, 둘, 또는 셋이 있을 수 있다. 즉 단일결합(예: 탄소와 수소 결합), 이중결합(예: 탄소-산소 결합), 또는 삼중결합(예: 질소-질소 결합)이 있다.

이제까지의 논의는 우리 몸속이나 우리 주변 세계에서 일어나는 다양한 화합물들을 다루었다. 이런 화합물은 어떻게 생성되는가? 화합물은 원소와 원소 사이, 화합물과 화합물 사이, 또는 화합물과 원소 사이의 **화학반응**(chemical reaction)의 산물이다. 그림 A.4에 보여주는 반응은 천연가스의 주성분인 메탄가스가 산소와 반응하여 이산화탄소와 물을 생성하는 것이다. 천연가스가 연소되는 과정에서 메탄 분자와 산소 분자의 **공유결합**(covalent bond)을 이루던 전자들이 끊어지고 다른 결합으로 다시 생긴다. 결합 전자들은 재배열되어 탄소와 산소 사이, 그리고 산소와 수소 사이의 공유결합을 형성하고 생성물로 이산화탄소와 물을 형성한다. 이 반응은 반응물(메탄과 산소)의 높은 에너지준위에서 생성물(물과 이산화탄소)의 낮은 에너지 준위로 진행하면서 상당한 열과 빛을 방출한다. 이 반응에서 나온 열이 흔히 가정 난방과 음식 조

분자 둘 또는 그 이상의 원자가 화학결합되어 있는 입자. 구성원자들은 같은 원소일 수도 있고 서로 다른 원소일 수도 있다.

화합물 둘 또는 그 이상의 원소들이 정해진 비로 이루어진 물질(예: 물은 수소 원자 둘과 산소 원자 하나로 이루어짐, H_2O). 화합물은 화학적·물리적 과정을 통해 구성 원소들로 나누어질 수 있다.

화학반응 반응을 하는 원자들이 재배열되어 새로운 물질이 만들어지는 과정으로 주로 전자를 교환하거나 공유하여 이루어진다.

공유결합 하나 또는 그 이상의 전자쌍을 공유하는 원자들 사이의 결합

화학반응을 묘사하기 위한 두 가지 방법

a. 분자식

메탄과 산소는 반응하여 이산화탄소와 물을 형성하고 그 과정에서 에너지를 배출한다.

CH_4 + $2O_2$ → CO_2 + $2H_2O$
메탄   산소   이산화탄소   물

b. 전자껍질 모델

이 반응이 진행되는 동안 공유결합을 형성하는 전자들은 메탄과 산소의 높은 에너지 준위(반응물)에서 이산화탄소와 물의 낮은 에너지 준위(생성물)로 이동한다.

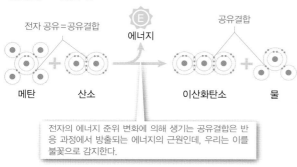

전자 공유=공유결합   공유결합
에너지

메탄   산소   이산화탄소   물

> 전자의 에너지 준위 변화에 의해 생기는 공유결합은 반응 과정에서 방출되는 에너지의 근원인데, 우리는 이를 불꽃으로 감지한다.

그림 A.4

리에 사용되고 있다.

어떤 반응에 의해 생성된 화합물에는 공유결합이 없는 경우도 있다. 그림 A.5에는 나트륨(반응성이 매우 큰 연질 금속)과 염소(녹색을 띤 자극성 기체) 사이의 결합을 보여준다. 이 반응의 생성물인 염화나트륨(소금으로 더 잘 알려짐)의 성질은 이를 구성하는 각 원소들과는 매우 다르다. 그림 A.5의 상부 패널은 분자식을 이용해 나트륨과 염소의 반응을 보여주고, 하부 패널은 전자껍질 모델을 이용해 이 화학반응에 수반된 전자의 재배열을 보여준다.

염화나트륨이 생성될 때 나트륨의 최외각 전자껍질에 있던 단일 전자가 염소 원자로 옮겨가면서 에너지를 방출한다. 이 과정에서 나트륨 원자가 +1전하를 띠는 나트륨 **이온**(ion)이 되고 염소 원자는 -1 전하를 띠는 염소 이온이 된다.

이들 전하의 유래는 무엇인가? 나트륨 원자의 원자번호는 11이고 따라서 핵에 양성자가 정확히 11개 있다. 나트륨의 전자 하나가 염소로 이동하면, 나머지 전자 10개로는 핵의 양성자 11개의 양전하를 다 상쇄하지 못한다.

따라서 나트륨 이온의 유효전하는 +1이다. 마찬가지로 전자 하나가 더해지면 염소 이온의 전자 18개가 양성자 17개 주변을 돌게 되고 유효전하가 -1이 된다. 나트륨과 염소 이온은 서로 반대로 하전되어 있으므로 서로 끌린다. 이 끌림의 결과는 나트륨과 염소 이온 사이의 **이온결합**(ionic bond)이다.

세포와 필수분자

박테리아와 조류(algae)부터 고래와 적송까지 지구 상 모든 생물형태는 세포(cell)라 부르는 개별적 단위로 만들어져 있다(그림 A.6). 세포의 구조와 기능은 이를 이루는 분자들의 결과물이다. 원자가 수많은 방식으로 결합하여 끝없이 다양한 분자를 만들지만, 지구 상 아주 다양한 생명체를 만드는 데는 단 몇 가지의 분자만 있으면 된다. 그런 주요 분자들이 모든 생명체의 구조, 대사, 생식의 기초가 된다.

그림 A.6에 그려진 동물 세포 주변에 생명 시스템을 이루는 주요 분자의 예가 나열되어 있다. 세포들은 선택적

이온 유효 양전하 또는 음전하를 띠는 원자(예 : 염소 이온 Cl^-과 나트륨 이온 Na^+) 또는 원자들의 그룹

이온결합 반대 전하를 띠는 두 이온 사이의 끌림으로 생기는 화학적 결합

이온화합물의 형성

a. 분자식

나트륨과 염소가 반응하여 이온화합물인 염화나트륨을 만든다.

에너지

$2Na$ + Cl_2 → $2NaCl$
나트륨   염소   염화나트륨

b. 전자껍질 모델

전자가 나트륨 원자에서 이동함

에너지   +   −

나트륨   염소   염화나트륨

> 나트륨 원자의 외각에 있는 한 전자가 염소 원자의 외각으로 이동하여 …

> … 양전하를 띤 나트륨 이온과 음으로 하전된 염소 이온을 형성한다. 이들의 반대 전하 때문에 서로 이온결합으로 묶인다.

그림 A.5 나트륨(연질 금속)과 염소(녹색을 띤 기체) 사이의 화학반응으로 염화나트륨, 즉 흔한 식용 소금이 만들어진다.

세포 그리고 생물 시스템의 구조와 기능에 중요한 주요 분자들

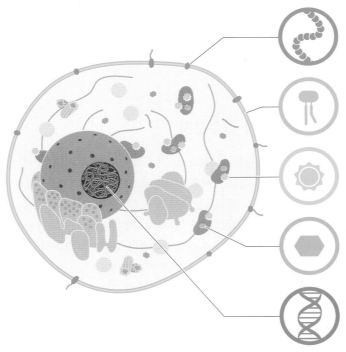

단백질
단백질은 아미노산이라 불리는 긴 사슬 형태의 분자들로 이루어져 있고 다양한 기능을 한다(예 : 생화학반응을 용이하게 하고, 공격할 외부물질을 표적으로 삼아 면역반응을 돕고, 연결 조직과 같은 주요 구조적 요소를 제공한다).

인지질
인지질은 소수성 지방산 꼬리와 친수성 인산 머리로 이루어져 있다. 세포막은 두 층의 인지질로 이루어져 있는데, 소수성 부분은 안쪽으로 향하고 친수성 부분은 안쪽과 바깥쪽 면을 이루고 있다.

ATP
ATP(아데노신3인산)는 화학적 에너지를 쉽게 사용할 수 있는 형태로 저장하고 있다. 단백질과 다른 원소들의 형성, 세포 분열, 그리고 세포의 운동과 세포 과정을 구동하는 데 필요한 에너지의 원천이다.

탄수화물
탄수화물은 탄소 원자에 수소와 산소 분자들이 결합된 것으로 수소와 산소의 비율이 물의 경우 2 : 10이다. 세포는 몇 가지 익숙한 탄수화물(예 : 당과 녹말)을 이용하여 화학에너지를 저장한다.

핵산(DNA)
핵산(DNA)은 세포의 기능(예 : 단백질 합성)을 수행하기 위한 지시와 복잡한 생명체의 발달에 대한 지시를 암호화하는 긴 사슬 분자이다. 우리가 유전자라고 부르는 것은 특정 구조나 과정에 대해 암호화하는 DNA 조각이다.

그림 A.6 몇몇 종류의 분자가 생명 시스템의 구조와 기능 대부분을 책임지고 있다.

지질 탄소의 긴 사슬로 이루어진 유기 분자로 주로 수소에 연결되어 있다(예 : 지방, 기름, 또는 왁스). 세포막의 주요 요소, 동물과 식물에서 에너지를 저장하는 분자로 작용한다.

단백질 아미노산(즉 주로 탄소, 질소, 수소와 산소로 이루어진 분자)의 긴 사슬로서 화학반응의 속도를 조절하고, 구조적 지지대를 제공하며, 다른 많은 기능을 한다.

DNA(디옥시리보핵산) 세포의 유전적 정보 운반자로서 핵산이라는 두 보완적 분자 사슬이 이중나선으로 엮여 있다. 생물적 유전의 원천은 부모에서 자손으로 전달되어 생명체의 발달과 기능을 지시한다.

ATP(아데노신3인산) 아데닌이 세 인산분자와 결합되어 있는 분자로서 인산분자와의 결합 중 하나가 끊어지면서 에너지를 배출한다. ATP는 세포의 주요 에너지원이다.

투과성이 있는 막에 의해 주변 환경으로부터 분리되어 있다. 세포 내부에는 다양한 기관이 있는데, 이들 또한 막으로 둘러싸여 있고 세포가 살아가는 데 필수 기능을 수행한다. 세포막은 **지질**(lipid)로 이루어져 있는데, 그 사이에는 아미노산의 사슬로 이루어진 **단백질**(protein)이 박혀 있다. 세포의 핵에는 DNA(디옥시리보핵산)가 있는데, 이는 세포의 유전정보를 저장하는 곳이다. 이 정보는 리보솜으로 운반되어 단백질을 만든다. 미토콘드리아에서는 당과 지방에 있는 에너지가 ATP(아데노신3인산)로 전환되는데, 이는 모든 세포 과정에 공통적으로 사용되는 에너지의 근원이다.

요약

우주의 모든 것은 고체, 액체, 기체 형태의 물질로 이루어진다. 모든 물질의 기본 구성 요소는 원자, 즉 물질의 성질을 보유하는 가장 작은 입자이다. 원자는 전자를 주고받고 공유하는 방식으로 화학적으로 반응하여 분자를 만든다. 둘 또는 그 이상의 원소들로 이루어진 분자를 화합물이라고 부른다. 박테리아와 조류에서 고래와 적송에 이르기까지 지구 상 모든 생명의 형태는 세포라고 부르는 개별 단위로 만들어져 있다. 그 구조와 기능은 DNA, 지질, 단백질, 당, ATP 등 단 몇 종류의 분자에 의해 정해진다.

암석 순환 : 동적인 지구의 산물

바다에서 사막에 이르는 모든 생태계는 암석으로 이루어진 지질 기반 위에서 발달하고 기능한다. 다음에 알아보겠지만 이 지질 기반은 정적인 상태로 있는 것이 아니라 암석 순환이라는 과정에서 매우 긴 시간 동안 새롭게 재탄생한다. 먼저 지구의 내부 구조를 알아보고 암석 순환에 대하여 탐구해보자.

지구의 내부 구조

지구의 내부는 핵, 맨틀과 지각의 세 부분으로 나누어진다(그림 B.1). 지각(crust)은 비교적 낮은 밀도의 암석으로 구성되어 있으며 대륙과 해양저를 형성하는 지구의 가장 표면에 해당하는 층이다. 대륙 지각은 두께가 20~70킬로미터가 되는 데 비해 해양 지각의 두께는 단지 8킬로미터이다. 지각 바로 아래는 맨틀(mantle)이며 지각을 구성하는 암석보다 밀도가 좀 더 높은 암석으로 이루어져 있고 지표로부터 2,900킬로미터의 깊이까지 나타난다. 이 맨틀은 지구 전체 부피의 가장 많은 부분을 차지하는데, 밀도에 따라 다시 상부 맨틀과 하부 맨틀로 구분된다.

상부 맨틀의 최상부층은 단단하고 상대적으로 부서지기 쉬운 암석으로 구성되어 있는데, 이 부분은 지각과 함께 암(석)권(lithosphere)을 형성한다. 반면에 대부분의 상부 맨틀은 플라스틱과 같이 가열·가압 시 유동성의 특성을 띠며, 그 일부는 액체로 되어 있다. 이렇게 연약한 상부 맨틀 부분은 약권(asthenosphere)이라고 한다. 하부 맨틀은 상부 맨틀보다 밀도가 더 큰 고체 암석으로 이루어져 있다. 지구의 핵(core)은 깊이 2,900~6,370킬로미터까지 지구의 중심부에 위치한다. 핵도 역시 2개의 층으로 나뉜다. 핵은 용융된 철과 니켈로 구성된 액체로 이루어진 외핵과 고체의 철과 니켈로 이루어진 내핵으로 구성된다.

지구는 밀도뿐 아니라 온도와 압력으로도 층을 이루고 있다. 지표는 온도와 압력이 가장 낮지만 지표 아래의 깊이에서는 깊이에 따라 점차 증가하여 핵에서 가장 높은 온도와 압력을 가진다. 지질학자들은 고체로 이루어진 내핵의 온도는 거의 8,000℃에 이를 것이며, 액체로 이루어진 외핵은 5,000℃보다는 약간 낮은 온도일 것으로 추

지각 비교적 낮은 밀도의 암석으로 구성되어 있으며 대륙과 해양저를 형성하는 지구의 가장 표면에 해당하는 층으로 대륙은 지각의 두께가 20~70킬로미터가 되고 해양의 지각 두께는 약 8킬로미터이다.

맨틀 지각과 핵 사이에 나타나는 층으로 지구 전체 부피의 가장 많은 부분을 차지하며 지각을 구성하는 암석보다 밀도가 좀 더 높은 암석으로 이루어져 있다.

암(석)권 상부 맨틀에서 약권 위에 해당하는 최상부층으로 단단하고 상대적으로 부서지기 쉬운 암석으로 구성되어 있다.

약권 상부 맨틀에서 암권 아래에 있는 부분으로 플라스틱과 같이 가열·가압 시 유동성의 특성을 띤다.

지구 내부구조

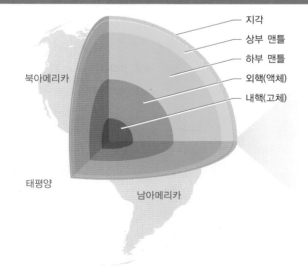
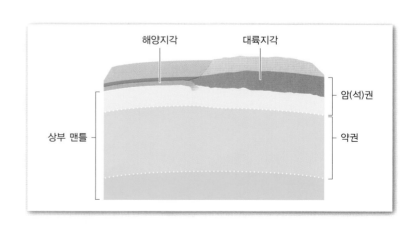

그림 B.1 행성의 분화작용으로 지구는 현재의 층상 구조가 만들어졌는데, 가장 높은 온도와 밀도는 핵에 나타나고 가장 낮은 온도와 밀도는 지각에 나타난다.

정한다. 지표 아래에서 깊이에 따라 온도가 증가한다면 왜 상부 맨틀과 외핵은 액체이지만 하부 맨틀과 내핵은 고체일까? 이와 같이 모순되는 현상이 일어나는 것은 더 깊은 곳의 더 높은 압력이 더 높은 온도에서도 물질이 고체 상태를 유지하도록 하기 때문이라고 지구과학자들은 설명한다. 지구의 물성에 따른 내부 구조는 중요한 지구 작용의 근간을 이룬다. 이러한 작용들의 결과로 일어나는 가장 중요한 것의 하나는 판구조 작용이다.

판구조론

판구조론(plate tectonics)은 해양분지, 대륙, 산맥의 생성 및 지진과 화산 활동의 지리적인 분포와 같은 지구의 가장 동적인 형태와 작용에 관계된 기작을 설명한다. 판구조론은 아주 다양한 지질학적인 현상을 설명할 수 있기에 마치 진화론이 생물학을 통합할 수 있는 것처럼 판구조론은 지질학을 통합시킨다.

많은 증거들이 지구의 표면인 맨틀 위에 놓인 지각이 단순히 하나로 연결된 층이 아니라는 것을 가리킨다. 지구의 표면은 밀도가 낮은 암권의 여러 개 판으로 나누어져 있으며, 이들은 밀도가 더 높고 소성을 띠는 약권 위에 떠 있다(그림 B.2). 판은 두께가 약 80~120킬로미터까지 다양하며 지각으로 된 표층과 상부 맨틀의 하부층으로 이루어져 있다. 보통 대륙판은 해양판보다 두껍다.

핵 지구의 핵은 용융된 철과 니켈로 이루어진 액체의 외핵과 중심부에 철–니켈의 고체로 이루어진 내핵으로 이루어져 있다.

판구조론 지구의 표면은 맨틀 상부에서 이동하는 여러 개의 판으로 이루어졌음을 제안하는 학설로 해양분지와 대륙의 생성 및 지진과 화산 활동의 지리적 분포와 같은 지구의 구조와 지질작용을 설명한다.

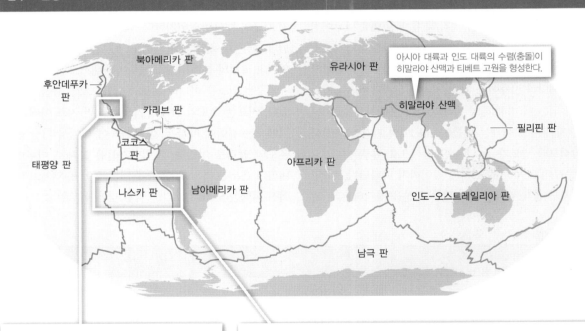

그림 B.2 지구의 표면 형태들은 이전에는 한 장소에 고정되어 있는 것으로 여겨졌으나 지금은 판들 사이의 동적인 상호작용의 결과로 알려진다. 판구조론은 지진과 화산 같은 자연 현상의 분포를 잘 설명한다.

지질학자들은 약권에서 일어나는 대류성 흐름이 판을 이동시킨다고 설명한다. 이 대류성 흐름은 맨틀의 깊은 곳에 있는 뜨거운 물질이 지구의 표면 쪽으로 솟아오르면서 일어난다. 맨틀 깊은 곳의 물질은 그 위에 놓인 더 낮은 온도의 물질에 비해 밀도가 더 낮기 때문에 상승한다. 그렇지만 밀도가 더 낮은 물질은 상승하면서 약권의 상부층을 가로지르며 이동하며 점차 식어지는데, 이렇게 식어지면 밀도는 증가한다. 이렇게 상부 약권에서 이동하는 물질의 밀도가 충분히 증가하면 가라앉아 마치 반

액체, 액체나 가스에서 온도의 차이로 순환이 일어나는 양상과 같은 **대류세포**(convection cell)가 생성된다.

약권에서의 대류세포는 판들을 끌어당겨 판들이 움직이도록 한다. 이렇게 이동하는 판들은 서로 다른 판들과 충돌을 하는 결과를 자아낸다. 가장 빠르게 이동을 하는 판들은 1년에 수 센티미터 정도 움직이지만 이러한 판의 이동에는 엄청난 힘이 관련되어 있는데, 이 힘은 대류 전체를 움직이고 해양분지 전체의 해양저를 생성하고 이동시킬 수 있다. 또 이 힘은 히말라야와 로키 산맥과 같은

대류세포 액체나 가스에서 온도의 차이로 일어나는 순환 양상으로 지구의 반액체인 맨틀에서도 서로 다른 온도로 인하여 순환이 일어난다.

암석 순환

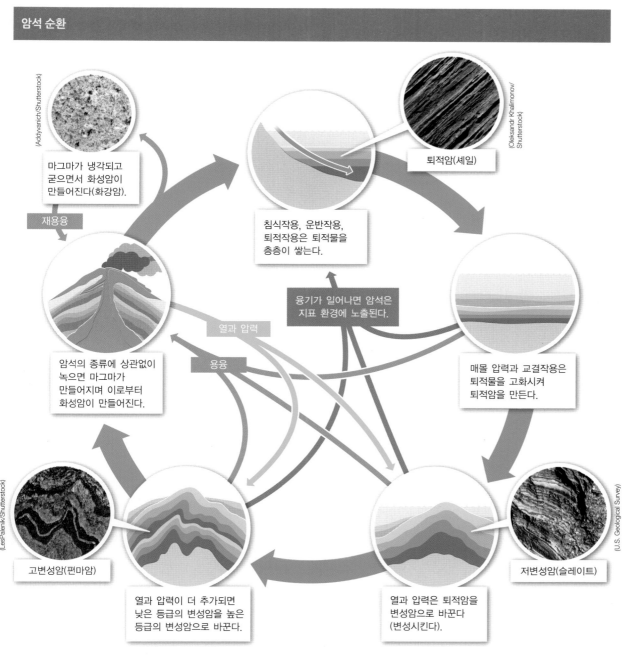

그림 B.3 대규모의 지질 현상인 암석 순환은 여러 번에 걸쳐 생성되고 또 재생성되는 화성암, 퇴적암과 변성암들이 재동되는 다양한 지질작용을 포함한다.

섭입 하나의 판이 다른 판 아래로 이동하는 작용으로 대륙판보다는 밀도가 더 높은 해양판과 대륙판이 충돌할 때 일어난다.

섭입대 해양판과 대륙판이 충돌하는 지대로 심해의 해연과 대륙 연변부에 활화산이 만들어진다.

암석 하나 또는 그 이상의 광물로 이루어진 자연적으로 생성된 고체의 무기질 물질

화성암 용융된 암석이 냉각되고 굳어지면서 만들어진 암석

퇴적암 물, 바람이나 얼음으로 퇴적된 암석의 파편들이 교결되어 굳어져서 만들어지거나 화학적 침전작용으로 만들어진 암석

변성암 어떤 종류의 암석이라도 높은 열과 압력에 노출되어 변환되며 만들어진 암석

암석 순환 세 종류의 암석(화성암, 퇴적암, 변성암) 각각이 다른 종류의 암석으로 전환되는 지질작용

거대한 산맥을 융기시키고 심해의 해연을 생성시키며 지진을 발생시킨다.

해양판이 대륙판보다는 밀도가 더 높기 때문에 이 두 판이 충돌하면 해양판들은 대륙판의 아래로 이동을 하는데, 이러한 과정을 **섭입**(subduction)이라고 한다. 해양판과 대륙판의 충돌은 **섭입대**(subduction zone)에 수심이 깊은 해연을 생성시키며 대륙의 가장자리를 따라 활화산이 생성된다.

지구의 지난 45억 년 동안 판구조 작용의 힘은 지구의 모습을 수없이 바꾸어놓았다. 산맥이 만들어지고 물, 바람과 빙하로 침식되어 낮아졌다. 거대한 크기의 대륙들이 생성되고 분리되었다. 해저 화산 활동은 해양판을 생성시켰으며 이 판들은 다시 섭입으로 맨틀로 되돌아가고 이들의 물질은 재순환되었다. 이러한 다양한 현상과 작용은 암석 순환이라는 매우 커다란 작용의 일부로 여길 수 있다.

암석 순환

대부분의 지구 작용 중심에는 **암석**(rock)이 있는데, 암석이란 하나 또는 그 이상 광물들의 혼합물로 이루어진 자연적으로 만들어진 고체물질을 가리킨다. **화성암**(igneous rock)은 용융된 암석이 냉각되고 굳어지면서 만들어진다. **퇴적암**(sedimentary rock)은 물, 바람이나 얼음으로 퇴적된 암석의 파편들이 교결되어 굳어져서 만들어지거나 호수나 바다와 같은 물속에서 용존된 물질들이 용해된 상태에서 고체로 만들어져 바닥에 가라앉는 화학적 침전작용으로 만들어진다. **변성암**(metamorphic rock)은 어떤 종류의 암석이라도 높은 열과 압력에 노출되어 변환되며 만들어진다. 지구의 역사 동안 암석들은 **암석 순환**(rock cycle)으로 수없이 생성되고 또다시 생성되기를 반복하였다(그림 B.3).

용어 해설

ㄱ

가뭄 건조한 시기가 길어져 물 공급이 부족한 상태. 일반적으로 평균 이하의 강수량이 지속적으로 보이는 지역에서 이 현상이 일어난다. 가뭄에 영향을 받는 지역은 생태계와 농업에 실질적인 충격이 있다.

가설 관찰이나 서로의 상관관계에 대해 제한된 양의 정보를 이용하여 제시하는 설명으로 가설은 과학적인 실험, 관찰과 모델링을 하는 데 이용이 된다.

가스 터빈 엔진 천연가스를 연소시켜 생성된 뜨거운 고압의 스팀 가스를 발전기에 연결된 터빈을 통해 보내는 엔진

가스화작용 석탄 화력 발전소에서 석탄을 연소하기 전에 합성 천연가스를 만들어 더욱 효율적으로 탄소를 포집하기 위한 기술로, 이 기술은 순수한 이산화탄소를 좀 더 효과적으로 격리할 수 있게 한다.

가장자리 효과 한 생태계의 가장자리 근처(예 : 격리된 숲 파편의 가장자리 근처)에서 나타나는 환경 조건. 가장자리의 환경은 생태계 내부 깊숙한 곳과는 다르다.

가축화 야생동물과 식물을 인간의 필요성에 맞추어 선택적 육종을 통해 의도적으로 바꾸어나가는 것

간작(사이짓기) 두 가지 또는 그 이상의 농작물을 같은 경작지에 심는 농법

갈아엎기 없는(적게 갈아엎기) 농법 갈아엎기를 줄이거나 하지 않고 농작물을 기르는 농법으로 토양 교란을 줄이며 농작물의 잔해를 경작지에 그대로 남겨놓는다.

감속체 원자로 내에 중성자가 이동하는 속도를 줄이는 데 사용되는 물질로 보통 압력이 가해진 물(가압수)

개방 자산 누가 들어가거나 이용하는 것에 제한이 없는 자산

개벌 어느 한 지역에 있는 나무들을 완전히 베어버리는 경제적으로 효율적인 기법

개별 양도성 할당량(어획 할당, ITQ) 한 어장에서 어획의 특정 비율(쿼터)에 대한 보장 또는 특정 어장에 대한 독점권

개척자 군집 천이 과정에서 가장 먼저 정착하는 군집

개체군 특정 공간에 같은 시간대에 살고 있는 종의 모든 구성원

개체군 밀도 일정 면적 내에 거주하는 개체의 수

개체군생태학 개체군 크기나 분포, 성장과 같은 개체군의 구조와 변동에 영향을 끼치는 요인을 연구하는 생태학의 한 분야

건식용기 핵폐기물을 임시 보관하기 위해 사용하는 강철과 콘크리트 구조물

격납건물 심각한 원자로 사고가 났을 때 방사능 물질이 방출되는 것을 막는 목적으로 원자로를 감싸며 덮는 강철과 콘크리트로 만들어진 구조물

경쟁 같은 자원을 이용하는 개체들 사이의 상호작용. 주로 성장, 번식, 경쟁자 중 하나의 생존 확률을 감소시킨다.

경쟁배제원리 만약 같은 생태지위를 가진 두 종이 꿀과 같은 한정된 자원을 놓고 경쟁하게 된다면, 한 종이나 다른 종이 더 우위 경쟁자가 될 것이고 나머지 종을 제거하게 되리라는 원리

경제 시스템 경제 시스템은 사람 간의 연결망, 제도, 상업적 이익 등으로 이루어져 있고 물건과 서비스의 생산, 분배, 소비에 관여한다.

경제학 재화와 서비스의 생산, 분배, 소비와 경제 시스템에 대한 이론 및 관리를 연구하는 사회과학

고유종 세계 다른 지역에서는 발견되지 않은 생물종

고준위 핵폐기물 방사성 폐기물로 주로 더 이상 전력을 생산하는 데 효과적으로 기여하지 못하는 감쇄된 핵연료봉

공급과 수요 재화나 서비스의 가격이 특정 가격에서 소비자의 수요와 생산자의 공급이 맞아 떨어질 때 결정된다는 모델

공유결합 하나 또는 그 이상의 전자쌍을 공유하는 원자들 사이의 결합

공유 자산 토착 부족과 같은 집단이 소유하는 자산

공유재 공동체에 의해 공동으로 소유되고 사용되는 자원(예 : 공유림이나 공유 목초지)

과축적 식물 조직에 중금속을 과다 축적할 수 있는 식물

과학 자연을 연구하는 공식적인 연구 과정과 이 연구 과정을 통하여 얻은 지식

관개 토양에 수분이 부족할 때 인위적으로 물을 공급하는 것

관찰 자연 세계에서 체계적으로 얻은 정량적·정성적 정보

광전효과 빛 에너지에 의해 여기되어 물질(예 : 금속이나 반도체)로부터 전자가 튀어나가는 현상

광합성 녹색 식물과 조류, 일부 박테리아에 의해 행해지며 태양 에너지를 포도당이라는 단당류로 바꾸며 화학 에너지로 전환하는 생화학적 과정

교란 자원의 이용 가능성을 변화시키거나 물리적 환경을 바꿈으로써 개체군과 생태계, 기타 자연 시스템을 파괴하는(예 : 불, 지진, 홍수) 특정 사건

교차 오염 생물권을 둘러싼 바람과 물에 의해 지리적이고 정치적 경계를 가로지르는 오염의 전달

교체 수준 출산율 인구를 현재의 수준으로 유지시키는 데 필요한 총출산율로 선진국에서는 여성 1명당 대략 2.1명의 신생아 출생 수를 가지나 저개발 국가에서는 유아 사망률이 더 높기 때문에 2.5명 신생아 출생 수 또는 그 이상이 된다.

국가 자산 연방 정부나 주, 지방 정부가 소유하는 자산

국내 총생산량(GDP) 한 국가가 일정한 기간에 생산하는 상품(예 : 공산품과 농산품)과 서비스(예 : 운송과 금융 서비스) 총합의 시장 가격. '1인당 GDP' 참조

극상군집 천이 연속 단계 중 마지막 단계의 군집으로 천이를 다시 시작될 정도로 교란이 심하기 전까지 유지되는 단계

기상 특정한 장소와 시간(예 : 특정한 날이나 달의 조건)의 대기 조건, 기온, 습도, 구름 양, 강우 등

기생충 숙주라 부르는 다른 유기체 안에 또는 표면에 사는 유기체. 숙주는 기생충에 의해 손상되지만 기생충은 숙주로부터 다양한 혜택을 누린다(예 : 음식, 보호, 자손의 분산).

기수 해수와 담수가 섞이는 지점에서 해수보다 염분이 낮은 물

기술 생산물을 만들고 공정을 개발하기 위한 과학적인 지식과 방법의 실용적인 적용

기준 오염물질 EPA에 의해 선별된 대기오염의 일반적인 공급원(예 : 이산화황)으로 인간 건강과 환경에 해를 가하므로 규제가 필요하다.

기초종 큰 크기 또는 생물량을 가져 다른 종에게 적합한 환경을 조성하여 군집 구조에 큰 영향을 미치는 종

기형유발물질 배아 성장과 발달 동안 기형을 일으켜서 선천적 기형을 야기하는 물질

기후 한 지역에 장기간에 걸친 평균 기상으로 평균 기온, 강수량 등이 포함된다.

기후 적응 기후 변화와 관련된 영향 및 위험을 줄이기 위한 전략

길항효과 두 독성물질의 상호작용에 대한 용어로서, 한 화학물질의 존재하에 다른 화학물질의 독성이 감소하여 해독제로 사용할 수 있는 것

깃대종 생태계 보호에 관심 있는 사람들의 주목을 끌고 유지하는 종이다.

ㄴ

난분해성 생물학적 과정에 의해 화학적 구성 성분으로 분해될 수 없는 물질

내부 연소 엔진 연료의 연소가 크랭크 암에 연결된 일련의 피스톤이나 터빈을 직접 운전시키는 엔진. 이 엔진은 자동차, 보트와 제트 비행기에서 주로 이용된다.

내분비계 교란물질 여성 호르몬(에스트로겐과 프로게스테론), 남성 호르몬(테스토스테론), 또는 갑상선 호르몬 등 호르몬을 흉내 내는 화학물질

노력어획량 특정 어구(그물 또는 낚싯줄)를 사용해서 일정 기간 잡는 물고기 수

노천 채굴 석탄층을 노출시키기 위해 땅을 긴 줄 형태로 상부퇴적물을 제거하는 석탄 채굴법. 석탄을 캐내고 난 후 인접한 줄에서 제거된 물질은 파헤쳐진 곳을 채우는 데 사용된다.

노출 평가 관심물질이 이에 노출된 개체군에 부정적인 영향을 미칠 확률에 대한 정성적 또는 정량적 추정치

농약 손상을 가하는 유기체를 죽이기 위해 사용되는 화학물질을 가리키는데 농약에는 곤충을 죽이는 살충제, 균류를 죽이는 살균제, 잡초를 제거하는 제초제와 쥐를 죽이는 쥐약이 있다.

농약 내성 해충 한 개체군이 한 농약에 반복적으로 노출되면서 그 농약에 진화된 저항성으로 궁극적으로는 농약의 효력이 없어진다.

ㄷ

다품종 재배 여러 종의 재배 작물과 유용한 야생종을 서로 섞어 기르는 것

단(일)품종 재배 넓은 지역에 재배 작물의 한 종류를 심는 농법으로 해충에게는 좋은 기회를 제공하며 작물의 병원체 생성을 일으킨다.

단백질 아미노산(즉 주로 탄소, 질소, 수소와 산소로 이루어진 분자)의 긴 사슬로서 화학반응의 속도를 조절하고, 구조적 지지대를 제공하며, 다른 많은 기능을 한다.

담수 염분의 농도가 500mg/L 이하인 염분이 적은 물

담수화 담수를 만들기 위해 해수나 기수에서 소금을 제거하는 과정

대기 분수계 수역과 배출 경계와 유사한 개념이지만, 물보다는 공기의 이동과 연관이 있다. 일반적으로 정상적인 경로로 움직이기 때문에, 대기오염을 추적하고 관리하는 데 사용된다.

대량멸종 수백만 년이나 그보다 짧은 시기에 큰 비율의 종의 멸종이 일어나는 시기

대류세포 액체나 가스에서 온도의 차이로 일어나는 순환 양상으로 지구의 반액체인 맨틀에서도 서로 다른 온도로 인하여 순환이 일어난다.

대수층 지하수로 포화되어 있고 지하수가 잘 흐르는 다공질 지층

대조군 비교를 하는 기준치

댐 하천이나 강의 흐름을 차단하는 구조물. 하류 범람을 감소시키거나 물을 저장하는 데 사용될 수 있다.

도시고형폐기물(MSW) 기관, 가정, 업체로부터 오는 종이, 포장, 음식물 찌꺼기, 유리, 금속, 직물, 기타 버려진 고체 등 고형 폐기물

도입종 토착종에게 심대한 위협을 가하는 도입된 종

독물 인간 활동의 부산물로 인간에 의해 만들어진 독성 물질. '독소' 참조

독성 독을 품은 성질. 독성물질은 작은 양으로도 생명체에 유해하다.

독성학　독성물질이 인간과 기타 유기체에 미치는 영향을 다루는 과학

독소　살아 있는 유기체(예 : 식물, 동물, 균류, 또는 박테리아)가 만든 독성물질로서 인류 건강을 해칠 수 있는 것. '독물' 참조

돈　동전이나 종이 화폐를 이용한 교환의 매개체

돌연변이　유기체의 DNA, 즉 유전물질의 구조에 변화가 생기는 것

동료 검토　과학 논문을 출간하는 과정의 하나로 연구 분야의 전문가가 관련된 연구 논문을 출판에 앞서 연구에 대해 검토하는 것. 동료 연구자는 연구 방법, 분석, 결과, 그리고 관련된 주제에 대한 이전 문헌들에 대한 검토가 온당했는지를 검토한다.

동물매개 감염병　동물로부터 인간에 퍼질 수 있는 감염병

동소적 종분화　지리적 격리 없이 새로운 종이 나타나는 과정

동수력　수력의 한 형태로, 동수력 발전소는 파도, 조류, 하천수가 가진 역학적 에너지를 이용하여 전기를 생산한다.

ㄹ

라니냐　동태평양에서 해수면 온도가 평균보다 낮아지고 기압이 높아져 폭풍이 감소하는 기간

레이시법　1900년에 처음 통과되고 2008년에 수정된 이 법은 불법적으로 수확된 식물과 동물의 거래를 금지한다.

롬　모래, 실트와 점토가 거의 비슷한 비율을 가지는 토양

ㅁ

말라리아　모기에 의해 전달되는 병으로 말라리아원충 속 원생생물 기생충에 의해 감염된다. 생활주기에 숙주로 모기와 인간을 이용한다.

맨틀　지각과 핵 사이에 나타나는 층으로 지구 전체 부피의 가장 많은 부분을 차지하며 지각을 구성하는 암석보다 밀도가 좀 더 높은 암석으로 이루어져 있다.

먹이그물　생태계에서의 에너지와 물질의 흐름을 보여주는 생물 간의 먹이 관계

멸종　종의 모든 구성원들의 사멸

멸종위기종　개체군이 너무 작아져 가까운 미래에 멸종할지 모르는 종

명령과 통제형 규제　활동과 산업을 정부의 보조금과 벌금을 통해 집행하는 법과 규제

모델　과학에서 한 계를 단순화시켜 재현된 것으로 실제 관심이 되는 계보다 연구하기에 훨씬 편리한 규모로 만들어진다.

모재　토양이 발달하는 기반암이나 풍성의 모래나 실트와 같은 미고결 퇴적물

목장 운영　육류, 가죽, 털과 다른 축산물을 얻기 위해 가축을 기르는 행위

무생물적　환경의 물리 및 화학적 구성원

문턱용량　한 개체에서 독성 반응을 보이는, 독성물질의 최소한의 용량(농도)

물의 순환　물이 대기 중의 수증기 상태로 시작하여 액체나 고체 상태의 강수 현상을 지나 지표수와 지하수 상태로 수권에 돌아간 뒤 다시 증발산에 의해 대기 중의 수증기 상태로 되돌아가는 과정

물 재생　물 재사용 또는 재활용을 위해 폐수를 처리하는 모든 프로세스

물 재활용　산업 폐수 처리, 관개, 지하수 재충전, 습지 및 수생 생태계 복원, 식수 공급 증대 등 유익한 목적으로 처리 된 폐수를 사용하는 것

물 저장소　연못에서 바다 크기에 이르기까지, 그리고 땅 아래의 지하수를 포함한 물의 저장 공간. 댐 건설을 통한 인공 저수지의 물은 인간이 사용하는 물을 전환하고 저장하는 데 사용된다.

물질　공간을 점유하고 질량을 가지는 모든 것으로 주로 고체, 액체, 기체의 세 가지 물리적 상태로 존재한다.

밀도독립적 요소　개체군 밀도에 영향을 받지 않는 개체군 조절(예 : 가뭄, 홍수, 극한 기온 등의 물리적 요소)

밀도의존적 요소　개체군 밀도에 따라 변하는 개체군 조절 기작(예 : 전염병, 포식)

밀란코비치 주기　지구의 공전 궤도 모양, 자전축의 기울기와 춘분점과 추분점의 세차운동의 주기적 변화로 지구의 기후 변화를 일으킨다.

ㅂ

바닥재　고체 폐기물의 연소 과정에서 소각로 바닥에 쌓이는 재

바이러스　DNA 또는 RNA가 단백질에 둘러싸인 것으로 구조적으로 단순하며 병을 일으키는 요인이다. 바이러스성 질환으로는 감기, 독감, 홍역, 볼거리, 수두, 광견병, 헤르페스, 그리고 인간 면역 결핍 바이러스(HIV, AIDS를 일으키는 바이러스)가 있다.

바이오 디젤　식물성 기름이나 동물성 지방으로 만들어진 액상 연료

바이오매스 연료　나무, 숯, 분뇨와 같은 생물학적 물질로부터 기원한 가연성 연료

바이오 연료　에탄올, 바이오 디젤과 같이 바이오매스로부터 만들어진 액상이나 기상의 연료

박테리아　핵 또는 막으로 둘러싸인 다른 기관이 없는 단세포 유기체(단수는 박테리움). 박테리아의 대다수는 병원균이 아니다.

반감기　주어진 양의 방사성 동위원소 절반이 붕괴하는 데 필요한 시간

반도체　전기적 특성이 부도체와 도체의 중간 영역에 속하므로 전류가 흐를 수 있으나 그 양이 많지 않은 물질

반응성 화학적으로 반응하는 반응성 물질은 다른 물질과 접하였을 때 쉽게 격렬한 화학반응을 일으킨다.

발암물질 직접 세포의 DNA를 파괴하여 암을 일으키는 물질

방생 잡은 물고기를 다시 놓아주는 관행

배경멸종 대량멸종 시기 사이의 평균적인 멸종 비율이 나타나는 긴 시기

배출 대수층에서 지하수가 지표수체(강이나 호수)로 나가는 것

범람원 하천의 하류 지역에서 하천의 범람으로 하천 양쪽에 물질이 퇴적되어 형성된 평탄한 지형을 말한다.

벡터 병원균 또는 기생충을 다른 유기체에 전달하는 유기체(예 : 모기는 인간 등 다른 종에게 말라리아와 기타 병을 옮긴다.)

변성암 어떤 종류의 암석이라도 높은 열과 압력에 노출되어 변환되며 만들어진 암석

병원균 병을 생성하는 유기체

보전 생물종, 생태계나 자연 자원의 보존, 현명한 이용이나 복원

보전 윤리 자연 자원을 최대한 많은 사람에게 최대의 혜택이 가도록 효율적인 이용을 권장하는 자원 관리 철학

보존 윤리 자연 생태계를 원래 교란되지 않았던 상태 그대로 보존을 강조하는 환경 윤리

보호 생물종, 생태계 또는 자연 자원을 보호, 관리 또는 복원하는 것

보호구역 특정한 보전 목적을 달성하기 위해 설정, 조절, 관리되는 지리학적으로 지정된 지역(예 : 국립공원, 국유림, 야생동물보호구역)

복구 광업을 하기 이전 원래의 자연 상태 생태계를 복원하거나 혹은 경제적으로 활용할 수 있도록 기능할 수 있는 상태로 되돌리는 과정

복사 에너지 가시광선, 적외선, 자외선, 단파, 라디오파, X-ray를 포함하는 전자기파 에너지

복합 사이클 발전소 증기 터빈 엔진과 가스 터빈 엔진을 결합한 화력 발전소

부수어획물 어구와 접촉한 결과 버려지는 어획물이나 유기체(예 : 어류, 무척추동물, 조류, 돌고래, 바다거북)의 죽음

부식성 살아 있는 조직을 포함하여 다양한 표면에 영구적 해를 입힐 수 있는 부식성 물질에는 강산(pH 2 이하) 또는 강염기(pH 12 이상)가 있다.

부영양화 특정하게 일차생산량을 제한하는 영양물이 생태계에서 자연적으로 축적되는 과정

분자 둘 또는 그 이상의 원자가 화학결합되어 있는 입자. 구성원자들은 같은 원소일 수도 있고 서로 다른 원소일 수도 있다.

분포 종의 지리적 범위

분해자 주로 균류와 박테리아로 구성되며 죽은 식물과 동물을 분해하며 과정을 촉진한다. '청소부동물' 참조

불포화대 지하수면 위에 있는 지층으로 공극이 물로 가득 차 있지 않다.

브라운필드 보통 유해폐기물로 오염되어 개선 없이는 사용할 수 없는, 버려진 산업 현장

비산재 소각 과정에서 만들어지는 검댕과 먼지를 포함한 입자로서, 공기로 운반될 정도로 가볍고 소각가스들과 함께 연소실에서 빠져나갈 수 있다.

비점오염원 분산되고 움직이는 오염원(예 : 산업시설, 도시, 농경지의 지표유출물 또는 자동차 배출물)

ㅅ

사막화작용 예전에 비옥했던 땅이 식생과 일차생산력이 줄어드는 사막 같은 상태로 황폐화되는 과정

사유 자산 개인이 소유하는 자산

사전예방 원칙 잠정적 위협요인에 대하여 과학적으로 완전히 판명되지 못한 원인과 영향 관계가 있더라도 사전에 대책을 간구하여 인류나 환경의 건강을 보존할 것을 권하는 원칙

산 물에서 용해됐을 때 수소이온을 배출하는 물질로 용액의 pH를 감소시킨다. 산은 염기를 중화시킨다.

산목 채취 부분적으로 나무를 베어낼 때 가장 큰 나무들만 베어내는 벌목으로 숲의 임관을 남겨두어 북가시나무나 너도밤나무와 같이 그늘에서도 잘 자라는 나무들이 빠르게 다시 성장할 수 있도록 한다.

산불 체재 특정한 생태계에서 전형적으로 나타나는 불의 빈도와 강도

산성 광산 배수 석탄의 노천 채굴로 일어나는 문제점 많은 결과로 지하수가 광산 폐기물(광미)을 통하여 스며든 후 지표로 흘러나온 물이 산성을 띠게 된다.

산성비 산성화된 비. '산성 침전' 참조

산성 침전 산의 습상과 건상 퇴적을 모두 포함하는 용어

산업형 어부 한 번에 수 주에 걸쳐 여행하며 비싼 고급 기술의 어구를 이용해 어획을 배 위에서 처리하고 냉장하는 상업형 어부

산 정상부 제거 채굴 산맥과 인접한 하천 계곡에 있는 숲을 개벌하는 극도로 파괴적인 석탄 채굴 행위. 그다음 광부는 석탄층 위에 있는 상부퇴적물을 깨뜨리기 위해 폭약을 사용하며, 이렇게 깨뜨려진 암석부스러기들을 긁어내 석탄층을 노출시키며 긁어낸 물질들을 인접한 하천 계곡에 쌓는다.

상가효과 두 독성물질의 상호작용에 대한 용어로서 둘의 합쳐진 독성은 각각의 효과의 합보다 작다.

상리공생 생물들 간에 상호 이익이 되는 관계

상부퇴적물 광물 광상의 위에 있는 암석층(예 : 석탄)

상승류 온난한 지표수가 우세한 바람의 영향을 받아 역외로 이동할 때 심부의 차가운 물이 바다 표면으로 올라오는 것

상승효과 두 독성물질의 상호작용에 대한 용어로서 둘의 합쳐진 독성은 각각의 효과의 합보다 크다.

상업형 어업 이익을 위한 어획. 세계 대부분의 어획은 여기에 속한다.

새 건물 증후군 많은 건물 거주자들이 특정하게 원인이 밝혀지지 않은 두통, 호흡계와 눈가려움과 같은 병의 현상을 겪는 것

생계형 어업 자기 가정을 위한 것과 추가로 물물교환 또는 매매를 위한 약간만을 어획하는 행태

생명공학 특정한 목적을 위하여 유기체의 유전자를 조작하는 공학 기술

생물군계 넓은 지역에서 나타나는 독특한 생물학적 구조. 특히 특징적인 생육형(예 : 육상에서의 나무, 관목, 초본, 또는 수환경에서의 맹그로브 나무)들에 의해 특징지어지는 식물, 동물, 그리고 모든 생물의 조합

생물농축 먹이그물 단계를 지날 때마다 특정 화학물질이 동물의 조직에 농축되는 현상

생물다양성 유전자에서 종까지, 생태계에서 전 지구적 범위까지의 생물학적 다양함

생물다양성 핫스팟 최소 1,500종의 고유식물을 가지고 있으며 전 세계 면적 0.5%에 해당하는 지역으로 최근 70% 면적이 축소된 지역

생물다양성협약 생물다양성 보전, 생물다양성 구성원들의 지속 가능한 이용, 유전적 자원의 사용에서 발생하는 이익에 대한 타당하고 공정한 공유를 증진하기 위해서 유엔환경계획의 후원 아래 협상된 국제적 협정

생물 반응기 조류를 생산하기 위해 설계된 시스템으로 생태계로 하수가 유입되기 전에 정화한다.

생물적 환경의 살아 있는 구성원

생물 정화 유기체, 일반적으로 미생물 또는 식물이 오염된 토양, 퇴적물과 지하수 대수층에 오염 제거를 위해서 사용되는 오염 정화 접근법

생물 중심주의 모든 생물을 중심에 둔 환경 윤리로 인간의 도덕적 책임을 모든 생물체에 둔다.

생물축적 유기체가 독성 화학물질일 가능성이 있는 물질을 포함한 화학물질을 흡수하여 그 농도가 증가하는 것. '생물확대' 참조

생물학적 환경 한 생물체가 상호작용을 하는 병원체, 포식자, 기생충과 경쟁자의 종류와 다양성

생물확대 상위 영양 단계로 갈수록 어떤 물질(예 : 중금속 또는 지용성 화학물질)의 농도가 높아지는 것. '생물축적' 참조

생분해성 생물학적 과정에 의해 화학적 구성 성분으로 분해될 수 있는 물질

생애주기 평가(LCA) 에너지원(예 : 석탄)의 추출, 운송, 원자재의 처리, 보수 유지, 해체, 제거, 구조물의 재활용이나 처리와 같은 산업 활동의 결과로 생산되는 하나의 제품이나 기술의 총환경 영향의 추정치

생업 경제 개인이나 무리가 그들을 부양하기에 충분한 재화를 자연으로부터 수확하고 적은 양의 재화를 다른 무리와의 구매나 무역으로 얻는 것

생지화학적 순환 인, 질소, 탄소 등의 무기물질이 대기, 지각, 해양, 호수, 강 등의 지구 시스템을 순환하는 것. 핵심 생물 요소에는 생산자, 소비자, 청소부동물, 분해자 세균과 균류 등이 있다.

생태경제학 인간과 인간의 기관들과 나머지 자연과의 개념적 연결을 추구하며 경제 활동이 환경에 끼치는 영향을 여러 분야로부터 이끌어내어 연구하는 경제학의 한 분과

생태계 해당 장소에 살고 있는 생물들과 그들이 상호작용하는 생물학적·물리적·화학적 환경의 양상. 생태학자들은 물질과 에너지의 유출입과 전환에 연구를 집중하고 있다.

생태계 기반 관리 생태계를 전체적으로 고려하여 자연 자원을 관리하는 방법. 자연 자원 관리에 대한 예전의 단종 접근법에서 벗어난다.

생태계 다양성 한 지역에서 생태계의 규모와 다양성의 측도를 말한다.

생태계 서비스 식량, 수질 정화, 곡물의 수분, 이산화탄소 저장, 의약품 등 인간이 자연 생태계로부터 받는 혜택

생태공학자 비버와 같은 종으로 물리적인 환경을 바꾸면서 생태계 구조와 과정에 영향을 준다.

생태발자국 한 인구 단위가 소비하는 자원을 생산하고 만들어낸 폐기물을 처분할 땅과 바다의 면적으로 나타낸 환경 영향

생태지위(니치) 종이 필요로 하는 물리적·생물학적 조건

생태학적 군집 주어진 공간에 존재하고 상호작용하는 모든 종(식물, 동물, 곰팡이, 미생물)

생화학적 산소요구량(BOD) 물속 유기물의 양을 지시하는 인자로, 미생물이 채취한 물속에서 유기물을 분해하는 데 소모하는 산소량으로서 측정된다.

생활사 몇 살에 한 개체가 번식을 시작하는지, 그들이 생산하는 자손의 수, 자손이 생존하는 비율과 관련 있는 종의 특징

서식지 생물이 주로 사는 지역(예 : 숲이나 산호초 혹은 습지)

서식지 통로 보호구역에 연결되어 있는 적합한 서식처의 좁은 길로 유전적 다양성을 유지하고 보호하는 개체군의 멸종가능성 감소를 위해 보호구역을 이어주어 야생동물의 이동을 촉진하는 목적을 두고 있다.

서식지 파편화 벌채, 도로 건설, 강에 댐 건설 같은 행위에 의해 예전에 연결되어 있던 서식지가 고립된 서식지 조각들로 분할되는 것

석유(원유) 수백만 년에 걸쳐 해저에 쌓인 조류와 동물성 플랑크톤으로부터 생성되어 해양 환경에 쌓인 퇴적암 내에 들어 있는 탄화수소의 혼합물

석탄 높은 압력과 온도하에서 수백만 년에 걸쳐 생성된 탄소와 에너지 함량이 높은 퇴적암 또는 변성암(갈탄, 준역청탄, 역청탄, 무연탄)

선택 벌목(택벌) 가장 잘 큰, 높은 가치를 갖는 나무들만 벌목을 하며 삼림 생태계는 그대로 놔두는 것

섬생물지리 평형 이론 섬의 생물종 수는 새로 유입된 종과 절멸된 종의 균형이 섬의 면적과 육지로부터의 격리에 의해 결정된다는 가설

섭입 하나의 판이 다른 판 아래로 이동하는 작용으로 대륙판보다는 밀도가 더 높은 해양판과 대륙판이 충돌할 때 일어난다.

섭입대 해양판과 대륙판이 충돌하는 지대로 심해의 해연과 대륙 연변부에 활화산이 만들어진다.

성층권 지구 대기층으로 해수면으로부터 고도가 10~50킬로미터에 이른다.

세포호흡 산소를 필요로 하는 세포에서 일어나는 반응. 세포호흡이 일어나는 동안 포도당 등의 분자들은 분해되고 에너지, 물, 이산화탄소가 방출된다.

셀룰로스 에탄올 나무나 셀룰로스가 많은 물질로부터 생산된 에탄올

소규모 어부 작은 배나 모터가 없는 카누를 타고 최소한의 어구를 이용하는 상업형 어부

소비자 다른 생물이 만든 유기물이나 다른 생물을 먹으며 살아가는 생물. '종속영양생물' 참조

수력전기 중력에 의해 아래로 흐르는 물이 가진 에너지로 생산된 전기

수로화 공학적으로 강과 하천 수로의 확대를 포함한 자연 형태의 수로의 변경 및 교정

수압파쇄 지층에 수평으로 시추한 후 액체와 모래의 혼합물을 주입하여 지층을 파쇄시켜 생긴 열린 균열들을 통해 천연가스나 석유가 지층으로부터 흘러나오는 통로를 만들어 탄화수소를 추출하는 공법

수역(저수지, 유역) 대수층이나 강 시스템이 물을 얻기 위한 지역으로, 저수지 또는 배수 유역 사이의 경계선으로 정의된다.

수용력(K) 장기간 동안 환경이 부양 가능한 개체군의 개체 수

순일차생산 생태계의 일차생산자에 의해 만들어진 순생산, 즉 총일차생산에서 일차생산자가 자신의 에너지로 사용한 것을 제외한 양. '총일차생산' 참조

스포츠(여가형) 어업 오락을 위해 낚시하는 것(예 : 플라이 피싱, 트로피 크기 물고기를 잡기 위해 관광용 보트 대여)

시장 경제 재화와 서비스의 생산과 소비에 대한 결정이 중앙 정부의 결정에 의해 이루어지지 않고 기업과 개인이 자신의 이익을 추구하는 과정에서 이루어지는 경제. '중앙 계획 경제' 참조

시장 기반 접근 명령과 통제형 규제에 대한 대안으로, 수요와 공급의 원칙을 이용해 사회와 환경의 목표 간의 연관을 추구하는 방법

시장 실패 자유 시장이 재화나 서비스를 효율적으로 분배하지 못하는 상태로, 물건의 가격이 환경 요소를 포함하지 않았을 때가 이에 해당한다.

식물 정화 오염된 퇴적물 또는 토양을 정화하는 데 식물이 사용되는 생물 정화. '생물 정화' 참조

신경독소 신경세포를 공격하는 독성물질

실내공기 오염 실내 환경에서 오염물 축적으로 인해 인간 건강에 상당한 위협을 준다.

실험실 실험 과학자들의 연구 체계에서 영향을 미치는 모든 요인을 조절하거나 상수로 유지하는 실험으로, 과학자들은 관심이 있는 요인을 변화를 시켜가며 연구 체계에서 일어나는 변화의 영향을 관찰한다.

ㅇ

알레르겐 면역체계를 가동시켜 과민반응을 일으키는 물질

암(석)권 상부 맨틀에서 약권 위에 해당하는 최상부층으로 단단하고 상대적으로 부서지기 쉬운 암석으로 구성되어 있다.

암모니화 작용 유기물 분해자가 단백질과 아미노산을 깨트려 암모니아(NH_3)나 암모늄 이온(NH_4^+)으로 질소를 방출하는 작용

암석 하나 또는 그 이상의 광물로 이루어진 자연적으로 생성된 고체의 무기질 물질

암석 순환 세 종류의 암석(화성암, 퇴적암, 변성암) 각각이 다른 종류의 암석으로 전환되는 지질작용

암시장 불법적인 물건과 재화의 거래

야생동물 고기 야생동물을 살육해서 얻은 고기. 가장 흔하게는 아프리카의 산림으로부터 왔다.

야외 현장 실험 일반적으로 실험하는 사람이 관심이 있는 한 가지 요인을 조절하거나 조정하는 반면 그밖의 모든 요인은 정상적으로 변하도록 놔두는 실험

약권 상부 맨틀에서 암권 아래에 있는 부분으로 플라스틱과 같이 가열·가압 시 유동성의 특성을 띤다.

양성자 원자의 핵 안에 있는 입자로서 +1의 양전하를 띠며 원자량은 1이다.

양식 수생 유기체(예 : 물고기, 조개, 조류, 또는 식물)를 주로 식용 작물로 세심히 관리하여 키우는 것. 해양, 염수, 또는 담수 환경에서 행해진다.

양의 되먹임 경제 시스템이나 생태계 시스템 내부의 한 요소가 상승하게 하는 자극이 가해지면, 그 요소의 추가 성장이 일어나게 되고 그 요소가 감소되면 추가 감소가 일어나는 시스템

어장 어패류의 개체군과 이 개체군을 수확하는 데 관여하는 경제적 시스템. 주로 어패류가 수확되는 지리적 지역에 따라 식별된다.

어장 붕괴 특정 종의 연간 어획량이 과거 어획량의 10% 미만으로 감소하는 것

에너지 일을 할 수 있는 능력. '일' 참조

에너지 보조금 제도 에너지 생산 비용을 줄이거나 에너지 사용자의 비용을 줄이고자 하는 정부 정책

에너지 투자수익률(EROEI) 어떤 에너지원(예 : 휘발유)이 내는 에너지량을 그 에너지원을 생산하기 위한 시추, 운송, 정제 등의 과정에 사용되는 에너지량으로 나눈 비율

에너지 피라미드 생태계에서의 영양 단계에 대한 도식적 표현. 각 영양 단계에서 많은 에너지가 빠져나가기 때문에 이 도식은 피라미드 모양을 띤다.

에어로졸 공기 또는 다른 가스에서 떠다니는 작은 고체 또는 액체 입자 물질

에코투어리즘 환경 보전하는 것을 돕고 지역 주민들의 수준 높은 삶의 기회를 제공하는 휴양여행

엔트로피 계의 무질서의 정도

엘니뇨 동태평양에서 해수면 온도가 평균보다 높아지고 기압이 낮아져 폭풍이 자주 발생하는 기간

엘니뇨 남방진동 해수면 온도와 기압의 변화로 태평양 바다를 가로질러 진동하는 기후 시스템

역삼투 염분과 물을 분리하기 위해 선 투과성 있는 막과 압력을 사용하는 담수화 공정

역제조 장비, 특히 전자제품을 재사용 또는 재활용 가능한 구성 요소와 고철로 해체하는 것

역청 불에 타는 점도가 매우 높거나 반고체의 탄화수소 혼합물

연령 구조 한 인구 단위에서 다양한 연령을 가지는 개인들의 비율로 생식 연령과 생식 연령 이전의 개인들의 상대적 비율은 인구가 늘어나는가, 안정한가 아니면 줄어드는가를 가리킨다.

연료봉 원자로에서 에너지원으로 사용되는 우라늄-235의 작은 펠릿이 들어 있는 튜브

연승 어업 고리에 미끼를 수백, 수천 개를 단 매우 긴 낚싯줄을 드리우는 행태. 다랑어(표면 근처) 또는 저서성 어류(예 : 넙치, 대구)를 잡는 데 사용한다.

열병합 일반적으로 여러 용도로 단일 에너지원을 사용하는 것

열 에너지 수증기처럼 물질들 속의 분자들이 움직이게 되어 생기는 운동 에너지의 한 종류

열역학 제1법칙 에너지 보존과 관련된 물리 법칙. 비록 한 형태의 에너지가 다른 형태의 에너지로 변할 수 있지만, 한 계 전체가 가진 에너지와 이를 둘러싼 부분의 에너지의 합은 일정하다. 따라서 전체 에너지는 보존된다. '열역학 제2법칙' 참조

열역학 제2법칙 에너지가 전환되거나 전달될 때마다 일을 할 수 있는 전체 계의 에너지 양은 감소한다. 다시 말해 에너지가 전환될 때마다 에너지의 질은 떨어진다. '열역학 제1법칙' 참조

염기 산을 중화시키는 수용력을 갖는 물질. 염기는 산화수소(OH^-) 이온을 방출하고 산과 반응하여 소금이나 물을 형성한다.

염류 집적작용 토양에 염류가 집적되는 작용

영양 단계 먹이그물에서 종이 가지는 생태계 내 에너지와 물질 흐름 속의 단계

오염 환경오염은 주로 대기, 물, 또는 토양이 물질 또는 조건(예 : 소음, 빛)에 의해 살아 있는 생명체에 악영향을 주는 것으로, 일반적으로 인간 활동에 의한 결과이나 자연 작용(예 : 도깨비불, 화산분출)에 의해서도 야기될 수 있다.

오염물질 살아 있는 생명체에 위험하거나 대기, 물, 토양을 오염시키는 물질(예 : 기름이나 살충제) 또는 조건(예 : 과도한 소음)

오일펜스 해양에서 유류 유출 시 유막이 민감한 해안선 지역으로 퍼져 나가지 않도록 가둬두기 위한 장치

오존 3개의 산소 원자로 구성된 분자. 대기권 하부에서는 대기오염물로 여겨지지만, 대기권 상부에서는 태양으로부터 오는 유해한 광을 막아준다.

온실효과 지구 대기의 다양한 성분들이 적외선을 흡수하고 재복사시켜 지표와 대기의 온도를 높이는 것

완충 능력 산을 중화시킬 수 있는 용액의 능력에 대한 측정치

완충지대 보전되는 자연 주변의 지대 또는 제한된 경제 활동이 허가되는 보호구역

외부 경제 환경이나 사회에 가해지나 시장 가격에 포함되지 않는 비용이나 이익

용량반응 평가 독성 가능성이 있는 물질의 투여량(농도) 변화에 따라 유기체의 반응을 시험하는 검사

용승 우세풍 또는 계절풍의 영향으로 따뜻한 표층수가 외양으로 움직일 때 차가운 아표층수가 해양의 표면으로 올라오는 것

용해도 정해진 양의 용매에 녹을 수 있는 물질의 양

우각호 일반적으로 홍수 시 강의 범람원에 의해 형성된 초승달 모양의 호수

우산종 우산종의 보호는 다른 종들이 의존하고 있는 전체 생태계에 보호를 제공한다.

우세풍 지속적으로 한 방향으로 부는 바람(예 : 북동 무역풍은 북동쪽에서 분다.)

운동 에너지 질량의 절반에 속도의 제곱을 곱하여 계산되는, 움직이는 에너지가 가진 에너지

원소 한 종류의 원자(예 : 수소, 헬륨, 철, 납)로만 이루어진 물질

원자 순수한 물질의 성질을 유지하는 가장 작은 입자

원자량 자연적으로 존재하는 순수한 물질(예 : 금, 탄소, 산소)의 원자들의 평균 질량

원자력 에너지 원자핵이 분열되거나(핵분열) 두 원자핵이 융합될 때(핵융합) 방출되는 에너지

원자번호 원소의 원자핵 안에 있는 양성자 수로서 중성원자에서는 전자의 수와 같다.

원천 감소 폐기물 흐름에 가세되는 물질의 양적 저감을 노리는 폐기물 관리 전략

위생매립 환경 영향을 최소화하기 위한 방식으로 건설되고 관리된, 내벽이 있는 구덩이로 구성된 폐기물 처리장

위해성 물리적 · 화학적 · 생물학적 인자에 노출되어 인류 건강이나 생태계 시스템에 위해한 효과가 생길 확률

위해성 묘사 관심물질에 노출된 개체군에 부정적 영향을 미칠 가능성에 대한 정성적 또는 정량적 추정

유광층 광합성을 하는 수생 생물을 지탱할 만한 빛이 존재하는, 해양과 깊은 호수의 표층

유류 흡착장치 물 표면에서 유출된 기름을 수집하는 장치

유분산제 기름 유출 사고 처리 때 두꺼운 원유를 얇게 하고 용해시켜는 화학물질

유아 사망률 새로 탄생한 1,000명의 유아가 다섯 살에 이르기 전에 죽는 수

유역 강수로 떨어진 물이 강이나 대수층으로 모이는 영역

유전자 성장, 발생, 생물의 기능을 지시하는 DNA 가닥

유전자 조작된 유기체(GMO) 다양한 생명공학 기법으로 주입된 하나 또는 그 이상의 새로운 유전자를 가지고 있는 유기체

유전적 다양성 한 종의 개체군이나 한 종의 개체군들 사이의 서로 다른 유전자들 혹은 유전자 조합들의 총합

유출 강우로 지면에 떨어진 물이 지표면이나 지하를 거쳐 흘러나가는 것

유해폐기물 연소성, 반응성, 부식성 또는 독성을 띠는 폐기물로서 인간과 기타 생물에게 병, 죽음 또는 다른 해를 입히는 폐기물

유행병 병이 확장되어 매우 넓은 지리적 지역(예 : 대륙 전체)의 개체군 대다수에 영향을 주는 것

육상 수확 관리 체계 생태계에서 생산물을 획득하는 방법들로 그 방법은 자연 상태의 생태계에서 사냥과 채취로부터 유목과 소규모 자급 농업, 그리고 산업화된 농업까지 다양하다.

육식동물(포식자) 다른 살아 있는 동물을 먹고 사는 동물(예 : 사자나 거미)

윤작(돌려짓기) 농부가 토양의 비옥도를 유지하고 해충이 번성하는 것을 줄이기 위해 작물을 2~3년 또는 4년 주기로 돌아가면서 심는 방법

음의 되먹임 기후계와 같은 하나의 계에서 어떤 요인이 증가하면 그 계에서 그 요인의 감소를 일으키는 것

이소적(지리적) 종분화 새로운 종이 형성되는 과정으로 한 개체군이 지리적으로 두 개체군으로 나누어지면서 발생한다. 시간이 지나면 두 개체군 간 유전적 차이가 나타나고 축적되고, 끝내는 독립적으로 번식한다.

이심률 지구가 태양을 공전하는 타원형의 궤도 모양의 변화

이온 유효 양전하 또는 음전하를 띠는 원자(예 : 염소 이온 Cl^-과 나트륨 이온 Na^+) 또는 원자들의 그룹

이온결합 반대 전하를 띠는 두 이온 사이의 끌림으로 생기는 화학적 결합

이차(소비자)생산 생장, 번식 등에 쓰이는 소비자 생체량 혹은 에너지의 양이며 광합성 하는 생물의 순일차생산 개념과 비슷하다.

이차 오염물질 다른 오염원들 사이의 화학반응으로부터 형성되는 물질(예 : 하부 대기의 오존)

이해의 충돌 개인적 · 철학적 · 재정적 이해를 포함한 경쟁적 관심으로 객관적인 판단에 방해가 될 수 있다.

인간개발 지수(HDI) 국가의 개발을 나타내는 지수로 출생 시 평균 수명, 교육을 받을 기회와 경제 생산량을 포함한다.

인간 중심주의 인간 중심의 환경 윤리로 환경이 인간에 미치는 영향에 주목한다.

인공 습지 자연적으로는 습지가 아닌 곳에 폐수를 처리하는 데 사용하는 인공적 습지 생태계를 건설한 것

인구 밀도 한 인구에서 단위면적당 사람의 수

인구 배증 시간 한 인구가 특정한 속도로 성장한다고 할 때 인구수가 2배로 될 때까지 걸리는 시간

인구 변천 인구는 삶의 조건이 개선되면서 초기의 높은 사망률과 높은 출생률에서 낮은 사망률과 낮은 출생률로 점차 변화한다는 학설

인구 타성(모멘텀) 아이를 낳을 연령에 도달한 여성의 수가 많은 관계로 일어나는 인구 성장

인구학 인간의 인구를 다루는 통계학 분야로 인구 밀도, 인구 성장, 출생률과 사망률을 다룬다.

인류세 인간의 활동이 지배적이 되는 새로운 지질 시대

인위선택 인간이 개체군의 어떤 개체가 짝짓기를 하여 특정 형질을 가진 자손을 남기게 할 것인지를 '선택'하는 과정

인위적 부영양화 인간 활동(예 : 하수 폐기, 농업)으로 인해 가속화된 부영양화 과정으로 생태계에 영양분 유입속도를 증가시킨다. 일반적으로

과도한 조류 또는 식물 생산, 수중 생태계에 용존산소 고갈, 생물종 다양성의 손실을 야기한다.

인화성 쉽게 인화되는 성질. 연소성 물질은 인화되어 쉽게 탄다(예 : 마찰, 흡습, 또는 다른 폐기물과의 접촉에 의해서).

일 에너지의 전달에 대한 묘사. 힘에 의해 수행된 일의 양은 가해진 힘과 물체가 힘의 방향으로 이동한 거리의 곱이다. '에너지' 참조

일차생산자(독립영양생물) 주로 태양 광선의 복사 에너지를 광합성을 통해 당 속의 화학 에너지로 바꾸는 식물과 조류가 해당한다.

일차 에너지 사용하기 위해 추출해내거나 확보하여 얻는 에너지(예 : 석탄, 석유, 바람)

일차 오염물질 대기로 배출될 때 위험한 물질(예 : 일산화탄소, 정제오일)

임업 목재와 땔감을 수확하기 위한 숲과 삼림 관리

ㅈ

자료 과학적 연구를 하는 동안 만들어지는 측정치

자망질 대형 그물망을 물에 설치해 고기를 잡는 행태로 그물눈 크기에 따라 잡히는 물고기의 종류가 달라진다. 망을 완전히 통과하지 못하는 물고기는 빠져나가려고 할 때 아가미 덮개가 걸려 잡힌다.

자연보호채무상계제도(DNS) 선진국이 보호협정을 대가로 개발도상국의 빚을 면제해주는 교환제도

자연선택 물리적·행동적·생리학적 차이로 인해 야기되어 개체군 내의 개체들 간 번식에서의 성공도 차이로 이어지는 생물과 환경과의 상호작용. 이로 인해 개체군 내의 특정 유전자의 빈도가 달라지게 되고, 곧 진화가 일어난다.

자연 자본 세계의 자연 자산의 가치(예 : 광물, 공기, 물, 모든 생물)

자외선 태양에서 방출되는 짧은 파장의 고에너지 광선으로 생체 조직에 해를 끼친다.

자원 다른 자원과 생식적으로 독립적인 부분 종

자원보존 및 회복법(RCRA) 미국 하원에 의해 통과된 법으로 폐기물의 단순매립을 금지하고 폐기물 매립지의 기준을 정하는 법

자원분할 공존하는 종들이 먹이나 서식지, 먹이사냥 장소 등과 같은 자원을 차별화하는 것

자원 평가 어류 자원의 규모, 개체군의 성장률, 수확률에 대한 추정

잔류상 유기 오염물질(POPs) 유기 화학물질(예 : PCBs)은 무기한적으로 환경에 남아 있으므로 먹이사슬을 통해서 생물에 축적될 수 있고 인간 건강과 환경에 위협을 준다.

잡식동물 식물과 동물 물질을 모두 먹는 포식자

재래식 경운 농업 종묘를 심거나 씨를 뿌리기 전에 특수 농기구를 이용하여 토양 덩어리를 잘게 부수고 토양 표면을 매끄럽게 하기 위해 논밭을 갈아엎는다.

재생 가능한 에너지 자원 태양열, 풍력, 수력, 지열, 바이오매스 같은 상대적으로 짧은 기간에 보충될 수 있는 에너지원으로 이를 사용함으로써 재생 가능한 에너지원은 고갈되지 않는다.

재생 가능한 자원 목재, 사료나 어류와 같이 비교적 짧은 시간 규모에서 자연 작용으로 교체되며 이에 따라 잘 관리를 하면 무한정 공급이 가능한 자연 자원

재생 불가능한 에너지 자원 석탄, 석유, 천연가스, 원자력 연료와 같은, 인간 수명의 시간 규모에서 재생 가능하지 않고 지속적인 사용으로 고갈될 수 있는 에너지원

재생 불가능한 자원 화석 연료와 같이 제한된 공급량으로 존재하여 인간의 유의미한 시간 규모 내에서 재생이 되지 않는 자연 자원

재활용 재사용을 위해 폐기물의 원자재(예 : 유리, 플라스틱, 금속, 종이)를 제조업자에게 돌려주는 과정

저인망 어선 저서성 어류(예 : 대구, 가자미, 가리비, 새우, 게)를 잡기 위해 추를 단 그물을 해저 바닥에 끌고 다닌다.

저준위 핵폐기물 핵 시설에서 온, 적은 양의 방사성 입자로 오염된 모든 아이템(기기, 보호복, 또는 옷)을 포함한 방사성 폐기물

적응 특정 환경에 적합하여 자연선택으로 인해 생존과 번식을 하게 선택된 특징

전입 원래 태생이 아닌 지역이나 나라로 이주해오는 사람의 이동

전자 원자의 핵 안에 있는 입자로서 -1의 음전하를 띠며 양성자 또는 중성자 질량의 1/2000 정도의 질량을 가진다.

전자폐기물(e-폐기물) 폐기물 흐름 중 일부로 보통 유해 컴포넌트(예 : 납 등 중금속과 기타 독소)가 있는, 버려진 전자제품

전출 한 지역이나 국가 밖으로 빠져나가 다른 지역이나 국가로 이주해가는 사람의 이동

점오염원 명백한 일반적으로 정지된 오염원(예 : 발전소, 공장, 또는 도시의 하수 배출구)으로 규명, 모니터, 규제하기 쉽다.

정련 우라늄-235를 덜 유용한 우라늄-238로부터 분리하는 과정

제어봉 중성자를 흡수하는 물질로 만들어진 긴 막대로 원자로에서 핵분열의 속도를 제어하기 위해 이용된다.

종 교배 가능한 집단, 혹은 잠재적으로 교배가 가능하고 다른 개체군들과 생식적으로 격리된 개체군

종간 경쟁 다른 종에 속하는 개체들 사이의 경쟁

종균등도 개체들이 군집으로 서식하는 종들 사이에서 얼마나 균등히 분배되어 있는지를 말한다. 높은 종균등도는 종다양성을 증가시킨다.

종내 경쟁 같은 종에 속하는 개체들 사이의 경쟁

종다양성 군집에서의 종 수와 종의 상대적인 비율을 합한 다양성 측도를 말한다.

종분화 새로운 종이 형성되는 진화적 과정

종속영양생물 스스로 먹이를 만들 수 없어 에너지와 양분을 식물이나 다른 일차생산자 혹은 다른 종속영양생물이 만든 유기물이나 그 생물로부터 얻는 생물. '소비자' 참조

종풍부도 군집에서의 종 수와 국지적 면적 또는 지역에서의 생물 수. 높은 종풍부도는 종다양성을 증가시킨다.

종합적 환경 방제, 보상 및 책임법(CERCLA) 1980년에 제정된 슈퍼펀드법으로 유해폐기물을 규제하고 회사들이 이를 안전하게 폐기할 것을 요구하는 법

중력 퍼텐셜 에너지 한 물체가 자신의 질량과 기준점으로부터의 높이(가령 지구 표면)로 인해 가지게 되는 퍼텐셜 에너지

중성자 원자의 핵 안에 있는 입자로서 질량은 양성자와 비슷하지만 전하는 띠지 않는다.

중앙 계획 경제 중앙 정부가 물건 및 서비스의 생산과 소비를 통제하는 경제. '시장 경제' 참조

중요 서식지 목록에 오른 멸종 위기종과 위험종의 생존에 필수적인 지역들

증류 바닷물 또는 기수로부터 물을 증발시키기 위해 열을 사용하여 생성된 염분 없는 수증기를 응축시켜 담수를 생성하는 담수화 공정

지각 비교적 낮은 밀도의 암석으로 구성되어 있으며 대륙과 해양저를 형성하는 지구의 가장 표면에 해당하는 층으로 대륙은 지각의 두께가 20~70킬로미터가 되고 해양의 지각 두께는 약 8킬로미터이다.

지구공학 지구 기후 변화를 완화하기 위한 노력의 일환으로 해양 조류에 의한 이산화탄소 흡수와 같은, 기후에 영향을 미치는 작용을 조작하는 기술적 접근 방법

지반 침하 지하수가 빠져나간 공극이 축소되어 결과적으로 지면이 하강함

지속가능성 다음 세대의 복지에 해를 가하지 않고 우리가 건강한 삶을 유지하기 위한 현명한 자원의 사용

지속 가능한 발전 미래 세대에게 필요한 자원을 위협하지 않으며 현재 세대의 필요성도 만족시키는 발전 과정을 의미한다. 지속 가능한 발전이 되려면 최소한 대기권, 수권, 토양, 생물다양성 등의 지구의 생명 유지 시스템을 위협하지 않아야 한다.

지중 격리 이산화탄소를 압축하여 염수 대수층이나 고갈된 석유나 가스전과 같은 지하 구조에 주입하는 탄소 포집 및 격리의 접근법

지질 탄소의 긴 사슬로 이루어진 유기 분자로 주로 수소에 연결되어 있다(예 : 지방, 기름, 또는 왁스). 세포막의 주요 요소, 동물과 식물에서 에너지를 저장하는 분자로 작용한다.

지표종 지표종은 그들이 살고 있는 생태계의 상태에 대한 정보를 제공한다.

지하수 지구 표면의 아래 토양과 암석의 공극을 채우고 있는 담수

지하수 고갈 지하수의 함양량보다 과도하게 많은 양을 양수하여 지하수 저장량이 줄어드는 것. 지하수 고갈은 지반 침하를 발생시키고 대수층의 지하수 저장 능력을 감소시켜 빌딩과 사회구조물 건설에 악영향을 미친다.

지하수면 지하에서 지하수의 포화대와 불포화대 사이의 경계면. 대기압과 수압이 같아지는 면

진화 자연선택과 선택적 육종 등의 여러 과정을 통해 만들어진 개체군의 유전자 구성의 변화

질량 보존 화학반응이 일어나는 동안 물질은 생성되지도 않고 파괴되지도 않는다는 물리 법칙

질병 박테리아, 바이러스, 기생충, 부적절한 식생활, 또는 오염물에 의해 정상적인 생물학적 기능에 지장이 있는 상태

질소고정 식물에 부착되어 살거나 독립적으로 사는 박테리아가 대기의 질소(N_2)를 질소 함유 화합물로 고정되는 것

질소 동화작용 식물이 질산염과 암모늄을 필수 질소 함유 유기 화합물로 결합하는 것

질소순환 질소고정, 분해, 암모니아작용, 질화작용과 탈질화작용을 하는 미생물의 주요한 활동으로, 질소가 생태계를 통하여 또 생태계 사이에서 이동하는 작용

질화작용 질화작용을 하는 박테리아가 암모니아나 암모늄을 아질산염(NO_3^-)으로 변환시키는 것

ㅊ

천이 교란을 따라 시간이 지나면서 발생하는 군집의 점차적인 변화

천적 곤충과 다른 해충 유기체를 공격하는 포식자와 병원체

청소부동물 죽은 유기물을 먹는 생물(예 : 숲에서 발견되는 떨어진 잎). 청소부동물은 분해 과정을 돕는다. 예를 들면 곤충과 지렁이가 있다. '분해자' 참조

초식동물(일차소비자) 주로 식물과 다른 생산자를 먹고 사는 코끼리나 메뚜기 등의 소비자가 여기에 해당한다.

총일차생산 예를 들어 일 년 정도의 일정 기간 동안 생태계의 일차생산자에 의해 만들어지는 유기물의 총량. '순일차생산' 참조

총출산율 한 인구 단위에서 여성 1명이 생애 동안 낳는 아이들의 평균 수를 나타내는 추정치

최대지속생산량(MSY) 미래 어획량을 감소시키지 않을 만큼의 재생 가능한 자연 자원 최고 어획량

춘분점과 추분점의 세차운동 지구 자전축이 천천히 일어나는 흔들거림으로 춘분점과 추분점이 시간에 따라 26,000년마다 지구 공전 궤도의 다른 위치에서 일어나도록 한다.

출생 성비 신생아의 남아와 여아의 비

출생 시 기대 수명 어느 특정한 해애 태어난 개인의 평균 삶의 기간

침수 토양 지하수면이 토양 표면에 있거나 가까이에 있는 상태

침식 점토 크기의 입자에서 왕자갈에 이르는 지질물질을 지표면의 한 장소에서 다른 장소에 쌓기 위해 제거하는 작용으로 인간의 활동으로 인한 토양 침식이 가속화되면 토양의 비옥도를 낮춘다.

침출수 매립장에서 폐기물을 거쳐 스며내리는 물. 현대 매립장에서는 배수조로 흐르는데 여기서 펌프해내 처리할 수 있다.

ㅋ

케로진 셰일과 기타 퇴적암에 나타나는 왁스질 물질로 가열되면 석유가 생성되며, 석유 생성의 중간 단계에서 산출한다.

코리올리 효과 지구의 자전축을 중심으로 서에서 동으로 회전함에 따라 바람의 방향이 남북의 직선적 방향에서 휘는 것. 북반구에서는 진행 방향의 오른쪽으로, 남반구에서는 왼쪽으로 바람 방향이 휜다.

ㅌ

탄소발자국 특정한 기술, 개인이나 인구(예 : 미국의 탄소 발자국)의 생애주기 동안 생산되는 CO_2와 다른 온실가스의 총량

탄소 배출권 일정한 양의 탄소를 배출할 수 있는 허가권으로 만약 배출 총량을 다 사용하지 않았다면 교환을 하거나 팔 수 있다.

탄소배출총량과 배출권 거래제 이산화탄소 배출량과 다른 오염물을 규제하기 위한 제도

탄소세 탄소 배출량에 부과되는 세금

탄소 순환 지구 시스템을 순환하는 탄소들. 중요한 탄소 순환의 과정에는 광합성, 호흡, 분해 등이 있다.

탄소 포집과 격리 이산화탄소와 다른 온실가스들을 배출되는 장소에서 모아 어떤 장소나 다른 화학적 형태로 저장하여 탄소 순환에서의 활발한 이동으로부터 제거하는 기술적 전략

탄소 흡수원 대기에서 생물작용 또는 물리작용을 통하여 탄소 화합물을 취하는 지구 시스템의 부분으로 탄소를 활발한 이동으로부터 제거한다.

탄화수소 탄소와 수소만으로 구성된 유기 분자로 가장 간단한 탄화수소는 천연가스의 주성분인 메탄(CH_4)이다.

탈질화작용 토양과 물에 사는 특화된 박테리아가 질산염 이온을 질소가스(N_2)로 되돌리는 작용으로 생성된 질소가스는 대기로 되돌아간다.

토양 조직 토양 입자의 상대적인 조립도를 나타낸 것으로 토양의 모래, 실트와 점토의 함량으로 구분한다.

토지 윤리 알도 레오폴드가 주창한 생태 중심의 환경 윤리로, 생물 군집의 온전함, 안정성과 심미성을 강조한다.

통발 바닷가재 또는 게를 잡기 위한 미끼가 든 덫

통합적 다영양 단계 양식(IMTA) 근처에 보완적 섭식 서식지가 있는 여러 종의 수생생물을 양식하는 접근법

통합 해충 관리(IPM) 해충(예 : 곤충, 병원체, 잡초)을 관리하는 방안으로 해충으로 인한 손해가 수용할 수 있는 범위 내에 있는 반면 사람, 재산과 환경 위해는 최소한으로 하기 위한 많은 정보의 출처를 활용한다.

퇴비화 유기물질의 호기성 분해와 관련된 과정으로 정원 폐기물과 도시 폐기물의 유기 요소를 재활용하는 데 쓰인다.

퇴적암 물, 바람이나 얼음으로 퇴적된 암석의 파편들이 교결되어 굳어져서 만들어지거나 화학적 침전작용으로 만들어진 암석

ㅍ

판구조론 지구의 표면은 맨틀 상부에서 이동하는 여러 개의 판으로 이루어졌음을 제안하는 학설로 해양분지와 대륙의 생성 및 지진과 화산활동의 지리적 분포와 같은 지구의 구조와 지질작용을 설명한다.

퍼텐셜 에너지 어떤 물체가 자신의 배열 상태(예 : 매달린 스프링)나 화학 조성이나 역장(force field) 내에서의 위치(예 : 지구의 중력장)로 인해 가지게 되는 에너지

폐기물 통합 관리 폐기물 감소, 물질 재사용, 재활용, 비료화, 폐기물로부터 에너지 회수의 중요성을 강조하여 폐기물 투기를 최소화하는 관리 전략

폐기물 흐름 기관, 가정, 사업체들로부터 버려진 물질. 특히 도시고형폐기물

포화대 모든 틈이 물로 채워진 지하의 부분. 지층의 공극은 모두 물로 채워져 있다.

풍부도(개체군 크기) 개체군 안의 개체의 수

풍화작용 광물질이 화학적인, 생물학적인 그리고 기계적인 작용으로 부스러지거나 분해가 일어나는 작용으로 질소, 인과 다른 원소들이 방출된다.

플라이애시 석탄을 태우는 과정에서 생성되는 부산물로 연못이나 매립지에 보관한다.

플럭스 주어진 면적에서의 물질 또는 에너지의 흐름(예 : 해양 표면에서

대기로의 수증기 흐름 또는 생물과 그것의 주위 환경 사이의 복사 에너지 흐름)

피복 토양 표면을 자연적이나 합성의 덮개로 덮는 것으로 토양의 수분을 보존하며, 토양의 온도 변동과 잡초가 자라는 것을 줄인다.

ㅎ

하안지 강과 하천 사이의 과도 지역이며 인접 수중 생태계 및 육상 생태계와 비교하면 독특한 생물학적 환경을 가지고 있다. 이 지역은 정기적으로 범람을 하고 보통 낮은 수위를 유지한다.

하천유수 활용 강 또는 하천의 흐르는 물로 인한 하수의 정화, 낚시와 보트 타기 등과 같은 혜택

학설 관찰, 실험과 모델링을 통해 충분한 검증을 통과한 과학적인 가설로 옳을 가능성이 높음

항생제 박테리아의 성장과 공격에 저항하며 현대 의학에서는 박테리아성 병을 치료하는 데 사용하는 물질

해수 카브리해, 지중해와 같은 바다의 물. 해수의 염도는 평균 약 34g/L이며, 염도의 범위는 30~40g/L로 나타난다.

해양보호구역(MPAs) 해양보호구역 자원의 사용을 어류와 조개의 개체군을 지속시키고 해양 생태계 전체를 보호하며 해양 생태계 서비스를 보호하는 용도로 한정하는 해양 환경의 한 구역

핵 지구의 핵은 용융된 철과 니켈로 이루어진 액체의 외핵과 중심부에 철-니켈의 고체로 이루어진 내핵으로 이루어져 있다.

핵분열 원자핵을 형성하는 양성자와 중성자 사이의 결합력이 깨지는 과정으로 상당한 양의 에너지가 방출된다.

핵심종 다른 종들에 비해 낮은 생체량과 수에도 불구하고 군집 구조에서 큰 영향을 미치는 종. 핵심종의 영향은 먹이 활동을 통해 진행된다.

핵융합 두 원자의 핵이 융합되어 새로운 원자가 생성되는 과정으로 상당한 양의 에너지가 방출된다.

혐기성 산소 분자(O_2)가 결여된 환경

형질전환 유기체 유전자가 다른 종으로부터 주입된 유전자 조작된 유기체

홍수 범람원으로 알려진 주변으로 강 또는 하천의 범람하는 것

화석 연료 태양 복사 에너지를 화학 에너지로 변화시킨 과거의 광합성을 하는 유기물의 화석화된 유해(예 : 석탄, 석유, 천연가스)

화성암 용융된 암석이 냉각되고 굳어지면서 만들어진 암석

화전 열대 국가에서 삼림지를 일시적인 농지로 빠르게 전환시키는 보편적인 농업 기법

화학반응 반응을 하는 원자들이 재배열되어 새로운 물질이 만들어지는 과정으로 주로 전자를 교환하거나 공유하여 이루어진다.

화학 에너지 퍼텐셜 에너지의 한 종류. 설탕, 지방, 메탄 같이 분자의 결합에 저장된 에너지

화합물 2개나 그 이상의 원소가 일정 성분비를 이루며 결합된 것(예 : 2개의 수소 원자와 하나의 산소 원자로 이루어진 물). 화합물은 화학적 혹은 물리적 과정을 통하여 그들은 구성하는 원소로 환원될 수 있다.

환경 경제 경제학을 이용해 경제학이 환경에 미치는 영향력에 대한 비용과 편익의 평가와 관리를 이끌어내는 경제학의 한 분과

환경과학 인간이 환경에 미친 영향과 환경이 인간에 미친 영향을 연구하는 분야로 인간이 환경에 가한 위해를 줄이기 위한 방안을 찾고자 한다.

환경보건 인체 건강에 영향을 주는 환경의 물리적·화학적·생물학적 요인을 평가하고 경감시키려 노력하는 연구와 행동 분야

환경 생물체에 영향을 미치는 물리적·화학적·생물적인 조건

환경 위해성 감염병, 독성물질, 오염물을 포함한 인간에게 위험한 현상

환경 윤리 환경에 대한 인간의 도덕적 책임에 관련된 철학의 분야

환경 정의 환경법, 환경 규제 및 환경 정책의 개발, 시행 및 법 집행에서 모든 사람을 공정하게 대우하고 이들에게 적절한 기회를 제공한다.

환경주의 정치 행위와 교육을 통하여 환경을 인간이 끼치는 위해로부터 보호해야 한다고 주장하는 이념적 사회운동

환경 중심주의 전체 생태계에 중심을 둔 환경 윤리로 전체 자연계가 완전한 상태가 되도록 환경의 무생물에게도 도덕적 책임을 확대한다.

회수법 다양한 전자제품의 제조사들로 하여금 e-폐기물 재활용 프로그램의 비용을 지불하도록 하는 주(州)의 법

흐르는 강물을 이용한 수력 발전소 저장소에 물을 거의 저장하지 않고 흐르는 강물 일부의 방향을 파이프를 통해 바꾸어 터빈을 통해 직접적으로 통과시키는 수력 발전 시스템

흑토 어두운 색의 비옥한 토양으로 숯과 영양분이 많은데, 이 토양은 아마존 강 분지에 유럽인들이 들어오기 전에 원주민들에 의하여 만들어졌다.

기타

1973년의 멸종위기종 보호법(ESA) 국내와 국외의 멸종 위기종과 식물 보호가 가능한 모든 무척추동물을 보호하기 위한 미국에서 제정된 법적 보호

1인당 GDP 한 국가의 인구에서 개인이 일정한 기간에 생산하는 상품(예 : 공산품과 농산품)과 서비스(예 : 운송과 금융 서비스) 총합의 시장 가격

1차 천이 최근 노출된 용암과 같이 맨땅에서 시작하는 천이

2차 천이 생물과 토양에 해를 입히지 않은 정착된 군집의 교란에 따른 천이

3차 처리 표준 2차 처리에서 얻을 수 있는 이상의 수질을 확보하기 위한 처리로서, 하수처리에서는 주로 질소와 인을 처리하는 데 중점을 두는 경우가 많다.

ATP(아데노신3인산) 인을 포함하는, 에너지를 저장하고 있는 분자로 세포 내에서 에너지를 운반하는 데 사용된다.

A층(표토) O층 바로 아래의 토양층으로 상당량의 유기물을 함유하며 보통 검은색을 띤다.

B층 A층과 E층에서 운반되어온 물질이 쌓이는 토양층

Bt Bacillus thuringiensis라는 박테리아가 만드는 해충을 죽이는 결정질 물질

C층 주로 약하게 풍화된 모재로 구성된 가장 깊은 토양층

DNA(디옥시리보핵산) 세포의 유전적 정보 운반자로서 핵산이라는 두 보완적 분자 사슬이 이중나선으로 엮여 있다. 생물적 유전의 원천은 부모에서 자손으로 전달되어 생명체의 발달과 기능을 지시한다.

E층 A층과 B층 사이의 토양층으로 이 층에서 점토와 용존된 물질이 토양 단면에서 아래에 놓인 B층으로 이동한다.

J형(지수적) 성장 곡선 개체당 개체군의 성장 비율이 일정하여 특징적인 J 모양으로 시간이 흐름에 따라 개체군의 크기가 커지는 것

K-선택종 수용력 근처에 개체군의 수가 안정되는 경향이 있고 밀도의 존적 요소에 의해 조절되는 생물

MRSA 항생제인 메티실린에 내성이 있는 병원성 박테리아. MRSA는 병원에서 기원하여 그 후 사회로 널리 퍼져나갔다.

O층 보통 토양의 표층으로 유기물이 많으며 활발히 분해가 일어나는 층이다.

pH 용액의 상대적인 수소 이온 농도를 나타내는 지시자. pH 7은 중성 용액을, pH 7이하는 산성(높은 수소 이온 농도), pH 7이하는 염기성(낮은 수소 이온 농도)를 의미한다.

R층 토양 단면의 최하부로 C층 바로 아래의 고화된 기반암으로 이루어진다.

r-선택종 개체군의 수가 주로 크게 변동하는 생물. 가혹한 날씨나 산불과 같은 밀도독립적 요소에 영향을 받는다.

S형(로지스틱) 성장 곡선 개체군의 개체당 성장률이 개체군 크기가 증가함에 따라 포식이나 식량, 공간, 다른 자원에 대한 이용 가능성이 줄어들어 감소되어 생기는 개체 성장 곡선. 결과적으로 수용력 근처에서 평형이 이루어진다.

Taq 중합효소 옐로스톤국립공원의 온천에서 발견된 박테리아로부터 추출한 효소. 미량의 DNA의 양을 늘리는 것에 사용된다.

찾아보기

저자 소개

(Courtesy of Manuel Molles)

마누엘 몰스

마누엘 몰스(Manuel Molles)는 뉴멕시코대학교의 생물학 명예교수로 1975년 부터 이 대학교에서 교수와 사우스웨스턴 생물학박물관 학예사를 역임하였다. 현재 그는 부인인 메리 앤과 함께 콜로라도 주 라베타라는 소도시의 산속 오두막집에 살며, 집필을 하고 약 40헥타르의 땅을 관리하고 있다. 1971년에 훔볼주립대학교에서 수산학으로 학사학위를 받았으며, 1976년에 애리조나대학교에서 동물학으로 박사학위를 받았다. 박사학위 논문 제목은 "모델과 자연적인 이초(패치 산호초 : 고립되어 산재해 있는 작은 산호초)의 어류 종다양성 : 실험적인 섬 생물지리"이다. 마누엘은 생태학을 가르쳤고 라틴 아메리카, 카리브해 지역과 유럽에서 생태학 연구를 하였다. 그는 풀브라이트 연구 장학금을 받아 포르투갈에서 하천 생태를 연구하였고, 포르투갈의 코임브라대학교, 스페인 마드리드공과대학교와 몬태나대학교의 초빙 교수를 역임하였다. 2014년에 마누엘은 "생태학 교육의 수월성"으로 미국생태학회의 유진 P. 오둠상을 수상하였다.

(Courtesy of Brendan Borrell)

브렌단 보렐

브렌단 보렐(Brendan Borrell)은 생물학자이며 저널리스트로 과학과 환경 분야에 대하여 블룸버그비즈니스위크, 아웃사이드, 네이처, 뉴욕타임스, 사이언티픽 아메리칸와 스미소니언 등과 같은 많은 잡지에 기고하였다. 그의 기사는 미국 국내나 해외에서 오늘날 가장 긴급한 환경 이슈들의 일부에 대하여 직접 체험하며 본 것에 기반을 둔 것이다. 그는 모로코의 인산염 광산을 방문하였고, 남아프리카공화국에서 코뿔소 사냥을 따라다녔으며, 브라질 중부에서 확장되는 콩 재배농장 사이로 장거리 자동차 여행을 하였다. 2006년에 캘리포니아대학교 버클리캠퍼스에서 통합 생물학으로 박사학위를 받았다. 박사학위 논문 주제로 코스타리카와 파나마의 난초벌들의 진화, 생태와 꽃꿀(화밀) 섭식의 생리를 연구하였다. 여러 번 미국 저널리스트와 작가 협회상을 수상하기도 하였으며, 그의 기사는 알리시아 패터슨 재단, 퓰리처 위기 보도 센터와 몬가베이 특별보도 계획으로부터 재정 지원을 받아 쓰였다.

역자 소개

이용일

서울대학교 자연과학대학 지구환경과학부 교수
미국 일리노이대학교 대학원 이학박사
미국 렌셀러폴리테크닉대학교, 뉴욕시립대학교 박사후 연구원
(전)국제해양굴착프로그램 과학계획 위원
(전)대한지질학회 회장, (전)한국지질과학협의회 회장

이강근

서울대학교 자연과학대학 지구환경과학부 교수
미국 퍼듀대학교 대학원 이학박사
(전)한국지하수토양환경학회 회장
서울대학교 과학기술최고과정(SPARC) 주임교수
IAHS 한국대표, *Geosciences Journal* 편집장

이은주

서울대학교 자연과학대학 생명과학부 교수
캐나다 마니토바대학교 대학원 이학박사
생태학 및 생물다양성 보전 전공
2002년 세계생태학대회(INTECOL) 학술위원장

허영숙

서울대학교 자연과학대학 지구환경과학부 교수
미국 매사추세츠 공과대학-우즈홀 해양연구소 공동 프로그램
　　이학박사(해양화학 및 지구화학)
프랑스 파리지구물리연구소(IPGP) 박사후 연구원
미국 노스웨스턴대학교 지질과학과 조교수

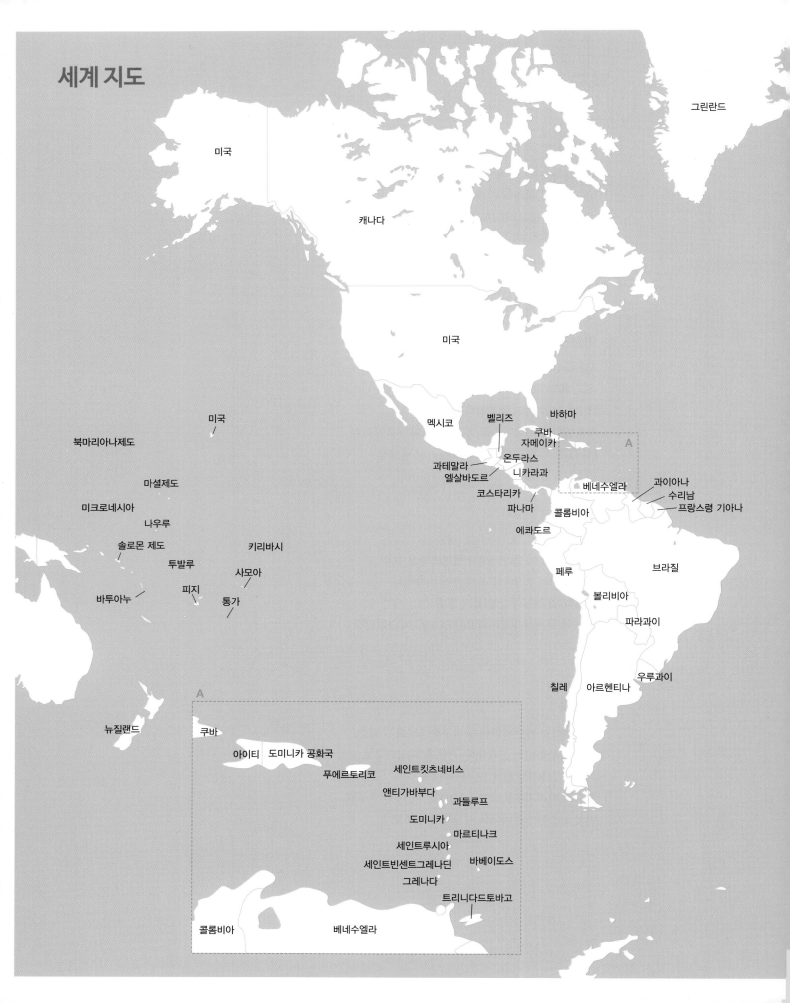

세계 지도

미국

캐나다

미국

그린란드

미국

북마리아나제도

마셜제도

미크로네시아

나우루

솔로몬 제도

투발루

바투아누

피지

통가

키리바시

사모아

멕시코

벨리즈

바하마

쿠바
자메이카

과테말라

온두라스

엘살바도르

니카라과

코스타리카

파나마

콜롬비아

에콰도르

베네수엘라

A

과이아나

수리남

프랑스령 기아나

페루

볼리비아

파라과이

칠레

아르헨티나

우루과이

브라질

뉴질랜드

A

쿠바

아이티

도미니카 공화국

푸에르토리코

세인트킷츠네비스

앤티가바부다

과들루프

도미니카

마르티나크

세인트루시아

세인트빈센트그레나딘

바베이도스

그레나다

트리니다드토바고

콜롬비아

베네수엘라

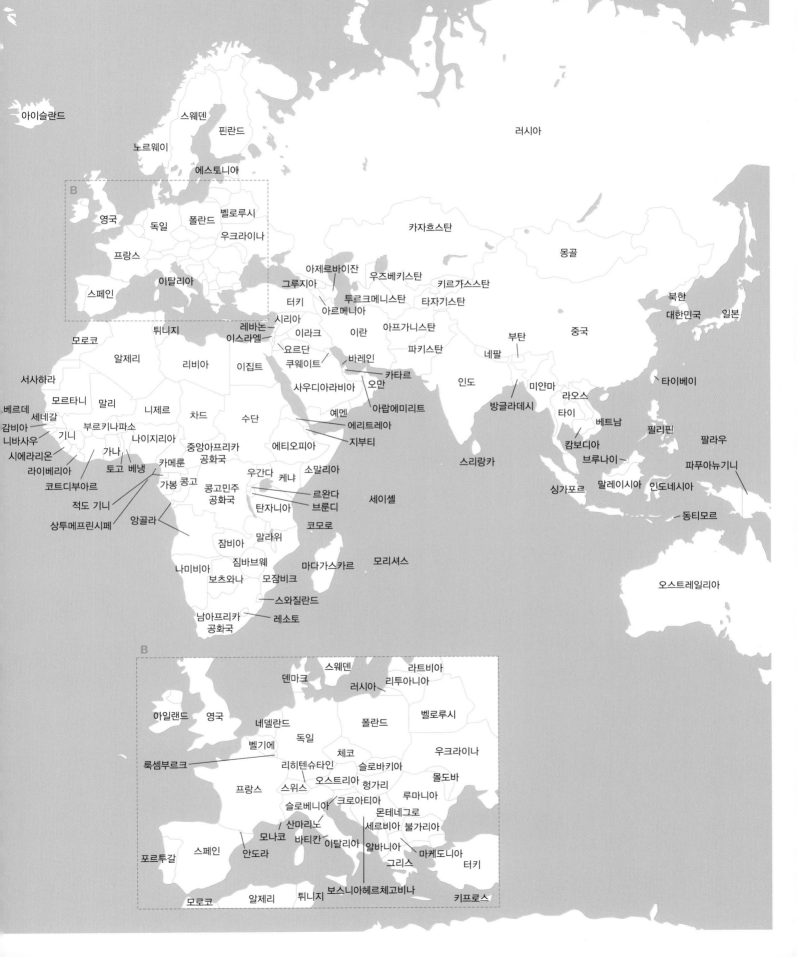